Kulturgeschichte der Nutztiere

Ludwig Reinhardt

Alpha Editions

This edition published in 2022

ISBN : 9789356789319

Design and Setting By
Alpha Editions
www.alphaedis.com
Email - info@alphaedis.com

Contents

Einleitung.

Unter den Nutztieren des Menschen sind weitaus die wichtigsten seine Haustiere, an die zunächst jeder denkt, wenn von solchen die Rede ist. Ohne diese Nutztiere wäre es ihm vollkommen unmöglich gewesen, die Kulturhöhe zu erreichen, auf der wir ihn heute angelangt sehen. Welche bedeutende Rolle sie im Haushalte des Menschen spielen, ist genugsam bekannt, so daß wir hier nicht näher darauf einzugehen brauchen. Es genüge ein kurzer Überblick über die Verbreitung der Haustiere auf der Erde. So hat das Ackerbauministerium der Vereinigten Staaten kürzlich eine Statistik aufgestellt, wonach man die Haussäugetiere der gesamten Erde auf anderthalb Milliarden schätzt; davon sind 580 Millionen Schafe, 95 Millionen Pferde, 9 Millionen Esel, 2 Millionen Kamele, 21 Millionen Büffel, 100 Millionen Ziegen, 150 Millionen Schweine und 900000 Renntiere. Dabei besitzen die Vereinigten Staaten von Nordamerika die größte Anzahl von Schweinen, nämlich 50 Millionen, und Pferden (25 Millionen). In bezug auf die Zahl der Pferde werden sie beinahe von Rußland eingeholt. Für die Schafzucht kommt an erster Stelle Australien mit 88 Millionen, dann Argentinien und an dritter Stelle die Vereinigten Staaten mit 57 Millionen. Die Hälfte aller Maulesel der Erde gehört den Vereinigten Staaten und ein Drittel aller Ziegen wird in Indien angetroffen. Diesem Lande gehört auch die erste Stelle in bezug auf den Besitz von Großvieh mit 70 Millionen Zebus oder Buckelochsen. Die Zahl der kleineren Nutztiere, vor allem der Hühner, Enten, Gänse, Tauben festzustellen, ist vollkommen unmöglich, geht aber jedenfalls in die vielen Milliarden.

Im folgenden wollen wir nun in der chronologischen Reihenfolge, wie sie unter die Botmäßigkeit des Menschen gelangten, die Zähmung der verschiedenen Haustiere und die Geschichte ihrer Verbreitung über die Erde vor unserem geistigen Auge entrollen. Den Anfang dabei macht der Hund, der weitaus der älteste Genosse des Menschen aus dem Tierreich ist, und infolge dieser überaus langen Domestikation auch am meisten intellektuell vom Umgange mit seinem ihm geistig so sehr überlegenen Herrn profitiert hat.

Die ältesten Nutztiere des Menschen waren alle diejenigen, die ihm in ihrem Fleisch zur Speise und in ihrem Felle als Wärmeschutz gegen die Unbill der Witterung, besonders die Winterkälte, dienten. So lange der Mensch als Jäger genug Beutetiere zur Verfügung hatte, kam es ihm durchaus nicht in den Sinn, sich etwa gefangene Beute als lebenden Proviant zu reservieren und in eingehegten Bezirken zu seiner Disposition zu halten. Und wenn er auch einmal ein junges Tier, das in seine Gewalt geriet, lebend nach Hause brachte und es angebunden oder in irgend welchem Verschlag gefangen hielt, so tat er dies nicht aus Nützlichkeitsgründen, sondern zu seinem und seiner Kinder Vergnügen. So halten die südamerikanischen Indianer und andere Jägerstämme auf niederer Kulturstufe nicht selten die verschiedensten Tiere um ihre Wohnstätten herum in Gefangenschaft, aus dem einfachen Grunde, weil sie ihnen Unterhaltung bieten. Sie wollen durchaus keinen Nutzen von ihnen ziehen und halten sie als große Kinder bloß zu ihrem Vergnügen.

In der Regel pflanzen sich solche gefangene Tiere überhaupt nicht fort, so daß schon dadurch keine Kontinuität in der Gefangenhaltung, die zur Haustierschaft hätte führen können, möglich ist. Und pflanzen sie sich auch ausnahmsweise fort, so fehlt dem Menschen dennoch zunächst die Erkenntnis, daß in der Zähmung dieser oder jener Tierart ein wirtschaftlicher Fortschritt liegen könne. Er erstrebt von diesen Genossen überhaupt keinen Nutzen, sondern nur Unterhaltung; und als er weiterhin dazu kam, auch einen Nutzen aus ihnen ziehen zu wollen, war es meist nicht der für uns Menschen einzig in Betracht kommende materielle Nutzen, der sie ihm angenehm machte, sondern ein ideeller Nutzen als nützliche Vermittler zwischen ihm und der von ihm so gefürchteten, ihn überall umgebend gedachten Geisterwelt. So sind, wie wir bald sehen werden, verschiedene, und zwar die ältesten Haustiere, zunächst aus solchen Gründen der Geisterfurcht, also des Aberglaubens, wie wir es auffassen, in ein innigeres Verhältnis zum Menschen getreten.

I. Der Hund.

Der unstet als Jäger lebende paläolithische Mensch hat noch keinerlei Haustiere sein eigen genannt; erst zu Beginn der jüngeren Steinzeit gelangte der Mensch in den Besitz von solchen. Unter diesen ist weitaus das älteste der Hund, der uns in Europa zum erstenmal zu Beginn der neolithischen Zeit, vor etwa 12000 Jahren in sehr loser Verbindung mit dem Menschen, der an den Küsten der Ostsee in den Muschelhaufen die Abfälle seiner Nahrung anhäufte, entgegentritt. Dieser Hund der frühneolithischen Muschelesser an den Küsten des nordischen Meeres, speziell Dänemarks, war zum größten Teil noch ein Wildhund, und zwar ein zutraulicher Schakal, der sich freiwillig dem Menschen anschloß, um an der von ihm übriggelassenen Beute den knurrenden Magen zu füllen und sich in der warmen Asche der von ihm verlassenen Lagerfeuer zu wärmen. Junge dieses wenig scheuen und überaus gesellig veranlagten Wildhundes wurden gelegentlich gefangen und an den Lagerplatz der Horde gebracht, um hier als Spielzeug und Gefährten der heranwachsenden Jugend freiwillig Futter und ein warmes Plätzchen am Feuer zu erhalten. Von den Erwachsenen werden besonders die mitleidvollen Weiber diese drolligen Wesen gehätschelt und, wie dies heute noch sehr häufig bei kulturell niedrig stehenden Menschen vorkommt, die der Mutterbrust entbehrenden allzu jungen, hilflosen Gäste an ihrer Brust gesäugt haben. Durch solchen überaus engen Verkehr mit dem Menschen faßte der Wildling bald Zutrauen zu ihm und trat in ein besonderes Freundschaftsverhältnis zu den Kindern und Weibern, die sich seiner freundlich annahmen, während die Männer diese neuen Familienglieder häufig genug mit Fußtritten und Prügeln regaliert haben werden. Letztere sorgten auch sonst dafür, daß es ihm nicht zu wohl wurde in ihrer Mitte, und schlugen ihn häufig genug tot, besonders in Zeiten, da die Muschellese, der Fischfang oder die Jagd aus irgend welchen Gründen unergiebig war und der grimmige Hunger sich bei ihnen geltend machte. An verschiedenen auf uns gekommenen Bruchstücken von Hundeschädeln aus den dänischen Kjökkenmöddings oder Muschelabfallhaufen können wir erkennen, daß sie mit Holzknütteln eingeschlagen und dann weiter aufgebrochen wurden, um außer dem Fleisch, das als Speise diente, auch das warme Gehirn als besondere Delikatesse dieser Menschen zu verzehren.

Daß es diesem die größte Ähnlichkeit mit dem Schakal aufweisenden Wildhunde bei diesen unkultivierten Muschelessern im Ostseegebiet in jeder Beziehung schlecht genug ging, das beweist schon sein stark verkümmertes Knochengerüst. Es muß schon eine rührende Anhänglichkeit gewesen sein, daß dieses durch Hunger und Entbehrungen der schlimmsten Art herabgekommene Geschöpf bei solch schlechter Behandlung es in der wenig verlockenden Gesellschaft dieser rohen Menschen aushielt und es nicht vorzog, das ungebundene Leben der viel besser genährten freien Verwandten zu führen. Es liegt eben im gesellig lebenden Hundegeschlechte eine überaus treue Anhänglichkeit an die Umgebung, der die Einzelindividuen durch Aufnahme und Gewöhnung in jugendlichem Alter angepaßt wurden. Das können wir heute noch in den zoologischen Gärten beobachten, wo wir häufig genug sehen, wie sich jung eingefangene und unter einigermaßen guter Behandlung frei aufgezogene Schakale oder Wölfe mit Freudensprüngen, schweifwedelnd, den Körper zur Seite gekrümmt, sich an den Pfleger herandrängen und dessen Hand liebkosen. Mit vollem Recht schreibt der erfahrene Tierzüchter, *Dr.* Heck, der Direktor des Berliner Zoologischen Gartens über den Hund: „Wer wissen will, woher unser liebenswertestes Haustier, das nicht bloß seines körperlichen Nutzens halber vom Menschen unterjocht worden ist, sondern sich ihm freiwillig, von ganzem Herzen und mit ganzer Seele zu eigen gegeben hat: der Hund, stammt, der komme mit mir bei meinem mächtigen rumänischen Wolfsrüden vorbei und beobachte ihn, wenn ich nur mit den Fingern schnalze oder gar ein paar freundliche Worte mit ihm spreche! Die Liebe zum Menschen steht diesen Tieren auf dem Gesicht geschrieben, sie ist ihnen angeboren."

Daß diese halbzahmen Hunde der Muschelesser Dänemarks dem Menschen außer als Fleisch- und Pelzlieferanten irgend welchen Nutzen gewährten, oder von ihm gar zum Aufspüren der Beute auf der Jagd verwendet wurden, ist zweifellos ganz ausgeschlossen. Jedenfalls blieben sie vorzugsweise in Gesellschaft der Frauen und Kinder an den Lagerplätzen und erhielten dort von jenen, die ihnen in erster Linie freundlich gesinnt waren, allerlei unvollständig abgenagte Knochen und sonstige Speiseabfälle zu essen. Diese Aufmerksamkeiten belohnten sie durch ihre Wachsamkeit. Mit einem außerordentlich feinen Geruchssinn und scharfem Gehör ausgestattet, meldeten sie alle sich dem Lagerplatze nähernden Menschen und Tiere lange bevor die dort weilenden Menschen ihrer gewahr wurden. Diese ihre Dienste waren besonders in der dunkeln, unheimlichen Nacht, in der ein Überfall durch bösgesinnte Menschen und wilde Tiere doppelt zu befürchten war, von größtem Vorteile für ihre menschlichen Genossen, da sie im Gegensatz zu diesen, in einen sehr tiefen Schlaf verfallenden Wesen nur einen äußerst leichten Schlaf besitzen, durch das geringste Geräusch erwachen und dann ihre Umgebung durch Lautgeben auf allfällige Ruhestörer aufmerksam machen.

Wie die Wildhunde werden auch sie noch geheult haben statt zu bellen, wie dies übrigens viele, nur sehr unvollständig domestizierte Hunde von Naturvölkern und auch die herrenlosen, mit dem Islam, der den Hund als unreines Tier verachtet, bis nach Europa gebrachten Pariahunde des Orients, wie überhaupt alle verwilderten und aus der Botmäßigkeit des Menschen entlaufenen Hunde heute noch tun. Erst später haben sie das sie als Haustiere kennzeichnende Bellen gelernt, „was“ — wie der vorgenannte *Dr.* Heck sich ausdrückt — „so im Hundeblut drin liegen muß, daß selbst manche zahme Vollblutwölfe und Schakale es sich angewöhnen!“ Jedenfalls besaßen sie auch noch wie ihre wilden Vorfahren Stehohren und einen hochgetragenen, noch nicht geringelten Schwanz und haben wie sie und ihre Verwandten, Wolf und Fuchs, beim Traben „geschnürt“, d. h. die vier Füße bei gerade in der Bewegungsrichtung gehaltenem Körper in eine gerade Linie hintereinander gesetzt, und zwar immer einen Hinterfuß in die Spur eines Vorderfußes derselben Seite. Später dagegen gewöhnte sich der Hund als Genosse des Menschen an zu „schränken“, d. h. beim Trabe den Körper schief zur Bewegungsrichtung zu stellen und Vorder- und Hinterfuß derselben Seite schief nebeneinander zu setzen. Auch in seinem anatomischen Bau nahm der Hund als Haustier gewisse Eigentümlichkeiten und Merkmale an, die ihn von seinen wilden Verwandten unterscheiden, von denen wir hier nur den verhältnismäßig starken Stirnabsatz erwähnen wollen.

So weit wir dies nachweisen können, ist der afrikanisch-südasiatische graue Schakal, der nachts, zu Meuten vereinigt, die Ansiedelungen des Menschen nach Aas und eßbaren Abfällen aller Art absucht und den Schafen und Lämmern sehr gefährlich wird, der älteste vom Menschen zu seinem Gesellschafter erhobene Wildhund. Als Verzehrer von Leichen nahm er, nach dem auf niedriger Kulturstufe allgemein verbreiteten Glauben, mit dem Fleisch und den Eingeweiden auch die Seele des betreffenden Wesens in sich auf. Durch dieses Beherbergen eines Geistes wurde er von selbst zu einem Geistwesen, einem Fetischtier erhoben, das dem Menschen von größtem Nutzen sein konnte, wenn er es gut behandelte. So galt noch den alten Ägyptern der Schakal als Wüstengott Anubis, der über die in der westlich vom Niltal gelegenen Wüste beerdigten Toten Wache hielt, für heilig und nahm man eingefangene Exemplare dieser Wildhundgattung in Pflege und Wartung. Dies geschah auch anderwärts, und so mußte sich unwillkürlich aus diesem in Größe und Aussehen, besonders aber in der Kopfbildung mitten zwischen Fuchs und Wolf stehenden Wildhunde mit der Zeit ein Haustier entwickeln.

Das Gekläff dieser futterneidischen Tiere, welche schon in frühester Vorzeit wie heute noch die Niederlassungen des Menschen nächtlicher Weile umschwärmten, um dort etwas aufzustöbern, mit dem sie ihren allzeit regen Hunger stillen konnten, warnte den Menschen vor einem Überfall durch übelgesinnte Menschen oder Raubtiere irgend welcher Art. Ja, scheinbar ganz unmotiviert ausgestoßen, sollte es nach dem Glauben aller auf niedriger Kulturstufe lebender Stämme, ihm den Besuch der die Lebenden allseitig umgebend gedachten Geister der Abgeschiedenen anzeigen. Wenn sie auch der Mensch selbst nicht sah, so glaubte er nichtsdestoweniger felsenfest an deren Vorhandensein und wunderte sich durchaus nicht darüber, daß diese

Wildhunde als Leichenesser und damit als mit Geistwesen beseelt erachteten Tiere solche sahen, er dagegen nicht.

Diese überaus unheimliche, aber höchst wichtige Eigenschaft, besonders die nächtlichen Unholde aller Art erspähen zu können und von ihrem, dem Menschen unsichtbaren Vorhandensein durch Heulen und später Bellen Kunde geben zu können, war wohl die älteste Nutzungseigenschaft, die der Hund dem Menschen bot. So wurde er für ihn mit der Zeit nicht nur ein wohlgelittener Begleiter, sondern geradezu ein sich immer mehr unentbehrlich machender Genosse, der ihm die trefflichsten Dienste leisten konnte wie kein anderes Wesen.

Diese höchste Wertschätzung des Hundes spricht schon zu Ende des 2. vorchristlichen Jahrtausends das altpersische Gesetzbuch aus, das von diesem Tiere geradezu behauptet, durch seinen Verstand bestehe die Welt. Wer eine solche uns ganz paradox erscheinende Behauptung aufstellt, muß schon gute Gründe dazu haben; nur ein Volk, dem der Hund ein unentbehrlicher Begleiter und Freund geworden war, konnte einen solchen Ausspruch tun. Diesem damals noch vorzugsweise Viehzucht treibenden arischen Volksstamme, dessen Vorfahren einst an der Ostsee gehaust hatten, waren außer dem gleicherweise wie der Hund die Unholdgeister der Nacht vertreibenden Feuer später auch der aus Indien bezogene Hahn schützende Fetische, deren Stimme, nächtlicherweile als Zeugnis der Wachsamkeit und des Kampfesmutes erhoben, die Erlösung von den dunkeln Sorgen der Nacht ankündigte. Das altpersische Gesetzbuch Bun-Dehesch sagt auch vom Hahn, wie vom Hunde, seine Stimme zerstöre das Böse; dadurch sei er den Dämonen und Zauberern feind, ein Gehilfe des Hundes. Er solle Wache halten über die Welt, als ob kein Herden- und kein Haushund (also schon damals wurden in Persien zwei verschiedene Arten von Haushunden unterschieden!) erschaffen worden. Das Gesetz sage: wenn Hund und Hahn gegen die Unholde streiten, so entkräften sie dieselben, die sonst Menschen und Vieh plagen. Und deshalb sage man: durch den Hund und den Hahn würden alle Feinde des Guten überwunden.

Noch der altgriechische Dichter Homer gibt zu Beginn des letzten vorchristlichen Jahrtausends für den damals allgemein verbreiteten Glauben Zeugnis, daß der Hund als Wächter am Herdfeuer die bösen Unholdgeister, die, Übles sinnend, lautlos durch das Dunkel der Nacht schleichen, durch sein Gebell verscheuche. Und als später aus diesen Ahnengeistern vergöttlichte Wesen wurden, so verblieb dem Hund auch dann noch die Fähigkeit sie zu sehen und als solche zu erkennen, wo der Mensch mit seinen stumpfen Augen nichts sah. So wird beispielsweise in der Odyssee erzählt, wie Pallas Athene den Menschen unsichtbar in Ithaka erschien. Weder Odysseus, noch sein Sohn Telemachos bemerkten irgend etwas von ihrem Erscheinen:

„Denn nicht allen sichtbar erscheinen die seligen Götter;

Nur die Hunde sahen sie und bellten nicht, sondern entflohen

Winselnd und zitternd vor ihr nach der andern Seite des Hofes."

Diese uralte Vorstellung lebt im Volksglauben heute noch fort. So bedeutet beim Landvolke das nächtliche Heulen des Hundes einen Todesfall in der betreffenden Richtung, d. h. der Hund sieht vermeintlich die Annäherung des Geistes, der als Todesursache betrachtet wird, und zeigt dies dem Menschen, der solches nicht zu sehen vermag, auf seine Weise an.

Als eigentliches Haustier tritt uns der Hund in Europa zuerst bei den neolithischen Pfahlbauern entgegen, und zwar zunächst nur in einer einzigen, aber weit verbreiteten Form. Es ist dies der Torfhund (*Canis familiaris palustris*), so bezeichnet, weil man seine Knochen mit der übrigen Hinterlassenschaft dieser neolithischen Volksstämme von den Humussäuren der Moorerde durchtränkt und so aufs beste konserviert in den heute meist vertorften ehemaligen Seegründen findet. Dieses Tier, das uns bereits, wenn auch mehr als gelittener Kommensale oder Tischgenosse, denn als eigentlicher Freund und Begleiter der ältesten Neolithiker der Kjökkenmöddingszeit in den Ufergebieten an der Ost- und Nordsee entgegentritt, war ziemlich klein, bot das Aussehen eines Spitzes mit kurzen, aber kräftigen Beinen und langem, jedenfalls buschig behaartem Schweif. Der zwischen 13 und 15 *cm* Länge schwankende Schädel zeigt eine gefällige Rundung der Gehirnkapsel, deren Kämme nur schwach entwickelt sind, außerdem eine relativ starke Bezahnung und ein auffallend enges Nasenrohr, wie solches dem Schakal eigentümlich ist. Diese Tatsache in Verbindung mit der andern, daß die Pfahlbauspitze in den Niederlassungen der älteren Steinzeit durch ganz Europa hindurch eine auffallende Einförmigkeit aufweisen, deutet mit Sicherheit darauf hin, daß der in Westasien heimische kaukasische Schakal die Ursprungsform dieses ältesten Haushundes war.

Bild 1. Als Amulett getragener, und deshalb zum Aufhängenkönnen an der Wurzel durchbohrter Eckzahn eines Hundes aus dem Pfahlbau von Wangen am Bodensee (2/3 nat. Größe).

Diesem altertümlichen Torfhund der ältesten Neolithiker Europas am nächsten steht von noch heute gehaltenen Hunden der im Mittel 40 *cm* große, gelbweiß, gelbrot bis graubraun gefärbte, kurzhaarige, nur bellende und nicht beißende Battahund, der uns durch die Schilderungen des Baslers Max Siber zuerst eingehender bekannt wurde. Die Battas sind durch die Malaien von den Küsten verdrängte, ab und zu noch Menschenfraß ausübende, auch am Lande in richtigen Pfahlhäusern wohnende Stämme, die außer gute Jäger und namentlich Fallen- und Schlingensteller auch bereits erfahrene Viehzüchter und leidliche Hackbauern sind, ganz so wie die Pfahlbauern Mitteleuropas in neolithischer Zeit. Mitten zwischen den schwarzen Schweinen, Ziegen, Büffeln, Hühnern und Menschen lebt in deren mit Palisaden umgebenen Ansiedlungen, Kampongs genannt, der kleine Battahund, der durch und durch Haushund ist und das Vorrecht genießt, als einziges Tier mit dem Menschen zusammen in den Hütten selbst zu übernachten. Der vorgenannte Basler schreibt über den kleinen Spitzhund der Battas, er genieße zwar von seiten seines Herrn wenig Freundlichkeit, habe jedoch von allen in Kampong friedlich nebeneinander hausenden Tieren das Vorrecht, in den Räumen der hohen Pfahlbauhäuser neben seinem Herrn zu wohnen. „Er gehört wie die Hühner, Ziegen und Schweine zum Departement der Frau, der er auch anhänglicher ist als dem Manne und an die man sich auch wenden muß, wenn man einen der Hunde erwerben oder zu Eßzwecken präparieren lassen will. Die Dienste des Hundes sind mannigfach, sein vornehmster ist der als Wachhund. In dieser Hinsicht ist der immer wache, scharf hörende Spitz den Battas bei ihren unaufhörlichen Fehden und den dabei häufigen nächtlichen Überfällen der Kampongs von unerhörtem Wert. Manch Battamädchen, manche Battafrau wurde durch des Hundes rechtzeitig erschallendes heftiges

Gebell vor der Gefangenschaft und dem damit verbundenen Verkauf in die Sklaverei gerettet, mancher Krieger entrann dadurch dem Tod oder der Gefangennahme, die mit dem eventuellen Schicksal verbunden ist, gemästet und aufgefressen zu werden. Ferner leistet er leidliche Dienste als Jagdhund, indem er teils in Meuten als Treibhund, teils als Leithund zur Bestätigung des Hirsches und zum darauf folgenden Treiben desselben in angelegte Schlingen und Netze benutzt wird. Ferner ist er von großem Wert für die hühnerzüchtende Battafrau, da er Tag und Nacht um die Reisfeldhäuser, bei denen die Mehrzahl der Hühner gehalten wird, herumlungernd einen guten Schutz gegen den Hühnerräuber ‚Mussang' (eine Art Zibetkatze) und die im Battaland allerdings seltenen Leguane bildet. Doch, *last not least*, ist seiner auch als Nahrungsmittel zu gedenken, indem er an gewissen Orten geradezu für Speisezwecke gezogen wird. Er bildet nicht nur ein gesundes, wohlschmeckendes Nahrungsmittel, das im fleischarmen Lande nicht zu unterschätzen ist, sondern auch eine gewisse Erwerbsquelle für den Züchter, da junge Hunde im Preise ebenso hoch stehen wie Hühner, bald erwachsen aber bedeutend teurer sind als solche. Auf der Speisekarte der Battas figuriert nach den Angaben eines Raiafürsten der Hund an dritter Stelle. Am wenigsten geschätzt ist Huhn, mehr Hirsch, dann Hund, dann Babi oder Schweinebraten, als allerbestes aber gilt Menschenfleisch, vertraute mir der alte Sünder mit schmunzelndem Gesicht."

Sieber ließ sich wiederholt Hundebraten in einheimischer Zubereitung servieren und fand es in der Mitte stehend zwischen Hühner- und Kalbfleisch; es sei weiß und saftig, ohne fett zu sein. Auch die Battahunde fressen gerne davon, während europäische Hunde sich mit allen Zeichen des Abscheus von solchem Fraße abwenden. Entsetzt schrecken diese Spitzhunde vor dem Europäer zurück und weichen heulend seiner Fährte aus. „Wo nicht eigentliche Fütterung mit Reis, Mais, Gemüse, Früchten oder Fleischabfällen stattfindet, nährt sich der Battahund von den Abfällen der kargen Mahlzeit der Frau, aber auch von den Käfern, Schnecken, Mäusen und sonstigen kleinen Tieren, die er unterwegs fängt, sowie von den Brocken und Knochen, die ihm bei der Mahlzeit der Männer zugeworfen werden, ja selbst von Exkrementen. Wo viele Hunde sind, da hat er schlechte Zeiten, denn seine Herren haben gewöhnlich auch nicht viel; wo wenige gehalten werden, gedeiht er gut, wird dick und groß, bekommt ein prächtig glänzendes Fell und einen munteren Charakter."

„Wie bereits gesagt, gehört der Hund zum Departement der Frau. Wenn er nicht dazu bestimmt ist, in deren Abwesenheit das Haus zu hüten, so ist er ihr ständiger Begleiter auf Schritt und Tritt. Morgens früh, vor Tagesanbruch, sitzt er schon neben der armen Frau, die den Männern den Reis stampfen muß, auf dem erhöhten Gestell, auf dem sie dieses Geschäft ausführt, sorgsam jedes Körnchen aufschnappend, das nebenaus fällt, und in der ausgeschütteten Spreu nach solchen Körnern suchend, hier wie überall erbitterte Gefechte mit den frechen Hühnern führend, die ihm den Reis unter der Nase wegzustehlen suchen. Er begleitet die Frau zum Bade, getreulich am Ufer bei den Kleidern bleibend, während die Frau (Herrin kann man nicht sagen, denn solch ein armes Battaweib hat in keiner Beziehung etwas von einer Herrin) sich im Flusse kühlt. Im Kampong des Battafürsten von Bander passierten, während wir eben im sogenannten Rathaus, dessen Veranda nach dem Weiberbadeplatz schaut, mit dem Häuptling unterhandelten, an 30 seiner Nebenweiber, meist Kriegsgefangene oder durch Schulden in Sklaverei geratene Mädchen, vorbei, um nach dem Ablegen aller Kleider im nahen Fluß zu baden. Jede war begleitet von einem oder mehreren ihrer Hunde, die sich am Ufer in langer Reihe neben die Kleider (Sarongs) der Weiber setzten, um diese zu bewachen, bis jene das Bad wieder verließen.

Ebenso begleitet der Hund die Frau zur Arbeit in den Ladang (das Haus, in welchem die Bewohner der kleinen, mitten im Tschungel geöffneten Kulturfläche bis zur Ernte hausen) und ins Reisfeld, durch rechtzeitiges Bellen sie auf die Annäherung jedes Fremden aufmerksam machend.“

Die Battawohnungen sind 2–5 *m* über dem Boden errichtet; zu ihnen führen sehr steil gestellte Leitern mit 40–60 *cm* auseinander stehenden Sprossen. Diese lernen die Hunde erklettern, um in die Wohnungen zu gelangen, in denen sie sich mit Vorliebe aufhalten. Die jungen Hunde legen sich mit Vorliebe in die heiße Asche und weisen von dieser ihrer Gewohnheit sehr häufig versengte Haare und größere Brandwunden auf.

Kräftiger als dieser Spitz der Battas auf Sumatra, auf dessen Lebensweise wir näher eingingen, weil er uns wichtige Fingerzeige für diejenige des Spitzhundes der ältesten Pfahlbauern in Mitteleuropa gibt, ist der ostasiatische Tschau — besser Kau ausgesprochen —, der Lieblingshund der Chinesen, der ebenfalls zu Nahrungszwecken gehalten und gemästet wird. Dieses schwarz bis rotbraun gefärbte Tier mit kurzer, dichter Behaarung hat einen langgestreckten Körper auf ziemlich kurzen Beinen, eine plumpe, dicke Schnauze und aufrecht stehende Ohren. Eine Abart desselben von geringer Größe und mit kurzen Beinen ist der als Luxushund in China und Japan gehaltene zierliche Dschin. Seine seidenartige lange Behaarung ist schwarz mit Weiß untermischt. Er ist als eine hochgezüchtete Mopsform des Spitzes aufzufassen, an dessen Schädel die Nasenwurzel eingeknickt und die Kiefer so nach oben verschoben sind, daß die oberen Schneidezähne fast horizontal stehen und die Nasenöffnung nach oben zu liegt. Dieser in seiner Heimat hochgeschätzte Luxushund ist bei uns nicht leicht fortzubringen, da es ihm in Mitteleuropa zu kalt ist.

Dem alten Torfhund oder Pfahlbauspitz stehen auch die nordasiatischen Spitzhunde sehr nahe, der graue mit Schwarz gemischte Tungusenspitz, der weißlichgraue Samojedenspitz und die als einziges, für sie höchst wichtiges, ja geradezu unentbehrliches Haustier gehaltenen spitzartigen Hunde der zirkumpolaren Völker, die man in ihrer Gesamtheit als Eskimohunde bezeichnet. Es sind dies keine reinen Schakalabkömmlinge mehr, sondern vielfach Kreuzungsprodukte derselben mit dem arktischen Wolf. Peary bezeichnet sie als derbe, prächtige Tiere, ohne deren Mithilfe er niemals den Nordpol erreicht hätte. „Es mag größere Hunde geben als sie und hübschere. Andere Hunde mögen auch ebensogut arbeiten oder ebenso schnell und weit laufen, wenn sie gut gefüttert sind, aber es gibt keinen Hund in der Welt, der so lange in niedrigsten Temperaturen ohne Nahrung arbeiten kann. Die männlichen Hunde wiegen durchschnittlich 34 bis 45 *kg*, die weiblichen sind etwas leichter. Ihre besonderen Merkmale sind: spitze Schnauze, große Breite zwischen den Augen, scharf gespitzte Ohren, sehr dickes, pelziges Fell, kräftige, stark muskulöse Beine und buschiger Schwanz, der Rute des Fuchses sehr ähnlich. Es gibt nur eine Rasse von Eskimohunden, aber sie sind verschieden gezeichnet, schwarz, weiß, grau, gelb, braun und gesprenkelt. Trotzdem sie von den armen Eingeborenen sehr vernachlässigt und außerordentlich schlecht gehalten werden, sind sie ihren Herren gehorsam wie unsere Hunde zu Hause. Ihre Nahrung ist Fleisch und nur Fleisch. Von anderer Nahrung können sie nicht leben. Statt Wasser zu saufen, fressen sie Schnee. Sie bleiben im Freien, gleichgültig welche Jahreszeit es ist. Sommer wie Winter werden sie beim Zelt oder dem Iglu (der Schneehütte) irgendwo angebunden. Frei herumstreifen dürfen sie nicht, damit sie nicht fortlaufen. Manchmal wird ein besonderer Liebling oder eine Hündin, die Junge hat, zeitweise in das Iglu genommen. Sind die Kleinen aber nur einen Monat alt, so sind sie schon so hart, daß sie dem strengen Winterwetter standhalten können."

Diese Hunde, die eine Schulterhöhe von 50–60 *cm* aufweisen, sind den nordischen Völkern als Lasttiere und zum Schlittenziehen durchaus unentbehrlich. Mit einer Last von 10–15 *kg* beladen, begleiten sie ihre Herren, wenn diese zu ihren langdauernden Jagdzügen aufbrechen. Zu 6, 8 oder 10 Stück vermittelst eines an einen höchst einfachen Kumt befestigten und zwischen den Hinterbeinen durchgezogenen Riemens werden sie an leichte, niedere Schlitten gespannt, welche 300–400 *kg* zu tragen vermögen, und durchlaufen mit ihnen unter günstigen Umständen bis 50, und bei leichter Last bis 80 *km* im Tag. Spüren sie unterwegs ein Wild auf, so rennen sie ihm, ausgehungert wie sie sind, rasend nach, verwirren dabei oder bei gelegentlichen Beißereien ihre Riemen, so daß auch die mit Macht geschwungene Peitsche des Schlittenführers keine Ordnung mehr in den Haufen zu bringen vermag. Es bleibt nichts anderes übrig, als das zu einem undurchdringlichen Knäuel gewordene Gespann, in welchem alles knurrt, bellt, beißt und durcheinander wütet, nach Möglichkeit zum Halten zu bringen, die Tiere aus der Verschlingung zu lösen und von neuem einzuspannen. Natürlich kann bei solch ungestümer Fahrt von einer Lenkung des Schlittens nach unseren Begriffen von seiten des Menschen keine Rede sein. So gut es eben geht, weist man den Leithunden durch Peitschenhiebe den Weg, den sie nicht gehen sollen.

Diese genügsamen, abgehärteten Schlittenhunde sind nicht nur den grönländischen Eskimos und den kanadischen Pelzjägern, sondern auch allen nordasiatischen Volksstämmen als Zugtiere völlig unentbehrlich. Tungusen, Samojeden, Tschuktschen, Kamdschadalen und wie sie sonst heißen mögen, fallen geradezu in Hungersnot, wenn ihnen ihre Hunde durch eine Seuche hinweggerafft werden, weil sie ohne diese sich weder das nötige Brennholz verschaffen, noch dem sie ausschließlich ernährenden Fischfang und der Jagd, auch der für sie höchst wichtigen Pelzjagd, genügend obliegen können. Über die Hunde, die einzigen Haustiere der Kamtschadalen, schreibt der alte Steller: „Ohne diese Hunde kann jemand hier so wenig leben wie an andern Orten ohne Pferd und Rindvieh. Die kamtschatkischen Hunde sind verschiedenfarbig, hauptsächlich aber dreierlei: weiß, schwarz und wolfsgrau, dabei sehr dicht- und langhaarig. Sie ernähren sich von alten Fischen. Vom Frühjahr bis in den späten Herbst bekümmert man sich nicht im geringsten um sie, sondern sie gehen allenthalben frei herum, lauern den ganzen Tag an den Flüssen auf Fische, welche sie sehr behende und artig zu fangen wissen. Wenn sie Fische genug haben, so fressen sie, wie die Bären, nur allein den Kopf davon; das andere lassen sie liegen. Im Oktober sammelt jeder seine Hunde und bindet sie an den Pfeilern der Wohnung an. Dann läßt man sie weidlich hungern, damit sie sich des Fettes entledigen, zum Laufen geschickt und nicht engbrüstig werden mögen, und alsdann geht mit dem ersten Schnee ihre Not an, so daß man sie Tag und Nacht mit gräßlichem Geheul und Wehklagen ihr Elend bejammern hört. Ihre Kost im Winter ist zweifach. Zur Ergötzung und Stärkung dienen stinkende Fische, welche man in Gruben verwahrt und versäuern läßt. Das andere Futter besteht in trockenen Speisen von verschimmelten und an der Luft getrockneten Fischen. Damit füttert man sie des Morgens, um ihnen unterwegs Mut zu machen.

Man kann sich nicht genug über die Stärke der Hunde verwundern. Gewöhnlich spannt man nur vier an einen Schlitten; diese ziehen drei erwachsene Menschen mit 11/2 Pud (24,5 *kg*) Ladung behende fort. Auf vier Hunde ist die gewöhnliche Ladung 5–6 Pud (82–98 *kg*). Ungeachtet nun die Reise mit Hunden sehr beschwerlich und gefährlich ist, und man fast mehr entkräftet wird, als wenn man zu Fuß ginge, und man bei dem Hundeführen und Fahren so müd wie ein Hund selber wird, so hat man doch dabei diesen Vorteil, daß man über die unwegsamsten Stellen damit von einem Ort zum andern kommen kann, wohin man weder mit Pferden, noch, wegen des tiefen Schnees, sonst zu Fuß kommen könnte.

Der andere Hauptnutzen der Hunde, weshalb sie auch häufig gehalten werden, ist, daß man sowohl den abgelebten Schlittenhunden als den zur Fahrt untauglichen die Häute abnimmt und zweierlei Kleider daraus macht, welche in dem ganzen Lande von großem Nutzen und von großem Werte sind."

Eine ähnliche Lebensweise wie diese kamtschadalischen und überhaupt nordasiatischen Hunde führen diejenigen Islands, die dort in übergroßer Zahl (auf fünf Menschen drei Hunde!) untätig herumlungern, zu gewissen Jahreszeiten aber beim Trieb der Schaf- und Pferdeherden doch wesentliche Dienste leisten. Verwandt damit ist auch der Spitz der skandinavischen Lappen und westrussischen Finnen, der sogenannte Elchhund, und der russisch-sibirische Laika, d. h. Beller, die beide, ähnlich wie unsere Bracken, zum Aufstöbern und Treiben des Wildes dienen.

Ein etwas veränderter, vor allem durch bessere Ernährung kräftiger gewordener Abkömmling des alten Torfhundes der neolithischen Mitteleuropäer, der noch zur Römerzeit am Rhein und in Helvetien (so in Vindonissa) lebte, ist unser einheimischer Spitz, dessen etwas grobes Fell weiß, grau, schakalfarbig, gelb oder ganz schwarz ist. Dank seiner außerordentlichen Wachsamkeit, die kein Geräusch und keine fremde Erscheinung unbeachtet läßt, ist er der Haus- und Wachthund in des Wortes eigentlichster Bedeutung. Tag und Nacht hütet er mit derselben Aufmerksamkeit den Hof oder das Fuhrwerk seines Herrn, das er nie verläßt, um sich wie andere Hunde gerne herumzutreiben. Mit wütendem Gekläff und seine scharfen Zähne weisend empfängt er jeden Fremdling, der ihm verdächtig erscheint. Als die beste Rasse gilt der Pommer, weil er bei unwandelbarer Treue und Anhänglichkeit besonders aufmerksam und lebhaft ist, dabei weder Regen, noch Kälte scheut, ja gewöhnlich im Hause oder Hofe dort am liebsten zu liegen pflegt, wo der Wind am stärksten pfeift. Nur als Kettenhunde taugen die Spitze infolge ihres großen Dranges zur Freiheit nicht. Unter ihnen gibt es auch Zwergformen, die besonders in England als Schoßhündchen der Modedamen sehr beliebt sind und bei einem Gewicht von nur 1,26 *kg* bis 1800 Mark kosten.

Ein noch weitergehend veränderter Abkömmling des Torfhundes ist der dem Spitz an Wachsamkeit und Mut kaum nachgebende Pinscher, ein höchst munteres, kluges und jagdfreudiges Tier, dessen besondere Liebhaberei es ist, Mäusen, Ratten und Erde aufwühlenden Maulwürfen nachzuspüren und sie zu verfolgen. Die Mäuse und Ratten frißt er bis zu seiner Sättigung, die übrigen wirft er weg; die Maulwürfe dagegen frißt er nicht, sondern begräbt sie. Wie der Spitz zum ländlichen Gehöft gehört, pflegt der Pinscher im bürgerlichen Wohnhaus gehalten zu werden, obschon er wegen seiner steten Unruhe dem Herrn oft mehr Verdruß als Freude macht. Aus diesem Grunde eignet er sich mehr für Leute, welche reiten oder mit schnellen Pferden fahren; denn am allerliebsten begleitet der Pinscher seinen Herrn, wenn er tüchtig rennen und laufen muß. Doch selbst bei den schnellsten Ritten hat er immer noch Zeit, bald hier, bald dort ein Mauseloch zu untersuchen oder einen Maulwurf beim Auswerfen seiner Haufen zu stören. Die Nase hoch gegen den Wind getragen, späht er nach allen Seiten hin, und wo etwas raschelt, naht er sich vorsichtig und leise, um Beute zu machen. In England wird er mit Vorliebe zur Abhaltung von Rattenjagden benutzt, wobei es allerdings ohne oft recht hohe Wetten der Teilnehmer nicht abgeht. Auch von ihm gibt es Zwergformen, häßliche, aber muntere und unterhaltende Tiere, die höchst zutraulich und anhänglich an ihre Herrn sind und gleichfalls zur Rattenjagd, außerdem auch zur Kaninchen- oder Wachteljagd verwendet werden.

Der heute beliebteste Abkömmling des Pinscherstammes ist der durch die Engländer überall eingeführte und populär gewordene Foxterrier, der jetzt auch in Deutschland überall angetroffen wird. Übersprudelnd von Temperament, ist er von einer Beiß- und Rauflust ohnegleichen, die sich in Ermangelung von Besserem an Teppichen, Gardinen, Tischdecken und Möbelüberzügen Luft macht. Wie von der deutschen Jägerei der Dachshund, wurde er von der englischen zum Aufsuchen von Fuchs und Dachs in ihren Erdbauen verwendet. Terrier, altenglisch *terrar*, heißt so viel wie Erdhund. Für die Arbeit in der Erde wurde auch diese kurzhaarige Pinscherart gezüchtet und besaß schon vor einigen Jahrhunderten einen gewissen Ruf. Als dann die Fuchsjagd zum reinen Sport der Vornehmen wurde, sanken diese in der Erde wühlenden Hunde zu nebensächlichen Handlangern für diese herab, die den unterirdisch verschlieften Fuchs wieder hervorzutreiben hatten. Von diesen Terriers wurde zuerst der Name Foxterrier gebraucht und dann in der Folge auf die ganze Sippe übertragen.

Seine Hauptbedeutung hat aber der Foxterrier längst als Luxushund erlangt, ebenso die übrigen Terrierformen Englands, die man bei uns kaum kennt. Einige davon, wie der kleine, langleibige, kurzbeinige Yorkshireterrier mit prächtigem Seidenhaar, sind besonders bei den Damen als Schoßhunde beliebt.

Andere Schakalabkömmlinge, die der hier besprochenen Spitzhundgruppe nahestehen, sind die West- und Südasien, den indomalaiischen Archipel bis zu den Philippinen, dann Neuguinea, Australien und Neuseeland, aber auch Nord- und Mittelafrika und Madagaskar bewohnenden Pariahunde. Sie wurden von den Engländern so genannt, weil sie kaum oder nur schlecht domestizierte Hunde von häßlichem Aussehen sind, die als herrenlose Geschöpfe in der Nähe der menschlichen Wohnungen leben, um sich vom Wegwurfe des Menschen kümmerlich genug zu ernähren. Tagsüber liegen sie faul oder schlafend in der Sonne, um wie ihre Ahnen, die Schakale, gegen Abend lebhaft zu werden und auf Eßbares irgend welcher Art zu fahnden. Wie die Schakale machen sie sich des Nachts in orientalischen Städten durch ihr Geheul sehr unangenehm bemerkbar, indem sie bei den nicht daran Gewöhnten keinen rechten Schlaf aufkommen lassen. Sie haben einen schlanken Leib, ziemlich hohe Beine, einen schmalen Kopf mit zugespitzter Schnauze und aufrecht stehenden Ohren. Das Gesicht verrät nur geringe Intelligenz. Der lange, nicht gedrehte Schwanz wird bald hängend getragen, bald ist er gekrümmt. Die Behaarung ist meist kurz und von rostroter oder fahler Färbung, ähnlich dem Schakal. Auch der Schädelbau zeigt Ähnlichkeit mit diesem, und zwar am meisten mit dem indischen Schakal.

Tafel 1.

Wolf im Tierpark Hellabrunn zu München.
(Nach einer Photographie von M. Obergaßner.)

Pariahund vom weißen Nil.
(Nach Keller, Die Abstammung der ältesten Haustiere.)

Tafel 2.

Eskimohunde in Nordgrönland.
(Nach einer Photographie von *Dr.* Arnold Heim.)

Schottischer Schäferhund in Deutschsüdwestafrika.
(Nach einer Photographie im Besitz der deutschen Kolonialschule in Witzenhausen.)

Wie heute noch allgemein im Orient besorgte dieser Pariahund hier schon in der Urzeit neben den Hausschweinen die Straßenreinigung. In altbabylonischen Texten wird er als *kalbu sigui*, d. h. umherschweifender Hund bezeichnet, der manchenorts den Schafherden lästig wurde, weil er sich zur Stillung seines übermächtigen Hungers an die jungen Schafe heranmachte. Da er sich für gewöhnlich von Aas ernährte, mied man ihn so viel als möglich als unheimliches Geistwesen und schützte sich vor seinem, wie man glaubte, krankmachendem Einflusse durch das Tragen von Amuletten, die, wie die Labartu, selbst hundeköpfig, sonst menschenähnlich, an der einen Brust ein Schwein, an der andern einen Hund, oder wie die Daua an beiden Brüsten Hunde säugend dargestellt wurden. Vielfach hing man sich auch Hundenachahmungen um. Alle Krankheitsdämonen wurden hundegestaltig dargestellt. So begreifen wir, wie bei den Semiten und durch sie bei allen Völkern des Morgenlandes der Hund eine verachtete Stellung einnahm, auch dann, als höher gezüchtete Formen desselben eingeführt wurden.

Wie die west- und südasiatischen Pariahunde, deren südlichster Zweig als Dingo schon in frühvorgeschichtlicher Zeit mit den dem altdravidischen Volkselemente Südasiens nahe verwandten Australiern in Australien einwanderte und hier in der Folge wiederum gänzlich verwilderte, vom ebenfalls in rostroter Färbung vorkommenden indischen Schakal abstammen, ist dies auch bei den meisten nord- und mittelafrikanischen Pariahunden der Fall. Dagegen leben im Nilgebiet und weiter westlich in Nordafrika Formen, die im Schädelbau stark von jenen abweichen und offenbar vom nubischen Schakalwolf (*Canis anthus*) abstammen. Der breite Kopf mit großen, aufrechtstehenden Ohren, der selbst im weiblichen Geschlecht stark entwickelte Scheitelkamm, die aufgetriebene, breite Stirn und der derbe, kräftige Schnauzenteil stimmen vollkommen mit diesem überein. Auch physiologische Gründe sprechen für diese Ableitung, so vor allem die Gewohnheit beider, im Boden Löcher zu graben und Aas hervorzuscharren. Bei den südafrikanischen Pariahunden dagegen scheint der dort einheimische Schabrackenschakal (*Canis mesomelas*) der eigentliche Stammvater zu sein.

Wie die kleineren, spitzartigen Haushunde vom Schakal, so stammen alle größeren vom Wolf in seinen verschiedenen Abarten ab. Der älteste dieser Wolfsabkömmlinge ist der in spätneolithischer Zeit in Mitteleuropa auftretende *Canis familiaris inostranzewi*, von Anutschin nach Inostranzew so genannt, der die Überreste desselben zusammen mit denjenigen des Torfhunds in Kulturschichten der jüngeren Steinzeit Rußlands am Ladogasee zuerst entdeckte. Später wurde er dann auch in Pfahlbauten des Neuenburger- (Font) und Bielersees (an der Schüß) mit einigen Kupfergegenständen gefunden. Dieser an Größe einem mittleren Fleischerhunde entsprechende Hund besaß einen durchaus wolfähnlichen Schädel von 17,7 *cm* Länge und näherte sich sehr dem in Nordrußland und Sibirien verbreiteten, bereits besprochenen Eskimohund, von dem wir konstatierten, daß er eine starke Blutmischung mit dem nordischen Wolfe aufweise. Gegenüber dem Schädel des Torfhundes erscheint der seinige langgestreckt, niedrig, mit stark entwickelter Scheitelleiste und überhaupt ausgeprägten Muskelansätzen. Von der breiten Stirne setzt sich der lang ausgezogene, vorn sich verjüngende Gesichtsteil deutlich ab.

Durch die Kreuzung dieses wolfähnlichen Hundes mit dem Pfahlbauspitz von Schakalabstammung entstand der Aschenhund, so genannt, weil seine Überreste vom Archäologen Grafen von Wurmbrand zuerst in Aschenschichten bei Weikersdorf in Niederösterreich gefunden wurden. Woldrich beschrieb sie im Jahre 1877 und nannte das Tier *Canis familiaris intermedius*. Weitere Überreste desselben fanden sich in Pulka und Ploscha in Böhmen. Mit einer Basilarlänge von 16,4 *cm* steht sein Schädel in der Mitte zwischen dem größeren wolfartigen Hund der Bronzezeit und dem kleineren Torfhund und war durch die bedeutende Stirnbreite und die Kürze der Schnauze ausgezeichnet.

Von diesem eigentlichen Jagdhund der Bronzezeit, der uns in einer bereits hängeohrigen, also hochgezüchteten Form auf einer Platte mit Tierdarstellungen von Hierokanopolis in Ägypten aus vorpharaonischer Zeit Antilopen und Steinböcke jagend entgegentritt, stammen die Laufhunde sowie die Vorstehhunde mit ihren verschiedenen Unterrassen ab. Und zwar schließt sich nach den eingehenden Untersuchungen von Prof. Theodor Studer in Bern der Schädel des schweizerischen Laufhundes in seiner Gestalt direkt an denjenigen des Aschenhundes an, dessen wesentliche Merkmale er bis in alle Details wiederholt, nur ist die Schädelhöhle bei ihm bedeutend geräumiger geworden, als Zeichen, daß er inzwischen bedeutend an Intelligenz zugenommen hat. Die Schädellängen schwanken zwischen 16,2 und 18,4 *cm*. Die größte Ähnlichkeit mit demjenigen des *Canis intermedius* zeigt der Schädel eines Laufhundes aus der helvetischen Station La Tène am Neuenburger See aus vorrömischer Zeit. Er stammt aus Kulturschichten, die neben zahlreichen eisernen Waffen und Geräten nebst bronzenen Schmuckgegenständen und Utensilien zahlreiche Knochen von Haustieren, wie Pferden, Rindern und Schweinen, lieferten. Schon bei ihm ist die Schädelkapsel etwas geräumiger, die Schläfenenge weniger eingeschnürt und die Stirne breiter und seitlich mehr gewölbt als beim Aschenhund, ein Prozeß, der sich im Laufe der Zeit noch steigerte bis zu den heutigen Laufhunden.

Schon in der Ilias ist vom Laufhund die Rede, der den Hirsch oder die Hirschkuh und deren Junges durch Täler und Schluchten verfolgt. Ein solcher Laufhund war der treue Argos, der einst zur Jagd auf wilde Ziegen, Rehe und Hasen gedient und das Aufspüren des Wildes trefflich verstanden hatte; kein Wild sei ihm je entkommen, wird in der Ilias von ihm gesagt. In der Folge hielten ihn die Griechen und Römer, aber auch die Völker nördlich der Alpen. So waren zur Zeit des Julius Cäsar die Gallier durch ihre

Laufhunde berühmt, die sich vortrefflich zum Aufspüren und Verfolgen der Beute bei der Jagd bewährten. Bei ihnen waren besonders die nach dem gallischen Stamme der Segusier zwischen Saône, Rhone und Allier von den Römern als *segusii* bezeichneten Hunde hoch geschätzt. Nach den Schilderungen der alten Schriftsteller Ovid, Plinius und Gratius waren es rauhhaarige Tiere, die nicht nur bei den Römern, sondern nach dem Berichte von Flavius Arrianus im Jahre 130 n. Chr. auch in Griechenland Aufnahme fanden. Noch bis in das 6. und 7. Jahrhundert werden sie als *segusii* angeführt, später aber erhielten sie nach ihrer hauptsächlichen Züchtung in der französischen Landschaft Bresse die Bezeichnung *chiens de Bresse*. Doch waren neben ihnen schon in römischer Zeit glatthaarige Laufhunde sehr verbreitet, wie uns verschiedene antike Darstellungen zeigen. Daß bei den Galliern verschiedene Rassen von Laufhunden vorkamen, beweist ein im Jahre 1735 in den Ruinen des alten Aventicum (Avenches), der Hauptstadt des römischen Helvetien, aufgefundenes Mosaik, das leider in den Stürmen der Revolutionszeit 1798 zugrunde ging; doch besitzt das historische Museum in Bern die 1794 in Farben ausgeführte Originalkopie von Ingenieur Ritter, der im Auftrage der Berner Regierung damals die in Avenches zutage geförderten Altertümer untersuchte und kopierte. Wir sehen darauf, wie der wahrscheinlich helvetische Besitzer seine geliebten Jagdhunde und sein bevorzugtes Wild neben einer durchaus nicht dazu passenden Darstellung des auf dem Pegasus reitenden Perseus, Tubabläsern, Bären und Delphinen wiedergeben ließ. Zu oberst springt ein glatthaariger, langgestreckter Hund von graugelblicher Färbung, in dem wir unschwer einen Hirschhund erkennen, einer Hirschkuh nach. Darunter verfolgt ein großer Laufhund, weiß mit braunen Platten mit hoher, stumpfer Schnauze — M. Siber vergleicht ihn mit dem dreifarbigen Berner Laufhund —, ein nicht mehr erhaltenes Wild. Im dritten Feld verfolgt ein schwerer, breitköpfiger und untersetzter Jagdhund einen Eber, im vierten läuft ein kleiner, gefleckter Jagdhund, in welchem M. Siber den Hasenhund *par excellence*, den gewöhnlichen weiß und gelben Schweizer Laufhund sieht, einem Hasen nach. Also muß schon im 1. Jahrhundert n. Chr. der von uns als Laufhund bezeichnete eigentliche Jagdhund bei den Helvetiern in einer ganzen Anzahl dem verschiedenen Wilde, das er verfolgen sollte, angepaßte Rassen zerfallen gewesen sein.

Auch bei den Germanen scheinen Laufhunde unter dem Namen *segusu*, *seusii*, *seuces* — wohl von Gallien importiert —, ferner Bracken (*braccones*) in kleineren und größeren Formen vorgekommen zu sein. Sie alle werden in den alamannischen und bajuvarischen Volksgesetzen, die etwa um 700 n. Chr. verfaßt wurden, erwähnt. Eine besonders wichtige Rolle spielte bei den alten Deutschen der Leitihund (Leithund), dessen Verletzung mit den schwersten Strafen bedroht wurde. Nach der Abbildung Ridingers war dies ein stämmiger, mittelgroßer Hund mit untersetztem Körperbau, breiter Brust, starkem, breitstirnigem Kopf und hoher Schnauze, mit langem, breitem Behang, glatthaarig, vom Aussehen eines plumpen Laufhundes. Derselbe wurde bei der Jagd an der Leine geführt und erhielt seinen Namen davon, daß er den Jäger, den Spuren des Wildes folgend, zum Jagdobjekt leitete. Diese Rasse, die anscheinend zu Anfang des 19. Jahrhunderts ausstarb, war schon zu Anfang des Mittelalters bei den germanischen Völkern aus den gewöhnlichen, laut jagenden Treibhunden als bestimmte, selbständige Rasse hervorgegangen. Später diente er dazu, einen ganz bestimmten jagdbaren Hirsch auf der Vorsuche vor der eigentlichen Jagd auszumachen und auf einem bestimmten Standorte zu bestätigen.

Wie die Laufhunde auf primitiver Stufe verbliebene Jagdhunde sind, die dem aufgespürten Wilde laut bellend nachsetzen, so sind die Vorstehhunde eine weit höher gezüchtete Form des alten Jagdhundes. Dieser darf nicht mehr seine alte Raubtiernatur zum Vorschein kommen lassen, sondern muß allen seinen angeborenen Instinkten entgegen das von ihm durch sein feines Geruchsorgan aufgestöberte Wild durch unbewegliches Stillsitzen vor ihm, den Kopf nach ihm hingewendet, das Hinterteil etwas gesenkt und einen Vorderlauf erhoben, dem Jäger anzeigen. Dieses „Vorstehen" ist tatsächlich auch die einzige Arbeit des modernen Setters und Pointers, die, wie der Name schon andeutet, in England aus dem altspanischen Vorstehhund in teils kurzhaarigen, teils langhaarigen Formen hochgezüchtet wurden.

Das deutsche Gegenstück zu diesen glänzenden englischen Virtuosen, dem besten Gehilfen des sportmäßigen *shooting*, ist der kurzhaarige deutsche Vorstehhund, der beste Freund und Genosse des deutschen Weidmannes. Schon im 15. und 16. Jahrhundert besaß man in Deutschland kurzhaarige Vorstehhunde zur Habicht- und Falkenbeize auf Feldhühner und Hasen. Die ältesten Feuergewehrjäger des 17. Jahrhunderts, die mit ihren schwerfälligen „Schroth-Büxen" nur auf ruhende oder langsam sich bewegende Ziele zu schießen vermochten, verwendeten diese Jagdhunde wesentlich nur zum Apportieren. Erst nachdem durch die französische Erfindung des Feuersteinschlosses und selbsttätigen Pulverpfannendeckels das Gewehr genügend verbessert war und damit die Periode der Schießjagd ihren Anfang nahm, kam im 18. Jahrhundert der Vorstehhund bei den fürstlichen Jägern wieder zu Ehren und verdrängte bei diesen den bis dahin üblichen „englischen" Hatzhund. Bei den regen Verbindungen des Fürstenhauses von Hannover mit England kann es nicht verwundern, daß dann der deutsche Vorstehhund mit dem hochgezüchteten englischen Typus verbessert wurde, bis schließlich unsere unübertrefflichen vielseitigen Gebrauchshunde hervorgingen, die zu den verschiedensten jagdlichen Verrichtungen verwendet werden können.

Einem glatthaarigen Vorstehhund ähnelt an Größe und Gestalt der Schweißhund der deutschen Weidmänner. Die kräftig gebauten, lohbraun bis fahlgelb gefärbten Tiere mit schwärzlichem Anflug an Schnauze und Ohren besitzen einen breiten, wenig gewölbten Kopf. Die Lippen der stumpfen Schnauze fallen breit über und bilden im Mundwinkel eine starke Falte; die breitlappigen Ohren sind mittellang und unten abgerundet. Er ist ein kaum zu entbehrender Gehilfe bei Ausübung der Jagd auf Hochwild, indem er die Fährte angeschossener Tiere zu verfolgen hat. An der Leine gehalten, führt er bei der Nachsuche den Jäger still durch Busch und Wald zu der Stelle, wo das weidwunde Tier sich niedergelegt hat. Ist er freigelassen und hat er das Wild verendet gefunden, so „verbellt er es tot", ist dieses aber noch flüchtig geworden, so hetzt er es laut und stellt es, bis der Herr herankommt und die Jagd mit einem Fangschuß beendet.

Nicht zu verwechseln mit diesem wichtigen Jagdgehilfen ist der Hirschhund, der sich durch sein scharfes Spürvermögen und seine außerordentliche Schnelligkeit auszeichnet. Gegenwärtig befinden sich nur noch wenige im Besitz des englischen Königs. Früher war dieses Tier ein wichtiges Inventarstück am britischen Hofe, das bei den großen Hirschhetzen, an denen besonders Georg III. als leidenschaftlicher Liebhaber dieses Sportes oft persönlich teilnahm, eine sehr wichtige Rolle als Parforcehund spielte. Nicht selten hetzte man mit solchem Eifer, daß von den 100 berittenen Jägern, die anfangs hinter dem Hirsche dreinritten, zuletzt nur noch 10 oder 20 übrig waren, wenn das flüchtige Wild von der Meute der Hirschhunde gepackt wurde. Man durchritt dabei in Windeseile unglaubliche Entfernungen und setzte die Jagd oft so lange fort, bis ein großer Teil der Pferde und selbst viele Hunde dabei zugrunde gingen.

Diese Hirschhunde waren namentlich bei den alten keltischen Völkerschaften als Jagdhunde sehr verbreitet und wurden noch im Mittelalter auf dem mitteleuropäischen Festlande viel gehalten. Nach dem bereits erwähnten Berner Professor Th. Studer sind sie die wenig veränderten Nachkommen des als *Canis familiaris leineri* bezeichneten Wolfabkömmlings, dessen Überreste bisher in einem einzigen Exemplar im neolithischen Pfahlbau von Bodmann am Überlinger See gefunden und nach dem nunmehr verstorbenen Direktor des Rosgartenmuseums in Konstanz, *Dr.* Leiner, von Studer so genannt wurden. Die Eigentümlichkeit dieser Rasse besteht in einer langgestreckten, gewölbten Hirnkapsel mit mäßig entwickelter, gerader Scheitelleiste an dem an der Basis gemessen 20 *cm* langen Schädel. Die stumpf abgerundete Schnauze ist vor den Eckzähnen noch 3,5 *cm* breit. In seiner schlanken Form erinnert der Schädel an den des Windhundes und in seiner geraden Profillinie an den gleich zu besprechenden Bronzehund. Das unvermittelte Auftreten dieses Tieres weist auf den zunehmenden Handelsverkehr jener Gegenden mit dem Süden, von wo es zweifelsohne eingeführt wurde. Sein Entdecker wies nämlich nach, daß es jedenfalls auf den indischen Wolf (*Canis pallipes*) zurückgeht, der viel kleiner ist als der europäische Wolf, nämlich bei einer Schulterhöhe von 65 *cm* nur eine Gesamtlänge von 130 *cm* erreicht, wovon übrigens 40 *cm* auf den Schwanz entfallen. Von Indien aus erstreckt sich sein Verbreitungsgebiet bis nach Ostpersien. Sein gewöhnlicher Aufenthaltsort scheint das offene Gelände zu sein, während er das Waldgebiet möglichst meidet. Nach den Angaben der Eingeborenen haben die indischen Wölfe die Gewohnheit, weidende Antilopen oder Schafe nach einer günstigen Fangstelle zu treiben, was einen Fingerzeig dafür gibt, wie bei seinen gezähmten Nachkommen dieser Instinkt zum Bewachen und Zusammentreiben von Herdetieren durch zielbewußte Erziehung weiter ausgebildet wurde. Jeitteles nimmt Persien als den Ort der ersten Domestikation des indischen Wolfes an. Von dort kam dann dieses Tier nach seiner Zähmung als Haustier über Kleinasien und der Donau entlang ins Herz von Europa, um hier bald neben dem Torfhund recht beliebt zu werden.

Von dieser südlichen Haushundrasse leitet sich zweifellos der Bronzehund ab, den Jeitteles 1872 in einer vorgeschichtlichen Ablagerung der Stadt Olmütz entdeckte und unter dem Namen *Canis familiaris matris optimae* — seiner Mutter zu Ehren so genannt — beschrieb. In der Folge entdeckte man diesen an neun verschiedenen Orten Mitteleuropas in Kulturresten der Bronzezeit, so daß man annehmen darf, daß er zur Bronzezeit neben dem kleineren Torfspitz von Schakalabstammung ziemlich verbreitet war. Sein Schädel von durchschnittlich 18 *cm* Basislänge hat eine weniger gewölbte Hirnkapsel und eine längere und spitzere Schnauze als derjenige des Torfhundes. Diesen *Canis familiaris matris optimae* möchte neuerdings M. Hilzheimer in Stuttgart von einem kleinen Wolf ableiten, der nach seinen Untersuchungen Südschweden und die gegenüberliegenden Küstenländer Rußlands bewohnte. Damit stimmt überein, daß Th. Studer in Bern diesen von einem Hund ableiten will, der in einer jungsteinzeitlichen Ablagerung Nordwestrußlands gefunden und von ihm *Canis putiatini* genannt wurde. Was nun die Funktion der beiden Haushunde Mitteleuropas zur Bronzezeit betrifft, so nimmt Naumann an, daß der Torfspitz damals wie früher mehr zum Bewachen des Hauses, der Bronzehund dagegen mehr zum Bewachen und Hüten der Herden, besonders von Schafen, benutzt wurde. Letzteres ist sehr wohl möglich, um so mehr die Großviehhaltung zur Zeit der Bronzekultur gegenüber der Kleinviehzucht entschieden zurücktrat und besonders die Aufzucht des Schafes zur Gewinnung der damals zuerst in größerer Menge beliebt werdenden Wollkleidung einen großen Umfang annahm.

Jedenfalls sind unsere Schäferhunde die direkten Abkömmlinge des Bronzehundes. In allen Formen des Schädelbaues stimmen sie mit denjenigen des Bronzehundes vollkommen überein. Allerdings ist der Schäferhund, wie wir ihn heute kennen, kaum 200 Jahre alt. Seine Ausbildung begann erst mit der Ausrottung des Wolfes. Bis dahin war seine Stelle vom hatzhundähnlichen, mit Stachelhalsband bewehrten „Schafrüden" eingenommen worden, der nur das Raubzeug, also vor allem den Wolf, abzuhalten hatte, gewöhnlich aber vom Hirten am Stricke geführt wurde, während dieser seine Herde selbst hütete und, die Schalmei oder den Dudelsack blasend, vor ihr herging. Als dann in England zuerst der Wolf ausgerottet wurde, entwickelte sich dort aus den klugen und wetterharten wolfähnlichen Landhundschlägen ein Schäferhund in unserem Sinne, dessen sich dann die Liebhaber bemächtigten, um aus ihm schließlich den hochedlen Rassenhund zu züchten, der uns heute im Collie oder schottischen Schäferhund entgegentritt. Wie der englische ist dann später auch der deutsche Schäferhund aus wolfähnlichen Landhunden herausgezüchtet worden; nur wurde er nicht so verfeinert, um nicht zu sagen überfeinert, sondern blieb ein derber, wetterharter und genügsamer Gesell.

Aus kleinen Schäferhundformen ging schließlich im Mittelalter der Pudel hervor, der Artist unter den Hunden. Er erscheint nach Studer zuerst in den Abbildungen der geduldigen Griselda von Pinturicchio als solcher. Seine Ursprungsform ist der Hirtenhund früherer Zeiten, der alte „Schafbudel", der früher auch als Jagdhund verwendet wurde. Vermutlich hat er im Laufe der Zeit eine ziemliche Beimischung von Blut des vom *Canis familiaris intermedius* der Bronzezeit abstammenden Jagdhundes erhalten, da er früher viel für die Jagd, besonders die Wasserjagd, verwendet wurde. Später wurde er dann dank seiner Intelligenz und Gelehrigkeit zum persönlichen Gesellschafter, Begleit- und Stubenhund erhoben und durch zielbewußte Zucht zu einer Kulturrasse von besonderer Ausprägung erhoben. Wo dies zuerst geschah, wird schwer zu entscheiden sein. Die ersten Darstellungen desselben beziehen sich auf Burgund. In jener Zeit des Mittelalters war der Jagdsport so allgemein und der Austausch der tierischen Jagdgehilfen so international — man denke nur an den massenhaften Bezug von nordischen Jagdfalken aus Island und Grönland, die für ganz Europa den Bedarf deckten —, daß es fast unmöglich sein wird, festzustellen, wo eine bestimmte Rasse zuerst erzeugt wurde. In Deutschland sollen größere Pudelformen erst im 16. Jahrhundert aufgetreten sein.

Sowohl mit Rücksicht auf ihren Körperbau als ihre geistige Eigenart bilden unter allen Hunden die Windhunde die am schärfsten umschriebene Rassengruppe. Der schlanke, zierliche Körper mit schmalen, hoch hinaufgezogenen Lenden und geräumiger Brust ruht auf hohen, sehnigen Gliedmaßen und trägt einen fein gebauten Kopf mit lang vorgezogener Schnauze, indem der Gesichtsschädel stark verlängert, dabei schmal und hoch ist, so daß die Lückenzähne auseinandergerückt sind. Die aufrecht gestellten Ohren sind an der Spitze gewöhnlich umgebogen. Der lange, dünne Schwanz wird hängend getragen und ist bisweilen am Ende nach oben gekrümmt. Die Behaarung ist in der Regel sehr kurz und dicht anliegend. Nur in den mehr nach dem kalten Norden gelegenen Wohngebieten entwickelt sich als Wärmeschutz ein längeres Grannenhaar.

Diese kurze Behaarung, die in unserem kühlen Klima leicht Veranlassung zum Frieren gibt, deutet auf die Herkunft der Windhunde aus dem Süden, und zwar weist das unruhige, ungemein bewegliche Wesen und das leichte Orientierungsvermögen, das ihnen eigentümlich ist, wie auch der schlanke Bau mit der stark entwickelten Brust mit geräumigen Lungen auf die tropische Steppe als ursprünglichem Wohngebiet dieser Tiere. Dort sind ja auch die ähnlich gebauten Antilopen zu Hause.

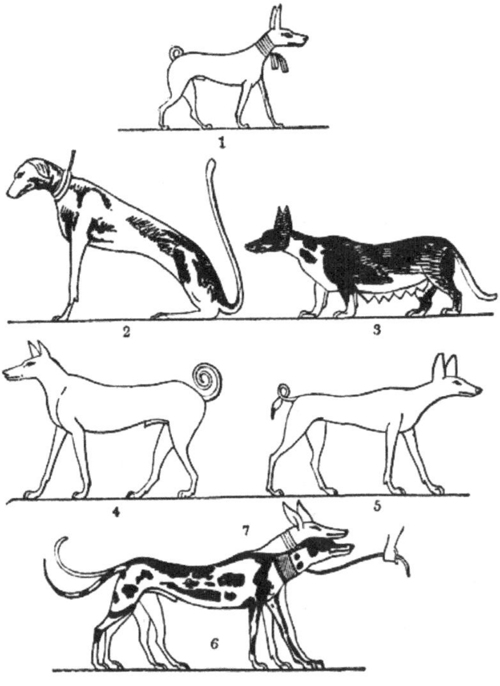

Bild 2. Darstellungen verschiedener Hunderassen auf altägyptischen Denkmälern.
(Nach den Wandmalereien zusammengestellt von Wilkinson.)

2 u. 6 Jagdhunde mit Hängeohren als Beweis einer weitgehenden Einwirkung der Domestikation, 3 Weibchen einer dachshundartigen Rasse, 1, 4, 5 u. 7 Windhunde.

In Europa erscheinen die dieser Rasse angehörenden zahmen Hunde spät. Noch zur Bronzezeit fehlten sie hier gänzlich. Auch in Asien vermissen wir sie in den ältesten für uns nachweisbaren Kulturperioden, so auch in der altbabylonischen Zeit. Im alten Ägypten dagegen finden wir schon zur Zeit der 4. Dynastie (2930–2750 v. Chr.) neben dem auch hier die ursprünglich verbreitete Hunderasse darstellenden Torfhund, dem Spitz von Schakalabstammung, einen hochbeinigen, glatthaarigen, stehohrigen Windhund auf den alten Grabdenkmälern abgebildet. Die aufrechtstehenden Ohren weisen darauf hin, daß die Domestikation noch nicht allzusehr auf ihn eingewirkt hatte. Zuerst vermutete der Pariser Zoologe Geoffroy St. Hilaire und nach ihm der Züricher Konrad Keller, daß der langbeinige, spitzschnauzige abessinische Wolf (*Canis simensis*) der Stammvater des altägyptischen Windhundes sei. Er sei schon zu Ende des 4. vorchristlichen Jahrtausends irgendwo in Nubien gezähmt und zum Haustier erhoben worden. Dem entgegen machen die meisten Autoren geltend, daß die Windhunde, die uns allerdings in Ägypten zuerst entgegentreten, nicht einheitlichen Stammes sein können, daß die größeren und kleineren Formen verschiedenen Ursprungs seien. Letztere stammen zweifellos aus dem Niltal; doch meint neuerdings M. Hilzheimer, daß nicht der abessinische Wolf, sondern eine auffallend schlanke Schakalart, *Canis lupaster*, der Ausgangspunkt dieser Rasse sei. Dieser Schakal sei dem schakalköpfig dargestellten altägyptischen Gotte Anubis, dem Geleiter und Schützer der Toten, heilig gewesen, und man habe in Assiut Schädel bei Hundemumien gefunden, die denjenigen dieses schlanken Schakals außerordentlich ähneln. Diese aus Nubien stammenden kleineren Windhunde der Ägypter werden auf den Grabdenkmälern mit dünnem, teilweise geringeltem Schwanze abgebildet. Sie wurden dann durch die Phönikier nach Syrien gebracht und gelangten von da wohl über Kleinasien zu den Griechen, dann auch nach Mittelitalien zu den Etruskern und später durch die Römer in die Länder nördlich der Alpen.

Die größeren Windhunde dagegen führt M. Hilzheimer auf einen im Nordwesten des Schwarzen Meeres heimischen hochgestellten Steppenwolf zurück, der vom Menschen gezähmt und zu seinem Jagdgehilfen erhoben wurde. Noch heute ist er als solcher für die Jagd in der Steppe unentbehrlich. Auf diesen Wolf sei der als Barsoi bezeichnete langhaarige russische Windhund, wie auch die gleichfalls für die Jagd benutzten großen Windhunde, der persische Tasi und der durch ganz Nordafrika verbreitete Slughi, zurückzuführen. Der westlichste Vertreter derselben ist der englische Greyhound, der in ganz ähnlicher Gestalt schon auf etruskischen Grabdenkmälern erscheint. Also muß diese Windhundart schon frühe aus Westasien nach Südeuropa gelangt sein.

Der älteste stehohrige Windhund Altägyptens ist aus ganz Nordafrika verschwunden. Nach Keller hat er sich nur noch auf den Balearen östlich von Spanien im Ibizahund erhalten, so genannt, weil er nach den Kennern von der Insel Ibiza stammt, wohin er wohl von Nordafrika her durch die Karthager gebracht wurde. Auf die Frage, weshalb sich der Pharaonenwindhund ganz abseits vom Niltal auf den spanischen Inseln des Mittelmeeres bis heute erhalten konnte, während er sonst überall verschwand, antwortet Keller: „Es ist das Kaninchen, das uns diesen alten Windhund gerettet hat. Die Balearen waren schon im Altertum ihres Kaninchenreichtums wegen berühmt. Die dort angesiedelten römischen Kolonisten wandten sich, wie Plinius berichtet, an ihr Mutterland, damit dieses Soldaten schicke, um die Kaninchenplage zu beseitigen. Aber viel wirksamer erwiesen sich die von den Pityusen eingeführten Ibizahunde, die dem schädlichen Nager mit großem Geschick zu Leibe gehen. Dieser ausgesprochene Jagdinstinkt hat sich vererbt, und wir erfahren ja durch das bekannte Gemälde, das Prisse d'Avennes unter dem Titel ‚Rückkehr von der Jagd' aus der Nekropole von Theben veröffentlicht hat, daß die altägyptischen Windhunde zur Jagd auf Hasen verwendet wurden."

Derselbe Autor hat, wie 1906 den Ibizahund auf den Balearen, so später auf der Insel Mallorka auch einen stehohrigen dachsartigen Hund, wie er im alten Ägypten gezüchtet wurde, gefunden. Diesen führt er, wie alle Dachshunde überhaupt, auf den altägyptischen Windhund zurück, der durch vererbte Rachitis die ihm eigentümlichen kurzen, gekrümmten Beine erhielt. Nun sind allerdings schon im 3. vorchristlichen Jahrtausend niedrige, langgestreckte, stehohrige Hunde unter dem Namen *trqu*, was etwa Feuriger, Heißer bedeutet, zur Jagd gebraucht worden. Doch ist es durchaus nicht sicher, wie Keller annimmt, daß unser deutscher Teckel auf diesen zurückgeführt werden darf. Leider ist die Geschichte dieses letzteren durchaus noch im dunkeln. Heute haben die Dachshunde, die den feinen Spürsinn der Jagdhunde besitzen, daneben sehr intelligent und bei der Jagd äußerst ausdauernd sind, als Zeichen einer uralten Kultur typische Hängeohren.

Weit besser geklärt als die Geschichte der Wind- und Dachshunde ist diejenige der Doggen. Kann man erstere ihrem geistigen Wesen nach als Sanguiniker bezeichnen, so sind letztere mehr die Choleriker unter den Hunden. Ihr vehementer Angriff ist zu fürchten und zeugt von bissigem Wesen, das dem Feinde gefährlich wird; aber dem eigenen Herrn gegenüber sind sie fügsam und treu. Auch im Körperbau sind sie in ihrer massigen Erscheinung das reine Gegenstück zu den zierlichen, schlanken Windhunden. Ihre gedrungene Gestalt mit ungemein kräftiger Muskulatur trägt einen schwergebauten Schädel mit relativ langem Gehirn- und kurzem, breitem Schnauzenteil. Am Kopf erscheinen die Ohren hoch angesetzt und am verkürzten Gesichtsteil legt sich die Haut gern in Falten, welche in den

Lippen schlaff herabhängen. Auch die Augenlider sind vielfach schlaff und kehren unten die rote, nackte Bindehaut heraus, was dem Gesicht einen eigentümlichen Ausdruck verleiht. An den kurzen Hals schließt sich eine breite Brust an, die Weichen sind wenig hoch aufgezogen, die Beine mittelhoch und mit kräftiger Muskulatur versehen. Ursprünglich war die Körperbehaarung lang, fast zottig, als Beweis, daß diese Hunderasse von einer in einem kalten Klima lebenden Wolfsart abstammt. Auch der Schwanz war buschig. Doch sind später aus diesen langhaarigen auch kurzhaarige Doggen entstanden, deren Schwanz auch nur kurz behaart ist.

Im vorgeschichtlichen Europa und im alten Ägypten fehlen diese gewaltigen Hunde vollständig, dagegen treffen wir sie schon in kurzhaarigen Formen in Vorderasien bei den alten Assyriern in der ersten Hälfte des letzten Jahrtausends v. Chr. an. Und zwar scheinen die Assyrier diese Hunde aus Indien erhalten zu haben, das sie seinerseits aus dem Hochlande von Tibet bezog. Nach Prof. Konrad Keller ist zweiffellos der auffallend große, schwarze Tibetwolf (*Canis niger*) der Stammvater dieser mächtigen, ebenfalls zottig schwarz behaarten Hunde, die im warmen Indien und Vorderasien ihre lange Behaarung bald verloren und kurzhaarig wurden. Der große, schwarze Wolf — den Sclater 1874 zuerst als reichlich 1 *m* langen Wildhund beschrieb —, der im durchschnittlich Mont Blanc-Höhe aufweisenden Hochlande von Tibet neben dem gemeinen grauen Wolfe vorkommt, ist in den kräftig bemuskelten Beinen auffallend tief gestellt, hat an Hals und Brust eine auffallend lange Behaarung von schwarzer Farbe, alles Merkmale die auch die Tibetdoggen aufweisen, nur daß diese neben dem schwarzen Haarkleid häufig einen weißen Bruststern und weiße Pfoten aufweisen. Von den Abkömmlingen dieser Hunderassen waren nach den vorliegenden literarischen Quellen auch die altassyrischen Doggen und die von diesen abzuleitenden Molosserhunde der Griechen und später der Römer vorwiegend schwarz, teils einfarbig, teils auch mit weißen Flecken. Die späteren davon abweichenden Färbungen sind offenbar erst sekundär erworben worden.

Die großen Tibetdoggen sind heute noch in Europa wenig bekannt. Die ältesten Angaben über dieselben findet man in der chinesischen Literatur, nämlich im Schu-king, demzufolge 1121 v. Chr. ein Tibethund, der auf die Menschenjagd dressiert war, als Geschenk an den Kaiser von China gelangte. Heute bringen tibetische Händler solche häufig nach dem chinesischen Reich. Nach Europa gelangte die erste Kunde von diesen gewaltigen Tibethunden zu Ende des 13. Jahrhunderts durch den Venezianer Marco Polo, der erzählte, daß er die Größe eines Esels erreiche und zur Jagd auf wilde Ochsen (Yaks) verwendet werde. Fünf Jahrhunderte hindurch hörte man nichts mehr von ihm, bis der Engländer Samuel Turner um 1800 auf einer Gesandschaftsreise im Auftrage der Ostindischen Kompanie nach

Tibet diese starken Hunde von 70–80 *cm* Schulterhöhe antraf, die er als bösartig bezeichnet. Nach ihm gab Bryan Hodgson eine genauere Beschreibung von ihnen. Er bezeichnet die Hunde von Tibets Hauptstadt Lhassa als die schönsten; sie seien von schwarzer Farbe mit braunen Beinen. Nach Hooker wird diese Dogge bei den Karawanen der Tibeter vielfach zum Lasttragen benützt. Diese Rasse, die nur vereinzelt über Tibet hinausgeht und z. B. in den Vorbergen des Himalajas vereinzelt angetroffen wird, steht schon durch die ziemlich wenig verkürzte Schnauze der Stammform am nächsten.

Die Geschichte der Doggen ist kurz folgende: Der Bildungsherd, in welchem durch Zähmung des großen, schwarzen Tibetwolfes die ältesten Doggen hervorgingen, ist Tibet. Von hier drangen diese durch ihre Stärke geschätzten Nutztiere nach Nepal und Indien, vereinzelt auch nach China vor. Von Indien aus gelangten sie frühe nach Persien und von da bereits in einer kurzhaarigen Form in der ersten Hälfte des letzten vorchristlichen Jahrtausends nach Assyrien und Babylonien, wo wir sie mehrfach als Jagdhunde, teils an einem Riemen geführt, teils frei dahinstürmend, abgebildet finden. So finden wir eine höchst charakteristische Darstellung der assyrischen Dogge auf einer Topfscherbe aus Birs Nimrud. Noch viel wahrheitsgetreuer sind die auch künstlerisch viel höher stehenden Basreliefs von dem aus dem Jahre 668 v. Chr. stammenden Palast Asurbanipals in Kujundschik, die nun ebenfalls im Britischen Museum sind. Auf der einen Darstellung sehen wir den Auszug zur Jagd. Einige Jäger schreiten mit den Fangnetzen voran; ihnen folgen andere, eine kampfbegierig vorwärtsstürmende Dogge an der Leine führend. Auf der andern erblicken wir, wie vier bissige Doggen mit kräftigen Halsbändern ein Wildpferd anfallen und es niederzureißen versuchen.

Später erwähnt Herodot um die Mitte des 5. vorchristlichen Jahrhunderts, ein Satrap von Babylon habe die Einkünfte von vier Städten auf den Unterhalt solcher Hunde verwendet, was auf eine größere Zahl derselben schließen läßt. Zu seiner Zeit gab es ähnlich große Hunde auch in Epirus, wohin sie nach Keller aus den Euphratländern durch den Zug des Xerxes gekommen sein sollen. Nachschübe dieser Doggen erfolgten durch den Eroberungszug Alexanders des Großen nach Indien, indem dieser makedonische König ihm vom Könige Porus und andern indischen Fürsten geschenkte gewaltige Hunde nach seiner Heimat Makedonien sandte. Über die Leistungsfähigkeit dieser indischen Hunde, die nur Tibeter gewesen sein können, erzählt der römische Geschichtschreiber Curtius Rufus auf griechische Quellen gestützt folgendes: Nach Überschreitung des Hydaspes und nach Besiegung des Porus kam Alexander ins Gebiet des Königs Sopites. „In diesem Lande gibt es sehr vortreffliche Jagdhunde, die, wie man sagt, beim Anblick eines Wildes sogleich zu bellen aufhören und besonders für die

Löwenhatz sehr gut sind. Um Alexander davon zum Augenzeugen zu machen, ließ Sopites einen außerordentlich großen Löwen bringen und ihn bloß von vier Hunden hetzen, die sogleich den Löwen anpackten. Ein Hatzknecht nahm hierauf einen dieser Hunde, die am Löwen hingen, bei einem Bein und suchte ihn loszureißen. Als er nicht loslassen wollte, hieb er ihm dieses ab. Da er aber auch dies nicht beachtete, hieb er ihm ein zweites Bein ab, und, weil er noch immer den Löwen festhielt, schnitt er ihm ein Glied nach dem andern vom Rumpfe, und trotzdem hielt der Hund, obschon inzwischen tot, noch den Löwen mit den Zähnen fest. So hitzig sind diese Tiere von Natur auf die Jagd!"

Etwas abweichend von diesem Berichte erzählt der griechische Geschichtschreiber Diodorus Siculus zur Zeit Cäsars und Augustus: „Der indische König Sopites kam aus seiner Residenz dem Alexander entgegen, bewirtete dessen Soldaten einige Tage hindurch aufs glänzendste und schenkte ihm außer vielen andern wertvollen Dingen 150 Hunde von außerordentlicher Größe und Stärke. Um nun eine Probe von ihren Heldentaten zu geben, ließ er vor Alexander einen großen Löwen in ein Gehege bringen, und ließ dann auch zwei der schwächlichsten der geschenkten Hunde hinein. Diesen war der Löwe überlegen. Jetzt wurden noch zwei andere Hunde hineingelassen, und bald hatten die vier Hunde den Löwen so gepackt, daß sie ihn überwältigten. Darauf schickte Sopites einen Mann ins Gehege, der ein großes Messer trug, um einem der Hunde das rechte Bein abzuschneiden. Als Alexander das sah, schrie er voll Entsetzen auf, und Leute seiner Leibwache eilten hin, dem Inder Einhalt zu gebieten. Sopites aber versprach dem Alexander, er wolle ihm drei andere Hunde für den einen geben; und so schnitt denn der Inder dem Hunde ganz langsam das Bein ab, ohne daß dieser sich muckste. Er hielt im Gegenteil den Löwen mit seinen Zähnen so lange fest, bis er sich verblutet hatte und starb." Nebenbei bemerkt kommt es auch heute nicht selten bei Sauhatzen vor, daß sich Hunde so fest in das Beutetier verbeißen, daß sie von selbst nicht wieder loskommen können. Für diesen Fall muß der Hatzmeister dem Hunde einen stets bei sich geführten fußlangen Holzknebel von der Seite in den Mund schieben, indem er diesen behutsam öffnet.

Einen weiteren Bericht über die außerordentliche Leistungsfähigkeit dieser indischen Doggen hat uns der ältere Plinius in seiner Naturgeschichte überliefert. Er schreibt nämlich: „Als Alexander (der Große) nach Indien zog, hatte ihm der König von Albanien einen Hund von ungeheurer Größe geschenkt. Das gewaltige Tier gefiel ihm, und er ließ erst Bären, dann Eber und endlich Antilopen zu ihm; aber der Hund blieb ruhig liegen und blickte sie mit Verachtung an. Erbittert über dessen Faulheit ließ ihn der Eroberer töten. Dies erfuhr der König von Albanien und sandte ihm einen anderen, mit der Aufforderung, ihn nicht an schwachen Tieren, sondern an Löwen und Elefanten zu versuchen; er habe nur zwei solcher Hunde gehabt und dieses sei der letzte. Ohne sich lange zu besinnen, ließ Alexander einen Löwen los; diesen machte der Hund augenblicklich nieder. Darauf befahl er, einen Elefanten vorzuführen, und nie sah er ein Schauspiel mit größerem Vergnügen an als das, das sich ihm jetzt darbot: Der Hund sträubte alle seine Haare, bellte furchtbar donnernd, erhob sich, sprang bald links, bald rechts gegen den Feind, bedrängte ihn und wich wieder zurück, benutzte jede Blöße, die er sich gab, sicherte sich selbst vor dessen Stößen und brachte es so weit, daß der Elefant vom immerwährenden Umdrehen schwindelig niederstürzte, so daß bei seinem Falle die Erde erdröhnte." Jedenfalls waren diese indischen Hunde von einer den Griechen bis dahin für unmöglich gehaltenen Tapferkeit und Stärke.

In Griechenland erfreuten sich die großen epirotischen Hunde neben den lakonischen von ägyptischer Windhundabstammung, die zur Jagd dienten, und den vom westasiatischen Schakal stammenden Spitzhunden, die als getreue Wächter des Hauses gehalten wurden, in der klassischen Zeit der größten Wertschätzung. Der 389 v. Chr. verstorbene attische Dichter Aristophanes berichtet, daß die starken epirotischen Hunde von fürsorglichen Ehemännern zur Hut der Frauengemächer benutzt wurden. Wie grimmig diese dreingeschaut haben müssen, beweist die Tatsache, daß der finsterblickende Höllenhund Kerberos von den Dichtern zum Stammvater der epirotischen Zuchten erklärt wurde.

Von den Griechen erhielten dann die Römer die hochgeschätzte epirotische Dogge, die sie Molosser (*canis molossus*) nannten. Eine eingehende Beschreibung des Tieres gibt der römische Ackerbauschriftsteller Columella um die Mitte des 1. Jahrhunderts n. Chr., und hebt den mächtigen Kopf des Tieres hervor. Diesen gewaltigen Hund, den sie mit Vorliebe bei den blutigen Tierhetzen im Amphitheater verwendeten und mit dem sie gewiß bei den Helvetiern und Germanen Aufsehen erregten, brachten die Römer zu Beginn der christlichen Zeitrechnung auch in ihre Kolonien nördlich der Alpen. So fand man vor einem Jahrzehnt im römischen Standlager von Vindonissa (dem heutigen Windisch am Zusammenfluß von Aare und Reuß) auf mehreren offenbar an Ort und Stelle hergestellten Tonlämpchen ein vollständiges Hundebild, das gut auf den antiken Molosser paßt. Es stellt einen sehr kräftig gebauten, hängeohrigen Hund dar, dessen Kopf eine dicke Schnauze aufweist. Der Körper erscheint langhaarig und der starkbehaarte Schwanz erinnert lebhaft an denjenigen unserer Bernhardinerhunde. Bemerkenswert und ebenfalls für den Doggencharakter sprechend ist der Umstand, daß an der Hinterpfote eine deutliche Wolfsklaue gezeichnet ist. Später kam eben dort auch ein wohlerhaltener Molosserschädel zum Vorschein, der nun in der Landwirtschaftlichen Sammlung in Zürich aufbewahrt wird.

Tafel 3.

„Vor dem Hunde wird gewarnt."
Mosaik aus einem Hausflur in Pompeji.

Tonlampe mit Molosserhund aus Vindonissa.
(Nach Keller, Die Abstammung der ältesten Haustiere.)

Tafel 4.

Jäger des Assyrerkönigs Assurbanipal (668–626 v. Chr.) mit Jagdhunden und Fangnetzen.
(Nach einer Photographie von Mansell & Cie. in London.)

Tafel 5.

Darstellung eines altägyptischen Hundes der Windhundrasse.
Im Museum des Louvre.

Tafel 6.

Altägyptische Windhunde.
Aus dem Ti-Grab in Sakkarah. 5. Dynastie, 2750–2625 v. Chr.
(Nach Konrad Keller.)

Die Hündin von Gabii. Römische Marmorfigur im Louvre zu Paris.

Daß nun bei dem wiederholten Import einzelne Exemplare des Molossers in verschiedene entlegene Alpentäler Helvetiens gelangten und hier vor Kreuzung mit anderen Rassen und damit vor Vernichtung bewahrt blieben, ist weiter nicht wunderbar. Ebenso begreiflich ist es, daß sie hier vortrefflich gediehen. Boten doch die Alpenländer Verhältnisse, die klimatisch denen ihrer Urheimat in Tibet sehr ähnlich sind. So wurde in den abgeschiedenen Hochtälern der Alpen die alte Rasse weitergezüchtet und lieferte die in den

Alpen und Voralpen gehaltenen Sennenhunde von ziemlich primitivem Charakter. Durch sorgfältige Reinzucht aber ging aus diesem Material der nach dem Hospiz des großen St. Bernhard benannte edle Bernhardinerhund hervor, der seiner vortrefflichen Eigenschaften wegen unter allen Doggen am höchsten geschätzt wird. Dort, auf dem Simplon- und Gotthardhospiz, auf der Grimsel usw., wurde der durch guten Spürsinn ausgezeichnete Hund, dessen Gutmütigkeit und Treue fast sprichwörtlich geworden ist, zum Aufsuchen verirrter Wanderer benutzt. Der berühmteste aller Hospizhunde war Barry vom Hospiz auf dem Großen St. Bernhard, der im ganzen 44 Personen das Leben gerettet hat und nunmehr ausgestopft im Naturhistorischen Museum zu Bern zu sehen ist.

Gegenüber dem von den Römern in das Alpenland importierten Molosser ist der Schädel wie der ganze Körper des Bernhardinerhundes größer, was wohl als Folge der besseren Haltung und Pflege durch den Menschen, unterstützt von dem ihm sehr zusagenden Hochgebirgsklima, erklärt werden kann. Von diesem prächtigen Hunde sind aus den früheren Jahrhunderten in der Schweiz keine schriftlichen Mitteilungen auf uns gekommen, weil er offenbar dort so bekannt war, daß man ihn nicht zu erwähnen brauchte; nur als Helmzier und als Wappen schweizerischer Edelleute tritt uns sein prächtiger Kopf entgegen. Im schweizerischen Landesmuseum in Zürich befindet sich eine Wappenrolle aus dem 14. Jahrhundert mit zahlreichen Bernhardinern, die uns den Beweis liefern, daß die schönen Hunde besonders beim Adel gehalten wurden. Noch heute lassen sich manche seiner Zuchten von den Hunden der Grafen de Rougemont, de Pourtalès, von Graffenried, von Judd usw. ableiten. Später kamen sie dann im schweizerischen Tiefland in Vergessenheit, wurden aber nicht nur auf dem Hospiz des Großen St. Bernhard in von den Mönchen für ihre menschenfreundlichen Zwecke geschenkten und rasserein gehaltenen Exemplaren, sondern auch auf anderen Alpenpässen und in vielen Alpentälern gezüchtet.

Die ersten, die in der Neuzeit die Bedeutung dieses Hundes erkannten, waren die Engländer. Sie lernten ihn, wie wir zuerst aus dem Jahre 1778 erfahren, auf dem Hospiz des St. Bernhard kennen und exportierten ihn schon in der ersten Hälfte des vorigen Jahrhunderts nach England. Hier tauften sie ihn *holy breed*, d. h. heilige Zucht. Da ihn ein allerdings verdienter Nimbus umgab, wurde aus verständlichen Gründen der von einem Heiligenschein umschwebte Name Bernhardiner der am schärfsten ausgeprägten und berühmtesten Familie der gesamten Rasse beigelegt. Im Jahre 1863 wurde zum erstenmal in England ein Bernhardiner prämiiert. Offenbar wurde er zunächst in der Absicht, die einheimischen Mastiffs zu verbessern, nach England eingeführt. Später wurde er auch direkt gezüchtet, so daß er dort heute einen besonderen, von dem schweizerischen abweichenden Rassentypus darstellt.

Durch die Erfolge der Engländer, dann auch Franzosen und Deutschen aufmerksam geworden, begannen einige Schweizer Züchter, an ihrer Spitze Schuhmacher in Holligen bei Bern, in letzter Stunde bestes Zuchtmaterial vor der Auswanderung nach dem Auslande zu retten und treffliche einheimische Rassen hochzuzüchten, die die früheren weit übertreffen. Und zwar wird eine kurz- und langhaarige Bernhardinerrasse gezüchtet, deren getrennter Bestand sich bis zum Anfang des vorigen Jahrhunderts zurückverfolgen läßt. In der Ebene wird dem langhaarigen Typus der Vorzug gegeben, während die Hospizmönche den kurzhaarigen ziehen, dessen Behaarung sehr dicht ist. Der letztere besitzt bei einer Schulterhöhe von 70 *cm* beim Rüden und von 65 *cm* bei der Hündin einen in richtigem Verhältnis zum kräftigen Körper stehenden Kopf mit verhältnismäßig schwachem Gebiß. Der Hals wird steil getragen, ist im übrigen kurz und breit, der Rücken gerade, der Bauch weit aufgezogen. Die weiblichen Tiere sind feiner als die männlichen gebaut. Bei den langhaarigen Bernhardinern ist der Körper gestreckter, die Brust etwas tiefer, der Schwanz lang und etwas buschig behaart. Die Behaarung ist schlicht oder leicht gewellt und stimmt in der Färbung (weiß mit rotgelb) mit dem vorigen Typus überein. Gekräuseltes oder stark gelocktes Haar gilt als fehlerhaft. Erst in neuerer Zeit sind die großen Formen des Bernhardiners gezüchtet worden.

In bezug auf äußere Erscheinung schließen sich auch die Neufundländer eng an die Tibethunde an. Sie erreichen eine Schulterhöhe von 63–69 *cm*, sind kräftig gebaut, mit breitem, langem Kopfe, etwas verdickter Schnauze, ziemlich hohen, starken Beinen und sehr dichter Behaarung von äußerst feinen, weichen, tiefschwarz bis rotbraun gefärbten Haaren. Die Behaarung des Kopfes ist kurz, am übrigen Körper, auch am Schwanz buschig. Die Zehen der breiten Pfoten sind durch Bindehäute verbunden, so daß das Tier gewandt und ausdauernd zu schwimmen vermag. Es schwimmt leidenschaftlich gern und mit der größten Leichtigkeit, taucht wie ein Wassertier und kann stundenlang im Wasser aushalten. Schon oft wurden durch den Neufundländer Menschen vor dem Tode durch Ertrinken gerettet. Mit größter Treue und Anhänglichkeit verbindet er bedeutenden Verstand und außerordentliche Gelehrigkeit, ist sehr gutmütig, sanft und dankbar für empfangene Wohltaten. Die Stammrasse ist in England gezüchtet worden und scheint mit der Insel Neufundland, die ihr den Namen gab, gar nichts zu tun zu haben. So wenig wie im Jahre 1622, als die Engländer nach jener Insel gelangten, ist später dieser Hundetypus dort einheimisch gewesen. Wie er aber in England gezüchtet wurde, das konnte bis jetzt nicht in Erfahrung gebracht werden.

Schlanker gebaut, mit höheren Beinen und weniger plumpem Kopf als die echten Doggen sind die deutschen und dänischen Doggen, die vermutlich Kreuzungsprodukte von großen Windhunden mit echten Doggen darstellen; denn in Gestalt und Eigenschaften halten sie die Mitte zwischen beiden inne. Namentlich die deutschen Doggen bieten in edlen Vertretern eine wahrhaft wunderbare Vereinigung an sich widerstreitender Eigenschaften dar, nämlich Größe und Flüchtigkeit mit Kraft und Eleganz. Wie schon der selbstverständlich vom englischen *dog* sich ableitende deutsche Name Dogge beweist, so führt auch die Geschichte der deutschen Dogge wie diejenige der edlen Jagdhunde auf die „englischen Hunde" zurück, die seit dem Anfang des 16. Jahrhunderts von den jagdliebenden deutschen Fürsten und Adligen besonders für die Sauhatz von England importiert wurden. Im 17. Jahrhundert wurden sie auch in Deutschland gezüchtet, hießen aber noch zu Beginn des vorigen Jahrhunderts bei uns „englische Hunde" zum Unterschied von den leichteren, spitzschnauzigen „Rüden" einheimischen Schlages, die, unter die Bevölkerung verteilt, von dieser auf höheren Befehl unterhalten und während der Jagdzeit den Herren zur Verfügung gestellt werden mußten. Zu großen Meuten vereinigt, hatten diese ungefügigen, bissigen Köter die Wildschweine rege zu machen und zu treiben, während die größeren und schwereren englischen Hunde, die Doggen, durch gepolsterte, mit Fischbein gesteifte „Jacken" geschützt, bei den Herrenjägern blieben und, auf ein bestimmtes Stück losgelassen, dieses an den Ohren fingen und festhielten, bis es mit der „Saufeder" gestochen und so getötet war. Dafür waren sie auch die Lieblinge ihrer hohen Herren, mit denen besonders auserwählte Exemplare der Gattung als „Leib- und Kammerhunde" immer zusammen sein und sogar das Schlafgemach teilen durften. Als sie dann später durch Umgestaltung der Jagd bei dieser überflüssig wurden, wandte sich die Liebhaberei ihnen zu und züchtete aus ihnen herrliche Tiere, die mit Recht den Stolz ihres Besitzers darstellen. Die lichtgelbe Färbung mancher deutscher Doggen ist jedenfalls auf den Einfluß des Windhundblutes zurückzuführen.

Den Übergang zu ausgesprochen schweren und breitköpfigen Doggenformen bildet die echte dänische Dogge, so genannt, weil sie seit etwa 50 Jahren mit einer gewissen Vorliebe in Dänemark gezüchtet wird, zumal in Gestalt des gelben, schwarz maskierten Broholmers. Auch dieser ist von englischer Abstammung und wurde in seiner ursprünglichen Heimat im englischen Mastiff zu einem wahren Klotz von Hund gezüchtet, der dank seiner Größe und Stärke einen geradezu unüberwindlichen Schutzbegleiter darstellt. Solche Schutz- und Kampfhunde hat es ja bereits im Altertum, wenn auch nicht in solchen gewaltigen Ausmaßen, gegeben. Man denke nur an die Hunde der Zimbern und Teutonen, die mit den Weibern die Wagenburg der Auswanderer aufs getreuste bewachten und mit denen die

Römer nach Besiegung der Männer in offener Schlacht noch einen harten Strauß zu bestehen hatten.

Ebenfalls Produkte englischer Zucht sind die dem Mastiff nahe stehenden Bullenbeißer, deren ausgezeichnetste Rassen heute noch in Irland hervorgebracht werden. Zu ihrer Stärke und Entschlossenheit besitzen sie einen geradezu unglaublichen Mut, so daß sie sich zu schwerer und gefährlicher Jagd, wie auch zu Kämpfen mit wilden Tieren besonders eignen. Ihre geistigen Fähigkeiten sind nicht so ausgezeichnet wie die der übrigen gescheiten Hunde, keineswegs aber so tiefstehend, als man gemeinhin glaubt; denn jeder Bullenbeißer gewöhnt sich leicht an den Menschen und opfert ohne Bedenken sein Leben für ihn. Er eignet sich vortrefflich zum Bewachen des Hauses und verteidigt das ihm Anvertraute mit wirklich beispiellosem Mute. Als Reisebegleiter in gefährlichen, einsamen Gegenden ist er gar nicht zu ersetzen. Man erzählt, daß er seinen Herrn gegen fünf bis sechs Räuber mit dem besten Erfolge verteidigte, und kennt Geschichten, in denen er als Sieger aus solchen ungleichen Kämpfen hervorging, trotz unzähliger Wunden, welche er dabei erhielt. Auch als Wächter bei Rinderherden wird er verwendet und versteht es, selbst den wildesten Stier zu bändigen, indem er sich alsbald in die Oberlippe seines großen Gegners einbeißt und so lange dort fest hängt, bis der Riese sich der Übermacht des Hundes gefügt hat. Auch zum Kampfe gegen große Raubtiere, wie Bären, Wölfe usw., läßt er sich abrichten. Früher waren Tierhetzen sehr beliebt, indem solche Hunde gegen gefangene Bären oder wilde Stiere in Bären- oder Hetzgärten genannten geschlossenen Räumen gehetzt wurden und das Volk sich an dem beispiellosen Mute dieser verhältnismäßig kleinen Hunde ergötzte. In England spitzten sich diese öffentlichen, gegen Eintrittsgeld zugänglichen Schaustellungen später so zu, daß gegen einen angeseilten Stier nur ein einziger, kleiner Hund losgelassen wurde, der ihn an der Nase zu fassen hatte.

Auf dem plumpen, kräftigen Körper des Bullenbeißers sitzt auf kurzem, dickem Hals der dicke, runde, hinten sehr breite, zwischen den Augen eingesenkte Kopf mit stumpfer, aufgeworfener Schnauze. Infolge der starken Verkürzung des mittleren Teiles der Oberlippe und Nase hat sich die Gesichtshaut in Falten gelegt und sind die vorderen Zähne unbedeckt, während die Lippen seitlich davon überhängen und von Geifer triefen. In den extremsten Fällen ist der Hund zu einer wahren Karikatur gezüchtet worden, die in ihrer Vierschrötigkeit und grinsenden Mine mehr Mitleid als Freude erweckt.

Eine große Bullenbeißerrasse richtete man früher dazu ab, Menschen einzufangen, niederzuwerfen und sogar umzubringen. Schon bei der Eroberung Mexikos wandten die Spanier derartige Hunde als Mitkämpfer und Aufspürer gegen die Indianer an. Unter ihnen war besonders Beçerillo berühmt, dessen Kühnheit und Klugheit außerordentlich waren. Er wurde unter allen seinen Genossen ausgezeichnet und erhielt doppelt so viel Futter als die übrigen. Beim Angriff pflegte er sich in die dichtesten Haufen der Indianer zu stürzen, diese beim Arme zu fassen und sie so gefangen wegzuführen. Gehorchten sie, so tat ihnen der Hund weiter nichts, weigerten sie sich aber, mit ihm zu gehen, so riß er sie augenblicklich zu Boden und würgte sie. Indianer, welche sich unterworfen hatten, wußte er genau von Feinden zu unterscheiden und berührte sie nie. Noch im Jahre 1798 benutzte man solche „Bluthunde" zum Fangen von Menschen, und zwar waren es nicht Spanier, sondern Engländer, welche mit ihnen die Menschenjagd betrieben.

Die deutsche Bulldogge ist der Boxer, der noch nicht zu solchem Zerrbild wie *the old english bulldog* überzüchtet wurde. Auch er hat eine breite Brust und einen muskulösen Körper, aber sein Kopf ist nicht so extrem verkürzt, so daß er seine Kiefer vortrefflich zum Beißen verwenden kann. Ungemein bissig und herrschsüchtig, ordnet er sich seinem Herrn gegenüber unter und zeigt ihm Treue und Anhänglichkeit; doch muß er diesen vollkommen kennen gelernt und erfahren haben, daß dessen geistige Energie seine leibliche Kraft unter allen Umständen unterjochen kann und sich unbedingten Gehorsam zu erzwingen versteht. Was der Boxer einmal gefaßt hat, läßt er so leicht nicht wieder los. Hat man ihn in einen Stock oder in ein Tuch beißen lassen, so kann man ihn an diesem Gegenstande in die Höhe heben, auf den Rücken werfen oder andere Dinge mit ihm vornehmen, ohne daß er sein Gebiß öffnet. Es gibt von ihm auch Zwergformen, die uns zum Mopse hinleiten. Dieser ist ein Bullenbeißer im kleinen, mit ganz eigentümlich abgestumpfter Schnauze und schraubenförmig gerolltem Schwanz. Auch zeigt er das mißtrauische, mürrische Wesen der Bulldoggen, wurde aber dennoch früher gerne von alten Jungfern mit großer Zärtlichkeit gehätschelt und als Schoßhund gehalten, wobei er eine oft sprichwörtliche Fettleibigkeit entwickelte. Diese einst sehr verbreitete Form ist jetzt fast ausgestorben; dagegen sind neuerdings edlere Rassen dieses Luxushundes aufgekommen, die sich wiederum großer Beliebtheit erfreuen, obschon auch sie launenhaft und im ganzen wenig angenehme Gesellschafter des Menschen sind.

Wie in den Alpen kommen auch in den Abruzzen, bei den Basken in den Pyrenäen und bei den Albanesen in Nordgriechenland große Hunde vor, die zweifellos in verwandtschaftlicher Beziehung zum alten Molosser stehen, aber Kreuzungsprodukte mit anderen Hunden sind. Überhaupt sind im Laufe der Jahrhunderte so viele Kreuzungen bei den Gebrauchshunden vorgekommen, daß sich ihre Abstammung im einzelnen nie mehr feststellen läßt.

Neuerdings will Hilzheimer die Doggen von einem im mittleren Schweden heimischen mächtigen, dickköpfigen und kurzköpfigen Wolf mit starkem Stirnabsatz ableiten. Diese Annahme ist jedoch nicht genügend begründet, um die ältere, viel wahrscheinlichere zu verdrängen. Immerhin darf zugegeben werden, daß ein solcher starker nordischer Wolf den Ausgangspunkt der von den eigentlichen Doggen zu trennenden Hirtenhunde bildet, denen im Gegensatz zu den Schäferhunden, die die Herde hüten, nur die Bewachung der Herde gegen den Angriff starker Raubtiere oder böswilliger Menschen obliegt. Sie zeichnen sich gegenüber den Doggen durch kaum verkürzte Schnauze und geringen Stirnabsatz aus. Sie sind langhaarig, weiß, grau oder braun gefärbt, vielfach auch gescheckt, und kommen in verschiedenen Ländern Europas in typischen Vertretern vor. Früher aber waren sie, solange es reißende Tiere von den Herden abzuhalten gab, weit verbreiteter als heute, da sie sich nur noch in zerstreuten Inseln vorfinden. Nach Hilzheimer soll Blut von diesem nordischen Wolfe auch in den Pudel übergegangen sein, dem früher besprochenen Abkömmlinge des Schäferhundes, der wahrscheinlich auch Blut vom Laufhunde in sich aufgenommen hat.

Wie in der Alten Welt so sind auch in der Neuen durch Zähmung verschiedener Wildhunde Haushunde von den Indianern gewonnen worden, soweit sie sich über die primitive Stufe der Sammler und Jäger erhoben hatten und zu einiger Ansässigkeit als Hackbauern gelangt waren. So fanden die Europäer bei ihrer Ankunft bei verschiedenen Volksstämmen zahme Hunde. Alle Indianersprachen an der Westküste von Südamerika hatten eigene Bezeichnungen für den Hund, und der spanische Geschichtschreiber Garcilasso de la Vega berichtet, daß in der ältesten Zeit das Volk der Huanca, bevor es noch von den Inkas unterjocht wurde, ein Hundebild anbetete und leidenschaftlich gerne Hundefleisch aß. Der St. Galler J. J. von Tschudi fand als Beweis der Urexistenz des Hundes in Peru in alten, vorkolumbischen Gräbern Skelette und Mumien von Hunden, welche meist quer vor den Füßen der mitbestatteten sitzenden Menschenkadaver lagen. Identisch mit diesen Mumienhunden ist der heute noch in den Ansiedelungen des Gebirges der Anden bei den Hirten und in den Indianerhütten verbreitete Inkahund, der als ein bissiges, einen besonderen Widerwillen gegen die Europäer zeigendes Tier von ziemlich kleiner Gestalt mit rauhem Pelz von dunkelockergelber Farbe, am Bauch und auf der Innenseite der Beine heller, geschildert wird. Der zierliche Kopf ist scharf zugespitzt, die Ohren sind aufrecht, spitz und klein, der Schwanz ist stark behaart und gerollt. Auf Grund der Gräberfunde besonders von Ancon vermochte Alfred Nehring nachzuweisen, daß schon bei den alten Inkas drei verschiedene Rassen des Inkahundes gezüchtet wurden, die als Wacht-, Hirten- und Jagdhunde Verwendung fanden, und daß der Stammvater dieser südamerikanischen Hundeart der nordamerikanische Wolf (*Canis occidentalis*) war. Es ist also dieser Hund mit dem Volk von Norden her nach Süden eingewandert und kam auch in den Tropen in den kühlen Höhenlagen recht gut fort. Interessant ist, daß das recht hoch kultivierte Volk der alten Peruaner bereits Rassenzucht trieb und aus dem ursprünglichen Wolfshunde, den verschiedenen Zwecken, zu denen er verwendet wurde, entsprechend, eine schäferhundartige, eine dachshundartig durch erblich gewordene Rachitis verkümmerte und eine bulldoggähnliche mit verkürztem Oberkiefer züchtete.

Von demselben nordamerikanischen Wolfe stammt der ihm sehr ähnelnde Hund der Indianer Nordamerikas ab. Diese verbessern ihre Zuchten von Zeit zu Zeit durch Kreuzung mit Wölfen, wobei die Halbzuchtwölfe im allgemeinen leicht zähmbar sind. Der eigentümliche Hasenindianerhund mit kurzem Gesicht und kurzen Läufen ist dem Präriewolf (*Canis latrans*) nahe verwandt und wurde zweifellos durch Zähmung aus diesem gewonnen.

In Südamerika gibt es Hunde, die dem Maikong (*Canis cancrivorus*) gleichen und jedenfalls auch von ihm abstammen. Die Kreuzung derselben mit der wilden Stammart kommt häufig vor.

Auf den westindischen Inseln, in Mexiko und an den Küsten des nördlichen Südamerika lebt ein kleiner, fuchsartiger Hund, dessen schwärzlicher bis dunkelgrauer Körper fast haarlos ist. Es ist dies der Karaibenhund, den schon Kolumbus bei seiner Ankunft antraf und der von den Altmexikanern Xoloitzcuintli genannt wurde. Sein Stammvater ist eine kleine Schakalart der Antillen, die durch spezielle Zucht ihr Haarkleid im warmen Klima mehr und mehr reduzierte. Wichtig sind den Feuerländern ihre Hunde, da sie ihnen beim Fang der Seeotter helfen. Darwin sagt daher von ihnen, „sie wollten in der Not lieber ihre alten Weiber als ihre Hunde töten und essen". Übrigens wußten auch diese niedrig stehenden Wilden die Vorzüge der europäischen Hunde zu schätzen und trachteten danach, sie mit den größten Opfern anzuschaffen.

Mit dem Vordringen der Europäer nach der Neuen Welt gelangten selbstverständlich auch die verschiedensten altweltlichen Hunde dahin und fühlten sich dort sehr bald heimisch. Dabei mischten sie sich vielfach mit den vorgefundenen zahmen Hunden und gaben zu den buntesten Mischrassen Veranlassung. Solche unentwirrbare Kreuzungsprodukte gibt es ja auch in der Alten Welt genug. Sie gehen immer wieder, meist ungewollt, hervor und machen sich überall, oft unliebsam genug, bemerkbar; doch wird von den Kennern stets das reine Blut diesen Mischlingen vorgezogen werden.

Schon bei den Schriftstellern des Altertums finden wir gelegentlich Geschichten, die uns die hohe Wertschätzung des Hundes als Haustier und

Gefährten des Menschen beweisen, die auch zeigen, wie sich dieses Tier oft für seinen Herrn opferte und ihm Treue über den Tod hinaus hielt. So berichtet u. a. der ältere Plinius in seiner Naturgeschichte: „Man erzählt von einem Hunde, der für seinen Herrn gegen Räuber kämpfte und, obgleich selbst schwer verwundet, dessen Leichnam doch nicht verließ, sondern gegen Vögel und Raubtiere verteidigte. Einen König der Garamanten holten 200 Hunde aus der Verbannung zurück und schlugen dessen Widersacher in die Flucht. Die Kolophonier und Kastabalenser hielten ganze Meuten von Hunden, die im Kriege die erste Schlachtreihe bildeten und sich nie feig erwiesen; sie waren die treusten Hilfstruppen und dienten ohne Sold. Als die Zimbern erschlagen waren, verteidigten noch Hunde ihre auf Wagen stehenden Zelte. Als der Lycier Jason getötet war, wollte sein Hund nicht mehr fressen und hungerte sich zu Tode. Ein Hund, den Duris (ein griechischer Schriftsteller aus Samos zur Zeit des Ptolemäos II. Philadelphos, 285–247 vor Chr.) Hyrkanus nennt, stürzte sich in die Flammen, als König Lysimachus verbrannt wurde. Dasselbe tat der Hund des Königs Hiero. Bei uns wurde Volcatius, ein Edelmann, der zu Pferd von seinem Landhaus zurückkehrte, als er abends von einem Räuber angefallen wurde, durch seinen Hund verteidigt; ebenso der Senator Coelius, als er zu Placentia (dem heutigen Piacenza) krank lag und von Bewaffneten überfallen wurde. Erst als der Hund erschlagen war, erhielt er eine Wunde. Über alles erhaben ist aber folgender Zug, der zu unserer Zeit in den Jahrbüchern des römischen Volkes, als Appius Junius und Publius Silius Konsuln waren, aufgezeichnet wurde: Als Titius Sabinus samt seinen Sklaven wegen des an Nero, dem Sohn des Germanicus, begangenen Mordes zum Tode verurteilt war, konnte der Hund eines dieser Unglücklichen nicht vom Gefängnis weggetrieben werden, verließ auch dessen Leiche nicht, als sie auf die Straße geworfen wurde, heulte kläglich und trug, als einer aus der versammelten Volksmenge ihm ein Stück Fleisch hinwarf, dieses zum Munde seines toten Herrn. Als dann die Leiche in den Tiber geworfen wurde, schwamm er mit ihr und suchte sie über Wasser zu erhalten, während das Volk am Ufer seine Treue bewunderte.

Der Hund ist das einzige Tier, das seinen Herrn kennt, Bekannte von Unbekannten unterscheidet, auf seinen Namen hört und seine Hausgenossen schon an der Stimme kennt. Die längsten Wege finden sie wieder, wenn sie sie einmal gemacht haben, und überhaupt ist ihr Gedächtnis nach dem des Menschen das beste. Wenn sie auch noch so wütend sind, kann man ihnen doch Einhalt tun, wenn man sich auf die Erde niedersetzt (was nach Schatter tatsächlich von Erfolg begleitet ist). Der Mensch hat an ihnen schon viele nützliche Eigenschaften aufgefunden; am nützlichsten werden sie aber durch ihren Eifer und ihren Spürsinn auf der Jagd. Sie suchen und verfolgen die Fährte des Wildes, ziehen den Jäger an der Leine hinter sich her, zeigen das Wild heimlich und schweigend, indem sie zuerst mit dem Schwanze, dann mit der Schnauze ein Zeichen geben. Selbst alt, blind und schwach leisten sie noch Dienste, indem man sie auf dem Arm trägt und durch den Geruch das Lager des Wildes aufsuchen läßt.

Die Hündin bekommt zweimal jährlich Junge. Dieselben werden blind geboren und werden um so später sehend, je reichlicher sie gesäugt werden, doch nie vor dem 7. oder 21. Tage. Die Weibchen von der ersten Hecke sollen die Eigenschaft haben, Faune (Waldgeister) sehen zu können. Unter den Jungen ist dasjenige das beste, das zuletzt zu sehen beginnt oder das die Mutter zuerst ins Lager trägt. (Noch heute gilt dieser Glaube bei manchen Hundeliebhabern. Diese nehmen der Hündin die Jungen, legen sie in einiger Entfernung nieder und halten das für das beste, das von ihr zuerst ins Lager zurückgetragen wird.) Die Alten hielten saugende junge Hunde für eine so reine Speise, daß sie dieselben sogar den Göttern als Sühnopfer darbrachten. Noch jetzt opfert man der Göttin Genita Mana ein Hündchen und trägt, wenn die Götter bewirtet werden sollen, Hundefleisch auf. Man glaubt auch, daß Hundeblut das beste Mittel gegen Pfeilgift ist."

Der um die Mitte des ersten christlichen Jahrhunderts von Spanien nach Rom gekommene Ackerbauschriftsteller Columella schreibt in seinem Buch über den Landbau: „Der Hund liebt seinen Herrn mehr als irgend ein anderer Diener, ist ein treuer Begleiter, unbestechlicher und unermüdlicher Wächter und beharrlicher Rächer.

Der Wachthund für ein Landhaus muß sehr groß sein, gewaltig und laut bellen, so daß er nicht bloß durch seinen Anblick, sondern auch durch seine Donnerstimme den Dieb erschreckt. Man wähle dafür einen solchen mit einfacher Farbe, am besten schwarzer. Bei Tage fürchtet sich der Dieb mehr vor dem schwarzen Hund, bei Nacht sieht er ihn nicht und wird leichter von ihm gepackt. Der Hund des Hirten soll dagegen weiß sein, damit er bei Tag und Nacht leicht vom wilden Tiere unterschieden werden könne, also beim Kampf von seinem Herrn nicht so leicht verwundet werde. Der Wachthund des Landhauses soll ferner weder zu sanft sein, denn sonst schmeichelt er selbst den Spitzbuben, noch allzuscharf, sonst ist er selbst den Hausbewohnern gefährlich. Die Hauptsache bleibt immer, daß er wachsam ist, sich nicht herumtreibt, keinen falschen Lärm macht, sondern nur dann anschlägt, wenn er sicher etwas Fremdes merkt. Der Hirtenhund soll so stark sein, daß er den angreifenden Wolf bekämpfen, und so schnell sein, daß er den fliehenden einholen und ihm die Beute abjagen kann. — Die Hauptnahrung der Hunde ist Brot, am besten aus Gerste gebackenes. Den Wacht- und Hirtenhunden gebe man zweisilbige Namen. Für Männchen paßt z. B. Skylax, Ferox, Laco, Celer, für Weibchen Spude, Alke, Rome, Lupa, Cerva, Tigris."

Der Grieche Arrian im 2. Jahrhundert n. Chr. rühmt in einem längeren Passus seine kluge, anhängliche und schnelle Hündin Horme, die er geradezu als göttlich bezeichnet; sie nehme es bisweilen mit vier Hasen auf. Sie sei immer guter Laune, verlasse ihn und seinen Jagdgefährten Megillos nie und gebe ihnen alle ihre Wünsche zu verstehen. Seitdem sie einmal die Peitsche zu kosten bekommen habe, ducke sie sich gleich, wenn man die Peitsche nur nenne, komme schmeichelnd herbei, springe an einem in die Höhe und höre nicht eher mit ihren Liebkosungen auf, als bis man wieder freundlich mit ihr tue.

Schon im Altertum wurden die Hunde auf verschiedene Weise dressiert und zu Kunststücken abgerichtet. So erzählt der griechische Geschichtschreiber Plutarch: „Folgendes habe ich mit eigenen Augen gesehen. In Rom war ein Tausendkünstler, der im Theater des Marcellus einen merkwürdig dressierten Hund zeigte. Dieser führte erst allerlei Kunststückchen aus und sollte zuletzt zum Schein Gift bekommen, davon betäubt werden und sterben. Er nahm also das Brot, worin das Gift verborgen sein sollte, an, fraß es auf, begann dann zu zittern, zu wanken, senkte den Kopf, als ob er ihm zu schwer würde, legte sich endlich, streckte sich, schien tot zu sein, ließ sich hin und her schleppen und tragen, ohne sich zu regen. Endlich rührte er sich wieder ein wenig, dann allmählich mehr, tat wie wenn er aus tiefem Schlafe erwache, hob den Kopf, sah er sich um und ging endlich freundlich wedelnd zu dem, der ihn rief. Alle Zuschauer waren gerührt; unter ihnen befand sich auch der alte Kaiser Vespasian."

Älius Spartianus schreibt, daß der römische Kaiser Hadrian Pferde und Hunde so lieb hatte, daß er ihnen Grabdenkmäler setzen ließ, was ja auch heute von den Reichen vielfach geübt wird, so daß um die Städte London und Paris geradezu Hundefriedhöfe entstanden sind. Der Geschichtschreiber Lampridius berichtet, daß der römische Kaiser Heliogabal seine Hunde mit Gänselebern fütterte, auch vier große Hunde vor seinen Wagen spannte und mit ihnen in seiner königlichen Wohnung und auf seinen Landgütern herumkutschierte. Wie im Leben, so spielte der Hund auch in den Sprichwörtern der Alten eine wichtige Rolle; doch würde es uns zu weit führen, darauf einzutreten. Die schon damals bei diesem Tiere auftretende Tollwut wurde nach dem Arzte Celsus am besten so behandelt, daß man das Gift mit Schröpfköpfen herauszog, die Wunde dann brannte oder, wenn die Stelle dazu nicht passend schien, mit Ätzmitteln behandelte. Nachher ließ man die Gebissenen schwitzen und gab ihm drei Tage hindurch tüchtig starken Wein zu trinken. Lauter törichte Sympathiemittel gibt dagegen Plinius an.

Heute ist die Tollwut dank der scharfen staatlichen Kontrolle auf ein Minimum eingeschränkt und kann zudem nach Übertragung durch Biß eines tollen Hundes auf den Menschen dank der wertvollen Entdeckung von Louis

Pasteur in fast allen Fällen leicht geheilt werden, ohne daß sie zum Ausbruch gelangt. Jedenfalls ist sie für den Menschen weit weniger gefährlich und verhängnisvoll als der winzige, nur 4 *mm* lang werdende Hundebandwurm (*Taenia echinococcus*), dessen Finne eine ganz bedeutende Größe aufweisen kann. Aus seinen Eiern entwickelt sich nämlich der von stecknadelkopf- bis kindskopfgroße Hülsenwurm (*Echinococcus*), der sich in den verschiedensten Organen des Menschen, am häufigsten aber in der Leber festsetzen und die schwersten Erkrankungen, ja selbst den Tod herbeiführen kann. Überhaupt gilt für alle Hundefreunde wegen ihres großen Parasitenreichtums, der unter Umständen für den Menschen sehr verhängnisvoll sein kann, der alte vielfach in Mosaik an der Türschwelle angebrachte römische Zuruf: *cave canem*, d. h. hüte dich vor dem Hund! allerdings in anderem Sinne als einst. Man sei freundlich, aber nicht zu intim mit ihm, da man solches vielleicht mit langem Siechtum und Tod zu büßen hat. Lieber als einen rasselosen Köter mit allen möglichen Untugenden halte man sich einen gut gezogenen wertvollen Rassehund, der geistige und körperliche Vorzüge besitzt, die dem Bastard versagt sind. Es gibt ja deren, die allen möglichen Ansprüchen, sei es solchen der Jagd, des Schutzes, sei es denen des Land- oder beengteren Stadtlebens sehr gut angepaßt sind und sich darin seit vielen Generationen bewährt haben.

Andere Wildhunde als die hier aufgezählten sind nicht dauernde Gesellschafter des Menschen geworden. Es hätte dies aber sehr wohl der Fall sein können, da auch solche, jung eingefangen und vom Menschen gut behandelt und gezähmt, sich an den Umgang mit diesem leicht gewöhnen. Wie heute noch in Syrien, Ägypten und Nordafrika wurden schon bei den alten Ägyptern jung eingefangene wilde Schakale wie Haushunde erzogen und so direkt in die Haustierschaft übergeführt. In den Grabgemälden des alten Reiches in der ersten Hälfte des 3. Jahrtausends v. Chr. ist mehrfach dargestellt, wie gezähmte Schakale die Stelle von Haushunden bei dem noch als lebend dargestellten Grabinhaber einnehmen oder sich als gute Freunde unter dessen Hunde mischen. In einer Darstellung eines Grabes zu Beni Hassan aus der 12. Dynastie (2000–1788 v. Chr.) sieht man einen solchen gezähmten Schakal sogar an der Jagd teilnehmen. Solche direkte Überführungen aus dem wilden in den gezähmten Zustand sind aber schon damals eben solche Ausnahmen gewesen, wie in unserer Zeit die Zähmung eines jung eingefangenen Wolfes zum Freunde und Begleiter seines Herrn.

Selbst der Hyänenhund (*Canis pictus*), jener heute noch vom südlichen Nubien an in großen Teilen Afrikas vorkommende Wildhund mit buschigem Schwanz und weißen bis ockerfarbigen, stets schwarz umsäumten Flecken auf kurz- und glatthaarigem Fell, wurde von den alten Ägyptern in den Haustierstand übergeführt, ohne sich allerdings längere Zeit darin zu erhalten. Dieser in hohem Grade anziehende Steppenhund, der in Meuten bis zu 60 Stück mit ungeheurer Ausdauer allerlei Wild, besonders Antilopen jagt, so daß selbst die größten Tiere ermatten und von ihm überwältigt werden, wird von Brehm als für die Zähmung vielversprechendes Raubtier bezeichnet, das einen vortrefflichen Spürhund abgeben würde. Georg Schweinfurth sah in einer Seriba im Bongolande ein in hohem Grade gezähmtes Stück, das seinem Herrn gegenüber die Folgsamkeit eines Hundes an den Tag legte. Brehm, der einige derselben gefangen hielt, bezeichnet sie als ungestüm mutwillig mit einem unbezähmbaren Drang zum Beißen. Er ist ungemein regsam und lebhaft und frißt vom erwürgten Wild fast nur die Eingeweide. Seine Vorzüge für die Antilopen- und Gazellenjagd veranlaßte schon die Ägypter des alten Reiches (2980 bis 2475 v. Chr.) ihn vielfach unter ihrer Meute von Jagdhunden zu halten. An den Wänden zahlreicher Gräber finden wir ihn als gezähmtes Tier nebst andern Jagdhunden abgebildet, so in denjenigen des Nub hotep und des Ran ken der 4. Dynastie (2930–2750 v. Chr.), dann des Aseskef ank und des Pta hotep der 5. Dynastie (2750 bis 2625 v. Chr.). In des letzteren Grabe in Sakkara sehen wir die Jagddiener des Verstorbenen mit der gemachten Beute von der Jagd zurückkehren. An ihrer Seite sehen wir als Chef derselben einen als Num hotep bezeichneten Mann mit zwei Windhunden und zwei Hyänenhunden an der Leine schreiten, bereit, sie auf allfällig angetroffenes Wild loszulassen. In demselben Grab des Pta hotep, das uns den Hyänenhund gezähmt und im Dienste des Menschen zeigt, sehen wir an der gegenüberliegenden Wand den wilden Hyänenhund mitten unter Antilopen in der Steppe lebend und von Windhunden angegriffen. Man sieht, daß der Künstler die Szene nach eigener Anschauung wiedergegeben hat. Später wurde weder im mittleren noch im neuen Reiche je wieder der Hyänenhund, sei es wild oder gezähmt, abgebildet, so daß wir annehmen dürfen, daß er damals weder als Haustier gehalten wurde, noch auch in den Gegenden, in denen die Großen des Reichs zu jagen pflegten, wild vorkam. Er muß sich damals schon mit der Abnahme der Antilopenherden weiter südlich gehalten haben; denn auch der Römer Pomponius Mela, der dieses Tier unter der Bezeichnung *lycaon* genau beschreibt, kennt ihn nur aus Äthiopien. Heute trifft man ihn erst in den obersten Nilländern und von da an südwärts bis zum Kap der Guten Hoffnung.

II. Rind und Büffel.

Wie der Hund, so ist auch das Rind zunächst nicht aus Nutzungsgründen, sondern infolge abergläubiger Vorstellungen vom Menschen unterjocht und in seinen Dienst genommen worden, um dann, als man später seinen Nutzwert erkannte und auszubeuten begann, vorbildlich für die Zähmung der übrigen Haustiere zu werden. Die Gewinnung eines so großen, starken Tieres, wie es das Rind ist, war durchaus nichts Einfaches und sich von selbst Verstehendes. Alte, entwickelte Individuen dieser Tierart gefangen zu halten und gar zur Fortpflanzung zu bringen, ist schon für uns unmöglich, wie viel mehr für den in seinen Vorstellungen, Erfahrungen und Hilfsmitteln so sehr beschränkten vorgeschichtlichen Menschen der jüngeren Steinzeit!

Ohne Zweifel haben sich die meisten alt, etwa in Fanggruben gefangenen Tiere, wenn sie ausnahmsweise nicht sofort als willkommene Beute zur Fleischgewinnung getötet und verspeist wurden, einfach totgerast. An eine Fortzucht wäre bei Tieren solcher Art, die am Leben blieben, in keiner Weise zu denken gewesen. Junge Tiere dagegen, die am leichtesten lebend zu bekommen und zu zähmen gewesen wären, konnte man ohne fremde Milch nicht am Leben erhalten. Da es nun an dieser völlig gebrach und die weiblichen Tiere, abgesehen von ihrer selbstverständlichen Unfruchtbarkeit in der Gefangenschaft und der dadurch bedingten Milchlosigkeit, auch nicht zum Melken oder zum Zulassen fremder Kälber an ihr Euter zu bringen waren, so konnte auch nicht durch solche in jugendlichem Alter gefangene Kälber an eine Zähmung dieses starken Wiederkäuers gedacht werden.

Für die erste Gefangenhaltung, Eingewöhnung und Züchtung des Rindes waren andere Gründe maßgebend als diejenigen der Nutzung für sich selbst. Solche der allertriftigsten Art waren aber religiöse, auf die der verstorbene Alfred Nehring in Berlin vom Katheder aus und Eduard Hahn in seinem Haustierbuche vollständig überzeugend hinwiesen, so daß wir jedenfalls hierin das tatsächliche Motiv der Gewinnung des Rindes als Haustier zu erblicken haben. Ihr Gedankengang ist folgender: Eine uralte, hier nicht näher zu verknüpfende Anschauung, die ich bei Besprechung des Mondkultus in meinem Werke: Der Mensch zur Eiszeit in Europa und seine Kulturentwicklung bis zum Ende der Steinzeit eingehend gewürdigt habe, schreibt bei allen Völkern auf niedriger Kulturstufe, so auch bei denjenigen des südasiatischen und westasiatisch-europäischen Kulturkreises, dem die hier in Betracht kommenden Stämme angehörten, dem Mond einen weitgehenden Einfluß auf Wachstum und Gedeihen aller Lebewesen aus Pflanzen- und Tierwelt mit Einschluß des Menschen zu. Von jeher hat er durch seinen schwankenden Lauf in Verbindung mit seinem den Primitiven unerklärlichen Gestaltwechsel von der feinsten Sichel bis zum glänzenden

Vollmond die Aufmerksamkeit des Menschen viel eher auf sich gezogen und sie zu Grübeleien aller Art veranlaßt, als die täglich in derselben Gestalt ihre Bahn am Himmel zurücklegende Sonne. War diese ihm in ihrer machtvollen, Hitze bis zur Dürre erzeugenden Erscheinung das männliche Prinzip, so war ihm der in sanftem Lichte strahlende Mond, der mit dem Tau und dem Regen der Erde und allem auf ihr Lebenden Fruchtbarkeit spendete und ein für den Ackerbauer wichtiger Zeitmesser war, das weibliche Prinzip — auch bei den alten Germanen trotz des später vertauschten Geschlechts. Schon auf niedriger Kulturstufe mußte es dem Menschen auffallen, daß die Menstruation des Weibes, die wir im Deutschen als monatliche Reinigung bezeichnen, wie die Schwangerschaft und Fruchtbarkeit überhaupt völlig in Verbindung mit dem Mondlaufe stand, von jenem geheimnisvollen Gestirn geregelt und also auch — nach primitiver Anschauung — bedingt wurde.

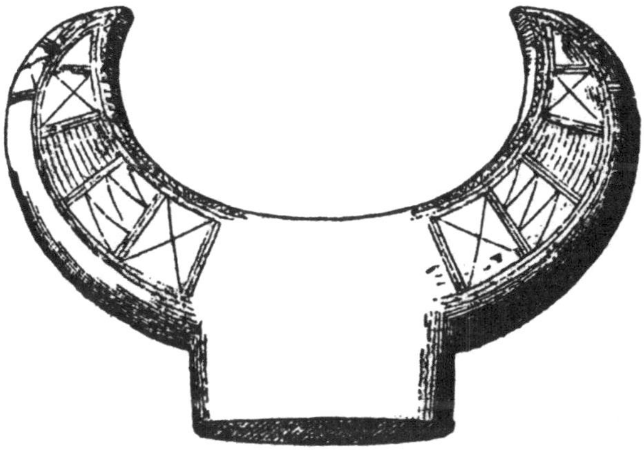

Bild 3. Idol in Mondgestalt mit einfachen geradlinigen Ornamenten, sogenanntes „Mondhorn", vom Ebersberg, aus einer Station der Bronzezeit am Irchel im Kanton Zürich.

Was nun die Darstellung dieses vergöttlichten Wesens der Fruchtbarkeit anbetrifft, so hat man von jeher den Mond als Sichel im Gegensatz zur als Scheibe und später als scheibenförmiges Rad dargestellten Sonne abgebildet. Diese Sichelgestalt des Mondes wiesen in auffallender Form die gerade abstehenden Hörner des Wildrindes auf. Aus diesem Grunde war es naheliegend, ja nach der Denkweise aller Menschen auf niedriger Kulturstufe geradezu selbstverständlich, daß eine engere Beziehung zwischen dem Wildrinde und der Mondgöttin bestand und ersteres zum heiligen Tiere der letzteren erklärt wurde. Heischte nun die Göttin Opfer, damit sie dem Hackbauern und seiner Frau Fruchtbarkeit spende und seine Feldfrüchte gedeihen lasse, so war offenbar dasjenige des ihr durch die Sichelgestalt der Hörner engverbundenen und ihr heiligen Tieres ihr weitaus das liebste.

Deshalb brachte man es dar, um sich ihr Wohlgefallen und ihren Schutz zu erringen. Am allernotwendigsten waren diese Opfer zur Zeit der schreckhaften Mondfinsternisse, wenn die so überaus wichtige, ja unersetzliche Göttin der Fruchtbarkeit von irgend welchen bösen Dämonen verschlungen zu werden drohte. Wie nun heute noch die Chinesen bei solchen Fällen mit allen ihnen überhaupt zur Verfügung stehenden Instrumenten einen gewaltigen Lärm verursachen, um diese vermeintlichen bösen Dämonen zu vertreiben, so glaubten die Stämme des südasiatischen Kulturkreises dieses Ziel der Befreiung der Fruchtbarkeitsgöttin aus der Gewalt böser Mächte, die sich durch die sonst ganz unerklärliche Verfinsterung dokumentierte, noch besser durch schleuniges Opfer eines Exemplars der ihr heiligen Tiere zu erreichen. Da aber lag die Schwierigkeit! Man wußte nicht von vornherein, wann solche Zustände des Überfalls, der Schwäche und Krankheit der Mondgöttin eintraten. Es war dies nur in ganz ungleichen, unbestimmten Zwischenräumen der Fall, und dann, wenn es am nötigsten war, hatte man just kein frischerbeutetes Wildrind zum Opfer bereit, konnte somit der bedrängten Göttin nicht beistehen, ihr nicht helfen und verscherzte damit ihr Wohlwollen. In der Urzeit war überhaupt kein Gebot für den bequemen und arbeitsscheuen Menschen so dringend als eine Kultpflicht, der er sich durchaus nicht entziehen konnte, wenn ihm überhaupt an seiner und der Seinigen Existenz gelegen war. Es galt also, da die Mondfinsternisse ganz plötzlich eintraten, sich nicht auf den Ertrag der Jagd zu verlassen, sondern die Opfertiere für alle Fälle vorrätig zu halten, um im Falle der Not sie zum unerläßlichen Opfer bei der Hand zu haben. Das erreichte man am einfachsten dadurch, daß man kleine Herden des Wildrindes in durch in den Boden geschlagene Holzpfähle eingezäunte Reviere trieb und sie dort in halber Gefangenschaft hielt, in der sie sich innerhalb des gewohnten Familienverbandes ruhig fortpflanzten.

Auf diese Weise war der schwierige Übergang des Wildlings vom Freileben zur Knechtschaft des Menschen ein unmerklicher geworden und konnte allmählich zur Gewinnung des Rindes als Haustier führen. Von frühester Jugend an häufiger mit dem Menschen in Berührung kommend, gewöhnte es sich nach und nach an diesen und seinen Geruch, der ihm im wilden Zustande Schrecken einflößte. Als der Gottheit geweihtem, heiligem Tiere ließ man ihm innerhalb der Umhegung volle Freiheit und suchte es nicht nur vor allfälligen Feinden, sondern auch, wenn nötig, vor Futtermangel zu schützen. Solcher Dienst von seiten des ihm wohlwollenden Menschen wurde von ihm bald dankbar empfunden. An den Verkehr mit dem Menschen immer mehr gewöhnt, ließ es sich schließlich mit zunehmendem Zahmwerden berühren, ja schließlich sogar melken; doch wurde die Milch als Produkt des ihr heiligen Tieres der Mondgöttin geopfert und erst sehr viel später riskierte der Mensch das zunächst wohl als strafbaren Frevel empfundene Wagnis, dieses geheiligte Produkt selbst zu genießen. Er trotzte kühn dem Zorne der Gottheit, um sich vielleicht mit dem Genusse dieses heiligen Kultobjektes direkt, ohne Vermittlung jener, einen Vorteil irgend welcher Art, besonders aber die Fruchtbarkeit betreffend, zu erringen. So wurde die Milch, indem der Mensch die Scheu vor diesem heiligen Produkt immer mehr ablegte, von einem Opfertranke schließlich ein geschätzter Haustrank, den man sich auch zu nichtrituellen Zwecken zu verschaffen versuchte.

Durch gegenseitige Gewöhnung aneinander zog sich das Band der Freundschaft zwischen Rind und Mensch immer enger, bis schließlich das von der Mutter entwöhnte Kalb, durch Anbieten von Salz zum Lecken angezogen, in engere Verbindung mit seinem Herrn trat und langsam der eigentlichen Zähmung unterworfen wurde. Solch heiliges Tier wurde selbstverständlich nur als Opfer an die bedrängte oder um Hilfe angerufene Mondgottheit geschlachtet und dessen Fleisch nur als Opferspeise auch vom Menschen gegessen. Je mehr aber die Domestikation dieses Tieres fortschritt und sich sein Nützlichkeitsverhältnis dem Menschen gegenüber offenbarte, um so schwerer entschloß sich letzterer, solch nützliches Tier der Gottheit zu opfern. Es konnte ihr anderweitig im Leben noch mehr als mit seinem Tode dienen, indem es beispielsweise das heilige Kultgerät der Fruchtbarkeit spendenden Göttin, ihr Idol in Kuhhorngestalt, auf dem mit massiven Rädern versehenen Wagen bei dem zu ihren Ehren abgehaltenen festlichen Umzuge zog. Dazu wurden zunächst die größeren Kälber und später von den geschlechtsreifen Tieren nur die fügsameren Kühe verwendet. Der unbotmäßige starke Stier konnte dazu nicht in Betracht kommen, schon weil man zu schwach war, ihn bei solcher Dienstleistung zu bändigen und in seiner Gewalt zu behalten. Zudem konnte er nach weitverbreitetem Glauben primitiver Völker nur als Kastrat Diener einer weiblichen Gottheit werden. So wurde das Tier, um zum Gottesdiener gemacht und als solcher bei den Umzügen bei Gelegenheit der Feste der Mondgöttin zum Ziehen von deren heiligem Wagen mit dem Kultbild verwendet werden zu können, durch Abschneiden der Hoden — was sich ja sehr leicht bewerkstelligen ließ — entmannt. Die Folgen dieses Eingriffs machten sich bald bemerkbar durch Verleihung einer sanfteren Gemütsart und Neigung zu Fettwerden, was die Mastfähigkeit erleichterte, alles Eigenschaften, deren Auftreten der Mensch als Nachwirkungen jener Operation nicht voraussehen und so zielbewußt herbeiführen konnte.

Als Kastrat, d. h. geschlechtslos gemachtes Wesen, war nun der Ochse der vorzugsweise, ja später ausschließlich der Göttin geweihte Diener, während ihm gegenüber auch die Kuh als Geschlechtstier zurücktrat. Ein grausam-wollüstiger Zug haftet nun einmal dem Dienste der Fruchtbarkeitsgöttin an und verlangte wie vom menschlichen Diener, der sich ihr völlig geweiht hatte, auch von dem von jenem ihr geweihten Tiere die freiwillige beziehungsweise erzwungene Geschlechtslosigkeit, von ihren Dienerinnen aber, die nicht kastriert zu werden vermochten, wenigstens das Zölibat, wenn nicht die Prostitution, d. h. das sich anderen Preisgeben im Dienste der Göttin der Liebe und Fruchtbarkeit, wie dies in den semitischen Kulten Vorderasiens allgemein üblich war und in Südasien, speziell Indien, heute noch üblich ist. Bis in die Gegenwart haftet den Kastraten ein Beigeschmack von Heiligkeit an. So sind es Eunuchen, die seit der ältesten Zeit den zum Fetisch erhobenen Meteorstein der Kaaba in Mekka und das Grab des Propheten Mohammed in Medina hüten. Eunuchen sind es, die nicht nur den Harems der mohammedanischen Großen vorstehen, sondern auch den Dienst in den Gemächern des „Sohnes des Himmels" in Peking besorgen und in der Privatkapelle des „Heiligen Vaters" in Rom singen.

Eine noch viel größere Bedeutung als der Wagen mit dem heiligen Kultbild der Göttin der Fruchtbarkeit erlangte als heiliges Gerät im Dienste der Mondgottheit der Pflug. Viel ausgiebiger als mit der von beiden Händen geführten Hacke ließ sich mit dem hakenförmig gekrümmten Holze mit später erz- beziehungsweise eisenbewehrter Spitze der Boden zur Aufnahme der Ackerfrucht aufreißen. Dieser Pflug wurde zunächst von kriegsgefangenen Knechten, dann aber noch erfolgreicher durch den zum Diener der Fruchtbarkeitsgöttin gemachten Ochsen gezogen. Er war ein heiliges Werkzeug, mit dem man den Schoß der Allmutter Erde aufriß, um sie zur Fruchtbarkeit zu zwingen, wie das Pflügen eine heilige Handlung, die wie vor vielen Jahrtausenden, so heute noch vom Kaiser von China, vom feierlichsten Zeremoniell umgeben, zur Eröffnung des Ackerbaues seiner Untertanen vor allem Volke vollzogen wird. Wie die Heiligkeit des Gerätes, so zieht sich die Heiligkeit des Gottesdieners durch die ganze menschliche Kulturgeschichte. Bei vielen Völkern, so in den meisten Gebieten Asiens, ist heute noch der den Pflug ziehende Ochse ein Tier, dessen Fleisch nicht gegessen wird. Wie die Chinesen, Inder und Westasiaten, hatte noch der gebildete Römer Cicero die Anschauung, das Rind sei zum Pflügen und nicht zum Gegessenwerden da; und Die Chrysostomus berichtet, daß in Cypern derjenige, der einen Pflugochsen getötet hatte, als Mörder mit dem Tode bestraft wurde. Wie bei den Juden, so wurde auch bei den alten Griechen ursprünglich die Tötung eines Ochsen bestraft. Gleicherweise war sie bei den nüchternen Römern verpönt, weil der Ochse ein Genosse des Mannes und ein Diener der Ceres sei. Der Grieche Plutarch bekennt, daß er es nicht über sich bringe, einen im Dienst alt gewordenen Ochsen auch nur zu verkaufen. Erst nach und nach schwand wenigstens bei einem Teil der Menschen das Vorurteil der Heiligkeit und Unantastbarkeit des Gottesdieners und wurde der Ochse als Mastvieh ebensogut in Benutzung von Seite des Menschen gezogen wie die milchende Kuh, deren Milch nicht mehr Opfer, sondern profanes Genußmittel war.

In der hier angegebenen Weise muß das Rind schon vor etwa 10000 Jahren als Genosse des Menschen gewonnen worden sein, und zwar zuerst in Südasien, das überhaupt die meisten Wildrinder beherbergt, die für die Domestikation von Seite des Menschen in Frage kommen. Zuerst hat der Baseler Zoologe Ludwig Rütimeyer, auf genaue vergleichend anatomische Untersuchungen des ihm zur Verfügung gestellten Materials gestützt, nachgewiesen, daß das älteste Hausrind der Neolithiker Mitteleuropas, die Torfkuh der Pfahlbauern — wie der bereits besprochene Torfhund so genannt, weil ihre Überreste in den inzwischen meist vertorften Kulturschichten jener vorgeschichtlichen Periode der Pfahlbaubewohner gefunden werden —, nicht von einem einheimischen Wildrinde gezähmt wurde, sondern als fremder Import von Süden her zu den Stämmen Mitteleuropas in der jüngeren Steinzeit gelangte. Afrika kommt wegen Mangel an entsprechenden Wildrindern nicht in Betracht, sondern nur Südasien. Von den hier lebenden Wildrindern fällt der Yak (*Bos gruniens*) als Stammvater des ältesten Hausrindes wegen allzustarken Abweichungen im anatomischen Bau, wie auch wegen der 14 Rippenpaare, die er im Gegensatz zu den 13 des Hausrindes besitzt, außer Betracht. Zudem ist dieses Tier ein ausgesprochener Bewohner des Hochgebirges, dessen kaltem Klima und eisigen Stürmen entsprechend, er das zottige Pelzkleid trägt. Als solches vermag es sich dem heißen Tieflande durchaus nicht anzupassen. Gegen einen Zusammenhang mit dem indischen Gayal oder Stirnrind (*Bos frontalis*) spricht außer den ebenfalls 14 Rippenpaaren die gewaltige Ausdehnung der Stirnfläche des letzteren und die abweichende Gestalt und Richtung des Gehörns. Auch dieses ist übrigens ein Bergtier, das im Gebirge östlich vom Brahmaputra bis nach Birma hinein in Herden lebt, fast so geschickt wie der Yak klettert, gern das Wasser aufsucht und sich vor der drückenden Mittagshitze in die dichtesten Wälder zurückzieht, wo es wiederkäuend im Schatten ruht.

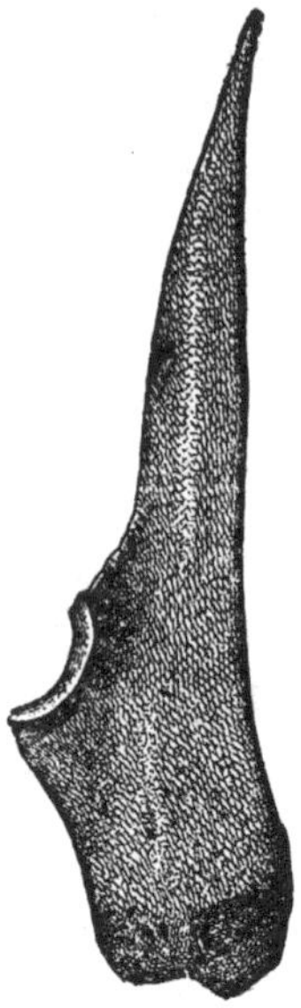

Bild 4. Ein aus der Elle einer Torfkuh gespitzter, sehr gut in die Hand passender Dolch aus einem neolithischen Pfahlbau der Schweiz. (1/3 nat. Größe.)

Auch der Gaur oder das Dschungelrind (*Bos gaurus*), das den undurchdringlichen Buschwald ganz Südasiens vom Himalaja bis in die indonesische Inselwelt bewohnt, kommt, obschon es 13 Rippenpaare besitzt, aus anatomischen Gründen als Stammvater des Hausrindes nicht in Betracht. Sein Schädel verbreitert sich nach oben zu, statt sich wie bei diesem in dieser Richtung zu verschmälern; auch ist er im Stirnteil auffallend konkav. Hinter dieser Konkavität erhebt sich ein mächtiger Stirnwulst, der beim Stier einer schiefen Wand vergleichbar ist, beim weiblichen Tier allerdings etwas niedriger, aber immer noch recht hoch ist.

Der Banteng der Malaien oder das Sundarind (*Bos sondaicus*) dagegen erfüllt nach den eingehenden Untersuchungen von Prof. Konrad Keller in Zürich und anderen Zoologen alle Bedingungen dazu, so daß wir ihn mit Sicherheit als Stammvater des ältesten Hausrindes ansprechen können. Der ganze Schädelbau, die eigentümliche Beschaffenheit der Hornzapfen, die bei beiden wie wurmstichiges Holz aussehen, die Gestaltung und Richtung des Gehörnes, die 13 Rippen usw. deuten mit aller Bestimmtheit darauf, daß irgendwo im südlichsten Asien der Banteng gezähmt und aus ihm die ältesten Hausrinder gewonnen wurden, bei denen sich der Gesichtsteil mit der Zeit etwas verkürzte.

Dem scheuen, am liebsten in wasserreichen bis moorigen Waldesteilen seinen Stand nehmenden und deshalb vorzugsweise flache Bergtäler mit langsam strömenden Flüssen bewohnenden Banteng steht in allen körperlichen Merkmalen von allen Hausrindern das indische Zeburind am nächsten. Dieses ist offenkundig ein domestizierter Banteng. Die anatomische Übereinstimmung beider ist auffallend. Beim Zeburind wie bei der Bantengkuh ist der Schädel lang und schmal, das Gehörn nach hinten ausgelegt, die Stirn seitlich abfallend, die Schläfengrube breit und flach, sind die Augenhöhlen fast gar nicht hervortretend, ist der Nasenast des Zwischenkiefers kurz und sind die Backenzähne schief gestellt. Brehm sagt in seinem Tierleben, „daß erwachsene Bantengs sich nicht zähmen lassen, Kälber desselben hingegen sich in der Gefangenschaft leicht an den Menschen gewöhnen und völlig zu Haustieren werden, da das Wesen des Tieres sanfter und milder zu sein scheint als das aller übrigen bekannten Wildrinder.“

Der wilde Banteng ist ein verhältnismäßig leicht gebautes Rind von braunroter bis kastanienbrauner Farbe bei den Kühen und jungen Stieren, dagegen schwarz bei alten Stieren. Weiß dagegen sind bei beiden Geschlechtern die untern Enden der Beine bis oberhalb der Knie- und Hackengelenke, ein großer ovaler Bezirk auf der Hinterseite der Schenkel, ein Streifen an der Innenseite der Beine, die Lippen und die Innenseite der Ohren. Bei den Kälbern, deren Beine in ihrer ganzen Ausdehnung außen kastanienbraun gefärbt sind, trägt der Rücken einen dunkeln Längsstreifen. Die Schulterhöhe eines ausgewachsenen Stieres beträgt 1,6–1,7 *m*, die Körperlänge etwa 2,6 *m* und die Schwanzlänge 0,9 *m*. Die bei jungen Tieren walzigen, bei ausgewachsenen an der Wurzel abgeflachten Hörner richten sich zuerst nach außen und oben, aber gegen die Spitze zu etwas nach rückwärts und innen. Seine Nahrung besteht hauptsächlich aus Gras. Gewöhnlich frißt es von vormittags 9 bis nachmittags 4 Uhr und geht dann trinken. Nachts legt es sich zum Ruhen nieder. Es meidet angebaute Gegenden so viel als möglich, stellt sich aber gelegentlich auf Äckern mit junger Saat zum Weiden ein. Es lebt meist in kleinen Herden von 5 oder 6 bis 20 Stück, die von einem großen Bullen geführt werden. Alte Stiere sollen sich gerne von der Herde trennen und einsiedlerisch leben. Werden diese verwundet, so greifen sie den Menschen, den sie sonst fliehen, ohne Zaudern an.

In diesem Banteng oder Sundarind hat nun der Südasiate nicht bloß das gefügigste, sondern auch das schönste Wildrind zum bildsamen Haustier herangezogen und damit alle weitere Haustiergewinnung vorbereitet. Dieser südasiatische Stamm der Hausrinder hat sich dann, weil sein großer Nutzen einleuchtete, sehr bald über weite Gebiete ausgedehnt. In der ostasiatischen Inselwelt reicht es bis Bali und Lombok, weiter nördlich bis China und Japan; hier überall macht ihm heute der später domestizierte Hausbüffel starke Konkurrenz. Nach Westen zu treffen wir ihn zuerst in Persien und

Mesopotamien, dann auch sehr früh schon im Niltal an, wo uns auf einer der noch der neolithischen Negadazeit angehörenden skulptierten Schieferplatte von Giseh (s. Tafel), und noch deutlicher auf einer gleichzeitigen Platte im Louvre das charakteristische bantengähnliche Hausrind der ältesten nachweisbaren Zeit Ägyptens entgegentritt. Als Büffelfigur, sagt Keller, könne dieses Bild schon der Kopfbildung wegen nicht aufgefaßt werden. „Der Stier auf der Platte des Louvre zeigt vielmehr im Verlauf des Gehörns, in der auffallenden Stirnbreite und in der Kürze der Schnauze die typischen Kennzeichen eines alten Bantengstiers. Wir sind daher zu der Annahme gezwungen, daß das Hausrind der frühägyptischen, vorpharaonischen Zeit der Bantengstammform noch sehr nahe stand."

Vom Niltal aus hat sich dieses Hausrind südasiatischer Herkunft weiter südlich zu den Hamiten verbreitet, die lange Zeit allein von den außerägyptischen Afrikanern in seinem Besitze waren. Erst später haben es dann die intelligenteren Stämme der Negerbevölkerung in Süd- und Westafrika übernommen. Madagaskar mit seiner starken Rinderzucht hat das Tier von Ostafrika her erhalten. Von Äthiopien gelangte schon vor der Zeit des alten Reiches im 4. Jahrtausend v. Chr. ein großgehörnter Rinderschlag von Bantengabstammung, der heute nur noch in Zentralafrika gefunden wird, nach Ägypten, wo er bald mit Vorliebe gezüchtet wurde. Dieser buckellose Schlag, aus dem meist der heilige Apis (altägyptisch *hapi*) genommen wurde, besaß ein ungewöhnlich langes, leier- oder halbmondförmiges oder auch gerade nach oben außen gerichtetes Gehörn und war von weißer, schwarz- oder rotbunter Färbung. Der nach Älian dem Mondgotte heilige Apis war nach Herodot schwarz, trug auf der Stirne ein weißes Viereck, auf dem Rücken das Bild eines Adlers, am Schwanz zweierlei Haare und auf der Zunge einen Käfer. Diese Färbung wird noch häufig beim Duxerschlag, namentlich aber bei den Eringerschlägen des südlichen Wallis angetroffen.

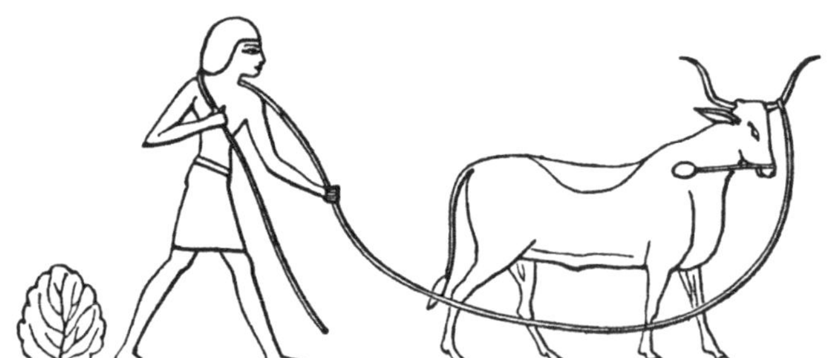

Bild 5. Einfangen eines wild gewordenen Rindes mit einem bolaartigen Wurfseil im alten Ägypten. (Nach Wilkinson.)

Tafel 7.

Banteng (*Bos sondaicus*).
(Nach Keller, Die Abstammung der ältesten Haustiere.)

Guzerat-Zebubulle, von Karl Hagenbeck in Stellingen importiert.

Tafel 8.

Herde von Guzerat-Zeburindern aus dem Besitz eines indischen Fürsten.
(Nach einer Photographie von Karl Hagenbeck.)

Tafel 9.

Luxusgespann von Guzerat-Zebuochsen eines indischen Fürsten mit reicher Ausstattung.
(Nach einer Photographie von Karl Hagenbeck.)

Tafel 10.

Hissar-Zebubulle, von Karl Hagenbecks Tierpark importiert.

Stier. Griechische Marmorfigur im britischen Museum zu London.

Neben Langhornrindern wurde schon im alten Reiche (2980 bis 2475 v. Chr) eine hornlose Rasse gehalten. Daß diese nicht gerade selten war, geht nach Erman aus der Angabe hervor, daß auf dem Gute des Chefre noch neben 835 Langhornrindern 220 hornlose Rinder vorhanden waren. Gleicherweise sind uns Darstellungen von Höckerrindern, wie sie uns in typischer Gestalt im indischen Zebu entgegentreten, schon in Abbildungen des alten Reiches erhalten geblieben. Diese Zeburasse, die sich am deutlichsten in Südasien ausprägte, hat einen Fettbuckel entwickelt und eine lang herabhängende dünne Wamme am Hals. Das meist kurze, höchstens mittellange Gehörn verläuft in der Flucht der Stirn nach hinten. Das Ohr hängt meist stark herab. Die Farbe ist weiß, grau, gelb, rotbraun oder gescheckt. Neben gewaltigen Schlägen kommen auch zwergartige vor. Diesem indischen Zebu steht das ostafrikanische Buckelrind am nächsten, das am reinsten im Sangarind Abessiniens vertreten ist. Es hat sich heute vom abessinischen Hochland aus bis zum oberen Nil und zum Tschadsee ausgebreitet. Das Gehörn ist bei ihm größer als beim nahe verwandten indischen Zebu, im allgemeinen leierförmig und nicht mehr so stark nach hinten ausgelegt, sondern aufgerichtet. Der schlanke, hochgestellte Körper weist dieselben Farben wie das indische Zebu auf. Es spielt als Zug- und Fleischtier eine große Rolle, doch ist sein Milchertrag ein geringer. Aus ihm ist offenbar als besondere Zuchtrasse das Langhornrind hervorgegangen, das schon im alten Ägypten eine wichtige Rolle spielte, aber, weil wirtschaftlich nicht hervorragend, im Laufe der Zeit stark zurückging, in Ägypten ganz ausstarb und heute nach dem Innern Afrikas zurückgedrängt wurde. Es findet sich heute im Seengebiet bei den ackerbauenden Kolonien abessinischer Abstammung als Watussirind; doch gibt es Bestände von ihm auch in Südabessinien. Es ist mittelgroß, einfarbig kastanienbraun oder dunkelbraunfleckig und hat ein über meterlang werdendes Gehörn von der Gestalt desjenigen des Sanga. Im neuen Reich Ägyptens (1580–1205 v. Chr.) tritt dieses Langhornrind zurück und dafür tritt ein kurzhörniges, meist buckelloses Rind offenkundig südasiatischer Bantengabstammung in den Vordergrund. Auf einem in Wasserfarben ausgeführten Wandgemälde in Theben aus der Zeit der 18. Dynastie (1580–1350 v. Chr.) bemerkt man einzelne gefleckte Exemplare mit Kennzeichen, die nur dem Zebu eigentümlich sind.

Bild 6. Äthiopische Prinzessin in einem von Ochsen einer hornlosen Rasse gezogenen Wagen. (Nach Wilkinson.)

Auch in Mesopotamien ist das älteste Hausrind ein unverkennbarer Bantengabkömmling. Das auf einem sehr alten chaldäischen Siegelzylinder bereits vor den Pflug gespannt dargestellte Rind gleicht vollkommen einem kleinen indischen Hausrind. Aus der assyrischen Zeit treffen wir häufigere und bessere Darstellungen des Hausrindes. Auf einem Quarzzylinder, dessen Reproduktion Layard gibt, ist ein typisches, langhörniges Zeburind mit umfangreichem Fettbuckel und starker Wamme säugend dargestellt. Das auf den Skulpturen der Königspaläste häufig abgebildete Beutevieh wird stets mit gewölbtem Rücken oder mit eigentlichem Fettbuckel wiedergegeben, so daß auch dessen Abstammung von indischem Blute außer Zweifel steht. Nirgends begegnet uns eine Rinderart, die auf Abstammung des jedenfalls auch in Vorderasien einst lebenden Urs (*Bos primigenius*) hindeutet.

Bild 7. Altägyptische Darstellung zweier miteinander kämpfender Stiere, die von Hirten getrennt werden. (Nach Wilkinson.)

An der Peripherie des Areals, das die ältesten Hausrinder von Bantengabstammung bewohnen, d. h. im äußersten Osten Asiens, wie auf Bali und Lombok, dann in Westasien, Nordafrika und vor allem in Europa, begegnen wir einem kleinen, zierlich gebauten Rinderschlage von meist dunkler Färbung, mit kleinem, nach außen und aufwärts gebogenem Gehörn, zwischen den vortretenden Augenhöhlen eingesenkter Stirn und feiner Schnauze. Das Hinterhaupt erhebt sich bei ihm in einen deutlichen, steil abfallenden Höcker und seine Ecken sind nur ganz ausnahmsweise wie beim Zebu — so beim sardinischen Hausrind — zu Hornstielen ausgezogen. Das ist der Schlag, den wir überall in den Kulturschichten der neolithischen und späteren Bewohner Europas, so auch in den Pfahlbauten in den Seen und Torfmooren um die Alpen herum begegnen, wie er sich auch in der Urzeit in Mesopotamien und Ägypten nachweisen läßt. Es ist dies das bereits erwähnte Torfrind der Pfahlbauern, das in der Vorzeit überall in Europa als Haustier gehalten wurde und wahrscheinlich teils schon der Milchgewinnung diente, teils auch den Pflug zog, wie uns verschiedene Felsenzeichnungen von Nordafrika bis Skandinavien aus der Metallzeit zeigen. Rütimeyer nannte diese Rasse, die er aus den Überresten der Pfahlbauten der Schweiz kennen lernte, Kurzhornrind (*Bos brachyceros*), während der englische vergleichende Anatom Richard Owen sie als Langstirnrind (*Bos longifrons*) bezeichnete.

Dieses zierliche Hausrind mit zarten Gliedern und langem, schmalem Schädel mit breiter Stirne, die über die Hälfte der Schädellänge mißt, tritt uns von Anfang an in Europa in ihren charakteristischen, alle Zebumerkmale außer dem Fetthöcker aufweisenden anatomischen Merkmalen und Eigenschaften entgegen, so daß wir mit Bestimmtheit von ihm sagen können, daß es vollkommen domestiziert hier eingeführt wurde, und zwar nach Konrad Keller vorzugsweise aus Nordafrika. Er stützt sich dabei nicht bloß auf die Tatsache, daß sich eine dem alten Torfrind ganz nahe stehende Rasse hier bis nach Marokko hinein auffallend rein erhielt, sondern besonders darauf, daß die Annäherung des afrikanischen Zeburindes an unsere europäischen Braunviehschläge um so größer ist, je mehr man in Afrika nach Norden hin vorschreitet. Schon Nubien besitzt eine feinköpfige und kurzhornige Rasse, die dem algerischen und marokkanischen Rind auffallend nahe steht. Außerdem haben die kleinen beweglichen Zeburinder noch eine zweite direktere Wanderstraße aus ihrer Heimat Südasien nach Europa eingeschlagen, die über Mesopotamien, Kleinasien und durch die Donauländer ins Herz unseres Kontinentes führte. Keller hielt diesen direkten Import aus Asien für sekundär und nicht sehr ausgiebig, was wir nicht ganz unterschreiben möchten, da alle übrigen Kulturerrungenschaften der europäischen Neolithiker viel mehr nach Westasien als nach Nordafrika hinweisen. Jedenfalls hat der rege Handelsverkehr der Mittelmeerländer schon frühe wichtige Erzeugnisse Nordafrikas, zumal Ägyptens, nach Norden gebracht. Der bevorzugte Weg wird dabei aus dem Niltal über die ägäische Inselwelt nach dem Schwarzen Meer und von da donauaufwärts gegangen sein.

Überreste dieses Torfrindes von Bantengabstammung haben sich in den Braunviehschlägen der Zentralalpen ziemlich rein, am reinsten um das Gotthardmassiv herum beim sogenannten Schwyzervieh, erhalten. Die Haarfärbung wechselt vom dunkeln Braun bis zum hellen Mäusegrau. Als Rassekennzeichen gilt das dunkle Flotz- oder Rehmaul mit heller Umrahmung und ein heller, als Aalstrich bezeichneter Rückenstreifen. Diese Merkmale finden sich auch bei ostasiatischen und indischen Rindern. Auch ist der als Spiegel bezeichnete umfangreiche weiße Fleck am Hinterteil des Banteng als ein Rückschlag in Gestalt einer heller gefärbten Stelle am Hinterbacken nicht selten bei den einfarbigen braunen Kühen um das Gotthardmassiv herum zu sehen. In Südeuropa gehört dazu das dunkle sardinische, illyrische und albanesische Rind, im Osten das weitverbreitete polnische Rotvieh, das sich auch über das nördliche Rußland ausdehnt und im Nordwesten das hochgezüchtete und seiner Milchergiebigkeit wegen berühmte Jersey- oder Kanalrind.

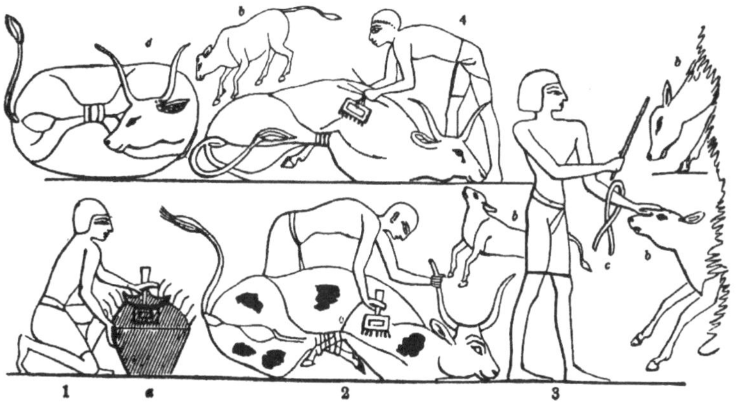

Bild 8. Rinder im alten Ägypten werden mit einem eingebrannten Eigentumsstempel versehen.
1. Das Eisen wird glühend gemacht, 2. u. 4. die gefesselten Rinder werden gebrannt. (Nach Wilkinson.)

Diese kleinen Rinder haben, wie auch das Zebu, von dem sie sich ableiten — man denke nur an das hornlose altägyptische, das heutige Somalirind, die Rinder von Unjoro und Berta — schon sehr frühe auch hornlose Formen hervorgebracht, die sich bereits in der neolithischen Pfahlbauzeit nachweisen lassen. Hornlose Rinder sollen auch die Skythen besessen haben. Jetzt sind sie außer in Zentralafrika, wo die meisten Rinder hornlos und ohne Fettbuckel sind, hauptsächlich über Nordeuropa verbreitet, so in Nordrußland, Skandinavien, Island, Schottland, England, Wales und sporadisch in Oldenburg. Auch in Irland scheint diese Rasse früher sehr verbreitet gewesen zu sein, da man in alten Ansiedelungen viele ungehörnte Schädel derselben fand. Die Haarfarbe dieses hornlosen Viehs ist vorzugsweise weiß, doch kommen auch gelbrote, braunrote und schwarze Nuancen vor.

Mit der Kurzhornrasse von Zebuabstammung, dem Torfrind, eng verwandt und durch künstliche Züchtung offenbar auf europäischem Boden entstanden, ist das durch auffallende Kürze des Kopfes ausgezeichnete Kurzkopfrind (*Bos brachycephalus*). Bei ihm ist die Stirne zwischen den Augen sehr breit und unten stark eingezogen, das drehrunde Gehörn ist stark, oft sehr groß und leierförmig, meist weiß mit schwarzer Spitze. Die Haarfarbe ist braun bis gelb, selbst weiß und rot bis schwarz, häufig mit weißem Abzeichen. Wie beim Braunvieh läßt sich bei dunkeln Varietäten häufig eine weiße Einfassung des Flotzmaules, eine weiße Innenseite des Ohres und ein ebenso gefärbter Aalstrich auf dem Rücken erkennen.

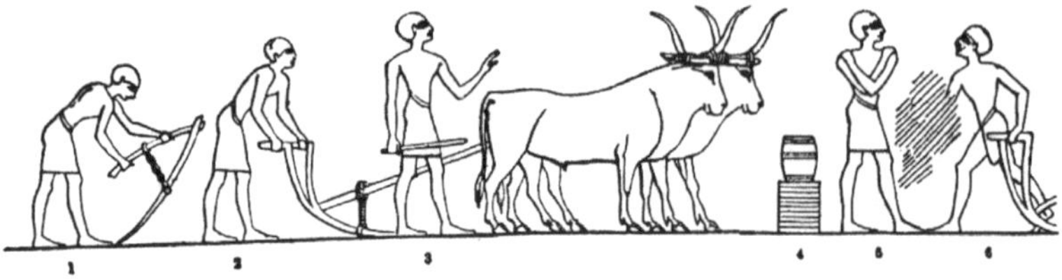

Bild 9. Pflügen mit einem Ochsengespann im alten Ägypten. (Nach Wilkinson.)

Nach Keller tauchen die Kurzkopfrinder zuerst auf dem Boden Italiens auf und wurden dann vermutlich durch römische Kolonisten nach Norden gebracht. Er glaubt, sie ließen sich ihrer Abstammung nach auf das altägyptische Langhornrind zurückführen und seien wahrscheinlich schon in vorgeschichtlicher Zeit nach Europa gelangt und hier umgezüchtet worden. Diese Ansicht kann nach den bisher bekannt gewordenen Tatsachen nicht aufrecht erhalten werden. Das Kurzkopfrind war schon in vorgeschichtlicher Zeit, nämlich zu Ende des 3. Jahrtausends v. Chr., nördlich der Alpen an den Schweizerseen zu finden. Dürst glaubt es bereits auf babylonischen Siegelzylindern aus dem Beginne des 3. vorchristlichen Jahrtausends nachweisen zu können. Auch im alten Ägypten wurde es bereits gehalten, ebenso in Arabien und Nordafrika, wo man teilweise Knochenüberreste von ihm fand. In Südeuropa muß es im letzten Jahrtausend v. Chr. allgemein verbreitet gewesen sein. Die Reste desselben aus der helvetisch-römischen Zeit in Vindonissa und Aquae weisen auf ein sehr stattliches Tier hin, wie es sich heute noch im Südwesten von Europa auf der iberischen Halbinsel in stärkster Entwicklung vorfindet. In Deutschland gehört dazu das ebenfalls stattliche Rind des bayerischen Allgäu. Kleiner ist das gleicherweise hierher gehörende Eringerrind aus dem südlichen Wallis, das meist einfarbig, schwarz oder dunkelbraun mit rötlichem Anflug gezüchtet wird. Verwandt damit ist der Zillertaler, der Pustertaler und der Duxer Schlag, dann der Voigtländer und der Egerländer Schlag, das Devonrind in den englischen Grafschaften Devonshire, Sussex und Hereford, wie auch das Rind der Kanalinseln (Jersey u. a.). Noch näher scheint der Urrasse das Albanesenrind zu stehen. Jedenfalls hat sich diese uralte Rinderrasse am besten in den entlegenen Gebirgstälern erhalten und stellt so gewissermaßen die Gebirgsform des Rindes dar.

Zu diesen Rindern von südasiatischer Abstammung kommen meist großgehörnte Formen von schwerem Körperbau, die anatomisch durchaus nicht auf den Banteng, sondern auf den Ur (*Bos primigenius*) zurückzuführen sind. Dieses neben dem Wisent (*Bison europaeus*) seit der diluvialen Zeit bei uns lebende Wildrind war teilweise größer als unsere Hausrinder und besaß einen Schädel von auffallend geradlinigem Umriß, mit schief nach vorn gerichteten Augenhöhlen und schief aufsteigendem Unterkieferast. Der Gesichtsschädel zeigt eine verhältnismäßig starke Entwicklung; die Stirnbeine sind flach und stoßen in rechtem Winkel mit der Hinterhauptsfläche zusammen. Das mächtige Gehörn besaß im ganzen Leierform, wandte sich zuerst nach außen, dann nach innen oben mit aufwärts gerichteten Spitzen. Während sich also bei ihm das ziemlich lange Gehörn gegeneinander krümmte, war es beim Wisent nicht nur kürzer, sondern auch nach einwärts und rückwärts gekrümmt. Dabei besaß letzteres einen dreieckigen Kopf, starke Mähne und abfallenden Rücken, während der Ur, dem Hausrinde ähnlich, einen länglichen Kopf, keine Mähne und einen geraden Rücken besaß. Außerdem war es schwarz und nicht dunkelbraun wie jenes gefärbt.

Das Verbreitungsgebiet des Ur erstreckte sich außer durch ganz Europa, wo er sich am längsten im nördlichen Rußland erhielt, auch über ganz Nordasien bis zum Altaigebirge und reichte nach Süden bis zum Bergland von Armenien und Nordbabylonien. Die Assyrier kannten ihn sehr wohl unter dem Namen *rimu*, was identisch mit dem biblischen *reem* ist. Nach einem Relief des um 884 v. Chr. durch Asurnasirpal erbauten Nordwestpalastes in Nimrud, auf welchem dieser König einem Ur das Messer ins Genick stößt, bildete dieses gewaltige Tier damals noch ein geschätztes Jagdobjekt für die Fürsten von Assur. Auf dieser Darstellung hat der Künstler, der dieses Tier genau gekannt haben muß, nicht nur das starke Gehörn, sondern auch den schief aufsteigenden Unterkieferast in sehr naturgetreuer Weise dargestellt, so daß wir unverkennbar einen Ur — früher auch Auerochse genannt — vor uns haben. Daß diese Tiere damals noch in größerer Menge in Nordbabylonien vorkamen, beweist die Tatsache, daß dieser König nach einer Inschrift auf einer Jagd deren nicht weniger als fünfzig erlegte und acht gefangen nahm. Diese letzteren werden im Wildparke des Königs Aufnahme gefunden haben. Auch anderweitig berichten uns assyrische Texte, daß junge Ure gefangengenommen und in der Gefangenschaft weitergezüchtet wurden. So scheint in Nordbabylonien der Ur zuerst gezähmt und für den Haustierstand in der Obhut des Menschen vorbereitet worden zu sein. Dies geschah zweifellos schon weit früher als zu Beginn des letzten Jahrtausends v. Chr., da wir urähnlichen Rindern schon auf den ältesten babylonischen Siegelzylindern und in Form prächtig modellierter Köpfe aus Bronze, die noch in die sumerische Zeit ins dritte Jahrtausend v. Chr. zurückreichen, begegnen. Dabei scheinen die Assyrier offenkundig diese gezähmten Rinder von Urabstammung zu opfern bevorzugt zu haben. Wenigstens werden sie in ihrer charakteristischen Erscheinung bei assyrischen Opferszenen, z. B. am Palast von Balawat, dargestellt, während wir unter den ebendort abgebildeten Rindern als Tribut fremder Völker ganz anders gekrümmte Hörner finden, die stark an ägyptische Darstellungen erinnern. Letztere waren zweifellos Hausrinder von Bantengabstammung.

Aus geschichtlicher Zeit haben wir mehrfache Zeugnisse über das Vorhandensein dieses mächtigen Wildrindes in Europa, so von Julius Cäsar, der in seinem Buche über den gallischen Krieg schreibt, daß im hercynischen Wald — worunter jener römische Autor das Waldgebirge Mitteldeutschlands vom Rhein bis zu den Karpaten verstand — ein *urus* genanntes Wildrind lebe, das äußerlich einem Stier gleiche, aber an Größe nur wenig hinter dem Elefanten zurückstehe. Mit letzterer Angabe hatten ihm seine germanischen Gewährsmänner einen „Bären aufgebunden“, wie sie ihm auch sagten, die Beine des Elches (*alces*) seien stocksteif und hätten keine Gelenke. „Deshalb legen sich die Tiere, wenn sie ruhen wollen, nicht nieder, können auch nicht wieder aufstehen, wenn sie zufällig hinfallen. Um zu schlafen, lehnen sie sich also an Bäume. Solche Plätze merken sich die Jäger, machen heimlich einen Einschnitt in jeden Baum, so daß er an sich stehen bleibt, aber umfällt, wenn sich das Tier daranlehnt.“ Noch manch anderes solch altdeutsches Jägerlatein hat der große römische Stratege und kluge Staatsmann als baare Münze entgegengenommen.

Nach Cäsar spricht dessen Zeitgenosse Vergil im zweiten Gesang seiner Verherrlichung des Landbaues vom Ur, indem er sagt, man solle die Weinberge einzäunen, damit das Vieh (*pecus*) ihnen nicht schädlich werde. Darunter zählt er außer den Schafen und dem Jungvieh die Rehe und die wilden Ure aus den Wäldern (*silvestres uri*). Das Landgut, das dieser Darstellung zugrunde liegt, war höchst wahrscheinlich des Dichters eigenes, das väterliche Gut in Andes bei Mantua, in welchem er am 15. Oktober 70 v. Chr. geboren wurde. Also müssen noch im letzten vorchristlichen Jahrhundert die Ure von den dichten Wäldern an den Vorbergen der Alpen weit in die lombardische Ebene hinein gewechselt sein. Im dritten Gesang wird von Vergil eine schwere Seuche, anscheinend Milzbrand, geschildert, die den ganzen Viehstand der Krainer Alpen vernichtet hatte. Als danach das Fest der Göttermutter herankam, hatte man keine Ochsen (*boves*), um mit ihnen den Prozessionswagen der Göttin zu bespannen, und mußte statt ihrer (kastrierte) Ure nehmen (Vers 531). Also muß es damals neben den wilden auch zahme Ure gegeben haben, die man als eine besondere Tiergattung vom Rindvieh unterschied. Allem nach scheinen auch diese zahmen Ure seuchenfester als die echten Rinder gewesen zu sein. Das mag mit ein Grund gewesen sein, daß in der Folge in manchen Gegenden Südosteuropas das Vieh vom Primigeniusstamme, also vom Ur abgeleitet, die Oberhand über die älteren, gegen Seuchen empfindlicheren Rassen von Bantengabstammung gewann.

Tafel 11.

Der Assyrerkönig Assurnasirpal auf der Urjagd.
Ein Ur ist mit Pfeilen erlegt, ein anderer, wohl in Netzen gefangen, wird vom König lebend eingebracht.
(Nach einer Photographie von Mansell & Cie. in London.)

Tafel 12.

Zuchtstier „Walo", der Schwyzerrasse angehörig, auf der Gutswirtschaft der Maggi-Gesellschaft in Kempttal.

Tafel 13.

Mehrfach prämiierte Kuh der Schwyzerrasse auf der Gutswirtschaft der Maggi-Gesellschaft in Kempttal.

Tafel 14.

Wisent aus dem Kaukasus im Zoologischen Garten von Berlin.

Amerikanischer Bison im Zoologischen Garten von Berlin. (Beide nach einer Photographie der Neuen photogr. Gesellschaft in Steglitz.)

Im 1. Jahrhundert n. Chr. schreibt dann der ältere Plinius in seiner Naturgeschichte: „Germanien ist durch das Vorhandensein von zwei Arten wilder Rinder merkwürdig, nämlich durch den mit einer Mähne geschmückten Bison (Wisent) und den Ur, der sich durch Kraft und Schnelligkeit auszeichnet." Tacitus weiß in seinen Annalen von einem römischen Steuerbeamten zu berichten, der die Friesen dadurch zum Aufstand trieb, daß er ihnen für die Entrichtung ihres in Ochsenfellen bestehenden Tributs Urfelle als Muster vorschrieb. Solche in größerer Menge zu beschaffen mochte ihnen schwer fallen. Wie Plinius spricht auch das Nibelungenlied von zwei in Germanien hausenden Wildrindern, dem Wisent und dem Ur. Letzterer wurde noch im 10. Jahrhundert in der Umgebung des Klosters St. Gallen gejagt und sein Fleisch an der Klostertafel nebst dem des Bibers und anderer dort heute längst ausgerotteter Tiere verspeist, wie wir den Benediktionen oder Tischgebeten des dort lebenden und 973 verstorbenen Mönches Ekkehard I. entnehmen können. Nach Alfred Nehring wurde in Bromberg ein aus dem 12. oder 13. Jahrhundert stammender Urstierschädel aufgefunden, der auf der Stirne noch Spuren von drei Lanzenstichen aufweist, als Beweis dafür, daß er um jene Zeit dort noch gejagt wurde. Noch ums Jahr 1550 erhielt der österreichische Gesandte und Freiherr von Heberstain auf einer diplomatischen Reise nach dem Königreiche Polen in Masovien vom König Sigismund August von Polen einen dort getöteten Ur als Geschenk. Das Tier war damals freilich nicht mehr zahlreich, sondern auf einen kleinen Bestand in Masovien zusammengeschmolzen. Später erhielt der Züricher Zoologe Konrad Geßner von einem seiner Schüler, Schneeberger, und von Johann Bonar zuverlässige Nachrichten über den in Polen lebenden und dort Thur genannten Ur und berichtete darüber 1560. Zuletzt hat August Wrzesniowski in einer 1878 in der Zeitschrift für wissenschaftliche Zoologie veröffentlichten Arbeit an Hand der polnischen Quellen nachgewiesen, daß schon im 13. Jahrhundert die Jagd auf den „Thur“ ein ausschließliches Vorrecht der Herzoge von Masovien war, er bereits im 16. Jahrhundert selten zu werden begann und nur noch in den Forsten von Jaktorowka (etwa 55 *km* westlich von Warschau) vorkam. Hier wurde er zuletzt, wie heute der Wisent im urwaldähnlichen Riesenforste von Bjelowjesha im russisch-litauischen Bezirke Grodno, förmlich gehegt und über die noch vorhandenen Exemplare Buch geführt. 1564 zählte man nur noch 30 und 1599 24 Stück. 1602 ging der Bestand auf 4 Thure zurück und 1627 starb die letzte Urkuh.

Bild 10. Zeichnung eines Urstiers aus der Höhle von Combarelles. Breite der Originalzeichnung 90 *cm*.
(Nach Capitan und Breuil.)

Außer verschiedenem Skelettmaterial aus Torfmooren — so einem nahezu vollständigen Skelett, das 1887 am Schwielochsee im Kreise Lübben in der Niederlausitz aufgefunden wurde und sich jetzt im Museum der Landwirtschaftlichen Hochschule in Berlin befindet — besitzen wir auch noch leidliche Bilder von diesem gewaltigen Wildrinde Europas. Heberstain, der letzte Zeuge, der den Ur noch sah, ließ eine Abbildung herstellen, die durch Konrad Geßner in weiteren Kreisen bekannt wurde. Daneben existiert noch ein vom Engländer Hamilton Smith bei einem Augsburger Kunst- und Antiquitätenhändler entdecktes Urstierbild, das im ersten Viertel des 16. Jahrhunderts in Öl auf Holz gemalt wurde, 1827 in Griffiths „Animal Kingdom“ zur Veröffentlichung gelangte und seither im Original verschollen ist. Eine weit bessere Darstellung gibt das bereits erwähnte alte Jagdbild vom Palaste des assyrischen Königs Asurnasirpal aus dem Beginn des 9.

Jahrhunderts v. Chr., besonders aber die aus bester mykenischer Zeit Griechenlands, aus der Mitte des zweiten Jahrtausends vor Chr. stammenden Rinderfiguren auf den Goldbechern von Vaphio, dem alten Amyklai. Es sind dies die weitaus besten Urbilder, die wir besitzen. Diese in einem prähistorischen Kuppelgrab 1888 gefundenen beiden Goldbecher, die offenbar aus der gleichen Werkstätte hervorgingen, zeigen in einem Basrelief den Fang und die Zähmung des wilden Urs. Der eine Becher (I) stellt dar, wie ein Ur sich in einem von starken Stricken verfertigten Netze fängt und dabei überkugelt, während zwei andere in gestrecktem Galopp aus dem Bereiche des Netzes flüchten, wobei der eine zwei sich ihm entgegenstellende, mit Wams und Hosen bekleidete Männer über den Haufen rennt, den einen derselben auf die Hörner nimmt und davonschleudert. Der andere (auf Tafel II) stellt vier gezähmte Ure, drei Männchen und ein Weibchen dar, welch letzteres sein Haupt in Profilstellung dem ihm zunächst stehenden Stier zuwendet. Davor steht ein mit Wams und Hosen bekleideter Mann, der einen laut aufbrüllenden Urstier mit einem dicken Strick am linken Hinterbein gefesselt hält.

I.

II.

Bild 11 u. 12. Darstellungen in getriebener Arbeit auf den beiden massiv goldenen Bechern aus dem Kuppelgrabe von Vaphio, dem alten Amyklai, aus bester mykenischer Zeit (Mitte des 2. vorchristlichen Jahrtausends) aufgerollt, um das Einfangen und die Zähmung des Wildrindes der Primigeniusrasse zu zeigen.

Diese unschätzbar wichtigen Darstellungen von überaus hohem künstlerischem Wert zeigen uns, wie in vorgeschichtlicher Zeit neben dem von Südasien gezähmt eingeführten Torfrind das stärkere einheimische Wildrind gefangen und unter des Menschen Botmäßigkeit gebracht wurde, um aus ihm ein nützliches Haustier zu machen. Wie dies noch nach der Mitte des zweiten vorchristlichen Jahrtausends in Griechenland geschah, was uns der Becher von Vaphio beweist, dessen Darstellung nur von einem Manne geschaffen worden sein kann, der persönlich beim Fange dieses Wildrindes mit Hilfe von starken Jagdnetzen zugegen war und den Vorgang aus eigener Anschauung, nicht nur vom Hörensagen schildert, so ist dies wahrscheinlich schon mehr als tausend Jahre früher in Nordeuropa, außerdem auch in Westasien, speziell Nordbabylonien, und vielleicht an anderen Orten gemacht worden und hat zur Gewinnung eines sehr kräftigen Rinderschlages geführt, das uns, dem Wildrinde noch recht nahestehend, bereits in den jüngeren Pfahlbauten entgegentritt. Diesem gezähmten Primigeniusrind des vorgeschichtlichen Europa, das uns weder in Asien östlich von Mesopotamien, noch in Afrika entgegentritt, steht von heute lebenden das großhörnige schottische Hochlandrind von schwärzlicher bis grauer Haarfärbung am nächsten. Ferner das ebenfalls großhörnige weiße englische Parkrind, das schon bei den alten Kelten in hohem Ansehen stand. Berichten doch die etwa aus dem 11. Jahrhundert stammenden Gedichte des angeblichen gälischen Barden Ossian, des Sohnes König Fingals, aus dem 3. Jahrhundert n. Chr., daß zwei Häuptlinge wegen eines weißen Stieres in eine erbitterte Fehde gerieten, die erst mit dem Tode des einen beigelegt wurde. Ebenfalls ein Primigenius-Abkömmling ist das in gleicher Weise wie die vorigen einfarbige, großhörnige, überaus wetterharte und genügsame, aber nur geringe Milchergiebigkeit und Mastfähigkeit aufweisende Steppenrind Podoliens und Südrußlands. Als „graues Steppenrind“ finden wir es in Ungarn und in der römischen Campagna. Dieses silbergraue Vieh der römischen Campagna wurde nicht erst, wie man noch vor kurzem annahm, durch die Langobarden in Mittelitalien eingeführt, sondern ist hier schon in vorgeschichtlicher Zeit nachweisbar. So finden wir es deutlich auf der der La Tènezeit angehörenden Situla (Eimer) aus der Certosa von Bologna noch mit vorwärts zeigendem Gehörn dargestellt, als Beweis dafür, daß dieses Rind dem Ur sehr nahestand und nur geringe Veränderungen infolge von Domestikation aufwies. Über die Niederungen Rußlands finden wir das Steppenrind von Primigeniusabstammung durch ganz Sibirien, aber nicht mehr überall in reiner Rasse. So weist beispielsweise das Kirgisenrind eine beträchtliche Beimischung von Zebublut zum Primigeniusblut auf. Solche Kreuzungen wurden jedenfalls bereits in vorgeschichtlicher Zeit in ausgedehntem Maße vorgenommen, wozu die einheimischen Hausrinder genugsam Gelegenheit gaben. Nicht selten werden aber auch die zahmen Ure auf der Weide von wilden Urstieren belegt worden sein, wie es heute noch in

Hinterindien häufig genug vorkommt, daß zahme Zebukühe von wilden Bantengstieren befruchtet werden, was die Malaien als eine willkommene Blutauffrischung gerne sehen.

Von Mischungsprodukten zwischen Torfrind und Primigeniusabkömmlingen sind wohl die meisten spurlos untergegangen und andere sind durch künstliche Züchtigung stark umgebildet worden. Eine solche durch Umzüchtung aus der älteren Primigeniusrasse ohne bedeutende Torfrindblutbeimischung hervorgegangene Rinderart ist nach L. Rütimeyer das von Nilsson als Frontosusrasse bezeichnete Großstirnrind (*Bos frontosus*), das zur Bronzezeit neben dem kleinen, zierlichen Torfrind zuerst in Nordeuropa, und zwar in Südschweden auftritt. Von da drang es erst sehr spät weiter nach Süden vor, um allerdings nur eine sehr lokale Verbreitung zu erlangen. Diese Rasse, die auch noch recht schwer, wie das reine Primigeniusrind, werden kann, zeigt einen Schädel mit unregelmäßigem Umrisse, zwischen den Augen verbreiteter Stirne, dachiger Hinterstirn, gestielten Hornzapfen und gewölbten Augenhöhlen. Die Färbung ist rot- oder schwarzscheckig mit scharf begrenzten Flecken; der Nasenspiegel ist fleischfarben. Noch jetzt wird diese Rasse im südlichen Schweden gehalten und hat die einst in England weitverbreitete, jetzt aber dort verschwundene Langhornrasse aus sich hervorgehen lassen, deren letzte Reste sich in Südschweden in dem Vieh der Insel Gotland erhielten.

Wichtiger als sie ist das durch kurze Hörner und schwarze oder rotscheckige Farbe ausgezeichnete Marschrind der Nordseeküste, zu dem auch das holländische Rind gehört. Es ist durch seine Milchergiebigkeit berühmt und scheint hier bis ins Altertum zurückzugehen. Wir wissen wenigstens, daß schon zur Zeit der Römer am Niederrhein ein ähnlich großes Rind gezogen wurde. Die größte Bedeutung aber erlangte das Großstirnrind in der Westschweiz im hochgezüchteten rotscheckigen Simmentaler- und im schwarzscheckigen, neuerdings stark im Rückgang begriffenen Freiburger Schlag. Dieses ebenfalls überaus milchergiebige schweizerische Fleckvieh, das bis zum Bodensee verbreitet ist, scheint erst zur Zeit der Völkerwanderung in Mitteleuropa eingewandert zu sein und kam nach Keller vermutlich mit den vom Niederrhein gekommenen Burgundern nach der Westschweiz. Nicht nur in den westschweizerischen Pfahlbauten, sondern auch in den helvetisch-römischen Niederlassungen der Schweiz, z. B. in Vindonissa, fehlen alle Spuren von ihm vollständig. Keller meint, diese Tatsache sei sehr schwerwiegend; denn die Römer, die beispielsweise in Vindonissa eine starke Besatzung zu unterhalten hatten, würden ohne Zweifel vorgezogen haben, die milchreichen Fleckviehrinder aus der Westschweiz zu holen, falls solche damals vorhanden gewesen wären, statt die schweren, wenig Milch liefernden Kurzkopfrinder aus dem Süden über die Alpenpässe in Helvetien einzuführen, da das kleine einheimische Torfrind den Bedarf nicht deckte.

Derselbe Autor meint in seinem Werke über die Abstammung der ältesten Haustiere: „Über das Verhältnis der Freiburger Schwarzflecken zum rotbunten Simmentaler Schlag müssen noch eingehendere anatomische Untersuchungen angestellt werden. Sie gehören zwar nach den osteologischen Merkmalen zur Frontosusrasse, dagegen ist das Gehörn steiler aufgerichtet und nach meiner Beobachtung häufig primigeniusähnlich. Daher die Behauptung, daß das Freiburger Vieh Einwirkungen von niederländischem Vieh erhalten habe. Andere vermuten eine Vermischung mit Braunvieh. Leider war es mir bei dem starken Rückgang dieses Schlages bisher nicht möglich, ausreichende Schädelserien zu beschaffen, wie denn überhaupt die Erwerbung von Haustiermaterial auf kaum glaubliche Schwierigkeiten stößt."

Das ziemlich verwahrloste Rind Sibiriens repräsentiert nach den Untersuchungen von Okulitsch einen unvermischten Primigeniustypus. Die Färbung desselben ist vorwiegend rot; doch gibt es in der Umgebung von Tomsk auch graue Rinder dieses Schlages. Die Milchergiebigkeit der sibirischen Kühe ist gering; dennoch ermöglicht der bedeutende Viehstand eine starke Ausfuhr von Produkten der Milchwirtschaft. So wurden schon im Jahre 1901 27 Millionen *kg* Tafelbutter von Sibirien nach Europa exportiert und seither hat sich diese Ausfuhr durch bessere Bahntransporte bedeutend erhöht. Der Regierungsbezirk Tomsk allein weist einen Rinderbestand von gegen 2 Millionen Stück auf.

Alle weiter südlich in Asien gehaltenen Rinder sind dagegen Abkömmlinge des gezähmten Banteng, so auch diejenigen Chinas, die oft sehr klein sind und manchmal einen Fetthöcker aufweisen. Sie werden dort vorzugsweise zum Pflügen benutzt, ihre Milch überhaupt nicht und das Fleisch wenig genossen. Ebenso gering ist die wirtschaftliche Rolle des Rindes in Japan, wo es als Reit- und Lasttier dient und die wenigen im Lande verkehrenden Wagen zieht. Einen schönen Rinderschlag besitzt Korea, dessen Bewohner wohl dessen Fleisch, nicht aber die Milch genießen.

Wie die meisten Nutztiere hat Amerika auch das Rind durch die Vermittlung der Europäer erhalten. Auf seiner zweiten Reise brachte es Kolumbus 1493 nach San Domingo, von wo es sich rasch über die Antillen verbreitete. Hier verwilderte es teilweise und lieferte in dem an der Luft und über dem Feuer getrockneten Fleisch, der *carne secca*, und in den Häuten bald das hauptsächlichste Ausfuhrprodukt dieser Inseln. Von diesen verwilderten Rinderherden lebend bildete sich im 16. Jahrhundert aus Franzosen und Engländern an der Westküste von San Domingo der Freibeuterstaat der Flibustier — entweder aus dem Worte *freebooters*, d. h. Freibeuter, oder aus *fly boaters*, d. h. auf rasch fahrenden Schiffen Segelnde entstanden —, die den das Monopol des amerikanischen Handels besitzenden spanischen Schiffen auflauerten und sie ausplünderten. Als diese durch Zuzug von allerlei Abenteurern und der Hefe aller Nationen zu Anfang des 17. Jahrhunderts zu einer furchtbaren Macht in den westindischen Gewässern geworden waren, die, bald von der einen, bald von der andern Regierung begünstigt oder gar in Sold genommen, später nicht nur gegen die Spanier, sondern gegen alle Besitzenden kämpften, sahen sich die europäischen Staaten genötigt, gegen diese bedrohliche Macht einzuschreiten. Vor allem gründete Frankreich, da sich ein großer Teil der Flibustier aus Franzosen zusammensetzte, in diesem westlichen Teil von San Domingo eine Kolonie, die bald durch ausgezeichnete Gouverneure zur Blüte gelangte. Mit dieser Gründung verloren die wilden Rinder der Insel bald ihre Bedeutung; doch exportiert der spanische Teil immer noch stark Fleisch und Häute derselben nach der jetzt dort errichteten Negerrepublik.

Ums Jahr 1525 gelangte das Rind nach Mexiko, wo sich seine Zucht an den grasreichen östlichen Abhängen der Anden stark ausbreitete. Neuerdings haben sich dort auch edlere europäische Rassen, wie die Holländer und das hellfarbige, meist rotfleckige, kurzhörnige Vieh der englischen Grafschaft Durham, eingebürgert.

Mittelamerika hatte im 17. Jahrhundert eine starke Viehzucht in Honduras. Auch Kolumbien erhielt im 16. Jahrhundert sein Vieh von den westindischen Inseln. In die Grassteppen von Venezuela brachte es Christobal Rodriguez 1548. Hier gedieh es vortrefflich und verwilderte bald. So begegnete schon der sogenannte Tyrann Aguirre 1560 in der Nähe von Valencia wilden Rinderherden. Um 1800 führte Venezuela ohne die zahlreichen geschmuggelten etwa 170000 Rinderhäute jährlich aus. Von der Kapverdeninsel San Vincente aus brachten die Portugiesen das Rind 1581 nach Brasilien, wo es sich der brasilianischen Indolenz entsprechend recht langsam von der Küste nach dem Innern ausbreitete. Nach den Angaben von Southeys Geschichte von Brasilien kam es erst 1720 nach Goyaz, 1739 nach Matto Grosso und 1788 in das Gebiet des oberen Amazonenstroms. Gegenwärtig besitzen die Provinzen Minas Geraes, Matto Grosso, San Paulo und Rio Grande do Sul eine ausgedehnte Viehwirtschaft. Wiederholt sind Zebus aus Indien als Zuchtmaterial in Matto Grosso eingeführt worden, und Bastarde derselben mit den aus Europa eingeführten Rassen sind stark verbreitet. Durch großes Gehörn ist die ursprünglich in San Paulo heimische Franqueirorasse ausgezeichnet. Nur in Minas Geraes wird Milchwirtschaft getrieben und ein grober, schlechter Käse gewonnen, der nur im Lande selbst gebraucht werden kann. Der Brasilianer ißt diesen Käse gern mit eingedicktem Zuckerrohrsaft zusammen, ähnlich wie die Helden Homers eine Mischung von Honig, Käse und Wein tranken. Sonst wird überall in

Brasilien das Vieh bloß zur Gewinnung von Häuten und Hörnern für den Export nach Europa und zur Herstellung von getrocknetem Fleisch für den einheimischen Verbrauch gehalten. Dies war auch in den Pampas Argentiniens der Fall, wo vom 17. Jahrhundert an große halbwilde Viehherden vorhanden waren. Diese nahmen ihren Ursprung von 7 Kühen und einem Stier, die Kapitän Juan de Salazar 1546 von Andalusien nach Südbrasilien brachte, von wo aus sie ein gewisser Gaeta in seinem Auftrage über Land nach Paraguay trieb. Er entledigte sich dieser schwierigen Aufgabe vorzüglich und erhielt als Belohnung eine von den Kühen geschenkt, was für ihn jedenfalls einen sehr wertvollen Besitz darstellte.

Von Paraguay drang das Rind bald südwärts in die Pampas von Argentinien vor, von wo schon 1580 die erste Ladung Häute von dem damals eben gegründeten Buenos Aires nach Spanien ausgeführt wurde. Hier vermochte es in der Steppe überall leicht zu verwildern, während in den mehr waldigen Gebieten Paraguays dies wegen des Vorkommens einer sehr lästigen Aasfliege, die ihre Eier in jede Wunde legt, nicht möglich war. Da für diese Fliegen der Nabelstrang des neugeborenen Kalbes eine sehr willkommene Ablagestelle für die Eier bot, die eine Entzündung und schließlich den Tod des Kalbes herbeiführten, so gingen jeweilen alle Kälber zugrunde, bei denen nicht menschliche Hilfe fürsorgend eintrat. So weit also der Bezirk dieser Fliege reichte, gab es keine wilden Rinder. Im Süden aber, wo sie im offenen Graslande fehlte, vermehrten sich die halbwilden Viehherden dermaßen, daß das einzelne Stück fast wertlos und im 18. Jahrhundert nach Dobrizhoffer für einen Real, d. h. etwa fünf Groschen zu haben war. So wurden sie nur zur Gewinnung der Haut und etwa noch der Zunge als Delikatesse getötet, und nur ausnahmsweise das saftigste Fleisch von den Lenden zur Gewinnung von *carne secca* verwendet. Um diesen Reichtum wenigstens einigermaßen auszubeuten, wurde im vorigen Jahrhundert an der Küste nördlich von Buenos Aires, in Fray Bentos, die Liebigsche Fleischextraktfabrik eingerichtet, die heute noch das meiste Fleisch auf dieses ihr Spezialprodukt hin verarbeitet, daneben aber auch konserviertes Fleisch, Fett und Knochen gewinnt, die sie mit den Häuten auf den europäischen Markt bringt. Neuerdings suchen die Kulturstaaten Europas mit dem Fleischüberfluß Argentiniens die Fleischnot in ihrem eigenen Lande zu bekämpfen, und dies mit bestem Erfolge. In besonderen Schiffen mit Kühlräumen wird das Fleisch gefroren, wie das schon seit längerer Zeit von Australien nach England gebrachte Schaffleisch, aus Argentinien zu uns gebracht und findet überall willig Absatz. Jedenfalls ist Argentinien mit seinen grasreichen Ebenen vor andern Ländern dazu berufen, in der Viehhaltung eine führende Rolle zu spielen. Auch in Chile hat es einst eine bedeutende Rinderzucht gegeben. So fand v. Tschudi noch 1858 in Santiago das Straßenpflaster aus den Hüftknochen von Rindern gebildet, die man mit den Gelenkköpfen nach oben gesetzt hatte. Auch in Peru und Bolivien ist die wilde oder halbwilde Zucht jedenfalls die wichtigste. Milch geben die Kühe nur wenige Tassen voll, und auch das nur kurze Zeit. Bei den Indianern ist keine Neigung zur Haltung des Rindes vorhanden. Letzteres tritt demnach gegen Patagonien hin, wo die weiße Bevölkerung mehr oder weniger aufhört, zurück. Auf den Falklandinseln ist es verwildert.

In Nordamerika ist das erste Vieh zu Ende des 16. Jahrhunderts von England an die Ostküste nach Virginien gekommen. 1624 brachten es die Puritaner nach Plymouth in Massachusetts und ein Jahr später die Holländer nach dem von ihnen auf der Manhattaninsel an der Mündung des Hudson gegründeten Neu-Amsterdam, dem heutigen New York, mit. Diese guten Rassen wurden später mit dem wegen der bequemen Verbindung billigeren spanischen Vieh aus Westindien gekreuzt. Mit den Weißen verbreitete es sich westwärts, während schon früh vor seiner Ankunft mexikanisches Vieh nach Texas und Kalifornien gelangt war. Kanada besaß ursprünglich das Bretagnerind, das die Franzosen 1608 einführten.

Was die heutige Rinderhaltung in den Vereinigten Staaten anbetrifft, so geht die Züchtungspraxis der Amerikaner darauf aus, einzelne ausschließliche Leistungen der Tiere zu bevorzugen; daher werden die hervorragendsten englischen Fleischrassen und die europäischen Milchrassen stark bevorzugt. Von letzteren wurden außer südenglischen Rindern besonders das friesische, dann das Schweizer Braunvieh eingeführt. Dieses hat nun mehr und mehr das früher ausschließlich gezogene Texasvieh spanischer Abstammung, das seinerseits wiederum sich vom hochbeinigen, langhörnigen iberischen Rinde ableitet, auch in den Südstaaten der Union verdrängt.

Im Jahre 1788 wurde das Rind von den Engländern nach Australien eingeführt, wo jetzt Queensland die stärksten Bestände aufweist. Auch Neuseeland mit seinen weidereichen Alpen hat eine starke Rinderzucht. Dort gibt es über 11/2 Millionen Rinder; daher ist die Ausfuhr an Butter und Käse bedeutend. Auch in Ozeanien ist das Rind auf den meisten Inseln eingeführt, spielt aber meist eine sehr untergeordnete Rolle im Haushalte des Menschen. Stellenweise, wie z. B. auf der Insel Tinian, ist es verwildert.

Außer in Syrien und Kleinasien wird das Rind in ausgedehnten Gebieten Afrikas als Last- und Reittier verwendet. Schon Herodot erwähnt Lastochsen aus Nordafrika und Älian hornlose Reitochsen aus Mysien. Wie die Kirgisen, Kalmücken und viele Kurden, so reiten die Gallastämme, die Einwohner von Wadai, von Angola und Südafrika auf besonders dressierten Reitochsen, die in allen Gangarten gehen und in schwierigem Terrain durch kein anderes Tier zu ersetzen sind. Ohne sie könnte man die ausgedehnten Handels- und Jagdzüge durch die streckenweise oft gänzlich wasser- und futterlosen Einöden gar nicht unternehmen.

So sehr sein geistiges Wesen im allgemeinen durch die Knechtschaft und Bevormundung durch den Menschen abgenommen hat, so ist das Rind, besonders wenn es in Freiheit aufwächst, nicht so stumpfsinnig wie unsere in Ställen aufgewachsenen Individuen. Sie lassen sich unschwer zu allerlei Kunststücken abrichten. So berichtet schon der ältere Plinius in seiner Naturgeschichte: „Ich habe Ochsen gesehen, welche auf Befehl kämpften, auf die Hörner fielen und wieder aufstanden, sich auf die Erde legten und wegtragen ließen, und sogar auf schnellrennenden Wagen wie Kutscher standen. — Zur Zeit unserer Vorfahren kam oft das Wunderzeichen vor, daß Ochsen sprachen; wurde dies angezeigt, so mußte die Senatsversammlung unter freiem Himmel gehalten werden." Wie einst der Apis im alten Ägypten, ist heute noch das Rind im allgemeinen dem Hindu ein heiliges Tier, so daß er lieber verhungern würde als auch nur Rindfleisch anrühren. Die Europäer sind ihm geradezu verächtlich, daß sie dieses für ihn unantastbare Tier schlachten und sein Fleisch verzehren. Als nützliches Haustier stand es noch bei den Kulturvölkern des Altertums in hohem Ansehen. So schreibt der gelehrte Römer Varro im letzten Jahrhundert v. Chr.: „Das Rindvieh dient dem Menschen beim Landbau, dient der Göttin Ceres, wurde daher seit Menschengedenken unter den Schutz der Gesetze gestellt und in Attika, wie im Peloponnes, wurde derjenige sogar mit dem Tode bestraft, der ein Stück Rindvieh mutwilligerweise getötet hatte." Und Plinius sagt: „Der Ochse ist unser Gefährte bei der Arbeit und beim Ackerbau und stand bei unsern Vorfahren in solchen Ehren, daß man ein Beispiel hat, wo ein Mann aus dem Volke zur Verbannung verurteilt wurde, weil er auf seinem Landgut einen Zugochsen geschlachtet hatte, bloß weil einer seiner Vertrauten, ein frecher Bursche, behauptet hatte, er habe noch keine Kaldaunen gegessen."

Das Rind ist schon im zweiten Jahre seines Lebens fortpflanzungsfähig. Die Tragzeit währt in der Regel 285 Tage. Das Kalb erhebt sich bald nach seiner Geburt und saugt schon am ersten Tage an seiner Mutter, die es liebevoll beleckt und seine Entfernung durch Brüllen beklagt. Die Lebensdauer scheint 25 Jahre nicht zu übersteigen. Außer grünen Pflanzenteilen werden auch Früchte aller Art nebst Wurzelgemüsen und Knollengewächsen, besonders Möhren und Kartoffeln, sehr gern von ihm gefressen; dabei ist ihm das Lecken von Salz Bedürfnis. Alle seine Teile werden vom Menschen verwendet, so daß es mit Recht als das einträglichste aller Haustiere gilt.

Bei der Besprechung der Rinder dürfte es am Platze sein, einige Bemerkungen über die Viehzucht unserer Vorfahren in der ältesten, geschichtlich nachweisbaren Zeit mitzuteilen. Neben dem Wald und den Äckern gab es bei den Germanen nach der Völkerwanderungszeit ausgedehnte Wiesen, die nach Urkunden des 8. Jahrhunderts bis zu 130 und mehr Fuder Heu lieferten. Die Wiesen wurden im Frühjahr gehegt. Wer zu dieser Zeit sein Vieh darauf trieb und dadurch den Graswuchs verhinderte, der ward nach den Volksgesetzen der Westgoten nach seinem Stande verschieden bestraft. Bei den Langobarden konnte der Eigentümer einer Wiese, der auf derselben ein oder mehrere Schweine antraf, eines ohne Ersatz totschlagen. Wer eines anderen Wiese mähte, verlor nach dem Gesetz der salischen Franken seine Arbeit und bezahlte 15 Solidi Buße. Das war eine sehr strenge Bestrafung, da man damals mit einem Solidus, einem Goldschilling, eine Kuh zu kaufen vermochte. Ebensoviel Buße bezahlte er, wenn er das gemähte Gras nach Hause trug; fuhr er es aber heim, so mußte er 45 Solidi Strafe erlegen.

Damals war die Viehzucht noch nicht so ausgedehnt, daß sie den Wirtschaftsbedürfnissen angemessen gewesen wäre. Im Jahre 755 befanden sich auf einem ziemlich ansehnlichen Hofe 4 Zugstuten, 30 Schafe und 20 Schweine. Doch war das Rindvieh das wichtigste Besitztum des freien Mannes, der Stolz und Reichtum des Bauern, wie schon Tacitus in seiner Germania sagt: es sei der einzige Reichtum des Germanen. Dies hat sich auch in der Sprache ausgeprägt. Wie lateinisch *pecunia* Geld zu *pecus* Vieh gehört, so bezeichnet Schatz im Gotischen das Vieh, *fê* (Vieh) im Altnordischen und Süddeutschen die Habe; aus *fê* wurde später Fening und schließlich Pfennig. „Habe" oder „Ware" bedeutete in den deutschen Mundarten Vieh, wie manchenorts, z. B. im Berngebiet, „Speise" Käse. Alles Vieh wurde in alter Zeit weit mehr geweidet als heute, da die Stallfütterung sich vollständig eingebürgert hat. Der ältere Plinius lobt die germanischen Weiden, und noch im Mittelalter bot die Allmende Raum genug zum Weidgange des Viehes der Dorfgenossen. Der Gemeindehirt ist in den alten Dorfordnungen eine sehr wichtige Person. Da aber die Menge und die Güte des Futters, sowie die Paarung geeigneter Zuchttiere bei der freien Weide nicht in dem Maße wie heute, vielfach überhaupt gar nicht garantiert werden konnte, so vermochte man in jenen frühen Zeiten keine großen oder sonst wertvollen Schläge zu erzielen. So sagt schon Cäsar von den Germanen: „Sie brauchen keine eingeführten Zugtiere (Pferde), aber die bei ihnen geborenen, die klein und häßlich sind, bringen sie durch tägliche Übungen zu den größten Leistungen", und Tacitus berichtet: „Auch das Rind hat (bei den Germanen) nicht seinen Stirnschmuck (Hörner), man erfreut sich nur an der Zahl desselben." Damals war das Vieh der Germanen durch schlechte Pflege und starke Inzucht unansehnlich, wie noch heute in abgelegenen Riedgegenden kleines Vieh, von kaum mehr als 1 *m* Höhe gehalten wird. Das Skelett einer zahmen Kuh, das in dem vorgeschichtlichen Torfmoor von Schussenried in Schwaben gefunden wurde, ist nicht größer als ein großer Hund und hat winzige Hörner.

Eine Viehherde hieß bei den Franken *sonesti*; die einzelnen Individuen derselben wurden nebst etwaigen Pferden, Schafen und Schweinen, jedes mit einer Schelle behängt, unter Aufsicht eines Hirten zusammen ausgetrieben. Durch das Klingeln der Glöckchen konnte man im weitläufigen Bruch oder bei der beliebten Waldhütung das Entlaufen der Tiere besser verhindern, entlaufene auch leichter wieder finden und zur Herde zurücktreiben. Die deutschen Volksrechte bestraften das Entwenden dieser Klingeln sehr hart. So bestimmte das Gesetz der salischen Franken für die Entwendung einer Schelle (*skella*) von einem Pferde wie von einer Sau 15 Solidi Strafe, 3 aber von anderem Vieh. Wer bei den Burgundern von einem Pferd oder Ochsen die Glocke entwendete, der mußte sie durch ein Pferd oder einen Ochsen ersetzen, die von derselben Beschaffenheit waren als jene, an denen er sich verging. Dies war die Strafe des Freien, der Leibeigene dagegen wurde gehörig durchgebläut, so daß er solches sein Lebtag nie mehr tat. Bei den Langobarden wurden 6 Solidi für die entwendete Pferde- oder Rindschelle erlegt; die Westgoten bestraften dasselbe Vergehen mit 1 Solidus.

Zudem war das Vieh damals gezeichnet, damit es sein Eigentümer jederzeit aus der Herde herausfinden und als sein Eigentum in Besitz nehmen konnte. Beim Vieh wurden besondere Hirtenhunde zur Abwehr des Wolfes und anderer Raubtiere gehalten; wer einen solchen tötete, gab nach dem Volksrechte der Friesen 1, bei anderen Stämmen bis 4 Solidi Buße. Die Hirten hatten großes Recht; wer einen solchen erschlug, mußte bei den Alamannen 40 Solidi Strafe entrichten. Wer ihn mißhandelte, indem er ihn schlug, während ihn zwei andere hielten, bezahlte 9 Solidi. Die Hütung geschah entweder privat oder gemeinschaftlich. Es gab Freie, die sich eigene Hirten hielten; sonst stellten die Sippengenossen gewöhnlich einen Unfreien dazu an, ihr Vieh gemeinsam auf der Weide zu hüten. Während der ganzen guten Jahreszeit war das Vieh auf der Weide und wurde nur im Winter, wenn es wegen des hohen Schnees kein Futter mehr fand, im Stalle von dem im Sommer eingebrachten Heu gefüttert.

Die Fürsorge der Karolinger, besonders Karls des Großen, für die Kultur des Landes zeigt sich auch in den Vorschriften für den Viehstand ihrer Güter. So befahl Karl der Große, auf allen seinen Gütern Milchkühe zu halten und von der Milch auch Butter und Käse zu bereiten. So gab es nach einem uns erhaltenen Verzeichnis auf seinem Gute Stefanswerd 20 Kühe, 1 Stier, 61 Stück Jungvieh (*animalia minora*) und 5 Kälber. Auf seinem Gute Asnapium hatte er 50 Kühe mit Kälbern, 20 Stück Jungvieh (*juvencus*), 38 jährige Kälber und 3 Stiere, in Grisenwiler dagegen 30 Kühe mit Kälbern, 3 Stiere und 10 Stück Jungvieh stehen; auf einem anderen kleinen Gute hatte er 6 Kühe mit Kälbern und 8 Stück Jungvieh. Aus diesem Verzeichnis und nach allem, was wir sonst noch erfahren, dürfen wir schließen, daß die Kälber damals sehr lange bei ihren Müttern verblieben, wahrscheinlich bis sie die Kuh selbst absetzte. Die Kühe selbst wurden nicht nur zur Milchgewinnung, sondern auch zum Ziehen gebraucht, und zwar nicht bloß von den kleinen Leuten, sondern auch auf den großen Gütern. Daß Kaiser Karl bei der Bereitung von Butter und Käse auf seinen Gütern Reinlichkeit verlangte, beweist, daß man es damit nicht sehr genau nahm. Die Butter hieß damals noch mit einem altdeutschen Worte Schmeer oder Anken. Ein Stück Brot „beschmeeren" — woraus später allgemein beschmieren wurde — heißt also, es mit Butter bestreichen. Da man schon in jener Zeit begann, den Untertanen, wenn nur irgend möglich, Dienste und Abgaben aufzubürden, so nötigten die Grundherren sie später in einigen Gegenden, herrschaftliche Kühe den Winter über zur Fütterung zu übernehmen. So mußte beispielsweise das Stift Lorch solche Kühe überwintern. Oft wurden die Zehnten in Käse bezahlt. So bekam der Abt von Fulda von drei Alpen, die ihm gehörten und auf die das Vieh zur Sömmerung getrieben wurde, als Entgelt je 3000 Käse, die für die Klosterwirtschaft sehr erwünscht waren. Im Laufe der Jahrhunderte ging dann die Viehwirtschaft hervor, wie wir sie heute noch kennen und auf die einzutreten ganz überflüssig ist.

Außer dem eigentlichen Rind sind aber noch andere Vertreter der Rinderfamilie vom Menschen gezähmt und in Pflege genommen worden. Von diesen soll nun noch die Rede sein. Ein naher Verwandter des Hausrindes ist der schon zu Eingang erwähnte Gayal oder das Stirnrind (*Bos frontalis*). Dieses Wildrind ist in beiden Geschlechtern bis zu den Knien braun, im untern Teil der Beine weiß oder gelblich, hat kurze Gliedmaßen, einen kurzen Kopf mit außerordentlich breiter Stirn und fast gerade nach auswärts gerichtetem Gehörn. Die Eingeborenenstämme südlich und nördlich vom Tal des Assam in Hinterindien fangen nicht nur Kälber desselben, um sie einzugewöhnen, sondern halten es schon so lange in gezähmtem Zustand als Haustier, daß es als Folge weitgehender Beeinflussung durch Domestikation in ziemlich vielen Exemplaren ganz weiß, andere wenigstens fleckig gefärbt sind. Die Herden zahmer Gayals werden von den Indochinesen des Fleisches wegen gehalten; auch soll teilweise ihre Milch genossen werden. Die Tiere, die weder zur Bearbeitung des Bodens, noch zum Tragen von Lasten verwendet zu werden scheinen, streifen, um zu fressen, während des Tages unbeaufsichtigt im Walde umher und kehren abends ins Gehöft ihres Besitzers zurück. Sie vermischen sich zuzeiten ungehindert mit dem neben ihm gehaltenen indischen Buckelrind, dem Zebu. Merkwürdigerweise sind von den aus dieser Kreuzung hervorgegangenen Bastarden nur die weiblichen Exemplare fruchtbar, nicht aber die männlichen, während bei den anderen Kreuzungsprodukten zwischen verschiedenen Rinderarten die männlichen und weiblichen Bastarde gleicherweise in der Regel unbegrenzt fruchtbar sind.

Auch der Gaur oder das Dschungelrind (*Bos gaurus*), dessen Verbreitungsgebiet von Vorderindien bis Siam und Cochinchina im Osten und die Halbinsel von Malakka im Süden reicht, ist in etlichen Berggegenden zwischen Assam und Birma gezähmt und wird als Haustier gehalten, obschon alle in Indien zu Züchtungszwecken eingefangenen Gaurkälber eingingen und keines das dritte Lebensjahr erreichte. Dieser Gaur scheint das größte lebende Rind zu sein und erreicht in den Stieren 1,8 *m* Schulterhöhe bei einer Körperlänge von 2,9 *m*. Die vordere Rückenhälfte trägt einen hohen Kamm, die Ohren sind klein, die Hörner an der Wurzel ziemlich stark zusammengedrückt, auf ihrer ganzen Länge gebogen und mit der Spitze nach innen und etwas nach rückwärts gerichtet. Beim Stier sind sie 50–60 *cm* lang. Das kurzbehaarte Fell ist bei jungen Männchen und Weibchen braun, bei alten Männchen dagegen schwarz. Die untern Teile sind ziemlich heller und die Beine vom Knie und vom Hackengelenk an bis zu den verhältnismäßig kleinen Hufen weiß. Die Kälber tragen einen schwarzen Längsstreifen auf dem Rücken. In den Berggegenden, die es bewohnt, hält es sich an den Wald und die hohen Grasbestände. Seine Lebensweise deckt sich fast ganz mit der beim Banteng geschilderten. Es klettert ausgezeichnet und hat hierzu trefflich geeignete kurze Beine.

Viel wichtiger als diese beiden Wildrinder ist eine dritte Art für den Menschen geworden. Es ist dies der in seinen ältesten Vertretern erdgeschichtlich schon im Pliocän auftretende Büffel (*Bubalus*). Von den beiden heute noch lebenden Arten ist nicht der wilde Schwarz- oder Kaffernbüffel (*Bubalus caffer*) Afrikas, sondern der südasiatische Büffel (*Bubalus arni*) vom Menschen in vorgeschichtlicher Zeit gezähmt und zum nützlichen Haustier erhoben worden, das von den Indern Arni, von den Malaien Hinterindiens dagegen Kerabau genannt wird. In Insulindien besonders ist er nachträglich wieder verwildert, da er sich dort der Aufsicht von seiten des Menschen zu entziehen wußte. Die Domestikation dieses weitaus kühnsten und wildesten unter den indischen Wildrindern erfolgte bedeutend später als diejenige des weit gutmütigeren Banteng. Dieser Wildbüffel bewohnt heute noch die sumpfigen Rohrwälder und die dicht mit hohem Gras bewachsenen Ebenen des Brahmaputra und Ganges vom Ostende von Assam bis nach Tirhut im Westen und diejenigen der östlichen Zentralprovinzen Indiens. Er ist ein besonders im Alter dünnbehaartes, am ganzen Körper dunkelgraues, fast schwarzes, an den Beinen jedoch meist heller gefärbtes massig gebautes Rind mit kräftig behörntem Kopf auf gedrungenem Hals, etwas gestrecktem Rumpf, dicken und kurzen Beinen und großen, für die Fortbewegung auf sumpfigem Boden breit ausladenden Hufen. Der niedrig getragene Kopf ist gestreckt und flachstirnig und trägt sehr große, schwarze, im Querschnitt dreieckige, in einer Ebene zuerst auf- und auswärts, dann nach innen und vorn, von der Gesichtsebene aus etwas nach rückwärts gebogene Hörner, die der Krümmung entlang gemessen 2 *m* lang werden können. In Oberassam findet sich eine nicht bloß durch die fahlere Färbung, sondern auch durch die Form des Schädels abweichende Unterart.

Dem Wildbüffel sagen heiße, sumpfige oder wasserreiche Gegenden am besten zu, denn er ist ein großer Wasserfreund, der vortrefflich schwimmt und sich so gebärdet, als ob das Wasser sein eigentliches Lebenselement sei. Auf dem festen Lande erscheint er in allen seinen Bewegungen schwerfälliger als im Wasser, in dem er sich tagsüber während der größten Hitze mit Vorliebe aufhält und, darin liegend, nur einen Teil des Kopfes herausstreckt. Nachts und am frühen Morgen weidet er, bricht gern in Pflanzungen ein und richtet darin bedeutende Verwüstungen an. Sein Wesen wird als mürrisch und unzuverlässig geschildert; er ist voll Mut und Angriffslust und läßt dann seine tiefdröhnende Stimme erschallen. Die Paarungszeit fällt in den Herbst; dann lösen sich die sonst bis zu 50 Stück zählenden Herden in kleinere Trupps auf, die je ein Stier um sich versammelt. Etwa 10 Monate nach der Paarung, also im Sommer, wirft die Kuh 1–2 Kälber, die sie sorgsam gegen alle Angriffe wilder Tiere behütet. Der Wildbüffel ist keineswegs scheu, scheint auch die Nachbarschaft des Menschen nicht zu meiden. Oft nimmt eine Herde oder ein einzelner Stier von einem Felde Besitz, von dem dessen Eigentümer zurückgetrieben wird. Angegriffen und besonders verwundet, stellen sie den Gegner und suchen ihn mit ihren gewaltigen Hörnern niederzurennen.

Wann und wie der indische Wildbüffel zuerst gezähmt wurde, ist völlig unbekannt. Jedenfalls geschah dies irgendwo in Südasien, wo nach der Domestikation des Banteng die seinige nahe lag. Dabei veränderte sich sein Charakter in einer für den Menschen sehr günstigen Weise. Ist der Wildbüffel sehr kampflustig, weil er sich selbst dem Tiger überlegen fühlt, so ist er im zahmen Zustande seinen Bekannten gegenüber überaus sanftmütig und anhänglich und läßt sich sogar von einem Kinde lenken. Nur fremden Leuten und Tieren gegenüber zeigt er sich feindlich und beweist dann einen großen Mut. Nach wie vor ist ihm das Wasser ein überaus wichtiges Lebenselement, auf das er nur ungern verzichtet und das er immer wieder zur Kühlung aufsucht.

Tafel 15.

Büffel von Singhalesen auf Ceylon zum Pflügen eines Reisfeldes benützt.

Tafel 16.

Hagenbecks Reisender in Indien auf einem Milchbüffel reitend.

Yak oder Grunzochse im Zoologischen Garten von Berlin.
(Nach einer Photographie der Neuen photogr. Gesellschaft in Steglitz.)

Die älteste unzweifelhafte Darstellung des Büffels hat sich uns auf einigen altbabylonischen Siegelzylindern aus dem Anfang des 3. vorchristlichen Jahrhunderts erhalten. Auf dem einen derselben sehen wir einen langbärtigen Mann, offenbar eine Gottheit, der in einer irdenen Schüssel einem Büffel Wasser zum Trinken darreicht. Daß es sich wirklich um einen Büffel und nicht um ein schlecht gezeichnetes Rind handelt, geht sicher aus dem Verlauf der nach hinten gelegten quergerippten Hörner hervor. Dieselben typischen Büffelhörner treffen wir auf einer anderen Darstellung eines altbabylonischen Siegelzylinders, der etwa vom Jahre 2800 v. Chr. stammt. Wir sehen darauf zwei langbärtige Männer, offenbar auch Gottheiten, von denen der eine mit einem aufgerichteten Löwen, der andere mit einem gleichfalls aufgerichteten Büffel mit typischem Gehörn ringt. Dabei wird der Büffel mit der linken Hand am linken Horn und mit der rechten Hand am rechten Vorderfuß gepackt und letzteres umgeknickt, um das Tier zu Fall zu bringen. Daß der Büffel wie auf diesen, so auch auf andern mythologischen Bildern im Kampfe mit Göttern dargestellt wird, beweist zum mindesten, daß er im Kulte gewisser Gottheiten eine Rolle spielte und als solcher vielleicht in halber Zähmung gelegentlich vom Menschen in der Nähe von Tempeln gehalten wurde. Daß er völlig gezähmt war und als Haustier diente, ist ausgeschlossen, denn wir fänden sonst mehr Spuren von seiner Gegenwart. Ebenso wurde der Wildbüffel im ältesten Ägypten nachgewiesen, sowohl in bildlichen Darstellungen, als auch in Knochenresten, aber ein eigentliches Haustier war er hier ebenfalls nicht.

Jedenfalls reichte einst sein Verbreitungsgebiet von Südasien über Westasien bis nach Europa hinein. So fand man Überreste eines Wildbüffels (*Bubalus pallasi*) in Diluvialschichten bei Danzig. Aber in ganz Westasien wie auch im Niltal wurde er vom Menschen ausgerottet, bevor er domestiziert worden war.

In Vorderasien treffen wir in der Folge keine Spur mehr von ihm, bis Alexander und seine Begleiter ihn auf ihrem Siegeszuge als Haustier zuerst in Persien, dann auch in Indien antrafen. Aber auch damals blieb den Kulturvölkern am Mittelmeer die Erwerbung dieses Nutztieres verschlossen. Erst die Muhamedaner brachten ihn nach Palästina und Ägypten. Im Jahre 723 begegnete der heilige Willibald im Jordantal, in dem sie heute noch wichtige Haustiere sind, die ersten Büffel, von deren Vorhandensein man bis dahin im Abendland keine Ahnung gehabt hatte. Dieser Priester, der durch Süditalien und Sizilien gereist war, traf diese dort nirgends, weil man sie damals noch nicht eingeführt hatte, und war nicht wenig erstaunt, sie in Palästina zu finden. In Ägypten, das früher besonders reich an Rindern gewesen sein muß, die später weitgehend durch die aus dem Süden dahin gebrachte Rinderpest dezimiert wurden, vermehrte sich der Büffel stark und gelangte von dort durch die Araber nach Sizilien und Süditalien, von wo aus er sich langsam weiter nördlich in die sumpfige Campagna di Roma verbreitete. Ums Jahr 1200 war er im Kaiserreich Bulgarien, etwa dem heutigen Mazedonien entsprechend, häufig anzutreffen und kam von da nach dem eigentlichen Bulgarien und den Tiefländern der Donau, um sich jenem Strom entlang bis Ungarn und Siebenbürgen auszudehnen, wo sie wie unsere Rinder in erster Linie als Milchvieh gehalten werden. Doch geben sie durchschnittlich nur halb so viel Milch wie unser Alpenrindvieh. Bringt es das Siebenbürger Rind auf 1600–1900 Liter und die sich dort immer mehr einbürgernden Freiburger, Simmentaler und Pinzgauer Kühe auf 2000 Liter im Jahr, so liefert der beste Milchbüffel in dieser Zeit nur 1000 Liter, die allerdings wegen des weit größeren Fettgehaltes von 7–8, bei altmelkenden Tieren sogar 10–12 Prozent gegenüber von 3–5 Prozent der Kuhmilch doppelt so teuer als jene verkauft wird. Auch in die Moldau-Walachei und die Krim gelangte der Hausbüffel und fand dort in den wasserreichen, noch ziemlich warmen Niederungen ihm zusagende Lebensbedingungen. Trotz des heißen Klimas fehlte ihm aber in Nordafrika westlich vom Niltal das für ihn zum Baden nötige Wasser, so daß er hier nicht heimisch werden konnte. Und weil er infolgedessen nicht nach dem südlichen Spanien und nach Portugal gelangte, erreichte er auch Amerika nicht, und die Vorschläge, ihn hier einzuführen, sind bis jetzt unbeachtet geblieben.

Noch größere Bedeutung als im Westen hat er im Osten Asiens erlangt, wo er bis nach Japan und über die Philippinen hinaus gelangte und sich über ganz Indonesien ausbreitete, und zwar in der von Malaien bewohnten ost-

und südasiatischen Inselwelt in einer schiefer- bis hellbläulichgrauen, sehr spärlich behaarten Zuchtrasse mit sehr langen, im Bogen nach hinten gerichteten, auf der Oberseite stark abgeflachten Hörnern. Hier überall in den heißen, sumpfigen Niederungen hat er weit größere Bedeutung als das Hausrind von Bantengabstammung erlangt und ist der getreue Gehilfe des Menschen beim Ackerbau geworden. Seine Neigung für das Sumpfleben machte ihn besonders beim Reisbau verwendbar, der in diesen Gegenden eine überaus wichtige Rolle spielt. Nur in den trockenen Gebieten, die seinem Gedeihen nicht besonders zuträglich sind, und im Nordosten von Asien tritt das gegen Kälte weniger empfindliche Rind wieder stärker auf. Im ganzen Gebiet des Reisbaues ist er in seinem ureigenen Element und zieht den primitiven Pflug durch den von dem darauf geleiteten Wasser aufgeweichten schlammigen Boden der Reisfelder. Bei den Bisayern tritt er auch den gesäten Reis in den nassen Schlamm. Seine Milch wird hier kaum je gewonnen, obwohl sie eine vorzügliche Speise bildet, die, wie in Südeuropa, auch in ganz Süd- und Westasien sehr geschätzt wird, obschon sie einen moschusartigen Geruch besitzt. Die aus ihr bereitete Butter ist weiß und schmeckt ganz rein, entbehrt aber des feinen Aromas, das eine gute Kuhbutter auszeichnet. Das Fleisch alter Büffel ist im gekochten Zustande heller als das Rindfleisch, dabei grobfaserig, hart und weniger schmackhaft als jenes. Dagegen schmeckt das Fleisch der Büffelkälber sehr gut und wird von manchen Leuten sogar dem Fleisch der Rindkälber vorgezogen. Sehr geschätzt ist das Fell, das ein vorzügliches Leder liefert.

Wegen seiner ungeheuren Kraft, die bei einem Büffelochsen von 149 *cm* Höhe und 652 *kg* Körpergewicht auf 875 *kg* bestimmt wurde, hat der Büffel überall in seinem Verbreitungsgebiet besonders als Zugtier eine große Bedeutung erlangt. Er zieht tatsächlich auch auf schlechten Wegen Lasten, die man ihm kaum zutrauen dürfte. Nur ein Übelstand ist dabei in Kauf zu nehmen, nämlich seine vom Wildzustande beibehaltene Störrigkeit. Noch mehr als dem ruhigeren Asiaten offenbart er dem lebhaften Europäer gegenüber immer noch einen Rest seiner ursprünglichen Wildheit. Fremde greift er direkt an oder weicht ihnen in blinder Furcht aus und richtet dabei durch sein Ungestüm nicht selten allerlei Unheil an. Man hat also ihm gegenüber stets etwas auf der Hut zu sein. Eine ausgezeichnete Tugend des Büffels ist dagegen seine wirklich beispielslose Genügsamkeit, indem er hartes Schilf und andere Sumpfpflanzen, welche jedes andere Geschöpf verschmäht, mit demselben Behagen frißt, als ob er die leckerste Speise genösse. Unangenehm kann er durch seine Neigung werden, sich im Schlamm der Pfützen zu wälzen und sich dabei mit einer ihm vor der Peinigung durch die Stechfliegen schützenden Schlammschicht zu bedecken.

Der Büffel ist ein schweigsames Geschöpf. Wenn er behaglich im kühlenden Wasserbade ruht, läßt er nie seine Stimme hören. Auch während er weidet oder arbeitet geht er still und ruhig seines Weges. Nur in Wut versetzte Stiere und Kühe, welche säugende Kälber haben, geben Laute von sich, die ein Mittelding zwischen dem Brüllen des Rindes und dem Grunzen des Schweines sind. In den nördlicheren Gegenden paart sich der Büffel, sich selbst überlassen, im April und Mai; 10 Monate nach der Paarung wird das Junge geboren, das von der Mutter zärtlich geliebt und mit Eifer beschützt wird. Im 4. oder 5. Jahr ist der Büffel erwachsen und erreicht dann ein Gewicht von über 700 *kg*. Sein Alter bringt er auf 18–20 Jahre. Außer zum Ziehen von Lastwagen und zur Feldarbeit dient er vielfach auch, besonders bei den Malaien, zum Reiten, in Birma auch zu Kampfspielen, da dort aus religiösen Gründen die Hahnenkämpfe verboten sind. Jedenfalls gehört er zu den Haustieren, die ihr Verbreitungsgebiet noch bedeutend auszudehnen vermögen. Vor allem verdient er in den heißen, feuchten Niederungen Amerikas und Afrikas eingeführt zu werden. So sollte Deutschland mit dem guten Beispiel vorangehen und ihn in seinen afrikanischen Kolonien einführen, wo er ganz gute Daseinsbedingungen fände. Schon Emin Pascha bemühte sich als Gouverneur der Äquatorialprovinz, freilich vergeblich, Büffel nach seiner Residenz Lado zu bekommen. Es wäre auch zu empfehlen, Kreuzungen mit dem afrikanischen Wildbüffel vorzunehmen und Versuche mit der Zähmung des letzteren zu machen, die sehr wohl auf Erfolg rechnen dürften.

Von weiteren Wildrindern, die einst zur Zähmung durch den Menschen in Frage gekommen wären, sind noch der nordamerikanische Bison und der europäische Wisent zu nennen. Diese sind aber heute bereits durch menschliche Unvernunft bis auf unbedeutende, gehegte Reste ausgerottet. Einst lebte der Bison (*Bison americanus*), der *buffalo* der Amerikaner, in ungeheurer Menge auf den Prärien Nordamerikas zwischen dem Alleghany- und dem Felsengebirge. Die Gesamtheit einer Büffelherde zerfiel in zahlreiche Trupps, die unter der Leitung eines eigenen Stieres weideten und mit großer Regelmäßigkeit von den saftigen Weideplätzen zu den Flüssen, an denen sie ihren Durst löschten und badeten, hin und her wechselten, wobei sie ähnlich wie unsere Hausrinder auf den Alpweiden geradlinige Pfade, die „Büffelpfade", austraten. Alljährlich unternahmen sie oft weite Wanderungen, indem sie in kleineren Herden vom Juli an südwärts zogen, um den grimmigen Schneestürmen des Nordens auszuweichen, mit Beginn des Frühjahrs aber sich wieder nordwärts wandten. Ihr schlimmster Feind war der Mensch. Solange sie es nur mit dem zwar berittenen, aber sonst für sie nicht allzu gefährlichen Indianer zu tun hatten, der nur so viel von ihnen erlegte, als er zu seinem und der Seinen Lebensunterhalte bedurfte, nahm ihre Zahl nicht nennenswert ab. Erst als der Weiße erschien, seine Eisenbahnen durch die Prärie fahren ließ und mit seinem weitreichenden Präzisionsgewehr sinnlos Hunderttausende dieser Wildrinder abschoß, um höchstens das zottige Fell zur Bereitung von Leder oder die Zunge als

Delikatesse zu verwenden, waren ihre Tage gezählt. Reißend nahm ihre Zahl ab, und die amerikanische Regierung ließ dies ruhig gewähren, mit der unbegreiflichen Begründung, sie könnten den Betrieb der großen Pazifikbahn stören! Von den ungezählten Millionen, die noch bei der Errichtung dieser Bahn lebten, gab es 1889 nur noch etwas über 1000 amerikanische Büffel, welche inzwischen in der Reservation des Yellowstone-Park bis auf wenige Hunderte, die die starke Inzucht zudem bedeutend degenerieren ließ, zusammenschrumpften. Auch diejenigen in den Reservationen von Wichita und Montana schmolzen bis auf wenige Hunderte zusammen. Neuerdings hat sich indessen wieder eine Vermehrung erzielen lassen, so daß rund 1000 in den Vereinigten Staaten und 600 Stück in Kanada vom Menschen gehegt leben. Sie vermehren sich nur langsam, doch ist das Aussterben dieser interessanten Tierart noch nicht so bald zu erwarten. Immerhin sind durch die Ausrottung des wilden Bisons die davon lebenden Indianer, ihrer Nahrungsquelle beraubt, zu Kostgängern des Staates geworden, statt sich wie früher selbst zu ernähren!

Ein Glück ist es, daß viele zoologische Gärten Europas sich amerikanische Büffel anschafften, so lange sie billig zu haben waren. Sie pflanzen sich glücklicherweise auch in der Gefangenschaft leicht fort, so daß noch auf längere Zeit Exemplare dieses gewaltigsten aller Rinderarten als Schaustücke ersten Ranges in unseren Tiergärten zu sehen sein werden. Bereits sind mehrfach Kreuzungen zwischen Bison und Hausrind mit Erfolg vorgenommen worden, in Europa zu wissenschaftlichen Zwecken, in Amerika dagegen anscheinend auch in der Absicht, ein besonders wetterhartes und dabei milchergiebiges Weiderind zu erzielen. Inwieweit diese Hoffnungen sich erfüllen werden, wird die Zukunft lehren.

Nicht so glücklich, in zahlreichen Tiergärten den auf den Aussterbeetat gesetzten nordamerikanischen Bison zu beherbergen, sind wir mit dem europäischen, dem Wisent (*Bison europaeus*), daran. Dieser ist etwas kleiner wie jener und hat einen weniger gewaltigen Nackenbuckel, ähnelt ihm aber sonst. Er besitzt nur 14, statt wie der amerikanische Bison 15 Rippenpaare. Dazu sind seine Beine höher und schlanker und die Hörner schöner als bei seinem amerikanischen Verwandten ausgebildet, bei beiden Geschlechtern in ziemlich gleicher Entwicklung nach außen oben und schließlich einwärts gekrümmt. Wenn er auch neuerdings immer mehr durch Inzucht an Größe abgenommen hat, so stellt er ein recht stattliches Tier dar, das bei 1,7 *m* Schulterhöhe und 3 *m* Länge bis 700 *kg* schwer wird. Dagegen war ein im Jahre 1555 in Preußen erlegter Wisentstier 7 Fuß hoch, 13 Fuß lang und dabei 19 Zentner 5 Pfund schwer. Merklich kleiner und zierlicher gebaut, auch mit kleinerer Mähne und schwächerem Gehörn als der Stier ist die Wisentkuh.

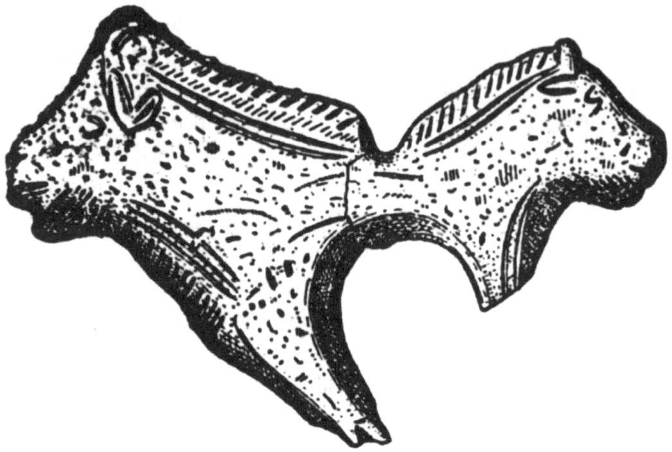

Bild 13. Oberes Ende eines an der Durchlochungsstelle abgebrochenen Zierstabes aus Renntierhorn aus dem Lagerplatz der Renntier- und Mammutjäger der frühen Nacheiszeit von Laugerie basse mit Köpfen eines männlichen und weiblichen Büffels (Wisent). 1/3 natürl. Größe.

Im Sommer und Herbst lebt der Wisent in kleinen Trupps von 15–20 Stück an feuchten Orten des Waldes, gewöhnlich im Dickicht versteckt, nur im Winter zieht er höher gelegenes und trockenes Gehölz vor. Jede einzelne Herde hat ihren festen Standort und kehrt immer wieder dahin zurück. Nur alte Stiere leben, wie auch bei den übrigen Wildrindern, einsam für sich. Am liebsten weiden die Tiere in den Morgen- und Abendstunden, wobei sie verschiedene Gräser, Blätter, Knospen und Baumrinde fressen. Sie schälen gern die Bäume ab, soweit sie reichen können. Ihr Lieblingsbaum scheint die Esche zu sein, deren saftige Rinde sie jeder anderen bevorzugen. Ihr Gang ist ein rascher Schritt, der Lauf ein schwerer, aber schnell fördernder Galopp, wobei der Kopf zu Boden gesenkt, der Schwanz emporgehoben und ausgestreckt wird. Durch Sumpf und Wasser waten und schwimmen sie mit Leichtigkeit. Während jüngere Tiere muntere, lebhafte und verhältnismäßig gutmütige Tiere sind, erscheinen ältere Tiere, zumal Stiere, als ernste, leicht reizbare und jähzornige Wesen, mit denen nicht gut Streit anzufangen ist. Die Brunst fällt auf den August bis September. Während derselben kämpfen die Stiere untereinander um den Besitz der Weibchen. Neun Monate nach der Paarung, im Mai oder Anfang Juni, kalben die Kühe, nachdem sie sich von der Herde abgesondert und in ungestörter Wildnis einen geeigneten Platz aufgesucht haben, wo sie sich und ihr Kalb während der ersten Tage vor den Genossen verbergen. Jetzt sind sie für jedes Wesen, das sich ihnen nähert, gefährlich, indem sie zum Schutze des Jungen ohne Besinnen jeden Gegner angehen. Die Kälber sind anmutige Tiere, die nur sehr langsam wachsen, wahrscheinlich erst im 8. oder 9. Jahre ihre volle Größe erlangt haben und 30–40 Jahre alt werden.

Die ältesten Darstellungen des Wisent, die wir besitzen, rühren von den dieses Wild mit besonderem Eifer jagenden Eiszeitjägern des Solutréen und Magdalénien her. In großer Zahl finden sie sich nicht nur in Umrissen, sondern teilweise auch in bunten, mit den drei Farben: Rot, Braun und Schwarz gemalten Bildern in den nordspanischen und südfranzösischen Höhlen abgebildet. In großer Menge muß dieses Wildrind in der späteren Diluvialzeit neben dem Wildpferd in Europa gelebt haben und war, nach der Menge der von ihm herrührenden Knochen, eines der wichtigsten Beutetiere des Menschen. Auch die alten Germanen jagten es noch häufig und bereiteten aus seinem Gehörn Trinkgefäße, wie dies bis in unsere Tage im Kaukasus, wo sich dieses Wild in die Gegenwart in einigen Herden erhielt, geschieht. So dienten bei einem Gastmahl, daß ein kaukasischer Fürst dem russischen General Rosen zu Ehren gab, 50–70 mit Silber ausgelegte Wisenthörner als Trinkbecher.

Bild 14. Von Jägern der frühen Nacheiszeit in rotbrauner Farbe gemalter Büffel (Wisent) aus der Höhle von Font-de-Gaume in Südfrankreich. (1/12 natürl. Größe.)

Die Schriftsteller des Altertums erwähnen mehrfach den Bison. So schreibt der ältere Plinius in seiner Naturgeschichte, wie bereits erwähnt: „Germanien ist durch das Vorhandensein von zwei Arten wilder Rinder merkwürdig, nämlich durch den mit einer Mähne geschmückten Bison (Wisent) und den Ur, der sich durch Kraft und Schnelligkeit auszeichnet.“ Und der griechische Schriftsteller Oppianos spricht um 200 n. Chr. vom Wisent als einem entsetzlichen, in Thrakien lebenden, einem Ochsen ähnlichen Tiere, das eine

Mähne wie der Löwe, und spitzige, krumme Hörner habe, mit denen es Menschen und wilde Tiere hoch emporschleudere. Seine Zunge sei sehr rauh, wie eine Feile, so daß sie die Haut durch Lecken aufreißen könne. Ferner sagt der Grieche Pausanias ums Jahr 150 n. Chr., sie seien von allen Tieren am schwersten zu fangen, denn kein Netz sei stark genug, sie zu halten. „Die Jagd auf sie wird demnach auf folgende Weise angestellt: Die Jäger bedecken eine Höhe, vor der sich ein Graben hinzieht, mit frischabgezogenen oder alten, geölten und dadurch schlüpfrig gemachten Häuten. Auf beiden Seiten davon wird ein starker Zaun errichtet. Dann treiben sie zu Pferd die Bisons an diesen Ort, woselbst sie auf den Häuten ausgleiten, sich überschlagen und in den Graben rollen. Dort werden sie binnen vier oder fünf Tagen vor Hunger matt. Will man sie dann etwa zahm machen, so bringt man ihnen Fichtenzapfen, weil sie anfangs kein anderes Futter nehmen. Endlich können sie gebunden und fortgeführt werden. — Der päonische König Dropion hat einen ehernen Bisonkopf nach Delphi geschickt."

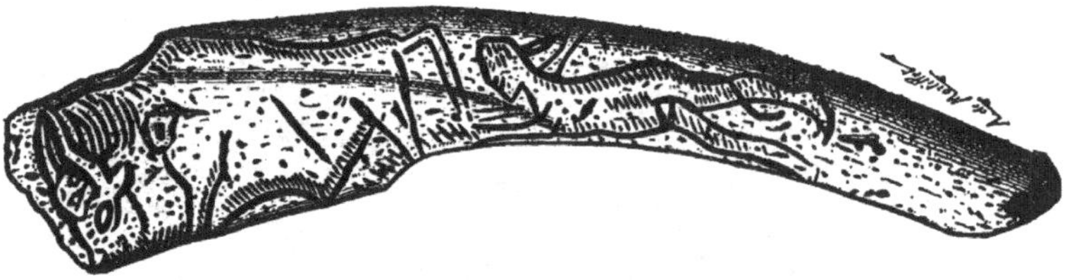

Bild 15. Jagdbild der frühen Nacheiszeit, worauf ein Mann auf allen Vieren kriechend einen ruhig äsenden Büffelbullen anschleicht und im Begriffe steht, einen Wurfspeer gegen ihn zu schleudern. Der die Waffe werfende Arm ist sehr ungeschickt angebracht, wie auch die menschliche Gestalt recht steif wiedergegeben ist, ein Beweis dafür, daß der Zeichner viel größere Übung in der Darstellung von Tieren als von Menschen besaß. Aus dem abri von Laugerie basse in der Dordogne, Südwestfrankreich. (4/9 natürl. Größe.)

Im Nibelungenlied wird neben dem Ur der Wisent als Jagdbeute des Helden Siegfried genannt, als er im Wasgenwalde, den Vogesen westlich von Worms, jagte. Zu Karls des Großen Zeit fand er sich noch häufig im Harze und im Sachsenlande. Nach den Benediktionen des Mönches Ekkehard I. muß er im 10. Jahrhundert noch ziemlich häufig auf den Tisch des Klosters St. Gallen gekommen sein. Noch verschiedene Ortsnamen in der Schweiz zeugen von seiner einstigen Anwesenheit in diesem Lande, so z. B. das Dorf Wiesendangen bei Winterthur, das in den ältesten Berichten der Chroniken als Wisonteswangun, d. h. Wisentanger angeführt wird. Gleicherweise haben wir in Süddeutschland Ortsnamen wie Wiesensteig (in mittelalterlichen Urkunden als Wisontessteiga) und Urach d. h. am Flüßchen des Ur. Ums

Jahr 1373 lebte er noch ziemlich häufig in Pommern, im 15. Jahrhundert in Preußen, im 16. in Litauen und Polen, wo sich die Könige und Großen seine Erhaltung angelegen sein ließen, indem sie ihn, dort Zubr genannt, in besondern Wildparks hielten und nur selten einige Stücke einfingen, um sie als Geschenke an fremde Höfe zu benutzen. Eine allgemeine Seuche vernichtete am Anfang des 18. Jahrhunderts den größten Teil dieser Herden. In Ostpreußen wurde das letzte Exemplar zwischen Tilsit und Labiau im Jahre 1755 von einem Wilddieb erlegt. Die letzte Herde von einigen hundert Stück lebt, vom russischen Kaiser sorgfältig gehegt, in dem 200 *qkm* großen unberührten Forste von Bjelowjesha im russisch-litauischen Bezirke Grodno. Von dort wurden von den früheren Kaisern, zuletzt von Alexander II., einige Paare an zoologische Gärten, meist nach Deutschland, abgegeben, wo sie sich leicht fortpflanzen. So besitzt der Berliner zoologische Garten einige Stück, und auch dem Fürsten Pleß gelang es, in seinem oberschlesischen Reviere Meserzitz einen kleinen Bestand heranzuhegen, so daß sogar auf den deutschen Geweihausstellungen noch ausgestopfte Wisentköpfe und Schädel erscheinen. Außerdem schweifen nach *Dr.* Heck im Kaukasus noch einige vereinzelte Wisenttrupps umher; doch wandern sie so unstet, daß man sie in den letzten Jahren nicht mehr sah. Das Schicksal dieses Tieres ist auch im Forste von Bjelowjesha besiegelt; denn der Petersburger Säugetierforscher Büchner ist auf Grund eingehender Studien zum fatalen Ergebnisse gekommen, daß diese Tierart langsam, aber sicher, ihrem Erlöschen entgegengeht, nachdem ihr Vorkommen einmal so zerstreut und vereinzelt geworden ist, daß die Entartung infolge der Inzucht (Kleinheit der Tiere, Unfruchtbarkeit des weiblichen Geschlechts und Schwächlichkeit der Jungen) sich notwendigerweise immer stärker geltend machen muß. Dann wird Europa sein stolzestes Wild verloren haben, ohne daß ihm die Möglichkeit geboten war, der Domestikation durch den Menschen unterworfen worden zu sein.

Vom Menschen dagegen gezähmt und zu einem außerordentlich nützlichen Haustiere erhoben wurde der Yak oder Grunzochse (*Bos grunniens*), der seiner kalten Heimat gemäß durch eine lange Behaarung, besonders am Bauche, die ihm beim Ruhen gleichsam als wärmendes Bett dient, ausgezeichnet ist. Von allen Rindern unterscheidet er sich auch dadurch, daß er einen vollständig gleichmäßig langbehaarten Schweif wie ein Pferd hat. Er bewohnt die Hochländer Tibets zwischen 4000 und 6000 *m* und vermag dank seines langen, dichten, schwarzen Haarkleides die rasenden Schneestürme seiner unwirtlichen Heimat zu überstehen. In alten Männchen wird er 4,25 *m* lang bei einer Höhe von 1,9 *m* und einem Gewicht von 600 *kg*, während alte Kühe kaum über 2,8 *m* Länge bei 1,6 *m* Höhe erreichen. Die Kühe bilden im Sommer, wenn sie in die grasigen Niederungen steigen, Herden von 10 bis

100 Stück, die von Männchen angeführt werden. Deren Mitglieder fressen zur Nachtzeit und am frühen Morgen, ziehen sich aber am Tage meist auf eine steile, öde Berglehne zurück, wo sie wiederkäuend viele Stunden ruhen. Alte Stiere, die meist einzeln oder nur in kleinen Gesellschaften von 3 bis 4 Stück angetroffen werden, lieben Ruheplätze mit weiter Umschau, um sich beizeiten vor Feinden zurückziehen zu können. Nur alle zwei Jahre bekommt die Kuh, neun Monate nach der Paarung, ein Kalb, das sie über ein Jahr lang säugt. Erst im 6. oder 8. Jahre ist es erwachsen und erreicht ein Alter von 25 Jahren.

Mit außerordentlicher Sicherheit bewegt sich der Yak auf dem schwierigsten Terrain, strauchelt, obschon schwer gebaut, nie und arbeitet sich mit großer Gewandtheit durch tiefe Schneemassen hindurch, wobei er den Kopf gleichsam als Schneepflug benützt. Seine Intelligenz ist nur schwach entwickelt. Verwundet nimmt er ungescheut den Jäger an und wird ihm mit seinen 80–90 *cm* langen Hörnern sehr gefährlich. Deshalb fürchten ihn die Tibeter gleich einem Ungeheuer, gehen ihm gern aus dem Wege und feuern, wenn sie sich wirklich zur Jagd auf ihn entschließen, nur aus sicherem Verstecke und gemeinschaftlich, ihrer 8–12. Sein Fleisch wird vom Engländer Kinloch als saftig und ausgezeichnet gerühmt; Zunge und Markknochen desselben bezeichnet er geradezu als Leckerbissen. Aber mehr noch als das Wildbret schätzt man in seiner baumlosen Heimat den Mist des Yaks, der getrocknet den einzigen in jenen kahlen Höhen zur Verfügung stehenden Brennstoff darstellt.

Die früheste Erwähnung des Yaks treffen wir bei dem zu Beginn des 3. Jahrhunderts n. Chr. in Rom lebenden Claudius Älianus an, der in seinem Werk über die Tiere sagt, daß die Inder ihren Königen nebst andern Tieren auch wilde Rinder darbringen, welche schwarz sind, aber weiße Schwänze haben, die zu Fliegenwedeln dienen. Tatsächlich bilden die Yakschwänze die von altersher vielberühmten Kriegszeichen der „Roßschweife“, die die Türken bis vor Wien trugen, und heute noch eine kostbare Trophäe sind, mit der sich besonders türkische Würdenträger zieren. Man stellt daraus außer Standarten besonders auch Pferdeschmuck her. Der römische Dichter Martial berichtet, daß die vornehmen römischen Damen unter Kaiser Domitian, dem zweiten Sohne Vespasians, der nach seines Bruders Titus' Tode von 81 bis 96 n. Chr. regierte, daraus hergestellte äußerst kostbare Fliegenwedel benutzten. Damals wußte man noch, daß diese Haare vom Schwanze einer asiatischen Rinderart stammen, eine Kunde, die sich später völlig verlor.

Wann der Yak gezähmt wurde, entzieht sich unserer Kenntnis. Es muß dies aber schon vor längerer Zeit geschehen sein, da wie bei so vielen andern Haustieren sich bei ihm infolge Einwirkung der Domestikation bereits ein weitgehender Leucismus entwickelt hat, so daß rein schwarze zahme Yaks sehr selten geworden sind. Gewöhnlich zeigen auch diejenigen, welche den wilden am meisten ähneln, weiße Stellen. Meist sind sie ganz weiß, vielfach auch hornlos; außerdem trifft man braune, rote und gescheckte an. Der gezähmte Yak ist durchgehends kleiner als der wilde. Man hat schon durch Kreuzung mit andern Rinderarten mehrere Rassen von Bastarden gezüchtet. Hier und da sind die zahmen Yaks wieder verwildert und haben dann ihre schwarze Urfärbung wieder angenommen. Auch die zahmen Herden gedeihen nur in kalten, hochgelegenen Gebirgsteilen und gehen bei großer Wärme zugrunde, ertragen dagegen Kälte mit Gleichmut.

In Tibet und der Mongolei weiden die Yakherden fast ohne jede Aufsicht; den ganzen Tag tummeln sie sich auf den Weideplätzen umher und werden nur über Nacht zu den Zelten ihrer Besitzer getrieben. Selbst gezähmt behält der Yak stets einen gewissen Grad von Wildheit, der sich vornehmlich durch Angriffslust gegen Fremde äußert. Gegen seine Bekannten benimmt er sich ziemlich freundschaftlich, läßt sich berühren, reinigen und vermittelst eines durch seine Nase gezogenen Ringes an einem Stricke leiten. Er dient hauptsächlich als Lasttier, daneben aber auch vielfach als Reittier. Über die unwegsamsten Pässe der Hochgebirge trägt er Lasten von 120–150 *kg* und vermittelt den Verkehr zwischen Tibet und China, der Mongolei und Nordindien. Nur auf sehr klippenreichen Pfaden ist er als Lasttier nicht zu gebrauchen, da dann seine schwere Last ihn hindert, über höhere Felsen zu springen. Im Westen reicht das Verbreitungsgebiet des gezähmten Yaks bis zur Bucharei, im Nordosten bis in die Mongolei und zu den nordöstlichen Nebenflüssen des Yang-tse-kiang. Auch in Südostsibirien werden vereinzelte Yaks gehalten. Als Gebirgstier fühlt es sich in Höhen unter 2000 *m* nur wenig behaglich; sonst gedeiht es auch ohne jegliche Pflege und ist äußerst genügsam. Die außerordentlich fette Milch gilt als sehr wohlschmeckend und ist überaus gesucht. Um den Milchertrag zu vermehren, hat man ihn mit dem Hausrind von Zebuabstammung gekreuzt. Solche Kreuzungsprodukte sollen am Südabhange des Himalaja zahlreich vorkommen und fruchtbar sein; dagegen scheinen die aus denselben wirtschaftlichen Gründen gezüchteten Bastarde mit dem Primigeniusrind Sibiriens unfruchtbar zu sein. Außer Milch und Fleisch werden auch die langen Haare verwertet, indem man sie zu groben Geweben verarbeitet. Sehr geschätzt sind die Schwanzhaare wie bei den Türkvölkern, so auch in China, wo sie zu mannigfachem Putz Verwendung finden. Der Yak ist schon so lange domestiziert, daß es bei ihm außer gefleckten und leucistischen sogar hornlose Rassen gibt.

Erst spät ist dieses Haustier der innerasiatischen Hochländer in Europa näher bekannt geworden. Die ersten Yaks, zwölf an der Zahl, die nach Europa gelangten, erhielt im Frühjahr 1854 die *Ménagerie du Musée d'histoire naturelle* in Paris. Da sie sich gut akklimatisierten und auch Nachkommen erzeugten, erhielten von Paris aus zahlreiche Tiergärten dieses Schaustück, das sich in unserm Klima besser hielt, als man hoffen durfte. Gleichwohl war die einst gehegte Hoffnung aussichtlos, den Yak als wertvolles und leistungsfähiges Haustier in unsern Gebirgsgegenden einzubürgern; denn hier liegen die Verhältnisse anders als in seinem Stammlande. Unsere Alpen und höheren Gebirge werden durch Rinder und Ziegen hinreichend ausgenutzt und der Verkehr mit Saumtieren ist mit der Entwicklung besserer Verkehrsmittel wesentlich eingeschränkt, so daß die Einführung des Yaks vom Standpunkte des Nutzens aus ganz zwecklos ist. Anders verhält es sich, wenn wir ihn als Luxustier in den von Fremden stark besuchten Gegenden einführen wollten, zumal ja die Tierwelt des Gebirges zum Bedauern jedes Freundes der Natur mehr und mehr verarmt. Da wären diese wie Gemsen kletternden Tiere eine prächtige Staffage und könnten noch als Last- und Reittiere Verwendung finden. Gar mancher Fremde fände es wohl ganz nett, einmal einen Yak statt eines prosaischen Maultiers zu besteigen, um sich in verkehrsarmen Gegenden in die hehre Bergwelt hinauftransportieren zu lassen. Wer weiß, vielleicht ist die Zeit nicht mehr fern, da ein unternehmender Hotelier auf den Gedanken verfällt und damit ein neues Zugmittel für das nach allem Neuen begierigen Publikum beschafft, das sich in der Folge weitgehender Beliebtheit erfreuen dürfte. Schon im Jahre 1850 versuchte man ihn in der Auvergne anzusiedeln; doch hielt er sich hier nicht auf die Dauer, weil der betreffende Privatunternehmer bald das Interesse an dieser Zucht verlor.

III. Die Ziege.

Nachdem das Rind zum Haustier des Menschen erhoben worden war, kam als weiteres Nutztier die Ziege hinzu, bei deren Domestikation sich jedenfalls auch religiöse Motive geltend machten. Eduard Hahn macht in seinem Buch über die Haustiere und ihre Beziehungen zur Wirtschaft des Menschen die Bemerkung, durch die ganze Ethnologie gehe die Anschauung, den Göttern sei das angenehmste Opfer dasjenige, das am schwersten zu gewinnen sei und am schmerzlichsten entbehrt werde. Bei den Assyriern und allen vorderasiatischen Völkern galt allgemein das eben der Mutter entrissene junge Tier als das wertvollste Opfer. Das Zicklein und die junge Antilope auf dem Arm des opfernden Königs kehren bei jenen in der Darstellung immer wieder, so daß obige Anschauungen als tief im Volksglauben eingewurzelt gelten können. Dieser grausame Zug machte vor dem Menschen selbst nicht halt, insofern man in schwierigen Lagen nicht zögerte, seine eigenen Kinder zu opfern. Man denke nur an das Molochopfer der Phönikier, die Opferung Isaaks durch Abraham, die allerdings durch göttliche Vermittlung abgewehrt und durch das Opfer eines Ziegenbockes abgelöst wurde. Daß solche Opfer insbesondere von erstgeborenen Söhnen als der Gottheit besonders wohlgefällige Darbringungen galten, beweisen verschiedene Tatsachen aus der morgenländischen Geschichte, von denen nur diejenige des um 850 v. Chr. lebenden Königs Mesa von Moab genannt sei, der uns in seinem einst in seiner Residenz Daibon aufgerichteten Altarstein, der 1868 vom Franzosen Ganneau aufgefunden wurde und jetzt sich im Louvre in Paris befindet, das älteste bis jetzt bekannt gewordene Schriftdenkmal semitischer Buchstabenschrift hinterlassen hat. Er berichtet darin, daß er den Israeliten die Stadt Nebo weggenommen habe und alle Bewohner, insgesamt 7000 Personen, tötete. Als er später von den Israeliten in seiner Hauptstadt belagert wurde und in arge Bedrängnis kam, opferte er, um seinen drohenden Untergang abzuwenden, auf der Stadtmauer im Angesicht der Feinde seinen ältesten Sohn.

Ebenso verbreitet als das Kindesopfer war die später von milder denkenden Generationen aufgebrachte Vorstellung, daß es die Gottheit ebenso sehr freue, wenn man das ihr gefällige Opfer, statt es zu schlachten, ihr weihe durch Freilassen in ihrem heiligen Tempelbezirke. So erzählt Älian, die Koptiten in Ägypten hätten die weiblichen Wildziegen, die sie gefangen, der Göttin geweiht, d. h. sie in deren heiligem Bezirke ausgesetzt, die Männchen dagegen geschlachtet. War einmal ein solch kleiner Bestand besonders weiblicher Tiere vorhanden, von denen wohl eine größere Zahl trächtig war, so waren sie, wie auch die von ihnen in der Gefangenschaft geborenen Jungen, als der Gottheit geweihte Tiere deren Eigentum, das der Mensch unter allen Umständen respektierte. So gewöhnten sie sich an den Menschen, der ihnen je und je Futter darbot und dafür sorgte, daß sie sich in der für sie kaum merkbaren Gefangenschaft ruhig vermehrten. Je nach Bedarf holte er sich dann ein Zicklein als Opfer für die betreffende Gottheit, der die Herde gehörte. Auch die Milch der Mutter wurde zu sakralen Zwecken verwendet und sank erst auf einer späteren, praktischer denkenden Stufe zum Gebrauchsgegenstand des täglichen Lebens herab. Ebenso wurde außer dem Fleisch, das nach und nach auch zu profanen Zwecken verwendet wurde, das lange Haar dieses Tieres zur Herstellung allerlei grober Gewebe, besonders der Zeltdecken des Nomaden, wie auch von Kleidern verwendet, da es viel wetterbeständiger ist und weniger Wasser aufsaugt als die Schafwolle.

Die Stammutter der ältest domestizierten Ziegen ist die im Hügel- und Bergland von Südwestasien heimische Bezoarziege (*Capra aegagrus*), an der H. Pohlig beobachten konnte, welch hohe Empfänglichkeit sie für den Anschluß an den Menschen besitzt. In Djulfa sah er eine Wildziege mit ihren beiden Jungen sich in einem Gehöft einnisten und sich so an diese neue Umgebung gewöhnen, daß sie von ihren Ausflügen pünktlich zur Fütterungszeit zurückkehrten. Das Verbreitungsgebiet dieser Wildziege erstreckt sich von Afghanistan und Beludschistan über die Gebirge Persiens, Syriens und Kleinasiens bis nach Griechenland, wo sie einst so gemein war, daß sie den Ägäischen Inseln (vom griechischen *aix*, Stamm *aig*, die Ziege) den Namen gab. Bevor sie der Mensch dort ausrottete, müssen sie auf den Küstenbergen des griechischen Meeres sehr gemein gewesen sein, wie etwa auf der Kyklopeninsel, von der es in Homers Odyssee heißt:

„Der Ziegen unendliche Menge durchstreift sie,

Wilden Geschlechts, weil nimmer ein Pfad der Menschen sie scheuchet.“

Daß sie damals vom Menschen eifrig gejagt wurden, ist begreiflich. So wird in der Ilias geschildert, wie der Schütze ihr auf dem Anstand auflauert, bis das Tier aus dem Felsenversteck hervortritt. Alsbald trifft es der Pfeil von unten in die Brust, so daß es sich überschlägt und die Felsen hinunterfällt. Sein Fleisch wird als willkommene Beute gegessen und das mächtige Gehörn zu einem starken Bogen verarbeitet.

Die Bezoarziege ist merklich größer als unsere von ihm abstammende Hausziege, die ihr übrigens besonders in der der Wildform noch sehr nahestehenden kräftig gebauten gemsfarbigen Varietät noch sehr ähnlich sieht. In beiden Geschlechtern besitzt die zahme wie die wilde Form einen starken Bart und ein unregelmäßig geknotetes, vorn scharf gekantetes, hinten gerundetes, sichelförmig nach hinten gekrümmtes, gegen die Spitze zu etwas zusammenstrebendes Gehörn, das beim Bock viel stärker als beim Weibchen entwickelt ist. Bei ihm erreicht es nämlich eine Länge von über 130 *cm* bei einem Umfang von nur 17–18 *cm*; bei der auch sonst kleineren Geis sind sie nicht nur viel kleiner, sondern auch nur schwach nach rückwärts gekrümmt. Sie stehen bei ihr am Grunde auch weiter auseinander als beim Bock. Im Winter ist der Pelz der Bezoarziege, der in kalten Klimaten weiches Unterhaar erhält, bräunlichgrau, im Sommer dagegen gelblich- oder rötlichbraun. Die Unterseite des Rumpfes und die Innenseite der Schenkel ist weißlich oder weiß. Alte Böcke sind blasser und am Hinterhals, auf den Schultern, an der Kehle und auf der Vorderseite der Beine mit Ausnahme der Kniee braun und weisen einen schwarzen Rückenstreifen auf, der bis zum Schwanz verläuft und ziemlich scharf abgegrenzt ist. Es sind dies alles Merkmale, die sich, wie auch die aufrecht gestellten Ohren, bei der ebenfalls ausgezeichnet kletternden gezähmten Bergziege in derselben Weise wiederfinden. Die Länge des ausgewachsenen Bockes beträgt bei der Bezoarziege etwa 1,5 *m* bei einer Schulterhöhe von 95 *cm*.

Tafel 17.

(*Phot. von E. Reinhardt.*)

Toskanisches Hausrind vor einen Holzpflug mit Metallspitze gespannt.

Kirgisisches Rindergespann vor einem primitiven Pflug.

Tafel 18.

Altägyptisches Relief des Alten Reiches aus Sakkarah (6. Dynastie, 2625–2475 v. Chr.) mit Darstellung einer Vogeljagd links und einer Ziegenherde mit ihrem Hirten rechts.

Tafel 19.

Von dem Assyrerkönig Tiglatpilesar III. auf einem syrischen Feldzug erbeutete Herden (8. Jahrhundert v. Chr.)
Oben links: Gefesselte Gefangene. Oben rechts: Eroberte Schafe und Ziegen. Unten: Anblick einer befestigten Stadt mit Dattelpalme und Sturmbock, im Hintergrund ein assyrischer Schreiber, der die erbeuteten Schafe und Ziegen aufschreibt. Im Vordergrund Ochsenkarren mit gefangenen Frauen und Kindern

Tafel 20.

(Copyright by M. Koch, Berlin.)

Schraubenziege oder Markhor.

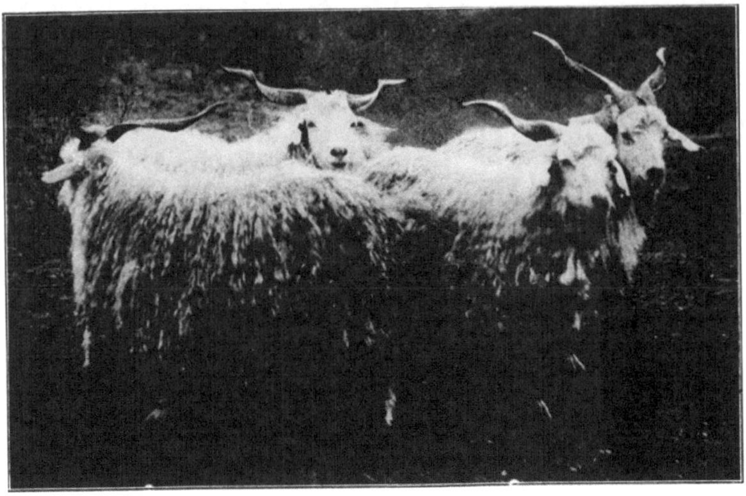

(*Copyright by M. Koch, Berlin.*)

Angoraziegen.

Die Bezoarziege bewohnt mit Vorliebe wüste, felsige Berge, wo sich ihre verschieden großen Herden gern an die Klippen und Schluchten halten. Sie ist sehr lebendig, klettert und springt mit bewundernswerter Sicherheit von einem Felsenkamm zum andern und scheint steile Felsenabhänge kaum zu beachten. Rasch und sicher läuft sie auf schwierigen Graten dahin und faßt sichern Stand auf dem kleinsten Felsvorsprunge, der sich ihr darbietet. Während der Paarungszeit, im November, kämpfen die Böcke hartnäckig und gewaltig um die Weibchen, die dann nach der Belegung im April oder Mai die Jungen zur Welt bringen, und zwar die jüngeren Ziegen eins oder zwei, die älteren stets zwei, nicht allzuselten auch drei. Diese folgen der Mutter sofort nach der Geburt, vom dritten Tage ihres Lebens an selbst auf den schwierigsten Pfaden, wachsen rasch heran und sind jederzeit zu Scherz und Spiel bereit.

Den Wildziegen wird von seiten des Menschen eifrig nachgestellt, da ihr Fleisch einen ausgezeichnet schmackhaften Braten liefert, der an Rehbraten erinnert und ebenso zart und mürbe wie letzterer ist. Es wird entweder frisch genossen oder, in lange, schmale Streifen geschnitten, an der Luft getrocknet, um es später verwenden zu können. Das im Winter erbeutete langhaarige Fell wird von den Orientalen mit Vorliebe als Gebetteppich benutzt und, weil man seinen scharfen Geruch angenehm findet, hoch geschätzt. Das kurzhaarige Sommerfell wird zu Schläuchen verwendet, die im Morgenland allgemein als Behälter für Wein oder Wasser an Stelle unserer dort unbekannten Holzfässer dienen, und das Gehörn zu Pulverhörnern, Säbelgriffen usw. verarbeitet.

Ihren Namen hat übrigens die Bezoarziege von dem früher auch bei uns berühmten, heute noch überall in Westasien bis Persien als eine Gegengabe gegen Gift geschätzten und als eine Arznei für viele Krankheiten betrachteten, gelegentlich in ihren Eingeweiden gefundenen Steine, dem Bezoarstein. Dieser stellt einen Gallenstein dar und war den alten Schriftstellern unter dem Namen Pasen bekannt, welche Bezeichnung offenbar aus Pasang hervorging, einer der männlichen Bezoarziege in Persien beigelegten Bezeichnung.

Der älteste und wichtigste Bildungsherd der zahmen Ziege aus der Bezoarziege ist jedenfalls Westasien, das ja von sehr alten Kulturvölkern bewohnt war, die am ehesten imstande waren, die Domestikation vorzunehmen. Überall treffen wir sie bei diesen seit der jüngeren Steinzeit als Haustier an. In Mesopotamien wurde sie zur assyrischen Zeit vielfach abgebildet. Daß sie damals schon sehr lange im Haustierstande verweilt haben muß, geht daraus hervor, daß sie bereits hängeohrig war. Im alten Ägypten erscheint sie ebenfalls häufig in bildlicher Darstellung. Wir sehen sie die zum Holzfällen ausziehenden Arbeiter begleiten und die Blätter der gefällten Sykomoren und anderer Bäume abfressen. Sie wird stets mit einem Bart und der Bock mit einem stattlichen Gehörn abgebildet. Etwa einmal wird ein Zicklein geschlachtet, an den Hinterbeinen am Geäst eines Baumes aufgehängt und mit dem Messer zerlegt, um einen willkommenen Braten zu liefern. Die Ziegenzucht muß im alten Ägypten einen großen Umfang besessen haben und trat weit vor die Schafzucht, was wir sehr wohl begreifen, wenn wir bedenken, daß die Bewohner des heißen Ägypten vom Beginn des dritten vorchristlichen Jahrtausends an nicht mehr Wollkleider, sondern die viel leichteren und angenehmeren weißen Linnenkleider trugen. Aus dem mittleren Reiche besitzen wir ein Dokument, worin einem Gutsherrn von seinem Oberschreiber 5023 Stück Vieh als Besitzstand angemeldet werden, worunter sich nur 924 Schafe, dagegen 2234 Ziegen und der Rest Rinder befinden.

Sagenhafte Überlieferungen, die weit vor die homerische Zeit zurückreichen, sprechen von einem Ziegenvolke, das von Kleinasien hervordrang und überall, wo es erschien, Angst und Schrecken verbreitete. Schälen wir den Grundgedanken der Sage aus der mythologischen Umhüllung heraus, so wird das wohl heißen, daß Griechenland die Hausziege in grauer Vorzeit von Westasien her erhielt. Hier wie überall sonst in den Mittelmeerländern hat sie als Begleiterscheinung einer primitiven Kultur willige Aufnahme und weite Verbreitung gefunden und in der Folge durch ihre Genäschigkeit und ausgesprochene Vorliebe für die Knospen und jungen Triebe von holzigen Gewächsen in Verbindung mit der Sorglosigkeit des sie haltenden Menschen als Verderberin des aufsproßenden jungen Waldes eine leider sehr verhängnisvolle Rolle gespielt.

In einer durch schlechte Haltung verkümmerten, kleinen Form treffen wir die Hausziege auch bei den neolithischen Pfahlbauern Mitteleuropas eingebürgert. Schon L. Rütimeyer wies darauf hin, daß in den Überresten der ältesten Pfahlbauten Ziegenreste viel häufiger als Reste des Schafes vorkommen, während dann mit dem Kulturaufschwung in der Bronzezeit das Verhältnis ein umgekehrtes wurde, d. h. die Ziegenzucht gegenüber der Schafzucht bedeutend zurücktrat, gleichzeitig aber auch die damals gehaltenen Ziegenrassen durch bessere Lebenshaltung größer und stattlicher erscheinen. Dieses Verhältnis in der Zucht beider Haustiere änderte sich hier auch in der Folge nicht. Wenn es auch noch zur Zeit Kaiser Karls des Großen viel Ziegen bei den Franken gab, so waren sie doch ziemlich weniger zahlreich als die Schafe. Dies drückt sich auch in dem uns erhaltenen Gesetzbuch der salischen Franken aus, laut dem das Schaf an Zahl die Ziege bedeutend überwog.

Bild 16. Ein zum Durchbohren der Felle gebrauchter Pfriemen der neolithischen Pfahlbauern der Schweiz, der aus dem Laufbein einer als Haustier gehaltenen Ziege verfertigt wurde. Auch Dolche wurden aus solchen Knochen hergestellt. (4/9 natürl. Größe.)

Bei den alten Griechen und Römern war die Ziege als Nutztier fast so beliebt als das Rind. Sie wurde besonders von der ärmeren Bevölkerung als Milch- und Fleischlieferant gehalten, wie sie ja heute noch die „Kuh des armen Mannes“ ist und als solche immer mehr zu Ehren gezogen zu werden verdient. Besonders in der älteren griechischen Zeit war die Ziegenzucht stark verbreitet. Zahlreiche uralte Namen, Abbildungen auf Münzen und die häufige Erwähnung in Sagen und in den homerischen Gesängen beweisen, daß ihr in älterer Zeit eine weit größere Bedeutung zukam, als später in der klassischen Zeit, da sich die Schafzucht wegen der Gewinnung der Wolle mehr in den Vordergrund drängte. Gleichwohl wurde sie auch dann noch häufig besonders von den Ärmeren gehalten und deren Milch nebst den Zicklein auf den Markt gebracht. Überall wurde die Ziegenmilch auch von der städtischen Bevölkerung gern genossen und aus dem Überschuß Käse bereitet. Der aus Spanien nach Rom gekommene römische Ackerbauschriftsteller Columella schreibt um die Mitte des ersten christlichen Jahrhunderts über das Halten von Ziegen: „Den Ziegenbock (*caper*) und die Ziege (*capella*) hält man für vorzüglich gut, wenn an ihrem Halse zwei sogenannte Glöckchen hängen und wenn der Kopf klein ist. Man sieht es auch gern, wenn das Haar glänzend und lang ist, so daß man es scheren und Mäntel für Soldaten und Matrosen daraus anfertigen kann. Es ist besser, wenn das Ziegenvieh keine Hörner hat, weil es mit ihnen nur Schaden anrichtet. Es bekommt oft Zwillinge, auch Drillinge. Zur Zucht wählt man vorzugsweise das stärkste Zicklein von Zwillingen, behandelt es im übrigen wie die Schaflämmer. Die Mutterziegen schafft man im achten Jahre ab. — Der Ziegenhirt muß ein rüstiger, ausdauernder Mann sein, der mit Behendigkeit über Felsen klettert, durch Wildnis und Dorngebüsch hindurchgeht, denn das Ziegenvieh ist rasch und kühn. Kann man die Ziegenmilch nicht frisch zur Stadt schaffen, so verwandelt man sie in Käse. Für den Handel macht man diesen von ganz frischer Milch, die man durch Lab (aus zerkleinerten Mägen) von Schaf- oder Ziegenlämmern zum Gerinnen bringt. Man setzt sie in die Nähe des Feuers, so daß sie warm, aber nicht heiß wird, gießt sie, sobald die Käseteile festgeworden sind und sich ausgeschieden haben, in dicht geflochtene Körbe und läßt die Molken ablaufen, was man noch durch aufgelegte Gewichte befördert. Dann nimmt man die Käse aus den Körben, bestreut sie mit pulverisiertem Salz und preßt sie nochmals. Dies geschieht 9 Tage hindurch, dann wäscht man sie mit reinem Wasser, legt sie an einen schattigen Platz so auf Horden, daß einer den andern nicht berührt, und bewahrt sie später, wenn sie mäßig trocken sind, an einem vor Luftzug gesicherten Orte auf."

Columellas Zeitgenosse Plinius sagt in seiner Naturgeschichte, daß die Ziege in seltenen Fällen sogar 4 Zicklein bekomme und im Negerland 11, anderwärts aber meist nur 8 Jahre alt werde. „Kranke Augen kurieren sich die Ziegen selbst, indem sie eine Binsenspitze hineinstechen und sich so zur Ader lassen; die Böcke dagegen stechen sich einen Brombeerstachel hinein. — Mutianus erzählt ein merkwürdiges, von ihm selbst erlebtes Beispiel von der Klugheit dieser Tiere. Es begegneten sich nämlich zwei auf einer sehr schmalen Brücke, und da sie weder umeinander herum, noch zurück konnten, indem der Pfad zu eng und unter ihm ein brausender Waldbach war, der sie zu verschlingen drohte, so legte sich die eine nieder und die andere schritt über sie hinweg. — Nicht alle Ziegen haben Hörner; allein wenn sie da sind, kann man das Alter an der Zahl der Knoten erkennen. Die ungehörnten geben mehr Milch. Man sagt, die Ziegen sehen nachts so gut wie am Tage, und Leute, die am Abend schlecht sehen, müssen sich daher durch den Genuß von Ziegenleber heilen. In Cilicien und um die Syrten werden die Ziegen geschoren. Wenn die Sonne sich gesenkt hat, sollen sie sich auf der Weide so lagern, daß sie einander nicht ansehen, zu andern Tageszeiten aber so, daß sie sich ansehen, und zwar familienweise. Alle haben am Kinn einen Bart, und wenn man eine am Barte faßt und fortzieht, so sieht die ganze Herde staunend zu. Ihr Biß ist den Bäumen verderblich. Den Olivenbaum machen sie schon durch bloßes Lecken unfruchtbar und werden deshalb der Minerva nicht geopfert."

In seinem Buche über die Landwirtschaft schreibt der gelehrte Marcus Terentius Varro (116–27 v. Chr.), selbst Besitzer schöner Landgüter: „In den Gesetzen über die Kolonien steht geschrieben: Niemand soll Ziegen (*capra*) da weiden lassen, wo junge Bäume oder Sträucher stehen. An Saaten aller Art, namentlich aber an jungen Weinstöcken und Ölbäumen, können Ziegen gefährlichen Schaden anrichten. Um nun die Beeinträchtigung des Rebbaues durch sie zu sühnen, werden dem Gotte Bacchus, der den Weinbau erfunden, Ziegenböcke geopfert; der Minerva aber opfert man kein Ziegenvieh, weil es ihr wegen des Schadens, den es den Ölbäumen verursacht, verhaßt ist. Nur einmal im Jahre wird auf der Burg in Athen der Minerva eine Ziege geopfert, außerdem darf sich dort keine sehen lassen." Weiterhin bemerkt er, daß die Ziegen wie die Schafe in Herden von 50 bis 100 Stück gehütet werden, „doch haben sie die Eigenschaft, daß sie lieber in Wäldern und auf Bergen weiden als auf Wiesen; denn sie knuspern gern an Holzgewächsen. In einem großen Teile Phrygiens werden die Ziegen geschoren, weil sie lange Haare haben, und man verfertigt dort aus ihnen die sogenannten cilicischen Kleider. In Cilicien soll man zuerst die Ziegen geschoren haben." Schon Aristoteles im 4. Jahrhundert v. Chr. sagt in seiner Tiergeschichte, in Lycien schere man die Ziegen gerade wie anderwärts die Schafe, und Älian schreibt ca. 200 n. Chr.: „Tut man Ziegen zu einer Schafherde, so gehen sie voran und führen dieselbe. Orthagoras sagt in seinen Indischen Erzählungen, im Dorfe Koytha würden die Ziegen mit getrockneten Fischen gefüttert." Jedenfalls lassen sich diese Tiere unschwer an Fleischnahrung gewöhnen. So werden sie wie auch die Kühe auf Island vielfach mit getrockneten Fischen gefüttert. Daß die Ziegenhaare als Gespinstmaterial lange nicht so geschätzt waren als die Schafwolle, beweist die übrigens auch in den Episteln des Horaz vorkommende Redensart: über Ziegenhaare zanken im Sinne von: über Dinge zanken, die dessen nicht wert sind.

Bild 17. Von einem Hirten mit zwei Hunden getriebene Ziegenherde von einem altgriechischen (böotischen) Henkelbecher des Theozotos. (Im Louvre.)

Das lange Verweilen im Haustierstande hatte schon damals zu verschiedenen Rassen geführt und auch hornlose Arten hervorgehen lassen. So tritt zur Römerzeit neben der altangesessenen kleinen Hausziege noch eine zweite Form auf, die in den Kolonien der Nordschweiz mehrfach Reste hinterließ und offenbar ziemlich verbreitet war. Es ist dies eine zweifellos aus dem Mittelmeergebiet stammende, durch bessere Lebenshaltung größere Ziege von gleichfalls Bezoarziegenabstammung, mit bedeutend stärkeren Hörnern. Auch zeigen die Hornzapfen im Verlauf und in der Oberflächenbeschaffenheit deutliche Unterschiede, die sich auch späterhin genau verfolgen lassen. Sie begegnet uns außer auf altgriechischen Münzen in bildlichen Darstellungen, z. B. einer großen Silberpfanne aus Vindonissa von zweifellos römischer Arbeit in Gestalt einer großhörnigen, langbehaarten Ziege, die dann besonders zahlreich in Begleitung römischer Kultur in das Gebiet nördlich der Alpen eindrang. Hier hat sie sich wie der Molosserhund und das kurzköpfige Rind, die sich zum Bernhardinerhund und zum Eringerrind umgestalteten, als ein Relikt aus der Römerzeit ziemlich rein in den entlegenen Tälern des Oberwallis in der schwarzhalsigen Walliserziege erhalten, die ein ausgesprochenes Gebirgstier ist. Der kräftig gebaute Körper trägt in beiden Geschlechtern im Vorderkörper eine tiefschwarze, im Hinterkörper eine schneeweiße Behaarung, wobei die beiden Farben hinter der Schulter in senkrechter, scharfer Begrenzung zusammenstoßen. Die Klauen der Vorderfüße sind schwarz, diejenigen der Hinterfüße dagegen weiß. Der Rücken ist vollkommen gerade, der Hals und der Kopf kurz, die Stirne breit. Neuerdings wird diese Rasse vom Oberwallis aus stark nach Deutschland, Frankreich, Italien und Österreich verbreitet.

Durch Zucht bedeutend weniger verändert und der Wildform noch recht nahe stehend ist die gemsfarbige Ziege von mittlerer Größe, dabei von kräftigem Bau. Ihr ganzer Körper ist mit kurzen, gemsfarbenen Haaren bedeckt, die auf dem Rücken und an den Schenkeln mitunter länger werden. Außer dem schwarzen Rückenstreifen sind Gesicht, Vorderbrust und

Schultern ebenfalls dunkler gefärbt als der übrige Körper. Sie ist vorzugsweise eine äußerst geschickt kletternde Bergziege, die in den Zentralalpen sehr verbreitet ist, aber auch in anderen Gebirgsgegenden Europas, so in den Pyrenäen, in Süditalien, Griechenland, Bosnien und den Balkanländern, gehalten wird.

Während diese beiden Ziegenrassen der Wildform ähnliche Hörner tragen, ist die hornlose Ziege als Kulturrasse offenbar aus der vorigen hervorgegangen, und zwar schon im frühesten Altertum, da sie bereits von den alten Griechen und Römern gehalten wurde und als besonders milchergiebig galt. Diese zielbewußte Wegzüchtung des Gehörns ist hier wie beim Rind sehr wohl begreiflich; denn dem Menschen mußten die Hörner als Werkzeuge zu Zerstörung und Angriff bald unbequem sein, und außerdem wollte er den Organismus des von ihm vor allen Gefahren beschützten Haustiers vor aller Ausgabe von unnützem Bildungsstoff bewahren. Der mittelgroße Körper dieser hornlosen Ziege weist regelmäßige Formen auf mit verhältnismäßig langem Kopf, breiter Stirn und aufrechten oder etwas hängenden Ohren. An ihrem Halse kommen häufig glöckchenartige Anhängsel vor, die, wie wir hörten, bereits Columella erwähnt. Die Behaarung ist fein, am Rücken und Schenkel verlängert; die Färbung wechselt von Hellbraun bis zu Weiß. Stirn und Nasenrücken sind meist hellbraun, auch kommt ein dunkler Rückenstreifen vor. Diese Rasse ist in den schweizerischen Bergländern stark verbreitet. Am geschätztesten ist die Toggenburger Ziege von brauner Färbung, die aber als Rückschlagserscheinung bisweilen ein feines Gehörn besitzt. Dieser Schlag gilt als sehr milchergiebig und wird aus dem St. Galler Oberland stark nach Baden, Bayern, Sachsen und Holland exportiert. Die ebenfalls hornlose Saanenziege ist rein weiß oder gelblichweiß mit gleichfarbenem Flotzmaul und kommt in kurz- und langhaarigen Abarten vor. Sie stammt vom Oberlauf des Flüßchens Saane im Obersimmental (Berner Oberland) und hat sich über die ganze Schweiz verbreitet, da sie durchschnittlich 4 Liter Milch täglich gibt. Auch sie wird viel nach dem Auslande zur Aufbesserung der heruntergekommenen Stallziege oder zur Reinzucht exportiert. So wird sie in Reinzucht vom Ziegenzuchtverein in Pfungstadt gezogen und an Liebhaber in Deutschland verkauft.

Alle diese europäischen Rassen werden hauptsächlich der Milchnutzung wegen gehalten und verdienen in der Tat als Milchlieferanten der ärmeren Bevölkerung die weiteste Verbreitung. Da, wo sie das ganze Jahr im Stall bleiben und ohne sachgemäße Pflege behandelt werden, sind sie, besonders im Tiefland, weitgehend degeneriert. In den Mittelgebirgen dagegen, z. B. im Harz, wo sie wenigstens im Sommer auf die Weide getrieben werden, haben sich mit dem freieren, naturgemäßeren Leben schon bessere Schläge erhalten. Da aber, wo sie, wie in der Schweiz, den größten Teil des Jahres im

Freien zubringen und im Gebirge, ihrem Lebenselement, herumklettern können und man ihrer Zucht von jeher größere Aufmerksamkeit schenkte, da treffen wir die weitaus edelsten, milchergiebigsten Rassen, die zur Reinzucht oder zur Auffrischung der verkommenen Schläge des Tieflandes die weiteste Verbreitung verdienen. Das hat man auch überall in Deutschland erkannt und handelt danach. Wenn es gelänge, durch Verbesserung des in Deutschland vorhandenen Ziegenmaterials von etwa 3 Millionen Stück einen Mehrertrag von auch nur einem halben Liter Milch pro Exemplar und Tag zu erzielen, so würde damit das Nationalvermögen in Deutschland nach Ulrich um nicht weniger als 30 Millionen Mark jährlich erhöht. Deshalb sollten nicht nur Private, sondern vor allem auch die Kommunen und der Staat zur Veredlung dieses so nützlichen Haustieres das ihrige beitragen.

Mit vollem Recht schreibt der Direktor des Berliner Zoologischen Gartens, *Dr.* Heck, im Tierreich: „In unserem Vaterland und den anderen europäischen Ländern ist die Ziege zwar überall zahlreich vorhanden, aber was sachgemäße Züchtung und Behandlung anlangt, neben dem Geflügel entschieden das am meisten vernachlässigte Haustier. In unserer zünftigen Landwirtschaft sieht man sie nicht so recht für voll an; die ‚Kuh des armen Mannes' nennt man sie halb scherzweise, halb verächtlich. Ich möchte aber diesen Spottnamen vielmehr als einen Ehrennamen in Anspruch nehmen: Kann es denn etwas Wichtigeres geben als ein milchergiebiges und billig zu haltendes Haustier für den kleinen Mann, den kleinen Bauer, den Handwerker und Tagelöhner auf dem Dorfe, den Fabrikarbeiter in der Vorstadt?! Gerade heutzutage, wo durch den Zustrom nach den Städten immer größere Massen des Volkes ins Proletariertum hinabsinken, das kein Heim mehr hat und nichts mehr sein Eigen nennt! Wie wohl täte die fette Ziegenmilch dem hohläugigen Armenkinde der Großstadt, das seinen Hunger notdürftig mit minderwertiger Abfallsnahrung stillen muß! Das ist freilich nicht zu verwundern, daß unter der ‚Pflege' der Armut bei kargem Futter, in schlecht verwahrtem Stall aus der Hausziege die fast sprichwörtliche ‚magere Zicke' wurde, deren Haltung kaum mehr lohnt; um so verdienstlicher ist es aber, wenn seit einigen Jahren landwirtschaftliche (Gräfin v. Mirbach-Sorquitten) und industrielle Kreise (meine Landsleute Dettweiler und Ulrich) die Bedeutung der Ziege für das Volkswohl erkannt und ihre Verbesserung energisch in die Hand genommen haben."

Verhältnismäßig selten wird in Deutschland die Ziegenmilch zu Butter und Käse verarbeitet. Letzterer wird in Altenburg und anderswo, besonders auch in der Schweiz, in bis tellergroßen Scheiben von Fingerdicke auf den Markt gebracht und mit Kümmel und Salz gewürzt gegessen. Die bei der Gerinnung des Käsestoffs ablaufende zucker- und nährsalzreiche grünlichgelbe Flüssigkeit, die Molke, wird noch vielfach als Heilmittel für Brustkranke verwendet. Erwachsen kommt die Ziege als Schlachttier wenig in Betracht, obschon die Haut ein vorzügliches Leder für Damenschuhe und feinere Sattlerarbeiten liefert und die Därme für Saiten von Musikinstrumenten sehr gesucht sind. Schon Karl der Große befahl den Verwaltern seiner Güter, nicht bloß Herden von Milchziegen, sondern auch von Böcken zu halten, deren Hörner und Felle ihm abgeliefert werden sollten. Damals wurde auch das Fleisch der Böcke gern gegessen, teils frisch, teils aber geräuchert. Besonders aber dienten und dienen heute noch die Zicklein, soweit man sie nicht aufziehen will, als leckerer Braten. Außer dem trefflichen Fleisch liefern sie das beste Material für die Herstellung von Glacéhandschuhen, für die allein aus der Schweiz nach Frankreich, wo in Grenoble — dem alten Gratianopolis — in der Dauphinée das Hauptzentrum für diesen Fabrikationszweig besteht, jährlich etwa 300000 Stück ausgeführt werden. Die Ziegenhaare werden nur noch ausnahmsweise verarbeitet, dagegen dienen Ziegenfelle den Hirten auf Korsika und Sardinien als Bekleidung.

Überhaupt ist die Hausziege am stärksten im gebirgigen Südeuropa von Spanien bis Griechenland und Zypern vertreten und ist ihre Zucht hier in manchen Gegenden wichtiger als die Schafzucht. Auch in den Gebirgstälern der östlichen Karpathen, in Siebenbürgen, in den österreichischen, schweizerischen und französischen Alpen ist die Ziege ein gemeines Haustier. Nach Fankhauser beträgt in der Schweiz die Zahl der Stallziegen etwa 180000, der Herdgeißen, die täglich ausgetrieben werden, 164000 Stück und der während des Sommers in den Alpen gesömmerten Ziegen ungefähr 65000 Stück. In Süd- und Mitteldeutschland hat die Ziegenzucht in neuerer Zeit eine Zunahme erfahren, während sie in Nordeuropa in Abnahme begriffen ist. Ganz unbedeutend ist sie in England, etwas mehr in Schottland, reich dagegen in Irland vertreten. In Frankreich läßt sich ein Rückgang ihrer Zucht feststellen, mit Ausnahme der südlichen Departemente. In ganz Europa werden reichlich 20 Millionen Ziegen gehalten.

Wie in Europa finden sich die Ziegen von Bezoarabstammung auch in Nordafrika und Westasien. Im tropischen Afrika sind sie zu einer Kümmerform degeneriert, die wir als Zwergziege vom äußersten Osten bis zur Westküste in verschiedenen Schlägen antreffen. Einzelne derselben, wie besonders diejenigen Westafrikas, erinnern in ihrer Färbung ganz an unsere gemsfarbige Ziege. Ihre dem heißen Klima entsprechende kurze Behaarung ist rotbraun mit schwarzem Rückenstreifen und dunkler Schulterbinde; andere neigen stark zu Leucismus, wie die blendend weiße Somaliziege, die aber als Erbstück der Stammform sehr häufig einen schwarzen Rückenstreifen sowie eine über die Stirn und zwei über die Augen verlaufende dunkle Binden beibehalten hat. Alle diese Zwergziegen sind kurzbeinig und gehörnt, doch bleibt das Gehörn stets kurz. Ebenfalls ein kurzes, nach hinten und außen in einem Halbbogen verlaufendes Gehörn mit meist scharfer vorderer Kante hat die gleichfalls von der Bezoarziege stammende Mamberziege Westasiens, deren Ausgangspunkt vermutlich Syrien ist, von wo aus deren Zucht sich über den Orient verbreitete. Sie unterscheidet sich von allen anderen Ziegenrassen durch die ungeheuer langen Hängeohren, die die Kopflänge um das Doppelte übertreffen. Der gestreckte Kopf ist in der Stirngegend sanft gewölbt, der Hals ziemlich lang, der Leib von stattlicher Größe und hochgestellt. Die Behaarung erscheint am Kopf kurz, am übrigen Körper sehr lang, zottig und seidenartig glänzend. Die Färbung ist einförmig weiß, auch gelbbraun oder schwarz. Das Verbreitungsgebiet dieser Ziegenrasse, die offenbar schon sehr alt sein muß, da sie bereits Aristoteles bekannt war, erstreckt sich vom Mittelmeer bis nach Persien und Mittelasien hinein. Hier grenzt an sie eine andere, meist kleinere Ziegenrasse, die sich durch lange Behaarung und schraubenartiges Gehörn auszeichnet und sich damit als Abkömmling einer in den Bergen Afghanistans und Kaschmirs lebenden Wildziege, der Schraubenziege oder des Markhor (*Capra falconeri*) erweist. Es ist dies ein Gebirgstier von der Größe eines Steinbocks mit gerade verlaufendem, korkzieherartig gedrehtem, zweikantigem Gehörn, das eine Länge von 1,5 *m* erreicht und bei gewissen Varietäten nach hinten und außen gebogen ist. Das fahlbraune Haarkleid ist auf dem Rücken und am Vorderkörper stark verlängert. Ungleich den Steinböcken, die sich an die schwer zugänglichen Felsenlabyrinthe des Gebirges halten, liebt der Markhor Wälder mit felsigem Boden, in denen er sich so viel wie möglich versteckt; nur gelegentlich kommt er auf offenes Gelände hinaus. Wie andere Ziegen, gleich denen er in Herden lebt, hält er sich mit Vorliebe an steilen Felsklippen auf. In Afghanistan, wo Wälder meistens fehlen, wird er in steinigen Schluchten und an steilen Berglehnen gefunden, von wo ihn nur starker Schneefall den Tälern zutreibt. Er klettert vortrefflich und sein Weibchen bringt im Mai-Juni 1 oder 2 Junge zur Welt. Wiederholt hat sich der Markhor erfolgreich mit Hausziegen gepaart. Sein Verbreitungsgebiet erstreckte sich früher wahrscheinlich weiter nach Westen und reichte vielleicht bis zu den Bergen im Osten von Persien. Am frühesten tritt uns ein Abkömmling dieser innerasiatischen Wildziege in einem in Nordbabylonien ausgegrabenen Bronzekopf aus dem Anfang des zweiten vorchristlichen Jahrtausends entgegen. Auch aus späterer Zeit sind Darstellungen oft langhaariger Ziegen mit langem, schraubenartig gewundenem, geradem Gehörn und Bart auf uns gekommen, so auf Bildern aus der ersten Hälfte des letzten vorchristlichen Jahrtausends, auf denen assyrische Krieger sie als Beute vor sich hertreiben. Durch ihre Schlappohren und die geringe Größe erweisen sie sich als weitgehend durch Domestikation veränderte Haustiere.

Diese Hausziege von Markhorabstammung drang dann mit der Zeit nach Syrien und Ägypten vor, erhielt sich aber hier nicht rein, sondern wurde weitgehend mit der Mamberziege gekreuzt. Diese Kreuzungsprodukte, die sich teilweise durch Mopskopf und außerordentlich lange Ohren auszeichnen, so daß letztere gelegentlich gestutzt werden müssen, damit sie die Tiere nicht am Weiden hindern, sind heute von Ägypten über ganz Vorder- und Mittelasien verbreitet.

In reiner Form hat sich die Hausziege von Markhorabstammung nur in der Kaschmirziege erhalten, die die eigentliche Hausziege Innerasiens ist. Auch sie ist gegenüber ihrem freilebenden Stammvater bedeutend kleiner geworden. Sie ist ein gefällig gebautes Tier von beinahe 1,5 *m* Gesamtlänge und 60 *cm* Schulterhöhe mit einer ihrer kalten Heimat Tibet entsprechenden dichten Behaarung. Ein langes, feines Grannenhaar überdeckt die kurze, flaumartig weiche Wolle. Die Färbung wechselt, ist oft einfach weiß, gelb, braun oder schwarz; häufig sind die Kopfseiten, der Hals und Kehlbart schwarz, die übrigen Teile des Körpers aber silberweiß. Der gestreckte Leib ist dick; der kurze Kopf trägt nicht sehr lange hängende Ohren und in beiden Geschlechtern Hörner, die beim Männchen sehr lang und wie bei der Stammform schraubenförmig gedreht sind, von der Wurzel an auseinanderweichen und in schiefer Richtung auf- und rückwärts, beim Weibchen dagegen fast gerade verlaufen. Ihr Stammland ist das Hochland von Tibet von Ladak bis Lhassa. Von da an reicht ihr Verbreitungsgebiet über Buchara bis zum Lande der Kirgisen einerseits und bis in die Mongolei andererseits. Neuerdings wurde sie auch in das Gebiet der Südabhänge des Himalaja nach Bengalen eingeführt. In Kaschmir selbst lebt sie nicht, sondern dort wird nur ihre aus Tibet stammende Wolle zu den feinen Kaschmirschals verarbeitet, die einst Weltruf besaßen und früher als ein äußerst gesuchter Handelsartikel in Menge exportiert wurden. Unter der Herrschaft des Großmoguls sollen 40000 Schalwebereien in Kaschmir bestanden haben. Doch sank dieser wichtige Erwerbszweig im Laufe des vergangenen Jahrhunderts so sehr herab, daß viele tausend Menschen, denen die Weberei ihren Lebensunterhalt verschaffte, aus Mangel an Arbeit aus dem Lande auswanderten.

Höchst schädigend auf diese Industrie wirkte die Tatsache, daß Frankreich vor etwa hundert Jahren die Fabrikation dieser feinen Wollwaren bei sich einführte. Der französische Arzt Bernier, der im Jahre 1664 im Geleite des Großmoguls Kaschmir bereiste, erfuhr als erster Europäer, daß zwei Ziegenarten, eine wild lebende und eine gezähmte, solche Wolle liefern. Ein einzelnes Tier liefert 0,3–0,4 *kg* brauchbaren Wollflaums. Am gesuchtesten ist das reine Weiß, das in der Tat den Glanz und die Schönheit der Seide besitzt.

Als Ternaux zu Beginn des 18. Jahrhunderts die Schalweberei in Frankreich einführte, kam er auf den Gedanken, statt der teuren Kaschmirwolle die Kaschmirziegen selbst zu beschaffen. Zur Erreichung dieses Zweckes bot sich ihm ein gewisser Jaubert an, der sich 1818 nach Odessa einschiffte. Hier erfuhr er, daß die Nomadenstämme zwischen Astrachan und Orenburg

Kaschmirziegen hielten; er reiste zu ihnen, überzeugte sich durch genaue Untersuchung des Flaums von der Echtheit der Tiere und kaufte 1300 Stück an. Diese Herde brachte er nach Kaffa in der Krim, schiffte sich mit ihr ein und landete im April 1819 in Marseille. Aber nur 400 Stück der Herde hatten die lange, beschwerliche Seereise ausgehalten, und diese waren so angegriffen, daß man wenig Hoffnung hatte, Nachzucht von ihnen zu erhalten. Namentlich die Böcke hatten sehr stark gelitten und gingen in der Folge auch tatsächlich ein. Glücklicherweise sandten darauf fast zu gleicher Zeit die französischen Naturforscher Diard und Duvaucel einen kräftigen Bock der Kaschmirziege, den sie in Indien zum Geschenk erhalten hatten, an den Tiergarten zu Paris. Er wurde der Stammvater all der zahlreichen Kaschmirziegen, welche gegenwärtig in Frankreich leben und diesem Lande jährlich 16 Millionen Mark einbringen. Von Frankreich aus kam dann die Kaschmirziege auch nach Österreich und Württemberg; doch erhielt sich leider hier die Nachzucht nicht.

Eine hochgezüchtete Form der langhaarigen Mamberziege, die, wie wir sahen, weitgehend Blut der Kaschmirziege in sich aufnahm, ist die Angoraziege, ein schönes, großes Tier von gedrungenem Körperbau, mit starken Beinen, kurzem Hals und Kopf, mit Hängeohren, aber nicht korkzieherartig gewundenem Gehörn, wie sie es als teilweiser Abkömmling der Kaschmirziege tragen könnte. Beide Geschlechter tragen Hörner. Die des Bockes sind scharf gekantet und hinten stumpf zugespitzt, stehen gewöhnlich wagrecht vom Kopfe ab und bilden eine weite, doppelte Schraubenwindung, deren Spitze sich nach aufwärts richtet. Das Weibchen trägt kleinere, schwächere, einfach gebogene, runde Hörner. Nur das Gesicht, die Ohren und der unterste Teil der Beine sind mit kurzen, glatt anliegenden Haaren bedeckt; der übrige Körper trägt eine überaus reichliche, dichte, feine, weiche, seidenartig glänzende, lockig gekräuselte Behaarung von meist gleichmäßiger weißer Farbe. Selten zeigen sich auf dem weißen Grunde dunkle Flecken. Im Sommer fällt das Vlies in großen Flocken aus, wächst aber sehr rasch nach. Französische Züchter fanden, daß ein Vlies zwischen 1,25 und 2,5 *kg* wiegt.

Ihren Namen trägt diese Ziegenrasse nach der kleinen Stadt Angora im türkischen Paschalik Anadoli in Kleinasien, der schon im Altertum hochberühmten Stadt Ankyra. Ihre Heimatsgegend ist trocken und heiß im Sommer, jedoch sehr kalt im Winter, obwohl dieser nur 3–4 Monate dauert. Erst wenn es keine Nahrung mehr auf den Bergen gibt, bringt man die Ziegen in schlechte Ställe; das ganze übrige Jahr müssen sie auf der Weide verweilen. Sie sind höchst empfindlich, obwohl die schlechte Behandlung nicht dazu beiträgt, sie zu verweichlichen. Reine, trockene Luft ist zu ihrem Gedeihen eine unumgänglich notwendige Bedingung. Während der heißen Jahreszeit wäscht und kämmt man das Vlies allmonatlich mehrere Male, um seine Schönheit zu erhalten. Die Zahl der in Anatolien gehaltenen Angoraziegen wird auf eine halbe Million geschätzt. Auf einen Bock kommen etwa 100 Ziegen und darüber. Angora allein liefert fast 1 Million *kg* Wolle, die einem Wert von 3,8 Millionen Mark entsprechen. Ein Teil davon wird im Lande selbst zur Herstellung starker Stoffe für die Männer und feinerer für die Frauen, sowie auch zu Strümpfen und Handschuhen verarbeitet, alles übrige geht nach England. Man hat beobachtet, daß die Feinheit des Mohairs, wie man diese Art Wolle bezeichnet, mit dem Alter seiner Erzeuger abnimmt.

Die erste Notiz, die auf Angoraziegen deutet, findet sich bei dem Venezianer Barbaro, der 1471 diese Ziegen bei Sert östlich von Diarbekr in Kleinasien antraf. Dort benutzte man deren Haare zur Verfertigung eines feinen Wolltuchs, des Camelots, dessen Name andeutet, daß es ursprünglich aus Kamelwolle hergestellt wurde. Dann hat Bellon um 1580 diese weiße Wollziege in der Nähe von Konia, dem alten Iconium, gesehen und erzählt 1589 in seinem in Antwerpen erschienenen lateinischen Werke, daß sie noch nicht geschoren, sondern nach dem älteren Verfahren gerupft werde. 1598 sah sie der deutsche Harant auf Zypern und sagt, daß es damals schon welche in Böhmen gab. Es scheinen dies nach Ed. Hahn die 1575 nach Wien gekommenen „Schafe von Anguri" gewesen zu sein, deren Zucht dann in den Kriegswirren des folgenden Jahrhunderts unterging. Im 18. Jahrhundert hat sie dann ein Mitglied der fürstlichen Familie von Lichtenstein wieder eingeführt. 1725 hatten die Holländer sie am Kap der Guten Hoffnung zu akklimatisieren versucht; 1740 hatte man sie in Schweden, 1771 in der Pfalz und 1788 in Holland, England, Venezien usw. Zu derselben Zeit bemühte sich Buffon um ihre Einführung in Frankreich, und in Südrußland waren sie damals nach Pallas sogar sehr häufig. Aber alle diese Kulturen verschwanden später wieder spurlos, teils durch Entartung der Zuchttiere, teils aber auch weil die technische Verwendbarkeit der Haare nicht den hohen auf sie gestellten Erwartungen entsprach.

Weniger edle Zuchten der Angoraziege als im trockenen Hochland findet man an anderen Orten Kleinasiens bis in die Tartarei. Deren ebenfalls feines, langes Haar wird regelmäßig geschoren und hauptsächlich nach Konstantinopel ausgeführt und in europäischen Fabriken verwoben. Eine Abart davon wird in Persien von den dort häufig gehaltenen großen, schwarzen oder gefleckten Ziegen gewonnen, deren Wolle regelmäßig geschoren und zu Teppichen verarbeitet wird. Die Bergvölker verwenden zur Bereitung der von ihren Frauen gewebten Teppiche das Haar der sogenannten Murgüsziege. In ganz Innerasien wird, wie oben gesagt, die Kaschmirziege gehalten, deren langes Haar dort einen wichtigen Handelsartikel bildet. In Tibet und in der Mongolei dient das Tier auch als Transportmittel, indem man die Herden, mit Salz oder einem andern

Handelsartikel beladen, langsam weitertreibt. Nach Norden hin verschwindet es und bildet bei den russischen Bauern in Sibirien nur eine untergeordnete Rolle, ist dagegen in den Kaukasusländern stark verbreitet. Seit dem Ende der 1880er Jahre gelangen als „japanische Ziegenfelle" ziemlich große Felle der langhaarigen Mongolenziege über China zu uns.

Wie in Afrika ist die Ziege auch in Südasien ein wichtiges Haustier. In manchen Gegenden Ostindiens, wie besonders an der Malabarküste und bei den Malaien der Sundainseln, trifft man eine eigentümliche Ziegenrasse mit schafartigem Kopf, die von allen übrigen Rassen abweicht. Diese hat jedenfalls ziemlich viel Blut vom Tahr (*Hemitragus jemlaicus*) in sich, einer stattlichen, im Äußeren der echten Ziege sehr ähnlichen Halbziege, die im Himalaja in Höhen von 2000–2300 *m* lebt, aber in einer Abart auch auf den Blauen Bergen vorkommt. Dieses die hochgelegenen Bergwälder seiner Heimat bewohnende Tier erreicht eine Schulterhöhe von 0,9–1,0 *m* und eine Körperlänge von 1,45 *m*. Es hat einen langen Kopf mit schmalem, geradem Gesicht und schwach quergerunzelte, stark zusammengedrückte 0,3–0,38 *m* lange Hörner, die sich von der Wurzel an auseinander und stark nach rückwärts krümmen, an der Spitze jedoch einander etwas nähern. Es ist am Kopfe kürzer, am Körper länger behaart und trägt als alter Bock eine zottige Halsmähne. Die dunkelbraune Färbung geht im Gesicht und an der Vorderseite der Gliedmaßen fast in Schwarz über, auch läuft ein dunkles Längsband über den Rücken. Junge Tiere sind graubraun. Gleich den echten Ziegen bildet auch der Tahr Herden, in denen sich die im Winter paarenden Tiere, deren Weibchen im Juni oder Juli in der Regel je ein Junges werfen, den größten Teil des Jahres über nach den Geschlechtern getrennt halten. Da er sich leicht mit der Hausziege paart und, wie mehrfache Versuche ergaben, unschwer zu zähmen ist, ist das Auftreten von Bastarden, die zu neuer Rassenbildung führten, durchaus verständlich. Ein solches Produkt ist die von Ostindien bis Celebes gehaltene Malaienziege, ein hochbeiniges Tier mit entschieden schafartigem Kopf, breiten, hängenden Ohren und einem mäßig langen, im Bogen sich nach hinten wendenden, auffallend dicken Gehörn mit gerundeten Kanten. Die Querwülste der Hornscheiden erscheinen regelmäßig, breit und niedrig. Der wie derjenige des Tahr dunkelbraune, kurzbehaarte Kopf mit schwarzer Stirnbinde und kastanienbraunen, schwarz eingefaßten Ohren trägt lichtgelbbraune Augen, während der Leib schwarz oder schiefergrau gefärbt und bald kurz, bald lang und zottig behaart ist. Derselben Rasse gehört offenbar auch die kreuzhörnige Ziege von Tibet an, bei welcher sich die Hornspitzen nach innen wenden.

Amerika hat seine Ziegen durch die Europäer erhalten, und zwar waren Spanier und Portugiesen, dann Engländer und Franzosen an deren Import beteiligt. Erstere haben sie aus ihrer Heimat nach Südamerika, letztere dagegen nach Nordamerika gebracht. Nach Garcilasso kamen sie bereits 1544 nach Peru. Bedeutend früher waren sie in Mexiko eingeführt, das heute besonders in den nördlichen Staaten Ziegen in großer Zahl züchtet, um deren an der Luft getrocknetes Fleisch und Felle in den Handel zu bringen. In den Vereinigten Staaten ist die Ziegenzucht beschränkt, doch hat sich neuerdings in Kalifornien die Angorazucht eingebürgert. Auf den Antillen wird neben der von den Spaniern importierten gemeinen Hausziege auch die von den Negersklaven aus Westafrika mitgebrachte Zwergziege, die dem Tropenklima gut angepaßt ist, gehalten. Ebenso ist es in Brasilien, wo die Zwergziege, wie ihre westafrikanische Stammutter, kurzgehörnt ist und glatt anliegendes gelbrotes Haar besitzt mit einem über den Rücken verlaufenden schwarzen Streifen. Peru hat auffallenderweise heute nur wenig Ziegen, dagegen sind sie in den gebirgigen Teilen Chiles und Argentiniens zahlreich und hat dort die Verwertung von deren Fleisch und Fellen einen ziemlichen Umfang angenommen.

Australien hat sein Ziegenmaterial erst zu Ende des 18. Jahrhunderts, um 1788, zuerst aus Europa, dann aus Südasien erhalten; neuerdings hat man dort auch Versuche mit der Einbürgerung der Kaschmir- und Angoraziege gemacht, die im gebirgigen Südwesten von Erfolg begleitet waren. Sehr gut eingelebt hat sich die Angoraziege in Neuseeland, deren Bergweiden ihr vortrefflich zusagen. In den letzten Jahren hat sich der Export ihrer Wolle aus jenem Lande bedeutend gehoben.

Da sich die Ziege gegenüber dem Schaf durch größere Selbständigkeit auszeichnet, ist es erklärlich, daß sie sich gern selbständig macht und dann verwildert. Als geschickt kletterndes Gebirgstier weiß sie sich dabei geschickt den Verfolgungen von seiten des Menschen zu entziehen. So gab es schon im Altertum wie heute noch verschiedene schwach oder gar nicht von Menschen bewohnte Inseln im Mittelmeer und im Persischen Meerbusen, ebenso manche Gebirgsgegenden des Festlandes, die von solchen verwilderten Ziegen bewohnt waren. So spricht Varro von wilden Ziegen der Insel Samothrake, wie auch von den Gebirgen von Fiscellum und Tetrica in Italien, die zweifellos nur verwilderte Hausziegen und keine wildlebenden Bezoarziegen waren. Verschiedene der ägäischen Inseln und der Italien umsäumenden Eilande bargen schon im Altertum solche verwilderte Ziegen; von andern, die ihren Namen davon erhielten, wie Capreae (das heutige Capri) und Capraria (das heutige Capreja bei Sardinien), sind sie heute verschwunden. Auch die von Garibaldi nach seiner Internierung 1867 zurückgelassenen Ziegen traf Heinrich v. Maltzan schon nach kurzer Zeit verwildert. Die meisten wilden Ziegen von allen Mittelmeerinseln hat die nicht beständig von Menschen bewohnte kleine Insel Tavolara bei Sardinien, auf der nach Cetti bei Jagden im 18. Jahrhundert bis 500 Stück erlegt wurden.

Auch in Irland und Wales verwilderten in manchen Gebirgsgegenden Ziegen, die dann in wenigen Generationen viel größere Hörner als ihre zahmen Ahnen erhielten.

Von den afrikanischen Inseln sind eine ganze Reihe mit verwilderten Ziegen besetzt. Die ältesten sind wohl diejenigen von Teneriffe, wo sie die Flanken des Vulkanberges bewohnen und die dunkelbraune Farbe des dortigen Gesteins angenommen haben. Von Fuerteventura, einer andern der Kanaren, erwähnt sie J. v. Minutoli. Älteren Datums sind auch die verwilderten Ziegen der Kapverden, die schon im Jahre 1576 sehr zahlreich waren. Der Naturforscher der Challengerexpedition, Moseley, traf sie auf St. Vincent; auch dort hatten sie die Farbe des umgebenden Gesteins angenommen und waren rotbraun geworden. Bald nach der Entdeckung setzten Portugiesen — vielleicht 1509 Fernan Lopez — Ziegen auf St. Helena aus, wo sie sich sehr rasch vermehrten, so daß ein Einsiedler im 16. Jahrhundert deren jährlich etwa 500 schoß, um von ihrem Fleisch zu leben, während er die Felle an ankehrende Segler verkaufte. Thomas Herbert erzählt 1627, daß sie durch die beständigen Nachstellungen von seiten des Menschen ungemein scheu und vorsichtig geworden waren und, wie ihre wilden Vorfahren, Wachen ausstellten. Zweifellos haben sie neben den verwilderten Schweinen das meiste dazu beigetragen, nachdem diese Insel des einst sie bedeckenden Waldes vom Menschen beraubt war, durch beständiges Abnagen der Knospen und jungen Triebe den jungen Nachwuchs zu zerstören, so daß kein Baumwuchs mehr aufkam und das Eiland zu dem öden Felsen wurde, als der er uns heute entgegentritt. Auch Tristan da Cunha, Inaccessible, Mauritius, Réunion (schon 1691 bei der Anwesenheit Leguats), die kleine verlassene Inselgruppe Amsterdam und St. Paul, wie auch Sokotra bergen in den Gebirgen des Innern verwilderte Ziegen, die vollkommene Wildfärbung mit Ausmerzung aller hellen Töne angenommen haben. Gleicherweise gibt es in der Inselwelt der Südsee da und dort verwilderte Ziegen, so u. a. am Mauna Loa auf Hawaii, noch von Vancouver herrührend. Besonders bekannt sind die verwilderten Ziegen auf der Insel Juan Fernandez durch Defoes Robinson geworden. Diese waren von Juan Fernandez selbst bei der Entdeckung der Insel im Jahre 1563 ausgesetzt worden. Durch diese Wildziegen bot die Insel in der Folge allen möglichen Piraten- und Kaperschiffen eine bequeme Ruhe- und Verproviantierungsstation; so haben sie auch dem Urrobinson Alexander Selkirk, dem Seefahrer Dampier und andern Fleisch geliefert. Im 17. Jahrhundert sollen französische Seeräuber dort sogar einen regelrechten Herdenbetrieb eingerichtet haben. Um den Piraten diese angenehme Fleischversorgung abzuschneiden, setzte die spanische Regierung 1675 Hunde auf der Insel aus, die sich aber nicht bewährten; denn die Ziegen flüchteten sich in die unzugänglichsten Teile der Insel, wohin ihnen die Hunde nicht folgen konnten. Als dann die Hunde durch Nahrungsmangel umgekommen waren, vermehrten sich die Ziegen wieder ungestört. Sie sollen lange, weiche Haare besitzen. Auch auf der Schwesterinsel Masa fuera gibt es verwilderte Ziegen. Auf den Galapagos sind sie, durch die dort vorhandenen wilden Hunde beschränkt, nur gering an Zahl. Auf den Falklandsinseln, wo es wilde Pferde und wilde Rinder gibt, die aus einer von Argentinien ausgesandten verunglückten Kolonisation hervorgingen, fehlen wilde Ziegen, da die Spanier bei der Besiedelung der Insel offenbar keine solchen mitgebracht hatten.

Da die Ziege durch ihre besondere Neigung zu Knospen und jungen Trieben von Holzgewächsen überall dem Waldnachwuchse verhängnisvoll wird, sah sich schon 1567 das Parlament von Grenoble gezwungen, in einem großen Bezirk der Dauphinée das Halten der Ziegen ganz zu verbieten. Doch war diese Maßregel undurchführbar, da die Leute dort eben einfach nicht ohne die Ziege und deren Milch leben können. So ging die Waldzerstörung ruhig weiter, bis die ganze Gegend zu jener kahlen, alles Kulturlandes baren Felswildnis wurde, die zu verhängnisvollen Überschwemmungen und Murbrüchen Veranlassung gab. Auch in Italien, Istrien, Griechenland, Kreta, Zypern, Kleinasien und Syrien, die einst reichbewaldete Gebiete waren, ist der Baumwuchs durch die Sorglosigkeit des Menschen verschwunden. Und wenn auch da, wo infolgedessen der Humus nicht weggeschwemmt wurde, neuer Wald wachsen könnte, kommt er überall dort nicht auf, wo die Ziegen weiden und die jungen Baumpflanzen zugrunde richten.

Außer den drei genannten ist keine der andern, übrigens auf die gebirgigen Gegenden der Alten Welt beschränkten Wildziegen gezähmt und in den Dienst des Menschen gestellt worden. Einzig der Steinbock (*Capra ibex*), der in unsern Alpen auszusterben droht, ist mit der Hausziege gekreuzt worden, um sein Dahinschwinden aufzuhalten. Alle Steinbockarten der europäischen wie der asiatischen Gebirge haben als echte Hochgebirgstiere ihren Ausgang von Hochasien genommen, wo der sibirische Steinbock (*Capra sibirica*) der Stammform wohl am nächsten steht. Sein Verbreitungsgebiet erstreckt sich über das sämtliche Hochgebirge Zentralasiens von Sibirien bis zum Himalaja. Das Steinwild bildet Rudel von verschiedener Stärke, zu denen sich die alten Böcke nur während der Paarungszeit gesellen, während sie den übrigen Teil des Jahres ein einsiedlerisches Leben führen. Die Ziegen und Jungen leben zu allen Jahreszeiten in einem niedrigeren Gürtel als die Böcke, bei denen der Trieb nach der Höhe so ausgeprägt ist, daß sie nur Nahrungsmangel und grimmige Kälte zwingen kann, tiefer herabzusteigen. Mit bewunderungswürdiger Leichtigkeit und geradezu unverständlicher Sicherheit klettern sie über die steilen Felswände und springen über tiefe Abgründe von einer Klippe zur andern.

Früher, als es noch Steinböcke in unsern Alpen gab, paarten sie sich nicht selten freiwillig mit den auf den Alpenweiden grasenden Hausziegen. Die so erzielten Bastarde werden bald äußerst wilde, zudringliche Tiere, die dem Menschen keine Ruhe lassen, bis er sich ihrer auf irgend welche Weise entledigt. Aber selbst das Aussetzen dieser starken Tiere hat seine großen Schwierigkeiten. Echte Alpensteinböcke gibt es nur noch in einem vom Könige von Italien gehegten savoyischen Revier zwischen Monte Rosa und Mont Blanc. Nach den Kulturüberresten der Pfahlbauzeit lebte er damals noch in den Voralpen. Zur Römerzeit konnten noch hundert und mehr auf einmal für die Kampfspiele der Arena lebendig gefangen werden. So berichtet Julius Capitolinus, daß Kaiser Gordian im Jahre 242 für die Jagdspiele 200 Steinböcke (*ibex*) aus den Alpen nach Rom schaffte, und bei Flavius Vopiscus lesen wir, daß Kaiser Probus (reg. 276–282) zu den Jagdspielen zahlreiche Steinböcke nach Italiens Hauptstadt befördern ließ. Durch die rücksichtslose Jagd seit Erfindung der weitreichenden Schießgewehre ist dieses edle Wild heute fast überall ausgerottet worden. Seit hundert Jahren ist es in der Schweiz erloschen; in Salzburg und Tirol verschwand es noch ein Jahrhundert früher.

IV. Das Schaf.

Wohl bald nach der Ziege trat das Schaf in den Haustierstand des Menschen ein, überflügelte dann aber im Laufe der Zeit jene an wirtschaftlicher Bedeutung weit. Vielerorts ist es dem Gebirge, in dem seine Ahnen einst heimisch waren, getreu geblieben und erscheint dort meist in Gesellschaft der Ziege. Daneben hat es in der Gefolgschaft des Menschen in ungeheuren Scharen die trockenen Steppengebiete vornehmlich der Alten Welt bevölkert und ist hier zu einem eminenten Faktor im Haushalte des Menschen geworden, von dem sein Dasein in vielen Fällen geradezu abhängt. Daß der Erwerb dieses überaus genügsamen Haustieres schon in recht früher Vorzeit stattgefunden haben muß, dafür sprechen außer der weiten geographischen Verbreitung zu Beginn der historischen Periode die Spaltung in zahlreiche, stark voneinander abweichende Rassen und vor allem die völlige Umgestaltung des geistigen Charakters, die durch Vererbung so sehr gefestigt ist, daß keinerlei Rückschlag in die psychische Regsamkeit der wilden Ahnen möglich erscheint. So sehr hat es infolge der vielhundertjährigen Bevormundung durch den Menschen im Gegensatz zur Ziege alle eigene Initiative eingebüßt, daß es sein willenloses Werkzeug geworden ist. Wir begreifen daher, wenn Brehm seinen Charakter in folgender Weise schildert: „Das Hausschaf ist ein ruhiges, geduldiges, sanftmütiges, einfältiges, knechtisches, willenloses, furchtsames und feiges, kurzum ein langweiliges Geschöpf. Besondere Eigenschaften vermag man ihm kaum zuzusprechen; einen Charakter hat es nicht. Es begreift und lernt nichts, weiß sich deshalb auch allein nicht zu helfen. Nähme es der eigennützige Mensch nicht unter seinen ganz besonderen Schutz, es würde in kürzester Zeit aufhören zu sein. Seine Furchtsamkeit ist lächerlich, seine Feigheit erbärmlich. Jedes unbekannte Geräusch macht die ganze Herde stutzig, Blitz und Donner, Sturm und Unwetter überhaupt bringen sie gänzlich aus der Fassung und vereiteln nicht selten die größten Anstrengungen des Menschen."

In den Steppen von Rußland und Asien haben die Hirten oft viel zu leiden. Bei Schneegestöber und Sturm zerstreuen sich die Herden, rennen wie unsinnig in die Steppe hinaus, stürzen sich in Gewässer, selbst in das Meer, bleiben dumm an einer und derselben Stelle stehen, lassen sich widerstandslos einschneien und erfrieren, ohne daß sie daran dächten, irgendwie vor dem Wetter sich zu sichern oder auch nur nach Nahrung umherzuspähen. Zuweilen gehen Tausende an einem Tage zugrunde. Auch in Rußland benutzt man die Ziege, um die Schafe zu führen; allein selbst sie ist nicht immer imstande, dem dummen Tiere die nötige Leitung angedeihen zu lassen. Beim Gewitter drängen sie sich dicht zusammen und sind nicht von der Stelle zu bringen. „Schlägt der Blitz in den Klumpen," sagt Lenz, „so werden gleich viele getötet; kommt Feuer im Stalle aus, so laufen die Schafe nicht hinaus und rennen wohl gar ins Feuer. Ich habe einmal einen großen, abgebrannten Stall voll von gebratenen Schafen gesehen; man hatte trotz aller Mühe nur wenige retten können." Das beste Mittel, Schafe aus ihrem brennenden Stalle zu retten, bleibt immer, sie durch die ihnen bekannten Schäferhunde herausjagen zu lassen.

In gewissem Grade bekundet freilich auch das Schaf geistige Befähigung. Es lernt seinen Pfleger kennen, folgt seinem Rufe und zeigt sich einigermaßen gehorsam gegen ihn, scheint Sinn für Musik zu haben, hört mindestens aufmerksam dem Gedudel des Hirten zu, empfindet und merkt auch Veränderungen der Witterung vorher. Diese Unselbständigkeit des Schafes hat auch zur Folge, daß es niemals, sich selbst überlassen, wie die Ziege verwildert, sondern stets hilflos zugrunde geht. Seine grenzenlose Dummheit trug auch schuld daran, daß früher, solange es auch bei uns welche gab, Wölfe so schlimm unter diesen Tieren hausten, wenn sie einmal eine Schafherde überfielen oder die Hürden durchbrachen. Diesen Stumpfsinn muß es schon vor 2000 Jahren besessen haben; denn Plinius sagt in seiner Naturgeschichte: „Das Schafvieh ist ausgezeichnet dumm. Scheut sich die Herde irgendwohin zu gehen, so braucht man nur eins am Horne hinzuziehen, so folgen die andern alsbald nach."

Das Schaf liebt trockene und hochgelegene Gegenden mehr als niedere und feuchte. Am besten gedeiht es, wenn es verschiedenerlei getrocknete Pflanzen haben kann. Getreidefütterung macht es zu fett und schadet der Güte der Wolle. Salz liebt es sehr, und frisches Trinkwasser ist ihm ein unentbehrliches Bedürfnis. Die alten Römer ließen ihre Schafe zwischen Mai und Juni zur Paarung; in unsern nördlicheren Breiten geschieht dies von September bis Oktober. Dann werden die Lämmer, weil das Schaf 144–150 Tage trächtig geht, in der zweiten Hälfte des Februar geworfen und bekommen bald gutes, frisches Futter. Gewöhnlich bringt das Mutterschaf nur ein einziges Lamm zur Welt; zwei Junge sind schon ziemlich, drei sehr selten. Anfangs müssen die kleinen Tiere sorgfältig gegen Witterungseinflüsse geschützt werden, später dürfen sie mit auf die Weide gehen. Im ersten Lebensmonat brechen die Milchzähne durch, im sechsten Monat stellt sich der erste bleibende Backenzahn ein, im zweiten Lebensjahre fallen die beiden Milchschneidezähne aus und werden durch bleibende ersetzt; erst im fünften Jahre werden die vorderen Milchbackenzähne gewechselt und ist damit das Zahnen beendet. Das Schaf kann 14 Jahre alt werden, doch fallen ihm schon im 9. oder 10. Jahre die meisten Zähne aus, wodurch es unbrauchbar wird, weshalb es dann so rasch als möglich gemästet und geschlachtet werden muß. Alle Schafrassen lassen sich leicht untereinander kreuzen und pflanzen sich ohne Schwierigkeit fort; deshalb läßt sich das Schaf leicht veredeln. Es ist Wollieferant, aber auch hervorragendes Fleischtier geworden, selbst als Milchtier hat es an manchen

Orten eine gewisse Bedeutung erlangt; daneben wird es auch zum Tragen von Lasten benutzt. In einzelnen Kulturkreisen, besonders da, wo eine Abneigung gegen das Schwein vorhanden ist, wird es speziell auf Fett gezüchtet. In diese letzte Kategorie gehören die bei allen Nomaden Asiens und Afrikas so beliebten Fettschwanz- und Fettsteißschafe.

Erst neuerdings ist einige Klarheit in die Herkunft der verschiedenen Schafrassen gekommen, die aus vier Quellen, nämlich einer nordostafrikanischen, einer westasiatischen, einer zentralasiatischen und einer südeuropäischen hervorgingen. Der Bildungsherd der ganzen Schafgruppe, die sich in geologisch gesprochen erst neuerer Zeit vom Stamme der Antilopen abzweigte, liegt offenbar in Asien, von wo sich die einzelnen Glieder über die gebirgigen Teile von Asien, Europa und das westliche Nordamerika verbreiteten. Alle Wildschafe sind echte Gebirgstiere, die sich nur in bedeutenden Höhen wohlzufühlen scheinen und teilweise über die Schneegrenze emporsteigen. Als solche sind sie geistig begabt, sie schätzen die Gefahr ab und verteidigen sich mit Mut. Die meisten derselben lassen sich, jung eingefangen, ohne Mühe zähmen und behalten ihre Munterkeit wenigstens durch einige Geschlechter bei, pflanzen sich auch regelmäßig in der Gefangenschaft fort. An Leute, die sich viel mit ihnen abgeben, schließen sie sich innig an, folgen ihrem Rufe, nehmen gern Liebkosungen an und können einen so hohen Grad von Zähmung erlangen, daß sie mit andern Haustieren auf die Weide gesandt werden dürfen, ohne solch günstige Gelegenheit zur Erlangung ihrer Freiheit zu benützen. Ihr Haarkleid ist ein nicht sehr langes, etwas grobes Grannenhaar, unter welchem im Herbst zum Schutze gegen die Kälte ein Wollkleid hervorsproßt, das im Frühjahr in Fetzen und Flocken abgelöst und durch Schütteln des Tieres entfernt wird. Unter dem Einfluß der künstlichen Züchtung hat sich bei den Hausschafen ein dauerndes, vliesartiges Wollkleid entwickelt, das den Wildschafen, aber auch gelegentlich zahmen Schafen fehlt. Ihr Schädel erscheint an der Stirn abgeflacht und trägt ein im Querschnitt dreikantiges Gehörn, das spiralig verläuft und bei den Böcken stark, bei den Weibchen nur schwach oder gar nicht ausgebildet ist. Das Euter der letzteren ist vierzitzig.

In Mitteleuropa erscheint das Hausschaf bereits in neolithischer Zeit, und zwar in einer merkwürdig kleinen Art, mit einer Schädelbildung und Hörnern, die mehr ziegenartig sind und an unsere heutigen Halbschafe erinnern. Es ist dies das Torfschaf (*Ovis aries palustris*), nach dem Finden seiner Überreste in den meist in vertorftes Gelände eingebetteten Pfahlbauüberresten so genannt. Schon L. Rütimeyer fiel es auf, daß seine Reste in den ältesten Pfahlbauten noch spärlich sind und erst später häufiger werden. Diese Tatsache konnte Th. Studer bestätigen. Erst mit der Bronzeperiode macht sich ein entschiedener Aufschwung der Schafzucht bemerkbar, indem damals zum erstenmal statt der althergebrachten Fell- und Pelzkleidung leichtere und angenehmer zu tragende Wollkleider bei den Bewohnern Mitteleuropas aufkamen, unter denen man allerdings ein grobgewebtes leinenes Hemd zu tragen pflegte.

Das Torfschaf der Neolithiker Mitteleuropas war ein kleines, fast zwergartiges Schaf mit feinen, schlanken Extremitäten, langgestrecktem, schmalem Schädel, wenig gewölbter Stirnfläche und zweikantigen ziegenartigen Hörnchen. Die Augenhöhlen traten verhältnismäßig wenig vor. Im Jahre 1862 machte dann L. Rütimeyer die überraschende Tatsache bekannt, daß das Torfschaf der Pfahlbauern noch nicht ganz erloschen sei, sondern in einem direkten und nur wenig abgeänderten, aber jetzt im Aussterben begriffenen Abkömmling in dem Bündner- oder Nalpserschaf weiterlebe. In dem vom Weltverkehr abgelegenen Bündner Oberlande hat sich dieses lebende Überbleibsel der schon längst abgelaufenen Pfahlbauzeit, nebst den Nachkommen des sonst überall verschwundenen Torfschweines der Neolithiker, bis auf unsere Tage erhalten. Die osteologische Übereinstimmung der Schädel beider Schafarten ist in der Tat eine höchst frappante. Die wichtigsten, wohl durch Domestikationsveränderungen zu erklärenden Abweichungen bestehen in einer ziemlich deutlichen Wölbung der Stirn und in einem weniger steilen Abfall des Hinterhauptes. Die knöchernen Hornzapfen sind bei beiden identisch, doch scheint das darauf gewachsene Gehörn beim Nalpserschaf etwas kleiner geworden zu sein. Die Ohren sind bei letzterem abstehend, verhältnismäßig klein, aber sehr beweglich. Das Wollkleid ist dicht, aber wenig lang, so daß der Wollertrag ungünstig ausfällt. Die vorherrschende Färbung desselben ist silbergrau, eisengrau, dunkelbraun bis ganz schwarz. Dunkle Exemplare haben häufig einen weißen Kopfstern und weiße Abzeichen an Schwanz und Füßen.

Der durch fortgesetzte planmäßige Zuchtwahl bei den übrigen moderneren Schafrassen erzielte Leucismus ist also bei diesem noch nicht erreicht worden. Das durchschnittliche Lebendgewicht desselben beträgt 28 *kg*. Der geistige Charakter der Tiere nähert sich als überaus altertümliches Merkmal demjenigen der Ziege. An Lebhaftigkeit in den Bewegungen, an Zutraulichkeit und natürlicher Intelligenz übertrifft diese Rasse alle andern Schafrassen. Während Rütimeyer noch Herden derselben aus den Nalpser Alpen erwähnt, hatte C. Keller 40 Jahre später (im Sommer 1900) Mühe, in Disentis noch ein gutes Exemplar reiner Rasse aufzutreiben. Am meisten soll diese Rasse zurzeit noch in den Vriner Alpen angetroffen werden, geht aber auch dort ein, da sie nach den Mitteilungen des bündnerischen Alpinspektors Solèr in Vrin gegenwärtig stark mit Walliserschafen gekreuzt wird. Nur wenige Ställe wiesen 1902 noch reines Blut auf. Keller hat damals noch eine kleine Kolonie reinrassiger Tiere beziehen können, die gegenwärtig im Tierpark des Sihlwaldes bei Zürich angesiedelt sind. Eine zweite Kolonie dieser letzten Mohikaner hat man in Flims untergebracht, um auch in Bünden noch eine Zuchtfamilie zu erhalten. Übrigens sollen auch einzelne primitive Schafrassen Irlands Zusammenhänge mit dem alten Torfschaf aufweisen. Auch wäre es möglich, in den abgelegenen Bergen Albaniens noch Überreste dieser sonst überall als an Wolle quantitativ und qualitativ minderwertigen und deshalb abgeschafften Schafrasse zu finden, worauf hiermit etwaige Reisende aufmerksam gemacht werden sollen.

Tafel 21.

Mähnenschaf im Tierpark Hellabrunn zu München.
(Nach einer Photographie von M. Obergaßner.)

(Copyright by M. Koch, Berlin.)

Muflon.

Tafel 22.

Schieferplatte der vorhistorischen Negadazeit Ägyptens im Museum von Gizeh, oben mit Darstellungen eines bantengartigen Hausrindes, darunter von Eseln mit dem Schulterkreuz und zu unterst von sehr altertümlichen Hausschafen, die schon durch die noch vorhandene Halsmähne als Abkömmlinge des Mähnenschafes gekennzeichnet sind.

Tafel 23.

Altägyptische Darstellungen von Stieren und Widdern aus Sakkarah, 26. Dynastie, 663–526 v. Chr.

Tafel 24.

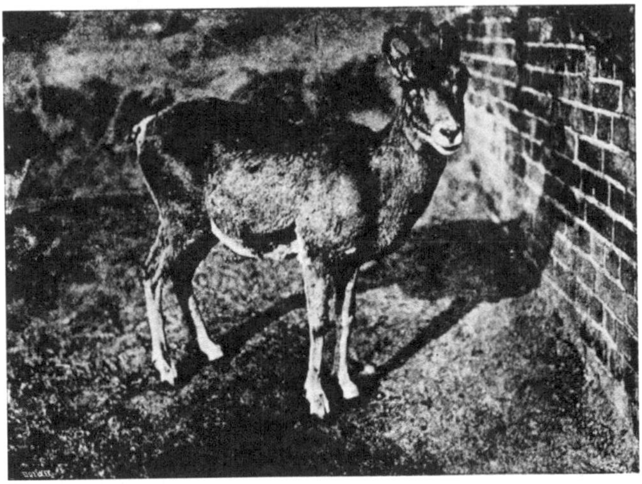

Steppenschaf (*Ovis arkal*)
(Nach Keller, Die Abstammung der ältesten Haustiere.)

Mykenische Schafe auf einer Elfenbeinschnitzerei von Menidi.
(Nach Perrot und Chippiez.)

Schon Rütimeyer hatte die Abstammung des Torfschafes vom nordafrikanischen Mähnenschaf (*Ovis tragelaphus*) vermutet, aber sein Material war noch zu dürftig, um diesen Beweis zu erbringen. Namentlich fehlten ihm die vermittelnden Glieder, die nun der Züricher Zoologe Prof. Konrad Keller so glücklich war, aufzufinden. Wir wissen nun, daß tatsächlich das Mähnenschaf der wichtigste Stammvater des neolithischen Torfschafes ist. Es verdient daher hier an erster Stelle besprochen zu werden. Es ist das äußerlich ziegenähnlichste Wildschaf, das über das ganze nordafrikanische

Gebirge verbreitet zu sein scheint. Es ist ein stattliches Tier von oft über 90 *cm* Schulterhöhe und mit trefflicher Schutzfärbung den gelblichen Kalkfelsen seiner Heimatberge angepaßt. Es hält sich hier immer an der der Wüste zugewandten Seite auf. Mehrere Tage kommt es ohne Wasser aus. Da es aber schließlich gezwungen ist, von Zeit zu Zeit zur Tränke zu gehen, alle Tränken jedoch von den Beduinen mit ihren Ziegenherden in Anspruch genommen werden, hat es, um zum Ziele zu kommen, die Kunst des Versteckens in ungewöhnlichem Grade ausgebildet. Die arabischen Beduinen, die es oft genug hören, ohne es zu sehen, nennen es Arni, wir dagegen gaben ihm den Namen Mähnenschaf, weil das sonst kurze, graugelbe, bei alten Böcken dunklere, schwärzlich gesprenkelte Fell vom Kinne ab sich zu einer im männlichen Geschlecht schließlich bis zur Erde herabwallenden, im weiblichen dagegen nur schwach ausgebildeten Vorderhalsmähne entwickelt. Verlängerte Haarbüschel hängen auch an den Vorderläufen vom Ellbogen herab. Daher der französische Name *mouflon à manchettes*. Die meisten von uns kennen dieses Tier aus den zoologischen Gärten, in denen es sich gut halten läßt und leicht fortpflanzt! Nicht nur das geradlinige Profil, das dunkelgefärbte, verhältnismäßig hochstrebende Gehörn und der gerade ausgestreckte, flache, unterseits nackte, oben büschelförmig behaarte Schwanz geben ihm, besonders im weiblichen Geschlecht, etwas Ziegenartiges, sondern es fehlen ihm auch wie bei diesen im Gegensatz zu den übrigen Schafen Tränengruben und Tränendrüsen.

Bereits im Jahre 1561 beschrieb Cajus Britannicus das Mähnenschaf, dessen Fell ihm aus Mauretanien gebracht worden war. Erst im 19. Jahrhundert erwähnten es wieder Pennaut und später Geoffroy. Letzterer fand es in der Nähe von Kairo im Gebirge auf; andere Forscher beobachteten es am oberen Nil und in Abessinien. Am häufigsten scheint es noch im Atlas aufzutreten. Der Franzose Buvey schreibt über dieses Tier: „Das Mähnenschaf wird im südlichen Algerien von den Einheimischen im allgemeinen Arni genannt. Unzweifelhaft wird es in den höheren Teilen des Gebirges, im marokkanischen Atlas, noch häufiger sein als in Algerien, da Abgeschiedenheit vom menschlichen Verkehr, welche jenen Teil des Gebirges auszeichnet, einem Wiederkäuer nur zusagen kann.

Das Mähnenschaf liebt die höchsten Felsengrate der Gebirge, zu denen man bloß durch ein Wirrsal zerklüfteter Stein- und Geröllmassen gelangen kann; deshalb ist seine Jagd eine höchst mühselige, ja oft gefährliche. Dazu kommt, daß sie nicht viel Gewinn verspricht; denn es lebt meist einzeln, und nur zur Paarungszeit, welche in den November fällt, sammeln sich mehrere Schafe und dann auch die Böcke, halten einige Zeit zusammen und gehen hierauf wieder auseinander ihres Weges. Die Araber sind große Liebhaber des Fleisches dieser Wildschafe. Das Fleisch steht dem des Hirsches sehr nahe.

Aus den Fellen bereiten die Araber Fußdecken; die Haut wird hier und da gegerbt und zu Saffian verwendet.

Obwohl das Mähnenschaf zu den selteneren Tieren gezählt werden muß, wird es doch manchmal jung von den Gebirgsbewohnern in Schlingen gefangen und dann gewöhnlich gegen eine geringe Summe an die Befehlshaber der zunächstliegenden Militärstationen abgegeben. Im Garten des Gesellschaftshauses zu Biskra befand sich ein solches junges Tier, das an einer 5 *m* hohen Mauer, der Umzäunung seines Aufenthaltsortes, mit wenigen, fast senkrechten Sätzen emporsprang, als ob es auf ebener Erde dahinliefe, und sich dann auf dem kaum handbreiten First so sicher hielt, daß man glauben mußte, es sei völlig vertraut da oben."

Irgendwo in Oberägypten muß in frühneolithischer Zeit dieses Mähnenschaf gezähmt und in den Haustierstand erhoben worden sein. Eine Schieferplatte des Museums von Gizeh aus der vorägyptischen Negadazeit aus der Mitte des vierten vorchristlichen Jahrtausends zeigt neben Rind und Esel starkgehörnte Hausschafe, die nach Keller wegen der noch vorhandenen Halsmähne ihrer Herkunft nach direkt auf das Mähnenschaf zurückweisen. Dieses Hausschaf der Negadazeit leitet direkt zum ältesten Hausschaf der Ägypter des Alten Reiches (2980 bis 2475 v. Chr.) über, das auch in späterer Zeit, so in Gräbern von Beni Hassan aus der 12. Dynastie (2000–1788 v. Chr.) mehrfach abgebildet wird. Damals, zur Zeit des Mittleren Reiches (2160–1788 v. Chr.) kommen bereits drei verschiedene Schläge dieser alten Rasse nebeneinander vor. Erst im Neuen Reich (1580–1205 v. Chr.), da an die Stelle der früheren Abgeschlossenheit infolge der wiederholten Feldzüge und ausgiebiger Handelsverbindungen eine regere Fühlung mit den vorderasiatischen Kulturreichen begann, wanderte eine neue asiatische Schafrasse in Ägypten ein, die nach und nach, wohl infolge der Gewinnung von mehr und besserer Wolle, die Oberhand gewann und die älteren Schafrassen von Mähnenschafabstammung verdrängte. Die damals mit großer Kunstfertigkeit in harten Stein gehauenen Widder, die in ganzen Reihen vor den Tempeln (z. B. von Karnak bei Theben) aufgestellt wurden und von beiden Seiten die Prozessionsstraße einfaßten, sind zweifellos diesen höher gezüchteten und deshalb höher geschätzten neuen asiatischen Abkömmlingen nachgebildet.

Bild 18. Altägyptisches Hausschaf des alten Reichs.
(Nach Darstellungen in Beni Hassan.)

Von Ägypten aus kam teils durch Überfälle und damit verbundenem Raub, teils durch Tauschhandel das altägyptische Schaf von Mähnenschafabstammung nach dem Innern Arabiens, wo es heute noch bei den konservativen Beduinen wenig verändert als Nedjeschaf gehalten wird, dann über Syrien und Kleinasien oder durch den regen Schiffsverkehr direkt zu den Vorläufern der Träger der alten Inselkultur des griechischen Archipels, den Mykenäern oder Minoern, die im zweiten vorchristlichen Jahrtausend eine sehr hohe, weitgehend von den Kulturen Vorderasiens und Ägyptens beeinflußte Kultur besaßen. Wir wissen heute aus verschiedenen Funden von Schafdarstellungen aus dieser mykenischen Zeit, daß die Träger der späteren Inselkultur ein dem Torfschaf der Mitteleuropäer sehr ähnliches Hausschaf mit ziegenartigem Gehörn besaßen und dieses dank ihren Handelsverbindungen sehr frühe an die verschiedenen Stämme Europas weitergaben. So ist in einer Zeit, die vielleicht vor diejenige des Alten Reiches in Ägypten fällt, das ziegenähnliche Hausschaf des Niltals bis zu den noch länger in der Steinzeit verharrenden Stämmen Mitteleuropas gelangt.

Auf einer mykenischen Elfenbeinschnitzerei, die 1879 in einem aus der Zeit jener alten Inselkultur stammenden Kuppelgrabe von Menidi in Attika gefunden wurde, sind sehr langköpfige zahme Schafe mit ziemlich langem Schwanz und ziegenartig zweikantigem, hinter dem Hals gebogenem, starkem Gehörn abgebildet, die durchaus afrikanische Mähnenschafabstammung verraten. Ganz dieselbe eigentümliche Bildung zeigen vier Schafköpfe, die in einen in Vaphio ausgegrabenen Amethyst aus mykenischer Zeit eingraviert sind. Es kann also durchaus kein Zweifel obwalten, daß die Schafrasse der Mykenäer vom Niltale, mit dem sie rege Handelsverbindungen unterhielten, stammte. Von dort gelangte diese zu den weiter nördlich wohnenden Stämmen, nachdem sie irgendwo mit

Schafrassen asiatischer Abstammung gekreuzt war, was ja bei deren höherer Leistungsfähigkeit sehr nahelag.

Bild 19. Nach der Aussaat über den Acker getriebene Schafe im alten Ägypten. Diese sollten mit ihren Füßen die Samenkörner in den Boden treten.
(Nach Wilkinson.)

Schon um die Mitte des zweiten vorchristlichen Jahrtausends wurde auch dieses Haustier neben dem andern Vieh in größeren Herden im gebirgigen Griechenland gehalten. In der Ilias spielen die Bergweiden mit den Scharen braunroter Rinder, weißer oder schwarzer Schafe und den „sich weit ausbreitenden Herden der meckernden Ziegen" eine so wichtige Rolle, daß die Herrensöhne selbst als Oberaufseher dahin gesandt werden. Auf einer solchen Bergweide sprach Alexandros (Paris) den drei aufeinander eifersüchtigen Göttinnen das berühmte Urteil, das seinem Volke so verderblich werden sollte. In der Verkleidung eines Herrensohnes, der die Herden des Vaters beaufsichtigt, tritt Athene dem heimkehrenden Odysseus entgegen. Auf der Bergweide weidet nach dem homerischen Epos das Vieh tagsüber von bewaffneten Hirten und starken Hunden bewacht. Mit einem Stabe, den er wirft, verhindert der Hirt, daß sich die Tiere zu sehr zerstreuen. Am Abend werden die Herden in feste Pferche oder Ställe eingetrieben. Dort werden wie die Kühe und Ziegen, auch die Schafe gemolken, und in der Höhle des Zyklopen ist nach der Beschreibung des Odyssee eine regelrechte Käserei eingerichtet, in der die Milch seiner Schafe verwertet wird. Außerdem ist an den Schafen das Fleisch und vor allem die Wolle wertvoll. Damals war der Löwe noch mehr als der Wolf der Feind der Viehzucht, mit dem manch harter Kampf ausgefochten wurde. Auch der schleichende Panther wurde den Herden gefährlich und mit Hilfe einer Hundemeute wurden auch auf ihn Treibjagden abgehalten.

Während das nordafrikanische Mähnenschaf, die Stammform der Rasse, ein stattliches Tier von 1,55 *m* Länge darstellt, ist das im Bündnerschaf uns mehr oder weniger rein erhaltene Torfschaf der Neolithiker durchschnittlich nur 0,84 *m* lang. Diese Verkleinerung der Rasse ist wohl Folge der schlechten Haltung und nicht in dem Sinne zu deuten, wie es Keller tut, der sagt: „Wir dürfen aber annehmen, daß die Auslese die kleinen Tiere begünstigte, weil sie für die Wanderung günstiger waren. Andere Schafrassen zeigen ja auch starke Größenunterschiede, asiatische und afrikanische Rinder weisen neben Riesenformen auch eigentliche Zwergformen auf."

Der wichtigste Unterschied im Schädelbau des Mähnenschafes und des davon abzuleitenden Torf- beziehungsweise Bündnerschafes besteht darin, daß letzteres eine, wenn auch seichte Tränengrube besitzt, die ersterem völlig abgeht. Diese Eigentümlichkeit kann nur dadurch erklärt werden, daß das Torf- und das davon abstammende Bündnerschaf auf ihrem Wege vom Niltal nach Mitteleuropa etwas Blut der alsbald zu besprechenden Hausschafe von asiatischer Abstammung erhielt, die alle dadurch gekennzeichnet, daß sie wie ihr wilder Stammvater eine Tränengrube besitzen. Sonst steht die allgemeine Bildung des Schädels beim Torf- und Bündnerschaf wegen ihres ziegenartigen Charakters dem Mähnenschaf viel näher als irgend einem echten Wildschaf, nur die Stirnbeine sind beim Mähnenschaf flach, beim Torf- und Bündnerschaf dagegen gewölbt, was entweder Folge der Domestikation oder der Kreuzung mit asiatischen Schafrassen sein kann. Wie das Mähnenschaf das langgeschwänzteste Wildschaf ist, ist auch das Torf- wie das Bündnerschaf langschwänzig.

Von dem zum Teil hängeohrigen altägyptischen Hausschaf von Mähnenschafabstammung sind nur wenig veränderte Nachkommen im von den Nubierstämmen am oberen Nil, vorzugsweise den Dinkas, gehaltenen Dinkaschaf noch am Leben. Dieses trägt noch als Reminiszenz an seinen Ahnen einen mähnenartig an Hals und Vorderbrust herabfallenden Haarmantel; der übrige Körper ist kurz behaart, wie auch der lange, dürre Schwanz. Sein Gehörn ist durchaus ziegenartig, indem die kurzen, kräftigen Hörnchen sich dem Hals entlang scharf nach hinten wenden, um eine halbmondförmige Krümmung zu beschreiben. Die Färbung ist meist rein weiß, teilweise auch rotbraun oder weiß und schwarz gefleckt. Georg Schweinfurth fand dieses Schaf außer bei den Dinkas auch bei den Nuër und Schilluknegern.

Ein anderer Abkömmling des altägyptischen Hausschafes ist das ebenfalls stark bemähnte und vorwiegend weiß gefärbte Fezzan- oder libysche Schaf. Dessen dürrer Schwanz trägt am Ende wie sein Ahnherr, das Mähnenschaf, eine an einen Kuhschwanz erinnernde große Quaste.

Ganz den Charakter des altägyptischen Schafes, wie es uns an den Wänden der Grabkammern und als hieroglyphisches Zeichen abgebildet entgegentritt, weist das in den Gegenden am oberen Lauf des Niger lebende Nigerschaf. Dieses ist hochbeinig, besitzt einen Kopf mit Hängeohren und kleinen Ziegenhörnern und trägt ebenfalls am Vorderkörper an die Mähne des Mähnenschafs und der davon abstammenden ältesten Hausschafe

Ägyptens erinnernde verlängerte Haare. Abkömmlinge von ihm verbreiteten sich bis nach Senegambien und dem Golf von Guinea.

Zweifellos enthalten auch die Senegalschafe, dann das hochbeinige, hängeohrige Guineaschaf, das Kongoschaf und das kropfige Angolaschaf oder Zunu vorzugsweise Mähnenschafblut, das aber mehr oder weniger stark mit solchem vom Fettschwanzschaf asiatischer Abstammung gemischt ist.

Der Stammvater dieses Fettschwanzschafes, das jetzt durch ganz Nordafrika, von Ägypten bis Marokko, verbreitet ist und vom Niltal aus nach Abessinien und zu den Somalis gelangte, wie aller asiatischer Hausschafe überhaupt, ist das transkaspische Steppenschaf oder der Arkal (*Ovis arkal*), der schon in sehr früher Zeit in Westasien zum Haustier erhoben wurde. Er ist kleiner als das Mähnenschaf, aber größer als das alsbald zu besprechende südeuropäische Muflon (*Ovis musimon*), von dem sich die Heidschnucken und Marschschafe ableiten. So sind denn die von jenem abstammenden langschwänzigen Hausschafe durchschnittlich größer als die von letzterem hervorgegangenen kurzschwänzigen. Am Schädel des Arkal ist wie an demjenigen der Hausschafe asiatischer Abkunft die Stirne schmal, die Hornzapfen liegen weiter auseinander wie beim Muflon, das dreikantige Gehörn ist hellfarbig, regelmäßig gewulstet und zwischen den starken Wulsten tief eingeschnitten, also mit dem Merinogehörn am meisten übereinstimmend. Die Tränengruben erscheinen tiefer als bei irgend einer andern Art. Die Augenhöhlen treten röhrenförmig hervor und sind mit ihrer Achse schief nach vorn gerichtet, ein Merkmal, das besonders beim chinesischen Schaf auffällt, das allerdings vorzugsweise ein Argaliabkömmling ist.

Im Gegensatz zu den meisten anderen Wildschafen Asiens ist der Arkal kein Hochgebirgstier; er bewohnt vielmehr die niederen Vorberge und geht selbst bis zur Küste des Kaspischen Meeres herab, dessen Wasserspiegel bekanntlich unter dem Niveau des Mittelmeeres liegt. Mehr als alle anderen Wildschafe lebt er in größeren Herden von 60 bis 100, gelegentlich auch 200 Stück; vereinzelte Stücke werden nur selten angetroffen. Es ist ein wenig scheues, gutmütiges Tier, das sich leicht jagen und fangen läßt. Kein Wunder also, daß sich der Mensch schon früh seiner bemächtigte. Von ihm hochgezüchtete Fettschwanzschafe treten uns schon auf Reliefdarstellungen des 8. Jahrhunderts v. Chr. entgegen, so auf einer Platte aus der Zeit Tiglatpilesars II. um 745 v. Chr., die uns aus einer eroberten jüdischen Stadt durch Soldaten weggetriebene Schafe mit ansehnlichem Fettschwanz und kleinen Arkalhörnern zeigt. Solche Schafe, deren Hauptkennzeichen der mittellange, dicke und sehr breite Fettschwanz bildet, kannte schon der griechische Geschichtschreiber Herodot im 5. vorchristlichen Jahrhundert. Er schreibt nämlich: „In Arabien gibt es ganz wunderliche Schafe. Die eine Rasse hat Schwänze von drei Ellen Länge (= 1,5 *m*), so daß man den Schwanz eines jeden Schafes auf ein Wägelchen binden muß, damit er nicht auf der

Erde hinschleife, sich da abreibe und verwunde. Die andere Rasse hat Schwänze, welche eine Elle breit werden." Er meint damit in starker Übertreibung die beiden heute noch in ganz Westasien gehaltenen Fettschwanz- und Fettsteißschafe. Diesen beiden Schafarten wurden starke Fettansammlungen im Unterhautzellgewebe des Hinterteils angezüchtet, die bis 20 *kg* Gewicht erlangen können. Die asiatischen Nomaden, denen im Gegensatz zu den Ackerbauern die Haltung des Schweines als Fettspender in der Steppe unmöglich war, verlegten sich schon sehr früh darauf, bei Schafen von Arkalabstammung solche Fettwucherungen zu unterstützen. So erlangten sie das Fettschwanzschaf, das nach Osten bis Turkestan reicht. Dort greifen sie vielfach in das Gebiet der alsbald zu besprechenden Fettsteißschafe über und liefern in den jungen Tieren das als Astrachan, Krimmer oder Persianer geschätzte Pelzwerk. Dieses wird besonders von den Lämmern der Karakulrasse gewonnen, die in Chiwa, Buchara und westlich davon bis Astrachan gehalten wird.

Die Rassen des Fettschwanzschafes mit mittellangem Schwanz, bei denen der Schwanz höchstens bis zu den Hacken reicht, finden wir auf den vorhin erwähnten assyrischen Darstellungen des 8. vorchristlichen Jahrhunderts nie mit einem konvexen, sondern mit einem geraden Profil, ja auf dem im Berliner Museum befindlichen Feldlager unter Sanherib, der 705 v. Chr. seinem Vater Sargon als König von Assyrien folgte und bis 681 regierte, da er von seinen eigenen Söhnen ermordet wurde, finden wir deren Profillinie sogar etwas konkav. Diese gerade bis konkave Profillinie, die wir bei allen Wildschafen treffen, zeigt an, daß das erst mit einem unbedeutenden Fettschwanz versehene Schaf dem wilden Vorfahren noch recht nahestand. Erst als die Domestikation stärker eingewirkt hatte, wurde das Gesichtsprofil, wohl als Folge des Schwächerwerdens des Gehörns, konvex, Verhältnisse, die wir in gleicher Weise auch bei den Ziegen beobachten. Auch die Hörner, die vorwiegend beim Widder vorkommen und dem Weibchen gewöhnlich fehlen, deuten mit Sicherheit auf die Abstammung dieser Tiere vom Arkal, das als Steppenschaf der Domestikation weit leichter zugänglich war als eines der Hochgebirgsschafe. Die Hörner des Fettschwanzschafes sind kurz und halbmondförmig nach hinten und nach der Seite gekrümmt. Von den hierher gehörenden Rassen unterscheidet man das meist hell gefärbte, kurzwollige, bucharische Fettschwanzschaf, das von den Kirgisen und Tataren gehalten wird. Es kommt auch noch in Syrien und Palästina vor. Sein Fettschwanz erreicht hier teilweise einen solchen Umfang, daß er, wie Russel aus Syrien berichtet, am untern Ende durch dünne Brettchen, die gelegentlich mit Rädchen versehen sind, gegen Verletzungen geschützt wird. So konnte die schon von Herodot gemeldete Sage aufkommen, der Schwanz der morgenländischen Schafe sei so schwer, daß er auf Wägelchen gebunden werden müsse, damit sich die Tiere nicht beim Nachschleifen desselben verletzen. In Ägypten wird es durch das bis Abessinien verbreitete ägyptische

Fettschwanzschaf mit ziemlich großem Kopf, langen und breiten Hängeohren und nur auf den Widder beschränktem Gehörn abgelöst. Beim tunesischen und algerischen Fettschwanzschaf ist der bis zum Fersengelenk reichende, tiefangesetzte Schwanz nur in seinem oberen Teil mit Fett durchwachsen, gegen die Spitze hin aber normal. Außer in ganz Nord- und Ostafrika hat sich dieses Fettschwanzschaf auch in Südafrika eingebürgert.

Tafel 25.

Assyrische Fettschwanzschafe aus der Zeit Tiglatpilesars, um 745 v. Chr. (Nach Keller, die Abstammung der ältesten Haustiere.)

Tafel 26.

Kirgisische Fettschwanzschafe mit ausfallender Winterwolle, von Karl Hagenbeck in Stellingen importiert.

Karakulschafe, von Karl Hagenbeck aus Buchara importiert.

Tafel 27.

Kampf von Widdern des Fettschwanzschafes vor dem Khan von Chiwa.

Fettschwanzschaf in Chiwa.

Tafel 28.

Widder des Fettschwanzschafes in Chiwa.

Tafel 29.

In England gezogene weiße orientalische Eselhengste, von Karl Hagenbeck importiert.

Ägyptischer Hausesel der Onagerrasse.
(Nach Aufnahme von Professor Keller in Die Abstammung der ältesten Haustiere.)

Tafel 30.

Grauer abessinischer Esel mit deutlich sichtbarem Schulterkreuz und zebraartiger Querstreifung an den Beinen.
(Aus Karl Hagenbecks Tierpark in Stellingen.)

Sartenfamilie auf einer säugenden Eselin in Turkestan.
(Nach einer Photographie von Arndt Thorer.)

Beim anatolischen und syrischen Fettschwanzschaf ist der Fettschwanz sehr lang und in der Höhe des Sprunggelenkes nach oben gekrümmt. Diese werden in Kleinasien und Syrien am häufigsten gehalten und haben vereinzelte Ausläufer bis nach Südeuropa gesandt, so nach der Balkanhalbinsel, Süditalien und neuerdings (von Algier aus) auch nach einigen Landstrichen des südlichen Frankreich. Das höchstgezüchtete Fettschwanzschaf ist das persische, das von ansehnlicher Größe, aber nicht sehr hoch gebaut ist. Das Vlies ist ziemlich dicht, mit mäßig langer, gewellter

Wolle, die sich nicht zum Versponnenwerden eignet und deshalb auch kaum je technisch verwendet wird. Die Färbung ist schmutzigweiß, silbergrau, braunschwarz, oft auch scheckig. Das bogenförmige Gehörn ist von lichter Farbe, nicht groß, aber in beiden Geschlechtern vorhanden. Der Fettschwanz ist sehr umfangreich, erreicht nicht selten den vierten Teil des Gesamtgewichts und wird dann zur unbequemen Last für das Tier.

Ebenfalls langschwänzig, wie ursprünglich alle Schafe von Arkalabstammung, aber statt auf Fett- auf Wollnutzung gezüchtet, ist das westasiatische Wollschaf, der Wolleerzeuger *par excellence*, dessen Produkt schon im Altertum berühmt war. Bereits zu Beginn des letzten vorchristlichen Jahrtausends trieben die Phönikier einen schwunghaften Handel mit feinen und dazu noch prächtig, meist mit Purpur gefärbten Wollstoffen, für die die Küstenstämme Kleinasiens und Griechenlands willige Abnehmer waren. Wie vordem in Syrien und Mesopotamien wurde später dieses Wollschaf namentlich in Kleinasien gezüchtet und dessen Wolle vorzugsweise über Milet nach Griechenland ausgeführt. Die griechische Sage läßt ja im Argonautenzuge das goldene Vlies, d. h. wohl den gelbwolligen Träger desselben, in Kolchis, am östlichen Ufer des Schwarzen Meeres, holen. Dort muß es also schon früh Schafrassen mit besonders feiner Wolle gegeben haben, nach deren Besitz man in Griechenland lüstern war. Später fand über Samos ein lebhafter Import von hochgezüchteten kleinasiatischen Wollschafen nach Griechenland statt, wo in der Folge die Zuchtrassen von Epirus und Attika einen bedeutenden Ruf erlangten. Über Großgriechenland (Sizilien und Süditalien) gelangten diese edlen Wollschafe asiatischer Abstammung zu den Römern, die sie weiter nach Westen und Norden brachten. In der Folge überflügelte die iberische Halbinsel mit ihren trockenen, der Schafzucht besonders günstigen Hochsteppen in der Schafzucht und Wollverarbeitung alle übrigen Mittelmeerländer, und Corduba, das heutige Cordova, wurde das Zentrum der Wollindustrie. Hier züchtete man nach und nach aus dem asiatischen Blute das Edelschaf, das unter dem Namen Merinoschaf weltberühmt wurde.

Das gemeine Landschaf Spaniens ist das Churraschaf von Arkalabstammung, neben dem schon im Altertum eine Abart mit besonders feiner Wolle — wohl aus Kleinasien importiert — gehalten wurde. Bereits der 66 n. Chr. gestorbene Grieche Strabon berichtet in seinem Werke über Geographie: „Spanien erzeugt für den Handel herrliche Wolle, feine Gewänder, und die dortigen Schafböcke werden teuer bezahlt." Im Mittelalter, unter der maurischen Herrschaft, die die Landwirtschaft so überaus förderte, wurden die Herden dieser Wollschafe noch mehr veredelt. Später nahmen sich die Großgrundbesitzer und klösterlichen Verwaltungen der blühenden Schafzucht an. Sie erhielten unter Ferdinand V., dem Katholischen (geb. 1469, regierte 1479–1516), weitgehende Privilegien und taten sich zu Mesta genannten Verbänden zusammen, die sich selbst dem Privatbesitz gegenüber allerlei Rechte anmaßten, so vor allem dasjenige, ohne Entschädigung an die Eigentümer die Weidewege für die Wanderschafe über fremden Grund und Boden zu bestimmen. Solches nehmen sie laut altem Herkommen bis auf den heutigen Tag für sich in Anspruch. Übrigens hören wir bereits von römischen Schriftstellern, daß es wie in Spanien, so auch in Italien Wanderherden gab, die den Sommer im Gebirge und den Winter in der Ebene zubrachten und dabei Rechte freien Durchzugs besaßen.

Den Winter verbringen die Wanderherden der Merinoschafe meist in der Estremadura, daneben auch in Andalusien und Neukastilien. Im Sommer ziehen sie nordwärts nach Altkastilien, Leon, Burgos usw. Dieses Wanderleben, an dem nur die edlen Zuchten teilnehmen, wirkt höchst vorteilhaft auf den Gesundheitszustand dieser Schafe ein. Die minderwertigen Zuchten gleicher Abstammung, wie z. B. das weitverbreitete, grobwollige Churraschaf, genießen keine Weideberechtigung und sind daher Standschafe geworden.

Das Wort Merino ist dem Spanischen entlehnt und bezeichnete ursprünglich einen vom König eingesetzten Richter, der in seinem Bezirk große Machtbefugnisse ausübte; insbesondere war er ein Weiderichter, der allerlei Anstände zu schlichten hatte, wenn die Hirten mit ihren Wanderschafen (*oviejos transhumantes*) von einer Gegend zur andern zogen. Er war also eine Art Schirmherr der Schafherden und sein Name wurde später kurzweg auf die Wanderschafe selbst übertragen. Die Merinoschafe sind mittelgroße Tiere mit starkem, im Schnauzenteil abgestumpftem Kopf. Das Gehörn ist kräftig entwickelt, schraubenförmig gewunden, dem Kopfe anliegend und mit starken Querwülsten versehen. Die Tränengruben sind tief, die Ohren schmal und zugespitzt, der Hals an der Kehle kropfartig verdickt, der Körper in den Beinen niedriggestellt. Das starke Wollvlies ist äußerst dicht und besteht aus Büscheln fein gekräuselter Wolle, die durch eine Ausschwitzung von Wollfett (Lanolin) verklebt sind.

Bild 20. Der Tuchscherer.
(Nach einem Holzschnitt von Jost Ammann.)

Diese das ganze Jahr im Freien zubringenden Tiere werden während des Weidebetriebs im Mai und Juni geschoren, nachher mit dem Stempel des Eigentümers versehen und zum Schutze der Haut mit einer ockerhaltigen Salbe bestrichen. Die Wolle wird sortiert, in besondern Waschanstalten gewaschen und das Wollfett daraus ausgezogen. Seit dem Beginne des 18. Jahrhunderts breiteten sich die spanischen Merinos nach verschiedenen europäischen und später auch außereuropäischen Ländern aus, wobei das Produkt Spaniens zum Teil überholt wurde und berühmte Zuchten entstanden, wie die Rambouillets, Elektorals und Negrettis. Den Anfang damit machte Frankreich, indem 1706 eine kleine Zuchtherde durch Dauberton nach Montbard in Burgund gelangte. Weit wichtiger war der 1753 vollzogene Import von 400 Merinos zur Errichtung der Zuchtherde von Rambouillet. Der Transport der Tiere zu Fuß auf dem Landwege von Altkastilien nach ihrem Bestimmungsorte dauerte volle 41/2 Monate. Weiter wurde dann im Departement de l'Aisne der höchst wertvolle Stamm der Mauchampschafe mit langer, seidenartiger Wolle herangezüchtet. Im Jahre 1800 gab es in Frankreich bereits über 5000 dieser feinhaarigen Wollschafe. In Deutschland führte zuerst Sachsen das spanische Edelschaf ein; der erste Transport, bestehend aus 92 Böcken und 128 Mutterschafen, langte 1765 an.

Dem Kurfürsten Friedrich August zu Ehren erhielten die sächsischen Merinos den Namen Elektoralschafe. In Preußen erfolgte die Einfuhr 1785. Österreich gründete 1772 in der Nähe von Fiume eine Pflanzschule spanischer Schafe; spätere Bezüge gelangten nach Mähren und Ungarn und waren Veranlassung einer intensiven Zucht. Gleichzeitig führte sie Italien und 1802 Rußland über Odessa nach dem Steppengebiet im Süden ein. Doch hatte im letzteren Lande bereits Peter der Große um 1715 deutsche Schafe zur Verbesserung der Wolle der russischen Schafe kommen lassen. Schweden hatte die Merinos schon 1753 eingeführt; doch mißglückte der Versuch völlig, sie in jenem Lande anzusiedeln. Noch großartiger als hier entwickelte sich die Merinozucht in Steppenländern außerhalb Europas, besonders in Australien, wo das Schaf, das heute dort das wichtigste Haustier bildet, erst im Jahre 1788 eingeführt wurde. In diesem Lande wurde in der Folge die Schafzucht die Grundbedingung des ganzen ökonomischen Aufschwungs des Landes, trug aber zugleich zum raschen Verschwinden der Ureinwohner viel bei. Letztere konnten nämlich in ihren kommunistischen Anschauungen nicht begreifen, daß sie kein Recht an den Schafen hätten, die doch die ihnen bis dahin zur Nahrung dienenden Kängurus verdrängten. So begann, als diese sich zur Stillung des Hungers an den Herden vergriffen, ein mit aller Scheußlichkeit geführter Vernichtungskrieg gegen sie, die bald zur Ausrottung der ganzen Rasse aus den Schafzucht treibenden Gegenden führte. Auf den ausgedehnten grasreichen Weideflächen gediehen die eingeführten Schafe so gut, daß der europäische Wollmarkt vom australischen Produkte förmlich überschwemmt wurde. Auch auf Neuseeland nahm die Merinozucht große Ausdehnung an. Ihr einziger Feind hier ist der mit dem Schwanz 50 *cm* lange Nestorpapagei, der sich bald daran gewöhnte, den Schafen große Wunden beizubringen, die vom Schmerz gepeinigten Tiere so lange zu quälen, bis sie eingingen, und dann von ihrem Fleische zu fressen, besonders aber deren Nierenfett herauszuholen.

Im Kaplande bürgerte sich die Merinozucht schon 1782 durch Vermittlung der Holländer ein. In England schlug die Einbürgerung dieser Schafrasse trotz mehrfacher Versuche fehl. Es scheint, daß das dortige Klima für sie zu feucht ist; denn die Merinoschafe verlangen trockene Luft und gedeihen in Steppen am besten. Auf den Sandwichinseln kommen sie nur mäßig fort, vorzüglich dagegen im Westen der Vereinigten Staaten, in Argentinien und Uruguay, wo gewaltige Herden dieser geschätzten Wollerzeuger weiden.

Ein weniger hochgezüchtetes Edelschaf asiatischer Abstammung als das Merino ist das der Stammform desselben noch recht nahestehende Sardenschaf, das sich auf der Insel Sardinien in einer starken Kolonie erhielt und augenscheinlich eine sehr alte Form des Hausschafes darstellt. Ebenfalls weniger veredelte Abkömmlinge des asiatischen Wollschafes von Arkalabstammung sind die langschwänzigen Zackelschafe, die in beiden

Geschlechtern bald merinoartig gewundene, bald in langgezogener Spirale abstehende Hörner tragen. Von letzteren, die man als Zackenhörner bezeichnet, haben sie den Namen Zackelschafe erhalten. Dieser eigenartige Stamm mit grober Wolle nahm seinen Ausgangspunkt von Südosteuropa. Die wichtigsten Wohngebiete desselben sind Kreta, Mazedonien und die übrigen Balkanländer, das Donaugebiet bis nach Ungarn und Siebenbürgen. Das kretische Zackelschaf ist ziemlich groß mit kräftigen Beinen und vorwiegend schmutzigweißer Haarfarbe. Die Spitzen des in Spiraltouren nach rückwärts aufstehenden Gehörns stehen weit auseinander. Ähnlich gebaut, aber etwas kleiner und mit beinahe wagrecht auseinander stehenden Schraubenhörnern versehen, die beim Widder länger als beim Mutterschaf sind, ist das ungarische Zackelschaf. Sein Fleisch gilt als sehr schmackhaft. Die grobe Wolle wird zu Teppichen, Decken und groben Zeugen verarbeitet. Die gegerbte Haut liefert ein weiches Leder. Nahe verwandt mit ihm ist das mazedonische Zackelschaf.

Abkömmlinge der osteuropäischen Zackelschafe drangen früher auch nach Westeuropa vor. Sie spielten unter den früheren wirtschaftlichen Verhältnissen eine gewisse Rolle, sind aber gegenwärtig meist stark im Rückgang begriffen. Dahin gehören das jetzt selten gewordene bayerische Zaupelschaf, das pommersche und hannoversche Landschaf und als westlichster Ausläufer das englische Norfolkschaf, das früher wegen seiner Genügsamkeit eine große Verbreitung besaß. Diesen Zackelschafen nahe verwandt ist das in der Bergregion des Oberwallis stark verbreitete, ganz schwarze oder schwarz und weiß gefleckte Walliserschaf. Es erinnert an das Norfolkschaf. Sein ziemlich starkes Gehörn ist spiralig ausgezogen und von dunkler Färbung; neben behörnten kommen aber auch hornlose Individuen vor. Ein Abkömmling dieses Walliserschafes ist das hornlose Frutigerschaf im Berner Oberland.

Ein diesem Formenkreis zugehörender starker Seitenzweig von hornlosen langschwänzigen Schafen umfaßt das stattliche, meist hängeohrige Bergamaskerschaf, daß in den nach Süden mündenden Tälern des mittleren Alpengebietes gehalten und auf den hohen Alpweiden gesömmert wird, dann das diesem ähnliche paduanische und steirische Schaf. Entferntere Ausläufer sind das südfranzösische und englische Bergschaf, dann das Rhön- und Thüringer Schaf.

Mit Schafen dieser asiatischen Arkalabstammung haben wir es stets zu tun da, wo bei den alten Schriftstellern von Schafen überhaupt die Rede ist. Von ihm schreibt der römische landwirtschaftliche Schriftsteller Columella um die Mitte des 1. Jahrhunderts n. Chr.: „Das Schaf ist ein äußerst nützliches Tier, es gibt uns Kleidung, Käse, Milch und verschiedene Gerichte. Am besten ist die weiße Wolle, weil man sie beliebig färben kann.“ Sein Zeitgenosse Plinius bemerkt: „Großen Wert hat das Schaf als Opfertier und wegen des

Gebrauchs, den wir von seiner Wolle machen. Es gibt zwei Hauptrassen: die eine ist weichlicher und wird mit einer Decke belegt, welche man in bester Sorte aus Arabien bezieht, die andere Art ist die gemeine. In Syrien gibt es Schafe mit ellenlangen Schwänzen." Damit meint er die schon damals dort gehaltenen Fettschwanzschafe. Der drei Menschenalter vor diesen lebende gelehrte Römer Varro sagt: „Die tarentinischen und attischen Schafe haben eine wertvolle Wolle und werden mit Pelzen bedeckt, damit sie nicht schmutzig werden. Nach der Schur wird das Schaf mit Wein und Öl gesalbt, wozu einige auch weißes Wachs und Schweineschmalz nehmen. Wunden, die das Tier bei der Schur bekommt, werden mit Teer bestrichen. Es gibt auch Leute, welche die Schafe nicht scheren, sondern rupfen, was früher allgemein üblich war." In der Tat ist das Ausrupfen der Wolle die von Völkern auf primitiver Kulturstufe stets geübte Sitte, die wir auch den Pfahlbauleuten der späteren Steinzeit zuschreiben dürfen. Womit sonst als mit den Fingern hätten sich diese die Wolle ihrer noch wenig hochgezüchteten Schafe holen können! Heute noch wird allgemein von den Arabern die Kamelwolle mit den Händen ausgerupft und nie mit der Schere entfernt. Der zu Beginn des 3. Jahrhunderts n. Chr. lebende griechische Schriftsteller Älian berichtet: „Die lydischen und mazedonischen Schafe sollen mit Fischen gefüttert und von dieser Kost fett werden." Wir haben früher gesehen, daß solches Futter heute noch auf Island an die sonst ausschließlich Gras fressenden Haustiere des Menschen verfüttert wird.

Nachdem einmal die Schafzucht in den Mittelmeerländern volkstümlich geworden und ihr Nutzen klar erkannt worden war, kann es uns nicht wundern, daß hier später auch das einheimische Wildmaterial der Domestikation umerzogen wurde, um daraus neue Schafrassen heranzuziehen. Dazu diente das einst sämtliche Bergländer Südeuropas und der angrenzenden Inseln bewohnende Muflon (*Ovis musimon*). Dieses kleinste aller Wildschafe ist der Stammvater der heute nach dem Norden von Europa gedrängten kleinen, kurzschwänzigen Hausschafe. Einst auch in Südeuropa gehalten, wurde es hier später vollständig durch die leistungsfähigeren Hausschafe von asiatischer Arkalabstammung verdrängt. Das Muflon kommt in Cypern bis zur Höhe von 2000 *m* vor, ist auf Sardinien noch vorhanden und lebte vor kurzem auch in Korsika. Er wird einschließlich des höchstens 10 *cm* langen Schwanzes 1,25 *m* lang, am Widerrist 70 *cm* hoch und 40–50 *kg* schwer. Er ist gedrungen gebaut, in der Rückenlinie dunkelbraun, sonst braunrot gefärbt; dabei spielt der Kopf ins Aschgraue. Das Gehörn des Bockes ist stark und in einer Länge von 65 *cm* nach außen hinten und zuletzt nach innen unten gebogen; es ist an der Wurzel sehr dick, im Querschnitt dreieckig. Das merklich kleinere Weibchen unterscheidet sich durch seine mehr ins Fahle spielende Färbung sowie durch das Fehlen oder seltene Vorkommen des Gehörns vom Bock.

Wie der Arkal lebt das Muflon im Gegensatz zum Mähnenschaf in Rudeln, deren Leitung ein alter, starker Bock übernimmt. Diese Rudel erwählen sich die höchsten Berggipfel zum Aufenthalt und nehmen hier an schroffen, fast unzugänglichen Felswänden ihren Stand. Wie bei andern gesellig lebenden Wiederkäuern halten stets einige Stück sorgfältig Umschau, um die Genossen bei der Wahrnehmung eines verdächtigen Gegenstandes sofort zu warnen und mit ihnen flüchtig zu werden. Zur Paarungszeit trennen sich die Rudel in kleine, aus einem Bock und mehreren Schafen bestehende Trupps, welche der leitende Widder erst durch tapfer durchgefochtene Kämpfe sich erworben hat. Das Schaf bringt im April oder Mai 1–2 Junge zur Welt, die der Mutter schon nach wenigen Tagen auf den halsbrecherischsten Pfaden mit der größten Sicherheit folgen und bald ebenso gewandt wie sie klettern. Alle Bewegungen des Muflon sind schnell, gewandt und sicher. Erwachsene Tiere vermag man kaum je zu fangen, junge nur dann, wenn man ihre Mutter weggeschossen hat. Sie gewöhnen sich bald an ihren Pfleger, sind anhänglich an ihn, bewahren ein munteres, ja mutwilliges Wesen, zeigen aber nur eine geringe Intelligenz.

Noch im Altertum muß dieses Wildschaf auf den Gebirgen Südeuropas recht häufig gewesen sein; denn Julius Capitolinus berichtet, daß Kaiser Gordian im Jahre 238 n. Chr. 100 wilde Schafe zu den Jagdspielen nach Rom brachte. Von Kaiser Probus, der von 276 bis 282 n. Chr. regierte, meldet Flavius Vopiscus, daß er so viel wilde Schafe als er auftreiben konnte, nach Rom kommen ließ. Schon früh wurde es irgendwo im östlichen Mittelmeergebiet gezähmt, wozu wohl die hier bereits gehaltenen ältesten Hausschafe von Mähnenschafabstammung die Anregung gaben. Schon zur Bronzezeit tauchen, zunächst allerdings noch spärlich, großgehörnte Hausschafe in den Pfahlbauten nördlich der Alpen auf, welche durch ihr großes Gehörn und die in ihrem Bau mit denjenigen des Muflon übereinstimmenden Hornzapfen ihre Herkunft von diesem südeuropäischen Wildschafe beweisen. Gegen das Ende der Bronzezeit erscheinen dann auch hornlose Hausschafe in der Schweiz, welche im Süden von gehörnten Muflonabkömmlingen gezüchtet worden waren. In der helvetisch-römischen Niederlassung von Vindonissa fanden sich beide Schafarten nebeneinander vor. In der Folge aber wurden sie hier wie auch das ältere Torfschaf von den von den Römern eingeführten, mehr und feinere Wolle liefernden Schafen asiatischer Abstammung verdrängt. Nur im Norden erhielten sie sich teilweise in eigentlichen Kümmerformen mit seit der Römerzeit bedeutend verkleinertem Gehörn. Es sind dies die nur einen halben Meter hoch werdenden, schwarz, braun oder grau gefärbten Heideschafe, die Heidschnucken, die als äußerst genügsame Rasse in Gebieten mit primitiver Wirtschaft, namentlich in der norddeutschen Heide bis nach Oldenburg und Ostfriesland, gehalten werden. Nahe verwandt mit ihm sind das die Bergländer Skandinaviens bewohnende skandinavische Schaf, das finnische

Schaf und das bis nach Sibirien hineinreichende nordrussische Schaf, dann das Hebriden-, Faröer- und Shetlandschaf. Das letztere ist bald klein gehörnt, bald hornlos. Sein Fleisch bildet neben Fischen die Hauptnahrung der Bewohner jener rauhen Eilande. Der westliche Ausläufer ist das isländische Schaf, dessen Herden ein elendes Dasein fristen und vielfach mit getrockneten Fischen ernährt werden. Der Wollertrag ist bei all diesen Zwergformen ein geringer.

Im Gegensatz zu diesen überaus genügsamen Heideschafen stehen die ebenfalls vom Muflon abstammenden Marschschafe, die fette Weide beanspruchen und auf mageren Triften nur schlecht gedeihen. Ihre bessere Ernährung macht sich in einer bedeutenderen Größe und großen Fruchtbarkeit geltend. Ihre Haarfarbe ist schmutzig gelblichweiß, rötlichbraun oder einfarbig schwarz. Das Hauptmerkmal bildet neben dem kurzen Schwanz ihre vollkommene Hornlosigkeit. Außer Fleisch und Wolle, die zu Strickgarn und gröberen Stoffen, wie Teppichen und dergleichen verarbeitet wird, liefern sie auch Milch, welche zur Käsebereitung dient. Es sind Vertreter der schon in der Bronzezeit aus dem Süden nördlich der Alpen eingewanderten hornlosen Schafe, die in den Marschen Nordwestdeutschlands, Hollands, Belgiens und Nordfrankreichs heimisch wurden, weiter im Süden aber wie die übrigen Hausschafe von Muflonabstammung von asiatischen Rassen verdrängt wurden. Es sind dies die friesischen, holländischen, belgischen und nordfranzösischen Schafe. Unter letzteren ist besonders das Roquefortschaf bekannt, das den berühmten Schafkäse dieses Namens liefert. Dieser wird in Roquefort, im französischen Departement Aveyron, in der Weise gewonnen, daß man die zum Gerinnen gebrachte Schafmilch mit von einer spezifischen Schimmelsorte bewachsenem Brote vermischt. Dieses Brot wird eigens für die Käsebereitung aus einer Mischung von Weizen- und Gerstenmehl mit Sauerteig hergestellt und der betreffende Schimmelpilz darauf zur Ansiedelung gebracht. Der damit hergestellte Schafkäse reift dann in 30–40 Tagen in Felsenhöhlen, wobei er sich mit einer dicken Schimmelschicht bedeckt. Diese wird von Zeit zu Zeit entfernt. Diese Fabrikation ist schon recht alt und wird bereits aus der zweiten Hälfte des 9. Jahrhunderts erwähnt.

Außer den drei genannten Wildschafen ist endlich noch ein weiteres Wildschaf vom Menschen domestiziert worden. Es ist dies das zentralasiatische Argali (*Ovis argali*), von den Mongolen so genannt, ein gewaltiges Tier von der Größe eines dreivierteljährigen Kalbes, das die spärlich bewaldeten Bergzüge Innerasiens nördlich vom Hochlande Tibets vom Alatau bis zum Altai und von Akmolinsk im Westen bis zum Südostrande der mongolischen Hochebene im Osten in einer Höhe von 600–1000 *m* bewohnt. Es besitzt ein mächtiges, von der Wurzel an mit ringsumlaufenden wellenförmigen Wülsten bedecktes Gehörn, das sich nach hinten außen wendet. Dichtstehende wellige Grannen nebst feinen, kurzen Wollhaaren bilden das überall sehr gleichmäßige, jeglicher Mähne entbehrende Haarkleid, dessen vorherrschende Färbung, ein mattes Fahlgrau, im Gesicht, an Schenkeln wie am Hinterbauch in ein merklich dunkleres Bräunlichgrau, im Vorderteil der Schnauze, auf dem breiten Spiegel am Steiß, in der untern Hälfte der Beine aber in Gräulichweiß übergeht. Es meidet feuchte, waldbedeckte Gebirge und größere Höhen, lebt das ganze Jahr über etwa auf demselben Gebiete und wechselt höchstens von einem Bergzuge zum andern. Bis gegen die Paarungszeit leben Böcke und Schafe getrennt, letztere zu 3–5, erstere meist einzeln. Kurz vor der Paarungszeit vereinigen sie sich zu kleinen Herden von 10, höchstens 15 Stück. Während des Sommers frißt das Argali alle Pflanzen, die auch dem Hausschafe behagen, während des Winters begnügt es sich mit Flechten, Moos und getrocknetem Gras, die der Wind auf den Graten durch Wegfegen des Schnees bloßgelegt hat. Wählerischer als in der Äsung zeigt es sich beim Trinken, da es stets zu bestimmten Quellen kommt; auch salzige Stellen werden zum Lecken oft besucht. Solange der Schnee nicht allzudicht liegt, kümmert es der Winter wenig, denn sein dichtes Fell schützt es gegen die Unbill der Witterung. Seine Sinne sind ausgezeichnet entwickelt. In seinem Wesen spricht sich Bedachtsamkeit und Selbstbewußtsein aus; es ist neugierig, wenig scheu, zeigt sich aber überall sehr vorsichtig, wo es durch wiederholte Verfolgung von seiten des Menschen gewitzigt wurde und seine heimtückische Art kennen lernte. Die Jagd darauf ist durchaus nicht leicht. Sein Fleisch ist trotz seines strengen Beigeschmacks wohlschmeckend und wird von den Mongolen und Kirgisen sehr geschätzt.

Bei solchen Vorzügen ist es kein Wunder, daß sich der Mensch schon früh auch dieses Wildschafes bemächtigte, um es der Domestikation zu unterwerfen. Es ist der Stammvater der großhörnigen Schafe, die in Zentralasien innerhalb der Verbreitungszone des Argali als Schlachttiere und Wollspender besonders auf der Salzsteppe gehalten werden. Dabei hat sich im Haustierstande das Gehörn verkleinert. Noch am wenigsten ist dies der Fall bei den Hausschafen Russisch-Turkestans, mehr dagegen bei denen Tibets und der Südabhänge des Himalaja von Kumaon bis Sikkim. Bei diesen tragen beide Geschlechter Hörner, und zwar stoßen sie wie beim Argali auf der Stirne fast zusammen; dabei sind sie nach außen hin um den Kopf gewunden und noch reich mit Querwülsten versehen in derselben Weise wie beim Argali.

Durch spezielle Züchtung zur Vermehrung des den Hirtenvölkern so wertvollen Fettes, dessen sie sich zum Braten der Mehlspeise und des Reises bedienten, entwickelten sich aus ihnen im Laufe der Zeit die Fettsteißschafe. Da der Schwanz bei ihnen im Gegensatz zu den Abkömmlingen des Arkal zu kurz war, um ihn zur Fettablagerung heranzuziehen, wurde der Steiß dazu ausersehen. Hier bildet die Fettmasse zwei gewölbte Kissen, die ansehnliche Größe erreichen können. Auch dieses Schaf besitzt wie die andern Rassen von Argaliabstammung in beiden Geschlechtern spiralig um den Kopf gewundene Hörner mit Querwülsten, die aber bei manchen hochgezüchteten Rassen schon ziemlich klein geworden, ja teilweise bei den Weibchen ganz in Wegfall gekommen sind. Es ist dies speziell beim Tatarenschaf der Fall, das vom Ostrand des Schwarzen Meeres bis zum Baikalsee das am häufigsten gehaltene Schaf ist und den Hauptreichtum der dortigen Steppenvölker bildet. Bei den Kirgisen gilt noch heute die uralte Sitte, das einjährige Lamm als Tauscheinheit zu betrachten, wie bei den alten Römern vor dem Aufkommen der Münzen durch die Vermittlung der süditalischen Griechen das Kleinvieh (*pecus*) die Werteinheit bildete, woher noch der spätere Ausdruck *pecunia* für Geld, Vermögen herrührt.

Beim Tatarenschaf ist der Kopf gestreckt, der Nasenrücken nur wenig gewölbt und die Ohren sind als Zeichen längerer Domestikation durch Degeneration der sie aufrichtenden Muskeln hängend geworden. Die Widder sind stärker behörnt als die Mutterschafe, die stets kleinhörnig sind, wenn sie überhaupt noch, was sehr häufig der Fall ist, Hörner besitzen und nicht völlig hornlos geworden sind. Der Fettklumpen am Steiß ist sehr umfangreich und gleicht zwei miteinander verwachsenen Halbkugeln, zwischen denen ein ganz kurzer Schwanzstummel hervorragt. Die Haarfarbe ist meist weiß, seltener rotbraun oder schwarz. Die filzige Wolle ist kurz und grob und zum Versponnenwerden ungeeignet. Östlich vom Baikalsee und der Mongolei schließt sich an das Tatarenschaf das ebenfalls vom Argali abzuleitende, aber als Zeichen einer sehr hoch getriebenen Zucht bereits völlig hornlos gewordene chinesische Schaf, das allerdings nur einen schwach entwickelten Fettsteiß besitzt, da seine Züchter als Ackerbauer im Sesam und in manchen auf Öl angebauten Retticharten genugsam pflanzliches Fett zur Verfügung hatten, so daß sie auf die Gewinnung tierischen Fettes kein besonderes Gewicht legten.

Von seiner zentralasiatischen Heimat hat sich das Fettsteißschaf von Argaliabstammung auch weithin nach Süden verbreitet, so nach Persien und Arabien. Von letzterem Lande verbreitete es sich in die Länder am oberen Nil bis in das Gebiet der Dinkas, die es ebenfalls halten, und in die Somaliländer, wo es überall in Menge gezüchtet wird. Es ist wie das chinesische Schaf als hochgezüchtetes Hausschaf in beiden Geschlechtern völlig hornlos geworden und fast stets von weißer Farbe mit tiefschwarzem Kopf und Hals. In der Gegend von Massaua fand C. Keller neben schwarzköpfigen Schafen auch braungefärbte und gefleckte Tiere. Häufig pflegt man ihnen die Ohren bis auf einen kurzen Stumpf abzuschneiden. Es hat gleichfalls keine verspinnbare Wolle, sondern ein straffes, glattanliegendes Grannenhaar. Für die es haltenden Stämme ist es fast ausschließlich Fleischlieferant; daneben bilden die Häute einen nicht unwichtigen Exportartikel. Bei Abmagerung verschwindet der überhaupt schwach entwickelte herzförmige Fettsteiß fast vollständig. Auch Südafrika besitzt Fettsteißschafe; ebenso der ostafrikanische Archipel, doch sind sie dort nicht zahlreich. Im Innern von Madagaskar findet man sie bei den Howas, aber in einer degenerierten Rasse, deren Fleisch trocken ist. An der Küste dieser großen Insel scheinen sie nicht zu gedeihen. Von Persien aus nach Osten nehmen sie rasch an Menge ab und erreichen nicht mehr Indien, das als von vorzugsweise Ackerbauern bewohnt und mit einem heißen Klima ausgestattet, geringen Bedarf an tierischem Fett besaß. In Birma wurden sie erst 1855 eingeführt, sind jedoch dort nicht von Bedeutung geworden.

Wenn wir Europäer uns auch keine Fettsteißschafe wünschen, so wäre es doch sehr angezeigt, wenn ein Tierzüchter wie Herr Falz-Fein in seinem großen Tierpark Askania Nova auf der südrussischen Steppe oder ein Tierimportgeschäft wie dasjenige Hagenbecks in Stellingen bei Hamburg den Argali aus seiner Gebirgsheimat zu Zuchtzwecken in Europa einführen würde. Es würde sich außer zur selbständigen Zucht besonders zur Kreuzung mit den teilweise durch Inzucht degenerierten Hausschafen sehr eignen. So hat man in solcher Weise das leichter zu erlangende Muflon mehrfach zur Bastardierung mit Hausschafen verwendet. Beide Wildschafarten wären auch, wie das in derselben Weise zu benützende zentralasiatische Wildschaf *Ovis poli* (nach dem Venezianer Marco Polo so genannt) und andere Wildschafe teils aus Asien, teils aus Nordamerika zur Akklimatisation zum Zwecke der Belebung der Alpen und Voralpen geeignet und böten zudem dem Jäger ein willkommenes Wildpret.

Bild 21. Altägyptische Tierärzte, kranke Haustiere behandelnd.
1. Fütterung kranker Gänse. 2. Behandlung von zwei zahmen Säbelantilopen durch den Priester Nechta. 4. Behandlung kranker Ziegen. Das Vorderbein ist festgebunden, damit das Tier stillhält. 7. Kranke Rinder erhalten Medizin.
(Nach Wilkinson.)

Von andern Horntieren aus der Familie der Paarzeher kämen zur Domestikation von seiten des Menschen noch verschiedene Antilopen in Betracht, von denen tatsächlich auch verschiedene Vertreter von den alten Ägyptern zu Haustieren erhoben wurden, deren Zucht aber später wieder vollkommen verloren ging. So finden wir in Grabmalereien des Alten Reiches, der 4., 5. und 6. Dynastie (2980–2475 v. Chr.), neben Ziege und Schaf auch den einheimischen Steinbock (*Capra sinaitica*), die Gazelle (*Antilope dorcas*), die Säbelantilope oder Steppenkuh (*Oryx leucoryx*) und den Wasserbock (*Kobus ellipsiprymnus*) in des Menschen Hegung und Pflege. Nach den begleitenden Inschriften müssen diese damals auf den Gütern der Fürsten große Herden gebildet haben und mit Schafen, Rindern und Ziegen zusammen geweidet haben. Zur Zeit der 12. Dynastie, während des Mittleren Reiches (2160–1788 v. Chr.), bildete nur noch eine der drei Antilopenarten, die Säbelantilope, von Hirten bewachte Herden, während die beiden andern samt dem Steinbocke wieder wie in Urzeiten als Wild gejagt wurden. Und wieder ein Jahrtausend später, zur Zeit des Neuen Reiches (1580 bis 1205 v. Chr.), war auch diese letzte Gazellenart in Ägypten aus der Zucht von seiten des Menschen verschwunden, und blieben fortan von Paarzehern außer Rindern nur Schafe und Ziegen als Haus- und Nutztiere der Bewohner des Nillandes zurück. Der französische Archäologe François Lenormant meint in seinem Buche: *Les premières civilisations*, dessen erster Teil die vorhistorische Archäologie Ägyptens betrifft, daß der Einfall der Hyksos- oder Schasu-Beduinen (um 1650 v. Chr.) dieser nationalägyptischen Zucht ein Ende bereitet habe. Es ist dies höchst wahrscheinlich und dieses Ereignis nicht nur, wie Julius Lippert in seiner Kulturgeschichte der Menschheit (Bd. 1 S. 503) glaubt, der Schlußmoment in einem ganz natürlichen Ausleseprozeß; denn es ist nicht einzusehen, weshalb diese Tiere nicht fernerhin in des Menschen Hegung und Pflege hätten bleiben können.

Dieser Autor schreibt daran anschließend: „Wir dürfen uns diese älteste Art ‚Zähmung' großer Herden, die niemals die freie Weide verließen, nicht anders vorstellen, als etwa die Hegung des Wildes in unseren ‚Tiergärten', nur daß die großen Besitzer etwa die gegen die Wüste hin offene Grenze ihres Geheges durch ein Überwachen mit Hirten und Hunden abschlossen, während gegen das fruchtbare Land hin Wassergräben die Grenze bildeten. Welche Verwendung solche zur Güterbegrenzung fanden, das bezeugt unter anderem die ägyptische Vorstellung vom Jenseits, das nicht ohne solche Begrenzung gedacht werden konnte. Nach der Wüste hin mochten aber den Hirten natürliche Terrainverhältnisse zu Hilfe gekommen sein, abgesehen davon, daß die oasenartig gelegenen Weiden selbst Anziehungspunkte für die wilden Herden der Grasfresser bildeten. Darstellungen von Jagdszenen zeigen uns, wie die so von Hunden zusammengedrängten Tiere lebendig ergriffen wurden, während man andere durch die Fangleine zu Falle brachte. Während sich dieser Stufe von Hegung noch eine große Anzahl von Weidetieren willig anbequemte, mußte bei einer näheren Heranziehung an das stabile Haus des Menschen immer mehr Gattungen ausscheiden, während Schaf und Ziege als die ausgesiebten Arten auch dann noch zurückblieben."

Was die Darstellungen an den Grabwänden der Vornehmen aus der 4. und 5. Dynastie anbetrifft, so finden wir also die Säbelantilope (altägyptisch *mut* genannt), die Gazelle (altägyptisch *kehes*) und den Wasserbock (altägyptisch *nutu*) mit dem noch heute auf dem Gebirge zwischen Niltal und Rotem Meer besonders in Mittelägypten vorkommenden Steinbock (altägyptisch *naâ*) vollkommen domestiziert auf den Gütern der Großen des Reichs angesiedelt. Daß sie sich als echte Haustiere auch in der Gefangenschaft fortpflanzten, beweist schon die Szene aus dem Grabe des Nub hotep aus der 4. Dynastie der großen Pyramidenerbauer von Giseh (2930–1750 v. Chr.), die zeigt, wie mitten in der Herde eine Gazelle ihr Junges an ihrem Euter trinken läßt, dann die verschiedenen Darstellungen, in denen die Hirten auf ihren Armen oder auf ihren Schultern die Antilopenjungen wie junge Kälber, Zicklein und Lämmer tragen. Im Grabe des Ma nefer der 5. Dynastie (2750–2625 v. Chr.) in Sakkara sehen wir, wie Hirten außer den Säbelantilopen, Gazellen, Wasserböcken und ägyptischen Steinböcken auch Springböcke (*Antilope euchore*) — altägyptisch *schekes* genannt — herbeitreiben, um sie von den Schreibern notieren zu lassen. Es ist dies die einzige Darstellung dieser Antilope im Stande der Hegung; denn auf allen andern Bildern wird sie stets nur als von den Windhunden der Ägypter verfolgtes Wild dargestellt. Diese Antilopenart muß also nur ganz vorübergehend in des Menschen Zucht gestanden haben.

Welchen Umfang diese Antilopenzucht in Ägypten in der ersten Hälfte des dritten vorchristlichen Jahrtausends angenommen hatte, beweist die Inschrift auf dem Grabe des Sabu in Sakkara aus der 6. Dynastie (2625–2475 v. Chr.), in welcher als Besitztum des Verstorbenen 1235 Rinder und 1220 Kälber der für gewöhnlich dargestellten langhörnigen Rasse, 1360 Rinder und 1138 Kälber der kurzhörnigen Rasse, 405 Rinder einer besonderen, seltenen Rasse nebst 1308 Säbelantilopen, 1135 Gazellen und 1244 Wasserböcke angegeben sind.

Ein Basrelief des Grabes des Itefa in Sakkara aus der 5. Dynastie stellt, wie leicht zu erkennen ist und zudem durch eine begleitende Inschrift erläutert wird, die Mästung der Säbelantilope, des Wasserbocks und des Rindes dar, indem den betreffenden Tieren durch einen Knecht ein besonders nahrhafter Mehlteig mit der Hand ins Maul gestrichen wird.

In den Grabdarstellungen des Mittleren Reiches (11. und 12. Dynastie, 2160–1788 v. Chr.) findet sich, wie gesagt, keine Spur mehr von der Zucht der Gazelle und des Wasserbocks. Diese Tiere finden sich nur noch als Jagdwild dargestellt. Einzig die Säbelantilope findet sich noch in größeren Herden gezähmt. In den berühmten Grabmälern von Beni Hassan aus der 12. Dynastie (2000–1788 v. Chr.) sehen wir die Herden dieser Antilopenart durch ihre Hirten geführt neben Herden von Rindern, Schafen und Ziegen. Im Grabe des Num hotep, dem schönsten von allen, hat der Künstler ebenfalls das Mästen der Säbelantilopen durch den mit der Hand ins Maul gestrichenen Mehlteig dargestellt, neben solchem von Rindern, Ziegen und Gänsen vermittelst desselben Verfahrens.

Erst in den Grabmalereien des Neuen Reiches (18. u. 19. Dynastie, 1580–1205 v. Chr.) ist auch die Haltung von Säbelantilopen völlig aufgegeben worden und finden wir darin auch dieses Wild nur vom Menschen mit Hilfe von Windhunden aller Art gejagt.

Leider ist später nie mehr ein Domestikationsversuch mit diesen und andern Gazellen gemacht worden. Und weiter südlich hat der auf niedriger Kulturstufe stehengebliebene Neger niemals an solche Errungenschaften gedacht. Selbst die Europäer taten es nicht, als sie sich am Kap der Guten Hoffnung festsetzten. Da schossen die Buren mit ihren weittragenden Flinten vielfach zwecklos jene gewaltigen Antilopenherden zusammen, denen sie zu gewissen Jahreszeiten auf deren Wanderungen begegneten. Unter ihnen wird die Kuhantilope (*Bubalis caama*), das Hartebeest der Buren oder Kama der Betschuanen, wenn von Jugend an unter menschlicher Pflege stehend, ungemein zahm und folgt ihrem Pfleger auf dem Fuß. Erst erwachsen zeigt sich insbesondere bei den Böcken die Rauflust ihres Geschlechts.

Besonders geeignet und recht eigentlich dazu prädestiniert, vom Menschen in Zucht genommen zu werden, ist die gewaltige, am Widerrist bis gegen 2 *m* Höhe und ein Gewicht von 1000 *kg* erreichende Elenantilope (*Buselaphus oreas*). Nach den übereinstimmenden Berichten der Reisenden sollen diese Tiere auf weite Entfernungen kaum von den Zeburindern zu unterscheiden sein, weil auch die Stellungen und Bewegungen der ruhenden und grasenden Tiergestalten ganz dieselben sind. Nach Holub soll zwar der Kaffernstamm der Matabeles Herden zahmer Elenantilopen besessen haben; doch ist dies nur eine vorübergehende Zucht gewesen, die keine weiteren Folgen zeitigte. Jedenfalls sollte unbedingt auch von europäischer Seite der Versuch der Zähmung dieser größten aller Antilopen gemacht werden, bevor sie vom Erdboden verschwindet; denn sie besitzt auch erwachsen, im Gegensatz zu den rauflustigen Kuhantilopen, einen recht gutmütigen, sanften Charakter und pflanzt sich auch in der Gefangenschaft ohne alle Schwierigkeiten fort. Ihr Fleisch wird als ganz vorzüglich gerühmt.

V. Das Schwein.

Ausschließlich zur Gewinnung von Fleisch und Fett hat der Mensch das Wildschwein in den Haustierstand erhoben. Während der wandernde Nomade hierzu in erster Linie das Schaf mit den ihm am Schwanz oder am Steiß angezüchteten Fettmassen benutzte, hielt sich der ansässige Ackerbauer an das von ihm leichter zu haltende Schwein. In den sumpfigen Waldstrecken muß der Mensch gar häufig dem Wildschwein begegnet sein und es, wie uns schon die paläolithischen Darstellungen desselben an den Wänden von Höhlen Nordspaniens und Südfrankreichs beweisen, mit Vorliebe erlegt und gegessen haben. Aber nicht das europäische, sondern das südasiatische Wildschwein ist zuerst in menschliche Pflege genommen und zur Würde eines Haustieres erhoben worden. Dies geschah wohl einfach so, daß eines selbständigen Lebens ohne Muttermilch fähige ältere Frischlinge nach Tötung der Mutter gefangen und in eingehegte Plätze gesperrt wurden, um sie großzuziehen und gelegentlich bei Nahrungsmangel infolge Unergiebigkeit der Jagd zu verspeisen. Südostasien ist der weitaus älteste Herd der Schweinezucht, die jetzt noch dort eine wichtige Rolle spielt. Dort wurde das einheimische Wildschwein in Pflege genommen. Es ist dies das Bindenschwein (*Sus vittatus*), so genannt, weil es eine von der Wange über den Hals verlaufende weiße Binde aufweist, ein Überbleibsel der aus dunkeln Längsstreifen bestehenden Zeichnung der älteren Schweine, die sich noch im Jugendkleide auch unseres erwachsen nicht mehr gestreiften europäischen Wildschweins zeigt. Dieses Bindenschwein wird jetzt hauptsächlich auf Java, Sumatra und Borneo gefunden, war aber einst höchstwahrscheinlich auch in Hinterindien verbreitet. Von dort kam es gezähmt schon sehr früh nach China, wo es bereits im vierten Jahrtausend v. Chr. in Menge gezüchtet wurde; ebenso nach Indien und Westasien, von wo es bereits zu Beginn des dritten vorchristlichen Jahrtausends nach Ägypten vorgedrungen war. So hat Flinders Petri aus der 1. Dynastie (3400 bis 3200 v. Chr.) eine recht gute Umrißzeichnung des Schweins in Oberägypten gefunden, das offenbar gemästet war und wie die indischen Schweine Stehohren besitzt. Von da an fehlen bildliche Darstellungen des altägyptischen Hausschweins bis zur Zeit des Neuen Reiches (18. und 19. Dynastie, 1580–1205 v. Chr.), so daß man früher glaubte, das Schwein sei erst zur Zeit der 18. Dynastie ins Niltal eingeführt worden. Dies ist aber durchaus falsch. Von der ältesten Königszeit an wurden Schweine in Ägypten gehalten und, wie uns griechische Schriftsteller mitteilen, zum Eintreten der Saat in den frisch gepflügten und geeggten Acker benutzt; doch galten sie dem Ägypter, wohl weil sie gelegentlich auch Aas verzehrten, als unreine Tiere, und so hütete man sich eben, sie an den Wänden der Tempel und Grabkammern abzubilden. So berichtet der zu Beginn des 2. Jahrhunderts n. Chr. lebende Claudius Älianus in seinem griechisch geschriebenen Werk über die Tiere: „Das Schwein ist so gefräßig, daß es weder seine eigenen Jungen, noch menschliche Leichen verschont; deshalb verabscheuen es die Ägypter. Der Ägypter Manetho, ein Mann (Priester) von hoher Weisheit, behauptet auch, daß man aussätzig wird, wenn man Schweinemilch genießt." Lange vor ihm schrieb der griechische Geschichtschreiber Herodot, der im 5. Jahrhundert v. Chr. Ägypten selbst bereiste: „Bei den Ägyptern gilt das Schwein für ein unreines Tier. Wird jemand zufällig von einem solchen am Kleide berührt, so geht er gleich an den Fluß und wäscht sich. Unter allen eingeborenen Ägyptern sind die Schweinehirten die einzigen, die in keinen Tempel gehen dürfen; auch kann ein Schweinehirt in Ägypten nur die Tochter eines Schweinehirten heiraten, weil ihm kein anderer seine Tochter gibt. Keiner Gottheit opfern die Ägypter ein Schwein, mit Ausnahme der Mondgöttin und dem Bacchos, und zwar bei Vollmond. Das Schwein, das diesen Gottheiten geopfert wird, wird noch an demselben Tage gegessen. Arme Leute, welche kein wirkliches Schwein haben, backen eins aus Teig und opfern es." Herodot sah selbst, wie die Schweine im Nildelta zum Einstampfen der Saat verwendet wurden. Bei einem Tiere, das so verachtet war, daß diejenigen, die sich mit dessen Aufzucht befaßten, nicht einmal einen Tempel betreten durften, um ihn nicht zu verunreinigen, ist es kein Wunder, daß es in der älteren Zeit nicht an heiligen Bauten dargestellt wurde. Erst zur Zeit der 18. Dynastie war man so freidenkend geworden, daß man in Grabdenkmälern jener Zeit in Theben dieses Borstentier wie die übrigen Herdentiere darstellte. Aber auch damals werden nur die Ärmsten in Ägypten das Fleisch dieses verachteten Tieres gegessen haben.

Bild 22. Altägyptische Darstellungen von Schweinen aus der Zeit des Neuen Reichs. 1. Ein Mutterschwein mit Jungen. 2. Ferkel. 3. Eber, *a* geknotete Peitsche, mit welcher die Schweine auf die Weide getrieben wurden. (Nach Wilkinson.)

Anders als in Ägypten stand es im alten Griechenland und Rom, wo das Wildschwein im Gegensatz zum Niltal, wo es in geschichtlicher Zeit ausgerottet war, häufig vorkam, viel gejagt und sein Fleisch gern gegessen wurde. Dementsprechend war auch das Fleisch des Hausschweines als Speise geschätzt. Schon bei Homer ist vielfach von Herden des zahmen Hausschweins die Rede und war der Stand der Schweinehirten durchaus nicht verachtet, sonst wäre dem Sauhirten des Odysseus auf Ithaka mit Namen Eumaios sicher nicht der Ehrentitel des „Göttlichen“ gegeben worden. Nach dem Urteile der gebildetsten Griechen hatte die Schweinezucht viele Vorteile für sich. So schreibt der berühmte Aristoteles im 4. Jahrhundert v. Chr.: „Von allen Tieren gewöhnt sich das Schwein am leichtesten an jedes Futter, wird auch am schnellsten groß und dick. In 60 Tagen kann man es ausmästen. Wer sich mit der Mast beschäftigt, füttert die Schweine die drei ersten Tage mager, dann werden sie bei gutem Futter desto schneller fett, wie meist alle Tiere, die recht ausgehungert sind. Das Fettwerden wird durch Ruhe befördert und geht beim Schwein schneller vor sich, wenn es sich im Schlamm wälzen kann. Dieses Tier kämpft selbst gegen den Wolf.“

Wie bei den Griechen wurde auch bei den Römern eine ausgedehnte Schweinezucht getrieben und dieses Haustier mit Vorliebe als Opfer geschlachtet. Der gelehrte Varro (116–27 v. Chr.) meint sogar — allerdings durchaus falsch — die griechische Bezeichnung *hys* habe ursprünglich *thys* gelautet und daher komme das Verbum *thýein* opfern. Er fährt dann fort: „Schweine scheinen die ersten Opfertiere gewesen zu sein. Beim Anfang der Ernte, beim Schließen von Bündnissen, bei Hochzeiten werden Schweine geopfert.

Der Sage nach hat die Natur das Schwein geschaffen, daß es verschmaust werden soll, auch hat sie ihm, da sie es nicht von vornherein einsalzen wollte, die Seele statt des Salzes gegeben, um sein Fleisch, solange es lebt, vor Fäulnis zu schützen. Die besten Speckseiten und Schinken kommen aus Gallien nach Rom. Cato sagt, daß in Gallien die Schweine so fett werden, daß sie weder stehen noch gehen können und auf Wagen fortgeschafft werden müssen, wenn sie an einen anderen Ort sollen. Der Spanier Attilius, ein durchaus rechtlicher Mann, sagte mir, daß ihm der Senator Volumnius von einem in Lusitanien (Portugal) geschlachteten Schwein ein Stück Fleisch mit zwei Rippen zusandte, das 23 Pfund wog; die Dicke des Specks habe von der Haut bis zu den Knochen 1 Fuß 3 Zoll betragen. Es hat mir auch jemand gesagt, er habe in Arkadien ein Schwein gesehen, das sich vor Fett nicht rühren konnte, und in dessen Speck eine Maus nistete. Das soll auch anderwärts vorgekommen sein.

Für das Schweinevieh paßt eine sumpfige Weide am besten; denn es hat seinen Gefallen an Wasser und Schlamm. Das Hauptfutter besteht aus Eicheln, Bohnen, Gerste und anderem Getreide, davon wird es fett und wohlschmeckend. Im Sommer treibt man es früh auf die Weide, bevor die große Hitze eintritt, mittags bringt man es im Schatten und bei Wasser unter, abends läßt man es abermals weiden. Im Winter treibt man es nicht eher aus, als bis Reif und Eis weggetaut sind. Die ersten Jungen bekommt man von den Sauen, wenn sie zwei, die letzten, wenn sie sieben Jahre alt sind. Man läßt die Ferkel (*porculi*) zwei Monate bei der Alten und trennt sie dann, zu welcher Zeit sie schon fressen können, von ihr. Die im Winter geborenen sind klein, werden auch schlecht gesäugt, weil die Alte dann wenig Milch hat und die Ferkel ihr aus Hunger die Euter wund beißen. Man gibt der Sau mit ihren Ferkeln einen eigenen Koben. Dieser wird gehörig rein gehalten und öfters nachgesehen, ob die Alte ein Junges totgedrückt hat. Sie bekommt übrigens zweimal jährlich Junge. Um die Milch zu vermehren, muß sie gut gefüttert werden, namentlich mit eingeweichter Gerste. Solange die Jungen saugen, heißen sie *lactentes*. Die Saugschweinchen sind vom 10. Tage an zu Opfern tauglich und heißen deshalb *sacres*. Abgesetzte Saugschweine heißen *delici* oder gewöhnlicher *nefrendes*, weil sie noch keine Bohnen kauen (*frendere*) können. *Porcus* ist ein altgriechisches Wort. Jetzt sagen die Griechen *choíros*.

Die Sau (*scrofa* oder *varro*) muß, wenn sie säugt, täglich zweimal getränkt werden. Eigentlich muß sie so viel Junge bekommen, als sie Euterstriche hat. Bekommt sie weniger, so taugt sie nicht zur Zucht; bekommt sie mehr, so weissagt sie dadurch Wunderdinge. Das älteste bekannte Beispiel dieser Art stammt von der Sau des Äneas, welche 30 weiße Ferkel bekam. Die Prophezeiung traf ein, indem 30 Jahre später die Lavinienser die Stadt Alba gründeten. Noch jetzt findet man in Lavinium die Bildnisse der 30 Ferkel in Bronze aufgestellt und die Sau selbst wird, gut eingesalzen, von den Priestern gezeigt.

Die Schweine werden vom Schweinehirten gewöhnt, alles nach dem Klang des Hirtenhorns zu tun. So z. B. stößt er ins Horn, wenn er sie aus den Ställen läßt, wenn er sie im Walde zusammenruft usw. Die Herde alter Schweine kann aus 100 bis 150 Stück, diejenige junger aus doppelt soviel bestehen."

Der ältere Plinius schreibt: „Wenn Schweine ihre Jungen fressen, so sieht man das nicht als schlimme Vorbedeutung an. Das Ferkel gibt am 5. Tage ein reines Opfer, das Lamm am 8., das Kalb am 30. Das Schwein ist überaus dumm, doch kennt man auch ein Beispiel, daß gestohlene Schweine die Stimme ihres Herrn erkannten, das Schiff, auf das die Räuber sie gebracht, versenkten, indem sie auf der einen Seite das Übergewicht gaben, und dann zurückschwammen; auch lernen die Anführer der Herde den Markt und die Häuser finden. Die Kunst, bei Sauen eine große Leber wie bei Gänsen zu erzeugen, ist eine Erfindung des Marcus Apicius (eines berühmten Feinschmeckers, der auch ein Kochbuch für die feine Küche schrieb) und besteht darin, daß man sie mit trockenen Feigen tüchtig füttert und mästet, ihnen dann Met zu trinken gibt und sie plötzlich tötet. Kern anderes Tier liefert Speisen von verschiedenerem Geschmack für die Küche; denn wenn von anderen Tieren jedes nur einerlei Geschmack hat, so hat das Schwein dagegen fünfzigerlei, weswegen auch durch mancherlei Gesetze den Zensoren einzelne Teile, wie Euter, Kopf usw., bei Gastmählern verboten sind; aber freilich kehrt sich nicht jeder an solche Gesetze." Die Feinschmecker Roms begnügten sich aber in der Regel nicht mit dem gewöhnlichen Schweinefleisch, das auch gesalzen und geräuchert wurde, wie dies heute noch geschieht, sondern ließen sich mit Vorliebe solches aus Sardinien kommen, von wo aus große Schweinezüchter (*suarii*), die zur Kaiserzeit besondere Rechte erlangt hatten, den Markt mit besonders feiner Ware versorgten.

Welcher Tafelluxus im kaiserlichen Rom und im üppigen Alexandreia herrschte, zeigen uns folgende Tatsachen. Petronius meldet: „Die Tafel war gedeckt: ein ganzer gebratener Eber ward aufgetragen. Das Jagdmesser wurde erhoben und in des Ebers Bauch gestoßen, — da flogen zur Belustigung der Gäste aus der Wunde Drosseln hervor." Der um 220 n. Chr. in Alexandreia lebende Grieche Athenaios erzählt, wie bei einem Gastmahle eine silberne, reichvergoldete große Schüssel auf die Tafel kam, auf der ein erwachsenes Schwein gebraten auf dem Rücken lag und seine Beine zum Himmel streckte. Als sein Bauch mit einem Schnitte geöffnet ward, fand sichs, daß es mit gebratenen Drosseln, anderen kleinen Vögeln, Austern usw. gefüllt und in die Zwischenräume Eidotter gebracht war.

Ein anderes Mal ward ein Schwein aufgetragen, an dem mit Aufwand großer Kunst die eine Hälfte gebraten, die andere gekocht war. Alle bewunderten dies Gericht. Drob freute sich der Koch, nahm eine stolze Miene an und fragte: Na, wer von euch kann angeben, wie das Tier geschlachtet und wie sein Bauch mit tausend herrlichen Leckerbissen gefüllt ist? Er enthält Drosseln, andere kleine Vögel, gehacktes Schweinefleisch, Eidotter, Hühner, gepfefferte Fleischklößchen usw. Der Schriftsteller Macrobius sagt, daß diese mit kleinen Tieren gefüllten Schweine von den Kennern in Anlehnung an das sagenhafte trojanische Pferd Trojanische genannt wurden.

Der Geschichtschreiber Älius Lampridius berichtet in seiner Biographie des Alexander Severus (222–235 n. Chr.), dieser Kaiser pflegte sich während der Mittagstafel damit zu belustigen, daß er spielende Spanferkel oder kämpfende Rebhühner oder hin und her fliegende Vögel betrachtete. Seine Vogelhäuser enthielten Pfauen, Fasane, Haushühner, Enten, Rebhühner und eine Unzahl Tauben. Als unter seiner Regierung das römische Volk sich über eine Fleischteuerung beklagte, habe er Erkundigungen eingezogen und erfahren, daß es vorzüglich an Schweine- und Rindfleisch fehlte. Da gab er den Befehl: Niemand dürfe eine säugende Sau, ein saugendes Ferkel, eine alte oder junge Kuh schlachten. Da sei schon in zwei Jahren Fleisch in Menge und wohlfeil zu haben gewesen.

Nicht selten sind uns bildliche Darstellungen des Schweins aus römischer Zeit erhalten geblieben, die, wie beispielsweise das prächtige Basrelief vom großen Staatsaltar auf dem Forum Romanum, eine durch weitgehende Zucht kurzköpfige, sehr mastfähige Rasse mit runden Formen zeigen. Deren Beziehungen zum indischen Hausschwein sollen nach C. Keller recht deutlich ausgeprägt sein. Noch heute ist das asiatische Blut im Hausschwein der römischen Kampagna unverkennbar. Dieselbe Schweinerasse wurde nach Überresten in Herculanum und Pompeji zur Zeit von deren Untergang gehalten; eine in Portici gefundene Bronzestatuette bringt deren Merkmale sehr charakteristisch zum Ausdruck.

Bei den alten Germanen war die Schweinezucht sehr beliebt, da dieses Tier nach dem Pferd den beliebtesten Braten lieferte und deshalb gern geopfert wurde. Unter den Karolingern wurde es viel gehalten. So schärfte Karl der Große seinen Verwaltern ein, diese Tiere in möglichst großer Zahl auf seinen Landgütern zu halten. So finden wir in den Verzeichnissen der Königshöfe eine große Zahl derselben, so in Asnapium 260 große und 100 kleine

Schweine, daneben 5 Eber, in Grisenweiler 150 große und 100 kleine Schweine. Sie wurden in die Wälder zur Eichel- und Buchenmast getrieben. Außer eingesalzenem Fleisch, besonders Schinken und Speck, wurden auch Würste beim Schweineschlachten im Frühwinter hergestellt. Schon im 12. Jahrhundert begannen westfälische Schweine und Schinken berühmt zu werden. Noch das ganze Mittelalter hindurch wurden wilde Eber auf zahme Sauen gesetzt, um eine bessere Zucht zu erlangen.

Das älteste Hausschwein der vorgeschichtlichen Völker Süd- und Mitteleuropas war nach den auf uns gekommenen Schädelüberresten nicht ein Abkömmling des gezähmten einheimischen Wildschweins, sondern, wie die genau vorgenommenen vergleichend anatomischen Feststellungen beweisen, ein solcher des südasiatischen Bindenschweins. In den ältesten Pfahlbauten und Landniederlassungen Mitteleuropas der neolithischen Zeit fehlte dieses zahme Hausschwein südasiatischer Herkunft noch durchaus. Es tritt uns erst in einer späteren Zeit der neolithischen Kultur in Überbleibseln entgegen und wurde dann namentlich in der Bronzezeit in steigender Menge gehalten. Es ist dies das Torfschwein (*Sus scrofa palustris*), von L. Rütimeyer so genannt, weil uns eben seine Reste, wie diejenigen der ältesten Haustiere überhaupt, vorzugsweise in den inzwischen vertorften Seegründen, wo einst die Pfahlbauniederlassungen gestanden hatten, entgegentreten. Es war ein zierlich gebautes Tier von mäßiger Größe, das sich in seinem Schädelbau durchaus von demjenigen des einheimischen Wildschweins entfernt, aber nahe Beziehungen zu dem des südindischen Bindenschweins aufweist. Da man es damals nicht in Stallungen bannte, sondern ähnlich wie das Hausschwein der Malaien der indonesischen Inselwelt ziemlich frei umherlaufen ließ, wich sein Schädel vom Wildschweincharakter nur wenig ab. Daher glaubte Rütimeyer zunächst, daß das Torfschwein ursprünglich wild bei uns gelebt habe. Doch kam er später von dieser Annahme zurück, und heute wissen wir mit Bestimmtheit, daß sein Stammvater das südindische Bindenschwein war. Bei letzterem ist, wie beim Torfschwein, der Schädel verhältnismäßig kurz, breit und hoch, die Tränenbeine sind kurz und hoch, nähern sich also der quadratischen Form; der knöcherne Gaumen scheint nach vorn verbreitert, so daß die vorderen Backenzähne stark auseinandergedrängt werden. Demgegenüber ist der Schädel des europäischen Wildschweins und der erst später von ihm gewonnenen Hausschweine niedrig, schmal und langgestreckt. Die Tränenbeine sind lang und niedrig, also mehr rechteckig, der knöcherne Gaumen ist nach vorn nicht verbreitert, so daß die Backenzähne annähernd parallel zueinander stehen.

Bei allen Schweinen aber ist die Wildform im Bau des Schädels von der Kulturform verschieden. Erstere wühlt im Boden nach eßbaren Knollen und Wurzeln, letztere hat sich dies in der Gefangenschaft fast abgewöhnt;

infolgedessen ist ihr Schädel im Profil nicht mehr gerade, sondern zwischen Stirn und Nase eingeknickt. Die fächerförmige Schuppe des Hinterhauptbeins ist nicht mehr wie beim Wildschwein nach hinten gerichtet, sondern steigt mit der Stirn- und Scheitelgegend mehr oder weniger senkrecht empor. Während der jugendliche Wildschweinschädel anfänglich den indifferenten Typus des Säugetierschädels wiederholt, wird er später gestreckt und erhält scharf ausgeprägte Knochenleisten, im Gegensatz zu demjenigen des zahmen Schweins, bei dem die Nackenmuskulatur durch Nichtgebrauch schwächer wird und der Eckzahn an Größe abnimmt.

Dieses Torfschwein kam zweifellos über Westasien aus seiner südindischen Heimat nach Europa, wenn wir nicht annehmen wollen, daß sich sein Verbreitungsgebiet einst bis nach Westasien erstreckte, wo es dann hätte gezähmt werden können. Genaueres wissen wir über diese Wanderung nicht. Wir wissen nur, daß das Hausschwein im Altertum auch in Mesopotamien gehalten wurde. So ist uns aus der assyrischen Zeit in Kujundschick das Bild eines Mutterschweins mit Ferkeln erhalten geblieben. Im Gegensatz zu Layard, der darin eine Wildsau erblicken zu müssen meinte, glaubt Keller aus dem feinen, verhältnismäßig kurzen Kopf darin einen Abkömmling des südindischen Bindenschweins erkennen zu dürfen. Allerdings hat später der ganze semitische Kulturkreis das Schwein als Haustier abgelehnt, so daß es in der Folge aus Westasien, soweit semitische Stämme zu finden waren, verschwand. Anders bei den Ariern, denen der Schweinebraten, gleichgültig ob vom wilden oder zahmen Schwein, ein Festessen war. So verspeisen die Helden in Wallhall täglich den göttlichen Eber Särimni, der täglich wiederum neu ersteht, um sich von den Asen verspeisen zu lassen. So war es auch schon bei den Mitteleuropäern zu Ende der Stein- und zu Beginn der Bronzezeit. Diese liebten außer dem ihnen noch reichlich zur Verfügung stehenden Wildschweinbraten auch etwa solchen vom Hausschwein, besonders nachdem es von der Eichelmast im Herbste recht fett geworden war, zu verzehren und sich aus dem Überschuß durch Einsalzen und Räuchern Winterproviant zuzulegen. Da nun das halb wild gehaltene Torfschwein nicht selten Gelegenheit bekam, sich mit wilden Ebern zu begatten, so entstand bald eine größere Mischrasse. Schon Plinius meldet in seiner Naturgeschichte: „Das zahme Schwein paart sich sehr leicht mit dem Wildschwein." Diese Tatsache war also schon im Altertum, wo sich bei der großen Häufigkeit der Wildsauen viel mehr Gelegenheit zu solchen Beobachtungen bot als heute, allgemein bekannt.

Erst ganz am Schluß der neolithischen Zeit kam in Mitteleuropa ein kräftigeres und größeres Hausschwein auf, das offenbar ein mehr oder weniger reiner Abkömmling des einheimischen Wildschweins war; denn was lag näher, als einmal dieses größere Tier nicht bloß zur Kreuzung mit dem kleineren Torfschwein, sondern zur Reinzucht zu verwenden. Das

Wildmaterial lag ja gleichsam vor der Tür und wird oft genug in halberwachsenen Frischlingen der Wildsau lebend in die Niederlassungen der Steinzeitjäger gebracht worden sein. Von der Metallzeit an wurde dann in Mitteleuropa das Torfschwein asiatischer Abstammung immer mehr vom leistungsfähigeren Hausschwein europäischer Zucht aus dem einheimischen Wildschwein verdrängt. Doch war es noch während der helvetisch-römischen Zeit in der Schweiz stark verbreitet. So gehören von den in der Römerkolonie Vindonissa aufgefundenen Resten 28 Knochenstücke ihm an, während das europäische Landschwein nur durch 10 solche vertreten war. Noch am meisten Torfschweinblut weist das alte Bündnerschwein auf. Auch die Hausschweine in den entlegenen Tälern um das Gotthardgebiet herum, im Tessin und oberen Wallis, stehen dem alten Torfschweintypus nahe, während in den südlichen Tälern des Wallis ein schwarzes oder fuchsrotes Schwein gehalten wird, das nach der Kopfform ein unverkennbares Kreuzungsprodukt des Torfschweins mit dem Landschwein von europäischer Abstammung ist.

In den romanischen Ländern südlich der Alpen, vor allem in ganz Italien, Spanien und Portugal, wird das schwach behaarte romanische Schwein von meist dunkler Farbe, mit kurzem Kopf, längerem Rüssel als beim indischen Schwein und geradlinigem, breitem Rücken gezüchtet, das ebenfalls neben asiatischem auch reichlich europäisches Blut enthält. Noch mehr asiatisches als europäisches Blut besitzt das durch seine krause Behaarung ausgezeichnete kraushaarige Schwein von dunkler Farbe mit kurzem Rumpf, kantigem Rücken und etwas spitzem Gesicht, das hauptsächlich über Ungarn und die anstoßenden Balkanländer verbreitet ist.

Je mehr wir nun in Europa nach Norden gehen, um so reiner tritt das europäische Blut auf. Diese Hausschweine europäischer Abstammung besitzen statt des verhältnismäßig breiten, ebenen Rückens einen erhöhten „Karpfenrücken" infolge des seitlich zusammengedrückten Rumpfes. Statt der breiten Brust besitzen sie eine flachrippige Brust. Statt des in der Nasengegend eingesenkten Kopfes mit kurzem Rüssel haben sie eine gestreckte, oft völlig wildschweinähnliche Schnauze. Die Beine sind verhältnismäßig hoch. Es ist dies das europäische Hausschwein, von dem eine Unterart mit großen, hängenden Ohren und schmälerer Stirn und eine solche mit kurzen aufrecht gestellten Ohren und breiter Stirn unterschieden wird. In Norddeutschland und Dänemark scheint ursprünglich das Torfschwein gefehlt zu haben und nur das europäische Blut gehalten worden zu sein. Die prähistorischen Knochenreste weisen auf eine durch kümmerliche Haltung sehr klein gewordene Rasse hin. Überhaupt hat das Schwein im allgemeinen seit seiner Überführung in den Haustierstand an Größe abgenommen, offenbar deshalb, weil die freie Natur günstigere Entwicklungsbedingungen darbietet als die Knechtschaft unter dem

Menschen. Erst die moderne rationelle Tierzucht hat durch Darbietung besserer Lebensbedingungen die Größe wieder zu steigern vermocht.

Das der südostasiatischen Wildform noch am nächsten stehende, weil immer wieder durch Kreuzung mit jener aufgefrischte asiatische Hausschwein kommt in mehr primitiven, meist sehr mastfähigen Schlägen im ganzen östlichen Asien vor, so von der Mongolei durch ganz China, Annam, Siam und Hinterindien bis zu den Sundainseln und nach Neuguinea einerseits und Indien und Ostafrika andererseits. Es ist das das weitaus wichtigste Zuchtgebiet zahmer Schweine, indem es sowohl bei den mongolischen und malaiischen, wie auch den Papuastämmen das bei weitem wertvollste und oft einzige Haustier neben dem Hunde ist. Sein Fleisch und sein Fett sind für diese Stämme, soweit sie nicht an der Küste leben und viel Seetiere genießen, die wichtigsten animalischen Lebensmittel. Obenan steht das gewaltige China, wo die Schweinezucht gegen 6000 Jahre alt ist. Dabei hat Nordchina eine primitivere, meist schwarzgefärbte Rasse, während Südchina höher gezüchtete Kulturschweine von meist weißer Farbe besitzt. Im Norden ist die Haltung dieses Haustieres eine wenig sorgfältige. Hier leben die Schweine ohne Schutz im Freien und sind selbst in dem recht rauhen Winter aller Unbill der Witterung preisgegeben. Daraus erklärt sich das Vorhandensein auffallend dichter und langer Behaarung als Wärmeschutz der ursprünglich aus einem warmen Klima stammenden Tierart. Die überall auf dem Lande gezüchteten Schweine werden meistens nach den Städten verkauft, wo der Bedarf an Schweinefleisch ein sehr großer ist, indem der wohlhabende Chinese nicht nur kein Opfer ohne dieses begeht, sondern auch bei allen festlichen Gelegenheiten seine Familienglieder und Freunde damit bewirtet.

In der Mandschurei ist die Schweinezucht besonders in der mittleren Provinz Kirin entwickelt. Dieselbe Rasse wird auch in den Amurländern gehalten und geht bis nach Sibirien hinein. Doch tritt in letzterem Lande die Schweinezucht schon aus klimatischen Gründen gegenüber der Schafzucht zurück. Auffallenderweise besitzt Japan sehr wenig Schweine. Die Zucht dieses Haustieres ist in jenem Lande stark vernachlässigt und auf eine einzige Provinz, Kangoschima, beschränkt. Sehr blühend ist sie dagegen in ganz Hinterindien, auf den Philippinen und Sundainseln, wo überall das Schweinefleisch ein wichtiges Nahrungsmittel bildet. In Neuguinea ist das Schwein neben dem Hund das einzige Haustier, das überall in der Umgebung der Dörfer ziemlich frei gehalten wird, so daß es vielfach verwildert ist. Seine Nahrung besteht hier vorwiegend in Taroknollen. Auch Indien hat vorwiegend dunkelgefärbte Schweine, die in Schläge mit kurzen, aufrechtstehenden und in solche mit großen, herabhängenden Ohren zerfallen.

Im ganzen mittleren und westlichen Asien ist, soweit der Islam vordrang, das Schwein als unrein verpönt und deshalb die einst auch hier im Altertum betriebene Schweinezucht verdrängt worden. Hier ist an seiner Stelle überall das Schaf, das von dem Fluche Muhammeds nicht getroffen wurde, der Lieferant von tierischem Fett und Fleisch. Wie die Ostasiaten und Malaien Schweinefleisch zu ihrem Reis essen — nach der nicht unwahrscheinlichen Sage soll Buddha an einer Überladung des Magens mit Schweinebraten seinen Tod geholt haben — so genießen die Westasiaten Hammelfleisch zu ihrem Palaw genannten Reisgericht. Aber das war im Altertum noch nicht so. Um die Zeit der Entstehung des Christentums war das Schwein noch nicht aus Westasien verschwunden. Das beweist die bekannte Legende von den Schweinen der Gaddarener, in die die unreinen Geister fuhren. Immerhin haben die Semiten im allgemeinen, nicht nur die Juden, die solchen Abscheu wie so manches andere aus der Zeit ihrer Gefangenschaft in Ägypten hätten entlehnen können, das Schwein als unrein verpönt. Und diese Ächtung des Schweins hat in der Folge auch die aus dem Orient zu den Griechen und Römern gekommenen Kulte begleitet. So wurden der aus der semitischen Ischtar-Astarte hervorgegangenen Aphrodite auch in Griechenland keine Schweine geopfert, so wenig als der jener entsprechenden Venus in Rom.

Wie sehr die Muhammedaner das Schwein scheuen, geht aus der drolligen Geschichte hervor, die der, um ungefährdet im Orient reisen und selbst die allen Ungläubigen streng verbotenen heiligen Stätten in Mekka und Medina besuchen zu können, zum Islam übergetretene Baseler Burckhardt (Scheik Ibrahim) in seinem Buche: Reisen in Arabien (Weimar 1830) erzählt. In Dschidda, der Hafenstadt Mekkas, war — wohl einem christlichen Schiffer entlaufen — ein Schwein ans Land gekommen und führte in der Nähe des Marktes ein freudenvolles Dasein, weil die Marktleute lieber ihre Waren im Stiche ließen und sie dem Tiere Satans preisgaben, als sich durch die Berührung mit demselben zu verunreinigen. Alle ihre Flüche und Drohungen störten natürlich das biedere Borstentier sehr wenig. Im ganzen Gebiete des Islam dürfen auch die Christen nur ausnahmsweise Schweine halten. So ziehen die Armenier in der Türkei und in Persien gern wildgefangene Frischlinge auf, um sie fett werden zu lassen und dann zu schlachten und zu verspeisen. Nur in den Marställen der Großen wird, um die „böse Luft", alle Verhexung und etwaige Krankheitserreger in seinen unreinen Leib abzuleiten, gern ein Schwein gehalten, wie noch vor gar nicht langer Zeit bei den Christen für solche Zwecke ein Ziegenbock gehalten wurde. Letzteres ist eine Reminiszenz an den Ziegenbock der Israeliten, der am Versöhnungstage mit allen Sünden des Volkes beladen in die Wüste getrieben und sich selbst überlassen wurde. Daher stammt unsere Bezeichnung Sündenbock.

Welch seltsame Form das Bewußtsein der eigenen Größe annehmen kann, schreibt Ed. Hahn in seinem Buche über die Haustiere und ihre Beziehungen zur Wirtschaft des Menschen (Leipzig 1896), beweist, daß die Venezianer am Ausgang des 15. Jahrhunderts eine ansehnliche Summe dafür ausgaben, daß sie in ihrer Faktorei in Alexandrien ein Schwein halten durften; einmal ärgerten sie damit die Ungläubigen, allerdings für ihr gutes Geld, und dann bewiesen sie den andern Christen ihre ungeheure Überlegenheit durch diesen sonderbaren Vertreter des Löwen von San Marco.

In Ägypten wird heute das Schwein nur von den christlichen Kopten gehalten. In ganz Nordafrika befaßt sich natürlich auch nur das christliche Element mit dessen Zucht. In den oberen Nilländern wurde es von den Negern übernommen; besonders in Sennar halten es die Eingeborenen, um dessen wohlschmeckendes Fleisch zu essen. In Ostafrika fehlt es natürlich im mohammedanischen Somaliland vollständig, dagegen trifft man Schweine indischer Abstammung in Mozambique. Auch auf Madagaskar wurde es offenbar unter dem Einfluß der Araber an der Westküste verdrängt; so züchten es die Sakalaven nicht. Dagegen findet man im Innern der Insel, im Gebiet der Howas, eine kleine, schwarze Rasse. Auf den Maskarenen und auf der Insel Réunion ist die Schweinezucht auf die bergigen Gegenden beschränkt. In ganz Inner- und Westafrika ist das Schwein nur selten anzutreffen, außer in den Küstengegenden von Angola, wo es von den Portugiesen eingeführt wurde. In Natal wurde es 1825 eingebürgert.

In Europa hat das Schwein nur in ganz kleinen Bezirken, wo einst Mohammedaner herrschten, an Wichtigkeit verloren, so in Griechenland. In Italien, Südfrankreich und Nordspanien ist es im Gebiet der Eichen- und Kastanienwälder das wichtigste Nutztier des Menschen; ebenso in Sardinien und Sizilien. Eine erhebliche Schweinezucht weist Mittelitalien auf, dann Spanien in der Estramadura, verschiedene Provinzen Portugals und Südwestfrankreich im Gebiete der Garonne. Die wichtigsten Produktionsländer für Schweine, welche davon stark nach Westeuropa exportieren, sind Serbien und Ungarn. In Süddeutschland findet man die intensivste Zucht in Bayern; dort wird die große wildschweinähnliche, in der vordern Körperhälfte weiße, in der hintern dagegen meist rote Landrasse noch in starker Verbreitung angetroffen. In Deutschland sind die nordischen Marschen relativ arm an Hausschweinen, reicher dagegen Westfalen, Hannover, Braunschweig, Thüringen und Sachsen. Meist sind in Deutschland wie in der Schweiz, in Belgien, Holland und Nordeuropa die einheimischen Rassen durch hochgezüchtete englische Rassen verdrängt worden. Nachdem nämlich schon um 1740 durch die schwedisch-ostindische Gesellschaft Mastschweine besonderer Güte aus Südchina zur Hebung des einheimischen Schweins durch Kreuzung nach Schweden eingeführt worden waren, nahm die englisch-ostindische Gesellschaft zu Beginn des vorigen Jahrhunderts diese Bestrebungen im großen Maßstabe auf. So wurden in England durch Kreuzung mit hochgezüchteten chinesischen Rassen die weltberühmten edlen Schläge gezüchtet, welche später in allen Kulturländern eingeführt wurden und hier nach und nach die weniger leistungsfähigen einheimischen Schläge verdrängten. Damit hat das asiatische Schwein einen vollständigen Sieg über die Hausschweine europäischen Blutes erlangt. Die wichtigsten Schläge desselben werden als Yorkshire, Berkshire, Suffolk und Leicester bezeichnet, lassen aber keine scharfe Grenze zwischen sich ziehen. Der Körperumriß nähert sich bei ihnen einem Rechteck, die Beine sind fein gebaut und kurz. Das Gesicht ist extrem verkürzt und die Gegend zwischen Nase und Stirn stark eingeknickt. Es gibt kurz- und langohrige, kleine und große Schläge. Die Färbung kann schwarz, rotgelb, weiß oder bunt sein. Die größte Schweinezucht weist Yorkshire und Westmoreland auf. Auch Irland besitzt große Zuchten, weniger dagegen Schottland. Außer nach Belgien, das besonders in der Provinz Lüttich englisches Blut züchtet, kam dieses besonders nach Nordamerika, wo seine Zucht heute eine der wichtigsten nationalen Industrien der Vereinigten Staaten bildet. Dort kamen ihm zunächst die zahlreichen Nüsse und Eicheln des Waldes zugute, während jetzt der größte Teil der Schweine des Westens mit Mais gefüttert wird. Welchen Umfang die Schweinezucht in den Staaten der Union angenommen hat, beweist am besten die Tatsache, daß die Zahl der Schweine, die im Jahre 1860 etwa 30 Millionen betrug, sich heute mehr als verdoppelt hat. Nach H. Moos wird die Zucht überall nach demselben Muster betrieben. Es werden vorwiegend schwarze, frühreife Schläge gehalten; unter ihnen ist am verbreitetsten das Poland-Chinaschwein und nachher die Berkshirerasse. Das Zuchtmaterial wird sorgfältig ausgewählt. Meist werden junge Tiere im Alter von 7–10 Monaten im Gewicht von 90–140 *kg* geschlachtet, nachdem sie außer Mais besonders auch Klee erhielten. Die größten Schlächtereien besitzt Chicago.

Mehr nach dem Süden zu tritt die Schweinezucht in Amerika in den Hintergrund. Schon in Mexiko ist sie sehr gering und in Südamerika nur in Brasilien da von erheblicher Bedeutung, wo deutsche Ansiedlungen sich befinden. In Argentinien ist sie seit längerer Zeit stark im Niedergang begriffen. Einige Zeit hindurch hatte eine ziemlich rege Ausfuhr von dort nach Brasilien bestanden; sie hörte dann bald auf. Es fehlt eben jenem Gebiet an einem rationellen Betrieb der Schweinezucht, ohne den die Konkurrenz mit Amerika nicht aufzunehmen ist. Übrigens gelangte das Hausschwein spanischer Rasse schon 1493 durch Kolumbus auf die Antillen und verbreitete sich von da mit der spanischen Kolonisation nach dem amerikanischen Festlande, wo es noch heute vielfach angetroffen wird.

Australien, das erst im 18. Jahrhundert das Hausschwein durch die Engländer eingeführt erhielt, besitzt heute sehr gute englische Rassen, vor allem die Berkshires, welche vortrefflich gedeihen und zu einer ausgedehnten Zucht Veranlassung gaben. Da im Lande selbst der Konsum an Schweinefleisch nicht sehr groß ist, werden die Produkte meist zum Export gebracht. Neuseeland besitzt ziemlich starke Zuchten, so daß auch jenes Land schon eine ausgedehnte Ausfuhr von Schweinefleisch nach Europa betreibt.

Der neueste Import aus Japan ist das Maskenschwein, das 1861 durch den Tierhändler Jamrach, den Konkurrenten von Hagenbeck, in zoologischen Gärten Deutschlands eingeführt wurde. Es steht dem chinesischen Hausschwein nahe, besitzt aber auffallend große Ohren und durch starke Verkürzung des Oberkiefers ein faltiges Gesicht, daher sein Name. Es ist aber nicht japanischen, sondern indischen Ursprungs, und zwar eine besondere Art des großohrigen, indischen Schweins.

Da das Hausschwein bei Völkern auf primitiver Kulturstufe ein halbwildes Leben führt, ist es kein Wunder, daß es sich öfter der Aufsicht des Menschen entzieht und völlig verwildert. Solche verwilderte Hausschweine sind in Süd- und Ostasien nichts seltenes und lassen sich auf den verschiedensten Gebieten der Erde, besonders auf Inseln, wo sie keine größeren Feinde haben, nachweisen. Dabei nehmen sie schon nach wenigen Generationen ganz oder teilweise das Aussehen der wilden Stammform an. In Europa kommen verwilderte Hausschweine auf Sardinien und den Kykladen vor; weiter finden sich solche im oberen Nilgebiet, auf den Kanaren, Tristan da Cunha, Réunion und St. Helena. Auf letzterer Insel gab es nach Cavendish schon 1588 welche; Tavernier traf deren noch 1649 an. Neben den vielen verwilderten Ziegen trugen sie wesentlich dazu bei, den jung aufsprossenden Wald zu zerstören. Auf Jamaika, St. Domingo, St. Thomas und anderen westindischen Inseln gibt es solche, wahrscheinlich aus den Resten der spanischen Kolonisation herrührend. Auch in Venezuela, Brasilien, Paraguay und Peru gibt es verwilderte Schweine verschiedener Art, teils schwarze mit stehenden Ohren, teils heller gefärbte mit den Hängeohren ihrer chinesischen Vorfahren. Auf den Bermudas, den Galapagos, den Andamanen, Nikobaren und zahlreichen Inseln Melanesiens, Mikronesiens und Polynesiens sind ebenfalls verwilderte Hausschweine anzutreffen. Auf Neuseeland gibt es solche, die die konkave Form des Gesichts ihrer chinesischen Ahnen beibehielten.

Schwein und Huhn sind die einzigen Tiere, bei denen die Operation der Kastration zur Mast in größerem Umfang auch beim weiblichen Geschlecht vorgenommen wird. Im Altertum begnügte man sich, wie Columella berichtet, in solchen Fällen zur Verhinderung einer Befruchtung die Scheide narbig zu verschließen; erst im Mittelalter wurde die Beseitigung der Eierstöcke vorgenommen. Solche Tiere nannte man dann Nonnen. Ein solcher Schweineschneider in Ungarn war es, der es als erster wagte, bei seiner Tochter, die nicht auf natürlichem Wege niederzukommen vermochte, den Kaiserschnitt durch Eröffnung des Bauches und der Gebärmutter vorzunehmen. Dabei rettete er Mutter und Kind das Leben. Erst hernach haben dann die Ärzte diese Operation vorzunehmen gewagt.

VI. Der Esel.

Weit früher als das Pferd hat sich der Mensch den Esel gezähmt, nicht um sein Fleisch oder seine Milch oder sein Haarkleid zu benutzen, sondern um ihn als Transporttier zu verwenden. Als das Rind schon längst Haustier geworden war und an den Pflug, wie auch an den Wagen gespannt wurde, kam man noch nicht auf den Gedanken, auf ihm Lasten fortzubewegen. Dazu diente im ältesten Ägypten der Esel, der allerdings ausschließlich als Last- und noch nicht als Zugtier benutzt wurde. Außer den Lasten transportierte man auch die unbehilflichen Mitglieder der Familie, wie etwa Weiber und Kinder, auf dem Esel, den der Mann dann führte. Er selbst bestieg ihn nicht, um als Reiter mit größerer Geschwindigkeit das Land zu durchstreifen. Dies geschah erst, als der vornehmere und anspruchsvollere Vetter des Esels, das Pferd, vom Menschen domestiziert wurde und dann freilich seinem bescheidenem Verwandten den Rang ablief und weit ausgedehntere Verbreitung fand. Aber im hamitisch-semitischen Kulturkreis ist der Esel bis heute in hoher Wertschätzung geblieben; nur in Südeuropa, wo er sich ebenfalls stark einbürgerte, sank er zum verachteten und mißhandelten Geschöpf herab, dem man seine sprichwörtliche Starrköpfigkeit als Dummheit auslegt.

Die ältesten Spuren zahmer Esel, die uns bis heute bekannt geworden sind, lassen sich im Niltal nachweisen und reichen dort bis in die urägyptische Zeit, die um die Mitte des vierten Jahrtausends v. Chr. zu setzende Negadaperiode, zurück. So besitzen wir auf einer bereits früher erwähnten Schieferplatte des Museums in Giseh aus der Negadazeit, die de Morgan zuerst veröffentlichte, treffliche Abbildungen des Esels. Er ist dort in einer ganzen Reihe von Tieren mit großen, aufrechtstehenden Ohren neben dem Hausrind von Bantengabstammung und dem Hausschaf von Mähnenschafdescendenz dargestellt in der Form des gewöhnlichen Hausesels mit schwarzem Schulterkreuz, das auf allen Figuren deutlich erkennbar ist. Schon während des Alten Reichs in der ersten Hälfte des dritten vorchristlichen Jahrtausends war die Zucht des Esels in Ägypten eine stark ausgedehnte. Im Grabe des Chafra ank in Giseh aus der 4. Dynastie (2930–2750 v. Chr.), der Zeit der großen Pyramidenerbauer, eines hohen Würdenträgers unter der Regierung des Chefren, berichtet ein Oberschreiber seinem Herrn, er besitze einen Viehstand von nicht weniger als 5023 Stück, darunter 760 Esel. In anderen Gräbern derselben Periode wird, vermutlich mit etwas Übertreibung, gemeldet, daß die Besitzer über mehr als tausend, ja Tausende von Eseln verfügten.

Zur Zeit der ältesten Dynastien wird der Esel häufig auf den Grabwänden dargestellt, da sich das bürgerliche Leben ohne ihn gar nicht vorstellen ließ.

Er wurde ausschließlich als Lasttier, daneben etwa noch wie Schafe und Rinder zum Dreschen auf der Tenne, d. h. zum Austreten der Körner der Feldfrüchte mit den Hufen verwendet. Doch diente er daneben bereits als Reittier, doch nicht in der Weise, daß sich die Ägypter auf seinen Rücken setzten, sondern so, daß ein Reitsessel zwischen zwei Eseln befestigt wurde, um darin die über Land reisende vornehme Person aufzunehmen. Erst als zur Zeit des Neuen Reiches (um 1580 v. Chr.) infolge der regen Beziehungen mit den Völkern Vorderasiens das Pferd als wertvolles Kriegsinstrument, das den Schlachtwagen zog, nach dem Nillande kam und hier unter den kriegerischen Pharaonen der 18. und 19. Dynastie in Menge gezüchtet wurde, trat der Esel gegenüber dieser neuen Erwerbung etwas in den Hintergrund, um allerdings später wieder seine Vorherrschaft anzutreten, die er in jenem Lande bis heute zu behaupten vermochte.

Woher bezogen nun die vorpharaonischen Ägypter der Negadaperiode den Hausesel? Zweifellos aus Nubien, wo der ostafrikanische Steppenesel (*Asinus taeniopus*) von hamitischen Volksstämmen, wahrscheinlich den Vorfahren der heutigen Galla, gezähmt und damit in den Haustierstand übergeführt worden war. Der Steppenesel findet sich heute noch in den Steppen Obernubiens, am häufigsten in den Ebenen von Barka und um den Atbara, den Hauptzufluß des Nils. Sein Verbreitungsgebiet erstreckt sich aber bis an die Küste des Roten Meeres. Wie bei allen Steppentieren ist Geselligkeit ein Grundzug seines Wesens. Das ausnehmend scheue und vorsichtige Tier lebt in kleinen Rudeln, wobei eine Herde von 10–15 Stuten von einem Hengst geführt, bewacht und verteidigt wird. Als Mittelglied zwischen seinen streifenlosen, asiatischen Verwandten und den afrikanischen Tigerpferden sind seine Füße leicht — von unten nach oben in abnehmender Stärke — gestreift und zieht sich dem Rücken entlang vom Schwanz bis zur Schulter ein schwarzes Band, das sich hier in zwei gegen die Seitenbuge hin verlaufende Arme teilt. Es ist dies das vorgenannte Rückenkreuz, das sich bei seinen gezähmten Nachkommen noch teilweise erhielt. Außerordentlich stark ausgesprochen war es noch nach der Abbildung bei den Hauseseln der Negadazeit, die also dem Stammvater noch hochgradig ähnlich gesehen haben müssen, ja, kaum von ihm abwichen, was also eine sehr junge Zucht bedeutet. Diese Negadahausesel haben auch die typische Kopfbildung und die aufrechtgestellten, großen Ohren des ostafrikanischen Steppenesels, von dem wildeingefangene Tiere bis auf den heutigen Tag je und je zur Veredlung der Eselzucht in ihrer Heimat verwendet werden. Wie vermutlich schon die alten Ägypter gaben die alten Römer große Summen für diese Veredelung aus, was die Araber jetzt noch tun. Deshalb haben sie auch ein so edles Eselmaterial, demgegenüber unser durch Inzucht und Vernachlässigung herabgekommenes Eselmaterial keinen Vergleich aushält.

Vom Niltal her wurden schon sehr früh die Juden und übrigen Semiten Vorderasiens mit dem Hausesel bekannt, der, wie in Ägypten, so auch bei ihnen eine sehr geachtete Stellung einnahm. Er diente auch hier zum Tragen von Lasten aller Art. So sehen wir auf einer der Wandmalereien des Grabes von Num hotep in Beni Hassan unter einem der ersten Könige der 12. Dynastie (2000–1788 v. Chr.) die Einwanderung eines semitischen Stammes von Hirten in das Land Gosen am Delta. Diese Nomaden werden darauf als Aamu bezeichnet und wandern mit ihren Herden nach Unterägypten ein, als einzige Lasttiere Esel mit großen Ohren mit sich führend, auf denen sie alle ihre Habe und die kleinen, des Gehens unfähigen Kinder aufgeladen haben. Überall im Alten Testament ist an Stelle des Pferdes der Esel der treue Begleiter des Vieh hütenden Nomaden. Von den Zeiten Abrahams an war es der Stolz des Oberhauptes der Familie, zahlreiche Esel neben den Schafen und Rindern zu besitzen, und später, als dies aufkam, alle seine Söhne auf Eseln beritten zu sehen. Nach demselben Grundsatze, an dem heute noch der Japaner speziell in bezug auf das pflügende Rind streng festhält, sollte das Arbeitstier nicht zugleich auch zur Nahrung dienen. Deshalb enthielten sich die Juden ausdrücklich des Fleisches vom Esel, was ursprünglich nicht alle semitischen Stämme getan zu haben scheinen. Ja, wahrscheinlich haben auch die vorpharaonischen Bewohner Ägyptens gelegentlich den zahmen Esel geschlachtet und als willkommene Speise verwendet. Aber die Juden enthielten sich nicht nur des Schlachtens von Eseln, sondern lösten sogar nach dem Gesetz die dem Tode verfallene Erstgeburt desselben wie diejenige des Menschen durch das Opfern eines Schafes ab.

Über Syrien und Kleinasien kam der Hausesel zu Beginn des letzten vorchristlichen Jahrtausends in die Balkanhalbinsel, wo er vermutlich *asnas* hieß, und von da zuerst zu den Griechen als *ónos* und später auch als *asinus* zu den Römern. In der homerischen Zeit, da Viehzucht und Ackerbau vorherrschten, war der Esel noch nicht das gebräuchliche Lasttier, sondern ein durch seine Seltenheit wertvolles Zuchttier, das zur Gewinnung der damals schon geschätzten Maultiere diente. Nur an einer zweifellos später eingeschobenen Stelle der Ilias wird er in einem Gleichnisse erwähnt. In der ältesten, sich an Homer anschließenden griechischen Lyrik wird er als Zuchttier erwähnt, das viel zu kostbar war, um der Feld- und Hausarbeit zu dienen. In einem Fragmente des Lyrikers Archilochos von Paros (um 700 v. Chr.) wird von einem Menschen gesagt, daß ihm das Glied anschwoll, wie das des mit Korn gefütterten Zuchtesels aus Priene (einer Stadt der kleinasiatischen Küste nördlich von Milet). Auch Simonides von Amorgos, der jüngere Zeitgenosse des Archilochos, kennt den Esel nur als Zuchttier und legt in einem Gedicht einigen Weibern dessen Art bei, die träge, gefräßig und geil sei. Erst der Dichter Tyrtaios aus Attika um 684 v. Chr. spricht vom Esel als Lasttier, das die Kornfrucht vom Acker nach Hause tragen müsse.

Im Gegensatz zu dem als Beschäler der Pferdestute gehaltenen Eselhengst war bei den ältesten Griechen das von einem solchen mit einer Pferdestute erzeugte Maultier als *hemíonos*, d. h. Halbesel, oder *oreús*, d. h. Bergtier, das eigentliche Arbeitstier, sowohl bei der Feldbestellung als im Geschirr vor dem Wagen und beim Schleppen von Lasten; deshalb wird es gern als vielduldend und mühselig bezeichnet. Schon weil es stärker war als der Esel wurde es diesem vorgezogen, wie Theognis (der um 560 v. Chr. lebende Dichter aus Megara) ausdrücklich bezeugt. Nach Homer stammte das Maultier von den Enetern, einem paphlagonischen Volke aus dem pontischen, d. h. gegen das Schwarze Meere zu gelegenen Kleinasien, her. An einer andern Stelle der Ilias hatten die Bewohner von Mysien dem König Priamos von Ilion Maultiere geschenkt nach dem 24. Buche, Vers 277:

„Schirrten die Maultiere an, starkhufige, kräftig zur Arbeit,

Welche die Myser dem Greise verehrt als edle Geschenke.“

In einem Fragment des jonischen Dichters Anakreon (550–478 v. Chr.) werden die Myser geradezu als Erfinder der Maultierzucht durch Kreuzung von Eselhengsten mit Pferdestuten bezeichnet. Schon im Alten Testament bei Ezechiel (596 v. Chr.) wird die Landschaft Thogarma, d. h. Armenien oder Kappadozien als diejenige bezeichnet, die die besten Maulesel lieferte. Den Israeliten selbst verbot das Gesetz diese Zucht. Noch später hören wir mehrfach, so bei Aristoteles, Plutarch und Plinius, die Maultiere Kappadoziens und Galatiens als besonders edle Zucht rühmen; von den ersteren wird berichtet, sie seien fruchtbar, also unter besonders günstige Naturverhältnisse gestellt.

Merkwürdig ist bei dieser Wertschätzung des Maultiers als Ersatz des Esels, daß, vielleicht durch semitische Anschauungen beeinflußt, seit der mythischen Zeit in Elis im Peloponnes das Verbot bestand, Maultiere im Lande selbst zu erzeugen. So soll der König von Pisa in Elis, Oinomaos, der Sohn des Meergottes Poseidon und Vater der Hippodameia, deren Freier er hinterlistig beim Wettfahren tötete, bis er von Pelops durch List überwunden wurde, einen Fluch über diese Zeugung ausgesprochen haben, und seither brachten die Eleer ihre Stuten außer Landes, um sie dort von Eseln belegen zu lassen, wie uns Herodot und Pausanias gleicherweise bezeugen. Vielleicht, meint V. Hehn, war in diesem elischen Brauch nur die durch Religion festgehaltene Anschauung der ältesten Zeit aufbewahrt, da es in Griechenland keine anderen als vom Orient eingeführte Maultiere gab und das Volksgefühl sich gegen solche widernatürliche Mischung noch sträubte. Auch in Homers Odyssee wird vom Bewohner Ithakas Naëmon gesagt, er besitze in dem weidereichen Elis zwölf Stuten mit den dazu gehörigen

Maultierfüllen. Von einem Eselhengste aber ist dort nirgends die Rede. Gemäß der Bedeutung des Wortes *oreús*, d. h. Bergtier für Maultier, wird in der Ilias an einer Stelle geschildert, wie das Maultier mühsam Balken und Schiffsbauholz aus den Bergen hinabgeschleppt habe, an einer andern, wie die Männer mit Äxten, Seilen und Maultieren in das bewaldete Idagebirge hinaufziehen, um Holz für den Scheiterhaufen von Achills Freund Patroklos zu holen; wie dann nach dem Fällen und Zerkleinern der Bäume die Last den Maultieren aufgebunden wird, die sie dann stampfend in die Ebene hinabtragen.

Dieselbe Wertschätzung des Maultiers wie bei den Griechen finden wir auch bei den Römern. So sagt beispielsweise der ältere Plinius in seiner Naturgeschichte: „Das Maultier (*mulus*) ist zur Arbeit ganz ausgezeichnet gut." Daneben waren aber auch die Esel in hoher Achtung; denn derselbe Autor sagt an einer anderen Stelle von diesem Tiere: „Der Gewinn, welchen man aus Eseln zieht, übertrifft den der fruchtbarsten Landgüter." Des Plinius Zeitgenosse Columella sagt rühmend von ihm: „Der gemeine Esel (*asellus*) ist mit geringem Futter, wie Blättern, Dornen, Zweigen, Spreu usw. zufrieden, braucht auch nur geringe Pflege, hält Prügel und Mangel aus, wird selten krank und erträgt die Arbeit leicht. Auf dem Lande ist er ganz unentbehrlich, weil er die Mühle treiben und allerlei Gegenstände in die Stadt und von da zurücktragen muß."

Hundert Jahre vor diesen beiden schreibt der gelehrte Varro: „Was die zahmen Esel betrifft, so werden in Griechenland die arkadischen sehr geschätzt, in Italien dagegen die von Reate, und ich weiß einen Fall, wo ein solcher mit 60000 Sesterzien (= 9000 Mark) bezahlt wurde und in Rom ein Viergespann von Eseln mit 400000 Sesterzien (= 60000 Mark)." Weiter meint er: „Der Wildesel, der herdenweise in Phrygien und Lykaonien lebt — offenbar ist hier vom später zu besprechenden Onager die Rede, dessen Verbreitungsgebiet sich damals westlich noch bis dort erstreckt zu haben scheint — kann man leicht zähmen, den zahmen Esel aber nicht in einen wilden umschaffen. Man braucht den Wildesel gern zur Zucht. Das Junge des zahmen Esels läßt man im ersten Jahre ganz bei seiner Mutter, im zweiten nur bei Nacht, jedoch so, daß beide angebunden sind; im dritten wird es zu seiner Arbeit dressiert. Die meisten werden gebraucht, um die Mühle zu drehen, oder zum Tragen und Fahren, in leichtem Boden auch zum Pflügen. Kaufleute halten auch ganze Herden, um Öl, Wein, Getreide usw. zu transportieren." Jung wurden sie auch verspeist. So schreibt Plinius in seiner Naturgeschichte, Maecenas, der reiche Freund des Kaisers Augustus, habe die Mode aufgebracht, junge Esel zu essen. Derselbe Autor berichtet: „Die Eselsmilch soll die Haut weiß machen; deshalb führte Poppaea, die Gemahlin Neros, immer 500 milchende Eselinnen mit sich und badete in deren Milch."

Seit dem Altertum hat sich der Esel als wichtigstes Arbeitstier überall in den Mittelmeerländern unentbehrlich gemacht, ist aber durch schlechte Haltung immer kleiner und unansehnlicher geworden. Dabei hat er eine mattere, aschgraue Farbe und schlaffere Ohren bekommen. Oken sagt von ihm: „Der zahme Esel ist durch die lange Mißhandlung so sehr heruntergekommen, daß er seinen Stammeltern fast gar nicht mehr gleicht. Der Mut hat sich bei ihm in Widerspenstigkeit verwandelt, die Hurtigkeit in Langsamkeit, die Lebhaftigkeit in Trägheit, die Klugheit in Dummheit, die Liebe zur Freiheit in Geduld, der Mut in Ertragung der Prügel." Tatsächlich ist an diesem treuen Arbeitstiere des Menschen im Laufe der Jahrhunderte unsäglich viel gesündigt worden, daher sein widerstrebender, eigensinniger Charakter!

Gemäß seiner Herkunft aus einer heißen Steppe fühlt er sich um so wohler, je wärmer und trockener das Land ist. Feuchtigkeit und Kälte verträgt er viel weniger als das hierin weniger empfindliche Pferd. Schon Plinius sagt: „Kälte kann dieses Tier (der Esel) nicht gut vertragen." In bezug auf Futter ist er durchaus nicht wählerisch und begnügt sich mit sehr geringen Mengen davon. Brehm sagt von ihm: „Gras und Heu, welches eine wohlerzogene Kuh mit Abscheu verratendem Schnauben liegen läßt und das Pferd unwillig verschmäht, sind ihm noch Leckerbissen: er nimmt selbst mit Disteln, dornigen Sträuchern und Kräutern vorlieb. Bloß in der Wahl des Getränkes ist er sorgsam, denn er rührt kein Wasser an, welches trübe ist; salzig, brackig darf, rein muß es sein. In Wüsten hat man oft sehr große Not mit dem Esel, weil er, alles Durstes ungeachtet, nicht von dem trüben Schlauchwasser trinken will."

Bild 23. Altdeutscher Mülleresel.
(Nach einem Holzschnitt von Jost Ammann.)

Die Paarungszeit des Esels fällt in die letzten Frühlings- und ersten Sommermonate. Etwa 11 Monate nach der Paarung wirft die Eselin ein — höchst selten zwei — vollkommen ausgebildetes, sehendes Junges, das sie mit großer Zärtlichkeit ableckt und das ihr sofort zu folgen vermag. Schon eine halbe Stunde nach der Geburt bietet ihm seine Mutter das Euter dar, das ihm die nächste Nahrung spendet. Nach 5–6 Monaten kann das Eselsfüllen entwöhnt werden, folgt aber noch lange seiner Mutter auf allen Wegen nach. Es ist ein überaus munteres, lebhaftes Tier, das die possierlichsten Sprünge ausführt. Schon im zweiten Jahre ist es erwachsen; aber erst im dritten Jahre erreicht es seine volle Kraft, um selbst bei harter Arbeit ein Alter von über 30 Jahren zu erreichen.

Im Volksleben Mitteleuropas spielte der Esel nur als Mülleresel, der die Säcke nach und von der Mühle trug, eine beschränkte Rolle und wurde nie das volkstümliche Haustier wie in Südeuropa oder gar im Orient. Er kam einst im Mittelalter vorzugsweise durch die Mönchsorden nach Deutschland in die Klöster, um hier als Lasttier verwendet zu werden. So erlaubte z. B. Herzog

Konrad I. von Urach 1263 den Franziskanern in Freiburg im Breisgau „mit drei Eseln aus dem Herzogenwald Holz zu holen." Aus den Klöstern ging er dann später teilweise zu den Laien über. Aber im allgemeinen kam er im Laufe der Zeit als schlecht gefüttertes und fast ungepflegtes Arbeitstier des kleinen, armen Mannes zu einem blöden Jammerwesen herunter und wurde so für den Volksmund zum sprichwörtlichen Vertreter der Dummheit. Nicht viel besser erging es dem Esel in den Mittelmeerländern, obwohl er dort viel zahlreicher gehalten wird und zum geradezu unentbehrlichen Gehilfen des Menschen, speziell des Gartenbauers, wurde. Auch hier ist das Leben des armen „Packesels" eine Kette von Anstrengungen, Leiden und Entbehrungen gepaart mit zahlreichen Mißhandlungen. Erst im Morgenlande sehen wir aus diesem Proletarier unter den Haustieren des Abendlandes einen mit weit größerer Sorgfalt als bei uns behandelten Diener und Genossen des Menschen werden, der es sogar zu einigem Adel der äußeren Erscheinung, wie des Charakters bringt. Brehm schreibt in seinem bekannten Tierleben: „Der nordische Esel ist, wie allbekannt, ein träger, eigensinniger, oft störrischer Gesell, welcher allgemein, wenn auch mit Unrecht, als Sinnbild der Einfalt und Dummheit gilt, der südliche Esel dagegen, zumal der ägyptische, ein schönes, lebendiges, außerordentlich fleißiges und ausdauerndes Geschöpf, welches in seinen Leistungen gar nicht weit hinter dem Pferde zurücksteht, ja es in mancher Hinsicht noch übertrifft. Ihn behandelt man auch mit weit größerer Sorgfalt als den unsrigen. In vielen Gegenden des Morgenlandes hält man die besten Rassen so rein wie die des edelsten Pferdes, füttert die Tiere sehr gut, plagt sie in der Jugend nicht so viel und kann deshalb von den erwachsenen Dienste verlangen, welche unser Esel gar nicht zu leisten imstande sein würde. Man hat vollkommen recht, viele Sorgfalt auf die Zucht des Esels zu verwenden; denn er ist dort Haustier im vollsten Sinne des Wortes: er findet sich im Palast des Reichsten wie in der Hütte des Ärmsten und ist der unentbehrlichste Diener, welchen der Südländer kennt. Schon in Griechenland und Spanien trifft man sehr schöne Esel, obgleich sie noch weit hinter den im Morgenlande, zumal in Persien, Turkmenien und Ägypten gebräuchlichen zurückstehen. Der griechische und der spanische Esel kommen einem kleinen Maultier an Größe gleich; ihr Haar ist glatt und weich, die Mähne ziemlich, die Schwanzquaste verhältnismäßig sehr lang; die Ohren sind lang, aber fein gebaut, die Augen glänzend. Große Ausdauer, ein leichter, fördernder Gang und ein sanfter Galopp stempeln diese Esel zu unübertrefflichen Reittieren."

Noch weit schöner als diese Esel von ostafrikanischer Abstammung sind die arabischen Esel, zumal diejenigen, welche in Jemen gezogen werden. Es gibt zwei Rassen, eine große, mutige, rasche, zum Reiten höchst geeignete, und eine kleine, schwächere, welche gewöhnlich zum Lasttragen benutzt wird. Der große Esel ist wahrscheinlich durch Kreuzung mit dem Onager und seinen Nachkommen veredelt worden. Ganz ähnliche Rassen finden sich in Persien und Ägypten, wo man viel Geld für einen guten Esel ausgibt. Ein allen Anforderungen entsprechender Reitesel steht höher im Preis als ein mittelmäßiges Pferd, und es ist gar nicht selten, daß man bis 1500 Mark unseres Geldes für ihn bezahlt. „Etwas Nutzbareres und Braveres von einer Kreatur als dieser Esel", sagt Bogumil Goltz, „ist nicht denkbar. Der größte Kerl wirft sich auf ein Exemplar, welches oft nicht größer als ein Kalb von sechs Wochen ist, und setzt es in Galopp. Diese schwach gebauten Tiere gehen einen trefflichen Paß; wo sie aber die Kräfte hernehmen, stundenlang einen ausgewachsenen Menschen selbst bei großer Hitze im Trab und Galopp herumzuschleppen, das scheint mir fast über die Natur hinaus in die Eselsmysterien zu gehen." Man verschneidet den Reiteseln das Haar sehr sorgsam und kurz am ganzen Körper, während man es an den Schenkeln in seiner vollen Länge stehen läßt; dort werden dann noch allerlei Figuren und Schnörkel eingeschnitten, und die Tiere erhalten dadurch ein ganz eigentümliches Aussehen.

Weiter nach dem Innern, wo das nützliche Geschöpf ebenfalls als Haustier gehalten wird, sieht man wenige edle Esel, und auch diese werden erst eingeführt.

Die hier erwähnte hochgeschätzte, edlere Eselrasse, welche größer, von schlankerer Gestalt und feineren Gliedmaßen, mit kürzeren Ohren, isabellfarben bis weiß ist und wegen ihrer Gutartigkeit und Lenksamkeit häufig von vornehmen Damen geritten wird, ist tatsächlich kein Abkömmling des afrikanischen Steppenesels, von dem die gewöhnlichen Eselrassen abstammen, sondern des westasiatischen Steppenesels, des Onager der Alten (*Asinus onager*), der auch in der Bibel mehrfach erwähnt wird. Dieses von Syrien über Arabien, Persien bis Indien verbreitete Tier ist merklich kleiner als der die Steppen Zentralasiens nördlich von Tibet in kleinen, äußerst scheuen Herden bewohnende edelste Wildesel, der Kulan der Kirgisen oder Dschiggetai, d. h. zu deutsch Langohr der Mongolen, der mit dem Schwanz 2,5 *m* lang wird bei einer Höhe am Widerrist von 1,3–1,5 *m*, aber doch größer und feingliedriger als der gemeine Esel. Sein Kopf ist verhältnismäßig noch höher und größer als beim Kulan, die dicken Lippen sind bis an den Rand mit steifen, borstigen Haaren dicht bekleidet, die Ohren ziemlich lang, jedoch kürzer als beim Esel. Die vorherrschende Färbung ist ein silberiges Weiß, das auf der Oberseite des Kopfes, an den Seitenflächen des Halses und des Rumpfes, sowie an den Hüften in ein blasses Isabellgelb übergeht. Am Seitenbug zieht sich ein weißer Streifen von Handbreite herab. Ein zweiter Streifen verläuft längs des ganzen Rückens und an der Hinterseite der Schenkel; in seiner Mitte liegt der kaffeebraun gefärbte

Riemen. Die Behaarung ist seidenartiger und weicher als beim Pferde, im Sommer äußerst glatt und zart, im Winter wolliger.

Der Onager ist äußerst scheu, vorsichtig und schnellfüßig, so daß ihm in offener Steppe gar nicht beizukommen ist. Er lebt in kleinen, aus Stuten und Füllen beiderlei Geschlechts bestehenden Herden, die von einem Haupthengst geführt werden. Er ist außerordentlich genügsam und kommt höchstens jeden zweiten Tag zur Tränke, weshalb der Anstand auf ihn meist vergeblich ist. Salzhaltige Pflanzen, wie sie die Salzsteppe seiner Heimat in Menge hervorbringt, sind seine angenehmste Nahrung. Salziges Wasser liebt er mehr als süßes, jedoch muß es rein sein; denn trübes trinkt er nie.

Schon im frühen Altertum wurde dieses Wildpferd in Vorderasien gefangen und gezähmt, um dem Menschen dienstbar zu sein. So haben ihn schon die Sumerer in Mesopotamien zum Kriegführen verwendet, lange bevor das Pferd aus Innerasien zu ihnen gelangte. Als aber letzteres im Zweistromland Aufnahme gefunden hatte, verdrängte es für diesen Zweck den älteren Esel. So finden wir unter den Kriegsszenen der Assyrer stets nur das Pferd als Zugtier am zweirädrigen Kriegswagen abgebildet, während der als Lasttier hauptsächlich landwirtschaftlichen Zwecken dienende Esel hier fehlt. Dagegen findet sich das Einfangen des Wildesels gelegentlich auf den Jagddarstellungen. Eine solche besitzen wir beispielsweise auf dem Basrelief einer Marmorplatte aus dem etwa 668 v. Chr. gebauten Palast des Asurbanipal in Kujundschik. Hier hat der assyrische Künstler eine Jagdszene wiedergegeben, die an packender Naturtreue den besten Leistungen der antiken Tierdarstellung an die Seite zu stellen ist. Zwei mit bis zu den Knien reichenden befransten Gewändern bekleidete Männer mit hohen Sandalen und wellig gescheiteltem Haupthaar ohne Bart führen zwischen sich an Stricken einen mit dem Lasso gefangenen jungen Onagerhengst, während darunter zwei wilde Onager in eiligstem Lauf, der eine mit den Hinterbeinen wild um sich schlagend, in entgegengesetzter Richtung davoneilen. Der ganze Körperbau, die Bildung des Kopfes und Halses mit der kurzen Mähne, dann vor allem der an der Spitze mit Haarquaste versehene Eselsschwanz weisen mit Bestimmtheit auf den westasiatischen Onager und nicht auf das Wildpferd, wie Konrad Keller darzutun versucht. Solche Wildlinge wurden wohl auch zur Auffrischung der einheimischen Eselzucht verwendet.

Noch weit später sind je und je wilde Onager in Westasien gefangen worden, müssen also damals in der dortigen Steppe noch in namhaften Herden gelebt haben. So wurden sie auch wiederholt zur Kaiserzeit bei den großen Zirkusspielen in Rom vorgeführt und allerlei Raubtiere auf sie gehetzt. So schreibt Julius Capitolinus in seiner Biographie des Gordian, der 238, 80 Jahre alt, mit seinem Sohne zum Kaiser ausgerufen wurde, sich aber 36 Tage nachher, als letzterer vor Karthago geschlagen ward und fiel, tötete, er habe, als er unter Caracalla und Alexander Severus Konsul war, einmal bei den von ihm gegebenen Jagdspielen im Zirkus Maximus in Rom 30 Wildesel — wohl ein seltsames Schauspiel für die sonst so verwöhnten Römer — auftreten lassen. Noch seltener gab es dort das ebenso flüchtige Tigerpferd Afrikas, das Zebra, von den Römern *hippotigris* genannt, zu sehen. So berichtet ein anderer römischer Schriftsteller, daß Kaiser Caracalla im Jahre 211 neben Tiger, Elefant und Nashorn auch einen Hippotigris auftreten ließ und eigenhändig tötete.

Schon frühe, wenn auch bedeutend später als der afrikanische Steppenesel, ist dieser südwestasiatische Steppenesel, jung eingefangen und an des Menschen Gegenwart und Pflege gewöhnt, zum Haustiere desselben geworden. Doch wurde er in seiner Heimat nicht so regelmäßig wie der Hausesel bei den Ägyptern und den mit diesem in der Folge beschenkten Völkern gehalten, so daß sich wohl erst spät eine eigentliche Zucht ausbildete. So berichtet der Vater der griechischen Geschichtsschreibung, Herodot, daß die 580 im Heere des Xerxes, bei seinem Zuge gegen Griechenland, befindlichen Inder Streitwagen führten, die teils mit Pferden, teils mit Wildeseln (*ónos ágrios*, eben dem Onager) bespannt waren. Von eben diesem Onager, der damals noch häufiger als heute angetroffen wurde, berichtet Xenophon vom Jahre 401 v. Chr. von seiner Expedition zugunsten des Cyrus: „Als Cyrus der Jüngere durch Arabien, im Westen des Euphrats, hinzog, kam er durch eine ganz unabsehbare Ebene, woselbst es sehr viele Wildesel gab. Diese liefen viel schneller als Pferde und konnten nur gefangen werden, indem Reiter sich in großen Entfernungen voneinander aufstellten und so im Jagen wechselten. Das Wildpret dieser Tiere glich dem des Hirsches, war aber zarter."

Dieser westasiatische Hausesel ist gemäß seiner Abstammung vom Onager nicht grau, wie der sich vom afrikanischen Steppenesel ableitende Hausesel, sondern weiß oder isabellfarben und viel größer als jener. Ja, sie geben dem Pferd an Größe nicht viel nach. Am meisten werden sie in Südostarabien gezogen und kommen dann als Maskatesel in den Handel. Man trifft sie außer in Arabien besonders viel in Persien und Mesopotamien als Reittiere verwendet, da sie nicht nur stark gebaut, sondern, im Gegensatz zum störrischen Wesen ihres afrikanischen Vetters, lenksam und dabei ausdauernd sind. In Mesopotamien (Bagdad) kommen sie neben dem gewöhnlichen Lastesel häufig auf den Markt und gelten dort 25 türkische Pfund (= 560 Mark). Die besten Zuchten stammen aus Nedje in Zentralarabien. Als schöne und edle Rassetiere werden sie mit Vorliebe von den vornehmen und reichen Orientalen gehalten, die sich solchen Luxus leisten können. Das gemeine Volk aber begnügt sich mit dem weniger edlen Grautier, dem Abkömmling des afrikanischen Steppenesels, der sich allein als Arbeitstier über größere Gebiete der Erde verbreitet hat. Wie seit dem frühesten Altertum spielt letzterer heute noch in Ägypten als Reit- und

Transporttier der Eingeborenen eine wichtige Rolle und gehört überall, besonders in den Städten, zur Staffage des Straßenlebens. Durch ganz Afrika hat er bei den hamo-semitischen Stämmen die größte Verbreitung gefunden, während ihn die Neger ablehnten. Im äußersten Osten, in den Somaliländern, ist er lediglich Lasttier, das den Karawanen folgt. Doch wird er dort nicht gerade zahlreich gehalten, da in den dortigen Steppenländern das Kamel leistungsfähiger ist. Auch in Abessinien wird er in den höheren Lagen ziemlich viel als Lasttier verwendet, aber auch ausgiebig zur Maultierzucht benutzt. Die am weitesten nach Innerafrika vorgeschobenen Hamiten, die Gallas und die Massai, halten zahme Esel in großer Zahl. Es sind kräftige, graue Tiere mit scharfgezeichnetem Schulterkreuz. Vom oberen Niltal hat sich das Tier stark nach den Haussaländern verbreitet, wo es ebenfalls vorzugsweise als Lasttier benutzt wird. Ebenso ist es in Südafrika häufig, da es gegen gewisse hier umgehende Krankheiten, besonders die Tsetse, widerstandsfähiger als das Pferd ist. Die ersten Esel kamen bereits 1689 aus Persien nach dem Kap und wurden in der Folge vorwiegend durch die Buren weiter nördlich bis zum Sambesi verbreitet.

In Arabien, Mesopotamien, Persien und Afghanistan wird neben dem großen, hellen Hausesel von Onagerabstammung sein kleiner, grauer, afrikanischer Verwandter ebenfalls häufig gehalten. Große, auffallend stark gebaute Esel von vorwiegend Onagerblut findet man bei den Turkmenen. In der Mongolei und Mandschurei besteht eine starke Eselzucht, die von ihrem Überschuß vielfach an chinesische Kleinhändler abgibt. Doch ist der Esel in China so unwichtig, daß er nicht einmal nach Japan kam, wo man nur das Pferd verwendet. In Indochina und Indonesien fehlt er ganz. In Ostindien findet man ihn nur selten, z. B. in Cotschin, wo sich Araber aufhalten. Kleinasien dagegen besitzt wie ganz Westasien eine Menge von Eseln, doch überwiegend Grautiere von ziemlich elender Erscheinung, weil sie schlecht gehalten werden. Auch in Griechenland finden wir den Esel häufig, weniger dagegen in den Balkanländern. Bedeutende Eselzuchten weist Süditalien auf. Auf Sizilien und der Insel Pantellaria wird eine stattliche Rasse gehalten, während die Esel Sardiniens sehr klein sind. In Südfrankreich dient der Esel vorzugsweise zur Maultierzucht, die auch in Spanien und Portugal eine sehr wichtige Rolle spielt. Daneben wird aber auch der Esel auf der Iberischen Halbinsel viel verwendet; ja man kann sagen, daß das Grautier neben Ägypten und Westasien hier am häufigsten gezüchtet wird. Von Spanien aus wurde der Esel im 16. Jahrhundert in Amerika eingebürgert, ist aber hier stark vernachlässigt. Seine Hauptbedeutung beruht hier in der Maultierzucht. Der erste Esel, den Garcilasso auf der Hochebene von Peru sah, war dazu bestimmt. In Australien ist seine wirtschaftliche Bedeutung, wie auch in Mitteleuropa, ohne Belang geblieben. Früher wurde er in der Westschweiz häufig gehalten, besonders in den Kantonen Genf und Waadt. Neuerdings ist er wesentlich durch die Bemühungen der Tierschutzvereine in verschiedenen Städten Deutschlands als Zugtier eingebürgert worden. Im Norden besitzt Irland stellenweise, z. B. in Connaught, eine starke Eselzucht. Auch in England, wo er früher nahezu fehlte, wird er jetzt häufig, wenigstens im Süden, als Zugtier von den Kleinhändlern gehalten.

Es ist schon mehrfach von den Kreuzungsprodukten von Esel und Pferd die Rede gewesen, die schon im frühen Altertum in Westasien und den Mittelmeerländern eine wichtige Rolle spielten und heute noch besonders in den romanischen Ländern sehr zahlreich gehalten werden. Dabei unterscheidet man den Maulesel (lat. *hinnus*) als Produkt der Kreuzung von Pferdehengst mit Eselstute und das Maultier (lat. *mulus*) als dasjenige von Eselhengst mit Pferdestute. In beiden Fällen schlägt der Bastard mehr nach der Mutter aus. So gleicht der Maulesel mehr dem Esel, sieht aber wegen des relativ schweren Rumpfes in Verbindung mit schwachen Gliedmaßen unschön aus und ist nie zu größerer Bedeutung gelangt. Man findet ihn heute nur sporadisch, so besonders in Abessinien, Nubien, Marokko, auf den Balearen, in Sizilien und Istrien. Dagegen war er im Altertum in manchen Gegenden nicht gar selten zu finden, so in Assyrien, wo er im Dienste der Haus- und Landwirtschaft als Lasttier wie der Esel gebraucht wurde. Zu sehr großer Bedeutung gelangte dagegen das Maultier, das mehr dem Pferde gleicht, viel leistungsfähiger ist, und mit seinen kleinen, zierlicheren Hufen ein weit besserer Bergsteiger ist als das Pferd und deshalb besonders viel als Saumtier gehalten wird. Von ihm werden weit mehr Männchen als Weibchen geboren. Sie sind in der Regel, aber durchaus nicht in allen Fällen unfruchtbar, wie man gemeinhin glaubt, nur ist ihr Geschlechtstrieb bedeutend herabgesetzt. Dabei sollen sie sehr alt werden, viel älter als beide Eltern. Auch im Charakter ist die mütterliche Abstammung maßgebend. So halten sich nach Dobrizhoffer die Maulesel zu den Eseln, die Maultiere jedoch zu den Pferden. Deshalb führt im romanischen Südamerika jede *tropa* Maultiere ein Pferd, die *madrinha*, mit der Schelle als Leittier. Nebenbei bemerkt kommt natürlich die Benennung Maulesel und Maultier vom lateinischen *mulus*.

Wie kam nun der Mensch dazu, eine solche auf den ersten Blick unnatürliche und sonst bei den Haustieren durchaus nicht gebräuchliche Bastardierung zwischen Esel und Pferd vorzunehmen? Darauf läßt sich keine bestimmte Antwort geben. Eduard Hahn hat sie bereits mit dem Eindringen des Pferdes selbst aus Hochasien nach Westen in Verbindung bringen zu dürfen geglaubt. Als das erste Reitervolk aus Innerasien nach den Kulturländern im Süden und Westen vorstieß, werden die Bewohner vor solch ungewohntem Anblick in denselben Schrecken geraten sein wie die alten Griechen, die aus solcher Reminiszenz ihre Sage von den Kentauren schufen, die halb Mensch halb Tier (Pferd) sein sollten. Vielleicht, ja wahrscheinlich, daß dieses Volk statt der wilden, ungestümen Hengste nur die sanfteren Stuten ritt, wie dies die Araber aus altgeheiligter Sitte heute noch tun. Zur Begründung dieser Gewohnheit sagen sie, wenn sie einmal einen nächtlichen Überfall machten und es wäre ein Hengst dabei, so könnte er, wenn er die Anwesenheit der Stuten im Lager röche, wiehern und dadurch die Feinde alarmieren. Dies soll unter allen Umständen vermieden werden! Ritt nun der ungläubige Araber nur Stuten, so ritt schon aus nationalem Gegensatz der gläubige Spanier nur Hengste. Wo Spanier in Südamerika leben, gilt es heute noch für eine Schande, die kaum ein Neger auf sich lädt, eine Stute zu besteigen.

Wie vielleicht jenes alte Reitervolk, das aus Innerasien hervorbrach, ritten nach dem Zeugnisse des Römers Trebellius Pollio die Skythen nur Stuten, indem man vermutlich die überschüssigen Hengste, die nicht zur Zucht gebraucht wurden, als Opfertiere schlachtete.

Fingen nun die betreffenden Westasiaten, die von diesem Reitervolke heimgesucht wurden, die ihrer Reiter entledigten Stuten, so konnte es nicht ausbleiben, daß diese mit dem hier bereits als Haustier gehaltenen Esel zusammengesperrt wurden, wobei sich Gelegenheit zur Bastardierung von selbst ergab. So etwa ist der Ursprung der in Westasien sehr alten Maultierzucht zu erklären.

Als man dann später die Vorteile dieser Bastardierung inne geworden war, pflegte man sie neben der Pferdezucht auszuüben. Nur manche Völker, wie beispielsweise die Juden, lehnten sie als ungehörig ab. So verbot das Gesetz den Juden, wie jede Bastardierung überhaupt, so auch diese. Bei den alten Persern waren die Maultiere ebenso gebräuchliche als beliebte Arbeitstiere wie bei den ältesten Griechen. Wir haben bereits gesehen, welche Verbreitung die Maultiere bereits in homerischer Zeit hatten und wie die Esel damals nur als Beschäler der Pferdestuten, also als Zuchttiere für die Maultiergewinnung benutzt wurden. Nicht anders scheint es bei den Mykenäern und dem ganzen illyrischen Kulturkreis zur Mitte des zweiten vorgeschichtlichen Jahrtausends gewesen zu sein, indem hier nach den Abbildungen das Maultier neben dem Pferd zum Ziehen der zweiräderigen Wagen und daneben auch zum Reiten ohne Schabracke und Sattel oder Bügel benutzt wurde. Im Heere der Perser spielten die Maultiere wie die Esel zur Beförderung der Bagage eine wichtige Rolle. So meldet uns der griechische Geschichtschreiber Herodot: „Als der Perserkönig Darius (im Jahre 513 v. Chr.) über die Donau gegangen war, um gegen die Skythen Krieg zu führen, zeigte sichs bald, daß die feindliche Reiterei der seinigen weit überlegen war. Indessen fand sichs, daß die Perser an den Eseln und Maultieren, welche in ihrem Lager waren, mächtige Bundesgenossen hatten; denn die skythischen Pferde nahmen vor ihnen Reißaus, weil sie dergleichen nie gesehen hatten, und fürchteten sich nicht bloß vor ihrem Anblick, sondern auch vor ihrer Stimme.

Als endlich Darius doch in Not geriet, blieb ihm nichts übrig, als sich zurückzuziehen, und dabei brauchte er folgende List: wie es Nacht war, ließ er die Esel im Lager anbinden und Feuer anmachen. Darauf zog er heimlich mit dem Heer von dannen, während die Skythen sicher glaubten, er wäre noch da; denn sie hörten die Esel laut schreien. Diese Tiere schrieen aber deswegen, weil ihre Herren weggegangen waren."

Tafel 31.

Für die Maultierzucht verwendeter, sehr schwerer italienischer Eselhengst.
Größe 1,54 *m* Stockmaß, dreijährig.
(Aus Karl Hagenbecks Tierpark in Stellingen.)

Großes Arbeitsmaultier, von Karl Hagenbeck aus Nordamerika importiert.
Größe 1,80 *m* Stockmaß.

Tafel 32.

Zebroid von Karl Hagenbecks Tierpark in Stellingen.
Vater Zebrahengst, Mutter Pferdestute.

Grevy-Zebras in Karl Hagenbecks Tierpark in Stellingen.

Tafel 33.

Zebrastute mit Zebroidenfohlen (Vater Pferd) in Deutsch-Ostafrika.
(Nach einer Photographie der deutschen Kolonialschule in Witzenhausen.)

Ein Paar eingefahrener verschiedenartiger Zebras mit der Familie Hagenbeck im Tierpark in Stellingen.

Tafel 34.

Weidende Zebraherde in der ostafrikanischen Massaisteppe am Fuße des Kilimandscharo.
(Nach unretuschierter Naturaufnahme von Karl G. Schillings aus seinem Buche „Mit Blitzlicht und Büchse".)

Wie bei den alten Griechen, so hat auch bei den Römern das Maultier als nützliches Arbeitswesen weite Verbreitung gefunden. Hat doch seine fast aufgehobene Geschlechtlichkeit im Verein mit seinem leistungsfähigen Körper, der die Stärke des Pferdes mit der Zähigkeit, Ausdauer und Genügsamkeit des Esels verbindet, es bis auf den heutigen Tag überall in den von der altrömischen Kultur befruchteten romanischen Ländern zu besonderer Wertschätzung geführt. Schon der ältere Plinius sagt in seiner Naturgeschichte: „Das Maultier ist zur Arbeit ganz ausgezeichnet gut, der Maulesel dagegen ist unlenksam und unbändig faul. In der Regel bekommen Maultiere und Maulesel keine Jungen; doch geschieht es allerdings mitunter und dann hat man es immer für ein Zeichen bevorstehenden Unglücks gehalten." Dieser Aberglaube ist von den Römern auf die Romanen übergegangen. So berichtet Bollaert, daß eine der besten Silberminen bei Iquique ihren Ertrag einstellte, als ein weißes Maultier ein Junges warf. In ganz Südamerika hat man einen solchen Schrecken vor diesen Maultiergeburten, daß schon in verschiedenen Fällen Mutter und Kind gleich auf einen Scheiterhaufen gebracht und verbrannt worden sein sollen. Wie Älian berichtet, benutzten die Römer, besonders zum Ziehen von Reisewagen, Stuten oder Maultiere. Diese waren dann bei den Vornehmen vielfach kostbar beschlagen und mit bunten Bändern geschmückt. So berichtet Plinius von Kaiser Neros Gemahlin Poppaea, sie habe die Hufe ihrer Maultiere mit Gold beschlagen lassen. Und Sueton schreibt: „Wenn Kaiser Nero eine Reise machte, so hatte er immer wenigstens tausend Staatskarossen bei sich; die Hufe der vorgespannten Maultiere waren mit Silber beschlagen, die Kutscher waren in kanusinische Wolle gekleidet." Varro rühmt den Mut dieser Tiere, indem er sagt: „Die Maultiere sind von Natur mutig, und mir ist ein Beispiel bekannt, wo sich ein Wolf an eine Herde von Maultieren schlich, diese ihn aber umringten und mit den Hufen totschlugen."

Heute noch wird in den Gebirgsländern Südeuropas, besonders in Italien und Spanien, dann in Österreich und der Schweiz — hier besonders im Kanton Wallis —, das Maultier zum Befördern von Lasten als Saumtier, oder an den zweiräderigen Wagen angespannt, dem Pferde vorgezogen. Seine Genügsamkeit, seine große Ausdauer und die selbst auf dem schwierigsten Terrain sichere Gangart — alles Erbstücke vom Esel — in Verbindung mit der durch die vom Pferd ererbte Körpergröße ermöglichten größeren Leistungsfähigkeit beim Lastentragen machen es den Gebirgsbewohnern geradezu unentbehrlich. Deshalb wird es auch zum Befördern der Gebirgsartillerie dem Pferde vorgezogen. Auf eine hohe Stufe ist die Maultierzucht in Südfrankreich gelangt, wo Poitou und Deux Sèvres einen starken Export betreiben. Außer in den romanischen Ländern trifft man diese Zucht nur noch in Irland häufiger. Auf asiatischem Boden hat Persien ausgezeichnete Maultiere; auch Nordchina ist in dieser Richtung hervorragend. In Nordafrika züchten Algerien und Ägypten diesen Bastard in größerer Zahl, am berühmtesten ist aber das gebirgige Abessinien durch seine Maultierzucht. Sie wird dort dadurch erleichtert, daß einmal der dortige Pferdeschlag nicht sehr groß ist und die Abneigung des Pferdes gegen den niedern Verwandten dadurch verringert wird, daß Pferd und Esel von Jugend auf zusammen aufgezogen werden. In der Neuen Welt hat die Maultierzucht namentlich im spanischen Südamerika außerordentliche Verbreitung gefunden. So wurden früher nicht weniger als 80000 Stück jährlich von Argentinien nach Peru exportiert. Auch in Mexiko und den Südstaaten der Union hat die Maultierzucht zunehmende Bedeutung erlangt.

Wie der Wildesel würde auch das Zebra (*Equus zebra*) ein geeignetes Objekt für die Domestikation von seiten des Menschen sein. Durch die unablässigen Verfolgungen von Seiten des Menschen ist seine Verbreitung eine sehr beschränkte geworden. Früher war es ein gemeines Tier der afrikanischen Steppe, das in Herden bis zu 100 Stück lebte, die einzelnen Arten streng voneinander gesondert, aber sich gern unter Antilopen und Strauße mengend. Da ihr Gesicht, wie bei allen Pferden, weniger gut ausgebildet ist, während ihr Geruch vorzüglich ist, kam ihnen die Symbiose mit den gut sehenden, außerordentlich wachsamen Straußen sehr zugute. Letztere ihrerseits fraßen gern die im Zebradung lebenden großen Mistkäfer. Eine ähnliche Lebensgemeinschaft zu gegenseitiger Förderung besteht in Südamerika zwischen Hirschen und Nandus, im Kaukasus zwischen Steinböcken und Berghühnern.

Die Zebras sind wie die Wildesel typische Steppentiere, die sich aber im Gegensatz zu jenen nie allzuweit vom Wasser entfernen, da es ihnen bei der sehr harten, vielfach salzhaltigen Nahrung ein Bedürfnis ist, täglich zu trinken. Wie alle diese Tiere benutzen sie gewöhnlich die Nacht, um oft über weite Strecken zum Wasser zu gelangen, an dem sie ihren Durst zu stillen vermögen. Früher galt das Zebra für zu wild, um gezähmt werden zu können. Doch ist diese vorgefaßte Meinung durch den praktischen Erfolg widerlegt worden. So gibt es nicht nur in Deutsch-Ostafrika, sondern selbst in London als Zugtiere dressierte Zebras, die ihren Dienst vortrefflich tun. In letzterer Stadt fährt Baron W. von Rothschild im dichtesten Straßengewühl mit vier Zebras so glatt und flott wie mit dem besten Viererzug aus Pferden. Da das Zebra unter der Tsetsekrankheit nicht leidet, ist es dazu berufen, in weiten Gebieten Afrikas als Zugtier das Pferd zu ersetzen, das dort nicht gehalten werden kann, da es regelmäßig daran erliegt. Zum Reiten ist es allerdings zu schwach. Von allen Zebraarten hätte nur das Grevyzebra (*Equus grevyi*) die erforderliche Größe und Kraft, um ein brauchbares Reittier abzugeben. Da sich die Zebras sehr leicht mit Pferd und Esel kreuzen lassen, scheint eine solche Kreuzung von großer Bedeutung, da die daraus resultierenden Bastarde, die man als Zebroide bezeichnet, sehr leistungsfähig sind und gegenüber dem Maultier unverkennbare Vorzüge aufweisen, so daß sie diesem vielleicht in Bälde den Rang streitig machen werden. Verschiedene Gestüte haben sehr günstige Erfahrungen mit diesen Tieren gemacht, die durch ihre mehr pferdeähnliche Erscheinung in Verbindung mit der Zebrazeichnung recht stattliche Luxustiere sind. Außer Schnelligkeit und Ausdauer wird ihnen große Gelehrigkeit nachgerühmt. An Muskelstärke übertreffen diese Zebroide die Maultiere und lassen die Störrigkeit der letzteren ganz vermissen; außerdem sind sie weniger scheu. Jedenfalls haben diese Tiere eine bedeutende Zukunft, da sie eine besonders gute Rassenmischung darzustellen scheinen.

VII. Das Pferd.

Erst längere Zeit nach dem ostafrikanischen Wildesel ist irgendwo in Zentralasien das flüchtige Wildpferd (*Equus caballus*) vom Menschen gezähmt und zunächst als ausschließliches Werkzeug des Krieges benützt worden. Einst hat es nicht nur in Asien, sondern überall auch in Europa Wildpferde gegeben. Wie der nordamerikanische Bison die ausgedehnten Prärien und der europäische Wisent den Wald bewohnte, so war offenbar auch das europäische Wildpferd in frühgeschichtlicher Zeit mehr ein Waldtier, während es von Rußland an ein ausgesprochenes Steppentier wie einst in der Diluvialzeit geblieben war. In verschiedenen Epochen der Eiszeit hat neben dem Wildbüffel das Wildpferd das wichtigste Nahrungstier des Menschen gebildet, dessen Knochen sich an manchen einstigen Lagerplätzen des Diluvialmenschen zu mächtigen Abfallhaufen auftürmten. So findet sich an der Fundstelle von Solutré bei Mâcon nördlich von Lyon im Rhonetal eine gegen 4000 *qm* bedeckende Schicht von 0,5–2,3 *m* Mächtigkeit, bestehend fast ausschließlich aus Knochen des diluvialen Wildpferdes, das damals in zahlreichen Herden das Rhonetal bewohnt haben muß und trotz seiner Flüchtigkeit dem primitiven Jäger zahlreich zur Beute fiel. Die Gesamtzahl der auf jenem einzigen Platze einst vom Eiszeitmenschen verspeisten Wildpferde schätzt Toussaint auf wenigstens 40000, andere auf etwa 100000, meist vier- bis siebenjährige, also im besten Fleischzustand erbeutete Tiere. Dieses heute in Europa ausgestorbene diluviale Wildpferd, von dem sich auch mehrfach treffliche Zeichnungen von der Hand des Eiszeitjägers der jüngsten Phase der älteren Steinzeit an den Höhlenwänden, auf Steinplatten und auf allerlei Knochenstücken erhielten, besaß einen größeren Kopf, stärkere Zähne und kräftigere Kiefer als das heute lebende Pferd, war aber, wie man an einem aus Bruchstücken zusammengesetzten Skelett im Naturhistorischen Museum in Lyon sehen kann, ziemlich groß und schlank gebaut. Auch die Fundstelle von La Micoque im Vézèretal unweit von Laugerie haute birgt eine gewaltige Menge von Knochen dieses Tieres, dessen Röhrenknochen stets aufgeschlagen wurden, um das Markfett, nach dem jene Leute sehr lüstern waren, noch lebenswarm auszusaugen.

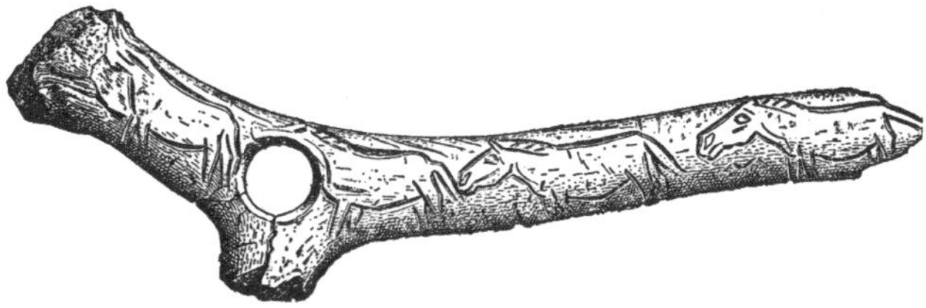

Bild 24. Darstellung von Wildpferden auf einem Zierstab der Magdalénienjäger Südfrankreichs aus Renntierhorn.

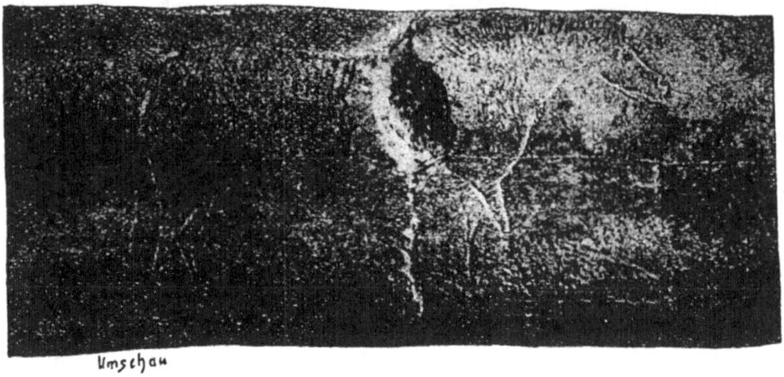

Bild 25. Darstellung eines Wildpferdes — meist als Steppenesel aufgefaßt — mit übertrieben langem Körper und allzu kleinem Kopf aus dem Keßlerloch bei Thaingen. (Nach Photogramm von *Dr.* Nüesch.)

In späterer Zeit ist das Wildpferd infolge der fortgesetzten Verfolgungen zunächst in Süd- und Mitteleuropa immer seltener geworden, wenn auch noch der Römer Varro aus der ersten Hälfte des letzten vorchristlichen Jahrhunderts schreibt: „In mehreren Gegenden des westlichen Spanien gibt es wilde Pferde." Im Speisezettel der Neolithiker hat es keine nennenswerte Rolle mehr gespielt, wenn es auch noch hier und da erlegt wurde. Nur in Nordeuropa gab es noch lange Zeit in entlegenen Waldgebieten, wo sie vor Ausrottung von seiten des Menschen geschützt waren, solche. Dies war auch in Schweden der Fall, wo Sjörgren im November 1900 bei Ingelstad einen Pferdeschädel aus der jüngeren Steinzeit fand, in dem noch, wie auf den Abbildungen 28 und 29 zu sehen ist, die abgebrochene Klinge eines Steinmessers steckte. Das Alter des Pferdes dürfte auf zwei Jahre anzuschlagen sein, und, da man ein so junges Tier, wäre es gezähmt gewesen, gewiß nicht als Opfer vermutlich an den Kriegsgott geschlachtet hätte, so läßt dies auf eine Wildform schließen. Von Schriftstellern des Altertums schreibt der ältere Plinius, wohl auf verbürgte Nachrichten gestützt: „Im Norden findet man Herden von wilden Pferden." Auch Strabon berichtet, daß in den Alpen, wie wilde Stiere, so auch wilde Pferde lebten. Vermutlich stammten die 30 wilden Pferde, die nach Julius Capitolinus der Kaiser Gordianus für die Jagdspiele im *Circus maximus* nach Rom schaffen ließ, von dort oder aus Spanien. Später meldet Venantius Fortunatus, daß in den Ardennen oder Vogesen neben dem Bären, Hirsch und Eber auch wilde Pferde gejagt wurden. Der langobardische Geschichtschreiber Paulus Diaconus im 9. Jahrhundert v. Chr. sagt, daß es den Bewohnern Italiens ein Wunder gewesen sei, als sie unter dem Könige Agilulf dorthin gebrachte „Waldpferde" und Wisente sahen. Am längsten gab es diese Tiere weiter nördlich in Deutschland, das noch von ausgedehnten Waldungen bedeckt war, in denen diese Tiere eine Zuflucht fanden. So aßen nach Hieronymus die deutschen Volksstämme der Quaden und Vandalen, wie auch die weiter östlich wohnenden Sarmaten das Fleisch wilder Pferde, das ihnen dann die christlichen Priester bei der Einführung des Christentums strengstens untersagten. Der Apostel der Deutschen, der heilige Winfried oder Bonifacius, der den 5. Juni 755 bei Dokkum in Friesland den Märtyrertod starb, scheint dies in manchen Fällen noch gestattet zu haben; da aber solche Mahlzeiten stets mit heidnischen Opfern an den Gott Wodan verbunden waren, so verbot der Papst in Rom bald solche Abgötterei. Schon Papst Gregor III. schrieb um 732 an Bonifacius: „Du hast einigen erlaubt, das Fleisch von wilden Pferden zu essen, den meisten auch das von zahmen. Von nun an, heiligster Bruder, gestatte dies auf keine Weise mehr.“

Bild 26. Darstellung eines Wildpferdes aus diluvialer Zeit in der Höhle von La Mouthe in der Dordogne. (Nach Emile Rivière.)

In den Benediktionen oder Segenssprüchen zu den beim gemeinsamen Mahle aufgetragenen Speisen des Mönches Ekkehard IV., *magister scholarum* ums Jahr 1000, ist auch von wilden Pferden die Rede, die gelegentlich im waldigen Gürtel um die Einöde des Klosters St. Gallen erlegt wurden und deren ausdrücklich als „süß“ bezeichnetes Fleisch dann auf die Klostertafel gelangte. Vielleicht ist der „grimme Schelch“ des Nibelungenliedes, den Siegfried im Wasgenwald erlegte, ein Wildpferdhengst (mit beschälen zusammenhängend) gewesen. In der Weingartner Liederhandschrift spricht Winsbeke in Strophe 46 die Erfahrung aus: „Ein Füllen in einer wilden Herde Pferde wird, eingefangen, eher zahm, als daß ein ungeratener Mensch in seinem Innern Scham empfinden lerne.“ Im Sachsenspiegel bestimmt eine Glosse, daß bei der Zuweisung der fahrenden Habe einer Frau wilde Pferde, die man nicht immer in Hut behalte, nicht zu rechnen seien. In einer westfälischen Urkunde vom Jahre 1316 wird einem gewissen Hermann die Fischerei im ganzen Walde und die wilden Pferde samt der Jagd in jenem

Wildforst zugeteilt. 1316 kamen im Münsterschen wilde Pferde vor, die dem zustanden, der den Wildbann inne hatte. Noch ums Jahr 1593 lebten im entlegenen Gebirgsteile der Vogesen wilde Pferde, wie der Elsässer Helisäus Rößlin schreibt. „Diese Wildpferde sind in ihrer Art viel wilder und scheuer, dann in vielen Landen die Hirsch, auch viel schwerer und mühsamlicher zu fangen, ebensowohl in Garnen als die Hirsch, so sie aber zahm gemachet, das doch mit viel Müh und Arbeit geschehen muß, sind es die allerbesten Pferde, spanischen und türkischen Pferden gleich, in vielen Stücken ihnen aber fürgehen und härter seind, dieweil sie sonderlich der Kälte gewohnet und rauhes Futter, im Gang aber und in den Füßen fest, sicher und gewiß seind, weil der Berg und Felsen, gleich wie die Gemsen, gewohnet." Diese Wildpferde der Vogesen müssen noch bis ins 17. Jahrhundert gelebt haben; denn wir erfahren, daß 1616 drei Wildpferdschützen von der Stadt Kaiserslautern angestellt wurden, um die Felder der Bürgerschaft vor Schaden durch jene zu bewahren.

Noch viel länger als hier hielt sich das Wildpferd in den ausgedehnten Waldgebieten von Norddeutschland, Polen und Rußland. So kamen nach Erasmus Stella noch im Anfang des 16. Jahrhunderts wilde Pferde in Preußen vor. Das Land der Pommern wird zur Zeit des Bischofs Otto von Bamberg in der ersten Hälfte des 12. Jahrhunderts als reich an Wild aller Art, auch Wildpferden und Wisenten, angegeben. Im Jahre 1132 brachte der Herzog Sobieslaus von Böhmen von einem Feldzuge nach Schlesien eine Anzahl wilder Pferde heim. Nach Töppen jagte man zur Zeit der Deutschordensritter wilde Pferde wie anderes Wild vornehmlich um ihrer Häute willen. Noch Herzog Albrecht erließ um 1543 ein Mandat an den Hauptmann zu Lyck, in welchem er ihm befahl, für die Erhaltung der „wilden Rosse" zu sorgen. Auch für Polen und Litauen gehen die Hinweisungen auf das Pferd als Jagdtier bis tief ins 17. Jahrhundert hinauf. Für Rußland haben wir einen Bericht von Wladimir Monomach, dem von 1053–1125 lebenden Fürsten von Tschernigow, der in seiner für die Söhne verfaßten Lebensbeschreibung von sich selbst erzählt: „Aber in Tschernigow tat ich dies: ich fing und fesselte eigenhändig 10–20 wilde Pferde lebendig, und als ich längs des Flusses Roßj ritt, fing ich mit den Händen ebensolche wilde Pferde."

Diese herrenlosen wilden Pferde sind nicht mit den noch lange in Europa gehaltenen „wilden Gestüten" zu verwechseln, die ihre Besitzer hatten und nicht abgeschossen werden durften. Diese halbwilden Pferde lebten das ganze Jahr über im Freien, ohne daß sie sich einer irgend nennenswerten Fürsorge zu erfreuen gehabt hätten. Das letzte dieser wilden Gestüte bestand in Deutschland im Duisburger Walde und wurde erst von Napoleon I. aufgelöst.

Wenn nun auch Europa keine wilden Pferde mehr besitzt, so leben doch in den weiten Steppen Südrußlands verwilderte Pferde, die alle Eigenschaften wilder Tiere aufweisen und von Tataren und Kosaken auch als solche angesehen werden. Es sind dies die Tarpane, kleine Pferde mit dünnen, aber kräftigen Beinen, ziemlich langem und dünnem Halse, verhältnismäßig dickem Kopfe, spitzigen, nach vorwärts geneigten Ohren und kleinen, lebhaften Augen. Ihre Behaarung ist im Sommer kurz, gelbbraun, im Winter lang, heller bis fast weiß, wobei sich am Kinn eine Art Bart bildet. Die kurze, dichte, gekräuselte Mähne und der mittellange Schwanz sehen dunkler aus als der Körper. Schecken kommen niemals, Rappen nur sehr selten vor. Sie bewohnen in größeren Herden die ungeheure Steppe und wandern von Ort zu Ort, indem sie außerordentlich aufmerksam mit weit geöffneten Nüstern und gespitzten Ohren sichern und so beizeiten jeder Gefahr zu entgehen wissen. Die Herde zerfällt in kleinere Gesellschaften von Stuten und Fohlen, die von einem Hengste beherrscht und geführt werden. Er sorgt für deren Sicherheit und treibt sie bei der geringsten Gefahr zu wilder Flucht an. Gegen hungrig umherschleichende Wölfe geht er mutig wiehernd vor und schlägt sie mit seinen Vorderhufen zu Boden. Der Tarpan ist schwer zu zähmen. Seine Wildheit und Stärke spotten sogar der Künste der pferdekundigen Mongolen. Er schadet den pferdehaltenden Völkern durch Wegführen der freiweidenden Stuten und wird deshalb mit Eifer verfolgt.

Tafel 35.

Assyrische Darstellung einer Jagd auf Onager (nach Keller auf Przewalskis Wildpferd) am Palast des Assurbanipal in Kujundschik, etwa 668 v. Chr. (Nach Keller, Die Abstammung der ältesten Haustiere.)

(Copyright by M. Koch, Berlin.)

Przewalskis Wildpferd.

Tafel 36.

Der Assyrerkönig Assurbanipal (668–626 v. Chr.) in einem von drei Pferden gezogenen Streitwagen auf der Löwenjagd. (Nach einer Photographie von Mansell & Cie. in London.)

Dieselben Charaktereigenschaften zeigen auch die anderswo, namentlich in Argentinien verwilderten Pferde, die als Cimarrones in großen Herden die Pampas bewohnen. Nach Azara sollen sie von fünf bis acht bei der Aufgabe der 1535 gegründeten Stadt Buenos Aires zurückgebliebenen und sich selbst überlassenen Hauspferden stammen. Als im Jahre 1580 derselbe Platz wieder besiedelt wurde, fand man bereits eine Menge verwilderter Pferde vor, die aus diesen zurückgelassenen hervorgegangen waren. Dies ist der Ursprung der unzählbaren Pferdescharen, die sich in der Folge am Rio de la Plata (dem Silberstrom) herrenlos umhertrieben und von denen jeder nach Belieben einfangen und für sich gebrauchen konnte. Die Indianer der Pampas machen Jagd auf sie, um ihr Fleisch zu essen. Sie fangen auch manche, um sie zu zähmen und als Reittiere zu gebrauchen, wie sie es den Weißen absahen. Die Spanier jedoch machen kaum mehr Gebrauch von ihnen. Höchst selten fängt man einen Wildling, um ihn zu zähmen. Die in Paraguay vorkommenden Pferde sind zwar nicht herrenlos, leben aber beinahe so frei wie diese, indem sie ebenfalls das ganze Jahr unter freiem Himmel zubringen. Alle acht Tage treibt man sie zusammen, damit sie sich nicht versprengen, untersucht ihre Wunden, bestreicht sie mit Lehm und schneidet ihnen alle drei Jahre die Mähne und den Schwanz ab, um das Roßhaar zu verkaufen. An Veredelung derselben denkt niemand.

Rengger schreibt über sie: „Gewöhnlich leben die Pferde truppweise in einem bestimmten Gebiet, an welches sie von Jugend auf gewöhnt worden sind. Jedem Hengste gibt man 12–18 Stuten, welche er zusammenhält und gegen fremde Hengste verteidigt. Die Füllen leben mit ihren Müttern bis ins dritte oder vierte Jahr. Diese zeigen für jene, solange sie noch saugen, große Anhänglichkeit und verteidigen sie zuweilen sogar gegen den Jaguar. Wenn die Pferde etwas über zwei oder drei Jahre alt sind, wählt man unter den jungen Hengsten einen aus, teilt ihm junge Stuten zu und gewöhnt ihn mit denselben in einem besonderen Gebiete zu weiden. Alle Pferde, die zu einem Trupp gehören, mischen sich nie unter andere und halten so fest zusammen, daß es schwer hält, ein weidendes Tier von den übrigen zu trennen. Werden sie miteinander vermengt, z. B. beim Zusammentreiben aller Pferde einer Meierei, so finden sie sich nachher gleich wieder auf. Die Tiere zeigen übrigens nicht allein für ihre Gefährten, sondern auch für ihre Weiden große Anhänglichkeit. Ich habe welche gesehen, die aus einer Entfernung von 80 Stunden auf die altgewohnten Plätze zurückgekehrt waren. Um so sonderbarer ist die Erscheinung, daß zuweilen die Pferde ganzer Gegenden aufbrechen und entweder einzeln oder haufenweise davonrennen. Dies geschieht hauptsächlich, wenn nach trockener Witterung plötzlich starker Regen fällt, und wahrscheinlich aus Furcht vor dem Hagel, welcher nicht selten das erste Gewitter begleitet.

Die Sinne dieser fast wild lebenden Tiere scheinen schärfer zu sein als die europäischer Pferde. Ihr Gehör ist äußerst fein; bei Nacht verraten sie durch Bewegungen der Ohren, daß sie das leiseste, dem Reiter vollkommen unhörbare Geräusch vernommen haben. Ihr Gesicht ist, wie bei allen Pferden, ziemlich schwach; aber sie erlangen durch ihr Freileben große Übung, die Gegenstände aus bedeutender Entfernung zu unterscheiden.

Vermittelst ihres Geruchsinnes machen sie sich mit ihrer Umgebung bekannt. Sie beriechen alles, was ihnen fremd erscheint. Durch diesen Sinn lernen sie ihren Reiter, das Reitzeug, den Schuppen, in dem sie gesattelt werden, usw. kennen, durch ihn wissen sie in sumpfigen Gegenden die bodenlosen Stellen auszumitteln, durch ihn finden sie in dunkler Nacht oder bei dichtem Nebel den Weg nach ihrem Wohnorte oder nach ihrer Weide. Gute Pferde beriechen ihren Reiter im Augenblicke, wenn er aufsteigt, und ich habe solche gesehen, welche denselben gar nicht aufsteigen ließen oder sich seiner Leitung widersetzten, wenn er nicht einen Poncho oder Mantel mit sich führte, wie ihn die Landleute, welche die Pferde bändigen und zureiten, immer tragen. Auf größere Entfernung hin wittern sie freilich nicht. Ich habe selten ein Pferd gesehen, welches einen Jaguar auf 50 Schritte gewittert hätte. Sie machen daher in den bewohnten Gegenden von Paraguay die häufigste Beute dieses Raubtieres aus."

Das Leben der verwilderten Pferde in den weiter nach Norden hin gelegenen Llanos hat Alexander von Humboldt aus eigener Anschauung meisterhaft geschildert. Diese Herden werden viel von den Indianern nicht nur des Fleisches und der Häute wegen verfolgt, sondern auch um sie zu fangen und als Reittiere zu verwenden. Dabei quälen sie die mit dem Lasso eingefangenen jungen Tiere so lange, bis sie durch Hunger und Durst klein beigeben und den Menschen aufsitzen lassen. Überall ist bei den Rothäuten der Pferdediebstahl ein für ehrenvoll angesehener Beruf, dem sie sich mit Eifer hingeben.

Bau und Eigenart des Pferdes weisen auf die weite Steppe als die ursprüngliche Heimat dieses Schnelläufers hin. Und zwar hat nicht sowohl das Fluchtvermögen vor etwaigen Feinden, als die Notwendigkeit, in Trockenzeiten weite Strecken von einem nicht ausgetrockneten Tümpel zum andern zurücklegen zu müssen, wie bei den Wildeseln auch beim Wildpferd aus der ursprünglich vorhandenen Fünfzehigkeit die Stelzenfüßigkeit eines einzigen, des mittleren Zehens bewirkt. Diese Einhufer sind die Endglieder einer einseitigen Entwicklung zur Erlangung möglichst großer Schnelligkeit. So ist auch das einzige heute noch lebende Wildpferd im eigentlichen Sinne des Wortes — und nicht nur ein verwildertes Pferd — das von dem russischen Reisenden Przewalski 1879 in Innerasien entdeckte Przewalskische Pferd. Während seines Aufenthaltes im Militärposten von Saisan erhielt er das Fell und den Schädel eines wilden Pferdes, das die Kirgisen in der Sandwüste Kanabo erlegt hatten. Das Exemplar gelangte in den Besitz des Museums der Kaiserlichen Akademie der Wissenschaften in St. Petersburg und wurde von Poljakow unter dem Namen *Equus przewalski* als neue Art beschrieben. Alles deutet mit Sicherheit darauf hin, daß wir es hier mit einer echten Wildform und nicht wie beim Tarpan mit einem verwilderten Hauspferd zu tun haben. Dieses Wildpferd haben seither auch andere europäische Reisende in der Dsungarei, d. h. den Wüsten zwischen Altai und Tianschangebirge, beobachtet und teilweise in lebenden jungen Exemplaren nach Europa gebracht. So vermochte Büchner 1899 zehn Fohlen, die von säugenden zahmen Mongolenstuten genährt wurden, mit ihren Pflegemüttern nach Südrußland zu bringen, wo sie im großen Wildpark von Falz-Fein in Askania nova akklimatisiert wurden. Später hat dann der unternehmende Tierhändler Karl Hagenbeck in Stellingen bei Hamburg ebenfalls durch eine eigene, sehr kostspielige Expedition über ein Dutzend Wildpferdfohlen aus der Dsungarei zu holen vermocht, um damit in Deutschland vielversprechende Zuchtversuche zu machen.

Das Przewalskische Pferd — von den Kirgisen Kertag, von den Mongolen Taki genannt — lebt in Herden von 5–15 Stück unter Anführung eines alten Hengstes. Seine Statur ist klein, fast ponyartig; es ist mit einem zottigen Haarpelz von hellgraubrauner Farbe bedeckt, das an den Beinen vom Knie an bis zu den Hufen dunkler wird. Die Ohren sind kurz, die dunkle Mähne ist im Gegensatz zu demjenigen des domestizierten Pferdes aufgerichtet, ferner fehlt ein Stirnschopf und die Schweifwurzel ist kürzer behaart. Übrigens besteht die kurze Mähne aus zweierlei Haar, einem äußeren paarigen Streifen von graubrauner Farbe an jeder Seite und einem mittleren schwarzen, der sich als sogenannter Aalstreifen über den Rücken fortsetzt. Ebenso ist der Schweif zweifarbig. Der kürzer behaarte Teil, die Schweifwurzel, ist graubraun wie der Körper, der übrige Teil des Schweifes aber schwarz gefärbt. Eine solche Färbungsverschiedenheit von Mähne und Schweif findet sich als Rückschlag in einen früheren Zustand nur ganz selten bei Hauspferden.

Dieses Wildpferd hat offenbar schon der durch Sibirien reisende Deutsch-Russe Pallas gekannt. Er beschrieb es unter dem Namen *Equus equiferus*. Der Russe Tscherski, der neuerdings eine genaue Untersuchung des von Przewalski aufgebrachten Originalschädels vornahm, betonte, daß man es hier mit einem den echten Pferden zugehörenden Tier zu tun hat. Der Hirnteil erreicht eine Breite, die über dem Mittel der Vertreter orientalischer Pferde steht, die Stirnknochen erscheinen flach und die Nasenbeine verschmälern sich langsam nach vorn, also nicht plötzlich wie beim Esel. Der Schädel steht seinem ganzen Bau nach demjenigen des russischen Pferdes am nächsten. Seither hat auch Tichomiroff durch erneuerte Untersuchungen festgestellt, daß dieses zweifellos wilde und nicht nur verwilderte Pferd, das früher wohl weit über Innerasien verbreitet war, tatsächlich dem Hauspferd sehr nahesteht. Wir haben in ihm die Stammquelle der zuerst domestizierten asiatischen Pferde zu erblicken.

Zweifellos ist irgendwo in Zentralasien, vermutlich von einem turanischen Volke, ein dem Przewalskischen nahestehendes Wildpferd, jung eingefangen und gezähmt, zum Gehilfen des Menschen erhoben und an seine Gegenwart gewöhnt worden. Von den weiten Ebenen Turans kam es zu Ende des vierten vorchristlichen Jahrtausends nach dem Berglande Iran und von da nach Mesopotamien, wo es kennzeichnenderweise den Namen „Esel des Ostens“ oder „Esel des Berglandes“ erhielt. Da dort der Onager als Wildling heimisch und zudem der Esel als Haustier bekannt war, benannte man diesen Verwandten einfach nach ihm mit einem unterscheidenden Beinamen. Wie in Babylonien war es um 2000 v. Chr. auch in Indien bekannt. Auch in China ist seine Einfuhr eine sehr alte; wenigstens verwendete man es nach den Angaben des Schuking schon etwa 2000 Jahre vor Beginn der christlichen Zeitrechnung.

Als vornehmstes Werkzeug des Krieges wurde es im Zweistromland bei den kriegerischen Assyriern, nach der Fülle der auf uns gekommenen Pferdedarstellungen zu schließen, in großer Menge gezogen. Meist begegnet uns auf den altassyrischen Monumenten ein langschweifiges Pferd, daneben eine andere Rasse mit kurzem Schweif und nackter Rübe. Außer zum Reiten diente es vornehmlich zum Ziehen des zweiräderigen Kriegswagens, auf welchem fechtend die Schwerbewaffneten in den Kampf zogen. Außer dem mächtigen König von Assur benutzten auch seine Generale und Unterführer den von einem Wagenlenker geleiteten Kriegswagen bei ihren Feldzügen. Offenbar war der zweiräderige Wagen bei den Assyriern viel populärer als das Reiten auf dem Pferde, ohne Bügel, nur auf einer Decke sitzend.

Im alten Reiche Ägyptens war das Pferd völlig unbekannt; als Last- und Arbeitstier wurde damals ausschließlich der Esel gehalten. Nicht anders war es noch im Mittleren Reich (2160–1788 v. Chr.). Erst im 17. Jahrhundert, um 1680 v. Chr., scheinen die Hyksos — oder Schasu(beduinen), wie sie von den Ägyptern genannt werden — das Pferd aus Westasien, wo es überall Eingang gefunden hatte, nach dem bis dahin ziemlich abgeschlossenen Niltal gebracht zu haben. Hier bürgerte es sich rasch ein und erscheint dann von der 18. Dynastie an (1580–1350 v. Chr.) unter den Tutmosis und Amenophis, dann namentlich in der 19. Dynastie (1350–1205 v. Chr.) unter den Ramses und Sethos als hochgeschätztes Haustier, dem von den Großen sorgfältige Pflege angediehen lassen wurde. Mit dem asiatischen Kriegswagen wurde das Tier, nach asiatischer Weise daran angespannt, zum Ziehen desselben verwendet. Die ägyptische Bezeichnung *sus* für Pferd ist ein semitisches Wort und die ägyptische Benennung des Streitwagens ist ebensosehr semitisch und dem Hebräischen fast vollständig gleich. Nach den spärlichen Stellen im Alten Testament, da vom Pferde und von dem von ihm gezogenen Kriegswagen die Rede ist, sind dies Attribute der kriegerischen Nachbarn und Feinde des Volkes Israel, an denen es keinen Teil hat. Als Haus- und Herdentier der altjüdischen Patriarchen erscheint es durchaus nicht und nimmt auch an den Wanderungen und Kämpfen der Juden keinen Anteil. Bei ihnen wie bei den

Ismaeliten oder Arabern ist es zuerst der Esel und später das Kamel, auf dem sie reiten. In Übereinstimmung damit berichtet Herodot von den im Heere des Xerxes weilenden Arabern: „Die Araber waren alle auf Kamelen beritten, die den Pferden an Schnelligkeit nicht nachgaben." Auch nach Strabor gab es im Glücklichen Arabien keine Pferde, noch Maultiere; denn er schreibt: „An Haus- und Herdetieren ist dort Überfluß, wenn man Pferde, Maultiere und Schweine ausnimmt." Ähnlich sagt er vom Lande der Nabatäer: „Pferde sind in dem Lande keine; deren Stelle in der Dienstleistung vertreten die Kamele." Dabei war dieser Autor, der Freund und Genosse des Älius Gallus, des Feldherrn, der die große mißlungene Expedition nach Arabien gemacht hatte, über diese Halbinsel so genau wie nur sonst jemand in damaliger Zeit unterrichtet. Noch in der Schlacht bei Magnesia, in der er 190 v. Chr. zum zweitenmal den Römern erlag, führte Antiochus der Große, wie einst Xerxes, auf Dromedaren berittene Araber ins Gefecht.

Anders war es in Ägypten zur Zeit des Neuen Reiches (1580 bis 1205 v. Chr.). Hier diente das Pferd nur ganz ausnahmsweise zum Reiten, ganz gewöhnlich aber, schön aufgezäumt und mit einem wallenden Busche von Straußenfedern geziert, zum Ziehen des leichten Kriegswagens, auf dem der Pharao mit seinen Offizieren in die Schlacht zog. Da kämpfte man in den in Westasien geführten Schlachten Wagen gegen Wagen, Mann gegen Mann. Offenbar wurde auf die Pflege der Pferde große Sorgfalt verwendet und viel Gewicht auf gute Rasse gelegt. Der Kutscher war eine wichtige Person im vornehmen Hause, und selbst Prinzen leiteten am Hofe das Gespann, das zwei Pferde zählte. Die Leibpferde erhielten schöne Namen. So wird uns auf den Darstellungen der Feldzüge der verschiedenen Pharaonen an den Tempelwänden jeweilen genau angegeben, wie die Pferde hießen, die in dieser oder jener Schlacht das reich ausgestattete Gespann des Königs zogen. Auf diese Weise wissen wir vom Tempel in Theben, daß das Lieblingsgespann Ramses II. (1292–1225 v. Chr.) „Sieg zu Theben" und „Zufriedene Nura" hieß. Es waren dies die beiden Pferde, die eben jenen König im Jahre 1280 aus der großen Gefahr retteten, als er mit geringer Begleitung dem Gros seines Heeres vorauseilend bei der Stadt Kadesch am Orontes in einen Hinterhalt der Chetiter unter ihrem König Mutallu gefallen war und jede Hoffnung, heil aus der mißlichen Lage zu entrinnen, vergebens schien. Zum Dank ließ dann der König, wie uns im Schlachtenbericht des Pentaur erzählt wird, diesem seinem Gespann künftighin ganz ausnahmsweise sorgsame Behandlung zuteil werden. Das Kriegsgespann Ramses III. (1198 bis 1167 v. Chr.) trug die Namen: „Ammon siegt mit Macht" und „Geliebt von Ammon". Nach den bildlichen Darstellungen sind es außerordentlich edle, feurige Tiere von feinem Gliederbau und ziemlicher Größe mit langer, flatternder Mähne und prächtigem Schweif, der vielfach in der Mitte geknotet wurde, damit er nicht am Boden schleife. Als bevorzugte Nahrung erhielten sie statt Hafer, wie bei uns, Gerste, die bis auf den heutigen Tag in den Mittelmeerländern ihre alte Bedeutung als Pferdekraftmittel behielt.

Bild 27. König Sethos I. von Ägypten (regierte von 1313–1292 v. Chr.) auf dem Kriegswagen gegen die Cheta in Vorderasien kämpfend dargestellt. (Nach Wilkinson.)

Während die Ägypter neben den auf Kriegswagen kämpfenden Elitetruppen keine auf Pferden berittene Mannschaft besaßen, ist es interessant zu sehen, daß auf den zahlreichen Schlachtenbildern des 16. und 15. Jahrhunderts v. Chr., als Ägypten seine Macht weit nach Westasien ausdehnte, die Chetiter zwar auch vorzugsweise auf Kriegswagen kämpften, daneben aber auch, im Gegensatz zu den Ägyptern, teilweise auf Pferden ritten. So scheint in der Schlacht von Kadesch, in der Ramses II. das ägyptische Heer befehligte, ein berittener Chetiter mit einem Bogen bewaffnet und ein anderer, ebenfalls zu Pferd, eine Infanterieabteilung anzuführen. An einer Wand des großen Reichstempels von Karnak in Theben sehen wir mitten unter den Kanaanitern, die gegen die Stadt Askalon (im Text Askalunu genannt) flüchten, noch einen auf einem Pferde sitzend dargestellt. Auch die Assyrier (Rotennu) machen auf diesen Darstellungen neben dem Kriegswagen vielfach vom Pferde auch zum Reiten Gebrauch. In zwei Darstellungen aus der Zeit der 18. Dynastie, unter Tutmes III. (1480–1447 v. Chr.) und Tutankhamen, sehen wir Assyrier dem Pharao als Tribut wertvolle Rassepferde überbringen. Auch die Einwohner des Libanon (Lemenu genannt) kennen neben den Kriegswagen Reiter.

Damals besaß aber kein anderes Volk Afrikas außer den Ägyptern das Pferd. Auf allen kriegerischen Darstellungen kämpfen sowohl die Neger Äthiopiens, als auch die blonden Libyer (Lebu) stets zu Fuß und besitzen außer Rindern und Schafen, die man durch die siegreichen Ägypter fortgeführt werden sieht, keine Pferde. Das war allerdings um die Mitte des letzten Jahrtausends v. Chr. anders; denn Herodot berichtet uns, daß die Libyer von den Ufern des Tritonsees gewöhnlich auf von vier Pferden gezogenen Kriegswagen kämpften. Es wäre merkwürdig gewesen, wenn nicht mit der Zeit auch die Nachbarvölker dieses edle Tier und das zu ihm gehörende Gerät, den leichten, zweiräderigen Streitwagen, von den Ägyptern übernommen hätten. Erfahren wir doch, daß das libysche Volk der Maschuasch schon zur Zeit Ramses III. (1198–1167 v. Chr.) neben dem Esel auch schon das Pferd als Haustier besaß, da dieser König nach einer ihm beigebrachten Niederlage laut einer auf uns gekommenen Inschrift 183 Pferde und Esel von ihm erbeutete.

In der zweiten Hälfte des vorletzten vorchristlichen Jahrtausends hatte die Pferdezucht in Ägypten größere Ausdehnung erlangt, so daß die westasiatischen Kulturvölker ihr edelstes Pferdematerial von dort importierten. Zur Zeit des Königs Salomo, der von 993–953 v. Chr. regierte, bezog der König von Israel viele Pferde seines prunkvollen Hofhaltes und seiner Armee aus Ägypten und machte nebenbei noch ein gutes Geschäft damit, indem er dieses vielbegehrte Material an die Könige der Aramäer und Chetiter weiterverkaufte.

Damals waren in Ägypten die Gestüte königliches Eigentum, dem die Könige große Aufmerksamkeit schenkten. In Dschebel Barkal (dem alten Nepata) fand Mariette eine merkwürdige Stele, auf der erzählt wird, wie ums Jahr 745 v. Chr. der äthiopische König Pianki Meriamen das damals von zahlreichen, aufeinander eifersüchtigen kleinen Fürsten beherrschte Ägypten eroberte. Aus der Schilderung erfahren wir unter anderem, daß die Aufzucht des Pferdes für den Export damals eine der wichtigsten Einnahmequellen des Landes war. Jeder der zahlreichen Teilkönige besaß einen Marstall und ein Gestüt, dessen beste Pferde er dem damals siegreich vordringenden Könige der Äthiopier anzubieten sich beeilte. Letzterer nahm diese Geschenke stets wohlwollend in Empfang. Seine erste Sorge, wenn er wiederum ein neues Teilreich erobert hatte, war, in höchst eigener Person die königlichen Marställe und Gestüte zu besichtigen. In einer Stadt, Hermopolis in Mittelägypten, fand er diese Etablissemente vernachlässigt und die Pferde schlecht gehalten. Da geriet er in großen Zorn und rief aus: Bei meinem Leben, bei der Liebe des Gottes Re, der den Atem meiner Nase erneuert, es gibt in meinen Augen keinen größeren Fehler, als meine Pferde hungern zu lassen!

Bei solcher Wertschätzung der ägyptischen Pferdezucht kann es uns nicht wundern, daß 80 Jahre später, im Jahre 665, als der assyrische König

Asurbanipal die ägyptische Residenzstadt Theben einnahm und plündern ließ, er vor allem in dem uns noch erhaltenen Beuteverzeichnis in Keilinschrift, das das Britische Museum besitzt, „große Pferde" erwähnt. Diese Bezeichnung verdient besonders gewürdigt zu werden, denn sie schließt sich an die dieselbe Tatsache bezeugenden Darstellungen an den Tempelwänden zur Zeit der jüngeren Dynastien Ägyptens an, woraus hervorgeht, daß sich mit der Zeit in Ägypten eine besondere Pferderasse gebildet hatte, die größer und stärker war als die in Syrien und Babylonien gezüchtete. Es ist zweifellos diejenige Rasse, die sich unverändert in Dongolah, im Innern, erhielt und den mit Wattepanzern aus Baumwolle für Pferde und Mensch umgebenen Reitern als hochgeschätztes Kriegsmittel dient.

Durch die Handelsbeziehungen mit Ägypten und Vorderasien hat auch das alte Kulturvolk der Mykenäer auf Kreta und den Ländern am Ägäischen Meer schon vor der Mitte des vorletzten Jahrtausends v. Chr. das Pferd und den von ihm gezogenen zweiräderigen Kriegswagen kennen gelernt und übernommen. So treffen wir schon in den ältesten Partien der Ilias, die teilweise noch Erinnerungen an jene älteste Kulturblüte Griechenlands wach erhält, das Pferd und den Kriegswagen als geschätzte Artikel erwähnt. Sie erwähnt auch in erster Linie der Held Achilleus, wenn er von der ägyptischen Hauptstadt spricht:

„Theben, die hunderttorige Stadt, es fahren aus jedem

Tor zweihundert Männer heraus mit Rossen und Wagen." —

Unter diesen Wagen sind natürlich ausschließlich Kriegswagen gemeint. Auf einer frühmykenischen Grabstele aus Agamemnons einstiger Residenz, dem „goldreichen Mykene", sehen wir in ungeschickter, roher Darstellung einen Mann auf einem von zwei Pferden bespannten leichten Streitwagen dahinfahren. Und überall in der Ilias ist bei den Kämpfen zwischen den Griechen und Troern vor Ilions Veste vom feurigen Renner und dem von ihm gezogenen Streitwagen die Rede, auf dem die Helden in die „männermordende Feldschlacht" zogen, nachdem sie sich „zum Kampfe gegürtet", d. h. das bis zu den Knien reichende Hemd mit ganz kurzen Ärmeln, den Chiton, damit er nicht die Bewegungen hindere, hinaufgenommen und mit einem Ledergürtel in dieser Stellung fixiert hatten. Dann hatten sie die ledernen Beinschienen angezogen, die zum Schutze der Schienbeine vor dem Anschlagen des gewaltigen, den ganzen Mann bis zum Kinn vor den feindlichen Geschossen deckenden Lederschildes dagegen dienten. Dieser ursprünglich von einer ganzen, bis 50 *kg* wiegenden Rindshaut, später aus mehreren solchen hergestellte Schild war in der Mitte zum besseren Schutze eingezogen und daran waren zwei Querspreizen befestigt, an denen man ihn halten konnte. Für gewöhnlich geschah dies aber nicht, wie es mit dem erst später aufgekommenen kleinen Rundschild geschah, sondern der Schild wurde an einem Tragriemen getragen, der auf der nackten rechten Schulter auflag. Auf der Brust und auf dem Rücken kreuzte sich der letztere mit dem Riemen, der auf der linken Schulter auflag und an welchem auf der rechten Seite das Schwert getragen wurde. Beim Gehen trug man den Riesenschild auf dem Rücken, im Kampfe dagegen vor sich; beim Rückzuge nahm man ihn wieder auf den Rücken. Welches Gewicht diese Riesenschilde gelegentlich gehabt haben müssen, kann man sich vorstellen, wenn man in der Ilias vom siebenhäutigen Schilde des starken Priamossohnes Hektor liest.

Bei solcher schweren Bürde waren die Helden gezwungen, in einem zweiräderigen Streitwagen, in welchem sie den gewaltigen Schild vor sich hinstellen konnten, in die Schlacht zu fahren. Dort angekommen, kämpften sie stets zu Fuß, Mann gegen Mann, und nicht vom Wagen herab wie die Vorderasiaten und Ägypter. In der Ilias sind nur fünf, und zwar alles nachweisbar späte Stellen, in welchen auch von den Griechen von dem mit zwei flinken Pferden bespannten Wagen herab gekämpft wird. Auch zum Fliehen bediente man sich wiederum des Wagens, indem der außer Schußweite auf den Ausgang des Einzelkampfes wartende Wagenlenker bei Bedrängnis seines Herrn rasch herbeieilte, um ihn aufzunehmen und in Sicherheit zu bringen. Bei Homer haben nur die Bogenschützen keine Schilde und fahren deshalb nie. Ja, ein Held, der zwölf Wagen und die dazu gehörenden prächtigen Doppelgespanne sein Eigen nannte, ließ diese seine Habe vorsichtigerweise zu Hause und kämpfte zu Fuß als Bogenschütze.

Der Panzer ist dem homerischen Epos durchaus fremd und war bei dem vorhin beschriebenen gewaltigen Schilde durchaus unnötig, ganz abgesehen davon, daß er den Mann, der am schweren Schilde genug zu schleppen hatte, noch unnötig beschwert hätte. Selbst der Kriegsgott Ares trug nach der Schilderung in der Ilias keinen Panzer. Die einzige Bewaffnung der Helden wie auch ihres Anführers ist außer dem Helm von Leder, vielfach mit Eberzähnen überstickt, wie solche in einem Volksgrabe von Mykenä gefunden wurden, und dem vorgenannten großen Schild der mäßig lange Wurfspeer und das kurze Schwert an der rechten Seite. Wer unbeschildet war, trug Pfeil und Bogen. Wer aber als „Schwerbewaffneter" in den Kampf zog, ließ sich, wenn er es irgendwie vermochte, auf dem Streitwagen dahin führen. So begreifen wir die Notwendigkeit der homerischen Helden, einen Streitwagen zu führen, und fühlen mit dem Dichter, der das edle Pferd als Liebling und Begleiter der Krieger in prächtigen Schilderungen verherrlicht, wie etwa in der folgenden:

„Gleich wie das Roß, das lang im Stall sich genährt an der Krippe,

Seine Fessel zerreißt und stampfenden Hufs durch die Ebne
Rennt, sich zu baden gewohnt in dem schön hinwallenden Strome,

Strotzend von Kraft; hoch trägt es das Haupt und umher an den Schultern
Flattern die Mähnen empor. Im Gefühl der eigenen Schönheit
Tragen die Schenkel es leicht zur gewohnten Weide der Stuten, —
So schritt Priamos Sohn von Pergamons Veste hernieder,
Paris im leuchtenden Waffenglanz, der Sonne vergleichbar,
Freudig und stolz, rasch trugen die Schenkel ihn —"

In der klassischen Zeit Griechenlands waren die großen, schweren Schilde, wie auch die Streitwagen zum Transporte der „schwerbewaffneten" Helden außer Gebrauch gekommen; dafür führte man am linken Arm getragene kleine Rundschilde und einen Panzer, wenn man zu Fuß ging, keinen Panzer dagegen, wenn man zu Pferde kämpfte. In letzterem Falle ritt man ohne Sattel und Bügel auf dem Pferderücken, dem man höchstens etwa eine Decke auflegte. Jeder von uns kennt ja die Art des Reitens der Griechen und später auch der Römer an den mancherlei auf uns gekommenen antiken Darstellungen von Reitern, in erster Linie von der herrlichen Darstellung reitender junger Athener am Panathenäenzuge auf dem berühmten Friese des Parthenon und an den mancherlei Grabdenkmälern in Germanien verstorbener römischer Soldaten. Schon der griechische Feldherr und Staatsmann Xenophon schrieb zu Beginn des 4. Jahrhunderts v. Chr. ein Werk über die Reitkunst. Darin ist von den Regeln die Rede, nach welchen man die Güte eines Pferdes beurteilen, es dressieren und reiten soll, fernerhin ist angegeben, wie Roß und Mann angetan sein und wie Speer und Schwert gebraucht werden sollen.

Das berühmteste aller Pferde von Griechen, die nebenbei bemerkt ausnahmslos von edler asiatischer Zucht waren, war das Leibroß Alexanders des Großen (356–323 v. Chr.), Bukephalos, d. h. Stierkopf, mit Namen. Nach den Angaben in der Naturgeschichte des älteren Plinius soll Alexanders Vater Philippos es ihm, als er noch ganz jung war, aus der Herde des Pharsaliers Philonikos um den Preis von 13 Talenten, d. h. 45000 Mark, gekauft haben, weil es ihm so wohl gefiel. „Obgleich dieses Pferd für gewöhnlich jeden Reiter aufnahm, so litt es doch, wenn es mit dem königlichen Schmucke geziert war, keinen als Alexander. Vorzügliche Dienste leistete es in Schlachten: bei der Belagerung von Theben (im Jahre 335) ließ es, obgleich schwer verwundet, den König doch nicht auf ein anderes steigen." Später gab es noch andere Beweise seiner Klugheit und

Anhänglichkeit, begleitete seinen Herrn bis nach Indien und als es einige Zeit nach der Schlacht gegen König Porus „entweder an seinen Wunden oder an Altersschwäche starb,“ wie sich der Geschichtschreiber Plutarch ausdrückt, „betrauerte Alexander dasselbe wie einen Freund und baute ihm zu Ehren am Hydaspes die Stadt Bukephaleia. — Er soll auch einem seiner Hunde, welcher Peritas hieß, zu Ehren eine Stadt gebaut haben.“

Nach demselben Plinius soll wie Alexanders, so auch Julius Cäsars Pferd keinen andern Reiter auf sich gelitten haben. Dieses Pferd soll Menschenfüßen ähnliche Vorderfüße besessen haben, „was auch an seiner vor dem Venustempel aufgestellten Bildsäule ausgedrückt ist“. Er meint damit wohl die unschönen langen Hufe, die lange im Stall stehende Pferde bekommen. Daß nun der stolze Diktator Cäsar einen solchen minderwertigen Gaul gehabt haben soll, ist kaum anzunehmen, noch weniger, daß er sich mit einem solchen Klepper auf einer Bildsäule verewigt habe.

Noch vieles sonst weiß dieser Autor von Pferden zu sagen, von dem wir Einiges hier mitteilen möchten. Er schreibt: „Als vorzüglich werden die skythischen Pferde gerühmt. Als ein Anführer der Skythen in einem Zweikampfe getötet worden war, wurde sein Feind, da er ihm die Waffen abnehmen wollte, von dessen Pferd durch Biß und Hufschlag niedergemacht. Die Gelehrigkeit der Pferde ist so groß, daß alle Pferde der sybaritischen Reiterei nach dem Takte der Musik zu tanzen gewöhnt waren. — Die Pferde haben ein Vorgefühl von bevorstehenden Schlachten, trauern über ihren verlorenen Herrn und vergießen zuweilen Tränen der Sehnsucht. Als König Nikomedes getötet worden war, hungerte sich sein Pferd zu Tode. Phylarchus erzählt, daß, als der Galater Centaretus das Pferd des in der Schlacht gefallenen Antiochus siegestrunken bestiegen hatte, das edle Tier sich unwillig in die Zügel gelegt und in einen Abgrund gestürzt habe, so daß beide zerschmetterten. Philistus schreibt, das Pferd des Dionysius sei von diesem im Schlamme steckend verlassen worden, habe sich wieder herausgearbeitet, sei den Spuren seines Herrn nachgezogen, unterwegs habe sich ein Bienenschwarm an seine Mähne gehängt. Durch diese gute Vorbedeutung ermutigt, habe sich Dionysius dann der Herrschaft bemächtigt.

Die unbeschreibliche Klugheit der Pferde lernen diejenigen schätzen, welche reitend den Speer werfen, denn sie unterstützen des Reiters Anstrengung durch die Stellung ihres Körpers. Die auf der Erde liegenden Speere heben sie auf und reichen sie dem Reiter. (Plinius, ein tüchtiger Reitergeneral, schrieb ein besonderes Buch „über die Kunst des Kavalleristen, den Speer zu werfen“.) — Die in der Rennbahn zum Wettlauf Angeschirrten zeigen deutlich, daß sie die Mahnungen verstehen und den Ruhm zu schätzen wissen. Bei den Säkularspielen des Kaisers Claudius wurde beim Wettlauf ein

Wagenlenker namens Corax (Rabe) vom Wagen geschleudert; aber seine Pferde kamen allen zuvor, versperrten den einen den Weg, warfen andere um, kurz taten alles, was sie unter der Leitung eines geschickten Wagenlenkers hätten tun können, und standen zur Beschämung der Menschen zuerst am Ziele. — Für eine wichtige Vorbedeutung galt es bei unsern Voreltern, daß Pferde von einem Wagen, von welchem der Fuhrmann herabgestürzt war, als ob er noch daraufstände, aufs Kapitol und dreimal um den Tempel liefen; aber noch wichtiger schien es, als Pferde mit Kränzen und Palmzweigen von Veji aufs Kapitol gerannt kamen. nachdem Ratumenna, der dort im Wettlaufe gesiegt hatte, vom Wagen gestürzt war. Das Tor, durch das sie hereinkamen, heißt seitdem das Ratumennische. Wenn die Sarmaten (ein Nomadenvolk im Norden des Schwarzen Meeres) eine weite Reise unternehmen wollen, so bereiten sie die Pferde tags zuvor durch Fasten darauf vor, geben ihnen auch nur wenig zu saufen und reiten dann ohne auszuruhen 150000 Schritte weit. — Hengste können 50 Jahre alt werden; Stuten aber sterben früher. Hengste wachsen bis ins 6., Stuten bis ins 5. Jahr." Umgekehrt wie Plinius schreibt Aristoteles: „Der Hengst wird 35, die Stute über 40 Jahre; ja, es ist schon einmal ein Pferd 75 Jahre alt geworden."

Welche Bedeutung die Pferde schon bei den Griechen, besonders aber bei den Römern bei den Rennen zu Wagen und unter dem Reiter erlangt hatten, ist aus mancherlei Angaben von Schriftstellern zu ersehen. So berichtet Pausanias (der Bädeker des Altertums, dem wir wertvolle Nachrichten über verschiedene Kultstätten und der darin aufgestellten Weihgeschenke verdanken, er lebte im 2. Jahrhundert n. Chr.): „In der 66. Olympiade gewann Kleosthenes zu Olympia den Preis im Wagenrennen und stellte dann in Olympia den betreffenden Wagen nebst seiner eigenen Bildsäule und der seines Wagenlenkers und seiner Pferde auf. Es sind auch die Namen der Pferde (bei den Wettrennen mit Wagen in der Rennbahn fuhr man stets mit einem Viergespann): Phönix, Korax, Knacias und Samos, angemerkt. Auf dem Wagen steht die Aufschrift: „Kleosthenes aus Epidamnos hat mit Rossen im schönen Wettkampfe des Zeus gesiegt." — Der Korinthier Phidolas hatte nach Olympia einen Wettrenner mit Namen Aura gebracht. Dieser warf gleich beim Beginn des Laufes seinen Reiter ab, lief aber doch ganz regelmäßig weiter und gewann den Preis. Phidolas bekam die Erlaubnis, die Bildsäule seines Pferdes zu Olympia aufzustellen".

Bei den Griechen wurden berühmte Pferde nicht nur im Leben, sondern auch nach dem Tode ausgezeichnet und mit Denkmälern geehrt. So schreibt Herodot: „Der Athener Kimon, Vater des Miltiades, siegte zu Olympia dreimal mit dem Viergespann. Das Grab Kimons steht vor Athen an der Hohlen Straße, ihm gegenüber das Grabmal seiner vier siegreichen Rosse. Nur die Rosse des Lakoniers Euagoras haben es jenen gleichgetan." Aber erst zur römischen Kaiserzeit wurde die Pferdeverehrung auf die Spitze getrieben. So berichtet uns der Geschichtschreiber Dio Cassius: „Kaiser Caligula hatte ein Pferd namens Incitatus (d. h. der Angespornte), das mit ihm speiste, die Gerste aus einer goldenen Schüssel fraß, den Wein aus goldenen Pokalen trank. Bei diesem Pferd pflegte der Kaiser zu schwören; auch wollte er es zum Konsul ernennen, aber der Tod vereitelte dieses Plänchen. — Der Kaiser baute sich auch selbst einen Tempel, bestellte seine Gemahlin, sein Pferd und mehrere reiche Leute zu Priestern und ließ sich täglich Vögel von delikatem Geschmack und teurem Preise opfern. — Kaiser Nero hatte eine merkwürdige Liebhaberei für Wettrennen. Waren ausgezeichnete Renner da, so ließ er sie einen prachtvollen Staatsrock anziehen und ihnen regelmäßigen Gehalt bezahlen. Dadurch kam es bald dahin, daß die Besitzer solcher Pferde und deren Stallknechte so übermütig wurden, daß sie sich sogar gegen Generäle und Konsuln flegelhaft benahmen. Der General Aulus Fabricius wußte sich aber zu helfen und rächte sich damit, daß er Wagen mit Hunden bespannte. — Kaiser Hadrian war ein sehr eifriger Jäger, brach einmal auf der Jagd das Schlüsselbein und ward lahm, ließ aber seinem Jagdpferde namens Borysthenes, als es gestorben war, eine Denksäule mit einer Aufschrift setzen. — Kaiser Commodus hatte einen Wettrenner gern, der Pertinax hieß. Als dieser einmal gesiegt hatte, schrieen die Leute: ‚Pertinax ist Sieger!' Als das Pferd alt wurde, ließ ihm Commodus die Hufe vergolden, eine vergoldete Schabracke auflegen und befahl, es in den Zirkus zu führen. Als es da erschien, schrieen die Leute: ‚Da kommt Pertinax!' Dies waren die Vorbedeutungen, die anzeigten, daß der Ligurier Pertinax nach der Ermordung des Commodus Kaiser werden mußte". Julius Capitolinus berichtet: „Kaiser Verus trug stets das goldene Bild seines Pferdes namens Volucer bei sich. Er fütterte das Tier mit Rosinen, Nuß- und Mandelkernen, er schmückte es mit purpurfarbigen Schabracken und errichtete ihm, als es gestorben war, auf dem Vatikan ein Grabmal" und Älius Lampridius meldet: „Kaiser Heliogabalus fütterte seine Pferde mit Rosinen, die er aus Apamea in Phrygien bezog".

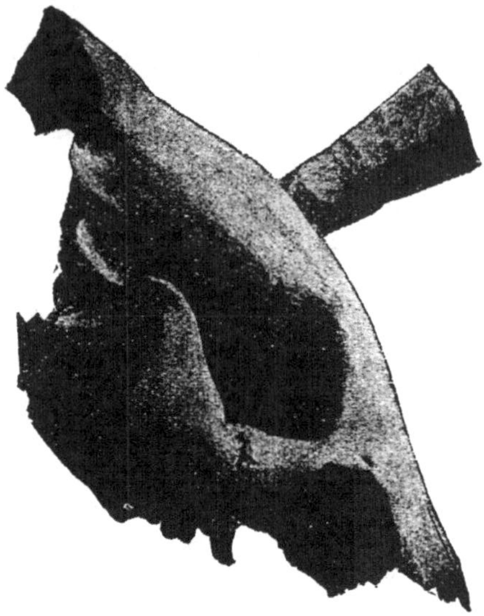

Bild 28. Ein im Jahre 1900 in Schonen, Südschweden, an einem vorgeschichtlichen Opferplatz ausgegrabener Pferdeschädel mit noch in der Stirne steckendem abgebrochenem Steindolch in Seitenansicht. (Nach Gunnar Andersson.)

Nach Älian sollen die Oreïten und Adraster (indische Völker) ihre Pferde mit Fischen gefüttert haben, ebenso die Kelten. Wir sahen bereits bei der Besprechung des Rindes, daß man tatsächlich in grasarmen Gegenden, so z. B. auf der Insel Island, zu einem solchen Hilfsmittel griff und es an manchen Orten heute noch tut. Auch scheinen die indogermanischen Stämme bis in die historische Zeit das Pferdefleisch als besonderen Leckerbissen geliebt zu haben. Bei den alten Germanen galt es als vornehmstes Opfer, ein Pferd zu schlachten und dessen Fleisch beim Göttermahle zu verspeisen. Daß sich die Gottheit besser des Opfers erinnere, wurde der abgefleischte und des Gehirns entleerte Schädel gern am Dachfirst befestigt. Da nun das Pferdefleischessen stets mit heidnischen Opfern verbunden war, wurde dasselbe als minderwertig und unrein erklärt. Als alles dies nichts fruchtete, wurde von Rom aus die Todesstrafe darauf gesetzt. So vermochte man mit vieler Mühe den alten Deutschen die Freude am Pferdefleischgenusse zu verleiden, so daß heute, da die Gründe, die zu dessen Verbot führten, hinfällig geworden sind, die Tierschutzvereine die größte Mühe haben, das damals dem Volke beigebrachte Vorurteil zu beseitigen. Auch die Römer opferten jährlich im Oktober auf dem Marsfelde dem Mars ein Pferd. Dieses hieß beim Volke das Oktoberpferd. Ferner opferten die Massageten, Parther und Skythen ihrer obersten Gottheit Pferde, ebenso die Perser. Strabon berichtet, daß Alexander der Große in

Pasargadä, der alten Residenzstadt der Perserkönige, das Grabmal des Cyrus von Magiern bewacht fand, denen täglich ein Schaf und monatlich ein Pferd zur Nahrung verabreicht wurde. Neben dem Fleisch haben nur die Steppenvölker Südrußlands und Asiens auch die Milch der Pferde genossen, und zwar stellten sie mit Vorliebe daraus ein von den Kirgisen als Kumis bezeichnetes berauschendes Getränk her. Bei den Germanen war dies nicht der Brauch, wohl aber bei den Litauern und Esten, die solche Sitte von den südöstlichen Nachbarn angenommen hatten.

Bild 29. Der in der vorhergehenden Abbildung dargestellte Pferdeschädel mit Steindolch in Rückansicht. Die ganze Form und Bearbeitung des Dolches beweist, daß er der jüngeren schwedischen Steinzeit angehört. Die Art und Weise, wie der Dolch in den Schädel hineingetrieben ist, zeigt, daß dies von geübter Hand und mit großer Kraft zu Lebzeiten des bei irgend welchem Götterfeste geopferten Tieres geschah; denn er ist, ohne den Schädelknochen auch nur im geringsten zu splittern, 4,7 *cm* tief ins Gehirn gedrungen und muß augenblicklich tödlich gewirkt haben.

Bei den Germanen und den mit ihnen verwandten Wenden hatte das Pferd eine besondere sakrale Bedeutung, indem es, besonders in weißgefärbten Exemplaren, als dem Kriegsgott heiliges Tier galt, das man ihm zu Ehren in dessen heiligen Hainen in halber Freiheit hielt, in der Annahme, daß sich der Gott ebensosehr als der Mensch an solchem Besitz erfreuen werde. Überreste von dieser uralten Sitte lassen sich mehrfach in Ortsbezeichnungen nachweisen. So rührt das Mecklenburgische Schwerin vom wendischen Worte Zuarin, das Tiergarten bedeutet, her. Gemeint damit ist aber nicht ein Wildpark für das Jagdvergnügen der Vornehmen, sondern ein heiliger Hain, in welchem das dem slavischen Kriegsgotte Swantewit geheiligte Tier, das Pferd, gezüchtet wurde. Solche Pferdezucht in eingehegten heiligen Bezirken läßt sich auch für Deutschland nachweisen und hielt sich auch nach der Einführung des Christentums für profane Zwecke im Gebrauch. So hat Stuttgart, d. h. Stutengarten, seinen Namen von dem Gestüt, das Kaiser Ottos I. Sohn Liutolf im Jahre 949 in den dortigen Waldungen anlegte.

Die Pferde der Germanen, die von den aus dem Süden und Osten eingeführten orientalischen Pferden abstammten, waren nach den Schilderungen der Römer nur unscheinbare, aber äußerst leistungsfähige und gut dressierte Tiere. So berichtet Julius Cäsar darüber: „Die Pferde der Germanen sind häßlich, jedoch durch die tägliche Übung sehr ausdauernd. In der Schlacht springen die germanischen Reiter oft vom Pferde, kämpfen zu Fuß und ziehen sich, wenn es sein muß, wieder zu ihren Pferden zurück; denn diese sind gewohnt, die bestimmte Stelle nicht zu verlassen. Sie reiten ohne Decke auf dem bloßen Pferde." Vielfach war den Reitern als willkommener Kampfgenosse auch ein Unberittener beigegeben, der sich beim Traben oder Galoppieren an der Pferdemähne hielt, um folgen zu können. Solchermaßen schildert uns Cäsar das Heer des germanischen Fürsten Ariovist, das aus 6000 Reitern und ebensoviel Fußkämpfern bestand. Nach Dio Cassius galten die Bataver, am Unterlaufe des Rheins, als die besten Reiter unter den Germanen, die bewaffnet mit ihren Pferden sogar über den Rhein schwammen, was den Römern einigermaßen imponiert haben muß.

Am berühmtesten von allen Pferden Deutschlands waren im frühen Mittelalter die thüringischen. König Hermanfried schenkte dem Frankenfürsten Theoderich, aus dessen Familie er die Amelberg freite, nach Landessitte mehrere weiße Pferde, wie Hochzeitspferde sein sollen. Diese sollen besonders angenehm zum Reiten gewesen sein, „man schien auf denselben zu ruhen," so sanft gingen sie. Sie wurden natürlich von ihren Herrn mit besonderen Namen benannt, die uns teilweise erhalten sind. So nannte Attila sein Lieblingspferd Löwe, ein anderes Leibpferd Dunkelbraun. Ihr Preis war ein verhältnismäßig hoher, so daß als Zugtier für die Landwirtschaft das Rind vorgezogen wurde. Galt doch in einer Urkunde von 884 ein Pferd 10 Solidi, d. h. so viel als 10 Kühe. Karl der Große verbesserte die Stutereien seiner Güter. Eine solche hieß *stuot* und stand unter einem *mareskalk*, d. h. Pferdeknecht. Dieser gehörte an den fürstlichen und bischöflichen Hofhaltungen zu den vornehmsten Ministerialen oder hörigen Dienstmannen, denen stets ein eigenes Pferd für ihren Dienst zustand. Die Pferde wurden zur Arbeit stets beschlagen, und die Hengste, damit sie ihr feuriges Temperament mäßigen sollten, verschnitten. Im 12. Jahrhundert erhielt das Stift Fulda noch 20 ungelernte Pferde geschenkt. Wenn ein einzelner Mann so viel Pferde wegschenken kann, so läßt dies vermuten, daß er eine ziemlich ausgedehnte Zucht gehabt haben muß. Im Laufe des Mittelalters hat dann die Pferdezucht eine stetige Verbesserung erfahren, bis sie sehr leistungsfähige Tiere lieferte.

Das Hauspferd asiatischer Abstammung erschien nach den Funden in Pfahlbauten schon zu Ende der jüngeren Steinzeit in Mitteleuropa in einzelnen, allerdings noch seltenen Exemplaren, die jedenfalls als wichtige Kriegsgehilfen sehr geschätzt waren. Erst in den Stationen der Bronzezeit erscheint es häufiger, um erst in der Römerzeit in Helvetien größere Verbreitung zu finden, wie wir aus den Überresten beispielsweise der römisch-helvetischen Kolonie Vindonissa ersehen. Es war wie alle orientalischen Pferde, von denen bis jetzt die Rede war, leicht gebaut und besaß zierliche Gliedmaßen mit hohen zylindrischen Hufen und einem feingezeichneten, im Profil mehr oder weniger konkaven Kopf. Das trockene, d. h. wenig fleischige Gesicht trat bei ihm gegenüber dem Hirnschädel zurück. Die Kruppe fiel nach hinten wenig ab und die Schweifwurzel lag in der Verlängerung der Rückenlinie. Nun finden wir zur Römerzeit in Helvetien neben dieser graziösen, auch eine plumpere Rasse mit massigen Formen, einem schwergebauten Kopf und kräftigen Gliedmaßen, mit flachen Hufen und starker Haarbildung darüber. Das fleischige Gesicht ist im Verhältnis zum Hinterteil des Schädels stark in die Länge gezogen. Das Schädelprofil erscheint bei ihm, statt konvex wie beim vorigen, deutlich konkav, d. h. geramst. Die Kruppe fällt steil ab und die Schweifwurzel springt aus der Rückenlinie heraus. Zu diesen anatomischen Merkmalen kommen noch Unterschiede der Bezahnung. So besteht bei diesem plumper gebauten Pferd ein durch die ungewöhnlich starke Entwicklung des Gesichtsteils bedingtes mehr in die Längegezogensein der Backenzähne. Dabei zeigen sie eine kompliziertere Faltung des Schmelzüberzuges als die zierlichere orientalische Rasse.

Während nun das im Schädelbau sich mehr dem Esel nähernde orientalische oder warmblütige Pferd den Ahnherrn aller schnellfüßigen Reit- und Wagenpferde darstellt, ist dieses plumpere, aber kräftigere okzidentale oder kaltblütige Pferd der Stammvater des schweren deutschen Karrengauls, dessen Vorfahren die mit schwerer Rüstung für Mensch und Tier bewehrten mittelalterlichen Ritter trugen, dann des flandrischen, normannischen und luxemburgischen Karrengauls, die sämtlich vorzügliche Arbeitspferde sind. Mit ihrer breiten Brust und dem starken Körper repräsentieren sie den herkulischen Pferdetypus. Dieser ging aus dem einheimischen kräftigeren Wildpferde Europas hervor, das zu zähmen und in den menschlichen Dienst zu stellen sehr nahe lag, nachdem man einmal an dem aus dem Morgenlande hier eingeführten leichteren Hauspferde den Nutzen dieses Tieres erkannt hatte.

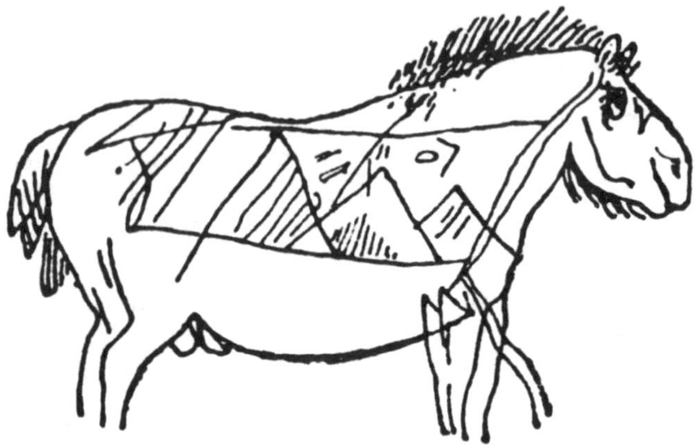

Bild 30. Darstellung eines Wildpferdhengstes des schwereren Schlages aus der Höhle von Combarelles mit allerlei zeltartigen Figuren beschrieben, die fälschlicherweise manche Forscher annehmen ließen, es liege hier ein halbgezähmtes Tier vor, das mit einer Decke versehen sei.
Breite der Originalzeichnung 1 *m*.
(Nach Capitan und Breuil.)

Schon unter den diluvialen Wildpferden Europas lassen sich zwei Arten unterscheiden, nämlich eine kleinere, leichte, die mehr im Süden wohnte, und eine größere, derbere, die mehr im Norden lebte. Letztere wurde besonders von Nehring genauer untersucht. Wie in Europa war es sicher auch in Asien. Dort ist nun allerdings das zierlichere, mehr im Süden lebende warmblütige Pferd zuerst gezähmt und in des Menschen Dienst gestellt worden. Es hat sich dann im Laufe der Jahrhunderte in verschiedene Schläge gespalten. Aber neben ihm gab es nach Norden zu auch eine schwere, kaltblütige Art, die unabhängig vom okzidentalen Pferde Europas gezähmt und in den Haustierstand übergeführt wurde. Dieses schwere Pferd mit allen Kennzeichen der kaltblütigen Rassengruppe, nur mit einigen Abweichungen im Schweifansatz, wie sie für das Przewalskische Pferd typisch sind, ist in Mittelasien schon frühe der Zähmung unterworfen und in den menschlichen Dienst gestellt worden. So tritt es uns in typischer Weise, durch seine Kleinheit sich als durch Zucht noch wenig verändertes Przewalski-Wildpferd zu erkennen gebend, auf einem altpersischen Relief von Persepolis entgegen. Dort dient es, reich geschirrt, zwei bärtigen Fürsten in langer Gewandung und mit teils helm-, teils tiaraartiger Kopfbedeckung zum Reiten. Auch die mit dem Przewalski-Pferd trefflich übereinstimmende Kleinheit dieses Tieres tritt auf diesen Reiterbildnissen wie auf anderen Bildern dieser Zeit, in denen die Tiere wie auf unserer Abbildung an einen Kriegswagen angespannt geführt werden, deutlich hervor. In letzterem Falle werden die Tiere in der Weise geführt, daß der Führer den Arm über den Rücken legt und so mit der Hand den Zügel der von ihm abgewandten Seite hält.

Wenn nun Krämer zeigte, daß nach der Schweiz, speziell Vindonissa, erst die Römer schwere Pferde einführten, so können sie diese ganz gut aus Asien bezogen haben; denn damals gab es nicht nur in Persien, sondern auch in Kleinasien solche schwere, kaltblütige Schläge. So findet sich beispielsweise auf einer Münze der kleinasiatischen Stadt Larissa die charakteristische Darstellung eines kaltblütigen Pferdes. Diese Rasse scheinen die Römer zur Berittenmachung ihrer schwerbewaffneten Reiterei bevorzugt zu haben und führten sie deshalb bei sich ein. Durch Kreuzung mit dieser wurde in der Folge das kleinere leichte Pferd, das über alle Mittelmeerländer verbreitet war, etwas größer und stärker.

Bild 31. Altpersischer Kriegswagen von kleinen Pferden eines schweren Schlages gezogen auf einem Relief in Persepolis. (Nach Sir Porter.)

Sicher war das Hauspferd Europas zur Bronzezeit ein Abkömmling der zierlichen warmblütigen asiatischen Rasse, wurde dann aber auch aus dem massenhaft vorkommenden einheimischen Wildmaterial gezogen; denn anders ist es nicht erklärlich, daß die Gallier schon im Jahre 280 v. Chr. bei ihrem Einfall in Griechenland 60000 Reiter ins Feld stellen konnten. Da dieser Volksstamm schon früher eine tüchtige Reiterei bei sich ausgebildet hatte, kann es uns nicht wundern, daß sie in späterer Zeit eine besondere Schutzgöttin der Pferde, namens Epona, verehrten. Aus der ganzen Hinterlassenschaft der keltischen Volksstämme läßt sich ersehen, daß sie schon lange bevor sie mit der römischen Kultur bekannt wurden, eine ausgebildete Pferdezucht trieben. Ihre Zuchtprodukte wurden dann an die Nachbarn verhandelt. So kam das keltische Pferd auch nach Spanien, das ebenfalls schon vor der Einnahme durch die Römer eine blühende Pferdezucht besaß. Von Spanien aus drang dieses Pferd nach Nordafrika vor; denn Publius Vegetius sagt ausdrücklich, daß die Pferde der römischen Provinz Afrika (dem heutigen Algerien) spanischen Blutes seien.

Was die warmblütigen orientalischen Pferde anbetrifft, so ist heute der edelste Vertreter derselben der Araber, der in reinster Rasse vorzugsweise in der Nedjed genannten unwirtlichen Hochebene Mittelarabiens gezogen wird und mit Recht den höchsten Stolz seines Besitzers ausmacht. Die Araber unterscheiden viele Familien ihrer Pferde, über die sie genaue Stammbäume führen, und jeder Stamm rühmt sich im Besitze einer besonders guten Rasse zu sein. Im ganzen unterscheidet man 21 Blutstämme oder Familien, von denen die 5 vornehmsten unter dem Namen „Khamsa“ zusammengefaßt werden. Sie sollen angeblich von den 5 Stuten Salomos abstammen.

Wie überaus hoch der Araber diese hochedeln Tiere, die ja tatsächlich seinen wichtigsten Besitz ausmachen, schätzt, das beweisen die Lobeserhebungen, die er ihnen spendet: „Sage mir nicht, daß dieses Tier mein Pferd ist; sage, daß es mein Sohn ist! Es läuft schneller als der Sturmwind, schneller noch, als der Blick über die Ebene schweift. Es ist rein wie das Gold. Sein Auge ist klar und so scharf, daß es ein Härchen im Dunkeln sieht. Es erreicht die Gazelle im Laufe. Zu dem Adler sagt es: Ich eile wie du dahin! Wenn es das Jauchzen der Mädchen vernimmt, wiehert es vor Freude, und an dem Pfeifen der Kugeln erhebt sich sein Herz. Aus der Hand der Frauen erbettelt es sich Almosen, den Feind dagegen schlägt es mit den Hufen ins Gesicht. Wenn es laufen kann nach Herzenslust, vergießt es Tränen aus seinen Augen. Ihm gilt es gleich, ob der Himmel rein ist oder der Sturmwind das Licht der Sonne mit Staub verhüllt; denn es ist ein edles Roß, das das Wüten des Sturmes verachtet. In dieser Welt gibt es kein zweites, das ihm gleicht. Schnell wie eine Schwalbe eilt es dahin. So leicht ist es, daß es auf der Brust deiner Geliebten tanzen könnte, ohne sie zu belästigen. Sein Schritt ist so sanft, daß du im vollsten Laufe eine Tasse Kaffee auf seinem Rücken trinken kannst, ohne einen Tropfen zu verschütten. Es versteht alles wie ein Sohn Adams, nur daß ihm die Sprache fehlt.“

Dem durch gute Lungen ausgezeichneten arabischen Pferd kommt seine Genügsamkeit sehr zu statten; denn es wird von seinem Herrn, der selber nicht viel besitzt, recht knapp gehalten. Mit 18 Monaten beginnt seine Erziehung, indem ein Knabe es zu reiten versucht. Im dritten Lebensjahre legt man ihm den Sattel auf und sucht nach und nach alle seine Kräfte und Fähigkeiten zu entwickeln. Erst wenn es das 7. Jahr erreicht hat, sieht man es als erzogen an, und deshalb sagt das arabische Sprichwort: „Sieben Jahre für meinen Bruder, sieben Jahre für mich und sieben Jahre für meinen Feind.“ Dieser Araber ging im Laufe des Mittelalters aus dem schon im Altertum berühmten persischen Pferde hervor und steht in näherer Beziehung zum nordafrikanischen Berberpferde, von dem die Mauren in Spanien einst die besten Zuchten hatten. Sein Blut kreist in allen edeln Reit- und Wagenpferden europäischer Rasse, vor allem auch im englischen Vollblut, über das wir hier einiges Authentische mitteilen möchten.

Zunächst ist festzustellen, daß die bis jetzt herrschende, auf die Zeugnisse der klassischen Schriftsteller gestützte Annahme, daß Arabien im Altertum fast nur Kamele und keine Pferde gezogen habe, nicht ganz richtig ist. Schon sehr früh gab es dort auch Pferde, die von den Siegern annektiert und mitgenommen wurden. So zählt Flavius Josephus unter der arabischen Beute des von 668–626 über Assyrien herrschenden Königs Asurbanipal ausdrücklich auch Pferde auf. Außerdem wird auf himjaritischen Inschriften öfter das Pferd erwähnt, auch sind zwei Bronzestatuetten von solchen bekannt. In den Ruinen von Nâ-it im Gebiete der Haschid sind nach dem Bericht des arabischen Schriftstellers Al-Hamdani mehrfach Darstellungen von Pferden gefunden worden. Doch hat die Aufzucht einer edleren Pferderasse erst im Mittelalter durch die Mohammedaner stattgefunden, die auf ihren Feldzügen großes Gewicht auf eine gute Reiterei legten. Zur Zucht verwandten sie das damals am höchsten gezüchtete, nämlich das persische Pferd, das schon im Altertum durch seine Leistungsfähigkeit berühmt war. Die Griechen erstaunten, als sie im persischen Reiche den auf schnellfüßigen Pferden durch Berittene besorgten, trefflich funktionierenden Meldedienst und das auf gut unterhaltenen Straßen vorzüglich eingerichtete Postwesen kennen lernten. Neben den persischen waren auch die vorderasiatischen Pferde hochgeschätzt. So ließ König Salomo Zuchtpferde aus Kilikien und Kappadokien holen, und König Philipp von Makedonien begann seine Stammzucht, der sein Sohn Alexander die treffliche Reiterei verdankte, angeblich mit 20000 skythischen Stuten.

Auch die Griechen suchten schon früh möglichst rasche und ausdauernde Pferde zu züchten. Dies geschah wie heute auf Grund von Leistungsprüfungen, und zwar in bezug auf Geschwindigkeit und Ausdauer. Dazu dienten in erster Linie die olympischen, pythischen, nemeischen und isthmischen Spiele, bei welchen sowohl Wagenrennen als Rennen unter den Reitern abgehalten wurden. Letztere waren noch wichtiger als die ersteren, und man hatte Jockeis und Herrenreiter, auch Geld- und Ehrenpreise wie heute. Ein Rennen zu gewinnen galt als höchste Ehre und man kann sich deshalb vorstellen, mit welchem Eifer die Zucht rascher Pferde betrieben wurde. Schon damals war das Rennpferd durchaus verschieden vom Pferd der Landeszucht. Es wird mehrfach mit seinen typischen Merkmalen abgebildet, so beispielsweise auch auf einer ums Jahr 450 v. Chr., also um die Zeit der Erbauung des Parthenon, hergestellten griechischen Vase. Auf ihr sehen wir die Pfosten der Rennbahn, den Zielrichter mit der Schärpe, den leichtgewinnenden Sieger, der den noch heute typischen Fehler macht, sich am Ziel umzusehen, während der zweite und dritte ein sog. Finish mit der Peitsche reiten. Die hier dargestellten Rennpferde sind länger im Hals, haben andere Schulter und Kruppe als die gewöhnlichen Reitpferde, die uns auf dem Parthenonfries entgegentreten und waren zweifellos orientalischen Ursprungs.

Tafel 37.

Anschirren eines Rennwagens, darunter ein Tierfries. Von einer jüngeren attischen Vase in Berlin.
(Nach Gerhard, Auserlesene Vasenbilder.)

Tafel 38.

Griechische Jünglinge zu Pferd am Panathenäenfestzug vom Friese des Parthenon.
(Nach einer Photographie von Mansell & Cie. in London.)

Tafel 39.

Ausgewachsenes Shetlandpony neben einer gewöhnlichen Hausziege in Karl Hagenbecks Tierpark in Stellingen.

Tafel 40.

Ungepflegtes Mongolenpferd, wie es in halbwilden Herden im Westen Chinas lebt. Durch Pflege läßt sich daraus ein zwar kleiner, aber sehr ausdauernder Schlag gewinnen. (Nach Photographie von Buchmann in Tayanfu.)

In Deutschland gezogener Araberhengst von Karl Hagenbecks Tierpark in Stellingen.

Von den Griechen übernahmen dann die Römer die Freude an den Wettrennen und die Hochschätzung der Rennpferde. Letztere brachten sie auch in ihre Kolonien. So hielt beispielsweise Kaiser Severus, der von 206–210 in England weilte, mit von Rom dahin importierten Pferden ein Rennen im York ab. Aber auch an zahlreichen andern Orten Englands gab es damals schon Rennen mit hochgezüchteten Pferden, so z. B. in Chester, wo noch ein Teil der antiken Rennbahn erhalten ist. Seitdem blieben die Rennen in jenem Lande ein nationaler Sport; aber von einer Zucht zu Rennzwecken war damals und das ganze Mittelalter hindurch keine Rede. Wenn auch öfter edle Pferde, namentlich zur Zeit der Kreuzzüge, ins Land gebracht wurden, so blieb man dort im Laufe der Jahrhunderte doch nur bei einem mäßig geschwinden Pferd, dem *galloway*. Das Bestreben, dieses kleine und nur mäßig leistungsfähige Pferd zu verbessern, war der Anlaß, daß man im 17. Jahrhundert anfing, in erheblichem Maße orientalische Pferde einzuführen. Von besonderer Wichtigkeit war ein Import von 30–40 orientalischen Stuten, den „*royal mares*", die Karl II. etwa 1670 einführte. Im Laufe des 17. und zu Anfang des 18. Jahrhunderts führte man zudem nicht weniger als 26 orientalische Hengste in England ein, um die Zucht aufzufrischen. Von diesen war Darley Arabian nach dem bedeutendsten deutschen Rennstallbesitzer, Arthur von Weinberg, der wichtigste Stammvater, den etwa 90 Prozent aller heutigen Vollblüter zu ihrem Ahnen haben sollen. Nach ihm kommt an Bedeutung der 1728 importierte Godolphin Arabian, den ein Engländer in Paris vor einem Wasserwagen entdeckte und der im Beginn der englischen Vollblutzucht eine große Rolle spielte. Mit dem Import dieser Hengste beginnt das erste Aufzeichnen der Stammbäume im großen Gestütsbuch. Doch war zunächst noch von keiner systematischen Zucht die Rede. Die einzige Richtschnur war damals, daß für die Stuten der Vater, für die Hengste aber die Mutter in erster Linie maßgebend sei. Man wollte Rennen gewinnen und züchtete unbekümmert um Theorien stets von den besten, d. h. raschesten Pferden. So konzentrierte sich im Gegensatz zu den Ratschlägen der Theoretiker die Zucht auf eine immer geringer werdende Zahl von männlichen Linien, bis schließlich fast nur eine einzige Linie übrigblieb. Wie die heutigen Vollblutpferde auf wenige Hengste, so gehen sie, wie zuerst deutsche Forscher feststellten, zum größten Teil auf fünf Stuten zurück. Sie sind trotz der weitgehenden Inzucht außerordentlich leistungsfähig, haben eine Verlängerung von Oberarm- und Oberschenkelknochen zur möglichst raschen Fortbewegung erhalten und sind sehr frühreif. Während die Vollblutpferde schon mit 18 Monaten geritten werden und zweijährig Rennen laufen, kann man das Halbblutpferd, z. B. die Remonten der Kavallerie, meist erst vierjährig überhaupt anreiten.

Das arabische, wie auch das mit ihm nahe verwandte maurisch-berberische Pferd wurde wie in England, so auch auf dem Kontinent mit leichten und schweren einheimischen Schlägen gekreuzt und dadurch die verschiedensten Gebrauchspferde erhalten, die je nachdem zum Reiten, Fahren oder Ziehen besonders geeignet sind. Näher auf die Abstammungsverhältnisse und die Eigentümlichkeiten der verschiedenen Pferderassen einzugehen, verbietet schon der beschränkte Rahmen dieses Buches. Es sei hier nur bemerkt, daß in Europa die Pferdezucht in den weiten Steppen des Ostens am bedeutendsten ist. So besitzt Rußland zahlreiche starke Gestüte in den Steppen am Don und am rechten Ufer der untern Wolga. Das russische Pferd ist klein, aber äußerst genügsam und ausdauernd. Auch in Ungarn und

Siebenbürgen werden viele und gute Pferde für den Export gezüchtet. In Galizien, in der Bukowina und in der südöstlichen Steiermark findet sich gleicherweise ein leichter Schlag, während die weiter nördlich und östlich davon gelegenen Länder kräftigere Arbeitstiere ziehen, in denen reichlich Blut des schweren okzidentalen Pferdes beigemischt ist. In Hannover, Holstein und Mecklenburg werden viele edle Reitpferde gezogen. Dänemark züchtet die besten in Jütland. Skandinavien, Wales, Schottland, die Shettlandsinseln und Island besitzen ponyartige kleine Schläge, die im Winter einen langen, krausen Haarpelz erhalten. Belgien, die Normandie und gewisse Gegenden Englands züchten mit Vorliebe schwere, kaltblütige Arbeitspferde. In Spanien wird vorzugsweise das aus Nordafrika eingeführte Berberpferd gezogen. Die besten Gestüte besitzt Andalusien. Die europäischen Mittelmeerländer sind wenig reich an Pferden, weil Esel und Maultier dort stark verbreitet sind. Besonders in Griechenland ist die im Altertum blühende Pferdezucht in argen Verfall geraten. Italien besitzt nur lokal ein erhebliches Pferdematerial. Die schönste Rasse findet sich in der römischen Campagna, wo die Wagenpferde der Kardinäle und Patrizier gezüchtet werden. Den größten Pferdereichtum trifft man in Sardinien an. Nach Cetti ist dort das Pferd vielfach verwildert, soll angeblich nicht mehr zu bändigen sein und wird vielfach erlegt, hauptsächlich um das Fell zu gewinnen. Es haust hier namentlich in den ausgedehnten Waldungen im Innern.

Bald nach ihrer Entdeckung erhielt die Neue Welt das Pferd durch die Spanier, und zwar waren es Andalusier, die dort, speziell in Mexiko, eingeführt wurden. Doch sind sie nach und nach entartet und vielfach verwildert. Indessen sind heute die verwilderten Herden bis auf einzelne in Patagonien lebende Trupps auf einen 1865 erlassenen Befehl der Regierung hin vernichtet worden, da sie nicht nur die Weiden beeinträchtigten, sondern vielfach auch die zahmen Pferde entführten. Gegenwärtig nehmen die Vereinigten Staaten von Nordamerika den bedeutendsten Rang in der Pferdezucht ein. Berühmt ist die neuerdings aufgekommene Traberzucht, deren Grundstock das amerikanische Vollblut bildet.

In Australien wurde die Pferdezucht ebenfalls erst von den Europäern eingeführt. Das Material stammt aus England, der Kapkolonie und von den Sundainseln. In Indonesien werden mehr kleine Schläge gezüchtet, ebenso in Oberbirma und Südindien. In Nordwestindien wird viel ein dem Afghanenpferde verwandter Schlag gehalten. In China zieht hauptsächlich die Mandschurei Pferde, auf deren Haltung aber wenig Sorgfalt verwendet wird. Japan züchtete früher im Norden der Hauptinsel einen kräftigen Schlag; neuerdings wurden besonders europäische und amerikanische Rassen importiert.

Am zahlreichsten wird das Pferd in Innerasien gezüchtet. In Turkestan ist es das wichtigste, unentbehrlichste Haustier, das von jedermann gehalten wird. Persien hat drei verschiedene edle Schläge, einen kleineren im Gebirge und größere in den Ebenen. Die edelste Zucht von persisch-arabischem Blut trifft man in Schiras. Klein und unansehnlich, aber äußerst leistungsfähig ist das Kirgisenpferd, das auch von den Kalmücken und andern Mongolenstämmen in großen Mengen gehalten und auch zur Milchgewinnung benutzt wird. In Afrika, das einst seinen Pferdebestand Asien entlehnte, werden besonders im Norden und Osten viel Pferde gezogen. Ägypten, Abessinien, die Somaliländer und der Sudan besitzen verdorbene arabische Schläge, die als Reittiere ungemein leistungsfähig sind und Wassermangel vielfach besser als andere Schläge ertragen. Das zähe Gallapferd findet beim abessinischen Heere ausgiebige Verwendung. In Südafrika werden besonders in der Kapkolonie und in Transvaal kleine, sehr ausdauernde Pferde gezüchtet. Überall in den Tropenländern, wo das Klima zu feucht ist, hält es sich schlecht, deshalb haben die Portugiesen in ihren afrikanischen Kolonien den Reitstier eingeführt.

VIII. Das Kamel.

Die Kameliden sind der älteste Zweig der Wiederkäuer, der sich schon im Miozän von der Gesamtfamilie trennte, bevor sich bei ihren Vertretern Hörner oder Geweihe ausgebildet hatten. Sie sind die einzigen Wiederkäuer, die noch im Oberkiefer Schneidezähne — im ganzen vier — besitzen. Mit den ältesten Pferden entwickelten sie sich in Nordamerika, wo während der jüngeren Tertiärzeit die reichste Entfaltung derselben nachweisbar ist. Doch erlosch dort die Gruppe mit dem Eintritt der Eiszeit, während die Kamele nach Asien und die Schafkamele oder Lamas nach Südamerika auswanderten, wo sie sich auf den Höhen der Anden erhielten.

Noch heute lebt ein winziger Überrest der Kamele in ihrer ursprünglichen Wildheit in der innerasiatischen Wüste in der Dsungarei, ebendort, wo auch die letzten Wildpferde zu finden sind. Schon der russische Reisende Przewalski hatte von ihrem Vorkommen im Gebiet des Lob Nor, d. h. im westlichen Teil der Wüste Gobi, berichtet. Doch erhob man damals dagegen den Einwand, es möchten dies einzelne entlaufene und verwilderte Kamele gewesen sein. Indessen hat dann später der schwedische Reisende Sven Hedin auf Grund eigener Beobachtung das Vorkommen von eigentlichen Wildkamelen in jenen menschenleeren Einöden festgestellt. In einem Brief aus Obdal vom Juni 1900 schreibt dieser Autor in der Umschau: „In der Gegend, die wir durchwanderten, kamen wilde Kamele in großer Anzahl vor, und wir sahen und beobachteten sie täglich durch unsere Ferngläser. Sie halten sich längs des Fußes der Berge und in der Wüste auf, begeben sich aber von Zeit zu Zeit zu den schirmenden Quellen, um zu trinken und zu grasen. Es gewährt einen herrlichen Anblick, wenn man eine solche Herde, nachdem man ihr den Wind abgefangen, unvermutet überrascht. Die Karawane mußte, während unsere Jäger sich an die Tiere heranschlichen, in solchen Fällen immer Halt machen. Einige der Kamele standen gewöhnlich aufgerichtet als Späher da, während die andern sich in liegender Stellung ausruhten. Bei Jardang Bulak schoß der Kosake Tjernoff ein prächtiges Kamel, bei Altimisch Bulak unser Führer Abdu Rehim ein anderes. Ich meinerseits zog es vor, mit einem starken Fernrohr bewaffnet, ihre Bewegungen zu beobachten. Es liegt ein märchenhafter Glanz über diesen gewaltigen, stattlichen Tieren, an deren Existenz die Gelehrten bis in die neueste Zeit hinein gezweifelt haben. Es erweckte mein Staunen, daß wir diese Tiere immer nur in den unwirtlichsten, sterilsten und wasserärmsten Wüsten antrafen, wo wir mit unsern zahmen Kamelen Gefahr liefen, vor Durst umzukommen; und doch finden sie nur in solcher Umgebung ihr Fortkommen und sind so scheu, daß sie, wenn sie in meilenweiter Entfernung eine Karawane wittern, tage- und nächtelang fliehen und man nur aus den frischen Spuren ersehen kann, daß sie erst ganz kürzlich aufgebrochen waren.

Wunderschön ist auch der Anblick einer durch unsere Annäherung oder vielmehr durch einen Büchsenschuß erschreckten fliehenden Herde. Sie sehen sich nicht um, sie fliehen bloß und sie fliegen über die Wüste dahin wie der Wind und verschwinden in einigen Minuten am Horizonte, um erst wieder Halt zu machen, wenn sie sich ganz sicher fühlen, weit, weit hinten im Sande.

Es gibt sowohl Mongolen als Muhammedaner, welche nur von der Jagd auf wilde Kamele im Kurruktag und den weiter östlich davon gelegenen Gegenden leben. Diese Jäger sind mit den Gewohnheiten und dem Leben der wilden Kamele durch und durch vertraut. Sie jagen die Weibchen nur während der Brunstzeit, wo die Männchen mörderische Gefechte um ihre Gunst ausfechten. Der Stärkste ist der Herrscher und kann mitunter mit 5–6 Weibchen umherwandern, während die Besiegten, die fürchterliche Wunden davontragen und denen oft große Stücke Fleisch an den Seiten herausgerissen sind, einsam und verschmäht in der Wüste leben und sich den Familienherden nicht zu nahen wagen, wahrscheinlich aber doch der Hoffnung auf Glück das nächste Mal leben. Die Wüste gewinnt durch ihr Erscheinen bedeutend an Leben, und die Männer werden ganz wild, sobald der Ruf erschallt: „*java tuga*“ (wilde Kamele)!

Einer unserer Jäger verfolgte einmal ein großes schwarzes Männchen, das einen Schuß in das Bein erhalten hatte, aber in südlicher Richtung weiterhinkte, volle zwanzig Stunden lang und kam müde und durstig zurück, ohne daß es ihm gelungen war, das Tier wieder in Schußweite zu bekommen. Wie sonderbar ist doch die Welt, in der diese Tiere leben, und doch müssen sie das Gefühl haben, daß außerhalb ihrer friedlichen Fluren der Feind lauert, denn sonst würden sie nicht eine so stark ausgeprägte Furcht vor den Menschen hegen. Ihre einzige Gesellschaft ist der Buran, der schwarze Sturm, der in dieser Gegend unumschränkt herrscht und mit dem auch wir in intime Beziehung gerieten.“

Diese von der südlichen Dsungarei durch Ostturkestan und Nordtibet verbreiteten wilden Kamele schützen sich wie ihre gezähmten Abkömmlinge vor diesen fürchterlichen Sandstürmen, indem sie ihre Nasenlöcher hermetisch verschließen. Sie besitzen zwei Höcker, wie die von ihnen in direkter Linie abstammenden, in Ost- und Mittelasien als Haustiere lebenden baktrischen Kamele oder Trampeltiere, nur sind sie kleiner als die vom Menschen gezüchteten Höcker. Diese sind, wie der Buckel des Zebus, Ansammlungen von Reservefett, die bei den gezähmten Formen ein Gewicht von 2–5 *kg* erlangen. Diese Höcker lassen sich durch Mästung wie beim Höckerrind zu extremen Dimensionen steigern, können aber durch längere

Zeit fortgesetzte Anstrengung bei knapper Nahrung in wenigen Wochen zum Verschwinden gebracht werden. Das weiter durch Kultur veränderte einhöckerige Kamel oder Dromedar, das sich von seinem Ursprungslande Zentralasien am weitesten westlich nach Afrika hinein entfernte, ist artlich durchaus nicht von diesem zweihöckerigen Kamel oder Trampeltier verschieden. So hat es, wie Lombardini in Pisa 1879 nachwies, während des Fötallebens ebenfalls die Anlage zu zwei Höckern, die sich aber noch im Mutterleibe zu einem einzigen vereinigen. Für die Abstammungsgeschichte ist diese Tatsache von größter Wichtigkeit, indem wir so mit einer einzigen wilden Stammform auskommen, das zweihöckerige Kamel als die ursprünglichere zahme Rasse und davon das Dromedar als jüngere Zuchtrasse ableiten können.

Auch physiologische Gründe sprechen für die Zusammengehörigkeit beider Hauptrassen, indem sich das zwei- und einhöckerige Kamel leicht kreuzen lassen und fruchtbare Bastarde liefern, bei denen sich die Zweihöckerigkeit in ausgesprochener Weise geltend macht. Gleicherweise stimmen die geistigen Eigenschaften bei den Tierarten auffallend miteinander überein. Beide Formen sind wenig begabt, wie es die tiefe Stellung der Familie im Stammbaum der Wiederkäuer mit sich bringt; beide zeigen neben Indifferenz, Dummheit und störrischem Wesen eine auffallend geringe Anhänglichkeit an den Menschen. Immerhin ist das Trampeltier als die ursprünglichere Form gutartiger als das Dromedar, läßt sich leichter einfangen und gehorcht seinem Herrn williger.

Beide Tierarten gedeihen nicht auf üppiger Weide, sondern verlangen im Gegenteil dürre Steppenpflanzen, welche anderen Tieren kaum genügen würden, besonders aber Salzpflanzen. Dabei ist das Trampeltier noch bedürfnisloser als das Dromedar und frißt die bittersten und salzigsten Wüstenkräuter, die von den übrigen Steppentieren durchaus verschmäht werden. Dazu saufen sie selbst das äußerst salzhaltige Wasser der Steppe, das kein anderes Tier anrührt, und sind überhaupt auch darin höchst bedürfnislos. Aristoteles schreibt sogar von ihnen: „Die Kamele saufen lieber trübes als reines Wasser, und trüben es, wenn sie es rein vorfinden, erst absichtlich, wenn sie saufen wollen. Übrigens können sie recht gut vier Tage ohne Getränk aushalten, nehmen aber auch nachher desto mehr zu sich. Sie leben meist 30 Jahre, zuweilen auch bis hundert.“

Irgendwo in seiner zentralasiatischen Heimat ist das zweihöckerige Kamel, das Trampeltier (*Camelus bactrianus*) in vorgeschichtlicher Zeit vom Menschen gezähmt und in den Haustierstand übergeführt worden. Bis auf den heutigen Tag ist es ausschließlich auf Innerasien beschränkt und ist zu den Mongolen Ostasiens und nach dem südlichen Sibirien vorgedrungen. Hier überall bis tief nach China hinein ist es dem Menschen eines der nützlichsten Haustiere, das vorzugsweise als Lasttier, seltener zum Ziehen des Wagens und des

Pfluges verwendet wird. Außer seiner Arbeitskraft verwendet man Fleisch und Fell und nutzt seine Milch und seine Haare aus. Mit ihm durchzieht man die wasserlosen Wüstenstrecken, in denen Pferde nicht zu gebrauchen sind und ihre Dienste versagen würden. Mit ihm erklimmt man Gebirge bis über 4000 *m* Höhe, in denen nur noch der Yak aushält. Brehm sagt von ihm: „Das Pferd ist der Genosse, das Trampeltier der Diener des Steppenbewohners."

Derselbe Autor bemerkt: „Ein kräftiges Trampeltier legt mit 220 *kg*, ein sehr starkes mit noch 50 *kg* mehr täglich 30–40 *km*, mit der Hälfte der Last aber im Trabe fast das Doppelte zurück, vermag im Sommer 2 oder 3, im Winter 5–8 Tage zu dursten, halb so lange ohne Beschwerde zu hungern und beansprucht bei längeren Reisen nur alle 6–8 Tage eine Rast von 24 Stunden Dauer. In der Kirgisensteppe wird es übrigens nicht ausschließlich als Lasttier, sondern einzeln wie paarweise auch als Zugtier verwendet und tritt auf Flugsandstrecken sogar an Stelle der Postpferde." Doch geht es nur im Schritt und stößt dabei vielfach unwillige Laute aus, die einem auf die Dauer unangenehm werden.

Auf der Oberseite des Nackens haben die Trampeltiere, wie die von ihnen abstammenden Kamele, zwei Paar dichtstehender Drüsen, die beim Männchen in der Brunstzeit eine dunkle Schmiere absondern und dann die ganze Nackenmähne besudeln. Die Begattung wird vollzogen, indem sich das Weibchen, durch einige derb kneifende Bisse von seiten des Männchens in Hals, Höcker und Beine veranlaßt, wie sonst zur Belastung niederkniet. Das nach 12 Monate währender Tragzeit im Frühling geborene Junge von 30 *cm* Höhe entwickelt sich, von der Mutter an ihrem vierzitzigen Euter ein volles Jahr lang ernährt, rasch. Schon im zweiten Jahre beginnt man mit seiner Abrichtung, indem man dem Füllen die Nase durchsticht und ihm durch die so entstandene Öffnung den Zaumpflock durchsteckt. Im dritten Jahre wird es zu kurzen Ritten, im vierten zum Tragen leichter Lasten benutzt. Im fünften Jahre gilt es als erwachsen und arbeitsfähig und kann bei guter Behandlung bis zum 25. Jahre Dienste tun.

Tafel 41.

Kamele und Pferde in einem Hochzeitszug der Teke-Turkmenen.

Tafel 42.

Zweihöckeriges Kamel, sog. Trampeltier, aus Turkestan, von Karl Hagenbeck in Stellingen importiert.

Tafel 43.

Mit Kamelen pflügende Teke-Turkmenen in Merw.

Tafel 44.

Kamelkarawane in Biskra. (Nach einer Photographie von *Dr.* H. von Baeyer.)

Kirgisen auf dem Marsch; rechts dahinter eine Jurte.

Wie in Zentalasien und der Mongolei spielt das Trampeltier auch in China eine wichtige Rolle im Karawanenverkehr. Im südwestlichen Sibirien wird dasselbe seit der raschen Entwicklung der Landwirtschaft häufig vor den Pflug gespannt. Über den Ostrand Asiens vermochte es nicht vorzudringen, weil für die Küsten- und Inselgebiete der Büffel besser paßt. Während des chinesisch-japanischen Krieges wurde es zahlreich in China angekauft und nach Japan eingeführt; da man aber nichts mit ihm anzufangen wußte, verschwand es wieder von dort. Nach Westen ist das Trampeltier über Persien nach Mesopotamien und bis zum Kaukasus vorgedrungen, kommt auch sporadisch in Südrußland vor. In einer Grenzzone, die vom nördlichen Kleinasien durch Persien, Afghanistan und Beludschistan bis nach Indien reicht, findet sich das Trampeltier mit dem Dromedar zusammen. Südlich von dieser Mischzone findet sich überall ausschließlich das einhöckerige Kamel oder Dromedar (*Camelus dromedarius*), das als südliche, mehr wärmeliebende Abart von Syrien und Arabien aus in ganz Nordafrika die ausschließliche Herrschaft erlangte. In Arabien, Ägypten und Nubien wird seine Zucht stark betrieben, ebenso bei den Somalis und Gallas. Nach Süden ist es bis Sansibar, in Nordafrika bis Marokko und die Kanarischen Inseln vorgedrungen. Es ist das Gimel der alten Juden oder das Djemmel der Araber, aus welch letzterem die Griechen *kámēlos* machten, das dann als *camelus* zu den Römern gelangte. Der aus Sizilien gebürtige griechische Geschichtschreiber Diodoros sagt: „Arabien besitzt viele und vorzügliche Kamele, auch von der zweihöckerigen Rasse. Die Kamele sind den Einwohnern sehr nützlich, indem sie durch Milch und Fleisch treffliche Nahrung bieten und Menschen und Lasten tragen. Die leicht und schlankgebauten sind schnell und können durch wasserlose Wüsten große

Tagesmärsche machen. Sie tragen auch im Kriege zwei Bogenschützen, wovon der eine nach vorn, der andere nach hinten gewendet sitzt. — Dromedare (vom griechischen *dromein*, laufen) nennt man die schnellen Kamele, die in einem Tage beinahe 1500 Stadien (= 277 *km*) zurücklegen können." Und sein Volksgenosse Strabon schreibt: „Die in Zelten wohnenden Araber der dürren Wüste zwischen Mesopotamien und Coelesyrien bauen wenig Land oder gar keins an, haben aber Herden von allerlei Vieh, besonders von Kamelen", und an einer andern Stelle: „Alexander der Große sandte Leute auf Dromedaren nach Ekbatana, welche in 11 Tagen den 30–40 gewöhnliche Tagereisen betragenden Weg zurücklegten."

Älian berichtet: „Die Kamele am Kaspischen Meere sind zahllos, tragen viele, sehr weiche Haare, welche der feinsten Schafwolle nicht nachstehen. Priester und reiche Leute tragen daraus gefertigte Kleider." Der griechische Geschichtschreiber Herodot erwähnt sie mehrfach; so schreibt er: „Die Araber in der Armee des Xerxes (die 580 v. Chr. nach Griechenland zog) hatten sämtlich Kamele, die an Schnelligkeit den Pferden nicht nachstanden." — „Als Xerxes nach Griechenland gegangen war und nach Therma zog, fielen Löwen seine Kamele an." Weiter meldet er, wie Cyrus sich listigerweise die Unkenntnis dieser Tierart bei seinen Gegnern zu Nutzen machte: „Als Cyrus vor Sardes rückte, stellte sich ihm Krösus in der Ebene mit einer trefflichen Reiterei entgegen. Cyrus errang jedoch auf folgende Weise den Sieg: Vor seiner Armee stellte er alle Kamele, welche die Bagage des Heeres trugen, auf, nachdem er ihnen die Last abgenommen und bewehrte Männer hatte aufsitzen lassen. Hinter den Kamelen ordnete er die Fußsoldaten und hinter diesen die Reiter. Er sah voraus, daß die Pferde im Heere des Krösus, welche noch keine Kamele gesehen hatten, sich vor diesen Tieren fürchten würden. Die List gelang: denn die lydischen Pferde ergriffen gleich beim Zusammentreffen die Flucht, wodurch sich der Sieg für Cyrus entschied."

Auch die Bewohner Roms bekamen zur Kaiserzeit gelegentlich morgenländische Kamele zu sehen; so erwähnt Suetonius in seiner Biographie des Kaisers Nero: „Kaiser Nero gab Spiele aller Art und zeigte bei denen im Zirkus auch Wagen, vor die vier Kamele gespannt waren." Das war damals noch etwas Neues. Erst der extravagante, in Syrien aufgewachsene Kaiser Heliogabalus (218–222 n. Chr.) ließ dieses in Italien als Wunder angestaunte Tier in größerer Menge dahin bringen, ja sogar als Rarität schlachten. Sein Biograph Älius Lampridius berichtet: „Heliogabalus schaffte sich 600 Wagen mit Kamelen an und sagte, das sei gar nicht viel; der König von Persien halte sich ja zehntausend Kamele. Er ließ sich auch öfter ein Gericht zubereiten, das aus Kamelfersen, aus von lebenden Hühnern abgeschnittenen Kämmen und aus Zungen von Pfauen und Nachtigallen bestand, weil man sagte, solch ein Gericht schütze vor Epilepsie. Überhaupt tischte er nicht selten Kamelbraten auf."

Aus dem irgendwo in Innerasien schon in vorgeschichtlicher Zeit aus dem wilden Kamel gewonnenen Trampeltier ist durch einseitige Weiterzüchtung das Dromedar gewonnen worden. Beide Kamelrassen gelangten bereits scharf in ihren Sonderheiten ausgeprägt verhältnismäßig spät nach Westasien, wo sie uns erst zu Beginn des letzten Jahrtausends v. Chr. in Assyrien entgegentreten. So finden wir auf dem berühmten schwarzen Obelisken von Nimrud im Britischen Museum in London, wie dem assyrischen Könige Salmanassar II. (860 bis 825 v. Chr.), der den größten Teil Syriens eroberte und in Kalach einen prächtigen Palast erbaute, ein recht naturgetreu dargestelltes zweihöckeriges Kamel als Tribut gebracht wird. Dann ist uns in Kujundschik, wie auch in Nimrud die Darstellung je eines beladenen einhöckerigen Kameles erhalten geblieben. In Niniveh fand Place ein Basrelief aus dem 7. vorchristlichen Jahrhundert, auf dem ein assyrischer Bogenschütze auf einem Dromedar reitend dargestellt ist.

In den jüngeren Epochen der jüdischen Geschichte wird uns mehrfach von südarabischen Karawanenzügen berichtet, die aus Tragkamelen bestanden. Es war dies zu einer Zeit, da die Juden selbst noch keine solchen besaßen, sondern sich ausschließlich der Esel zum Lastentragen bedienten. Nach Ägypten kam das Kamel von Syrien aus erst im 4. Jahrhundert v. Chr., wie Adolf Erman feststellte. Erst von jener Zeit an lassen sich Terrakotten mit Kameldarstellungen und Urkunden über Verkäufe dieser Tiere in Ägypten nachweisen. Plinius berichtet, daß zu seiner Zeit, also um die Mitte des 1. Jahrhunderts n. Chr., eine Karawanenverbindung von Koptos am oberen Nil nach Berenike am Roten Meer mit Kamelen bestand. Später schildert Philostratus einen Touristenverkehr nach den Pyramiden mit Kamelen. Aber erst Ammianus Marcellinus weiß 353 von räuberischen Wüstenbewohnern zu berichten, die mit ihren Kamelen bis zu den Nilkatarakten hin schweiften.

Sehr langsam drang das Kamel im Altertum vom Niltal weiter westlich über Nordafrika vor. Erst im sogenannten afrikanischen Krieg, den Cäsar gegen die Pompejaner und den mit ihnen verbündeten König Juba von Numidien führte, wird berichtet, daß nach der Niederlage von Thapsus im Jahre 48 v. Chr. 24 Kamele mit dem Throne jenes Königs erbeutet wurden. Während der friedlichen Kaiserzeit wird sich das Kamel weiter über Nordafrika verbreitet haben. So wird auf den bildlichen Darstellungen des heiligen Menas, eines Offiziers aus Ägypten, der 296 während der Diocletianischen Christenverfolgung den Märtyrertod erlitt und Gegenstand eines speziellen Kultes in der Oase von Mariût auf der Karawanenstraße zwischen Karthago und Alexandrien wurde, stets das Kamel dargestellt. Erst kürzlich sind dessen Heiligtümer vom Frankfurter Archäologen Karl Kaufmann ausgegraben worden. Jedenfalls fand das germanische Volk der Vandalen, als es 439 unter

Geiserich von Spanien nach Afrika übersetzte, ziemliche Herden von Kamelen bei den Nomadenstämmen um das Atlasgebirge. Eine neue Zuwanderung nomadisierender Elemente fand mit den Arabern von Osten her statt, die jedenfalls auch Kamele mitbrachten und der Zucht dieses Tieres in Nordafrika besondere Aufmerksamkeit schenkten.

Ist das Kamel auch ein ausgesprochenes Wüstentier und jetzt das einzige Transportmittel, das für die Wüste Sahara in Betracht kommt, so ist es gleichwohl bei den Stämmen im Innern nicht häufig, sondern wird nur von den Beduinen der Randsteppen in größeren Herden gehalten. Es gedeiht nur in einem heißen, trockenen Klima und wird in den verschiedensten Rassen gezüchtet, in großen, schweren Formen, die mehr zum Tragen schwerer Lasten bis zu 400 *kg* geeignet sind, und in zierlichen, schlanken, leichten Reitkamelen, den Meharis. Das Heimatszentrum der letzteren ist Arabien, das heute noch die schnellsten Läufer liefert, dasjenige der letzteren dagegen Ägypten.

Südlich vom Wüstengürtel der Sahara hat das Kamel keine größere Verbreitung erlangt. Auch in Südeuropa gedeiht es nur an einigen wenigen Orten, so in der auf einer Ebene bei Pisa gelegenen Kamelstüterei von San Rossore, wo 1810 40, 1841 41 und später etwa 200 Kamele lebten. Von diesen stammt die Mehrzahl der auf den Jahrmärkten bei uns gezeigten Tiere. Dort wurden sie 1622 von Ferdinand II. von Toskana und ein zweites Mal 1738 eingeführt. Der Versuch, das Kamel in Sizilien einzuführen und dort als Lasttier in den Schwefelbergwerken zu gebrauchen, scheiterte an der Feuchtigkeit des Klimas. In Spanien scheint es besser zu gedeihen.

Gleich nach der Eroberung Perus suchte man das Kamel auch hier einzuführen. So sah Garcilasso um 1550 kleine Herden, die Juan de Reinaga eingeführt hatte; sie hatten damals wenig oder keine Jungen. 1570 sah dann Acosta neu von den Kanaren eingeführte Tiere. Um 1750 versuchte man sie auf Jamaika einzuführen. Als man sie aber hatte, wußte man nichts mit ihnen anzufangen. 1800 traf A. v. Humboldt Kamele von den Kanaren in Venezuela. Um 1845 gab es Kamele in Bolivien. Doch kamen sie hier überall herunter, weil ihnen der Feuchtigkeitsgehalt der Luft zu groß war. Auch in Nordamerika konnten sie sich auf die Dauer nicht halten. So führte im Jahre 1856 die Regierung der Vereinigten Staaten 57 aus Smyrna bezogene Dromedare in Texas, Arizona und Neumexiko ein, die während des nordamerikanischen Bürgerkriegs sämtlich in die Hände der Konföderierten fielen. Von ihnen wurden sie zur Beförderung der Post gebraucht und legten im Tag angeblich bis gegen 200 *km* zurück. Zu den beim Friedensschluß noch lebenden und von der Regierung der Vereinigten Staaten wieder übernommenen Tieren wurden 1866 neu eingeführte gesellt, die mit den alten zu Züchtungszwecken über Arizona und Texas verteilt wurden. Da jedoch viele starben und der Versuch, das Dromedar in Nordamerika zu züchten, mißglückte, ließ man die Überlebenden laufen, und es scheint, daß in den wilden Gegenden von Kalifornien und Arizona noch heute welche leben; diese führen im Laufe des Jahres weite Wanderungen aus. In Australien hat sich das Dromedar besser eingebürgert und bei der Erforschung der inneraustralischen Wüsten sehr große Dienste geleistet. Die erst vor drei Jahrzehnten aus Afghanistan eingeführten Tiere werden gegenwärtig in Westaustralien stark benutzt. Die deutsche Regierung führte sie beim letzten Aufstand der Bastardhottentotten auch in ihrer südwestafrikanischen Kolonie ein, wo sie sich bis heute gut erhielten und trefflich bewährten.

Außer in Arabien und Mesopotamien wird auch in Persien, Afghanistan, Beludschistan und in den Somaliländern die Kamelzucht sehr stark betrieben. Das Reitkamel vermag 16 Stunden lang zu traben und legt dabei bequem eine Entfernung von 140 *km* zurück. Ordentlich gefüttert und getränkt vermag es ohne Rasttag dazwischen 3–4 Tage solche Anstrengung auszuhalten. Die Lastkamele aber durchmessen mit einer bis 250 *kg* schweren Last in 12 Stunden bis 50 *km*. Außer durch ihre Arbeit nützen die Kamele auch durch ihre dicke, fette Milch, die bei den Beduinen besonders an Pferdefüllen verfüttert, sonst auch vom Menschen genossen wird. Die jungen Tiere dienen als Fleischlieferanten. Die ausgehende Wolle dient zur Herstellung von Tuch und Stricken, aus den elfenbeinharten Knochen werden allerlei Drechslerwaren angefertigt. In der Wüste ist ihr Dünger das einzige dem Menschen zur Verfügung stehende Brennmaterial. Nach Denham und Clapperton haben die Kamele der Tibbukuriere kleine Körbe unter dem Schwanze. Mit dem darin angesammelten Dünger kochten dann die Reiter abends ihren Kaffee. Der Schweiß der Kamele ist so salzig, daß die Schafe und Ziegen ihn lecken. Ein junges oder schwaches Kamel kostet manchmal nur 30 Mark, während ein gutes Lastkamel mit 90 und ein Reitdromedar mit 200–300 Mark unseres Geldes bezahlt wird. Die geschätztesten Tiere werden in der Nedjed genannten unwirtlichen Hochebene Mittelarabiens gezüchtet und weithin exportiert.

IX. Das Lama.

Die südamerikanischen Schafkamele (*Auchenia*, d. h. Halstier), welche gleichsam eine Miniaturausgabe der stattlichen altweltlichen Kamele darstellen, sind in zwei Formen, dem Lama und Alpaca, zu Haustieren gemacht worden. Und zwar gehören sie zu den wenigen Arten, welche von den Indianern aus eigener Initiative gezähmt wurden. Damit hat dann der Mensch Gebirgsregionen der Kultur erschlossen, die ohne diese Gehilfen auf die Dauer nicht zu bewohnen gewesen wären. Deshalb begreifen wir sehr wohl, daß sie in ihrer Heimat eine Kultbedeutung erlangt hatten. Wie die ältesten spanischen Chronisten berichten, verwendete man sie zu Totenopfern und aß ihr Fleisch zur Versöhnung des betreffenden abgeschiedenen Geistes. So findet man Köpfe und sonstige Knochenüberreste dieser Tiere in vorspanischen Gräbern von Peru.

Noch heute leben zwei Arten von Schafkamelen in vollkommen wildem Zustande, nämlich das Guanaco (*Auchenia huanaco*) und das Vicuña (*Auchenia vicuña*). Beide bewohnen, wie auch die aus ihnen gezähmten Nachkommen, das Lama und Alpaca, das Hochgebirge der Anden vom Feuerland bis zum nördlichen Peru. Das Guanaco ist namentlich im südlichen Teile des Gebirges häufig. Es lebt gesellig in Rudeln, die gewöhnlich aus zahlreichen, von einem Männchen angeführten Weibchen bestehen. Die Männchen erreichen die Größe eines Edelhirsches, die Weibchen sind kleiner. Beide sind von einem ziemlich langen, aber lockern Pelz von schmutzig rotbrauner, an Brust und Bauch weißlicher Farbe bedeckt, das aus kürzerem, feinerem Wollhaar und dünnerem, längerem Grannenhaar besteht. Der dünne lange Hals ist nach vorn gekrümmt und trägt einen seitlich zusammengedrückten Kopf. Die raschen und lebhaften Tiere klettern sehr gut und laufen gemsenartig an den steilsten Gehängen und Abstürzen dahin, selbst da, wo der geübteste Bergsteiger nicht Fuß fassen kann. Dabei hält der leitende Hengst einige Schritt vom Rudel entfernt Wache, während seine Herde unbekümmert weidet. Bei der geringsten Gefahr stößt er ein lautes, wieherndes Blöken aus, worauf alle Tiere den Kopf erheben, scharf nach allen Seiten ausschauen und sich dann rasch zur Flucht wenden.

Kleiner und zierlicher als das Guanaco, auch weniger weit verbreitet, ist das Vicuña mit dem durch seine Feinheit berühmten ockerfarbigen Vließ und den langen, weißen Schulterbüscheln. Es steigt weniger hoch als jenes und weidet mit Vorliebe auf den Grasmatten der Anden. Da es weiche Sohlen hat, zieht es sich, auch verfolgt, niemals auf die steinigen Halden zurück. Im Februar wirft jedes Weibchen ein Junges, das schon gleich nach der Geburt eine große Schnelligkeit und Ausdauer entwickelt, also mit seiner Mutter leicht zu fliehen vermag. Als Weibchen bleibt es, auch erwachsen, bei der

Herde; als Männchen jedoch wird es durch Beißen und Schlagen fortgetrieben und vereinigt sich dann mit seinesgleichen zu einem besonderen Rudel.

Jung eingefangen lassen sich Guanaco und Vicuña leicht zähmen und schließen sich bald zutraulich an ihren Pfleger. Mit zunehmendem Alter aber werden sie tückisch und speien dann den Menschen bei jeder Gelegenheit an, was gerade keine angenehme Gewohnheit ist. Zudem gebärden sie sich unbändig und sind nicht zur Paarung zu bringen. Gleichwohl sind die Guanacos schon in vorgeschichtlicher Zeit von den Indianern auf den Anden Perus gezähmt und in den Dienst des Menschen gestellt worden. Da nun die kurze und straffe Wolle des wilden Guanaco minderwertig ist, stellte man ihm viel weniger nach als dem äußerst feinwolligen Vicuña, das von den Europäern planlos abgeschossen wurde, so daß es stark dezimiert erscheint und seine Wolle kaum mehr zu haben ist. Man stellte einst daraus wertvolle Decken her, die, weil ungefärbt, niemals bleichten. Aus der französischen Bezeichnung des Tieres bildete sich die auch im Deutschen übliche Benennung *vigogne* für solche Gewebe. Die sehr teure echte Vigognewolle dient jetzt bei uns hauptsächlich dazu, der Oberfläche unserer feinen Filzhüte ihren seidigen Glanz zu verleihen.

Den Gegensatz zu diesen Wildformen bilden das Lama und das Alpaca, die nur in zahmem Zustande bekannt sind. Ersteres ist durch Domestikation aus dem Guanaco hervorgegangen, letzteres dagegen ist wahrscheinlich ein Kreuzungsprodukt beider Arten, das besonders zur Erlangung einer feinen Wolle gezüchtet wurde. Wahrscheinlich hat es aber weit mehr Lama- als Vicuñablut, so daß es manche Autoren als eine zu speziellen Zwecken verändertes Lama betrachten. Ganz sicher läßt sich indessen die Abstammung nicht bestimmen, da beide Formen sich beim Eindringen der Spanier in Südamerika als fertige Züchtungsprodukte vorfanden. 1541 gab Pedro de Cieza, dann wiederum 1615 Antonio de Herrera eine gute Beschreibung der beiden zahmen Schafkamele mit ihren besonderen Eigenarten.

Bei den alten Peruanern spielten Lama und Alpaca im Leben eine wichtige Rolle. Die Zähmung beider Haustierarten wurde von ihnen in das früheste Zeitalter menschlichen Daseins verlegt, als noch Halbgötter auf Erden lebten. Und zwar geschah sie zunächst auch nicht aus praktischen Gründen, sondern aus Gründen des Kultes, um nicht etwa in Notfällen in Verlegenheit wegen Opfertieren zu kommen.

Überall im Lande trafen die Spanier große Herden dieser Tiere an, die die wichtigsten Nutztiere der Peruaner bildeten, indem sie dieselben nicht nur zum Transport über die hohen Pässe der Anden benutzten, sondern auch Fleisch, Fell und Haare derselben verwendeten.

Das Lama, eigentlich Llama (*Auchenia lama*), wird heute noch wie einst vorzugsweise in Peru gefunden und gedeiht am besten in der verdünnten Luft der Hochebenen. Es wird etwas größer als das Guanaco, aus dem es hervorging, und zeichnet sich durch Schwielen an der Brust und an der Vorderseite der Handwurzelgelenke aus. Als altes Haustier tritt es in den verschiedensten Farbenvarietäten auf: weiß, gescheckt, fuchsrot und dunkelbraun bis schwarz. Auch schwankt die Wolle bei den verschiedenen Abarten in bezug auf Länge, Dichte und Feinheit. Am kürzesten behaart sind die Arbeitstiere, von denen nur die Männchen zum Tragen von Lasten verwendet werden, während die Weibchen außer zur Zucht zur Fleisch- und etwa noch zur Milchgewinnung benutzt werden. Mit einer Warenlast von 50 *kg* und darüber beladen marschiert, von einem Treiber geleitet, ein Tier hinter dem andern sichern Schrittes an den steilsten Abhängen vorbei über die höchsten Pässe der Kordilleren. Stevensohn schreibt: „Nichts sieht schöner aus als ein Zug dieser Tiere, wenn sie mit ihrer etwa einen Zentner schweren Ladung auf dem Rücken, eins hinter dem andern in der größten Ordnung einherschreiten, angeführt von dem Leittiere, welches mit einem geschmackvoll verzierten Halfter, einem Glöckchen und einer Fahne auf dem Kopfe geschmückt ist. So ziehen sie die schneebedeckten Gipfel der Kordilleren oder den Seiten der Gebirge entlang, auf Wegen, auf denen selbst Pferde oder Maultiere schwerlich fortkommen möchten; dabei sind sie so gehorsam, daß ihre Treiber weder Peitsche noch Stachel bedürfen, um sie zu lenken und vorwärts zu treiben. Ruhig und ohne anzuhalten schreiten sie ihrem Ziele zu.“ Ihr Mist wird von den Indianern gesammelt und überall als das fast ausschließliche Brennmaterial auf den Markt gebracht. Das Einsammeln desselben wird dadurch erleichtert, daß die Lamas, wie auch ihre Verwandten, die Gewohnheit haben, für die Ablagerung ihrer Exkremente gemeinsame Plätze aufzusuchen. Zum Reiten wurde das Lama niemals verwendet, da es dazu zu schwach ist. Seine grobe Wolle spielt als Gespinnstmaterial keine bedeutende Rolle. Dazu wird vielmehr das lange, feine Vließ der zweiten domestizierten Form, des Alpacas, verwendet.

Tafel 45.

Lama im Tierpark Hellabrunn zu München.
(Nach einer Photographie von M. Obergaßner.)

Tafel 46.

(Copyright Underwood & Underwood in London.)

Norwegische Renntierherde in Hardanger, mißtrauisch die Ankunft von Fremden abwartend.

Das Alpaca oder Paco (*Auchenia pacos*) ist kleiner und gedrungener als das Lama und gleicht äußerlich einem Schafe, hat aber einen längeren Hals und einen zierlicheren Kopf. Sein langes und ausnehmend weiches Vließ erreicht an den Seiten des Rumpfes eine Länge von 10–12 *cm*. Die Färbung ist meistens ganz schwarz oder ganz weiß; es gibt aber von ihm wie vom Lama buntscheckige Individuen. Die Alpacazucht wird besonders auf den Hochebenen des südlichen Peru und nördlichen Bolivia stark betrieben, geht aber nicht so weit hinunter wie die Zucht des Lamas. Hier leben diese Tiere in halbzahmem Zustande in großen Herden in 4000–5000 *m* Höhe das ganze Jahr über im Freien. Zur Gewinnung ihrer sehr geschätzten Wolle werden sie gewöhnlich nur alle zwei Jahre geschoren. Dazu treibt man sie in der warmen Jahreszeit in die Hütten, wobei sie sich allerdings sehr störrisch benehmen. Wird ein Tier von der Herde getrennt, so wirft es sich auf die Erde und ist weder durch Schmeichelei, noch durch Schläge zu bewegen, wieder aufzustehen. Einzelne können nur dadurch fortgeschafft werden, daß man sie den Herden von Lamas und Schafen beigesellt. Aus ihrer Wolle werden seit uralter Zeit Decken, Mäntel und Kleiderstoffe verfertigt. Sehr schön gemusterte Proben der altperuanischen Textilkunst besitzt namentlich das Berliner Völkermuseum. Doch züchtet man das Alpaca außer der Wolle wegen auch zur Gewinnung des höchst schmackhaften Fleisches. Zum Lasttragen wird es nicht verwendet, wozu es auch etwas zu schwach wäre.

Wiederholt hat man versucht, Lamas und Alpacas auch außerhalb ihrer hochgelegenen Heimat zu akklimatisieren; doch schlugen bis jetzt alle diesbezüglichen Versuche fehl. So werden sie nur etwa in zoologischen Gärten gehalten. Das erste Lama, das man in Europa zu sehen bekam, war noch vor der Eroberung Perus durch Pizarro, als er bei Karl V. um Hilfe bat, gezeigt worden. Im Jahre 1643 sollte Admiral Brouwer bei seiner mißglückten Expedition gegen Chile das Vicuña im damals holländischen Nordbrasilien einführen. 1799 hatte man weiße Vicuñas nach Buenos Aires gebracht; 1808 sah Bory de St. Vincent einen kleinen Lamabestand in Cadiz. Das waren wohl die Tiere, die Karl IV. hatte kommen lassen. Dann schenkte auch Kaiserin Josephine welche; aber alle diese Ansiedelungsversuche verliefen völlig erfolglos. In Australien hat man, nachdem 1852 der erste Versuch verunglückt war, 1856 256 Tiere meist gemischten Blutes angesiedelt, aber trotz der ausgesetzten Prämie von 250000 Franken kein Glück damit gehabt; ebensowenig in Kuba trotz anfänglichen Gelingens. Teilweise ist eine als Caracha bezeichnete ansteckende Krankheit daran schuld, die besonders die Alpacas ergreift und an ihnen eiternde Wunden an den Vorderbeinen und den Geschlechtsteilen hervorruft, woran sie häufig eingehen.

Alpaca und Lama können leicht miteinander gekreuzt werden. Die Mischlinge, die unter dem Namen Guarizos oder Machorras bekannt sind, bieten aber durchaus keine Vorteile vor jenen. Als Lasttiere lassen sie sich ebensowenig gebrauchen als die Alpacas; auch erben sie die feine Wolle der letzteren nicht. Übrigens findet das Lama in Peru seit der Einführung des Maultiers und des Pferdes viel weniger Verwendung als Lasttier im Vergleich zu früher, da es noch ausschließlich als solches verwendet wurde. Zur Zeit der spanischen Eroberung gab es namentlich im südlichen Peru ungeheure Herden davon. Damals wurden nicht selten Züge von 500 oder selbst 1000 Stück angetroffen, alle mit Silberbarren beladen und unter Obhut weniger Männer ihres Weges ziehend. Für die Wegschaffung der Minenerzeugnisse von Potosi sollen zu jener Zeit allein über 300000 Lamas gebraucht worden sein. Der Spanier Acosta berichtet darüber: „Ich habe mich oft gewundert, diese Schafherden mit 2000–3000 Silberbarren, welche über 300000 Dukaten wert sind, beladen zu sehen, ohne eine andere Begleitung als einige Indianer, welche die Schafe leiten, beladen und abladen, und dabei höchstens noch einige Spanier. Sie schlafen alle Nächte mitten im Felde, und dennoch hat man auf diesem langen Wege noch nie etwas verloren; so groß ist die Sicherheit in Peru. An Ruheplätzen, wo es Quellen und Weiden gibt, laden die Führer sie ab, schlagen Zelte auf, kochen und fühlen sich, ungeachtet der langen Reise, wohl. Erfordert diese nur einen Tag, so tragen jene Schafe 8 Arrobas (92 *kg*) und gehen damit 8–10 Leguas (29 bis 36 *km*); das müssen jedoch bloß diejenigen tun, welche den armen, durch Peru wandernden Soldaten gehören. Alle diese Tiere lieben die kalte Luft und finden sich wohl im Gebirge, sterben aber in Ebenen wegen der Hitze. Bisweilen sind sie ganz mit Eis und Reif bedeckt und bleiben doch gesund. Die kurzhaarigen geben oft Veranlassung zum Lachen. Manchmal halten sie plötzlich auf dem Wege an, richten den Hals in die Höhe, sehen die Leute sehr aufmerksam an und bleiben lange Zeit unbeweglich, ohne Furcht oder Unzufriedenheit zu zeigen. Ein anderes Mal werden sie plötzlich scheu und rennen mit ihrer Ladung auf die höchsten Felsen, so daß man sie herunterschießen muß, um die Silberbarren nicht zu verlieren.“ Meyer schlägt die Wichtigkeit des Lamas für die Peruaner ebenso hoch an wie die des Renntieres, von dem alsbald die Rede sein wird, für die Lappländer.

Neuerdings beabsichtigt die preußische Regierung, das überaus genügsame Tier, dessen Fleisch einen sehr zarten Geschmack besitzt, in den sonstwie wenig brauchbaren Ländereien, so zunächst auf der Lüneburger Heide, einzuführen. Ob ihr die Akklimatisation gelingen wird, ist allerdings höchst fraglich, da diese Tiere im Tiefland nicht gedeihen.

X. Das Renntier.

Im Renntier (*Rangifer tarandus*), einem der jüngst erworbenen Haussäugetiere, das nur sehr oberflächlich gezähmt ist und sich noch weitgehender Freiheit und Selbständigkeit erfreut, haben wir den einzigen Vertreter der Familie der Hirsche vor uns, den der Mensch in seine Abhängigkeit brachte. Den Übergang von den eigentlichen Hirschen zum Renntier bildet der in den menschenleeren Einöden Nordchinas lebende Milu der Chinesen oder Davidshirsch (*Elaphurus davidianus*) der Europäer, so genannt, weil ihn 1865 der französische Missionar David durch einen Blick über die Mauer des kaiserlichen Wildparks bei Peking entdeckte. Dort wird dieses äußerst scheue und seltene Tier zum Vergnügen des Kaisers von China und seines Hofes in Gehegen gehalten. Durch die Vermittlung des damaligen deutschen Gesandten in Peking, v. Brandt, kamen von dort zwei Hirsche und ein Tier als außerordentliche Seltenheit in den Berliner Zoologischen Garten und von da auch in denjenigen von Köln. In seinem ganzen Bau, besonders der Füße, aber auch des Gehörns, erinnert der Milu viel mehr an das Renntier als an den Hirsch und läßt wie dieser bei jedem Schritt ein eigentümliches Knistern in den Fußgelenken hören, was sonst den Hirschen nicht zukommt.

Die geweihtragenden Wiederkäuer eigneten sich im allgemeinen deswegen nicht zur Domestikation, weil sie ausgesprochene Waldbewohner sind und sich deshalb zum dauernden Aufenthalt im offenen Lande nicht recht verwenden lassen. Davon macht nur das Renntier eine Ausnahme; denn schon im Wildzustande meidet es den Wald und bewohnt heute im Norden jenen Gürtel, der sich zwischen der Waldzone und dem Eismeer ausdehnt und den man als Tundra oder Moossteppe bezeichnet. Hier lebt es vorzugsweise von der Renntierflechte. Damit es nun mit seinen Füßen im moorigen Boden der Tundra nicht zu weit einsinke, besitzen die niedrigen, kräftigen Beine breit ausladende Hufe und bis auf den Boden hinabreichende Afterklauen. Auf dem dicken, wenig aufgerichteten Hals sitzt der nach vorn nur wenig verschmälerte Kopf mit dem ausnahmsweise in beiden Geschlechtern entwickelten, bei den Weibchen nur kleineren, zackigen Geweih. Das dunkelbraune Sommerkleid ist weniger dicht und lang als das grauweiße Winterkleid, das sehr warmhält und seinen Träger vor der großen Kälte seiner Heimat schützt. Der Vorderhals trägt eine bis zur Brust herabreichende Mähne.

Bild 32. Darstellung eines weidenden Renntierweibchens auf dem aus Renntierhorn verfertigten Bruchstück eines Kommandostabes aus dem Keßlerloch bei Thaingen. (Nach Photogramm von *Dr.* Nüesch.)

Das wilde Renn lebt durchschnittlich nördlich vom 60. bis zum 80. Breitengrad der Alten wie auch der Neuen Welt. Die nordamerikanische Form ist nur etwas größer und dunkler gefärbt und wird als Karibu bezeichnet. Von ihm leben im Tundrengebiet Nordamerikas und in Grönland stattliche Herden bis zu 200 Stück, denen die Indianer stark nachstellen, die sie mit Pfeil oder Gewehr erlegen oder in Hürden aus Buschwerk treiben, um sie nachher mit Speer und Keule niederzuschlagen. Das altweltliche Renn, von dem man das größere „Waldrenn" vom kleineren „Tundrarenn" unterscheidet, die beide domestiziert wurden, lebt noch in großer Zahl wild auf Spitzbergen. Auf Island wurde es im Jahre 1770 eingeführt, ist dort vollständig verwildert und hat sich bereits in namhafter Zahl über alle Gebirge der Insel verbreitet. Es liebt die Geselligkeit überaus und lebt in Herden von 200–300 Stück, die gern wandern, so im Sommer, um der Mückenplage zu entgehen, nach den höheren, kühler gelegenen Gebieten, im Winter dagegen nach den weniger hoch mit Schnee bedeckten Niederungen. Es wittert ausgezeichnet, ist scheu und vorsichtig, wo es unter den Verfolgungen des Menschen zu leiden hat, kommt aber vertrauensvoll an Kühe und Pferde heran, die in seinem Gebiete weiden, mischt sich auch da, wo es Zahme seiner Art gibt, gern unter diese, obschon es recht wohl weiß, daß es nicht mit seinesgleichen zu tun hat. Hieraus geht hervor, daß die Furcht und Scheu vor dem Menschen die Folge der bösen Erfahrung ist, die es mit ihm gemacht hat, daß es also kein dummes Tier sein kann. Ende September ist die Brunst und Mitte April wird das Junge geworfen und längere Zeit von seiner Mutter gesäugt.

Bild 33. Darstellung eines Renntiermännchens aus der Höhle von Combarelles, stark verkleinert.
(Nach Capitan und Breuil.)

Der europäische Diluvialjäger lebte vorzugsweise vom Renntier, das damals während der Kälteperiode bis gegen das Mittelmeer hinunter in großen Herden lebte und dem Menschen das weitaus wichtigste Beutetier war. Um es leichter in seine Gewalt zu bringen, zeichnete er es unter Murmeln von Zaubersprüchen, wie dies heute noch manche auf derselben Kulturstufe lebende Jägerstämme tun, an die Wände der Höhlen, die er bewohnte, und an allerlei Gegenstände seines Besitzes, wohl auch die aus gegerbtem Renntierfell bestehenden Zeltwände auf Stangen. Dabei galt der Glaube, daß, je naturgetreuer das Tier dargestellt werde, es um so sicherer in des Menschen Gewalt gelange. Außer dem Fell, das ihm seine Kleidung und Zeltumhüllung, wie auch Riemen und Schlingen aller Art lieferte, wurden nicht nur das Fleisch und alle Eingeweide vom hungrigen Renntierjäger verzehrt, sondern auch das Geweih und die Knochen des Tieres als bald noch wichtigeres Werkzeugmaterial als der Feuerstein benutzt. So war die ganze Kultur der Magdalénienjäger der frühen Nacheiszeit ganz wesentlich auf die Erbeutung des damals ausschließlich wildlebenden und durchaus noch nicht vom Menschen in Herden vereinigten Renntiers gegründet, wie solches heute noch von den auf der reinen Jägerstufe verbliebenen Indianern Kanadas und noch höherer Breiten geübt wird. Auch diese leben, wie King berichtet, fast ausschließlich vom Renn. Sie erlegen das Wild auf seinen Wanderungen mit der Feuerwaffe, fangen es in Schlingen, töten es beim Durchschwimmen der

Flüsse mit Wurfspeeren, graben tiefe, mit dünnem Astwerk und Laub verdeckte Fallgruben oder errichten an den Furten, die sie durchschreiten müssen, zwei aufeinander zulaufende Zäune aus Stecken, die da und dort schmale Lücken lassen. In eine jede solche Lücke legen sie eine Schlinge. Wenn das Rudel zwischen die Zäune getrieben wird, fangen sich einzelne Individuen, die seitlich durchbrechen wollen, darin und werden abgestochen. Das Fleisch essen sie roh und braten und räuchern den nicht sofort zu bewältigenden Rest am Feuer. Aus den Geweihen und Knochen verfertigen sie ihre verschiedenen Knochenwerkzeuge, vor allem die Fischspeere und Angeln. Mit den gespaltenen Schienbeinen und anderen Teilen schaben sie, wie das Fleisch von den Knochen, so Fett und Haar von den Häuten ab, und mit Renntiergehirn reiben sie das Innere der Felle ein, um sie geschmeidig zu machen. Das durch Räuchern mit feuchtem Holze konservierte Leder alter Tiere hängen sie um ihre Zeltstangen, während sie aus dem pelzartig weichen Fell jüngerer Tiere ihre Kleidung herstellen, die sie mit Nadeln aus Renntierhorn vermittelst Sehnenfäden vom Renntier nähen. Vom Kopf bis zu den Füßen sind sie in Renntierpelze gehüllt, werfen ein weichgegerbtes Renntierfell auf den Schnee, decken sich mit einem andern solchen zu und sind so imstande, der grimmigsten Kälte Trotz zu bieten. Kein Teil des Renntiers bleibt von ihnen unbenutzt, nicht einmal der aus aufgeweichten und halb aufgelösten Renntierflechten bestehende Mageninhalt, der mit Blut vermischt ein ihnen höchst schmackhaft vorkommendes Gericht liefert, von dem sie nur ihren besten Freunden anbieten.

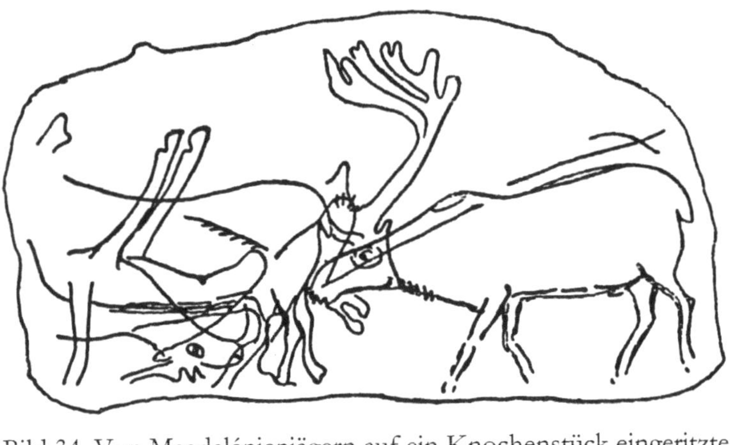

Bild 34. Von Magdalénienjägern auf ein Knochenstück eingeritzte Renntiere, worunter ein Männchen ein Weibchen beschnüffelnd, aus dem *abri* von La Madeleine in der Dordogne. (Etwa natürl. Größe.)

Das wilde Renntier hat aber auch noch andere Feinde als den Menschen. Der gefährlichste von ihnen ist der Wolf, der stets, besonders im Winter, die

Rudel umlagert. In Norwegen mußten die Renntierzuchten, welche man auf den südlichen Gebirgen anlegen wollte, der Wölfe wegen aufgegeben werden. Auch Vielfraß, Luchs und Bär stellen den Renntieren nach. Sonst setzen ihm hauptsächlich die Mückenschwärme stark zu und peinigen es im Sommer auf höchst unangenehme Weise.

Jung eingefangene Renntiere werden bald zahm. „Man würde sich aber", sagt Brehm, „einen falschen Begriff machen, wenn man die Renntiere, was die Zähmung anlangt, den in den Hausstand übergegangenen Tieren gleichstellen wollte. Nicht einmal die Nachkommen derjenigen, welche seit undenklichen Zeiten in der Gefangenschaft leben, sind so zahm wie unsere Haustiere, sondern befinden sich immer noch in einem Zustande von Halbwildheit. Nur Lappen und deren Hunde sind imstande, solche Herden zu leiten und zu beherrschen."

Bild 35. Aus Renntierhorn geschnitzter Dolch eines Magdalénienjägers, dessen Griff ein Renntier darstellt, das, um die Hand beim Fassen der Waffe nicht zu behindern, die Schnauze erhebt und sein Gehörn in den Rücken drückt. Aus dem gleichen Grunde sind seine Vorderfüße unter den Bauch gebogen, als ob es davonspringen wolle. Aus dem südfranzösischen *abri* von Laugerie basse in der Dordogne. (1/3 natürl. Größe.)

Das Renntier ist sehr spät vom Menschen zum Haustier erhoben worden und ist im ganzen jetzt noch recht mangelhaft domestiziert. Wann dies geschah, läßt sich nicht mehr bestimmen; doch kann dies vor nicht viel mehr als 500 Jahren geschehen sein. Nach Frijs in Christiania waren die Lappen im Norden Skandinaviens im 9. Jahrhundert noch Fischer und Jäger, die außer dem Hund noch keinerlei Nutztiere besaßen und das Renn nur als Wild kannten. Erst im 16. Jahrhundert gibt uns Olaus Magnus Kenntnis von zahmen Renntieren, die in ihrem Besitze waren. Julius Lippert hält es für wahrscheinlich, daß die Renntierzucht von Skandinavien ausging, während sie Eduard Hahn in ihrem Ursprung nach Nordasien verlegt und der Meinung ist, sie habe sich später von dort nach Westen ausgedehnt. Uns scheint diese letztere Annahme die allein richtige, da dort sicher die Renntierzucht eine ältere ist als in Nordeuropa.

Für die am Nordrande der Alten Welt lebenden Fischervölker, für deren Lebensweise der Hund zwar wichtig, aber nicht ausreichend war, wurde der Erwerb des Renns als Haustier von unschätzbarem Werte. Es war das einzige Wildmaterial, das ihnen für die Gewinnung eines nützlichen Haustiers zu

Gebote stand, und so wurde es herdenweise in Pflege und Aufsicht genommen und trat dadurch in lose Verbindung mit dem Menschen, den es bis dahin als seinen ärgsten Feind geflohen hatte. Die Unterordnung unter das menschliche Joch ist aber heute noch eine sehr bedingte. Wohl werden die Herden durch wachsame Hunde zusammengehalten, indessen wenden sie sich doch dahin, wo es ihnen gerade paßt und die Weide günstig ist. Der Besitzer kann seine Tiere nicht beeinflussen und nach seinem Willen lenken, sondern er muß ihnen einfach folgen, wohin sie ihn führen. Günstig für ihn ist es, daß die Renntiere ein ausgeprägtes Herdenbewußtsein haben und stets geschlossen gehen, so daß sie sich nicht zerstreuen, was ihm das Hüten wesentlich erleichtert. Das Melkgeschäft ist durchaus keine Annehmlichkeit, da die störrischen Tiere beständig durchgehen wollen und nur mit einem Strick zum Ausharren bei diesem Geschäfte festgehalten werden können. Die Renntiermilch ist, wenn sie auch neben dem süßen einen starken Beigeschmack hat, sehr fettreich und nahrhaft; doch ist der Milchertrag gering.

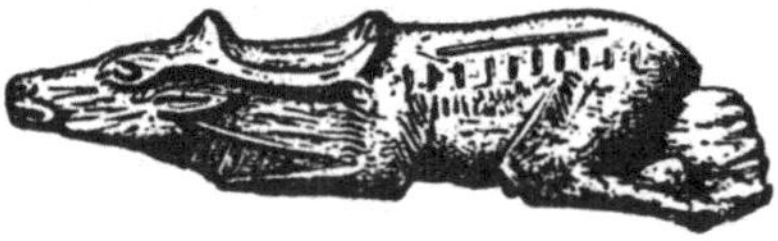

Bild 36 und 37. Dolchgriff aus Renntierhorn, einen Renntierkopf, und ein ebensolcher aus Mammutelfenbein, ein nur scheinbar liegendes Renntier darstellend, beide aus der Höhle von Bruniquel in Westfrankreich, jetzt im Britischen Museum in London. (1/3 natürl. Größe.)

Die von den Nomaden des Nordens zusammengehaltenen Renntierherden halten sich jahraus jahrein im Freien auf, da selbstverständlich Unterkunftsräume für so ausgedehnte Herden fehlen. Bei starkem Schneefall geraten sie allerdings in Not und gehen vielfach an Nahrungsmangel und Entkräftung zugrunde, so außerordentlich genügsam sie auch an sich sein mögen, indem sie sich von selbst aus dem Schnee hervorgescharrten Renntierflechten ernähren und als Flüssigkeitszufuhr den Schnee im Munde zergehen lassen.

Außer den Lappen geben sich auch die Finnen und zahlreiche sibirische Volksstämme mit der Zucht des Renntiers ab, das das Ein und alles, der Inbegriff von Glück und Reichtum dieser Menschen bildet. Mit Mitleid schaut der Fjeldlappe, der eigentliche Renntierzüchter, auf seine Volksgenossen herab, die das Nomadenleben aufgegeben und sich entweder als Fischer an Gewässern niedergelassen oder gar als Diener an Skandinavier verdingt haben. Er allein dünkt sich diesem gegenüber ein freier Mann zu sein; er kennt nichts Höheres als sein „Meer", wie er eine größere Renntierherde zu nennen pflegt. Immerhin gehört eine beträchtliche Zahl von Renntieren dazu, um den Lappen und seine Familie zu ernähren. Erst etwa 200 sollen ausreichen, um ihn selbständig zu machen. Wer weniger sein eigen nennt, pflegt sich an einen reicheren Besitzer anzuschließen und dafür in ein Dienstverhältnis zu ihm zu treten. Eine Herde von etwa 500 Renntieren bedeutet Wohlhabenheit, die viele Lappen erreicht haben. Nur wenige bringen es zu einem in ihren Augen fabelhaften Reichtum von 2000–3000 Stück. Man berechnet die Gesamtzahl der den Lappen Norwegens gehörenden Renntiere auf rund 80000, in die sich 1200 Besitzer teilen sollen. Die Renntierlappen leben ganz nomadisch, indem sie sich gewöhnten, ihren Herdentieren zu folgen. Im Sommer ziehen sie mit ihnen hinauf zu den großen baumlosen Fjeldern (Hochflächen), wo diese am leichtesten ihre Nahrung finden und der sehr lästigen Mückenplage entweichen können. Im Winter dagegen wandern sie mit ihnen in die waldreicheren Regionen hinab, die weniger den rauhen Stürmen ausgesetzt sind. Dank ihrer breitausladenden Hufe können die Renntiere ebensogut über die sumpfigen Stellen wie über die Schneedecke hinweggehen und sogar an den Halden herumklettern. Ihre Fährten erinnern weit mehr an die einer Kuh als eines Hirsches.

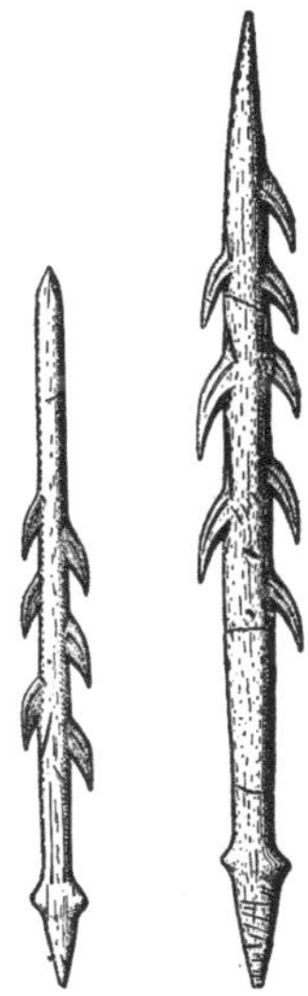

Bild 38 und 39. Zwei Harpunen des Magdalénienjägers aus Renntierhorn mit Giftrinnen aus Südfrankreich. (4/9 natürl. Größe.)

Eine Renntierherde bietet ein höchst eigentümliches Schauspiel. Die Renntiere gehen geschlossen wie die Schafe, aber mit behenden, federnden Schritten und so rasch, wie sonst keins unserer Haustiere. Ihnen nach wandelt der Besitzer mit seinen Hunden, die eifrig bestrebt sind, die Herde zusammenzuhalten. Durch ihr Hin- und Herlaufen und durch ihr ewiges

Blöken erinnern die Renntiere an Schafe, obgleich ihr Lautgeben mehr ein Grunzen genannt werden muß. Bei weitem die meisten, die in Herden gehalten werden, sind sehr klein und man sieht unter Hunderten nur sehr wenig starkgebaute, große Tiere. Dabei fällt die Unregelmäßigkeit ihrer Geweihe unangenehm auf.

Mancherlei Seuchen richten oft arge Verheerungen unter den Renntieren an. Außerdem trägt das rauhe Klima das seinige dazu bei, daß sich die Herden nicht so vermehren, wie es, der Fruchtbarkeit des Renns angemessen, der Fall sein könnte. Junge und zarte Kälber erliegen der Kälte oder leiden unter den heftigen Schneestürmen, so daß sie, vollkommen ermattet, der Herde nicht mehr folgen können und zugrunde gehen. Ältere Tiere können bei besonders tiefem Schnee nicht mehr hinreichende Nahrung finden. So können schneereiche Winter zuvor für reich geltende Lappen geradezu arm machen, so daß sie sich erst in vielen Jahren von ihrem Schaden erholen können.

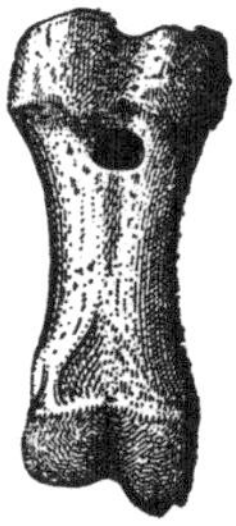

Bild 40. Pfeife der Magdalénienjäger aus der Höhle von Bruniquel in Westfrankreich, nördlich der Dordogne. (2/3 nat. Größe.) An der dünnsten Stelle einer Renntierphalange ist mit einem Steinmesserchen ein Loch gebohrt worden, welches beim Anblasen einen scharfen, hohen Ton hören läßt.

Alles am Renntier wird von diesen Leuten benutzt, nicht bloß die Milch und der daraus bereitete wohlschmeckende Käse, das Fleisch und das Blut, sondern auch jeder einzelne Teil des Leibes. Aus dem weichen Fell besonders der Renntierkälber verfertigt man warme Pelzröcke und Pelzstiefel; die Sehnen benutzt man zu Zwirn, die Gedärme zu Stricken. Wie zur Renntierzeit werden auch heute noch aus Horn und Knochen allerlei Gerätschaften, besonders Fischhaken und Angeln hergestellt. Außerdem wird das Tier zum Tragen der Gerätschaften, besonders der Zeltbestandteile und Effekten seines Besitzers verwendet. In Lappland benutzt man das Renn hauptsächlich zum Fahren, weniger zum Lasttragen, weil ihm letzteres, des schwachen Kreuzes wegen, sehr beschwerlich fällt. Nur die Tungusen reiten auch auf den stärksten Rennhirschen, indem sie einen kleinen Sattel gerade über die Schulterblätter legen und sich mit abstehenden Beinen daraufsetzen. Auf diese Weise reiten sie selbst über Moorgebiete, in die Pferde und Menschen tief einsinken müßten, mit erstaunlicher Sicherheit hinweg. Der Korjäke dagegen fährt im Renntierschlitten und Wettfahrten gehören zu seinem Hauptvergnügen. Weder zum Fahren, noch zum Reiten werden die Tiere besonders abgerichtet, sondern man nimmt dazu ohne viel Umstände ein beliebiges, starkes Tier aus der Herde und schirrt es zum Ziehen des bootartigen Schlittens oder zur Aufnahme des kunstlosen Sattels an. Ein gutes Renntier legt mit dem Schlitten in einer Stunde etwa 10 *km* zurück und zieht 120–140 *kg*, wird aber gewöhnlich viel geringer belastet. Schont man solche Zugtiere, indem man sie nur morgens und abends einige Stunden ziehen, mittags und nachts aber weiden läßt, so kann man erstaunlich große Strecken zurücklegen, ohne sie zu übermüden. Doch ist auf die Dauer der Zughund leistungsfähiger als sie; deshalb haben die Kamtschadalen im Gegensatz zu ihren Nachbarn, den Korjäken, ihre Hunde zum Ziehen der Schlitten nicht mit dem Renntier vertauscht. Auch die Giljaken im Mündungsgebiet des Amur sind vom Renntiergespann wieder zum Hundeschlitten, als dem leistungsfähigeren Fortbewegungsmittel, zurückgekehrt. Allerdings muß man den Hunden für Nahrung sorgen, während das Renntier sich sein Futter selbst sucht.

Außer im Norden von Skandinavien ist das Renntier in Finnland stark verbreitet. In Rußland ist das Gouvernement Archangelsk am reichsten daran; auch die Gouvernemente Perm und Orenburg besitzen noch starke Bestände davon. Durch ganz Sibirien haben die Nomadenstämme der Samojeden, Ostjaken, Tungusen, Tschuktschen und wie sie sonst heißen mögen, große Herden von Renntieren, von denen sie neben der Jagd auf die wilden Renntiere leben. Als Proviant wird Renntierfleisch getrocknet; solchergestalt läßt es sich lange Zeit aufbewahren ohne zu faulen. In neuester Zeit hat man versucht, von Sibirien aus Renntiere in Alaska einzubürgern, um die soziale Lage der dortigen Einwohner zu heben. Ob dieser Versuch tatsächlich geglückt ist, steht dahin; doch wird dies wohl der Fall sein, da dieses Tier keine Schwierigkeiten bei der Haltung macht.

Da das Renntier erst so kurze Zeit im Haustierstande ist, hat es sich noch nicht in verschiedene Rassen spalten können. Immerhin sind bei der zahmen Art, abgesehen von der geringeren Größe, der größeren Häßlichkeit und der unregelmäßigen Bildung des Geweihs, das auch später abgeworfen wird, bereits kleine Farbenunterschiede bemerkbar. Bei vielen ist die Färbung des Felles schon ziemlich rein weiß, bei anderen scheckig geworden. Das wohlschmeckende Wildbret des Renns ist bei uns so beliebt geworden, daß es im Winter von Skandinavien aus regelmäßig auf unseren Markt gelangt und willige Abnehmer findet.

XI. Der Elefant.

Die letzten spärlichen Stammhalter einer einst durch zahlreiche Arten vertretenen Säugetiergattung sind die Rüsseltiere, unter denen die Elefanten die wichtigsten und für den Menschen nützlichsten sind. Schon seit dem hohen Altertum gezähmt und zum Nutztier des Menschen abgerichtet, sind sie indessen bis jetzt nie eigentlich zu Haustieren geworden, indem sie sich in der Gefangenschaft nur ausnahmsweise fortpflanzen.

Wenn wir von zahmen Elefanten sprechen, so verstehen wir darunter stets den etwas kleineren und mit kleinen Ohren versehenen indischen Elefanten (*Elephas indicus*), der ein ausgesprochenes Waldtier ist und die mit Wäldern bedeckten Teile von Vorderindien, Ceylon, Assam, Birma, Siam, Cochinchina, der Halbinsel Malakka und Sumatra bewohnt, aber auch in Borneo vorkommt, wo er indessen vielleicht nur eingeführt ist. Er ist fast haarlos, abgesehen von einer Reihe langer, grober Haare am Schwanzende, von dunkelgrauer Farbe und trägt an den Vorderfüßen 5, an den Hinterfüßen dagegen nur 4 Hufe. Weibchen werden meist bloß 2,4 *m*, Männchen durchschnittlich 2,7 *m* hoch, können aber bis 3,6 *m* Höhe und über 3000 *kg* Gewicht erlangen. Die Stoßzähne sind wurzellose Schneidezähne mit Emailüberzug, der nicht wesentlich härter ist als die innere Elfenbeinmasse. Sie wachsen ruckweise und bestehen aus dütenartig ineinander gesteckten einzelnen Schichten von Dentin. Beim Männchen sind sie stärker ausgebildet als beim Weibchen und dienen als Hebel zum Abbrechen von Zweigen und Entwurzeln von kleineren Bäumen, von deren Laub die Tiere sich ernähren. Gelegentlich können sie nicht nur beim Weibchen, sondern auch beim Männchen fehlen. Von den oben und unten nach und nach hervorbrechenden 6 Backenzähnen jeder Kieferhälfte sind meist nur 4 im Gebrauch, je einer oben und unten. Sie bestehen aus einer Anzahl sich selbständig entwickelnder, erst nachträglich durch Zement zusammengekitteter Platten, innen aus Dentin und außen aus Schmelz bestehend; und zwar ist der erste aus 4, der zweite aus 8, der dritte aus 12, der vierte gleichfalls aus 12, der fünfte aus 16 und der sechste aus 24 Querplatten zusammengesetzt. Die einzelnen Zähne sind weniger groß als beim afrikanischen Elefanten, weil seine Nahrung weicher ist. Sie besteht nämlich hauptsächlich aus verschiedenen Arten von Gräsern und Blättern, jungen Bambusschößlingen, aus Stengeln und Blättern wilder Bananen und aus den kleinen Blättern, den weichen Zweigen und der Rinde bestimmter Baum-, namentlich Feigenarten. Von einem ausgewachsenen Tiere werden täglich große Mengen von Nahrung, nämlich 300–350 *kg*, verzehrt. Dagegen trinken die Elefanten in der Regel nur zweimal am Tage, nämlich vor Sonnenuntergang und nach Sonnenaufgang. Sowohl das Wasser als auch die Nahrung führen sie mit dem Rüssel zum Munde, der ein überaus muskulöses

Organ ist und aus über 35000 einzelnen Muskelbündelchen besteht, nämlich von in Reihen hintereinander geordneten Längs- und in Bogen verlaufenden Quermuskeln. Er ist beim indischen Elefanten länger als beim afrikanischen, etwa von der halben Körperlänge, und trägt vorn an der Spitze einen fingerartigen, äußerst nervenreichen Fortsatz, mit dem er die feinsten Gegenstände vom Boden aufzugreifen vermag. Die Augen sind auffallend klein und das Sehvermögen gering, das Gehör mäßig, aber der Geruch außerordentlich fein entwickelt.

Gewöhnlich lebt der indische Elefant in Herden von 30–50 Stück verschiedener Größe und beiderlei Geschlechts. Dabei gehören im allgemeinen alle Stücke einer Herde zu derselben Familie, sind also nahe miteinander verwandt. Verschiedene Herden vermischen sich nämlich nicht miteinander, obschon versprengte Weibchen und junge Männchen auch leicht in eine fremde Herde aufgenommen werden. Nur alte, griesgrämige Männchen leben gern für sich allein und können dann sehr bösartig werden. Der Anführer der Herde ist merkwürdigerweise stets ein Weibchen. Im allgemeinen sind alle Elefanten trotz ihrer Größe und Kraft furchtsame und schreckhafte Tiere, die dem Menschen, ihrem größten Feinde, sorgfältig aus dem Wege gehen. Abgesehen von den von den Engländern in Indien als *rogues* bezeichneten einzellebenden Männchen hat man sich besonders vor Weibchen mit Jungen zu hüten. Greift ein Elefant an, so benutzt er dabei die Füße und, falls es ein Männchen ist, seine Stoßzähne, nicht aber seinen Rüssel, den er beim Angriff vielmehr fest zusammenrollt. Den geworfenen Gegner zertrampelt er meistens.

Den größten Teil des Tages und der Nacht streicht der Elefant umher um zu fressen, ruht ungefähr von 9 oder 10 Uhr morgens bis nachmittags 3 Uhr und zum zweiten Male etwa von 11 Uhr abends bis 3 Uhr morgens. Beim Weiden zerstreut sich die Herde etwas, aber schnell sammeln sich ihre Mitglieder, sobald sie beunruhigt werden. Zum Schlafen legt sich der indische Elefant gleich andern Säugetieren nieder, während der afrikanische, der auch die Sonnenhitze besser erträgt, stets stehend schläft. In vielen Gegenden unternehmen die Elefanten zu bestimmten Jahreszeiten Wanderungen von beträchtlicher Ausdehnung, hauptsächlich wohl des Futters wegen, zum Teil aber auch, um gewissen, ihnen lästig fallenden Insekten aus dem Wege zu gehen. Bei den Wanderungen marschieren die Tiere im Gänsemarsch hintereinander; kommen sie bei warmem Wetter an Wasser, so baden sie, wälzen sich auch gern im Schlamme. Sind sie erhitzt, so spritzen sie mit dem Rüssel Wasser über ihren Körper. Können sie solches nicht haben, so benetzen sie ihren Rücken mit Speichel, werfen auch Erde und Blätter zur Kühlung darauf.

Tafel 47.

(Copyright Underwood & Underwood in London.)

Indischer Elefant in Ceylon, seinem Lenker oder Mahaut den Fuß zum Besteigen hinhaltend.

Tafel 48.

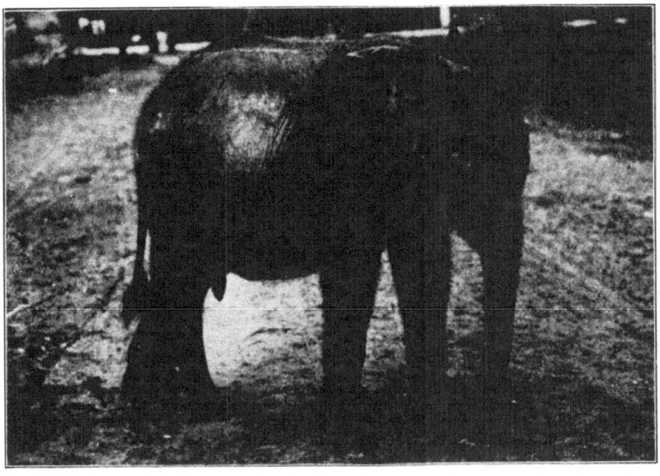

Junger ostafrikanischer Elefant.

Zwei erlegte ostafrikanische Elefanten mit großen Stoßzähnen. (Beide Bilder nach einer im Besitz der deutschen Kolonialschule in Witzenhausen befindlichen Photographie.)

Wenn auch die geistigen Fähigkeiten des Elefanten meist überschätzt werden, so ist gleichwohl zuzugeben, daß er außerordentlich gelehrig, klug und gehorsam ist, und dies in so hohem Grade, daß sich kein anderes ausgewachsenes Säugetier auch nur halbwegs so leicht zähmen läßt wie er. Seine sehr lange Entwicklungszeit von 25 und mehr Jahren und sein Leben in engstem Familienverbande, durch das die Jungen nicht bloß das Lernen, sondern auch die Alten das Lehren so gewohnt werden, daß sie es auch in der Gefangenschaft nicht lassen können, begünstigen in hohem Maße seine Dressurfähigkeit. Diese Neigung zum Bevormunden ist auch der Hauptgrund, weshalb die zahmen Elefanten so gern bei der Bändigung der wilden helfen. Wie Jäger sagt, steckt ihnen das Schulmeistern im Blute. Wenn nun auch der Elefant außerordentlich zahm ist und auf jeden Wink seines Führers gehorcht, so pflanzt er sich gleichwohl in der Gefangenschaft, wenigstens in Britisch-Indien, nur selten fort; doch soll die Elefantenzucht mit zahmen Weibchen in Teilen von Birma und Siam etwas ganz gewöhnliches sein. Sogar in Menagerien und Tiergärten pflanzt er sich gelegentlich fort, so bekam eine Elefantenkuh im bekannten Tiergarten von Schönbrunn bei Wien zweimal Junge, die gut gediehen. Der Elefantenbulle ist etwa im 20. Jahre fortpflanzungsfähig, wenn er auch erst mit 25 ausgewachsen ist und erst im 35. Jahre seine Vollkraft erreicht. Seiner langsamen Entwicklung entsprechend, wird er 100–150 Jahre alt. Die Weibchen bringen ihr erstes Kalb ungefähr im Alter von 16 Jahren zur Welt und weitere Junge in Zwischenräumen von durchschnittlich 2,5 Jahren. Die Tragzeit beträgt 201/2 Monate. Meist im Herbst wird das eine Junge geboren, das bei der Geburt 85 *cm* hoch und ungefähr 100 *kg* schwer ist und mit seinem Munde, nicht aber mit dem dann noch dünnen, kurzen und wenig beweglichen Rüssel, der dabei zurückgelegt wird, an den beiden an der Brust befindlichen Zitzen seiner Mutter saugt. Nur in seltenen Ausnahmefällen werden Zwillinge geboren. Hat ein Weibchen geworfen, so verbleibt die ganze Herde, der es angehört, rücksichtsvoll ein paar Tage an der Stelle, da solches geschah. Überhaupt leben die Mitglieder einer Herde äußerst friedlich zusammen. Nur bei der an keine Periode oder Jahreszeit gebundenen Brunst sind die Tiere leicht reizbar und können Streit miteinander bekommen, oder, wenn sie gezähmt im Dienste des Menschen stehen, wütend werden, besonders die Männchen, bei denen dann, wie übrigens auch bei den Weibchen, aus einer kleinen, zwischen Auge und Ohr gelegenen Schläfendrüse eine ölige Substanz herausfließt. Es ist dies ein sexuelles Reizmittel von für die menschlichen Nasen kaum merklichem Geruch, das aber für die so sehr viel feineren Geruchsorgane jener Tiere stark wirkt.

Da die indischen Elefanten so leicht gezähmt werden können, hat man sich gar nie die Mühe genommen, sie systematisch zu züchten und in der Gefangenschaft zur Fortpflanzung zu bringen. Weil sie überaus langsam wachsen und bis zu ihrem leistungsfähigen Alter sehr viel Futter verbrauchen, das der Mensch ihnen geben muß, ist es sehr viel einfacher, sie sich in der Wildheit fortpflanzen und verköstigen zu lassen, bis sie ein für den Dienst beim Menschen taugliches Alter erlangt haben, und sie dann zu fangen. Dazu treibt man eine oder einige Herden durch eine lärmende und schießende Treiberkette in eine aus Baumstämmen hergestellte Einfriedigung, eine sogenannte Keddah. Hier fängt und entfernt man die zum Behalten gewünschten Exemplare mit Hilfe zahmer Elefanten und läßt die übrigen laufen. Die gefangenen Individuen werden an starke Bäume angebunden, durch Entzug von Nahrung und Trank, wie auch der Gelegenheit zu Baden mürbe gemacht, dann zwischen zwei zahmen Elefanten zur Tränke und zum Bad und bald auch zur Arbeit geführt, wobei sie sich trotz ihrer Stärke ziemlich rasch unter die geistige Gewalt des Menschen beugen und seinem Willen gehorchen. Die Südasiaten sind Meister in der Kunst wilde Elefanten mit Hilfe von zahmen zu fangen und zu zähmen. Außer dem Fang in Einfriedigungen, in die die durch unmenschlichen Lärm erschreckten Tiere herdenweise getrieben werden, betreibt man den Einzelfang. Entweder sucht man wilde Elefanten vor dem Wind auf schnellen zahmen einzuholen und mit Schlingen zu fesseln, oder man folgt großen Männchen, auf die man es besonders abgesehen hat, mit zahmen Weibchen und bindet ihnen, wenn sie schlafen, die Hinterbeine zusammen.

In Indien, wie auf Ceylon gibt es eine besondere Kaste von Einzelfängern, die mit wunderbarem Scharfsinn und großer Tapferkeit erwachsene Elefanten beschleichen, um ihnen die zuvor an einem starken Baum befestigte zähe Schlinge aus Hirsch- oder Büffelhaut um eines der Hinterbeine zu legen, sie so zu fangen und durch Hunger zur Zähmung mürbe zu machen. Überall in Südasien halten die Fürsten zahlreiche zahme Reitelefanten, die aus solchen Wildlingen gezähmt und zu nützlichen Tieren des Menschen dressiert wurden. Für feierliche Prunkaufzüge und zu Jagden auf den Königstiger, den Wildbüffel und andere gefährliche Tiere im Dschungel sind sie sehr beliebt und fast unentbehrlich. Für die feierlichen Prozessionen werden in den indischen Tempeln sogenannte Tempelelefanten gehalten. In Hinterindien werden sie besonders zum Transport von gefällten und zugehauenen Baumstämmen, besonders des Tiekholzes, verwendet, auch dienen sie dort und in Vorderindien zum Ziehen von Wagen und schweren Geschützen. Die Engländer haben ganze Batterien von Positionsartillerie, die mit Elefanten bespannt und sehr leistungsfähig sind. Denn trotz ihrer plumpen Gestalt entwickeln diese Tiere eine große Gewandtheit beim Erklimmen steiler Abhänge. Auch im Wasser sind sie außerordentlich gewandt wie wenige Landvierfüßler. Sie schwimmen zwar nicht eben schnell, legen in der Stunde vielleicht kaum 2 *km* zurück, können dafür aber 6 Stunden und darüber ohne zu ruhen fortschwimmen. Albinos von hellerer Färbung und roten Augen werden in Siam heilig gehalten und in einem kostbaren Stalle in der Hauptstadt vom Herrscher gefüttert. Der „weiße Elefant" ist zum Wappentier jenes Reiches erhoben worden. Hat jemand einen solchen ausgekundschaftet, so wird er unter großem Aufwand des Hofes und der buddhistischen Priesterschaft gefangen und in einen besonderen Tempel nach der Hauptstadt Bangkok gebracht, wo er von den Gläubigen mit Leckerbissen gefüttert wird und ein sehr gutes Leben führt. Und wer der Untertanen ein solches heiliges Tier, dem hohe Ehren zuteil werden, auskundschaftet und dem Könige von Siam oder einem seiner Statthalter meldet, der wird von seinem Herrscher für diese Meldung wahrhaft königlich belohnt.

Etwas verschieden vom indischen ist der afrikanische Elefant (*Elephas africanus*), der sich auf den ersten Blick von jenem durch seine gewaltigen, in der Ruhelage die Schultern vollständig bedeckenden Ohren unterscheidet. Diese werden bei Erregung des Tieres mit ihren Flächen senkrecht zum Kopfe gestellt und geben dabei ihrem Träger ein höchst sonderbares Aussehen. Der afrikanische Elefant ist erwachsen größer und schwerer als der indische, hat einen krummen Karpfenrücken, einen ebenso kurzen aber gleichwohl sehr beweglichen Hals und 28 statt wie dieser 27 Schwanzwirbel, dennoch aber einen kürzeren Schwanz. Die Füße sind verhältnismäßig länger und dünner, dadurch ist der plumpe Körper höher gestellt. Die Schulterhöhe erreicht 4–5 *m*, das Gewicht bis 4000 *kg* und darüber. Am verhältnismäßig kleineren Kopfe ist die Stirne flacher, das Auge größer, der Rüssel kürzer, dünner und flach, dessen Haut auf der Oberseite in scharfe, nach vorn gerichtete Falten gelegt, die Spitze, statt mit nur einem fingerartigen Fortsatz am Vorderrand der Öffnung, mit zwei gleichgroßen Fortsätzen versehen, wovon der eine in der Mitte des Vorder-, der andere in der des Hinterrandes steht. Die Stoßzähne des afrikanischen Elefanten, die bei den Elefanten von Nord- und Ostabessinien zu fehlen oder wenigstens sehr klein zu sein scheinen, sonst aber nicht bloß beim Männchen, sondern auch beim Weibchen gut entwickelt sind, sind größer als die des indischen Elefanten. Während der, soviel man weiß, längste bekannte Stoßzahn eines indischen Elefanten 2,44 *m* Länge und ein Gewicht von 45 *kg* hatte, betrug die Länge eines der größten bekannt gewordenen Stoßzähne eines afrikanischen Elefanten 6,33 *m* und das Gewicht 82,5 *kg*. Durchschnittlich beträgt das Gewicht der beiden Stoßzähne eines ausgewachsenen männlichen afrikanischen Elefanten nur 70 *kg*. Im Jahre 1874 wurde jedoch in London ein einzelner Stoßzahn verkauft, der 94 *kg* wog. Doch sind nach Schillings Zähne von über 50 *kg* Gewicht selten. Solche stammen dann stets von Männchen, während Weibchen selten schwerere als 15 bis im Maximum 20 *kg* Gewicht besitzen. Ein Unikum waren nach demselben Autor die im Jahre 1898 von einem gewerbsmäßigen schwarzen Elefantenjäger am Kilimandscharo gewonnenen Zähne eines schon fast greisenhaften Bullen, die zusammen etwa 225 *kg* gewogen haben sollen. Beide Zähne gelangten auf den Elfenbeinmarkt in Sansibar und wurden nach Amerika verkauft.

Wie die Stoßzähne sind auch die Backenzähne des afrikanischen Elefanten gewaltiger als diejenigen des indischen Verwandten, weil dessen Nahrung viel gröber und härter ist und viel größere Anforderungen an das Gebiß stellt. Unter ihnen ist der erste aus 3, der zweite aus 6, der dritte gleich dem vierten aus 7, der fünfte aus 8 und der sechste und letzte aus 10 Platten zusammengesetzt, die sich von dem die Backenzähne des indischen Elefanten zusammensetzenden Platten durch ihren auf der Kaufläche sichtbaren rautenförmigen Querschnitt unterscheiden. Zudem ist der Körper des afrikanischen Elefanten kräftiger behaart und die Färbung eine dunklere als bei jenem. Während die Vorderfüße 5 Hufe tragen, besitzen die Hinterfüße nicht 4 wie beim indischen, sondern bloß 3 Hufe.

Der afrikanische Elefant ist stärker und lebendiger als sein indischer Vetter. Seine Bewegungen sind rascher und beim Erklimmen abschüssiger Hänge zeigt er sich ebenso geschickt. Er steigt am Kilimandscharo bis zu 3000 *m* und im Hochland von Abessinien bis 2400 *m* empor, ist kein so ausschließliches Waldtier wie sein indischer Gattungsgenosse, findet sich im Sudan oft sehr weit vom Walde entfernt auf trockenen, mit verdorrtem Grase bestandenen Ebenen und erträgt die Hitze viel besser als jener. Nach C. G. Schillings ist sein eigentlicher Aufenthaltsort nicht der schattige, kühle

Hochwald, sondern vielmehr da, wo er sich nicht allzusehr verfolgt weiß, und namentlich in der Regenzeit die Baumsteppe, sonst aber die dichten Bestände von außerordentlich hohem Gras und schilfbestandene Flußufer. Seine Nahrung besteht nie aus Gräsern — nur Prof. Volkens hat in Höhenlagen zwischen 2000 und 3000 *m* am Kilimandscharo Reste von Schilf in den Elefantenlosungen gefunden — sondern ausschließlich aus Baumzweigen, Rinden und Früchten aller Art. Baumzweige, die er in der Dicke des Handgelenks eines Mannes abreißt, durchkaut er und speit die holzigen Fasern wieder aus, während er den nahrhaften weichen Bast hinunterschluckt. In den Mimosenwäldern entwurzelt er mit Hilfe seiner Stoßzähne die meist nur 5–6 *m* hohen Bäume, um deren Rinde und Zweige, auch die Wurzeln, weniger die Blätter zu fressen. Der vorgenannte Schillings hat beobachtet, daß er mit Vorliebe mehrere Arten von Sanseverien aufnimmt, deren ausgekaute Stengel er aber wieder fallen läßt, so daß sie, von der Sonne bald weiß gebleicht, weithin auf dem Steppenboden sichtbar sind. Da sie einen erheblichen Wassergehalt besitzen, dienen sie ihm als einen, wenn auch notdürftigen Ersatz für das dort weithin fehlende Wasser. In Südost- und Südafrika benutzt er seine Stoßzähne gern zum Ausgraben von Wurzelknollen und Zwiebeln. Man sieht dort große Strecken des sandigen Bodens von ihnen gleichsam umgepflügt.

Der afrikanische Elefant scheint gleicherweise wie sein indischer Verwandter ein ziemlich starkes Wasserbedürfnis zu haben und trinkt täglich wenigstens einmal. Im Gegensatz zu jenem schläft er nie am Boden liegend, sondern stets nur stehend, in schattigen Hainen verborgen, und zwar während der heißesten Stunden des Tages. Gewöhnlich lebt er nur in kleinen, aus je einer Familie, und zwar aus jungen Männchen, Weibchen und Kälbern bestehenden Gesellschaften. Die alten Männchen leben einzeln, paarweise oder in kleinen Gesellschaften für sich, scheinen sich aber bei Wanderungen den übrigen Tieren anzuschließen. Solche Wanderungen, wozu sich gelegentlich Hunderte von Elefanten in kleinen Trupps zusammenfinden, scheinen vorwiegend aus Nahrungsmangel, dann auch zur Erlangung einer zu gewissen Zeiten reifenden Nahrung unternommen zu werden. Während Gesicht und Gehör verhältnismäßig schlecht entwickelt sind, ist sein Geruch fast noch besser als bei seinem indischen Verwandten ausgebildet. So kann er bei günstigem Winde einen Menschen schon aus sehr weiter Entfernung wahrnehmen und läuft dann erschreckt in größter Eile davon, um manchmal erst nach etlichen Stunden haltzumachen. Gern stellt sich der europäische Jäger bei der Elefantentränke auf den Anstand, um das vorsichtige Wild zu erlegen. Wo sich aber keine Gelegenheit dazu bietet, schießt er den Elefanten auch gern vom Pferde. Im ganzen ist aber die Jagd auf den afrikanischen Elefanten nicht bloß schwieriger, sondern auch gefährlicher als diejenige auf den indischen, da dieses Tier entschieden wilder und mehr zu einem Angriff geneigt ist als jener; und zwar scheinen die alten Weibchen gefährlicher als die Männchen zu sein und nicht selten sogar ungereizt anzugreifen.

Vor der Einführung der Feuerwaffen wurden die Elefanten in manchen Teilen Afrikas, besonders im Süden und Südosten, nur selten angegriffen. Nur gelegentlich taten sich die Eingeborenen zusammen, um sie vor dem Winde anzugreifen und sie durch Hunderte von Speerwürfen und den dadurch verursachten Blutverlust allmählich zu Tode zu quälen. Durch Speerwürfe tötet man auch in Mittelafrika die in Fallgruben, manchmal zu zweien gefangenen Elefanten. War das 3–4 *m* hohe Gras der Steppe während der heißen Jahreszeit so trocken geworden, daß es, angezündet, lichterloh brannte, umgab man auch gern eine dazu ersehene kleine Elefantenherde mit einem etliche Kilometer im Durchmesser haltenden Kreise von Feuer, dessen Inneres sich durch die Ausdehnung des Feuers allmählich verkleinerte und schließlich die Elefanten, die von der Angst getrieben bald dahin, bald dorthin zu entfliehen suchten, sich aber nach allen Seiten vom Feuer umgeben sahen, auf einem kleinen Fleck vereinigte. Dann stürzten sich die von prasselnden Flammen und Tausenden wild schreienden Eingeborenen umgebenen, durch gesteigerte Furcht sinnlos gewordenen Tiere, halberstickt durch den dicken Rauch, verzweifelt durch das Feuer, an dessen Außenrand sie, verbrannt und geblendet, unbarmherzig von den Speeren der blutdürstigen Wilden empfangen wurden. Hundert und mehr der großen Tiere sollen früher gelegentlich bei einer einzigen solchen Jagd getötet worden sein. Viele Eingeborenenstämme betrieben die Elefantenjagd auch aus dem Hinterhalte mit vergifteten Pfeilen. Andere, besonders in Westafrika, flochten aus armdicken holzigen Schlingpflanzen ein netzartiges Gehege um einen bestimmten Waldbezirk und jagten die Elefantenherden hinein. Wenn nun die Tiere unschlüssig vor dem verschlungenen Zaun aus Rankenwerk stehen blieben, so schleuderten die Neger von den benachbarten Bäumen, auf denen sie sich postiert hatten, hunderte von Lanzen in den Leib der stärksten und größten Tiere, bis diese schließlich, vom Blutverlust geschwächt, zusammenbrachen. Gebräuchlicher war es indessen bei derartigen Waldjagden, ein solches Zaunwerk in weitem Halbkreise herzurichten und die zufällig hineingegangenen oder hineingetriebenen Elefanten möglichst schnell vollständig zu umhegen. Ringsum wurden dann Wachen aufgestellt und Feuer angezündet, um die der Umzäunung sich nähernden Tiere zurückzuscheuchen. Obwohl selbst der kleinste Elefant die lockere und schwache Einhegung ohne weiteres durchbrechen und den schlecht bewaffneten Eingeborenen entrinnen könnte, wagen die gefangenen doch nicht zu entfliehen. Sie werden dann von den geduldig um sie herumlagernden und zuwartenden Jägern zu Tode gehungert, gespeert und im Zustande äußerster Entkräftung endlich umgebracht. Ihr Fleisch wird als Leckerbissen gern gegessen und das gewonnene Elfenbein zu allerlei Schmuck verarbeitet.

Die Hamram-Araber des Sudan pflegen die Elefanten zu Pferd zu jagen. Drei oder vier berittene Jäger trennen dabei einen Stoßzahnträger von seinen Genossen und folgen ihm so lange, bis das ermüdete Tier sich gegen den Jäger wendet, der sofort davongaloppiert und von dem dicht hinter ihm herlaufenden Elefanten verfolgt wird. Diesem aber reiten zwei andere Jäger so schnell sie können nach. Haben sie den Elefanten erreicht, so ergreift der eine die Zügel des Pferdes seines Genossen. Der andere springt sofort ab und durchschneidet flink mit einem einzigen Hiebe seines großen Schwertes die Achillessehne des Elefanten, wodurch das zum Gehen auf drei Beinen unfähige gewaltige Tier sofort zum Stehen gebracht und seinen Angreifern überantwortet wird. In ähnlicher Weise pflegten die Eingeborenen Maschonalands früher Elefanten zu jagen, nur daß sie zu Fuß waren und anstatt des Schwerts eine breite Axt gebrauchten. Mit dieser schlichen sie sich an den schlafenden Elefanten hinan, um eine seiner Achillessehnen zu durchhauen. Bei andern Eingeborenenstämmen im Stromgebiet des Sambesi ist es üblich, dem Elefanten von einem über einen seiner am häufigsten benutzten Pfade hängenden Baumast aus einen mit einem Holzklotz beschwerten starken Speer in den Rücken zu stoßen. Der damit getroffene Elefant rast, den schweren Speer im Rücken, davon, stößt damit an verschiedene Äste und Zweige an, vergrößert dadurch die schon allein durch das Gewicht des Speeres immer tiefer werdende Wunde und sinkt, vom Blutverlust erschöpft, schließlich zu Boden, wo ihm die in angemessener Entfernung insgeheim nachfolgenden Wilden den Garaus machen, sich an seinem Fleisch, das sie sehr lieben, sättigen und ihn der auch von ihnen zur Herstellung von allerlei Schmuck geschätzten Stoßzähne berauben. Anderswo, z. B. in gewissen Gebieten von Äquatoria, erbeutet man den Elefanten vermittelst eines aufgehängten beschwerten Fallspeers, der, falls die durch den Tritt des unter dem Speer hindurchgehenden Elefanten in Tätigkeit gesetzte Fallvorrichtung gut gerichtet ist, zwischen Schädel und Halswirbelsäule eindringt, den hier gelegenen Teil des Zentralnervensystems durchschneidet und den wie vom Blitz getroffenen Elefanten sofort im Todeskampfe zu Boden sinken läßt.

Während sich die Eingeborenen Afrikas ganz gut auf die Jagd des Elefanten verstehen, wissen diese zur Zähmung von Tieren überhaupt ungeschickten Leute den Elefanten weder zu fangen, noch gar abzurichten. Der Fang der afrikanischen Elefanten kann aber schließlich nicht viel schwerer sein als der des seit uralten Zeiten als Arbeitstier gebrauchten indischen, und nach dem Benehmen gefangener Elefanten, z. B. des großen Jumbo im Londoner Zoologischen Garten, zu urteilen, sind sie ebenso leicht zähmbar und nicht minder gelehrig als ihre indischen Vettern. So wissen wir, daß die nordafrikanischen Kulturvölker des Altertums den einheimischen Elefanten ebenso zähmten wie die Indier den ihrigen, und daß die Karthager zweifellos solche afrikanische Elefanten auf ihren Kriegszügen benützten. So dürfen wir auch annehmen, daß die 37 Kriegselefanten, die der berühmte karthagische Feldherr Hannibal im zweiten punischen Kriege im Sommer 218 v. Chr. von Spanien aus über die Pyrenäen und Alpen nach Norditalien führte, solche Afrikaner waren.

Früher war das Verbreitungsgebiet des afrikanischen Elefanten ein sehr viel größeres als heute, da er auf den südlich von der Wüste Sahara gelegenen Teil von Afrika beschränkt ist und auch hier durch die unsinnigen Verfolgungen von seiten der Elfenbeinjäger an vielen Orten ausgerottet wurde. Er kam im Altertum außer in ganz Nordafrika auch in Westasien und Südeuropa, besonders auf Sizilien und Spanien vor. Wir wissen aus sicher datierbaren geschichtlichen Urkunden, daß er in manchen Gebieten Westasiens bis ums Jahr 1000 v. Chr. gejagt wurde. So melden uns die Königsannalen im Allerheiligsten des Ammontempels zu Karnak, der einstigen ägyptischen Hauptstadt Theben, daß König Thutmosis III. (1480–1447), der seine Eroberungszüge bis weit nach Vorderasien ausdehnte, im Lande Naharina, d. h. Stromland (zwischen den Oberläufen von Euphrat und Tigris) bei der Stadt Nij am Euphrat unterhalb von Karkemisch nicht weniger als 120 Elefanten erlegte. Dabei geriet allerdings der Pharao selbst einmal in Lebensgefahr, indem eines der Tiere wütend gegen ihn eindrang und ihn wohl zweifellos zerstampft hätte, wenn nicht der Feldhauptmann Amenemhab seinem Gebieter zu Hilfe geeilt wäre und dem Angreifer mit dem Schwerte den Rüssel abgehauen hätte. Später hat auch der mächtige assyrische König Tiglathpileser I. noch ums Jahr 1120 v. Chr., wie er uns auf Inschriften meldet, in derselben westlich von Assyrien gelegenen Landschaft der Elefantenjagd obgelegen.

Einst gab es auch im Nilland selbst Elefanten, wie wir aus der einen solchen darstellenden Hieroglyphe ab entnehmen können. Früher wurde aber dieses Tier durch die immer dichter sich ansiedelnden Menschen aus dem Niltale verdrängt. Man jagte es damals schon fast ausschließlich zur Erlangung des Elfenbeins, das seit der vorgeschichtlichen Zeit als Ausgangsmaterial für allerlei Schmuck und Geräte wie in Asien, so auch in Afrika eine große Rolle spielte. Um es zu gewinnen, jagte man erbarmungslos die sonst so gutmütigen und friedlich beisammenlebenden Tiere, so daß der Elefant weithin ausgerottet wurde. Heute ist er auch aus ganz Südafrika verschwunden, wo er einst ebenfalls sehr häufig war. In den weniger besuchten Gegenden von Matebeleland, von Nordostmaschonaland und in den undurchdringlichen Urwäldern der Küstenniederungen an der Sofalabucht leben zwar noch einige zerstreute Elefantenherden; sonst gibt es südwärts vom Sambesi heute keine Elefanten mehr. An der Westseite von Südafrika mag es vielleicht in dem dem Kunene und Okawango benachbarten äußersten Nordosten von Owamboland noch etliche Elefanten geben, aber höchstens Männchen ohne Stoßzähne oder Weibchen.

Die letzte Elefantenherde am Botlebi und am Ngamisee wurde 1889 von den Betschuanen völlig vernichtet, und die im Anfang der 1890er Jahre noch ziemlich zahlreich zwischen den Flüssen Sambesi und Chobi lebenden Elefanten mögen gegenwärtig schon alle oder doch der Hauptsache nach den Angriffen der Barotse erlegen sein. In Ostafrika sind Elefanten am Kilimandscharo noch ziemlich häufig. Am längsten mögen sie sich in etlichen Gegenden von Innerafrika halten. Aber wenn keine wirksamen Gesetze zum Schutze der freilebenden afrikanischen Elefanten erlassen werden, wird man schließlich nur noch hier und da einige von Regierungs wegen geschützte Elefantenherden treffen, wie es heute schon etliche im östlichen Kaplande gibt. Dort ist es den Behörden dank scharfer Erlasse seit dem Jahre 1830 gelungen, in den Zitzikamma- und Knysnawäldern einige solche zu erhalten. Die fortschreitende Inzucht wird dann dafür sorgen, daß dieser ehrwürdige Riese vielleicht noch vor Ende des begonnenen Jahrhunderts ganz ausgerottet sein wird.

Afrika, wo nicht die Weißen mit ihren fürchterlichen Explosivgeschossen, sondern die Eingeborenen mit ihren gewöhnlichen Flinten das Hauptvernichtungswerk am Elefanten vollführen und weitaus das meiste Elfenbein in den Handel bringen, liefert heute noch fast ausschließlich das von uns außer zu allerlei Zier an Geräten und Spazierstöcken, zu Knöpfen und Messergriffen, besonders aber zu Billardkugeln verwendeten rezenten Elfenbeins, nämlich nach einer für die Jahre 1879/83 aufgestellten Übersicht jährlich von den im Durchschnitt in den Handel gelangenden 868000 *kg* nicht weniger als 848000 *kg*, während Ceylon und Sumatra zusammen nur 2000 *kg*, Hinterindien 7000 *kg* und Vorderindien 11000 *kg* abgab. Nach C. G. Schillings wurde der Antwerpener Elfenbeinmarkt allein gegen das letzte Jahrzehnt durchschnittlich mit den Zähnen von gegen 18500 Elefanten jährlich versorgt, in den Jahren 1888 bis 1902 aber 3212700 *kg* Elfenbein dort eingeführt, während das durchschnittliche Zahngewicht etwa 8,5 *kg* pro Zahn betrug und das Gesamtquantum fast ausschließlich vom Kongogebiet stammte. „Im Jahre 1902 aber wurden allein in Antwerpen 322300 *kg* Elfenbein verkauft!! In ähnlicher Höhe bewegt sich die Einfuhr an den übrigen hauptsächlichsten Elfenbeinhandelsplätzen der Welt, und diese Ziffern geben uns ein treues, wenn auch unsäglich trauriges Bild der Vernichtung des edlen Tieres. Ungeheuer sind die an einigen Handelsplätzen aufgestapelten Elfenbeinvorräte. Ihre späteren Eigentümer werden in kürzester Zeit — wenn erst einmal die von ihnen sehnlichst erstrebte vollkommene Ausrottung des afrikanischen Elefanten erreicht ist — diese Ware rapid im Preise heraufschrauben und zweifelsohne das heute nicht mehr sehr beliebte Elfenbein wieder als Modeartikel einzuführen wissen. — Alle diese Elefanten wurden hingeschlachtet nur ihres Elfenbeins halber. Es spricht der hoch entwickelten Technik unserer Zeit Hohn, daß sie nicht vermocht hat, ein Surrogat zu finden, welches Elfenbein (speziell zu

Billardkugeln) gleichwertig zu ersetzen vermag. Ein glückliches Schicksal hat den indischen Elefanten vor dieser Vernichtung bewahrt, weil die weiblichen Tiere des asiatischen Elefanten kein oder nur sehr wenig Elfenbein tragen, und auch die Bullen nur selten eine starke Stoßzahnentwicklung zeigen." Nachdem die Baumsteppe ihr Elefantenmaterial größtenteils eingebüßt hat, muß der dichte Wald, der mit seinem für den Menschen fast undurchdringlichen Unterholz diesem Riesen noch den meisten Schutz gewährt, zur Erlangung solcher Beute aufgesucht werden. Hier sind die Urwälder des Kongogebiets noch am besten mit diesem Edelwilde versehen, so daß die Eisenbahn des Kongogebiets nach statistischen Feststellungen allein im Betriebsjahre 1907/08 307000 *kg* und 1908/09 381000 *kg* Elfenbein beförderte. Das bedeutet einen Abschuß von 40000 Elefanten!

Bei den südasiatischen Kulturvölkern, speziell in Indien, spielte der gezähmte Elefant schon im hohen Altertum eine wichtige Rolle als Luxustier, das besonders auch zur Kriegsführung verwendet wurde. Die Griechen lernten ihn unter Alexander dem Großen auf ihrem Zuge nach Indien im Jahre 327 v. Chr. kennen. So schreibt Diodorus Siculus: „Als Alexander der Große in Indien eindrang, fand er jenseits des Flusses Aornos einen indischen Fürsten, der 20000 Soldaten und 15 Elefanten bei sich hatte. Dieser ward aber von seinen eigenen Leuten ermordet, sein Kopf zum König gebracht und dieser bekam nun auch die Elefanten, welche im Lande herumirrten, in seine Gewalt. — Jenseits des Indus stellte sich ihm der indische König Poros entgegen, welcher 50000 Mann Fußvolk, gegen 3000 Berittene, über 1000 Streitwagen und 130 Elefanten hatte. Wie es zur Schlacht kam, stellte er die Elefanten in vorderster Reihe auf, einen jeden für sich, vom andern entfernt, und füllte die Zwischenräume mit schwerbewaffnetem Fußvolk aus. Die Elefanten zertraten, was sich ihnen entgegensetzte, mit den Füßen samt Waffen und Knochen; andere hoben die Makedonier mit dem Rüssel hoch empor und schmetterten sie dann gegen den Erdboden, andere spießten sie mit den Zähnen auf. Die Makedonier hielten aber tapfer stand, brachten den Elefanten eine Menge Wunden bei und jagten sie auf ihre eigene Armee zurück, die dadurch in entsetzliche Verwirrung geriet. Poros ritt selbst auf einem Elefanten, sammelte deren rasch noch 40, die den Mut und die Geistesgegenwart nicht verloren hatten und focht tapfer, bis er, von vielen Wunden bedeckt, samt seinem Elefanten ohnmächtig zu Boden sank. Alexander erbeutete in dieser Schlacht 80 Elefanten."

Von diesen indischen Elefanten, die damals zum erstenmal in den Gesichtskreis der Europäer traten, berichtet der Grieche Strabon: „In Indien ist es keinem Privatmanne erlaubt, ein Pferd oder einen Elefanten zu halten; denn beides gilt für königliches Vorrecht. Die Elefantenjagd wird in Indien folgendermaßen betrieben: Man umgibt einen großen Platz mit einem breiten Graben und läßt nur einen schmalen Eingang frei. Auf den Platz werden 3–4 zahme Weibchen getan. Bei Nacht gehen dann auch einzelne wilde Elefanten hinein und hinter diesen wird das Tor leise zugeschlossen. Nun macht man die wilden durch Hunger matt, führt dann die stärksten zahmen hinein, um jene zu bekämpfen. Sind sie nun ganz kraftlos, so schleichen sich die mutigsten Führer unter den Leib der zahmen Elefanten und fesseln den wilden die Beine. Sie werden dann in einen Stall gebracht und mit dem Hals an eine starke Säule gebunden. Allmählich werden sie zahm und lernen dem Wort, dem Gesang und dem Zimbelschlag gehorchen. Von Natur sind sie sanft und klug. Es ist schon vorgekommen, daß sie ihre im Kampfe gefallenen Führer aufgehoben und aus der Schlacht getragen, daß sie ihre lebenden Führer, die sich unter ihnen verborgen hatten, verteidigt und gerettet, ja daß sie ihren Führer, den sie im Zorn umgebracht, tief betrauert haben, so daß einzelne, wie man sagt, in solchem Falle sich zu Tode hungerten." — „Vom Weibchen wird das Junge 6 Jahre lang gesäugt. Das Alter dieser Tiere erstreckt sich bis auf 200 Jahre. Ihre Augenkrankheiten sucht man durch Kuhmilch zu kurieren, ihre meisten Krankheiten mit rotem Wein, ihre Wunden mit Butter, ihre Geschwüre mit Schweinefleisch. Onesikritos und andere sagen, die indischen Elefanten seien größer und stärker als die libyschen. Mit ihrem Rüssel reißen die Elefanten Brustwehren ein und Bäume aus. Sie lassen sich abrichten, Steine nach einem Ziele zu werfen, mit Waffen zu fechten; auch schwimmen sie vortrefflich. — Der König von Indien hält seine Jagden in Tiergärten ab, reitet dabei auf einem Elefanten und die bewaffneten Weiber, welche seine Leibgarde bilden, folgen ihm im Wagen oder auf Pferden oder auf Elefanten nach. — Auf jedem Elefanten sitzen drei Bogenschützen und ein Führer (Kornak), auf jedem Streitwagen zwei Streiter und ein Wagenlenker."

Auch sonst weiß uns der griechische Geograph Strabon viel von Elefanten zu berichten, so daß Maurusien (das westliche Algerien und Marokko) außer Schlangen, Antilopen, Affen, Löwen und Panthern auch viel Elefanten habe und das maurusische Fußvolk Schilde von Elefantenhaut trage. In Arabien wohnten in der Nähe der Stadt Saba die „Elefantenesser." „Sie lauern den Elefanten auf und hauen ihnen die Sehnen durch. Auch schießen sie die Tiere mit Pfeilen, die in Schlangengalle getaucht sind. Der Bogen wird von zwei Männern gehalten und der dritte schießt den Pfeil ab. Andere machen Einschnitte in die Bäume, an welche sich die Elefanten anzulehnen pflegen, wenn sie ausruhen. Kommt nun das Tier und lehnt sich an, so fällt es um, kann aber nicht aufstehen, weil die Beine nur einen Knochen ohne Gelenk haben". Daß solche Fabeln damals noch von den gebildeten Griechen geglaubt wurden, beweist, daß diese noch wenig Elefanten gesehen hatten und dieses Tier mehr vom Hörensagen kannten.

Nach der Rückkehr der Makedonier vom Feldzuge nach Indien unter ihrem Könige Alexander erzählten sie den Griechen von ihren Erlebnissen daselbst und von den großen Elefanten jenes Landes. So erfuhr auch Aristoteles von ihnen und beschreibt sie in seiner Naturgeschichte ziemlich getreu. Er sagt, daß sie mit dem Munde, ohne Beihilfe der Nase, stöhnende Töne, mit dem Rüssel aber trompetenartige hervorbringen, daß das Elefantenweibchen im 12. Jahre das erste Junge bekomme, das bei der Geburt die Größe eines 2–3 Monate alten Kalbes habe, gleich sehen und gehen könne und mit dem Munde, nicht mit dem Rüssel, an seiner Mutter sauge. „Unter allen wilden Tieren ist der Elefant der zahmste und sanftmütigste. Er lernt auch vielerlei, namentlich, daß er vor Königen die Kniee beugt. Man glaubt, daß er 100 oder 200 Jahre alt wird. Winter und Kälte kann er nicht gut vertragen. Er lebt in der Nähe der Flüsse, jedoch nicht im Wasser, aber er watet durch Flüsse, wenn er nur seinen Rüssel über das Wasser emporstrecken kann; denn mit dem Rüssel atmet er."

„Die Elefanten kämpfen wütend miteinander und stoßen sich mit den Zähnen. Der Besiegte wird völlig unterjocht und fürchtet sich dann sehr vor der bloßen Stimme des Siegers. An Mut sind die Elefanten sehr verschieden. Die Inder brauchen die Männchen und Weibchen zum Kriege, obgleich die letzteren kleiner und weniger mutig sind. Mit den Zähnen kann der Elefant Mauern einstoßen. Palmen biegt er mit der Stirne nieder und tritt sie dann vollends zu Boden. Bei der Elefantenjagd besteigt man gezähmte, die recht mutig sind, verfolgt die wilden und, wenn man sie erreicht, läßt man sie von den zahmen so lange schlagen, bis sie entkräftet sind. Dann springt ein Jäger auf sie und lenkt sie mit dem Stachel. Sie werden bald zahm und gehorsam. Solange man auf ihnen sitzt, sind sie allemal ruhig; manche aber werden wild, sobald man abgestiegen ist. Solchen bindet man die Vorderfüße mit Stricken, damit sie sie nicht viel rühren können."

Die ersten gezähmten indischen Elefanten brachte Alexander der Große von seinem indischen Feldzuge mit nach Vorderasien und von da an spielten sie in den Kriegen seiner Nachfolger, der Diadochen, eine gewisse Rolle. So berichtet Curtius: „Nach dem Tode Alexanders des Großen wurde das makedonische Fußvolk von Meleager, die Reiterei nebst den Elefanten von Perdikkas kommandiert. Der letztere warf etwa 300 Anhänger des Meleager im Angesicht des ganzen Heeres den Elefanten vor und ließ sie sämtlich von den Tieren zertreten. Dies war der Anfang der dann folgenden makedonischen Bürgerkriege." Und Diodorus Siculus meldet: „Als sich nach Alexanders Tode dessen Feldherrn befehdeten, hatte sich Demetrios bei Alt-Gaza in Syrien gelagert; Ptolemäos und Seleukos boten ihm daselbst eine Schlacht an. Demetrios stellte vor seinem Heere 34 Elefanten auf. Seine Gegner stellten diesen aber Pfähle entgegen, die mit eisernen Spitzen versehen und mit Ketten verbunden waren. Lange war der Kampf unentschieden. Da bekamen die Elefanten des Demetrios das Zeichen zum Angriff, schritten kühn gegen den Feind, konnten aber nicht weiter, als sie an die Pfähle kamen. Ihre indischen Führer wurden alsbald von Schützen, die hinter den Pfählen standen, erschossen, die Elefanten selbst gerieten in die Hand der Feinde und das Heer des Demetrios mußte das Schlachtfeld räumen." Derselbe Autor erzählt dann später, daß diese Elefanten unter ihrem neuen Herrn und unter der Leitung frisch von Indien bezogenen Kornaks an verschiedenen späteren Schlachten teilnahmen. „Auch der Feldherr Polysperchon verwandte einen Teil derselben bei der Belagerung von Megalopolis in Arkadien. Da er dabei mit seiner Mannschaft nicht gleich zum Ziele gelangte, so beschloß er, den Eingang in die Stadt durch Elefanten zu erzwingen. Damis, der Kommandant der Stadt, erfuhr den Plan und traf heimlich Gegenanstalten. Er sammelte eine Menge Türen, ließ lange, spitzige Nägel durch sie hindurchschlagen, dann mit diesen Türen den Eingang zur Stadt pflastern und die Nägel leicht mit Erde zudecken. Zu beiden Seiten dieses Stachelwegs stellte er Schützen und Geschütze auf. Als nun die Elefanten kamen, traten sie in die Nägel und wußten sich nicht zu helfen, wurden samt ihren indischen Führern auch von zahllosen Pfeilen getroffen, so daß sie teils zusammenbrachen, teils gegen ihre eigenen Leute rückwärts rannten."

Von diesen indischen Elefanten, die begreiflicherweise überall, wohin sie kamen, großes Aufsehen erregten, wissen auch andere Geschichtschreiber allerlei Denkwürdiges zu erzählen. So berichtet Älian: „Als Antigonos Megara belagerte, befand sich in seinem Heere ein Elefantenweibchen namens Nikaia, dem die Frau des Wärters ihr Kind, als es 30 Tage alt war, zu Schutz und Wartung übergab. Nikaia gewann das Kind so lieb, daß sie sich immer freute, wenn das Kind anwesend war, daß sie die Fliegen von ihm abwehrte, was mit einem belaubten Zweige geschah, den sie in den Rüssel nahm, daß sie keine Nahrung zu sich nahm, solange sie das Kind nicht bei sich hatte. Sie bewegte auch dessen Wiege, wenn es schrie, wie eine Wärterin." Derselbe Autor sagt, daß die Elefanten der Insel Taprobane (Ceylon) größer und stärker als die des Festlandes seien, auch für klüger gelten. „Man bringt auch welche zu Schiff und schafft sie außer Landes. Will man zahme Elefanten auf ein Schiff bringen, so täuscht man sie dadurch, daß man es mit frischen Zweigen und anderem Grün schmückt und belegt; sie denken dann, da sei frischer Boden, und gehen darauf. — Das eigentliche Getränk der Elefanten ist Wasser, die für den Krieg bestimmten bekommen aber auch Wein zu trinken, der aus Reis und Zuckerrohr (Arrak) bereitet wird. Das Tier hat auch seine Freude an wohlriechenden Blumen, wird auf Wiesen getrieben, sammelt die besten und wirft sie in einen Korb, den der Wärter hinhält. Hat es sich dann gebadet, so verlangt es, wenn es aus dem Wasser kommt, zuerst nach seinen Blumen, und bringt man sie nicht, so schreit und fastet es, bis sie doch kommen. Auch seine Krippe und seinen Ruheplatz bestreut es gern mit Blumen." Nur vor dem Schweine fürchte es sich: „Als die Stadt Megara von Antipater hart bedrängt wurde, beschmierten die Bewohner der Stadt Schweine mit Pech, setzten sie in Brand und trieben sie gegen die Feinde. Sie schrien entsetzlich und jagten wie rasend auf die Elefanten los. Diese wurden durch diesen unerwarteten Angriff wie verrückt, und so entstand eine entsetzliche Verwirrung." In Indien begleite der Elefant überall den König und bewache ihn: „Geht der indische König aus, um Recht zu sprechen, so wirft sich der erste Elefant anbetend vor ihm nieder und macht dann kriegerische Bewegungen, um zu zeigen, daß er sich auch darauf gut versteht. Übrigens halten 24 Elefanten beim Könige Wache und werden regelmäßig abgelöst. Sie sind im Wachen zuverlässiger als Menschen."

Der griechische Geschichtschreiber und Geograph Pausanias sagt in seiner zwischen 160 und 180 n. Chr. geschriebenen Periegesis: „Wie Alexander der erste Europäer war, der Elefanten besaß — er hatte sie dem König Poros abgenommen —, so war Pyrrhos der erste Grieche, welcher gegen die Römer über das Meer zog. Seine Elefanten hatte er im Kampfe gegen den Demetrios (einen der Feldherrn Alexanders) gewonnen." Dieser König von Epirus, der, 301 von den Epiroten vertrieben, mit Hilfe des Königs Ptolemäos von Ägypten seine Herrschaft wieder erlangt hatte, war damals von den Tarentinern, also ebenfalls Griechen, gegen die Römer zu Hilfe gerufen worden, schlug diese auch 280 bei Herakleia und 279 bei Asculum in Apulien, erlitt aber dabei selbst große Verluste, so daß seither der Ausdruck Pyrrhossieg sprichwörtlich wurde. Damals sahen die Römer zum erstenmal diese berühmten Kriegshelfer der Griechen, über die sie sehr erstaunten. Der ältere Plinius sagt hierüber in seiner Naturgeschichte: „Die ersten Elefanten sah Italien im Kriege gegen den Pyrrhus und nannte sie lukanische Ochsen, weil man sie zuerst im Lukanerlande erblickte. Sieben Jahre später sah man schon welche zu Rom bei einem Triumphe, und im Jahre 502 nach Roms Erbauung (251 v. Chr.) sah man hier schon eine ganze Menge, die Lucius Metellus in Sizilien den Karthagern abgenommen hatte. 142, oder nach andern 140, wurden auf Flößen übergeschifft, welche man auf Reihen von Fässern gelegt hatte. Verrius berichtet, sie hätten in der Rennbahn ein Kampfspiel geben müssen und wären mit Spießen erstochen worden, weil man sie weder füttern noch verschenken wollte. Lucius Piso dagegen sagt, sie wären bloß in der Rennbahn von gedungenen Leuten mit stumpfen Spießen herumgejagt worden, um den Römern die Furcht vor ihnen zu benehmen; was aber dann aus ihnen geworden ist, erwähnt er nicht."

Von diesen indischen Elefanten der Pyrrhos weiß sein Biograph Plutarch mancherlei zu erzählen: „Als Pyrrhos bei den Städten Pandosia und Herakleia, am Flusse Siris, dem römischen Heere eine Schlacht lieferte, brachte er durch seine Elefanten die Feinde in Unordnung und errang den Sieg. — Um ihre Gefangenen für Geld auszulösen, schickten dann die Römer eine Gesandtschaft an Pyrrhos. Den Gajus Fabricius, einen der Gesandten, den man ihm sehr rühmte, nahm er freundlich auf, beschloß aber, seinen Mut auf eine harte Probe zu stellen. Er lud ihn zur Audienz, ließ aber vorher seinen größten Elefanten in voller Rüstung hinter einem Vorhange verbergen. Wie sich nun Fabricius nichts Böses versah, fiel plötzlich der Vorhang, der Elefant trat mit entsetzlichem Brüllen vor, hob drohend seinen Rüssel über den Fabricius; aber dieser wandte sich ganz gelassen um und sagte lächelnd zu Pyrrhos: „Vor diesem Elefanten fürchte ich mich nicht." — In der Schlacht bei Asculum mußten die Römer ebenfalls der Gewalt der Elefanten weichen. Auch bei Beneventum wurden die Römer von den Elefanten der Pyrrhos hart mitgenommen, trieben sie aber doch endlich mit Pfeilen und Wurfspießen zurück, errangen einen ruhmvollen Sieg und Pyrrhos mußte Italien verlassen. — Späterhin unternahm Pyrrhos einen Kriegszug gegen Argos. Er drang heimlich bei Nacht in die Stadt, deren Tor ihm Aristeas öffnete, und besetzte den Marktplatz. Im Tore hatte er, weil es nicht hoch genug war, seinen Elefanten die Türme müssen abnehmen lassen, wobei es ohne Lärm und Zeitverlust nicht abging, so daß die Besatzung der Stadt eilig die festesten Plätze besetzte. Daraufhin kam es in den Straßen zu einem mörderischen Kampfe. Pyrrhos mußte weichen, seine Leute gerieten am Tor furchtbar ins Gedränge und in Verwirrung. Gerade im Tor lag der größte von Pyrrhos' Elefanten, schrie entsetzlich und versperrte den Rückweg. Währenddem suchte ein anderer Elefant, welcher Nikon hieß, seinen Führer, welcher schwer verwundet heruntergefallen war. Das Tier rannte wie unsinnig umher und warf Freund und Feind über den Haufen. Endlich fand er den Führer, hob ihn mit dem Rüssel und den Zähnen empor, stürzte sich mitten unter die Leute des Pyrrhos, so daß sich diese in der engen Straße zu einer dichten, ganz unbehilflichen Masse zusammendrängten, in der jeder von seinen Nachbarn gestoßen, niedergeworfen und verwundet wurde, während auch die Feinde von allen Seiten schossen und warfen. Endlich wollte Pyrrhos der Verwirrung ein Ende machen, stürzte hoch zu Roß mitten unter die Feinde; aber ein armes, altes Weib, das auf dem Dache stand, warf ihm einen Ziegelstein aufs Genick, worauf er ohnmächtig niedersank. Die Feinde packten ihn und hieben ihm den Kopf ab." Es war dies im Jahre 272 v. Chr.

Was in der Folge aus den indischen Elefanten Alexanders des Großen geworden ist, wissen wir nicht. Aber jetzt traten auch die größten Nebenbuhler Roms in der Herrschaft über das Mittelmeer, die Karthager, auf, und auch diese kämpften mit Vorliebe mit Elefanten, die sie aber jedenfalls nicht aus Indien bezogen, sondern aus einheimischem Materiale gezähmt hatten. In allen größeren Schlachten, die sie in der Folge den Römern lieferten, traten sie in Aktion und ein Teil derselben machte, wie früher erwähnt, Hannibals berühmten Zug von Spanien nach Norditalien über die Pyrenäen und die Alpen mit; dabei kamen aber alle teils unterwegs, teils in den Schlachten in Oberitalien um. Von einem dieser afrikanischen Kriegselefanten der Karthager teilt uns Plinius folgende Episode mit:

„Berühmt ist der Kampf eines Römers gegen einen Elefanten, als Hannibal die römischen Gefangenen gegeneinander zu fechten zwang. Den einzigen, welcher dabei mit dem Leben davonkam, warf er einem Elefanten vor, versprach ihm aber die Freiheit, wenn er siegen würde. Der Römer schlug sich allein auf dem Schauplatz mit dem Elefanten und machte ihn zum großen Ärger der Karthager glücklich nieder. Hannibal ließ nun zwar den Sieger frei, schickte ihm aber Reiter nach, die ihn niederhauen sollten, damit er nicht durch die Erzählung seiner Tat die Elefanten (bei seinen Landsleuten) verächtlich machen könne."

Von diesen afrikanischen Kriegselefanten der Karthager berichtet uns der römische Geschichtschreiber Livius: „Als Hannibal (im Sommer 218) durch Gallien nach Italien zog, brachte er seine Elefanten folgendermaßen über die Rhone: Er baute eine Fähre von 100 Fuß Länge und 50 Fuß Breite, ließ sie mit Erde bedecken; so gingen die Elefanten, als wären sie auf festem Boden, darauf. Die Fähre wurde dann von Ruderschiffen aufs jenseitige Ufer gezogen. Sowie die Fähre auf dem Wasser zu schwanken begann, wurden die Elefanten unruhig, die meisten drängten sich in der Mitte zusammen, einige wurden aber wild, stürzten sich ins Wasser und warfen dabei ihre Führer ab, gelangten aber doch auch ans jenseitige Ufer." — „Hasdrubal, der Bruder des Hannibal, war diesem (im Jahre 207) zu Hilfe über die Alpen gezogen und lieferte den römischen Konsuln Claudius und Livius eine Schlacht. Seine Elefanten brachten anfangs die Römer in Unordnung; als aber der Kampf und Lärm zunahm, verloren sie die Geistesgegenwart, rannten zwischen beiden Heeren hin und her und wurden meist, damit sie ihrer eigenen Armee nicht schaden könnten, von ihren Führern getötet. Diese hatten nämlich einen scharfen Stahlmeißel, den sie dem Tiere, wenn es gefährlich wurde, mit einem Hammerschlag zwischen den Kopf und den vordersten Halswirbel trieben, worauf es augenblicklich niedersank." Es war dies in der Schlacht am Metaurus, wo Hasdrubal Sieg und Leben verlor. — „Bei Zama (südwestlich von Karthago, wo Hannibal im Jahre 202 von Scipio, der davon den Ehrenbeinamen Africanus erhielt) besiegt wurde, hatte Hannibal vor seinem Heere 80 Elefanten aufgestellt; so viele hatte er früher in keiner Schlacht gehabt. Als aber die Schlacht begann und die römischen Trompeten und Signalhörner ihnen entgegenschmetterten, wandten sich die Elefanten größtenteils gegen ihr eigenes Heer, und auch die wenigen, welche grimmig unter den Römern zu hausen begannen, wurden endlich zurückgetrieben."

Erst Mithridates VI., der Große, König von Pontos, der 120 seinem Vater folgte und im Jahre 88 ganz Kleinasien eroberte, wo er alle Römer, 80000 an der Zahl, ermorden ließ, dann in drei langen Kriegen mit zäher Ausdauer gegen das immer mächtiger werdende Rom ankämpfte, um schließlich doch zu unterliegen, hat wieder Elefanten, die er sich aus Indien kommen ließ, gegen die Römer geführt. In der Folge kamen nicht selten diese Tiere, teilweise als Kriegsbeute, nach der Stadt Rom, wo sie zur Belustigung des Volkes im Zirkus auftreten und gegen allerlei Gegner kämpfen mußten. Im Bürgerkriege zwischen Julius Cäsar und seinen Mitbewerbern spielten sie dann ebenfalls eine Rolle. So schreibt Cäsar selbst in seiner Schilderung des Krieges in der Provinz Afrika, dem heutigen Tunis, daß, als er nach Besiegung des Pompejus bei Pharsalos im Jahre 48 den Krieg in Afrika gegen die Pompejaner unter Scipio fortsetzte, dieser bei seinem Heere außer seinen eignen (etwa 60) 30 zweifellos afrikanische Elefanten hatte, die ihm König Juba nebst einer größeren Truppenmacht zur Verfügung gestellt hatte. Jeder dieser Elefanten habe, wenn es zum Kampfe ging, einen Turm getragen. Diese Elefanten seien aber noch nicht eingeübt gewesen; deshalb suchte Scipio sie noch besser einzuüben, indem er sie in Schlachtreihe aufstellen und von seinen eigenen Leuten mit Steinen bombardieren ließ. Nahmen sie daraufhin Reißaus, so standen hinter ihnen ebenfalls Leute, die sie mit noch größeren Steinen traktierten. Er bemerkt, daß dieser Versuch zur Abrichtung keinen großen Wert gehabt habe, indem sie sich in der Schlacht dann doch nicht bewährten. Überhaupt bedürfe der Elefant für den Krieg einer Dressur von vielen Jahren und bleibe auch dann noch seiner Armee gefährlich. Als dann Cäsar merkte, daß sich seine Leute vor den Elefanten fürchteten, ließ er sogleich Elefanten aus Italien kommen, „damit sich die Leute und Pferde an solche große Bestien gewöhnen könnten. Er ließ diesen auch ihre volle Rüstung anlegen, zeigte die Stellen, wo ihnen mit Waffen beizukommen war, und ließ mit Speeren, an deren Spitze ein Ball steckte, nach ihnen werfen. — In der Entscheidungsschlacht bei Thapsus (46 v. Chr.) wurden Scipios Elefanten durch Pfeile und geschleuderte Steine schnell zum Weichen gebracht, stürzten sich auf ihre eigenen Leute, traten sie nieder und flüchteten ins Lager. Bei dieser Gelegenheit zeigte ein Veteran der fünften Legion großartigen Mut. Ein verwundeter Elefant hatte in seiner Wut einen waffenlosen Markedenter angefallen, niedergeworfen, zertreten und machte dabei mit drohend gehobenem Rüssel ein gellendes Geschrei. Der Veteran wollte dem unglückseligen Markedenter zu Hilfe eilen; aber der Elefant ließ von der Leiche ab, packte den neuen Feind mit dem Rüssel und hob ihn hoch in die Luft. Dieser hieb und schnitt aber mit seinem Schwerte so kräftig auf den Rüssel los, daß ihn der Elefant, der den Schmerz nicht ertragen konnte, fallen ließ und die Flucht ergriff. — Die Zahl der Elefanten, die Cäsar bei Thapsus erbeutete, betrug 86.“

In seiner Naturgeschichte berichtet Plinius: „Schon in den Gefechten gegen Pyrrhos brachte man in Erfahrung, daß man den Rüssel der Elefanten leicht abhauen kann. Fenestella erzählt, daß die ersten Elefanten in der Rennbahn zu Rom im Jahre 655 der Stadt (98 v. Chr.), als Claudius Pulcher Ädil war, gekämpft haben; 20 Jahre später, als Lucius und Marcus Lucullus Ädilen waren, kämpften sie gegen Stiere. Während des zweiten Konsulats des Pompejus (55 v. Chr.) kämpften 20 Elefanten zur Einweihung des

Venustempels gegen Gätuler (Nomadenvolk in Nordafrika), die mit Wurfspeeren bewaffnet waren. Einer der Elefanten zeichnete sich dabei vorzüglich durch Tapferkeit aus: seine Beine waren durchbohrt, da kroch er auf den Knien gegen die feindlichen Massen, riß ihnen die Schilde weg und warf sie hoch in die Luft. Ein anderer dagegen wurde durch einen einzigen Wurf getötet, indem der Speer durchs Auge ins Gehirn drang. Obgleich der Platz mit eisernen Gittern umgeben war, so versetzten sie doch das Volk in große Angst, indem sie mit Macht durchzubrechen versuchten. Deshalb umgab auch späterhin der Diktator Cäsar, als er ein ähnliches Schauspiel geben wollte, den Platz mit Wassergräben. Die erwähnten Elefanten des Pompejus verloren endlich die Hoffnung, entrinnen zu können, und suchten nun in einer Stellung, die sich nicht begreifen läßt, jammernd und weinend das Mitleid des Volkes zu erregen. Das Volk wurde durch den Ausdruck ihrer Verzweiflung so gerührt, daß alle einmütig sich jammernd erhoben und, ohne darauf zu achten, daß Pompejus ihnen zu Ehren das prachtvolle Schauspiel gegeben hatte, ihn mit Verwünschungen überhäuften, deren Folgen auch bald genug eintraten. (Es ist dies eine Anspielung auf seine Niederlage in Pharsalos am 9. August 48 und seine Ermordung am 29. September desselben Jahres in Ägypten.)

Späterhin ließ der Diktator Cäsar 20 Elefanten gegen 500 Fußgänger kämpfen, und ein anderes Mal ebensoviel, auf denen Türme standen, aus denen zusammen 60 Kämpfer gegen 500 Fußgänger und ebensoviel Reiter fochten. Unter den Kaisern Claudius und Nero mußten die Fechter ihr Meisterstück zeigen, indem sie einzeln gegen Elefanten kämpften. Dieses mutige Tier ist andererseits aber auch sehr gutmütig gegen schwächere und schiebt, z. B. in einer Viehherde, was ihm begegnet, mit dem Rüssel zur Seite, um es nicht unversehens zu zertreten. Schaden tut der Elefant nur, wenn er gereizt wird. In der Wildnis gehen sie herdenweise, nie gern allein. Werden sie von Reitern umringt, so nehmen sie die Schwachen, Matten oder Verwundeten in die Mitte und fechten, als ob es nach bestimmten Kriegsregeln geschähe. Sind sie gefangen, so werden sie durch Gerstensaft leicht gezähmt.

In Indien werden die Elefanten gefangen, indem man auf einem gezähmten ausreitet und von diesem einen einzelnen oder von der Herde weggetriebenen wilden schlagen läßt; ist dieser davon ermattet, so steigt man auf ihn und lenkt ihn ebenso wie den zahmen. In Afrika fängt man sie in Gruben; doch wenn einer hineinfällt, so kommen gleich die andern zu Hilfe, werfen Äste und Erdmassen hinein und suchen ihn, wenn möglich, herauszuziehen. Früherhin fing man sie, um sie als Haustiere zu benutzen, indem man die Herden in eigens dazu bereitete Schluchten ohne Ausgang trieb und sie dort durch Hunger bändigte. Nahmen sie einen hingehaltenen Zweig an, so war das ein Zeichen ihrer Unterwürfigkeit. Jetzt erlegt man sie der Zähne wegen und zielt nach ihren Füßen, weil diese leicht verwundbar sind. Die Troglodyten (Höhlenbewohner), welche neben den Negern wohnen, leben nur von dieser Jagd. Sie besteigen am Wege der Elefanten stehende Bäume, passen dem letzten von der Herde auf, fassen mit der Linken den Schwanz, schlingen die Beine um den linken Schenkel und, indem sie so hängen, zerhauen sie dem Tiere die eine Kniekehle mit einem scharfen Beile, springen herab und zerhauen ihm mit der größten Geschwindigkeit auch noch die andere. Manche bedienen sich eines weniger gefährlichen, aber nicht so gewissen Mittels: In einiger Entfernung halten kraftvolle Jünglinge einen ungeheuren Bogen, andere spannen ihn mit großer Anstrengung an, schießen dann damit ihre Speere auf die vorübergehenden ab und folgen dann der blutigen Spur. Die weiblichen Elefanten sind viel feiger als die männlichen. Manchmal werden sie rasend, und man bändigt sie dann durch Hunger und Prügel, wobei man sie durch andere Elefanten fesseln läßt. In Indien hält man ganze Herden davon, wie bei uns die Kuhherden. Gezähmte Elefanten werden zum Kriege verwendet, tragen mit Soldaten besetzte Türme und entscheiden im Morgenlande meistens die Schlachten. Sie werfen Schlachtreihen nieder und zerstampfen die Bewaffneten. Sind sie verwundet oder in Furcht versetzt, so weichen sie immer zurück und fügen ihrer eigenen Partei oft ebensoviel Schaden zu als dem Feinde. Das geringste Grunzen oder Quieksen eines Schweins kann sie erschrecken. Die afrikanischen Elefanten fürchten sich vor den indischen, letztere sind auch größer." Dies mag für die nordafrikanischen richtig sein, nicht aber für die südlich der Sahara lebenden. Tatsächlich war die Elefantenrasse der Mittelmeerländer kleiner als selbst die indischen Elefanten sind, und gab es einst auf den Inseln des Mittelmeers, z. B. auf Malta, eine eigentliche Zwergrasse, von der mehrfach Skelettknochen ausgegraben wurden.

Unzählige falsche und wahre Angaben durcheinander erzählt Plinius in seiner Naturgeschichte über den Elefanten. So sagt er, daß er 200–300 Jahre leben könne, im 60. Jahre aber am kräftigsten sei; daß die Elefanten gern an Flüssen leben, obschon sie nicht schwimmen können; daß sie am liebsten Baumfrüchte, besonders solche von Palmen, aber auch Erde und selbst Steine fräßen. „Sie kauen mit dem Munde, atmen, trinken und riechen aber mit dem Rüssel. Kein Tier scheuen sie so sehr als die Maus, lassen auch das Futter liegen, das von einer solchen berührt wurde. Große Not haben sie, wenn ihnen beim Saufen ein Blutegel in den Rüssel kommt; dieser saugt sich hier fest und bewirkt unerträgliche Schmerzen. Am Rücken ist ihre Haut am härtesten, am Bauche dagegen weich. Sie haben keine Haarbedeckung und können nicht einmal mit dem Schwanze die Fliegen abwehren, von denen sie trotz ihrer gewaltigen Größe geplagt werden. Ihr Geruch zieht die Fliegen an. Ihre Haut hat tiefe Runzeln; die Fliegen setzen sich in die Vertiefungen. Aber plötzlich zieht sich die Haut zusammen und erdrückt die lästigen Gäste.

Das Elfenbein hat einen großen Wert und wird besonders für Bildsäulen der Götter gesucht. Auch der Rüssel gewährt Leckermäulern eine angenehme Speise, vielleicht nur deswegen, weil sie sich einbilden, Elfenbein zu schmausen. Polybius berichtet, auf die Aussage des Königs Gulussa gestützt, daß man im äußersten Afrika die Elefantenzähne in Wohnungen als Pfosten benutzt und sie bei Umzäumungen statt der Pfähle einsetzt."

In Indien seien die größten Elefanten, die mit ungeheuer großen Drachen in Feindschaft leben. Ihr kaltes Blut locke bei der Hitze die Drachen an, die sich im Wasser des Flusses, an welchem der Elefant zur Tränke komme, verbergen und ihm auflauern. Sobald er zu trinken beginne, stürzen sie sich auf ihn, umschlingen seinen Rüssel und beißen ihn ins Ohr, weil dieser Teil allein mit dem Rüssel nicht verteidigt werden kann. Die Drachen sind so groß, daß sie den ganzen Elefanten aussaugen können; dieser stürzt dann, alles Blutes beraubt, zu Boden und erdrückt im Fallen den betrunkenen Feind. „Der Elefant ist das größte und an Klugheit dem Menschen zunächststehende Tier. Er versteht die Landessprache, gehorcht den Befehlen, ist seiner Pflichten eingedenk, sucht sich Liebe und Ruhm zu erwerben, ja, was selbst bei Menschen selten vorkommt, er ist brav, vorsichtig, gerecht und verehrt die Sterne, die Sonne und den Mond. Man erzählt, daß in Mauretanien (Marokko) ganze Herden von Elefanten beim Erscheinen des Neumonds in den Fluß hinabsteigen, sich dort feierlich reinigen, den Mond begrüßen und dann wieder in die Wälder zurückkehren, indem sie die ermatteten Jungen vor sich hertragen. Auch die religiösen Gebräuche der Menschen scheinen sie zu kennen; denn sie besteigen kein Schiff, bis ihnen der Kapitän durch einen Eid die Rückkehr zugesichert hat. Man hat kranke Elefanten gesehen, die sich auf den Rücken legten und Gras gen Himmel warfen, als ob sie ihr Gebet durch die Fürsprache der Erde unterstützen wollten. Sie lernen übrigens ihre Knie vor Königen beugen und Kränze darreichen. In Indien braucht man die Kleinen zum Ackern. In Rom wurden sie zum erstenmal vor den Wagen gespannt, als Pompejus der Große über Afrika triumphierte. Bei den Fechterspielen des Germanicus machten sie einige tölpelhafte Bewegungen, als ob sie tanzten. Sie lernten nun häufig Waffen in die Luft werfen, gleich Fechtern miteinander kämpfen, Tänze ausführen und endlich sogar auf Seilen gehen, wobei oft vier einen fünften in der Sänfte trugen. Auch sah man sie sich in Speisesälen, die voller Gäste waren, zu Tische legen, ohne einen Menschen zu berühren.

Es ist eine ausgemachte Sache, daß ein Elefant, der die Sache nicht recht begreifen konnte und öfters Prügel bekam, des Nachts seine Künste eingeübt hat. Es ist schon bewundernswert, daß die Elefanten aufwärts auf Seilen gehen lernen, aber daß sie auch abwärts gehen, ist noch merkwürdiger. Mutianus, der dreimal Konsul war, erzählt, daß ein solcher sogar griechische Buchstaben gelernt und folgende Worte geschrieben habe: ‚Ich selbst habe dies geschrieben und erbeutete keltische Waffen geweiht'; auch habe er selbst gesehen, daß diejenigen, welche zu Puteoli ausgeschifft wurden, rückwärts ans Land gingen, um sich über die Länge der Brücke zu täuschen, die vom Lande zum Schiffe führte und der sie nicht recht trauten.

Sie wissen recht gut, daß man ihnen der Stoßzähne wegen nachstellt, daher vergraben sie die, welche durch Zufall oder im Alter ausfallen. (Die Tatsache, daß bisweilen fossile Elefantenstoßzähne im Boden gefunden werden, wird Plinius zu dieser Annahme geführt haben.) Jene Zähne allein geben das Elfenbein; aber soweit sie im Fleische verborgen stecken, sind sie nicht besser als Knochen (d. h. innen hohl und nicht massiv wie vorn). Um ihre Stoßzähne sind sie sehr besorgt; die Spitze des einen schonen sie, um ihn als Waffe benutzen zu können, den andern brauchen sie, um Wurzeln aus dem Boden zu wühlen, Mauern einzustoßen und dergleichen mehr. Werden sie von Jägern umringt, so stellen sie diejenigen in die erste Schlachtreihe, welche die kleinsten Zähne haben, damit man glauben soll, die Beute sei nicht der Mühe wert; ermatten sie im Kampfe, so zerstoßen sie die Zähne an Bäumen und lassen sie gleichsam als Lösegeld zurück.

Es ist wunderbar, daß die meisten Tiere wissen, weshalb man ihnen nachstellt und wovor sie sich zu hüten haben. Begegnet ein Elefant in der Einsamkeit einem harmlos herumwandelnden Menschen, so soll er ihm freundlich und gefällig den Weg zeigen; bemerkt er aber den Fußtritt eines Menschen eher als den Menschen selbst, so bleibt er stehen, wittert, blickt umher, schnaubt vor Wut, zertritt aber die Fußspur nicht, sondern hebt sie aus, gibt sie dem nächsten, dieser wieder dem nächsten usw., worauf die Herde eine Schwenkung vollführt und in Schlachtordnung aufmarschiert.

Stets gehen die Elefanten herdenweise, und zwar geht der älteste voran, während der dem Alter nach folgende den Nachtrab bildet. Wollen sie durch einen Fluß setzen, so schicken sie die kleinsten voran, weil die Großen durch ihre Schwere das Flußbett vertiefen würden. Als König Antiochus einen Fluß durchschreiten wollte, weigerte sich der Elefant, der bis dahin den Zug geführt hatte und Ajax hieß, voranzugehen. Da wurde bekanntgemacht, derjenige solle künftig der Anführer sein, der zuerst hinüberginge; und siehe da, der Elefant Patroklus schritt hindurch, und ward deshalb mit silbernem Kopfschmuck, den sie sehr lieben, geziert und zum Anführer gewählt. Der frühere Anführer aber wollte seine Schande nicht überleben und hungerte sich zu Tode. Überhaupt wissen sie sehr gut, was rühmlich und was schimpflich ist. Kämpfen sie gegeneinander, so reicht der Besiegte dem Sieger Erde und Gras dar (wie dies bei den Menschen des Altertums Sitte war, wodurch sich der Betreffende für überwunden erklärte) und flieht dann schon vor dessen Stimme.

Die Elefanten leben in treuer Ehe und man findet also bei ihnen die verderblichen Wettkämpfe nicht, welche andere Tiere um die Weibchen vollführen. Sie haben bisweilen eine große Zuneigung zu bestimmten Menschen, wie denn z. B. einer in Ägypten eine Blumenhändlerin geliebt haben soll. Ein anderer liebte den Jüngling Menander im Heere des Ptolemäus und fastete aus Sehnsucht, so oft der Jüngling abwesend war. Juba erzählt auch von einer Salbenhändlerin, die von einem Elefanten geliebt wurde. Alle zeigten ihre Liebe durch unbeholfene Liebkosungen, freuten sich beim Wiedersehen und bewahrten Geschenke, welche sie bekamen, auf, um sie ihrem Lieblinge darzubringen.

Daß sie Gedächtnis haben, zeigte sich deutlich in einem Falle, wo ein Elefant seinen Führer, den er seit langen Jahren nicht gesehen, sogleich wieder erkannte. Daß sie wissen, was Unrecht ist, zeigte sich dagegen in folgendem Falle: Als König Bokchus 30 Menschen hatte an Pfähle binden lassen und ihnen 30 Elefanten gegenübergestellt hatte, welche sie zerfleischen sollten, so konnten die Elefanten doch nicht dazu gebracht werden, dem Tyrannen den Willen zu tun, obschon sie von zwischen den Pfählen aufgestellten Leuten gereizt wurden."

Schon zu Ende der Republik sah man nicht selten Elefanten bei Prunkzügen einhermarschieren, um dem Volk zu imponieren und ihm eine interessante Augenweide zu bereiten. So berichtet der römische Geschichtschreiber Suetonius: „Als Julius Cäsar über Gallien triumphierte (im Jahre 51), stieg er beim Schein der Fackeln aufs Kapitol, indem 40 Elefanten, zu seiner Linken und Rechten verteilt, die Leuchter trugen." Das war damals ein ganz ungewohntes Schauspiel, mit dem Cäsar jedenfalls großes Aufsehen erregte, worauf es ihm ja ankam. Auch später wurde der Elefant gelegentlich von römischen Kaisern und Triumphatoren bei ihrem feierlichen Einzuge in Rom und als Auszeichnung auch sonst zum Ziehen von Prunkwagen verwendet. So eröffneten nach Flavius Vopiscus beim Triumph des Kaisers Aurelianus über Zenobia, die Herrscherin von Palmyra, im Jahre 274 n. Chr. 20 Elefanten den Zug. Als Mesitheus, der Feldherr Kaiser Gordians III. (238–244), im Jahre 242 einen glänzenden Sieg über die mächtigen Perser erfochten hatte, erkannte der Senat in Rom dem Gordian Elefantenviergespanne zu, womit er triumphieren könne, und dem Mesitheus ein Pferdeviergespann. Das war damals eine besondere Ehrung. Der Geschichtschreiber Julius Capitolinus, der uns dies berichtet, fügt dem bei, es habe damals in Rom 32 Elefanten gegeben, die ständig bei feierlichen Aufzügen zu sehen waren. Hatte doch schon Kaiser Heliogabalus (218–222) nach seinem Biographen Älius Lampridius vier Wagen, an deren jeden er vier Elefanten spannte. So sei er auf dem Vatikan herumgefahren und habe zuvor zu diesem Zwecke den Platz erst ebnen lassen.

Im Zirkus wurden öfter Elefanten gezeigt, die mit anderen Tieren kämpfen oder allerlei Kunststücke, die sie gelernt hatten, vorführen mußten. So mußte der Elefant sich besonders mit dem Nashorn messen und sich, wenn möglich, von ihm den Bauch aufschlitzen lassen. Seneca, der Lehrer Neros, schreibt in einer seiner philosophischen Schriften: „Lucius Sulla ließ zuerst im Zirkus Löwen kämpfen, die nicht angebunden waren, Pompejus 18 Elephanten; Metellus führte, als er die Karthager in Sizilien besiegt hatte, im Triumphe 120 gefangene Elefanten auf." Gelegentlich ließ sich selbst ein Kaiser herab, um einen dieser Riesen vor allem Volke zu fällen. So schreibt Älius Lampridius in seiner Biographie des Commodus, des Sohnes Marc Aurels und der Faustina, der jenem 180 n. Chr. auf dem Throne folgte, alle nur erdenkbaren Laster besaß, wollüstig, grausam und feig war, Ämter und Ehrenstellen an die Meistbietenden verkaufte, den Staatsschatz durch unsinnige Verschwendung erschöpfte, die Regierung des Reichs Günstlingen überließ und schließlich am 31. Dezember 192 auf Anstiften seiner Geliebten Marcia, erst 31jährig, erdrosselt wurde: „Kaiser Commodus war ungeheuer stark und fand ein besonderes Vergnügen daran, bei den öffentlichen Spielen gegen Gladiatoren und gegen wilde Tiere zu kämpfen, ja er tötete bei solcher Gelegenheit selbst mehrere Elefanten." Indische und afrikanische Elefanten traten nicht selten als Künstler auf, schrieben in Sand, gingen auf einem schräg gestellten Seile auf und ab. Acht derselben trugen zu viert auf einer Sänfte einen anderen, tanzten nach dem Takte, speisten von prächtig besetzter Tafel aus kostbarem Geschirr mit Beobachtung der feinen Sitte und des Anstandes und vollführten zahlreiche andere Künste. Der griechische Schriftsteller Oppianos schrieb ums Jahr 200 n. Chr.: „Der Elefant ist das größte Landtier und sieht aus wie ein Berg oder eine gewitterschwere Wolke. Seine Nase ist ungeheuer lang und schlank und dient ihm als Hand. Im wilden Zustande ist er grimmig, gezähmt dagegen sanft und menschenfreundlich. Wenn er dazu abgerichtet ist, schreitet er nach dem Takte des Flötenspiels bald langsam, bald schnell, wie tanzend, einher. Als Germanicus Cäsar (der Adoptivsohn des Kaisers Tiberius) den Römern Schauspiele gab, waren von Elefanten, die man in Rom hielt, Junge gezogen worden und diese nahm ein tüchtiger Lehrmeister in Unterricht. Sie wurden an Flötenspiel, Trommelschlag und Gesang gewöhnt und lernten die Glieder bewegen, wie wenn sie tanzten. Als nun der Tag der Schauspiele erschien, traten sie, zwölf an Zahl, mit bunten Tanzkleidern geschmückt, auf, gingen mit zierlichen Schritten einher, wiegten dabei den Leib recht fein hinüber und herüber, formierten auf Befehl des Meisters eine Linie, einen Kreis, schwenkten rechts und links. Sie streuten Blumen umher, ließen sich auf schöne Kissen, die für sie hingelegt waren, nieder, fraßen mit großer Bescheidenheit von Tischen, die aus kostbarem Holz der Sandarakzypresse (*citrum*, aus dem Atlasgebirge bezogen) und aus Elfenbein angefertigt waren, und tranken bescheiden aus goldenen und silbernen Bechern. Ich habe auch selbst einen Elefanten gesehen, der mit dem Rüssel römische Buchstaben ganz regelmäßig auf eine Tafel schrieb; dabei führte ihm jedoch der Meister den Rüssel.“

Auch der griechische Schriftsteller Plutarch (50–120 n. Chr.) schreibt: „Auf dem Theater führen die Elefanten sehr künstliche Stücke auf. Es ist auch neulich vorgekommen, daß einer, der das zu Lernende nicht recht begreifen konnte, es von selbst bei Nacht einübte. (Weshalb sollte nicht dieses Tier gelegentlich für sich selbst die ihm beigebrachten Kunststücke ausführen?) In Rom wurde einmal einer von Knaben geneckt und in den Rüssel gestochen. Er ergriff einen derselben, hob ihn hoch empor, tat, als wolle er ihn zerschmettern, setzte ihn dann aber ruhig wieder hin, weil er dachte, jener hätte schon an der ausgestandenen Angst genug. Nach Jubas Angabe decken die Jäger die Gruben, worin sie Elefanten fangen wollen, mit Reisig und Erde zu. Ist aber einer hineingefallen, so füllen die anderen die Grube so weit, daß er wieder herauskann. Er schreibt auch, daß die Elefanten Gelübde tun und mit aufgehobenem Rüssel die Sonne anbeten.“ Sueton schreibt: „Bei den Spielen, die Nero gab, ritt ein allgemein bekannter römischer Ritter auf einem Elefanten, der auf einem ausgespannten Seile ging,“ und ferner: „Kaiser Galba (der im Juni 68 von den gallischen Legionen gegen Nero zum Kaiser erhoben, aber schon am 15. Januar 69 von den wegen seiner Knauserigkeit erzürnten Prätorianern getötet wurde) zeigte bei den Spielen Elefanten, welche auf Seilen gingen.“ Selbst als Opfer wurden sie bei besonders wichtigen Anlässen den Göttern dargebracht. Gelegentlich wurden solche nur gelobt und in Wirklichkeit durch Nachahmungen ersetzt, da die Originale den Opfernden denn doch zu kostbar sein mochten. So schreibt Älian: „Als Ptolemäos Philopator den Antiochos besiegt hatte, veranstaltete er eine prachtvolle Opferfeier und wollte auch dem Gotte Helios vier herrliche Elefanten als Zeichen seiner großen Verehrung darbringen. Daraufhin träumte aber Ptolemäos, dem Gotte schiene das Opfer befremdlich und unangenehm. Er weihte ihm also, statt der vier wirklichen Elefanten, vier aus Erz gegossene.“

Nach den Berichten der alten Autoren müssen die orientalischen Fürsten im Altertum noch mehr Elefanten als heute besessen haben; sie waren eben damals noch nicht so dezimiert und konnten leichter gefangen werden. Plinius berichtet darüber: „Am Ganges hat der König der Kalinger, dessen Hauptstadt Protalis ist, 60000 Mann Fußvolk, 1000 Mann zu Pferde, 700 Elefanten, die alle stets schlagfertig sind. Es gibt daselbst eine eigene Menschenkaste, die sich mit Fang und Zähmung des Elefanten beschäftigt. Mit diesen Tieren pflügen sie, auf ihnen reiten sie, mit ihnen kämpfen sie fürs Vaterland. — Der König der Thaluter hält 50000 Mann Infanterie, 4000 Mann Kavallerie und 400 Kriegselefanten. — Das Volk der Andarer hat 30 mit Mauern und Türmen befestigte Städte, stellt 100000 Mann Infanterie,

2000 Mann Kavallerie und 1000 Elefanten. — Das mächtigste Volk in ganz Indien sind die Prasier, deren große und reiche Hauptstadt Palibothra heißt. Ihrem Könige dienen 600000 Mann Infanterie, 30000 Mann Kavallerie und 9000 Elefanten; diese ganze Macht wird Tag für Tag besoldet. — Am Indus hält der König der Megaller 500 Elefanten; — die Asmarer, in deren Land es auch von Tigern wimmelt, haben 30000 Mann Infanterie, 800 Reiter und 300 Elefanten. — Die Orater haben nur 10 Elefanten, aber viel Fußvolk. — Die Suaratarater unterhalten im Vertrauen auf ihre eigene Tapferkeit gar keine Elefanten. Der König der Horaker unterhält 150000 Mann Infanterie, 5000 Mann Kavallerie und 1600 Elefanten. — Der König der Charmer hat 60 Elefanten. — Das Volk der Pander, das einzige in Indien, das stets von einer Königin beherrscht wird, stellt 150000 Mann Infanterie und 500 Elefanten." — Woher Plinius diese Zahlenangabe hatte, ist uns unbekannt. Sind sie auch jedenfalls stark übertrieben, so ist doch kein Zweifel darüber möglich, daß die indischen Fürsten damals sich in der Kriegsführung wesentlich auf ihre Elefanten verließen und große Scharen davon unterhielten. Aus dem 8. und 9. Jahrhundert n. Chr. wissen wir, daß die indischen Fürsten 2000 bis 3000 Kriegselefanten zur Verfügung hatten. Der Venetianer Marco Polo, der, erst 15jährig, mit seinem Vater Niccolo und seinem Oheim Maffeo Polo 1271 zu dem Tatarenchan Kublai nach Zentralasien reiste, meldet, dieser habe 5000 Elefanten besessen, die er zum Kriege gebrauchte. Im 16. Jahrhundert besaß der Großmogul Akbar, d. h. der sehr Große (eigentlich hieß er Dschelal eddin Muhammed), der mächtige Herrscher über Hindustan, ein Nachkomme Timurs, der von 1556–1608 regierte, nach den Angaben seines Vesirs Abul Fazl 6000 Elefanten. Der mächtige Schah Jehangir soll ihrer 12000 und seine Vasallen zusammen 40000 besessen haben. Im 17. Jahrhundert fand Tavernier, daß der zu Gehanabad residierende Großmogul 500 Elefanten zum Lasttragen und 80 zum Kriege benutzte. Seit der allgemeinen Verbreitung der Feuerwaffen wurde aber der Elefant, der sich vor jenen fürchtet, immer weniger zu Kriegszwecken benutzt und ist heute in Indien mehr ein Luxustier, das wesentlich nur noch zur Jagd und bei festlichen Aufzügen Verwendung findet. In Hinterindien dagegen wird es in ausgedehntem Maße als Arbeitstier beim Transport der schweren Stämme von Tiek- und anderem Nutzholz verwendet.

Bild 41. Darstellung eines Mammuts durch einen Jäger der frühen Nacheiszeit in der südfranzösischen Höhle von Combarelles. (1/19 natürl. Größe.)

Während früher der rezente Elefant ausschließlicher Lieferant des seit dem hohen Altertum zu Schnitzereien und Geräten aller Art sehr beliebten Elfenbeins war, kommen in neuerer Zeit mit der Erschließung des noch vielfach von der letzten Eiszeit her vereisten nordöstlichen Sibirien auch die gewaltigen Stoßzähne des ausgestorbenen Mammut (*Elephas primigenius*) als fossiles Elfenbein in den Handel. Der russische Reisende Middendorf schätzte die Zahl aller seit der Besiedelung durch die Russen von dort ausgeführter Mammutstoßzähne als von etwa 20000 Tieren stammend. Jährlich kommen wenigstens 100 Paar Stoßzähne in den Handel. Dabei sind sie noch so gut erhalten, daß kein Unterschied darin bemerkbar ist, ob das Elfenbein rezent oder fossil ist. Mit diesem fossilen Elfenbein aus dem hohen Norden Asiens allein werden wir auszukommen haben, wenn einmal der Elefant als Wildling ausgerottet sein wird und die letzten Exemplare desselben in völligem Dienste des Menschen oder in einigen Reservationen unter menschlichem Schutze das Gnadenbrot bekommen werden. Diesen fossilen Elefanten hat der Mensch der frühen Nacheiszeit in Europa ausgerottet, indem er ihn nicht sowohl wegen seiner gewaltigen Stoßzähne, als wegen seines Fleisches aufs eifrigste verfolgte und jedenfalls bei seiner armseligen Bewaffnung vorzugsweise in Fallgruben fing und mit Werfen von großen Steinen tötete. Neben dem Knochen und Horn des Renntiers war das Elfenbein des Mammuts ein viel verwendetes Werkzeugmaterial des diluvialen Jägers, das uns in den Überresten seiner Lagerplätze nicht selten entgegentritt.

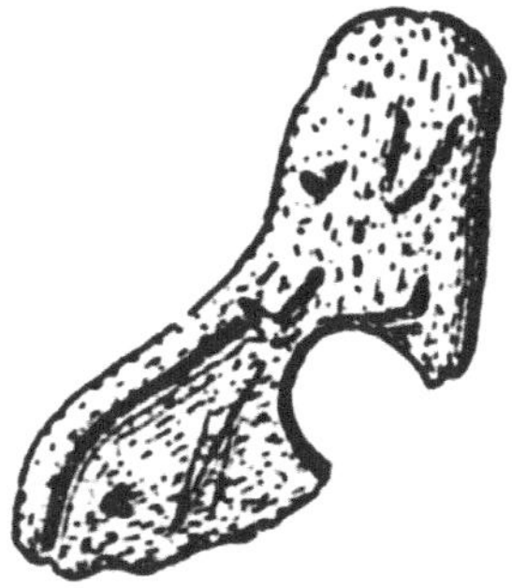

Bild 42. Oberes Ende eines durchlochten Zierstabs aus Renntierhorn aus dem Lagerplatz der Mammutjäger der frühen Nacheiszeit von La Madeleine mit dem Kopfe eines Mammuts.

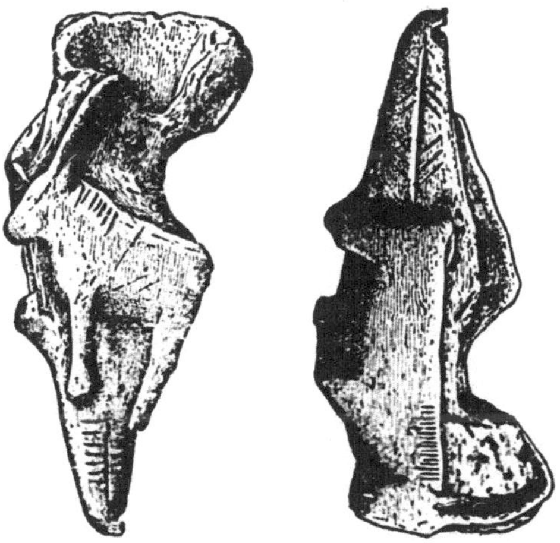

Bild 43 und 44. Aus einem Mammutstoßzahn geschnitztes Amulett der Magdalénienjäger mit einem kleinen, jetzt durchgebrochenen Aufhängeloch an der Spitze. Auf der Vorder- und Rückseite ist je eine Saigaantilope mit auffallend langem Gehörn dargestellt. Aus der südfranzösischen Höhle von Mas d'Azil am Nordfuße der Pyrenäen. (1/3 natürl. Größe.)

XII. Kaninchen und Meerschweinchen.

Eine ebenfalls junge Erwerbung wie das Renntier ist das Kaninchen (*Lepus cuniculus*), das sich durch weit geringere Größe, schlankeren Bau, kürzeren Kopf, kürzere Ohren und kürzere Hinterbeine vom eigentlichen Hasen unterscheidet. Es ist gegenwärtig über ganz Süd- und Mitteleuropa verbreitet und an manchen Orten recht gemein. Am zahlreichsten trifft man es in den Mittelmeergegenden, obgleich man dort keine Schonzeit kennt und es das ganze Jahr hindurch verfolgt. Besonders zahlreich muß es im östlichen Teil des Mittelmeergebiets gelebt haben, da die alten Schriftsteller Spanien als seine Heimat bezeichnen. In England und in manchen von dessen Kolonien wurde es der Jagdlust zuliebe in verschiedene Gegenden verpflanzt und anfangs sehr hochgehalten. Noch im Jahre 1309 war es dort so selten, daß ein wildes Kaninchen ebensoviel als ein Ferkel kostete. In Nordeuropa ist es ihm schon zu kalt; so hat man bis jetzt vergeblich versucht, es in Rußland und Schweden einzubürgern.

Das wilde Kaninchen verlangt hügelige, sandige Gegenden, die von niederem Gebüsch bedeckt sind, in dem es sich verstecken kann. In den lockern Boden gräbt es sich am liebsten an sonnigen Stellen und in Gesellschaft einen einfachen Bau, bestehend aus einer ziemlich tiefliegenden Kammer und in einem Winkel dazu gebogenen Röhren, von denen eine jede wiederum mehrere Ausgänge hat. Jedes Paar hat seine eigene Wohnung und duldet kein anderes Tier darin. Mit scharfen Sinnen ausgestattet, ist das Kaninchen äußerst vorsichtig, lebt fast den ganzen Tag in seiner Höhle und rückt erst gegen Abend auf Äsung aus, indem es lange sichert, bevor es den Bau verläßt. Bemerkt es Gefahr, so warnt es seine Gefährten durch starkes Aufschlagen der Hinterfüße auf die Erde, und alle eilen so rasch als möglich in ihren Bau zurück oder suchen sonst ein Schlupfloch zu finden. Wie die Häsin geht das Kaninchen 30 Tage schwanger und setzt bis zum Oktober alle 5 Wochen 4–12 Junge in einer besonderen Kammer, die es vorher mit der Wolle von seinem Bauche reichlich ausgefüttert hat. Einige Tage hindurch sind die Kleinen blind, doch rasch entwickeln sich ihre körperlichen und geistigen Fähigkeiten, so daß sie schon nach dem nächsten Satze der Pflege der um sie sehr besorgten Mutter entraten können. Sie erreichen erst im 12. Monat ihr völliges Wachstum, sind aber in warmen Ländern schon im fünften, in kalten im achten Monate fortpflanzungsfähig.

Durch diese ihre ungeheure Fruchtbarkeit sind die Kaninchen noch schädlicher als die Hasen, indem sie mit Vorliebe Baumrinden abnagen, wodurch oft ganze Pflanzungen eingehen. Wo sie sich vor Verfolgungen sicher wissen, werden sie ungemein frech und vertreiben durch ihr unruhiges Wesen das andere Wild, vor allem Hasen und Rehe. In Gegenden, die zu ihrer Entwicklung günstig sind, können sie zu einer wirklichen Landplage werden und die Bewirtschaftung des Bodens außerordentlich benachteiligen. Wenn sie einmal die Oberhand gewonnen haben, sind sie kaum mehr zu beseitigen. So haben sie sich in manchen Gegenden, so namentlich in Spanien und auf den Balearen, schon im Altertum so stark vermehrt, daß man auf Maßnahmen zu ihrer Zurückdrängung sann. Der griechische Geschichtschreiber Strabon im 2. Jahrhundert n. Chr. schreibt: „In Spanien gibt es wenige schädliche Tiere mit Ausnahme der den Boden durchwühlenden Häschen, welche von einigen Kaninchen genannt werden. Sie zerstören die Pflanzungen und Saaten und sind bis Massalia (dem heutigen Marseille) und auch über die Inseln verbreitet. Die Bewohner der gymnesischen Inseln (Balearen) sollen einmal eine Gesandtschaft nach Rom geschickt und um eine andere Insel gebeten haben, weil sie über die Menge der Kaninchen nicht mehr Herr werden konnten." An einer anderen Stelle sagt dieser Autor: „Auf den gymnesischen Inseln sollen die Kaninchen nicht ursprünglich heimisch sein, sondern von einem Pärchen stammen, das von der Küste dahin gebracht wurde. Sie haben in der Folge Bäume und Häuser so unterwühlt, daß sie umstürzten. Jetzt weiß man ihre Zahl so weit zu beschränken, daß die Felder bebaut werden können. Übrigens verfolgt man sie mit Frettchen, die man in ihre Höhlen schickt."

Nach allem scheinen die Griechen das Kaninchen ursprünglich nicht gekannt zu haben, sonst hätten sie einen besonderen Namen zu seiner Bezeichnung gehabt. Sie lernten es erst von Westen her kennen und nannten es nach dem lateinischen *cuniculus kóniklos* oder nach dem lateinischen *lepus leberís*. Über diese Kaninchen, die den Römern sehr wohl bekannt waren, schreibt der ältere Plinius: „In Spanien und auf den balearischen Inseln, wo die Kaninchen ungeheuren Schaden anrichten, so daß man sich von dort aus einst vom Kaiser Augustus militärische Hilfe gegen diese Tiere erbat, bereitet man deren aus dem Nest genommene Junge als Leckerbissen zu. Der Kaninchenjagd wegen schätzt man dort die Frettchen sehr hoch. Man läßt sie in den unterirdischen, mit vielen Röhren versehenen Bau; die Bewohner fliehen dann eilig heraus und werden gefangen." Auf den Pityusen, damals Ebuso genannt, gab es im Gegensatz zu den Balearen, wo sie also nach Strabon in einem einzigen Pärchen von der spanischen Küste eingeführt wurden, keine Kaninchen, wie uns Plinius berichtet, dagegen waren sie nach dem griechischen Geschichtschreiber Polybios auf Korsika vorhanden; er nennt sie *kýniklos*.

Im Gegensatz zum Hasen, der bei den Römern häufig auf den Tisch kam — nach Lampridius soll Kaiser Alexander Severus täglich Hasenbraten gegessen haben — war das Kaninchen, wenigstens in Italien nur wenig als Speise gebräuchlich. Einzig Martial, freilich ein Spanier von Geburt, führt es mit einigen charakteristischen Versen unter den Küchenartikeln auf. Von einem

Halten des Kaninchens als Haustier ist selbst in Spanien, das dieses Tier als für das Land charakteristisch auf einigen Münzen der römischen Kaiserzeit abbildete, im Altertum nirgends die Rede. Sie mag frühestens zu Beginn des Mittelalters in Südwesteuropa ihren Anfang genommen haben und nahm erst im späteren Mittelalter einen größeren Aufschwung, der hauptsächlich den Klöstern zu verdanken ist. So ließ sich der Abt Wibald von Corvey 1149 zwei männliche und zwei weibliche Kaninchen aus Frankreich kommen. Später begann man auch an den weltlichen Höfen Kaninchen in Gehegen zu halten, um den Damen ein müheloses Jagdvergnügen zu gewähren. Da man dabei die Schädlichkeit des Kaninchens kennen lernte, das das andere Wild verjagte, hörte man mit diesem Sport bald auf und begnügte sich, das genügsame Tier auf Inseln anzusiedeln, wo seiner unbegrenzten Vermehrung einigermaßen gesteuert werden konnte. So waren Kaninchen überall auf den Italien umgebenden Inseln vorhanden. Zur Zeit der fränkischen Herrschaft wurden sie auch auf den Kykladen, d. h. den Inseln des Ägäischen Meeres, angesiedelt, wo sie heute noch auf den Inseln vorkommen, auf denen es keine Hasen gibt. Nur auf der größeren Insel Andros hat es sich so mit seinem Vetter in das Gebiet geteilt, daß die Kaninchen den einen und die Hasen den anderen Teil der Insel bewohnen. Nach Olivier gibt es auch bei Konstantinopel im Marmarameer eine Kanincheninsel. Im Jahre 1407 hielt man schon Kaninchen auf der nach ihnen genannten Insel im Schwerinersee. 1684 erfahren wir, daß sie ein Rostocker Ratsherr auf den Dünen Warnemündes ausgesetzt hatte, aber erst nachträglich an den von ihnen angerichteten Verwüstungen sah, welche Dummheit er damit gemacht hatte. Noch im 16. Jahrhundert kannte man weder im Rheinland, noch in Mitteldeutschland wilde Kaninchen, dagegen kannte sie Schwenckfeld 1603 zahm und in den Häusern gehalten. 1612 sah sie der Nürnberger Paul Hetzner auf einem Kaninchenwerder der Königin Elisabeth von England als Merkwürdigkeit. Seit 1596 leben sie auf Helgoland und seit 1699 auf den ostfriesischen Inseln.

Eine besondere Bedeutung erlangten die Kaninchen als leicht zu transportierende Nahrung für den Menschen im Zeitalter der Entdeckungen. Um allfälligen Schiffbrüchigen ihre Existenz zu erleichtern, setzten die schiffahrenden Portugiesen auf kleineren und größeren Inseln, die sie ohne Tiere antrafen, außer Ziegen auch Kaninchen aus. Schon Perestrello, der erste Besiedler der Insel Porto Santo in der Nähe von Madeira, brachte 1418 hierher Kaninchen mit, die sich aber, da Feinde fehlten, in wenigen Jahrzehnten derart vermehrt hatten und solche Verwüstungen auf der Insel anrichteten, daß die Ansiedler zum Aufgeben ihrer Niederlassungen gezwungen wurden. Im Laufe der Zeit bildete sich hier eine Lokalrasse aus, die um die Hälfte kleiner und im Pelz oben rötlich und unten blaßgrau wurde. Sonst kehren die wilden Kaninchen meist zur ursprünglichen grauen Färbung ihrer Ahnen zurück. Auch auf Teneriffe kommen wilde Kaninchen vor; sie sind gleichfalls klein und sehr scheu, graben keine Löcher, was im vulkanischen Boden auch nicht möglich wäre, sondern wohnen in den Spalten zwischen den Lavablöcken. Weiterhin leben welche auf St. Helena, Ascension, dann auf Jamaika und den Falklandinseln.

In der Äquatorialprovinz Afrikas suchte Emin Pascha vor einem Menschenalter Kaninchen einzuführen. In Südafrika haben die vorsichtigen Holländer ihre Einführung auf dem Festland durch strenge Strafbestimmungen zu verhindern gewußt. Nur auf den kleinen Inseln in der Hafenbucht der Kapstadt wurden sie angesiedelt. In Batavia wollten sie 1726 nicht recht gedeihen, da es ihnen wohl zu warm war. Dagegen haben sie neuerdings in den Kulturrassen als Haustier in Japan großen Beifall gefunden. Ganz schlimme Erfahrungen machte man mit den wilden Kaninchen in Australien und Neuseeland, wo sie unbedachterweise zur Frönung der Jagdlust ausgesetzt wurden. Bald wurden sie hier zu einer fürchterlichen Landplage, indem sie die Weideplätze der Kühe und Schafe kahl fraßen. Schon im Jahre 1885 gab die Regierung von Neusüdwales etwa 15 Millionen Mark aus, um dem Übel zu wehren; doch vergebens. Gift, Schlingen, Frettchen, Hermeline, Mangusten und andere Raubtiere, die eingeführt wurden, nützten nichts. Diese Tiere vermehrten sich zwar, hielten sich aber nicht an Kaninchen, sondern an das Hausgeflügel der Ansiedler, so daß sie selbst eine fast ebenso schlimme Plage als die Kaninchen wurden. Selbst der Versuch, eine ansteckende Krankheit unter den Kaninchen zu verbreiten, nützte nichts. Deshalb bleibt die Vertilgung der Kaninchen nach wie vor besonderen Kaninchenfängern vorbehalten, die das Land in Gesellschaften durchziehen und bald hier, bald dort ihr Lager aufschlagen. Um neue Einwanderungen von Kaninchen in die von ihnen gesäuberten Gegenden zu verhindern und bis jetzt kaninchenfreie Ländereien vor ihrer Einwanderung zu verschonen, hat man meilenweite Einfriedigungen aus Drahtnetzen gezogen, unter denen eine im Auftrage der Regierung der Kolonie Viktoria errichtete über 1120 *km* lang ist. Bis jetzt ist es freilich noch in keiner australischen Kolonie gelungen, der Plage Herr zu werden. An vielen Orten ist der Boden ganz unterwühlt von den Nagern, an andern ist der Wald durch sie eingegangen.

Ebenso wie in Australien spielt unter den in Neuseeland eingeführten Tieren das dort vor etwa 45 Jahren eingeführte Kaninchen eine äußerst verhängnisvolle Rolle. Es hat sich in manchen Gegenden Neuseelands so stark vermehrt, daß man sogar gedacht hat, ihm diese Gegenden ganz preiszugeben. Auch in verschiedenen Gegenden Südamerikas wurden sie eingeführt, doch vermehrten sie sich hier nirgends im Übermaß, da sie die natürlichen Feinde in Schranken hielten. In Mexiko und Peru scheinen sie ziemlich häufig zu sein.

Das Wildbret des Kaninchens ist weiß und wohlschmeckend. Die feinen Haare des Pelzes werden wie diejenigen des Hasen zur Herstellung von Filzhüten verwendet. In der römischen Kaiserzeit stopfte man damit Kissen, bis man von den als Barbaren verachteten Germanen die Verwendung der Daunenfedern der Gans zu diesem Zwecke kennen lernte.

Die Domestikation hat beim Kaninchen eine Reihe von Veränderungen hervorgerufen, auf die schon Darwin aufmerksam machte. Vor allem haben die Hauskaninchen bedeutend an Gewicht zugenommen; während das wilde Kaninchen ein Gewicht von höchstens 2 *kg* besitzt, gibt es zahme Rassen, deren Vertreter 5–6 *kg* schwer werden. Dies wurde erzielt durch Zufuhr reichlicher, nahrhafter Kost in Verbindung mit wenig Körperbewegung und infolge der fortgesetzten Zuchtwahl der schwersten Individuen. Dann hat die Länge und Breite der Ohren durch künstliche Züchtung enorm zugenommen, so daß sie infolge ihres erheblichen Gewichtes nicht mehr aufrecht getragen werden können, sondern hängend geworden sind. Bei den größeren Rassen hat der Schädel an Länge zugenommen, aber nicht im richtigen Verhältnis zur Längenzunahme des Körpers. Auch manche Schädelteile weisen erhebliche Veränderungen auf gegenüber denjenigen der wildlebenden Vertreter. Im richtigen Verhältnis zum vergrößerten Körpergewicht sind die Extremitäten kräftiger geworden, haben aber durch Mangel an gehöriger Körperbewegung nicht im richtigen Verhältnis an Länge zugenommen. Die ursprünglich graue Färbung ist verschieden geworden, teils ist sie in Braun, Schwarz, Weiß oder Scheckfärbung übergegangen.

Beim Angora- oder Seidenkaninchen ist ein sehr reichlicher, weicher Pelz von seidenartigem Glanze erzielt worden, der hoch im Preise steht. Es soll ursprünglich in Kleinasien gezüchtet worden sein und kam am Ende des 18. Jahrhunderts nach Europa. Es ist sehr zart und verlangt eine sorgfältige Pflege. Meist wird es einfärbig weiß gezüchtet; doch gibt es auch schwarze, gelbe und graue Sorten.

Das Silberkaninchen gehört zu den kleineren Schlägen. Sein Gewicht beträgt 2,5 bis 3,5 *kg*. Auf dem rundlichen Kopfe sitzen die aufrechtstehenden Ohren an der Wurzel nahe bei einander. Die Färbung ist gewöhnlich grau mit einem silberähnlichen Anflug; auch blaue, braune und gelbe Nuancen kommen vor. Das Fell spielt als Handelsartikel eine nicht unerhebliche Rolle und wird von den Kürschnern zu Pelzwerk verarbeitet. Ihm nahe steht das graue bis schneeweiße russische Kaninchen, dessen Nasen, Ohren, Pfoten und Schwanz allein schwarz sind. Es besitzt eine herabhängende Wamme am Hals. Aus seinem Pelz werden Hermelinpelzimitationen hergestellt.

Ein kurzhaariger Schlag mit langgestrecktem Körper und kurzen, aufrechtstehenden Ohren, von Farbe schwarz und weiß gescheckt, ist das englische Scheckenkaninchen. Ein noch bunter geschecktes Kaninchen, dessen Fell außer Schwarz und Weiß auch Gelb in buntester Mischung aufweist, ist neuerdings als „japanisches Kaninchen" importiert worden, ohne indessen bisher eine weitere Verbreitung gefunden zu haben. In Frankreich und England wird besonders das Widderkaninchen (*lapin bélier*) gezüchtet. Es verdankt seinen Namen dem stark geramsten Kopf, der ungemein lange und schlaff herabhängende Ohren besitzt. Es erreicht ein Gewicht von 5–6 *kg* und besitzt ein wohlschmeckendes, zartes Fleisch, weshalb es viel gezüchtet wird. Sein Fell ist kurzhaarig und schwarz, grau, weiß, gelb oder blau, auch gescheckt.

Das Kaninchen hat man auch schon mit dem Feldhasen zu kreuzen vermocht. Die so erhaltenen Bastarde nennt man Leporiden. Sie haben nach W. Hochstetter eine große Ähnlichkeit mit dem Feldhasen, sind hasengrau mit rostgelbem Nacken, tragen schwärzlich geränderte Ohren und sind fruchtbarer als alle reinen Kaninchenrassen. Ihr Fleisch ist sehr wohlschmeckend, und bereits nach sechs Monaten erreichen sie ein Gewicht von 3–4 *kg*.

Die Kaninchen sind die einzigen Nagetiere, die wirtschaftlich für uns von Bedeutung geworden sind. Als leicht zu erlangende Warmblüter dienen sie mit Meerschweinchen, Ratten und Mäusen sehr oft zu Einimpfungs- und Vivisektionsversuchen, können deshalb mit Recht auch als „Märtyrer der Wissenschaft" bezeichnet werden. Unter diesen spielt jedoch das Meerschweinchen (*Cavia cobaya*) als Versuchstier der Physiologen und Bakteriologen die weitaus erste Rolle, da es sehr fruchtbar und leicht zu halten ist. Wenn es auch vielfach bei uns zum Vergnügen gehalten wird, so hat es doch bei uns keinen praktischen Nutzen gefunden. Allerdings in seiner alten Heimat Südamerika ist es von den alten Peruanern, wie seinerzeit das Kaninchen in Europa, der Fleischnutzung wegen gezüchtet und zum Haustier erhoben worden. Im altperuanischen Gräberfeld von Ancon fand man nicht selten Überreste von offenbar einst als Haustier gehaltenen Meerschweinchen, die nach Nehring sowohl äußerlich in der Färbung, wie auch durch ihren anatomischen Bau in der Mitte stehen zwischen der wilden Art Südamerikas und dem zahmen Meerschweinchen der Gegenwart. Die altperuanischen Hausmeerschweinchen besaßen, wenn auch schon als offenkundiges Haustiermerkmal Weiß auftrat, im allgemeinen noch immer die dunkelbraune, fein gesprenkelte „Wildfarbe", die durch verschiedenfarbige Ringelung der einzelnen Haare entsteht. Daneben hatten sie die schlankere, schärfer umrissene Schnauze und das festere Gefüge des Schädels, das sich besonders in dem keilförmigen Einspringen der Nasenbeine in die Stirnbeine ausspricht. Diese Unterschiede mögen wohl auf veränderte Lebensbedingungen zurückzuführen sein. Jedenfalls waren sie bei den alten Peruanern noch nicht in so strenger Haft gehalten wie die heutigen

Nachkommen und lebten wohl noch ziemlich frei in und um die Hütten der Eingeborenen herum.

Diese mehr einfarbigen, schlanken, spitzschnauzigen Vorfahren unseres heutigen weißbunten, fettleibigen und dickköpfigen Meerschweinchens stellen also Mittelglieder zwischen letzterem und der noch heute in Peru wildlebenden Stammform *Cavia cutleri* dar. Außer als Nahrung benutzten die alten Peruaner sie auch als Opfer für die Götter. Nach Rengger zähmen die Indianer in Paraguay noch heute die dem wilden Meerschweinchen Perus entsprechende Form der Ostabhänge der Anden, die *Cavia aperea*, und diese pflanzt sich auch in der losen Gefangenschaft, in der sie gehalten wird, leicht fort. Im Laufe des 16. Jahrhunderts kam dann das peruanische Hausmeerschweinchen durch die Spanier wohl nur als Spielerei nach Europa. Speziell den Holländern ist dessen Einführung nach Mitteleuropa zu verdanken. In der Schweiz erwähnt es 1554 zuerst der Züricher Naturforscher Konrad Geßner (1516–1565). Doch war es damals in Mitteleuropa noch recht selten. Weil es übers Meer zu ihnen gekommen war und in seiner kurzbeinigen Dickleibigkeit einem Schweinchen glich, nannten es die Deutschen Meerschweinchen, während es die Engländer als *guinea-pig* bezeichneten. Die Färbung ist sehr verschieden. So berichtet schon der Leibarzt der reichen Fugger in Augsburg in der zweiten Hälfte des 16. Jahrhunderts, Munzinger, von ganz weißen und ganz braunen Meerschweinchen. Jetzt sind die meisten Formen schwarz, rotgelb und weiß gefleckt; ein Teil ist ganz weiß mit roten Augen. Es sind dies also richtige Albinos. Neben diesen kurzhaarigen Rassen gibt es auch eine sehr langhaarige unter der Bezeichnung Angorameerschweinchen. Bildet ihre Behaarung an verschiedenen Körperstellen eigentümliche Wirbel, so spricht man von Struppmeerschweinchen.

In seinem Benehmen ist das Meerschweinchen ein Mittelwesen zwischen Kaninchen und Mäusen. Sein Lauf setzt sich aus einer Reihe kurzer Sprünge zusammen und ist keineswegs sehr schnell. Fühlen sie sich wohl, so lassen sie eine Art sanften Murmelns vernehmen; erschreckt quieken sie wie die Schweine. Bei uns werfen die Weibchen 2 bis 3 mal im Jahre 2–3, auch 4 oder 5, in heißen Ländern sogar 6–7 Junge. Diese werden in einem hochentwickelten Zustand mit offenen Augen geboren und laufen schon nach wenigen Stunden hinter der Mutter her. Sie werden nur etwa 14 Tage lang von der Mutter gesäugt und während dieser Zeit liebevoll behandelt. Vom zweiten Tage an fressen sie neben der Muttermilch auch Grünes und sind vom Ablauf der 4. Woche an selbständig. Nach 5–6 Monaten sind sie fortpflanzungsfähig und haben schon nach 8–9 Monaten ihre vollkommene Größe erreicht. Bei guter Behandlung können sie ihr Leben auf 6–8 Jahre bringen. Sie sind der Wärme bedürftig und müssen an einem trockenen Ort gehalten werden. Gegen rauhe und kalte Witterung sind sie sehr empfindlich und gehen dann leicht zugrunde. Wenn man sich viel mit ihnen abgibt, werden sie ungemein zahm und zutraulich, obwohl sie ihre Furchtsamkeit nie gänzlich ablegen und bei ihren geringen geistigen Fähigkeiten selten dahin gelangen, den Wärter von andern zu unterscheiden. Im ganzen bleiben sie stumpfsinnig und wenig anhänglich. Nur in Oberschlesien ißt man sie wie in ihrer Heimat Peru.

Endlich ist noch von der zahmen Hausmaus (*Mus musculus domesticus*) zu reden, die in Ostasien zum Haustier erhoben wurde und neuerdings auch bei uns in den verschiedensten Zeichnungs- und Färbungsformen gezüchtet wird. Nach ihrer Herkunft werden sie als chinesische und japanische Ziermäuse unterschieden. Die chinesischen Mäuse, die in ihrer Heimat auch vom Menschen gegessen werden, unterscheiden sich von unserer wilden Hausmaus und von der gewöhnlichen weißen Maus nur durch die Färbung und Zeichnung und zerfallen in eine große Anzahl Rassen. Es gibt einfarbig schwarze, dann solche mit ganz kleinen weißen Abzeichen an verschiedenen Körperstellen, ferner schwarz- und weißgescheckte, einfarbig graue, grau- und weißgescheckte, braune, braun- und weißgescheckte, hell- und dunkelgelbe und gelbgescheckte Mäuse. Alle diese haben meist schwarze Augen; nur gelbe Mäuse kommen auch mit roten Augen vor. Sonst finden sich letztere regelmäßig bei den noch nicht aufgezählten Rassen, den fahlen, den fahl- und weißgescheckten und den blauen Mäusen, deren Färbung von Aschgrau bis Mohnblau wechselt. Diese blauen Mäuse unterscheiden sich von den fahlen dadurch, daß ein gelblicher, bräunlicher oder rötlicher Farbenton bei ihnen fehlt. Zu ihnen gesellen sich blaue Mäuse mit wenig bis viel Weiß und endlich die schon seit langer Zeit in Europa gezüchteten einfarbig weißen Mäuse mit roten Augen. Übergänge zwischen den aufgezählten Rassen finden sich nur selten. Als Übergänge zwischen fahlen und gelben Mäusen kann man die gelben Mäuse mit roten Augen betrachten. Sonst kommen nur Übergänge zwischen grauen und gelben Mäusen vor, nämlich graue Mäuse mit Gelb und gelbe Mäuse mit Grau meliert. Andere Übergänge hat man trotz zahlloser Züchtungsversuche nicht erhalten, und vor allem ist es auch nie gelungen, Mäuse zu züchten, die gleich den meisten Meerschweinchen dreifarbig gescheckt sind.

Nicht minder wunderbare Züchtungsprodukte haben die Japaner aus der gemeinen Hausmaus zu machen verstanden. Die japanischen Ziermäuse unterscheiden sich von den chinesischen durch geringere Körpergröße, zierlichere Formen, namentlich spitzen Kopf, vor allem aber durch die merkwürdige Eigenschaft, daß sie, wenn sie irgend ein Ziel erreichen wollen, nicht geradewegs darauf losgehen, sondern schwankenden Ganges hin und her wackeln, wobei sie häufig in eine drehende Bewegung geraten, ja nicht selten auf einem Fleck so schnell herumwirbeln, daß man Kopf- und Schwanzende nicht mehr voneinander unterscheiden kann. Sie lieben es auch, um die runden Futternäpfe im Kreise herumzulaufen und um Pflöcke, die man auf dem Boden ihres Käfigs befestigt hat, herumzutanzen. Oft führen zwei zusammen einen Wirbeltanz aus. Diese sogenannten japanischen Tanzmäuse zieht man in ihrer Heimat gewöhnlich in zwei Rassen, nämlich in schwarzweißem und blauweißem Kleide. Bei beiden Rassen überwiegt das Weiß, und Schwarz und Blau sind jeweilen am Kopfende angehäuft. Nur selten erhält man auch fahl und weiß gescheckte Tanzmäuse. In Frankfurt a. M. ist es indessen neuerdings gelungen, zahlreiche verschiedenartige Tanzmäuse zu züchten, und nach den dort angestellten Vererbungsversuchen lassen sich die Tanzmäuse in denselben 19 verschiedenen Färbungs- und Zeichnungsformen züchten, wie die chinesischen Mäuse, so daß es im Ganzen 38 verschiedene Hauptrassen von Ziermäusen gibt. Dazu kommen noch einige, allerdings sehr seltene Übergänge zwischen verschiedenen Rassen.

Dieselbe Züchtungsarbeit hat man in Ostasien teilweise auch der Wanderratte angedeihen lassen. Sie kommt weiß, schwarz oder braun gescheckt vor, ist aber viel weniger mannigfaltig gefärbt als die Ziermäuse. Am meisten wird die japanische Tanzratte gehalten, die durch ihr Benehmen an die japanischen Tanzmäuse erinnert. Sie wird gelegentlich auch vom Menschen verspeist, was sehr begreiflich ist, da an ihr gewiß mehr Fleisch enthalten ist als an den Mäusen, die demselben Zwecke dienen.

XIII. Die Katze.

Die Hauskatze, die als geborener Einzeljäger sich bis auf den heutigen Tag auch als Haustier eine sehr selbständige Stellung als Genosse des Menschen bewahrt hat und infolgedessen auch dem Einfluß der künstlichen Züchtung so gut wie gar nicht unterliegt, ist kein Abkömmling unserer europäischen Wildkatze (*Felis catus*), wie man noch in der ersten Hälfte des vergangenen Jahrhunderts annahm, sondern stammt von der von Rüppel in Nubien entdeckten Falbkatze (*Felis maniculata*), die in vorgeschichtlicher Zeit irgendwo im oberen Nilgebiet zum Haustier erhoben wurde. Es ist dies ein fahlgelb bis fahlgraues Tier, an Hinterkopf und Rücken rötlicher, mit weißem Bauch und verwaschenen, schmalen, schwarzen Querbinden am Rumpf, die an den Beinen deutlich hervortreten. Der Pelz ist an einigen Stellen schwarz gesprenkelt; der Schwanz endet in eine schwarze Spitze, davor hat er drei schwarze Ringe. Charakteristisch ist der Sohlenfleck, d. h. die schwarze Färbung der Hinterseite der Hinterfüße von der Pfote bis zum Hacken. Diese Färbung macht sich auch bei den gezähmten Vertretern sehr leicht geltend und kommt niemals bei der europäischen Wildkatze vor. Ferner ist bei den Hauskatzen wie bei deren Stammutter, der Falbkatze, der Schwanz gleichmäßig zugespitzt und nicht am Ende verdickt wie bei der europäischen Wildkatze, die auch nie schwarze Sohlen aufweist. Dann wies der Engländer Hamilton nach, daß sich bei den Hauskatzen die Stirne mit zunehmendem Alter verflacht, während sie bei der europäischen Wildkatze höher wird. Alle diese Tatsachen sprechen in demselben Sinne, daß eben die Hauskatze ein Abkömmling der afrikanischen Falbkatze und nicht der europäischen Wildkatze ist.

Bild 45. Links der Ammonspriester Mutsa (3), Vorsteher des kgl. Schatzes, mit seiner Schwester Bati (4), einer Jungfrau des Ammon, und seinem Sohne User (2) mit dem Wurfholz (Bumerang) auf der Entenjagd, rechts derselbe Fische speerend. Im Dickicht ein Ichneumon, der einen jungen Vogel aus dem Nest reißt, im Boot links eine gezähmte Katze, die scheinbar bittet, ins Dickicht gelassen zu werden. Auf diesem Wandgemälde der 18. Dynastie weist die Hauskatze noch die schmalen schwarzen Querbinden ihrer Stammutter, der Falbkatze, auf. (Nach Wilkinson.)

Wenn nun also die Hauskatze nicht von der europäischen Wildkatze abstammt, ist es nicht zu verwundern, daß sie im vorgeschichtlichen Europa durchaus fehlt; auch die älteren Griechen und Römer kannten sie noch nicht. Ihre Rolle als Mäusevertilger besorgten bei ihnen Wiesel und Iltis, die beide gezähmt gehalten wurden. Ebenso wird die Katze nirgends in der Bibel erwähnt; auch im vedischen Zeitalter Indiens war sie durchaus unbekannt. Aus allen diesen Gründen muß die noch von W. Schuster vertretene ältere Ansicht, wonach unsere Hauskatze von der Wildkatze abstammt, absolut verlassen werden, wenn auch zuzugeben ist, daß da und dort durch gelegentliche Paarung von Hauskatzen mit Wildkatzen Blut von letzterer in manche Stämme der Hauskatze gelangte. Ganz abgesehen von der großen Schwierigkeit der Zähmung der überaus wilden europäischen Wildkatze weicht auch der anatomische Bau der Hauskatze in vielen Einzelheiten vollkommen von demjenigen jener ab, stimmt aber sehr genau mit demjenigen der nubischen Falbkatze überein. Nach François Lenormant kam die Hauskatze als bereits gezähmtes Tier mit dem Hunde von Dongola erst zur Zeit des Mittleren Reiches nach der Eroberung des Landes Kusch in Nubien durch die Ägypter nach Ägypten und wird mit jenem zuerst auf Grabdenkmälern der 12. Dynastie (2000–1788 v. Chr.) in Beni Hassan abgebildet. Dagegen will neuerdings Konrad Keller sie schon zur Zeit der 6. Dynastie (2750–2625 v. Chr.) in einem Grabgemälde von Sakkarah mit einem Halsband, also dem Attribut eines Hausgenossen, abgebildet gefunden haben. Genaueres darüber gibt er aber nicht an.

Bei den alten Ägyptern wurde ihre Zucht in der Folge sehr populär; denn die Katze, von ihnen nach ihrer Lautäußerung *mau* genannt, wurde als Jagdgehilfe und eifriger Bekämpfer von Ratten und Schlangen von ihnen in hohem Maße geschätzt. So finden wir auf verschiedenen Grabgemälden der 18. Dynastie (1580–1350 v. Chr.) von Kurnah, die Sir Gardner Wilkinson publizierte, Ägypter in leichten Booten im Schilfdickicht Jagd auf Wasservögel machen, wobei ihnen zahme Katzen das vom Bumerang betäubte Wild durch geschicktes Schleichen zwischen den Sumpfpflanzen holen. Wo also der Hund nicht zu gebrauchen war, trat die Katze in ihr Recht und leistete dem Menschen gute Dienste. Als Rattenvertilgerin finden wir die Katze aus leicht verständlichen Gründen nirgends dargestellt; aber daß sie als solche fungierte, beweist der berühmte satyrische Papyrus von Turin, in welchem die Darstellungen der glorreichen Siege Ramses III. (1198–1167 v. Chr.) der 19. Dynastie an den Wänden des von ihm errichteten Tempels in Medinet Abu in der Weise karikiert wurden, daß der auf seinem Kriegswagen stolz einherfahrende König und seine Leute in Form von Ratten, die Feinde dagegen, die Chethiter, in Gestalt von Katzen dargestellt wurden. In einer Darstellung des Totenbuches aus dem Neuen Reiche finden wir eine unter einem Baume sitzende Katze abgebildet, die unter der einen Vordertatze einen Schlangenkopf hält. Tatsächlich jagt die Hauskatze ebenso gern selbst die gefährlichsten Giftschlangen als die Mäuse und Ratten. Dadurch mag sie sich bei den Ägyptern, jenen ausgesprochenen Ackerbauern, denen die die Kornvorräte brandschatzenden Nagetiere, wie auch die giftige Schlangenbrut äußerst lästig fielen, sehr bald in hohe Gunst gebracht haben. Da sie andere Tiere verspeiste und damit deren Seelen in sich aufnahm, sah man in ihr ein Geistwesen verkörpert, dem als solchem so gut eine Kultpflege zukam, als dem die Umgebung der menschlichen Wohnungen von Aas reinigenden Ibis oder Schakal. Wie diese wurde sie in der Folge zu einem heiligen Tiere gestempelt, das als guter Geist gern im Hause gehalten wurde, weil es durch seine göttlichen Eigenschaften Segen in dasselbe brachte. Ihr Tod versetzte die altägyptische Familie in Trauer, die man äußerlich durch Abrasieren der Augenbrauen bekundete. Der Unglückliche, der freiwillig oder unfreiwillig einer Katze das Leben raubte, war verloren. So schreibt der griechische Geschichtschreiber Diodoros, mit dem Beinamen Siculus, über Ägypten: „Wer dort irgend ein heiliges Tier absichtlich ums Leben bringt, wird zum Tode verurteilt. Wer aber eine Katze oder einen Ibis umbringt, muß sterben, wenn er auch die Sünde ohne es zu wollen beging; das Volk läuft zusammen und behandelt, oft ohne Verurteilung, den Missetäter aufs grausamste. Sieht also jemand ein totes heiliges Tier, so bleibt er, um nicht in falschen Verdacht zu kommen, von ferne stehen, schreit, wehklagt und beteuert, daß er es schon tot gefunden habe. — Die abergläubische Verehrung der heiligen Tiere ist bei den Ägyptern tief und unwandelbar festgewurzelt. In der Zeit, da der König Ptolemäus (XI, 81–51 v. Chr.), von den Römern noch nicht für einen Freund erklärt war und sich das ägyptische Volk auf alle mögliche Weise bemühte, den sich in ihrem Lande aufhaltenden Römern gefällig zu sein und aus Furcht vor Rom jede Gelegenheit zu Beschwerden vermied, da kam der Fall vor, daß ein Römer eine Katze ums Leben brachte. Alsbald rottete sich das Volk wütend gegen ihn zusammen, und, obgleich er den Mord gar nicht mit Vorsatz begangen, konnten doch weder die Bitten des vom Könige hingesandten Beamten, noch die Furcht vor Rom den unglücklichen Katzenmörder vom Tode erretten. — Finden die Ägypter auf ihren Kriegszügen in fremdem Lande tote Katzen oder Habichte, so sind sie betrübt und nehmen die Tiere mit sich nach Hause.“ An einer anderen Stelle berichtet derselbe Autor: „Den Katzen und Ichneumons brocken die Ägypter Brot in Milch, locken sie herbei und setzen es ihnen vor, oder sie füttern sie mit zerschnittenen Nilfischen. In ähnlicher Weise füttern sie auch die übrigen heiligen Tiere. Die eigentlichen Wärter jener Tiere tun groß mit ihrem wichtigen Götzendienst; sie tragen auch besondere Abzeichen, und wenn sie durch Dörfer und Städte gehen, so verbeugt sich jedermann ehrfurchtsvoll vor ihnen. Stirbt ein heiliges Tier, so wickeln sie es in feine Leinwand, schlagen sich jammernd die Brust und bringen es in die zum Einbalsamieren bestimmten Häuser. Ist es dort mit Zedernöl und andern guten Dingen, die einen guten Geruch geben und vor Verwesung schützen, durchdrungen, so wird es in einem heiligen Sarge bestattet.“

Auch Herodot, der selbst in Ägypten war und die Sitten der Ägypter aus eigener Anschauung kannte, schreibt: „Die Katzen in Ägypten lieben ihre Jungen sehr, aber sie werden ihnen oft von den Katern geraubt. Entsteht irgendwo eine Feuersbrunst, so kümmern sich die Ägypter nicht ums Feuer, sondern um ihre Katzen. Sie stellen sich um diese herum und halten Wache; aber die Katzen entwischen ihnen doch oft, springen auch über sie hinweg und stürzen sich in die Flammen. Geschieht dies, so kommt über die Ägypter große Trauer. Stirbt eine Katze, so scheren sich alle Bewohner des Hauses ihre Augenbrauen ab; stirbt aber ein Hund, dann scheren sie sich den ganzen Kopf ab. Die toten Katzen werden in heilige Gemächer geschafft, einbalsamiert und dann in der Stadt Bubastis beigesetzt. Die Hunde und Ichneumons werden in der Stadt, in der sie starben, in heiligen Grüften bestattet, die Spitzmäuse und Ibisse aber in Hermopolis. Die Bären, welche jedoch selten sind, und die Wölfe, welche nicht viel größer sind als Füchse, werden da begraben, wo sie gerade liegen.“

Die Angaben dieser beiden Autoren betreffend das Einbalsamieren der verstorbenen Katzen und das darauffolgende Bestatten in besonderen „heiligen Grüften“ sind durch das Auffinden von eigentlichen Katzenfriedhöfen in Bubastis und Beni Hassan bestätigt worden. Hier wurden sorgfältig einbalsamierte und mit Leinenbändern umwickelte Katzenmumien in Menge gefunden. Der bedeutendste Kultort für die Katzen war die Stadt Bubastis, im östlichen Delta, die ihren Namen (ägyptisch *Pe Bast* = Ort der Bast) von der dort verehrten Göttin Bast erhielt, die mit einem Katzenkopfe dargestellt wurde. Es ist dies eigentlich die Göttin Sekhet, die Gemahlin des Ptah, des großen Gottes von Memphis, die ursprünglich löwenköpfig und erst seit dem Bekanntwerden der Katze in Unterägypten katzenköpfig abgebildet wurde. Die Griechen stellten sie später ihrer Artemis gleich.

Wenn nun auch mit dem Untergang des alten Ägypten die Heiligkeit der Hauskatze im Niltal dahin fiel, so sind doch Spuren derselben hier bis auf unsere Zeit nachzuweisen. Noch heute glaubt man in Ägypten, daß die Katze Glück bringen könne; sie wird von den dortigen Haremsdamen verhätschelt und mit Ohrringen geschmückt. In Oberägypten gilt sie heute noch als heilig und unverletzlich; sie ist dort nach Klunzinger ebenso geehrt als die Hunde verachtet. In Kairo vermachte der Sultan Ez Zahir Beibars einen Garten nördlich der Stadt zum Besten der Katzen. Derselbe wurde dann verkauft, aber zurückerworben und dient heute noch zur Erhaltung herrenloser Katzen; daneben besteht in jener Stadt ein förmliches Katzenspital. Außerdem sind wiederholt Legate zu deren Fütterung ausgesetzt worden. Diese Hochhaltung der Katze im heutigen Ägypten wird mit der Vorliebe des Propheten Mohammed für diese Tiere motiviert. Dieser soll einst, um ein in seinem weiten Ärmel liegendes Kätzchen nicht in seinem Schlafe zu stören, denselben beim Aufstehen abgeschnitten haben. Überhaupt ist der Morgenländer durchschnittlich sehr rücksichtsvoll gegen seine Mitgeschöpfe. So erzählt ein deutscher Edelmann, der im Mittelalter das Morgenland durchwanderte, von einem Soldaten, der sich neben dem schönsten Schatten seufzend von der Mittagssonne peinigen ließ, weil er das in seinem Schoß eingeschlafene Kätzchen nicht stören wollte.

Wie sich aus den Mumien ergibt, war die Gesamtfarbe der altägyptischen Hauskatze noch ganz der der Falbkatze ähnlich. Nach Keller trifft man solche Färbung noch heute häufig bei den Hauskatzen in den Küstenorten des Roten Meeres. Auch das Knochengerüst beider Arten entspricht einander vollkommen. Jedenfalls hat sich hier in ihrem natürlichen Verbreitungsgebiet die Falbkatze je und je mit der Hauskatze gepaart und so zur Auffrischung des Blutes beigetragen. Aber auch die Wildform selbst mag da und dort später wiederholt gezähmt worden sein, wie dies heute noch bei den Niam-Niam der Fall ist, die die Falbkatze fangen und sie in kurzer Zeit an die Wohnung gewöhnt haben, so daß sie ihnen nicht mehr entläuft, sondern sich, mit Mäusefang beschäftigt, in deren Nähe verweilt. Diese Beobachtung von G. Schweinfurth bestätigte C. Keller, indem ihm auf seiner Reise in Nubien wiederholt gezähmte Exemplare der wilden Falbkatze angeboten wurden. Er schreibt ferner: „Am mittleren Webi in den Somaliländern konnte ich gezähmte Falbkatzen in den Dörfern antreffen, die ich vorher in Ogadeen nirgends vorfand. Sie dienen dazu, die Getreideschuppen gegen die schädlichen Nager zu schützen. Übrigens richten die Somalifrauen auch ihre Knaben in origineller Weise zum Mäusefang ab und, wie ich mich überzeugt habe, entwickeln diese ein großes Geschick. Diese Tatsache liefert vielleicht die Erklärung für das lokale Fehlen der Hauskatze in manchen Gebieten Ostafrikas."

Vom Niltal verbreitete sich die Hauskatze im Altertum nur langsam nach Syrien, Persien und von da nach Indien. Bei den Indern galt die weiße Katze als das Symbol des Mondes, der die grauen Mäuse, d. h. die Schatten der Nacht vertreibt. In China wird die Katze zum erstenmal im 6. Jahrhundert v. Chr. erwähnt. Ein Bekanntwerden der Griechen mit der ägyptischen Katze läßt sich vor dem 5. Jahrhundert v. Chr. nicht nachweisen und war auch da nur vereinzelt. So berichtete Herodot seinen Landsleuten von der hohen Wertschätzung dieses Tieres in ihrer ägyptischen Heimat. Im 4. Jahrhundert v. Chr. wurde die Katze in den griechischen Kolonien Süditaliens in einzelnen Exemplaren von Kyrene her eingebürgert; doch vermochte sie auch hier nicht den älteren Vorläufer, das Wiesel, zu verdrängen. Bei den Römern fand sie erst um 100 v. Chr. Eingang. Bei ihnen hatte das Wort *felis* zuerst den Edelmarder, dann die Wildkatze und, von ihr übertragen, zuletzt die Hauskatze bezeichnet. Zu Beginn der christlichen Zeitrechnung treffen wir sie immer noch nur vereinzelt als Haustier bei den alten Römern. Der ältere Plinius kennt und beschreibt sie unter dem Namen *tigris*: „Die Katzen schleichen ganz still und leise, wenn sie ein Vögelchen haschen wollen; den Mäusen lauern sie heimlich auf und springen dann plötzlich auf sie los. Ihren Kot bedecken sie mit zusammengescharrter Erde, damit er ihre Anwesenheit nicht verrate." Seine Zeitgenossen Columella und Seneca raten die Hühner vor ihnen zu hüten. Dies rät Palladius um 380 n. Chr. dadurch zu tun, daß man letzteren ein Stückchen Raute unter den rechten Flügel bindet. Er sagt, daß man sich Katzen zum Wegfangen der Maulwürfe halte. Von allen Geschichtschreibern erwähnt sie nur Dio Cassius einmal, indem er in der Biographie des Tiberius sagt: „Während Sejanus zur Zeit, da Tiberius regierte (14–37), noch allmächtig war, kamen einmal eine Menge Gratulanten zu ihm und das Sopha, auf das sie sich setzten, brach zusammen; dann lief dem Sejanus, als er aus dem Hause ging, eine Katze über den Weg. Hierdurch ward ihm, vor dem sich damals alles beugte, Verderben prophezeit." Auch ist ihre Darstellung bisher nur ein einziges Mal auf einem römischen Mosaik gefunden. Jedenfalls spielte die Katze im antiken Haushalt neben dem hier früher als Mäusefänger gebräuchlichen Frettchen eine sehr bescheidene Rolle. Erst vom 4. Jahrhundert n. Chr. an wurde das bis dahin noch häufig gehaltene Hauswiesel ganz von der Katze verdrängt, die damals einen besonderen Namen, nämlich *catus* erhielt, woraus später im Vulgärlatein *catta*, und daraus im Italienischen *gatta*, im Französischen *chat*, im Deutschen dagegen Katze wurde. Die römische Bezeichnung *catus* aber, die bei den Byzantinern als *katós* gebräuchlich war, stammt aus dem syrischen Worte *katô*, das seinerseits wiederum mit dem nordafrikanischen *gâda* und *kadiska* zusammenhängt. So sehen wir auch in der Terminologie den Weg angedeutet, den das Tier in der Tat aus dem Niltal über Syrien und das Römerreich bis ins Herz Europas nahm.

Bild 46. Katze und Maus. Holzschnitt zu den Fabeln des Äsop. (Gedruckt 1475 von Joh. Zainer in Ulm.)

Zur späteren ausgiebigen Verbreitung der Katze durch die Länder am Mittelmeer und in Europa trug wesentlich das christliche Mönchtum bei, das ja in Ägypten seinen Anfang nahm und sich dort sehr bald mit der Hauskatze befreundet hatte. So berichtet uns Johannes Diaconus im Leben des heiligen Gregor (um 600), ein Eremit habe, durch die Predigt dieses großen Mannes gerührt, seinen einzigen Schatz auf Erden, seine Katze, opfern wollen. Aus dem Mittelalter findet sich die Angabe, daß die Mönche eines Klosters auf Zypern Katzen gezogen hätten, um die Schlangen zu bekämpfen. Damit an diesen frommen Orten die Kater nicht ihren sinnlichen Lüsten frönten, verschnitt man gewöhnlich die Klosterkatzen. Es ist dies dasselbe Bestreben, das nicht nur Frauen, sondern überhaupt weibliche Tiere vom heiligen Berge

Athos mit seinen zahlreichen Mönchsklöstern aufs strengste fernzuhalten sucht.

Noch im 10. Jahrhundert war die Katze in Mitteleuropa recht selten; so mußte damals in Sachsen und Wales derjenige, der eine solche getötet hatte, als Strafe so viel Getreide entrichten, daß das am Schwanze aufgehängte und mit der Schnauze den Boden berührende Tier von diesem vollständig bedeckt ward. Damals wird es wohl nur gelbe und braune Katzen in Europa gegeben haben.

Um 1620 fand dann der Italiener Pietro della Valle in Chorasan sehr schöne langhaarige Katzen, von denen er ein Paar mit nach Europa brachte. Es sind dies vielleicht die Vorläufer der Angorakatze, die besonders in Persien und Kleinasien gehalten wird, aber aus Innerasien stammt. Die dichte und lange Behaarung, die blau, blaugrau, schwarz, bunt oder einfarbig weiß ist, will der russische Forscher Pallas der Kreuzung mit der ziemlich langhaarigen asiatischen Steppenkatze (*Felis manul*) zuschreiben. Da die Wildkatzen sich überall gelegentlich mit den einheimischen Hauskatzen paaren, ist dies sehr wahrscheinlich; doch könnte schließlich auch die gewöhnliche Hauskatze unter der Einwirkung des rauhen Gebirgsklimas Innerasiens eine längere Behaarung erhalten und diese an ihre Nachkommen vererbt haben.

Tafel 49.

Altägyptische Hauskatzen mit Mäusen in einer Fabel des satirischen Papyrus des Neuen Reichs (18. bis 19. Dynastie, 1580–1205 v. Chr.).

Tafel 50.

(Copyright by M. Koch, Berlin.)

Gepard oder Jagdleopard.

(Copyright by M. Koch, Berlin.)

Frettchenfamilie vor einem Kaninchenbau.

Die europäische gemeine Hauskatze ist also ein mehr oder weniger reiner Abkömmling der nubischen Falbkatze, die sich in ihrer primitivsten Erscheinung in Ostafrika und in den Ländergebieten am Roten Meer erhielt. Die dort angetroffene Hauskatze stimmt ganz auffallend mit der wilden Falbkatze überein; sie ist nämlich fahlgelb oder fahlgrau mit rötlichem

Anflug, die Nasengegend rostrot mit dunklerer Einfassung. Der Fuß ist bis zur Ferse unterseits schwarz behaart; auch zeigt der Pelz mehr oder weniger deutlich dunkle Flecke. Die Bauchseite ist heller, der Körper schmächtig gebaut, der Schwanz lang und wenig voll. Diese Katze steht der altägyptischen Hauskatze sehr nahe, die stets gelblich, von hellgelb bis dunkelbraun wechselnd, gefärbt war. Die Ohren mancher Exemplare erscheinen auffallend groß und zugleich an der Spitze mit einem kleinen Haarbüschel versehen. Dies beweist eine Kreuzung der ägyptischen Hauskatze mit dem alsbald zu besprechenden Sumpfluchs (*Felis chaus*). Die betreffenden Bastarde unterscheiden sich von den Hauskatzen von reiner Abstammung von der Falbkatze außerdem durch die gedrungene und größere Gestalt, das dunkelgefleckte Fell und den langhaarigen Schwanz. Dieses Kreuzungsprodukt wurde, wie verschiedene Bilder beweisen, auch zur Vogeljagd abgerichtet. Doch scheint in ihnen das Blut der Falbkatze überwogen zu haben. Die kräftige Gestalt auch dieser Katzen zeugt davon, daß sie schon damals in Ägypten nicht in engem Gewahrsam, sondern in voller Freiheit wie heute noch aufwuchsen. In dieser altertümlichen Gestalt hat sich die Hauskatze in Europa einzig auf der Insel Sardinien erhalten, wo sie jedoch verwildert ist und als Rückschlagserscheinung kleine, schwarze Ohrpinsel zeigt. Die europäischen Hauskatzen weisen schon weitere Veränderungen auf und variieren stark in der Körperfärbung. Es gibt unter ihnen wildfarbene, graugestreifte, gefleckte, mausgraue, schwarze und weiße Spielarten. Die sogenannte Zypernkatze, die durch ihre schwarze Streifung auf gelblichgrauem Grunde stark an unsere Wildkatze erinnert, muß wie die andern wildfarbenen, gestreiften und gefleckten Hauskatzen stark Blut der europäischen Wildkatze aufgenommen haben, die sich besonders früher, da sie häufiger war, oft mit der Hauskatze zu paaren Gelegenheit hatte. Weit seltener als die Zypernkatzen sind die gelbgrauen Katzen ohne schwarze Zeichnung am Kopf, Rumpf und Schwanz, nur mit zwei schwarzen Querbändern an den Vorderbeinen. Ihnen schließen sich die gelbschwarzen Katzen an, die auf gelblichem Grunde unregelmäßige, an den Rändern verwaschene, ziemlich kleine schwarze Flecken ohne Beimischung von Weiß zeigen. Meist sind diese weiblichen Geschlechts und die zugehörigen Männchen sandfarben. Doch können auch Weibchen sandfarben sein, und Katzen, die auf sandfarbenem oder gelbschwarzem Grunde weiß gescheckt sind, finden sich in beiden Geschlechtern nicht selten. Ziemlich lang und weichhaarig grau mit schwarzen Lippen und Fußsohlen sind die sogenannten Karthäuserkatzen. Weiße Katzen haben entweder gewöhnliche Katzen- oder rein blaue Augen. Dabei kann nun das eine Auge blau und das andere von gewöhnlicher Färbung sein. Sind beide Augen blau, so ist die weiße Katze meist taub. Schwarze Katzen haben meist gelbe Augen.

Stummelschwänzig oder nahezu schwanzlos ist die Katze der Insel Man zwischen England und Island. Dazu hat sie einen großen Kopf und unverhältnismäßig lange und starke Hinterbeine. Sie ist eine unermüdliche Springerin und Kletterin und stellt den Vögeln viel mehr nach als andere Hauskatzen. Die Färbung ist verschieden. Bei der Kreuzung mit der gewöhnlichen Hauskatze sind die Nachkommen teils kurzschwänzig, teils schwanzlos. Über die Entstehung dieser eigentümlichen Rasse ist nichts Näheres bekannt geworden. Sie wird wohl plötzlich durch Mutation hervorgegangen sein. Wie unter den europäischen gibt es auch unter den asiatischen Katzen stummelschwänzige, so besonders in China und Japan. In Siam, Birma und auf der Halbinsel Malakka lebt die malaische Haus- oder Knotenschwanzkatze, deren Schwanz nur die halbe Länge gewöhnlicher Hauskatzenschwänze hat und oft infolge einer Mißbildung der Knochen zu einem festen Knoten verdickt ist. Diese Anomalie ist angeboren und wird vererbt.

Die chinesische Hauskatze besitzt ein seidenweiches, langes Haar von lichtgelber bis weißer Farbe. Unter dem Einflusse der Domestikation ist sie wie so viele andere Haustiere hängeohrig geworden. Sie wird in China viel gezüchtet, um nach vorhergehender Mästung geschlachtet und als beliebte Speise verzehrt zu werden. Sie scheint stark Blut der asiatischen Wildkatze in sich aufgenommen zu haben. Auch in Südwestindien, speziell in Kotschin, wird die Hauskatze häufig gegessen, wie übrigens auch in Frankreich, wo deren Fleisch regelrecht auf den Markt gelangt. Die schönste und edelste aller Katzen aber ist die Siamkatze, die außer in ihrer Heimat auch in China und Japan als Luxustier gehalten wird, dort sehr hoch im Preise steht und nur selten nach Europa gelangt. Die frischgeworfenen Jungen sind blendendweiß mit roten Augen, also eigentliche Albinos, die aber später durch Pigmentbildung sich verfärben. Der dichte, kurzhaarige Pelz wird dann silbergrau bis schokoladebraun, mit schwärzlichem Gesicht, ebenso werden die Füße, Schwanzspitze und Ohrspitzen schwarz. Die Augen sind blau. Ihre Abstammung ist unbekannt. In reiner Rasse ist sie nur aus dem Palaste des Königs von Siam zu bekommen, der allein das Vorrecht besitzt, sie zu halten. Sie ist geistig hochbegabt und sehr zutraulich, was schon auf ein sehr altes, inniges Zusammenleben mit dem Menschen hinweist. Die gewellten oder gefleckten Hauskatzen Indiens scheinen Kreuzungsformen der Hauskatze mit der indischen Wüstenkatze zu sein.

Überall, wo der Mensch unter der Mäuseplage zu leiden hatte, hat er die Hauskatze kommen lassen, so der Konquistador Almagro, der nach Herrera dem Italiener Montenegro, der die erste Katze nach Peru brachte, dafür 600 Pesos (= 2634 Mark) gab. Dort werden sie heute zur Unterhaltung der verschiedenen Madonnen in die Kirche gelassen, indem die betreffenden Besitzerinnen glauben, jene werden sich für eine solche Liebenswürdigkeit erkenntlich erzeigen und ihnen ihre Wünsche eher erfüllen. In Bolivia sind heute gemästete Katzen ein Lieblingsgericht der vorwiegend indianischen

Bevölkerung. Auch bei der ersten Besiedelung des Goldlandes von Cuyabá am Paraguay um 1745 wurde für die erste, zur Beseitigung der Mäuseplage kommen gelassene Hauskatze nicht weniger als ein Pfund Gold bezahlt. Als Missionar Sagard bei seiner Abreise 1626 dem Huronenhäuptling eine Katze schenkte, nahm dieser sie mit großem Dank entgegen. Als in Neuseeland um 1855 die Ratten verheerend auftraten, wurde 1857 eine ganze Schiffsladung Katzen dahin eingeführt. Im 14. Jahrhundert soll Whittington, einer der ersten Handelsfürsten Englands, den Grund seines großen Vermögens dadurch gelegt haben, daß er seine Katze einem westafrikanischen Häuptling abtrat, der derselben wegen der Mäuse stark bedurfte. Dort sind die Katzen heute gemein; an der Goldküste wurden sie nach Bosmann auch gegessen. Nach Nachtigal verehrten die Heiden des alten Negerlandes Dar Fur eine weiße Katze, wie nach dem älteren Plinius in der Stadt Rhadata eine goldene Katze angebetet wurde. Jedenfalls ist mit dem alten Kulttier auch die Heiligkeit desselben gewandert. So treffen wir selbst in den Vorstellungen unseres Volkes noch Spuren davon. So soll die Katze, wenn sie ihre Pfoten vor dem Fenster säubert, Besuch ankündigen, d. h. der in ihr wohnend gedachte, die Zukunft vorausschauende Geist soll diesen erblicken und damit anmelden. Ferner wird der Glaube noch häufig angetroffen, daß, wer die Hauskatze nicht gut füttert, einen schlechten Hochzeitstag erlebt. Nach dem deutschen Volksmärchen steht die schwarze Katze stets mit dem Bösen im Bunde; deshalb ist sie auch die unzertrennliche Begleiterin der Hexe. Wohl durch diese Stellung als Kulttier während vieler Generationen hat die Katze mit der Zeit etwas Eigenwilliges und Aristokratisches angenommen. Wenn sie auch nicht mehr so unzuverlässig ist wie die gezähmte Wildkatze, so ist sie doch nicht so gutmütig wie der Hund. Ohne gerade falsch zu sein, wie man gern behauptet, läßt sie sich schon durch geringe Behelligung zum Kratzen und Beißen verleiten. Im allgemeinen ist die Katze schon als Einzeljäger viel selbständiger als der Hund und läßt sich vom Menschen nicht alles bieten. Leicht entzieht sie sich ihm durch Flucht, kehrt aber später gern wieder ins Haus und in ihr gewohntes Lager zurück.

Neben der Katze hatten die Ägypter des Mittleren Reiches auch den Sumpfluchs (*Felis chaus*) gezähmt, der bisweilen den vornehmen Jäger auf der Jagd im Sumpfe begleitete und die von ihm mit dem bumerangartigen Wurfgeschoß getroffenen Vögel apportieren mußte. Dieser wurde, wie bereits erwähnt, gelegentlich mit der Hauskatze gekreuzt, doch lassen sich keine tiefergehenden Einwirkungen von ihm auf die altägyptische Hauskatze nachweisen. Auch er galt dem Ägypter als heiliges Tier und wurde in Beni Hassan mehrfach mumifiziert vorgefunden.

Zur Zeit des Neuen Reiches gab es am ägyptischen Hofe auch gezähmte Löwen, die den Herrscher umgaben und ihn sogar in die Schlacht begleiteten. So ist an einer der Tempelwände von Karnak König Ramses II. (1292–1225

v. Chr.) auf seinem Streitwagen mitten in der Schlacht dargestellt, und um ihn kämpfte mit derselben Bravour wie er sein „Leiblöwe", von dem es im Bericht über jene Schlacht gegen die Chethiter heißt: „Der große Löwe, der seinen Wagen begleitete, kämpfte zugleich mit ihm; die Wut ließ alle seine Glieder erzittern und wer sich ihm näherte, den schlug er zu Boden." An einem der Pylone von Luksor sehen wir denselben Herrscher auf dem gleichen Feldzuge im Lager ruhend. Vor seinem Zelt ruht an einer Kette der Löwe, von einem mit einer Keule bewaffneten Hüter bewacht; denn so zahm er auch war, so konnte man ihm doch im Lager nicht trauen. Mit demselben äußeren Symbol seiner Herrschermacht, dem gezähmten Löwen, umgab sich auch sein Nachfolger, Ramses III. (1198–1167 v. Chr.). Auf einem Basrelief am Palast von Medinet Abu ist er auf seinem Streitwagen fahrend dargestellt und vor ihm marschiert ein Löwe neben den beiden Wagenpferden. Zur Jagd allerdings konnte der Löwe nicht verwendet werden. Es ist zweifellos ein Irrtum, wenn Sir Gardner Wilkinson nach einer Grabmalerei von Beni Hassan aus der Zeit des Mittleren Reiches, der 12. Dynastie (nämlich 2000 bis 1788 v. Chr.), auf welcher eine Löwin mitten unter andern Tieren einen Steinbock überfallen und niedergeschlagen hat, während sich ein Jäger mit Pfeil und Bogen in der Hand der Gruppe nähert, aus dieser Zusammenstellung schließen zu dürfen glaubt, es sei dies eine zur Jagd dressierte zahme Löwin. Allerdings scheint im alten Indien dieses Bravourstück geleistet worden zu sein; denn der griechische Schriftsteller Älian berichtet: „In Indien gibt es gewaltig große Löwen, die entsetzlich grimmig sind und eine schwarze Mähne besitzen. Jung aufgezogen können sie aber so zahm werden, daß man sie zur Jagd auf Rehe, Hirsche, Wildschweine, Stiere und wilde Esel benutzen kann." In diesem Falle scheint der Autor wirklich Löwen und nicht, wie Lenormant glaubt, Geparde gemeint zu haben.

Auch später war am persischen und römischen Hofe zeitweise der gezähmte Löwe als Begleiter des Monarchen anzutreffen. So schreibt Dio Cassius: „Der römische Kaiser Antoninus Caracalla (212–217) hielt sich mehrere zahme Löwen und hatte sie immer bei sich. Am liebsten hatte er den einen, den er Acinaces nannte und oft vor allen Leuten küßte. Dieser pflegte mit ihm zu speisen und sich auf seinem Ruhebette zu lagern. Ehe der Kaiser ermordet wurde, wollte ihn der Löwe vor der Gefahr warnen und hielt ihn, als er ausgehen wollte, am Kleide so fest, daß dieses sogar zerriß, aber Antoninus achtete der Warnung nicht." Und Älius Lampridius berichtet: „Der römische Kaiser Heliogabalus (218–222) hielt sich zahme Löwen und Leoparden und hatte seinen Spaß mit ihnen. Die Zähne und Krallen waren ihnen kurz und stumpf gemacht. Bisweilen, wenn er ein Gastmahl gab, ließ er beim Nachtisch die Bestien eintreten und neben den Gästen Platz nehmen und lachte sich über die Angst seiner Freunde halb tot. Er fütterte auch seine Löwen und Leoparden oft mit Papageien und Fasanen. — Er fand auch großes Vergnügen daran, seine Gäste abends betrunken zu machen, brachte sie dann in einen Saal und schloß sie ein; dann ließ er Löwen, Leoparden und Bären hinein, deren Zähne und Krallen abgestumpft waren. Die meisten Gäste starben, wenn sie aufwachten und die Ungeheuer sahen, vor Schreck. — Er ließ auch Löwen vor seinen Wagen spannen und sagte, er sei die Göttin Cybele", die man sich mit einem Löwengespann fahrend vorstellte.

Auch der Tiger war schon im Altertume teilweise gezähmt. So schreibt der griechische Geschichtschreiber Älian: „Unter den Geschenken, welche die Inder ihrem Könige bringen, sind auch zahme Tiger." Dann berichtet der ältere Plinius in seiner Naturgeschichte: „Pompejus der Große hat zu Rom den ersten zahmen Tiger in einem Käfig gezeigt, Kaiser Claudius aber vier zu gleicher Zeit." Und der römische Geschichtschreiber Lampridius bemerkt: „Kaiser Heliogabalus spannte Tiger vor den Wagen und sagte, er sei Bacchus." Der Tiger war bekanntlich das Attribut des aus dem Morgenlande, und zwar dem fernen Indien, über Kleinasien zu den Griechen gekommenen Gottes der ausgelassenen Lebensfreude und Fruchtbarkeit des Bodens, nämlich Bacchus. Er ließ sich der Sage nach auch im Abendlande von den Tigern Indiens ziehen und behing sich mit dem Tigerfell, an dessen Stelle erst später das Leopardenfell trat. Ähnlichen Zeitvertreib wie Heliogabalus hatte sich übrigens schon Kaiser Vespasians Sohn Titus als Kronprinz geleistet, bis er dann mit der Übernahme der Regierung löblicherweise eine ernste Lebensführung begann. Sonst haben diese großen Katzenarten nur als Prunkstücke für einzelne Vornehme oder Herrscher eine Rolle gespielt, nie jedoch praktische Bedeutung für den Menschen erlangt.

Anders ist dies mit dem Gepard der Fall, welcher schon im hohen Altertum im Morgenlande zum Jagdgehilfen des Menschen abgerichtet wurde. So treffen wir ihn mehrfach an der Kette geführt als Begleiter des vornehmen Jägers auf Wandgemälden des alten Ägypten; doch gelangte er als gezähmter Genosse des Menschen nie zu den Griechen und Römern; wenigstens ist uns nichts davon überliefert. Dagegen hat er im Orient bis auf den heutigen Tag eine bedeutende Rolle als Jagdgehilfe des Menschen gespielt, so daß er hier eine eingehende Besprechung verdient.

Von Afrika aus, wo er sich in verschiedenen Unterarten fast über den ganzen Erdteil ausdehnt, erstreckt sich das Verbreitungsgebiet des Geparden über ganz Westasien bis Indien. Der am ganzen Körper getüpfelte asiatische Gepard oder Tschita (*Cynailurus guttatus*) ist schlanker und hochbeiniger als der mit weißem Bauch, ohne Fleckenzeichnung daran versehene afrikanische Gepard oder Fahhad der Araber (*C. guttatus*). Letzterer wird auch gelegentlich für die Jagd dressiert und ist die gewöhnlich in den Menagerien und Tiergärten angetroffene Art. Aber der eigentliche „Jagdleopard" ist der asiatische Gepard, der gezähmt ein wichtiges Zubehör des Hofstaates indischer Fürsten bildet. Dieses Tier, von der Größe eines Leoparden, nur viel schlanker und höher gestellt, ist in eigenartiger und weitgehender Weise dem Leben in der Steppe angepaßt. Sein Körper trägt die charakteristische gelbbräunliche Wüstenfärbung mit kleinen, runden, innen nicht helleren schwarzen Flecken und ist durch die hohen Beine und den schlanken Leib zum außerordentlich schnellen Verfolgen seiner Beutetiere befähigt. Letztere bilden in Indien die Schwarzbockantilopen (*Antilope cervicapra*), die viel in unsern zoologischen Gärten gehalten und gezüchtet werden und meist unter dem Namen Hirschziegenantilopen bekannt sind. In der Nachbarschaft der Ebenen, auf denen diese Antilopen weiden, hält sich der Gepard auf niedrigen Felsenhügeln auf und beschleicht von hier aus mit außerordentlichem Geschick gegen den Wind und jede Unebenheit des Bodens, Gebüsch und dergleichen als Deckung benutzend, seine Beute. Hat er sich ihr auf 150–200 Schritte genähert, so schießt er in gewaltigen Sätzen unglaublich schnell auf sie los und hat sie bald eingeholt. Mit gewaltigen Tatzenhieben schlägt er die Antilope zu Boden und tötet sie durch einen Biß in die Kehle. Gelingt es ihm nicht, das Wild nach 400–600 Schritten einzuholen, so läßt er von der Jagd ab, da er diese außerordentliche Schnelligkeit, die ihn beim Laufen auf kurze Strecken als schnellstes aller Säugetiere erscheinen läßt, nicht längere Zeit entwickeln kann.

Der Gepard jagt paar- oder familienweise. Seine Zähmung und Abrichtung zur Jagd ist eine sehr einfache und wird von Angehörigen einer besonderen Kaste vollzogen. Er wird in der Weise gefangen, daß rund um einen besonderen Baum, um den sich diese Tiere zum Spiele zu versammeln und an welchem sie ihre Krallen zu schärfen pflegen, Schlingen aus getrockneten Antilopensehnen mit Pflöcken auf dem Boden befestigt werden. Kommen die Tiere bei Sonnenuntergang zu dem betreffenden, an seinen Kratzspuren erkennbaren Baum, so fangen sie sich leicht in den geschickt angebrachten Schlingen. Die in der Nähe auf der Lauer liegenden Inder eilen alsbald herbei, werfen eine Wolldecke über sie, binden ihnen die Beine zusammen und fahren sie auf dem inzwischen herangekommenen Ochsenfuhrwerk in das Dorf, wo die Frauen und Kinder dazu beordert werden, den ganzen Tag über bei den frischgefangenen Tieren zu verweilen und sich laut miteinander zu unterhalten, um die Geparde dadurch an die menschliche Stimme zu gewöhnen. Haben sie sich daran gewöhnt, so werden sie an einen Baum oder eine Hütte möglichst nahe an einem belebten Ort angekettet, damit sie fortwährend Menschen sehen und sich an ihren Anblick gewöhnen. Dann beginnt die verschiedene Stufen durchlaufende Abrichtung der Geparde, die in etwa sechs Monaten beendet ist. Dabei sind die Tiere so sanft und gelehrig wie Hunde geworden, nehmen zutraulich die Liebkosungen des Menschen entgegen, sind selbst Fremden gegenüber gutmütig, glätten beim Streicheln ihr Fell an ihren Freunden, nach Art der Hauskatzen schnurrend. Gewöhnlich hält man die zahmen Jagdleoparden vor dem Haus mit einer

Kette an der Wand befestigt, auf einer Eingeborenenbettstelle, nicht aber in einem Käfig.

Nur erwachsen gefangene Geparde werden in Indien zur Jagd abgerichtet; denn die indischen Schikaris oder Gepardjäger halten mit Recht dafür, daß nur solche, die von ihren Eltern in der Wildnis das Jagen erlernt haben, gute Jäger in der Gefangenschaft abgeben. Will man mit dem gezähmten und abgerichteten Geparde jagen, so setzt man ihm eine ihn am Sehen hindernde Kappe aus Leder auf, bindet eine Schnur an einen um seinen Hals oder um seine Weichen gehenden Lederriemen, setzt ihn auf ein Ochsenfuhrwerk und fährt mit ihm so nahe als möglich in die Nachbarschaft von Antilopen, die sich vor gewöhnlichen Landwagen, die sie täglich sehen, nicht fürchten und deshalb leicht eine starke Annäherung eines solchen Gefährtes erlauben. So kann sich ein Karren bis auf 200 Schritte einem Rudel Antilopen nähern. Alsbald nimmt der Jäger dem Jagdleoparden die Kappe vom Kopf und läßt ihn los. Je nach der Entfernung von den Antilopen eilt er dann entweder ohne weiteres auf sie zu, oder er schleicht sich, indem er die Unebenheiten des Bodens mit Vorteil benutzt, so weit an sie heran, daß er einen erfolgreichen Überfall unternehmen kann. Ist ein Antilopenbock in der Herde, so ergreift der Gepard gewöhnlich diesen, wahrscheinlich aber nur deswegen, weil der Bock als Führer des Rudels am weitesten zurückbleibt. Der Jagdleopard stürzt sich auf die Antilope und soll sie dadurch, daß er mit einer Pranke von unten an ihre Beine schlägt, zu Falle bringen, worauf er das gefallene Tier an der Kehle ergreift und so lange festhält, bis der Jäger herangekommen ist. Darauf durchschneidet dieser mit seinem Jagdmesser die Kehle der Antilope, sammelt etwas von ihrem Blut in die mitgenommene Freßschüssel des Jagdleoparden und gibt es diesem, der es eifrig aufleckt, zu trinken, wobei er ihm in einem geeigneten Augenblick die Kappe wieder über den Kopf zieht, um ihn alsbald wieder zur Jagd zu verwenden; denn ein guter Jagdleopard soll manchmal nicht weniger als vier Böcke an einem einzigen Morgen erbeuten.

In ganz Indien ist der gezähmte Gepard ein geschätzter Jagdgehilfe des Menschen. An den Höfen der indischen Fürsten wird er in großer Menge, bis hundert Stück, gehalten, was allerdings ein sehr kostspieliges Vergnügen bedeutet, da dessen Unterhalt und Wartung durch ein ganzes Heer von Wärtern und Jägern, die ungefähr die geachtete Stellung der Falkner bei uns im Mittelalter bekleiden, große Summen verschlingt. Der reichste von allen indischen Fürsten, der Großmogul von Delhi, soll bis zu tausend Geparde auf seinen Jagdzügen mit sich geführt haben. Der Schah von Persien läßt sie sich aus Arabien kommen und hält sie in einem besonderen Hause. Im Jahre 1474 sah der Italiener Guiseppe Barbaro beim Fürsten von Armenien etwa hundert Stück Jagdleoparden. Früher kamen gelegentlich solche Jagdleoparden als Geschenke orientalischer Fürsten auch an europäische

Höfe. So erhielt beispielsweise der deutsche Kaiser Leopold I. um 1680 vom türkischen Sultan zwei abgerichtete Jagdleoparden, mit denen er oftmals jagte. Da aber diese Tiere sehr der Wärme bedürfen, so sind sie bei uns recht hinfällig und kurzlebig, dauern aber in ihrer heißen Heimat sehr lange aus.

Wie außerordentlich zahm und zutraulich der Gepard wird, das bezeugt Brehm, der selbst einen solchen besaß und dreist wagen durfte, ihn an einem Stricke durch die Straßen seiner Heimatstadt zu führen. Solange er es nur mit Menschen zu tun hatte, ging er ihm stets ruhig zur Seite; nur wenn er Hunden begegnete, zeigte er eine große Unruhe und wäre gern gegen sie losgesprungen. Das war das einzige Tier, das ihn in Aufregung brachte. In seinem Tierleben schreibt Brehm von ihm: „Daß die Zähmung nicht schwierig sein kann, wird jedem klar, der einen Gepard in der Gefangenschaft gesehen hat. Ich glaube nicht zuviel zu sagen, wenn ich behaupte, daß es in der ganzen Katzenfamilie kein so gemütliches Geschöpf gibt wie unseren Jagdleoparden, und bezweifle, daß irgend eine Wildkatze so zahm wird wie er. Gemütlichkeit ist der Grundzug des Wesens unseres Tieres. Dem angebundenen Gepard fällt es gar nicht ein, den leichten Strick zu zerbeißen, an den man ihn gefesselt hat. Er denkt nie daran, dem etwas zuleide zu tun, der sich mit ihm beschäftigt, und man darf ohne Bedenken dreist zu ihm hingehen und ihn streicheln und liebkosen. Scheinbar gleichmütig nimmt er solche Liebkosungen an, und das höchste, was man erlangen kann, ist, daß er etwas beschleunigter spinnt als gewöhnlich. Solange er nämlich wach ist, schnurrt er ununterbrochen nach Katzenart, nur etwas tiefer und lauter. Oft steht er stundenlang unbeweglich da, sieht träumerisch starr nach einer Richtung und spinnt dabei höchst behaglich. In solchen Augenblicken dürfen Hühner, Tauben, Sperlinge, Ziegen und Schafe an ihm vorbeigehen, er würdigt sie kaum eines Blickes. Nur andere Raubtiere stören seine Träumerei und Gemütlichkeit. Ein vorüberschleichender Hund regt ihn sichtlich auf: das Spinnen unterbleibt augenblicklich, er äugt scharf nach dem gewöhnlich etwas verlegenen Hunde, spitzt die Ohren und versucht wohl auch, einige kühne Sprünge zu machen, um ihn zu erreichen.“ Soweit dies bekannt ist, hat er sich aber in der Gefangenschaft noch nicht fortgepflanzt, ist also noch nicht zum eigentlichen Haustier des Menschen geworden.

Weiter sind von Raubtieren Wiesel und Frettchen bei den Griechen und Römern gezähmt und zum Mäusevertilgen in ihren Wohnungen gehalten worden, lange bevor die Katze aus Ägypten zu ihnen gebracht wurde. Besonders letzteres, das Frettchen, war ein häufig angetroffenes, sehr beliebtes Haustier. Es hieß bei den Griechen *iktis* und bei den Römern *mustela*. Das Frett (*Mustela furo*) ist nichts anderes als der durch Gefangenschaft und Zähmung kleiner und zugleich albinotisch gewordene Abkömmling des Iltis. Es ist weiß bis semmelgelb, am Leibe 45 *cm* und am

Schwanze 13 *cm* lang. Nur wenige sehen dunkler und dann echt iltisartig aus. Es ist weniger lebhaft als sein wilder Verwandter, steht ihm aber an Blutgier und Raublust nicht nach. Sein Zähmungsherd scheint in Nordafrika gewesen zu sein, und zwar wurde es dort nicht nur gegen Mäuse, sondern besonders auch gegen Kaninchen losgelassen, die es aus ihrem Bau heraustrieb. So schreibt Strabon: „In Turdetanien (einer spanischen Landschaft) bedient man sich der Frettchen aus Libyen, um die Kaninchen zu jagen. Man schickt sie mit einem Maulkorb in die Löcher; so ziehen sie die Kaninchen entweder mit den Krallen heraus oder jagen sie empor, so daß sie von den Leuten gefangen werden können." Schon lange vorher schrieb Aristoteles, es gleiche an Gestalt, weißer Farbe des Bauches und Bosheit den Wieseln (*galê*), könne jedoch außerordentlich zahm gemacht werden. Es gehe gern über die Bienenstöcke und nasche Honig, hasche aber auch gern Vögel, wie die Katze. Aus Spanien kam dann das Frett zu uns, um bei der Kaninchenjagd zu dienen. Dabei legt man ihm, damit es sich nicht am Blut seines Opfers berausche, auch heute noch einen Maulkorb an; früher war man so roh, ihm den Mund zusammenzunähen, damit es solches nicht tue und dann im Kaninchenbau bleibe, so daß der Jäger lange warten kann, bis es zum Bau herauskommt. In England benutzt man es viel als Rattenjäger, doch muß es dazu besonders erzogen werden, indem man es zuerst nur mit jungen Ratten kämpfen läßt. Später wächst dann sein Mut, so daß es schließlich in einer Stunde bis 50 Ratten in einem 2–3 *qm* großen Raum zu töten vermag. Durch Kreuzung mit dem Iltis zum Zwecke der Blutauffrischung entstehen die „wildfarbigen" sogenannten Iltisfrettchen, welche etwas stärker sind als das eigentliche Frettchen. Stets muß das Frettchen in Käfigen gehalten werden, da es der Anhänglichkeit an Haus und Hof entbehrt, durch die sich die eigentlichen Haustiere auszeichnen. Es wird jetzt namentlich zur Jagd auf Kaninchen gezüchtet, ist sehr empfindlich gegen Kälte, aber gleich vielen anderen Haustieren fruchtbarer als die Stammart, indem das Weibchen 5–10 Junge wirft, und zwar zweimal im Jahr.

XIV. Das Huhn.

Zweifellos ist von allen Vögeln das Huhn von der weitaus größten wirtschaftlichen Bedeutung für den Menschen geworden. Heute ist es in zahlreichen Rassen über die ganze Welt verbreitet und findet sich in dem elendesten Negerdörfchen Zentralafrikas ebensogut wie in den entlegensten Eingeborenenniederlassungen Amerikas und Indonesiens. Das war aber nicht von jeher so. Der vorgeschichtliche Europäer kannte dieses Haustier so wenig als die alten Ägypter, Inder und Morgenländer überhaupt. Nirgends treffen wir bei ihnen irgend welche Spuren von der Anwesenheit dieses Vogels, der sich sonst sehr wohl bemerkbar gemacht haben würde. Im Alten Testament wird er nirgends erwähnt; erst im Neuen tritt er uns beispielsweise bei Petri Verleugnung des Herrn entgegen.

Das Huhn ist jedenfalls schon im zweiten Jahrtausend v. Chr. irgendwo in Südasien vermutlich von einem Malaienstamme durch Zähmung des dort einheimischen Bankivahuhns (*Gallus ferrugineus*) als Haustier gewonnen worden. Von seinem ältesten Domestikationsherd Südasien breitete es sich langsam nach allen Seiten hin aus und wurde schon ums Jahr 1400 v. Chr. nach China eingeführt. Nach Westasien gelangte es erst viel später. So hat es Layard zuerst auf einem altbabylonischen Siegelzylinder aus dem 6. bis 7. Jahrhundert v. Chr. abgebildet gefunden. Auf diesem steht ein Priester in Opferkleidung vor einem größeren und einem kleineren Altar, auf welch letzterem sich ein Hahn befindet. Auf einer ebenfalls aus derselben Zeit stammenden babylonischen Gemme sehen wir eine geflügelte Gottheit in betender Stellung vor einem Hahne auf einem Altar. Beide Male erscheint der Hahn von Osten, und über beiden Abbildungen schwebt ein Halbmond, wahrscheinlich als Zeichen der schwindenden Nacht. Im alten Ägypten ist jedenfalls das Hühnchen, das die Hieroglyphe *u* darstellt, nicht das Junge eines Haushuhns, sondern dasjenige eines Wildhuhns, und zwar vermutlich eines Steinhuhns.

Homer kannte das Huhn noch nicht, denn er erwähnt es nirgends in seinen Epen. Zum erstenmal spricht von ihm der griechische Dichter Theognis in der zweiten Hälfte des 6. Jahrhunderts v. Chr. Aber erst um die Zeit der Perserkriege finden wir bei den Dichtern Epicharmos, Simonides, Äschylos und Pindar den Hahn unter dem stolzen Namen *aléktōr*, d. h. Abwehrer, Kämpfer, als bekannten Genossen des Menschen. Die griechischen Dichter vergleichen den Kampf der Hähne desselben Hofes untereinander mit dem Streite der Menschen. In den Eumeniden des Äschylos warnt Athene vor dem Bürgerkrieg, als dem zwecklosen Kampf zwischen zwei Hähnen gleichend. Ebenso vergleicht Pindar in seinem 12. olympischen Liede den ruhmlosen Sieg in der Vaterstadt mit demjenigen des Hahnes auf dem Hofe.

Bei den griechischen Komikern heißt der Hahn stets der „persische Vogel", weil er durch die Vermittlung der Perser nach Griechenland kam. Seine hohe Wertschätzung bei den alten Persern erfuhren wir bereits bei der Besprechung des Hundes. Dort wurde gesagt, daß der Hahn, wie der Hund, der Feind der Dämonen und Zauberer sei. Er solle Wache halten über die Welt, als sei kein Hund zum Beschützen der Herden und der Häuser vorhanden. Wenn der Hund mit dem Hahn gegen den bösen Feind kämpfen, so entkräften sie ihn, der sonst Menschen und Vieh plage. Daher heiße es, durch ihn werden alle Feinde des Guten überwunden, seine Stimme zerstöre das Böse. Wo sich nun ein Perser niederließ, sorgte er so sicher für einen Hahn, als er die Frühgebete und Reinigungen beim Sonnenaufgang, die ihm seine Religion gebot, vornahm. Soweit also die Grenzen der persischen Herrschaft sich erstreckten, ward auch der Hahn, als leicht übertragbares Fetischtier, das durch seine Stimme die bösen Geister vertrieb, mitgenommen. So kam das Tier auch nach Kleinasien und zu den Griechen an den Küsten des Ägäischen Meeres, die ihn mehrmals auch auf ihren Münzen abbildeten. Seine vormalige Heiligkeit erhielt sich auch bei ihnen insofern, als sie sich zunächst scheuten, ihn oder die Eier des Huhnes zu essen. Bald aber ward der Hahn ein Opfertier, das man besonders dem Heilgotte Asklepios nach erlangter Genesung opferte. So befahl auch der Philosoph Sokrates, bevor er den Schierlingsbecher trank, man solle dem Asklepios einen Hahn opfern; er sei dann durch den Tod genesen. Auch zu mannigfaltigem Zauberspuk benutzte man in Griechenland den Hahn. So schreibt Pausanias: „Wenn bei Mehtana im Gebiet von Trözen der Südwestwind aus dem Saronischen Meerbusen auf die ausschlagenden Weinstöcke weht, so vertrocknen diese leicht. Um diesem Übel vorzubeugen, packen zwei Männer einen Hahn, der ganz weiße Flügel hat, reißen ihn entzwei und jeder läuft mit seiner Hälfte um den Weinberg herum. Da, wo sie dann zusammentreffen, vergraben sie die Stücke." Hier ist also schon von partiellem Leucismus beim Hahne als einem Zeichen weitgehender Beeinflussung durch Domestikation die Rede.

Viel länger bewahrte das Huhn seinen sakralen Charakter bei den Römern, die es durch Vermittlung der süditalischen Griechen kennen gelernt hatten. Diese betrachteten es als einen Vogel, der von einem göttlichen Geiste beseelt war, mit der Fähigkeit, die Zukunft vorauszuschauen. So wandte man denn überall da, wo ein einzelner die Verantwortung nicht zu tragen wünschte und ein „Augurium", eine Weissagung aus dem Fluge gewisser wilder Vögel nicht gerade zu haben war, die Sache aber doch zur Entscheidung drängte, ein künstliches „Auspicium" an, das man *auspicium ex tripudiis* nannte. So stellte denn, so oft man dessen bedurfte, der *pullarius* oder Hühnerwärter die Vögel durch Vorstreuen von Futter auf die Probe. Fraßen sie gierig, so war das ein günstiges Zeichen für die geplante Unternehmung. Unlust dagegen würde, so müssen wir ergänzen, auf eine Beängstigung des weiter in die Zukunft schauenden Geistes in den Fetischtieren schließen lassen.

Zahllos sind die Beispiele, in welchen die Annahme oder Ablehnung einer Schlacht von seiten der Römer auf das Verhalten der mitgeführten heiligen Hühner abgestellt wurde. Dabei ist der Standpunkt, den die verschiedenen römischen Schriftsteller dieser Tatsache gegenüber einnehmen, ein sehr verschiedener. Die jüngeren, freier denkenden sind erstaunt darüber, daß die wichtigsten Staatsgeschäfte, die entscheidendsten Schlachten von Hühnern geleitet und entschieden, die Weltbeherrscher von Hühnern beherrscht würden. Die älteren, konservativer denkenden Naturen aber stoßen sich durchaus nicht daran, sondern meinen, wie Cicero in seinem Werke *de divinatione* schreibt: „Bei der Beobachtung der von den heiligen Hühnern ausgehenden Prophezeiungen (*auspicium*) verfuhren unsere Vorfahren gewissenhafter als wir. Der Hühnerprophet (*auspex*) wählte zum Gehilfen einen Mann, der selbst ein vollkommener Vogelprophet (*augur*) war und demnach genau wußte, was ‚heilige Stille' bedeutet. In unserer Zeit kann jeder ohne weiteres bei der heiligen Handlung als Gehilfe dienen." Dann berichtet er ausführlich in Rede und Gegenrede, wie bei der Handlung verfahren wird. Er meint, daß dabei nicht mehr mit der Aufmerksamkeit wie früher vorgegangen werde und das Fressen oder Nichtfressen der Hühner in die Hand des Hühnerwärters (*pullarius*) gegeben sei. Er sagt nämlich: „Übrigens ist es nicht zu leugnen, daß bei einer solchen Art zu prophezeien die Vögel doch nicht so ohne weiteres als Diener und Propheten Jupiters betrachtet werden sollten, da sie ja beim Fressen nicht nach dem Willen Jupiters, sondern nach dem Willen des Hühnerwärters handeln, der sie vorher nach Belieben in ihrem Käfige längere oder kürzere Zeit fasten läßt."

Wenn die heiligen Hühner (*pulli*) so gierig fraßen, daß das schon im Schnabel befindliche Futter auf die Erde zurückfiel, so wurde das als eine besonders gute Vorbedeutung aufgefaßt. Es hieß dies bei den Römern *tripudium* und sollte nach Cicero von *terripudium = terripavium, quia terram pavit* abzuleiten sein. Dann schreibt dieser Autor: „Im zweiten punischen Kriege (218–201 v. Chr.) hat der römische Staat dadurch entsetzlichen Schaden gelitten, daß Gajus Flaminius nicht auf Warnungszeichen achten wollte. Einstmals fütterte der Priester, der die der Armee beigegebenen heiligen Hühner besorgte, diese Tiere, um durch die Art und Weise, wie sie fräßen, die Zukunft zu erforschen, und tat dann den Ausspruch, die Schlacht müsse verschoben werden. Darauf fragte Flaminius (der Oberfeldherr), was dann geschehen sollte, wenn die Tiere wieder nicht fressen wollten? Der Priester antwortete: Dann müsse man eben wieder zuwarten. Hierauf antwortete Flaminius: Das wäre doch eine schöne Geschichte, wenn ich nur dann auf den Feind losgehen dürfte, wenn meine Hühner hungrig sind, aber mich ruhig verhalten müßte, wenn meine Hühner satt sind."

Allerdings waren nicht alle Feldherren so nachgiebig, daß sie eine ihnen günstig scheinende Schlacht vom Fressen oder Nichtfressen der im Heere mitgeführten heiligen Hühner abhängig machen wollten. So ging einer einmal radikal vor, hatte es aber schwer zu büßen, als die gegen den Willen der heiligen Hühner unternommene Schlacht ungünstig verlief. Es war dies Publius Claudius. Über jenen Fall schreibt Valerius Maximus: „Als Publius Claudius im ersten punischen Kriege eine Seeschlacht liefern wollte, verkündete ihm der Hühnerwärter, die heiligen Hühner wollten nicht aus dem Käfig heraus und nicht fressen. Da gab Claudius den Befehl, sie ins Meer zu werfen und sagte: Wollen sie nicht fressen, so sollen sie saufen! Er verlor aber die Schlacht und ward vom Volke verurteilt." Derselbe Autor berichtet in einem anderen Falle: „Als der Konsul Gajus Hostilius Mancinus im Begriffe war, nach Spanien abzugehen und in Lavinium opfern wollte, huschten die heiligen Hühner aus ihrem Käfig in den Wald und verschwanden daselbst spurlos. Infolgedessen verlor er dann eine Schlacht."

Der römische Geschichtschreiber Livius weiß allerlei solche Hühnergeschichten vom Diktator Lucius Papirius Cursor zu erzählen. Als er gegen die Samniten zog, machte ihn der Hühnerwärter darauf aufmerksam, daß die Hühner kein Glück prophezeit hätten. Da eilte er nach Rom, um die Hühner abermals zu befragen, befahl aber seinem Reiteroberst (*magister equitum*) Quintus Fabius Maximus Rullianus, während seiner Abwesenheit keine Schlacht zu liefern. Dieser benutzte aber doch eine Gelegenheit, erfocht einen glänzenden Sieg, geriet aber darüber mit dem Diktator in einen Streit, der fast zu offenem Aufruhr Veranlassung gab. „Diese letztere dem römischen Staate drohende Gefahr war also eigentlich von den Hühnern gemeint und prophezeit worden," meint dazu Livius. Also sollten die Hühner in jedem Falle recht behalten.

An einer anderen Stelle schreibt dieser Autor: „Als später Papirius den Samniten bei Luceria gegenüberstand, kamen Gesandte von Tarent, wollten beiden Parteien befehlen, die Waffen niederzulegen, und drohten auch noch gar, sie wollten derjenigen Partei, die ihrem Willen nicht gehorche, entgegentreten. Wie nun die Gesandten den Papirius verlassen hatten, rüstete sich dieser sogleich zur Schlacht, versäumte aber auch nicht, seine Hühner zu befragen. Gerade wie er damit beschäftigt war, kamen die Tarentiner zu ihm und Papirius verkündigte ihnen: Ihr Tarentiner, die Hühner meines Hühnerwärters verkünden mir den Sieg, und so werde ich mit Hilfe der Götter sofort den Feind angreifen! Er tat das wirklich, siegte mit Leichtigkeit und machte große Beute."

„Ein anderes Mal stand Papirius den Samniten bei Aquilonia gegenüber. Sie hatten ein gewaltiges Heer; aber Papirius begeisterte seine Soldaten durch eine Rede so sehr, daß sie laut eine Schlacht forderten. Papirius befahl nun in aller Stille seinem Hühnerwärter, die heiligen Hühner zu befragen. Dieser tat es; doch die Hühner wollten nicht fressen. Aber der Hühnerwärter war so begeistert für die zu schlagende Schlacht, daß es ihm auf eine Lüge nicht ankam und er dem Konsul meldete, die Hühner hätten Heil und Segen prophezeit. Voller Freude gab nun Papirius das Zeichen zum Aufbruch. Aber unterwegs begann unter den Hühnerwärtern ein Zank über die Hühnerprophezeiung. Die Reiter hörten den Disput mit an und meldeten die bedenkliche Sache dem Konsul. Dieser tat den Ausspruch: Wenn ein Vogelprophet lügt, so trifft ihn allein alles aus der Lüge entstehende Unglück. Mir und dem römischen Volke ist nur Glück prophezeit worden, also munter vorwärts! Er befahl nun, die Hühnerwärter in die erste Schlachtlinie zu stellen. Der erste feindliche Speer streckte den lügnerischen Hühnerwärter nieder und der Konsul rief mit lauter Stimme: Die Götter stehen uns bei, das schuldige Haupt ist bestraft! Wie er dies sagte, krächzte ihm ein Rabe laut entgegen. Er begrüßte dieses günstige Zeichen mit Freuden, befahl den Trompetern, das Zeichen zum allgemeinen Angriff zu geben und erfocht einen ruhmvollen Sieg. Er verdankte diesen teils der Klugheit, mit der er das prophezeite Unglück auf das Haupt des Hühnerwärters abwälzte, teils auch dem Umstande, daß er im entscheidenden Augenblick dem Jupiter einen Becher Wein versprach, wenn die Feinde durch seine Hilfe geschlagen würden." Diese Erklärung des Plinius kennzeichnet ihn vollkommen in seinen Anschauungen. Er war ebensogut wie Livius ein Kind seiner Zeit. Damals dachten eben alle Römer so wie er.

Eine begeisterte Beschreibung des Hahnes liefert der ältere Plinius in seiner Naturgeschichte in folgenden Worten: „Ruhmbegierig ist der Vogel, der in der Nacht für uns wacht, der vor Anbruch des Morgens den Menschen weckt und zur Arbeit ruft. Er kennt die Sterne und kräht (*canet* = singt) am Tage jedesmal, wenn drei Stunden verflossen sind. Mit der Sonne geht er schlafen und ruft gegen Morgen den Menschen zu neuen Sorgen und Arbeiten wach. Ehe er kräht, schlägt er mit den Flügeln. Er ist herrschsüchtig und ein jeder führt auf seinem Hofe das Regiment. Sie kämpfen untereinander um die Herrschaft, als ob sie wüßten, daß sie zu diesem Zwecke die Waffen an den Füßen trügen, und hören nicht eher auf, als bis einer tot auf dem Platze liegt. Der Sieger kräht gleich auf dem Schlachtfelde und verkündet dadurch seine Heldentat. Der Besiegte verkriecht sich stillschweigend und grämt sich über die verlorene Herrschaft. Der gemeinste Hahn schreitet übermütig einher, trägt sein gekröntes Haupt hoch und stolz, schaut oft gen Himmel, was kein anderer Vogel tut, und hebt auch seinen sichelförmigen Schwanz empor. Er flößt daher dem mutigsten Tiere, dem Löwen, Schrecken ein. Manche Hähne werden zu Krieg und Schlacht geboren und bringen selbst ihrem Vaterlande Ruhm und Ehre, so die Hähne von Rhodus und Tanagra. Nach diesen sind die berühmtesten die von Melos und Chalcis. Der Hahn ist der Ehre wert, die ihm selbst die römischen Konsuln erweisen. Sein mehr oder weniger begieriges Fressen gibt die wichtigsten Aufschlüsse über dem römischen

Staate bevorstehendes Glück oder Unglück. Täglich regiert er unsere Obrigkeiten oder verschließt und öffnet ihnen ihr eigenes Haus. Er befiehlt den römischen Konsuln vorzurücken oder stehen zu bleiben, befiehlt oder verbietet Schlachten; er hat alle auf Erden erfochtenen Siege im voraus verkündet, beherrscht die Beherrscher der Welt und ist, als Opfer dargebracht, ein herrliches Mittel, die Gunst der Götter zu erhalten. Kräht er zu ungewohnter Zeit oder des Abends, so deutet er auf wichtige Begebenheiten hin. Als die Böotier jenen berühmten Sieg über die Lakedämonier erfochten, hatten es die Hähne dadurch vorausverkündet, daß sie die ganze Nacht krähten. Da der Hahn nicht kräht, wenn er besiegt ist, so war die Deutung zweifelhaft." Plinius geht so weit, daß er dem Hühnervolke sogar sonst rein menschliche Eigenschaften, wie den Besitz von Religion und Sprache, beilegt. So sagt er: „Auch die Haushühner (*villares gallinae*) haben ihre Religion: Sobald sie nämlich ein Ei gelegt haben, schütteln sie sich und nehmen eine Zeremonie vor, indem sie um das Ei ein Grashälmchen herumtragen." Es kommt nämlich öfter vor, daß sich die Hühner nach dem Eierlegen schütteln, daß sie dann Hälmchen mit dem Schnabel fassen und sie neben und hinter sich legen, ohne Zweifel, weil sich dann die angeborene Neigung zum Nestbau regt. Plinius betrachtet diese Eigenschaft poetisch als Zeremonie, wie sie damals bei den Menschen gebräuchlich war und *purificare* und *lustrare* genannt wurde. Was das Vermögen der Sprache anbetrifft, sagt er: „In den Jahrbüchern ist aufgezeichnet, daß unter dem Konsulat des Marcus Lepidus und Quintus Catulus ein Haushahn auf dem Landsitze des Galerius gesprochen hat; dies ist aber auch, so viel mir bekannt, das einzige Beispiel der Art."

Weiterhin sagt Plinius: „Zu religiösen Zwecken hält man Hähne und Hühner mit gelben Füßen und gelbem Schnabel nicht für rein, zu geheimen Opfern die schwarzen. Es gibt auch Zwerge unter den Hühnern, und zwar fruchtbare, was bei andern Vögeln nicht der Fall ist." Natürlich war man in der Kaiserzeit, zu der ja Plinius lebte, nicht mehr so von der Heiligkeit dieses Vogels eingenommen, daß man sich, wie noch zur älteren Zeit der Republik, scheute, sein Fleisch zu profanen Zwecken zu essen; als Opferfleisch war es ja schon früher gegessen worden. Damals kamen gemästete Hühner — richtige Poularden, nur daß zu jener Zeit die Kastration derselben noch nicht geübt wurde — sehr häufig auf den Tisch der reichen Römer. Aber sehr alt kann diese Sitte zu jener Zeit noch nicht gewesen sein. Plinius schreibt nämlich in seiner Naturgeschichte folgendes darüber: „Die Bewohner der Insel Delos haben sich zuerst mit Mästung der Hühner beschäftigt und seitdem sind die Menschen so albern, daß sie Vögel schnabulieren wollen, die in ihrem eigenen Fett gebraten wurden. In den alten Gesetzen über Schmausereien finde ich ein elf Jahre vor dem Beginn des dritten punischen Krieges (also im Jahre 160 v. Chr.) vom Konsul Gajus Fannius gegebenes, daß bei einem Gastmahl kein Vogel außer einer einzigen Henne aufgetragen und diese nicht gemästet sein dürfe. Diese Bestimmung ist später in allen Gesetzen wiederholt worden, aber man hat sie recht listig zu umgehen gewußt, indem man statt der Hühner Hähne mit Speisen mästete, die mit Milch getränkt waren, worauf sie weit besser schmecken. Man darf zur Mast nicht alle Hühner nehmen, sondern nur die, deren Halshaut fett ist."

Mancherlei weiß Plinius von den Hühnereiern zu berichten. Er sagt, daß, wenn Hühner keinen Hahn haben, die Eier unfruchtbar, kleiner, von schlechterem Geschmack und flüssiger als die guten (befruchteten) seien. Man nenne sie Windeier, weil manche Leute glauben, sie seien vom Winde (Zephyr) erzeugt. Manche Hühner legen lauter Eier mit doppeltem Dotter „und brüten aus solchen auch manchmal Zwillinge aus, wie Cornelius Celsus schreibt. Andere aber behaupten, es kröchen nie Zwillinge aus. Es ist am besten, die zum Brüten bestimmten Eier nicht über 10 Tage alt werden zu lassen, alte oder gar zu frische sind unfruchtbar. Man muß eine ungleiche Zahl unterlegen. Wenn man sie am vierten Tage nach Beginn des Brütens mit den Fingern (an einem dunklen Orte) gegen das Licht hält und sie rein und durchsichtig sind, so sind sie unfruchtbar und müssen durch andere ersetzt werden. Man kann sie auch im Wasser probieren, denn die leeren schwimmen dann, und man muß die vollen, welche sinken, zum Brüten unterlegen. Schütteln darf man die Eier nicht, denn es kann sich darin kein Junges mehr erzeugen, wenn die Lebensgefäße untereinander geworfen sind. Wenn es während des Brütens donnert, so gehen die Eier zugrunde; dasselbe geschieht auch, wenn ein Falke in der Nähe schreit. — Selbst Menschen können Eier ausbrüten. Als Julia Augusta (die Tochter des Kaisers Augustus) mit Kaiser Tiberius Nero vermählt worden war und wünschte, ihr erstes Kind möchte ein Sohn sein, so brütete sie an ihrem Busen ein Ei aus. Mußte sie es einmal weglegen, so gab sie es ihrer Amme, damit es nicht erkalten könne. Sie glaubte von dem auskriechenden Küchlein eine Vorbedeutung entnehmen zu können, ob ihr Kind ein Sohn oder eine Tochter sein werde. Es soll auch richtig eingetroffen sein. Von daher kommt vielleicht die neulich gemachte Erfindung, daß man Eier an einem warmen Orte auf Spreu legt, durch Feuer mäßig erwärmt und zuweilen wendet, wobei die Küchlein am bestimmten Tage auskriechen. (Also kannten die Römer der Kaiserzeit bereits einen Brutapparat für Hausgeflügel.) — Ein sonderbares Schauspiel hat man, wenn eine Henne Enteneier ausgebrütet hat. Erst bewundert sie die Kleinen und will sie nicht recht anerkennen, bald aber ruft sie dieselben sorgsam zusammen und, wenn sie sich nun, von einem innern Triebe geleitet, ins Wasser stürzen, so läuft sie jammernd am Ufer herum."

Bei der kampfesfrohen, streitsüchtigen Natur der Hähne ist es kein Wunder, daß schon sehr frühe auch bei den Griechen Hahnenkämpfe als öffentliche Volksbelustigungen aufkamen. So schreibt Plinius: „Zu Pergamum (in Kleinasien) werden jährlich öffentliche Hahnenkämpfe abgehalten." Daß er solches in seiner Naturgeschichte erwähnt, beweist, daß diese Sitte um die Mitte des 1. Jahrhunderts n. Chr. bei den Römern noch nicht üblich war. Was für Gründe etwa zur Einrichtung von Hahnenkämpfen bei den Griechen maßgebend waren, darüber schreibt der griechische Geschichtschreiber Älian: „Als die Athener die Perser besiegt hatten, bestimmten sie einen Tag, an welchem im Schauspielhause öffentliche Hahnenkämpfe abgehalten werden sollten. Die Veranlassung dazu war folgende: Als Themistokles mit dem Heere auszog, sah er in der Nähe des Zuges zwei Hähne, die miteinander kämpften. Er ließ sogleich das Heer Halt machen und redete es so an: „Diese Hähne kämpfen nicht für ihr Vaterland, nicht für ihre Götter, für die Gräber ihrer Väter, nicht für Ruhm, für Freiheit, für ihre Kinder, sondern jeder von ihnen kämpft nur, um zu siegen." Diese Rede begeisterte die Soldaten, sie fochten mit kühnem Mute und der Feldherr wünschte, durch die Abhaltung jährlicher Hahnenkämpfe das Andenken an den Sieg zu erhalten und den Keim für neue Siege zu legen."

Nach Varro waren die Hähne von Tanagra, Medien und Chalcis zum Kampfe besonders brauchbar. Er nennt sie sehr schön, aber die betreffenden Hühner weniger fruchtbar als die italienischen. Letztere hatte man gern so gefärbt, daß Schwanz und Flügel schwarz, das übrige Gefieder aber bräunlich war. „Will man auf einem Landhause 200 Stück Haushühner halten, so gibt man ihnen einen besonderen Stall, zäunt den Platz davor, auf dem auch Sand zum Bade liegen muß, ein und hält ihnen einen eigenen Wärter. Will man die Eier für die Küche aufbewahren, so reibt man sie mit gepulvertem Salz oder legt sie drei Stunden in Salzwasser, trocknet sie und bedeckt sie mit Kleie oder Spreu. Sollen Haushühner gemästet werden, so sperrt man sie an einem lauen, dunkeln Orte ein und nudelt sie mit Gerstenabkochung. So oft sie genudelt werden, wird ihnen auch der Kopf, wenn es nötig ist, von Läusen gereinigt. In 25 Tagen müssen sie fett sein. Manche machen sie auch in 20 Tagen fett und erzeugen ein zartes Fleisch, indem sie sie mit Weizenbrot füttern, das in einer Mischung von Wasser und Wein aufgeweicht wurde."

In seinem Buche über den Landbau gibt Columella ausführliche Anleitung über die Anlage des Hühnerhofes, die Pflege der Hühner, das Brüten und die Aufzucht der Küchlein. Diese entspricht in ihren Grundzügen vollständig den heutigen; nur daß dabei noch allerlei heute aufgegebene sympathische Mittel angewandt wurden, um sie vor Erkrankung und aller sonstiger Gefährdung zu beschützen. Er rät, den Hühnerstall neben der Küche oder neben dem Backofen anzubringen, so daß der Rauch in ihn hineindringen könne; denn dieser sei den Hühnern sehr gedeihlich. Er hält die dunkeln Hühner für empfehlenswerter als die hellen. „Die weißen Haushühner sind meist weichlich, weniger lebhaft, auch meist nicht sonderlich fruchtbar im Legen. Sie werden auch, weil sie aus großer Ferne in die Augen fallen, leicht von Raubvögeln erbeutet. Die Zwerghühner sind nur für den Liebhaber, der sie wegen ihrer geringen Größe schätzt. Übrigens bringen sie nicht den Gewinn, wie die gemeinen großen Haushühner; auch sind die Zwerghähne entsetzlich zänkisch gegen die großen Hähne, so daß man sich oft genötigt sieht, ihnen einen ledernen Gurt um den Leib zu legen, durch den die Füße gesteckt und die Kampfgelüste gemindert werden." Nach den um 200 n. Chr. lebenden Athenäus waren Zwerghühner besonders in Athen beliebt. Pausanias sagt, daß in Tanagra zwei Arten von Hühnern gehalten werden: 1. kampfesstarke, 2. die Amselhühner, so genannt, weil sie (wie die Amseln) rabenschwarz sind und auf der Schnabelspitze kleine, weiße Flecken haben. Kamm und Kammlappen seien bei ihnen rot wie Anemonen. Er meint damit die in Griechenland heimische *Anemone pavonina* mit scharlachroten Blüten.

Die schönen Rassen des asiatischen Haushuhns bezogen die Römer von den Griechen; so waren besonders die Hühner von Delos, Rhodos und Melos durch ihre Größe und fleißiges Eierlegen berühmt und gesucht. Mit den römischen Kolonisten kamen diese auch in die Gebiete nördlich der Alpen. So fanden sich Reste von Haushühnern mehrfach im Wegwurf der helvetisch-römischen Kolonie Vindonissa und anderwärts. Aus dem römischen *pullus* Huhn wurde das französische *poule*. Doch hatten die Kelten und Germanen schon vor der römischen Invasion das Haushuhn besessen und eine besondere Bezeichnung dafür, ganz unabhängig von der römischen. Der Hahn hieß gotisch *hana*, althochdeutsch *hano*, angelsächsisch *hona*, das Huhn gotisch *hôn*. Das deutsche *hana* ging dann bei den benachbarten Finnen in *kana* über. Alles deutet darauf hin, daß das Huhn als Haustier selbständig von Südosten nach Mittel- und Nordeuropa gelangte, soweit es ihm nicht zu kalt war. Und auch hier drang es überall als etwas Fetischhaftes, Heiliges, das zwar nicht selbst, höchstens dessen Eier gegessen werden durften, ein. So sagt Julius Cäsar, der um die Mitte des letzten vorchristlichen Jahrhunderts an der Südküste Englands landete, von den dortigen keltischen Einwohnern, sie hätten zwar das Haushuhn, aber sie fänden es eine Sünde (*nefas*), das Tier zu essen, ebenso die Gans und den Hasen. Noch im Mittelalter, als das Huhn längst zum Speise- und Proviantier degradiert war, wohnte dem Hahn im Glauben der Leute noch eine große Zauberkraft inne. So sagt der mittelalterliche Bischof Burchard von Worms, man solle nachts nicht vor dem Hahnenrufe das Haus verlassen, weil die unreinen Geister vor diesem Rufe mehr Macht zu schaden hätten als nachher und weil der Hahn mit seinem Schrei jene besser zu vertreiben und zu bändigen vermöge als selbst das Kreuzeszeichen. Es ist dies die Weiterleitung desselben Fetischgedankens, den wir schon bei den alten Persern antrafen und der uns in der griechischen Benennung des *aléktōr*, d. h. Abwehrer, Kämpfer, entgegentrat. Noch in Shakespeares Hamlet sagt Horatio: „Ich habe gehört, daß der Hahn, der die Trompete des Morgens ist, mit heller Stimme den Gott des Tages weckt und daß bei seinem warnenden Ruf alle die Geister, die in

Wasser und Feuer, in Luft oder Erde schweifen und irren, jeder an seinen Ort zurückschlüpfen."

Auch die slavischen Pommern verehrten den Hahn und fielen anbetend vor ihm nieder; bei den Litauern wurde bei der Beziehung eines neuen Hauses Hahn und Henne zuerst ins Haus gelassen. Diese Exemplare galten dann als unantastbar, wurden gehegt und niemals geschlachtet und gegessen. In diesem Falle sehen wir, wie sich mit der Zeit das praktische Moment mit dem religiösen abfand. Als man sich erlaubte, das Huhn zu essen, haftete die Beschränkung des Nichtessendürfens nur noch an einzelnen auserlesenen Individuen. Bei den verschiedensten Völkern begegnet uns noch später in gewissen, am Althergebrachten hängenden Kreisen solche Enthaltung vom Genusse von Hühnerfleisch. Wie im altindischen Gesetzbuch war auch den Teilnehmern an den Mysterien in Eleusis das Essen von Hühnerfleisch verboten, weil diese Tiere den Erdgottheiten, der Persephone und Demeter, geweiht waren. Bei den Römern wurde der Vogel der Lichtgottheit, der dessen Kommen verkündet, bei Nacht der Nachtgöttin geopfert. Im Mittelalter begegnen uns bei den verschiedensten Völkern Hahnenopfer. Bei den Wenden in der Altmark war es noch in christlicher Zeit Sitte, einen Hahn auf ihr Malzeichen zu setzen, wie A. Kuhn uns in den märkischen Sagen berichtet. Gleicherweise haben es die Deutschen aus der Heidenzeit übernommen, das Bild des Hahnes über dem Kreuze auf Dächern und Kirchtürmen anzubringen. Jenes ist älter als dieses; beider Zweck aber ist, die bösen Geister, die ja auch das Christentum nicht leugnet, sondern nur in ihrem Ursprunge anders erklärt, aus dem Kreise der menschlichen Ansiedelungen fernzuhalten.

Im Mittelalter, als die Scheu vor dem Essen dieses altheiligen Tieres gewichen war, war die Hühnerzucht durch ganz Mitteleuropa ein sehr wichtiger Kulturfaktor, dem besonders die Klöster Vorschub leisteten. So war es vornehmlich ein fürsorglicher Bischof namens Martinus, der im Eierlegen leistungsfähige Hühnerrassen aus Italien nach Deutschland und Frankreich sandte, wo sie in den Klöstern Verbreitung fanden und von da an deren Hörige und Zinsbauern abgegeben wurden. Wie wir aus den mittelalterlichen Zinsregistern der Gutsherrschaften entnehmen können, bildeten Hühner und Eier für die Herrschaften das Haupterträgnis ganzer Güter und oft den einzigen Wirtschaftsbestand der ärmeren Klasse, lebende Hühner in großen Käfigen aus Holz zugleich den beliebtesten Proviant für Heereszüge und größere Menschenansammlungen. Schon der vorsorgliche Kaiser Karl der Große hatte befohlen, daß auf seinen größeren Gütern 100 Hühner und 30 Gänse, auf seinen kleineren wenigstens 50 Hühner und 12 Gänse gehalten und im Herbst, soweit sie geschlachtet wurden, gemästet werden sollten. Auch späterhin traf man sie überall auf den Bauernhöfen, wo sie frei herumliefen und sie sich vom Abfall der Körner, Samen aller Art und kleinem Gewürm und Insekten ernährten. Als einst Bischof Meinward von Hildesheim auf einen solchen Hof kam, wo er keine Hühner bemerkte, tadelte er die Wirtin darob. Als sie sich mit Futtermangel entschuldigte, gab er ihr den Rat, sie solle sie ihr Futter selbst suchen lassen. Das befolgte sie nun und hatte beim nächsten Besuche des Bischofs eine ordentliche Hühnerschar, so daß er sie belobte und beschenkte.

Bis auf den heutigen Tag spielt das Huhn überall in der Kleinwirtschaft eine wichtige Rolle, besonders in den Ländern, in denen sich die Bodenwirtschaft dem Gartenbau nähert, während es dort, wo die Landwirtschaft überwiegend Großbetrieb ist, weniger geschätzt wird. Letzteres ist beispielsweise in England der Fall, das seinen hohen Eierbedarf vom Kontinente her deckt. Auch Deutschland kann seinen eigenen Bedarf nicht selbst decken. Von der Hühnerzucht in Deutschland meint Eduard Hahn: „Schlimm steht es mit der deutschen Zucht; trotzdem in letzter Zeit viel geredet und geschrieben worden ist, will das echte deutsche Huhn, das allen Anforderungen entsprechen soll, immer noch nicht erscheinen. Unsere Hühnerologen, wie sie sich ernstlich nach einem Schwankwort nennen, sind Liebhaber und züchten Spanier, Franzosen, Italiener, Chinesen und andere, die für unser Klima nicht passen, und die Hühner auf unsern Bauernhöfen sind ein kümmerliches Gemengsel aus allen möglichen Rassen, die weder in Eiern noch Fleisch leisten, was man von ihnen verlangen kann, freilich auch nur geringe Pflege verlangen und erhalten. Ausnahmen sind bei uns selten; so will ich die Hamburger Hühner nennen, die in den Gartendistrikten des „alten Landes“ gezogen werden, sonst aber muß Frankreich und in neuerer Zeit vielfach Italien unsern Bedarf an feinerem Geflügel decken helfen. Die Eier aber, die unsere Großstädte bei der gesteigerten Lebenshaltung immer mehr brauchen, kommen aus Galizien und Russisch-Polen zu uns. Auch hier ist das Huhn kein Beweis eines extensiven Betriebes, sondern das Produkt einer nachlässigen extensiven Wirtschaft, die zu Gelde machen muß, was sich zu Gelde machen läßt. Daß auch diese Zucht im Rückgang ist, beweisen die Eier, die rapide kleiner werden.“

Welch große volkswirtschaftliche Bedeutung die Hühnereier als Nahrungsmittel erlangt haben, ergibt eine von Professor Sonndorfer von der Wiener Handelsakademie aufgestellte Statistik, wonach England im letzten Jahre 2265 Millionen Stück im Werte von 180 Millionen Franken einführte. In demselben Zeitraum importierten: Deutschland 2454 Millionen Stück im Werte von 185 Millionen Franken, Frankreich 205 Millionen Stück im Werte von 15 Millionen Franken und die Schweiz 188 Millionen Stück im Werte von 141/2 Millionen Franken. Frankreich produziert seinen Bedarf größtenteils selbst, während Deutschland, England und die Schweiz hauptsächlich auf den Import angewiesen sind. Die Hauptmenge Eier erzeugen die Agrarstaaten. So exportierte im Jahre 1907 Rußland 2833

Millionen Stück im Werte von 148 Millionen Franken, Österreich-Ungarn 966 Millionen, Dänemark 294 Millionen, die Balkanstaaten 580 Millionen und Italien 511 Millionen Stück.

Nach Südamerika kam das Huhn schon 1493 bei der zweiten Reise des Kolumbus. Die Indianer müssen dies leicht zu haltende Haustier gern aufgenommen und rasch verbreitet haben; denn schon 1530 fand es Federmann am Oberlauf des Amazonenstroms. Auch nach Mittel- und Nordamerika kam das Huhn mit den verschiedenen europäischen Kolonisten. Nach Garcilasso wollte es sich nur in dem hochgelegenen Cuzko nicht fortpflanzen. Vom Niltal aus verbreitete sich das Huhn über ganz Afrika, wo es überall von den Negern gern aufgenommen wurde. Teilweise kam es als Proviant der indischen Segelschiffe direkt aus Indien nach Ostafrika und verbreitete sich von der Küste nach dem Innern. In Indien und Hinterindien bis nach China und den Philippinen ist das Tier als Sportobjekt sehr geschätzt. Hier stehen überall die Kampfhähne hoch im Preise und dienen, wie im Mittelalter in Europa, zu den beliebten Volksbelustigungen, deren Reiz noch durch Wetten erhöht zu werden pflegt. Weitaus am grausamsten sind diese Hahnenkämpfe bei den Malaien Indonesiens, besonders der Philippinen, indem den kämpfenden Hähnen scharf geschliffene Stahlklingen an den Sporn gebunden werden, mit denen der Gegner erstochen wird. Oft erliegen beide Gegner dieser fürchterlichen Waffe.

Eduard Hahn nimmt an, daß der Hahn zunächst nicht aus Nutzungs-, sondern aus Sportgründen, dann auch als eine Art Weckeruhr vom Menschen gezähmt wurde. „In die Gefangenschaft übergeführte Hühner pflanzten sich nicht fort, legten keine Eier und waren also völlig nutzlos. Aus diesem Grunde sind sie also nicht gehalten worden und ihre anfängliche Gefangenschaft und spätere Zucht ist sicher nicht deshalb erfolgt. Die Eier, das wesentliche Produkt unseres heutigen Huhnes, erreichten erst im weiteren Verlauf der Zucht eine so große Zahl, daß sie dem Menschen zugute kamen; für den Beginn der Zucht müssen wir nach einem andern Grunde suchen. Da ist es nun natürlich schlimm, wenn nicht ein Grund, sondern gleich zwei, und zwar sehr abweichende Gründe, zu Gebote stehen, wie das beim Huhn der Fall ist. Beide schließen sich nicht aus, immerhin decken sie sich keineswegs, und, was besonders schlimm ist, das Ursprungsgebiet beider Hypothesen deckt sich mit dem Urgebiet des wilden Huhnes und beide sondern sich doch geographisch. Wie sollen wir uns entscheiden? Wurde unser Huhn auf indobaktrischem Boden als Uhr ein Haustier (nach F. Spiegel, Eranische Altertumskunde wurde der Hahn von Tahmuhrath dazu eingeführt) oder auf malaiischem Boden zum Kampfhuhn erzogen? Eine dieser beiden seltsamen Verwendungsweisen ist für mich der Ursprung der Zucht des Huhnes, vielleicht ist aber das Kampfhuhn bei den Malaien das ältere und ursprünglichere gewesen, weil die Verbindungen zwischen den einzelnen polynesischen Inseln doch nach allem, was wir wissen, keine sehr häufigen waren." Uns will letzteres auch bedünken. So möchten wir unbedingt annehmen, daß der Kampfhahn die ältere Zucht ist, und daß der Hahn als Wecker erst später, und zwar besonders bei den Iraniern Bedeutung gewann. Über letztere Tatsache sagt Hahn: „Ebenso fremdartig (wie der Kampfhahn) berührt uns moderne Menschen der Hahn als Uhr; wir können uns eigentlich kaum vorstellen, wie es Menschen geben kann, die nie wissen, was die Glocke geschlagen hat; freilich müssen wir neidisch bekennen, daß dem Glücklichen keine Stunde schlägt. Trotzdem gab es natürlich auch auf niedrigen Kulturstufen bereits Lebenslagen, in denen Zeitbestimmungen nötig waren. Am Tage reicht die Sonne aus, aber wie soll z. B. eine Karawane, die möglichst die kühlen Stunden des jungen Tages genießen will, erfahren, wann man mit dem langwierigen Packen der Kamele beginnen muß? Da trat nun aufs glücklichste eine Eigenschaft des Hahnes ein. Es ist seltsam genug, daß der Hahn um Mitternacht kräht; die Dämmerung morgens und abends begrüßen ja eine ganze Reihe Tiere mit ihren Tönen, aber gerade die Mitternacht wohl nur der Hahn. Es ist selbstverständlich, daß eine so auffallende und nützliche Eigenschaft dem Hahn eine feste mythologische Stellung von hohem Rang verschaffte; sein Abbild steht bekanntlich noch heutzutage auf der Spitze unserer Kirchtürme. Wie es scheint, wurde auf persisch-baktrischem Boden diese Eigenschaft entdeckt und so der Hahn und späterhin das Huhn gezähmt. Auf die Diener Ahuramazdas mußte ja das Betragen des Vogels einen tiefen Eindruck machen. War er doch gewissermaßen der Herold des Lichts. Und wenn nun gar erst ein weißer Hahn mit dem feuerfarbenen Kamm dieses Amt übte! So wurde der weiße Hahn der Repräsentant der lichten Tagesgottheiten, das schwarze Huhn geriet ebenso selbstverständlich in Beziehung zu den Gottheiten der Nacht. Bei der leichten Zucht und schnellen Vermehrung wurde dann das Huhn sehr bald das gewöhnliche Opfertier des kleinen Mannes; wo der Reiche Ochsen, Schafe und Schweine spendete, kam der Arme, wie Sokrates, mit einem Hahn aus. — Die Verwendung des Hahns als Ersatz der Uhr ist ungemein weit verbreitet und vielleicht noch weiter, wie jetzt bekannt, wenn man darauf achtet. In Abessinien sind Hähne die Kirchenuhr; als Uhren schätzen sie die Kaffern und ebenso traf sie Bastian in Birma. Endlich nahmen sie die Spanier hauptsächlich als Uhren nach Amerika und deshalb fiel es ihnen (wie Oviedo in seiner *Historia de las Indias* berichtet) auf, daß sie nicht mehr so pünktlich krähen wollten. — Im Altertum war man gewöhnt, sich nach der Stimme des Hahnes zu richten, zumal die Römer wie die Griechen ihre bürgerliche Tätigkeit sehr früh begannen, so daß das Haus schon vor dem Beginne der Dämmerung rege war. Deshalb sagt Plinius vom Hahn, daß ihn die Natur geschaffen habe, um die Sterblichen zur Arbeit zu rufen und ihren Schlaf zu brechen. So gewann der Hahn für das bürgerliche

Leben damals eine große Bedeutung. Eine Redensart, die bei vielen Dichtern und auch sonst wiederkehrt, erklärt uns das; man unterschied die Tätigkeit des Friedens und des Krieges einfach so: im Frieden beginnt der Tag mit dem ersten Hahnenschrei, im Kriege mit dem ersten Trompetenstoß. Da es auch später im kirchlichen Dienst sehr nötig war, eine gewisse Einteilung der Nacht zu haben, so mußte auch hier unser Haushahn herhalten; zog eine noch so kleine Mönchskolonne aus, um eine neue Niederlassung zu gründen, so nahm sie einen Hahn mit, wie wir einen Regulator zur notwendigen Wohnungseinrichtung rechnen. Im Orient hat der Hahn diese Stellung wahrscheinlich heute noch. Es wird wenigstens erwähnt, daß große Karawanen gewöhnlich einen recht schönen Hahn mit sich führen, dessen Krähen den Aufbruch der Reisenden regelt. Im Okzident ist der Hahn durch die Schlaguhren verdrängt worden, welche ja schon verhältnismäßig früh (um 1100) vorkommen."

In China und Japan spielt die Hühnerzucht eine wichtige Rolle. Dort sind eine große Anzahl ausgezeichneter Rassen erzogen worden, die dann nach dem englischen Opiumkrieg in den 1840er Jahren zu uns nach Europa gebracht wurden, so vor allem die Bramaputras und Cochinchinas. Mit den Malaien wanderte das Huhn über die mikronesische Inselwelt, doch gelangte es nicht nach Neuseeland. Dorthin und nach Australien wurde es erst durch die Europäer gebracht.

Bevor wir nun näher auf die verschiedenen Hühnerrassen eingehen, wollen wir kurz die Stammform derselben, das Bankivahuhn (*Gallus ferrugineus*), in seinen Hauptmerkmalen würdigen. Es ist ein Waldvogel, der morgens und abends, aber auch tagsüber oft beim Suchen der Nahrung auf Äckern angetroffen wird. Sein Verbreitungsgebiet ist das größte von allen Wildhühnern und reicht nach Armand David von Kaschmir und den Vorbergen des Hindukusch bis nach der Insel Hainan, Cochinchina und über die Halbinsel von Malakka bis nach Sumatra. Auf Java und den östlich davon gelegenen Inseln, auch auf den Philippinen, ist es wahrscheinlich eingeführt worden. Es hat im männlichen Geschlecht einen gezackten Kamm und am Schnabel jeweilen einen Fleischlappen, trägt schmale, lange, einen Kragen bildende Halsfedern, ist am Nacken und am Hals goldgelb schimmernd, am Oberkörper purpurbraun, am Unterkörper schwarz gefärbt; die Brust schillert grün, die Schwanzfedern sind lang, schwarz, die mittleren schillernd wie beim Haushahn. Im weiblichen Geschlecht ist die Farbe am Nacken schwarz mit blaß gelbbraunen Federsäumen, auf der Oberseite hellbraun mit feinen schwarzen Wellenlinien, am Oberkopf und auf der Unterseite rotbraun. Der Ruf des Hahn ist kein Kikeriki wie bei seinem gezähmten Abkömmling, sondern ein kurzes Kikeri. Die übrigen Laute sind, wie auch beim Weibchen, ganz ähnlich demjenigen des Haushuhns. Das Huhn brütet im Frühjahr und legt 5–6, zuweilen auch 9–11 blaß lehmgelbe Eier in einer gewöhnlich mit Gras und abgestorbenen Blättern ausgekleideten Bodenmulde. Die Hähne sind besonders zur Brutzeit außerordentlich kampfeslustig. Nach Hutton lassen sich junge Bankivahühner, wenn sie auch im Anfang wild sind, leicht zähmen. Auf den Philippinen, wo die Hahnenkämpfe sehr beliebt sind, scheinen wilde Hähne oft in Gefangenschaft gehalten zu werden, um dann bei den Kampfspielen zu dienen. Dies gibt uns einen Fingerzeig, daß wohl die Benutzung der Kampfeslust der Hähne zu Hahnenkämpfen das erste Motiv der Domestikation des Bankivahuhns innerhalb des malaiischen Verbreitungsgebiets in Südasien war. Überhaupt scheinen die östlichen Varietäten des Bankivahuhnes viel leichter zähmbar zu sein als die westlichen in Indien, weshalb Darwin mit gutem Grunde an die Möglichkeit dachte, daß das Huhn zuerst von Malaien domestiziert wurde. Die Kreuzung desselben mit unserem Haushuhn gelingt leicht und die Bastarde sind unter sich unbegrenzt fruchtbar und geben mit anderen Hühnern, so mit Bantamhühnern, reichliche Nachkommenschaft. Die Bastarde von andern südasiatischen Wildhühnern dagegen, wie dem *Gallus sonnerati*, *G. stanleyi* und *G. varius* sind, als sicherer Beweis einer entfernteren Verwandtschaft, stets unfruchtbar. Übrigens lassen schon Abweichungen im Gefieder und namentlich eine durchaus verschiedene Stimme alle diese Wildhühner als Stammformen unserer zahmen Hühner nicht zu. Wenn verschiedene Rassen unserer Haushühner miteinander gekreuzt werden, so schlagen sie gern in die Färbung der wilden Stammform, des Bankivahuhns, zurück. So erzog Darwin einen Hahn, der ein Bastard einer weißen Seidenhenne mit einem dunkelgrünen spanischen Hahn war und dem wilden Bankivahahn außerordentlich glich. Endlich kann als weiterer Beweis für die Abstammung des Haushuhns vom Bankivahuhn angeführt werden, daß W. Elliot in Pegu Haushennen antraf, die von den wilden Bankivahennen nicht unterschieden zu werden vermochten. Es ist dies also eine ganz primitive Rasse, die sich hier noch erhielt, während sie sonst überall auch in der Färbung durch die Domestikation weitgehend verändert wurden.

Da das Bankivahuhn schon im Wildzustande eine ausgesprochene Neigung besitzt, Varietäten zu bilden, und dadurch, sich den verschiedensten Lebensbedingungen anpassend, in den verschiedenen Ländern seines großen Verbreitungsgebietes sich in zahlreiche Lokalrassen spaltete, darf es nicht überraschen, daß auch die seit alter Zeit geübte künstliche Züchtung eine ganze Reihe von zahmen Hühnerrassen hervorgebracht hat. Im allgemeinen ist bei hochgezüchteten Rassen der Unterschied in der Färbung beider Geschlechter verringert. Dabei sind teils Riesen-, teils Zwergformen hervorgegangen, die wir in besonders ausgesprochenem Maße bei den ostasiatischen Kulturrassen antreffen. Zwerghühner können eine in allen Proportionen den gewöhnlichen Hühnern gleichende Form darstellen. Es kann aber auch die Größe des Körpers gewahrt bleiben, so daß nur die Beine verkürzt werden, wie dies bei den kurzbeinigen Krüpern der Fall ist. Da diese Tiere infolgedessen nur wenig ausgiebig scharren können, kann man sie in Gärten frei laufen lassen. Bei manchen Hühnern, wie bei der Cochinchinarasse, sind die Federn vermehrt und bedecken den ganzen Lauf, bei andern ist das Federkleid rückgebildet, wie bei den Chittagongs, die eine nackte Kehle haben, und den Nackthalshühnern, oder die Federn sind haarähnlich geworden, wie bei den Strupp- oder Seidenhühnern. Bei manchen, wie beim japanischen Phönixhuhn, sind die Schwanzfedern ins Ungeheuere verlängert, beim Kluthuhn dagegen sind sie ganz in Wegfall gekommen. Der Verlust geht bei diesen sogar so weit, daß ihnen überhaupt das den Schwanz tragende Knochenstück fehlt. Selbst der Kamm, das wichtigste unterscheidende Merkmal der wilden Hühner, ist mannigfachen Veränderungen ausgesetzt gewesen, verschwand bei den Haubenhühnern sogar vollkommen und wurde durch eine Federhaube ersetzt. Zwei Haushuhnrassen haben sogar statt vier fünf Zehen erlangt, indem bei ihnen der als atavistische Mißbildung zuerst aufgetretene überzählige fünfte Zehe in der Zucht erblich wurde.

Aber außer in der Form ist das Huhn auch physiologisch weitgehend durch die Zucht beeinflußt worden. So ist vor allem seine Legefähigkeit enorm gesteigert. Während die wilde Stammform, sobald sie erwachsen ist, was nach einem Jahre der Fall ist, wie wir sahen, höchstens 11 Eier legt, soll einer der besten Leger, aber dadurch ein schlechter Brüter, nämlich die auch bei uns viel gehaltene italienische Rasse bis zu 120 Eier im Jahre legen. Nach der Vermutung von Baldamus ist diese hochgezüchtete Rasse sehr alt und geht nicht nur auf die Hühner der Römer und Griechen zurück, sondern reicht in ihren Anfängen bis zum Beginn des letzten vorchristlichen Jahrtausends zurück. So zeigen Darstellungen auf assyrischen Siegelzylindern in Umrissen und Proportionen große Ähnlichkeit mit dem italienischen Huhn.

Am nächsten stehen der wilden Stammform die eleganten Kampfhühner, die nur eine geringe Einwirkung der Domestikation zeigen. Der auffallend schlanke Körper zeigt vielfach Unterschiede in der Färbung. Am Kopf sind die Fleischlappen und der Kamm klein, der Hals ist beim Hahne lang, die Halsfedern kurz. Die Schenkel sind lang und kräftig, die Sporne lang und scharf. Die Hähne werden zu Hahnenkämpfen verwendet, die Hennen sind schlechte Legerinnen. Ihnen nahe stehen die Malaienhühner, die ebenfalls hochgestellt sind und lange, orangegelbe Beine haben. Sie sind ebenso streitsüchtig wie die vorigen und die Hennen schlechte Eierlegerinnen. Sie kommen in rotbraunen, weißen und schwarzen Farbenvarietäten vor und werden ebenfalls mehr zum Luxus als für praktische Zwecke gehalten. Während sie einen kurzen Schwanz besitzen, ist derjenige der bereits erwähnten Phönixhühner ganz außerordentlich verlängert, so daß er stark am Boden schleift. Er erreicht eine Länge von nicht weniger als 2 *m* und mehr. Damit er nicht beschädigt werde, hält man diese Hühner auf hochgelegenen Stangen. Sie sind ein spezielles Zuchtprodukt Japans und kamen erst vor kurzem als Merkwürdigkeit nach Europa. Dem Äußeren nach gleichen sie den gewöhnlichen Landhühnern, die wenig hochgezüchtet sind und in der Form und Färbung der wilden Stammart noch ziemlich nahe stehen. Aus ihnen sind in den verschiedenen Ländern spezielle Rassen gezüchtet worden. Unter ihnen sind zu nennen die spanische Rasse von stolzer Haltung, mit weißem Gesicht, mit langen Kehllappen und großem, gezacktem Kamm. Das Gefieder dieses Huhnes ist bei den reinrassigen Vögeln schwarz mit grünem Schiller. Sie sind im Hühnerhofe sehr geschätzt, weil sie viele und große Eier legen. Ihnen nahe stehen die Minorcas mit scharlachrotem Gesicht und sehr großem Kamm, ferner die diesen gleichenden Anconas mit gesperberter Federzeichnung und die Andalusier mit rotem Gesicht, schwarzem Hals und dunkelschieferblauem Gefieder.

Sehr stattlich ist die englische Dorkingrasse, welche sich zur Fleischnutzung sehr empfiehlt und gute Brüter liefert. Das volle Gefieder kann dunkel, gesperbert, silbergrau oder weiß sein. Die Brust erscheint breit. Das Gewicht geht bei der Henne bis zu 4 *kg*, beim Hahn bis zu 5 *kg*. Ein sehr zartes, weißes Fleisch haben auch die Hamburger Hühner, deren Zucht stark verbreitet ist. Sie besitzen einen nach hinten spitz auslaufenden Rosenkamm, weiße Ohrlappen, einen hornfarbigen Schnabel und blaue Beine. Dazu besitzt der Hahn im Schwanze lange Sichelfedern. Nach der Färbung unterscheidet man grünschillernde, schwarze Silbersprenkel, Goldlack und Silberlack. Die Hennen gelten als gute Eierlegerinnen, sind aber zum Brüten schlecht.

In Siebenbürgen werden die Nackthalshühner gezüchtet, die durch ihren roten, von Federn entblößten Hals wie gerupft aussehen. Manche Züchter führen diese Eigentümlichkeit auf eine Kreuzung mit dem Truthahn zurück, was aber zweifellos unrichtig, ja unmöglich ist. Sie sind ziemlich groß, schwarz gesperbert oder weiß mit einem einfachen Kamm. Eine schöne französische Rasse sind die nach dem Dorfe *La Flèche* genannten *La Flèche*-Hühner von glänzend schwarzem Gefieder, rotem Gesicht mit langen Kehllappen und weißem Ohrfleck. Weil sich der niedrige Kamm in zwei lange, hörnchenartige Zapfen spaltet, nennt man sie auch *poules cornette*. Die Haubenhühner besitzen an Stelle des zurückgebildeten Kammes einen Schopf von aufrechtstehenden, mit den Spitzen überfallenden Kopffedern. Zu ihnen gehören die in Frankreich und Deutschland vielfach gezüchteten schwarzen *Crève-cœur*-Hühner, die neben dem Federschopf noch zwei aufrechte Kammspitzen von roter Farbe aufweisen. Dann die stattlichen schwarz und weiß gescheckten Houdanhühner, die neben der starken Haube einen Kamm mit gezackten Blättern besitzen. Diese stattlichen Tiere, deren Füße wie diejenigen der englischen Dorkings fünf Zehen besitzen, sind sehr mastfähig und werden besonders im Departement Seine et Oise gezogen. Eine starke Vollhaube und dazu noch Bärte besitzen die goldbraunen oder silberweißen Paduaner, die aber wenig mastfähig und schlechte Brüter sind. Rein schwarz mit weißer Haube sind die Holländer, die an Stelle des Bartes lange rote Kehllappen tragen. Der Kamm ist ganz klein und fehlt bei den reinrassigen Tieren.

Um die Mitte des vorigen Jahrhunderts aus China bei uns eingeführte Rassen sind die großen Cochinchina-Hühner mit rundem, vollem Körper und breiter Brust. Der Kopf ist klein mit schwach entwickeltem, aufrechtstehendem Kamm. Die Flügel sind kurz, die dicken Beine sind an der Außenseite bis zu den Zehen hinunter befiedert. Der Schwanz ist auch beim Hahn recht kurz. Die Färbung ist meist gelb, doch kann sie auch schwarz, weiß, rebhuhnartig oder gesperbert sein. Sie besitzen ein vortreffliches Fleisch und sind gute Brüter. Sehr nahe verwandt damit sind die Brahmaputrahühner, die sich eigentlich nur durch die erbsenförmige Gestalt des Kammes unterscheiden. Ebenfalls ostasiatischen Ursprungs sind die Seidenhühner, die ihren Namen vom feinen, haarartigen Federkleide haben. Im Körperumriß ähneln sie den Cochinchinas; auch ihre Flügel sind auffallend kurz, so daß sie durchaus nicht fliegen können. Zu dem reinweißen Federkleide kontrastiert die blauschwarze Farbe der Beinhaut. Sie sind gegen Nässe empfindlich. Ihre Eier sind blaßgelb.

Aus Japan stammen die Zwerghühner oder Bantams, die nicht viel größer als Tauben werden. Sie sind schwarz, weiß oder gesperbert und machen sich durch ihr munteres Wesen beliebt. Wirtschaftlich spielen sie eine unbedeutende Rolle. Weit mehr geschätzt ist das neuerdings bei uns eingeführte Yokohamahuhn. Aus Nordostasien kamen die Langshans zu uns. Durch Kreuzung verschiedener alter Rassen erzielten die Amerikaner diverse neue, unter denen die Brahmas, Plymouth-Rocks und Wyandottes eine weitere Verbreitung bei uns erlangten. Die neuerdings durch die unternehmungslustigen Engländer auf den Markt gebrachten Orpingtonhühner sind noch nicht zu einer festen Rasse geworden.

Die Hauptaufgabe der Hühnerzucht ist das Heranzüchten eines guten Landhuhns, das während seines ganzen, etwa 6 Jahre dauernden Lebens, die meisten allerdings in den vier ersten Jahren, 500 bis 600 Eier legt und daneben noch als Fleischlieferant zu gebrauchen ist. Unter den deutschen Nutzhühnern spielt gegenwärtig das in Westfalen heimische Lakenfelderhuhn und das Ramelsloherhuhn aus der Lüneburger Heide eine Hauptrolle. Sobald die Hühner mit dem Eierlegen nachzulassen beginnen, mästet und schlachtet man sie, so daß sie dann noch als Fleischlieferanten von Nutzen sind.

XV. Perlhuhn, Pfau, Fasan und Truthuhn.

Von weiteren domestizierten Hühnervögeln ist das Perlhuhn (*Numida meleagris*) zu nennen, das in Westafrika bis Marokko heimisch ist. Es hat seinen lateinischen Namen *meleagris* von Meleager, dem Sohne des kalydonischen Königs Oineus, der auf der berühmten kalydonischen Eberjagd umkam. Darüber waren seine Schwestern ganz untröstlich und wurden durch das Mitleid der Götter in Vögel verwandelt. Da die auf schiefergrauem Grunde stehenden perlenartigen Tropfen an Tränen erinnerten, sollten sie die Tränen der Schwestern des Meleager bedeuten. Diese Vögel sollten nach Plinius auf dem Grabe des Meleager gehalten werden und dort zu Ehren des Toten kämpfen, wie in der Vorzeit zu Ehren Verstorbener abgehaltene Kampfspiele durch Menschen üblich waren.

Die Perlhühner bewohnen mit Büschen bestandene Gegenden bis zu 3000 *m* Höhe. Da, wo sie häufig sind, bemerkt man sie bald, indem sie morgens und abends ihre durch unser zahmes Perlhuhn wohlbekannte trompetenartige Stimme vernehmen lassen. Sie wohnen in Familien von 16–20 Stück beieinander, sind sehr scheu und schlüpfen bei der geringsten Beunruhigung ins schützende Gebüsch. Mit Vorliebe schlafen sie auf hohen Bäumen an Flußufern. Im Frühjahr brüten sie ein Gelege von 5–8 schmutzig gelblichweißen Eiern aus. Die Küchlein gleichen im Flaumkleide jungen Fasanen, wachsen rasch heran und folgen, wenn sie die halbe Größe der Eltern erreicht haben, diesen auf allen Streifereien und bäumen dann nachts regelmäßig mit ihnen.

Nach Brehm lassen sich Perlhühner leichter eingewöhnen als irgend ein anderes Wildhuhn, werden aber nicht leicht und kaum jemals vollständig zahm, schreiten auch nur dann in der Gefangenschaft zur Fortpflanzung, wenn sie weiten Spielraum haben. Dagegen kann man gefangene bald so weit gewöhnen, daß sie in Haus und Hof umherlaufen, ohne ans Entweichen zu denken. Sie sind zänkisch, liegen mit Haus- und Truthühnern beständig im Streite, werden so bösartig, daß sie erwachsene Hähne und Kinder angreifen. Sie erfreuen durch ihre unermüdliche Beweglichkeit, ihr hübsches Gefieder und die sonderbaren Stellungen und Bewegungen, die sie beim Laufen einnehmen. Beim Brüten sind sie wenig eifrig und können keine Kälte ertragen.

Von Westafrika wurden sie im 18. Jahrhundert durch Negersklaven auf den Antillen eingeführt, wo sie sich vollkommen eingewöhnten und verwilderten. Dabei wurden sie hier kleiner und dunkler. Schon vor bald sieben Menschenaltern war es auf Jamaika häufig; jetzt ist es dort wie auch im östlichen Kuba so gemein, daß es unter Umständen zur Landplage wird. Schon im Altertum wurde es bei den Griechen und Römern als Haustier gehalten, verschwand aber nach dem Untergange des Römerreichs wieder aus Europa, um erst wieder im 15. Jahrhundert von den Portugiesen aus Angola hier eingeführt zu werden. Seither sind sie besonders in den Mittelmeerländern, wo es ihnen warm genug ist, so weit domestiziert worden, daß sie gleich dem Pfau begonnen haben, wenigstens in der Färbung abzuändern. Unter den gewöhnlichen Perlhühnern mit weißen Tupfen auf schiefergrauem Grunde kommen nämlich silber- und blaugraue und, wie bei den Pfauen, auch weiße Tiere vor. Wie bei den weißen Pfauen das Auge der zum Rad ausgebreiteten Schwanzfedern, so ist bei den weißen Perlhühnern die ursprüngliche Tüpfelung noch deutlich erkennbar.

Im Altertum scheint das Perlhuhn als Fetischtier von Nordafrika nach Griechenland gekommen zu sein. Nach dem Schüler des Aristoteles, Klytos von Milet, wurden auf der kleinen, von den Milesiern kolonisierten Insel Leros um den Tempel der Artemis heilige Perlhühner aus Afrika gehalten. Dabei wird nirgends gesagt, wie sie dahin gekommen und weshalb sie der jungfräulichen Göttin geweiht waren. Noch Älian behauptete, kein Raubvogel wage die lerischen heiligen Hühner anzugreifen. Auch auf der Akropolis scheinen nach Suidas Perlhühner gehalten worden zu sein. Zu den Römern kamen sie zur Zeit der punischen Kriege aus Numidien unter dem Namen numidische oder afrikanische Vögel. Noch zu Varros Zeit im letzten Jahrhundert v. Chr. waren sie in Italien sehr selten und teuer. Gleichwohl begann man schon damals diese kostbaren Tiere, eben weil sie eine Rarität waren, zu essen. Dieser Autor sagt nämlich: „Die afrikanischen Hühner, welche man *meleagrides* nennt, sind erst neulich für die Schmausereien der Leckermäuler in Gebrauch gekommen, aber noch teuer, weil selten." Der Spötter Martial macht sich in einem Epigramm darüber lustig, daß Hannibal, der Barbar, seinen Landsmann, den Vogel aus Numidien, nicht aß. Der verrückte Kaiser Caligula ließ sie sich opfern. Nach Pausanias wurden sie auch in Phokis bei Tithorea zweimal im Jahre im Tempel der Isis neben Gänsen geopfert.

Nachdem die Portugiesen die Perlhühner wieder in Europa eingeführt hatten, sah sie Volaterranus vor 1500 beim Kardinal San Clemente. Der Züricher Konrad Geßner bildete den Vogel in seinen *Icones animalium* 1563 zuerst ab und bemerkt dazu, es sei ein fremder wilder Hahn aus Afrika und der Berberei, den er von seinem Freunde Cajus, einem englischen Arzte, erhielt. In Frankreich war er damals schon öfter als *poule de Guinée* in den Hühnerhöfen zu sehen. Der Vogel ist so leicht zu halten, daß er auch in seinem ursprünglichen Verbreitungsgebiet vielfach gezähmt wird. So traf Staudinger am Niger solche, die durch ihre weiße Farbe verrieten, daß sie schon längere Zeit domestiziert waren. Da sie sich leicht versetzen lassen, sind sie im Laufe der Zeit auf eine Reihe von Inseln gekommen und dort verwildert, so auf den Kapverden, auf Ascension und St. Helena. Daß sie auch auf zahlreichen Inseln und Inselchen der Antillen verwilderten, wurde bereits mitgeteilt. Sie wurden in Amerika kleiner und erhielten schwarze Füße in Verbindung mit weißem Bauch, weißem Rücken und Flügelspitzen. Im milden England gelang es noch, sie verwildern zu lassen. Dies würde wohl auch in den milderen Gegenden Deutschlands möglich sein. Hier überall, wo es ihnen nicht zu kalt ist, eignen sie sich vortrefflich als Hausgeflügel. Sobald sie die ersten Tage hinter sich haben, sind sie gar nicht weichlich und auch im Futter durchaus nicht anspruchsvoll; dabei lassen sie sich leicht mästen, liefern ein gutes Fleisch und schmackhafte Eier.

Häufiger als das Perlhuhn wird der Pfau (*Pavo cristatus*) in unseren Hühnerhöfen angetroffen, wo er wegen seiner Schönheit auch mehr ein Luxus- denn ein Nutzvogel ist. Seine Heimat ist Ostindien und Ceylon. Dort bewohnt er lichte Waldungen mit Vorliebe bergiger Gegenden mit dichtem Unterwuchs; ebensogern hält er sich in Pflanzungen auf, die ihm Deckung gewähren und einzelne hohe, zur Nachtruhe geeignete Bäume haben. In vielen Gegenden Indiens gilt er wegen seines prächtigen Gefieders als heilig und unverletzlich und seine Tötung wird von den Eingeborenen als ein Verbrechen angesehen, das jeden, der sich solches zuschulden kommen läßt, gelegentlich in Lebensgefahr bringt. In der Nähe vieler Hindutempel pflegen sich zahlreiche Herden von halbwilden Pfauen aufzuhalten, deren Pflege mit zu den Obliegenheiten der Priester gehört. Dabei werden sie sich des ihnen hier gewährten Schutzes bald bewußt und zeigen, wenigstens dem Hindu gegenüber, kaum größere Scheu als diejenigen, die auf dem Hühnerhofe heranwuchsen.

Wo sie ungestört sind, halten sich die wilden Pfauen am Tage in Trupps von 30 bis 40 Stück meist auf dem Boden auf, um in den Vormittags- und Abendstunden zur Nahrungssuche auf die Waldblößen oder Felder herauszukommen. Verfolgt suchen sich die Tiere so lange als möglich laufend zu retten und, erst wenn sie einen gewissen Vorsprung erreicht haben, entschließen sie sich zum Fluge, der rauschend und schwerfällig vor sich geht. Sie bäumen dann so bald als möglich und verbergen sich mit ihrem grünen Gefieder im dichten Blättergewirr, wo sie sich wohlgeborgen wissen. Von Raubtieren scheuen sie besonders den Tiger, dessen Anschleichen sie weithin durch lautes Geschrei kundgeben. Sie fressen wie unsere Hühner sowohl tierische als pflanzliche Nahrung und brüten nach der Regenzeit im April, nachdem die Männchen ihr prächtiges Hochzeitskleid mit dem schillernden, beim Liebeswerben zur Schau ausgebreiteten Schweife erhalten haben. Ihrer Schönheit sich wohl bewußt, paradieren sie damit vor den Weibchen, um deren Gunst zu erlangen. Das meist auf einer erhöhten Stelle, einem Busche im Walde, errichtete Nest besteht aus dünnen Ästchen und trockenen Blättern und ist ebenso liederlich gebaut, als dasjenige anderer Hühnervögel. Das Gelege zählt 4 bis 15 Eier, die vom Weibchen mit großem

Eifer ausgebrütet und nur im Notfalle verlassen werden. Das unscheinbare Jugendkleid, das die Jungen zu ihrem Schutze mit dem Weibchen teilen, legen die Männchen erst nach dem zweiten Lebensjahre ab, um im dritten ihre volle Schönheit zu erlangen und zur Paarung zu schreiten.

Auf seinem Eroberungszuge nach Indien erblickte Alexander der Große mit seinen Gefährten als erster Europäer den wilden Pfau in seiner Heimat am Indus. Er war von der Schönheit des ihm bis dahin unbekannten Vogels so entzückt, daß er nach dem Berichte des Älian jeden, der ihn zum Opfer schlachten wollte, mit den schwersten Strafen bedrohte. Er soll nach der Sage auch einige dieser Vögel auf dem Rückzuge aus Indien mit sich genommen haben. Sehr viel früher war er gelegentlich schon als seltener Ziervogel an einige vorderasiatische Höfe gelangt, so auch nach Jerusalem, wo ihn Salomo als wertvolles Prunkstück hielt. Heißt es doch 1. Könige 10, 22, daß diesem König in einem edomitischen Hafen am Nordende des Roten Meeres von phönikischen Seeleuten ausgerüstete und bemannte Schiffe nach dreijähriger Abwesenheit neben Gold, Silber, Elfenbein und Affen auch Pfauen aus Ophir brachten, das wir in Ostafrika zu suchen haben. Dorthin muß der schöne indische Vogel durch den Monsun zur Überfahrt benutzende indische Segler damals schon als Tauschware gebracht worden sein, da er daselbst nicht einheimisch ist. Er heißt im Hebräischen *tukkijîm*, was mit dem tamulischen *togei* zusammenhängen dürfte.

Aus dem semitischen Vorderasien, wo der Pfau als seltenes und durch die vielen Augen seines Schweifes mit den Sternen und den dort herrschend gedachten Überirdischen in Verbindung gebrachtes Fetischwesen in den Tempelhöfen der höchsten weiblichen Gottheit gehalten wurde, kam er dann durch die Vermittlung der Phönikier zu den Griechen als *ta(v)ós*, um später dann von ihnen als *pavo* an die Römer weitergegeben zu werden. Der erste Ort auf griechischem Boden, von dem wir wissen, daß dort Pfauen als heilige Tiere gehalten wurden, ist der Heratempel von Samos. Hera ist offenkundig die mit der phönikischen Astarte identifizierte Himmelsgöttin, deren Kult sich der merkwürdige Sternenvogel ganz natürlich anschloß. Ein sich von selbst ergebender Mythus war es denn auch, daß der allschauende Argos, der die Mondgöttin Jo zu bewachen hatte, nach seiner Tötung durch den Argeiphontes sich in den Pfau verwandelt haben soll. So stolz waren die Bewohner der Insel Samos auf die heiligen Pfauen in ihrem Heratempel, den Herodot für den größten aller griechischen Tempel seiner Zeit erklärte, daß sie das Tier auf ihre Münzen prägten. Zu des Polykrates Zeit, der von 535 bis 522 v. Chr. Tyrann von Samos war und einen Seestaat von ziemlich großer Ausdehnung gegründet hatte, war er aber noch nicht dort, sonst hätten die Hofdichter Ibykos und Anakreon ihn wohl einmal in ihren Gedichten genannt. Auch nach Athen würde der Ruf des Vogels und er selbst wohl früher gedrungen sein. Wir finden ihn nämlich erst nach der

Mitte des fünften vorchristlichen Jahrhunderts in jener Stadt, und zwar als höchste Merkwürdigkeit und außerordentliche Seltenheit. Es war dies zur Zeit des Perikles, da Leute von weither kamen, um dieses Wunder zu sehen. Vielleicht haben die Athener bei der Unterwerfung der Insel Samos unter ihre Oberhoheit im Jahre 440 den schönen Vogel vom Heraion nach Athen entführt, obschon der Geschichtschreiber Thukydides nur von Auslieferung der Schiffe und Bezahlung der Kriegskosten spricht.

In einer seiner Schriften berichtet der Redner Antiphon von einem reichen Vogelzüchter in Athen namens Demos, Sohn des Pyrilampes, der Pfauen in seinem Hühnerhofe hielt. Von weither, vom Peloponnes und aus Thessalien, kamen die Leute, um diese Vögel zu bewundern und sich, wenn möglich, Eier von ihnen zu beschaffen. Jeden Monat einmal, am Tage des Neumondes, wurden alle zugelassen, an den andern Tagen dagegen niemand. „Und das" — setzt Antiphon hinzu — „geht nun schon mehr als 30 Jahre so fort." Nach Plutarch soll schon der Vater Pyrilampes aus seiner Vogelzucht den Weibern, die sein Freund Perikles zu gewinnen wünschte, unbemerkt Pfauen zugewandt haben. Doch, meint Antiphon, es gehe nicht an, die Vögel in der Stadt zu verbreiten, weil sie dem Besitzer davonfliegen. Wollte sie aber jemand stutzen, so würde er ihnen alle Schönheit nehmen; denn diese besteht in den Federn und nicht im Körper. Daher seien sie so lange eine Seltenheit geblieben, daß man ein Paar derselben mit 10000 Drachmen (etwa 8000 Mark) bezahle. Bei so hohem dafür bezahlten Preise begreifen wir den Ausspruch des griechischen Dichters Anaxandrides der mittleren Komödie, daß es Wahnsinn sei, Pfauen im Hause aufzuziehen und Summen dafür aufzuwenden, die zum Ankaufe von Kunstwerken ausreichen würden. Erst im Laufe des vierten vorchristlichen Jahrhunderts wurden die Pfauen häufiger in Athen und deshalb weniger kostbar, so daß gegen das Ende desselben der Komödiendichter Antiphanes — ohne Zweifel mit starker Übertreibung — sagen konnte: „Sonst war es etwas Großes, auch nur ein paar Pfauen zu besitzen; jetzt aber sind sie häufiger als die Wachteln." Aristoteles schildert ihn als einen neidischen und eitlen Vogel, der gegen 25 Jahre lebe, aber seine schönen Federn erst im dritten Jahre bekomme, auch dann erst niste. Er brüte des Jahres nur einmal, und zwar 30 Tage oder etwas mehr. Er lege 12 oder etwas weniger Eier, und zwar in Zwischenräumen von zwei bis drei Tagen.

Als die Griechen in Begleitung Alexanders des Großen in das Innere Asiens vordrangen, scheinen sie, wie Diodor uns berichtet, in Babylonien zahlreichen Pfauen begegnet zu sein. Der Vogel war also hier schon gemein, so daß wir begreifen, wie ihn einzelne griechische Schriftsteller als „medischen Vogel" bezeichnen konnten. Gewiß ist Victor Hehn im Unrecht, wenn er meint, der Pfau sei erst durch die Griechen über Westasien verbreitet worden, da die asiatischen Pfauennamen alle dem Griechischen entlehnt seien. Vielmehr ist, wie wir oben sahen, das Umgekehrte der Fall; die Griechen erhielten ihn aus Kleinasien über die Insel Samos, und aus den Städten Großgriechenlands lernten ihn dann die Römer kennen. Zu Ende der Republik war der Pfau den Römern kein allzuseltener Vogel mehr, denn Varro (116–27 v. Chr.) schreibt in seinem Buche über die Landwirtschaft: „Erst in unserer Zeit hat man angefangen, ganze Herden von Pfauen zu halten. So z. B. soll Marcus Aufidius Luco jährlich 60000 Sesterzien (= 9000 Mark) aus seiner Pfauenzucht lösen. Sieht man auf den Nutzen, so hält man mehr Weibchen, sieht man aber nur auf die Pracht, so hält man mehr Männchen. Auf der Insel Samos und auf Planasia (jetzt Pianosa an der Westküste Etruriens, südlich von Elba, damals Ilva genannt) soll es wilde Pfauen geben. Unter allen Vögeln gebührt dem Pfau der Preis der Schönheit. Sie fressen allerlei Getreide, besonders Gerste. Man läßt die Eier von Pfauenhennen oder von Haushühnern ausbrüten, hat auch für die Jungen eigene Pfauenhäuser, die in Verschläge geteilt sind, reinlich gehalten werden und vor sich einen sonnigen Platz haben, wo die Tierchen bei gutem Wetter gefüttert werden. Den ersten jungen Pfau hat Quintus Hortensius (ein ausgezeichneter Redner zu Varros Zeit) für die Tafel braten lassen, als er seinen Antrittsschmaus als Augur hielt. Darauf folgten viele seinem Beispiele und der Preis stieg dermaßen an, daß ein Pfauenei mit 5 Denaren (= 3 Mark) und ein Pfau selbst wohl mit 50 Denaren (= 30 Mark) bezahlt wird."

Selbstverständlich mußte bei den Römern zu Ende der Republik und zur Kaiserzeit ein Tier wie der Pfau, das schon in Athen der Üppigkeit gedient hatte, in umso höherem Maße in Aufnahme kommen, als der römische Luxus und Reichtum den attischen hinter sich ließ. Obschon das Fleisch, wenigstens der älteren Pfauen, gerade kein Leckerbissen ist, so fand doch das gegebene Beispiel, schon weil die Sache teuer war, bei den Protzen allgemeine Nachahmung. Schon Cicero (106–43 v. Chr.) schreibt in einem Briefe: „Ich habe mir eine Kühnheit erlaubt und sogar dem Hirtius ein Diner gegeben, doch ohne Pfauenbraten." Und der Dichter Horaz spottet in einer seiner Satiren: „Wird ein Pfau aufgetragen und daneben ein Huhn, so greift alles nach dem Pfau. Und warum das? Weil der seltene Vogel Goldes wert ist und ein prächtiges Gefieder ausbreitet, als wenn dadurch dem Geschmack geholfen wäre." In der Kaiserzeit wird wohl kein größeres Prunkmahl ohne Pfauenbraten abgehalten worden sein. Ja, wer es ganz üppig geben wollte, der gab nur Gehirn von Pfauen. So berichtet Sueton von Vitellius als er 69 n. Chr., zum Kaiser ausgerufen, in Rom einzog: „Beim Ankunftsschmause, der dem Kaiser Vitellius von seinem Bruder gegeben wurde, betrug die Zahl der aufgetragenen ausgesuchten Fische 2000, die der Vögel 7000. Einen noch größeren Schmaus gab er selbst, als er eine ungeheuer große Schüssel einweihte, die er den „Schild der Minerva" nannte. Sie war bedeckt von untereinander gemischten Lebern von Papageifischen, Gehirn von Fasanen und Pfauen, Zungen von Flamingos, Milch von Muränen; das alles hatten

Kriegsschiffe vom östlichen und westlichen Ende des Mittelmeeres zusammenbringen müssen."

Diesen übertrumpften noch die späteren Kaiser. So meldet der Geschichtschreiber Älius Lampridius vom üppigen Kaiser Heliogabalus: „Kaiser Heliogabalus ließ öfter ein Gericht auftragen, das aus Kamelfersen, aus Kämmen, die lebendigen Hähnen abgeschnitten waren, aus Zungen von Pfauen und Nachtigallen bestand. Er gab auch seinen Palastdienern ungeheuere Schmausereien, wobei die Eingeweide des Rotbartfisches, Gehirn von Flamingos, Rebhuhneier, Köpfe von Papageien, Fasanen und Pfauen die Hauptrolle spielten. Seine Hunde fütterte er mit Gänselebern." Außer zum Essen dienten die Pfauen auch als Schmuck der Gärten der Vornehmen und ihre Federn zu Fliegenwedeln. So spricht der Dichter Martial vom *muscarium pavonium*, und der Geschichtschreiber Dio Cassius berichtet: „Als Severus Kaiser geworden war (im Jahre 193), hielt er für seinen ermordeten Vorgänger Pertinax mit großem Gepränge ein Totenamt. Dessen aus Wachs angefertigtes Bild lag auf einem prachtvollen, mit Purpur und Goldstickerei bedeckten Paradebett und neben ihm stand ein Knabe, der die Fliegen, als ob der Verewigte ruhte, mit einem Wedel aus Pfauenfedern abwehrte."

Bei solcher Wertschätzung des Pfaues ist es kein Wunder, daß er zur römischen Kaiserzeit in größerer Menge besonders auf Inseln, auf denen er sich frei bewegen konnte, gezüchtet wurde. Die Vorteile solcher von Wasser umgebener Pfaueninseln setzt Columella folgendermaßen auseinander: „Auf kleinen, waldigen Inseln sind die Pfauen leicht zu ziehen; sie fliegen von da nicht weg, weil sie überhaupt nicht weit fliegen. Sie sind da vor Dieben und Raubtieren sicher, man kann sie frei herumgehen und selbst brüten lassen, wobei sie sich auch das meiste Futter selbst suchen und nur täglich einmal zu bestimmter Zeit gerufen und mit etwas Gerste gefüttert werden. Auf dem festen Lande umgibt man eigene, mit Wald bestandene Grasplätze für sie mit Mauern und Ställen und rechnet auf je fünf Weibchen ein Männchen. Die Eier legt man hier gewöhnlich Haushühnern unter, und die Pfauhenne kann, wenn sie nicht selbst brütet, jährlich 11 bis 12 Eier legen. Geht das brütende Haushuhn vom Neste, so wendet man die Eier, weil das Huhn sie wegen ihrer Größe nicht gut selbst wenden kann. Um das Wenden zu überwachen, bezeichnet man die Eier auf einer Seite mit Tinte; denn es kommt auch vor, daß ein Haushuhn sie selbst wendet." Dann gibt es genaue Anweisung über die Aufzucht und Fütterung der Pfauen.

Die Römer brachten den Pfau in die Länder nördlich der Alpen, wo wir Darstellungen von ihm, beispielsweise auf Lampen der römisch-helvetischen Ansiedelung von Vindonissa, antreffen. Aus dem lateinischen *pavo* wurde das französische *paon* und das deutsche Pfau. Doch wird seine Zucht erst im Mittelalter von Italien her nach Deutschland gedrungen sein. Hier diente er ebenfalls als Prunkvogel, und mit seinen schönen Federn zierten sich Ritter und vornehme Frauen, indem sie dieselben auf ihren Kopfbedeckungen und als Garnituren um den Hals anbrachten. Auch noch im Mittelalter pflegte man bei feierlichen Essen einen gebratenen Pfau im Schmuck seines nachträglich wieder auf ihn gesteckten Gefieders auf den Tisch zu bringen. Gewöhnlich trug ihn die Dame des Hauses selbst unter Trompetenschall auf silberner oder vergoldeter Schüssel und der Herr zerlegte ihn, wie dies im Lanzelot König Artus seinen um die Tafel versammelten Rittern tut. Erst zur Zeit der Renaissance kam dieser Gebrauch allmählich ab, und später wurde der Pfau durch den Truthahn verdrängt, der ein schmackhafteres Fleisch besitzt. Daß das Pfauenfleisch bereits in der späteren Römerzeit von seinem Nimbus eingebüßt hatte, beweist die Behauptung des heiligen Augustinus, daß es kaum verweslich sei. Er erzählt, er habe selbst einen Versuch damit angestellt und nach 30 Tagen sei das Fleisch noch unverwest gewesen, ja es sei ein Jahr lang so aufbewahrt worden. Im 11. Jahrhundert meint dann die heilige Hildegard, Äbtissin vom Kloster Rupertsberg bei Bingen, wer einen gesunden Magen habe, der könne solches am Ende schon verdauen.

Heute wird der Pfau noch immer in herrschaftlichen Gärten als Ziervogel gehalten; doch tritt seine geringe Fruchtbarkeit seiner Ausbreitung hindernd in den Weg. Als Folge der Haustierhaltung hat sich auch bei ihm der Leucismus geltend gemacht; doch gibt es außer weißen auch dunklere Pfauenarten. Da er sehr selbständig ist, verwildert er leicht. So ist er namentlich auf Inseln, speziell in Westindien, verwildert. Dapper sagt in seiner 1671 in Amsterdam erschienenen Beschreibung Afrikas, daß die Könige von Kongo und Angola die Pfauen als Regal betrachteten und jeden, der auch nur eine Feder von ihnen stahl, mit dem Tode bestraften oder als Sklaven verkauften. Eine ähnliche Wertschätzung erfuhr der Vogel bei den Süd- und Ostasiaten. So ist der Thron des persischen Schahs wie derjenige des Kaisers von China über und über mit Pfauenfedern verziert. Mandarinen tragen am Knopfe ihrer Kopfbedeckung die Pfauenfeder als eine der höchsten Auszeichnungen, und in Kambodja bezeichnet die Pfauenfeder den Edelmann. Auch in der Kunst der Orientalen spielt die Pfauenfeder eine wichtige Rolle und hat vielfach in der Ornamentik Eingang gefunden, wie übrigens auch bei uns. In unsern Herrschaftsgärten trifft man heute den schönen, aber mit einer häßlichen Stimme begabten Vogel nur selten an; denn er ist gegenwärtig etwas aus der Mode gekommen.

Lange nicht so herrlich gefiedert, aber nützlicher als der Pfau ist der ihm sehr nahe verwandte Fasan (*Phasianus colchicus*), im Gegensatz zu den verschiedenen andern asiatischen Arten auch Edelfasan genannt. Er hat seinen Namen von der griechischen Bezeichnung *phasianós*, d. h. Vogel vom sagenberühmten Flusse Phasis in Kolchis, dem Lande der zauberkundigen Medeia, in welchem die Helden der Vorzeit unter Anführung des Jason auf dem schnellen Schiffe Argo das goldene Vließ holten. Von dort her erhielten ihn die Griechen, um ihn später unter demselben Namen an die Römer weiterzugeben. In Griechenland tritt er uns in einer Komödie des Aristophanes ums Jahr 420 v. Chr. zum erstenmal als kostbarer Luxusvogel entgegen, hat aber in der Folge bei ihnen als Nutztier keine bedeutende Rolle gespielt. Eine wichtigere Rolle spielte er bei den alten Römern, bei denen er nach Plinius in Gehegen in großer Zahl gezogen wurde, um bei den prunkvollen Gastmählern als kostbarer Leckerbissen zu dienen. Dazu mästete man ihn nach Palladius 30 Tage lang mit einem mit Öl angefeuchteten Brei aus Weizen- oder Gerstenmehl und sperrte ihn während dieser Zeit ein, damit er durch geringe Bewegungsmöglichkeit recht viel Fett ansetze.

Schon damals wurden die Fasaneneier mit Vorliebe von Haushühnern ausgebrütet, wie dies heute noch bei uns geschieht. Der Satiriker Martial erwähnt den Fasan als Leckerbissen der Vornehmen, und Älius Lampridius sagt in seiner Biographie des Kaisers Heliogabalus, dieser habe an jedem Tage eine bestimmte Speise genossen, so einmal nur Fasanen oder junge Hähne, oder nur eine Fischart, oder nur Schweine- oder Straußenbraten, oder nur eine Obstart oder eine Kuchensorte oder nur Milchspeisen. Zur Zeit der Völkerwanderung erhielt sich der geschätzte Vogel in den Villen der Römer, wo ihn die Germanen kennen lernten. In der Folge wurde er von manchen Fürsten, so von Karl dem Großen, dann auch von einigen der reicheren Klöster als Luxusvogel übernommen. So kam er nach den Benediktionen des Mönches Ekkehard bisweilen auf die Tafel der St. Galler Mönche. Im Jahre 1130 sollen ihn die Cluniacenser in Frankreich gehalten haben; 1299 wird er in England erwähnt. 1333 gab es Gehege von ihm in Hessen und anderwärts in Süddeutschland; doch war er damals noch recht selten. Erst von der Mitte des 16. Jahrhunderts an erlaubte die zunehmende Territorialhoheit den Fürsten, die Fasanen im freien Walde so zu schützen, daß man sie aus den Gehegen entlassen konnte. Mit dem zunehmenden Prunke der Fürstenhöfe wurde dieser Vogel immer häufiger gehalten, bis zur Zeit Ludwigs XIV. jeder kleine Hof seine Fasanerie haben zu müssen glaubte. Hatte der Sonnenkönig die kleine Insel Pourquerolles an der Küste der Provence zum Fasanengehege bestimmt, so machte der 1759 auf den spanischen Thron erhobene König Karl II. von Neapel aus der ganzen Insel Procida einen Fasanenbezirk, in welchem die Haltung von Katzen strengstens verboten war. Erst als sich daraufhin die Mäuse und Ratten so sehr vermehrten, daß die Kinder in der Wiege vor ihnen nicht mehr sicher waren, hob der König dieses Verbot wieder auf. Sein Nachfolger, Ferdinand IV. (1758–1832), erging sich gern auf der Fasanenjagd. Er war ein so ausgezeichneter Schütze, daß er auch ohne Repetiergewehr in einer Stunde bis 300 Fasanen erlegt haben soll.

Während der Fasan in Süddeutschland und Österreich in der Folge vollkommen verwilderte, wird er in Norddeutschland halbzahm in Gehegen gehalten. Auch in Südrußland lebt er häufig wild, schon seltener dagegen in Italien und sehr selten in Spanien; auch in Griechenland, wo er früher gemein war, geht er seiner Ausrottung entgegen. Seine ursprüngliche Heimat waren die Küstenländer des Kaspischen Meeres und Westasien, während der Königs- und Goldfasan in China und der der Lady Amherst, die ihn zuerst nach Europa brachte, zu Ehren benannte Amherstfasan in der Mongolei und in Transbaikalien beheimatet ist. In Südchina und dem Hochlande von Tibet ist der Diamantfasan zu Hause, ebenso in Südchina der Silberfasan, der im 17. Jahrhundert zum erstenmal lebend nach Europa gelangte. Wie der Goldfasan, der Kinki, d. h. das Goldhuhn der Chinesen, wird auch der Silberfasan sehr häufig in China und Japan zahm gehalten. Auch bei uns gedeihen beide bei einfacher Pflege ausgezeichnet, sind aber wegen ihrer auffallenden Färbung wenig dazu geeignet, in unsern Waldungen ausgesetzt zu werden, da die bunte Tracht der Männchen sie dem Raubzeuge mehr aussetzt, als das weit bescheidenere Kleid des westasiatischen Edelfasans.

Alle Fasanen meiden geschlossenen Hochwald und bevorzugen von Fruchtfeldern oder Wiesen umgebene Haine oder Buschwerk, in welchem sie Schutz finden können. Während des ganzen Tages treiben sie sich auf dem Boden umher, schleichen nahrungsuchend von einem Busch zum andern und suchen sich erst mit Einbruch der Nacht einen geeigneten Baum zum Schlafen auf. Ihre Intelligenz ist eine geringe und sie sind leicht aus der Fassung zu bringen, so daß sie häufig ihrer Dummheit zum Opfer fallen. Diese ihre geistige Beschränktheit tut ihrer Vermehrung und Ausbreitung erheblichen Abbruch. Gegen Artgenossen zeigen sie sich wenig liebenswürdig; sie sind vielmehr ungesellig und unverträglich. Zwei Hähne kämpfen, sowie sie zusammenkommen, mit Erbitterung, bis die Federn davonfliegen und Blut fließt; ja der eine bringt den andern um, wenn er dazu imstande ist.

Die Ende März einsetzende Paarungszeit macht den sonst schweigsamen Vogel ein häßliches Gekrähe ausstoßen, mit dem er laut etwaige Nebenbuhler herausfordert. Nach der Paarung sucht sich die Henne ein stilles Plätzchen unter dichtem Gebüsch auf, wo sie in eine mit dürren Blättern belegte, von ihr ausgekratzte seichte Vertiefung im Boden in Zwischenräumen von je zwei Tagen ihre 8–12 gelblich-graugrünen Eier legt und nach Vollendung des Geleges eifrig bebrütet. Sie sitzt so fest, daß sie den gefährlichsten Feind sehr nahe kommen läßt, bis sie sich zum Davonlaufen entschließt, nachdem sie das Gelege leicht mit Niststoffen bedeckt hat, um es unkenntlich zu machen. Nach 25–26 Tagen schlüpfen die Jungen aus, die bald von der Mutter zur Äsung vom Neste weggeführt werden und schon nach 12 Tagen so weit sind, daß sie ein wenig flattern können. Wenn sie dann Wachtelgröße erreicht haben, bäumen sie abends regelmäßig mit den Alten. Bis in den Herbst hinein halten sich die Jungen bei der Mutter auf, dann trennen sich zuerst die Hähne und gegen das Frühjahr hin auch die Hennen, die nunmehr fortpflanzungsfähig geworden sind, von ihr. Sie haben viele Feinde und unterliegen bei uns weit eher als alle ihre Verwandten Witterungseinflüssen. Die Fasanen lassen sich leicht untereinander und mit dem ihnen nahe verwandten Haushuhn kreuzen. Somit haben wir die Aussicht, durch kunstgemäße Bastardierung und Fortzucht der Bastarde noch eine ganze Reihe schöner Schmuckvögel aus dem Geschlecht der Fasanen zu erhalten, die dazu berufen sind, einmal unsere von Wildhühnern verödeten Landschaften zu beleben und den Augen erfreuliche Bilder zu spenden. Während der gemeine Fasan sich schon seit dem 14. Jahrhundert von den Rheinniederungen aus als Jagdwild über Süd- und Mitteldeutschland verbreitete, aber erst spät nach Norden gelangte — er wird in Preußen erst 1678 als Jagdwild erwähnt —, bürgerte sich der schöne Königsfasan erst neuerdings auf den Donauinseln bei Wien und in Frankreich ein.

Der prächtige Goldfasan ist vermutlich der sagenhafte Vogel Phoinix der alten Griechen; wenigstens paßt die zuerst von Herodot gegebene Beschreibung desselben am besten auf diesen Vogel, der wohl schon im frühen Altertum in einzelnen Exemplaren aus Ostasien durch Vermittlung indischer Schiffer an die Küsten des Roten Meeres und zu den Ägyptern gelangte. Nach Oppian sollte er in Indien leben und nie von Menschen verfolgt werden. Er lebe sehr lange, fühle er sich aber altersschwach, so baue er sich auf einer Felsenspitze aus dürrem Reisig einen Scheiterhaufen und lege sich darauf. Von der Sonne entzündet, verbrenne dann der Scheiterhaufen samt dem Vogel und statt des toten steige ein junger Phönix aus den Flammen hervor. Nach dem älteren Plinius soll der in Arabien lebende Phönix die Größe eines Adlers erreichen, am Halse mit Goldfarbe glänzen, übrigens purpurfarbig sein und im Schwanze himmelblaue und rosenrote Federn haben; sein Kopf soll oben mit einem Federbusch, unten mit Kammlappen geziert sein. Unter den Römern sei der Gelehrte Senator Manilius der erste gewesen, der genauere Nachrichten über diesen Vogel gab. Zur Zeit des Kaisers Claudius im Jahre 34 n. Chr. sei einer nach Rom gebracht und öffentlich dem Volke gezeigt worden; doch galt er nicht für echt, da er Gerste, Weizen und Brot fraß und eines gewöhnlichen Todes starb, ohne vorher sein berühmtes Nest gebaut zu haben. Der römische Geschichtschreiber Tacitus meldet, daß vor diesem einer zur Zeit des Sesostris (Senwosret III., 1887–1849 v. Chr., der das nördliche Nubien unterwarf und für sich die Stufenpyramide von Dahschûr erbaute), ein anderer zur Zeit des Amasis (Ahmose, 570 bis 526 v. Chr.), ein dritter zur Zeit des Ptolemäus III. (Euergetes, 247 bis 221 v. Chr.) nach der Sonnenstadt Heliopolis in Ägypten geflogen und jeweilen von einer Menge neugieriger

Vögel begleitet und bewundert worden sei. Jedenfalls sei es eine ausgemachte Sache, daß dieser Vogel sich bisweilen in Ägypten sehen lasse. Später schrieb dann der im 4. Jahrhundert n. Chr. lebende Lactantius ein eigenes Gedicht über den Phönix, dessen Gestalt zwischen Pfau und gemeinem Fasan in der Mitte stehe und dessen Gang leicht, rasch und voll königlichen Anstandes sei.

Unbekannt war den Alten selbstverständlich das erst nach der Entdeckung Amerikas durch spanische Vermittlung nach Europa gelangte Truthuhn oder der Puter (*Meleagris gallopavo*). Neben dem Kakao und der Cochenille verdanken wir den alten Mexikanern die Zähmung des dort und im Süden der Vereinigten Staaten einheimischen Truthuhns, das bei ihnen und den weiter südlich wohnenden Mayastämmen neben dem zahmen Hund die Hauptquelle für Fleischnahrung bildete. Das Truthuhn lebt heute noch, soweit es nicht in dichter besiedelten Gegenden ausgerottet wurde, in den Wäldern des südlichen Nordamerika. Einst war es besonders in den Staaten Ohio, Kentucky, Illinois, Arkansas und Alabama sehr häufig. Die beste Schilderung des freilebenden Tieres verdanken wir dem nordamerikanischen Ornithologen John James Audubon (1780–1851). Dieser schreibt von ihm, daß es zeitweilig in großen Gesellschaften lebe und unregelmäßige Wanderungen antrete, indem es tagsüber nahrungsuchend auf dem Boden fortlaufe, nachts aber auf hohen Bäumen raste. Gegen den Oktober hin, wenn noch wenige von den Baumsamen hinabgefallen seien, reisten die Truthühner dem Tieflande des Ohio und Mississippi zu, wo sie mehr Äsung fänden. In nahrungsreichen Gegenden pflegten sie sich in kleinere Gesellschaften zu zerteilen. Wenn sie sich, von der Wanderung ermattet, Bauernfarmen näherten, mischten sie sich gern unter den Hühnerstand. Im Frühjahre fände die Paarung statt, wobei die Männchen die uns allen bekannten Werbungstänze, von den schnell aufeinanderfolgenden rollenden Tönen begleitet, aufführten. Das Nest bestehe aus einer seichten, liederlich mit Federn ausgekleideten Vertiefung im Boden; das Gelege bestehe aus 15–20 auf dunkelrauchgelbem Grunde rotpunktierten Eiern, die von der Henne mit Ausdauer bebrütet würden. Falls diese das Nest verlasse, decke sie die Eier sorgsam mit trockenen Blättern zu, so daß es schwer sei, überhaupt ein Nest aufzufinden, wenn man nicht gerade die brütende Mutter davon aufscheuche. Zuweilen geschehe es, daß mehrere Hennen in ein gemeinsames Nest legten und es zusammen bebrüteten. Die Jungen seien schon nach 14 Tagen befähigt, mit den Alten abends aufzubäumen.

Der Truthahn wird besonders gern während der Balz, die er zuweilen auf Bäumen abhält, erlegt. Häufig werden die dummen Tiere in Fallen gefangen, in die man Mais als Lockspeise gestreut hat. Ihr Fleisch ist in ihrer Heimat sehr beliebt. Der erste Europäer, der das Truthuhn erwähnt, ist der Spanier Oviedo, der in seiner Geschichte Indiens schreibt: „In Neuspanien gibt es sehr große und schmackhafte Pfauen, von welchen viele nach den Inseln und die Provinz Castilia de Oro geschafft worden sind und daselbst in den Häusern der Christen ernährt werden. Die Hennen sehen unansehnlich aus, die Hähne aber sind schön, schlagen auch oft ein Rad, obgleich sie keinen so großen Schweif haben als die Pfauen in Spanien." Um 1523 soll der Erzbischof von San Domingo, Alessandro Geraldini, das erste Paar Truthühner nach Rom gesandt haben. Als „indische Hühner" haben sie sich in der Folge langsam verbreitet, waren aber 1557 noch so selten und kostbar, daß der Rat von Venedig bestimmte, auf welche Tafel sie kommen dürften und auf welche nicht. 1571 wurden sie nach Konrad von Heresbach in ziemlicher Zahl am Niederrhein gezogen. Schon 1560 hatte man bei einer großen Hochzeit zu Arnstadt 150 Stück; 1561 bezahlten die reichen Fugger in Augsburg zwei erwachsene Truthähne mit 31/2 Gulden und zwei junge Hähne mit 2 Gulden per Stück.

Nach England sollen die ersten Truthühner 1524, nach Deutschland 1534 gekommen sein. Gleichzeitig gelangten sie auch nach Frankreich. Nach Pennant soll 1585 der Truthahn urkundlich zuerst auf einem englischen Weihnachtstisch erschienen sein. In der Folge gewann er hier als beliebtester Weihnachtsbraten eine große Bedeutung. Merkwürdigerweise gab man ihm hier den Namen *turkey* im Sinne von „weither gebrachtes Huhn". Die Türken selbst, die das Truthuhn verhältnismäßig früh erhielten, nannten es „Frankenhuhn", weil sie es von den Franken, den Christen Europas, erhielten. Im Jahre 1625 wollte es in Kairo noch nicht gedeihen; jetzt hat es dort die Gans als Festbraten verdrängt. Es heißt hier Maltahuhn. Nach Persien brachte es der französische Reisende Tavernier. In Indien gedeiht es nicht recht und bleibt klein, ebenso auf Malakka und Java, wo es sich manchmal überhaupt nicht fortpflanzt. Um 1870 waren sie in Annam neu eingeführt. In China werden sie nur als Rarität gehalten und nicht benutzt. An der Küste von Oberguinea traf sie Bosmann 1705 auf den Gehöften der Europäer, doch sind sie nicht in den Besitzstand der Neger übergegangen. Die Indianer des nördlichen Südamerika dagegen hatten von den mittelamerikanischen Kulturvölkern, speziell dem Stamme der Mayas, das Truthuhn übernommen; so traf es 1860 der englische Naturforscher Bates im Besitze der Indianer am Amazonenstrom. Schon seit langer Zeit hatten diese allerlei einheimische Waldhühner, so den Hokko und die Penelope, in ihren Hütten gezähmt gehalten. Doch geschah dies nur zum Vergnügen, ohne irgend welchen Nutzen aus ihren Pfleglingen zu ziehen. Aber zur Fortpflanzung in der Gefangenschaft und zur eigentlichen Haustierschaft gelangten sie nie. Man kann daraus schließen, daß es keineswegs leicht ist, aus einem ohne Schwierigkeit zähmbaren und vielgehaltenen Tier ein Haustier zu machen.

Die in der Kultur hoch gestiegenen Azteken Mexikos und Mayastämme Yucatans hatten das Truthuhn jedenfalls schon lange vor der Einwanderung der Europäer gezähmt. Dies beweist, daß die ersten Spanier in deren Besitz schon durch fortgesetzte Inzucht zu Leucismus gelangte weiße Truthühner antrafen. Die europäischen Ansiedler Nordamerikas, die jedenfalls ihre Truthühner aus ihrer alten Heimat, besonders England, mitgebracht hatten, legten ihren Truthennen mit Vorliebe die Eier der wilden unter, um dann mit den Jungen der wilden Zucht das Blut ihrer zahmen aufzufrischen. Überhaupt scheint das Truthuhn verhältnismäßig leicht zähmbar zu sein und auch leicht zu verwildern. So ist es im vergangenen Jahrhundert mehrfach in englischen Parks verwildert, ebenso in Deutschland. Darwin fand nahezu verwilderte Truthühner am Parana in Südamerika. Vielleicht hat sich das Truthuhn mit dem Pfau, nicht aber mit dem Haushuhn gekreuzt, wie einzelne Berichte melden. Neuerdings sucht man es als Jagdvogel bei uns einzuführen, was wohl keine Schwierigkeiten haben wird, da es sich leicht akklimatisiert.

XVI. Gans, Ente und Schwan.

Die in den Haustierstand übergetretenen Schwimmvögel gehören alle der Familie der Zahnschnäbler oder Entenvögel an, die ebenso wie die bereits besprochenen Hühnervögel vielfach erhebliche Unterschiede in der Färbung des Gefieders beider Geschlechter erkennen lassen, besonders was die Wildenten betrifft. Ihre geistige Begabung wird vielfach zu niedrig angeschlagen, so daß die Bezeichnung „dumme Gans“ geradezu sprichwörtlich geworden ist. Jedenfalls ist sie durchschnittlich höher als bei den übrigen Schwimmvögeln. Nur die gezähmten Vertreter derselben haben durch jahrhundertlange Bevormundung durch den Menschen von der Intelligenz ihrer freien Ahnen erheblich eingebüßt. Allen Mitgliedern der Sippe ist große Geselligkeit und eine ausgesprochene Fürsorge für die Brut eigen. Soweit sie sich dem Menschen anschlossen, verlangen sie auch im Haustierstande die Nähe von Teichen oder langsam fließenden Wasserläufen, um sich darauf zu tummeln, zu baden und nach allerlei kleinem Getier und pflanzlichen Stoffen zu gründeln.

Bild 47. Jagd auf Wildenten und anderes Wassergeflügel mit dem Wurfstock (Bumerang). (Nach Wilkinson.)
Hinter dem Herrn steht dessen Gattin und davor das Töchterchen, das seinen Vater auf die Gans vor ihm aufmerksam macht. Zu oberst stürzt eine Wildgans, vom Wurfholz getroffen, herunter.

Von ihnen trat die Wildgans als die verhältnismäßig am leichtesten zähmbare zuerst in die Abhängigkeit des Menschen, und zwar begegnen wir ihr im wasserreichen Ägypten zuerst als Haustier. Dort hatte man schon sehr früh außer der Gans auch Reiher und Kraniche eingefangen und nach Stutzung der Flügel eingehegt in kleinen, von Hirten getriebenen Herden gehalten. Dann haben auch die Griechen und Römer der späteren Zeit nicht nur Kraniche gefangen, um sie als geschätzten Braten zu essen, sondern auch zuvor in besonderen Gehegen gemästet. So klagt Plutarch über die Grausamkeit mancher Leute, die den zum Mästen eingesperrten Kranichen und Schwänen die Augenlider zusammennähen. Schon Platon erwähnt Anstalten zum Füttern von Gänsen und Kranichen. Später berichtet der Römer Varro zu Ende der Republik, daß Sejus eine Villa besitze, auf der große Herden von Gänsen, Hühnern, Tauben, Kranichen, Pfauen, Siebenschläfern, Fischen, Wildschweinen und anderem Wild gehalten würden, wodurch er ein jährliches Einkommen von 50000 Sesterzien (= 7500 Mark) erziele. Noch lange erhielt sich in Italien die Vorliebe für Kranichbraten, zu dessen kunstgerechter Zubereitung der Feinschmecker Apicius die nötige Anweisung gab. Reiher wurden von den Römern der Kaiserzeit kaum gegessen, wohl aber Störche. So sagt Horaz in einer seiner Satiren, der Storch sei in seinem Neste sicher gewesen, bis man durch einen gewesenen Prätor erfuhr, daß er vortrefflich schmeckt. Nach Porphyrio war es Asinius Sempronius Rufus, der die Sitte einführte, junge Störche zu essen. Auch Flamingos waren bei den römischen Feinschmeckern beliebt. So berichtet Plinius, der Erzschwelger Apicius habe die Römer darauf aufmerksam gemacht, daß die dicke Zunge des Flamingo vortrefflich schmeckt. Martialis erwähnt sie als Leckerbissen für Leckermäuler, und Suetonius berichtet: „Kaiser Vitellius war im Essen ganz unmäßig und ließ, nebst anderen Leckerbissen, auch Flamingozungen auftischen." Nach Älius Lampridius ließ der schwelgerische Kaiser Heliogabalus bei seinen großen Schmausereien auch Gehirn von Flamingos auftragen.

Alle diese Wasservögel sind aber nie gezüchtet oder gar zu Haustieren erhoben worden. Nur die Gans wurde es, und zwar waren nach den auf uns gekommenen Darstellungen an den Wänden der altägyptischen Gräber diese Gänse im Alten Reich viel schlanker und zierlicher als die plumpen Gestalten unserer hochgezüchteten jetzigen Gänse. In einem altägyptischen Gau war der Erdgott Keb mit der ihm heiligen Gans über dem Kopfe dargestellt und wurde „der große Gackerer" genannt. Den alten Ägyptern war das Gänseei das Symbol des Welteies, aus dem die ganze Schöpfung hervorgegangen sein sollte. Die Eier des von ihnen gezähmten Tieres aßen sie wohl deshalb nicht, doch spielte der Braten von erlegten wilden, wie auch später von zahmen Gänsen eine bedeutende Rolle im Leben der Ägypter; denn unter den Opferspeisen, die den vornehmen Toten dargebracht wurden, steht solcher mit an erster Stelle.

Die Stammform dieser altägyptischen Gans war nun nicht diejenige unserer europäischen Gänse, von der alsbald die Rede sein wird, sondern die die afrikanischen Gewässer bewohnende, durch ihre auffallend schöne Zeichnung ausgezeichnete Nilgans (*Chenalopex aegyptiacus*). Sie besucht von Afrika und Syrien aus ziemlich regelmäßig Südeuropa, aber nur ausnahmsweise Deutschland. Sie vertritt die Gattung der Baumgänse und kennzeichnet sich durch ihre schlanke Gestalt, den dünnen Hals, großen Kopf, kurzen Schnabel, die hohen Füße, die breiten Flügel und das prachtvolle Gefieder. Kopfseiten und Vorderhals sind gelblichweiß und fein gesprenkelt; ein Fleck um das Auge, der Hinterhals und ein breiter Gürtel am Mittelhals sind rostbraun, das Gefieder der Oberseite grau und schwarz, das der Unterseite fahlgelb, weiß und schwarz quergewellt, die Mitte der Brust und des Bauches lichter, erstere durch einen großen, rundlichen, zimtbraunen Flecken geschmückt, die Steißfedern schön rostgelb, die Flügeldecken weiß, gegen die Spitze zu schwarz, prachtvoll metallisch schimmernd, die Schwingenspitzen und Steuerfedern glänzend schwarz.

Der schöne Vogel bewohnt ganz Afrika, besonders soweit es mit einem Waldsaum eingefaßte Ströme besitzt, da er am liebsten im Walde und auf Bäumen nistet. Im nördlichen Nilgebiet bilden Inseln und Sandbänke im Strom seinen bevorzugten Aufenthalt. Von ihnen aus fliegt er dann auf die Felder hinaus, um daselbst zu äsen. Er ist überaus vorsichtig, scheu und mißtrauisch, daneben aber auch streitsüchtig mit Geschlechtsgenossen.

Die Zähmung der einheimischen Nilgans wurde schon sehr früh von den alten Ägyptern bewerkstelligt, so daß sie zweifellos als der älteste im Niltal domestizierte Vogel anzusehen ist. Schon auf den Grabgemälden des Alten Reiches (2980–2475 v. Chr.) sehen wir Bäuerinnen Gänse dieser Art auf den Markt oder in den Tempel zum Opfer bringen. Auf anderen sehen wir, wie Nilgänse gestopft werden, um sie fett zu machen, oder wie an einem Bratspieß in glühender Asche Gänsebraten kunstgerecht hergestellt wird. Erst im Neuen Reich (1580–1205 v. Chr.) wird dazu ein über dem Feuer stehender Metallkessel verwendet, wobei der Küchenjunge zum Umwenden des Bratens sich einer großen zweizinkigen Gabel bedient. Wir sehen auch Geflügelhändler sie gerupft in ihrem Laden feilbieten, dessen Wand eine ganze Reihe dieser gemästeten Vögel birgt, die fein säuberlich ausgenommen waren und durch ihre appetitliche Auslage zum Kaufen einluden.

Bild 48. Geflügelladen im alten Ägypten mit teilweise gemästeten Gänsen. (Nach Wilkinson.)

Wie hoch die Zucht der Nilgans im Neuen Reiche Ägyptens entwickelt war, zeigt uns ein im Britischen Museum in London aufbewahrtes Gräberbild aus Theben, auf dem ganze Herden von Gänsen und ganze Körbe voll geschlachteter Leiber derselben einem hohen Beamten vorgeführt werden. Dabei werden die sich herandrängenden Gänsehirten von den Aufsehern zur Ruhe gewiesen. Auf diesem, wie auf den anderen altägyptischen Bildern, ist die Darstellung der Nilgans ungemein naturgetreu. Merkwürdigerweise ist diese Zucht, die über 2000 Jahre hindurch von der größten wirtschaftlichen Bedeutung für Ägypten war, späterhin spurlos verschwunden. Weder im Niltal noch sonstwo in Afrika läßt sich irgend welche Spur der Erhaltung dieser einstigen Gänsezucht nachweisen. In Europa wurde sie gelegentlich wieder aufzunehmen versucht; doch wurde die Nilgans nicht mehr in den Haustierstand erhoben, sondern sie wird nur gelegentlich als Ziervogel gehalten. Nach J. Geoffroy St. Hilaire ist 1839 in Frankreich die Aufzucht dieses Tieres mit gutem Erfolg gelungen. Die gezüchteten Exemplare nahmen nach und nach an Größe zu und die Befiederung wurde etwas heller. Gleichzeitig gelang es von 1844 an, die Brutzeit zweckmäßig zu verschieben, indem die Eiablage vom Ende Dezember oder Anfang Januar bis 1846 in den März und später in den April hinausgeschoben wurde. Leider wurde dieser vielversprechende Versuch nicht weitergeführt und die Zucht der Nilgans aufgegeben, bevor sie wiederum zum wirklichen Hausvogel, wie sie es einst im alten Ägypten gewesen, geworden war.

Bild 49. Gänsebraterei im alten Ägypten.
a) Zerkleinerte Gänse in einem Kessel, *d)* Sieden in einem Kessel, *f)* Braten von Gänsen am Spieß. (Nach Wilkinson.)

Außer der Nilgans scheinen die Ägypter noch drei andere Arten von Wildgänsen gezähmt und mit gestutzten Flügeln in Herden gehalten zu haben. Dies dürfen wir vor allem nach dem berühmten Wandgemälde des Alten Reiches, das unter dem Namen die „Gänse von Meidum" bekannt ist, schließen. Darauf sehen wir nach Gaillard und Lortet weidende Graugänse (*Anser cinereus*), dann Bläßgänse (*Anser albifrons*) und Rothalsgänse (*Branta ruficollis*). Immerhin war diese Zucht nur sehr vereinzelt und ohne volkswirtschaftliche Bedeutung, da sie sehr bald aufgegeben wurde.

Die Stammform unserer Hausgans ist nicht die afrikanische Nilgans, sondern die in Europa und Nordasien heimische, auf dem Rücken bräunlichgraue, auf der Unterseite gelblichgraue, spärlich und unregelmäßig gefleckte Grau- oder Märzgans (*Anser cinereus*). Sie gehört mehr den gemäßigten Gegenden als dem hohen Norden an und ist die einzige der bei uns vorkommenden Arten, die in Deutschland brütet. Hier erscheint sie schon Ende Februar oder Anfang März, also noch vor der eigentlichen Schneeschmelze in kleinen Gesellschaften, um, wie dies wenigstens früher der Fall war, an allen größeren stehenden Gewässern in schwer zugänglichem Schilfdickicht oder mit Gesträuchern und hohem Gras bewachsenen Inseln zu brüten und nach Beendigung der Mauser Ende Juli wieder nach Süden abzuziehen, wo sie den Winter verbringt. Treu halten die Familien zusammen. Die im Gegensatz zu den überaus schwerfällig gewordenen Hausgänsen viel rascher und zierlicher sich bewegenden, gut und ausdauernd fliegenden, gewandt schwimmenden und bei großer Gefahr in gewisse Tiefe tauchenden wilden Graugänse beweisen einen scharfen Verstand und zeigen sich sehr vorsichtig und mißtrauisch. Nur die Hausgänse erfreuen sich, als ob sie die nahe Verwandtschaft herausfühlten, ihrer Zuneigung, indem sie sich diesen auf den Weideplätzen oft nähern, ja einzeln sich nicht selten unter diese mischen. In die aus allerlei Stengeln und Halmen von Schilf, Rohr oder Binsen unordentlich und locker hergestellten und mit einer dicken Daunenlage ausgepolsterten Nester legen die jüngeren Weibchen 5–6, die älteren dagegen 7–14 durchaus denen der Hausgans gleichende, glattschalige, glanzlose, etwas grobkörnige Eier von grünlichweißer oder trübgelblicher Färbung. Am 28. Tage der Bebrütung entschlüpfen die Jungen, werden noch etwa einen Tag lang im Nest festgehalten, dann auf das Wasser geführt und zum Futtersuchen angeleitet. Später werden Wiesen und Felder zum Äsen aufgesucht. Abends kehrt alt und jung noch zum Nest zurück. Nach ungefähr zwei Wochen wird dieses für die inzwischen heranwachsenden Jungen zu klein und letztere nehmen bald hier, bald dort, dicht neben der Mutter hingekauert, ihre Schlafstelle ein.

Jung eingefangene Graugänse werden bald zahm, doch verleugnen sie, sobald sie erwachsen sind, so wenig als die von Hausgänsen erbrüteten und erzogenen Wildgänse, ihren Freiheitsdrang und Wandertrieb. Sie beginnen zu fliegen und ziehen, wenn man sie nicht gewaltsam zurückhält und ihnen die Flügel stutzt, im Herbst mit anderen Wildgänsen nach Süden. Zuweilen geschieht es, daß einzelne zurückkommen und das Gehöft, in welchem sie großgezogen wurden, wieder aufsuchen; aber sie gehören doch zu den Ausnahmen. Von vier im Hause erbrüteten und erwachsenen wilden Graugänsen, die Boie beobachtete, entzogen sich nach und nach drei der Obhut ihrer Pfleger; eine aber kehrte im nächsten Frühling und in der Folge noch 13 Jahre lang zu dem Gut zurück, auf welchem man sie aufgezogen hatte, bis sie endlich ausblieb, also wohl ihren Tod gefunden haben mußte. Sie stellte sich in den 13 Jahren nie früher als den 1. und nie später als den 4. April, also mehrere Wochen später als die übrigen Gänse ein, zeigte sich auf dem Hofe sehr zahm, außerhalb aber ebenso scheu als die wilden ihresgleichen, kam in den ersten Wochen nach ihrer Rückkunft gewöhnlich morgens und abends, um sich Futter zu holen, blieb auch wohl eine halbe bis eine ganze Stunde, flog dann jedoch immer wieder zurück, und zwar sofort dem nahen See zu, so daß man auf die Vermutung geriet, sie möge dort ihr Nest haben. Von der Zeit an, in welcher die wilden Gänse Junge auszubringen pflegen, blieb sie länger auf dem Hof, und später hielt sie sich beständig dort auf. Abends 10 Uhr erhob sie sich regelmäßig und flog stets in derselben Richtung davon, dem See zu.

Das Wildbret der alten Graugänse ist zwar hart und zähe, dasjenige der Jungen dagegen zart und außerordentlich schmackhaft. So ist es kein

Wunder, daß die Tiere von alters her vom Menschen erbeutet wurden, um als willkommene Nahrung zu dienen. Wie wir Überreste dieser Wildgänse unter den Speiseabfällen der frühneolithischen Kjökkenmöddings der Muschelesser Dänemarks antreffen, so begegnen wir ihnen, wenn auch allerdings selten, in denjenigen der Pfahlbauzeit. Doch gezähmt kannten die vorgeschichtlichen Europäer die Gans durchaus nicht, obwohl ihr gleichende Vögel nebst Rinderköpfen auf einem bei Frankfurt an der Oder gefundenen heiligen Wagen der Bronzezeit dargestellt sind. Letztere waren der Gottheit geweihte wilde Tiere. Im alten Babylonien finden wir Gewichte in Gestalt eines Schwimmvogels, der vermutlich ebenfalls eine Gans darstellt. In Indien, wo der Vogel Henza eine wichtige mythologische Rolle spielt, hat man mehrfach Gänsefiguren in Gräbern gefunden, so daß man annehmen darf, daß diesem Vogel in den religiösen Anschauungen der dortigen Bewohner eine gewisse Bedeutung zukam. In Birma sind nach Yule heute noch Gewichte in Gebrauch, von denen die Eingeborenen wissen, daß sie Gänse darstellen. Daraus schließt Eduard Hahn, daß die Gänsezucht im alten Babylonien wie in Ägypten in Blüte gestanden haben muß und von dort weiter östlich verbreitet wurde. Es ist dies wohl möglich, ja wahrscheinlich, weil dort viele Kanäle diesen Wasservögeln Gelegenheit zum Baden und Tauchen gewährten. Doch haben die solcher Wasseransammlungen entbehrenden Juden diesen Nutzvogel weder von dort noch von Ägypten her übernehmen können. In den heiligen Schriften der Juden wird die Gans nirgends erwähnt; erst seit dem Mittelalter ist bei den nach Europa gekommenen und hier häuslich niedergelassenen Juden der Genuß von Gänsefleisch und von Gänsefett zum Schmälzen des Rindfleisches, da ihr Gesetz die Verwendung von Rinderfett oder Butter zu letzterem verbietet, sehr beliebt geworden.

Dagegen hielten bereits die Griechen des homerischen Zeitalters zahme Gänse in kleinen Herden. Im Hofe des Königs Menalaos von Sparta, dem Bruder des mächtigen Herrschers des „goldreichen Mykene“, Agamemnon, gab es schon, wie uns im 15. Gesang der Odyssee berichtet wird, die „sehr große, gemästete, weiße Gans“, auf welche ein Raubvogel hinabstößt. Diese kennzeichnenden Beiwörter legen Zeugnis dafür ab, daß wir es hier mit einem sehr alten, schon längst in der menschlichen Zucht und Pflege befindlichen Tiere zu tun haben, bei dem sich der bei Haustieren so weit verbreitete Leucismus schon vollkommen ausgebildet hatte. Wahrscheinlich hatten die alten Griechen die weiße Hausgans von Norden her erhalten. Da die wilde Stammform in Südeuropa nicht brütet, sondern im Herbst mit bereits erwachsenen Jungen in das Gebiet des Mittelmeeres fliegt, so ist sie wohl in ihrem südlichsten Brutbezirk, in Mitteleuropa, irgendwo von vermutlich indogermanischen Stämmen in die Haustierschaft gebracht worden. Hier konnten leicht nach Tötung der Mutter erbeutete junge

Wildgänse in des Menschen Pflege herangezogen und später durch Brechen der Flügel vor dem Davonfliegen beim Größerwerden bewahrt werden.

Bei den Griechen galt die Gans für einen lieblichen Vogel, dessen Schönheit bewundert wurde und der zu Geschenken an geliebte Knaben und Mädchen diente. Als Ziervogel erscheint sie auch im 19. Gesang der Odyssee, wo von Penelope, der treuen, von Freiern viel umworbenen Gattin des Odysseus, als sie ihrem unbekannten, in Bettlergestalt ihr gegenübersitzenden Gemahl ihren Traum erzählt, gesagt wird, sie besitze — nicht draußen bei der Ökonomie, sondern bei der Wohnung — 20 Gänse, die anzusehen ihr Freude mache. Diese ausdrücklich hervorgehobene Zahl scheint offenbar einen nicht unbedeutenden Reichtum darzustellen. Nach späterer griechischer Vorstellung sind Gänse wachsame Hüterinnen des Hauses. So war auf dem Grabe einer guten Hausfrau unter andern Emblemen eine Gans abgebildet, um die Wachsamkeit der Verstorbenen hervorzuheben. In der bekannten Fabel des aus Kleinasien gebürtigen Äsopos ist von der Gans die Rede, die goldene Eier legt. Hier erscheint also dieses Tier genau in der Stellung wie bei uns das Huhn, in China aber die Ente, die dort zur Eierlegerin herangezüchtet wurde. Aristoteles berichtet von der Gans, daß sie 30 Tage brütet und der Gänserich ihr dabei nicht helfe. Sonst fließen die literarischen Quellen über dieses Tier bei den Griechen nur spärlich.

Sehr viel häufiger finden wir dagegen die Gans bei den Römern erwähnt, bei denen sie als Nutztier eine erhebliche Bedeutung besaß. Der römische Ackerbauschriftsteller Columella im 1. Jahrhundert n. Chr. schreibt von ihr in seinem Buche über Landwirtschaft: „Die Gans wird vom Landmann sehr gern gehegt und gepflegt, weil man sich mit ihr nicht viel Mühe zu geben braucht und weil sie sorgfältiger wacht als ein Hund; denn sie verrät durch ihr Geschrei den Spitzbuben ganz sicher, wie sie denn einmal durch ihre Wachsamkeit das Kapitol (vor dem Überfall durch die Gallier oder Kelten) gerettet hat. Zur Gänsezucht gehört übrigens Wasser und viel Gras; auf Saatfeldern darf sie nicht weiden, denn sie reißt da die zarten Pflänzchen ab. Sie liefert nicht bloß Junge, sondern auch Federn, die man jährlich zweimal, im Frühling und Herbst, ausrupfen kann. Auf drei Gänse hält man einen Gänserich. Gewöhnlich beschränkt man die Zahl der Gänse auf wenige. Will man aber ganze Herden davon halten, so muß man einen See oder Teich oder Fluß für sie haben. Man baut dann für sie allein einen Hof, umgibt ihn mit einer neun Fuß hohen Mauer, diese an der Innenseite mit einem Gang, der ein Dach hat und eine Wohnung für den Wärter enthält. Rings im Gange werden für einzelne Gänse steinerne Verschläge gebaut, wovon jeder drei Fuß im Geviert mißt und eine feste Türe hat.

Außer dem Wasser müssen die Gänse auch Wiesen haben, ferner müssen Äcker für sie bestimmt sein, welche mit Wicken, Klee, sogenanntem griechischem Heu (Bockshornklee), vorzüglich aber mit Salat und einer Art Zichorie, welche die Griechen *seris* nennen, besät sind; denn diese weichen Blätter fressen die Gänse besonders gern und sie bekommen den Jungen vortrefflich. Man hält womöglich nur weiße Gänse, da sie die besten sind. Das Brüten beginnt im Februar oder März. Läßt man eine Gans nicht brüten, so legt sie jährlich zu drei verschiedenen Zeiten Eier, erst fünf, dann vier, dann drei. Man läßt die Eier am liebsten von Haushühnern ausbrüten, auch die Jungen von diesen oder von den Gänsen selbst führen. Zur Legezeit muß man gut auf die Gänse aufpassen und diejenigen, bei welchen man das erste reife Ei fühlt, einsperren, bis sie gelegt haben. Hat man das beim ersten Ei getan, so sucht dann die Gans für jedes andere dasselbe Nest wieder auf. Einem Haushuhn darf man nur drei bis höchstens fünf Gänseeier unterlegen, der Gans selbst 7 bis 15. Unter das Neststroh muß man Nesseln mischen; dadurch beugt man vor, daß später die jungen Gänschen nicht sterben, wenn sie von Nesseln gestochen werden. Gewöhnlich kriechen die Gänschen am 30. Tage aus dem Ei, bei warmem Wetter auch früher. Wie bei andern jungen Tieren, so muß auch bei den Gänschen dafür gesorgt werden, daß sie keine Natter, keine Otter, keine Katze, kein Wiesel anhauchen kann, geschieht es doch, so sind die zarten Wesen unrettbar verloren." Selbstverständlich ist letzteres eine abergläubische Ansicht, wie solche bei den Römern wie bei den andern Völkern des Altertums sehr zahlreich verbreitet waren.

Es gab damals bei den Römern, wie uns der gelehrte Varro zu Ende der Republik berichtet, eigentliche Gänsezüchtereien, die man mit dem griechischen Worte *chēnoboskeion* bezeichnete. „Scipio Metellus und Marcus", fährt dieser Autor fort, „besitzen große Gänseherden. Sejus schaffte große und weiße an; er hoffte von ihnen eine ebensolche Nachkommenschaft zu ziehen. Es gibt auch eine bunte (graue) Gänserasse, die man die wilde nennt, die sich nicht gern mit zahmen zusammentut und nicht leicht zahm wird. Man füttert sie mit der speziell für sie angepflanzten *seris* oder mit Gerste oder anderem Getreide oder gemischtem Futter. Zur Mast nimmt man Junge von 4 bis 6 Monaten, sperrt sie in einen Verschlag, gibt ihnen eine mit Wasser naßgemachte Mischung von Gerstengraupen und Mehl, so daß sie sich täglich dreimal sättigen können, und nach dem Fressen reichlich zu saufen. Auf solche Weise müssen sie in drei Monaten fett sein. So oft sie gefressen haben, wird ihr Verschlag gereinigt; denn sie verlangen, daß er rein sei."

Schon bei den Feinschmeckern des alten Rom galt die Leber gemästeter Gänse als Leckerbissen. So schreibt der Dichter Horaz in einer seiner Satiren: „Um eine delikate, große Gänseleber auftischen zu können, werden die Tiere mit Feigen gemästet." Juvenal sagt: „Die Leber der Gans wird so groß wie die Gans selbst", und Martial ruft einmal aus: „Da, sieh, eine Gänseleber, die größer ist als eine große Gans! Woher stammt denn diese?" Der ältere Plinius bemerkt in seiner Naturgeschichte: „Die Römer sind pfiffiger (als die Griechen) und schätzen die Gänse weniger wegen ihrer Liebe zur Philosophie als wegen ihrer wohlschmeckenden Leber. Werden sie gemästet, so wird die Leber außerordentlich groß und nimmt an Umfang noch zu, wenn man sie in eine Mischung von Milch und Honig legt. Es ist eine wichtige Frage, wer zuerst diese köstliche Entdeckung gemacht hat, ob der Konsular Scipio Metellus oder dessen Zeitgenosse, der Ritter Marcus Sejus. Das ist dagegen unbestreitbar, daß Messalinus Cotta, Sohn des Redners Messala, die Erfindung gemacht hat, Gänsefüße zu rösten und nebst Hahnenkämmen einzumachen."

Im ersten Jahrhundert n. Chr. lernten die Römer noch ein weiteres neues Produkt durch die Germanen kennen, nämlich die Daunen als überaus weiches und angenehmes Polstermaterial. Die Kulturvölker des Mittelmeers hatten vorher augenscheinlich diese Verwendung noch nicht gekannt. Wollte man weich sitzen oder liegen, so mußte man eben mehrere Decken oder Felle aufeinander legen. Im verweichlichten Orient kamen dann Hasenhaare und Rebhuhnfedern als Polstermaterial für Kissen auf, und als der aus Syrien stammende Kaiser Heliogabalus diese morgenländische Sitte nach Rom verpflanzte, unterläßt es sein Biograph Lampridius nicht, diese luxuriöse Neuerung anzuführen. Da lehrten die Feldzüge nach Germanien, besonders am Niederrhein, die Römer die Gänsedaunen als ein ganz besonders feines Polstermaterial kennen, und sie benutzten sie als solches gern. Der vorhin erwähnte ältere Plinius schreibt in seiner Naturgeschichte: „Einen andern Vorteil (als die Leber) zieht man aus den Federn der weißen Gänse. An manchen Orten rupft man sie zweimal des Jahres und sie bekommen doch wieder neue Federn. Der weichste Flaum sitzt der Haut am nächsten, der beste aber kommt aus Germanien. Die dortigen Gänse sind weiß, klein, heißen *gant* (Gans) und das Pfund ihrer Federn kostet 5 Denare (= 3 Mark). Daher kommt es, daß die Offiziere der dort stehenden römischen Hilfstruppen so oft angeklagt werden, ganze Kohorten auf die Gänsejagd statt auf die Wache zu schicken. So sehr sind wir nun schon verweichlicht, daß sogar Männer kaum schlafen können, wenn ihr Kopf nicht auf einem Kissen aus Gänseflaum ruht." Bis auf den heutigen Tag ist ja das Schlafen in Federbetten eine mehr nordische Sitte geblieben, die den in einem wärmeren Klima lebenden Südländern nicht zusagte, sonst hätten die Römer am Ende auch diese Gewohnheit den Germanen am Niederrhein entlehnt.

Dagegen kannte das Altertum noch nicht den Gebrauch der Gänsefeder zum Schreiben, die bis zur Mitte des 19. Jahrhunderts in ganz Europa dazu üblich war. Es benutzte dafür das Schreibrohr, den *Kalamós* der Griechen, den die Römer als *calamus* übernahmen, der dann später als *Kelâm* zu den Arabern gelangte und von ihnen bis auf den heutigen Tag gebraucht wird. Erst der

Anonymus Valesii, zur Zeit des Ostgotenkönigs Theodorich, erwähnt als Schreibinstrument auch die *penna*, d. h. Feder, die mit Vorliebe von den Flügeln der Gans genommen wurde. Dann erwähnen Isidorus Hispalensis, der als Bischof von Sevilla in der ersten Hälfte des 7. Jahrhunderts n. Chr. lebte, ebenso der um 670 n. Chr. lebende Paulus von Ägina Gänsefedern zum Schreiben. Von da an war sie in ganz Europa bis in die Neuzeit im Gebrauche.

Wegen ihrer Wachsamkeit wurden im Altertum auf dem Kapitol neben Hunden auch Gänse gehalten. Letztere waren nach Livius und Diodorus Siculus der Juno geweiht und weckten die eingeschlafenen Schildwachen, als einst Gallier das Kapitol belagerten und heimlich bei Nacht am Felsen hinaufkletterten. Zum Dank für jene Rettung vor Überfall wurden nach Servius „jährlich am selbigen Tage mit Gold und Purpur geschmückte Gänse auf Sänften in Rom zur Schau herumgetragen, während die Hunde, die den Feind nicht verraten hatten, ans Kreuz geschlagen wurden". Nach Plinius war es die erste Sorge der Zensoren, einen Vertrag mit den Leuten zu schließen, welche die Fütterung der heiligen Gänse auf dem Kapitol übernehmen wollen. Derselbe Autor sagt dann auch: „Die Gans verliebt sich mitunter in Menschen; so ist der Knabe Ägius zu Olenus von einer solchen und von einer andern Glauce, die Spielerin der Kithara am Hofe des Königs Ptolemäus, geliebt worden. Die Gänse scheinen sogar für Weisheit empfänglich zu sein, denn es bezeugte eine dem Philosophen Lakydes eine solche Anhänglichkeit, daß sie ihn nirgends, weder auf der Straße, noch im Bade, weder bei Nacht, noch bei Tag verließ." Solche Beispiele ließen sich auch aus der Gegenwart in größerer Zahl anführen.

Bei den Kelten und Germanen war die Gans in einer kleineren, weniger hochgezüchteten Art schon vor ihrem Bekanntwerden mit der römischen Kultur vorhanden. Wir erwähnten vorhin den Passus bei Plinius, der von der Gesuchtheit der Daunen der germanischen Gänse als Polstermaterial für die Kopfkissen der Römer berichtet. So hat auch Gudrun in der Edda ihre Gänse auf dem Hof, und diese schrieen hell auf, als ihre Herrin am Leichnam Sigurds laut jammerte:

Und hell aufschrieen

Die zierlichen Vögel,

Im Hofe die Gänse,

Die Gudrun zog.

Nachdem sie im Herbste fett geworden waren, wurden sie, da man sie nicht vollzählig überwintern konnte, zum größten Teil geschlachtet und dem Gotte Thor zu Ehren gegessen. Als der heilige Martin den letzteren bei der Christianisierung der Germanen ablöste, verspeiste man sie dem letzteren zum Gedächtnis. Noch heute ist bei uns die Martinsgans in Ehren. In Norddeutschland wird die gerupfte und ausgenommene Gans wie das Schweinefleisch seit alter Zeit geräuchert, um sie so in den Winter hinein aufbewahren zu können.

Die Veränderungen, die unsere Hausgans gegenüber der Wildgans erlitt, sind eigentlich unbedeutend. Ihr Gang ist infolge des erhöhten Gewichtes schwerfälliger geworden und ihre Flugfähigkeit hat sich bedeutend vermindert, der Rumpf wurde etwas tiefer gestellt und der Schwanz kürzer als bei der Graugans. Auch die Färbung wurde bei den grau gebliebenen Schlägen einfacher in der Zeichnung. Eine solche graue Art von bedeutender Schwere ist die Toulouser Gans, die oben dunkelgrau und unten hellgrau ist, mit fleischfarbenem Schnabel. Eine kleine Varietät derselben mit struppigen, gekräuselten oder gelockten Federn, deren dünner Schaft eine zerschlissene Fahne besitzt, ist die Sebastopol- oder Struppgans. Die meisten europäischen Abarten besitzen als Folge des durch Domestikation weit gediehenen Leucismus ein rein weißes Gefieder, einen gelbroten Schnabel, hellblaue Iris und orangefarbene Füße, so die Emdener Gans und die durch ihre Größe ausgezeichnete pommersche Gans.

Mit den Europäern haben die Hausgänse sich auch in die von jenen kolonisierten Länder verbreitet, so besonders nach Nordamerika. Dieses Land hat aus seinem reichen Bestand von wilden Gänsen in der Folge ebenfalls eine zur Domestikation geliefert. Es ist dies die Kanadagans (*Anas canadensis*), deren von wild lebenden Tieren ausgenommene Eier mehrfach von Hausgänsen europäischen Ursprungs ausgebrütet wurden. So war es nicht schwer Zuchtmaterial von ihr zu erhalten. Doch gelang es nur, wenn diese Tiere ganz jung waren, sie untereinander fortzupflanzen. Für die Volkswirtschaft hat aber das Tier, das keine Vorzüge vor der Hausgans europäischen Ursprungs darbietet, durchaus keine Bedeutung erlangt und wird in seiner Heimat, wie auch bei uns, meist nur als Ziervogel auf größeren Teichen gehalten. Da niemand auf seine Fortpflanzung achtete, wird es immer wieder erloschen sein, um dann später gelegentlich neu aufzutauchen. So erwähnt es schon Willoughby 1676 als im Besitze König Jakobs I. befindlich. Bald danach berichtet Edwards, daß sich der Vogel in der Gefangenschaft fortgepflanzt habe. In neuerer Zeit scheint dies öfter vorzukommen. Doch ist dies alles aus obengenannten Gründen bedeutungslos geblieben. Der Vogel hat eben keinen praktischen Wert für die Züchter.

Ganz anders steht es mit der chinesischen Gans, die von der ostasiatischen wilden Höcker- oder Schwanengans (*Anas cycnoides*) abstammt, aber sich von ihr dadurch unterscheidet, daß ihr jede Spur eines Höckers an der Schnabelwurzel fehlt, den besonders das Männchen der wilden Art sehr ausgeprägt zeigt. Sonst ähnelt der wilde Vogel in der Färbung unserer

Märzgans. Der zahme Vogel zeigt aber meist die auch von der domestizierten Märzgans angenommene weiße Farbe; dabei weist das Männchen oft noch eine Art Kehlsack auf. Die chinesische Hausgans nimmt in ihrer Heimat China, weniger in Japan, ungefähr die Stellung der Hausgans bei uns ein. Hier geht, besonders im Süden, die Ente bedeutend an Wichtigkeit vor. Schon im 16. Jahrhundert wurde sie von den Portugiesen unter dem Namen spanische Gans oder — nach dem Wege über Afrika — Guineagans nach Europa gebracht. Doch hat sie hier nicht die Verbreitung gefunden, die sie verdient. Nur in Rußland, besonders im Süden, war sie schon im 18. Jahrhundert recht verbreitet. Sie war dahin auf dem Karawanenwege gelangt, wurde hier aber in der Folge stark mit der europäischen Hausgans gekreuzt, so daß die Vögel durchgängig gemischten Blutes sind. Hier benutzt man sie mit Vorliebe zu den Gänsekämpfen, die besonders dadurch possierlich werden, daß jedem der kämpfenden Männchen das Weibchen sekundiert. Neuerdings ist die chinesische Gans auch mit der kanadischen gekreuzt worden.

Viel später als die Erwerbung der Gans als Haustier erfolgte diejenige der Ente, die erst in historischer Zeit domestiziert wurde, und zwar wie die Gans sowohl in Europa, als auch in China in durchaus selbständiger Weise. Die alten Ägypter, Assyrer, Inder und homerischen Griechen besaßen sie so wenig als die älteren Römer. Erst vom Ende des 2. vorchristlichen Jahrhunderts an scheinen sie die Römer und dann auch die Griechen mit andern Schwimmvögeln zusammen in besonderen Teichen gehalten zu haben. So schreibt der römische Ackerbauschriftsteller Columella etwa um 60 n. Chr.: „Im Entenpark hält man Enten (*anas*), Knäkenten (*querquedula*), Kriekenten (*boscas*), Wasserhühner und ähnliche Wasservögel. Das Ganze umgibt man mit einer 15 Fuß hohen Mauer, deckt es mit einem weitmaschigen Netz (damit keiner der Insassen hinaus und kein Raubvogel hinein könne, sagt an einer ähnlichen Stelle Varro), gräbt in der Mitte einen Teich von zwei Fuß Tiefe, der immer frisches Wasser erhält und dessen Ufer allmählich abwärtsgehen und mit Mörtel ausgestrichen sind. Rings am Ufer hin ist der Boden des Teiches gepflastert, in der Mitte dagegen besteht er aus Erde und ist daselbst mit Wasserpflanzen besetzt, unter welchen sich die Vögel verbergen können. Der Platz außerhalb des Teiches ist mit Gras bewachsen. Zum Nisten sind am Fuße der Mauer je einen Fuß ins Geviert haltende Zellen aus Stein gebaut, die von Buchs- und Myrtenbäumchen beschattet werden. Das Futter wird in einen besonderen flachen Wasserkanal geworfen. Am liebsten fressen sie die Körner der verschiedenen Hirsearten, aber auch Gerste. Hat man Eicheln und Weintrester, so gibt man auch diese. Ebenso sind Abgänge von Fischen, Krebse und kleine Wassertiere dienlich. Das Eierlegen beginnt im März. Zu dieser Zeit wirft man Hälmchen hin, aus denen sie ihre Nester bauen. Übrigens verfahren manche Leute beim Anlegen eines Entenparks so: sie lassen an Sümpfen Eier von wilden Enten sammeln und diese von Haushühnern ausbrüten. Solche nisten dann leicht in der Gefangenschaft, alt eingefangene dagegen nicht gern." Dieses letztere Verfahren, die Eier wilder Enten zu sammeln und sie durch Haushühner ausbrüten zu lassen, beweist, daß damals die Domestikation dieses Vogels erst im Gange war; auch muß die Flugfähigkeit desselben noch nicht vermindert gewesen sein, daß man Netze über die Ententeiche spannte.

Tafel 51.

Schwan aus Daschur. Altägyptische Holzschnitzerei aus der Zeit der 12. Dynastie (2000–1788 v. Chr.).

Altägyptische Wildgänse. Wandmalerei in Meidum aus dem Anfang des Alten Reichs (3. bis 4. Dynastie, 2980–2750 v. Chr.).

Tafel 52.

(*Copyright by M. Koch, Berlin.*)

Rechts Männchen und links Weibchen der Stockente.

(*Copyright by M. Koch, Berlin.*)

Wilde Truthühner.

Wie die Gans muß auch die Ente irgendwo in Mitteleuropa von germanischen Stämmen in Pflege genommen worden sein; noch in späterer Zeit sagt der Bischof Isidor von Sevilla, daß die bevorzugte Zuchtrasse der Enten eine deutsche sei. Sie hieß althochdeutsch *anut*, angelsächsisch *ened*, altnordisch *önd*, lateinisch *anas*, *anatis*, griechisch *nĕssa* (wohl aus *nĕtia*), sanskrit *âti* (für *anti*). Diese gemeinsame indogermanische Bezeichnung bezieht sich natürlich auf die Wildente und nicht auf die gezähmte. Nur erstere war dem Urvolke vor seiner Zerstreuung bekannt. Die Wildente, welche die Stammform unserer Hausente bildet, ist die Stockente (*Anas boscas*), deren Verbreitungsgebiet ganz Europa und Nordafrika, dann Asien und Amerika bis Mexiko umfaßt. Vom Norden wandert sie im Herbst nach dem wärmeren Süden, bleibt aber schon in Süddeutschland oft auch im Winter innerhalb ihres Brutgebiets wohnen. Sie liebt als Aufenthaltsort schilf- oder riedbedeckte Seen und Teiche, in denen sie sich verbergen kann, nicht aber offene Gewässer. Ihre Lebensweise gleicht durchaus derjenigen ihrer Nachkommin, der Hausente, nur ist sie in allen ihren Bewegungen gewandter als diese. Zum Nestbau sucht sie eine ruhige, trockene Stelle unter Gebüsch oder andern Pflanzen aus und legt in das kunstlose Nest 8–16 längliche, hart- und glattschalige grauweiße Eier, die von denen der Hausente nicht unterschieden werden können. Die Jungen werden nach dem Ausschlüpfen noch einen Tag im Neste erwärmt und sodann dem Wasser zugeführt. Die ganze Pflege übernimmt die Mutter; der buntgefärbte Vater kümmert sich nicht mehr um sein Weibchen, sobald es zu brüten beginnt, sondern verläßt es, um mit seinesgleichen in Gesellschaften sich bald hier, bald dort umherzutreiben. Da das Wildbret der Stockente vorzüglich ist, wird von jeher eifrig auf sie Jagd gemacht. Und als man die in bezug auf Fleischmenge ausgiebigere Gans gezähmt hatte, lag es nahe, auch die Wildente aus junger Brut oder Hausgänsen unterlegten Eiern zu gewinnen.

Trotzdem die Ente kürzere Zeit Haustier ist als die Gans, haben sich von ihr mehr Varietäten gebildet, als von letzterer. Indessen betreffen die Abänderungen weniger die Körperform als die Färbung des Gefieders. Die Neigung zu Weiß- und Schwarzfärbung macht sich bei ihr stark geltend; doch kommen bei allen zahmen Entenvarietäten Individuen mit Wildentenfärbung vor. Der Stockente im Gefieder am ähnlichsten ist die namentlich in der Normandie rein fortgezüchtete Rouenente. Sie kommt auch in weißer Färbung vor und erreicht ein bedeutendes Gewicht. Rein weiß oder fahlgelb ist die durch eine Haube auf dem Kopfe ausgezeichnete Kaiserente, die bei guter Fütterung ein Gewicht von 3,5–4 *kg* erreicht. Rein weiß ist die Aelesburyente, die in großartigem Maßstabe in der englischen Grafschaft Buckingham gezüchtet wird und ihres schmackhaften Fleisches und der feinen Federn wegen auf dem Markt in London sehr gesucht ist. Weiß mit gelblichem Anflug ist die auch bei uns öfter gezüchtete Pekingente. Diese chinesische Hausente wurde selbständig in Ostasien von der dort heimischen Wildente gewonnen, und zwar scheint bei den Chinesen die Entenzucht weit älter als in Europa zu sein. Sie wird von ihnen an den Ufern der Flüsse, Kanäle und Stauseen seit alter Zeit in großem Maßstabe mit außerordentlicher Sorgfalt betrieben. Die überaus interessante Zucht, bei welcher gewöhnlich zehn Enten auf einen Enterich gehalten werden, wird größtenteils an Bord ausgedienter Schiffe geübt. Das ganze Schiff ist mit den

Käfigen der Enten besetzt, die im ganzen nur wenig Futter erhalten und deshalb wesentlich darauf angewiesen sind, ihre Nahrung im Wasser und an den Ufern zu suchen. Je nachdem nun die Nahrung reichlicher zu Gebote steht, wechselt der schwimmende Stall seinen Ankerplatz. Dabei wird bei den Pfleglingen strengste Disziplin geübt, indem beim abendlichen Gongsignal, das die Enten in ihre Ställe zurückruft, die zuerst heimkehrenden Enten Reis als Belohnung, die letzten dagegen Hiebe mit dem Bambusstab erhalten. Dabei haben die Chinesen zur Erleichterung ihrer Entenzucht selbständig eine Methode zur künstlichen Ausbrütung der Eier gefunden. Diese wird in besondern Anstalten in der Weise ausgeübt, daß man Spreu erwärmt und mit Enteneiern in große Korbe bringt, die auf Etagen gelegt und in besondern Räumen mit heißer Asche oder Kohlentöpfen erwärmt werden. Überall in Südchina wird dieses Brutgeschäft im großen betrieben und werden die herangezogenen Enten an Händler verkauft, welche oft Hunderte derselben in den vorgenannten Entenschiffen halten und die erwachsenen Vögel an Lebensmittelverkäufer absetzen. Sowohl die vornehmeren Chinesen, als auch die niedern Volksklassen konsumieren das Entenfleisch mit Vorliebe, sei es frisch, sei es eingesalzen oder an der Luft getrocknet. Mit letzterer Konservierungsmethode beschäftigen sich größere Etablissements, die die volkreichen Städte mit diesem beliebten Nahrungsmittel versorgen. Daneben werden auch sehr viel Enteneier, wie bei uns die Hühnereier, gegessen, meist aber erst, wenn sie durch längeres Liegen in Salzwasser innerlich ganz schwarz geworden sind und pikant schmecken. Tatsächlich sollen die so präparierten Enteneier auch für den europäischen Geschmack sehr angenehm sein. Auch die japanische Ente ist in hohem Maße auf Eierertrag gezüchtet worden und legt 80–90 Eier jährlich. Sie ist in der Färbung wildentenartig, gleicht der Rouenente und eignet sich auch wegen ihrer Größe und Widerstandsfähigkeit zur Zucht. Sie kam 1878 nach Europa.

Die in den Männchen prächtig geschmückte ostasiatische Mandarinenente (*Aix galericulata*) wird in China öfter gezähmt gehalten, ist aber dort noch nicht zum Haustier geworden. Bei uns ist sie mit andern buntgefärbten Arten eine Zierde der Zoologischen Gärten und wird so nach und nach völlig domestiziert werden. Dies ist auch mit der in den Männchen wunderschön gefärbten, über ganz Nordamerika verbreiteten Brautente (*Lampronessa sponsa*) der Fall, die sich auf unsern Weihern fest eingebürgert hat. Sie vereinigt in sich alle Eigenschaften, die einem Schwimmvogel unsere Zuneigung gewinnen können. An die Gefangenschaft gewöhnt sie sich schneller als irgend eine andere Ente; selbst die alt Eingefangenen lernen sich bald in die veränderten Verhältnisse fügen, in ihrem Wärter den wohlwollenden Pfleger erkennen, lassen sich bereits nach kurzer Haft herbeilocken und können eher als andere zum Aus- und Einfliegen gewöhnt werden, pflanzen sich auch regelmäßig in der Gefangenschaft fort, sobald ihnen nur eine passende Gelegenheit dazu geboten wird. Da ihr Wildbret vom September an bis zum Eintritt des Winters köstlich ist, wird ihr überall in ihrer Heimat nachgestellt und kommt sie dort zu Tausenden auf den Markt. Als Parkvogel verdient sie den Vorzug vor sämtlichen fremdländischen Verwandten nicht bloß deshalb, weil sie alle an Schönheit übertrifft, sondern auch, weil sie sich leichter als alle andern zur Fortpflanzung bringen läßt.

Im Gegensatz zu diesen ist eine andere amerikanische Ente schon seit längerer Zeit zum Haustier geworden. Es ist die südamerikanische Moschusente (*Cairma moschata*), die in wasserreichen Gebieten von Brasilien bis Paraguay stark verbreitet ist. Das Männchen ist oberseits bräunlichschwarz, Hals und Kopf dunkelgrün, Flügel und Schwanz metallischgrün, ein Teil der Flügeldeckfedern weiß. Um das Auge ist die Haut nackt und mit roten Warzen bedeckt. Das Weibchen ist ähnlich, aber weniger lebhaft gefärbt. Ihre Körpergröße ist sehr bedeutend, so daß ihre zahmen Abkömmlinge 70–85 *cm* lang werden und ein Körpergewicht von 5 *kg* erreichen. In ihrer Heimat wird die Moschusente ihres wohlschmeckenden Fleisches und der weichen Daunen wegen sehr geschätzt. Sie wird dort schon seit langem, noch vor der Entdeckung des Landes durch die Weißen, gezähmt gehalten. Sie war nach Garcilasso de la Vega bei den alten Peruanern unter dem Namen Nunjuma als Hausente bekannt und gibt beim Fressen einen eigentümlichen schmatzenden Ton von sich. Von den Peruanern hatten sie auch die nördlicher wohnenden Kulturvölker übernommen. So traf sie Kolumbus auf seiner zweiten Reise bei den Eingeborenen von Haiti an, darunter auch, zum Zeichen einer intensiven Domestikation, bereits weiße Exemplare. Heute ist die Färbung bei fast allen zahmen Moschusenten weiß geworden mit einem roten Warzenhof ums Auge, einem fleischroten Schnabel und orangegelben Füßen. Von Südamerika aus hat sie sich am Kongo, am Euphrat, in Indonesien und Europa eingebürgert, doch wird sie in letzterem Lande, wo sie „türkische Ente" heißt, nicht rein gezüchtet, sondern gewöhnlich zur Kreuzung mit größeren Hausenten verwendet. Die Bastarde erhalten die Mittelgröße zwischen beiden Eltern, wachsen sehr schnell und sind gut mastfähig. Entgegen früheren Annahmen sind sie fruchtbar, neigen aber zur Wildheit. Besonders empfohlen werden zur Kreuzung Rouen-, Peking- und Aylesburyenten. Da die Moschusente sich besonders für die Tropen eignet, hat sie für jene Gegenden eine große Zukunft. Bei den Malaien Südasiens ist bereits die chinesische Ente eingebürgert und wird vielfach in großen Herden gehalten, um als willkommene Abwechslung zum Schweinefleisch zu dienen. Als große *canne de la Guinée* erwähnt sie P. Belon bereits 1555 in seiner *Histoire des oiseaux*. Schon damals war sie in Frankreich nicht selten, muß also sehr früh durch die Spanier nach Europa gebracht worden sein. Hier wurde sie aber mehr als Zier- denn als Nutzgeflügel gehalten.

Von den Entenvögeln ist wenigstens als halbes Haustier noch der Schwan zu erwähnen. Der zahme Schwan unserer Weiher, der nur als Schmuckvogel gehalten wird, wobei ihm der Mensch bloß Gelegenheit zur Fortpflanzung bietet, ist der Höckerschwan (*Cycnus olor*), der noch in Norddeutschland, dann in Nordeuropa und Nordasien als wilder Vogel lebt. Er ist in beiden Geschlechtern rein weiß mit gestrecktem Leib und langem, schlankem Hals, mit rotem, an der Basis durch einen schwarzen Höcker ausgezeichnetem Schnabel. Das Weibchen ist etwas kleiner als das Männchen, die Jungen sind eigentlich graubraun gefärbt, können aber durch fortschreitenden Leucismus auch schon weiß erscheinen. Gedrungener als der Höckerschwan mit kürzerem, dickerem Hals und höckerlosem gelbem Schnabel ist der Singschwan (*Cycnus musicus*), während der ebenfalls in Europa und Nordasien lebende Zwergschwan (*Cycnus bewicki*) noch kleiner ist und einen dünnen Hals hat.

Erfreut der Höckerschwan durch die Zierlichkeit seiner Gestalt und die Anmut seiner Bewegungen, so hat der Singschwan durch seine laute, verhältnismäßig wohlklingende Stimme von jeher die Phantasie des Volkes beschäftigt, wenn er im Herbst nach Süden zum Überwintern und im Frühling nach Norden zur Fortpflanzung zog. Welche Rolle spielt nicht der Schwan in der Sage und im Märchen der Deutschen! Auch die alten Griechen, die ihn *kýknos*, und die Römer, die ihn nach jenen *cycnus* oder *olor* nannten, sprachen viel von ihm und alle ihre Dichter erwähnen rühmend seinen Gesang, wenn auch wohl meist nur vom Hörensagen. In Homers Ilias wird das in glänzender Rüstung zum Kampfe aufziehende Heer der Griechen mit den Scharen von Gänsen, Kranichen und langhalsigen Schwänen verglichen, „wenn diese mit lautem Geschrei sich auf den Wiesen am Flusse Kaystros (in Lydien, mündet bei Ephesus ins Meer) niederlassen." Der Schwan war dem Apollon heilig. So heißt es schon in einem altgriechischen, Homer zugeschriebenen Hymnus: „O Phöbus, dir singt der Schwan am Ufer des Flusses Peneios (in Thessalien) laut ein Loblied; Dir singe auch ich, der Sänger, indem ich meine Kithara anschlage, früh und spät ein preisendes Lied." Hesiod schildert, wie auf dem Schilde des Herakles der Okeanos abgebildet war, auf dessen Wogen lautsingende Schwäne schwammen, während unter ihnen die Fische spielten. In Äschylos' Agamemnon heißt es: „Der Schwan singt sein eigenes Leichenlied" und in Euripides' Elektra: „Der junge Singschwan ruft am Wasser des Flusses seinen in der Schlinge gefangenen sterbenden Vater." Bekannter ist die Stelle aus Platons Phädon, an der es heißt: „Als Sokrates zum Sterben kam, unterredete er sich mit seinen Schülern und sagte unter anderem: ‚Denkt ihr denn, daß ich den Tod zu fürchten habe? Denkt ihr, daß ich weniger vom künftigen Leben weiß als die Schwäne? Diese singen zwar oft, aber wenn sie fühlen, daß der Tod ihnen nahe ist, dann singen sie gerade am meisten, weil sie sich freuen, daß sie zu dem Gotte gehen, dessen Diener sie sind. Leute, die sich vor dem Sterben fürchten, legen freilich die Sache ganz falsch aus und behaupten, die Schwäne sängen vor ihrem Tode vor Jammer. Diese Leute sollten doch wissen, daß kein Vogel vor Jammer singt, z. B. wenn er hungert oder friert. Auch diejenigen stellen eine verkehrte Behauptung auf, welche sagen, die Nachtigall, die Schwalbe, der Wiedehopf sängen vor Jammer. Ich glaube jedoch, daß sie ebensowenig vor Jammer singen als die Schwäne. Die letzteren sind offenbar Propheten des Apollon, kennen im voraus das Glück, das ihnen in der Unterwelt zuteil wird und singen deswegen, ehe sie den Weg antreten, freudiger als zuvor. Ich denke nun, daß ich wie die Schwäne ein Priester des Gottes bin, und denke, daß ich von ihm die Wahrsagekunst so gut gelernt habe, als jene Vögel, und daß ich ebenso freudig als sie das Leben lassen muß.'"

Von diesem Volksglauben rührt die bei späteren griechischen und römischen Schriftstellern angetroffene, auch noch von uns sprichwörtlich gebrauchte Redensart vom „Schwanengesang" als der letzten Äußerung eines Menschen vor seinem Tode her, so bei Cicero, Ovid, Martial, Dio Chrysostomus und andern. Bei den Römern galt der Schwan als der Vogel der Liebesgöttin Venus, die auf einem von Schwänen gezogenen Wagen einherfahrend gedacht wurde, so bei Horaz, Silius Italicus, Statius und andern. Martial rät seiner Geliebten, sanft auf Schwanenflaum zu ruhen, wenn sie müde sei. Demnach wurde der Flaum auch dieses Tieres, wie derjenige der Gans, zur Polsterung von Kissen verwendet. Von Schwanenbraten spricht der alexandrinische Grieche Athenaios um 200 n. Chr. Allerdings mied man in der Regel das Fleisch dieses halb für heilig gehaltenen Vogels. So schreibt Plutarch: „Will man durchaus Fleisch des Schwanes essen, so mißhandle man wenigstens die Tiere nicht vorher, sondern töte sie mit Bedauern. Es gibt Leute, welche Kranichen und Schwänen die Augenlider zusammennähen und sie dann im Dunkeln mästen." In allen diesen Fällen ist stets von wilden Schwänen die Rede, da der Vogel im Altertum nirgends als Haustier gehalten wurde.

Auch im Mittelalter wurde der wilde Schwan häufig als Speise benutzt. Die heilige Hildegard im 12. Jahrhundert rühmt sein Fleisch als heilsam gegen den Aussatz. Man begann ihn damals auf Teichen in halber Freiheit zu halten; doch durften dies vielfach nur Könige und vornehme Leute tun, da solches damals zu den Regalien gehörte. Reste einer solchen Auffassung haben sich an manchen Orten bis in die Gegenwart erhalten; so sind sämtliche Schwäne auf der Themse wie auf der Havel und Spree königliches Eigentum. Im Mittelalter gehörte der Schwan, wie der Pfau, zu den feierlichen Schaugerichten der Prunktafel an Höfen. Außerdem muß ihm eine gewisse abergläubische Verehrung gezollt worden sein; so wissen wir, daß König Eduard I. von England 1307 „bei Gott und den Schwänen" schwur, er werde sich an seinem Erbfeinde Robert Bruce rächen.

Heute noch gilt ein Schwanenbraten als außerordentliche Delikatesse und wird in England, wo er am Königshofe ständiger Weihnachtsbraten ist, zu bedeutsamen Geschenken verwendet. So beschenkt der Herzog von Norfolk, der „erste Peer Englands“, seine besten Freunde damit. In der Hauptstadt seiner Grafschaft Norfolk, dem alten Bischofssitz Norwich, hat er nebst dem Bischof, dem Abt des St. Benethospitals und der Norwicher Schwanenkorporation das alleinige Recht, Schwäne auf den öffentlichen Gewässern zu halten. Jeder dieser Eigentümer hat eine besondere, sorgfältig gebuchte Hausmarke, die den Schwänen auf den Oberschnabel eingeschnitten wird. Der Schwan vermehrt sich dort gut und ist widerstandsfähig. Man hat ein Schwanenpaar beobachtet, das in fünf Jahren 85 Eier erzeugte und von diesen 82 Kücken durchbrachte. Das Aussuchen der zur Mast geeigneten Jungen wird von den Insassen des St. Benethospitals besorgt und man nimmt nur so viel Tiere, als von den Besitzern bestellt werden; denn diese haben für das Stück 1 Pfund Sterling (= 20 Mark) Mastgeld zu entrichten. Die jungen Tiere schmecken am besten gerade um die Zeit, wo sie fliegen können. In dieser Zeit werden sie geschlachtet, haben dann ein Lebendgewicht von wenigstens 16 *kg* und schmecken wirklich gut.

Wie wir den Höckerschwan, halten die Russen nach Pallas gern den Singschwan als Ziervogel auf ihren Teichen. Die Nordamerikaner haben den Schwan von Europa erhalten. Dagegen erhielten wir um die Mitte der 1850er Jahre vom Süden Südamerikas den Schwarzhalsschwan (*Cycnus nigricollis*), der sich wie der Singschwan benimmt, jedoch nur selten seine schwache Stimme erschallen läßt. Er hat sich mehrfach in unsern Tiergärten fortgepflanzt. Ebenso verhält es sich mit dem am ganzen Gefieder bis auf die weißen Hand- und einen Teil der Armschwingen bräunlichschwarzen Schwarz- oder Trauerschwan (*Cycnus atratus*), der in den 1820er Jahren zum erstenmal nach Europa, und zwar England, kam und sich dort auf dem Landgute Sir Herons auch fortpflanzte und im ganzen 45 Junge aufbrachte. Von jenen scheinen die meisten der in den Zoologischen Gärten und bei Privaten gehaltenen Exemplare abzustammen. Seit dem Jahre 1698 kennt man übrigens den Schwarzschwan, den auch Cook an der von ihm besuchten Küste Südaustraliens und Tasmaniens auf den Süßwasseransammlungen antraf. In den weniger besuchten Gegenden des Innern soll er, soweit dort Wasser anzutreffen ist, in großer Menge vorkommen. Für unsere Weiher eignet er sich so gut als die übrigen Schwäne. Die Strenge des nordischen Winters ficht ihn wenig an und seine Nahrungsansprüche sind bescheiden. In der Gefangenschaft pflanzt er sich regelmäßig fort. In seinem Benehmen mahnt er an die stummen Verwandten, doch ist er schreilustiger; besonders gegen die Paarungszeit hin läßt er seine trompetenartige, dumpfe Stimme oft vernehmen.

XVII. Die Taube.

Wie die verschiedenen einheimischen Entenvögel, so haben auch die verschiedenen einheimischen Wildtauben von jeher als Wildbret die Beachtung des Menschen gefunden. Unter ihnen ist die Felsentaube (*Columba livia*) die Stammform sämtlicher Haustauben. Sie hieß bei den alten Griechen *peleiás*, und der Pluralis *peleiádes* diente diesen zur Bezeichnung der Sternwolke des Siebengestirns, die ihnen wie ein Schwarm wilder Felsentauben vorkam. Daraus ist dann unsere Bezeichnung Pleiaden entstanden. Häufig spricht Homer von *peleiádes*, worunter er stets wilde Tauben versteht. Sie sind ihm das Sinnbild des Flüchtigen und Furchtsamen. So entzieht sich Artemis der Göttermutter Hera, die ihr den Köcher geraubt hat:

„Weinend aber entfloh sie zur Seite sofort, wie die Taube,

Die vom Habicht verfolgt in den Spalt des zerklüfteten Felsens

Schlüpft — nicht wars ihr beschieden des Räubers Beute zu werden."

Hektor flieht vor Achilleus wie die „scheue, flüchtige" Taube vor dem Falken:

„Wie im Gebirge der Falk, der geschwindeste unter den Vögeln,

Leicht im Schwunge des Flugs der schüchternen Taube sich nachstürzt.

Seitwärts flüchtet sie bang; dicht hinter ihr stürmt er beständig

Nach mit hellem Geschrei und brennt vor Begier sie zu fangen."

Auch im Sagenkreis der Argonauten erscheint die Taube als der schnellste Vogel. Das Schiff Argo war, wie der Name sagt, wunderbar schnell, und als es auf seiner Fahrt zwischen zwei zusammenschlagenden Felsen hindurchfahren sollte, sandten die Schiffer auf den Rat des greisen Sehers Phineas zuvor eine Taube aus; wenn diese unverletzt hindurchflog, hofften die Helden ebenfalls unversehrt durchzukommen. So verderblich seien diese Felsen, heißt es in der Odyssee, daß selbst die geschwinden Tauben ihnen nicht immer entgehen und Vater Zeus, dem sie Ambrosia bringen, die verlorenen durch andere ersetzen muß. Daß nun die Schiffer Tauben bei sich hatten, um sie von ihrem Schiffe aus fliegen zu lassen, beweist, daß man also schon im hohen Altertum solche gefangene und noch nicht gezähmte Tiere zur Bestimmung des nächstgelegenen Landes oder als Opfer mit sich nahm. Solches taten wie die Griechen so auch die Phönikier, wie wir u. a. auch aus der später zu würdigenden Tatsache von den weißen Tauben auf der Flotte der Perser unter Xerxes wissen, die nach deren Scheitern am Vorgebirge Athos freikamen und von den Anwohnern eingefangen wurden.

In der Ilias wird das böotische Thisbe und das lakedämonische Messe als taubenreich, wie bei Äschylos die Insel Salamis als taubennährend, bezeichnet. Bei den Spielen bei der Beerdigung seines Freundes Patroklos läßt Achilleus eine lebendige, an die Spitze des Mastbaums gebundene Taube als Ziel aufstellen. Nach diesem schießt zuerst der gefeierte Bogenschütze Teukros; da er aber vergessen hatte, dem Apollon sein Gelübde zu tun, trifft er nur die Schnur, und die nun befreite Taube strebt kreisend zum Himmel empor. Da ergreift Meriones schnell den Bogen, betet und holt den flüchtigen Vogel mit dem Pfeil aus der Höhe herunter.

Außer der Felsentaube *peleiás* unterschieden die alten Griechen von Wildtauben noch die Hohltaube *oinás*, die Ringeltaube *pháps* und die Turteltaube *trygṓn*, während sie die später erhaltene Haustaube als *peristerá* bezeichneten. Demgemäß nannten sie das Taubenhaus *peristereṓn* oder *peristerotropheíon*, wie uns der gelehrte Varro berichtet. Dieser Name der Haustaube tritt uns erst in der späteren attischen Sprache entgegen, während die Dorier fortfuhren, peleiás zu sagen. Wie kamen nun die Griechen zu diesem Haustier, das erst gegen das Ende des 5. vorchristlichen Jahrhunderts in Athen eine gewöhnliche Erscheinung wurde?

Die wilde Felsentaube ist in Westasien in Verbindung mit dem Kult der Liebesgöttin allmählich in die Abhängigkeit des Menschen geraten und zum Haustier erhoben worden. Bevor wir uns klar zu machen suchen, wo dies vermutlich geschah, wollen wir das freilebende Tier in seinen Lebensgewohnheiten kennen lernen. Die Felsentaube bewohnt die Felsküsten der Mittelmeerländer und ganz Westasien, von Kleinasien und Syrien bis Indien und China; sie geht tief nach Afrika hinein bis Abessinien und reicht östlich bis zu den Kapverdischen Inseln im Süden und Schottland im Norden. Auf diesem ungeheuren Gebiet hat sie als Ausdruck ihrer Anpassungsfähigkeit eine große Anzahl von Lokalformen gebildet, wodurch sich die Spaltung in zahlreiche Rassen nach ihrer Domestikation begreifen läßt. Überall in ihrem Verbreitungsgebiet ist sie Standvogel und nistet stets in dunkeln Felslöchern, niemals auf Bäumen, wie Hohl-, Ringel- und Turteltauben. In Färbung des Gefieders, Lebensweise und Betragen weicht die Felsentaube wenig von unserer primitiven Haustaube, der sogenannten Feldtaube, ab. Sie ist auf der Oberseite hell aschgrau, auf der Unterseite mohnblau, der Kopf hell schieferblau, der Hals bis zur Brust dunkel schieferfarben, oben hell blaugrün, unten purpurfarben schillernd. Die Lendengegend ist weiß; doch ist dieses Merkmal nicht so konstant wie die beiden ziemlich breiten schwarzen Querbinden auf den Flügeln. Die Flügel sind aschgrau, der Schwanz ist dunkel mohnblau, am Ende schwarz; die äußersten Federn desselben sind weiß. Das Auge ist schwefelgelb, der

Schnabel schwarz, an der Wurzel lichtblau, der Fuß dunkel blaurot. Die beiden Geschlechter sind in der Färbung wenig verschieden, die Jungen aber dunkler als die Alten.

Die Felsentaube ist gewandter, namentlich behender im Fluge als ihre domestizierten Abkömmlinge, die Feldtauben, und sehr menschenscheu. Sie geht nickend, fliegt klatschend ab, durchmißt mit pfeifendem Geräusch etwa 100 *km* in der Stunde, steigt gern empor und kreist oft längere Zeit in dicht geschlossenen Schwärmen; denn sie liebt die Geselligkeit im Gegensatz zu der nur in einzelnen Pärchen lebenden und nie sich zu größeren Schwärmen zusammenfindenden baumbewohnenden Ringel-, Hohl- und Turteltauben. Beim Nahrungsuchen läuft sie stundenlang auf dem Boden herum; beim Trinken watet sie bisweilen ein bischen ins Wasser hinein. Sie lebt von allerlei Sämereien und nistet dreimal im Jahre. Mit Beginn des Frühlings wirbt der Tauber sehr eifrig rucksend unter allerlei Bücklingen und Drehungen um ein Weibchen, dem er die größte Zärtlichkeit bekundet, während er gegen andere Genossen zänkisch und unverträglich ist. Erwidert sie seine Gefühle und ist damit die Ehe zustandegekommen, so sammelt er allerlei trockene Pflanzenstengel und dürre Halme, mit denen die Täubin das Nest baut, in das sie zwei glattschalige, rein weiße Eier legt. Beide Geschlechter brüten, die Täubin von 3 Uhr nachmittags bis 10 Uhr vormittags ununterbrochen, der Täuberich dagegen in den übrigen Stunden. Nachts schläft letzterer in der Nähe des Nestes, immer bereit, die Gattin zu beschützen, und duldet nicht einmal, daß sich ihr eine andere Taube nähert. Nach 16–18 Tagen schlüpfen die äußerst unbehilflichen, blinden Jungen aus, die in der ersten Zeit von beiden Eltern mit dem im Kropfe gebildeten Futterbrei ernährt werden, um dann später erweichte, endlich härtere Sämereien nebst Steinchen als Reibemittel für den muskulösen Kaumagen zu erhalten. Schon nach vier Wochen sind sie erwachsen, schwärmen mit den Alten aus, machen sich in wenigen Tagen selbständig, und die Eltern schreiten alsbald zur folgenden Brut. Jung aus dem Neste genommene Felsentauben benehmen sich ganz wie Feldtauben, befreunden sich mit dem Menschen, sind aber nicht so untertänig wie Haustauben.

Da es zahlreiche Rassen der Haustaube gibt, die im einzelnen sehr starke Abweichungen in der äußeren Erscheinung erkennen lassen, so war unter den Züchtern früher die Annahme allgemein verbreitet, daß mehrere wilde Stammarten angenommen werden müssen. Indessen haben die umfassenden Untersuchungen von Charles Darwin diese Frage endgiltig gelöst und festgestellt, daß sie alle von der Felsentaube abstammen, die schon im Freileben so veränderlich ist, daß man, wie gesagt, mehrere geographische Rassen von ihr unterscheidet. Er führt eine Reihe von Gründen an, die ausschlaggebend für die Abstammung aller unserer Taubenrassen von der Felsentaube sprechen. Wenn auch unsere Haustauben in Einzelehe leben, haben sie wie die wilde Stammart einen starken Hang zur sozialen Lebensweise, vermeiden es wie diese auf Bäume zu fliegen oder gar ihre Nester auf denselben anzulegen, sondern verlangen vielmehr für ihre Nistplätze halbdunkle, unzugängliche Orte. Alle Haustauben betragen sich wie die Felsentaube und legen wie diese je zwei Eier. Bei allen Rassen derselben treten gelegentlich mohnblau wie die Wildform gefärbte Individuen mit dem charakteristischen Metallschimmer am Halse und den schwarzen Flügelbinden auf. Darwin hat ausgedehnte Kreuzungsversuche bei verschiedenen Haustaubenrassen gemacht und dabei häufig bei den Nachkommen schwarze Flügelbinden auftreten sehen, auch wenn die Zuchttiere keine Spur davon erkennen ließen. Durch Kreuzung mancher Schläge, die durchaus kein Blau in ihrem Gefieder besaßen, erhielt er Nachkommen von blauer Färbung und Zeichnung, die als vollständige Rückschläge in die Felsentaube erschienen. Die Felsentaube kreuzt sich fruchtbar mit den Haustaubenschlägen und letztere kreuzen sich unter sich, was ebenfalls für die Felsentaube als gemeinsame Ausgangsform hindeutet. Schon bei den wilden Felsentauben tritt gelegentlich Leucismus auf, der dann bei manchen der vom Menschen gezüchteten Schläge überwiegt.

Dieses Auftreten der weißen Farbe hält Ed. Hahn für sehr wichtig, indem Tauben dadurch zuerst die Aufmerksamkeit, den Schutz und später die Pflege des Menschen erworben haben sollen. Er sagt in seinem Buch über die Haustiere und deren Beziehungen zum Menschen: „Bei keinem Tier ist es so deutlich, daß seine Einführung mit religiösen Momenten zusammenhängt, und bei keinem Tier lassen sich so leicht die ursprünglichen Bedingungen der Einführung feststellen. Grotten und Felshöhlen, aus denen vielleicht noch ein starker Quell entspringt, gehören zu den ursprünglichsten Heiligtümern; dies sind Stellen, die die Taube mit besonderer Vorliebe bewohnt, und so scheu sie sonst ist, oft mit merkwürdiger Nichtachtung des menschlichen Verkehrs auch trotz aller Störungen innebehält. Jede Gottheit nimmt die Tiere, die sich ihr freiwillig anvertrauen, in ihren Schutz. Fanden sich nun einmal unter den Tauben einige Albinos, so war die weiße, lichtglänzende Verkörperung der Gottheit von selbst gegeben, und daß die Taube mit ihrer äußerst verliebten Natur der Göttin der Liebe geweiht wurde, ist ebenso selbstverständlich. Ich glaube sogar sagen zu können, daß die Taubengestalt in so alter Zeit sich mit der Vorstellung, unter der man sich die Gottheit des weiblichen Prinzips verkörpert dachte, verband, daß sie von sehr bedeutendem Einfluß auf die Ausgestaltung dieses weiblichen Prinzips selbst gewesen ist; bekanntlich wurde Semiramis, die nur eine spezialisierte Form der großen Göttin darstellt, aus einem großen Ei am Ufer des Euphrat von den Tauben ausgebrütet (Diodor II, *c.* 4; später flog sie als Taube gen Himmel, *c.* 20). Schon in ältester Zeit hat die Taube sich als heiliger Vogel der Göttermutter durch den ganzen Orient verbreitet. Die Phönizier brachten sie so weit sie den Kult ihrer Götter trugen, z. B. nach dem Berge

Eryx in Sizilien, und mit der Leichtigkeit, mit der sich der heilige Vogel wieder an anderen Stellen festsetzte, gab er dann seinerseits Grund zu neuen Heiligtümern der Venus. An eine Benutzung des Vogels, etwa zur Speise, war in solchen Fällen natürlich nicht zu denken, stand er doch unter dem unmittelbaren Schutz der Göttin. Erst sehr viel später lernte man den Vogel auch als Braten schätzen; hier waren es wohl die Römer zuerst. Doch ging die Idee des Zusammenhangs des Vogels mit der Venus nicht gleich ganz verloren; das beweist uns Martial (der in einer seiner Xenien sagt: ‚Nicht soll diesen Vogel essen, wer geil zu sein begehrt‘).“

In der dargestellten Weise mag irgendwo in Westasien die wilde Felsentaube vor allem in gewissen albinotischen Individuen als heiliges Tier der großen Göttin der Liebe und Fruchtbarkeit unverletzlich erklärt und dann sogar in menschliche Pflege genommen worden sein, bis sie sich schließlich an ihre Beschützer gewöhnte und zum Haustier wurde. Und was zunächst nur einigen auserwählten Individuen zuteil wurde, das erstreckte sich später auf das ganze Geschlecht, so daß die Felsentaube überhaupt für ein unverletzliches, heiliges Tier galt. So war seit den ältesten geschichtlichen Zeiten die Felsentaube der großen Göttermutter und Göttin der Liebe und Fruchtbarkeit, Astarte, heilig und wurde überall in Vorderasien bei ihren Tempeln in größeren Scharen gehegt. Auch mag da und dort ein Taubenpärchen in den Höhlen, die als älteste Kultorte dienten, später auch an dunkeln Orten der Steintempel genistet und sich so an den Umgang mit dem Menschen gewöhnt haben. Dies gab vielleicht dem betreffenden Kultorte ein besonderes Ansehen, so daß dann künstlich von den Priestern Tauben dort angesiedelt wurden, wodurch die Zähmung beschleunigt wurde.

Als der Grieche Xenophon im Jahre 400 v. Chr. im Heere des jüngeren Cyrus mit anderen griechischen Söldnern Syrien durchzog, fand er, daß die Einwohner die Fische und Tauben als göttliche Wesen verehrten und ihnen kein Leid anzutun wagten. Nach Pseudo-Lucian waren in Hierapolis oder Bambyce die Tauben so heilig, daß niemand eine derselben auch nur zu berühren wagte. Wenn dies jemandem wider Willen widerfuhr, dann trug er für den ganzen Tag den Fluch des Verbrechens; „daher leben auch,“ fügt der Verfasser hinzu, „die Tauben mit den Menschen ganz als Genossen, treten in deren Häuser ein und besetzen weit und breit den Erdboden.“ Ganz dasselbe berichtet der Jude Philo von Askalon, wo auch ein berühmter Tempel der Göttin Astarte — der *Aphrodite uraniē*. wie die Griechen sich ausdrückten — war. Er schreibt nämlich: „Ich fand dort eine unzählige Menge Tauben auf den Straßen und in jedem Hause, und als ich nach der Ursache fragte, erwiderte man mir, es bestehe ein altes religiöses Verbot, die Tauben zu fangen und zu profanen Zwecken zu verwenden. Dadurch ist das

Tier so zahm geworden, daß es nicht bloß unter dem Dache lebt, sondern ein Tischgenosse des Menschen ist und dreisten Mutwillen treibt."

Als der Dienst der semitischen Göttin Astarte durch die der Schiffahrt kundigen Vertreter dieses Stammes weiter westlich im Mittelmeer verbreitet wurde, zog selbstverständlich ihr heiliges Tier, die zahme Taube, mit und wurde an ihren Heiligtümern in halber Wildheit gehalten, wie dies heute noch überall im Orient auch unter den Mohammedanern der Fall ist. Allgemein bekannt sind die Tauben der Göttin in Paphos auf Zypern, die *paphiae columbae* der Römer, die im Tempel ein- und ausflogen, ja sich selbst auf das Bild der Göttin setzten. Von Zypern gelangte der Dienst dieser orientalischen Liebesgöttin schon vor der Mitte des zweiten vorchristlichen Jahrtausends zu den die Küsten des Ägäischen Meeres und die Inseln nebst Kreta bewohnenden Mykenäern. Dort sind ihre auf uns gekommenen Darstellungen stets von Tauben umgeben. So fand man im dritten Grabe der Burg von Mykenä zwei einst auf Kleider genähte Goldbleche mit dem Bildnis einer jedenfalls sie darstellenden weiblichen Gottheit, auf deren Haupt eine Taube sitzt. Im einen fliegt außerdem von jedem Arme eine Taube aus. Fünf andere Goldbleche aus dem 3. und 5. Grabe stellen ein von Tauben umgebenes Gebäude dar, das wohl an den Astarte-Aphroditetempel von Paphos erinnern soll. Dann sind auf einem elfenbeineren Spiegelgriff aus mykenischer Zeit zwei weibliche Gottheiten dargestellt, von denen jede eine Taube mit ausgebreiteten Flügeln und ausgestrecktem Hals auf dem einen Arm hält.

Zu Beginn des letzten vorchristlichen Jahrtausends waren es besonders die Phönikier, die zugleich mit ihrer Kolonisation den Astartekult und die damit zusammenhängende Pflege ihres heiligen Tieres verbreiteten. So brachten sie denselben u. a. auch nach ihrer Pflanzstadt Korinth. Allerdings ist später im Kulte der Aphrodite der Griechen zunächst vom heiligen Tiere ihrer phönikisch-semitischen Vertreterin keine Rede; es muß nicht direkt mit jenen von ihnen übernommen worden sein. Auch in den alten homerischen Hymnen auf sie finden sich die Tauben als ihr heilige Tiere nicht erwähnt. Es wird dort berichtet, wie die Göttin ihren duftenden Tempel auf der Insel Zypern betritt, wie sie von den Chariten mit dem unsterblichen Öle gesalbt, mit herrlichen Gewändern bekleidet und mit goldenem Geschmeide geschmückt wird und sich dann, Zypern verlassend, hoch durch die Wolken nach dem quellenreichen Ida schwingt.

Die älteste Erscheinung der Haustaube stammt, wie schon Darwin festzustellen vermochte, aus der Zeit der 5. ägyptischen Dynastie (2750 bis 2625 v. Chr.) zur Zeit des Alten Reiches. Damals wurde sie schon auf manchen Gehöften in Scharen gehalten und vom Menschen gefüttert. Im Alten Testament wird sie zur Zeit des Exils (586–536 v. Chr.) im Pseudo-Jesaias 60, 8 angeführt. Nach Ohnefalsch-Richter hat man auch, besonders auf Zypern, hoch ins letzte vorchristliche Jahrtausend hinaufreichende Abbildungen kleiner Tempel und Kapellen ausgegraben, die wie die heutigen Bauernwohnhäuser in Syrien und Ägypten als Taubenschläge eingerichtet sind. Alles dies beweist das hohe Alter der Taubenzucht in der Ostecke des Mittelmeers.

Von dorther gelangte die Haustaube jedenfalls schon vor dem 5. Jahrhundert v. Chr. zu den Griechen. Wenn nun der griechische Geschichtschreiber Charon von Lampsakos, der Vorgänger des Herodot, in seinen Persiká schreibt: „Zu der Zeit, da die persische Seemacht unter Mardonios (492 v. Chr.) — zwei Jahre vor der Schlacht bei Marathon — bei der Umschiffung des Vorgebirges Athos zugrunde ging, seien zuerst die weißen Tauben im Lande erschienen," so will er damit nicht sagen, wie die meisten Autoren schließen, damals sei die Haustaube überhaupt zum erstenmal nach Griechenland gekommen, sondern er meint damit offenbar nur Haustauben edler Rasse, die wir wohl mit dem Kulte der orientalischen Liebesgöttin in Verbindung setzen dürfen. Noch viel später lesen wir bei einigen griechischen Schriftstellern von der „weißen Taube Aphrodites". Es haben sich also beim Schiffbruche der persischen Flotte am Berge Athos zahme weiße Tauben des Astartedienstes aus den scheiternden Fahrzeugen ans Land gerettet und fielen den Einwohnern in die Hände, die diese auffallenden Gäste hegten und an ihre Landsleute weitergaben. Ein halbes Jahrhundert später war unter den Athenern, die mit Thrakien in lebhaftem politischem und Handelsverkehr standen, die zahme, — wohl vielfach weiße — Taube unter dem Namen peristerá, der vielleicht aus jener nördlichen Gegend stammt, ein verbreitetes Haustier, das gelegentlich, wie im Orient, zu schnellen Botschaften gebraucht wurde. So sandte der um diese Zeit lebende Äginet Taurosthenes seinem Vater durch eine Taube Botschaft von seinem Siege in Olympia, und diese soll noch an demselben Tage nach Ägina gelangt sein. Die wörtliche Schilderung dieses Vorgangs erzählt uns Älian folgendermaßen: „Als Taurosthenes von Ägina den Sieg zu Olympia errang, gelangte die Nachricht von seinem Glücke noch selbigen Tags an seinen Vater nach Ägina. Er hatte nämlich eine Taube mitgenommen, deren Junge noch im Nest saßen, und ließ sie, sowie er gesiegt hatte, mit einem angehängten roten Läppchen davonfliegen." Als der Aphrodite heilige Vögel wurden sie dieser Göttin als Weihgeschenke dargebracht, um ihre Tempel in halber Freiheit gehalten und dort regelmäßig gefüttert. Nach den Darstellungen auf Münzen muß besonders Sikyon eine Hauptstätte des Aphroditekultes, wie auch der Taubenzucht gewesen sein.

Nach Italien kam die Taube durch die Vermittlung der süditalischen Griechen, nachdem diese wohl durch den auf die Phönikier zurückgehenden Tempel von Eryx in Sizilien zuerst Bekanntschaft mit jenem heiligen Vogel gemacht hatten. Zog nun die dort verehrte Göttin Astarte an einem bestimmten Tage des Jahres nach Afrika fort, so sollten ihr nach Älian alle Tauben dorthin folgen. „Sind neun Tage verflossen, so sieht man, wie die Leute behaupten, eine wunderschöne purpurfarbige Taube von Libyen aus über das Meer nach Eryx fliegen und dieser folgt dann eine ganze Wolke gewöhnlicher Tauben. Ist der Zug angelangt, so wird (wie bei ihrem Auszug das Abschiedsfest) ein anderes Fest, das Rückkehrfest, gefeiert." In der Zeit zwischen beiden mochten wohl die Tempeltauben durch die Priester in ihren Kammern verschlossen gehalten werden. Den Vogel nannten die sizilischen Griechen, als sie ihn an jenem uralten phönikischen Heiligtum an der Nordwestspitze Siziliens kennen lernten, *kólymbos*, woraus dann die Römer *columbus* oder *columba* machten. In Italien wurde die zahme Taube dann allmählich bekannt und ihre Zucht in Angriff genommen. Der gelehrte Römer Varro zu Ende der Republik sagt, daß sie sonst ohne Unterschied mit *columba* Männchen und Weibchen der Haustaube bezeichnet hätten und erst später, da der Vogel bei ihnen gewöhnlich ward, *columbus* von *columba* (als Männchen und Weibchen) unterschieden. Er unterscheidet genau zwischen der Feldtaube — dem halbwilden Abkömmlinge der Felsentaube — und der zahmen Haustaube, und beschreibt Taubenhäuser, in denen bis 5000 Stück gehalten wurden. „Man pflegt zwei Arten von Tauben zu halten: die Feldtaube, welche andere auch Felsentaube nennen. Sie ist scheu, wohnt in den Türmen und andern hohen Teilen des Landhauses und fliegt von da nach Belieben auf das Feld, um sich ihr Futter selbst zu suchen. Dann Haustauben, die zutraulicher sind und sich mit dem zu Hause gereichten Futter begnügen. Diese sind meist weiß, während die Feldtauben nirgends weißes Gefieder haben. Es paaren sich auch beide Arten von Tauben miteinander, wodurch eine dritte Sorte entsteht. Das Taubenhaus hat eine gewölbte Decke, eine enge Tür und mit Netzwerk überzogene Fenster, durch welche Licht einfällt, aber weder eine Schlange noch sonstiges Ungeziefer eindringen kann. Die Innenwände macht man glatt, ebenso die Außenwände, damit weder Mäuse noch Eidechsen hinein können; denn die Tauben sind sehr furchtsamer Natur. Für jedes Paar wird eine besondere Zelle hergestellt, inwendig drei Spannen breit und lang mit einem zwei Spannen langen Brett am Eingang. Es muß reines Wasser ins Taubenhaus fließen, das zum Trinken und Baden dient; denn diese Vögel sind sehr reinlich. Auch muß der Taubenwärter das Haus in jedem Monat mehrmals fegen. Der Taubenmist ist von großem Wert für die Landwirtschaft und wird für den besten gehalten. Der Wärter muß auch die kranken Tauben kurieren, die gestorbenen beseitigen und die zum Verkaufe passenden jungen herausnehmen; dann muß er die Habichte wegfangen, indem er ein Tier, nach welchem dieser Raubvogel zu stoßen pflegt, anbindet und Leimruten so um dasselbe steckt, daß sie sich über ihm wölben.

Ihr Futter bekommen die Tauben in Trögen, welche im Innern des Taubenhauses an den Wänden stehen und von außen durch Röhren gefüllt werden. Sie fressen gern Hirse, Weizen, Gerste, Erbsen, Bohnen, Linsen. Kauft man Tauben, so müssen sie das richtige Alter haben und die Zahl der Männchen muß der der Weibchen gleich sein. Kein Tier übertrifft die Taube an Fruchtbarkeit. Innerhalb 40 Tagen legt, brütet und erzieht sie ihre Brut von jeweilen zwei Jungen, und das geht das ganze Jahr hindurch. Wer junge Tauben zum Verkaufe mästet, sperrt sie ab, sobald sie ganz befiedert sind, und stopft sie dann mit gekautem Weißbrot; diese Fütterung geschieht im Sommer täglich drei-, im Winter nur zweimal. Will man die Jungen im Neste von den Alten mästen lassen, so zerbricht man ihnen die Beine und gibt reichliches Futter. Das Paar alter, schöner Tauben kann in Rom gewöhnlich für 200 Sesterzien (= 30 Mark) verkauft werden; ein ganz ausgezeichnetes Paar kostet auch bis 1000 Sesterzien (= 150 Mark). Als neulich ein Kaufmann ein solches Paar vom Ritter Lucius Axius kaufen wollte, antwortete dieser, sie wären unter 400 Denaren (= 240 Mark) nicht feil."

Sehr ausführlich schildert der ältere Plinius in seiner Naturgeschichte die Haustaube und deren Lebensgewohnheiten. Am Schlusse seiner Ausführungen sagt er: „Es gibt viele, die vor lauter Taubenliebhaberei wie verrückt sind. Sie erbauen ihnen Türme auf ihren Dächern und wissen von einer jeden nachzuweisen, woher sie stammt und wie edel ihre Abkunft ist. Schon vor dem pompejanischen Bürgerkriege (49 und 48 v. Chr.) verkaufte der römische Ritter Lucius Axius einzelne Paare, wie Varro erzählt, für 400 Denare (= 240 Mark). In Kampanien sind sie vorzüglich groß, und dieses Land ist in dieser Hinsicht berühmt. Die Tauben sind auch schon in wichtigen Angelegenheiten als Botschafter gebraucht worden, wie denn z. B. Decimus Brutus, als er in Mutina (dem heutigen Modena) belagert wurde, ihnen Briefe an den Beinen befestigte und sie ins Lager der Konsuln schickte. Was konnte da dem Antonius sein Wall, seine Wachsamkeit, der durch Netze gesperrte Fluß helfen, da der Bote durch die Luft flog?" Übrigens sei hier bemerkt, daß man im Altertum gelegentlich auch Schwalben statt wie hier Haustauben zu raschen Überbringerinnen von Botschaften auf große Entfernungen benutzte. So schreibt der ältere Plinius in seiner Naturgeschichte: „Cäcinna, ein Ritter aus Volaterra, der zu öffentlichen Wettrennen bestimmte Wagen besaß, pflegte Schwalben mit nach Rom zu nehmen, bestrich sie, wenn er gesiegt hatte, mit der Farbe des Sieges (rot), ließ sie fliegen und sie überbrachten, indem sie ihrem Neste zueilten, bald seinen Freunden die Botschaft. Auch erzählt Fabius Pictor in seinen Jahrbüchern, daß man, als eine römische Besatzung von den Ligustinern belagert wurde, ihm eine von den Jungen genommene Schwalbe zuschickte, damit er ein Fädchen an ihre Füße binden und durch Knoten die Zahl der Tage angeben könne, nach deren Verlauf er zum Entsatze da sein würde. Die Besatzung sollte dann einen Ausfall machen."

Auch allerlei Aberglauben knüpfte sich bei den Römern an die Taube, wie an zahlreiche andere Vögel; so berichtet Dio Cassius: „Dem Macrinus wurde der Verlust der Schlacht und sein darauf erfolgender Tod dadurch prophezeit, daß, während sein erster Brief, worin er verkündete, Kaiser geworden zu sein, im Senat vorgelesen wurde, eine Taube sich auf seine Bildsäule, die in dem Versammlungssaale stand, niederließ." Als großer Tierfreund hat besonders der Vetter, Adoptivsohn und Nachfolger des Heliogabalus, einer der besten Fürsten seiner Zeit, Alexander Severus, der 222 14jährig die Regierung antrat, 231 siegreich gegen den Perserkönig Artaxerxes focht und 235 unweit von Mainz von aufrührerischen Soldaten ermordet wurde, große Geflügelhöfe und Tausende von Tauben gehalten. So berichtet der Geschichtschreiber Älius Lampridius von ihm: „Nach Heliogabals Tod übernahm ein herrlicher Mann, Alexander Severus, die Regierung des Römischen Reichs. Dieser duldete während der Mahlzeit die bei den Römern üblichen Unterhaltungen durchaus nicht, sondern hatte Spaß daran, wie kleine Hündchen und Kätzchen mit Spanferkelchen spielten und Vögel um ihn herumflogen. Überhaupt waren die Vögel seine Hauptfreude. Er hatte eigene Anstalten für Pfauen, Fasanen, Haushühner, Enten, Rebhühner, die größten aber für Tauben, deren er 20000 gehabt haben soll. Um nun dem Staate nicht durch die Fütterung der ungeheuren Menge von Geflügel lästig zu fallen, mußten seine Angestellten die Eier, die Küchlein, die jungen Tauben verkaufen und von dem daraus gelösten Gelde das Futter kaufen."

Aus diesen Stellen kann man entnehmen, wie populär auch bei den Römern der späteren Kaiserzeit die Taubenzucht war. Noch ums Jahr 400 n. Chr. spricht Palladius von Taubentürmen, die man auf dem Herrenhause baue und so einrichte, daß alle Nester inwendig seien. Dabei müßten alle Eingänge so klein sein, daß sich kein Raubvogel hineinwage. Dabei weiß er noch allerlei von uns allerdings sehr skeptisch aufgenommene Ratschläge zu erteilen, so sagt er: „Um die Tauben vor Wieseln zu sichern, wirft ein Mann ganz heimlich, ohne daß es jemand sieht, einen blattlosen Dornbusch oder einen Haufen altes Spartgras in das Taubenhaus. Um sie vor dem Tode zu schützen und damit sie nicht in andere Taubenschläge übersiedeln, hängt man in alle Eingänge etwas von dem Strick, mit dem ein Mensch gehängt wurde. Die Tauben bringen sogar noch fremde mit, wenn man sie fleißig mit Kümmel füttert." Heute rät man zu letzterem Zwecke Anisöl in die Taubenschläge zu bringen, für das die Tauben tatsächlich eine große Vorliebe hegen.

Auch bei den Römern, die als Realisten sich nicht scheuten, die Tauben trotz ihrer althergebrachten Heiligkeit zu verspeisen, waren sie der Liebesgöttin Venus geweiht. Man dachte sich ihren Wagen von weißen Tauben gezogen, wie schon die Griechen erzählten. Es sei hier nur an die Ode an Aphrodite erinnert, die die berühmteste Dichterin des Altertums, die aus vornehmem lesbischem Geschlechte stammende Sappho zu Beginn des 6. vorchristlichen Jahrhunderts verfaßte und die in Geibels Nachdichtung folgendermaßen beginnt:

„Die du thronst auf Blumen, o schaumgeborene,
Tochter Zeus, listsinnende, hör mich rufen,
Nicht in Schmerz und bitterer Qual, o Göttin,
Laß mich erliegen.

Sondern huldvoll neige dich mir, wenn jemals
Du mein Flehn willfährigen Ohrs vernommen,
Wenn du je, zur Hilfe bereit, des Vaters
Halle verlassen.

Raschen Flugs auf goldenem Wagen zog dich
Durch die Luft dein Taubengespann, und abwärts
Floß von ihm der Fittiche Schatten dunkelnd
Über den Erdgrund.

So dem Blitz gleich stiegst du herab und fragtest,
Sel'ge, mit unsterblichem Antlitz lächelnd:
‚Welch ein Gram verzehrt dir das Herz, warum doch
Riefst du mich, Sappho?'"

Wie bei den Griechen diente auch bei den ihnen so vieles entlehnenden Römern der Name Taube, wie Spätzchen und Häschen, als Kosewort; so heißt es bei Plautus u. a.: *mea columba*. Eine besondere Rolle spielte dann die Taube in der christlichen Kirche. Man findet sie in den ältesten christlichen Katakomben Roms häufig abgebildet. Als reiner, frommer Vogel diente sie früh als Ausdruck der neuen Religion und der damit verbundenen Seelenstimmung, und man glaubte, daß beim Tode des Gläubigen sich dessen Seele als Taube zum Himmel hinaufschwinge, wie einst in ihrer Gestalt der heilige Geist auf die Erde herniederkam. Als der Frankenkönig Chlodwig im Jahre 496 nach Besiegung der Alamannen mit 3000 Franken in Reims zum Christentum übertrat und sich taufen ließ, brachte eine Taube dem Bischof Remigius, wie Hinkmar im Leben des Heiligen erzählt, das

Ölfläschchen zu dessen Salbung vom Himmel herab. Seit der Zeit der Kirchenväter herrschte ein allgemeiner Glaube in der Christenheit, daß die Taube keine Galle habe und deshalb so sanft und ohne Falsch sei; daher kommt es, daß schon der St. Galler Mönch Ekkehard in seinen Benediktionen, den Tischgebeten, den heiligen Geist bittet, sein Tier, die „Taube ohne Galle" für das Verspeisen zu segnen. Gleicherweise preist Walter von der Vogelweide die schöne, sanfte Griechin Irene von Byzanz, die Gemahlin des am 21. Juni 1208 von Otto von Wittelsbach in Bamberg ermordeten deutschen Königs Philipp von Schwaben, als ein *rôs âne dorn, ein tûbe sunder gallen.*

Wie der Papst besonders verdienten Christen die goldene Tugendrose verschenkte, so verlieh er ihnen auch als Auszeichnung gelegentlich das Bild der Taube, das Symbol des heiligen Geistes. Den Germanen war einst, wie allen Indogermanen, die graue wilde Taube ein düsteres Geschick und den Tod ansagender Vogel. Nicht anders war es bei den Römern, bei denen, wie wir sahen, durch das Herbeifliegen einer Haustaube der bevorstehende Tod des Kaisers Macrinus angekündigt worden sein soll. Ihr trat nun, wie dem Heidentum das Christentum, die anmutige und zärtliche, zutraulich mit dem Menschen lebende und aus seiner Hand das Futter nehmende weiße, fremdländische Taube gegenüber, in deren Gestalt der heilige Geist auf die Erde gekommen sein sollte. Schon letztere Tatsache gab ihr einen Heiligenschein und machte sie in Anknüpfung an altorientalische Vorstellungen zu einem Gegenstand religiöser Verehrung. So werden in Moskau und den übrigen Städten des weiten Rußland Scharen von meist weißen Tauben von den Gläubigen unterhalten und ernährt, und einen der heiligen Vögel zu töten, zu rupfen und zu essen wäre eine große Sünde und würde dem Täter übel bekommen — ganz wie einst zur Zeit Xenophons und Philos in Hierapolis und Askalon. Noch heute wohnen auf den Kuppeln der Markuskirche und auf dem Dache des Dogenpalastes im halbgriechischen Venedig Schwärme von Tauben, die, von niemandem beunruhigt, auf dem Markusplatz ihr Wesen treiben und zur bestimmten Stunde auf öffentliche Kosten ihr Futter gestreut erhalten.

In den beiden letztgenannten Städten sind schon bedeutende orientalische Einflüsse bemerkbar. Im heutigen, mohammedanischen Morgenland hat die Taube durch die Jahrhunderte den Stempel der Heiligkeit bewahrt und wird als Gegenstand religiöser Verehrung in halbwildem Zustande um die Moscheen gehalten. Schon im frühen Altertum geschah dies, wie wir sahen, in den Tempeln der Liebesgöttin. Aber auch sonst stand die Taube in einem gewissen Verhältnisse zum Menschen. Wie in der Genesis erscheint im altbabylonischen Sintflutbericht die Taube (*samâmu-summatu*) neben dem Raben als Sendling Schamaschnapischtims, des babylonischen Noah, um das nächste Land auszukundschaften. Auf solche Weise haben auch die alten

Phönikier und Griechen, wenn sie sich ausnahmsweise einmal aus der Sehweite der Küste entfernten, durch das Aussenden von Tauben das nächste Land erkundet, wie dies die nordischen Wikinge mit gefangen gehaltenen Raben machten. Auch anderwärts wird die Taube in Keilinschriften erwähnt; so heißt es auf einer Tontafel medizinischen Inhalts: „Die Krankheit des Kopfes fliege davon, wie eine Taube in ihren Schlag."

Wie in Mesopotamien und Syrien wurde auch im alten Ägypten die Felsentaube als Haustier gehalten. Schon zur Zeit der ältesten Dynastien finden wir sie, wie erwähnt, unter dem Hausgeflügel abgebildet, doch trat ihre Zucht damals gegenüber derjenigen der dort einheimischen Nilgans stark zurück. So ist auf einem Grabe eine vom Menschen gefütterte Schar Tauben dargestellt. Auf einem andern heißt es zwar: „Die Taube holt sich Futter", während daneben steht: „Die Gans wird gefüttert" und „die Ente erhält zu Fressen." Mit dieser sich selbst das Futter holenden Taube ist sehr gut die Feldtaube charakterisiert, die heute noch im Niltale, wie im Morgenlande überhaupt, in halbwildem Zustande auf alten ruhigen Gebäuden, Tempeln und in für sie errichteten Türmen gehalten wird. Zum Nisten dienen ihr hoch übereinandergeschichtete eiförmige Töpfe, die mit Nilschlamm oder Mörtel miteinander verbunden wurden. Jeder Topf ist an dem nach außen gekehrten Ende etwas durchbrochen, um Luft und Licht durchzulassen. Der Eingang für die Taube befindet sich aber an der innern Seite. Von hier aus wird auch alljährlich der angesammelte Mist als das einzige von den Tieren Benutzte zusammengekratzt, um als wertvoller Dünger besonders für die Melonenkulturen verwendet zu werden. Dieser Taubendünger ist für den Orientalen deshalb so wertvoll, weil in dem holzarmen Lande der Mist der pflanzenfressenden Haustiere als Brennmaterial benutzt wird. Der verstorbene Ägyptologe Brugsch Pascha berichtet von seiner Reise nach Persien, daß die berühmten Melonen von Isfahan in Persien wesentlich dem reichlichen Taubendünger, den sie erhalten, ihre Vorzüglichkeit verdanken. Schon im Altertume gab es übrigens da, wo wir solchen noch heute begegnen, derartige Taubentürme. So werden sie schon im Alten Testament bei Pseudo-Jesaias 60, 8 erwähnt, der sagt: „Wer sind die, welche fliegen wie die Wolken und wie die Tauben in ihren Wohnkammern?" Auch auf der späteren Königsburg in Jerusalem, die im Jahre 70 n. Chr. im allgemeinen Brande unterging, waren nach Josephus „viele Türme mit zahmen Tauben."

Nach der Sage wurde die Taube für die Mohammedaner deshalb ein heiliger Vogel, weil eine solche, die sich durch seinen Eintritt in die Höhle, in der sie brütete, nicht stören ließ, den Propheten Mohammed auf seiner Flucht vor der Gefangennahme durch die ausgesandten Häscher schützte. Deshalb wird sie überall in der mohammedanischen Welt in halber Wildheit gehalten, ohne irgend welchen Nutzen aus ihr zu ziehen. Einzig ihr Mist wird, wie oben gesagt, als Düngmittel verwendet. Von den ebenfalls halbwilden, auf öffentliche Kosten oder von den Gläubigen ernährten Tauben des Kreml in Moskau und der Markuskirche in Venedig wird nicht einmal dieser verwendet. Ebenso ist es in den mohammedanischen Moscheen und in den siamesischen Pagoden. „Taube der Moschee“ zu heißen, ist ein lobendes Prädikat für einen frommen Moslem. In Indien und China hat sich ohne allen europäischen Einfluß schon in alter Zeit eine namhafte Taubenliebhaberei entwickelt, die früh zur Züchtung verschiedener Kulturrassen führte. So wird vom mächtigen Eroberer mohammedanischen Glaubens, dem Großmogul Akbar dem Großen, der von 1556 bis 1605 regierte, berichtet, daß er sich persönlich mit ihrer Zucht abgab und an seinem Hofe über 20000 Tauben hielt. Um seine Arten zu vermehren, ließ er sich von den Herrschern in Iran und Turan seltene Rassen senden. So besaß er schließlich bereits 17 verschiedene Taubenrassen. In Syrien soll es heute noch mehr Taubenfreunde und -Züchter geben als selbst in England, das in der Zucht dieses Haustieres Großes geleistet hat. Auch die Chinesen haben Freude an der Taube und halten sie gern. Dabei schützen sie ihre Taubenschwärme durch das Anbringen kleiner Pfeifen aus Bambus, die dann beim Fliegen durch schwirrende Töne die Raubvögel abhalten sollen. Dieser Gebrauch ist auch bei den Japanern üblich, die dieses Haustier, wie so vieles andere, von den Chinesen übernahmen.

Während auch die Ostasiaten als Feinschmecker junge Tauben gern essen, tun dies die christlichen Abessinier nicht aus religiöser Scheu, da die Taube als Sinnbild des heiligen Geistes bei ihnen als heiliges Tier gilt. Man findet sie deshalb in jenem Lande häufig in der noch dort geübten byzantinischen Kunst abgebildet. Die abessinischen Juden müssen für ihre vorgeschriebenen Opfer wilde Tauben fangen, wie das in der älteren Zeit im Judentum auch bei den Turteltauben der Fall war. Auch in den Haussaländern ist sie geschützt wie in allen dem Islam huldigenden Ländern. Durch die Araber wurde sie dann den Negern Ostafrikas gebracht, die sie teilweise willig annahmen. So werden sie in Unjamwesi in großen Schlägen aus Rindenschachteln gehalten, worunter auch viele weiße. Bis zum Jahre 1883 hatten sie sich bis in das Herz des schwarzen Kontinents, zum Flusse Lulua, verbreitet.

Mit den Europäern gelangte die Taube natürlich auch nach Amerika und Australien, wo sie vollständig eingebürgert wurde. An zahllosen Stellen ist die Taube verwildert und hat mehr oder weniger die Färbung ihrer wilden Vorfahren angenommen, so besonders in den Mittelmeerländern und auf vielen ozeanischen Inseln. Auf den Azoren flossen bei den verwilderten Tauben die weißen Flügelbinden zusammen. Das gab den Ornithologen Gelegenheit, eine neue Unterart aufzustellen, wie deren durch künstliche

Auslese und zielbewußte Zucht zahlreiche durch den Menschen willkürlich geschaffen wurden.

Schon im Altertum entstanden die Stammformen der meisten heutigen Taubenrassen im Morgenlande, um dann nach dem Abendlande verbreitet zu werden. So war schon im Mittelalter die Zahl der in Europa bekannten Taubenrassen beträchtlich. Man züchtete damals bereits in den Niederlanden eigene Rassen, zu denen durch die Einfuhr aus dem Orient stets neue hinzukamen. Von den Niederlanden, die im 15. Jahrhundert das kultivierteste Volk Mitteleuropas besaßen, verbreitete sich die Taubenzucht im 16. Jahrhundert über Deutschland, England, Frankreich und die diesen benachbarten Länder. Schon vor dem Jahre 1600 waren die Hauptrassen unserer Haustaube vorhanden; seither gingen einzelne wieder verloren, während andere eine Umbildung erfuhren. In seiner Ornithologie führt der Italiener Ulysses Aldrovandi die um 1600 in Europa gezüchteten Taubenrassen auf, die damals immer noch vorzugsweise in den Niederlanden gezüchtet wurden. Es gab dort besondere Vereine von Taubenzüchtern, die Anregungen in diesem Wirtschaftszweige zu geben bestrebt waren. Trotz der einheimischen Zucht hat aber die Einführung orientalischer Taubenrassen noch nicht aufgehört; denn wie früher ist noch immer das Morgenland das Hauptzuchtgebiet der Taube.

Von der in Westasien zuerst gezähmten Felsentaube sind so zahlreiche Rassen hervorgegangen, daß es schwer hält, sie alle einzureihen. Der wilden Stammform am nächsten stehen die im wesentlichen nur durch ihre Färbung und Zeichnung von ihr verschiedenen Feldtauben, deren Hauptverbreitungsgebiet das westliche Europa ist. Sie haben in ihrer Lebensweise eine gewisse Unabhängigkeit bewahrt, indem sie von ihrem Nistplatze aus aufs Feld fliegen, um ihr Futter selbst zu suchen. Nur im Winter werden sie gefüttert. In der Regel sind sie glattköpfig, d. h. ohne Haube, und ohne Federhosen an den Beinen. Als Nutzvögel stehen sie wegen ihrem Fleischwert obenan.

An die Feldtauben schließen sich die zahlreichen Spiel- oder Farbentauben an, die durch eigenartige Färbungen und Zeichnungen von konstantem Charakter ausgezeichnet sind. Die meisten von ihnen gehen wie die Feldtauben aufs Feld; doch ist ihre Abhängigkeit vom Menschen größer. Man unterscheidet bei ihnen Lerchen-, Star- und Storchtauben, Schwalben- und Gimpeltauben, Weißschwänze, Weißschläge, Farbenbrüster, Latztauben, Mohren- und andere Farbenköpfe. Die in mehreren Farbenvarietäten auftretende Eistaube besitzt ein wie bereift erscheinendes hell lichtblaues Gefieder. Die gelbliche bis bräunlichrote Mondtaube ist durch eine halbmondförmige Zeichnung auf der Brust charakterisiert. Nahe mit ihr verwandt ist die fahlgelbe Elbe oder Schweizertaube. Die Maskentaube ist ganz weiß mit dunklem Schwanz und halbmaskenartigem

Stirnfleck. Dabei ist der Kopf glatt oder mit Haube versehen, die Beine sind glatt oder befiedert.

Die Trommeltauben weichen im Äußeren nicht auffallend von den Feldtauben ab, sie zeichnen sich aber durch ihre Stimme aus, die kein abgesetztes Rucksen, wie die anderer Tauben, sondern ein fortgesetztes Fortrollen ist, wobei das stillsitzende Tier den Kropf etwas aufbläht und mit den Flügeln zittert. Manche Trommeltauben sind am Kopf mit einer Haube und an der Schnabelbasis mit einer Federnelke geziert. Die Füße sind glatt oder befiedert. Die Färbung ist sehr verschieden. Häufig erscheint die Zeichnung gescheckt, auch blau, wie bei der Altenburger Trommeltaube, die besonders in Sachsen sehr beliebt ist. Als der beste Trommler gilt die etwas schwerfällig gebaute russische Trommeltaube, die meist einfarbig schwarz mit stahlblauem, bronzeschimmerndem Halse ist und am großen Kopf Muschelhaube und Federnelke trägt, welch letztere Augen und Schnabel bedeckt.

Bei den Lockentauben erscheint das Gefieder gelockt oder struppig. Das Gefieder ist weich und flaumig und die Deckfedern sind nicht abgerundet, sondern in eine Spitze auslaufend, welche zu einer Locke umgebogen ist. Das Gefieder ist blau bis fahlrot; der Kopf bald glatt, bald mit Haube versehen und die Beine nackt oder befiedert. Am stärksten gelockt ist die österreichische Lockentaube. Weniger hoch sind die Locken bei der holländischen Lockentaube, die fast stets eine Muschelhaube besitzt.

Die Perückentauben sind Tauben mit kurzem, kleinem Kopf, flacher Stirn und eigentümlicher Perücke oder Kapuze, die in der Weise zustande kommt, daß die verlängerten Federn unten am Hals regelmäßig gescheitelt sind, so daß ein Teil die Schultern bedeckt, die Hauptmasse aber sich nach vorn und oben richtet, so daß sie den Kopf hinten vollständig umschließen. Diese Perücke ist eine übermäßige Weiterentwicklung der Kopfhaube, die wir bei vielen Formen antreffen. Sie sind teils einfarbig blau oder weiß, teils „gemöncht“, indem aus der roten, gelben oder schwarzen Grundfarbe der weiße Kopf hervorsticht. Flügel und Schwanz weisen ebenfalls weiße Federn auf. Im allgemeinen sind die Vertreter dieser Rasse durch die gesättigten Töne der Grundfarbe bemerkenswert. Das Wesen dieser Vögel ist auffallend ruhig; sie fliegen nur wenig umher.

Eine kleine, zierliche Rasse, die bei den Taubenliebhabern stark bevorzugt wird und ein sehr weites Verbreitungsgebiet besitzt, sind die Mövchen. Der kleine Kopf mit kurzem Schnabel ist bald glatt, bald behaubt. Vom Kinn verläuft ein faltiger Kehlsack gegen die Brust und der Vorderhals ist mit strahlig angeordneten, abstehenden Federn verziert. Von den zahlreichen Varietäten sind hervorzuheben: das deutsche Schildmövchen mit spitzer Haube, Schildzeichnung und etwas schleppenden Flügeln, dann die durch schöne Haltung, gewölbte Brust, hohe Beine und etwas aufgerichteten Schwanz ausgezeichneten italienischen Mövchen. Die milchblaue Varietät derselben gilt als besonders schön. Sehr geschätzt sind neben den ägyptischen auch die chinesischen Mövchen, die um die Mitte des 19. Jahrhunderts in Europa eingeführt wurden, deren eigentliche Heimat aber nicht sicher ermittelt werden konnte, jedenfalls aber irgendwo in Asien zu suchen ist. Hals und Brust tragen bei dieser Spielart eine sehr umfangreiche Federrosette; außerdem ist oben am Hals noch eine deutliche Krawatte, welche den Kopf umgibt. Die kurzschnäbligen und mit befiederten Füßen versehenen Satinetten oder Atlasmövchen besitzen eine weiße Grundfarbe mit braunroten, schwarz umsäumten Flügeldeckfedern. Sie gehören mit zu den schönsten Tauben und sollen aus dem Orient stammen.

Eine ebenfalls alte Rasse von offenbar ostasiatischer Abstammung sind die nach ihrem pfauenartig aufgerichteten Schwanz so genannten Pfauentauben, die schon vor dem Jahre 1600 in Indien gehalten wurden. Während normalerweise die Zahl der Schwanzfedern bei der Taube 12 beträgt, ist sie bei den heute noch in Asien gezüchteten Pfauentauben auf 14 bis 24, bei den in Europa gezüchteten jedoch auf 28 bis 40 gesteigert worden. Diese sind breit, am Bürzel in 2 bis 3 Reihen angeordnet und werden fächerförmig aufgerichtet getragen, während die Flügel hängen, so daß sie unter den Schwanz zu liegen kommen, ohne sich zu kreuzen. Der lange Hals ist gebogen, so daß der Kopf weit nach hinten zu liegen kommt. Das Gefieder ist verschieden gefärbt, häufig einfarbig blau, weiß oder schwarz.

Die auffallende Gestalt schätzt man an den Kropf- und Huhntauben. Die Kropftauben haben einen gestreckten Körper mit langen Federn meist auch an den Beinen und Füßen. Sie sind durch die Fähigkeit ausgezeichnet, den Schlund enorm aufzublasen und ihn beliebig lange in diesem Zustande erhalten zu können. Auch sie sind offenbar aus Asien zu uns gelangt, sind aber schon lange in Europa eingebürgert, da sie bereits Aldrovandi im Jahre 1600 erwähnt. Als Stammform der besonders in Zentraleuropa und in den Küstenländern der Nord- und Ostsee, nicht aber in den Mittelmeerländern stark verbreiteten Kropftauben gilt die deutsche Kropftaube, die eine bedeutende Körpergröße erlangt und deren Kropf beständig sehr stark aufgeblasen ist. Die hauptsächlich in der Normandie, dann auch im übrigen Nordfrankreich gehaltene französische Kropftaube hat einen fast kugeligen, vom Rumpf abgesetzten Kropf und lange Beine. Ihr Gefieder ist häufig einfarbig weiß, blau oder gelb, auch fahlrot mit braunen Binden. Dagegen niedriggestellt in den Beinen und überhaupt zwergartig ist die holländische Ballonkropftaube, deren Kopf wie bei den Pfauentauben zurückgebogen ist. Deren ballonartiger Kropf nimmt im aufgeblasenen Zustande die Hälfte der Taube ein. In der äußeren Haltung und Bewegung dem Huhn ähnlich, auch durch bedeutende Größe ausgezeichnet, sind die Huhntauben. Am gedrungenen, vorn gerundeten Rumpf mit kurzen Flügeln und kleinem, aufrecht getragenem Schwanz sitzt auf langem, kräftigem, gebogenem Hals der stets unbehaubte Kopf mit kurzem Schnabel. Ihr Steiß ist dicht mit Flaum besetzt. Diese Taubenart ist der Pfauentaube nahe verwandt und stammt vermutlich wie die letztere aus Ostasien. Eine typische Rasse ist die Maltesertaube, die in Vorderindien stark gezüchtet wird und dort heimisch ist, vermutlich aber über Malta zu uns gelangte. Ihre äußere Erscheinung ist etwas vierschrötig, die Brust voll und der sehr kurze Schwanz steil aufgerichtet. Ihr nahe verwandt ist der Epaulettenscheck, ebenfalls ein Produkt südasiatischer Zucht, das ziemlich früh nach Europa gelangte. In Italien wurde sie unter dem Namen Tronfo bekannt. Sie trägt meist dunkles Gefieder mit weißer Zeichnung an Kopf und Flügeln.

Ebenfalls südasiatischer Herkunft sind die Tümmler- oder Purzlertauben, so genannt, weil sie die seltsame Gewohnheit angenommen haben, sich während des Fluges durch die Luft rückwärts zu überschlagen. Daneben gibt es auch solche Typen, die auf dem Boden purzeln. Ein guter Tümmler überschlägt sich schon beim Aufsteigen und führt seine eigentümliche Bewegung in der Weise aus, daß er die Flügel über dem Rücken zusammenschlägt, sich rückwärts überwirft und dann mit einem kräftigen Flügelschlag wieder in die frühere Flugrichtung einlenkt. Auch beim Kreisen wird das Purzeln ausgeführt, doch zeigt der Vogel seine Kunst nur bei Wohlbefinden. In der Mauser oder in entkräftetem Zustande versagt er, ebenso an fremdem Ort, bis er sich genügend eingelebt hat. Ganz gute Vögel tümmeln zwei- bis dreimal in rascher Aufeinanderfolge. Meist sind die Tümmler von geringer Körpergröße mit kleinem, zierlichem Kopf und langem, mittellangem oder kurzem Kopf und befiederten oder glatten Füßen. Hinsichtlich der Zeichnung sind Weißschwanz-, Elster- und Scheckzeichnung häufiger als bei anderen Rassen. Von charakteristischen Tümmlern mögen die gehaubten Kalotten und Nönnchen, die preußischen Weißkopftümmler, die Kopenhagener Elstern, die englischen Baldheads, die kurzschnäbeligen Barttümmler und die Königsberger Mohrenkopftümmler hervorgehoben werden.

Die Warzentauben sind kräftig gebaute, meist einfarbige Tauben mit einer warzenartigen Wucherung an der Schnabelbasis und oft auch noch am Augenring. Der Kopf ist in der Regel ohne Haube, die Füße sind glatt, die Farben gesättigt, doch die Neigung zu Gefiederzeichnung gering. Die Rasse stammt aus dem Orient und die einzelnen Schläge werden häufig unter dem Sammelnamen „türkische Tauben" zusammengefaßt. Sie heißen auch Bagdette, weil sie in Bagdad zuerst gezüchtet worden sein sollen oder wenigstens von dort zu uns kamen. Von den bekannteren Schlägen ist zunächst die französische Bagdette zu nennen. Bei ihr ist der gedrungene Körper mit knapp anliegendem blauem, weißem oder geschecktem Gefieder bedeckt. Die Haltung ist aufrecht. Der starke Schnabel ist etwas gekrümmt, die rosenrote Schnabelwarze ist sehr umfangreich. Die kräftigen Beine sind karminrot. Trotz dem Namen wird diese Rasse in Frankreich selten gehalten. Auch die Nürnberger Bagdette ist wenig verbreitet. Der glatte Kopf trägt einen langen, stark gekrümmten Schnabel, an dessen Basis ein mäßig umfangreicher Warzenhöcker sitzt. Zu den geschätztesten englischen Zuchttauben gehört die englische Bagdette oder Carrier. Die Stammrasse ist im Orient weit verbreitet und wurde vor etwa 200 Jahren in Europa importiert und von englischen Züchtern veredelt. Die Färbung ist schwarz, braun, blau oder weiß, der Schnabel lang und gerade, die Schnabelwarze enorm, bis zur Größe einer Walnuß entwickelt, daneben sind die warzigen Augenringe sehr umfangreich. Die Indianer- oder Berbertaube ist schwarz, braun oder gelb, selten blau befiedert, der Schnabel kurz, das große Auge mit weißer Iris von einem mächtigen, rotgefärbten Warzenring umgeben. Auch sie stammt aus dem Orient und wurde von Nordafrika aus nach England, Holland und Deutschland eingeführt. Durch Pinselhaare am Hals ist die in Italien stark verbreitete römische Taube ausgezeichnet. Diese wird wegen ihrer bedeutenden Größe auch Riesentaube genannt. Zu dieser Gruppe gehören auch die Korallenaugen, die Syrier, Kurdistaner und andere, deren Name schon auf die orientalische Herkunft hinweist.

Ebenfalls aus dem Morgenlande wurden die Brieftauben bei uns eingeführt, die triebartig stets zu ihrem heimatlichen Schlage zurückkehrt und denselben auch dank ihrem hochentwickelten Orientierungsvermögen auf sehr große Entfernungen hin mit Sicherheit findet, wobei sie per Minute einen Kilometer zurücklegt. Selbst längere Internierung an einem fremden Orte schränkt ihren Heimatstrieb nicht ein; so vermag sie selbst nach sechs Monaten wieder ihren heimatlichen Schlag zu finden. Diese Eigenschaft, die durch ihre außerordentlich scharfen Sinne bedingt wird, hat ihr eine wichtige Rolle im Kriegsdienst gesichert, weil sie, wenigstens vor der Zeit der drahtlosen Telegraphie, oft das einzige Mittel zur Besorgung des Nachrichtendienstes bot. Auch von der hohen See aus kann sie Meldungen nach dem Lande überbringen. In wichtigen Fällen wird man, wenn sie zum Depeschendienst verwendet wird, mehrere Brieftauben mit denselben Nachrichten, die man in leichten Federspulen an der Schwanzbasis befestigt, absenden, da Raubvögel gelegentlich solche Tauben wegfangen und man so sicherer ist, seinen Zweck zu erreichen. Neuerdings hat man sie auch zu photographischen Aufnahmen des feindlichen Geländes benutzt, indem man ihr einen leichten Photographenapparat mit selbsttätigem Belichter um die Brust hing. Von den in Europa weiter gezüchteten Schlägen sind am bekanntesten und geschätztesten die Antwerpener, Lütticher und Brüsseler Brieftaube. Ihr Gefieder ist vorwiegend blau mit dunkeln Flügelbinden.

Außer der Felsentaube ist nur noch eine Taubenart, eine Lachtaube (*Columba risoria*), ebenfalls in Asien zu einem Hausvogel erhoben worden. Indessen gibt es außer den Hauslachtauben, die den wilden Lachtauben sehr ähneln und die große Mehrzahl bilden, nur noch weiße Lachtauben; aber auch sie tragen das schwarze Genickband des wilden Stammes. Der Leucismus dieser Vögel beweist, daß sie schon längere Zeit in des Menschen Pflege sein müssen. Erst im 17. Jahrhundert kamen sie aus China oder Indien nach Europa, wo sie jedoch nur beschränkte Verbreitung fanden. In ihrer Heimat Asien aber scheinen sie ihres angenehmen Wesens wegen vielerorts gezüchtet zu werden. Der Lieblingsaufenthalt dieser Vögel sind dürre Steppen, in denen sie ihr Lachen und Girren aus fast jedem Busche hören lassen. Doch haben sie sich trotz ihrer angeborenen Scheu teilweise auch schon an den Menschen gewöhnt. So genießen Lachtauben in Konstantinopel das Privilegium, von jeder Kornladung ihren Tribut in Anspruch nehmen zu dürfen.

Von den übrigen Taubenarten ist keine einzige in Abhängigkeit vom Menschen geraten. Zwar haben schon die alten Römer wilde Ringel- und Turteltauben gefangen und gemästet, um sie als leckeren Braten zu verzehren; aber zu Haustieren sind sie damals nicht erhoben worden. Seit der ältesten Zeit haben die Dichter die durch Vorderasien und das gemäßigte Europa verbreitete Turteltaube (*Columba turtur*) wegen ihres klangvollen Rucksens und der ehelichen Zärtlichkeit, mit der Männchen und Weibchen aneinander hängen, besungen. Weil sie auch leicht zu fangen und in Gefangenschaft zu erhalten war, ist sie auch zu allen Zeiten und überall vielfach gehalten worden; aber sie scheint sich in der Gefangenschaft nicht fortgepflanzt zu haben, so daß sich ihrer Haustierwerdung erhebliche Schwierigkeiten entgegenstellten. In halber Freiheit aber pflanzt sie sich willig fort, und so haben sie schon die alten Römer gehalten. So berichtet Varro in der ersten Hälfte des letzten Jahrhunderts v. Chr.: „Für Turteltauben baut man auch ein besonderes, demjenigen für Haustauben bestimmten ähnliches Gebäude, gibt ihnen aber offene Nester und füttert sie mit trockenem Weizen. Sie ziehen zur Erntezeit viele Junge und diese lassen sich schnell mästen."

XVIII. Die Sing- und Ziervögel.

Ihres lieblichen Gesanges wegen hat der Mensch je und je Vögel seiner Umgebung mit Schlingen oder in Fallen gefangen, um sie in kunstlos aus Stäbchen geflochtenen Bauern in seiner Behausung aufzustellen, damit sie ihn durch ihr munteres Wesen und ihr wohllautendes Liebeswerben erfreuten. Von allen Finkenarten, die zu diesem Zwecke am häufigsten in Gefangenschaft gehalten werden, ist nur der Kanarienvogel (*Serinus canarius*) zu einem eigentlichen Haustier geworden, indem er sich nicht nur regelmäßig in der Gefangenschaft fortpflanzt, sondern auch verschiedene Spielarten hervorgebracht hat. Seine Heimat sind, wie der Name schon andeutet, die Kanarischen Inseln westlich von Afrika, wo diese unserm Girlitz am nächsten verwandte Finkenart gezähmt und zum Haustier gemacht wurde. Der auch in seiner Heimat von Spaniern und Portugiesen *canario* genannte Vogel ist merklich kleiner und schlanker als derjenige, der in Europa gezähmt gehalten wird, und kommt noch häufig in denjenigen Teilen der Kanaren vor, die noch nicht ganz abgeholzt sind; denn sein bevorzugter Standort sind Bäume, in deren Laub er sich vermöge seiner Färbung geborgen weiß. Beim erwachsenen Männchen ist die Farbe vorwiegend Gelbgrün untermischt mit Aschgrau, nur die Brust ist nach hinten zu heller, gelblicher und der Bauch weißlich. Auch die schwarzgrauen Schwanzfedern sind weißlich gesäumt. Der Augenring ist dunkelbraun, Schnabel und Füße sind dagegen bräunlich fleischfarben. Die Nahrung besteht fast ausschließlich aus Pflanzenstoffen, allerlei Samen, zarten Blättern und saftigen Früchten, namentlich Feigen. Wasser zum Trinken und Baden ist ihm unbedingtes Bedürfnis. Sein Flug gleicht demjenigen des Hänflings. Er ist etwas wellenförmig und geht meist nur von Baum zu Baum. Mit Vorliebe baut er sein Nest im März auf jungen Bäumen in über 2 *m* Höhe, um darein fünf blaß meergrüne Eier mit rötlichbraunen Flecken zu legen. Während das Weibchen brütet, sitzt das Männchen in seiner Nähe, am liebsten hoch oben auf einem noch unbelaubten Baum, um seinen von demjenigen des zahmen Kanarienvogels wenig verschiedenen Gesang erschallen zu lassen. Die Brutzeit dauert 13 Tage; dabei werden drei bis vier Bruten jährlich großgezogen. Die Jungen bleiben im Nest, bis sie vollständig befiedert sind und werden noch eine Zeitlang nach dem Ausfliegen von beiden Eltern, namentlich aber vom Vater, aufs sorgsamste aus dem Kropfe gefüttert.

Der Fang der wilden Kanarienvögel ist sehr leicht; besonders die jungen gehen fast in jede Falle, sobald nur ein Lockvogel ihrer Art daneben steht. Auf den Kanaren bedient man sich gewöhnlich zu ihrem Fange eines Schlagbauers, der in der Mitte einen Käfig mit dem Lockvogel und seitlich davon je eine Falle mit aufstellbarem Trittholz besitzt. Er wird in baumreicher Gegend in der Nähe von Wasser aufgestellt und fängt am ergiebigsten morgens. In der Gefangenschaft sind die Vögel unruhig und brauchen längere Zeit, ehe sie die ihnen angeborene Wildheit abgelegt haben. Sperrt man sie in engen Käfigen zu mehreren zusammen, so zerstoßen sie sich leicht das Gefieder. Sie sind sehr gesellig und schnäbeln sich gern untereinander. Die jungen Männchen geben sich durch fortgesetztes lautes Zwitschern zu erkennen. Doch sind die Vögel außerordentlich empfindlich und gehen leicht an Krämpfen ein.

Bald nach der Eroberung der Kanaren durch die Spanier im Jahre 1478 wurde der Kanarienvogel von den Siegern in großer Zahl nach ihrer Heimat eingeführt. So war er in Spanien schon in der ersten Hälfte des 16. Jahrhunderts ein beliebter Hausgenosse. Nach der Bezeichnung Zuckerinseln, die man den Kanaren wegen des bald aus ihnen mit ausgezeichnetem Erfolg betriebenen Anbaues von Zuckerrohr gab, hieß der von dort kommende Vogel, den vermutlich bereits die dortigen Ureinwohner, die Guanchen, gezähmt hatten, bei den Spaniern zunächst „Zuckervogel". Als solcher wird er 1555 zum erstenmal vom Züricher Konrad Geßner, nicht aber vom Pariser Zoologen Pierre Bellon erwähnt. Seiner Verbreitung nach Italien soll ein Schiffbruch bei der Insel Elba Vorschub geleistet haben. Bis dahin hatten nämlich die Spanier nur männliche Vögel ausgeführt, die sie in eigenen Zuchten zogen. Da scheiterte um die Mitte des 17. Jahrhunderts ein spanisches Schiff bei Elba mit einer Kanarienvogelhecke. Die Vögel entkamen, verwilderten auf der Insel und bildeten so einen Stamm, von dem aus Europa mit Vögeln versehen wurde, so daß das Monopol der Spanier aufhörte. Immerhin war er dank seiner Seltenheit noch lange Zeit recht teuer, so daß sich nur die besser Situierten diesen Fremdling aus dem warmen Süden, der sich in Mitteleuropa recht wohlfühlte und gut gedieh, leisten konnten. So ließen sich vornehme Damen gern mit diesem Vogel auf der Hand abkonterfeien.

Selbstverständlich war dieser hübsche Singvogel sehr bald den Spaniern in ihre neuweltlichen Kolonien gefolgt. So war er nach Garcilaso de Vega schon 1556 in Kuzko, im Hochlande von Peru, und 1600 sogar in Ostindien zu finden. In letzterem Lande mußte man den Käfig mit dem Vogel über eine Schale mit Wasser setzen, um ihn vor den Angriffen der Termiten zu schützen. Um die Mitte des 17. Jahrhunderts zog man den Kanarienvogel schon recht häufig in Deutschland. Horst in Frankfurt am Main berichtet 1669, daß man ihn gern mit dem Stieglitz kreuze. Dabei lokalisierte sich die Zucht mehr und mehr auf bestimmte Gegenden. War es zuerst Spanien, dann Italien gewesen, das die Kulturwelt mit Kanarienvögeln versorgt hatte, so übernahm dieses Geschäft im 18. Jahrhundert das tirolische Städtchen Imst, das von 1776 an einen regen Handel damit nach den Kulturländern Mitteleuropas trieb. Im Jahre 1782 konnten beispielsweise von dort 1600 wertvolle Sänger allein nach England exportiert werden, abgesehen von den zahlreichen andern, die nach Deutschland, Rußland, Österreich und bis nach Konstantinopel gingen. Erst im 19. Jahrhundert wurde diese blühende Zucht durch diejenige im Harz verdrängt, die heute alle Welt mit ihren Zuchtvögeln versorgt. Die besten Sänger kommen von Andreasberg und Zellerfeld, die deren jährlich für etwa 280000 Mark exportieren. Dort werden in fast allen Häusern als Nebenbeschäftigung Kanarienvögel gezüchtet und zu Sängern ausgebildet, indem sie stets nur den Gesang der besten Vorsänger zu hören bekommen. Alle minderwertigen oder fehlerhaften Sänger werden außer Hörweite der jungen Zöglinge gehalten, so daß sie deren Gesang nicht annehmen können, sondern sich ausschließlich an den besten Vorbildern schulen. Ein guter Harzer Sänger ist mit dem dazu gehörenden Weibchen nicht unter 80–120 Mark zu haben.

Nach Tirol beteiligten sich auch die lange von den Spaniern beherrschten Niederlande am Handel mit Kanarienvögeln, und bereits gegen das Ende des 16. Jahrhunderts wurde dort eine besondere bunte Rasse gezogen, deren Aufzucht später auch in gewissen Bezirken Englands aufkam. Von diesen „bunten" Kanarienvögeln, die heute noch von Holland, Belgien und England in den Handel gelangen, gilt ein Paar 120–160 Mark. Unter ihnen gibt es auch verschiedene barocke Formen, bei denen die auf Kopf, Brust und Schultern befindlichen Federn zu allerlei krausen Gebilden umgeändert wurden. Zoologisch variiert der Kanarienvogel sonst hauptsächlich in der Größe, wenig in der Farbe. Bei ihm ist das ursprünglich vorwiegend gelbgrüne bis braune Federkleid durch Entfärbung statt weiß hell- bis dunkelgelb geworden. Schon Isidore Geoffroy St. Hilaire sprach es 1757 aus, daß der Flavismus, wie er sich ausdrückt, den Leucismus der ursprünglich grünlichen Vögel bilde. Daneben gibt es auch bei ihm gelegentlich einen Albinismus mit weißen Federn und roten Augen. Solche weiße Kanarienvögel erwähnt schon Adanson aus Frankreich ums Jahr 1750; aber die Züchter ziehen sie nicht auf, weil sie für die Zucht zu schwächlich sind. Außerdem gibt es auch pigmentreiche schwarze Formen. Doch ist viel fremdes Blut in unsere Kanarienstämme gekommen, da sie seit geraumer Zeit mit Stieglitz, Zeisig und andern Finken, in Italien besonders mit dem Hänfling gekreuzt wurden. Dabei sind die Bastarde meist fruchtbar. Heute ist der Kanarienvogel als geschätzter Sänger und dabei leicht zu haltender Stubenvogel über die ganze zivilisierte Welt verbreitet. Schon 1870 war er auf dem chinesischen und bald nachher auch auf dem japanischen Markt zu haben, obschon von jenen Völkern gern auch nicht minder lieblich singende einheimische Finken in engen Vogelbauern zur Unterhaltung gehalten werden.

Außer den Finken sind es besonders Drosseln, welche gern vom Menschen in Gefangenschaft gehalten werden. Da sie, statt wie jene Körnerfresser zu sein, Kerbtierfresser sind, war ihre Erhaltung in der Obhut des Menschen bedeutend schwieriger, so daß es kein Wunder ist, daß bis heute keine einzige

Drosselart zum eigentlichen Haustier erhoben wurde. Gleichwohl sollen sie hier eine kurze Würdigung finden, da sie nicht bloß häufige Gesellschafter des Menschen sind, sondern auch als Leckerbissen für ihn eine gewisse Rolle spielen. In letzterer Beziehung ist besonders die Wacholderdrossel oder der Krammets- (zusammengezogen aus Kranewits-) Vogel (*Turdus pilaris*) wegen ihres Fleisches sehr geschätzt. Sie hat ihren Namen von den Wacholder- oder Krammetsbeeren, die sie wie die übrigen Drosseln gern frißt und wovon ihr Fleisch einen würzigen Geschmack erhält. Sie ist ein echter Waldvogel und nistet nicht bloß im höchsten Norden Europas und Asiens, sondern auch in gemäßigteren Gegenden, wie Mitteleuropa. Den Winter über zieht sie wie die übrigen Drosseln nach den Mittelmeerländern und Nordafrika. Sie war es in erster Linie, welche die Römer unter dem Drosselnamen turdus bezeichneten und gern aßen. So sagt der witzige Spötter Martial (42–102 n. Chr.), der gern die Großen umschmeichelte, um von ihnen zur Tafel geladen zu werden, in einem seiner Xenien, auf Deutsch Gastgeschenke, d. h. Epigramme, die als Aufschriften zu den an den Saturnalien verteilten Gastgeschenken gedacht waren: „Fette Drosseln sind mir lieber als andere Leckerbissen." An einer anderen Stelle meint er: „Ein Kranz von Drosseln gefällt mir besser als ein aus Rosen und Narden geflochtener", und fernerhin: „Unter den Vögeln gebührt der Drossel, unter den vierfüßigen Tieren dem Hasen der Preis." Auch der Feinschmecker Horaz (65–8 v. Chr.), der sich durch alle „Rehrücken der Saison" aß und das Genießen zur Kunst ausbildete, so daß er sich selbst humorvoll als „ein fettes Schweinchen aus der Herde Epikurs" bezeichnet, meint in einer seiner Episteln: „Nichts ist besser als die Drossel." Die frisch Gefangenen wurden für die Feinschmecker noch besonders gemästet. So schreibt Plinius um die Mitte des 1. Jahrhunderts n. Chr. in seiner Naturgeschichte: „Cornelius Nepos, der unter dem Kaiser Augustus lebte, schrieb, man habe erst kürzlich angefangen, Drosseln zu mästen. Dazu bemerkt er, nach seinem Geschmack geben (junge) Störche ein besseres Gericht als Kraniche. In unserer Zeit wird der Kranich als Leckerbissen geschätzt, den Storch aber will niemand anrühren."

Sein Zeitgenosse Columella berichtet: „Auf Drosseln verwendet man viel Mühe und Geld. Sind sie frisch gefangen, so muß man zahme zu ihnen tun, die ihnen Gesellschaft leisten, sie aufheitern und im Fressen und Saufen mit gutem Beispiel vorangehen. In den Vogelhäusern, die sie bewohnen, sind Sitzstangen für sie angebracht, jedoch nicht höher, als daß man sie bequem erreichen kann. Das Futter wird, damit es reinlicher bleibt, so gestellt, daß keine Stange darüber ist; es wird im Überfluß gereicht und besteht aus einer Mischung von zerstampften Feigen mit Mehl. Manche geben dieses Futter, nachdem sie es vorher gekaut haben. Aber bei einer großen Zahl von Vögeln unterläßt man dies lieber; denn Leute, die zum Kauen gemietet werden, verlangen zu hohen Tagelohn und verschlucken auch von der süßen Speise zu viel. Viele geben den Drosseln auch Samen und Beeren, die sie im Freien gern fressen. Das Wasser wird wie bei Hühnern in Gefäßen hingestellt."

In seinem Buche über die Landwirtschaft schreibt der gelehrte Varro (116–27 v. Chr.) eingehend über die von den reichen Römern seiner Zeit angelegten Vogelhäuser (*aviarium* von *avis*, Vogel). Er sagt darüber: „Unsere Vorfahren hatten vorzugsweise zwei Arten von Vogelbehältern; am Erdboden befand sich der Hühnerhof, in welchem Hühner gehalten wurden und Ertrag von Eiern und Küchlein gaben. In der Höhe stand der Taubenschlag. Heutzutage nennt man einen Behälter Ornithon (nach dem griechischen *órnis* — Stamm, *ornith* — Vogel), und diese werden mitunter von Gutsbesitzern, die gern gute Bissen verzehren, so angelegt, daß nur die für Pfauen und Drosseln (wohl besonders Krammetsvögel) bestimmten größer sind, als ehemals die ganzen Landhäuser. — Lucullus hatte ein großes Vogelhaus, in das er einen Speisesaal so hineinbaute, daß er während des Schmauses und während gebratene Vögel aufgetragen wurden, auch die lebendigen herumfliegen sah.

Übrigens soll hier ein solches Vogelhaus beschrieben werden, das nicht dazu bestimmt ist, in ihm Vögel zu verschmausen, sondern aus ihm Vögel zum Verschmausen und zum Verkaufen zu nehmen. Man baut das Haus so groß, daß einige tausend Drosseln und Amseln drin Platz haben, setzt auch wohl andere Vögel hinein, die gut bezahlt werden, wie Ortolane und Wachteln. Die Tür muß niedrig und schmal sein. Die Fenster sind so angelegt, daß die Gefangenen nirgends Bäume oder freie Vögel sehen können; denn ein solcher Anblick erregt in ihnen die Sehnsucht nach Freiheit und macht sie mager. Es darf überhaupt ins ganze Vogelhaus nur so viel Licht fallen, daß die Vögel ihren Sitz, ihr Futter und ihr Wasser sehen können. Es ist ferner alles so einzurichten, daß weder Mäuse noch andere gefährliche Tiere hinein können. Zum Sitzen sind entweder überall an den Wänden Stäbe angebracht oder Stangen lehnen schräg an die Wand und sind stufenweise mit Querstäben verbunden. Auf dem Boden ist ferner ein Wasserbehälter aufgestellt. Die Fütterung besteht vorzugsweise aus Kügelchen, die aus einem aus Feigen und Mehl bereiteten Teig bestehen. An das beschriebene Haus ist ein kleines, helles angebaut, in das man die Vögel treibt, die geschlachtet werden sollen. Beim Schlachten selbst wird die Tür, durch welche die Vögel hereinkommen, geschlossen; denn die noch lebenden dürfen es nicht sehen." Auch Vogelhändler besaßen solche Vogelhäuser. So bemerkt derselbe Autor: „Die Stadtmetzger haben eigene Vogelbehälter und mieten auch welche auf dem Lande." Und fernerhin sagt er: „Aus dem Vogelhaus einer Villa bei der Stadt Reate wurden einst in einem Jahre 5000 Drosseln (Krammetsvögel) zu je 3 Denaren (= 1,80 Mark) genommen, so daß dieses Vogelhaus allein mehr eintrug als manches schöne Landhaus."

In seiner Naturgeschichte berichtet Plinius: „Vogelhäuser hat zuerst der römische Ritter Marcus Laenius Strabo angelegt und alle möglichen Vögel darin eingesperrt. Seitdem ist die Sitte, Tiere, denen die Natur den freien Himmel angewiesen hat, in den Kerker zu sperren, allgemein geworden. Der Schauspieler Äsopus ließ einmal eine Schüssel auftragen, deren Inhalt auf 100000 Sesterzien (= 15000 Mark) geschätzt wurde; sie war nämlich mit gebratenen Vögeln gefüllt, welche sich durch Gesang oder durch Sprechen menschlicher Worte ausgezeichnet hatten und von denen jeder 6000 Sesterzien (= 900 Mark) gekostet hatte. Äsopus hielt es für ein großes Vergnügen, diese Tierchen zu essen, welche gleichsam Menschen waren, weil sie sangen und sprachen, und bedachte nicht, daß er erst durch Singen und Sprechen seine Reichtümer erworben hatte. Über seinen Sohn durfte er sich wenigstens nicht beklagen; denn dieser verschlang sogar Perlen (wie Kleopatra bei der Bewirtung des Antonius in Essig aufgelöst)". Dieser Äsop, der tragische Rollen ausgezeichnet gut spielte und damit sein Vermögen gemacht hatte, war ein Zeitgenosse und Freund Ciceros (106–43 v. Chr.). Trotz seiner Verschwendung hinterließ er seinem Sohne ein ungeheures Vermögen, das dieser in derselben Weise, wie sein Vater, durchbrachte. So berichtet Valerius Maximus von ihm: „Der Sohn des Schauspielers Äsopus war ein toller Verschwender; so kaufte er z. B. ausgezeichnet gut singende Vögel zu ungeheuren Preisen und ließ sie für sich und seine Gäste braten. Dazu gab er Getränke, worin sich die kostbarsten Perlen, in Essig aufgelöst, befanden." Wie wir Papageien, so richteten die Römer Stare und ausnahmsweise auch Drosseln zum Sprechen ab. So berichtet Plinius, daß Agrippina, die Gemahlin des Kaisers Claudius (geb. 9 v. Chr. in Lyon, ward 41 n. Chr. nach Caligulas Ermordung von den Prätorianern zum Kaiser ausgerufen, wurde 54 durch seine zweite Gemahlin Agrippina mit einem Schwammgericht vergiftet), eine zum Sprechen abgerichtete Drossel besaß, was früherhin unerhört gewesen sei. Nebst solchen dressierten Vögeln sah man nach Varro in Rom gelegentlich auch Papageien, weiße Amseln und ähnliche Merkwürdigkeiten. Solche Drosselalbinos sollten nach dem Bädecker des Altertums, Pausanias, im 2. Jahrhundert n. Chr. auf dem Berge Kyllene im Peloponnes vorkommen. Nach dem älteren Plinius soll eine weiße Nachtigall „eine große Seltenheit" für 6000 Sesterzien (= 900 Mark) verkauft worden sein, um sie der vorgenannten Agrippina, zweiten Gemahlin des Kaisers Claudius, zum Geschenk zu machen. Bei dieser Gelegenheit bemerkt er in seiner Naturgeschichte: „Durch ihre Vorzüge (im Gesang) sind die Nachtigallen (*luscinia*) so teuer wie Sklaven geworden, ja teurer als ehemals die Waffenträger waren. Man hat oft welche gesehen, die auf Befehl sangen und, indem sie miteinander abwechselten, ein Konzert gaben, so wie man auch Menschen gehört hat, welche in ein aus Rohr gemachtes Querpfeifchen, worin sich Wasser befand, durch ein Loch bliesen, und indem sie die Zunge etwas vorhielten, den Gesang der Nachtigall täuschend nachahmten. —

Während ich dies schreibe, besitzen die kaiserlichen Prinzen einen Star und Nachtigallen, welche die griechische und lateinische Sprache lernen, täglich gründlicher studieren und immer etwas Neues und mehr Zusammenhängendes sprechen. Wenn sie lernen, sind sie ganz abgeschieden und hören nur die Stimme dessen, der ihnen die Worte vorsagt und ihnen dabei mit Leckerbissen schmeichelt." Älian schreibt: „Charmis aus Massalia (dem heutigen Marseille) sagt, die Nachtigall sei ruhmbegierig, singe in der Einsamkeit ganz einfach, in der Gefangenschaft und vor Zuhörern aber kunstreich und schmelzende Melodien wirbelnd." Dem fügt er später von sich aus hinzu: „Wenn eine erwachsene Nachtigall gefangen und eingesperrt wird, so will sie weder fressen noch singen; daher behalten die Liebhaber von den gefangenen nur die jungen und lassen die älteren wieder frei." Von diesen Vögeln sagt Oppian: „Die Natur hat den Nachtigallen einen wunderlieblichen Gesang gegeben. Sie verpflegen auch diejenigen ihrer Jungen, welche musikalisches Talent zeigen, aufs allerbeste, hacken dagegen die stummen tot. Sie impfen auch ihren Jungen eine so große Liebe zur Freiheit ein, daß sie in der Gefangenschaft nie einen Laut von sich geben." Letzteres ist allerdings eine Behauptung, die nicht widerlegt zu werden braucht und wohl auch im Altertum nur wenige Nachbeter hatte.

Außer den vorhin erwähnten wurden auch andere Vögel im Rom der Cäsaren zum Sprechen dressiert, so vor allem auch Raben, Elstern und Eichelhäher. So schreibt Plinius: „Die Elster ist weniger berühmt als der Papagei, weil sie nicht ausländisch ist, spricht aber noch ausdrucksvoller. Die Worte, welche sie spricht, hat sie ordentlich lieb. Sie lernt nicht bloß, sondern lernt auch mit Freuden, und man bemerkt, wie sie für sich mit Eifer, Anstrengung und Nachdenken studiert. Es ist eine bekannte Sache, daß Elstern gestorben sind, weil es ihnen unmöglich war, ein Wort auszusprechen. Sie vergessen auch Worte, wenn sie dieselben nicht öfters hören, versinken dann in Nachdenken und werden ganz entzückt, wenn sie währenddem das vergessene Wort zufällig wieder hören. Sie haben eine ziemlich breite Zunge und so alle Vögel, welche die menschliche Stimme nachahmen lernen, was jedoch die meisten tun."

Später fährt er fort: „Auch den Raben gebührt Ehre; denn wir werden sogleich sehen, in welchem Grade sie sich die Gunst des römischen Volkes zu erringen wußten. Unter der Herrschaft des Tiberius flog ein junger Rabe aus einem Neste, das auf dem Kastortempel stand, in die gegenüberliegende Werkstatt eines Schusters und wurde von diesem mit Ehrfurcht aufgenommen. Hier lernte er bald sprechen, flog jeden Morgen auf die Rednerbühne, wendete sich dem Markte zu und grüßte namentlich den Kaiser Tiberius, dann den Germanicus und Drusus und bald darauf das vorbeigehende Volk, worauf er in seine Schusterwerkstatt zurückkehrte. So erntete er mehrere Jahre lang Bewunderung. Endlich schlug ihn der zunächstwohnende Schuster tot, entweder aus Neid oder, wie er zum Schein behauptete, aus Rachsucht, weil er ihm einen Klecks auf einen Schuh gemacht hatte. Über die Ermordung seines Lieblings ward das Volk so aufgebracht, daß es den Schuster erst wegjagte, dann sogar totschlug und dem Vogel ein überaus feierliches Leichenbegängnis bereitete. Die Bahre wurde von zwei Mohren getragen; ein Flötenspieler ging voraus und Kränze aller Art wurden bis zum Scheiterhaufen getragen, welcher rechts an der Appischen Straße errichtet war. Das Genie eines Vogels schien also dem römischen Volke ein hinlänglicher Grund zu einem feierlichen Leichenbegängnis und zur Ermordung eines römischen Bürgers in derselben Stadt, in der kein Mensch dem Begräbnis der vornehmsten Leute beigewohnt hatte und niemand den Tod des Scipio Ämilianus, der Karthago und Numantia zerstört, gerächt hatte. Dies geschah unter dem Konsulat des Marcus Servilius und Gajus Cestius am 28. März. Auch während ich dies schreibe, besitzt ein römischer Ritter in Rom eine Krähe aus Baetica (Südspanien), die sich durch dunkelschwarze Farbe auszeichnet, mehrere zusammenhängende Worte ausspricht und immer neue dazu lernt. Neuerdings hat man auch vom Kraterus Monoceros gesprochen, der in der ericenischen Gegend Asiens mit Hilfe der Kolkraben jagt. Er trägt sie in den Wald, dort suchen sie und jagen das Wild, und weil es oft geschieht, so schließen sich selbst wilde Raben der Jagd an. Einige Schriftsteller erwähnen auch, daß ein Rabe bei großem Durste Steine in ein tiefes Gefäß warf, worin sich Regenwasser befand, das er sonst nicht hätte erreichen können, und es dadurch so weit in die Höhe trieb, daß er sich satttrinken konnte."

Von einem Eichelhäher berichtet der griechische Geschichtschreiber Plutarch folgendes: „Viele Römer und Griechen sind Zeugen folgenden Vorfalls: Auf dem sogenannten Griechischen Markt in Rom wohnte ein Barbier, der einen Eichelhäher besaß, welcher mit wunderbarer Geschicklichkeit die Stimme der Menschen, der Tiere und die Töne der Instrumente, und zwar ganz aus freiem Antrieb, nachahmte. Einst wurde ein reicher Mann begraben. Der Leichenzug ging mit Trompetenschall über den Griechischen Markt. Die Trompeten bliesen ganz vorzüglich schön und verweilten ziemlich lange auf dem Platze. Von diesem Augenblick an war der Häher plötzlich still und stumm. Man faßte den Argwohn, der Vogel sei von einem andern Barbier, der auf ihn neidisch war, behext worden. Andere meinten jedoch, der Trompetenschall sei dem Tiere zu stark gewesen; daher sei es von jener Zeit an verblüfft. Alle diese Vermutungen waren aber falsch. Der Vogel studierte in aller Stille für sich, übte in Gedanken die Trompetenmusik ein und ließ sie dann plötzlich in ihrer Vollkommenheit hören."

Sonst galten schon im Altertum die Papageien als die besten Nachahmer der menschlichen Sprache. So schreibt der Grieche Älian: „In Indien gibt es sehr viele Papageien (*psittakós*), aber kein Inder ißt einen solchen Vogel; denn die Brahmanen halten ihn für den heiligsten, weil er die menschliche Sprache am geschicktesten nachahmt." Aristoteles und Plinius berichten, der Papagei stamme aus Indien und ahme die menschliche Stimme nach. Letzterer fügt hinzu, er werde durch den Genuß von Wein lustig und führe ordentliche Gespräche. „Er begrüßt den Kaiser und spricht die Worte nach, die er hört. Sein Kopf ist so hart wie sein Schnabel. Soll er sprechen lernen, so schlägt man ihm mit einem eisernen Stäbchen auf den Kopf, weil er sonst die Schläge nicht spürt." Wir haben noch ein nettes Gedicht auf den Tod eines Papageien von Ovid und ein ähnliches von Statius.

Was für Papageien dies waren, wird sich wohl nicht so leicht feststellen lassen. Jedenfalls kannten weder die Ägypter, noch Babylonier, noch die älteren Griechen irgend welche Papageien. Erst auf dem Zuge Alexanders des Großen nach Indien lernten letztere diesen Vogel als gezähmten Hausgenossen des Menschen kennen und brachten die ersten solchen nach Griechenland mit. Aber erst in der römischen Kaiserzeit wurden diese Vögel etwas häufiger von Indien her importiert. Doch hat schon der strenge Zensor Marcus Porcius Cato (234 bis 149 v. Chr.) sich darüber beklagt, daß sogar römische Männer mit diesen Tieren in der Öffentlichkeit erschienen. „O unglückliches Rom", rief er aus, „in welche Zeiten sind wir verfallen, da die Weiber Hunde auf ihrem Schoße ernähren und die Männer Papageien auf der Hand tragen!" Man setzte sie ihrer Kostbarkeit entsprechend in silberne und elfenbeinerne Käfige und ließ sie von besonderen Lehrern unterrichten, die ihnen vor allem das Wort „Cäsar" beizubringen hatten. Der Preis eines sprechenden Sittichs überstieg oft den Wert eines Sklaven. Der halb verrückte Kaiser Heliogabalus glaubte seinen Gästen nichts Köstlicheres vorsetzen zu können als Papageiköpfe. Was diese bei der Kostbarkeit der seltenen Vögel gekostet haben werden, das kann man sich leicht ausmalen. Um die Zeit der Kreuzzüge kamen dann aus dem Morgenlande auch Papageien nach Mitteleuropa, um in den Käfigen reicher Adeliger und Städter zur Kurzweil gehalten und gelegentlich auch zum Sprechen abgerichtet zu werden. Erst im 15. Jahrhundert kam mit den Fahrten der Portugiesen nach Westafrika der von der Goldküste bis nach Benguela heimische Graupapagei (*Psittacus erithacus*), der gelehrigste aller Papageien, direkt nach Europa. Hier bewohnt der aschgraue Vogel mit scharlachrotem Schwanz, dessen Verbreitungsgebiet mit demjenigen der Ölpalme zusammenfällt, in Scharen die Wälder und wird überall von den Eingeborenen gefangen, gezähmt und zum Sprechen abgerichtet, auch als Tauschgegenstand oder Handelsware verwertet. Er ist einer der beliebtesten aller Stubenvögel und verdient die Gunst, die er genießt; denn er besitzt Sanftmut, Gelehrigkeit und Anhänglichkeit an seinen Herrn, die Bewunderung erregen. Sein Ruhm wird sozusagen in allen Sprachen verkündet, von ihm ist in zahlreichen Schulbüchern und in allen

Naturgeschichten manches Interessante zu lesen. Schon Levaillant erzählt ausführlich von einem dieser Papageien, der in der Gefangenschaft eines Kaufmanns in Amsterdam lebte, und rühmt die guten Eigenschaften des Vogels. Er schreibt: „Karl, so hieß dieser Papagei, sprach fast so gut wie Cicero; denn ich würde einen ganzen Band mit den schönen Redensarten anfüllen können, die er hören ließ und die er mir, ohne eine Silbe zu vergessen, wiederholte. Dem Befehle gehorsam, brachte er die Nachtmütze und die Pantoffeln seines Herrn und rief die Magd herbei, wenn man sie im Zimmer brauchte. Sein bevorzugter Aufenthalt war der Kaufladen, und hier erwies er sich nützlich; denn er schrie, wenn in Abwesenheit seines Herrn ein Fremder eintrat, so lange, bis jemand herbeikam. Er hatte ein vortreffliches Gedächtnis und lernte ganze Sätze und Redensarten des Holländischen vollkommen genau. Erst im 60. Jahre seiner Gefangenschaft wurde sein Gedächtnis schwach und er vergaß täglich einen Teil von dem, was er schon konnte. Er wiederholte nie mehr als die Hälfte einer Redensart, indem er selbst die Worte versetzte oder die eines Satzes mit denen eines andern mischte.“

Vielleicht der ausgezeichnetste aller Graupapageien lebte jahrelang in Wien und Salzburg und starb nach dem Tode seines letzten Herrn aus Sehnsucht nach ihm. Wer über die hohe Intelligenz und das verblüffende Sprachverständnis dieses Jako genannten Vogels Näheres zu erfahren wünscht, der lese den betreffenden Abschnitt in Brehms Tierleben nach. Er wird dort noch weitere solche, für ein Tier ganz unglaublich klingende Geschichten finden, die von durchaus glaubwürdigen Autoren berichtet werden.

In den feuchten Niederungen des Amazonenstroms und seiner Zuflüsse werden die größten Vertreter der dort vorzugsweise heimischen Keilschwanzsittiche, die prächtig buntgefärbten Araras, von den Indianern in und um ihre Hütten gezähmt gehalten. Es geschah dies schon lange vor der Ankunft der Weißen in diesem Lande. Schomburgk berichtet, daß die Indianer noch heutigentags die Papageien frei fliegen lassen, ohne ihnen die Flügel zu stutzen. „Ich sah mehrere“, schreibt er, „die sich des Morgens unter die Flüge der wilden mischten, die über das Dorf hinwegflogen und bei der Rückkehr am Abend sich wieder auf die Hütte ihres Herrn niederließen.“ Nach diesem Autor gehören zu den indianischen Niederlassungen im Walde die Papageien, wie zu unsern Bauernhöfen die Hühner. „Auffallend ist die Zuneigung der zahmen Papageien und Affen gegen Kinder. Ich habe selten einen Kreis spielender Indianerkinder bemerkt, dem sich nicht auch Affen und Papageien beigesellt gehabt hätten. Diese lernen bald alle Stimmen ihrer Umgebung nachahmen, das Krähen der Hähne, das Bellen der Hunde, das Weinen und Lachen der Kinder usw.“ Manche lernen sogar die Indianersprache sprechen und bringen es darin zu großer Vollkommenheit.

Bekannt ist die Geschichte jenes sprechenden Papageis in einer der Niederlassungen an einem Zuflusse des Orinoko, von dem Alexander von Humboldt berichtet. Er war alt und sprach die Sprache eines ausgestorbenen Indianerstamms, so daß ihn niemand mehr verstand. In der Tat ein rührendes Bild der Vergänglichkeit alles Irdischen!

Von allen Papageien ist nur der Wellensittich (*Melopsittacus undulatus*) zum eigentlichen Haustier des Menschen geworden, indem er sich seit 57 Jahren in der Gefangenschaft des Menschen ohne großen Nachschub aus seiner Heimat enorm vermehrt hat und hier bereits bedeutende Farbenvarietäten zeigt. Bald wiegen die gelben, bald die grünen, bald die blauen Farbentöne seines ursprünglich sehr gemischten, allerdings vorwiegend grüngelben Farbenkleides vor, ja es gibt nach Ed. Hahn schon welche, bei denen das ihnen ursprünglich fremde Weiß eine ziemliche Rolle spielt und die selbst rote Augen haben, also eigentliche Albinos sind. Erst im Jahre 1794 lernte man in Europa diesen kleinen Papagei kennen, der in großen Scharen die mit Gras bewachsenen Ebenen von Inneraustralien bewohnt und sich hier von den Samen der Gräser ernährt. Als der Ornithologe Gould zu Anfang Dezember die Ebene des Innern Australiens besuchte, sah er sich von Wellensittichen umgeben und beschloß längere Zeit an derselben Stelle zu verweilen, um ihre Sitten und Gewohnheiten zu beobachten. Sie erschienen in Flügen von 20 bis 100 Stück in der Nähe einer kleinen Wasserlache, um zu trinken, und flogen von hier zu regelmäßigen Zeiten nach den Ebenen hinaus, um dort die Grassämereien, ihre ausschließliche Nahrung, aufzunehmen. Am häufigsten kamen sie frühmorgens und abends vor dem Dunkelwerden zum Wasser. Während der größten Tageshitze saßen sie bewegungslos unter den Blättern der Gummibäume, deren Höhlungen damals von brütenden Paaren bewohnt wurden. Solange sie ruhig auf den Bäumen saßen, waren sie schwer zu entdecken; erst wenn sie zur Tränke fliegen wollten, sammelten sie sich in Scharen und setzten sich auf die abgestorbenen oder zum Wasser niederhängenden Zweige der Gummibäume. Ihre Bewegungen sind wundervoll, ihr Flug ist gerade und falkenartig schnell, den andern Papageien kaum ähnelnd, der Gang auf dem Boden verhältnismäßig gut, ihr Klettern im Gezweige wenigstens nicht ungeschickt. Im Fluge lassen sie eine kreischende Stimme vernehmen. Im Sitzen unterhalten sich die sehr geselligen Vögel mit kosendem Gezwitscher. Wenn sie abends zur Tränke eilen, werden sie in Menge in großen Beutelnetzen gefangen, in rohe Kistenkäfige gesperrt und so den Händlern übermittelt. Aufmerksamere Vogelhändler setzen sie zur Weiterbeförderung in Australien gesellschaftsweise in kleine Käfige, deren Sitzstangen wie Treppenstufen hinter- und übereinander liegen, damit auf möglichst wenig Raum die größtmöglichste Zahl von Vögeln Platz finden kann.

Der Wellensittich gehört in der Gefangenschaft nicht zu denjenigen Papageien, die aus Trauer über den Verlust ihres Gefährten oft dahinwelken und sterben, verlangt aber Gesellschaft, und zwar natürlich am liebsten die des entgegengesetzten Geschlechts seiner eigenen Art. Im Notfall findet er auch in einem verschiedenartigen kleinen Papagei einen Ersatz. Niemals aber behandelt er einen andersartigen Vogel mit jener liebenswürdigen Zärtlichkeit, welche er gegen seinesgleichen an den Tag legt. Es ist deshalb notwendig, ihn immer paarweise zu halten; erst dann gibt er seine ganze Liebenswürdigkeit, die ihm sofort die Gunst des Menschen erwarb, kund. Er ist äußerst genügsam im Futter und nimmt in Ermangelung der Grassamen seiner australischen Heimat mit Hirse, Kanariensamen und Hanf vorlieb; daneben frißt er gern grüne Pflanzenblätter, verschmäht zunächst Früchte, läßt sich aber mit der Zeit auch daran gewöhnen. Er wird mit seiner sanften Stimme dem Menschen niemals lästig wie andere Papageien, die einem mit ihrem nicht unterdrückbaren Bedürfnis nach Gekreisch oft genug zur Last fallen und auf die Nerven gehen. Er unterhält mit seinem plaudernden Gezwitscher, lernt auch ein Liedchen und in einzelnen Fällen sogar Worte nachsprechen.

Paarweise gehaltene Wellensittiche, denen man Nistgelegenheit in einem hohlen Stamm verschafft, schreiten auch in der Gefangenschaft fast ausnahmslos zur Fortpflanzung. Das Männchen ist das Muster von einem Gatten, das sich ausschließlich mit seinem erwählten und nie mit andern Weibchen abgibt, die etwa zugleich in demselben Raume sein mögen. Gleicherweise ist das Weibchen das Muster einer Mutter; es baut ausschließlich das Nest aus, bebrütet darin seine 4–8 weißen Eichen, die es in Zwischenräumen von zwei Tagen legt, eifrig während 16–20 Tagen und atzt die Jungen, die etwa 30–35 Tage im Neste verweilen und letzteres erst dann verlassen, wenn sie ganz befiedert sind. Derweil wird das Weibchen vom Männchen gefüttert, das ihm zugleich, auf einem Zweige vor der Öffnung des Nestes sitzend, seine schönsten Lieder vorsingt. Wenn die erste Brut selbständig geworden ist, schreitet das Pärchen alsbald zur zweiten, ja zur dritten und selbst zur vierten vor. Ums Jahr 1848 wurde er durch die Beschreibung des Ornithologen Gould in seinem Buche *Birds of Australia* in weiteren Kreisen bekannt und scheint bald nach England gekommen zu sein. 1854 pflanzte er sich nach Delon in England und Frankreich in Käfigen fort und wurde seit 1855 auch in Berlin gezogen. Damals nannten ihn die Händler nach seinem lateinischen Artnamen den „Undulatus". Als aber die spanische Tänzerin Pepita von sich reden machte und geradezu einen Begeisterungstaumel hervorrief, hielten es die Händler für vorteilhaft, von ihm als „Andalusier" zu reden, eine Bezeichnung, die sich allerdings, weil vollkommen unberechtigt, bald wieder verlor. Eine Zeitlang schien es, als sei ihm neben dem Kanarienvogel eine größere Rolle als Stubenvogel bestimmt; doch ist er neuerdings gegenüber dem letztgenannten mehr und mehr in den

Hintergrund getreten. Auch nach Neuseeland wurde er eingeführt und verwilderte dort, wie gelegentlich auch bei uns.

Neben den Wellensittichen gehören die ebenfalls Australien, daneben auch Ozeanien bewohnenden Kakadus zu den liebenswürdigsten Papageien, die sich gern und innig mit dem Menschen befreunden und dankbar seine Liebe erwidern. Ihre geistige Begabung ist außerordentlich entwickelt und ihre Neugier ebenso groß wie ihr Gedächtnis, so daß sie empfangene Beleidigungen schwer oder gar nicht vergessen. In bezug auf Gelehrigkeit wetteifern sie mit den begabtesten aller Papageien, den Jakos oder westafrikanischen Graupapageien, lernen bald mit Fertigkeit verschiedene Worte sagen und in sinngebender Weise verbinden und lassen sich zu allerlei Kunststücken abrichten. Ihre natürliche Stimme ist ein abscheuliches Kreischen, mit dem sie in ihrer Heimat von den Kronen hoher Bäume, ihrem Nachtquartier, die aufsteigende Sonne begrüßen. Dann fliegen sie zu ihren Futterplätzen, um Früchte und Sämereien zu naschen. Auch sie leben gesellig in großen Scharen und nisten in Baumhöhlen. Des Schadens wegen, den sie den menschlichen Kulturen verursachen, werden sie in ihrer Heimat eifrig verfolgt und zu Hunderten erlegt und ihr Fleisch, weil ziemlich wohlschmeckend, gegessen. Namentlich wird die aus ihnen bereitete Suppe sehr gerühmt. Sie lassen sich leicht fangen und dauern auch in Europa in der Gefangenschaft viele Jahre lang aus. Man kennt Beispiele, daß ein Exemplar dieser Vogelart länger als 70 Jahre im Käfig lebte. Ihre Erhaltung erfordert wenig Mühe; denn sie gewöhnen sich nach und nach an alles, was der Mensch ißt.

Als eigentlicher Schädling für die Schafzucht hat sich der in Neuseeland heimische, ziemlich große, olivengrüne Gebirgspapagei (*Nestor notabllis*), der Kea der Eingeborenen, erwiesen. Der in einem zwischen 1500 und 2000 *m* Höhe gelegenen Gürtel lebende Vogel hat sich angewöhnt, sich in den wolligen Rücken der Schafe einzukrallen und mit seinem scharfen Hakenschnabel ganze Löcher darein zu bohren, um sich so Fleisch, das ihm sehr zu schmecken scheint, zu verschaffen. Viele dieser dummen Vierfüßler, die sich der Angriffe dieser frechen Burschen nicht zu erwehren vermochten, gingen infolge davon ein, so daß die Ansiedler diese lästigen Quälgeister ihrer Herden eifrig zu verfolgen und abzuschießen begannen. Jetzt haben sie sich gewöhnt, ihre gemeinschaftlichen Raubzüge nachts zu machen und müssen sich vielfach mit dem Abfall geschlachteter Schafe oder mit Aas begnügen.

XIX. Kormoran und Strauß.

Der Kormoran ist als Haustier ausschließlich eine Errungenschaft der chinesischen Kultur. Die Betriebsamkeit und die Geduld dieses alten Kulturvolkes hat damit einen Vogel zum nützlichen Gehilfen des Menschen gemacht, der bei uns als gefährlicher Konkurrent von jeher eifrig verfolgt wird und im wesentlichen in Mitteleuropa auf dem Aussterbeetat steht. Freilich wären auch unsere durch die gedankenloseste Raubwirtschaft und die Verunreinigung der Flüsse durch die giftigen Abwässer der chemischen Fabriken an Fischen verarmten Gewässer kein günstiges Gebiet für die Tätigkeit dieses ausgezeichneten Fischfängers, der sich uns bisher nur als Fischräuber verhaßt gemacht hat.

Der Kormoran (*Phalacrocorax carbo*), auch Baumscharbe oder Wasserrabe genannt, ist ein sehr gefräßiger und deshalb vom Menschen überaus gehaßter Fischräuber. Vom mittleren Europa an trifft man ihn in ganz Mittelasien und Nordamerika, von hier aus bis Westindien, von dort aus bis Südasien wandernd. Er bewohnt je nach Gelegenheit die kahle Meeresküste und die bewaldeten Ufer der Binnengewässer; dabei scheut er sich gar nicht, in unmittelbarer Nähe von Ortschaften, ja gelegentlich in diesen selbst, z. B. auf Kirchtürmen, sich anzusiedeln. Er liebt die Geselligkeit und hält sich deshalb in größeren oder kleineren Scharen mit seinen Artgenossen zusammen, nistet auch gewöhnlich in größeren Gesellschaften auf Bäumen, hohen Felsen, in Gebüschen oder im Schilf. Dabei kehren die Vögel mit großer Zähigkeit zu ihren alten Brutplätzen zurück, so lange sie nicht gewaltsam davon vertrieben werden. Gern nimmt der Kormoran von den verlassenen Nestern anderer Vögel, so besonders von Reiher- und Krähennestern, Besitz, um so mühelos die erste Unterlage für sein eigenes Nest zu erhalten, das aus Pfanzenstoffen errichtet und inwendig immer naß und sehr schmutzig ist. Zweimal im Jahre werden 3–4 Junge aus den grünlichweißen Eiern ausgebrütet und großgezogen.

Tafel 53.

(*Copyright by M. Koch, Berlin.*)

Kormorane auf einem Felsen bei Monterey in Kalifornien.

Tafel 54.

Eingefahrener Strauß auf Karl Hagenbecks Straußenfarm in Stellingen.

Der Kormoran ist 81 *cm* lang und der Hauptsache nach glänzend grünschwarz gefärbt, an Rücken und Flügeln kupferbraun, die Backen weiß, Schnabel und Füße schwarz. Er schweift außer der Brutzeit gern umher, ist auf dem Lande sehr schwerfällig, fliegt auch nicht besonders gut, zeigt sich aber im Wasser äußerst beweglich und flink. Mit geräuschlosem Ruck taucht er in bedeutende Tiefen und kann wenigstens zwei Minuten unter Wasser bleiben, wobei er mehr oder weniger tief hunderte von Metern zurückzulegen vermag. Pfeilschnell schießt er auf der Jagd nach Fischen mit weitausholenden Flügelschlägen so gewandt unter Wasser dahin, daß ihm auch der flinkste Schuppenträger nicht zu entgehen vermag. Aus einer Tiefe von 40 *m* holt er Schollen vom Meeresgrunde herauf, und Fische bis zu 7 *cm* Breite und 30 *cm* Länge, Aale, die er besonders liebt, selbst wenn sie 60 *cm* lang sind, verschlingt er mit Leichtigkeit.

Der vorsichtige, am Brutplatze zwar minder scheue Vogel, entzieht sich jeder nahenden Gefahr. Kann er nicht tauchen, so erhebt er sich über Schußweite in die Luft. Am liebsten aber verschwindet er bei Verfolgung im Wasser, streckt, um rasch zu atmen, nur Kopf und Hals etwas über die Oberfläche und verschwindet alsbald wieder in der Tiefe, wo er sich geborgen fühlt, bis die Gefahr verschwunden ist. Gegen andere Vögel ist er heimtückisch und sucht gern ihre Nester auszurauben oder gar die alten Vögel wegzuschnappen. So sah man im früheren Zoologischen Garten in Wien die Kormorane sich der Länge nach aufs Wasser legen und die hart am Wasserspiegel auf Insekten jagenden Schwalben mit beispielloser Gewandtheit wegfangen, ohne jemals fehlzugreifen.

Während der Morgenstunden fischen sie mit regem Eifer; nachmittags pflegen sie der Ruhe und der Verdauung. Gegen Abend unternehmen sie nochmals einen Fischzug und gegen Sonnenuntergang gehen sie schlafen. Dabei wählen sie im Binnenlande zur Nachtruhe hohe Bäume, an der Meeresküste dagegen hohe felsige Inseln, die ihnen Umschau nach allen Seiten gewähren. Von ihnen bewohnte Inseln erkennt man schon von weitem an dem weißen Kotüberzug, mit dem die Vögel sie bedeckt haben, und sie würden schließlich auch bei uns zu Guanolagern werden, hätten wir in unsern Breiten weniger Regen und die tropische Sonne, die den Vogeldünger unter dem Himmel Perus rasch trocknet. Bei ihrer ungemeinen Gefräßigkeit und raschen Verdauung ist der Kot sehr ausgiebig. Sie fressen solange sie können und stürzen selbst mit gefülltem Magen auf eine Beute, wenn sie ihnen gerade vor die Augen kommt. Weil sie bei solchen Eigenschaften der Fischerei sehr bedeutenden Schaden zufügen, können sie in Ländern, in denen der Mensch zur Herrschaft gelangte, nicht geduldet werden. Sie werden deshalb überall in zivilisierten Ländern als gefährliche Fischräuber verfolgt. Nur vorübergehend sind einzelne Exemplare der Gattung im 17. Jahrhundert an den Höfen Englands und Frankreichs zum Erbeuten von Fischen zahm gehalten worden, wie für die Reiherbeize Falken gehalten wurden. Dazu benutzte man jedenfalls jung aus dem Nest genommene Tiere; und zwar gaben vielleicht Jesuitenmissionare, die in China solche Verwendung kennen gelernt hatten, Veranlassung zu solchem Sporte, da diese gezähmten Kormorane ausdrücklich als aus dem katholischen Flandern bezogen erwähnt werden. So berichtet Pennant, daß König Karl I.

von England, der von 1625–1649 regierte, einen Mr. Wood als *master of the corvorants* hielt. Dieser habe die Kormorane so gezähmt, daß er sie ganz wie Falken habe gebrauchen können. Um 1628 sah dann Puteus als Sekretär des Kardinals Barberini in Fontainebleau am Hofe Ludwigs XIII. solche Tiere, die vom König von England als Geschenk an seinen Schwager dahin gelangt waren. Jedenfalls ist die Verwendung des Kormorans in Europa damals ganz vereinzelt geblieben und haben sich die Vögel nicht in der Gefangenschaft fortgepflanzt, sind also nicht zu Haustieren geworden, wie dies seit alter Zeit in China der Fall ist.

Über die Kormoranzucht der Chinesen hat uns der französische Missionar Armand David 1875 eingehend berichtet. Dort ist dieser Vogel vollständig Haustier geworden und pflanzt sich in der Gefangenschaft regelmäßig fort; doch läßt man gewöhnlich die von den Weibchen gelegten Eier durch Hühner ausbrüten. Die Jungen werden schon beizeiten mit auf das Wasser genommen und sorgsam unterrichtet, so daß sie bald auf den Befehl ihres Herrn ins Wasser tauchen, um die erhaschte Beute nach oben zu bringen und sie ins Boot zu apportieren. Ein um den Hals gelegter lederner Ring verhindert den Kormoran am Hinunterschlingen des erbeuteten Fisches. So schwimmt er auf das Boot seines Herrn zu, wo ihm seine Beute sofort abgenommen wird. Zur Belohnung wird ihm nach Abnahme des Halsrings etwas Bohnenteig als das übliche Futter verabreicht. Hierauf läßt man den Vogel am Rande des Bootes kurze Zeit ruhen und schickt ihn dann wieder an die Arbeit. Lässige Vögel werden bestraft, wie fleißige am Schlusse des Fischens einen Fisch zum Fressen erhalten. Wie groß muß noch der Reichtum der chinesischen Gewässer an Fischen sein, daß sich ein solches Verfahren so gut rentiert, daß ein gezähmter Kormoran den für chinesische Verhältnisse sehr hohen Preis von 12000 Käsch (= 30 Mark) einträgt. Übrigens haben die Japaner den Chinesen den Fischfang mit Kormoranen abgeguckt und wenden ihn gelegentlich ebenfalls in ihren fischreichen Gewässern an. Da der treffliche Vogelkenner Naumann mit gutem Grund den Kormoran als schwer zu zähmen und bissig bezeichnet, ist die große Geduld und Ausdauer der Chinesen bei der Gewinnung dieses Haustiers doppelt anzuerkennen. Für uns aber sind die Zeiten endgültig vorbei, da ein solcher Gehilfe des Menschen existenzberechtigt wäre; denn wie lange müßte der arme Geselle in den meisten unserer Gewässer tauchen, bis er endlich ein paar Gründlinge oder Weißfische aufgetrieben hätte!

Dagegen hat die Kulturmenschheit noch in elfter Stunde einen anderen Vogel zu zähmen verstanden, der an zahlreichen Orten seines einstigen Verbreitungsgebietes bereits ausgerottet ist und nur noch in einigen Steppen Südafrikas häufiger angetroffen wird. Es ist dies der afrikanische Strauß (*Struthio camelus*), der einst auch die Steppen Westasiens wie sämtliche des schwarzen Erdteils bewohnte. So sah Xenophon in der vorderasiatischen

Steppe wilde Strauße, die von den sie verfolgenden Reitern nicht eingeholt zu werden vermochten, und Diodoros Siculus berichtet von Straußen in Arabien, die mit solcher Gewalt Steine mit ihren Füßen gegen ihre Verfolger schleudern, daß letztere oft schwer getroffen werden. Damit meint er die bei ihrem schnellen Laufe unabsichtlich nach hinten fliegenden Steine. Wie dieser schreibt auch der ältere Plinius, er sei so dumm, daß er sich geborgen glaube, wenn er nur den Kopf in einen Busch gesteckt habe. Man suche seine Eier als etwas Kostbares auf und gebrauche die Schale derselben wegen ihrer Größe zu Gefäßen. Mit den Federn der Strauße verziere man die Helme. Älian sagt: „Der Strauß legt viele Eier, bebrütet aber nur die fruchtbaren, legt dagegen die unfruchtbaren gleich auf die Seite und setzt sie später den ausgekrochenen Jungen als Futter hin.“ Aus Libyen und Mauretanien, also Nordafrika, das schon längst keine Strauße mehr besitzt, kamen diese Tiere auch zu den Zirkusspielen nach Rom. So ließ Kaiser Gordianus nach Julius Capitolinus bei den Jagdspielen nebst vielen anderen Tieren auch 300 mit Mennige rot gefärbte Strauße auftreten, die ausdrücklich als aus Mauretanien stammend bezeichnet werden. Bei den Jagdspielen, die Kaiser Probus in Rom gab, erschienen unter anderen wilden Tieren gar 1000 Strauße „und wurden dem Volke preisgegeben.“ Und Älius Lampridius berichtet von Kaiser Heliogabalus, daß er einmal bei einem Schmause die Köpfe von 600 Straußen auftragen ließ, deren Gehirn verzehrt werden sollte. „Mehrmals gab er auch bei Gastereien Straußen- und Kamelbraten und behauptete, den Juden sei vorgeschrieben, solche Braten zu verzehren.“ Wenn damals der Strauß in solcher Menge gefangen und nach Rom gebracht wurde, ist es kein Wunder, daß diese Tiere mit der Zeit dann gänzlich aus Nordafrika verschwanden.

Gewöhnlich lebt der Strauß in Gesellschaften von 10–20 Stück, in Südafrika gern mit Antilopen-, besonders Gnu- und Hartebeestherden vergesellschaftet. Mit hocherhobenem Kopf vermag er mit seinen außerordentlich scharfsichtigen Augen überaus weit zu sehen und ist so ein willkommener Warner für die wohl mit gutem Geruch, aber nur mit mäßig scharfen Augen begabten Antilopen. Er liebt das Wasser und sucht es zum Trinken und Baden gern auf. Wenn es sein muß, kann er dasselbe aber auch lange entbehren, macht auch keine weiten Wege, um es aufzusuchen. Außer Kraut, Früchten und Sämereien aller Art frißt er gelegentlich auch kleine Tiere, schlingt auch Steine, die zum Zerreiben der harten Pflanzennahrung im kräftigen Muskelmagen dienen sollen, hinunter.

Während junge Strauße schweigsam sind, stoßen die alten Männchen meist am frühen Morgen ein Gebrüll aus, kämpfen zur Fortpflanzungszeit auch mit Schnabel und Füßen miteinander, um eine Anzahl Weibchen für sich zu gewinnen. Durch allerlei tanzende Balzbewegungen vermag jedes meist drei bis vier Weibchen an sich zu fesseln. Diese legen nun ihre Eier in ein einziges, nur aus einer vom Männchen in den Sandboden gewühlten Mulde bestehendes Nest, das oft 20 Eier enthält und von anderen, nicht zum Ausbrüten, sondern als Nahrung für die ausgeschlüpften Jungen dienenden Eiern umgeben zu sein scheint. Die dickschaligen, glatten, mit Poren zum Atmen für die Jungen versehenen gelblichweißen Eier werden fast ausschließlich vom Männchen bebrütet, das während der ganzen Nacht daraufsitzt und auch während des Tages sie nur zur Nahrungsaufnahme für kurze Zeit verläßt. Nur in ganz heißen Gegenden überläßt es sie während des Tages, mit Sand bedeckt, sich selbst. Nach etwa 50 Tagen entschlüpfen ihnen die Jungen, die alsbald vom sorgsam um sie bemühten Vater in Obhut genommen und gefüttert werden. Sie sind zunächst von stachelartigen Horngebilden umgeben, die nach zwei Monaten dem grauen Federkleide Platz machen, das bei den Weibchen nur wenig verändert das ganze Leben hindurch bestehen bleibt, während bei den Männchen vom zweiten Jahre an alle kleinen Federn des Rumpfes kohlschwarz, die langen Flügel- und Schwanzfedern aber blendend weiß werden. Diese gekräuselten Federn sind ein sehr beliebter Schmuck schon der unkultivierten Wilden, ganz besonders aber des danach lüsternen Kulturmenschen.

Das hauptsächlichste Ziel der Jagd des Straußes sind diese Federn, die überall willige Abnehmer finden. Ihr Preis ist je nach dem Wechsel der Mode erheblichen Schwankungen unterworfen, ist aber dadurch bedeutend im Wert hinuntergegangen, daß der Vogel jetzt auch gezähmt gehalten wird und ihm die Federn abgeschnitten werden können, ohne daß er, wie früher der wilde, getötet zu werden braucht. Einst wurde die Straußenjagd zur Gewinnung der Federn von den berittenen Beduinen Nordafrikas mit Leidenschaft betrieben und galt als eine der edelsten Vergnügungen, umsomehr sie sehr schwierig war und ein Zusammenarbeiten mehrerer Jäger erforderte. Diese zogen auf flüchtigen Pferden oder Reitkamelen in die Steppe hinaus, wobei ihnen in einiger Entfernung Wasser in Schläuchen tragende Lastkamele folgten. Die Treiber dieser letzteren hatten sich auch während der Jagd in möglichster Nähe der Verfolger zu halten. Sobald die Jäger einen Trupp Strauße trafen, suchten sie ein Männchen von der Herde zu trennen und ritten im gestreckten Galopp hinter ihm her. Während einer von ihnen dem Vogel auf allen Krümmungen seines Laufes folgt, sucht ein anderer diese abzuschneiden, übernimmt, wenn es ihm gelang, die Rolle des ersteren und läßt diesen die kürzere Strecke durchreiten. So wechseln sie miteinander ab, bis sie den mit möglichster Schnelligkeit dahineilenden Strauß ermüdet haben. Gewöhnlich sind sie schon nach Verlauf einer Stunde dicht hinter ihm her, zwingen ihre Reittiere, meist Pferde, zu einer letzten Anstrengung und versetzen dem Vogel schließlich einen heftigen Streich über den Hals oder auf den Kopf, der ihn sofort zu Boden streckt. Unmittelbar nach dem Falle des Wildes springt der Jäger vom Pferde, schneidet ihm unter Hersagen des üblichen — da allerdings sehr unpassenden — Spruches: „Im Namen Allahs, des Allbarmherzigen! Gott ist groß!“ die Halsschlagader durch und steckt, um Beschmutzung der Federn durch das Blut zu verhüten, den Nagel der großen Zehe eines Fußes in die Wunde. Nachdem sich der Strauß verblutet hat, zieht ihm der Jäger das Fell ab, dreht es um und benutzt es gleich als Sack, um in ihm die Schmuckfedern aufzubewahren. Vom Fleische schneidet er so viel ab als er braucht, um seinen Hunger zu stillen; das Übrige hängt er an einen Baum zum Trocknen und für etwa vorüberziehende Wanderer auf. Mittlerweile sind die Kamele mit dem Wasser nachgekommen und die Jäger erquicken sich und ihre Pferde nach der anstrengenden, heißen Jagd mit dem kühlenden Naß, ruhen einige Stunden aus und kehren alsbald mit ihrer Beute beladen nach Hause zurück. Hier sortieren sie die Federn nach ihrer Güte, binden die kostbaren weißen, deren ein vollkommen ausgebildeter Strauß höchstens 14 besitzt, in einzelne Bündel zusammen und bewahren sie zu gelegentlichem Verkauf in ihren Zelten auf. Der Händler muß, um die Federn zu bekommen, sich selbst zum Jäger begeben und erlangt von diesem die gesuchte Ware erst nach längeren Verhandlungen. Man begreift diese Zurückhaltung sehr wohl, wenn man bedenkt, daß alle Fürsten und Regierungsbeamten Nordafrikas noch heute, wie zur Zeit der alten Ägypter, von ihren Untertanen Straußenfedern als Königstribut verlangen und sich kein Gewissen daraus machen, diesen durch ihre Unterbeamten gewaltsam eintreiben zu lassen. Der Beduine vermutet daher in jedem, der ihn nach Federn fragt, einen Abgesandten seines Oberherrn und rückt mit seinem Schatze erst dann heraus, wenn er sich durch eingehendes Ausforschen von den reellen Absichten des Käufers überzeugt hat.

In der Kulturgeschichte der Menschheit hat die Straußenfeder seit der ältesten Zeit eine so wichtige Rolle gespielt, daß wir hier etwas näher darauf eintreten müssen. Schon die Naturvölker Afrikas schmückten sich einst und schmücken sich heute noch damit. Auf einer höheren Stufe waren es vornehmlich die Häuptlinge, die sich ihre Abzeichen daraus schufen, worunter auch aus ihnen zusammengesetzte, an langen Stielen getragene Fächer waren. Im alten Ägypten war eine Straußenfeder das Abzeichen von Maat, der Göttin der Wahrheit und Gerechtigkeit, der Gemahlin von Thot, dem Gotte der Zeit, der Geschichte, Schrift, Magie und des Mondes. Das Bild der Göttin Maat, die eine Straußenfeder als Zier auf dem Kopfe trug, war das kostbarste Weihgeschenk für die Götter; der Oberrichter trug es an einer Kette um den Hals. In der Folge bedeutete die Straußenfeder in der Hieroglyphik Wahrheit und Gerechtigkeit. Als später die Abzeichen der verschiedenen Rangklassen im Zeremoniell am Hofe durch Übereinkommen fixiert waren, war die Straußenfeder das Symbol des Fürsten und das Tragen derselben nur diesen und den Prinzen königlichen Geblüts gestattet. Diese Straußenfedergezierten sind auf den Monumenten als „Fächerträger zur Linken des Königs“ bezeichnet. Auch die Prinzessinnen trugen Fächer aus

Straußenfedern. So wurde im Grabe der Königin Aa hotep (um 1703 v. Chr.) ein solcher aus vergoldetem Holz gefunden, an dessen Halbkreis noch die Löcher zu sehen sind, in denen die inzwischen zu Staub aufgelösten Straußenfedern steckten, die einst den Wedel bildeten. Auch am persischen Hofe spielte der Staatsfächer mit Straußenfedern eine große Rolle. Gleicherweise zierten sich die vornehmen Griechinnen und Römerinnen mit Straußenfedern, wie die Männer sie als Schmuck gelegentlich auf ihre Helme steckten.

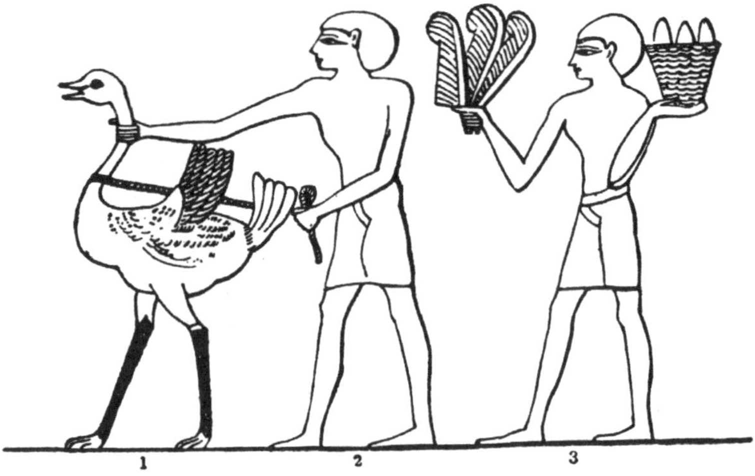

Bild 50. Links gefangener Strauß, rechts ein Mann mit Federn und Eiern vom Strauß. (Nach Wilkinson.)

Im Mittelalter war die Straußenfeder aus Nubien über den Orient nach Europa gekommen, blieb aber zunächst zu teuer, als daß sich weitere Kreise mit ihr zu schmücken vermocht hätten. Erst am Ende des Mittelalters wurde dieser Artikel häufiger auf den Markt gebracht, so daß er weitere Verbreitung und Anwendung fand. Seit dem Anfang des 15. Jahrhunderts liebten es die vornehmen Kavaliere des in Europa tonangebenden, an Reichtum und der damit in Zusammenhang stehenden Prachtentfaltung alle andern überstrahlenden burgundischen Hofes, 3–4 Federn zunächst des Reihers als *aigrette* vorn an der Kappe oder am Stirnband zu befestigen. Als dann auf ihre höfische Zierlichkeit und Eleganz der schwerfällige Prunk des Ritters aus der Zeit Kaiser Maximilians folgte, wurde die zierliche Aigrette durch den wallenden Federbusch aus Straußenfedern ersetzt. Aber nicht nur der adelige Ritter, sondern auch der gewöhnliche Landsknecht suchte mit diesem teuren Schmucke zu prunken. Bald fand er auch Eingang in der wohlhabenden Bürgerschaft, so daß die Obrigkeit es für nötig fand, Gesetze gegen diesen unerhörten Luxus zu erlassen. So wurde in einer Kleiderordnung einer reichen Stadt am Rhein aus dem 16. Jahrhundert den Handwerkern das

Tragen von Straußenfedern auf ihrem Barett als übertriebene Verschwendung gänzlich untersagt.

In der Folge nahm diese Straußenfedermanie in Europa ziemlich ab. In Deutschland sorgte die Not des 30jährigen Krieges dafür, daß den Leuten solcher Tand gleichgültig wurde. Als dann Spanien in der zweiten Hälfte des 16. Jahrhunderts die Welt beherrschte, wurde die Strenge seiner Etikette und die Form seiner Kleidung tonangebend für die vornehmen Kreise. Bald trugen die Damen und Herren nur noch die kleine toque, welche höchstens noch ein kleiner Federstutz garnierte. Als dann Europa nach dem Tode Philipps II. (1598) die steife Grandezza Spaniens abgeschüttelt hatte, stülpte sich der französische Ritter den respondent genannten ungeheuren Filzhut auf seine jetzt absichtlich ungepflegten Locken; diesen schmückte er mit einigen kühn aufgesteckten Straußenfedern. Von da an herrschte das ganze 17. Jahrhundert hindurch in verschiedenen Variationen der mit Straußenfedern gezierte große Filzhut. Am üppigen Hofe des Sonnenkönigs umhüllte die Straußenfeder wieder in verschwenderischer Fülle den Hut des Elegants, wie den Helm des Offiziers. Erst mit dem Beginne des Rokoko änderte sich dieses Verhältnis, indem jetzt die Damen siegreich das Feld behaupteten und ihre zu immer gewaltigerer Höhe emporgetürmte Coiffüre mit wallenden Straußenfedern krönten.

Seit dem Ende des 16. Jahrhunderts wurde die Straußenfeder auch zu höfischen Festdekorationen gebraucht, so zur Ausschmückung des Thronbaldachins und später auch der Prunkbetten des Rokoko. Sie erschien damals als ein unumgängliches Erfordernis der feierlichen Aufmachung, der Galamontur und des Paradekleides. Wie zum erstenmal der Stifter König Friedrich I., so trägt heute noch der König von Preußen als Großmeister des hohen Ordens vom Schwarzen Adler einen Hut mit vier Reihen übereinandergetürmter weißer Straußenfedern. Einen ähnlichen Federbusch trägt nicht nur der Vorsitzende, sondern tragen auch die Ritter des 1730 gestifteten englischen Bath-Ordens, wie auch die Mitglieder des höchsten englischen Ordens überhaupt, des Hosenbandordens. Daß auch die strenge Empirezeit nicht ohne diesen pompösen Schmuck auskommen konnte, sobald es sich um die höchste Prachtentfaltung handelte, ersieht man aus dem Kupferstich des kleinen Krönungsornats Napoleons I., dessen berühmter Dreispitz hier unter einer Wolke duftiger weißer Straußenfedern fast verschwindet.

Bis dahin hatte Europa den Bedarf an dieser kostbaren Ware mit seiner Einfuhr aus Afrika decken können. Genuesische und französische Schiffe hatten schon im ausgehenden Mittelalter den Import derselben aus der Berberei und der Sahara vermittelt. Im 17. Jahrhundert wurden dann Ägypten und Syrien wichtige Ausfuhrländer für diese teilweise auch aus Arabien bezogene wertvolle Ware. Die jahrhundertelang in der schonungslosesten Weise zur Erbeutung der Federn betriebene Straußenjagd ließ aber trotz der Fruchtbarkeit des Riesenvogels mehr und mehr in empfindlicher Weise nach, so daß Livorno und Wien, die von alters her die Stapelplätze für die Straußenfedern gewesen waren, zu Beginn des 19. Jahrhunderts die verlangten Mengen derselben nicht mehr liefern konnten. Als ums Jahr 1830 wieder große Hüte getragen wurden, zahlte man schon 40 Mark für eine hübsche Feder. Wie Gold- und Silberschmuck waren sie eine Zeitlang die beliebtesten Brautgeschenke und wurden in großer Menge verbraucht.

Einen Umschwung brachte erst die um die Mitte des vorigen Jahrhunderts angeregte künstliche Straußenzucht. Um dem fortwährenden Rückgang des wertvollen Tieres zu steuern, stellte auf Anregung des Genfer Arztes Gosset der Pariser Kaufmann Chagot der *société d'acclimatisation* eine Summe von 2000 Franken zur Verfügung, um dieses Tier künstlich zu züchten. Vom Jahre 1857 an wurde dieser Gedanke von Hardy mit Ausdauer verfolgt und es gelang ihm, in Algier die Strauße zum Brüten zu bringen, so daß er bereits 1860 die zweite Generation zu erziehen vermochte. Gleichzeitig wurden auf Anregung des Fürsten Demidoff in San Donato bei Florenz Zuchtversuche mit Straußen vorgenommen und hatten Erfolg. Dabei ergab sich die bemerkenswerte Tatsache, daß das Weibchen in einem Falle das Brutgeschäft vollständig dem Männchen überließ, das andere Mal abwechselnd mit diesem brütete. Aus zwei Bruten gingen von 1859 bis 1860 acht Nachkommen hervor. Gleicherweise wurden im Tiergarten von Marseille durch Suquet Strauße gezüchtet; auch in Grenoble und Marseille erlangte man günstige Resultate, so daß es sich nur noch um eine Übertragung der Versuche in die Praxis handeln konnte.

Nachdem 1866 die künstliche Ausbrütung der Straußeneier geglückt war, ging die Sache rasch vorwärts. In Algier freilich, wo die ersten Versuche stattfanden, vermochte sich die Straußenzucht nicht einzubürgern; dagegen hatten die Farmer im Kaplande überraschende Resultate. Schüttelte man auch dort anfänglich die Köpfe über den Versuch, Strauße zu züchten, so kamen doch einzelne Farmer dadurch zu Vermögen. Die Straußenfarmen wuchsen bald wie Pilze aus dem Boden, und die Kaufpreise der Vögel stiegen rasch in die Höhe. Während noch im Jahre 1865 im Kaplande nicht mehr als 80 zahme Strauße gezählt wurden, hielt man zehn Jahre später schon 21751 Stück. Im Jahre 1886 schätzte man den dortigen Bestand an gezähmten Straußen auf 150000 Stück und später stieg er gar auf 200000 Stück, so daß man sehr wohl begreift, wie heute die Straußenzucht einen der wichtigsten Erwerbszweige Südafrikas bildet, soweit es von Europäern bevölkert ist. Vom Jahre 1865–1885 hob sich die Ausfuhr von 1500 auf 90000 *kg* Federn jährlich, was einen Wert von etwa 20 Millionen Mark darstellt. In neuerer

Zeit ist der Preis der Federn und damit auch der Vögel stark gesunken; doch ist die Straußenzucht gleichwohl immer noch lohnend. Die allzugroße Inzucht der Tiere scheint aber die Qualität der Federn verschlechtert zu haben, so daß eine nicht künstlich verstärkte Feder heute tatsächlich eine Seltenheit geworden ist. Eine Auffrischung der Zuchten mit Wildmaterial ist wegen des starken Rückganges freilebender Strauße bedeutend erschwert.

Kleinere Farmer lassen die Strauße den Tag über im Felde herumlaufen und treiben sie abends in die Gehöfte, wie es übrigens die Somali schon vor den Europäern machten, um die Straußenfedern leichter als durch die mühevolle Jagd auf jene so überaus schnellaufenden Tiere zu erlangen. Viel häufiger als solche kleine sind große Zuchten, in denen etwa 100 Vögel auf einem Raum von 250 *ha*, von Drahtzäunen oder Steinmauern umgrenzt, gehalten werden. Die Nahrung besteht aus Gras und Laubwerk; daneben wird auch Mais verfüttert. Die Straußenhenne legt im dortigen Frühjahr im Laufe von 14 Tagen 12–16 ihrer elfenbeinfarbenen, dickschaligen Eier, deren Ausbrütung, wie wir sahen, fast ausschließlich das Männchen besorgt. Sie wird aber auch sehr häufig im Incubator genannten Brutapparat vorgenommen, wodurch eine gleichmäßigere Erwärmung und infolgedessen auch eine größere Zahl von ausschlüpfenden Jungen erzielt wird. Im Laufe des Jahres erfolgen 2–3 Bruten, so daß die Vermehrung eine sehr starke ist. Im Brutapparat bedarf das Ei zu seiner völligen Bebrütung durchschnittlich 43 Tage. Die Jungen werden mit kleingeschnittenem Grünfutter, besonders Luzerne, dann in Wasser eingeweichter Brotkrume und Kleie aufgezogen, was einige Vorsicht und in der ersten Zeit Trennung von den Alten erfordert, da diese gegen die auf diese Weise gewonnenen Jungen sehr bösartig zu sein pflegen. Sobald die Tiere drei Jahre alt sind, werden ihnen zum erstenmal Federn entnommen, nicht ausgerissen, sondern an der Wurzel mit der Schere abgeschnitten. Der Stumpf fällt dann aus und an seiner Stelle entwickelt sich eine neue Feder. Alle acht bis zehn Monate wird dieser Prozeß, bei welchem man die Vögel vielfach in ein bewegliches Holzgestell einspannt, wiederholt, und 15 Jahre lang kann man bei einem gesunden Tier auf Rentabilität rechnen. Bei einem jährlichen Unterhalt von 80 Mark pro Vogel erzielt man eine Ernte von 1 *kg* Federn im Werte von 260–1200 Mark. Es ist dies also eine sehr schöne Verzinsung des Anlagekapitals.

Die Straußenzucht gedeiht nur in Steppengegenden und sandigen Gebieten. Der Wind hat wenig Einfluß auf das Wohlbefinden der Tiere; dagegen sind die Strauße sehr empfindlich gegen Nässe und Kälte. Starke Verheerungen richten leicht übertragbare Wurmparasiten unter ihnen an. Es wird angegeben, daß die jungen Strauße mit Vorliebe Exkremente von Trappen und Feldhühnern aufpicken und auf diese Weise die Keime von parasitischen Würmern in sich aufnehmen, die sie im wilden Zustande nicht in sich haben. Ferner brechen sich die Tiere in ihrer Ungeschicklichkeit leicht die

Fußknochen und gehen dann meist zugrunde. Noch schlimmer aber ist es, daß der Absatz des Produktes ganz von den Launen der unberechenbaren Mode abhängt und die Preise mit dem zunehmenden Angebot sinken.

Trotzdem die Kapregierung einen hohen Ausfuhrzoll auf lebende Vögel und Eier festsetzte, hat sich die Straußenzucht, außer der blühenden Zucht von Matarieh bei Kairo in Ägypten, auch außerhalb Afrikas eingebürgert, vor allem in Kalifornien und Argentinien. Auch Neuseeland züchtet diesen Schmuckvogel mit Erfolg; in Australien dagegen vermochte er bis jetzt nicht zu gedeihen. Seit kurzem ist man auch in Deutsch-Südwestafrika dem Beispiele der Engländer gefolgt. So ist in Otjkondo ein Gebiet von 8200 *ha* ganz für die Aufzucht dieser Vögel reserviert worden. Da diese, wenn sie rationell betrieben wird, nur einen Verlust von 10 Prozent verursacht und die Vögel sehr fruchtbar sind, d. h. zwei- bis dreimal jährlich 10–16 Eier legen, so kann die Zucht sehr lukrativ sein.

XX. Die Nutzfische.

Noch mehr als für die fluß- und seenbewohnenden Binnenländer ist für die Küstenbewohner der Fischfang eine wichtige Erwerbs- und Nahrungsquelle. Und mit dem immer besser eingerichteten Versand der Fische sind auch die meisten Städte im Innern vorzüglich mit diesem ebenso nahrhaften als billigen Nahrungsmittel versorgt, das in den weitesten Schichten der Bevölkerung eine zunehmende Bedeutung gewinnt. Nach vielen Milliarden Mark belaufen sich die Werte, die von den verschiedenen Völkern dem Meere, der Mutter alles Lebens, in Form von Fischen entnommen werden. So hat auch in Deutschland nicht nur die Küsten-, sondern besonders auch die Hochseefischerei immer größere Bedeutung erlangt, nachdem hierin England vorbildlich vorangegangen war. Vom überreichen Erntesegen, der lange Zeit vorzugsweise den Briten zufloß, kommt nun ein stets wachsender Teil auch den Deutschen zugute. Werden doch jährlich allein für 40 Millionen Mark Heringe nach Deutschland eingeführt.

Unter den zahlreichen Meerfischen haben besonders die Schellfische mit Einschluß der Kabeljaus oder Dorsche, daneben die Heringe durch ihr gehäuftes Auftreten in der Laichzeit in manchen Gegenden eine große Bedeutung erlangt. Diese suchen seichtere Stellen des Meeres zur Ablage ihrer Eier auf und werden dann in großen Netzen in Menge gefangen, teilweise auch mit der Grundschnur erbeutet, die etwa 2000 *m* Länge hat und gegen 1200 Angelschnüre mit köderbewehrten Haken besitzt. Letztere wird ausgeworfen und alle sechs Stunden emporgeholt, der Fang ausgelöst, die verbrauchten Köder ersetzt und die Schnur neu gelegt. Währenddem beschäftigen sich die Fischer mit Handangeln, von denen sie je eine in die Hand nehmen, rasch emporziehen, wenn sie merken, daß sich etwas gefangen hat, und sofort wieder in die Tiefe versenken. Letzteres geschieht besonders beim Schellfisch, Kabeljau und Merlan (*Gadus morrhua*, *aeglefinus* und *merlangus*), von denen ein Mann täglich 300 bis 400 Stück zu erbeuten vermag. Am besten schmecken alle diese Fische frisch verzehrt. Durch das Trocknen verlieren sie an Geschmack, doch bleibt bei ihrer ungeheuren Menge gleichwohl nichts anderes übrig, als den größten Teil auf diese Weise zu konservieren, außerdem eine beträchtliche Menge davon in Fässern einzusalzen.

Der Kabeljau — jung Dorsch genannt — bewohnt den nördlichen Teil des Atlantischen Ozeans und die angrenzenden Gebiete des Eismeeres, hat seine Hauptverbreitung zwischen dem 50. und 75. Breitegrad, kommt nicht südlicher als im 40. Breitegrad vor, wird 1–1,5 *m* lang und bis 40 *kg* schwer. Zur Laichzeit zieht er in gewaltigen Zügen, die über 100 *km* breit und 30 *km* lang sein können, dicht gedrängt an die zur Eiablage geeigneten flachen

Stellen des Meeres, an den Lofoten, dann an der Doggerbank in der Nordsee (*dogg* heißt im Altholländischen der Kabeljau), besonders aber an der Neufundlandbank, wo allein alljährlich etwa 1300 Millionen Kilogramm Kabeljaus gefangen werden. Die Neufundlandbank ist heute noch die wichtigste Fangstelle des Kabeljaus und wurde seit Anfang des 16. Jahrhunderts von Engländern, Holländern, Franzosen, Portugiesen und Spaniern aufgesucht und fleißig ausgebeutet. Schon im Jahre 1615 waren 250 englische Schiffe dort beschäftigt. Heute sind es deren 1800 mit 17000 Matrosen, während die Amerikaner noch mehr senden, um den hier gebotenen Reichtum aus dem Meere zu schöpfen. Die meisten Kabeljaus werden mit beköderten Angeln an der Grundschnur oder an Angelschnüren, die von den Booten herabhängen, gefangen und sofort geköpft und ausgenommen. Sie werden dann meist halbiert und die einzelnen Teile auf Stangen getrocknet. So liefern sie den „Stockfisch", während sie mit Salz bestreut und auf Felsen getrocknet als „Klippfisch", und in Fässern eingesalzen als „Laberdan" in den Handel gelangen. Beim Ausweiden der Fische kommt die Leber in ein besonderes Faß, der Rogen in ein anderes, die übrigen Eingeweide werden als Köder verwendet. Die abgeschnittenen Köpfe dienen vielfach als Viehfutter. Die Lebern läßt man in großen Bottichen stehen und in Zersetzung übergehen, wobei sich in ihnen ein Öl an der Oberfläche sammelt. Es ist dies der Lebertran, der von Zeit zu Zeit abgeschöpft, durch Seihen gereinigt und, seiner Güte entsprechend, in verschiedene Fässer gefüllt wird. Am besten ist natürlich der wenige Tage nach Beginn der Fäulnis gewonnene Lebertran, am schlechtesten der Rest, den man durch Auskochen erlangt.

Kein Meerfisch gewöhnt sich rascher an die Gefangenschaft auch in engem Raum, keiner geht leichter ans Futter, keiner frißt mehr und wächst rascher als der Kabeljau. Nur muß das Wasser seines Beckens kühl gehalten werden, da er, wie gesagt, ein nordischer Fisch ist. Geschieht dies und reicht man ihm genügend Nahrung, so gedeiht er nicht nur vortrefflich, sondern dauert auch mehrere Jahre selbst in einem offenbar für ihn zu engen Gewahrsam aus. In neuerer Zeit hat die Fischkommission der Vereinigten Staaten von Nordamerika den Versuch unternommen, mit Hilfe der künstlichen Fischzucht den Kabeljau, der im nordatlantischen Gebiete heimisch ist, auch in südlicheren Gebieten, z. B. in der Chesapeakebai, heimisch zu machen.

Noch mehr als der stattliche Kabeljau und seine Verwandten ist der Hering (*Clupea harengus*) ein Speisefisch des Volkes, der, auch dem Dürftigsten noch käuflich, in gar vielen Haushaltungen, besonders der nordischen Länder Europas, die Stelle des zu teuer gewordenen Fleisches vertreten muß. Von ihm werden jährlich über 10 Milliarden Stück gefangen, von denen Deutschland etwa 500 Millionen Stück konsumiert, während die nordischen

Völker weit mehr verbrauchen. Bei ihnen ist er vielfach mit Brot zusammen die tägliche Nahrung. Dieser nur 30 *cm* lange, stark zusammengedrückte Fisch lebt weder wie die vorgenannten vorzugsweise im Polarmeere, noch macht er wie diese weite Reisen. Er bewohnt vielmehr die Tiefen der Meere, an deren Küsten er laicht, wird dort zu allen Zeiten vereinzelt gefangen, namentlich mit solchen Gerätschaften, die in größere Tiefen reichen, und steigt nur zur Laichzeit aus diesen Tiefen empor, um der Küste zuzusteuern, an der er seine Eier wie die vorigen zur Winterszeit absetzt.

Betrachtet man eine Tiefenkarte der Nordsee, so überzeugt man sich leicht von der Tatsache, daß Großbritannien auf einer geräumigen Hochebene liegt, die nirgends tiefer als 200 *m* ist, so daß bei einer Senkung des Meeresspiegels um diesen Betrag ganz Großbritannien in das europäische Festland einbezogen wäre. Diese Untiefe der Nordsee stellt, außer den Westküsten Großbritanniens und Skandinaviens, den Laichplatz des Herings dar, wohin außer den Scharen fortpflanzungslustiger Individuen alljährlich auch große Heere noch nicht völlig erwachsener sogenannter Jungfern- oder, wie die Holländer sagen, Matjesheringe aus der heimatlichen Tiefe emporsteigen. Der von kleinen Spaltfußkrebsen lebende Fisch macht an der Küste Norwegens vom Februar bis April seine Laichzüge. In der dem Laichen vorausgehenden Zeit entwickeln sich bei ihm Rogen und Milch als wasserreiche und deshalb leichtere Stoffe so stark auf Kosten von Fett und Eiweiß der Muskulatur, daß das Gewicht des Fisches geringer wird und er sich getrieben fühlt, um seine Gleichgewichtslage wieder herzustellen, Plätze aufzusuchen, an denen die Temperatur höher und daher das spezifische Gewicht des Wassers geringer ist. Danach richten sie ihre Wanderungen und wählen deshalb nicht immer dieselben Laichplätze.

Die älteren Heringe laichen früher als die jüngeren und beginnen damit teilweise schon im Herbst, und zwar vermutlich an denselben Stellen, an denen sie geboren wurden. Doch können verschiedene Ursachen, wie Witterungseinflüsse und Strömungsänderungen, bewirken, daß sie in manchen Jahren an bestimmten Orten, an denen sie früher in Masse erschienen, gänzlich ausbleiben; ebenso zeigen sie sich gegen Veränderungen ihrer Laichplätze höchst empfindlich, meiden insbesondere solche Plätze oft jahrelang, an denen der Überzug von Tangen zerstört oder ihrer zu viele weggefangen wurden. Doch sind die Ursachen, welche Richtung und Ziele der Heringswanderungen bestimmen und zeitweilig ändern, noch nicht völlig erkannt. Immerhin scheint es heute schon zweifellos, daß innerhalb gewisser großer Zeiträume die Heringszüge sich von den bis dahin regelmäßig besuchten Gebieten ab- und anderen zuwenden.

Erscheinen irgendwo die Heringe zum Laichen, so treiben sie sich zwei bis drei Tage hindurch nahe der Oberfläche des Meeres umher, drängen sich, namentlich bei stürmischem Wetter, zu dichten Haufen, eilen vorwärts und lassen währenddem die Eier ins Wasser fallen, die gleichzeitig von dem von den männlichen Fischen entlassenen Samen befruchtet werden. Dabei werden sie von zahlreichen Feinden verfolgt und dezimiert. Solange sie sich in den oberen Wasserschichten umhertreiben, nähren sich alle hier lebenden Raubfische, alle Meervögel, besonders Möwen, und fast sämtliche Meersäugetiere ausschließlich von ihnen. So erkennen die Norweger ihre Ankunft an den sich um sie sammelnden Zahnwalen. Aber alle Verluste, die die zahlreichen Räuber der See den Heringszügen zufügen, sind verschwindend gegenüber denjenigen, die der Mensch ihnen mit seinen großen Netzen beibringt. Um die Heringe im großen zu fangen, bedient man sich der sogenannten Driftnetze, die 40 *m* lang und 10 *m* tief sind. Größere Fischerboote führen bisweilen so viele dieser Netze mit sich, daß sie auf 2,5 *qkm* das Wasser bestellen können. Gegen Abend werden die Netze eingesenkt, mit Gewichten teilweise in die Tiefe gezogen, teilweise aber durch Korkstücke und leere Fässer oben gehalten, so daß sie je nach der Meerestiefe höher oder niedriger zu stehen kommen. Die Maschen sind genau so weit, daß ein junger Hering durchzuschlüpfen vermag, während der erwachsene beim Bestreben, sich durchzuzwängen, mit den Kiemendeckeln darin hängen bleibt und so gefangen wird. Mit Tagesgrauen beginnt man die Netze auszulösen und schafft dann die gefangenen Fische so eilig als möglich an den Strand und in den Arbeitsraum des Einsalzers, da sie um so besser werden, je eher sie ins Salz kommen. Hier werden sie alsbald ausgenommen und gelangen, mit Salz bestreut und in Tonnen festgepreßt, zum Versand.

Sichere Kunde von der Heringsfischerei reicht bis ins frühe Mittelalter zurück. Altenglische Urkunden erwähnen sie und alte Gesetze regeln sie. Bis zu Ende des 14. Jahrhunderts befand sich die Fischerei, obschon sie damals durchaus nicht unbedeutend war, erst in den Anfängen. Da lernte man den Fisch durch Einsalzen vor dem Verderben zu schützen und so transportfähig zu machen. Dadurch erst gewann der Hering als Volksnahrungsmittel die allergrößte Bedeutung. Zuerst waren es die Holländer, die den Heringsfang in großartiger Weise betrieben; später nahmen auch die Hanseaten und Norweger an ihm teil. Erst seit 200 Jahren begannen die Briten eine größere Anzahl Schiffe auf den Heringsfang auszusenden und überflügelten darin bald alle anderen Völker Europas. Da aber der Wanderzug der Fische sich nicht im voraus feststellen läßt, so spielt der Zufall eine große Rolle dabei, ob man Erfolg hat oder nicht. In der Gefangenschaft geht der erwachsene Hering in wenigen Stunden, der junge in wenigen Tagen ein, so daß von einer künstlichen Aufzucht bei ihnen niemals die Rede sein kann.

Die nächste Verwandte des Herings ist die Sprotte (*Clupea sprottus*), die nur 15 *cm* lang wird. Sie lebt wie jener in bedeutender Meerestiefe und erscheint alljährlich im Frühling in unermeßlichen Scharen in der Nähe der Küste, um zu laichen. Zu ihrem Fange wendet man entsprechend feinmaschige Netze an. An der britischen Küste, wie auch an derjenigen der Ostsee wird diese Fischerei stark betrieben. Geräuchert kommen sie von Eckernförde aus als „Kieler Sprotten", in Salz eingemacht dagegen aus Norwegen unter dem Namen „Anchovis" (franz. *anchois*) in den Handel.

Etwas größer, nämlich 20–25 *cm* lang, ist die Sardine (*Clupea sardina*), die vom Süden Englands längs der ganzen französischen und nordspanischen Küste bis Portugal bald in tieferem, bald in seichterem Wasser vorkommt, sehr gefräßig ist und vorzugsweise von kleinen Garneelen lebt, die sie am Meeresboden aufnimmt, um damit den Magen prall zu füllen. Sie laicht vorzugsweise in den Herbstmonaten und wird dann in großen Mengen gefangen, doch wird sie zumeist außerhalb der Laichzeit mit dem Grundnetz erbeutet. Viele derselben werden eingesalzen, die große Mehrzahl aber, nachdem sie kürzer oder länger in der Sülze gelegen, in Öl gekocht, mit diesem in kleinen Blechbüchsen eingeschlossen und als Sardinen in den Handel gebracht.

Etwas kleiner, nämlich nur 15 *cm* lang, d. h. so groß wie die Sprotte, wird die Sardelle oder der echte Anchovis (*Engraulis encrasicholus*). Dieser an der Oberseite bräunlichblaue Fisch bewohnt besonders das Mittelländische Meer, ist aber durch die Meerenge von Gibraltar längs der europäischen Küste bis in den nördlichen Teil der Nordsee, ja sogar in die Ostsee gedrungen. Für die nördlichen Teile des Verbreitungsgebietes hat der Fang dieses geschätzten Fisches keine besondere Bedeutung, wohl aber in den südlichen Gegenden. Schon in der Bretagne bringt die Sardellenfischerei Millionen ein. Im Mittelländischen Meer zählt das Fischchen zu den geschätztesten Speisefischen. Es lebt in tieferen Schichten und kommt an die Küsten zum Laichen, wobei es in so dichten Scharen auftritt, daß oft mit einem einzigen Zuge mit dem Netz viele Tausend aus dem Wasser gehoben werden. Schon die Alten schätzten es hoch. In Aristophanes „Rittern" wird uns ein Wursthändler vorgeführt, der durch den billigen Verkauf dieses Speisefisches, zu dem er gratis die Zukost an Zwiebeln gab, besondere Popularität erlangte. Aber nicht nur die Armen, auch die Reichen Griechenlands aßen den Fisch gern, besonders in siedendem Olivenöl zubereitet. Der Grieche Oppianos schreibt in seinem um 200 n. Chr. in Hexametern verfaßten Gedicht über den Fischfang: „Die Sardellen (*engraulis*) sind furchtsame, schwache Fische, welche von anderen hart verfolgt werden und sich daher, um sicherer zu sein, in so dichte Scharen zusammendrängen, daß sie oft Schiffe in ihrem Laufe, Ruder in ihrem Schlage hemmen. Die Massen sind so dicht, daß man sie nicht mit dem Beile auseinander zu hauen vermag und daß man mit der Hand so viele nehmen kann als man will. Die Fischer ziehen sie mit Netzen heraus und man sieht oft große Haufen derselben, die den Strand bedecken." Man schneidet ihnen nach dem Fange die Köpfe ab, nimmt die Eingeweide heraus und salzt sie oder macht sie in

Olivenöl ein. In ersterem Falle kommen sie als „Sardellen“, in letzterem dagegen als „Anchovis“ in den Handel.

Ebenfalls im Mittelmeer heimisch und von da der Küste entlang nach Norden vorgedrungen sind die Rotbarben (*Mullus*), von denen vor allem der Rotbart (*Mullus barbatus*), ein 30–40 *cm* langer karminroter Fisch mit gelben Flossen, von den Alten überaus geschätzt war. Nach Plinius, der von ihm bemerkt, daß er in Fischbehältern nicht gedeiht, soll der Konsular Asinius Celer zur Zeit des Kaisers Caligula einen solchen für 8000 Sesterzien (= 1200 Mark) gekauft haben und fügt bei: „Sonst klagte man darüber, daß Köche teurer seien als Pferde; jetzt kostet ein Koch soviel wie ein Triumph, ein Fisch soviel wie ein Koch, und fast kein Mensch wird so hoch geschätzt wie ein Koch, obgleich seine Hauptkunst darin besteht, seinen Herrn durch Kochen um Hab und Gut zu bringen.“ Seneca erzählt in einer seiner Episteln, Kaiser Tiberius habe einen 41/2 Pfund schweren Rotbart auf den Markt geschickt und dafür von Publius Octavius 5000 Sesterzien (= 750 Mark) erhalten. Martial sagt, ein reicher Römer habe einen Sklaven für 1300 Sesterzien (= 195 Mark) verkauft und für diese Summe einen 4 Pfund schweren Rotbart eingehandelt. Juvenal berichtet, es habe jemand einen 6 Pfund schweren Rotbart für 6000 Sesterzien (= 900 Mark) gekauft, und Älius Lampridius erzählt, der verschwenderische Kaiser Heliogabalus habe Schmausereien gegeben, bei denen ungeheure Massen von Eingeweiden der Rotbärte aufgetragen wurden, auch habe er ganze Schüsseln und Teller, die nur mit Bartfäden der Rotbärte gefüllt waren, aufgetischt.

In größeren Wassertiefen leben die Makrelen (*Scomber*), die ebenfalls bei den Alten als Speisefische sehr geschätzt waren. Ihr köstliches Fleisch muß so rasch als möglich gegessen werden. Eine sehr pikante Sauce, *garum* genannt, gewannen die Römer durch Faulenlassen von deren Fleisch, nebst Blut und Eingeweiden. Riesenmakrelen sind die Thunfische (*Thynnus*), die für die Bewohner der Mittelmeerküsten von besonderer Bedeutung sind. Sie erreichen 3–4 *m* Länge und ein Gewicht von 300–400 *kg* und werden ihres wohlschmeckenden Fleisches wegen eifrig verfolgt. Ihre wahre Heimat ist das Mittelländische Meer, während sie im Atlantischen Ozean spärlicher vorkommen und durch andere Arten ersetzt werden. Zwar behauptete man im Altertum und glauben die Fischer heute noch, daß sie alljährlich in Menge vom Weltmeere aus durch die Meerenge von Gibraltar nach dem Mittelländischen Meere ziehen. So schreibt der vorhin genannte Oppian: „Die Thunfische kommen vom Weltmeer ins Mittelländische, wenn sie im Frühjahr Eier legen wollen. Sie gehen erst an Spanien, dann an Gallien und Sizilien hin. Zu dieser Zeit werden Wächter auf die Felsen am Strande gestellt, welche den Zug und die Zahl der kommenden Fische beobachten. Sehen sie die Scharen herannahen, so werden die Netze gestellt, welche

Kammern bilden, die mit Vorhallen und Eingängen versehen sind. In diese dringen dann die Thunfische in Menge ein und gewähren einen überreichen Fang.“ Nur muß diese Anschauung von der Herkunft der Thunfische aus dem Atlantischen Ozean dahin abgeändert werden, daß sie für gewöhnlich in größeren Tiefen des offenen Mittelländischen Meeres leben und sich erst gegen die Laichzeit den Küsten nähern. Statt wagrechte Wanderungen, wie man früher glaubte, vollführen sie vorzugsweise senkrechte, um sich in den flacheren Gewässern der Küste zu tummeln. Hier hält er allerdings — vermutlich durch unterseeische Täler bewogen — bestimmte Straßen ein, in denen er oft in Herden von Tausenden fortzieht, um sich im Frühling im seichten Wasser der Küste fortzupflanzen. Seit dem frühesten Altertum sind gewisse Fangplätze durch ihre Ergiebigkeit berühmt. Dort wird der Fang der Thunfische durch dieselben gekammerten Netze, wie sie vorhin aus dem Jahre 200 nach Chr. beschrieben wurden, bewerkstelligt. Sobald die auf erhabenen Stellen beobachtenden Wächter die Ankunft der Thunfische melden, stechen eine Menge bereit gehaltener Boote in die See, bilden unter Befehl eines Anführers einen weiten Halbmond, werfen ihre *tonnare* genannten Fangnetze, wahrhaftige Gebäude aus Stricken und Maschen aus und schließen die Fische ein. Indem sie den Kreis mehr und mehr verengern, zwingen sie die Thunfische, gegen das Land hin zu schwimmen. Im seichten Wasser breitet man dann das letzte Netz aus und zieht es mit allen innerhalb desselben befindlichen Thunfischen ans Land, um sie alle abzustechen, so daß sich das Meer weithin mit ihrem Blute rotfärbt. Die Ausbeute wird oft an Ausländer, die sich als Käufer eingefunden haben, frisch verkauft und von diesen in Tonnen eingesalzen. Von den Einheimischen wird der Thunfisch vielfach auch gekocht, in Öl konserviert und so in den Handel gebracht. Jedem Italienfahrer ist solcher *tonno in oleo*, der ganz gut schmeckt, sehr wohl bekannt.

Für die Nordsee sehr wichtig sind die am liebsten im Sande der Flachsee halb in den Boden eingegraben auf Beute lauernden Flachfische oder Seitenschwimmer, die verschiedenen Arten von Schollen, Flundern, Seezungen, Heil- und Steinbutte. In der Fähigkeit, sich zu verstecken, werden sie in hohem Maße durch die Begabung gefördert, die eine pigmentierte und mit beiden Augen versehene Seite je nach der Farbe des Untergrundes verschieden zu färben. Sie laichen im Frühling und Vorsommer zwischen Tangen, an die sie die Eier mit Vorliebe festkleben. Ihr sehr wohlschmeckendes Fleisch zeichnet sich durch seine große Haltbarkeit aus und wird deshalb weithin verschickt. Außer englischen sind es besonders holländische und dänische Fischer, die sich mit deren Fang abgeben und sie besonders nach London verhandeln. Sie lassen sich wie im Meerwasser, so auch im Süßwasser lange Zeit halten, haben überhaupt eine außerordentliche Lebenszähigkeit.

Besonders geschätzt war bei den alten Römern das Fleisch eines Aalfisches, der Muräne (*Muraena helena*), die sie in eingedämmten Meeresarmen oder Salzwasserteichen hielten, um stets den nötigen Bedarf für ihre Schwelgereien bei der Hand zu haben. Plinius berichtet über sie in seiner Naturgeschichte: „Bloß für Muränen bestimmte Fischteiche hat zuerst Gajus Hirrius angelegt; aus diesen lieh er dem Diktator Cäsar zu den Triumphschmausereien 6000 Muränen unter der Bedingung, daß er ebensoviel zurückerhalte; denn für Gold und andere Kostbarkeiten waren sie ihm nicht feil. Kurz darauf wurde sein Landgut verkauft, und der Preis desselben betrug wegen der darauf befindlichen Fischteiche 4 Millionen Sesterzien (= 600000 Mark). Von da an begann man mit einzelnen Individuen dieser Fischart Liebhaberei zu treiben. Bei Bauli in der Nähe (des damals sehr beliebten Badeortes) von Bajae hatte der Redner Hortensius einen Fischteich, worin sich eine Muräne befand, die er so liebte, daß er sie nach ihrem Tode beweint haben soll. Auf demselben Landsitze schmückte Antonia, die Tochter des Drusus, eine geliebte Muräne mit Ohrringen, und manche Leute gingen nur nach Bauli, um das berühmte Tier zu sehen." Später, um 220 n. Chr., berichtet Älian: „Berühmt ist die Muräne des Crassus, welche Ohrringe und mit Steinen besetzte Halsbänder trug, auf den Ruf des Crassus herbeikam und ihm aus der Hand fraß. Sie wurde nach ihrem Tode von ihm beweint und begraben."

Bekannt ist, daß diese gierigen Raubfische gelegentlich mit Menschenfleisch gefüttert wurden. So erzählt Plinius: „Die Gefräßigkeit der Muränen hat dem römischen Ritter Vedius Pollio, einem Freunde des Kaisers Augustus, Gelegenheit zur Erfindung einer neuen Grausamkeit gegeben; denn er ließ in die mit diesen Fischen besetzten Teiche verurteilte Sklaven werfen, nicht weil er sie von Löwen, Tigern und dergleichen nicht hätte zerfleischen lassen können, sondern weil er sein Vergnügen daran fand, zuzusehen, wie der ganze Mensch zu gleicher Zeit von allen Seiten her durch Feinde zerfleischt wurde, das andere Raubtiere nicht gewähren konnten." In zahlreichen Lesebüchern wird die Geschichte erzählt, wie er in Gegenwart des bei ihm zu Gast weilenden Kaisers Augustus einen Sklaven, der ein kostbares murrhinisches Gefäß zerbrach, als Strafe dafür mit dem Ausdrucke: *ad muraenas* d. h. zu den Muränen! lebend diesen Tieren vorwerfen ließ. Vorzüglich sollten sie nach Plinius wütend werden, wenn man ihnen Essig zu schmecken gab.

Wie für Muränen hatten die Römer auch für andere von ihnen wegen ihres wohlschmeckenden Fleisches geliebte Meerfische besondere Teiche, die oft mit großem Aufwand hergestellt wurden. So berichtet der vorgenannte Plinius: „Zu derselben Zeit, da Sergius Orata die Austernparks erfand, erfand Licinius Muraena die Fischteiche, und berühmte Männer, wie Philippus und Hortensius, haben ihn darin nachgeahmt. Lucullus ließ sogar bei Neapel einen Berg mit größeren Kosten, als er auf sein Landgut verwendet hatte, abtragen und leitete das Meerwasser ins Land, weshalb ihn Pompejus der Große den römischen Xerxes nannte. Nach seinem Tode wurden die dort befindlichen Fische für 4 Millionen Sesterzien (= 600000 Mark) verkauft." Daß es den in solchen Fischteichen installierten Fischen vorzüglich erging und sie gelegentlich ein sehr hohes Alter erreichten, können wir aus einer Notiz desselben Autors entnehmen, worin es heißt: „Wie alt ein Fisch werden kann, das haben wir erst neulich an einem merkwürdigen Beispiel gesehen. Pausilypum ist ein nicht weit von Neapel gelegenes kampanisches Landhaus. Dort wurde von Vedius Pollio ein Fisch in Cäsars Fischteiche gesetzt, der, wie Annäus Seneca schreibt, erst 60 Jahre später starb, während zwei ebenso alte derselben Art noch lebten." In solchen Teichen zu fischen war ein besonderes Vergnügen der vornehmen Herrn. Dazu wurden oft auserlesen kostbare Geräte gebraucht. So fischte Kaiser Nero nach den Angaben seines Biographen Suetonius mit Netzen, deren Fäden purpur- und scharlachfarbig und mit Gold verziert waren. Außer mit Netzen fischte man im Altertum nach Oppian auch mit dem an einer Rute an einer Schnur aus Pferdehaar befestigten Angelhaken, dem Dreizack und durch Anbringen von Reusen. Durch letztere wurden besonders auch Aale gefangen. So schreibt Aristoteles: „Um Aale zu fangen, setzt man ein irdenes Gefäß mit Pökelfleisch hin und befestigt an dessen Mündung eine Reuse. Mit dem Geruch von gebratenem Fett kann man alle Fische leicht anlocken."

Von den Aalen (*énchelys* der Griechen und *anguilla* der Römer) blieb die Fortpflanzung bis in unsere Tage unbekannt. Aristoteles ließ sie aus Regenwürmern entstehen, welche sich von selbst aus Schlamm und feuchter Erde erzeugen und fügt zur Bekräftigung seiner Aussage bei: „Man hat auch gesehen, wie sich Aale von Regenwürmern loslösten, teils werden sie auch bei Zerreißung derselben sichtbar." Spätere Autoren sahen Eingeweidewürmer der Aale für die junge Brut an. Heute wissen wir, daß alle Süßwasseraale Weibchen sind, die in allen Gewässern Europas vom 64.-65. Grade nördlicher Breite, auch im Mittelländischen Meer, nicht aber in den Zuflüssen des Schwarzen und Kaspischen Meeres, also auch nicht in der Donau, vorkommen. Sie lieben vor allem tiefes Wasser mit schlammigem Grunde und liegen den Winter über im Schlamme verborgen, bis sie wieder mit Beginn der warmen Jahreszeit ihr bewegliches Räuberleben aufnehmen. Sie wachsen sehr rasch, haben in 2–3 Jahren eine Länge von 50–60 *cm*, in 4–5 dagegen eine solche von 70–80 *cm* und ein Gewicht von 1,5 *kg* und darüber erreicht. Ihre Geschlechtsreife erlangen sie aber nur im Meere. Alle Weibchen, die in geschlossenen Gewässern leben und deshalb nicht ins Meer gelangen können, wachsen bis zu 1,5 *m* Länge bei einem Gewicht von 10 *kg* heran und sterben schließlich, ohne sich fortgepflanzt zu haben. Die in offenen Gewässern lebenden Weibchen dagegen wandern, sobald sie erwachsen sind, in stürmischen Herbstnächten in Trupps von 20–40 Stück flußabwärts dem Meere zu, wo die bedeutend kleineren, nur etwa 40 *cm* langen männlichen Aale, die zeitlebens an den Meeresküsten verbleiben, ihrer harren. Gemeinsam ziehen dann beide Geschlechter langsam der Tiefsee zu, wobei ihre bis dahin unentwickelten Geschlechtsdrüsen auswachsen und sie für das Dunkel der Meerestiefe geeignete große Augen von 1 *cm* Durchmesser erhalten. Hier pflanzen sie sich fort und sterben dann vermutlich ab, wenigstens kehren sie nicht mehr an die Küsten zurück. Die junge Aalbrut steigt im Frühjahr aus der Meerestiefe von 1000 *m* und mehr allmählich gegen die Küsten, wobei die durchsichtigen, schmalen Larven, die man früher als Leptocephalen, d. h. Schmalköpfe, beschrieb und für eine besondere Tierart hielt, weil sie den eigentlichen Aalen vollkommen unähnlich sind, schließlich Aalgestalt erhalten. Weil diese Aallarven um so kleiner sind, je weiter nach Süden sie im Atlantischen Ozean gefischt werden — die kleinsten fing man südlich von den Azoren — glaubt Hjort annehmen zu dürfen, daß die Laichplätze des Aales im südlichen, zentralen Teil des Mittelländischen Ozeans sich finden und die Aallarven durch Meeresströmungen und schließlich den Golfstrom an unsere Küsten geführt werden. Im April und Mai wandern dann die jungen Weibchen dicht aneinandergeschmiegt in langem Zuge, kein Hindernis achtend, ins Süßwasser ein. Sie überkriechen Wehre und Stromschnellen, überwinden sogar den Rheinfall bei Schaffhausen, was für diese Tierchen in Anbetracht der Höhe des Falles eine erstaunliche Leistung ist, um überall ins Quellgebiet der Flüsse zu gelangen. Im Verlaufe von 4–5 Jahren wachsen sie dann aus und vollziehen dann ihren Abstieg ins Meer und die Tiefsee.

Überall wird auf dem Festlande die Aalfischerei eifrig betrieben, da das Fleisch dieser Tiere äußerst wohlschmeckend ist und frisch, geräuchert oder eingemacht einen nicht unwichtigen Handelsartikel bildet. Von Holland aus wird speziell London mit dieser Ware versehen. In Oberitalien sind in den Lagunen von Comacchio an der Pomündung große Aalfischereien, die jährlich über 1 Million *kg* dieses fetten Fischfleisches liefern. Zum Zwecke des Aalfanges sind dort ganze Systeme von Schleusen, Kanälen und Rinnen angelegt. Diese letzteren, die mit kleinen Querleisten versehen und innen mit Kies und Sand belegt sind, dienen der Einwanderung der Aale, die dann, wenn sie erwachsen zum Meere zurückwandern, abgefischt werden.

Umgekehrt wie beim Aal, der seine Heimat in der Tiefsee hat und sich wenigstens in den weiblichen Vertretern im Süßwasser großfrißt, verhält es sich mit dem Lachs oder Salm (*Salmo salar*), der von seiner einstigen Heimat, dem Süßwasser, sich an die Meeresküste begibt, um hier zu erwachsen, wobei er bis 1,5 *m* lang und 45 *kg* schwer wird. An dem im Meere reichgedeckten Tisch frißt er sich rasch groß, um zur Fortpflanzung im Herbst in seinen Heimatfluß zurückzuwandern und an sandigen Stellen der Quellzuflüsse zu laichen. Wie die Eier des Aals für ihre Entwicklung die Ruhe der Tiefsee verlangen, so ist umgekehrt bewegtes kaltes Wasser die Vorbedingung für die normale Entwicklung der Lachsbrut. Ihm zuliebe legen deshalb diese Wanderfische mit Aufwand einer Unsumme von Kraft den weiten Weg vom Meer in das Quellgebiet der heimatlichen Ströme zurück, dabei die größten Widerstände, wie Wehren und Wasserfälle, zu überwinden suchend. Die paar Monate, die sie im Süßwasser verweilen, fressen sie überhaupt nicht und benutzen das Fleisch besonders ihrer Seitenmuskeln zur Bildung der Geschlechtsprodukte, die im Oktober und November zur Ablage reif sind. Zum Laichen sucht das stets von mehreren Männchen begleitete Weibchen seichte Stellen mit reinem Sand- und Kiesgrund auf. Oft sind diese Stellen an den Quellbächen so wasserarm, daß darin nicht einmal die Rückenflossen der laichenden Tiere ganz vom Wasser bespült werden. In verschiedene mit dem Schwanz aufgewühlte flache Mulden legt das Weibchen die alsbald von den Männchen besamten und dadurch befruchteten Eier, die dann leicht mit Kies oder Sand bedeckt werden. Nach Beendigung des Laichgeschäftes wandern die Lachse, von der bedeutenden Kraftabgabe stark abgemagert, mit weichem, weißem Fleisch zum Meere zurück. In diesem geringwertigen Zustande bezeichnet man sie im Rhein als Lachs, während sie dort im frischgemästeten Stadium vor der Ausbildung der Geschlechtsprodukte mit festem, rötlichem Fleisch als „Salm" bezeichnet werden. Abwärts matt und willenlos sich mehr von der Strömung treiben lassend als eigentlich schwimmend, erreichen sie das Meer, um sich darin nach so langem Fasten durch reichliches Fressen wieder festes, rötliches Fleisch anzumästen. Im Laufe des Sommers haben sie sich wieder so weit gekräftigt und Reservematerial für die spätere Ausbildung der Geschlechtsprodukte in ihren Seitenmuskeln aufgespeichert, daß sie abermals zur Fortpflanzung in die Quellflüsse aufzusteigen vermögen. Hier wächst die Brut rasch heran, um im zweiten Jahre, wenn die jungen Lachse bis 0,5 *m* lang geworden sind, ihren Eltern nach dem Meere zu folgen. Bevor sie sich in die salzige Flut begeben, halten sie sich in großen Scharen wochenlang an den Flußmündungen auf und gehen erst allmählich vom Brackwasser ins Salzwasser des Meeres über. Dieser gewiß für das weichhäutige Tier nicht gleichgültige Übergang vom Süß- ins Salzwasser wurde für diesen einst in den kalten Flüssen des Nordens heimischen Fisch durch die starke Aussüßung der den Flußmündungen zunächstliegenden Meeresabschnitte durch die gewaltigen Schmelzwässer der Eiszeit erleichtert und damit die Änderung seiner Lebensweise angebahnt und überhaupt ermöglicht.

Der Fang der Lachse geschieht in der verschiedensten Weise mit mancherlei Garnen, in großen eisernen Reusen und Lachsfallen und durch Speeren der durch Feuer herbeigezogenen Fische vom Boote aus. Früher war dieser ausgezeichnete Speisefisch so häufig, daß er ein billiges Volksnahrungsmittel bildete. Ja, er war so gemein auf den Tischen der Bürgerhäuser, daß in den Städten am Rhein, z. B. in Basel, sich die Mägde im Mittelalter ausbedangen, nicht mehr als sechsmal in der Woche Salm essen zu müssen. Heute wäre man froh, wenn er billiger zu bekommen wäre. Daß dies in diesen Gebieten nicht mehr geschieht, dafür sorgen die mit Dampf betriebenen Fischereien der Holländer an den Rheinmündungen, die den größten Teil der Salme direkt beim Einwandern in den Fluß im besten Ernährungsstadium abfangen. Was nützt es auch unter diesen Umständen, künstlich ausgebrütete Junglachse in die Oberläufe des Rheins auszusetzen, wenn andere die Früchte all dieser Bemühungen einheimsen! Nichtsdestoweniger hat in vielen Flüssen diese künstliche Versorgung mit Lachsbrut gute Erfolge erzielt, so daß der Fang dieses Edelfisches neuerdings wieder ausgiebiger geworden ist, zumal wenn freundnachbarliche Abkommen sein zu ausgiebiges Wegfangen schon an den Flußmündungen verhindern. In Nordamerika ist der Lachs durch nahe Verwandte, im Gebiete der in den Stillen Ozean mündenden Flüsse durch die schöngefärbte Regenbogenforelle vertreten, die neuerdings auch bei uns mit Erfolg eingeführt wurde. Dort und in den Flüssen Sibiriens spielen die Lachse volkswirtschaftlich eine große Rolle und werden von einigen Orten der Weststaaten der Union in Menge zur Herstellung einer geschätzten Fischkonserve verwendet.

Im Donaugebiet vertritt die Stelle des Lachses ein naher Verwandter, der Huchen (*Salmo hucho*), der eine Länge von 1,5–2 *m* bei einem Gewicht von 20–50 *kg* erreicht. Im Gegensatz zu jenem geht er aber nicht ins Meer, um sich dort großzufüttern, sondern bleibt im Hauptstrom, um von Ende März bis Mai zum Laichen in die Quellflüsse und Bäche hinaufzusteigen. Wie der Lachs sucht er seichte, kiesige Stellen auf, wühlt dort mit dem Schwanz seichte Gruben auf und ist während des Eierlegens so mit sich selbst beschäftigt, daß man mit einem Kahne über ihn hinwegfahren kann, ohne ihn zu verjagen. Sein weißliches Fleisch steht an Wohlgeschmack demjenigen des Lachses merklich nach. Der Fang geschieht mit großen Garnen oder mit der Angel, auch sticht man ihn, wenn er ruhig in der Tiefe steht. Da er weniger kaltes Gebirgswasser als der Lachs zu seinem Gedeihen bedarf und in Teichen, die beständigen Zufluß haben, gut gedeiht, würde er sich im Gegensatz zu jenem Wanderer für die Teichwirtschaft eignen, wäre er nicht ein so gefräßiger Raubfisch und erläge er nicht so leicht einer bei Fischen häufigen Hautkrankheit.

Neben dem Lachs spielen auch die andern zeitlebens im Süßwasser verbleibenden Verwandten, die verschiedenen Forellenarten, eine wichtige Rolle beim Ertrag der einheimischen Gewässer. Noch mehr als der Lachs werden sie, besonders die Bachforelle (*Salmo fario*), in den verschiedenen Fischzuchtanstalten zu Jungbrut erzogen und dann in die verschiedenen Bäche, die man wieder zu bevölkern sucht, ausgesetzt. Vielfach werden sie auch in besonderen Teichen mit kühlem Quellwasser durch Füttern mit gehackter Leber und Lunge zu verkaufsfähigen „Portionenfischen“ von 250 *g* Gewicht auferzogen. Dabei ist man bestrebt, durch künstliche Zuchtwahl eine möglichst raschwüchsige Rasse zu erhalten, die schon in zwei statt wie bisher meist erst in drei Jahren die gewünschte Größe erreicht. Ließe man sie länger leben, so würden sie schließlich ein Gewicht von 5–10 *kg* und darüber erreichen. Solche Riesen sind aber in unsern Gewässern äußerst selten, da sie bei ihrer enormen Freßgier viel früher dem Menschen zur Beute fallen.

Da die Bachforelle klares, sauerstoffreiches fließendes Wasser liebt, findet sie sich in allen Gebirgswässern bis zum Alpengürtel hinauf. Sie laicht von Mitte Oktober bis zu Anfang Dezember in seichtem Wasser auf Kiesgrund oder hinter größeren Steinen, da, wo eine rasche Strömung sich bemerkbar macht, in eine seichte, durch lebhafte Bewegungen mit dem Schwanze erzeugte Vertiefung und bedeckt nachher die gleich nach dem Legen vom Männchen befruchteten Eier durch weitere Bewegungen mit dem Schwanze mit Sand und feinem Kies, um sie dann ihrem Schicksal zu überlassen. Nach ungefähr sechs Wochen entschlüpfen die Jungen der Eihülle, verweilen mehr oder weniger regungslos auf der Brutstätte, bis sie ihren angehängten Dottersack aufgezehrt haben und ein Bedürfnis nach Nahrungszufuhr verspüren, dem sie zunächst durch kleine und später durch immer größere Wassertiere zu genügen suchen.

Viel größer als die Bachforelle wird die Seeforelle (*Salmo lacustris*), von der gelegentlich gewaltige Riesen gefangen werden. Während Forellen gelegentlich auch sehr groß werden — so hat man nach einem Zeitungsbericht als die größten bisher in europäischen Gewässern beobachteten in der Etsch bei Meran zwei Exemplare gefangen, von denen das größere 99 *cm* lang war und 32 Pfund wog, das kleinere immer noch 27 Pfund schwer war — ist dies bei der Seeforelle weit häufiger der Fall. So hat Prof. Lunel in Genf solche aus dem Genfer See gesehen, die 15 *kg* Gewicht und 110 *cm* Länge besaßen. Im Museum von Genf wird das Skelett einer Seeforelle aufbewahrt, die 131 *cm* lang ist und im Leben jedenfalls bedeutend über 15 *kg* gewogen haben muß. Ein anderer Genfer Gelehrter, Jurina, schrieb 1815, daß seit Beginn des 18. Jahrhunderts keine Seeforellen von einem Gewicht über 17,6 *kg* gefangen worden seien. Er gibt gleichzeitig das Maximalgewicht dieser Tiere zu 19,8 *kg* an. Gregor von Tours spricht von bis 1 Zentner schweren Forellen, und der Züricher Naturforscher J. J. Wagner meldet in seiner *Historia naturalis helvetica curiosa* von 1680, daß Anno 1663 eine 62 Pfund schwere Forelle von Genf nach Amsterdam verschickt wurde. Vor wenigen Jahren wurde eine 40pfündige Forelle von Fischern bei St. Gingolph im Genfer See gefangen. Allerdings gehören heute Exemplare von annähernd 30 Pfund auch im Genfer See zu den Seltenheiten. Auch die Seeforelle steigt im Herbst zum Laichen aus den Seen in die betreffenden Quellflüsse hinauf. Ihr Fang ist bedeutend und ihr Fleisch wird sehr geschätzt. Ihr ähnlich ist die Lachsforelle (*Salmo trutta*), die noch etwas größer, nämlich statt 80 *cm* bis 1 *m* Länge und ein Gewicht von 15 *kg* erreicht. Sie geht wie der Lachs ins Meer, um dort heranzuwachsen und dann im Frühsommer in die Flüsse aufzusteigen, um darin im November und Dezember zu laichen. Da sie nicht so weit flußaufwärts geht wie der Lachs, wird sie im Oberlauf der Ströme nicht mehr angetroffen.

Ein Relikt der Eiszeit ist der Saibling oder die Rotforelle (*Salmo salvelinus*) der Gebirgsseen, die in der Regel nicht einmal während der Laichzeit in den einmündenden Flüssen emporsteigt und wie die Renken oder Blaufelchen (*Coregonus wartmanni*) mit nicht minder geschätztem Fleisch sich in den tiefen Gründen der betreffenden Seen aufhält, um sich im November zu seichteren Uferstellen zu erheben und ihren Laich dort abzusetzen, wobei sie dann durch Fischen mit Netzen gefangen wird.

In denselben Seen, die die Blaufelchen beherbergen, lebt die Bodenrenke (*Coregonus fera*), die größer als jene, nämlich 60 *cm* lang wird und ein Gewicht von über 3 *kg* erreicht. Sie gehört zu den besten Süßwasserfischen und ist um so wichtiger, als sie das ganze Jahr hindurch, selbst mitten im Winter, wenn die Blaufelchen nicht zu haben sind, gefischt werden kann. Man fängt sie im Winter mit Garnen, im Sommer aber an der Angel; doch stirbt sie, sobald sie aus dem Wasser gezogen wird. Ein mit ihr fast identischer, die Tiefen der großen Seen Norddeutschlands bewohnender Salmonide ist die Maräne (*Coregonus maraena*), die zum Laichen Mitte November nach den seichten Stellen unweit der Ufer kommt und hauptsächlich im Winter mit großen Netzen gefangen wird. Auch diese Fische sterben außerhalb des Wassers sofort ab, lassen sich aber doch, in Eis verpackt, ziemlich weit versenden oder werden, wie die Bodenrenke, eingesalzen und geräuchert in den Handel gebracht.

Am tiefsten unter allen Renken, nämlich wenigstens in 70–90 *m* Tiefe, lebt in unsern Seen der Kilch (*Coregonus hiemalis*), auch Kropffelchen genannt, weil diesem kleinen, höchstens 40 *cm* lang werdenden Fisch beim Heraufgezogenwerden im Netz aus so großer Tiefe die von mehr als 7,5 auf 1 Atmosphäre versetzte Schwimmblase so stark ausgedehnt wird, daß er trommelsüchtig wird. Nur gegen Ende September kommt er in höhere Schichten, um hier zu laichen.

Eine für gewöhnlich im Meere lebende Renke, die im Mai aus der Nord- und Ostsee in die Flüsse hinaufsteigt, um darin zu laichen, ist der bis 60 *cm* lange und 1 *kg* schwere Schnäpel (*Coregonus oxyrhynchus*), im Rhein, wo er früher häufig war, aber jetzt sehr selten geworden ist, Maifisch genannt. Er steigt aber lange nicht so weit in die Ströme hinauf als der Lachs und kehrt gleich nach dem erst von September bis Dezember erfolgenden Laichen ins Meer zurück. Dahin folgen ihm auch die Jungen, wenn sie 8 *cm* Länge erreicht haben, und kehren nach erlangter Reife zur Fortpflanzung wieder in diejenigen Flüsse hinauf, in denen sie ihre Jugend verbrachten. Ihr zartes, schmackhaftes Fleisch wird sehr geschätzt und frisch wie eingesalzen und geräuchert gegessen. Dieser Fisch bildet in ganz Norddeutschland einen wichtigen Gegenstand des Fanges.

In denselben Gewässern wie die Forelle, obschon sie ein weniger großes Sauerstoffbedürfnis als diese hat, findet sich in allen Flüssen des nördlichen Europa und Asiens die schön rot gefärbte, bis 60 *cm* lange und 1,5 *kg* schwere Äsche (*Thymallus vulgaris*). Ähnlich der Forelle schwimmt sie ungemein rasch und springt nach vorüberfliegenden Kerfen über den Wasserspiegel empor, so daß sie gleich jener mit der künstlichen Fliege an der Angel gefangen werden kann. Sie laicht im April und Mai, wobei die Tiere auf sandigem Grunde wie ihre Verwandten mit der Schwanzflosse seichte Gruben auswerfen, die nach der Ablage des Laichs wieder mit Sand zugedeckt werden. Ihr Fleisch wird dem der Forelle an Güte gleichgeschätzt, ist aber weniger haltbar als jenes, weshalb sie weniger auf den Markt gebracht wird, auch bis jetzt nicht zur Zucht in Fischteichen benutzt wurde, obschon sie sich so gut als die Forelle dazu eignen würde.

Gleich dem Lachs und Schnäpel aus der Familie der Salmoniden treibt es der zur überaus altertümlichen Familie der Schmelzschupper gehörende Stör (*Accipenser sturio*), der 2–6 *m* lang wird und im Atlantischen Ozean, in der Nord- und Ostsee und im Mittelländischen Meer, wie auch an der Ostküste Nordamerikas, nicht aber im Schwarzen Meer in mittleren Tiefen lebt, um sich von den verschiedensten Kleintieren zu ernähren, die er vermittelst seiner spitzen Schnauze aus dem Schlamme aufwühlt und mit den vorstreckbaren Lippen erfaßt. Erst zur Laichzeit im Frühjahr kommt er in höhere Wasserschichten herauf und zieht von da den Flußmündungen zu, in welche er eindringt und weit aufwärts schwimmt, um im Quellgebiet zu laichen und dann alsbald wieder dem Meere zuzustreben. Im Schwarzen und Kaspischen Meer und deren Zuflüssen wird der Stör durch die beiden nahe verwandten Arten, den Sterlet (*Accipenser ruthenus*) und den Hausen (*Acc. huso*) ersetzt. Ersterer wird selten größer als 1 *m* lang bei einem Gewicht von 12 *kg*, während letzterer — von den Russen *belúga* genannt — bis 15 *m* lang und 1000–1600 *kg* schwer wird. Weil ihr Fleisch, besonders das des Sterlet, sehr wohlschmeckend ist, wird von jeher eifrig Jagd auf sie gemacht.

Plinius sagt in seiner Naturgeschichte, die Störe seien bei den alten Griechen und Römern überaus geschätzt gewesen, wurden aber zu seiner Zeit wenig geachtet, obwohl sie selten seien. Nach dem Griechen Athenaios, um 200 n. Chr., kostete ein Fisch dieser Art 1000 attische Drachmen (= 7500 Mark), was ein unerhörter Preis ist. Man aß ihn unter Flötenspiel, wobei nicht nur die Gäste, sondern auch die Diener bekränzt waren. In Deutschland hat der Störfang nur noch geringe Bedeutung. An der Elbe und Weser erbeutet man jährlich höchstens einige tausend Störe, auch in der unteren Donau, die früher Ungarn und Österreich mit Störfleisch und Kaviar versorgte, empfindet man schwer die Folgen der bisherigen sinnlosen Fischerei, so daß eine Schonzeit eingeräumt werden sollte, damit sich der Fisch wieder erholen kann. Noch sehr ausgiebig ist der Störfang in Rußland, wo an allen in das Schwarze und Kaspische Meer einmündenden Flüssen Fangplätze liegen, die jährlich über 4 Millionen Rubel eintragen. Außer dem wohlschmeckenden Fleisch gewinnt man aus den Eiern Kaviar und aus der Schwimmblase einen trefflichen Leim. Den besten Kaviar liefern die kleineren Arten. Die Eierstöcke, aus welchen man Kaviar gewinnen will, werden zuerst mit Ruten gepeitscht und dann durch Siebe gedrückt, um die Eier von den sie umgebenden Häuten des Eierstocks zu lösen. Dann werden sie gesalzen, wobei das Salz mit den Händen in die Masse hineingeknetet wird. In Fässern verpackt, kommt dann der Kaviar in den Handel, um wegen seiner Güte überall willige Abnehmer zu finden. Der Name Kaviar kommt übrigens von der italienischen Bezeichnung für den ähnlich eingesalzen genossenen Rogen des Thunfischs *caviale* und wurde auf den eingesalzenen Rogen der Störarten übertragen, der russisch *ikrá* genannt wird.

Unter den Edelfischen nehmen die verschiedenen Karpfenarten eine wichtige Stellung im Haushalte des Menschen ein. Der Teichkarpfen (*Cyprinus carpio*), der bei uns dank den Fastengeboten der katholischen Kirche ganz wesentlich durch die Bemühungen der Klostergeistlichen geradezu zu einem Haustier erhoben wurde und in allerlei Farben- und Schuppenvarietäten in besonderen Teichen gezüchtet wird, war ursprünglich dem Kaspischen und Schwarzen Meer und deren Zuflüssen eigentümlich. Er findet sich dort und weiter gegen Mittelasien hinein noch in beträchtlicher Menge wild, während er in den Gewässern Europas westlich und nördlich davon offenkundig eingeführt ist und in ihnen teilweise verwilderte. In seiner Heimat hält er ebensogut wie im Süßwasser auch in den salzreichsten Sümpfen aus. Im Sommer trifft man ihn vorzugsweise in den seichten Küstengewässern; im Herbst steigt er dann vom Meere aus die Flüsse hinauf, um hier zu überwintern. Seine hauptsächlichste Nahrung besteht vorwiegend aus allerlei kleinem Getier, besonders Würmern, daneben auch aus vermodernden Pflanzenstoffen. Er laicht am liebsten in stehendem oder ruhigfließendem Wasser mit schlammigem Grund und gedeiht nur dann, wenn das von ihm bewohnte Wasser viel den Strahlen der Sonne ausgesetzt ist und Zuflüsse weichen Wassers hat. Bei genügender Nahrung wird er schon im dritten Lebensjahre fortpflanzungsfähig. Sobald er sein Hochzeitskleid anlegt, wird er wanderlustig und versucht, soweit es ihm möglich ist, flußaufwärts zu steigen und überwindet dabei bedeutende Schwierigkeiten. Zum Laichen sucht er mit Wasserpflanzen dicht bewachsene Stellen aus, und zwar legt das Weibchen im fünften Jahre bereits gegen 300000 Eier; später kann sich diese Anzahl noch verdoppeln. Er erreicht die Länge von 1 bis 1,5 *m* und ein Gewicht von 15–20 *kg*.

Die erste sichere Erwähnung des Karpfens finden wir bei Kassiodor, dem Geheimschreiber des großen Ostgotenkönigs Theodorich (475 bis 526), der in einem scharfen Rundschreiben an die verschiedenen Provinzialstatthalter ihnen vorwirft, sie sorgten durchaus nicht angemessen dafür, daß des Königs Tisch auch königlich beschickt werde. Die Stelle lautet wörtlich: „Der Privatmann mag essen, was ihm die Gelegenheit bietet; auf fürstliche Tafeln aber gehören seltene Delikatessen, wie z. B. der in der Donau lebende Fisch *carpa*." Vermutlich wird dieser Fisch auch in den im mittelalterlichen Latein *vivaria* genannten Süßwasserteichen mit Fischen der Landgüter Karls des Großen in erster Linie gehalten worden sein. Jedenfalls ist in einem Glossar des 10. Jahrhunderts mehrfach von ihm als *karpho* die Rede. Im 13. Jahrhundert spricht der Geistliche Vincentius von Beauvais im *Speculum naturale* vom Fisch *corpera*, womit nur der Karpfen gemeint sein kann, und der Mönch Cäsarius von Heisterbach sagt in seinen *Dialogi miraculorum*, „Bruder Simon habe den Teufel gesehen und dieser habe Helm und Panzer getragen, beide mit Schuppen, wie die des Fisches *carpo*." Olaus Magnus sagt um 1530 ausdrücklich, es gebe im Norden keine Karpfen außer vom Menschen eingeführte und in künstlichen Teichen gehaltene. In Schweden würden sie wie die Karauschen auch mit eingeweichten Erbsen und dergleichen gefüttert.

Überall bei Neugründungen von Klöstern sorgte man dafür, daß die Patres für die Fastentage einen wohlgefüllten Karpfenteich zur Verfügung hatten. So ist dieser Fisch durch menschliche Hilfe überall durch Europa gewandert und in der Folge an vielen Orten verwildert. Besondere Wichtigkeit hatte die Karpfenzucht schon im 15. Jahrhundert in Böhmen, Polen und Holstein erlangt. Nach dem Zeugnis des Johannes Dubravius, Bischofs von Olmütz, trieb man in Polen den Luxus so weit, daß man in der Nähe der Karpfenteiche besondere Eishäuser besaß, um das Wasser derselben bei zu großer Erhitzung kühlen zu können. Daß solches geschah, beweist, daß neben den Karpfen wohl auch Forellen, die nur in kaltem Wasser gedeihen, darin gehalten wurden. Wenn Bock in seiner 1782 in Dessau erschienenen Naturgeschichte Ost- und Westpreußens berichtet, daß erst Kurt von Nostiz 1589 den Fisch nach Ostpreußen gebracht habe, so kann es sich wohl nur um eine lokale Neueinführung handeln; denn Voigt spricht schon um 1440 von Karpfenteichen in jenem Lande. Eher will Ed. Hahn die Möglichkeit zugeben, daß der dänische Staatsmann und große Ökonom Peter Oxe den Karpfen von Deutschland aus in Dänemark einführte. Der Fisch geht auch jetzt kaum über Südschweden hinaus, wird auch nur im Süden Norwegens angetroffen, wo er infolge der ungünstigen Lebensbedingungen überhaupt kleiner bleibt. Jedenfalls ist auch die vielfach zitierte Angabe falsch, daß der Karpfen erst 1514 durch Leonard Mascall von Plumstead nach England gekommen sei. Während allerdings der Dichter Chaucer in seinen um 1375 geschriebenen *Canterbury tales* nur *breme and luce in stew*, also Brassen und

Hechte im Vorratsteiche kennt, so kommt der Karpfen schon 1504 bei Bischof Washam unter Heinrich VII. vor. Nach Irland sollen die Karpfen durch Jakob I., den despotischen, dabei schwachen und eitlen Sohn Maria Stuarts und Darnleys (geboren 1566, nach der erzwungenen Abdankung seiner Mutter 1567 zum König von Schottland gekrönt, von 1603–1625 König von England) gekommen sein. In Schottland gedeihen sie nicht recht und bleiben oft unfruchtbar, jedenfalls infolge des zu kalten Wassers. Deshalb werden sie in jenem Lande noch heute nur selten gehalten. Erst in der zweiten Hälfte des 15. Jahrhunderts kam der Karpfen nach Frankreich und Spanien, wo er als willkommene, leicht zu haltende Fastenspeise in dem klerikalen Lande bald größere Bedeutung erlangte.

Am Schwarzen und Kaspischen Meer findet sich der Karpfen, wie gesagt, immer noch zahlreich; er ist aber dort, trotz den Bemühungen Peters des Großen (geb. 1672, reg. 1676–1725), wild geblieben und wird vom Menschen nicht gezüchtet. Auch nach dem Innern Rußlands hat er sich nicht als Zuchtfisch verbreitet. Hingegen wird er in Ungarn und Galizien vielfach gezogen. In den 1840er Jahren wurde er von Frankreich her nach den Neu-Englandstaaten Nordamerikas gebracht, als der dort ursprünglich vorhandene Fischreichtum durch die den Amerikanern leider bisher eigentümliche Raubwirtschaft arg gelitten hatte und man sich nach leicht zu haltenden Ersatzfischen umsah. Nach Kalifornien kam er erst 1872 und wird dort mit Vorliebe verwendet, um die riesigen Staubecken für die Bewässerungs- und Bergwerksanlagen mit Nutzfischen zu bevölkern. Nach dem katholischen Südamerika kam er viel früher, hat sich aber infolge der Indolenz der Bevölkerung nur an wenigen Orten eingebürgert. Neuerdings ist er wieder mehrfach eingeführt worden, so auch in Chile und Argentinien. Allerdings sollen die sogenannten Karpfen der Musterfarm der argentinischen Republik nach Philippi in die braune Urform zurückgeschlagene Goldfische, also Karauschen und nicht echte Karpfen sein.

Tafel 55.

Der Lachs (*Trutta salar*). Oben das Weibchen, unten das Männchen. (Nach Prof. B. Hofer, Die Süßwasserfische Mitteleuropas.)

Tafel 56.

Der Hecht (*Esox lucius*).

Der Flußbarsch (*Perca fluviatilis*).
(Unretuschierte Naturaufnahmen von W. B. Johnson.)

Tafel 57.

Der Aal (*Anguilla vulgaris*).
(Unretuschierte Naturaufnahme von W. B. und S. C. Johnson.)

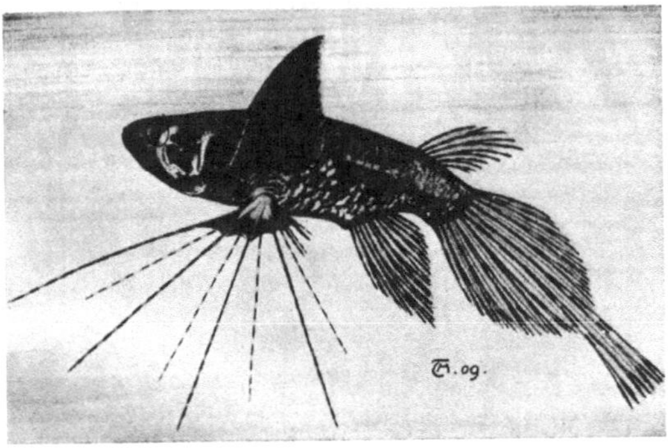

Der Schmetterlingsfisch (*Pantodon buchholzi*), ein beliebter Zierfisch unserer Aquarien.
(Aus den Blättern für Aquarien- und Terrarienkunde.)

Tafel 58.

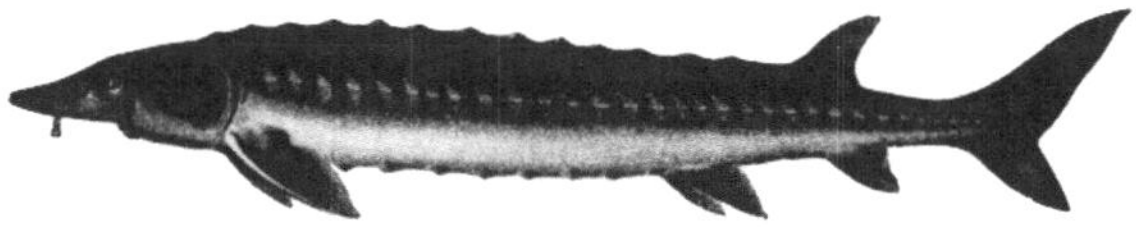

Der Stör (*Accipenser sturio*).

Der Spiegelkarpfen (*Cyprinus carpio*).

Abfischen eines künstlich angelegten Karpfenteiches in Böhmen. Im Herbst werden die seichten Gewässer abgelassen, so daß die Karpfen gezwungen sind, sich an der tiefsten Stelle zu sammeln. Dort können sie leicht gefangen werden. Die großen werden als Speisefische verkauft, die kleinen in sogenannten Hälterteichen überwintert.

Bei uns und in den Gewässern Nordamerikas, wie auch anderer Kulturländer, in denen sich Europäer in größerer Zahl niederließen, wird der Karpfen heute als einer der beliebtesten Speisefische in großer Menge gezüchtet. Da man erkannt hat, daß er um so wohlschmeckender ist, je rascher er wächst, so haben die Fischzüchter, nach dem Vorgange des Schlesiers Dubisch, ein Verfahren gefunden, nach welchem die Karpfen in kürzester Zeit den höchsten Nutzungswert erreichen. Dabei wird die Karpfenbrut schon eine Woche nach dem Ausschlüpfen aus den Eiern mit feinen Gazenetzen aus dem sogenannten Streichteich herausgefischt und in besondere Teiche gebracht, die Streckteiche heißen. In ihnen gibt man etwa 25000 der winzigen Fischchen auf einen Hektar Wasserfläche. Schon nach vier Wochen werden die Fische aus diesem Wasser herausgenommen und in geringerer Zahl — etwa 1000 Stück pro Hektar — in andere Teiche übertragen, in denen sie bis zum folgenden Frühjahr bleiben, um dann wieder umgesetzt zu werden, und zwar 500 Stück pro Hektar. Nachdem sie hier ein ganzes Jahr verblieben sind, kommen sie in den letzten Teich, den Abwachsteich, in welchem man nur 200 Stück auf den Hektar rechnet. Aus diesem Teiche werden sie im Herbst als marktfähige Ware herausgefischt, und zwar wiegen sie dann durchschnittlich 1 *kg* und darüber. Sie bringen also einen ziemlichen Ertrag, da der Preis für sie etwa 2 Mark pro *kg* beträgt. Durch die fortgesetzte Züchtung sind verschiedene Spielarten des Fisches entstanden, so der Lederkarpfen, der gar keine Schuppen mehr trägt, der Spiegelkarpfen, der an jeder Körperseite nur eine Reihe sehr großer Schuppen besitzt, dann der durch einen rötlichen Schimmer und lachsfarbenes Fleisch ausgezeichnete Goldkarpfen, der Blaukarpfen u. a. In den Gewässern von Schwaben, Bayern und Böhmen wird mit Vorliebe die als Karpfenkönigin bezeichnete Abart, im Donaugebiet und den ungarischen Seen dagegen der Spitzkarpfen gezogen.

In der zweiten Hälfte des 19. Jahrhunderts wurde der Karpfen auch in Australien angesiedelt. Schon längst ist er dagegen ist in Ostasien heimisch, und zwar als uraltes einheimisches Zuchtprodukt der Chinesen, von dem, wie von der Karausche, mehrere buntfarbige Kulturrassen existieren. Die Fischzucht in Teichen ist in China uralt und wird schon im Schi-king, d. h. dem Buch der Lieder, einer von Konfutse (550–478 v. Chr.) veranstalteten Sammlung von Liedern, die teilweise in das 18. Jahrhundert v. Chr. zurückreichen, erwähnt. Genauere Aufzeichnungen über die Art der Fischzucht sind allerdings auch in den Annalen dieses uralten Kulturvolkes erst späteren Datums. So wird uns als der älteste Fischzüchter Tao-tsu-kung genannt. Dieser lebte im 5. Jahrhundert v. Chr. und verfuhr dabei folgendermaßen. Er grub einen Teich, der die Größe eines Morgens (gegen 30 Ar) besaß und neun kleine Eilande umfaßte. Darein setzte er 20 Karpfenweibchen von 3 Fuß Länge und 4 Karpfenmännchen gleicher Größe aus, und zwar im März. Ein Jahr darauf waren schon 5000 Fische von einem, 10000 von zwei und 15000 von drei Fuß Länge im Teiche. Im dritten Jahre hatte sich ihre Zahl bereits verzehn- und verzwanzigfacht. Die neun Inselchen, die der Fischzüchter Tao-tsu-kung im Teiche gebaut hatte, sollten den Fischen vortäuschen, sie befänden sich in einem großen Meere und schwämmen an Festländern vorbei. Noch heute werden Karpfen und andere Süßwasserfische in Menge in China gezüchtet. Man füttert die Brut mit Eidotter, feingestoßener Kleie und pulverisierten Bohnen. Wenn die Fische eine bestimmte Größe erreicht haben, werden sie in flache Teiche gesetzt, deren Ufer von ganz bestimmten Bäumen und Sträuchern bepflanzt werden. So glaubt man beispielsweise, daß der am Morgen nach kühler Nacht von den Blättern der Platane in den Teich tropfende Tau von heilsamer Wirkung für das Fischvolk sei. Mancher Europäer, der im Innern und besonders im Süden Chinas einen idyllisch gelegenen und von prächtigen Bäumen und Sträuchern eingefaßten Fischteich bewundert, spendet dem Schönheitssinn der naturfrohen Chinesen unwillkürlich Lob, ohne zu wissen, daß die reizvolle Umgebung des Teiches nur abergläubischen Gründen ihre Entstehung verdankt.

Ebenso alt oder vielleicht noch älter als der Teichkarpfen ist in China die Teichkarausche, die man als hochgezüchteten Zierfisch auch bei uns unter dem Namen Gold- oder Silberfisch (*Carassius auratus*) eingeführt hat. Für die Deutschen gab zuerst Kämpfer in seiner 1777 herausgegebenen Beschreibung Japans eine Schilderung dieses von den Japanern King-jo genannten, meist roten, am Schwanze aber leuchtend goldgelben Zierfisches, der in Japan und China viel in Teichen gehalten und gewissermaßen als Haustier betrachtet wird. Er ist aber nicht in Japan, sondern in dem viel früher zu hoher Kulturblüte emporgestiegenen China zum Kulturfisch erhoben und nicht nur in bunten Farben, sondern auch in den bizarrsten Formen mit gedrängtem Körper, dickem Kopf, weit hervorquellenden großen Glotzaugen und stark verlängerten und verbreiterten Flossen gezüchtet worden. Meist wird die Provinz Tsche-Kiang am östlichsten Zipfel Chinas, südlich vom Jang-tse-kiang und der Stadt Schang-hai, als Ursprungsgebiet der chinesischen Karauschenzucht angesehen, seitdem der Holländer Nieuhof in seiner 1665 in Amsterdam publizierten beschryving von Sina bei Gelegenheit der Gesandtschaft an den Kaiser von China, an der er teilnahm, solche Behauptung aufgestellt hat. Doch ist dies keineswegs sicher. Wir wissen nur, daß sie am frühesten im eigentlichen Herzen Chinas gezüchtet wurden; und zwar finden wir sie nach chinesischen Quellen zuerst im Jahre 540 n. Chr. erwähnt. Ums Jahr 960 war ihre Zucht im ganzen Reiche der Mitte verbreitet und gelangte dank den regen Kulturbeziehungen frühe auch nach dem Sonnenaufgangslande Nippon, d. h. Japan, wo sie bald ebenso populär als in ihrer ursprünglichen Heimat wurde. Die schätzenswerte Eigenschaft der Karauschen, in sehr kleinen Wasserbecken gut zu gedeihen und darin sogar zur Fortpflanzung zu schreiten, begünstigte ganz wesentlich ihre rasche Ausbreitung und ihre Haltung in den von den Japanern so geliebten Miniaturgärtchen in vielfach geradezu winzigen Wasserbehältern.

Nach Brehm gelangte der Goldfisch aus China wahrscheinlich zuerst nach Portugal und verbreitete sich, nachdem er hier eingebürgert war, allmählich weiter über Europa. Das Jahr der Einführung desselben wird von den Schriftstellern verschieden angegeben. Einzelne nennen 1611, andere 1691, wieder andere 1728. Diese Zahlen wären sehr wohl möglich, da sich die Portugiesen schon um 1522 um Makao festsetzten und in regen Tauschverkehr mit den Chinesen traten. Da lag es ja sehr nahe, diesen leicht in kleinen Behältern in wenig durchlüftetem Wasser zu haltenden Zierfisch auf ihren Schiffen weithin zu befördern. Eduard Hahn aber ist in seinem Haustierbuche anderer Meinung. Er hält die von Markus Bloch in seiner 1782 erschienenen Naturgeschichte der Fische Deutschlands angegebene Jahreszahl 1611 als Termin der Einführung nach Europa für einen Druckfehler, statt des richtigeren 1691. Die Zahl 1611 sei auch viel zu früh für die Ankunft des Goldfisches in Europa; denn bei der langsamen und mühseligen Schiffahrt, wie sie damals bestand, sei wohl an einen Transport von China bis Europa ohne Zwischenstation nicht zu denken. Als eine solche Zwischenstation ergebe sich naturgemäß Batavia, dessen reiche chinesische Kaufleute es ebenso wie die Holländer, die sich 1594 nach Verdrängung der seit 1579 dort ansässig gewordenen Portugiesen auf Java festsetzten, allerdings erst 1677 bedeutende Gebiete des Landes eroberten und schließlich die ganze Insel unter ihre Botmäßigkeit brachten, liebten, sich mit dem Glanze und Luxus ihrer einheimischen Kultur zu umgeben. In seinem 1726 in Dordrecht erschienenen Buche über Niederländisch Indien erwähnt Valentijn den Fisch als in Batavia gezogen. Die nächsten Stationen von dort her auf dem Wege nach Europa seien wohl Mauritius und dann St. Helena gewesen. Von hier seien dann nach Pennant die ersten Goldfische 1691 nach England gekommen; doch scheinen sie sich hier nicht fortgepflanzt zu haben. Nachher kamen sie von dorther öfter nach England, so nach Petiverius mehrfach zwischen 1711 und 1718. Die ersten Goldfische, die zur Fortpflanzung zu bringen waren, gelangten 1728 nach London, wohin sie eines der Schiffe des damaligen Lordmajors, Sir Decker, brachte. Auch von diesen Fischen wird ausdrücklich bezeugt, sie seien von St. Helena gekommen. Diese Goldfische scheinen dann den ersten Grundstock des englischen und später auch des allgemein europäischen Bestandes abgegeben zu haben.

Die Goldfische, die in der Folge durch Decker in England verteilt wurden, dann durch seine Vermittlung auch nach seiner Heimat Holland, z. B. in den berühmten Cliffordschen Garten in der Universitätsstadt Leiden, an dem einst Karl von Linné seine ersten botanischen Studien gemacht hatte, gelangten, schritten an ihrem neuen Wohnorte ganz ausnahmsweise zur Fortpflanzung. Nur diejenigen, die ein naturkundiger Arzt in Harlem bekommen hatte, pflanzten sich anfangs spärlich, dann aber reichlicher fort. Von ihm erhielt Baster in Harlem 1758 junge Goldfische, die er mit großer Sorgfalt großzog. Als er 1775 starb, verkaufte die Witwe den Bestand um einen hohen Preis; denn diese Tiere waren damals noch sehr selten und kaum bei Privatleuten zu finden. Deshalb glaubte auch die französisch-ostindische Handelsgesellschaft ein wertvolles Geschenk zu machen, als sie der allmächtigen Maitresse Ludwigs XV. von Frankreich, der Marquise de Pompadour, um 1760 einige Goldfische überreichen ließ. Diese Fische scheinen aus dem botanischen Garten gekommen zu sein, den die Compagnie in ihrem Hafenplatz Lorient im Departement Morbihan in der Bretagne besaß. Allmählich verbreiteten sich ihre Nachkommen über Frankreich und die angrenzenden Länder des europäischen Kontinents.

Nach der wissenschaftlichen Beschreibung, die Linné von ihnen gab, scheinen die ersten Goldfische, die nach Leiden gelangten, sogenannte Straußschwänze gewesen zu sein. Auch die Fische Basters gehörten zu dieser Rasse, die in der Folge bald in ganz Holland Mode wurde. Um 1750 sagt der Engländer Edwards in seiner Geschichte der Vögel, daß alle aus St. Helena nach Europa fahrenden Schiffe Goldfische mit sich führen. 1749 bezog die schwedisch-ostindische Compagnie eine Sendung lebender Goldfische aus Kanton. Damals waren sie nicht nur in Schweden, sondern selbst in England noch eine solche Neuigkeit, daß Naturforscher, wie Gilbert White, der Verfasser einer sehr guten Naturgeschichte, stundenlang vor sie hinsitzen konnten, um sie zu beobachten. Noch John Bell of Antermony hatte sie, als er 1763 seinen Reisebericht in Glasgow publizierte, nur in China gesehen, wo er 1720 gewesen war. 1808 sah sie der französische Naturforscher Bory de St. Vincent bei Gelegenheit der Besetzung Spaniens durch die Franzosen in einem Teiche des Schlosses Alcazar bei Sevilla. Sonst sind keine Nachrichten über diesen Zierfisch aus früherer Zeit aus jenem Lande auf uns gekommen.

Gegenwärtig hat sich der Goldfisch über die ganze Erde verbreitet, soweit sie von gebildeten Menschen bewohnt wird. Überall ist er in den warmen Teilen der gemäßigten Zone wirklich heimisch geworden und an vielen Orten verwildert, besonders auf Inseln, auf denen ihm nur eine schwache Konkurrenz an Süßwasserfischen gegenüberstand. So bildet er heute den wichtigsten Süßwasserfisch auf den Azoren und belebt in großer Zahl die Gewässer von Madeira, Réunion und Mauritius; dann ist er auch in Algerien, Portugal, auf Java, den Philippinen und Hawaii verwildert. Hier ist er überall mehr oder weniger goldig gefärbt geblieben; nur in Chile, wo er ebenfalls verwilderte, ist er in die braune Urform zurückgeschlagen.

In ihrer Heimat China ist der Goldfisch durchaus nicht bloß Zierfisch, sondern vor allem auch Nutzfisch, der eine respektable Größe erreicht und sehr wohlschmeckendes Fleisch aufweist. So berichtet der Franzose Courcy in seinem 1867 in Paris erschienenen Buche: „Das Reich der Mitte" von bis 10 Pfund schweren Goldfischen. Bei uns werden sie in größeren Teichen nur 25–30, höchstens 40 *cm* lang, während sie in kleinen Behältern ganz winzig bleiben. Sie werden in letzteren mit Semmelkrumen oder Oblatenstücken und zerriebenen Ameisenpuppen gefüttert, doch darf die Menge derselben nur ganz gering sein, da ein Übermaß von Futter einen selbst diesen genügsamen Fischen unerträglichen Schleim erzeugt. Bei sorgfältiger Pflege gewöhnen sie sich bald an den Menschen und sind schließlich so weit zu bringen wie in ihrer Heimat China, wo sie gelegentlich das vorgehaltene Futter aus der Hand nehmen.

Der Stammvater des Goldfisches ist die chinesische Karausche, ein dem nahe verwandten Karpfen ähnelnder Fisch von dunkelbrauner Farbe. Diese ihre Abstammung bekunden sämtliche Varietäten des Goldfisches, indem sie stets als Reminiscenz an die Färbung der Ahnen in der Jugend dunkelbraun gefärbt sind und erst später die durch Zucht erzielte definitive Färbung erlangen, die bald goldgelb und metallisch glänzend, bald schön rot, bald schwarz und gelb oder schwarz und rot, auch rot und silberweiß gescheckt, manchmal auch ganz silberweiß oder schwarz ist. Die Goldfarbe entspricht einer der Stufen zwischen dem Leucismus und Melanismus und kommt durch Zuchtauslese außer beim Goldfisch auch bei andern Fischen vor, so bei Schleie und Orfe, die dann als Goldschleie und Goldorfe unterschieden werden. Letztere sind nun allerdings als erst kürzlich in Zucht genommene Varietäten lange nicht so schön gefärbt wie der Goldfisch; doch wird letzterer einst, als die Chinesen begannen ihn in Zucht zu nehmen, auch nicht schöner gefärbt gewesen sein.

Auch der bedeutendste Fischkenner unserer Zeit, *Dr.* Günther in London, ist der Ansicht, daß der Goldfisch eine durch Zucht fixierte Farbenvarietät der chinesischen Karausche ist, die von unserer europäischen Karausche (*Carassius carassius*) kaum verschieden ist. Solche goldfarbige Varietäten kommen auch bei unserer Karausche vor, die von Europa über ganz Mittel- und Nordasien verbreitet ist. Der deutsch-russische Reisende Pallas erwähnt eine solche goldfarbige Varietät aus der Steppe am Ural. Wahrscheinlich würde also auch aus unserer Karausche, deren Farbe oft wechselt und häufig sehr bunt ist, sich mit der Zeit eine ganze Reihe hübscher Abarten ziehen lassen, wenn man sich darauf verlegen wollte. Bei uns begnügt man sich eben mit ihrer Zucht als Speisefisch, da sie außerordentlich genügsam ist und auch noch in moderigem Wasser gedeiht, wo die Karpfenzucht ganz unmöglich ist, weil das Fleisch des Karpfens dadurch fast ungenießbar wird. Solches Wasser schadet dem Geschmack des Fleisches der Karausche durchaus nicht.

Die Karausche liebt schon im Wildzustand stehendes Wasser, namentlich Seen mit versumpften Ufern und Altwässer, wie man die vom aktiven Strom abgetrennten Flußarme nennt. Sie kommt aber auch in Teichen, Sümpfen und Mooren vor, ist überhaupt befähigt, in dem verschiedenartigsten und unreinsten Wasser auszuhalten und bei der schmutzigsten, schlammigsten Nahrung zu gedeihen. Sie nährt sich wie der Karpfen hauptsächlich von Würmern, Larven, faulenden Pflanzenstoffen und Schlamm, hält sich dementsprechend fast stets am Grunde auf, verweilt hier auch während der kalten Jahreszeit in Erstarrung, kann sogar in Eis einfrieren und wieder aufleben. Sie hat überhaupt ein sehr zähes Leben, kann stundenlang außer Wasser leben und läßt sich, in Schnee oder feuchtes Laub verpackt, in jeder Jahreszeit weithin versenden. Nur während der Laichzeit, die in Südeuropa in den Juni, in Nordeuropa dagegen in den Juli fällt, erscheint sie öfter an der Oberfläche des Wassers, insbesondere an seichten, mit Pflanzen bewachsenen Stellen, tummelt sich hier in Scharen umher und spielt, mit den Lippen schmatzend, an der Oberfläche, bis das Eierlegen beginnt. Obschon das Weibchen nur gegen 100000 Eier legt, vermehrt sich die Karausche stark und wird mit Erfolg nicht nur in moderigen Teichen, sondern auch in Forellenteichen gezüchtet, in denen sie als Futter für diese Raubfische dient. Sehr geschätzt ist die Karausche besonders in Rußland, wo sie alle Steppengewässer in großer Menge bevölkert und von den Umwohnern als willkommene Speise genossen wird. Sie läßt sich mit dem Karpfen kreuzen und liefert dann die Karpfkarausche (*Cyprinus kollari*), die aber keine besonderen Vorzüge vor den Stammeltern hat und deshalb nur selten gezogen wird.

Wie der Karpfen ist auch die ihm verwandte kleinschuppige Schleie (*Tinca tinca*), die eine Länge von 70 *cm* und ein Gewicht von 3–4, in seltenen Fällen wohl auch 5–6 *kg* erreicht, ihres zarten, wohlschmeckenden Fleisches wegen als Speisefisch sehr geschätzt. Sie gehört unter den europäischen Karpfenarten zu den verbreitetsten und bewohnt den größten Teil Europas, überall zu den gemeinsten Teichfischen gehörend. Auch sie ist mehr ein Fisch der Ebenen, obschon sie bis zu 1000 *m* Höhe emporsteigt. Sie liebt Flüsse weniger als stehende Gewässer und unter diesen Seen, Teiche und Sümpfe mit schlammigem oder lehmigem Grund mit spärlichem Röhricht. In den Flüssen zieht sie sich stets nach solchen Stellen zurück, in denen das Wasser langsam fließt und ziemlich viel Schlamm abgesetzt hat; denn aus ihm bezieht sie ihre Nahrung. Ganz besonders soll sie in abgebauten und mit Wasser angefüllten Lehmgruben gedeihen. Träge hält sie sich fast beständig nahe dem Boden auf und steigt bloß bei sehr gutem Wetter und während der Fortpflanzungszeit an die Oberfläche herauf. Wie der Schlammbeißer findet sie sich noch in Gewässern wohl, in denen andere Fische und selbst Karpfen absterben, weil ihr Sauerstoffbedarf außerordentlich gering ist. Sie liebt wie alle andern Karpfenarten warmes Wasser und frißt wie diese allerlei Gewürm und vermodernde Pflanzenstoffe mit der darin lebenden Kleintierwelt. Ihre Laichzeit fällt von Mai bis Juli, wobei ein etwa 2 *kg* schweres Weibchen 300000 Eier legt. Die Vermehrung ist also eine sehr starke. Die Jungen wachsen ziemlich schnell heran, doch vergehen immerhin meist 4 Jahre, bevor sie fortpflanzungsfähig werden. Ihr Fleisch erzielt kaum einen höheren Preis als dasjenige der Karausche, übertrifft aber das der letzteren unzweifelhaft an Güte. Weil nun die Schleie, die sich während des Winters nach Art anderer Familienverwandten in den Schlamm einwühlt, um die kalte Jahreszeit in einem halb bewußtlosen Zustande zu verbringen zu den anspruchslosesten Fischen des Erdballs zählt, eignet sie sich — abgesehen vom Aal — wie kein anderer Fisch zur Besetzung sumpfiger, sonst höchstens der geringwertigen Karausche preisgegebener Gewässer. Schon aus diesem Grunde verdient ihre Zucht die wärmste Empfehlung. Von ihr züchtet man in einzelnen Gegenden, besonders in Böhmen und Oberschlesien, eine prachtvolle Spielart, die unbedingt zu den schönsten aller europäischen Fische gezählt werden muß. Es ist dies die vorhin erwähnte Goldschleie.

Außer der Schleie eignet sich unter den Karpfenarten vor allem auch die Barbe (*Barbus vulgaris*), die das Gebiet aller deutschen Ströme bevölkert, insofern zur Teichwirtschaft, als sie den Hecht im Karpfenteich ersetzt, d. h. die trägen Karpfen aufrüttelt und durch den dadurch bei ihnen angeregten Stoffwechsel günstig auf deren Entwicklung wirkt. Sie erreicht eine Länge von 60–70 *cm* und ein Gewicht von 4–5 *kg*, ist gestreckt gebaut und durch die vier als Tastorgane dienenden Bartfäden an der oberen Kinnlade des unterständigen Maules ausgezeichnet. Sie meidet stehendes Wasser, sucht dagegen strömendes Wasser mit sandigem oder kiesigem Untergrund auf. Während des Sommers hält sie sich gern zwischen Wasserpflanzen auf, am Tage mehr ruhend, nachts dagegen Futter suchend, das aus Würmern, kleinen Fischen, Schlamm und winzigen Tieren aller Art besteht. Sobald die Wasserpflanzen im Herbste absterben, an denen sie ihr Futter sucht, begibt sie sich an tiefere Stellen im Flusse und sucht sich hier Zufluchtsorte unter und an Steinen, in Höhlungen und dergleichen, wühlt sich auch wohl am Uferrande ein. Hier hält sie, oft haufenweise angesammelt, eine Art Winterschlaf. Zur Zeit der Fortpflanzung, die in die Monate Mai und Juni fällt, bilden die Barben Züge von hundert und mehr Stück, die in langer Reihe hintereinander herschwimmen, so daß die alten Weibchen den Zug eröffnen, die alten Männchen ihnen folgen, minder alte sich ihnen anreihen und die Jungen den Schluß bilden.

Durch ihre Massenversammlungen zur Laichzeit gibt auch die Nase (*Chondrostoma nasus*) Veranlassung zu reichem Fang. Sie bevölkert im Donau- und Rheingebiet fast alle Seen, lebt meist gesellig und hält sich fast stets am Grunde auf, sich von Pflanzen, namentlich Wasseralgen aller Art, ernährend, die sie mit den harten Kieferrändern leicht von der Unterlage abzulösen vermag. Um sich fortzupflanzen, zieht sie im April und Mai in Scharen vom Hauptstrom in die Nebenflüsse und von diesen in die Bäche. Hier legt sie die Eier an kiesigen Stellen ab, über die das Wasser rasch hinwegströmt. Ihr Fleisch ist seines Grätenreichtums wegen nicht sonderlich geschätzt.

Einer unserer häufigsten Flußfische ist der Barsch (*Perca fluviatilis*), dessen gedrungener, seitlich zusammengedrückter, gelber bis grünlicher Leib mit 5–9 vom Rücken gegen den Bauch verlaufenden dunkeln Querbinden versehen ist. Seine Länge übersteigt bei uns selten 25 *cm*, das Gewicht 1 *kg*; doch kommen in manchen Seen Stücke von 1,5 bis 2 *kg* Gewicht vor. Er ist überall im Norden der Alten Welt verbreitet und gedeiht am besten in Seen mit klarem Wasser; doch fehlt er auch Flüssen und tiefen Bächen nicht, geht auch ins Brackwasser und selbst in schwach salzige Meeresteile, wie beispielsweise die Ostsee. In den Flüssen zieht er die Uferseiten und die Stellen mit geringerem Strome der Mitte und dem lebhaften Strome vor, ist auch fähig, in den Seen in größere Tiefen, von etwa 80–100 *m*, hinabzusteigen und dort zu leben, so daß ihm, mit dem Netz von dort heraufgezogen, infolge des verminderten Luftdrucks durch Ausdehnung der Schwimmblase der umgestülpte Magen blasenförmig zum Munde hervorquillt. Mit Vorliebe jagt er zu kleinen Trupps vereinigt, lauert auch gern in Höhlungen des Ufers auf seine Beute. Seine Freßgier ist so groß, daß er nach jedem Köder schnappt und, auch gefangen, bald das Futter aus der Hand seines Pflegers nimmt. Er läßt sich sehr leicht fangen, dauert auch außerhalb des Wassers längere Zeit aus, läßt sich daher weit versenden, wenn er nur unterwegs von Zeit zu Zeit zur Erfrischung in Wasser getaucht wird. Auch hält er sich Tage und Wochen im engen Fischkasten, was ein weiterer Vorzug ist. Aus der Haut der zum Essen nicht geschätzten jüngeren Fische wird ein der Hausenblase ähnlicher, sehr haltbarer Leim bereitet; die älteren Fische dagegen dienen als wohlschmeckende Speise. Seine Laichzeit fällt von März bis Mai. Im dritten Lebensjahre, wenn er eine Länge von etwa 15 *cm* erreicht hat, ist er bereits fortpflanzungsfähig und legt bis zu 300000 Eier. Doch vermehrt er sich gleichwohl nicht in größerer Zahl, da Fische und Wasservögel zahlreiche Eier fressen, auch die jungen Fische zahlreichen Feinden ausgesetzt sind.

Den Barsch übertrifft an Wohlgeschmack bedeutend sein Verwandter, der durch ein köstliches schneeweißes Fleisch ausgezeichnete Zander (*Lucioperca sandra*), der die Ströme und größeren Flüsse Nordost- und Mitteleuropas, in Norddeutschland die Elbe-, Oder- und Weichselgebiete und benachbarten Seen, in Mitteleuropa das Donaugebiet bewohnt, dagegen dem Rhein- und Wesergebiet, ebenso ganz Westeuropa fehlt, auch innerhalb seines Verbreitungsgebietes alle schnellfließenden Flüßchen meidet. Er liebt langsamfließende Gewässer, in deren Tiefe er sich für gewöhnlich aufhält, und erscheint nur während der zwischen die Monate April und Juni fallenden Laichzeit an seichteren, mit Wasserpflanzen bewachsenen Uferstellen, um hier seine Eier zu legen. Als ein außerordentlich raubgieriger Fisch, der alle kleineren Fische auffrißt und seine eigene Brut nicht verschont, wächst er ungemein schnell und erreicht im ersten Jahre bereits ein Gewicht von 0,75, im zweiten ein solches von 1 *kg*. Auch seine Vermehrung ist eine bedeutende. Sein Fleisch ist wie bei allen Fischen am besten und fettesten vor der Laichzeit, also im Herbst und Winter, muß aber frisch zubereitet werden, da es geräuchert oder gesalzen sehr an Schmackhaftigkeit verliert. An der unteren Elbe wird es demjenigen des Lachses gleichgeschätzt und ist fast eben so teuer. Im Rhein- und Wesergebiet, wo er, wie gesagt, ursprünglich nicht heimisch war, ist er in den letzten Jahren mit so gutem Erfolge eingesetzt worden, daß der Zanderfang für die dortigen Fischer heute schon ein bedeutender Faktor geworden ist. In größeren, an schlecht schmeckenden Weißfischen, Plötzen, Rotaugen, Stinten, Gründlingen und anderen minderwertigen Fischen, die ihm zur Nahrung dienen könnten, reichen Gewässern, kleineren Seen oder Teichen würde sich die auf die Zucht gerade dieses Fisches verwandte Mühe reichlich lohnen.

Ebenfalls sehr empfehlenswert für die Teichwirtschaft ist der den beiden vorigen verwandte, nur 25 *cm* lang und 250 *g* schwer werdende Kaulbarsch (*Acerina cernua*), der überall in Deutschland gefunden wird, nur im Oberrheingebiet fehlt, weil er den Rheinfall von Schaffhausen nicht zu überwinden vermag. Seine Lebensweise ähnelt derjenigen des Flußbarsches. Er zieht klare, tiefe Seen seichteren Gewässern vor, besucht aber letztere während der Laichzeit im April und Mai und wandert dann gewöhnlich truppweise, während er sich sonst mehr einzeln hält. In den Flüssen und Bächen verweilt er bis gegen den Herbst hin; zum Aufenthalt im Winter aber wählt er sich tiefere Gewässer und kehrt deshalb wieder zu den Seen zurück. Seine Nahrung besteht aus kleinen Fischen, Würmern und Kerfen. Der Laich wird auf Steinen abgesetzt. Seinen Fang betreibt man mit der durch einen Regenwurm geköderten Angel oder mit feinmaschigen Netzen. Sein Fleisch wird als sehr schmackhaft geschätzt.

Ihres köstlichen Fleisches wegen wird, wie die verschiedenen Karpfenarten, auch die Schmerle oder Bartgrundel (*Nemachilus barbatulus*) in manchen Gegenden, so besonders in Böhmen, in kleinen, reichlich mit Schafmist zur Entwicklung von ihr zur Nahrung dienenden Kerbtierlarven beschickten Teichen gezüchtet. Sie lebt darin lange Zeit und zeichnet sich durch ungeheure Gefräßigkeit aus. Ihr Wohngebiet ist Mitteleuropa nördlich der Alpen und reicht im Osten bis zum Ural. In Schweden wurde sie durch Friedrich I., der von 1751 bis 1771 regierte, aus Deutschland eingeführt. Sie hält sich besonders in Flüssen und Bächen mit raschfließendem Wasser auf und verbirgt sich tagsüber unter hohlliegenden Steinen. Erst gegen Sonnenuntergang beginnt ihre die ganze Nacht hindurch währende Jagdzeit. Ihre Laichzeit fällt in die ersten Frühlingsmonate. Das Männchen gräbt mit dem Schwanz ein Loch in den Sand, in welches das Weibchen die Eier legt; dann hält es bis zum Ausschlüpfen der Jungen Wacht am Neste.

Häufiger als die Schmerle findet man in Fischteichen den Hecht (*Esox lucius*) angesiedelt, der nicht mit Unrecht der „Hai der Binnengewässer" genannt wird, da er der gefürchtetste Räuber der europäischen Seen und Flüsse ist. Er scheint sich in seichtem, sumpfigem Gewässer ebenso wohl zu fühlen wie in einem tiefen, klaren See und erreicht gelegentlich eine Länge von 2 *m* und ein Gewicht bis zu 35 *kg*. Wie ein Pfeil schießt er durch das Wasser auf seine

Beute zu, sobald er sie mit seinen scharfen Augen erspäht hat. Seine Gefräßigkeit übertrifft die aller anderen Süßwasserfische. Dabei ist ihm alles recht, von dem er glaubt, daß er es bewältigen könne, bis hinauf zu größeren Vögeln und Säugetieren. Bei solcher Unersättlichkeit ist es kein Wunder, daß das Wachstum dieser Tiere ungemein rasch ist und sie im ersten Jahr 1 *kg*, im folgenden 2 *kg*, bei genügender Nahrung sogar 4 und 5 *kg* an Gewicht erreichen. Ihre Laichzeit fällt in den März und April. Die Eier werden auf seichten, mit allerlei Wasserpflanzen bewachsenen Stellen abgelegt und sind schon nach wenigen Tagen gezeitigt. Von den Jungen findet ein großer Teil im Magen älterer Hechte sein Grab, ein anderer, kaum geringerer, fällt den Geschwistern zum Opfer, die um so rascher heranwachsen, je mehr sie Nahrung finden.

Im Altertum stand das Fleisch der Hechte bei Römern und Griechen nur in geringem Ansehen. Nördlich der Alpen jedoch wurde es von jeher vom Menschen sehr geschätzt und galt besonders in England für teilweise noch besser als dasjenige des Lachses. Auch heute noch ist er als Braten geschätzt und wird schon aus diesem Grunde, nicht nur des Schadens wegen, den er anrichtet, eifrig verfolgt. Außer Netz und Reuse wird besonders die Schmeißangel zu seinem Fange benutzt. Zur Teichwirtschaft eignet er sich vorzüglich, vorausgesetzt, daß man ihn da unterbringt, wo er nicht schaden kann, oder ihm genügenden Vorrat an Fischen gewährt. Er verträgt hartes wie weiches Wasser, darf aber nicht während der Laichzeit eingesetzt werden, weil er zu dieser Zeit leicht absteht. Um die trägen Karpfen in Bewegung zu erhalten, wird er in kleinen Exemplaren, die weiter nicht schaden, auch in Karpfenteichen gehalten.

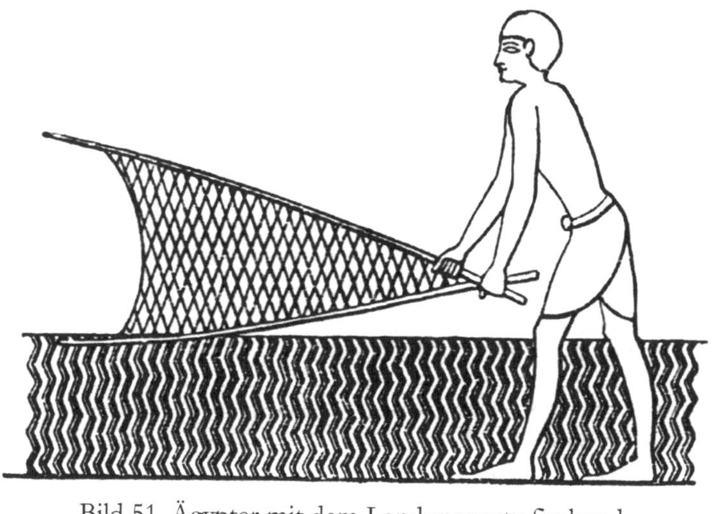

Bild 51. Ägypter mit dem Landungsnetz fischend.
Auf einem Grabgemälde in Theben. (Nach Wilkinson.)

Nicht in der Teichwirtschaft verwendet, aber gleichwohl meist gern gegessen wird die Brachse (*Abramis brama*), die 50–70 *cm* Länge und ein Gewicht von 4–6 *kg* erreicht. Nördlich der Alpen wird sie überall in den tieferen Süßwasseransammlungen, meist in starken Gesellschaften, gefunden, wo sie den Sommer über im Schlamme nach Nahrung wühlt. Um zu laichen, was stets zur Nachtzeit an seichten, grasreichen Stellen in der Nähe des Ufers geschieht, vereinigt sie sich im Frühjahr zu großen Zügen und wird dann in Menge gefangen. Wenige Tage nach dem Abzuge der Fische wimmeln die seichten Uferstellen von Millionen ausgeschlüpfter Jungen, die sich noch eine Zeitlang auf der Stätte ihrer Geburt umhertreiben und dann ihren Eltern in die Tiefe der Gewässer folgen.

Von den ihres minderwertigen Fleisches wegen nicht besonders geschätzten Süßwasserfischen soll hier nicht die Rede sein. Nur die Lauben- oder Weißfische (*Alburnus*) mögen noch genannt werden, da man sie regelmäßig fängt, um sie als Köder für andere Fische zu benutzen, und aus ihren feinzerstoßenen Schuppen eine Masse gewinnt, die Glasperlen täuschend das Aussehen echter Perlen zu geben vermag. Die letztere Erfindung wurde in der Mitte des 18. Jahrhunderts von einem französischen Rosenkranzverfertiger gemacht und lange geheimgehalten. Der ölartig dicke Saft kam als *Essence d'Orient* in den Handel und wurde zum Bestreichen des Innern von Glaskügelchen benutzt, die dann vollkommenen Perlglanz aufweisen. Zur Gewinnung von 500 *g* Silberglanz sollen gegen 20000 Weißfische nötig sein. Wegen ihrer unermüdlichen Regsamkeit und unterhaltenden Spiellust eignen sich diese Fischchen vorzüglich, wie die Goldfische in engerem Gewahrsam gehalten zu werden.

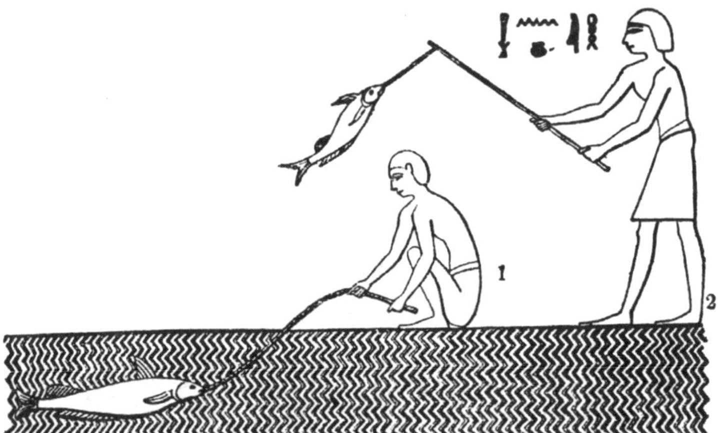

Bild 52. Fischer im alten Ägypten 1. mit der Grundangel, 2. mit der Angelrute fischend. (Nach Wilkinson.) Der hier gefangene Fisch heißt *shilbeh* oder *arabrab*.

Hierzu verwendet man neuerdings bei uns mit Vorliebe die von den Chinesen zur Kulturrasse erhobenen Großflosser (*Polyacanthus viridi-auratus*), die von europäischen Liebhabern auch als Paradiesfische bezeichnet werden. Es ist dies eine Art Vieldorner mit gestrecktem und seitlich zusammengedrücktem Leib mit sehr großer, halbmondförmiger, zweilappiger Schwanzflosse. Besonders die Männchen sind bunt mit farbigen Querbinden geziert. Die Länge beträgt bloß 8–9 *cm*. Über das Freileben dieses Zierfischchens fehlt jede Kunde. Wir wissen nur, daß es in China schon recht lange gezähmt worden sein muß und die Chinesen durch sein munteres Wesen erfreute. Deshalb wird es in China allgemein gefangengehalten und wie der Goldfisch behandelt, nur pflanzt es sich auch in engem Raume viel leichter als letzterer fort und ist zudem durch seine Brutpflege interessant. Das Männchen errichtet nämlich mit dem Mund aus von Schleim überzogenen Luftblasen ein Nest, in das es die vom Weibchen gelegten Eier trägt und sorgsam bewacht. Auch nach dem Ausschlüpfen der Jungen hütet es dieselben mit derselben aufopfernden Fürsorge wie das Stichlingsmännchen, das eine analoge Brutpflege in einem Nest aus Pflanzenfasern ausübt. Erst wenn die Jungen seiner Hülfe nicht mehr bedürfen, überläßt es dieselben ihrem Schicksal und frißt sie auch gelegentlich, wie es das Weibchen zu tun pflegt, auf. Die Jungen ernähren sich anfänglich vom Schleim des Schaumnestes, später von kleinen Aufgußtierchen, dann von allerlei winzigem und zuletzt größerem Gewürm wie die Eltern. Ein einziges Paar dieser Fische soll in einem Sommer nicht weniger als sechsmal gelaicht und dabei jedesmal 400 bis 600 Junge erzielt, also zusammen 3000 Nachkommen ins Leben gesetzt haben. Ihr überaus zierliches Wesen, ihre große Fruchtbarkeit und ihre leichte Fortpflanzung in noch so kleinen Behältern empfehlen sie allen Aquarienfreunden aufs wärmste, so daß sie berufen sind, zum großen Teile, wenn nicht ganz, die viel langweiligeren Goldfische zu verdrängen.

Von China kamen die Großflosser schon zu Ende des 18. Jahrhunderts in Spiritus nach Europa. Erst 1867 werden die ersten lebenden Exemplare in Berlin erwähnt, doch wird nicht mitgeteilt, ob sie sich dort auch schon fortpflanzten. Im Jahre 1869 erhielt Dumeril eine Sendung dieser Zierfische, die der französische Konsul Simon in Ningpo mit Sorgfalt ausgesucht und gesandt hatte. Diese pflanzten sich anstandslos fort und auf sie dürfte wohl die größte Zahl unserer europäischen Großflosser zurückzuführen sein.

Zum Schlusse seien noch einige Bemerkungen über die Fischerei der alten Deutschen beigefügt. Zunächst konnte jedermann da fischen, wo es ihm beliebte, bis mit der Ausbildung des Privateigentums an Grund und Boden auch das Recht der Fischerei, wie der Jagd, immer mehr unter Bann getan wurde. Wer in solchen Banngewässern fischen wollte, mußte eine Erlaubnis dazu vom betreffenden Besitzer haben. Der Fischfang geschah vorzugsweise mit Reusen und Netzen verschiedener Art, von welch letzteren die größte *sagina*, kleinere *barsa* und *tegum* hießen, daneben auch mit Angeln, die im Mittelalter bei uns Hamen genannt wurden. Man errichtete mit Pfählen und Rutengeflecht dazwischen sogenannte Vennen (lat. *venna*), in denen sich die Fische beim Stromaufwärtsschwimmen verfingen und keinen Ausweg mehr fanden. Da die Errichtung und Unterhaltung solcher Vennen viel Holzwerk erheischte, wurde bei Verleihung derselben durch Könige meist auch ein Wäldchen geschenkt, so vom Frankenkönig Arnulf, dem Sohne Karlmanns (regierte 887–899) an ein Kloster. Vor ihm erlaubte Karl der Große 777 dem Kloster Lorch zu ihrer Venne auf dem Rhein aus einem Walde, der keine Fruchtbäume hatte, das nötige Holz zur Unterhaltung und Ausbesserung derselben zu holen.

Außer der Fischerei wurde schon bei den alten Franken auch eine Teichwirtschaft getrieben, indem vor allem die Klöster in Nachahmung der römischen Vivarien ebenso genannte Fischteiche errichteten. Karl der Große befahl seinen Verwaltern auf allen Höfen (*villa*) Fischteiche zu halten und Fische für den Bedarf des Hofhaltes in Holzkästen bereit zu halten. Nur was nicht gebraucht wurde, durfte verkauft werden.

Bild 53. Fischer mit Netz und Reusen.
(Nach einem Holzschnitt von Jost Ammann 1539–1591).

Als mit der Zunahme der geistlichen Stiftungen die Zahl der zu den kirchlichen Fasten eine Menge von Fischen gebrauchenden Mönche wuchs, wurden von den Hörigen, die Fischfang trieben, die Abgaben in Gestalt von Fischen gefordert; diese wurden meist frisch, seltener eingesalzen oder geräuchert gegessen. Erst später wurden die Abgaben an Fischen teilweise in Geld verwandelt. Mit der fortschreitenden Einschränkung der natürlichen Freiheit gehörte der Fischfang im Mittelalter den jeweiligen Grundbesitzern, die das Recht dazu gegen Entschädigung verleihen oder verbieten konnten. Mit Vorliebe wurde von den Königen und Fürsten das Recht des Fischens an Laien und Klöster verliehen; solche Fischenzen oder Fischereien kommen in den Urkunden häufig vor. Den Stadtbürgern wurde erlaubt, in dem zur Stadt gehörenden Wasser zu ihrer eigenen Speise, aber nicht zum Verkaufe, mit einem Hamen, ausnahmsweise auch mit Netzen, zu fischen. Unbefugte Fischerei wurde sehr streng bestraft. Fische aus einem Teiche stehlen, war ein größeres Verbrechen, als wenn solches aus gemeinem Wasser geschah; denn solche Fische gehörten nach altem Rechte zum Besitzstand, weil Arbeit darangewendet worden war. Nach dem berühmtesten Rechtsbuch des Mittelalters, dem ums Jahr 1230 aufgezeichneten Sachsenrecht, dem „Sachsenspiegel", gab derjenige, der in gegrabenen Teichen fischte, 30 Solidi oder Goldschillinge im Goldwerte von etwa 10 Mark (tatsächlich aber viel mehr) Strafe, d. h. zehnmal mehr als in gemeinem Wasser, und ward zudem gepfändet, wenn man ihn in „handhafter Tat ergriff".

XXI. Die Nutztiere unter den Wirbellosen.

Gegenüber der großen Menge von Fischen spielen die an Arten und Individuen sehr viel spärlicheren Krebse als Speise des Menschen eine sehr unbedeutende Rolle. Unter den Krabben ist eine Art Bogenkrabbe (*Carcinus maenas*) die weitaus die gemeinste der europäischen Meere. Große Mengen davon im Wert von 1/2 Million Lire werden von Venedig aus, wo sie als Leckerbissen gelten, in Fäßchen verpackt, nach dem Festlande ausgeführt. Ebenfalls zu vielen Tausenden wird meist in großen, locker geflochtenen Körben die große Meerspinne (*Maja squinado*) auf die Fischmärkte der Küstenstädte am Mittelmeer zum Verkauf gebracht. Sie wird besonders in den Garküchen für das niedere Volk zubereitet und bildet, in ihrer eigenen Schale geröstet, eine schmackhafte Zukost zu Brot und Wein. Von ihr wußte man im Altertum allerlei wunderbare Dinge zu erzählen. Sie sollte außerordentlich klug und eine Musikfreundin sein. Auf verschiedenen Münzen findet sie sich verewigt und prangte als Halsschmuck der Diana von Ephesus.

Weniger häufig im Adriatischen und Mittelmeer, dafür aber um so bekannter an den Nordseeküsten ist der große Taschenkrebs (*Cancer pagurus*). Er zieht felsigen Grund dem sandigen Strande vor und wird seines Wohlgeschmacks wegen namentlich in England viel gefangen und verzehrt. Ebenfalls auf felsigem Grund lebt die gemeine Languste (*Palinurus vulgaris*). Dieser in einzelnen Riesenexemplaren 6–8 *kg* schwere Panzerkrebs ist im Mittelmeer viel häufiger als der Hummer (*Homarus vulgaris*), welch letzterer in der Nordsee seine eigentliche Heimat hat. Dort findet er sich mit den Schollen und vielen anderen Meerestieren überall auf der sandigen Doggerbank und der weiterhin Britannien mit Norwegen verbindenden Untiefe, von welcher dann weiter nördlich ein jäher Absturz in den Ozean erfolgt. Von den rund 6 Millionen Hummern, die Nordeuropa jährlich verbraucht, werden weitaus die meisten in England konsumiert. Vermittelst kleiner, schnellsegelnder Schiffe mit doppeltem, als Hummerbehälter dienendem Boden werden von den drei Millionen Stück, die jährlich an der Südwestküste Norwegens gefangen werden, eine Million nach London geliefert. Bei Helgoland fängt man jährlich 20–30000 Stück. Der Wert der jährlichen Ausbeute an der Ostküste Schottlands stellt sich ungefähr auf 6 Millionen Mark. Wie in London ist auch in Paris Hummer ein sehr beliebtes Gericht, das in allen feineren Restaurants zu haben ist. Der weibliche Hummer legt über 12000 Eier und trägt dieselben bis unmittelbar vor dem Auskriechen der Jungen am Hinterleib und seinen Anhängen angeheftet mit sich herum. Auch späterhin flüchtet sich wenigstens ein Teil der Jungen unter den Schwanz der Mutter, während die große Mehrzahl ausschwärmt und von zahllosen Feinden dezimiert wird, so daß nur ein kleiner Bruchteil derselben das fortpflanzungsfähige Alter erreicht.

Sein nächster Verwandter, der Flußkrebs (*Astacus fluviatilis*), wird nur 20, in seltenen Fällen 25 *cm* lang und pflanzt sich im Herbst fort, wobei die befruchteten Eier an die Haare der mütterlichen Schwimmfüße festgeklebt werden. Erst im folgenden Frühjahr oder zu Beginn des Sommers schlüpfen die Jungen aus, die dann rasch heranwachsen, so daß sie am Ende des ersten Jahres schon 4,5 *cm* lang sind. Nach der ersten Häutung beginnen sie zwar ein selbständiges Leben, kehren aber doch öfter schutzsuchend unter den Schwanz der Mutter zurück. Erst nach der zweiten Häutung — etwa am 28. Tage nach dem Ausschlüpfen — machen sie sich völlig selbständig und zerstreuen sich nach und nach. Die Flußkrebse sind Allesfresser, sie fressen auch frisches totes Fleisch, aber kein eigentliches Aas. Was sie zu bewältigen vermögen, dient ihnen als willkommene Beute. Neben tierischer Kost sind ihnen auch Wasserpflanzen, namentlich saftige Wurzeln und Armleuchter, letztere wohl ihres Kalkgehaltes wegen, ein Bedürfnis. In der Gefangenschaft lassen sie sich gern mit Mohrrüben und Kürbisschnitzen füttern. Man unterscheidet unter ihnen den ruhiges Wasser bevorzugenden Edelkrebs als eine Form der Niederungen und den raschströmendes Wasser bevorzugenden Steinkrebs als Bewohner der Berggegenden. Letzterer ist die einzige Art für die Iberische Halbinsel und Britannien. Beide Arten können an geeigneten Orten nebeneinander vorkommen. Eine dritte schmächtigere Form (*Astacus leptodactylus*) bewohnt das Einzugsgebiet der in das Schwarze und Kaspische Meer mündenden Ströme. Durch Kanalverbindungen mit der Wolga und andern Flüssen ist er neuerdings in das Stromgebiet des Finnischen und Weißen Meeres gelangt und beginnt dort den Edelkrebs zu verdrängen. In Nordamerika befindet sich östlich vom Felsengebirge eine verwandte Form, die ebenfalls gern gegessen wird. Bei uns ist heute der Edelkrebs viel seltener als früher, da er in großer Menge alle Gewässer bevölkerte und in großen Mengen gefangen und verspeist wurde. Seit aber vor 35 Jahren die Krebspest von Frankreich her nach Deutschland kam und im Laufe von 10 Jahren bis nach Rußland vordrang, wurde an vielen Orten der gesamte Krebsbestand vernichtet, so daß viele Gewässer, die früher reich an Krebsen waren, nunmehr völlig daran verödet sind. Statt seiner wurde mehrfach der allerdings in bezug auf Wohlgeschmack des Fleisches minderwertige, schmächtige galizische Krebs mit bedeutend dünneren Scheren zur Wiederbevölkerung der Gewässer mit Krustentieren in Deutschland eingeführt.

Die artenreichste Familie unter den langschwänzigen Zehnfüßlern sind die Garneelen, von denen die beim Kochen farblos werdende gewöhnliche, bräunliche Sandgarneele (*Crangon vulgaris*) — die *crevette* der Franzosen und *shrimp* der Engländer — und die beim Kochen rotwerdenden Granaten

(*Palaemon serratus* und *P. squilla*) — die sogenannten Krabben der Ostseefischer — zum Verspeisen die beliebtesten sind. Sie werden an den Küsten in oft von Pferden gezogenen feinmaschigen Schleifnetzen mit länglichem Rahmen aus Eisen gefangen und korbweise auf den Markt gebracht. Die meisten der so erbeuteten 8 *cm* und mehr langen Garneelen sind Weibchen, die ihre Eier zwischen den Afterfüßen des Hinterleibs tragen. Sie liegen ganz in Sand eingegraben vor Feinden sicher und geraten ins Netz, indem die untere eiserne Lippe des Schleppnetzes den Sand aufwühlt, in welchem sie ruhig liegen und auf Beute lauern. In den Küstenstädten des Mittelmeers wird auch der bis 18 *cm* lange gemeine Heuschreckenkrebs (*Squilla mantis*) viel gefangen und verzehrt. Hier überall geben auch die Kopffüßler oder Tintenfische als *frutti di mare* eine geschätzte Speise für das gemeine Volk. Besonders beliebt sind die gemeine Sepia (*Sepia officinalis*) und der Kalmar (*Loligo vulgaris*), von denen die mittelgroßen Exemplare, weil wohlschmeckender, den größeren vorgezogen werden. Sie wandern vielfach mit den kleinen Fischen, von denen sie sich ernähren, und werden in besonderen Fallen und Netzen gefangen.

An den Küsten des Mittelmeers werden auch allerlei Meerschnecken wie auch alle Sorten von Landschnecken gern verzehrt. Die Mitteleuropäer dagegen essen von den 1600 Arten der auf dem europäischen Festlande lebenden Gattung Helix, den Schnirkelschnecken, fast ausschließlich die Weinbergschnecke (*Helix pomatia*). Sie ist die größte aller einheimischen Landschnecken und ihr hellrötliches bis gelblichbraunes Gehäuse erreicht eine Höhe bis zu 5 *cm*. Diese Tiere sind Zwitter und befruchten sich gegenseitig. Ihre 60–80 johannisbeergroßen Eier legen sie im Frühjahr haufenweise in Löcher, die sie in lockere, feuchte Erde gewühlt haben und nach der Eiablage wieder zudecken, so daß das Eiernest kaum gefunden werden kann. Die Entwicklung nimmt etwa 26 Tage in Anspruch; dann kriechen die jungen Schnecken aus dem Boden hervor, um sich vorzugsweise von weicher Pflanzenspeise zu ernähren. Doch fressen sie gelegentlich auch tierische Kost, so das Fleisch etwa von einem Wagen überfahrener oder von Menschen zertretener Genossinnen. Dabei wachsen sie verhältnismäßig rasch heran und graben sich im Herbst am liebsten unter einer Moosdecke 20–30 *cm* tief in die lockere Erde ein und verschließen ihr Gehäuse mit einem soliden Kalkdeckel. Letzterer ist porös und läßt die Luft für die übrigens während des Winterschlafes stark herabgesetzte Atmung ungehindert hindurchtreten. Wenn im April und Mai die zunehmende Bodenwärme die Lebenstätigkeit des etwa 6 Monate im Winterschlaf verharrenden Tieres aufs neue weckt, so wird der Deckel mit dem Fuß leicht abgestoßen. Nur in diesem gedeckelten Winterzustande gilt die Weinbergschnecke als ein tafelfähiger Leckerbissen. Da sie zum Aufbau ihres Kalkgehäuses viel Kalk benötigt, findet sie sich nur in Gegenden, wo der Erdboden genügend von diesem Stoff enthält. Sie lebt außer in Weinbergen auch in Gärten, Hainen und lichten Laubwäldern mit viel Unterholz. Von alters her wird sie zur Sommer- und Herbstzeit gesammelt, um in besonderen Gehegen aus Brettern oder aus engem Drahtgeflecht mit Salat, Mohrrüben und Fallobst mit Beigabe von Kalk gefüttert zu werden. Bei solchem Futter wird sie besonders zart und fett. Berühmt in ganz Frankreich und Süddeutschland sind wegen ihres Wohlgeschmacks die aus Burgund bezogenen Schnecken. Hier ist die Zubereitung derselben in der Schale *à la bourgignonne* sehr beliebt, so daß diese Tiere ein eigentliches Volksgericht geworden sind.

Schon die reichen Römer zu Ende der Republik und zur Kaiserzeit, jene Erzschlemmer, wußten die gemästeten Weinbergschnecken als leckere Speise zu würdigen und zogen sie in besonderen Schneckengärten. Der gelehrte Varro beschreibt uns um die Mitte des letzten vorchristlichen Jahrhunderts die Anlage und den Betrieb eines solchen Cocleariums. Es sollte unter freiem Himmel liegen und von Wasser umgeben sein, weder zu sonnig, noch zu stark dem Tau ausgesetzt sein. Hier wurden die gesammelten Schnecken mit Kleie und mit Honig eingekochtem Weinmost gemästet. Von besonderen Verkäufern wurden sie dann in den Straßen ausgeboten und vom Volke gern gekauft. Nach Plinius legte Fulvius Lupinus auf dem Gebiete von Tarquinii kurz vor dem Ausbruch des Bürgerkrieges, den Cäsar 49 v. Chr. mit Pompejus zu führen begann, die ersten Coclearien an. Er trennte die verschiedenen Schneckensorten und erfand die Mästung derselben mit Mehl und mit Honig eingekochtem Traubenmost. Nach Varro wurden in den verschiedenen Gebieten des römischen Reichs verschiedene Schneckenarten gemästet. Er sagt, daß die kleinen weißlichen aus der Umgebung von Reate im Sabinerlande (dem heutigen Perugia), die großen aus Illyrien, die mittelgroßen aber aus Afrika nach Rom gebracht und an vielen Orten auf großen, künstlich zu einer Insel gemachten Strecken gezüchtet würden. Man mäste sie auch in Töpfen, in die durch Löcher Luft eintreten gelassen werde; inwendig seien diese mit Honigmost und Mehl ausgestrichen.

Von den Römern übernahmen im Mittelalter die Klöster die Zucht von Weinbergschnecken als beliebte Fastenspeise und führten sie nördlich von den Alpen ein. Aus den Klostergärten übernahmen später auch Laien diese Zucht. So gab es später an verschiedenen Orten Frankreichs, Süddeutschlands, der Schweiz und Österreichs größere Schneckenzüchtereien, die die benachbarten Städte mit ihren Produkten versorgten. Schneckenbauern in der Gegend von Ulm führten einst jährlich über 4 Millionen gedeckelte Schnecken zu je 10000 Stück im Winter auf der Donau hinunter bis jenseits Wien aus. Sie werden meist in der Weise zubereitet, daß man sie in einem Salzsud kocht, dabei quellen die Tiere stark auf, so daß das sie abschließende Kalkdeckelchen von selbst abfällt. Die fast gargekochten Leiber lassen sich dann leicht mit einer Gabel aus dem Gehäuse ziehen, werden geputzt und zwei bis dreimal in warmem Wasser gewaschen, um allen Schleim daraus zu entfernen. Mit Fleischbrühe und Wein weichgekocht, werden sie fein gehackt, mit Petersilie und Sardellenbutter vermischt und schließlich in die sauber geputzten Gehäuse gefüllt. Die auf solche Weise zubereiteten Schnecken sollen wie Krebspastetchen eine wirkliche Delikatesse sein. Von Paris aus werden sie in solcher Zubereitung weithin exportiert und haben sich sogar in Norddeutschland, das sich bisher gegen solche Leckerbissen ablehnend verhielt, viel Freunde erworben. Während in Nordfrankreich *Helix pomatia* gezogen wird, züchtet man in Südfrankreich vorzugsweise *Helix aperta* und *H. nemoralis*, außer letzterer in Italien auch *Helix pisana.* In Spanien dagegen ißt man *Helix alonensis* und *lactea*, in Griechenland *H. parnassea.* Sie, wie auch die rotbraunen bis schwarzen roten Wegschnecken (*Limax rufus*) ohne Gehäuse werden zur Gewinnung einer sehr wohlschmeckenden Fleischbrühe gekocht, die früher besonders Lungenleidenden als Heilmittel gegeben wurde.

Von den Schnecken haben sonst nur die Purpurschnecken kulturgeschichtlich eine größere Bedeutung erlangt, indem sie im Altertum zur Gewinnung der überaus geschätzten Purpurfarbe eine sehr wichtige Rolle spielten. Es sind dies Vertreter der Gattungen *Murex* und *Purpura*, die an den Küsten des Mittelmeers auf felsigem Grunde sehr häufig vorkommen und an den Orten der Purpurfabrikation, die in Phönikien ihren Ausgang nahm, in großen Mengen gesammelt und verarbeitet wurden, so daß aus ihren weggeworfenen Schalen mächtige Ablagerungen hervorgingen. Wie an der syrischen Küste ließen sich auch an manchen Orten Griechenlands und Italiens einstige Purpurfabriken an solchen Schalenhaufen nachweisen.

Die den Purpurfarbstoff liefernde kleine Drüse mündet in eine Umschlagsfalte des Mantels und liefert ein anfänglich farbloses Produkt, das an der Sonne zuerst gelb, dann grünlich und zuletzt violett wird und um so dunkler, bis schwärzlich erscheint, je mehr davon auf dem betreffenden Stoff aufgetragen und je länger er nachher den Sonnenstrahlen ausgesetzt wurde. So hatte der geschickte Färber alle Grade von einem matten bis dunkeln Violett in der Hand. Zur Gewinnung von 1,5 *g* Purpursaft sind die Drüsen von nicht weniger als 12000 Purpurschnecken nötig; so läßt es sich begreifen, daß damit gefärbte Gewänder außerordentlich hoch zu stehen kamen und nur den Fürsten und Reichen zugänglich waren. Noch zur Zeit des Kaisers Diokletian im Jahre 301 n. Chr. kostete das Pfund der besten Purpurwolle 950 Mark unseres Geldes. Und doch war die Farbe ein ziemlich unreines, rotstichiges Violett, das sich in keiner Weise weder an Glanz, noch an Echtheit der Färbung mit den modernen, synthetisch gewonnenen Teerfarbstoffen vergleichen läßt. Übrigens dienten nach dem römischen Dichter Martial die Purpurschnecken außer zum Färben auch zum Essen. Sie wurden nach den antiken Autoren in mit Miesmuscheln beköderten kleinen

Reusen gefangen, die kleinen Arten samt den Schalen, die größeren dagegen ohne diese zerstampft, mit Wasser ausgelaugt und auf mäßigem Feuer in bleiernen Gefäßen eingekocht. Je nach der Mischung der verschiedenen Purpurschneckenextrakte wurden verschiedene Nuancen erzielt. So schreibt Plinius in seiner Naturgeschichte: „Die Purpurschnecke (*buccinum*) ist allein nicht brauchbar, weil ihre Farbe nicht hält, wird sie aber mit dem Saft der Murexschnecke (*purpura*) vermischt, so wird sie dauerhaft und gibt jener dunkeln Farbe eine Beimischung, welche ein schönes Scharlachrot hervorbringt. Je nach der Mischung beider wird die Farbe bald heller bald dunkler. Um eine herrliche Amethystfarbe zu haben, nimmt man auf 50 Pfund Wolle 200 Pfund Purpurschnecke (*buccinum*) und 110 Pfund Murexschnecke (*purpura*). In Tyrus taucht man die Wolle erst in Murex- und dann in Purpuraschneckensaft. Am beliebtesten ist der tyrische Purpur, wenn er die Farbe geronnenen Blutes hat, von vorn gesehen schwärzlich aussieht und von der Seite gesehen schimmert. Auch Homer nennt das Blut purpurfarbig. — Färbt man bloß mit Murexschnecken oder Purpuraschnecken, so setzt man Wasser und Menschenurin zu und erlangt dadurch die beliebte blasse Farbe, welche desto schwächer ist, je weniger durstig die Wolle war."

Weiter sagt Plinius: „Das Kleid der römischen Konsuln und freigeborenen Knaben wird mit einem Purpursaum geschmückt. Purpur unterscheidet den Senator vom Ritter, versöhnt die Götter, gibt den Kleidern seinen Glanz und mischt sich beim Triumphzuge unter das Gold." Von Anfang an war der Purpur in Rom gebräuchlich; Romulus trug ihn an der *trabea*, Tullus Hostilius an der *praetexta* (verschieden gestalteten Röcken). Nepos Cornelius, der unter der Regierung des Augustus starb, sagte: „Als ich noch jung war, schätzte man den veilchenfarbenen Purpur am höchsten, wovon das Pfund 100 Denare (60–70 Mark) kostete, bald darauf zog man den roten tarentinischen vor und später den doppelgefärbten tyrischen, wovon man das Pfund nicht unter 1000 Denaren (600–700 Mark) kaufen konnte. Der Ädil Publius Lenthulus Spinther, der diesen tyrischen Purpur zuerst trug, wurde darob getadelt; jetzt aber hat jedermann bei Schmausereien mit tyrischem Purpur gefärbtes Tischzeug. Spinther war im Jahre 691 der Stadt (62 v. Chr.) Ädil, (d. h. Hilfsbeamter der beiden Volkstribunen und als solcher mit der Straßen- und Baupolizei, wie auch mit der Überwachung des Marktverkehrs betraut), da Cicero Konsul war, und damals nannte man den tyrischen Purpur doppelt gefärbt (*dibapha*) und betrachtete ihn als eine sehr kostspielige Sache; jetzt aber ist jeder gute Purpur doppelt gefärbt." Und Plutarch schreibt in seiner Biographie Alexanders des Großen: „Als Alexander die Stadt Susa in Persien erobert hatte, fand er daselbst Geld und Kostbarkeiten in unsäglicher Menge; dabei sollen auch 5000 Talente (= 301000 *kg*) hermionischen Purpurs (Hermione war eine Stadt in Argolis) gewesen sein, den man 190 Jahre lang aufbewahrt hatte und der noch so glänzend aussah, als ob er neu wäre."

Jedenfalls hat die Wertschätzung des Purpurs von der syrischen Küste aus schon im hohen Altertum ganz Vorderasien erobert, lange bevor die Griechen durch die phönikischen Kaufleute mit ihm bekannt wurden und die Bekanntschaft damit den Römern übermittelten. In Babylonien und Assyrien war der purpurgefärbte Mantel das Abzeichen des Königs und wurde als besondere Auszeichnung auch an Private verliehen, wie dies Nebukadnezar (*Nabûkuduriussur*), der von 604–561 über Babylon herrschte, nach Daniel 5, 16 dem Juden Daniel tun wollte. Wie im alten Rom die *purpurati* die höchste Adelsklasse darstellten, haben, durch sie beeinflußt, auch die Nachbarvölker von ihnen eingehandelte Purpurgewänder als königliches Abzeichen benutzt. Erst mit dem Untergang der antiken Kultur verlor sich im Abendlande mehr und mehr die Kenntnis von der Bereitung des Purpurs. Nur im byzantinischen Reiche blieb sie das ganze Mittelalter hindurch erhalten. Auch dort durfte nur der Herrscher sich mit Purpurstoffen bekleiden, so daß der Ausdruck den Purpur nehmen, wie bei den Römern der Kaiserzeit, so viel als sich der Herrschaft bemächtigen bedeutete und der Beiname *Porphyrogenetos*, d. h. der in Purpur Geborene, den bei der Geburt schon mit der Kaiserwürde Bekleideten bezeichnete. Die letzte Erwähnung von Purpurgewändern als Galatracht des *basileus* in Byzanz datiert vom Jahre 1440, 13 Jahre vor der Eroberung durch die Osmanen. Mit der Invasion der Türken ging auch im byzantinischen Reiche die Kenntnis der Gewinnung des Purpurs verloren, bis in der Neuzeit der französische Zoologe Lacaze-Duthiers durch Zufall sie wieder entdeckte. Als er nämlich im Sommer 1858 im Hafen von Mahon auf der spanischen Insel Menorca mit Hilfe eines Fischers allerlei Seetiere aufsuchte, bemerkte er, daß sein Schiffer sein Hemd mit der schleimigen Absonderung einer Meerschnecke, die sich alsbald als *Purpura haemastoma* entpuppte, zeichnete. Die mit einem Stückchen Holz aufgetragenen Buchstaben und Figuren erschienen bald gelblich und der Fischer sagte, sie würden rot werden, sobald die Sonne eine Zeitlang darauf geschienen habe. Der Zoologe ließ auch sein Hemd mit diesem schleimigen Safte zeichnen und machte alsbald die Entdeckung, daß bei der Einwirkung der Sonnenstrahlen sich ein höchst unangenehmer durchdringender Geruch entwickelte und eine immer intensiver werdende Violettfärbung auftrat. Dies war die Veranlassung zur Wiederentdeckung der Herstellung des Purpurfarbstoffs, von dem wir heute wissen, daß er aus Dibromindigo besteht, d. h. aus Indigo, in welchem zwei Wasserstoffatome durch zwei Bromatome ersetzt sind. Außer *Purpura haemastoma* ermittelte Lacaze-Duthier auch die im Mittelmeer sehr gemeinen *Murex brandaris* und *Murex trunculus* als Träger des Purpurfarbstoffs. Übrigens haben die nordamerikanischen Indianer von sich aus, unabhängig von den Europäern, den Saft der einheimischen Purpurschnecken zum Rotfärben benutzt. So färbten sie einst, wie heute noch die Indianer von Tehuantepec, mit dem Safte von *Purpura patula* ihre Frauenröcke purpurrot.

Bild 54. Der Tuchfärber.
(Nach einem Holzschnitt von Jost Ammann 1539–1591.)

Von den großen Meeresschnecken des Mittelmeers hat wahrscheinlich die große Tonnenschnecke (*Dolium galea*) das Vorbild für das Spiralornament der jonischen Säule gegeben. Als Prof. Troschel bei seinen zoologischen Studien in Messina sie lebend zur Untersuchung erhielt, ließ sie, gereizt, aus ihrem einen halben Fuß weit ausgestülpten Rüssel einen Strahl einer wasserklaren Flüssigkeit einen Fuß weit hervorspritzen. Zu seinem höchsten Erstaunen nahm Troschel wahr, daß der Kalkstein des Fußbodens von der Flüssigkeit stark aufbrauste, der vermeintliche Speichel also eine scharfe Säure war. Die genaue chemische Untersuchung des von einer dicht neben der Speicheldrüse gelegenen besonderen Drüse abgesonderten Saftes ergab darin die Anwesenheit von 3–4 Prozent freier Schwefelsäure und 0,3 Prozent freier Salzsäure. Sie dient dem Tiere dazu, die Kalkgehäuse der Schnecken und Muscheln, von denen sie sich ernährt, im Bereiche des Mundes aufzulösen, damit sie dann mit der Zunge ins Innere eindringen kann, um die Weichteile aufzufressen.

Die großen Tritonshörner dagegen, besonders das *Tritonium nodiferum* des Mittelmeers, die *buccina* der alten Römer, diente mit einer künstlich gemachten Öffnung an der Spitze der gewundenen Schale, in welcher das Tier einst seinen Eingeweidesack trug, als Kriegstrompete. Deshalb sagt der Dichter Vergil: „Die *buccina* zwang schon die alten Quiriten zu den Waffen.“ Teilweise schon im Altertum, mehr aber noch in der Rokokozeit, wurden ihre Schalen nicht nur als Signaltrompete, sondern auch mit dem Delphin als eigentliches dekorativ ausgestaltetes Attribut der Meeresgötter immer wieder auf Statuen und Reliefs angebracht. Man gab ihnen später bei den Deutschen, die sie zur Zierde als Nippsache in ihren besseren Stuben aufstellten, den Namen Kinkhörner, weil sie kinken, d. h. klingen oder sausen, wenn man ihre Mündung an die Ohren hält. Man wollte darin das Brausen des Meeres hören. Dies ist natürlich unrichtig. Alle Muschelschalen sind vielmehr natürliche Resonanzböden für bestimmte schwache Geräusche, die sie so verstärken, daß sie uns hörbar werden. Bei absoluter Stille lassen sie kein Brausen hören. Diese und andere große Schneckenschalen dienen auch zum Einschneiden von allerlei bildlichen Darstellungen oder zur Herstellung von Kameen, wobei durch Benutzung verschieden gefärbter Schichten die Figuren eine andere Farbe als der Grund erhalten. Mit prächtig perlmutterartig glänzenden Stücken von Kreiselschnecken der Gattung *Turbo* stellen die Chinesen allerlei Einlegearbeiten in ihre lackierten Möbel und Schränke her, während bei uns die durch Interferenz schön irisierenden inneren Schichten auch anderer Schneckenschalen und Muscheln, vor allem der alsbald zu besprechenden Perlmuschel dazu benutzt werden, wie auch zur Herstellung von Knöpfen, Zahlmarken usw. Die zum Schutze gegen das Weggeschwemmtwerden von seiten der Brandung außerordentlich fest an der felsigen Unterlage haftenden Napfschnecken der Gattung *Patella* sind, wie auch manche der größeren Meeresschnecken, ein nicht besonders wohlschmeckendes, aber von den ärmeren Klassen der europäischen Küstenbewohner viel gesuchtes und gern gegessenes Nahrungsmittel.

Außerordentliche volkswirtschaftliche Bedeutung besitzen unter allen Meerschnecken heute nur die Porzellanschnecken in ihrem wichtigsten Vertreter, der Kaurischnecke (*Cypraea moneta*). Diese Schnecke mit 1,5–2 *cm* langer, breiteiförmiger, weißlicher oder gelblicher Schale kommt in großen Mengen auf den Malediven im Indischen Ozeane vor, wo sie, nach älteren Angaben, zweimal im Monat, drei Tage nach Voll- und Neumond, eingesammelt wird, um nach dem Ablaufenlassen der Weichteile die Gehäuse teils nach Bengalen und Siam, vorzugsweise aber nach Afrika zu verschiffen, wo sie als Schmuck und Münze zugleich dienen. In Indien, wo sie als Verkehrsmittel seit dem 6. Jahrhundert n. Chr. nachweisbar sind, gelten etwa 24–36, in Afrika etwa 6 Stück gleich einem deutschen Pfennig, früher überall mehr wegen der größeren Transportkosten. Der Hauptstapelplatz für den ausgedehnten afrikanischen Kaurihandel ist Sansibar. Von dort und anderen

Orten der Ostküste Afrikas gehen seit vielen Jahrhunderten große Karawanen mit diesem Artikel, der zugleich Geld und Ware ist, nach dem Innern des Kontinentes ab. Ganze Schiffsladungen wiederum werden von europäischen Schiffen von dort, besonders von Sansibar, abgeholt und an der Westküste gegen die dortigen Produkte: Goldstaub, Elfenbein, Palmöl und neuerdings auch Gummi eingetauscht, soweit die Stämme noch nicht den Gebrauch der europäischen Münzen angenommen haben. In Gure hatten einst 700000 Stück den Wert von 990 Mark, also etwa 2120 denjenigen von 3 Mark, und es beliefen sich die Einkünfte des Herrschers auf 30 Millionen Kaurischneckenschalen. Ihr Wert ist natürlich dem Kurs unterworfen und hängt von der Zufuhr und der Entfernung ab. Gewöhnlich sind sie zu Hunderten auf Schnüre gereiht, um das Zahlgeschäft zu erleichtern. An manchen Orten ist dies aber nicht Sitte und müssen die Tausende einzeln abgezählt werden. Solange die Holländer Ceylon besaßen, war diese Insel der wichtigste Stapelplatz für die Kauris, von wo sie in Körben oder Ballen von je 12000 Stück oder für Guinea in Fässern versandt wurden. Eine Zeitlang wurde vermittelst der Kauris der ganze afrikanische Sklavenhandel betrieben, indem für 12000 Pfund 500–600 Sklaven eingekauft werden konnten. Gegen die Mitte des 18. Jahrhunderts hatte sich der Preis bereits verdoppelt. Als dann aber die Küstendistrikte Westafrikas mit dem Kaurigelde überschwemmt waren, traten andere Tauschobjekte an dessen Stelle, und heute wird überall in den Kolonialgebieten mit der betreffenden Münze bezahlt. Noch Henry Stanley bestritt auf seiner berühmten ersten Reise quer durch Afrika auf der Suche nach dem verschollenen David Livingstone mit 6 Kauris die Tageskost eines Trägers und erhielt von den kein anderes Tauschmittel kennenden Eingeborenen für 3 ein Huhn und für 2 zehn Maiskolben. In Angola werden kleine, scheibenförmig geschnittene Stückchen einer großen Landschnecke (*Achatina monetaria*) als Geld verwendet, in Neuguinea die kleine *Nassa camelus* und *globosa*, an der Nordwestküste Nordamerikas noch vor kurzem ein *Dentalium*, das deshalb *pretiosum* heißt, und die große *Haliotis splendens*; es gab eine Zeit, da man für ein einziges Stück der letzteren im Binnenland ein Pferd bekommen konnte.

Keine andere Konchyliengattung genießt so alte und allgemeine Beliebtheit als Schmuck des Menschen als die größeren Arten von marinen Porzellanschnecken. In allen Erdgegenden, selbst bei unkultivierten Völkern, trifft man sie vermöge ihres glänzenden, buntgefärbten Äußern als Zierat der Wohnungen oder der Personen.

Als menschliche Speise übertreffen aber die Muscheln an Bedeutung weit die Schneckenarten. Schon dem vorgeschichtlichen Menschen Europas wie Südamerikas und anderer Küsten waren die am Strande oder in wenig tiefen Meeresbuchten gesammelten Muscheln eine willkommene Speise, die sie gern verzehrten. So treffen wir zu Beginn der neolithischen Zeit an den Küsten Dänemarks eine vorzugsweise von Muscheln lebende Bevölkerung, die uns ganze Hügel von weggeworfenen Schalen mit ihren Herdstellen dazwischen hinterließ. Unter Knochenresten der verschiedensten Landtiere und Hochseefische finden sich darin besonders Schalen der Auster, Miesmuschel, Herzmuschel, Gehäuse von allerlei Strandschnecken und anderen Weichtieren. Auch späterhin haben die Küstenbewohner gern solche Muschelspeise gegessen, wenn sie auch nicht die Schalen dieser Weichtiere zu derartigen Haufen aufstapelten wie sie uns in den Kjökkenmöddings Dänemarks und den Sambaquis Brasiliens entgegentreten.

Unter allen Muscheltieren ist heute noch die gemeine Auster (*Ostrea edulis*) die geschätzteste zum Verspeisen. Sie kommt an allen ihr zusagenden Küstengebieten, wo grober Sand oder Steine liegen und kein Schlick sie zu überdecken und so zum Ersticken zu bringen vermag, gesellig in sogenannten Austernbänken vor. Wie alle Muscheln ist sie ein ausgesprochener Küstenbewohner, der im Flachwasser von Diatomeen, Infusorien und kleinen Krebschen lebt, welche ihm die Wimperströmung zuträgt. Trotz ihrer ausgiebigen Fortpflanzung vermehrt sich die Auster nur schwach, weil die Jungen viel Feinden ausgesetzt sind. Sie ist zwar zwitterig, doch reifen die Eier und Samen nicht gleichzeitig, so daß gleichwohl keine Selbstbefruchtung eintreten kann. Höchstens 30 Prozent, oft aber nur 10 Prozent der Austern sind trächtig und ältere Exemplare liefern über 1 Million Eier. Die Zeit der Fortpflanzung fällt in den Sommer. Die Jungen entwickeln sich zunächst in der Mantelhöhle der Mutter und schwärmen später aus, um sich rasch irgendwo festzusetzen. Am Ende des ersten Jahres messen sie etwa 3 *cm*, sind aber erst mit 4 bis 6 Jahren so groß, daß sie auf den Markt gebracht werden können.

Nach Plinius hat zuerst der Römer Sergius Orata zur Zeit des Lucius Crassus vor dem Marsischen Krieg (91–88 v. Chr.) im Gebiet von Bajae Austernparks (*ostrearum vivarium*) errichtet. „Er zog aus ihnen große Gewinne und behauptete, die lukrinischen Austern von der kampanischen Küste seien die besten. Damals dienten freilich die Küsten Britanniens den Römern noch nicht mit ihren Austern. Man holt jetzt auch welche von Brundisium (dem heutigen Brindisi am Adriatischen Meer) in die Austernteiche am Lukrinersee und mästet sie in letzterem nach der langen Seereise. — Die Austern genießen bei reichen Leuten den Vorzug vor anderen Speisen. Sie lieben das süße Wasser der sich ins Meer ergießenden Ströme und sind in Farbe verschieden: rot in Spanien, braun in Illyrien, schwarz an Fleisch und Schale zu Circeji. Für die besten gelten allerwärts die derben, nicht durch ihren eigenen Schleim schlüpfrigen; auch verlangt man, daß sie sich durch Dicke, nicht durch Breite auszeichnen. Man liebt die auf festem Boden, nicht auf

Schlamm oder Sand gefundenen. Sie lassen sich auch leicht in fremde Gewässer versetzen. Als Arznei sind die Austern sehr wichtig. Für den Magen sind sie wahrhaft erquickend. Schwelger bedecken sie auch mit Schnee, um sie kühler zu erhalten, und vermischen so gleichsam die Bergspitzen mit der Meerestiefe. In ihrer Schale, geschlossen wie sie angekommen, gekocht, wirken sie kräftig gegen den Schnupfen. Asche von Austerschalen dient mit Honig gegen Geschwulst des Zäpfchens und der Mandeln."

Außer den lukrinischen Austern aus der Umgebung von Neapel liebten die Römer besonders auch diejenigen vom Golf von Tarent und von Kyzikos in Mysien. Heute gelten in Italien außer den noch jetzt sehr geschätzten tarentinischen die Triester Pfahl- und die venezianischen Arsenalaustern als die besten Sorten. In Frankreich sind diejenigen von Marennes und La Tremblade, in Belgien die von Ostende, in Holland die seeländischen von Vlissingen und Middelburg besonders berühmt. In England gelten außer den Austern aus den Zuchtteichen von Whitstable diejenigen von Essex und die von Colchester kommenden sogenannten Grünbärte (d. h. solche mit durch Einlagerung von winzigen Algen grünen Kiemen) als die vorzüglichsten. In Norddeutschland werden meist holsteinische oder Flensburger Austern von der Westküste, der Strecke von Husum bis Tondern, verzehrt. Weniger schmackhaft als sie sind die dickschaligen Austern von Helgoland, Friesland, Schottland und Skandinavien. Außerdem werden sehr viele amerikanische eingeführt. In der Ostsee gedeihen die Austern heute nicht mehr, da ihnen das Meerwasser dort zu süß ist. Das Minimum von Salzgehalt, das sie zu ihrer Existenz bedürfen, ist etwa 17 pro Mille. Am fettesten und schmackhaftesten werden sie bei 20 bis 30 pro Mille, daher man, abgesehen von denen des Mittelmeers, auch an den Küsten des Atlantischen Ozeans und der Nordsee die beliebtesten Austern an Stellen findet, wo der Salzgehalt des Meeres durch in die Buchten einmündende Flüsse gemildert wird.

Seit der römischen Kaiserzeit scheint die Austernzucht nie ganz verloren gegangen zu sein. Sie erhielt sich besonders bei den Byzantinern am Hellespont und um Konstantinopel, aber auch im Abendland, obschon uns aus dem Mittelalter nur wenige Nachrichten darüber erhalten sind. Daß die Austernzucht auch im Westen Europas nie ganz aufgehört hat, geht aus einem im Jahre 1375 erlassenen Gesetze hervor, das verbot, Austernbrut zu einer anderen Zeit als im Mai zu sammeln und zu versetzen. Besonders scheint die Hegung und Aufzucht dieser Schaltiere in Teichen an der Themsemündung geübt worden zu sein, da es sich fand, daß bei Milderung des Meerwassers durch mäßigen Zutritt von Flußwasser die Austern den Kennern noch besser mundeten. Diese Austernparks erfüllen einen doppelten Zweck, indem sie Mastställe und Magazine zugleich sind. Man gibt darin der Brut Gelegenheit, sich vor Feinden geschützt ruhig zu entwickeln.

Es sind gewaltige, durch Schleusen mit dem Meere verbundene gemauerte Bassins, in denen das Wasser monatlich zweimal erneuert wird. Die Parks von Marennes und La Tremblade werden nur zur Zeit der Springfluten, bei Neu- und Vollmond, mit frischem Wasser versehen. Dreijährig kommen dann die Austern zum Verkauf. So liefern die drei Parks von Ostende jährlich etwa 15 Millionen Austern. In den großen Städten werden sie mit Vorliebe von den Reichen konsumiert, da sie immerhin kein billiges Essen sind. Paris verbraucht deren jährlich etwa 75 Millionen und London gar 1 Milliarde. In den Städten der Vereinigten Staaten werden jährlich über 5 Milliarden gegessen und außerdem noch 120 Millionen nach Europa abgegeben. In der Chesapeakebay, wo sich die größten Austernparks finden, werden ganze Wagenladungen verdorbener Pfirsiche, mit denen man sonst nichts anzufangen weiß, zu ihrer Fütterung ins Meer geworfen. In Virginien gibt es zahlreiche Austernkonservenfabriken, die die Vereinigten Staaten mit ihren Produkten versorgen.

Auch die mit der Auster nahe verwandte Kammmuschel (*Pecten*) wird gern gegessen und besonders zu feinen Ragouts verwendet, während sich mit ihren Schalen die aus dem Morgenlande heimkehrenden Pilger Hut und Kleid zu schmücken pflegten. Ebenso beliebt als Speise ist die eßbare Miesmuschel (*Mytilus edulis*), die am besten in der Nordsee und den nordeuropäischen Meeren gedeiht. Sie gehört zu den wenigen Meerestieren, die aus den Meeren mit normalem Salzgehalt, wie aus der Nordsee, in die ziemlich stark ausgesüßten Binnenmeere, wie die Ostsee, eindringt und hier ganz gut gedeiht. Hier wird sie in manchen Gegenden ähnlich der Auster gezüchtet. Hierzu benutzen die Fischer von Ellerbeck bei Kiel abgehauene Bäume, mit Vorliebe Erlen, denen die feineren Zweige abgeschnitten wurden. Sie spitzen sie unten zu und versenken sie mit Hilfe eines Taues und einer Gabel in die Region des lebenden oder toten Seegrases in 3,6–5,5 *m* Tiefe fest in den Grund. Das „Setzen" der Muschelbäume geschieht zu jeder Jahreszeit, herausgezogen werden sie aber nur im Winter, am häufigsten auf dem Eise, da dann die Muscheln am besten schmecken und ungefährlich sind, welch letzteres in wärmeren Jahreszeiten nicht immer der Fall ist. Den Stand ihrer „Muschelpfähle", wie sie diese Bäume nennen, wissen die Fischer durch Merkzeichen am Lande, die sie aus der Ferne fixieren, aufzufinden. Wenn sie über einem Baum angekommen sind, treiben sie eine Stange in den Grund, um den Kahn daran festzubinden; dann schlingen sie ein Tau um einen Haken, führen dieses unter Wasser um den Stamm des Muschelbaums herum und winden denselben damit in die Höhe. In ganzen Klumpen hängen dann nebst anderen Meerestieren die Miesmuscheln daran, die sich mit vom Fuß ausgeschiedenen Fäden, dem Byssus, an ihnen fest verankert haben, damit sie nicht von der Strömung weggerissen werden. In der Kieler Bucht werden jährlich wenigstens 1000 Muschelpfähle gesetzt und ebensoviel gezogen, nachdem sie 3 bis 5 Jahre gestanden haben. Auf den Kieler Markt kommen den Winter hindurch über 4 Millionen Stück solchermaßen geernteter Miesmuscheln und finden willig Abnehmer, da sie recht gut schmecken.

Während die haarähnlichen Fäden, mit denen sich die Miesmuscheln am Boden verankern, grob und steif sind, sind sie bei manchen Arten, wie bei der langgestreckten Steckmuschel (*Pinna*) fein, geschmeidig und seidenglänzend, so daß sie hier und da, allerdings mehr als Kuriosität für die Fremden und nicht zum täglichen Gebrauch, zu Geweben versponnen werden. So werden in Unteritalien, besonders in Tarent und Reggio, fein anzufühlende goldbraune Handschuhe aus solchen Byssusfäden gewoben. Eine solche Verwendung geht mindestens bis in die späteren Zeiten des Römerreiches zurück, da schon der 220 n. Chr. verstorbene Kirchenvater Tertullian sie erwähnt. Zu diesem Zwecke werden die in ruhigen Meerbusen mit Schlammgrund wenige Meter tief in großen Mengen aufrecht beieinander sitzenden Steckmuscheln mit einem eigenen Instrument gefischt. Es besteht aus zwei gebogenen, an beiden Enden miteinander verbundenen dünnen Eisenstangen und wird so an der Muschel herabgelassen, daß es an beiden Seiten des breiteren Teiles derselben hinabgleitet und dann durch Drehung um einen rechten Winkel dieselbe festhält und herauszieht. Früher wurde diese Muschelseide besonders im Neapolitanischen hergestellt. Außer zur Gewinnung des Byssus werden die Steckmuscheln, von denen *Pinna squamosa* des Mittelmeers 56 *cm* lang wird, auch ihres zwar weniger guten Fleisches wegen erbeutet. Schon die Alten hatten beobachtet, daß die Steckmuschel in ihrer Mantelhöhle einen rundlichen Krebs beherbergt, den sie — wie uns Plinius und Älian berichten — *Pinnotheres* oder *Pinnophylax*, d. h. Wächter der Steckmuschel (*pinna*) nannten. Dieser sollte in der Weise für die Ernährung der blinden Muschel sorgen, daß er letztere, die ihre Schalen öffnet, um ihren Fuß als Köder für Fische auszustrecken, kneift, wenn sich einige Fischchen in sie hineinbegeben haben. Die Muschel schließe dann ihre Schalen und verzehre gemeinsam mit ihrem Genossen, dem Krebschen, die so gemachte Beute. Selbstverständlich ist dies ein, wenn auch recht anmutig erdachtes, Märchen.

Die größte aller Muscheln ist die in den Korallenriffen des Indischen Ozeans lebende Riesengienmuschel (*Tridacna gigas*), die ein Gewicht von 100–200 *kg* erreicht, ohne die Schale allerdings nur bis zu 10 *kg* schwer wird. Ihr Fleisch wird zum Essen benutzt, ihre ungemein massiven Schalen mit gewulsteten Rippen aber nicht selten in katholischen Kirchen als Weihwasserbecken aufgestellt oder zu Wasch- oder Springbrunnenschalen benutzt. Jedenfalls fehlen sie als imposante Schaustücke keinem größeren Museum mariner Tiere. Weniger auffallend aber kulturgeschichtlich unvergleichlich wichtiger als sie ist die ebenfalls dem Indischen Ozean angehörende echte Perlmuschel

(*Avicula margaritifera*), deren bis 30 *cm* lange, rauhe, äußerlich meist von Moostierchen und Kalkalgen überzogene, flache Schalen auf grünbraunem Grunde weiße Strahlen und nach außen zu immer stärker werdende Schuppen tragen und mit einem grünlichen grob-faserigen Byssus fest an der steinigen Unterlage befestigt sind. Wie sie inwendig von einer unverhältnismäßig dicken Perlmutterschicht bedeckt sind, so scheidet der dieselbe ausscheidende Mantel auch um alle unter ihn gedrungene Fremdkörper, vornehmlich Parasiten der verschiedensten Art, dieselbe Perlmuttermasse ab, wodurch die in Sage und Geschichte so berühmten Perlen entstehen. Sie liegen nicht immer frei zwischen Mantel und Schale, sondern sind häufig mit letzterer verwachsen, haben auch oft statt der kugeligen eine unregelmäßige Form. Außer der Gestalt bestimmen Größe, Farbe, Glanz und die sogenannte Klarheit oder das Wasser ihren Wert. Wegen ihrer Größe sind die sehr unregelmäßigen, eckigen Beulen- oder Brockenperlen, wegen ihrer gleichmäßigen, schönen Rundung die Stückperlen teuer. Was die Färbung betrifft, werden in Europa die weißen, auf Ceylon die rosenfarbigen, im Orient die ins Gelbliche spielenden Perlen am meisten geschätzt. Sind schöne Perlen auch noch groß, wie die größte in Europa bekannt gewordene, die taubeneigroße Perle König Philipps II. von Spanien, des Sohnes Kaiser Karls V. und Isabellas von Portugal (1527–1598), so haben sie einen ungeheuren Wert. An Papst Leo X., den zweiten Sohn Lorenzo il Magnificos von Medici, der 1513 Papst wurde und, um seinen Finanzen aufzuhelfen, den bekannten, schließlich zur Reformation der Kirche führenden Ablaßhandel besonders schamlos in Szene setzte, verkaufte ein Venezianer eine Perle für 264000 Mark unseres Geldes. Den Wert der großen Perle, die Kleopatra in Essig aufgelöst trank, um dem Antonius zu imponieren, schätzte man auf 11/2 Millionen Mark. Außer den schön runden Stück- und den eckigen Brockenperlen unterscheidet man noch die auf einer Seite flachen Kartenperlen und die nicht gut anbohrbaren, nur zur Einfassung von Schmuckgegenständen dienenden Staubperlen. Man spricht auch von Zahl-, Unzen- und Lotperlen und sortiert sie für den Handel durch 5–10 verschiedene Siebe mit engeren und weiteren Löchern. Außer den Perlen werden auch die als Perlmutter in ganzen Schiffsladungen nach Europa kommenden Schalen der Perlmuscheln vielfach zur Anfertigung von Knöpfen, Messergriffschalen und dergleichen verwendet. 1 *kg* derselben repräsentiert einen Wert von 3 Mark. Die schlechteren Stücke werden in manchen Gegenden Südasiens gelegentlich auch als Dachziegel verwendet. Aus dem Schloßband der Perlmuschel schneidet man den wie Labradorstein schillernden Pfauenstein, der zur Herstellung von allerlei Schmuck dient.

Die echte Perlmuschel ist an den Küsten des Indischen und Stillen Ozeans weit verbreitet und lebt gesellig in Tiefen von 6–45 *m*, am meisten zwischen 8 und 16 *m*, und wird, wo sie häufig ist und erfahrungsgemäß öfters Perlen birgt, von Tauchern auf gut Glück heraufgeholt. Diese können, durch lange Übung dazu befähigt, 2–3 Minuten unter Wasser bleiben. Sie tauchen, den Fuß durch eine Schlinge mit einem schweren Stein gesteckt und mit einem Messer zur Abwehr der Haie bewaffnet, wie auch von den Mantras — den Zaubersprüchen — des mit hinausfahrenden Priesters begleitet, vom Boot aus ins Meer, reißen oder schneiden die mit einem Byssus an den Grund gehefteten Perlmuscheln ab, stecken deren etwa 50 in ein von ihnen über den Nacken getragenes Netz, geben dann den Leuten im Taucherboot durch Rütteln des an ihnen befestigten Strickes ein Zeichen, werden von diesen heraufgezogen und beginnen die Arbeit nach kurzer Pause von neuem. Etwa 40 bis 50mal können sie an einem Tage nacheinander auf den Meeresgrund tauchen, dann aber sind sie so erschöpft, daß sie einer längeren Ruhe zu ihrer Erholung bedürfen. Nicht selten werden sie bei ihrem nicht ungefährlichen Berufe die Beute der gefürchteten Haifische oder von den Sägehaien verletzt. Weit häufiger aber werden sie ein Opfer ihrer ungesunden Lebensweise; denn nicht selten stürzt ihnen, nachdem sie einige Male getaucht sind, ein Blutstrom aus Nase und Mund. Sie leben während der Fischzeit von Datteln, Fischen und Reis, den ihnen die Engländer liefern, und setzen sich während des Tauchens nach Perlmuscheln ein Stück elastisches Horn über die Nasenöffnung, welche dadurch fest zusammengehalten wird. Die gefischten Muscheln läßt man, damit sie ihre Klappen öffnen und die Perlen herausgesucht werden können, eine Zeitlang am Ufer faulen, was im Sommer bei einer Hitze von oft 50° *C.* einen furchtbaren Gestank verursacht, so daß der Aufenthalt an diesen sonst paradiesischen Gestaden nichts weniger als ein Genuß ist. Oft findet man in 20 Muscheln nicht eine einzige Perle, ausnahmsweise aber auch wohl 20 Perlen in einer einzigen Muschel. Neuerdings hat man vorgeschlagen, die Röntgenstrahlen zur Prüfung der frischgefischten Perlmuscheln auf Perlen zu verwenden und alle perlenfreien ins Meer zu werfen, um sie gelegentlich später wieder auf etwaige Bildung von Perlen zu untersuchen. Es ist dies natürlich eine sehr rationelle und humane Neuerung, so daß die unzähligen Stücke, die bisher nutzlos ihr Leben lassen mußten, geschont werden könnten.

Die Zeit der Perlenfischerei sind an den Küsten des Indischen Ozeans die Monate März-April und August-September, weil alsdann in der Zeit zwischen dem Ost- und Westmonsun Windstille zu herrschen pflegt, was sowohl für die Sicherheit der die Taucher begleitenden Fahrzeuge, als für das bessere Sehen unter Wasser von Wichtigkeit ist. In dieser Zeit belebt sich der sonst so öde Strand der Perlmuschelgegenden nicht nur durch die Perlenfischer selbst, sondern durch die Lebensmittelverkäufer, Unterhändler und allerlei Gesindel, die in der Regel noch einen sichereren Gewinn machen als die Perlenfischer selbst, die miserabel bezahlt sind, nämlich außer einem kleinen Anteil an den erbeuteten Muscheln nur 30 Cent (= 41 Pfennige) Lohn im Tag erhalten. Die Taucher stehen im Dienst größerer Unternehmer, die an die Regierung des Landes, an deren Küste sie fischen, entweder eine feste Pachtsumme oder einen bestimmten Teil des Ertrages bezahlen. Dieser ist sehr verschieden in den einzelnen Jahren. In der Regel wird dieselbe Perlmuschelbank erst nach 5 bis 7 Jahren wieder befischt, um sie nicht so sehr zu erschöpfen. Zuweilen werden vor Beginn der eigentlichen Fischerei Proben genommen und da, wo 1000 Muscheln nicht Perlen im Werte von 11/2–3 Mark ergeben, die Fischerei ganz unterlassen. Ein anderthalbfach größerer Ertrag gilt schon für recht günstig.

Die wichtigsten Perlmuschelbänke liegen um die Dahlakinseln im Roten Meer, um die Bahreininseln und die Insel Ormus im Persischen Meerbusen. Von der letzteren sagt ein persisches Sprichwort: Wäre die Erde ein Ring, so wäre Ormus der Edelstein darin. Gegen 30000 Menschen sollen den Sommer hindurch im Persischen Meerbusen mit der Perlfischerei beschäftigt sein und dabei einen Gesamtgewinn von jährlich etwa 80 Millionen Mark erzielen. Andere wichtige Perlmuschelbänke liegen an der Westküste Ceylons, im Golf von Manaar in der Bai von Kondatschi und in der Meerenge zwischen Ceylon und der Küste von Madura, an der sogenannten Perlküste, wo die englische Regierung das Recht zur Perlfischerei besitzt und regelmäßig ausübt. Dabei läßt sie jedes Jahr nur bestimmte Perlbänke und diese erst wieder nach 6–7 Jahren absuchen und erzielt einen jährlichen Gewinn von 1/2–4 Millionen Mark. Hier sind die Perlbänke an die *Ceylon Company of Pearl Fishers* vermietet, die die Tagesernte von Muscheln in Säcken von 1000 Stück gleich an Ort und Stelle öffentlich versteigern lassen, während die Taucher ihren Anteil in Partien von ungefähr 6 Muscheln auf dem Fischmarkt von Colombo verhökern lassen. Bei den Auktionen erzielt der Sack von 1000 Austern durchschnittlich 30 Rupies (= 58 Mark). Sowie aber in einem von diesen eine besonders kostbare Perle gefunden wurde, schnellen die Preise der nächsten Säcke plötzlich in die Höhe und erzielen zwischen 100 und 200 Rupies (= 192 und 386 Mark), bis der Eifer der aus der ganzen Welt zusammengeströmten Perlenhändler verrauscht ist. Die Muscheln der ersteigerten Säcke werden von den mehr oder weniger glücklichen Besitzern sofort geöffnet und auf etwaige Perlen untersucht. Diejenigen, die keine Perle enthalten, werden einfach fortgeworfen.

Außer bei Ceylon wird auch bei den Suluinseln zwischen Borneo und den Philippinen schon seit langem Perlfischerei getrieben, ebenso neuerdings bei Japan, an einigen Stellen der Nordküste Australiens und in Polynesien. In Amerika und an seinen tropischen Küsten, wo die echte Perlmuschel des Indischen Ozeans durch eine ihr sehr nahe verwandte Art vertreten ist, betreibt man im Meerbusen von Kalifornien, im Meerbusen von Mexiko und an den Küsten Westindiens Perlfischerei, namentlich aber bei den Perlasinseln im Meerbusen von Panama und bei der Karaibeninsel Margarita, die Kolumbus so, d. h. Perleninsel benannte. Hier wurden sie von den

Indianern schon vor der ersten Ankunft der Europäer geschätzt und gesammelt. So traf Kolumbus auf seiner dritten Reise 1498 in der Nähe der Orinokomündungen Indianerinnen, welche Perlschnüre als Arm- und Halsbänder trugen und gab der in der Nähe befindlichen Insel, an deren Küste die Eingeborenen nach Perlen fischten, eben den Namen Margarita. Ebenso erhielt Vasco Nuñez de Balboa 1513, da er als erster Europäer am Golf von Darien die Landenge von Mittelamerika überstiegen und den Stillen Ozean erreicht hatte, von einem dortigen Häuptling an der Küste 240 Perlen als Geschenk. Später wurden die Halbinseln Guajiro und San Marta, an der Mündung des Magdalenenstroms, sowie La Paz am Meerbusen von Kalifornien berühmte Stellen für Perlfischerei. Die „okzidentalischen" Perlen sollen durchschnittlich größer, aber weniger glänzend als die orientalischen sein.

Der Gebrauch der letzteren als Schmuck ging offenbar von Indien aus, von wo bis in die späte römische Kaiserzeit nach dem Bericht der griechischen und römischen Autoren die meisten Perlen in die Mittelmeerländer gelangten. Im Heldengedichte Ramajána werden sie als etwas Bekanntes mehrfach erwähnt. Von der Sanskritbezeichnung dafür, *mangara*, dürfte sich die griechisch-lateinische Bezeichnung *margaros*, später *margarita*, ableiten. Auch das romanische Wort für Perlmutter, französisch *nacre*, stammt von einem orientalischen Worte ab. Das hochdeutsche „Perle" dagegen ist wahrscheinlich ursprünglich nur eine vergleichende Bezeichnung, vom lateinischen *pirula*, d. h. kleine Birne. Homer kannte die Perlen und deren Verwendung als Schmuck noch nicht. In der griechischen Literatur werden sie zuerst von Theophrast, einem Schüler des Aristoteles, erwähnt, nachdem durch Alexanders des Großen Eroberungen die Griechen mit dem Orient in engere und mit Indien zuerst in direkte Verbindung gekommen waren. Nach Athenaios sagt Theophrast in seinem Buche über die Steine folgendes über die Perle: „Unter den bewunderten Steinen gehört auch die Perle; sie ist von Natur durchscheinend und dient zu verschiedenartigen Halsbändern. Sie kommt aus Muscheln, welche der Steckmuschel ähnlich, jedoch kleiner sind, und hat die Größe großer Fischaugen."

Androsthenes sagt in der Beschreibung seiner Schiffahrt entlang der Küste Indiens: „Es gibt dort eine eigentümliche Muschel, welche die Eingeborenen *berberi* nennen und aus welcher der Perlstein (*margarítis líthos*) kommt. In Asien werden sie hoch geschätzt und nach Persien und weiter hinauf verhandelt. Die Muschel sieht der Kammuschel ähnlich, ist aber nicht gefurcht, sondern glatt und rauh; sie hat auch die zwei ohrförmigen Hervorragungen nicht, welche die Kammuschel hat, sondern nur eine. Die Perle entsteht im Fleische des Tieres und ist entweder so goldfarbig, daß man sie vom Gold kaum unterscheiden kann, oder silberfarbig, oder vollkommen weiß wie (gekochte) Fischaugen."

Chares von Mitylene schreibt im siebenten Buche der Geschichte Alexanders: „Im Indischen Meere werden Muscheln gefangen, aus denen man weiße Knöchelchen nimmt, die Perlen genannt und, an Schnüren aufgereiht, zu Schmuck für Hals, Hände und Füße verwendet werden. Sie werden in Persien, Medien und (Klein-) Asien höher geschätzt als aus Gold gemachte." Isidoros von Charax in Susiana sagt in seiner Beschreibung Parthiens: „Im Persischen Meere liegt eine Insel, woselbst es sehr viele Perlen gibt. Deswegen befinden sich bei der Insel viele aus Rohr geflochtene Kähne, aus welchen Taucher ins Meer springen, bis zur Tiefe von 20 Ellen hinabsteigen und die Muscheln heraufbringen. Die meisten und besten Perlen sollen in den Muscheln entstehen, wenn Donnerschläge und Platzregen fallen. Im Winter verstecken sich die Muscheln im Abgrund, im Sommer aber öffnen sie sich bei Nacht, schwimmen hin und her, schließen aber bei Tag die Schalen. Diejenigen aber, die an Klippen festwurzeln, erzeugen daselbst die Perlen. Die im Abgrunde wohnenden Muscheln erzeugen die glänzendsten, reinsten und größten Perlen; bei den herumschwimmenden und in der Höhe lebenden sind sie dagegen an Größe und Farbe geringer."

Sehr eingehend behandelt Plinius in seiner Naturgeschichte die Perlen. Er sagt dort von ihr: „Unter allen Kostbarkeiten sind die Perlen (*margarita*) das Kostbarste. Man bezieht sie vornehmlich aus dem Indischen Meere, wo sie mitten unter den schrecklichen Seeungeheuern gedeihen, von wo man sie aus jenem glühenden Himmelsstriche, mitten durch so viel Länder und Meere, bis zu uns schafft. Die meisten werden bei der Insel Taprobane (Ceylon) und Stoidis, sowie beim indischen Vorgebirge Perimula (Kap Komorin) gefunden. Vorzüglich gelobt werden diejenigen aus dem bei Arabien liegenden Persischen Meerbusen. Die Entstehung und Fortpflanzung der Perlmuschel unterscheidet sich von der der Auster nicht sehr bedeutend. Im Frühjahr öffnen sich die Perlmuscheln, saugen den Tau ein, werden dadurch befruchtet, und Perlen sind die daraus hervorgehende Frucht, deren Reinheit sich nach der Reinheit des empfangenen Taues richtet. Geschah die Befruchtung bei stürmischem Himmel, so werden die Perlen bleich; denn sie stammen vom Himmel und nicht vom Meere, werden daher wolkig oder rein, je nachdem der Himmel es war. Sättigen sich die Muscheln frühzeitig am Tau, so werden die Perlen groß; blitzt es, so schließen sich die Muscheln, und je länger sie dann fasten, um so kleiner werden die Perlen. Donnert es aber noch dazu, so schließen sie sich im Schrecken ganz fest und bringen nur eine hohle Blase statt einer Perle hervor. Vollkommene Perlen bestehen aus vielfachen, gleichsam häutigen Lagen und bilden sozusagen eine Schwiele, weshalb sie auch von Sachverständigen erst gereinigt werden. Da sie den Himmel so sehr lieben, wunderts mich, daß sie nicht auch mit der Sonne in freundschaftlicher Verbindung stehen; denn von letzterer werden sie rot gefärbt und verlieren ihre weiße Farbe gleich der menschlichen Haut. Das reinste Weiß zeigen daher diejenigen, welche so tief im Meere stecken, daß die Sonnenstrahlen sie nicht erreichen. Doch auch diese werden im Alter gelb und runzlich und glänzen nur solange sie rund sind. Im Alter werden sie auch dick und hängen so fest an der Muschelschale, daß man sie nur mit der Feile trennen kann. Übrigens sind die Perlen im Wasser weich, werden aber augenblicklich hart, wenn man sie herausnimmt.

Wenn die Perlmuschel die Hand des Menschen bemerkt, so schließt sie sich und versteckt ihren Schatz, weil sie weiß, daß man danach strebt. Packt sie die Hand zwischen ihren Schalen, so schneidet sie sie zur gerechten Strafe ab; jedoch ist dies nicht die einzige Gefahr, welche den Fischer bedroht; denn sie wohnt meist zwischen Klippen, und im hohen Meere ist sie von Haifischen umgeben. Aber das alles kümmert die Damen nicht, deren Ohren Perlen zieren. Manche Leute erzählen, die Perlmuscheln haben gleich den Bienen einen König, der sich durch Alter und Größe auszeichne und Nachstellungen äußerst schlau zu entgehen wisse. Diesen König suchen die Taucher vor allem zu erhaschen, die übrigen würden dann leicht in Netzen gefangen. Man tut sie dann in irdene Gefäße, bestreut sie tüchtig mit Salz. Wenn dann das Fleisch verfault ist, fallen die Perlen zu Boden.

Es ist gewiß, daß die Perlen durch den Gebrauch abgenutzt werden und die Farben verlieren, wenn man sie nicht sorgfältig behandelt (Tatsache ist, daß sie in häufiger Berührung mit der menschlichen Haut sich besser halten als in den Schmuckkästchen aufbewahrt). Ihr Wert richtet sich nach der hellen Farbe, nach Größe, Rundung, Glätte und Gewicht, Dingen, die so selten vereinigt sind, daß man nie zwei ganz gleiche Perlen findet. Auch in der Farbe zeigt sich ein großer Unterschied. Im Roten Meere haben sie ein helleres Weiß, die indischen dagegen sehen aus wie Marienglas, sind aber vorzüglich groß. Das größte Lob für eine Perle ist, wenn man sie alaunfarbig nennen kann. Auch die länglichen Perlen sind beliebt. Die Damen halten es für einen großen Ruhm, an Fingern und Ohren Perlen zu tragen, welche die Gestalt einer langen, unten dicken Birne haben. An jedes Ohr hängen sie deren sogar zwei bis drei. Verschwendungssucht und üble Sitten haben auch für dergleichen Schmuck eigene Namen erfunden; denn man nennt solche Ohrgehänge Klappern (*crotalia*), weil sie ein für die Eitelkeit ganz liebliches Geklapper hervorbringen. Selbst die Ärmeren wollen jetzt solchen Schmuck, und ihre Frauen möchten auch auf der Straße ihre Anwesenheit durch Perlengeklapper anzeigen. Ja sie zieren sogar ihre Füße damit, und zwar nicht bloß die Schuhbänder, sondern die ganzen Schuhe. Es ist ihnen nicht genug, Perlen zu tragen; sie wollen sogar auf Perlen gehen und sie mit Füßen treten.

Daß die Perlen eine dichte Masse bilden, sieht man daraus, daß sie beim Fallen nicht zerbrechen. Nicht immer findet man sie mitten im Fleische der

Muschel, sondern bald hier, bald dort; ja, ich habe welche schon ganz am Rande gesehen, als ob sie herausfallen wollten, und in manchen Muscheln 4–5. Bis jetzt hat man nur sehr wenige gefunden, die um ein Skrupel schwerer gewesen wären als zwei Lot (=35 *g*). Auch in Britannien müssen Perlen, jedoch kleine und nicht sonderlich schöngefärbte, wachsen, weil Julius Cäsar den Brustharnisch, den er der Venus weihte, für eine aus britannischen Perlen gemachte Seltenheit ausgab. (Es sind dies, wie wir alsbald sehen werden, von der europäischen Flußperlmuschel gewonnene Perlen.)

Ich habe die Gemahlin des Kaisers Gajus (Caligula, dritter römischer Kaiser 37–41 n. Chr.), Lollia Paulina, gesehen, wie sie bei einem ganz gewöhnlichen Verlobungsschmause, wobei keineswegs ein großer Aufwand an Pracht verlangt wurde, mit Smaragden und Perlen bedeckt war, die in wechselnden Reihen schimmerten. Am ganzen Kopfe, auf den Haaren, der Kopfbinde, den Ohren, dem Halse, dem Halsbande, den Fingern befanden sich so viel, daß sich der Wert derselben auf 40 Millionen Sesterzien (= 6 Millionen Mark) belief, was sie selbst aus ihren Quittungen zu beweisen bereit war. Diese Herrlichkeiten waren nicht einmal Geschenke des verschwenderischen Kaisers, sondern ererbte, durch Plünderung der Provinzen zusammengescharrte Reichtümer. Das ist der Erfolg von Räubereien und Geschenken, die Marcus Lollius schändlicherweise im ganzen Orient von den Königen erpreßte, weswegen ihm Gajus Cäsar, der Sohn des Augustus, die Freundschaft aufsagte, so daß er sich in der Verzweiflung vergiftete. Das also hat er durch sein Leben und durch seinen Tod erlangt, daß seine Enkelin mit einem 40 Millionen kostenden Schmucke beim Scheine der Lichter glänzen konnte.

Nun wollen wir einmal den Schmuck des Curius und Fabricius (sehr einfach lebender Römer der guten, alten Zeit) bei Triumphzügen und ihre (sehr bescheidenen) Mahlzeiten einerseits und die schmausende Lollia andererseits vergleichen. Wäre es nicht besser gewesen, sie wären von ihren Triumphwagen hinuntergeworfen worden, als daß sie für solche Nachkommen gesiegt hätten? — Doch das ist nicht einmal das ärgste Beispiel der Verschwendung. Die zwei größten Perlen, die man seit Menschengedenken gefunden hat, besaß Kleopatra, die letzte ägyptische Königin; sie hatte sie von orientalischen Königen geerbt. Als sie nun täglich von Antonius mit den ausgesuchtesten Leckerbissen gemästet wurde, spottete sie doch stolz, frech und übermütig über alle seine Herrlichkeiten, und als er fragte, wie er denn noch kostbarere Sachen herbeischaffen könne, gab sie die Antwort, sie wolle bei einer einzigen Mahlzeit 10 Millionen Sesterzien (= 11/2 Millionen Mark) vertun. Antonius hielt die Sache für unmöglich, war aber doch begierig, zu erfahren, was sie tun würde. Es kam zur Wette. Am folgenden Tag, dem Tage der Entscheidung, gab Kleopatra, um den Tag nicht ungenossen vorübergehen zu lassen, ein glänzendes, übrigens ganz alltägliches Mahl, und Antonius machte sich darüber lustig und fragte nach der Rechnung. Das ist nur eine kleine Zugabe, antwortete Kleopatra; die Mahlzeit wird den bestimmten Preis kosten, und ich selbst will allein die 10 Millionen verschlucken. Sie befahl nun, den Nachtisch zu bringen. Auf Befehl stellten die Diener nichts vor sie hin als eine Schale mit Essig, dessen Säure die Perlen auflöst. Sie trug jenes herrliche und wahrhaft einzige Geschenk der Natur als Ohrschmuck. Während nun Antonius voller Erwartung dasaß, nahm sie die eine Perle vom Ohr, warf sie in den Essig, und trank sie, nachdem sie sich aufgelöst hatte (was allerdings nur sehr langsam vor sich gegangen sein wird). Eben war sie im Begriff, mit der andern Perle (dem Ohrgehäng der andern Seite) ebenso zu verfahren, als Lucius Plancus, der Schiedsrichter bei dieser Wette, ihre Hand zurückhielt und den Antonius für besiegt erklärte. Die damals gerettete Perle hat sich später ebenfalls einen Namen gemacht; denn sie wurde nach der Gefangennahme der Kleopatra in zwei Teile zerschnitten, deren jeder ein Ohr der Venus (der angeblichen Ahnfrau des julischen Geschlechtes) im Pantheon zu Rom geziert.

Doch Antonius und Kleopatra brauchen mit ihrer Verschwendung nicht so gar groß zu tun; denn sie können sich darin kaum mit einem Schauspieler messen. Dieser war Clodius, der Sohn des Tragikers Äsop und Erbe seiner unermeßlichen Reichtümer. Dieser Clodius nahm noch vor der Zeit des Antonius Perlen von großem Werte, löste sie auf und trank sie, nicht, um in einer Wette zu siegen, sondern nur um zu wissen, wie sie schmecken. Und wie sie ihm nun herrlich mundeten, gab er auch jedem seiner Gäste eine zu verschlucken."

Diese Sucht nach Perlengeschmeide, die Plinius an den Römerinnen seiner Zeit (nach der Mitte des 1. Jahrh. n. Chr.) rügt, so daß sie diese Zier nicht nur in den Ohren, sondern auch als Halsschmuck in 1–3 Reihen und danach in Anlehnung an die betreffenden griechischen Bezeichnungen als Mono-, Di- und Trilinum bezeichnet, dann sogar an den Schuhen trugen, war durch Beeinflussung der Orientalen zuerst bei den alexandrinischen Griechen aufgekommen und wurde bei den reichen Römern erst nach den asiatischen Feldzügen des Pompejus Mode. Erst in der späteren Kaiserzeit, wie auch bei den Byzantinern, wurde ein übermäßiger Luxus damit getrieben, wie dies die morgenländischen Herrscher, speziell die persischen und indischen, das ganze Mittelalter hindurch bis in die Gegenwart taten, indem sie nicht nur die Kopfbedeckung und die ganze Gewandung, sondern auch ihre Waffen und übrigen Gebrauchsgegenstände mit Perlen wie auch Edelsteinen überzogen. Manche römische Kaiser suchten allerdings dem Perlenluxus entgegenzutreten. So der sittenstrenge Alexander Severus, von dem uns sein Biograph Älius Lampridius folgende Geschichte berichtet: „Dem Kaiser Alexander Severus brachte einstmals ein Gesandter für seine Gemahlin zwei ausgezeichnet große und schwere Perlen zum Geschenk. Der Kaiser bot sie zum Verkauf aus, und da sich kein Käufer dafür fand, so ließ er sie in die Ohren der Venus (auf dem Kapitol) hängen und sagte: ‚Trüge die Kaiserin solche Perlen, so würde sie andern Damen ein böses Beispiel geben, indem sie Schmuck von so hohem Werte trüge, daß niemand ihn bezahlen könnte.'"

Der um 180 n. Chr. lebende griechische Sophist Claudius Älianus aus Präneste erzählt uns mancherlei von der, wie er sich ausdrückt, „von unverständigen Männern gepriesenen und von den Weibern bewunderten Perle" und fügt hinzu, daß durch den Perlenhandel gar manche Leute reich geworden seien. Er nennt als Herkunftsort der besten Perlen das Rote Meer und die Küste zwischen Ceylon und Indien. Dort würden die Perlmuscheln, in denen die Perlen dadurch entstehen sollten, daß ein Blitz in die geöffneten Muscheln leuchte, an heitern Tagen bei ruhigem Meere mit großen Netzen gefischt. Sie schwämmen herdenweise umher und hätten Führer, wie die Bienen ihre Könige haben. „Diese Führer sollen sich durch Farbe und Größe auszeichnen. Ist nun ein solcher gefangen, so fällt die ganze verwaiste Herde in die Hände des Tauchers; deswegen sind letztere auf den Fang des Führers sehr erpicht. Solange der Führer noch lebt, weiß er die Herde mit klugen Schwenkungen zu lenken und zu retten; ist er aber verloren, so rührt sich die Herde nicht vom Fleck, wie eine Schafherde, die ihren Hirten verloren hat. Die gefangenen Muscheln werden, wie man sagt, in Fässern eingesalzen; wenn dann das Fleisch verzehrt ist, bleiben die Perlen zurück. Man kann in den größten Muscheln kleine Perlen finden und in den kleinen große. Manche Muschel hat gar keine, manche nur eine; in vielen aber sind sie zahlreich. Ja, man sagt, es können in einer Muschel 20 Perlen sein. Die Perle wächst im Fleische der Muschel wie ein Dorn; öffnet also jemand die Muschel, ehe sich Perlen in ihr erzeugt haben, so findet er keine. Es ist auch bekannt, daß Perlmuscheln, denen man die Perlen genommen hatte und die man wieder freiließ, neue erzeugten, als wüßten sie, daß sie sich mit diesem Schatze loskaufen könnten. Die Perle gleicht einem Steine und enthält in sich nicht die geringste Feuchtigkeit. Sie ist von Natur glatt und rund. Will jemand eine Perle, deren Gestalt ihm mißfällt, durch Kunst abändern, so gelingt dies nicht; sie wird rauh und verrät dadurch den Betrug. Die ganz weißen und großen gelten für die vollkommensten."

Bis auf den heutigen Tag hat sich die Perle in der ganzen Kulturwelt ihre Schätzung als Schmuckstein erhalten. Besonders Halsgeschmeide von großen, gleichmäßig runden Stücken sind auch zu unserer Zeit sehr beliebt. Berühmt ist der Perlenschmuck verschiedener europäischer Höfe, auch derjenige der deutschen Kaiserin, die eine besondere Vorliebe für Perlen hat. Manche dieser Geschmeide sind berühmt und haben ihre Geschichte wie einzelne hervorragende Diamanten.

Das zunehmende Seltnerwerden der wertvollen Perlmuschel gab Veranlassung, sie künstlich in abgeschlossenen Meeresbecken zu züchten und ihr Fremdkörper unter den Mantelraum zu schieben, damit sie Perlen daraus bilde. Die Erfolge sind nun auch ganz günstig. Schon lange vor den Europäern haben die Chinesen sich mit der künstlichen Erzeugung von Perlen und dem Überziehen von allerlei kleinen Figürchen mit einem Perlmutterüberzug durch Schieben von Vorlagen zwischen Schale und Mantel der bei ihnen heimischen Flußperlmuschel erfolgreich bemüht. Auch bei uns stammt ein Teil der Perlen von der durch dicke Schalen ausgezeichneten Flußperlmuschel (*Margaritana margaritifera*). Sie lebt auf sandigem bis steinigem Boden klarer Gebirgsbäche der nördlichen Hälfte Europas vom Böhmerwald, Fichtel- und Erzgebirge an bis ans Eismeer, von den Flüssen des Ural bis zur Westküste Irlands, und in den reißenden Bächen der Pyrenäen. Von solchen Muscheln Britanniens brachte Julius Cäsar, wie wir hörten, einen Perlenschmuck mit nach Rom, also muß die Ausbeutung der Perlen in denselben von den Kelten schon vor Ankunft der Römer praktiziert worden sein. Die deutschen Perlen werden in der Literatur zuerst 1514 erwähnt. Gegenwärtig werden diese Flußperlen hauptsächlich im sächsischen Vogtland und im Amtsbezirk Vilshofen in Niederbayern von Unternehmern, die das Regal von der Regierung in Pacht genommen haben, ausgebeutet, noch mehr aber in der Moldau zwischen Rosenberg und Moldautein. Hier werden jährlich für 8000 bis 12000 Gulden Perlen gefischt, die als böhmische Perlen in den Handel gelangen. Bei diesem Perlenfang werden die lebenden Muscheln sorgfältig geöffnet und, wenn sie keine Perlen enthalten, wieder möglichst unverletzt ins Wasser zurückversetzt. Stellenweise rechnet man auf 100 Muscheln eine Perle, zuweilen findet man auch bedeutend mehr, doch meist nur kleine von geringem Wert. Äußere Unebenheiten und Unregelmäßigkeiten an der Schale geben einige Hoffnung, eine Perle zu finden. Im allgemeinen ist der Ertrag nur ein geringer, da die Flußperlen in der Regel weniger schönen Glanz haben als die orientalischen, doch gibt es einzelne glänzende Ausnahmen; solche findet man z. B. im Grünen Gewölbe in Dresden.

Auch in der Mandschurei und in China gibt es Flußmuscheln, welche glänzende Perlen liefern. Die chinesischen werden schon in der Geschichte eines der frühesten Kaiser, namens Yü, angeblich aus dem 22. Jahrhundert v. Chr., erwähnt. Schon seit vielen Jahrhunderten sind in verschiedenen Gegenden der Provinz Tschekiang hunderte von Familien damit beschäftigt, systematisch Perlen und perlartigen Schmuck von den dort einheimischen Flußperlmuscheln zu gewinnen. Diese, die *Anodonta plicata*, werden in großen Mengen gesammelt und die größten Exemplare davon ausgesucht, um ihnen Körner oder Matrizen aus der Schale der echten Meerperlmuschel oder aus Blei — letztere stellen meist kleine Figürchen von Buddha in sitzender Stellung dar — reihenweise unter den Mantelüberzug beider Schalen zu schieben. Durch diese Fremdkörper gepeinigt, drückt sich das Tier krampfhaft an die Schalen, und dadurch bleiben die Formen auf ihrem Platze. Hierauf legt man die Muscheln eine nach der andern in 10–15 *cm* Abstand in Kanäle oder Teiche in einer Tiefe von 0,7–1,7 *m* unter Wasser, zuweilen 50000 Stück. Nach 10 Monaten bis 3 Jahren werden sie wieder aufgefischt und die betreffenden Gegenstände, die sich inzwischen mit einer ausgiebigen Perlmutterschicht überdeckt haben, herausgenommen, um sie zu einem billigen Preise in den Handel zu bringen. Sie werden von den Juwelieren zu Schmuck der verschiedensten Art verarbeitet und sind durch ganz China sehr verbreitet.

Auch in den Flüssen Nordamerikas gibt es Perlmuscheln, deren Perlen von den Eingeborenen lange vor der ersten Ankunft der Europäer gesammelt und als Schmuck getragen wurden. Solche fand Fernando Soto 1539 bei seinen Zügen durch das heutige Florida, Georgia und Alabama im Besitze der Eingeborenen und an ihren Kultstätten angehäuft. Weiße Perlen liefern die Flußmuscheln *Unio rectus* und *U. complanatus*, gelbe dagegen *U. dromas*. Außerdem gibt es auch fleischfarbene, rote, purpurne und schwarze Flußperlen; himmelblaue aber sind seltene Ausnahmen. Eine solche brachte in London 13200 Mark ein. Bereits im vorigen Abschnitte wurde erwähnt, daß künstliche Perlen, die wie die Nachahmungen von Edelsteinen sehr häufig getragen werden, aus hohlen Glaskugeln gemacht werden, deren Innenwand mit einer aus den Schuppen des Uklei (*Alburnus lucidus*), eines unseres gemeinsten Süßwasserfisches aus der Sippe der Weißfische, bereiteten Masse ausgekleidet wird.

Übrigens sei hier bemerkt, daß es auch Perlen pflanzlicher Abstammung gibt, die von den Malaien, die sie als *mestica* bezeichnen, von alters her als wertvolle Amulette an einer Halsschnur oder am Waffengehänge getragen werden. Sie kommen im Holz der Kokospalme und der Kasuarinenbäume, ferner in den Früchten der Brotfrucht und Arekapalme vor. Die betreffenden, im Zellgewebe entstandenen Perlen sind rund bis länglich und erreichen in seltenen Fällen die Größe eines kleinen Taubeneies. Die meisten von ihnen sind weiß gefärbt, ohne jedoch den Glanz der echten Perlen aus der Perlmuschel zu besitzen. An einer Seite besitzen sehr viele derselben eine kleine leuchtende Zone, ein „Sönnchen“, wie es der deutsche Gelehrte in holländischen Diensten, Rumphius, der gegen Ende des 17. Jahrhunderts die Tier- und Pflanzenwelt Indonesiens erforschte, sinnig nennt. Manche Pflanzenperlen sind mehr gelblich oder bräunlich, ja bis schwärzlich. Alle Mesticas funkeln im Dunkeln, wenn man sie, wie beim bekannten Feuerschlagen, mit einem harten Steine zusammenschlägt. Es sind dies Konkrementbildungen aus fast reiner Kieselsäure.

Weiterhin haben wir von den Menschen nützlichen Weichtieren die Holothurien oder Seegurken zu nennen, die bei den als Feinschmecker berühmten Chinesen wie die eßbaren Vogelnester der Salangane als sehr gesuchte Leckerbissen teuer bezahlt werden. In den malaiischen Meeren beschäftigen sich Tausende von Fahrzeugen ausschließlich mit dem Fang der Seegurken, die, auf die verschiedenste Weise zubereitet, unter dem Namen Trepang (franz. *biche de mer*) nach China ausgeführt werden. Es sind dies wurmartig verlängerte Stachelhäuter mit einer bis auf kleine Reste zurückgebildeten Verkalkung der Außenschicht. Sie benutzen zur Fortbewegung nur drei Füßchenreihen wie die eßbare Seegurke (*Holothuria edulis*), haben vom Wassergefäßsystem der Seeigel nur die Fühler bewahrt und sind Zwitter. Die Geschlechtsdrüsen liegen nicht radiär wie bei den übrigen Stachelhäutern, sondern sind als lange Schläuche nur in einem der fünf Interradialräume vorhanden. Sie leben im sandigen Schlamm des Meergrundes, wo sie von allerlei tierischer und vegetabilischer Nahrung leben, die sie sich mit Hilfe ihrer Fühler zum Munde führen.

Die Zahl der Seegurkenarten, die im Handel unterschieden werden, ist eine ziemlich große, und ihre Namen wechseln je nach der Mundart der chinesischen Stadt, wohin sie ausgeführt werden. Sie werden von den Eingeborenen der Molukken, Philippinen, Neuguineas, ganz besonders aber der Inseln des Stillen Ozeans in großen Mengen erbeutet und für den Verkauf an die Händler präpariert, indem man sie zuerst in Meerwasser kocht und dann auf hölzernen Gestellen an der Sonne trocknet. Dabei schrumpfen sie gewaltig ein. In der Folge werden sie zur vollständigen Auslaugung des Meerwassers noch einige Male in etwas Süßwasser gedünstet und in großen, eigens dazu erbauten Schuppen an rauchenden Feuern getrocknet. Erst kurze Zeit vor der Verladung in die Schiffe werden sie, in Säcke verpackt, an die Händler verkauft, die in kleinen Küstenfahrzeugen von selten mehr als 100–120 Tonnen Gehalt die Ansiedelungen der Eingeborenen anlaufen, um von diesen den Trepang gegen allerlei Tauschartikel einzuhandeln. Wollen die Chinesen sie verspeisen, so reinigen sie den Trepang gründlich und lassen ihn 24–38 Stunden im Süßwasser aufquellen, wobei er eine schmutziggraue Farbe annimmt. Nach mehrmaligem Waschen und sorgfältiger Entfernung der Eingeweide werden sie in kleine Stückchen geschnitten und in starkgewürzten Suppen oder mit verschiedenen anderen Speisen gegessen. Sie erscheinen dann als milchig aussehende Gallertklumpen und sind sehr leicht verdaulich. Sie sollen reizend auf die Genitalsphäre wirken, weshalb sie von den sinnlich veranlagten Chinesen so überaus geschätzt werden.

Auch von den an den Meeresküsten verbreiteten Seeigeln, so in den Mittelmeergegenden von dem überall gemeinen Steinseeigel (*Echinus saxatilis*), werden wenigstens die Geschlechtsdrüsen als leckere Speise gern gegessen. Besonders schmackhaft sollen die fünf gelben traubenförmigen Eierstöcke der Weibchen sein. Von ihnen sollen allein in Marseille 100000 Dutzend auf den Markt gebracht und das Dutzend zu 20–60 Centimes verkauft werden. Schon die alten Griechen und Römer aßen die Seeigeleierstöcke gern und man fand Schalenreste des eßbaren Seeigels (*Echinus esculentus*) in Küchen des einst vom Vesuv verschütteten Pompeji. Diese Art erwähnt schon Aristoteles unter dem Namen *echínos* als eßbar und sagt, daß man von ihr die großen sogenannten Eier genieße. Älian um 180 n. Chr. meint: „Der Seeigel bietet eine vorzüglich gesunde Speise und stärkt den geschwächten Magen. Bestreicht man Leute, welche an Krätze leiden, mit ihm, so werden sie geheilt; samt der Schale verbrannt, dient er zum Reinigen der Wunden." Und Palladius um 380 n. Chr. sagt: „Den ganzen Winter hindurch wird das Fleisch der Seeigel eingesalzen."

Endlich haben wir noch die für den Menschen nützlichen Korallen und Schwämme kurz zu erwähnen. Von ersteren kommt nur die Edelkoralle (*Corallium rubrum*) in Betracht, deren Vorkommen auf das Mittelmeer und das Adriatische Meer nördlich bis Sebeniko, die Nordwestküste von Afrika und die Küsten der Kapverdischen Inseln beschränkt ist. Sie lebt in Tiefen von 40–240 *m*, meistens aber in solchen von 80–180 und ist gewöhnlich in abwärts gerichteter Stellung an Felsen, namentlich an der Unterseite überhängender Vorsprünge festgewachsen. Die mehr oder weniger verzweigten, bis zu 30 *cm* langen Stöcke besitzen ein rotes, rosenfarbenes bis fast weißes Kalkskelett, in dessen roter bis orangefarbiger Rinde die kleinen weißen, völlig in die Rinde zurückziehbaren Einzelindividuen oder Polypen stecken. Die Stöcke tragen meist entweder nur männliche oder nur weibliche, bloß ganz ausnahmsweise zwitterige Individuen. Ihre wichtigsten Standorte liegen an der Küste von Algerien und Tunis, bei den Balearen, bei Sardinien und Sizilien, wobei besonders von Torre del Greco bei Neapel aus alljährlich hunderte von Barken zu dem mühseligen Betrieb der Korallenfischerei hinausfahren. Die Fahrzeuge variieren von 6–12 Tonnen Gehalt und 4–12 Mann Besatzung; danach richtet sich auch die Größe und Schwere des Gestells und Netzes, womit die Korallen vom felsigen Grunde, an dem sie fest angewachsen sind, abgelöst werden. Dieses besteht aus zwei übers Kreuz gelegten und stark verfestigten, bis 3 *m* langen Balken, die an der Kreuzungsstelle mit einem großen Steine oder besser noch mit einem Eisen beschwert werden. Daran hängen 34–38 Bündel grobmaschiger Netze in Form von Beuteln oder Wischern, wie sie auf Schiffen zum Reinigen des Bodens gebraucht werden. Dieser an einem starken Seile befestigte Apparat wird nun vor dem Winde geschleppt und je nach der Größe von Hand oder mit einer auf dem Hinterteil des Fahrzeugs befindlichen Winde heraufgezogen und auf den Grund gelassen. Da die Edelkorallen nur auf sehr unebenem Felsboden, am liebsten unter Vorsprüngen, unter welche die Arme des Kreuzes eindringen sollen, wachsen, so gehört das Festsitzen des Schleppapparates zu den täglichen und stündlichen Vorkommnissen und das fortwährende Flottmachen desselben zu den anstrengendsten und aufreibendsten Arbeiten, zumal die Fischerei der Edelkoralle unausgesetzt während der heißen Jahreszeit betrieben wird.

Die von den vorzugsweise italienischen Korallenfischern erbeuteten, einen jährlichen Erlös von mehreren Millionen Franken darstellenden Korallen werden zunächst von der dünnen lebendigen Rinde gereinigt, nach der Farbe sortiert und namentlich in Neapel, Livorno und Genua, aber auch in Marseille zu allerlei Schmuck verarbeitet. Die von den Felsen abgerissenen, oft von Würmern und Schwämmen durchbohrten Basisstücke kosten 5–20 Franken das *kg*. Der Preis der guten Ware ohne solche Beschädigungen schwankt zwischen 45 und 70 Franken das *kg*. Für das *kg* ausgewählter dicker und besonders rosenrot gefärbter Stücke, die man *als peau d'ange* bezeichnet, werden 400, ja 500 und mehr Franken bezahlt. Die Stücke, welche entweder nur bis zu einer gewissen Tiefe oder durch und durch schwarz sind und als „schwarze Korallen" gesondert zu 12–15 Franken das *kg* verkauft werden, kommen nicht etwa von einer besondern Art, sondern sind Edelkorallen, die einst abgerissen wurden, versanken und längere Zeit vom Schlamm bedeckt in der Tiefe lagen, wobei die rote Farbe durch einen chemischen Vorgang in eine schwarze verändert wurde. Im Indischen Ozean und im Roten Meer gibt es aber eine von Hause aus mit schwarzem Kalkskelett versehene Art Rindenkoralle. Es ist dies die schwarze Koralle (*Plexaura antipathes*). Sie hat einen dickwurzeligen, buschig verzweigten, schwarzen, nur an den dünnen Endreisern braunroten, bis zu 35 *cm* hohen, an der knolligen Wurzel 3 bis 5 *cm* dicken Stock mit graugelber Rinde, der im Orient zu allerlei Schmuckgegenständen verarbeitet, auch zu Amuletten als Schutz gegen Verzauberung getragen wird. Schon Plinius kannte beide Arten, glaubte aber irrtümlicherweise, daß die aus den Korallen gearbeiteten Perlen, die man schon damals an Schnüren aufgereiht als Schmuck trug, Früchte des am Meeresboden wachsenden Korallenstrauchs seien und erst an der Luft von Weiß in Rot übergingen. Daß die Koralle ein Tier und keine Pflanze sei, diese Erkenntnis blieb ja erst unserer Zeit vorbehalten. Wenn auch bereits im Jahre 1723 von Peyhsonel ihre tierische Natur erkannt wurde, so dauerte es doch bis zum Beginn des 19. Jahrhunderts, bis diese Tatsache allgemein anerkannt wurde.

Der römische Dichter Ovid gibt uns die landläufige Ansicht des Altertums über diese Wesen in folgendem Ausspruche: „Die Koralle ist, solange sie im Wasser lebt, ein weiches Kraut, wird aber im Augenblicke hart, wie sie an die Luft kommt." Und Plinius schreibt über sie in seiner Naturgeschichte: „Die Korallen des Roten Meeres sind schwärzlich; die im Persischen Meer heißen *jace*. Die beliebtesten Sorten finden sich im Gallischen Meerbusen bei den Stöchadischen Inseln (jetzt Iles d'Hyières bei Marseille), im Sizilischen Meere bei den Äolischen Inseln (im Norden Siziliens) und bei Drepanum (dem heutigen Trapani, der bekannten Stadt an der Westküste Siziliens); sie kommen auch bei Graviscä (an der etrurischen Küste) und an der Küste Kampaniens bei Neapel vor. Die von Erythräa (einer Stadt Kleinasiens gegenüber der Insel Chios) sind vorzüglich rot, aber weich und daher wertlos. Die Korallen haben die Gestalt eines Strauches und eine grüne Farbe. Ihre Beeren sind unter dem Wasser schneeweiß und weich; herausgenommen werden sie sofort hart und rot und gleichen an Ansehen und Größe den Früchten des Kornelkirschbaums. Schon durch bloße Berührung sollen sie, wenn sie noch frisch am Stamme hängen, zu Stein werden. Man fischt die Korallen mit Netzen oder haut sie mit einem scharfen eisernen Werkzeug ab. Am liebsten hat man die vollkommen roten und recht ästigen Korallenstämme, nur dürfen sie nicht rauh oder mit Wurmgängen besetzt oder hohl sein oder vertiefte Stellen haben. In Indien werden die Korallenbeeren so hoch geschätzt wie bei uns die Perlen; ihre Priester halten sie, wenn sie getragen werden, für ein Schutzmittel gegen Gefahren. Sie werden dort demnach als Schmuck und Amulett zugleich getragen. Ehe man sie nach Indien zu verkaufen wußte, schmückten die Gallier (Kelten) ihre Schwerter, Schilde und Helme damit. Jetzt aber ist solcher Mangel an verkäuflichen Korallen, daß man sie selbst da, wo sie gefunden werden, nur selten sieht. Man hängt übrigens die kleinen Zweige den Kindern als Schutzmittel an, braucht sie auch innerlich und äußerlich als Arznei.“ Jedenfalls sind die Korallenhalsbänder unserer Kinder und Erwachsenen aus Amuletten hervorgegangen, wie sie noch die gebildeten, aber sehr abergläubischen Römer trugen. Noch Solinus schreibt: „Man arbeitet aus Korallen mancherlei Schmuck; denn sie enthalten, wie Zoroastres (der Gesetzgeber im medisch-baktrischen Reich, der Verfasser des Zend-Avesta) sagt, eine heilsame Kraft. Gewöhnlich nennt man sie *curalium*, Metrodoros (ein Schüler des athenischen Philosophen Epikur, der von 342–270 v. Chr. lebte) nennt sie *gorgonia* und behauptet, sie widerständen den Wirbelwinden und Blitzen.“ Noch viel üppiger als im Altertum schossen im Mittelalter solche abergläubische Ansichten über die Korallen ins Kraut; doch können wir hier nicht näher darauf eingehen. Wenden wir uns vielmehr zu den Schwämmen.

Bei den Schwämmen, deren tierische Natur noch schwerer als bei den Korallen nachzuweisen war, kommt als schon im Altertum wie heute verwendetes Nutztier des Menschen einzig der allbekannte Badeschwamm (*Spongia usitatissima*) in Betracht. Das Netzwerk von elastischen Hornfasern, das wir als Schwamm benutzen, ist ja nur das skelettartige Gerüst, das übrigbleibt, wenn man den frisch aus dem Meere genommenen, wie die Koralle mit einem lebenden Überzuge versehenen Schwamm so lange knetet und drückt, bis er von den die Maschen ausfüllenden und die Poren und Auswurfsöffnungen bekleidenden weichen Zellen befreit ist. Solche Hornschwämme finden sich in der kalten Zone gar nicht. Auch in der nördlichen Hälfte der gemäßigten Zone trifft man sie nur vereinzelt und verkümmert; dagegen ist schon das Mittel- und Adriatische Meer reich an verschiedenen Sorten, von den feinsten bis zu den gröbsten Schwämmen. Eine Einteilung derselben in gute Arten ist sehr schwer. Die Schwammhändler nehmen nach der gröberen oder feineren Beschaffenheit des elastischen Netzwerks 16 Sorten nutzbarer Schwämme an, die von verschiedenen Gegenden des Mittelmeers stammen.

Die durch ganz besondere Weichheit und häufige Becherform ausgezeichnete, schön blaßgelbe Sorte des Badeschwamms wird an der syrischen Küste erbeutet. Fünf andere Sorten der sog. *éponge fine* werden im östlichen Teile des Mittelmeers, bei Tripolis und an der Ostküste des Adriatischen Meeres in Tiefen von 2–180 *m* gefischt. Sie sind etwas dunkler gelb und weniger fein als die erstgenannte Sorte. Noch dunkler, nämlich dunkelbraungelb, und gröber in der Textur ist der mehr flache und dichtere Zimokkaschwamm, der im Griechischen Inselmeer, an der Küste der Berberei und in der Adria gewonnen wird. Er wird im Handel als *éponge dure* bezeichnet. Die *éponge commune* des Handels, die geringste Schwammsorte, ist der einer andern Gattung angehörende gemeine Pferdeschwamm (*Hippospongia equina*), der meist brotlaibförmig ist und besonders von der afrikanischen Mittelmeerküste kommt.

Im Griechischen Meere und an der Küste Syriens gewinnt man die Schwämme aus einer Tiefe von 20–50 *m* durch Taucher, deren gewöhnlich vier außer dem Gehilfen in einem Boote sind. An einem Seile, das der Taucher in einer Hand hält, wird er, sobald er ein Zeichen gegeben hat, schnell mit seiner in einem Netze geborgenen Beute zur Oberfläche des Wassers emporgezogen. An der istrischen und dalmatinischen Küste werden die oberflächlicher liegenden Schwämme nicht durch Taucher, sondern von einem langsam fahrenden Boote aus mit einer langen vierzinkigen Gabel, wie wir sie auf alten Bildwerken als Wahrzeichen des Meergottes Neptun erblicken, vom Grunde heraufgeholt. In den starken Barken, die während der guten Jahreszeit die zerrissene und inselreiche Küste absuchen, befinden sich in der Regel nur zwei Mann. Am Vorderdeck, der einen viereckigen Ausschnitt hat, stellt sich der die Gabel führende Mann auf, um, über Bord gebeugt, den Oberkörper sicher balancieren zu können. Der zweite Mann führt die Ruder, deren Stützpunkte auf einem die Bordseite überragenden Balken liegen, wodurch die notwendigen feinen Bewegungen des Bootes leichter und sicherer werden. Während er nun das Boot hart am Felsenufer über einem Grunde von 4–13 *m* Tiefe langsam dahintreibt, späht jener scharfen Auges nach den durch ihre schwarze Farbe sich verratenden Schwämmen. Am günstigsten ist natürlich der Fang bei völliger Windstille, da dann die Schwämme am besten gesehen werden können. Bei mäßig bewegtem Meer wird die Oberfläche des Wassers mit Öl geglättet. Zu diesem

Zwecke liegt stets auf der Spitze des Bootes ein Haufen glatter Kiesel und daneben steht ein Gefäß mit Öl. Will nun der Schwammfischer die unruhige Meeresoberfläche glätten, so taucht er einige der Steine mit der Spitze in das Öl, meist Olivenöl, und wirft sie einzeln in einem Halbkreise um sich. Alsbald breitet sich von den getroffenen Stellen eine feine Ölschicht aus, die die kleinen Wellen besänftigt, so daß das Auge nicht mehr durch die sich kreuzenden Brechungen und Spiegelungen geblendet und im Sehen gestört wird. Der Schwammfischer muß aber die Schwämme nicht bloß mit den Augen erspähen; da sie am liebsten unter Felsenvorsprüngen gedeckt wachsen, muß er mit seiner 7–14 *m* langen Gabel zwischen und wenn möglich unter die Felsen tasten und sie nach dem Aufspießen durch Drehen der Gabel von der Unterlage loszulösen versuchen. Kehren die Boote mit Beute beladen zurück, so werden die Schwämme am Ufer so lange getreten, dann mit den Händen geknetet und ausgedrückt und wiederholt gewaschen, bis die schwarze Oberhaut und alle zwischen den Hornfasern gelegene lebende Substanz abgegangen ist. Bevor sie in Gebrauch genommen werden können, müssen sie dann nochmals in lauem süßem Wasser gereinigt werden. Der Sand, den man stets in den gekauften Schwämmen findet und den man vor deren Ingebrauchnahme zu entfernen hat, wird erst nachträglich zu betrügerischen Manipulationen von den Händlern hineingetan, da die Schwämme nach Gewicht verkauft werden. Zu diesem Zwecke werden die ganz rein aufgekauften Schwämme in den Magazinen der Großhändler mit Sand durcheinandergeschaufelt, um sie künstlich zu beschweren und so mehr daraus zu lösen. Ganz so wie diese weniger feinen adriatischen Badeschwämme werden übrigens auch die feinen syrischen und griechischen Schwämme von den dortigen Fischern behandelt.

Es leuchtet ein, daß bei der in der oben geschilderten Weise betriebenen Schwammfischerei der Fang immer weniger ergiebig wird. Es ist daher ein großes Verdienst von Prof. Oskar Schmidt, daß er bei seinen von 1863–1872 zur Hebung der Schwammfischerei an der Küste Dalmatiens angestellten Studien dazu kam, die Schwämme künstlich zu züchten. Bei der ungemein großen Regenerationsfähigkeit dieser Tiere war das Verfahren ein sehr einfaches. Er zerschnitt den frischen Badeschwamm in kleinere Stücke und befestigte diese auf hölzerne Gestelle, die er an geschützten Orten ins Meer versenkte. Er hatte die Freude, daß die Anlagen gut gediehen und die Schwämme vortrefflich wuchsen. Leider scheiterte der Versuch trotzdem, da einmal unzählige Pfahlwürmer das Holzwerk der Anlage zerstörten, andererseits aber die Küstenbewohner und Schwammfischer selbst sich nicht nur vollkommen gleichgültig gegen die Neuerung, die ihnen doch nur Nutzen bringen sollte, verhielten, sondern sogar die Anlagen zu zerstören suchten. So scheiterte in diesem Falle wie so oft das redlichste und Erfolg versprechende Unternehmen an der Beschränktheit und Indolenz der Menschen, die schließlich, wenn ihre Schwammgründe bei ihrer unsinnigen

Methode abgefischt sein werden, was in absehbarer Zeit der Fall sein wird, doch zu der Neuerung der künstlichen Schwammzucht gezwungen sein werden; denn trotz der außerordentlichen Vermehrung des Badeschwammes werden die Schwämme immer seltener, da die unvernünftigen Fischer schon im Frühjahr, wenn der Schwamm mit jungen, bald ausschwärmenden Larven angefüllt ist, Schwämme stechen und auf diese Weise ungezählte Millionen junger Tiere vernichten. Vielleicht wird man aber in späterer Zukunft sich mit künstlichen Schwämmen aus porösem Gummi behelfen und so nach und nach das natürliche Produkt entbehren können.

Neuerdings hat der Lyoner Physiologieprofessor Raphaël Dubois durch seine vieljährigen Versuche in Tamaris der künstlichen Aufzucht von Badeschwämmen neue Wege gewiesen. Da er mit dem Wachstum in kleine Stücke geschnittener Schwämme, die er auf allerlei Gegenständen mit einer Schnur befestigte und, vor zu greller Sonne geschützt, in 2–3 *m* Tiefe heranwachsen ließ, keine besonders günstigen Resultate erzielte, begann er mit der Aufzucht der in großer Menge von den Mutterschwämmen gewonnenen Larven, die von sehr gutem Erfolg war und für die systematische Aufzucht besonders feiner Schwammarten große Vorteile bietet, so daß wohl diesem Verfahren die Zukunft gehört. Damit dürfte es nicht schwer fallen, die durch vieljährigen Fang von Schwämmen entvölkerten Küsten wieder mit neuem gutem Material zu bevölkern.

Schon das Altertum kannte die heute bei uns übliche Verwendung des Badeschwammes bei den Mittelmeervölkern. Plinius berichtet uns, daß er durch Taucher gewonnen werde, die Taucher aber großen Gefahren, besonders von seiten der Haifische, ausgesetzt seien. Er schreibt darüber wörtlich: „Den Tauchern, welche Badeschwämme am Meeresgrunde holen, werden Haifische gefährlich, die sich oft in Menge einfinden. Die Taucher erzählen, es zeige sich oft über ihrem Kopfe eine wie ein flacher Fisch aussehende Wolke, welche sie niederdrücke und am Auftauchen hindere; deshalb führten sie spitze Dolche bei sich, weil die Wolke nicht Platz mache, wenn sie nicht durchstochen werde. Das alles mag wohl nur Wirkung der Dunkelheit und Furcht sein; aber jedenfalls setzt es mit den Haifischen einen harten Kampf ab und kann man sich nur dadurch retten, daß man mutig auf sie losgeht und sie auf diese Weise in Schrecken versetzt. In der Tiefe ist der Vorteil von beiden Seiten gleich; kommt aber der Taucher an die Oberfläche, so ist die Gefahr für ihn groß, weil er nun das Wasser verlassen will und daher dem Haifisch nicht mehr entgegengehen kann. In diesem Falle muß er sich ganz auf die Hilfe seiner Kameraden verlassen, welche ihn an einem unter den Armen hindurchgezogenen Seil aufwärtsziehen. Sobald der Kampf unter dem Wasser beginnt, schüttelt der Taucher mit der Linken am Seile und zeigt dadurch die Gefahr an, seine Rechte aber kämpft mit dem Dolche. Man zieht ihn nur langsam in die Höhe; sobald er aber dem Schiffe nahe ist, muß er schnell durch einen starken Ruck auf das Schiff geschleudert werden, sonst wird er doch noch verschlungen. Oft wird er vom Ungeheuer noch aus der Luft geschnappt, wenn er sich nicht in eine Kugel zusammenzieht. Aus dem Schiffe hält man zwar dem Haifisch dreizackige Gabeln entgegen, allein er weiß ihnen pfiffig genug auszuweichen, indem er sich unter dem Schiffe verbirgt und von da aus, ohne sich einer Gefahr auszusetzen, angreift. Am sichersten kann man übrigens da tauchen, wo man platte Fische sieht; denn wo diese sind, findet man niemals Raubtiere. Deshalb werden die ersteren heilige Fische genannt."

Drei Menschenalter nach Plinius berichtet uns der griechische Sophist Oppian über die Schwammfischerei: „Am schlimmsten sind diejenigen Leute dran, die nach Badeschwämmen (*spóngos*) tauchen. Zu ihrem Geschäfte bereiten sie sich dadurch vor, daß sie wenig essen und trinken, wodurch der Atem freier wird, auch schlafen sie viel. Bevor sie ans Werk gehen, bitten sie die Götter, ihnen Schutz gegen gefährliche Seetiere zu verleihen. Sehen sie irgendwo den Kallichthys (d. h. Schönfisch), so sind sie frohen Mutes und wissen, das kein gefährliches Tier in der Nähe ist. Wollen sie tauchen, so haben sie ein Seil um den Leib, in der linken ein Bleigewicht, in der rechten eine Sichel, im Munde Öl. Das Blei bringt sie schnell auf den Grund, das Öl spucken sie aus, wo sie einen Schwamm sehen; denn Öl macht das Wasser durchsichtig. Die Schwämme sind an Felsen angewachsen. Der Taucher schneidet eiligst ab, was er erreichen kann, zuckt dann schnell am Seil, damit ihn die Kameraden wieder hinaufziehen. Kommt er glücklich an die Oberfläche, so ist er doch vor Angst und Anstrengung ganz elend; oft aber wird er in der Tiefe von den Ungeheuern verwundet oder ganz zerrissen." Daß alle Autoren so einstimmig über die großen Gefahren von seiten der Haie bei der Schwammfischerei berichten, beweist, daß diese Tiere im Altertum in den Mittelmeergegenden viel häufiger waren als heute, da man diesen gefährlichen Raubfischen mit allen Mitteln entgegentritt und sie so viel als möglich auszurotten sucht.

Hier könnten noch die ausschließlich das Meer an der Oberfläche oder in größeren Tiefen als Plankton lebenden einzelligen Radiolarien erwähnt werden, deren Kieselschalen als Kieselgur oder Infusorienerde als eine farblose oder gefärbte mehlartige Masse oft mächtige Lager bildet wie in der Lüneburger Heide, am Vogelsberg bei Franzensbad, in Ungarn, Toskana, Schweden, Finnland, Virginia usw. Sie dient zur Bereitung von Dynamit, indem das Nitroglyzerin damit getränkt wird, von Wasserglas, Ultramarin, von Tonwaren aller Art, Papiermaché, Siegellack, zum Kitten, als Formsand und Poliermittel, zur Umhüllung von Dampfkesseln und feuerfesten Schränken als schlechter Wärmeleiter statt Asbest usw. In Schweden und Finnland wird sie sogar dem Brote beigemischt. Bei vielen unkultivierten Völkern bildet sie als eßbare Erde, rein oder mit andern Stoffen vermischt, eine nicht nur in Zeiten von Hungersnot, sondern auch sonst beliebte Speise. Es sei hier nur an die südamerikanischen Erdesser, die Otamaken, erinnert, über die Alexander von Humboldt in seinem Buche: Reise in die Äquinoktialgegenden des neuen Kontinents eingehend berichtet. Dort sind alle bis dahin bekannten Erde essenden Stämme zusammengestellt, so daß wir alle Interessenten darauf verweisen können. Zu dieser sind im Laufe des 19. Jahrhunderts noch zahlreiche neue hinzugekommen, so daß wir heute sagen können, daß diese Sitte fast über die ganze Erde verbreitet ist und eine größere Rolle spielt, als man bis dahin glaubte. Außer dem mageren Kieselgur werden auch die verschiedensten fetten Erden, besonders Tonarten, mit Behagen und ohne irgend welche Nachteile verspeist, vorausgesetzt, daß die Gesamternährung durch allzugroße Zufuhr dieses natürlich nicht nahrhaften Balastes nicht leidet.

XXII. Die Honigbiene.

Unter allen Insekten ist zweifellos die gemeine Honigbiene (*Apis mellifica*) das weitaus nützlichste und seit Urzeiten dem Menschen durch ihre süßen Vorräte von Honig dienstbar. Soweit überhaupt historische Urkunden zurückreichen, wissen wir, daß alle Völker von jeher den in hohlen Baumstämmen oder Felslöchern von wilden Bienenkolonien zusammengetragenen Honig aufsuchten und als äußerst geschätzte Speise oder — mit Wasser verdünnt — als überaus beliebtes Getränk genossen. Von den heute noch auf niedriger Kulturstufe lebenden Volksstämmen wissen wir, daß dem Naturmenschen der Begriff Honig den höchsten denkbaren Gaumengenuß bedeutet, den er sich so häufig als möglich zu verschaffen sucht. Alle Jägerstämme schauen auf ihren Streifereien durch die Natur mit Eifer nach etwaigen Kolonien wilder Bienen aus, und manche Stämme, wie z. B. die Australier, ergreifen gern reich mit Pollen zum Neste zurückkehrende Bienen, um ihnen mit Harz eine Flaumfeder anzukleben, so daß sie gerade noch wegfliegen können. Den so gezeichneten Bienen folgen sie raschen Laufes, bis sie den Bienenstock mit dem ersehnten Honigvorrat ausgekundschaftet haben. Dann wird derselbe ausgeplündert und der Honig, wohl weil er konzentriert zu süß ist und in größeren Mengen widersteht, mit Wasser in der Vertiefung eines Felsens verdünnt und ausgetrunken. Blieb irgendwo eine solche Honiglösung in Wasser in einem Gefäße stehen, so entstand von selbst durch die hineingefallenen allgegenwärtigen Hefepilze das älteste berauschende Getränk des Menschen, der Met, der bei allen Völkern der Vorläufer von Bier und Wein war, wie wir im 15. Abschnitte des ersten Bandes der Kulturgeschichte der Nutzpflanzen eingehend besprachen.

Wie dem Jäger ist auch dem Viehnomaden der Honig ein ersehntes Labsal, und als das Höchste, was Jahve seinem Volke, den Kindern Israels, auf ihrem vieljährigen Zuge durch die Wüste versprechen konnte, war ein Land, in welchem „Milch und Honig" fließt. Das sollten sie im Lande Kanaan finden. Aber schon zur Zeit der großen Propheten Judas fanden die Nachkommen dieser Viehzüchter israelitischen Stammes, daß ein Land voll Honig ein Land der Unkultur sei. So war auch dem gebildeten Griechen, wie wir in Platons Schrift Kritias lesen, ein Land voll Honig ein Land der Wüste; denn vor der intensiveren Kultur durch den Menschen flüchten sich die wilden Bienen gern in Einöden zurück, wo sie ohne Beunruhigung durch jenen der unermüdlichen Arbeit zum Wohle ihres Gemeinwesens obliegen können.

Nach den Veden und den Gesetzen Manus war der zunächst immer noch von wilden Bienen gesammelte Honig bei den Indern nicht nur ein wertvolles Geschenk für die Menschen untereinander, sondern auch eine geschätzte Opfergabe für die Götter. Auf den Märkten des Landes bildete er einen begehrten Handelsartikel, von dem die Könige, die seit den ältesten Zeiten mit Honigwasser gesalbt wurden, den sechsten Teil als ihnen gebührende Abgabe beanspruchten. Auch bei den alten Babyloniern und Ägyptern fand der Honig als Tauschmittel, Opfergabe und Arznei ausgiebige Verwendung. In der späteren Zeit mögen hier überall die Bienen auch als Haustiere gehalten worden sein, indem man gelegentlich einen Schwarm der wilden Biene abfing und in einem hohlen Baum ansiedelte, um sich dann des von ihnen gesammelten Honigvorrats zu bemächtigen. Gleicherweise liebten die alten Juden den Honig als leckere Speise, doch verwandten sie ihn in der uns überlieferten Zeit nicht als Opfergabe. Der Prophet Hesekiel berichtet uns, das die Bewohner von Juda und Israel nebst Wein, Öl und Balsam auch Honig nach der alten phönikischen Handelsstadt Tyrus brachten. Aus dem Talmud erfahren wir, daß der Honig zu Geschenken beliebt war, um sich die Gunst jemands zu erwerben. Man benutzte ihn bei den Juden wie bei den zuvor genannten Völkern zur Verbesserung des Weines, zur Herstellung von heilenden Salben und Heiltränken. Damals (um 200 n. Chr.) wurden die Bienen jedenfalls schon gezüchtet; denn in der Mischna, dem ersten Teile des Talmuds, finden wir verschiedene Angaben über die Bienenwirtschaft und das Bienenrecht. Die Bienen wurden meist in aus Stroh oder Rohr geflochtenen Körben gehalten und die Völker bei der Entnahme des Honigs durch Räuchern getötet. An einer Stelle des Talmuds wird sogar von einer Bienenwohnung gesprochen, die mit Fensterchen versehen war.

Auch in Arabien war der Honig von alters her als Genußmittel sehr geschätzt. Im Koran heißt es von den Bienen: „Aus ihren Leibern kommt eine Flüssigkeit, die verschieden an Farbe ist und Arznei für den Menschen enthält.“ Nach der schon vor Muhammed geltenden Anschauung der Araber fließt im Paradiese ein Fluß voll Honig. Muhammed selbst teilte die Vorliebe seiner Landsleute für Süßigkeiten und pflegte gern Honigwasser zu trinken. Frühe wurde dort auch der Honigbau eingeführt, den schon der um 25 n. Chr. verstorbene griechische Geograph Strabon aus Amasia in Pontos als in Arabien sehr ergiebig erwähnt.

In den homerischen Gedichten wird der Honig als beliebtes Genußmittel der Helden erwähnt. Außer der direkten Anführung des Honigs in Ilias und Odyssee werden ziemlich oft Vergleiche mit seiner Flüssigkeit gemacht. So haben die Sirenen eine honigsüße Stimme, und Nestors Rede fließt dahin süßer als Honig usw. Wie von Honig ist bei Homer von Bienen die Rede, doch sind bei ihm stets wilde Bienen gemeint. So heißt es im zweiten Buche der Ilias, daß die Achäer sich sammelten „wie die Bienen aus einer Felsenhöhlung herausfliegen“. Damit ist deutlich erkennbar ein frei in der Wildnis und nicht in einem Bienenstocke unter der Obhut des Menschen stehender Schwarm gemeint. Von zahmen Bienen spricht erst im 8. Jahrhundert v. Chr. der böotische Dichter Hesiod an einer Stelle seiner Theogonie, wo er auch besondere Behälter aus vermutlich ausgehöhlten Baumstämmen als Herberge von Bienenvölkern erwähnt. Den späteren Griechen galt Aristaios, der angeblich die Kultur des Ölbaums aufgebracht haben sollte und den die Nymphen die Bienenpflege gelehrt hatten, als erster, der, um eine regelmäßige Honiggewinnung zu erzielen, die Bienen in Stöcke einschloß, aus denen er dann im Herbste die Honigwaben ausschnitt. Honig war angeblich die erste Nahrung des Göttervaters Zeus gewesen, der dann in seiner kretischen Heimat in einer Höhle des Berges Ida von der Ziege Amalthea gesäugt wurde. Zum Dank für ihre Dienste wurde sie dann als Capella unter die Gestirne versetzt, und eines ihrer Hörner gab Zeus den Töchtern des Melisseus, die Alles, was sie wünschten, darin fanden. Dieses Horn der kretischen Ziege Amalthea ist das Urbild des späteren Füllhorns.

Bei allen Opferhandlungen der Griechen war Honig von großer Bedeutung. Nach Platon opferte man in den ältesten Zeiten den Göttern mit Honig bestrichene Früchte. Platons Schüler Aristoteles, der von 343 v. Chr. an Lehrer Alexanders des Großen war, spricht sehr eingehend über das Leben der Bienen, die unter mehreren Anführern (*hégemṓn* — er meint damit die Bienenkönigin) leben sollten, die sich niemals aus dem Stocke entfernen als wenn sie ausschwärmen. Dann scheinen sich alle Bienen an sie heranzudrängen. „Will ein Stock schwärmen, so hört man schon einige Tage lang vorher einen eigenen eintönigen Laut (das „Tüten"), und zwei bis drei Tage lang fliegen nur wenige Bienen (*mélitta*) um den Stock; ob aber unter diesen auch ein Anführer ist, hat man noch nicht gesehen, weil dies nicht leicht zu beobachten ist. Haben sie sich endlich versammelt, so fliegen sie aus und teilen sich in Haufen, die sich an die einzelnen Anführer anschließen. Trifft es sich, daß ein kleiner Haufen neben einen großen zu sitzen kommt, so schließt er sich an diesen an und tötet den Anführer, dem er untreu geworden ist, wenn er ihm folgt."

Nach Aristoteles sind also die Anführer im Bienenstaate Männchen. Er sagt von ihnen, sie übertreffen die Arbeitsbienen an Größe um die Hälfte, besonders sei ihr Hinterleib doppelt so lang als bei jenen. Daß aber seine Ansicht nicht allgemein geteilt wurde, geht aus dem Zusatze hervor: „Manche nennen aber den Anführer Mutterbiene (*mḗtēr*) und behaupten, daß, wenn sie nicht im Stocke sei, man zwar Drohnenbrut, aber keine Arbeitsbienenbrut finde. Andere sagen, die Drohnen seien Männchen, die Arbeitsbienen aber Weibchen. Die andern Bienen werden in den Wachszellen erzeugt, die Anführer aber entstehen in Zellen, welche größer sind und unten an den Waben hängen. Die Anführer besitzen zwar einen Stachel, stechen aber nicht, weshalb sie Viele für stachellos halten." Die Drohnen nennt er von allen am größten, aber stachellos und faul. Er beschreibt das Leben und Treiben im Bienenstock so genau, daß er unbedingt dasselbe aus eigener Anschauung gekannt haben muß. Er schreibt über die Lebensweise der Bienen: „Bei Trockenheit beschäftigen sich die Bienen mehr mit Einsammeln des Honigs, bei Regenwetter dagegen mehr mit der Brut. Zuerst verfertigen sie die Waben, dann legen sie die Brut in die Zellen, und zwar, wie einige sagen, mit dem Munde, und nun erst tragen sie zur Ernährung im Sommer und Herbste Honig (*méli*) ein. Der Herbsthonig ist der beste. Das Wachs sammeln sie aus Blumen, das Vorwachs aber tragen sie aus den ausschwitzenden Säften der Bäume zusammen; der Honig hingegen fällt aus der Luft nieder (er meint damit den Honigtau und glaubt, wie der viel später lebende Plinius anführt, daß auch der Nektar der Blüten vom Himmel herab in sie hineingefallen sei), zumal beim Aufgang der Gestirne und beim Regenbogen. Der Honig ist anfangs wie Wasser und einige Tage lang flüssig, nach 20 Tagen aber wird er dick und ist dann auch süßer. Die Biene sammelt von allen Blumen, welche einen Kelch haben, leckt auch an allen andern süßen Dingen, beißt aber keine Früchte an. Wachs und Bienenbrot tragen sie an den Schenkeln, Honig aber speien sie in die Zellen. Auf den Eiern brüten sie wie die Vögel. Die Made liegt, solange sie noch klein ist, schief in der Zelle; späterhin richtet sie sich auf, frißt und hängt mit dem Wachse weiter nicht zusammen, so daß man sie herausnehmen kann. Die Eier der Arbeitsbienen und Drohnen sind weiß, aus ihnen kommen Maden; diese verwandeln sich in Arbeitsbienen und Drohnen. Die Eier der Anführer aber sind rötlich und so zart wie dicker Honig, sie haben sogleich den Umfang des aus ihnen hervorgehenden Tieres und verwandeln sich, wie man sagt, nicht erst in eine Made, sondern gleich in eine Biene. Die Puppe bekommt erst Füße und Flügel, wenn ihre Zelle durch einen Deckel geschlossen ist; sobald sie aber Flügel hat, durchbricht sie den Deckel und steigt heraus. Die Bienen leben sechs, einige auch sieben Jahre; wenn daher ein Stock 9–10 Jahre bestanden hat, so hat er sich gut gehalten. Ihre Nahrung besteht aus Honig und sogenanntem Bienenbrot, welch letzteres aber von geringerem Werte und etwa so süß wie Feigen ist. Den Bau der Waben zur Aufspeicherung der Nahrung beginnen sie an der Decke des Stockes und führen dann deren viele auf bis zum Boden herunter. Sowohl Honig- als Brutzellen haben nach beiden Seiten hin eine Öffnung, weil, wie bei den Doppelbechern, in der Mitte ein gemeinschaftlicher Boden ist. Einige behaupten, daß die Drohnen mit den Arbeitsbienen gemeinschaftlich an den Waben bauen, jedoch keinen Honig eintragen, sondern sich und ihre Jungen von jenen füttern lassen. Meist bleiben die Drohnen im Stocke; wenn sie aber einmal ausfliegen, so erheben sie sich in hellen Haufen gen Himmel, treiben sich im Kreise herum und scheinen sich zu üben. Sind sie fertig, so kehren sie in den Stock zurück und lassen sichs wohl sein. Die Anführer fliegen weder um Futter zu suchen, noch aus andern Gründen; sie tun es nur, wenn der Stock schwärmt. Wenn sich der Schwarm vom Anführer verloren hat, so soll er ihm solange nachspüren, bis er ihn vermittelst des Geruches wieder aufgefunden hat. Kann der Anführer nicht fliegen, so soll er vom Schwarm getragen werden, und kommt er um, so soll auch der ganze Schwarm verloren gehen; und hält er sich auch noch kurze Zeit, so trägt er nur Wachs, aber keinen Honig mehr ein. Das Wachs sammeln die Bienen, indem sie an den Blüten herumkriechen, mit den Vorderbeinen, von da bringen sie es an die mittleren und von diesen wieder an die Hinterbeine. Beladen mit der Beute fliegen sie dann fort und man sieht, daß die Last sie drückt. Bei jedem Ausfluge besucht die Biene niemals verschiedenartige Blüten, sondern fliegt nur z. B. von Veilchen zu Veilchen. Im Stocke entledigen sie sich dann ihrer Bürde und werden dabei jedesmal von 3 oder 4 andern bedient. Was diese ihnen abnehmen, kann man nicht wohl sehen, sowie man auch noch nicht beobachtet hat, wie sie es verarbeiten."

Weiter sagt Aristoteles: „Unter den Bienen ist eine jede zu einer bestimmten Arbeit angewiesen, so z. B. sammeln die einen von den Blüten Honig, die andern holen Wasser und wieder andere bauen und glätten die Waben. Wasser tragen sie, wenn die Brut gefüttert wird. Ist das Wetter gut, so arbeiten sie rastlos, und selbst die Jungen beginnen, wenn sie Nahrung haben, schon am dritten Tage nach dem Auskriechen die Arbeit. Kräftige Stöcke haben das ganze Jahr Brut mit Ausnahme der 40 auf die Wintersonnenwende folgenden Tage. Sind die Jungen in den Zellen herangewachsen, so setzen ihnen die Bienen nochmals Speise vor und schließen dann die Zelle durch einen Deckel; diesen zerbrechen aber die Jungen und kommen hervor, sobald sie stark genug sind. Alle Tierchen, welche sich in Bienenstöcken erzeugen und das Wachs zerstören, werden von guten Bienen herausgeschafft, von schlechten aber zu allgemeinem Schaden geduldet. Überhaupt sind die Bienen sehr reinlich; tote schaffen sie gleich aus dem Stock. Üble Gerüche und Wohlgerüche sind ihnen zuwider; daher sind Leute, die sich parfümieren, ihren Stichen ausgesetzt. Die Bienen kämpfen öfters gegeneinander, auch gegen Wespen. Auswärts lassen sie sich zwar in keinen Streit irgend welcher Art ein, aber bei ihrem Stocke erstechen sie alles, was sie überwältigen können. Eine Biene, die gestochen hat, muß sterben, weil sie ihren Stachel nicht ohne Verletzung der Eingeweide aus der Wunde zurückziehen kann; drückt aber der Gestochene den Stachel sorgfältig heraus, so kann sie am Leben bleiben. Selbst große Tiere können durch Bienenstiche umkommen; sogar ein Pferd ist schon einmal daran gestorben. Am wenigsten Neigung zum Zorn und zum Stechen haben die Anführer. Den meisten Schaden fügen den Bienen die Wespen, Meisen, Schwalben und Bienenfresser zu. Auch die Frösche lauern ihnen beim Wasser auf, weswegen sie denn auch von den Bienenwärtern (*melitturgós*) in den Gewässern, in welchen die Bienen trinken, verfolgt werden. Wespen-, Schwalben- und Bienenfressernester zerstört man ebenfalls in der Nähe der Bienenstöcke."

Wir haben hier auszugsweise Aristoteles Meinung wiedergegeben, ohne Richtigstellung der zahlreichen von ihm vertretenen Irrtümer, indem wir annehmen, daß die Leser von sich aus dieselben korrigieren werden. Uns lag nur daran zu zeigen, wie weit man damals schon in der Erkenntnis des Bienenstaates und seiner Mitglieder gediehen war.

Aristoteles kennt und beschreibt aber auch die verschiedenen Krankheiten der Bienenvölker, die Faulbrütigkeit und die Schädigungen durch die Wachsmotte und den Bienenwolf. Er sagt, daß man beim Schneiden der Honigwaben den Bienen noch welche als Winternahrung übriglassen müsse, sonst stürben sie bei schlechtem Wetter an Futtermangel, bei gutem aber flögen sie davon. Sturm und Regen merkten sie im voraus; die Bienenwärter bemerkten es gleich, daß sie Unwetter erwarten, wenn sie bei heiterem Himmel nicht fliegen wollen und zu Hause bleiben. Wenn sie sich im Stocke klumpenweise zusammenhängen, so sei dies ein Zeichen, daß sie schwärmen wollen. Sobald die Bienenwärter solches bemerken, spritzen sie mit Honig eingekochten Traubensaft in die Stöcke. Manche Bienenwärter bestreuen ihre Bienen mit Mehl, um sie im Freien erkennen zu können. Tritt das Frühjahr spät ein, entsteht Dürre oder fällt Mehltau, so machen die Bienen nur wenig Brut. Er gibt genaue Anweisung über die beste Art der Einrichtung eines Bienenstandes. Ein solcher dürfe weder im Sommer der großen Hitze, noch im Winter der Kälte ausgesetzt sein. Eine vorzügliche Futterpflanze für die Bienen sei der Thymian. Weil der Berg Hymettos in Attika reich an Thymian war, galt der von dorther stammende Honig im ganzen Altertum als besonders fein und gewürzhaft. In Attika soll es schon zur Zeit des Perikles, um die Mitte des 5. vorchristlichen Jahrhunderts, etwa 20000 zahme Bienenvölker gegeben haben, was auf eine reiche Imkertätigkeit der alten Griechen hinweist.

Auch die alten Römer trieben, wohl weitgehend von den Griechen beeinflußt, ausgedehnte Bienenzucht. Der gelehrte Varro (116–27 v. Chr.) schreibt in seinem Buche über den Landbau, er kenne einen Mann, der seinen Bienenstand für eine Abgabe von jährlich 5000 Pfund Honig verpachtet habe. Und ein Verwandter von ihm habe in Spanien zwei Soldaten mit Namen Vejanus in seiner Armee gehabt, die von ihrem Vater nur ein ganz kleines Gütchen geerbt hätten. Diese hätten ihre Wohnung ganz mit Bienenstöcken umgeben und das Feld darum herum mit Thymian, Melisse und anderem Bienenfutter bepflanzt, so daß sie in der Regel jährlich 10000 Sesterzien (= 1500 Mark) aus dem Honig lösten. Er gibt genaue Anweisung, wie ein Bienenstand, der tüchtige Einkünfte gewähren soll, angelegt werden muß und rät als beste Bienenweide Thymian zu pflanzen, der den besten und reichlichsten Honig gebe. Deswegen sei auch der sizilische Honig der berühmteste, weil dort der Thymian gut und häufig sei. Der Honig, der von verschiedenen Pflanzen gesammelt werde, sei verschieden. Von den Blüten der Baumheide sei er flüssiger, vom Rosmarin dicker, vom Feigenbaum komme ein schlecht schmeckender, vom baumförmigen Schneckenklee ein guter, der beste aber vom Thymian. Die Bienenstöcke stelle man meist aus in runder Gestalt geflochtenen Weidenruten, die innen und außen mit Kuhmist verstrichen würden, oder aus Holz oder Rinde her. Manche nehmen dazu hohle Baumstämme oder große Tonkrüge. Am besten seien die aus Baumrinde gefertigten Stöcke, am schlechtesten dagegen die irdenen, da durch sie Hitze und Kälte am stärksten eindringe. Jeder Stock bekomme in seiner Mitte links und rechts einen Eingang für die Bienen und habe oben einen Deckel, damit man die Honigwaben herausnehmen könne. Im Bienenhaus stelle man die Stöcke reihenweise nebeneinander, doch so, daß sie sich nicht gegenseitig berühren. Man könne auch zwei oder drei Reihen übereinander stellen, eine vierte aber würde beschwerlich sein, da man ohne Leiter nicht gut zu ihr hinaufreiche. „Im Frühjahr und Sommer hat der Bienenwärter (*mellarius* von *mel* Honig) jeden Stock etwa dreimal monatlich zu untersuchen, wobei er ein wenig Rauch gibt und Unreinigkeiten und Würmchen (Larven des Bienenwolfs und der Wachsmotte) entfernt. Außerdem hat er darauf zu sehen, daß nicht mehrere Könige (*regulus*, d. h. kleiner König oder Weisel) in einem Stocke sind; denn sonst entsteht darin schädlicher Aufruhr. Manche behaupten, es gäbe dreierlei Könige bei den Bienen, nämlich schwarze, rote und bunte." Menekrates aber sagt, es gebe nur zweierlei, schwarze und bunte. (Auch Aristoteles kannte deren nur zwei, eine rötliche Art, die er für besser hielt, und eine dunkelfarbige und bunte.) „Die bunte Art ist jedenfalls die beste, und so tut denn der Bienenwärter gut, den schwarzen König zu töten, wenn er neben einem bunten im Stocke ist und darin Unfug stiftet. Von den Arbeitsbienen sind diejenigen die besten, welche klein, bunt und rund sind. Die Drohnen sind schwarz und haben einen breiten Leib. — Beim Kauf hat der Käufer darauf zu achten, ob die Bienen gesund oder krank sind. Gesunde Bienen schwärmen fleißig, sind glänzend, bauen gleiche, glatte Waben. Die kränklichen sind haarig, struppig, staubig; doch können auch gute Bienen bei angestrengter Arbeit struppig und mager werden.

Da die Bienen nicht zu jeder Zeit auf Nahrung ausfliegen können, füttert man sie in der bösen Zeit, damit sie nicht von bloßem Honig zu leben brauchen oder die Stöcke verlassen. Das Futter besteht aus Feigen, die mit Wasser gekocht und zu Klumpen geknetet sind. Andere verfüttern Honigwasser (*aqua mulsa*), das sie in kleine Gefäße tun, worin Wolle liegt; diese hindert die Bienen, nicht zuviel zu saugen und ins Wasser zu stürzen. Manche stampfen getrocknete Weinbeeren und Feigen, gießen mit Honig eingekochten Traubensaft darauf und machen daraus Klümpchen. — Will man einen Bienenstock an eine andere Stelle versetzen, so muß es mit Vorsicht und zur rechten Zeit geschehen. Zum Versetzen ist der Frühling günstiger als der Winter, denn in der kalten Jahreszeit verlassen die Bienen gern den neu angewiesenen Standort. Ebenso entweichen sie gern, wenn man sie aus einer reiche Nahrung bietenden Gegend in eine daran arme versetzt. Man darf auch nicht sorglos verfahren, wenn man sie an einer Stelle, wo sie bleiben sollen, aus einem Stock in einen anderen versetzt. Man muß dann den neuen Stock für sie mit Melisse ausreiben, die sie sehr gern haben; auch muß man mit Honig gefüllte Waben darein einsetzen, damit sie nicht von vornherein Mangel leiden müssen.

Haben die Bienen sich stark vermehrt, so pflegen sie eine Kolonie auszusenden. Man bemerkt ihre Absicht im voraus an zwei Zeichen: 1. einige Tage lang hängen sie in einer traubenförmigen Masse am Flugloch; 2. wenn sie eben ausziehen wollen oder schon begonnen haben es zu tun, summen sie heftig und der Lärm gleicht einigermaßen dem, welchen eine Armee macht, wenn das Lager abgebrochen wird. Einige bilden die Vorposten, fliegen im Angesicht des Stockes auf und nieder und warten ab, ob der Schwarm sich in Bewegung setzt oder nicht. Sieht das der Bienenwärter, so wirft er Staub nach ihnen, klingelt mit ehernen Instrumenten und bringt sie dadurch wohin er will. Nicht weit vom alten Stock bestreicht er einen neuen Stock mit Vorwachs und Melisse oder anderen Dingen, die den Bienen angenehm sind. Haben sich nun die Bienen angesetzt, so bringt der Bienenwärter einen Stock herbei, welcher inwendig mit den genannten lockenden Dingen ausgestrichen ist, setzt ihn in die Nähe des Schwarms, räuchert diesen ein wenig und zwingt ihn so zum Einzug. Hat die neue Kolonie den Stock bezogen, so bleibt sie gern darin und zieht auch dann nicht aus, wenn er ganz nahe an den alten gestellt wird.

Ist der Stock schwer, so kann man ihm Honig entnehmen. Die mit Honig gefüllten Zellen sind mit einem dünnen Wachsdeckel geschlossen. Einige sagen, man müsse den Bienen 9/10 nehmen und 1/10 lassen, weil sie den Stock verlassen, wenn man ihnen alles nimmt. Schneidet man die Stöcke nicht alle Jahre oder wenigstens nicht zu stark aus, so sind die Bienen fleißiger und tragen mehr ein. Die erste zum Schneiden der Bienenstöcke (zur Honigernte) taugliche Zeit ist die, da die Vergilien (die Plejaden oder das Siebengestirn) aufgehen, die zweite zu Ende des Sommers, die dritte zur Zeit, da die Vergilien untergehen. Ist zu dieser Zeit der Stock schwer, so nimmt man ihm doch nicht über 1/3 des Honigs und läßt ihm 2/3 für den Winter. Sind Waben, die man den Bienen genommen, leer oder schmutzig, so schneidet man solche Stellen mit dem Messer weg.

Ist ein Volk so schwach, daß es von anderen überwältigt wird, so vereinigt man es heimlich mit einem stärkeren. Entstehen unter den Bienen häufig Raufereien, so bespritze man sie mit Honigwasser, worauf sie sich freundlich lecken, statt die Zänkerei fortzusetzen. Nimmt man statt des Honigwassers flüssigen Honig, so lecken sie sich noch eifriger und sind ganz entzückt über die herrliche Leckerei. Fliegen sie spärlich aus dem Stock und bleibt ein Teil darin, so räuchert man ihn etwas von unten und legt in seine Nähe wohlriechende Kräuter, vorzüglich Melisse und Thymian. Vor allzu großer Hitze und Kälte hat man den Stock sorgfältig zu beschützen. Sind die Bienen auf Nahrung ausgeflogen und dabei plötzlich von einem Platzregen oder von Kälte überfallen worden (was jedoch selten geschieht, da sie jedes Wetter im voraus merken), so sammelt man sie und setzt sie an einen lauen Ort. Bei gutem Wetter nimmt man sie aus diesem, bestreut sie mit warmer Asche von Feigenholz, schüttelt sie, ohne sie mit der Hand zu berühren, gelinde und bringt sie an die Sonne. Sind sie auf solche Weise warm geworden, so leben sie wieder auf. Bringt man sie nun in die Nähe der Stöcke, so kehren sie dann an ihre Arbeit und in ihre Wohnung zurück."

Es ist erstaunlich, wie groß auch bei Barro die Erkenntnis in der Beurteilung der Lebensweise der Bienen ist, wenn auch er, wie Aristoteles, noch gar vielen Irrtümern huldigte, worunter auch dem, daß die Bienen aus dem Aase von Rindern, wie die Wespen aus solchem von Pferden und die Mistkäfer aus solchem von Eseln hervorgehen. Am ausführlichsten behandelt der römische Dichter Vergil die vermeintliche Entstehung der Bienen aus dem Aase von Rindvieh im 4. Buche seiner Georgica, das mit seinen 566 Versen ganz den Bienen gewidmet ist. Er sagt, daß wenn durch irgend ein Unglück der Bienenstand ausgestorben sei und man keine bevölkerten Stöcke kaufen könne, so wende man die höchst merkwürdige Kunst an, die der arkadische Hirt Aristäus erfunden habe und die noch jetzt in Ägypten mit großem Gewinn angewendet werde. Einem zweijährigen Stiere verstopfe man trotz allem Sträuben Mund und Nase und prügle ihn so lange, bis, ohne daß die Haut verletzt wird, inwendig alles zu Brei geschlagen sei. So lasse man den Kadaver ruhig liegen, nachdem man ihm Thymian und Zimt untergelegt habe. Bald komme das Innere desselben in Gärung, man sehe darin ein wunderbares Gewimmel fußloser Tiere (Maden), bis zuletzt geflügelte Bienen hervorkämen und die Menge wachse und ganze Wolken davon herumschwirren. Tatsächlich sind das aber aus Eiern entstandene Schweißfliegen und keine Bienen.

Im ganzen Altertum war die Anschauung von solcher Urzeugung gang und gäbe. Es sei hier nur an das uns allen geläufige Rätsel erinnert, das, wie im 14. Kapitel des Buches der Richter erzählt wird, vom Helden Simson bei seiner Hochzeit mit der Philisterin zu Thimnath den 30 um ihn weilenden Gesellen aufgegeben wurde, wobei er ihnen 30 Hemden und 30 Festkleider versprach, falls sie es lösen sollten. Könnten sie es aber nicht erraten, so sollten sie ihm 30 Hemden und 30 Festkleider geben. Das Rätsel lautete: „Speise ging aus von dem Fresser und Süßigkeit von dem Starken." Er meinte damit den Bienenschwarm im Kadaver des jungen Löwen, den er einige Tage zuvor am Wege durch die Weinberge zu Thimnath mit seinen starken Armen zerrissen hatte, „wie man ein Böcklein zerreißet". Dieser

Bienenschwarm sollte aus dem Aase des Löwen hervorgegangen sein und hatte bereits Honig gesammelt, den Simson in die Hand nahm und von dem er unterwegs aß; „und er ging zu seinem Vater und zu seiner Mutter und gab ihnen, daß sie auch aßen. Er sagte ihnen aber nicht, daß er den Honig von des Löwen Aas genommen hatte."

Mehrfach berichten Livius in seiner Geschichte Roms und Cicero in seinem Buche *de divinatione* von Wundern, die durch das merkwürdige Verfliegen von Bienenschwärmen angezeigt worden seien. Es galt als unglückbringend, wenn sich ein solcher vor einer geplanten Unternehmung irgendwo einfand. So berichtet Livius: „Als die Römer am Flusse Ticinus (dem heutigen Ticino) dem Hannibal gegenüberstanden, war ihnen nicht ganz wohl zumute und ihre Furcht nahm zu, als ein Wolf ins Lager drang und unversehrt wieder hinauslief, und als sich ein Bienenschwarm auf einem Baume niederließ, der das Zelt des Befehlshabers beschattete. Man suchte dem üblen Erfolg dieser Unglückszeichen dadurch vorzubeugen, daß man den Göttern Sühnopfer darbrachte. — Im Verlaufe desselben Krieges ereigneten sich zur Zeit, da Quintus Fulvius und Appius Claudius Konsuln waren, neue Wunderzeichen: In Campanien wurden zwei Tempel und einige Gräber vom Blitze getroffen, zu Cumä benagten die Mäuse im Tempel des Jupiter das Gold, zu Catinum ließ sich ein ungeheurer Bienenschwarm auf dem Markte nieder, zu Caere flog ein Adler auf den Tempel des Jupiter. Wegen dieser drohenden Zeichen wurde ein allgemeiner Bettag angesagt und einige Tage lang mit ungünstigem Erfolge geopfert. Endlich verhießen die Opfer Glück, und der Erfolg zeigte, daß das Unglück die Konsuln traf, der Staat aber ohne Schaden davonkam." Nach dem griechischen Geschichtschreiber Dio Cassius (155–229 n. Chr.) soll dem Pompejus seine Niederlage bei Pharsalus im voraus verkündet worden sein, indem Blitze in sein Lager schlugen, Bienen sich auf seine Fahnen setzten und viele Opfertiere vor dem Altar die Flucht ergriffen. Die Niederlage, die Varus im Jahre 14 n. Chr. in Germanien erlitt, sei den Römern durch Zeichen prophezeit worden, indem der Blitz in den Tempel des Mars auf dem Marsfeld schlug, viele Heuschrecken in die Stadt Rom flogen und dort von den Schwalben weggeschnappt wurden und Bienen an römischen Altären Wachszellen bauten. Auch des Kaisers Claudius Tod sei durch einen Kometen, einen blutigen Regen, die freiwillige Öffnung des Tempels des Jupiter Victor und auch dadurch voraus verkündet worden, daß sich ein Bienenschwarm im Lager festsetzte. Und Plinius (23–79 n. Chr.) meint: „Bienenschwärme geben einzelnen Menschen und ganzen Staaten wichtige Vorbedeutungen, wenn sie sich an Häuser oder Tempel hängen, worauf schon oft schrecklicher Jammer erfolgt ist. Als Plato noch ein Kind war, setzten sich Bienen auf seinen Mund und deuteten dadurch auf das Liebliche seiner zukünftigen Beredsamkeit. Im Lager des Feldherrn Drusus ließ sich ein Schwarm während der glücklichen Schlacht von Arbalo (in Germanien) nieder, woraus man sehen kann, daß die Wissenschaft der Zeichendeuter, welche eine solche Begebenheit immer für ein Unglück erklärt, nicht untrüglich ist."

Auch Plinius behandelt die Bienen sehr ausführlich in seiner Naturgeschichte. Er sagt von ihnen: Wir müssen ihnen die höchste Bewunderung zollen und ihnen den Vorzug vor allen Insekten geben, sind sie doch die einzigen bloß um des Menschen willen geschaffenen. Man braucht sich deshalb nicht zu wundern, wenn man hört, daß manche Menschen ganz verliebt in ihre Bienen gewesen seien. So habe Aristomachos von Soli sich 58 Jahre lang mit nichts anderem als mit ihnen beschäftigt, und Philiskos aus Thasos habe mit seinen Bienen einsam in einer Einöde gelebt. Beide haben über sie geschrieben. Dann fährt er fort: „Den Winter über verbergen sich die Bienen, denn woher sollten sie auch die Kräfte nehmen, um der Kälte, dem Schnee und den Nordstürmen zu widerstehen? Aber ehe noch die Bohnen blühen, kommen sie heraus, um zu arbeiten, und wenn das Wetter günstig ist, geht kein Tag verloren. Zuerst bauen sie die Waben, dann erzeugen sie die Brut, sammeln Honig und Wachs von den Blüten, wie auch Vorwachs aus den klebrigen Abscheidungen der Bäume. Mit letzterem streichen sie erst inwendig den Stock aus, und weil sie wohl wissen, daß ihr Honig ein Leckerbissen ist, so mischen sie zur Abhaltung kleiner Schmarotzer dem Vorwachse noch bittere Säfte bei. Mit derselben Masse verengern sie auch den Eingang, wenn er allzu weit sein sollte. — Bei ihren Geschäften beobachten die Bienen eine bestimmte Ordnung: Am Tage steht eine Schildwache am Eingang; nachts ruhen sie, bis der Morgen anbricht und bis eine durch zwei- oder dreimaliges Sumsen gleich einem Trompeter das Zeichen zum Aufbruche gibt. Jetzt fliegen alle hinaus, wenn ein heiterer Tag bevorsteht. Ist aber Wind und Regen in Aussicht, so bleiben sie zu Hause, denn sie wissen im voraus, wie das Wetter sich gestalten wird. Sind sie zur Arbeit ausgezogen, so tragen die einen Blütenstaub mit den Füßen ein, andere Wasser im Munde und an den Haaren, womit ihr ganzer Leib bedeckt ist. Die Jungen fliegen aus und tragen ein, die Alten dagegen besorgen die häuslichen Arbeiten. Diejenigen, welche Blütenstaub sammeln, bedienen sich der Vorderfüße, welche behaart sind, und des Rüssels, um die Vorderfüße zu beladen, und so kehren sie denn endlich, von der schweren Last gebeugt, nach Hause zurück. Hier kommen ihnen sogleich drei bis vier entgegen und nehmen ihnen die Last ab, denn auch im Stocke sind die Arbeiten verteilt. Die einen bauen, die andern glätten, andere tragen den Baustoff herbei, andere bereiten aus dem, was eingetragen wird, die Speisen; denn sie halten gemeinschaftliche Mahlzeiten ab, damit die allgemeine Ordnung der Geschäfte nicht gestört wird. Den Bau beginnen sie oben an der Decke des Stockes und bauen nun die Waben abwärts so, daß dabei zwei Wege offen bleiben, auf deren einem sie herbei-, auf dem andern aber weggehen können. Die Waben hängen oben und auch ein wenig an der Seite fest; bis auf den Boden aber gehen sie nicht herab. Bald haben sie eine längliche, bald eine mehr runde Gestalt, wie es gerade die Form des Stockes mit sich bringt. Wollen die Waben fallen, so setzen sie Stützen darunter, wölben sie aber vom Boden aus so, daß ein Zugang für neue Ausbesserung übrig bleibt. Etwa die drei ersten Zellenreihen bleiben leer, damit nicht so leicht Diebe angelockt werden; die hintersten werden am meisten mit Honig gefüllt, und deswegen schneidet man den Stock auch von hinten aus.

Die Honig eintragenden Arbeitsbienen (*gerula apis*) sehen sehr auf günstigen Wind; beginnt ein Sturm, so nehmen sie ein Steinchen als Balast zu sich (wie schon Aristoteles geglaubt hatte), welches sie, wie einige behaupten wollen, auf den Schultern tragen. Geht ihnen der Wind entgegen, so fliegen sie an der Erde hin und weichen den Dornbüschen aus. Man ist erstaunt, wenn man ihre Arbeit beobachtet. Die Faulen werden getadelt, gestraft, ja sogar getötet. Sie sind äußerst reinlich. Jeder Unrat, der sich irgendwo im Stocke vorfindet, wird sogleich hinausgeschafft. Sobald der Abend kommt, nimmt allmählich der Lärm im Stocke ab, bis endlich eine Biene herumfliegt und durch dasselbe Sumsen, womit die Schar morgens geweckt wird, das Zeichen zur Ruhe gibt, worauf alle augenblicklich schweigen."

Auch Plinius glaubt, daß der Honig aus der Luft herabfalle. Er sagt darüber: „Der Honig kommt aus der Luft, und zwar gegen Tagesanbruch, weshalb man auch mit dem Erscheinen der Morgenröte die Blätter der Bäume von Honig betaut findet und Menschen, die sich zufällig im Freien aufhalten, ihre Kleider und Haare mit Honig gesalbt fühlen. Mag nun der Himmel den Honigtau ausschwitzen, oder mögen ihn die Sterne ausspucken, oder mag er eine Reinigung der Luft sein, so wäre nur zu wünschen, daß er so rein, flüssig und echt sein möchte, wie er anfänglich herabträufelt. So aber fällt er aus der unermeßlichen Höhe herab, wird im Fallen durch schmutzige Beimischungen verunreinigt, vom Hauche der Erde vergiftet, außerdem von den Blättern abgeleckt, in den Magen der Bienen geschluckt, obendrein durch Blumensaft vermischt, im Bienenstocke geknetet, und dennoch behält er noch ein gutes Teil seiner himmlischen Eigenschaften bei.

„Der Honig ist immer da am besten, wo er in den Behältern der besten Blumen aufbewahrt wird. Am berühmtesten sind in dieser Hinsicht der Berg Hymettus in Attika, der (Berg) Hybla auf Sizilien und die Insel Kalydna (bei Kleinasien). Anfangs ist der Honig flüssig wie Wasser, gärt die ersten Tage wie Most und reinigt sich; am 20. beginnt er dick zu werden. Bald überzieht er sich mit einer Haut, welche sich aus dem durch Gärung entstehenden Schaume bildet. Der beste und am wenigsten nach Laub schmeckende wird von den Blättern der Linden, Eichen und der Rohrarten entnommen. Die Güte des Honigs hängt zwar von der Beschaffenheit der Gegend ab; übrigens zeigt sich aber doch noch ein Unterschied; denn z. B. im Lande der Peligner (in Italien) und in Sizilien zeichnet sich das Wachs aus, in Kreta, Zypern und Afrika der Honig, im Norden die Größe, so daß man in

Germanien schon eine acht Fuß lange Wabe gesehen hat, deren Höhlungen schwarz waren. Allerwärts gibt es dreierlei Honig:

„1. Den Frühlingshonig, von Blüten gesammelt, deshalb auch Blütenhonig genannt, den man nicht wegnehmen darf, weil sonst die Brut nicht kräftig wird. Manche Bienenwärter nehmen aber gerade von diesem den meisten, weil bald darauf, beim Aufgang der großen Gestirne, großer Überfluß erfolgt. Übrigens sind im Sommer, wenn Thymian und Weinstock zu blühen beginnen, die Zellen am besten gefüllt. Man muß aber beim Schneiden der Stöcke eine gehörige Einteilung treffen; denn wenn man zuviel Honig wegnimmt, so überlassen sich die Bienen der Verzweiflung, sterben oder zerstreuen sich. Dagegen werden sie aber auch durch allzu großen Vorrat faul und fressen dann reinen Honig statt Bienenbrot. Vorsichtige Bienenwärter lassen ihnen daher von dieser Ernte den zwölften Teil. Der Tag, an welchem diese Ernte gehalten wird, ist gleichsam durch ein Naturgesetz bestimmt, und zwar ist es der 30. nach dem Auszuge des Schwarms, also meist im Monat Mai.

„2. Den Sommerhonig, welchen man auch reifen Honig nennt, indem er zur günstigsten Jahreszeit gesammelt wird, etwa 30 Tage nach der Sonnenwende, während der Sirius glänzt. Dieser Honig würde die herrlichste Gabe der Natur sein, wenn nicht der Betrug des Menschen alles verschlechterte und verdürbe; denn was sich beim Aufgang der Gestirne, vorzüglich deren vom obersten Range, oder beim Regenbogen, wenn kein Platzregen folgt, sondern der Tau vom Sonnenstrahl erwärmt wird, bildet, ist kein Honig, sondern ein himmlischer Balsam für die Augen, für Geschwüre und für die Eingeweide. Sammelt man ihn beim Aufgang des Sirius, wenn zufällig der Aufgang der Venus, des Jupiter oder Merkur auf denselben Tag fällt, so ist seine Kraft, Menschen zu heilen und selbst vom Tode zu erretten, nicht geringer als die des göttlichen Nektars. Beim Vollmond ist die Honigernte reichlicher, bei reinem Himmel aber fetter. Vorzüglich gut ist der rötliche, zumal für Krankheiten des Ohres. Der vom Thymian gesammelte ist goldfarbig, von köstlichem Geschmack und sehr geschätzt. Was sich in den Behältern der Blumen bildet, ist fett, was vom Rosmarin kommt, ist dick. Honig, welcher gerinnt, wird nicht gelobt. Honig von Thymian gerinnt nicht; berührt man ihn, so zieht er sehr feine Fäden, und dies ist der beste Beweis seiner Schwere. Trennt er sich leicht, so daß die Tropfen fallen ohne Fäden zu ziehen, so gilt das für einen Beweis von geringem Werte. Man verlangt ferner, daß der Honig wohlriechend, süßlichsauer, klebrig und durchsichtig sei. Bei der Sommerernte soll man nach Cassius Dionysius den Bienen den zehnten Teil lassen, wenn der Stock voll ist; ist er es aber nicht, so soll man nach Verhältnis schneiden. Ist er leer, so soll man ihn gar nicht anrühren. Diese Ernte hält man anfangs Juli ab.

„3. Den wilden Honig, den man auch Heidehonig nennt und wenig schätzt. Die Bienen sammeln ihn nach dem ersten Herbstregen, während im Walde nur die Heide (Baumheide, *Erica carnea*) blüht, weswegen er auch gleichsam sandig ist. Diesen Honig schneidet man im November, und die Erfahrung lehrt, daß man davon den Bienen zwei Drittel und jedenfalls den Teil der Waben lassen muß, der das Bienenbrot enthält. Vom kürzesten Tage an bis zum Aufgang des großen Bären schlafen die Bienen sechzig Tage lang, ohne Nahrung zu sich zu nehmen; von da an bis zur Frühlingsnachtgleiche wachen sie zwar, da die Luft schon lauer ist, bleiben aber gleichwohl im Stocke und zehren von den vorhandenen Vorräten. In Italien schlafen sie bis zum Aufgang des Siebengestirns.

„Manche Bienenwärter wiegen beim Schneiden die Stöcke und bestimmen dann, wieviel Honig darin bleiben soll. Auch gegen die Bienen muß man billig sein; denn die Stöcke sollen aussterben, sobald man ungerecht gegen sie handelt. Vorzüglich empfiehlt man denen, welche schneiden, sich vorher zu baden und zu reinigen. Vor Dieben haben die Bienen einen eigenen Aberwillen. Während man den Honig herausnimmt (nach dem zu Anfang des 5. Jahrhunderts n. Chr. lebenden Nonnos schützte sich der Bienenwärter dabei mit einem aus feinen Leinenfäden geflochtenen schleierartigen Gewand, das ihn vom Kopf bis zu den Zehen verhüllte), müssen die Bienen durch Rauch vertrieben sein, damit sie nicht wütend werden oder auch selbst sich über den Honig hermachen. Gibt man ihnen öfters Rauch, so werden sie arbeitsamer, durch allzuhäufigen aber leiden sie und der Honig wird dann bei der leisesten Berührung des Taues sauer."

Über die Gewinnung des Wachses gibt Plinius ausführliche Auskunft und sagt, das beste komme von Karthago. Am schönsten weiß werde es, wenn man es nur einmal kocht. Man brauche es zu unzähligen Dingen und färbe es auf verschiedene Weise; oft benütze man es auch, um Wände und Waffen gegen Nässe zu schützen. Die besten Bienenstöcke mache man aus Baumrinde, und zwar aus Kork der Korkeiche; die aus Ruten geflochtenen seien nicht so gut. Viele ließen sie aus Marienglas herstellen, um die Bienen bei der Arbeit beobachten zu können. Man stelle sie am besten so auf, daß das Flugloch nach der Gegend gerichtet sei, wo die Sonne während der Tag- und Nachtgleiche aufgehe. Im Winter müsse man sie mit Stroh bedecken und oft räuchern, am besten mit Rindermist. Diesen Rauch lieben die Bienen wegen der Verwandtschaft (bezieht sich auf die vermeintliche Entstehung der Bienen aus totem Rindvieh) und er tötet zugleich das Ungeziefer, von dem sie geplagt werden wie Spinnen, Würmer (Larven des Bienenwolfs und der Wachsmotte) und Schmetterlinge (Wachsmotte und Totenkopf), muntert dagegen die Bienen auf. Am schlimmsten sind die Schmetterlinge; man kann sie aber im Frühjahr, zur Zeit, da die Malve reift, nachts bei

Neumond bei heiterem Himmel töten, indem man Feuer vor den Bienenstöcken anzündet, in welches sie sich dann hineinstürzen."

Auch nach Plinius „leben die Bienen, wenn ihnen kein Unglück zustößt, sehr lange, nämlich sieben Jahre. Nie sollen aber Bienenstöcke über 10 Jahre gedauert haben." Tatsächlich aber lebt nur die Königin, das fruchtbare Weibchen, 3–5 Jahre, ist aber höchstens 3 Jahre recht fruchtbar. Sie vermag nach den angestellten Versuchen jährlich 50 bis 60000 Eier zu legen, in den letzten Jahren bedeutend weniger. Die unfruchtbaren Weibchen, die Arbeiterinnen, leben im Sommer nur 6–8 Wochen und sterben, von der rastlosen Arbeit verbraucht oder von Bienenfeinden getötet. In der Haupttrachtzeit währt das Leben dieser unermüdlichen Arbeiterinnen nur 6 Wochen. Das konstatierte man durch Einführung der italienischen Bienen in Deutschland. Gibt man nämlich einem deutschen Volke eine befruchtete italienische Königin, so ist nach 6 Wochen bis auf vereinzelte Exemplare jenes völlig verschwunden und durch ein Volk italienischer Bienen ersetzt. Nur die im August und September ausgeschlüpften Arbeitsbienen leben, wenn der Stock normal ist und ihnen nichts zustößt, bis in den April hinein, bis eine neue Brut sie in der Arbeit abzulösen vermag. Ein starkes Volk zählt im Sommer 30–80000 Arbeitsbienen. Die Drohnen genannten Männchen aber, die dicker und länger als die Arbeitsbienen sind und im Gegensatz zu sämtlichen Weibchen stachellos sind und nicht arbeiten, auch von jenen leicht am dröhnenden Tone ihres Fluges erkannt werden können, haben keine andere Aufgabe, als die jungen Königinnen, die beim Schwärmen mit einem Teil des Bienenvolkes ausziehen, um eine neue Kolonie zu gründen, zu befruchten. Sie entstehen im Frühjahr aus unbefruchteten Eiern, während die Weibchen aus befruchteten hervorgehen, im Falle sie Königinnen werden sollen, durch bessere Ernährung ihre Geschlechtsorgane voll ausbilden, im Falle sie aber nur Arbeiterinnen abgeben sollen, trotz der längeren Entwicklungsdauer von 3 Tagen gegenüber den Königinnen, in bezug auf ihre Geschlechtsorgane verkümmern. Gegen Ende April erscheinen die ersten Drohnen, deren es in einem starkgewordenen Volke über 1000 geben kann. Von diesen sind nur einige wenige auserwählt, die jungen Königinnen beim Hochzeitsfluge in der Luft zu begatten, wobei sie sofort sterben. Die befruchtete Königin aber füllt dabei ihre Samentasche für die Zeit ihres Lebens mit Samen, von dem sie willkürlich ein Samenfädchen zu dem den Eileiter passierenden Ei gelangen läßt oder nicht. In ersterem Falle entstehen daraus Weibchen, im letzteren dagegen Männchen. Deshalb kann ein unbefruchtetes Weibchen durch Jungfernzeugung nur Männchen hervorbringen, und man nennt in diesem Falle das betreffende Volk drohnenbrütig. Die nicht beim Hochzeitsflug umgekommenen Drohnen aber werden, sobald eine Trachtpause anbricht, als überflüssige Schmarotzer, die nur bei warmem Sonnenschein und windstillem Wetter den Stock zwischen 10 Uhr morgens und 4 Uhr nachmittags verlassen, um im Freien hin und her zu fliegen, aber keinen Nektar oder andere Nahrung suchen, sich aber am Nahrungsvorrat des Stockes sättigen, durch die Bienen von den Honigvorräten weggedrängt, nicht mehr gefüttert und, wenn sie dem Verhungern nahe sind, zum Stocke hinausgedrängt und ihrem Schicksal überlassen oder umgebracht. Es ist dies die von Mitte August bis Ende September sich alljährlich einmal ereignende „Drohnenschlacht". Pfarrer Schönfeld hat nun nachgewiesen, daß die Drohnen ohne Futtersaftfütterung, d. h. ohne Zufuhr stickstoffhaltiger Nahrung, nicht länger als drei Tage leben können. Sobald nun die Arbeitsbienen die Darreichung des Futtersaftes einstellen, ermatten die Drohnen schon am zweiten Tage so sehr, daß sie sich leicht überwältigen lassen oder von selbst an Entkräftung zugrunde gehen. Findet in einem Stocke keine Drohnenschlacht statt, so ist der Stock weisellos, d. h. ohne Königin. Sind im Sommer die Drohnen in einem Stocke zu zahlreich, so steckt der Imker eine sogenannte Drohnenfalle ins Flugloch, um die müßigen Honigfresser darin zu fangen. Die Arbeitsbienen, welche nicht so dick sind, schlüpfen durch die Löcher hindurch, während dagegen die Drohnen darin stecken bleiben.

In Beziehung auf die Fortpflanzung der Bienen sagt Plinius: „Wie sie ihre Jungen erzeugen, ist eine wichtige und schwierige Aufgabe für Gelehrte; denn man hat sie nie in der Paarung angetroffen. Viele Leute sind der Meinung, sie entständen aus einer zu diesem Zwecke geeigneten Zusammensetzung von Blütensäften. Andere glauben, es geschehe durch Paarung des Königs mit den andern Bienen. Es befindet sich in jedem Stock nur ein König; er ist weit größer als die andern Bienen und soll das einzige Männchen sein. Ohne ihn soll es keine Brut geben, und die übrigen Bienen sollen ihn wie Weibchen ihren Mann und nicht wie ihren König begleiten. Das Vorkommen der Drohnen ist ein Beweis gegen diese Behauptung; denn wie können von denselben Eltern teils vollkommene, teils unvollkommene Wesen abstammen? Die erstere Meinung würde wahrscheinlich sein, wenn nicht eine andere Schwierigkeit dagegen spräche. Es entstehen nämlich zuweilen am äußersten Ende der Wachstafeln größere Bienen, welche die übrigen vertreiben; man nennt sie *oestrus.* (Ob hier Drohnen oder in den Stock eingedrungene Raubbienen gemeint sind, ist ungewiß.) Aber wie könnten sie entstehen, wenn die Bienen sich selbst erzeugten?

Gewiß ist, daß die Bienen wie Hühner brüten. Zuerst kriecht bei ihnen ein kleines weißes Würmchen aus, der König aber hat gleich eine Honigfarbe, als wäre er aus einer auserwählten Blume entstanden; auch ist er nicht erst ein Würmchen, sondern gleich geflügelt. Reißt man den Larven der andern Bienen den Kopf ab, so sind sie für ihre Mütter ein wahrer Leckerbissen. Werden die Würmchen größer, so träufeln ihnen die Bienen Speise ein und bebrüten sie, wobei sie ein starkes Gemurmel erheben, wahrscheinlich um die zum Brüten erforderliche Wärme zu bewirken. Endlich zersprengt jeder

Wurm die Hülle, in welche er gleich einem Ei in seiner Schale eingewickelt ist, und nun kriecht der ganze Schwarm aus den Zellen hervor. Diese Tatsache ist bei Rom auf dem Landgute eines Konsularen beobachtet worden, wo man aus durchsichtigem Horn verfertigte Bienenstöcke aufgestellt hatte. Die Brut bedarf 45 Tage, bis sie zur Vollkommenheit gelangt ist. (In Wahrheit ist die Zeit viel kürzer und bedarf eine Königin zu ihrer Entwicklung nur 15, eine Arbeiterin 21 und eine Drohne 24 Tage.) Sind die Jungen glücklich ausgekrochen, so arbeiten sie sogleich unter der Aufsicht ihrer Mütter, und eine Schar junger Bienen begleitet den König. Es werden mehrere Könige erzogen, damit es nicht daran fehlen kann. Sind sie aber erwachsen, so werden die schlechtesten mit allgemeiner Zustimmung getötet, damit sich der Schwarm nicht um ihretwillen teilt. Es gibt zweierlei Art Könige, wovon die bessere Art schwarz und bunt ist. Alle Könige haben stets eine sie auszeichnende Gestalt und sind doppelt so groß als die übrigen Bienen; ihre Flügel sind kürzer, ihre Beine gerade, ihr Anstand erhabener und auf der Stirn haben sie einen weißen Fleck, der einem Diadem ähnlich sieht. Auch durch Glanz zeichnen sie sich vor dem gemeinen Volke aus. Sie haben einen Stachel, aber sie bedienen sich desselben nicht. Es ist wunderbar, welchen Gehorsam das Volk seinem Könige erweist. Geht er herum, so zieht ein ganzer Schwarm mit ihm, nimmt ihn in die Mitte, beschützt ihn und verhindert, daß man ihn sehen kann. Während der übrigen Zeit, wenn das Volk arbeitet, geht er im Stocke umher, besichtigt die Arbeiten, scheint zu ermahnen und ist allein müßig. Um ihn herum sind einige Leibgardisten, die seine Würde allerwärts aufrecht erhalten. Er verläßt den Stock nur, wenn ein Schwarm ausziehen will. Dies bemerkt man schon lange vorher, indem einige Tage lang sich inwendig ein geräuschvolles Murmeln hören läßt, ein Zeichen, daß sie Vorbereitungen treffen und nur auf gutes Wetter warten. Schneidet man dem König einen Flügel ab, so zieht der Schwarm nicht aus. Sind sie aber ausgezogen, so drängt sich jede an den König und will sich durch Diensteifer auszeichnen. Ist er müde, so stützen sie ihn mit den Schultern; kann er nicht weiter, so tragen sie ihn ganz. Ist eine Biene vor Ermattung zurückgeblieben oder hat sie sich zufällig verirrt, so zieht sie dem Schwarme nach, indem sie dem Geruche folgt. Wo sich die Hauptmacht niederläßt, da versammelt sich das ganze Heer."

Im Gegensatz zu den älteren Autoren war man also zu Plinius' Zeit glücklich dazu gelangt, statt mehrerer nur einen Anführer in jedem normalen Bienenstocke anzunehmen. Über dieses Wissen ist man das ganze Mittelalter hindurch nicht hinausgekommen. Erst im 17. Jahrhundert entdeckte dann der in Amsterdam erst 43 Jahre alt verstorbene holländische Gelehrte Jan Swammerdam (1637–1680) durch Sezieren der Bienen unter dem Vergrößerungsglas, wobei er deren Eierstöcke und Eileiter fand, daß der bis dahin allgemein als Männchen betrachtete, deshalb auch im Deutschen als der Weisel bezeichnete Anführer oder König des Stockes tatsächlich ein Weibchen und der Bienenstaat auf der Mutterschaft begründet sei.

Nach Swammerdam hat der Franzose R. A. de Réaumur die wissenschaftliche Bienenkunde durch zahlreiche Beobachtungen und Versuche in seinem Garten in Charenton gefördert. Noch weit mehr tat dies der 1750 in Genf geborene François Huber, durch Réaumurs Experimente angeregt. Sein Werk „*Nouvelles observations sur les abeilles*“, von dem der erste Band im Jahre 1789 in Form von Briefen an einen andern Bienenforscher Charles Bonnet erschien — der zweite folgte erst 25 Jahre später — ist klassisch und enthält die Grundlage unseres heutigen Wissens über die Bienen. In der Folge hat der 1811 in Lobkowitz in Schlesien geborene katholische Pfarrer Johann Dzierzon die Bienenkunde am meisten gefördert, indem er zuerst die jungfräuliche Zeugung, welche zur Entstehung von Drohnen führt, bei den Bienen feststellte. Es geschah dies auf seiner Pfarrei Karlsmarkt bei Brieg in Schlesien, wo er auch 1861 den ersten Kastenstock mit beweglichen Waben erfand, wodurch der Imker erst befähigt wurde, seinen Anteil an der Honigernte zu gewinnen, ohne nutzlos seine besten Völker zu vernichten und die Arbeit eines ganzen Jahres in einem Augenblicke zu zerstören. Dieser zunächst noch sehr unvollkommene Kastenstock wurde dann vom Amerikaner Langstroth bedeutend vervollkommnet, indem er den eigentlichen beweglichen Rahmen erfand, der zunächst in den Vereinigten Staaten weite Verbreitung fand und außerordentliche Erfolge erzielte. Dann erfand Mehring, um den Bienen Arbeit und Wachs, also auch viel Honig und Zeit zu ersparen, die Herstellung von Kunstwaben, die sie alsbald benutzten und ihren Bedürfnissen anpaßten. Und Major von Hruschka endlich konstruierte die Honigschleuder, wodurch die Waben ihres Inhalts entleert werden konnten, ohne zerstört werden zu müssen. Damit eröffnete sich eine neue Periode der Bienenzucht, die erst die Biene zum eigentlichen Haustier des Menschen erhob.

Kehren wir indessen von diesen allerdings äußerst wichtigen theoretischen Betrachtungen zur Praxis zurück, wie sie die alten Römer und Griechen betrieben. Plinius sagt in seiner Naturgeschichte, daß auf jedem Landgute Bienenstände zu finden seien. Jedenfalls war der Verbrauch von Honig und Wachs in den Kulturländern am Mittelmeer bereits im Altertum ein sehr großer. Wissen wir doch vom griechischen Geschichtschreiber Strabon, daß in Norditalien die einheimische Erzeugung derselben nicht genügte, sondern daß diese Produkte von verschiedenen Volksstämmen der Alpentäler, die sich dieselben von Wildbienen verschafften, gegen Landesprodukte eingetauscht wurden. Erst durch die Römer kam dann die Bienenzucht in die von ihnen unterjochten Länder nördlich der Alpen.

Dort hatte die keltische und germanische Bevölkerung ausschließlich den wilden Honig verwendet, um damit den als Getränk höchst beliebten Met zu erzeugen, den schon der kühne griechische Seefahrer Pytheas aus Massalia (dem heutigen Marseille), ein Zeitgenosse Alexanders des Großen, der eine Entdeckungsreise in die Nordsee nach dem Bernsteinlande machte, als ein an der Nordküste Germaniens gemeines Getränk bezeichnet. Jedenfalls darf man annehmen, daß es im waldreichen alten Germanien viele wilde Bienenvölker in den durch Spechte oder Pilzinvasion hohlgewordenen Bäumen gab. So zeigen uns die Bestimmungen der germanischen Volksrechte nach der Völkerwanderung, vom 5.-8. Jahrhundert, daß unter den Nebennutzungen des Waldes die wilden Bienen eine nicht unwichtige Rolle spielten. Nach den Gesetzen der Bajuvaren gehörten nicht nur die wilden Bienen dem Waldeigentümer, sondern auch ein Schwarm der damals schon gehaltenen Hausbienen, der sich verflogen und in einen hohlen Baum verzogen hatte. Jedoch konnte der bisherige Eigentümer eines solchen Schwarms mit Vorwissen des Waldeigentümers versuchen, denselben durch Rauch oder Anschlagen gegen den Stamm, aber ohne Schaden für den Baum, auszutreiben und wieder zu fassen. Tat er dies ohne Vorwissen des Waldeigentümers mit Erfolg, so mußte er auf Andringen des letzteren mit sechs Eideshelfern schwören, daß der eingefangene Schwarm wirklich der seinige und ihm entflogen war. Bei den Langobarden wurde es mit den wilden Bienen gehalten wie mit dem Ausnehmen der Vögel. Nur im Gehege des Königs war das Ausbeuten eines wilden Bienenstocks unbedingt verboten, während in einem sonstigen Wald nur dann eine Bestrafung eintrat, wenn der Baum zum Beweis der Entdeckung des Schwarmes bereits gezeichnet war. War aber der Baum nicht gezeichnet, so konnte der Finder den Stock ungestraft ausnehmen und mußte bloß, wenn der Waldeigentümer dazu kam, ihm den Honig überlassen. Ähnliche Bestimmungen weist das Volksrecht der Westgoten auf. Dieses schrieb vor, daß, wer immer einen Schwarm fand, es mochte im eigenen Walde oder in Felsen und hohlen Bäumen des Gemeindewaldes sein, er drei Zeichen, welche „Charaktere" genannt werden, dort anzubringen hatte, damit nicht durch ein einziges Betrug entstehen könne. Wer ein fremdes Zeichen der Besitzergreifung verletzte, wenn er es antraf, der mußte dem Geschädigten doppelten Ersatz leisten und überdies 20 Streiche erdulden.

Die Bienenzucht der alten Germanen war wesentlich eine Waldbienenzucht und wurde das Zeideln oder die Zeidelweide genannt. Nach den zahlreichen auf uns gekommenen Urkunden war sie sehr ausgebreitet und beruhte auf Gewohnheiten, Verträgen und später Gesetzen, die niemand bei strenger Strafe verletzen durfte. Überall in den Wäldern waren Zeidelbäume eingerichtet, die als Privateigentum besonders gezeichnet waren. Wer einen solchen ausbeutete, der bezahlte 6 Solidi (d. h. Goldschillinge von etwa 12 Mark Metallwert, tatsächlich aber viel höher bewertet, da man damals für einen solchen eine erwachsene Kuh kaufen konnte) Strafe. Jeder Zeidler hatte ein eigenes Revier, in welchem er seine Bienen hielt; dabei durfte er nicht seinem Nachbarn und dieser nicht ihm zu nahe kommen. Wenn nun ein Schwarm sich in den Zeidelbezirk des Nachbars verflogen hatte, so durfte ihm sein Eigentümer nach den Gesetzen der Bajuvaren dahin folgen, mußte es aber dem Nachbar melden. Dann mußte er die Bienen aus dem Baume, in dessen Höhlung sie sich festgesetzt hatten, ausräuchern und dreimal mit umgekehrter Axt an den Baum schlagen. Kamen sie dann heraus, so durfte er sie mitnehmen; was nicht folgte, verblieb dem Nachbar.

Daneben wurde seit der Völkerwanderungszeit auch eifrig die eigentliche von den Römern übernommene Hausbienenzucht getrieben. Man hielt ordentliche Bienenhäuser (in den lat. Urkunden und Gesetzen *apile*, *aprarium*, *apiculare* oder *apicularium* genannt), die eingedeckt waren und verschlossen werden konnten. Doch durften sie, wie auch einzelne Stöcke, nicht in den Dörfern und Ansiedelungen gehalten werden, sondern mußten an abgelegene Orte geschafft werden, damit sie nicht jemandem Schaden zufügten. Man hatte dreierlei Arten von Bienenstöcken (*vasculum*), nämlich aus Holz, aus Baumrinde oder von Ruten geflochten. Um die Schwärme im Wald oder bei den Bienenhäusern zu fassen, standen stets dergleichen Behälter bereit. Legte sich ein Schwarm bei Nachbars Bienenhaus in ein solches Gefäß, so mußte es nach dem Volksrechte der Bayern diesem gemeldet und versucht werden, ob der Schwarm herauszutreiben sei oder nicht. Doch durfte das Gefäß nicht geöffnet werden. War es von Holz, so bewarf es derjenige, dem der Schwarm fortgeflogen war, dreimal mit Erde, war es aus Rinde oder Ruten, so schlug er dreimal mit der Faust darauf. Was dann herausging, erhielt er wieder zu eigen, was zurückblieb, gehörte dem Besitzer des Gefäßes.

Die Beraubung der Zeidelbäume, Bienenhäuser und Stöcke wurde streng geahndet. Selbst der Versuch, etwas rauben zu wollen, wenn man auch nichts erhielt, ward nach dem Volksrechte der Westgoten bitter bestraft. Der Freie gab in solchem Falle 3 Solidi Strafe und erhielt 50 Prügel; wenn er aber etwas genommen hatte, so mußte er es neunfach ersetzen und bekam noch die Schläge dazu. Der Leibeigene erhielt im ersteren Falle 100 Hiebe, im letzteren dagegen mußte er den sechsfachen Schadenersatz leisten. Bezahlte der Herr nicht für ihn, so mußte er ihn dem Bestohlenen zum Eigentume ausliefern. Das Volksrecht der Sachsen setzte, wie auf gewöhnlichen Diebstahl, so auch auf das Stehlen eines Bienenstockes aus dem Verschluß die Todesstrafe; er ward aber nur neunfach ersetzt, wenn er außer demselben im Freien gestanden hatte. Wer bei den Langobarden aus einem Bienenhause ein oder mehrere Stöcke stahl, der bezahlte 12 Solidi Strafe.

Unter der Herrschaft der Frankenkönige fand die Hausbienenzucht neben der Zeidelweide zunehmende Bedeutung. Karl der Große bestimmte, daß auf jedem seiner Güter ein erfahrener Bienenwärter zur rationellen Pflege der dort gehaltenen Bienenvölker angestellt sein solle. In seinem Gute

Stefanswert befanden sich 17, in Grisenweiler sogar 50 Bienenstöcke. Honig und Wachs mußten reinlich gewonnen und an die königliche Hofhaltung abgeliefert werden. Von den Besitzern der Mansen und Hufen wurde Honig und Wachs als Zins gegeben.

In dem Maße, als unter den sächsischen und fränkischen oder salischen Kaisern im 10.-12. Jahrhundert die Wälder den Gemeinden entzogen und unter Bann getan wurden, traten die vorher freien Zeidler (*cidelarii*) in die Dienstbarkeit der Fürsten. So werden sie 990 in einer Urkunde Ottos II. nach den Manzipien als Dienstleute angeführt, und 959 schenkte Otto der Große der Kirche zu Salzburg die Ortschaft Grabestatt und die Zeidler daselbst. Mit der Übertragung eines Bannforstes gingen auch die Zeidelweiden an den neuen Besitzer über. So übergab 1025 Konrad II. an das Kloster Freising einige Ländereien nebst Zubehör, worunter auch Zeidelweiden. Der Zins wurde in Honig und Wachs abgeliefert. Ersterer hatte zur Herstellung des immer noch sehr volkstümlichen Metes große Bedeutung, während letzterer seit der Einführung des Christentums zur Verarbeitung zu Kerzen für die Kirchen in immer größerer Menge gebraucht wurde. Allerdings hielten die meisten Klöster eigene Bienenstände, oft in größerer Zahl. So kommen beispielsweise im Verzeichnis der Schenkungen an das Kloster Fulda 40 Bienenstöcke (*epiastrum*) vor, welche ein einzelner Privatmann dahin gestiftet hatte. Doch genügten meist deren Erträge nicht, um den großen Bedarf der Kirche an Wachs zu decken. Deshalb suchten sich die Klöster von ihren zinspflichtigen Leuten eine regelmäßige Lieferung von Wachs zu sichern. Neben den Wachszinsen, deren Maß in den meisten betreffenden Urkunden genau nach dem Gewichte bestimmt ist, wurde auch eine entsprechende Abgabe an Honig und der Zehnten von den bevölkerten Bienenstöcken, die Schwärme inbegriffen, gefordert.

Unter den Hohenstaufen im 12. und 13. Jahrhundert und den folgenden Kaisern wurde in Deutschland die Zeidelweide neben der Hausbienenzucht in reger Weise weiterbetrieben. In einer Urkunde von 1288 bekennt eine Frau, daß sie vom Bischofe von Eichstätt die Bienennutzung (*fructus apium*), welche gewöhnlich Cidelwaid genannt wird, aus bloßer Gnade für die Lebenszeit in zwei Wäldern erhalten habe. Man hatte zu diesem Behufe wie ehemals so damals und teilweise bis auf den heutigen Tag besondere Bäume durch künstliches Aushöhlen eingerichtet. Solche nannte man Beuten. Die Bienenschwärme, welche man in den Wäldern fand, gehörten dem Gutsherrn und nicht dem, der sie fand. In Frankreich hieß dieses Recht *abeillage* (in einer Urkunde von 1311 als *abellagium* erwähnt). Über die Bienenfolge gab es besondere Verordnungen. So bestimmten die Schonischen Gesetze von 1163, daß derjenige, dem seine Bienen in einen andern Wald flogen, sie dort holen und auch diejenigen mitnehmen dürfe, die er daselbst antraf, vorausgesetzt, daß sie niemand sonst ansprach; den

Baum aber durfte er ohne besondere Erlaubnis des Herrn nicht fällen. Nach dem Schwabenspiegel (1276) durfte man noch nach drei Tagen seinen Bienen folgen, wenn sie auf eines andern Baum, Zaun oder Haus flogen. Man mußte aber den Eigentümer des Ortes mitnehmen, alsdann in seiner Gegenwart daranschlagen und bekam diejenigen, welche herabfielen; die andern aber gehörten jenem.

Zu Ende des Mittelalters gelangte die Imkerei in den deutschen Landen zu höchster Blüte. In den dem Reich gehörenden Bannforsten und auch sonst wurde noch eifriger als bis dahin die Zeidelweide oder Waldbienenzucht getrieben, und die Zeidler taten sich neben den Hausbienenzüchtern zu Genossenschaften zusammen, die manche Privilegien genossen. Die bedeutendsten Zeidelplätze waren zu Muskau und Hoyerswerda in der Oberlausitz, in der Kurmark, auf der großen Görlitzer Heide, in Pommern und im Nürnberger Reichswald. Vom Zeidlerwesen an letzterem Orte, wo die Einwohnerschaft der Umgegend nach den diesbezüglichen Urkunden ausgedehnte Waldnutzungsrechte besaß, haben wir ausführliche Kunde. Die Zeidelordnung Kaiser Karls IV. vom Jahre 1350 bestätigte die Rechte der Zeidler im Laurenzer Wald und gibt uns ein klares Bild von der Ausdehnung des bienenwirtschaftlichen Betriebes der damaligen Zeit und der Bedeutung, welche man demselben beilegte. Die Gerichtsbarkeit in „des Reiches Bienengarten“ stand unter einem besonderen Zeidelmeister, dem die Besetzung der Zeidelgüter oblag und der dafür zu sorgen hatte, daß dem Kaiser und Reich an seinem Gute und Dienste nichts abgehe. Die Zeidler aber waren freie Leute und freizügig. Jeder konnte von seinem Gute „abfahren“ (wegziehen), wenn es ihm beliebte, und war beim Abgange dem Zeidelmeister nur 13 Heller zu geben schuldig. Wollte dieser dieses Absagegeld nicht annehmen, so konnte der Zeidler dasselbe auf die Übertür seines Hauses legen und als ein Gerechter abfahren. Wer danach „auffuhr“, hatte dem Zeidelmeister einen Schilling und einen Heller zu entrichten und dieser sich damit zu begnügen. Die Zeidler hatten das Erbrecht an ihrem Gute und waren allein befugt, im Bannforste Bienen zu halten. Niemand durfte, so weit der „Bienkreis“ reichte, einen Schwarm aufheben. Wer einen „Peuten“ (Bienenbaum) umhieb, war dem Zeidelmeister 10 Pfund Heller und einen Heller schuldig. Das nötige Holz bekamen die Zeidler umsonst aus dem Reichswald und genossen manche Privilegien, so waren sie zollfrei in allen Städten des Reichs, dafür aber mußten sie Kaiser und Reich dienen „zwischen den vier Wäldern“, d. h. Böhmer-, Schwarz-, Thüringer- und Scharnitzwald. Der Dienst sollte mit sechs Armbrüsten geschehen; Pfeile, Wagen und Kost erhielten sie vom Reich. Außerdem hatte jeder Zeidler dem Kaiser das herkömmliche Honiggeld zu geben. Ursprünglich wurde zweifellos eine bestimmte Menge Honig abgeliefert.

Ähnlich wie im Laurenzer Wald war es im Sebalder Wald bei Nürnberg. In einem Salbuche des 13. Jahrhunderts über die Reichsgüter bei Nürnberg wird u. a. gesagt: „Das Amt Heroldsberg soll setzen dem Reich einen Pingarten hintz dem Eynch, da 72 Immen inne seyen, die untötlich seyen." Diese Stöcke waren also nur zur Zucht bestimmt und durften nicht zur Honigentnahme getötet werden. Die aus ihnen hervorgehenden Schwärme ließ man offenbar frei in den Wald fliegen, wo sie sich in die vorbereiteten „gewipfelten und gelochten" Bäume zogen. In verschiedenen Urkunden jener Zeit ist von der Zeidelweide (*sidelweide*) und von Zeidlern (*cidelarius*) die Rede. Wo keine Zeidelwirtschaft bestand, teilten sich der Grundherr oder Waldeigentümer und der Finder meist in das Erträgnis eines gefundenen wilden Bienenstockes. Gelegentlich aber, so im Wildbanne von Altenaer an der Ahr, erhielt der Finder eines wilden Biens denselben gegen Erlegen eines Geldbetrags allein. Nach Aussage der Erbwildförster im Jahre 1617 mußte der Finder eines herrenlosen Biens den Ort alsbald zeichnen und beim nächsten Wildförster gegen Bezahlung von 9 Hellern „Urlaub heischen, den Bien als sein eigen Gut abzuholen", wogegen niemand etwas tun durfte, auch der Waldeigentümer nicht.

Ihren Glanzpunkt erreichte die Zeidelweide im Zeitalter der Zeidlerinnungen im 14. und 15. Jahrhundert. Damals gab es in allen deutschen Gauen Bestimmungen in den Weistümern betreffs des Fundrechts an den „imben", d. h. an den in den Wald verflogenen Bienenschwärmen, die sich in hohlen Baumstämmen eingenistet hatten. Diese hohlen Bäume, in denen die sich selbst überlassenen Bienenschwärme sich ansiedelten, gaben das Vorbild zu den im Mittelalter für die Hausbienen meist gebräuchlichen Klotzbeuten. Diese bestanden aus einem ausgehöhlten 4–5 Fuß langen Baumstamm, der mit einem abnehmbaren Deckel und einem Flugloche versehen war. Daneben mögen auch schon kunstlos aus Stroh geflochtene Körbe verwendet worden sein, die später jene mehr und mehr verdrängten. Als in späteren Zeiten die Wälder mehr und mehr ausgeholzt und einem regelrechten Forstbetrieb unterworfen wurden, verkümmerte nach und nach die Zeidelweide und die seit Jahrhunderten neben ihr betriebene zahme oder Hausbienenzucht trat an ihre Stelle und wurde gesetzlich geschützt. Wo aber ausgedehntere Waldstrecken dem neuen Betriebe nicht unterworfen wurden, da blieben die alten Zeidelweiden bestehen. Damals gab es gutbesuchte Honigmärkte in allen größeren Städten, so besonders in Köln, Nürnberg, Breslau und Prag.

Seit dem 16. Jahrhundert machte sich in Mitteleuropa ein merklicher Niedergang der Bienenzucht geltend, indem die Reformation viele Klöster, welche bis dahin die Hüter so vieler Bienenstöcke gewesen waren, verdrängte und die Kerzen in den Kirchen überflüssig machte. Als später auch noch der verheerende Dreißigjährige Krieg ausbrach, da war es begreiflich, daß in der allgemeinen Drangsal sehr zahlreiche Bienenstöcke eingingen, da sie nicht mehr die nötige Pflege erhielten. Ein weiteres ungünstiges Moment war das Aufkommen des Rohrzuckers, der dem bis dahin als alleinigem Süßstoffe gebrauchten Honig durch seine größere Billigkeit bedenkliche Konkurrenz machte und ihn bald zum größten Teil in der Küche verdrängte. Kurze Zeit nach der Entdeckung Amerikas war das ursprünglich in Südasien heimische Zuckerrohr dort eingeführt worden und wurde durch die gleichfalls bald in großer Masse aus Afrika importierten Negersklaven in solcher Menge angebaut, daß der viel wohlfeiler zu produzierende und stärker süßende Rohrzucker so billig zu haben war, daß der Honig bald als zu teuer in den Hintergrund trat. Er wurde schon noch als Leckerbissen gegessen, aber zum Süßen der Speisen, vor allem der verschiedenen Kuchen und süßen Platten, fiel er gänzlich in Wegfall, und nur altertümliche Gebäckarten, wie Lebkuchen, Leckerli usw., behielten ihn bei. Als dann zum Rohrzucker noch die großartige Sirupfabrikation aus Kartoffeln und vollends noch der billige Rübenzucker dazu kam, so war es um den Honig als Süßstoff in den Haushaltungen vollends geschehen.

In Deutschland suchten die einsichtsvollen Fürsten, vor allem Friedrich der Große, die sehr heruntergekommene Bienenzucht wieder zu heben. Jener Preußenkönig zog in der Bienenzucht erfahrene Kolonisten aus Polen und Preußen in die Mark Brandenburg und interessierte sich in der Folge sehr auch für diesen Zweig der Landwirtschaft. Mehrfach spricht er sich in Briefen erfreut über die Fortschritte der Imkerei in seinem Lande aus, so unter anderem auch in einem Briefe an Voltaire vom 5. Dezember 1775, in welchem er die bis dahin erfolgte Vermehrung der Bienenvölker um ein Drittel hervorhebt. Um die Bienenzucht möglichst zu schützen, verlieh er den Bienenzüchtern manche Erleichterungen und legte einen hohen Einfuhrzoll auf den fremdländischen Rohrzucker. In Österreich war die Kaiserin Maria Theresia in hohem Maße für die Landwirtschaft besorgt und erließ am 8. April 1775 einen Schutzbrief für die Bienenzüchter. In Süddeutschland und der Schweiz interessierte man sich mehr und mehr in den ökonomischen Gesellschaften und landwirtschaftlichen Vereinen für die Bienenzucht, die man immer rationeller durchzuführen bestrebt war. Große Fortschritte darin wurden erst seit der Einführung des Mobilbaues möglich. Haben darin die praktisch veranlagten Nordamerikaner zuerst Großes geleistet, so sind ihnen heute die Deutschen vollständig ebenbürtig geworden. In allen deutschen Landen wird die Bienenzucht durch eine reiche Vereinstätigkeit gefördert. Von größeren Vereinen oder vom Staate angestellte Wanderlehrer halten an vielen Orten regelmäßige Kurse für Anfänger ab. Daneben gibt es eigentliche Imkerschulen, von denen die von Date, Eystrup in der Provinz Hannover und Durlach im Großherzogtum Baden hervorzuheben sind. Österreich besitzt eine solche in Wien und Ungarn in Gödöllö. Gegenwärtig gibt es über 3 Millionen Bienenvölker in

Deutschland. Von dem jährlichen Verbrauch von über 20 Millionen *kg* Honig erzeugt Deutschland etwa 18 Millionen kg im Werte von 30 Millionen Mark.

Baron von Ehrenfels nannte die Bienenzucht mit vollem Recht die Poesie der Landwirtschaft. Sie ist aber nicht nur das, sondern eine eminente Förderin des Nationalwohlstandes und ihre Zucht ein wesentlicher Hebel zur Veredlung und Bildung des Volkes. Neben dem großen materiellen Nutzen gewährt sie Belehrung, Unterhaltung und Erholung nach des Tages Arbeit; denn sie wird meist als Nebenbeschäftigung betrieben, da sie nur einen geringen Aufwand an Zeit und Mühe beansprucht und die meisten dabei erforderlichen Hantierungen in den Mußestunden verrichtet werden können. Wer auch nur 25–50 Stöcke beweglichen Baues hat, kann von denselben eine jährliche Einnahme von 150–300 Mark und darüber erzielen. Dabei ist der Stock durchschnittlich zu 5 *kg* Honigertrag und das *kg* zu 1.20 Mark gerechnet. Guter Schleuderhonig wird aber gern mit 2 Mark und Wabenhonig mit 3 Mark bezahlt. Dabei ist nicht einmal die Einnahme für Wachs und etwa verkaufte Schwärme oder Völker in Anrechnung gebracht, ebensowenig, daß man nicht selten einem einzigen Stock 30 *kg* Honig und darüber entnehmen kann. Tritt auch einmal ein Fehljahr ein, so hat das nichts zu sagen, da ein einziges gutes Jahr nicht nur ein, sondern zwei und drei schlechte Jahre einbringt. Dabei ist zu bedenken, daß die Gewinnung von Honig und Wachs nicht einmal der größte Nutzen ist, den wir von den Bienen haben, daß eigentlich der Vorteil, den wir daraus ziehen, daß sie die Befruchtung sämtlicher Obstbaumblüten besorgen, noch viel wichtiger ist. Wenn sie nicht im April und Mai von Baum zu Baum und von Blüte zu Blüte flögen, um die Befruchtung zu vollziehen, sollten wir sehen, wo unsere Obsternte bliebe. Überall, wo ein Natur- und Tierfreund einen Bienenstand errichtet, um sich eine angenehme und zugleich nützliche, jedermann zu empfehlende Nebenbeschäftigung zu verschaffen, sollten ihn die Nachbarn nicht scheel ansehen, sondern als großen Wohltäter der ganzen Gegend und Beförderer des Obstbaues mit Freuden begrüßen und ihm in seinem Unternehmen alle nur denkbaren Erleichterungen verschaffen. Es gibt ja nicht nur im deutschen Sprachgebiet, sondern in allen Kulturländern eine vortreffliche Literatur über Bienenzucht und deren rationelle Handhabung, so daß sich jedermann daraus Rat holen kann. Dann schließe er sich älteren Imkern an, die ihm gern mit Rat und Tat an die Hand gehen werden, trete einem Bienenzüchtervereine bei, aus dessen Zusammenkünften er reichen Gewinn für die beste Art der Behandlung seiner Schützlinge empfangen wird.

Es kann nicht unsere Aufgabe sein, hier die Grundzüge der rationellen Bienenzucht an Hand der Lebensweise der Bienen und der Einrichtung ihres Staatshaushaltes, die als jedem Gebildeten geläufig vorausgesetzt werden darf, zu geben. Wir möchten nur alle Interessenten auf das von Ulrich Kramer, dem Präsidenten des Vereins schweizerischer Bienenfreunde in Zürich, in dritter vermehrter Auflage herausgegebene, reichillustrierte Buch: Die Rassenzucht der Schweizer Imker und die amerikanischen Zuchtmethoden (für Deutschland und Österreich zu beziehen durch die Buchhandlung Paul Watzel in Freiburg i. Breisgau). Darin wird in allgemeinverständlicher Weise gezeigt, wie die Weiselzucht der Zukunft sich gestalten soll. Jedenfalls hat sie schon mit eintägigen Larven zu beginnen, die man nach amerikanischer Methode in künstliche Weiselzellen bringt, oder noch besser durch Ausstechen einzelner Brutzellen und Anfügen an die Wabenkanten der zu veredelnden Stöcke; denn begreiflicherweise kommt es für die Erlangung guter Bienenvölker vor allem auf die Gewinnung guter Königinnen an. Und diese zu erlangen, hat man so völlig in der Hand. Wir haben nämlich außer den Naturrassen auch verschiedene Kulturrassen der Honigbiene, auf die wir noch kurz einzutreten haben. Sie werden durch Kreuzung verschiedener Naturrassen gewonnen. Von letzteren haben wir anzuführen:

Die nordische oder deutsche Biene (*Apis mellifica* im eigentlichen Sinne des Wortes). Sie ist dunkelbraun mit gelblichbraunen Säumen an den Leibesringen und erscheint an älteren haarlos gewordenen Exemplaren schwarz. Sie ist über ganz Mitteleuropa verbreitet und geht nordwärts bis zum 60. Grad nördlicher Breite (Helsingfors in Finnland). Sie findet sich aber auch in Nordspanien, Dalmatien, Griechenland, Kleinasien und Nordafrika, gelangte nach dem Kap der Guten Hoffnung und Nordamerika, wo sie heute sehr verbreitet ist. Sie ist fleißig und ausdauernd und liefert bei guter Frühlingstracht 2–3 Schwärme. Eine Abart von ihr ist die Heidebiene, die sich durch ihre große Schwarmlust auszeichnet, aber geringeren Honigertrag liefert. Zur Beförderung des Brütens und Schwärmens wird sie gern mit der vorigen gekreuzt. Eine andere Abart, die in der Behaarung weißlicher als die nordische Biene ist und mehr graue Hinterleibsringe hat, ist die Krainer Biene. Sie ist auch sehr fruchtbar und schwarmlustig, bestiftet mehr Drohnenzellen als die nordische und die italienische Biene, ist eine gute Honigsammlerin und viel gutmütiger als die nordische und italienische Biene, so daß man gewöhnlich ohne Rauch und Schleier mit ihr umgehen kann. Wegen ihrer sanften Gemütsart ist sie besonders Anfängern zu empfehlen. Sie eignet sich besonders zur Kreuzung, da, wo man den Bruttrieb zu steigern begehrt.

Die italienische Biene (*Apis ligustica*). Sie ist so groß wie die vorigen, aber heller gefärbt, und die beiden ersten Hinterleibsringe sind bei ihr rotgelb. Ihr Verbreitungsgebiet ist Italien von den Alpen bis Sizilien. Sie ist fruchtbarer als die nordische Biene, beginnt im Frühjahr früher mit dem Eierlegen und Schwärmen, stellt dafür die Vermehrung im Nachsommer auch eher ein. Bei der Rückkehr von der Tracht verfliegt und verirrt sie sich öfter als die schwarze Biene und ihre Völker sind um so schwächer, je heller sie gefärbt sind. Im Auffinden neuer Honigquellen sind sie besser als die nordischen Völker, auch sind sie sanfter und weniger stechlustig; doch verteidigen sie ihren eigenen Stock mit viel Mut und Geschick. Im Bruttrieb sind sie den schwarzen nordischen Bienen überlegen, im Sammeltrieb mindestens ebenbürtig. Die durch Kreuzung von ihnen mit den schwarzen nordischen Bienen entstandenen Bastardvölker übertreffen in bezug auf Geruchsinn und Sammeltrieb, aber auch in Stechlust ihre beiden Eltern. Die Einführung der italienischen Biene in Mitteleuropa hat viel dazu beigetragen, die einheimische Bienenrasse durch Blutauffrischung zu heben und zu verbessern. Ein Schweizer, Thomas Konrad von Baldenstein auf Schloß Baldenstein in Graubünden, hat die deutsche Imkerwelt zuerst auf die italienische Biene aufmerksam gemacht, worauf der verdiente Pfarrer Dzierzon sie 1853 in Deutschland einführte. Sie wurde durch die Europäer nach China gebracht und 1862 auch in Australien angesiedelt.

Noch stechlustiger als sie sind die cyprische und syrische Biene, die bei uns ebenfalls eingeführt wurden, aber sich wegen dieser großen Stechlust nicht dauernd einzubürgern vermochten. Ebenfalls ungeeignet für unsere Gegenden ist die über Ägypten, Arabien, Syrien bis nach China verbreitete ägyptische Biene (*Apis fasciata*), von kleiner Gestalt, mit rotem Schildchen und weißer Behaarung. Sie ist im Gegensatz zu den vorigen wärmebedürftig und hält bei uns den kalten Winter nicht aus. Ihr nahestehend, aber an Brust und Hinterleib graugelb behaart, ist die mit Ausnahme von Algerien und Ägypten über ganz Afrika verbreitete afrikanische Biene (*Apis adansoni*). Sie ist nach Konrad Keller in den Somaliländern, namentlich längs der Flüsse, häufig und wird wohl am stärksten in Abessinien gezüchtet, das eine Menge Honig produziert und Wachs nicht nur im Inland verwendet, sondern auch in ziemlicher Menge ausführt. Ebenfalls kleiner als unsere nordische Biene, stark behaart und einfarbig schwarz ist die auf der großen Insel Madagaskar und den ihr vorgelagerten vulkanischen Eilanden Bourbon und Mauritius heimische madagassische Biene (*Apis unicolor*). Außerdem beherbergt Asien die drei vom Menschen in Kultur genommenen Bienenarten *Apis dorsata*, *A. florea* und *A. indica*, die für uns nicht in Betracht kommen, aber in Südasien von Wichtigkeit sind. In Kaschmir und im Pandschab hält fast jeder Landwirt Bienenstöcke, welche er in seine Wohnung einbaut.

Nordamerika entbehrte der stacheltragenden altweltlichen Honigbiene, als die Europäer die Ostküste desselben besiedelten. Erst im Jahre 1675 wurde sie aus Europa dort eingeführt und in Newbury, (Massachusetts) der erste Bienengarten eingerichtet. Unsere Honigbiene fühlte sich in der Neuen Welt recht wohl, sie flog in entronnenen Schwärmen dem Ansiedler immer weiter nach Westen voran, und die Indianer nannten sie die „Fliege des weißen Mannes". Im Jahre 1779 hatte sie den Mississippi noch nicht überschritten, aber 1811 war sie bereits 900 *km* über ihn hinaus in wildlebenden Völkern verbreitet. Heute gibt es in den Vereinigten Staaten über 700000 Imker, und der Wert des jährlich von ihnen geernteten Honigs beläuft sich auf etwa 80 Millionen Mark, der des gesammelten Wachses dagegen beträgt 8 Millionen Mark. Kalifornien erzeugt den besten Honig der Union, und als beste Biene wird die Palästinabiene gerühmt, die im Jahre 1884 dort eingeführt wurde.

In Mittel- und Südamerika war wenigstens der Honig den Eingeborenen vor der Ankunft der Spanier sehr wohl bekannt. In Mexiko fand man in alten Ruinen aus der Zeit der Azteken mit ihm gefüllte hermetisch verschlossene Gefäße. Er stammte von den in Mittel- und Südamerika einheimischen stachellosen Bienen von den Gattungen *Melipona* und *Frigona*. Diese Bienen, von den Einwanderern „*angelicos*", d. h. die engelgleichen, weil nicht stechend, genannt, liefern auch heute noch einen großen Teil des in Mexiko gewonnenen Honigs. In wirtschaftlicher Bedeutung werden sie aber mehr und mehr von der europäischen Honigbiene verdrängt, die im letzten Jahrhundert überall, auch in den Republiken Südamerikas, eingeführt wurde. Sie kam 1764 von dem damals noch spanischen Florida zuerst nach der Insel Kuba, warf sich dort aber mit solcher Intensität als Zuckerräuber auf die Siedereien von Rohrzucker, daß die Zuckerpflanzer sie alsbald in ihrem Lande ausrotteten. Von Kuba aus kam sie durch die Spanier nach Haiti, wo sie bald verwilderte. Erst 1839 kam sie nach Brasilien, 1848 nach Chile und 1857 nach Argentinien. Während die Bienenzucht neuerdings in Brasilien so gewachsen ist, daß das Land Honig und Wachs exportieren kann, wovon ein Teil auch nach Deutschland geht, liefert seit einigen Jahrzehnten besonders Chile sehr viel davon. Das milde Klima und der Reichtum des Landes an Honigpflanzen förderten die Bienenzucht ungemein. Ein Bienenstock ergibt hier durchschnittlich 25 *kg* Honig jährlich; doch sind Fälle, in denen gegen 40 *kg* gewonnen wurden, nicht selten. Von den 21/2 Millionen *kg* Honig, die aus Chile exportiert werden, geht etwa die Hälfte nach Deutschland. Die Insel Kuba, auf der erst neuerdings die Bienenzucht wieder eingeführt wurde und mit größtem Erfolge betrieben wird, führt gegen 11/2 Millionen *kg* Honig aus, von denen wiederum die Hälfte nach Deutschland geht. So verzehren wir nicht so selten in unseren Lebkuchen Honig, den die Bienen in fernen Ländern jenseits des Atlantischen Ozeans eingetragen haben. Es ist dies kein Wunder; denn von den 300 Millionen *kg* Honig, die jährlich auf der ganzen Welt gewonnen werden, erzeugt Amerika mehr als die Hälfte. Im Jahre 1840 kam die Honigbiene nach Neuseeland. Schon vorher war sie in Australien eingeführt worden, wo ihre Zucht von 1865 an einen besondern Aufschwung nahm.

XXIII. Der Seidenspinner.

Außer der Honigbiene kommt unter allen Insekten wirtschaftlich nur noch der Maulbeer-Seidenspinner (*Bombyx mori*) als wichtiges Nutztier des Menschen in Betracht. Und zwar steht er in Ostasien schon so lange unter der Fürsorge des Menschen, daß er im Gegensatz zur Biene sich im Laufe der Zeit zu einem echten Haustier umbildete und deutliche Einwirkungen der Domestikation erkennen läßt. Ja, er ist unter der Pflege des Menschen so unselbständig geworden, daß seine Raupe nicht mehr ihr Futter selbst findet, wenn sie nicht von jenem daraufgesetzt würde. Raupen, die im Freien aufgezogen werden und vom weißfrüchtigen Maulbeerbaum (*Morus alba*), ihrer ausschließlichen Futterpflanze, herunterfallen, finden den Weg zu den beblätterten Zweigen nicht mehr. Sie klettern nicht wie andere Raupen den Stamm hinauf, um zu ihrem Futter zu gelangen, sondern irren planlos umher und verhungern schließlich. So sehr sind sie durch ungezählte Generationen hindurch gewöhnt worden, von ihrem Pfleger auf die beblätterten Zweige gesetzt zu werden, daß sie den angeborenen Instinkt der wildlebenden Vorfahren verloren haben. Die lange Dauer der Domestikation und namentlich die Aufzucht in geschlossenem Raume ist auch anderweitig nicht ohne Einfluß auf den Seidenspinner gewesen. Das Geschlechtsstadium, der Schmetterling, hat viel von seinem Flugvermögen eingebüßt; er schwirrt mehr statt zu fliegen, während die meisten Verwandten sehr fluggewandt sind. Neben größeren Formen sind auch Zwergformen gezüchtet worden und solche mit einer doppelten Generation im Jahr, während das Tier ursprünglich nur eine Generation jährlich aufwies. Auch zeigen die Kokons sowohl in der Größe wie in der Färbung erhebliche Unterschiede; es gibt unter ihnen weiße, goldgelbe und grüne Farbennuancen.

Der unscheinbare Falter von 4–5 *cm* Spannweite ist an Körper und Flügeln schmutzigweiß mit drei gelbbraunen Wellenlinien über letzteren und gekämmten schwarzen Fühlern in beiden Geschlechtern. Die Vorderflügel erscheinen am Außenrand wie ausgeschnitten und haben gegen die Spitze zu sichelartige Fortsätze. Die Neigung der Falter, sich bald nach dem Ausschlüpfen aus der Puppe zu paaren, deutet darauf hin, daß der kurzlebige Imagozustand lediglich die Aufgabe hat, für die Erhaltung der Art zu sorgen. Nahrung wird in demselben nicht aufgenommen, womit die geringe Entwicklung der Mundwerkzeuge im engsten Zusammenhange steht. Das dickleibige, größere Weibchen läßt sich unschwer vom schmächtigen Männchen unterscheiden. In ihm sind die Eier in den paarigen, jederseits aus vier langen Eischläuchen bestehenden Eierstöcken perlschnurartig aufgereiht. Im Herbst legt das Weibchen durchschnittlich 500 mohnkorngroße Eier, von denen 1450 auf 1 *g* gehen. Sie sind erst strohgelb, verfärben sich später und werden schiefergrau. In der Regel kommt jährlich nur eine Generation zur Entwicklung. Aus den überwinterten Eiern schlüpfen im Frühjahr, sobald der weißfrüchtige Maulbeerbaum junge Blätter treibt, die kleinen nackten, anfangs dunkelbraunen, später weißlichgrauen Raupen aus, welche am zweiten und dritten Ringe merklich aufgetrieben sind und namentlich wegen ihres Hornes am Leibesende, am elften Ringe, große Ähnlichkeit mit einer Schwärmerraupe haben. Sie verfügen wie alle Raupen über einen sehr guten Appetit und fressen, wie die Chinesen behaupten, an einem Tage das zwanzigfache ihres Gewichtes an Maulbeerblättern. Man rechnet, daß 10000 Raupen während der 32 Tage ihres Raupenlebens etwa 200 *kg* Maulbeerblätter verzehren. Die Nahrung wird rasch umgesetzt und außer zum Wachstum zur Aufspeicherung von Reservestoffen für die Verwandlung in den Falter verwendet. Die rasch wachsende Raupe wechselt ihr Chitinkleid wiederholt, und bis zur Verpuppung erfolgen fünf Häutungen. Die erste Häutung erfolgt nach fünf, die zweite nach weiteren vier, die dritte nach weiteren sechs und die vierte nach weiteren sieben Tagen. Die letzte Hülle wird erst innerhalb des Gespinstes vor der Verpuppung abgestreift. Jedesmal vor der Häutung setzt sie mit dem Fressen aus und gibt sich der Ruhe hin; nach absolvierter Häutung beginnt sie wieder zu fressen und setzt diese Arbeit so lange fort, bis ihr das Kleid zu eng geworden ist und sie eines weiteren bedarf, was durch erneute Häutung bewerkstelligt wird.

Die Raupe des Seidenspinners ist wohl die vollendetste aller Spinner. Die außerordentlich entwickelten Spinnschläuche liegen neben dem Darm und bilden das Hauptorgan in der Leibeshöhle. Im spinnreifen Zustande schimmern sie durch die dünne Chitindecke des Leibes hindurch und erreichen im ausgestreckten Zustand eine Länge von 3/4 *m*. Die fein ausgezogenen Spinnschläuche münden auf der Unterlippe und ermöglichen es der Raupe aus ihrem zähflüssigen, gelblichen Inhalt einen feinen Seidenfaden von etwa 3000 *m* Länge zu spinnen. Derselbe ist völlig strukturlos und besteht aus 66 Prozent stickstoffhaltiger Seidensubstanz, Fibroin genannt, und 33 Prozent Bast, einer Sericin genannten leimartigen Substanz, die die Farbe enthält und die Seide rauh, hart und steif macht. Beginnt die Raupe das Gespinst anzulegen, so drückt sie die Unterlippe gegen eine Unterlage, etwa einen dargereichten Zweig, und zieht mit eigentümlichen Kopfbewegungen den zähen, an der Luft sofort erhärtenden Spinnstoff aus den Röhren heraus, wobei der Faden natürlich doppelt wird. Erst wird ein lockeres Gespinst von sogenannter Flockseide angelegt, später der feste Kokon in regelmäßigen Achtertouren gesponnen. Die braune Puppe ruht in der seidenen Hülle, die sie zum Schutze gegen Feinde und schädigende äußere Einflüsse in etwa 31/2 Tagen um sich herum gesponnen hat, 14–18 Tage lang, um sich während dieser Zeit zum geflügelten Geschlechtstier, der Imago, zu entwickeln. Sobald der Schmetterling fertig ausgebildet ist, reißt er an einem Pol die vorher durch ein verdauendes

Ferment aufgeweichte Puppenhülle durch, schlüpft aus und läßt die Flügel erstarren, ohne aber Flugversuche zu unternehmen. Doch so weit läßt es der Mensch in der Regel gar nicht kommen, außer wenn er die Gewinnung von Eiern, sogenannten Grains, zur Fortpflanzung des Seidenspinners beabsichtigt. Da die Kokons abgehaspelt werden müssen, um die Seidenfäden, auf die es der Mensch abgesehen hat und deretwegen er das Tier überhaupt in Pflege genommen hat, zu gewinnen, so wird das Ausschlüpfen des Falters verhindert, indem man die Puppe durch Anwendung von Hitze oder dem giftigen Schwefelwasserstoff tötet.

Bevor der Mensch die Seidenspinnerraupe zur Gewinnung von Seide selbst züchtete, sammelte er deren Kokons auf den Bäumen, von deren Blättern sie sich ernährte. Später trieb er eine wilde Zucht, indem er die Raupen auf bestimmten, in der Nähe seiner Wohnung zu diesem Zwecke gepflanzten Bäumen ansiedelte und hegte, um dann nach deren Einpuppung Ernte zu halten. Diese wilde Zucht wird noch im Norden Chinas, besonders aber in Indien betrieben, in welch letzterem Lande sie noch wichtiger als die häusliche Zucht ist, bei welcher die Raupen in geschlossenen Räumen gehalten und mit vom Maulbeerbaume gepflückten Blättern gefüttert werden. Diese engere Zucht ist in China zuerst eingeführt worden und hat sich von da über zahlreiche Länder der Erde verbreitet. Sie ist jedenfalls in jenem Lande eine uralte, da dort schon im hohen Altertum vom Kaiser und seinem Hofe wie auch von den Vornehmen seidene Gewänder neben den älteren wollenen und leinenen getragen wurden. Nach der Sage soll die Gattin des Kaisers Huang-li im 26. Jahrhundert v. Chr. als erste die Seidenraupe genährt und nach deren Einpuppung mit ihren Fingern, d. h. ohne Zuhilfenahme einer Maschine, die Seidenfäden von den Kokons abgehaspelt haben. In Peking ist ihr ein innerhalb des verbotenen, vom Kaiser und seinem Hofe bewohnten Stadtteils gelegener Tempel geweiht und dort werden ihr alljährlich einmal von der Kaiserin und ihrem ganzen Hofstaat Opfergaben dargebracht. In feierlichem Aufzuge begiebt sie sich dahin. Im Tempelgarten schneidet sie eigenhändig mit einer goldenen Schere Blätter des weißfrüchtigen Maulbeerbaums ab, während die sie begleitenden Hofdamen dies mit silbernen Scheren besorgen. Damit werden dann die Seidenraupen im Innern des Tempels gefüttert. Dann werden der Kaiserin und deren Hofdamen von den Priestern Kokons dargereicht, von denen sie mit den Fingern die Seide abzuwickeln versuchen. Und wie in der Hauptstadt durch die Kaiserin, so wird in den Provinzialstädten durch die Frauen der betreffenden Mandarine, die der Stadt vorstehen, ein solches Fest zu Ehren der vergöttlichten Gattin des Kaisers Huang-li, der Schutzgöttin der Seidenraupenzucht, gefeiert. Bis vor kurzem zog auch die Kaiserin mit ihren Hofdamen, wie auch die Prinzessinen, Seidenraupen. Heute geschieht dies allerdings nicht mehr. Gleichwohl ist bis auf den heutigen Tag die Aufzucht der Seidenraupe überall in China eine Beschäftigung der Frauen, während der Ackerbau Sache der Männer ist.

Die beste chinesische Seide wird in der Provinz Tsche-kiang hergestellt. Die Hauptstadt derselben, Hang-tschou, ist gleichzeitig das Handelszentrum für Seidenbau und Fabrikation von Seidenstoffen, wie heute Lyon für Europa. Die Seidenraupenzucht wird dort von den Bauern im kleinen betrieben. Wie unsere Bauern ihre eigenen Kartoffeln und Rüben auf ihren Äckern pflanzen, so pflanzt auch jeder Bauer in der Provinz Tsche-kiang seinen Reis und Tee und zieht seine Seidenraupen, die ihm nicht nur zur Lieferung von Seide, sondern auch zur Nahrung dienen. Sind nämlich die Kokons abgebrüht und die Seidenfäden abgewickelt, so werden die durch das Brühen getöteten Puppen als leckere Speise verzehrt. Für die Zucht der Seidenraupe werden natürlich immer nur die größten und vollkommensten Kokons verwendet. Schon am ersten Tage, nachdem sich der Falter durch die seidene Hülle des Kokons gebohrt hat und ans Tageslicht getreten ist, legt er nach erfolgter Paarung — oft aber auch ohne diese — auf einen großen Bogen groben Papiers, auf den man ihn gesetzt hat, seine gegen 500 winzige Eier ab. Diese Papierbogen werden nun sorgfältig in reines Wasser getaucht und auf horizontalen Bambusstangen zum Trocknen aufgehängt. Dort bleiben sie den Sommer und Herbst über bis zum Dezember und werden dann in einem reinen, staubfreien, sonnigen Zimmer auf den Boden gelegt. Im Februar werden die Eierbogen nochmals dadurch gewaschen, daß man sie eine Zeitlang mit warmem Wasser übergießt. Dies geschieht wohl auch deshalb, um ein möglichst gleichzeitiges Auskriechen der Raupen zu erzielen. Sobald die jungen Räupchen ausgekrochen sind, bekommen sie Maulbeerblätter, die alle 2–3 Stunden neu gestreut werden. Sie dürfen aber weder vom Regen noch vom Tau naß sein. In den Raupenzimmern legt man die Blätter auf Papierbogen oder Matten auf Hürden, wobei man nach der ersten Häutung das Lager mit den Exkrementen und unverbrauchten Blattresten täglich entfernt. Zu dem Zwecke legt man Netze oder durchlöchertes Papier auf die Raupen. Sehr bald kriechen sie hervor und können auf neue, saubere Hürden übertragen werden. Das alte Lager wird aufgerollt und hinausgeschafft. Mit dem Größerwerden der Raupen müssen ihnen natürlich immer größere Räume zur Verfügung gestellt werden. Am 32. Tage nach dem Ausschlüpfen aus dem Ei, wenn die Raupen aufhören zu fressen und man sieht, daß sie sich zum Verpuppen vorbereiten, hängt man in den Raupenhäusern lose Strohbündel auf und setzt auf jedes derselben 70–80 Raupen. Die Strohhalme geben ihnen den nötigen Halt, um sich einzuspinnen. Nach spätestens fünf Tagen haben sie sich aus den zarten Seidenfäden ihre Kokons gesponnen. Alsbald werden diese von den Strohhalmen abgelöst, auf Bambusmatten gelegt und der Hitze von Kohlenfeuern ausgesetzt, welche die Puppen tötet. In großen Betrieben benutzt man dazu backofenartige Kammern, in denen die erhitzte Luft das Töten der Puppen besorgt. Nun werden die Kokons sorgfältig sortiert und in flachen Körben in heißes Wasser gelegt, um das Seidengespinst zu lockern und die Fäden abhaspeln zu können. Nach dem Erweichen in Wasser von 90–100° *C.* bringt man sie in solches von 60–70° und schlägt sie mit einer von Hand oder in größeren Betrieben in Europa durch einen Exzenter auf und ab bewegten Bürste, um die oberflächliche Flockseide zu lösen und die Anfänge des Seidenfadens zu gewinnen. Hierauf gelangen sie in einen Trog mit Wasser von 50–60° und werden nach Vereinigung mehrerer Fäden zu einem Rohseidenfaden abgehaspelt. Während in China die Seidenfäden mit den primitivsten Mitteln gewonnen werden, benutzt man dazu in den Kulturländern Europas, die sich mit Seidenzucht abgeben, großartige maschinelle Einrichtungen. Die Rohseide wird dann auf besonderen Maschinen gezwirnt, indem man mehrere, meist 5–7 Fäden durch Zusammendrehen vereinigt. Von den 3000 *m* Seidenfaden, aus denen ein ganzer Kokon besteht, gewinnt man nur etwa 300–600, ausnahmsweise auch 900 *m* brauchbare Seide. Dabei wiegen 500–600 Kokons 1 *kg* und etwa 10 *kg* derselben liefern 1 *kg* gesponnene Seide, die an Haltbarkeit jede Pflanzenfaser übertrifft. Da nun aber diese Rohseide hart, steif und ohne Glanz ist, wird sie durch Kochen mit Seifenlauge zur Entfernung des Bastes „entschält“; dadurch wird sie nicht nur glänzend und weiß, sondern auch leichter und besser färbbar.

Von allen Städten Chinas ist das in einer tief sich ins Land hinein erstreckenden Bucht an der Küste südlich von Schang-hai gelegene Hang-tschose durch seine Seidenindustrie am berühmtesten. Ganze Quartiere werden hier von Seidenwindern und -spinnern eingenommen, die Tag für Tag ohne Unterbrechung ihrem Gewerbe obliegen und sich nur an 3 oder 4 Tagen im Jahr, am Neujahrsfest, Ruhe gönnen. Der größte Teil der Erzeugnisse dieser Stadt wird im Inlande abgesetzt, da die reichen und vornehmen Chinesen sich von jeher mit Vorliebe in Seidengewänder kleiden, die sehr kunstvoll mit prächtigen Stickereien hergestellt werden. Die gesamte Ausfuhr der Provinz Tsche-kiang beläuft sich nur auf 400 Pikuls (= 25000 *kg*) jährlich im Werte von 1/4 Million Taels (= 11/2 Millionen Mark). Am meisten Seide wird aus Han-kau, im Herzen Chinas am Yang-tse-kiang oder blauen Flusse gelegen, ausgeführt. Hier erreicht ihr Wert etwa 24 Millionen Mark im Jahr. Ebenso viel exportiert Kau-tau, dann folgen der Reihe nach Tschi-fu und I-schang. Der Gesamtexport Chinas beträgt im Jahre etwa für 150–160 Millionen Mark.

In den nördlichen Provinzen Chinas sowie in der Mandschurei werden die Seidenraupen nicht mit Maulbeerblättern, sondern mit Eichenlaub, bei uns in Europa auch mit den Blättern der Schwarzwurzel (*Scorzonera hispanica*), großgezogen. Man läßt dort die Raupen auf den Bäumen, wo sie sich selbst ernähren. Hier bleiben sie ohne Pflege und besonderen Schutz, bis sie sich eingesponnen haben. Die Frühjahrkokons werden nicht eingeheimst; man läßt aus ihnen die Falter auskriechen und sich vermehren. Erst die Herbstkokons werden geerntet und auf Seide verarbeitet. In diesen nördlichen Provinzen, wie auch im Stromgebiet des Yang-tse-kiang, sind die Krankheiten der Seidenraupe, welche in Frankreich und Italien so große Verheerungen anrichten, unbekannt; dagegen sind sie in Tsche-kiang schon aufgetreten. Trotzdem liefert China unzweifelhaft auch heute noch die meiste Rohseide; und wollten die Chinesen endlich die bewährten europäischen Erzeugungsmethoden annehmen, so würde es ihnen leicht werden, den sich in letzter Zeit äußerst stark geltend machenden japanischen Wettbewerb aus dem Felde zu schlagen und ihre schon jetzt so großen Einnahmen zu verdoppeln. Daß dies in verhältnismäßig naher Zukunft der Fall sein wird, daran ist nicht im geringsten zu zweifeln.

Wie die Chinesen den Seidenspinner zum eigentlichen Haustier erhoben, haben sie auch die Seidenraupenzucht im Altertum als ihr ausschließliches Monopol eifersüchtig gehütet. Dieses Monopol wurde zum erstenmal, soweit wir wissen, im Jahre 140 v. Chr., durch eine chinesische Prinzessin durchbrochen. Solche wurden schon damals als Opfer der Politik zur Einleitung freundschaftlicher Beziehungen oder zur Befestigung bestehender Bündnisse gewissermaßen als Ehrengeschenke Fürsten der angrenzenden Länder gegeben. Eine solche brachte die Zucht der Seidenraupe aus dem Herzen Chinas nach der uralten Kulturoase Chotan am nördlichen Abhange des Kuen-lün oder Himmelsgebirges. Von Kind auf mit der Aufzucht dieses Tieres vertraut, wollte sie es als teure Erinnerung an die ferne Heimat mitnehmen. Das durfte sie aber nur ganz im Verborgenen tun, und so schmuggelte sie Eier des Seidenspinners in ihrem Kopfputz verborgen über die Grenze.

Schon lange vorher waren Kleidungsstücke und Stoffe von in China bereiteter Seide als wertvolle Tauschmittel nach dem Auslande gebracht worden, zumal nach dem reichen Indien, wo solche früher schon an den Höfen und bei den Vornehmen einen beliebten Schmuck bildeten. Über den Umweg Indien oder auch direkt kam solcher Seidenstoff schon im Altertum auch in die Kulturländer am Mittelmeer, wo man sich allerdings von dessen Gewinnung teilweise sehr abenteuerliche Vorstellungen machte. So spricht der römische Dichter Vergil (70–19 v. Chr.) in seiner Georgica „von den Wäldern des Negerlandes, die weißgraue Wolle tragen — er versteht darunter offenbar die Baumwolle — und von der feinen Wolle, welche die Serer von Blättern kämmen". Unter der Bezeichnung Serer verstand das klassische Altertum die Chinesen im fernsten Asien, und deshalb kann unter dieser von Blättern gekämmten Wolle nur die Seide, die bereits damals bei den Vornehmen Roms gebräuchlich war, verstanden worden sein. Auch der ältere Plinius (23–79 n. Chr.) sagt in seiner Naturgeschichte: „Die Serer sind berühmt durch die Wolle ihrer Wälder (also die Seide); sie begießen die weißgrauen Haare der Blätter und kämmen sie ab. Unsere Weiber müssen die Fäden wieder abwickeln und von neuem weben. So mühsam ist die Arbeit, durch die unsere Damenkleider hergestellt werden, so weit her holt man ihren Stoff".

Tafel 59.

Seidenraupenzucht in Japan. 1. Die aus den Kokons ausgeschlüpften Schmetterlinge werden auf Papierbogen ausgebreitet, auf denen sie ihre Eier legen.

2. Fütterung der Seidenraupen mit Blättern des weißfrüchtigen Maulbeerbaums.

Tafel 60.

3. Eingesponnene Seidenraupen (Kokons).

4. Die Seide wird von den Kokons abgehaspelt.

Die Behauptung, daß die Seide in Form von Haaren auf Blättern wachse, ist zweifellos daher entstanden, daß man eine dunkle Ahnung davon hatte, daß gewisse Blätter zu deren Gewinnung nötig seien. Daß aber eine Raupe von diesen Blättern lebt und aus der Blattsubstanz Seide erzeugt, das wußte man noch nicht allgemein. Doch hatten schon einige besser unterrichtete Griechen Kunde davon. So spricht schon der gelehrte Erzieher Alexanders des Großen, Aristoteles (384–322 v. Chr.), von der Gewinnung einer Art Seide durch einen in Griechenland einheimischen Spinner. Er schreibt nämlich in seiner Naturgeschichte: „Aus einem großen Wurme, der eine Art Hörner hat und sich von andern unterscheidet, wird zunächst durch

Verwandlung eine Raupe, dann ein *bombylios* (Kokon) und später eine Puppe; alle diese Verwandlungen macht er in sechs Monaten durch. Von diesem Tiere haspeln manche Weiber das Gespinst (*ta bombýkia*) ab und weben es dann. Pamphila, die Tochter des Plates, soll zuerst auf der Insel Kos (in der Nähe der Karischen Küste) diese Webekunst ausgeübt haben." Diese Stelle des Aristoteles bringt der ältere Plinius mit geringen Veränderungen und sagt dann, daß aus den Kokons eines Spinners (*bombyx*) als *bombycine* bezeichnete Gewebe verfertigt würden, aus denen man Kleider für prachtliebende Damen mache. Die Kunst, diese Fäden abzuhaspeln und dann zu weben, habe eine Frau von Koos, Pamphila, erfunden. Späterhin fährt er fort: „Auch auf der Insel Koos soll eine Art Spinner (*bombyx*) entstehen, indem sich die vom Regen abgeschlagenen Blüten der Cypressen, Terebinthen, Eschen und Eichen durch den Hauch der Erde beleben. Zunächst sollen daraus kleine, nackte Schmetterlinge (*papilio*) entstehen, welche bald gegen die Kälte einen schützenden Haarüberzug erhalten und sich dann gegen die Rauhigkeit des Winters eigene Kleider verfertigen, indem sie mit den Füßen den feinen Haarüberzug (*lanugo*) der Blätter abkratzen. Diesen krämpeln sie dann mit den Nägeln, breiten ihn zwischen den Ästen aus und ordnen ihn wie mit einem Kamme, worauf sie sich in das Ganze wie in ein bewegliches Nest einhüllen. Hierauf nimmt man sie ab, legt sie in lauwarme irdene Geschirre und füttert sie mit Kleie. Daraufhin bekommen sie Federn (*pluma*). Nun läßt man sie wieder frei, damit sie ihre Arbeit aufs neue beginnen können. Die schon begonnenen Gewebe werden in der Feuchtigkeit zähe und werden dann mit einer aus Binsen gemachten Spindel in dünne Fäden gezogen. Selbst Männer tragen solche leichte Kleider während der Sommerhitze, denn vom Panzer wollen unsere Weichlinge, die kaum noch ein leichtes Kleid zu tragen vermögen, nicht mehr viel wissen. Doch den assyrischen Bombyx überlassen wir noch den Damen". Unter letzterem scheint die echte Seide verstanden worden zu sein, die vorzugsweise von den vornehmen Damen Roms zur Kaiserzeit getragen wurde; denn der römische Geschichtschreiber Tacitus (54–117 n. Chr.) schreibt in seinen Annalen, der Senat habe unter der Regierung des Kaisers Tiberius (14–37 n. Chr.) beschloßen den Aufwand einzuschränken und verbot Speisen in Gefäßen von massivem Gold aufzutragen, wie auch den Männern das Tragen seidener Kleider. Unter dem Gespinst von Kos muß aber das Erzeugnis eines anderen Spinners, der dort vielleicht in wilder Zucht kultiviert wurde, verstanden worden sein, wenn man nicht annehmen will, daß die aus gekrämpelten Fäden hergestellte Floretseide irrtümlicherweise von einer auf Kos lebend angenommenen Bombyxart abgeleitet wurde. Letzteres scheint sehr wahrscheinlich zu sein, denn man sollte doch denken, daß, wenn auf der Insel Kos tatsächlich eine Art Seidenspinner gezogen worden wäre, man über diese Zucht noch weitere Angaben bei antiken Schriftstellern finden sollte, was aber durchaus nicht der Fall ist.

Weit besser als die bisher genannten Autoren war der griechische Geschichtschreiber und Geograph Pausanias, der zwischen 160 und 180 n. Chr. einen Reiseführer durch die Kulturländer am Mittelmeer schrieb, über die Herkunft der chinesischen Seide orientiert. Allerdings war auch sein Wissen mit zahlreichen Irrtümern gespickt. Er schreibt nämlich in seiner Periegesis: „Im Lande der Serer lebt ein Tierchen, welches die Griechen *sér* nennen, während es bei den Serern selbst anders heißt. Es ist doppelt so groß wie der größte Käfer, übrigens den Spinnen gleich, hat auch acht Beine. Diese Tiere halten die Serer in eigenen Gebäuden, die für den Sommer und Winter eingerichtet sind. Das Gespinst dieser Tiere ist zart und sie wickeln es mit ihren Füßen um sich herum. Vier Jahre lang werden sie mit Hirse gefüttert; im fünften aber, und man weiß, daß sie nicht länger leben, bekommen sie grünes Rohr (*kálamos*) zur Nahrung. Dieses schmeckt ihnen unvergleichlich gut; sie fressen sich davon so dick und voll, daß sie platzen und sterben. Man findet alsdann in ihrem Innern noch viele Fäden."

Wenn nun auch die alten Römer nicht recht wußten, was für ein Erzeugnis die Seide sei, so wußten sie doch, daß die von ihnen Serer genannten Chinesen im fernen Osten Asiens diesen kostbaren Stoff gewannen und in den Handel brachten. Der römische Geschichtschreiber Ammianus Marcellinus (geboren 330 zu Antiochia in Syrien, diente zuerst im Heer, lebte später in Rom, wo er in lateinischer Sprache eine „Römische Geschichte von 96–378" in 31 Büchern schrieb und nach 390 starb) weiß uns zu erzählen: „Die Serer sind ruhige, sich nie mit Waffen und Krieg befassende Leute. Sie leben in einer gesunden Gegend, die reich an ziemlich lichten Wäldern ist, holen von den Bäumen, nachdem sie dieselben tüchtig mit Wasser bespritzt haben, eine Art Wolle, die, mit der Flüssigkeit gemischt und dann gekämmt, einen äußerst feinen Stoff liefert, der gesponnen die Seide gibt. Früher trugen nur vornehme Leute solche Kleider, jetzt tragen sie selbst die gemeinsten ohne Unterschied. — Kommen Fremde zu den Serern, um Fäden (d. h. Seide) zu kaufen, so legen sie ihre Ware aus und der Handel wird geschlossen, ohne daß ein Wort dabei gewechselt wird."

Wenn auch nach diesem Autor im 4. Jahrhundert n. Chr. selbst die gemeinen Leute seidene Kleider trugen, so war dies zu Ende der Republik und zu Anfang der Kaiserzeit durchaus noch nicht der Fall. Damals waren Seidenstoffe etwas überaus Kostbares, deren Anschaffung sich nur sehr Reiche leisten konnten. So schreibt der römische Geschichtschreiber Dio Cassius: „Um einen Begriff von der verschwenderischen Pracht zu geben, welche der Diktator Julius Cäsar (es war in den Jahren 46–44 v. Chr.) entfaltete, so bemerke ich, daß er, wie einige Schriftsteller erzählen, im Theater seidene Stoffe zum Schutze gegen die Sonne über den Zuschauern ausbreiten ließ. Die Seide ist ein für Üppigkeit bestimmtes Gewebe, das eigentlich zum Gebrauche vornehmer Damen eingeführt wird. Die

Zuschauer im Theater, welche bis dahin bei jeder neuen Szene laut über unvernünftige Verschwendung Cäsars geschrieen hatten, ließen sich die seidenen Tücher (Velarien) zur Abhaltung der Sonne ruhig gefallen; die Soldaten aber, welche sich ärgerten, daß das Geld nicht lieber für sie selbst verwendet worden war, machten einen entsetzlichen Lärm und konnten nicht eher zur Ruhe gebracht werden, als bis Cäsar einen von ihnen mit eigener Hand packte und hinrichten ließ."

Außer zu Kleidern für vornehme Damen und Velarien für Theater und später auch Zirkus, wurde für alle möglichen Zwecke ein ausgedehnter Gebrauch von Seidenstoffen gemacht. So spricht Properz (45 v. bis 22 n. Chr.) in seinen Elegien von mit Seide geschmückten Wagen, von in arabischer Seide glänzenden Mädchen, von bunten Seidengeweben, die gegen Kummer nicht helfen. Horaz (65–8 v. Chr.) schreibt in einer seiner Epoden von „Büchern, die auf seidenen Kissen liegen." Ovid (43 v. bis 7 n. Chr.) sagt in seinem Amores, die über den Rücken herabwallenden Haare der Geliebten seien so zart wie Seide und so fein wie Spinnengewebe. Quintilian berichtet von einer aus Seide gewebten Toga, also dem Männerüberwurf. Martial spottet: „Galla ist alt und häßlich, schmückt sich aber mit seidenen Kleidern." Und der ältere Plinius schreibt in seiner Naturgeschichte: „Kränze sind schon seit langer Zeit bei den Römern im Gebrauch; jetzt aber hat es die Üppigkeit der Weiber so weit gebracht, daß man diejenigen Kränze für die besten hält, die mit bunten Seidenbändern durchflochten sind und von Salben triefen."

In der späteren Kaiserzeit wurde der Luxus mit den kostbarsten Dingen, darunter auch mit Seidengeweben, immer weiter getrieben. Stark darin war der halbverrückte Kaiser Commodus. Nach dessen Ermordung im Jahre 192 fand der zum Imperator ausgerufene Stadtpräfekt in Rom, Pertinax, nach dem Berichte des Julius Capitolinus die Finanzen in einem verzweifelten Zustande, der durch die unsinnige Verschwendung seines Vorgängers Commodus verursacht worden war. Er sah sich daher, um hierin Ordnung zu schaffen, genötigt, alles zu verkaufen und zu Geld zu machen, was derselbe an verkäuflichen Dingen hinterlassen hatte, so z. B. Hofnarren, liederliche Dirnen, zahlreiche kostbare Kleider, deren Aufzug aus Seide, der Einschuß aber aus Goldfäden bestand, dann Waffen und Schmuck aller Art aus Gold und Edelsteinen, zahlreiche Gefäße, die aus Gold, Silber, Elfenbein oder kostbarem Holz der Sandarakzypresse aus dem Atlasgebirge (*citrus*) gearbeitet waren, Prunkkarossen usw. Bis dahin waren die Gewebe meist noch nicht ganz aus Seide hergestellt, sondern nur der Aufzug war von Seide, der Einschuß aber aus Wolle, Leinen, Baumwolle oder Gold, wie sie Commodus trug. Erst nach seiner Zeit ist von ganzseidenen Gewändern (*stola holoserica* — Stola war das bei den Römern über der Tunika getragene lange Frauengewand, das unter der Brust zu einem weiten Faltenbausch aufgegürtet wurde) die Rede, die als besonders üppig, weil sehr teuer, galten. Und Älius Lampridius schreibt in seiner Biographie des Kaisers Heliogabalus: „Kaiser Heliogabalus (regierte von 218–222 n. Chr.) soll der erste Römer gewesen sein, der ein ganzseidenes Kleid (*holoserica vestis*) trug; bis dahin hatten römische Männer nur halbseidene (*subserica*) getragen. — Er ließ sich Stricke aus purpur- und scharlachroter Seide flechten, um sich damit erhängen zu können, wenn sein letztes Stündlein geschlagen hätte. Um die Wahl zu haben, hielt er auch in hohlgeschliffenen Edelsteinen Gifte vorrätig, baute auch einen sehr hohen Turm und ließ an dessen Fuß den Boden mit Gold und Edelsteinen pflastern, um sich gegebenenfalls recht großartig auf dieses Prachtpflaster zu stürzen und so ganz glorreich den Hals brechen zu können. Aber alle diese schönen Plänchen wurden vereitelt; denn Hofnarren und Soldaten jagten ihn in einen Abtritt, schlugen ihn da tot, schleiften ihn durch allen möglichen Dreck und warfen ihn zuletzt mit einem Stein am Halse, damit er nicht begraben werden könne, in den Tiberstrom."

Im Gegensatz zu diesem an den größten orientalischen Luxus gewöhnten Kaiser sagt der Geschichtschreiber Flavius Vopiscus von Kaiser Aurelian (ward 270 nach Claudius II. Tod von den Truppen in Mösien zum Kaiser ausgerufen, machte 272 der Herrschaft der Zenobia in Palmyra ein Ende, besiegte den gallischen Gegenkaiser Tetricus, fiel aber 275 auf dem Zuge gegen die Perser durch Meuchelmord): „Kaiser Aurelian hatte weder selbst ein ganzseidenes Kleid, noch schenkte er jemandem eins. Als ihn seine Gemahlin um die Erlaubnis bat, wenigstens ein pupurfarbiges seidenes Kleid tragen zu dürfen, antwortete er: „Nein, bewahre! Die Seide darf nicht mit Gold aufgewogen werden." Damals aber stand ein Pfund Gold einem Pfund Seidenstoffes an Wert gleich." Und vom Kaiser Tacitus, der 275, im Alter von 75 Jahren vom Senat zum Imperator gewählt, treffliche Absichten hatte, aber schon 276 auf einem Zug gegen die Goten in Kleinasien von seinen eigenen Soldaten ermordet wurde, hebt sein Biograph Flavius Vopiscus rühmend hervor, er habe allen Männern das Tragen ganzseidener Kleider verboten, da er solche Sitte als allzu verweichlichend für unpassend fand. Sein Verbot hatte aber nur vorübergehend Geltung und wurde unter seinen Nachfolgern bald aufgehoben. Ungescheut trugen auch die Männer jene üppigen Seidenstoffe aus dem fernen Asien. Erst später, als das Tragen solcher Gewandung in breitere Volksschichten überging, kamen die einsichtsvolleren Männer Roms wieder davon ab. Und der ums Jahr 400 n. Chr. lebende Schriftsteller Claudius Claudianus berichtet, daß es zu seiner Zeit Stutzer gab, denen selbst das seidene Kleid zu schwer war. Derselbe Autor spricht in seiner Lobschrift über den Vandalen Stilicho, der 395 Vormund des Kaisers Honorius und Regent des weströmischen Reiches ward, von seidenen Zügeln. Als dieser Stilicho 408 von einem Römer ermordet worden war, drang der Westgotenkönig Alarich mit seinem Heere, das jener 403 bei Pollentia und Verona geschlagen hatte, abermals plündernd in Italien ein und eroberte die Stadt Rom am 24. August 410. Bei der Übergabe dieser Stadt stellte dieser Germanenfürst, der bereits auf seinem Raubzuge durch Griechenland 395 die Annehmlichkeit des Tragens seidener Kleidung kennen gelernt hatte, nach dem Berichte des Geschichtschreibers Zosimus die Bedingung auf, daß ihm die Römer außer andern Kostbarkeiten 4000 seidene Gewänder abliefern sollten, was denn auch geschah. Daß dies möglich war, beweist, daß die Seide damals in jener üppigen Hauptstadt des weströmischen Reiches etwas ziemlich Gewöhnliches war.

In jener Zeit hatte die Zucht der Seidenraupe vom Gebiet von Chotan aus durch ganz Turkestan so weite Verbreitung gefunden, daß um die Mitte des 6. Jahrhunderts n. Chr. Dizabul, ein Herrscher der Turkvölker, mit Umgehung des dazwischenliegenden Reiches der Sassaniden mit dem oströmischen Kaiser Justinian I., der 527 seinem Onkel Justinus I. in der Herrschaft folgte und bis 565 regierte, Unterhandlungen über die Einfuhr von Seidenstoffen anknüpfte. Dieses Anerbieten Dizabuls lehnte aber Justinian ab, da inzwischen die Oströmer selbst die Seidenraupenzucht erhalten hatten. Im Jahre 551 hatten nämlich nach dem Geschichtschreiber Procopius zwei syrische Mönche die ersten Eier des Seidenspinners und eine gründliche Kenntnis der ganzen Zucht desselben von Turkestan nach Konstantinopel gebracht. Da die Todesstrafe auf der Ausfuhr von Eiern der Seidenraupe stand, schmuggelten sie diese in hohlen Stöcken auf oströmisches Gebiet hinüber, wo man mit diesem kostbaren Geschenk sehr wohl zufrieden war. Dort lernte man bald die Seide selbst gewinnen und daraus Seidengewebe herstellen. So konnte Justinian mit Umgehung der in Syrien ansässigen Seidenhändler aus der Seide in seinem eigenen Lande ein Monopol machen. Und dieses wurde in der Folge bis ins 12. Jahrhundert streng aufrecht erhalten. Späterhin wurde besonders die Insel Kos durch ihre Seidenkultur berühmt.

Erst als man die Seidenraupenzucht im eigenen Lande hatte, korrigierte man die falschen Anschauungen, die bis dahin über die Herkunft dieser Art Gewebe im Abendlande geherrscht hatten. Doch gab es gleichwohl noch genug Leute, die darin nicht recht Bescheid wußten und bei den althergebrachten falschen Ansichten blieben. So schreibt noch der 636 als Bischof von Hispalis (Sevilla) verstorbene Isidorus in seiner Biographie des Origines: „Die Seide heißt *sericum*, weil sie zuerst aus dem Lande der Serer kam. Dort sollen Würmchen (*vermiculi*) leben, welche die Fäden auf Bäumen ziehen; solche Würmer (*vermes*) werden von den Griechen *bómbykes* genannt.“

In Persien, Syrien und Kleinasien war die Seidenzucht schon zu Muhammeds Zeiten (571–632) stark verbreitet, und obschon dieser einflußreiche Prophet seinen Anhängern drohend zurief: „Wer hier Seide trägt, wird dort keine tragen,“ konnte der seit dem Altertum hier getriebene orientalische Luxus an kostbaren Webereien und Stickereien unmöglich auf dieses neue hervorragende Material verzichten. So erdachten sich die schlauen Anhänger des Propheten einen Kompromiß zwischen den allzustrengen Geboten Muhammeds und den Bedürfnissen des täglichen Lebens, und erklärten nur reinseidene Gewänder und Gewebe für verboten, während Seide, die in anderes Gewebe eingewebt, eingestickt oder eingenäht wurde, erlaubt sein sollte. Jedenfalls ist die Seidenzucht in allen muhammedanischen Ländern bald zu großer Blüte gelangt und hat besonders auch unter den gewerbetüchtigen Mauren in Spanien eine große Bedeutung erlangt, indem der Export von kostbaren Seidenstoffen von dort nach Europa ein nicht unwichtiger war. Aber nicht von Spanien, wo die Mauren nur Seidenstoffe, nicht aber die Seidenraupe selbst außer Land gaben, sondern von Sizilien aus wurde die Seidenzucht zunächst nach Italien und dann nach Südfrankreich verbreitet. In Siziliens Hauptstadt Palermo hatten die Araber seit dem 10. Jahrhundert eine auch von ihren Nachfolgern, den Normannen, nach der Eroberung der Insel im Jahre 1072 beibehaltene staatliche Fabrik für Seidengewebe, die unter anderm auch die normannischen Krönungsgewänder lieferte. Diese kamen durch Konstantia, die Erbin des sizilischen Königs Wilhelm II., mit der sich Kaiser Friedrichs I. Barbarossas Sohn Heinrich IV. 1186 vermählte, in den Besitz der Hohenstaufen und wurden durch sie zu den deutschen Reichskleinodien gemacht. Daher kommt es, daß der Mantel und die Strumpfbänder, mit denen der Kaiser des heiligen römischen Reichs deutscher Nation bei der feierlichen Krönung bekleidet wurde, arabische Inschriften von Goldstickerei auf purpurfarbiger Seide tragen. Ersterer, der im Jahre 1133 für Roger II. hergestellt wurde, welcher sich drei Jahre zuvor in Palermo zum Könige von Sizilien und Apulien, das er 1127 erbte, hatte krönen lassen, trägt außerdem das echt arabische Motiv der Darstellung eines Löwen, der unter einer Dattelpalme ein Kamel würgt.

In Italien breitete sich dann in begünstigten Gebieten die Seidenzucht ziemlich rasch aus. So empfingen die Fabriken Norditaliens ein wichtiges Produkt für ihre Weberei. Besonders zeichnete sich Lucca, Bologna und Florenz aus; aber auch sie suchten daraus ein Monopol zu ihren Gunsten zu machen, indem sie die Ausfuhr des Seidenspinners und seiner Nährpflanze, des weißfrüchtigen Maulbeerbaumes, aus ihrem Gebiete aufs strengste untersagten. Solches Verbot mußte aber nur umsomehr die Begehrlichkeit der Nachbarn reizen. So ließ Ludwig XI., der von 1461 an Frankreich regierte, in seinem Lieblingssitze Plessis-les-Tours durch einen Kalabresen eine Seidenzucht einrichten, die aber erfolglos blieb. Erst einem seiner Räte gelang diese Einführung, indem er zuerst die Nährpflanze der Seidenraupe, den weißfrüchtigen Maulbeerbaum, in Südfrankreich anpflanzte und dann erst Eier des Seidenspinners zur Aufzucht der Raupe einführte. In der Folge wurde die südfranzösische Seidenzucht von den Königen Frankreichs in hohem Maße begünstigt, so daß schon unter Heinrich IV. der Altmeister der französischen Landwirtschaft, Olivier de Serres, sie als blühend hervorhob. Seit der Zeit des prachtliebenden Ludwigs XIV. nahm dann Lyon in der Fabrikation aller Seidenstoffe eine führende Stellung ein, gegen die die oberitalienischen Städte, selbst Mailand, wohin sie 1550 eingeführt wurde, zurücktreten mußten.

Während in Süditalien und Sizilien die vormals blühende Seidenweberei im 14. Jahrhundert verschwand, behielten diese Länder in der Folge nur die Erzeugung des Rohmaterials, während sich die dem damals überaus mächtigen und reichen Herzogtum Burgund angegliederten Niederlande einen großen Teil der Herstellung der allerkostbarsten Seidenzeuge, speziell Brokate, aneigneten. In Deutschland bildete sich im Jahre 1670, und zwar in Bayern, die erste Seidenbaugesellschaft. Von 1764 an bis zu seinem 1786 erfolgten Tode führte König Friedrich II., der Große, den Seidenbau in Preußen ein und begünstigte ihn in so hohem Maße, daß Krefeld versuchen konnte, es mit Lyon aufzunehmen. Doch verfiel in der Folge die ganze Unternehmung, weil es der Seidenraupe hier zu kalt war, so daß Krefeld, um weiter bestehen zu können, das Rohmaterial aus überseeischen Ländern, wie auch später Lyon infolge der Muscardine, beziehen mußte. Dadurch erhielt die Zucht der Seidenraupe im subtropischen Gebiet einen neuen Anstoß, zugleich aber wurde die Seidenindustrie des Orients, die sich bis dahin, wenn auch in geringerem Maße, in alter Weise erhalten hatte, durch die Entziehung des Rohmaterials aufs empfindlichste betroffen. Jetzt ziehen Persien, Kleinasien und Mazedonien die Seide für die französischen Fabriken, und China und Japan exportieren zunehmend rohe Seide. Auch die indische Seide geht jetzt fast ganz in die europäische Fabrikation über. Rußland hat die alte Seidenkultur Zentralasiens an sich gerissen, wie Frankreich diejenige Algeriens.

Am Kap der Guten Hoffnung wurden im Jahre 1730 ohne Erfolg Seidenraupen gezogen; auch in Mexiko, Argentinien und Chile blieben die diesbezüglichen Versuche bedeutungslos. Asien dagegen ist heute noch die Hochburg der Seidenzucht. Während in Indien bis nach Indo-china hinein die wilde Zucht die zahme weit überwiegt, wurde letztere von China aus schon frühe weiter ostwärts verbreitet. So kam sie zu Beginn des 2. Jahrhunderts in Korea auf und im Jahre 195 wurde sie durch den Prinzen Koman, einen Sproß des chinesischen Kaiserhauses, nach Japan, wo er sich niederließ, eingeführt. Sein Sohn ließ dann eine große Schar aus China herübergebrachter Seidenweber über das ganze Land verteilen, um das japanische Volk in dieser Kunst zu unterweisen. Man erzählt sich, das 50 Jahre später der damalige japanische Kaiser seine Gemahlin veranlaßt habe, die Häuser der Seidenraupenzüchter und Seidenweber zu besuchen, um sie in ihrer Tätigkeit zu ermutigen. Ja, im Jahre 462 ließ Kaiser Yurgake als ermunterndes Beispiel für das ganze Volk seine Gemahlin höchst eigenhändig Seidenraupen züchten und sie mit den Blättern des Maulbeerbaums füttern. Von dieser Zeit an wurde die Seidenkultur nach dem Berichte der japanischen Annalen, wie in China, ein Gegenstand von größter nationaler Bedeutung, so daß wie dort Seidenstoffe von allen besser Situierten getragen und an Stelle anderer Bezahlung als Steuer auch von den Staatsbeamten angenommen werden.

Heute werden alljährlich 24 Milliarden Kokons des Seidenspinners zur Gewinnung von Seide verbraucht, obschon neuerdings auch Kunstseide aus nitrierter Cellulose oder Schießbaumwolle hergestellt wird. Durch die vielhundertjährige Zucht in geschlossenen Räumen zeigen die Seidenraupen eine verminderte Widerstandsfähigkeit gegen Infektionen und sind den verschiedensten Krankheiten ausgesetzt, die große Verheerungen unter ihnen anrichten. Von den durch Spaltpilze angerichteten Krankheiten, den sogenannten Mykosen, ist zunächst die Schlaffsucht hervorzuheben, von den Franzosen *flacherie* und den Italienern *flaccidezza* genannt. Sie trat in der zweiten Hälfte des vorigen Jahrhunderts mit ungewöhnlicher Heftigkeit auf und vernichtete einen starken Prozentsatz der Zuchten. Die Krankheit macht sich meist kurz vor der Verpuppung bemerkbar und nimmt einen sehr raschen Verlauf. Die Raupen zeigen dann verminderte Freßlust, werden schlaff und verenden schließlich. Das Innere derselben verfließt schon nach 1–2 Tagen zu einer schwarzbraunen Jauche, in welcher sich viele Spaltpilze befinden. Eine andere Mykose verursacht die Kalksucht, von den Franzosen *muscardine*, von den Italienern dagegen *calcino* genannt. Sie wird durch den Pilz *Botrytis bassiana* hervorgerufen, dessen Mycel das Innere des Raupenkörpers durchsetzt, wobei die absterbende Raupe zuerst wachsartig, später aber wie mit Kalk begossen erscheint, indem sie sich über und über mit den Sporenträgern bedeckt, die durch Verstreuen der rasch in die gesunden Raupen eindringenden Sporen andere Individuen anstecken. Die Seuche ist seit 1763 bekannt und gewann zu Beginn des vorigen Jahrhunderts besonders in Frankreich eine große Ausdehnung, ist aber seit 50 Jahren fast ganz verschwunden. Die Fleckenkrankheit oder Pebrine zeigt sich zuerst in verminderter Freßlust, dann erscheinen auf der Haut dunkle Flecken und das Schwanzhorn der Raupe verschrumpft meist. Doch können schwach infizierte Raupen noch einen Kokon spinnen und sich zu einem Schmetterling entwickeln. Der Erreger dieser Fleckenkrankheit ist ein *Nosema bombycis* genannter Spaltpilz, der ebenfalls leicht übertragen wird und großen Schaden anrichtet. Ebenfalls verderblich sind die Fett- oder Gelbsucht und die Schwind- und Schlafsucht.

Wie der Mensch Schläge der Seidenraupe mit strohgelbem, goldgelbem, grünlichem oder weißem Kokon gezüchtet hat, hat er auch größere und kleinere Rassen, wie auch solche mit ein und zwei Generationen im Jahr gezogen. Ganz verwildert ist dieses Haustier nirgends, immerhin gab es nach

Aldrovandi im Jahre 1623 eine halbverwilderte Zucht in Kalabrien, indem man dort die Raupe auf dem Maulbeerbaume selbst ansiedelte und von diesen die Kokons sammelte. Der Haupthinderungsgrund des Gedeihens einer solchen Zucht im Freien sind vor allem die insektenfressenden Vögel, gegen die auch die Südasiaten ihre halbwilde Zucht durch Netze schützen müssen. Wahrscheinlich sind auch diese Feinde der wehrlosen Raupe die Ursache gewesen, daß man die Zucht dieses Tieres mehr und mehr ins Haus zog. Da in allen zur Seidengewinnung verwendeten Kokons die Tiere getötet werden müssen, wird die Seidenzucht nur durch die große Fruchtbarkeit des Schmetterlings ermöglicht. Durch Ausziehen des klebrigen, dickflüssigen Inhalts der Spinndrüsen kurz vor dem Verpuppen erzielt man in China und Japan ein sehr festes Material zum Anbringen der Angel an der seidenen Schnur.

Als wilde Stammform des Seidenspinners hat man den in dem östlichen Himalajagebiet vorkommenden *Bombyx huttoni* ansehen wollen, den der Engländer Hutton wildlebend auf dem wilden weißfrüchtigen Maulbeerbaum antraf. Jedenfalls muß er dem echten Seidenspinner sehr nahe verwandt sein, da er sich mit ihm kreuzen läßt, wobei die Nachkommen einer solchen Kreuzung fruchtbar sind. Ist dieser wilde Seidenspinner tatsächlich die Stammform des zahmen, so muß früher sein Vorkommen, das jetzt auf das östliche Himalajagebiet beschränkt ist, weiter östlich über Yünnan nach Südchina gereicht haben, wo eben der Wildling durch Zähmung zum Verschwinden gebracht wurde.

Doch ist dieser Spinner durchaus nicht der einzige, der verspinnbare Seide liefert. So beherbergt Ostasien noch einige andere Spinner, deren Kokons ebenfalls eine für den Menschen brauchbare Seide erzeugen. Als zu Beginn der 1850er Jahre unter den Seidenraupenzüchtern Südfrankreichs die als Pebrine erwähnte verheerende Epidemie ausbrach, deren parasitäre Natur Louis Pasteur feststellte, sah man sich, als sie den Züchtern schwere Verluste beibrachte und ihre ganze Existenz in Frage stellte, nach andern Spinnern um, die sich in Europa züchten ließen. Schon 1740 hatte der Missionar Pater d'Incarville über einen südasiatischen Spinner berichtet, der 20 Jahre später von Daubanton als „Halbmond" in seinem Atlas abgebildet wurde und 1773 von Drury seinen wissenschaftlichen Namen erhielt. Es war der Ailanthusspinner (*Saturnia cynthia*), in Assam Erya genannt, der als Ersatz des Maulbeerspinners 1856 von Pater Fantoni aus China nach Frankreich eingeführt wurde. Seine Raupe, die auf dem Götterbaum (*Ailanthus glandulosa*) und der Rizinusstaude (*Ricinus communis*) lebt, entwickelt sich so rasch, daß in einem Jahre bequem dreimal frische Kokons erzielt werden können, die eine vorzügliche Seide liefern. Ja, Sir W. Neid, der Gouverneur von Malta, züchtete in der Zeit vom 2. Dezember bis zum folgenden November sogar viermal vollkommen gesunde Falter. Durch die künstlichen Zuchtversuche ist der schöne gelbbraune Schmetterling in Italien, Südfrankreich, bei Straßburg im Elsaß, wo er 1878 ausgesetzt wurde, bei Frankfurt am Main, im Tessin, bei Trient, in Istrien, bei Laibach, bei Wien und im östlichen Nordamerika heimisch geworden. Leider treiben die beiden genannten Futterpflanzen, die sonst in Deutschland ganz gut gedeihen, zu spät Blätter, um eine Zucht im großen ohne Treibhaus lohnend erscheinen zu lassen. Daher sahen die Akklimatisationsvereine sich nach anderen Seidenspinnern um, die mit einheimischen Pflanzen gefüttert werden können.

Bald wurden aus China und Japan zwei große Falter eingeführt, die in ihrer Heimat schon längst ihrer vortrefflichen Seide wegen gezüchtet wurden und allen Wünschen zu entsprechen schienen. Beide lassen sich bei uns leicht mit Eichenblättern ernähren. Es sind dies erstens der chinesische Eichenseidenspinner (*Saturnia pernyi*). Dieser in seiner Grundfarbe ledergelbe Schmetterling liefert in China zweimal jährlich Kokons, nämlich im Juni und Oktober. Drei Tage nach der Paarung, die 40–50 Stunden dauert, werden 150 bis 230 große, braune Eier gelegt, die nach etwa acht Tagen die anfangs schwarzen, nach der ersten Häutung aber grünen Raupen liefern. Setzt man ihnen saftiges Eichenlaub vor und bespritzt man dieses samt den Raupen einige Male mit Wasser, so gedeihen sie sehr gut und spinnen sich nach 50 Tagen zwischen den Blättern ihrer Futterpflanze ein. Die im Herbst erzielten Kokons überwintert man im Keller, damit die Raupen im April nicht früher auskommen, als frisches Eichenlaub zu ihrer Fütterung vorhanden ist. In China zieht man diese Raupen im Freien auf Eichengebüsch unter Aufsicht von Wärtern, die die Vögel zu verscheuchen und die Raupen von einem kahl gefressenen auf einen belaubten Busch zu setzen haben. Die großen, braunen Kokons werden zuerst auf Bambushürden über dem Feuer geröstet, um die darin befindlichen Puppen zu töten, dann zehn Minuten lang in kochendes Wasser gelegt, dem man einige Hände voll Buchweizenasche hinzufügt. Dadurch löst sich der das Gespinst verbindende Klebestoff auf, so daß sich die Seide bequem abhaspeln läßt. Diese ist fester und billiger als diejenige des Maulbeerspinners und bringt den Chinesen reichen Ertrag.

Zweitens der japanische Eichenseidenspinner (*Saturnia yama mayu*, d. h. Bergkokon). Dieser ist dem chinesischen sehr ähnlich, jedoch hat der Falter mehr goldgelbe Flügel mit rötlichen Rändern. Auch die Raupen sind fast gleich, doch haben diejenigen dieser Art einen grünen, die der andern dagegen einen braunen Kopf. Bis 1856 war die Ausfuhr seiner Eier in Japan mit der Todesstrafe bedroht; doch gelang es Duchesne de Bellecourt, dem französischen Generalkonsul und Bevollmächtigten in Tokio, Eier desselben an die *Société d'acclimatisation* in Paris zu schicken. Trotz sorgfältigster Pflege lieferten aber die mit Eichenlaub gefütterten Raupen nur einen einzigen Kokon. Nun wurde Eugène Simon, der landwirtschaftliche Kommissar der französischen Republik für China und Japan, beauftragt, Eier dieses

Eichenseidenspinners zu beschaffen, und mit Hilfe seines Freundes, des holländischen Marinearztes Pompe van Meerdervoort, wurden heimlich wieder einige Eier nach Europa gebracht. Mit diesen erzielten die französischen Raupenzüchter guten Nachwuchs und konnten 1863 die Fachausstellung in Paris mit Kokons und gehaspelter Seide beschicken. Marquis de Riscal züchtete diesen Falter mit Erfolg im Freien, doch ist er in Europa nirgends heimisch geworden. Die Aufzucht dieser empfindlichen Raupe ist übrigens auch nicht so lohnend, da aus den überwinternden Eiern nur eine Brut im Jahre zu erzielen ist. Sie spinnt je einen großen, hellgrünen Kokon.

Auch der in China und Ostindien heimische Atlasspinner (*Saturnia atlas*), der größte Schmetterling der Erde, der 25 *cm* breit und 18 *cm* hoch wird und rotbraun, mit wie Atlas glänzenden weißen, schwarz umsäumten Flecken verziert ist, liefert einen großen Kokon reich an Seide. Seine Raupe ähnelt derjenigen des Ailanthusspinners, häutet sich aber einmal mehr als die meisten Spinnerraupen, nämlich fünfmal. Sie wird bei uns am besten mit Berberitzenlaub gefüttert, doch ist ihre Aufzucht in Europa zu schwierig, um für die Seidengewinnung irgendwie in Betracht zu kommen. Wie der Leib dieses riesigen Falters nur etwa 4 *cm* lang ist, sind auch Raupe, Gespinst und Puppe verhältnismäßig klein. Die Zucht der schwerfälligen Raupe, die sich nur bewegt, wenn sie frißt, ist sehr langweilig. Diese Trägheit hat aber das Gute für sich, daß sie niemals, wie andere Raupen, von der Futterpflanze herabfällt. Ihre ganze Entwicklung nimmt bei uns etwa 40 Tage in Anspruch.

Endlich ist in Südchina der Spinner *Saturnia pyretorum* heimisch, dessen Raupe sich von den Blättern des Kampfer- und Amberbaums ernährt und dessen Gespinst zur Herstellung von Angelschnüren gebraucht wird. Letztere kommen auch nach Japan in den Handel und werden dort unter dem Namen tegusu seit langer Zeit von den Fischern als sehr dauerhaft benutzt. Neuerdings ist dieser Spinner durch die Japaner auf Formosa eingeführt worden, wo die große Häufigkeit der Kampferbäume Gelegenheit zur Zucht ihrer Raupe gibt. Die Seide wird dadurch künstlich von ihr gewonnen, daß sie nach der Reife in Essig getaucht wird, worauf man aus ihrem Körper goldgelbe Fäden von 2 bis 2,5 *m* Länge zieht.

Auch Nordamerika hat drei Seidenspinner, die für die Seidengewinnung benutzt werden könnten. Der wichtigste derselben ist die schön braunrote *Saturnia polyphemus* mit auffallendem, schwarzgelbem Augenfleck. Deren prächtig grüne Raupen sind fleischfarbig gestreift und nach ihrer letzten Häutung mit 48 silber- und 8 goldglänzenden Flecken geschmückt. Von der Sonne beschienen erscheinen sie wie mit Diamanten übersät. Ihre schöne starke Seide ist schneeweiß, so daß sie zu der lichtgrünen von *S. yama mayu* und der hellbraunen von *S. pernyi* einen prächtigen Gegensatz bildet. Etwa gleich groß ist *Saturnia promethea*, deren beide Geschlechter auffallend verschieden gefärbt sind. Das Männchen ist schwärzlich und das Weibchen rotbraun. Die Raupe ist aber nicht leicht zu züchten, da sie in bezug auf Futter sehr wählerisch ist. Sie frißt in ihrer Heimat die Blätter des Benzoe-, Sassafras- und Tulpenbaums, also von Bäumen, die bei uns nicht überall angepflanzt werden. Bedeutend größer und schöner ist *Saturnia cecropia*, die an Schönheit noch den Atlasspinner übertrifft. Die ebenfalls wunderschöne Raupe ist leicht zu ziehen, da sie fast jedes Laub annimmt. Sie braucht 7 bis 9 Wochen zu ihrer Entwicklung und liefert einen recht großen Kokon, dessen Seide technisch gut verwendbar ist. Ebenfalls hervorragend schön ist die bedeutend kleinere *Saturnia ío* aus Nordamerika, die zwar keine Seide liefert, aber wegen ihrer Schönheit mit Vorliebe gezüchtet wird. Die auf Eichenzweigen leicht zu ziehenden Raupen sind dicht mit grünen Härchen überzogen, die beim Anfassen ärger brennen als Nesseln. Sie häuten sich fünfmal und brauchen 10–15 Wochen zu ihrer Entwicklung.

Außer in Ostasien wird nur noch auf Madagaskar seit alter Zeit eine Seide gewonnen und zu Geweben verarbeitet. Hier ist der Lieferant der starken Seide der Spinner *Bombyx rhadama*, der in manchen Dörfern in größerer Menge gezogen wird und dessen Gespinst zu den durch ihre Schönheit ausgezeichneten und sehr dauerhaften Seidenlambas verarbeitet wird, die nicht nur von den wohlhabenden Eingeborenen als Überwürfe getragen werden, sondern auch einen Exportartikel von allerdings beschränkter Bedeutung bilden. Dann stellt auch in einzelnen Teilen von Nigeria die Bevölkerung aus den Kokons von *Anaphe infracta* einen *somyan* genannten Seidenstoff her. Die davon gewonnene Rohseide ist braun oder gelblichbraun. Daneben gibt es dort auch eine rein weiße Seide, die aus den Distrikten Bauchi und Bornu im Innern nach dem Handelsplatz Ibadan gebracht wird. Man nennt sie Gambari- oder Haussaseide. Offenbar ist sie ein Fabrikat gleichen Ursprungs mit der gelblichen Rohseide, nur daß sie von anders behandelten Kokons hergestellt wird. Die Eingeborenen sammeln die betreffenden Raupen von den Bäumen, wenn sie gerade im Begriffe sind, sich einzuspinnen. Ein Londoner Züchter hat Versuche mit der Züchtung dieser Raupe gemacht und gefunden, daß, wenn man sie im Dunkeln aufzieht, sie stets rein weiße Kokons statt der braunen hervorbringt. Da nun die Eingeborenen beim Einsammeln der Raupen zum Zwecke der Gewinnung von Gambariseide die Gewohnheit haben, die Tiere in ihren dunkeln Hütten aufzubewahren, erklärt es sich leicht, daß dieses Produkt von rein weißer Farbe ist.

XXIV. Die Geschichte der Jagd.

So lange es Menschen gibt, die ihren Hunger nicht völlig an den von der Natur gebotenen Früchten und anderer Pflanzennahrung stillten, sondern auch noch zu tierischer Beute, zunächst noch roh, wenn auch lebendwarm, später gekocht, ihre Zuflucht nahmen, so lange schon hat es eine Jagd gegeben. Ihre Geschichte schreiben hieße die Geschichte der menschlichen Kulturentwicklung darstellen. So wissen wir, daß schon der vorgeschichtliche Eiszeitjäger, dessen ganze Kultur auf die Jagd abgestellt war, ganz raffinierte Jagdmethoden anwandte und sich nicht nur mit Wurfspeer und Keule, sondern auch mit Fallgruben, Fallen und Schlingen sich der tierischen Beute, auf die er zu seinem Unterhalte angewiesen war, zu bemächtigen suchte. Zudem nahm er wie alle Primitiven zu Zauberprozeduren der verschiedensten Art seine Zuflucht, als deren Niederschlag wir die mancherlei Darstellungen von Jagdwild an den einst von den Mammut- und Renntierjägern der letzten Eiszeit und frühen Nacheiszeit bewohnten Höhlen anzusehen haben.

In der Folge entwickelte sich die Jagd bei den verschiedenen Volksstämmen in verschiedener Weise, je nach den vorhandenen Anlagen und gegebenen Verhältnissen. Über die Jagd der alten Assyrer, Babylonier und Ägypter geben uns manche bildliche Darstellungen Kunde, doch sind wir daneben nur auf Vermutungen angewiesen, so daß wir außerstande sind, auf so spärlichem Beweismaterial fußend, eine Geschichte ihrer Jagd zu schreiben. Schon reichlicher fließen die diesbezüglichen Urkunden von den alten Griechen, deren Jagdarten uns um 400 v. Chr. Xenophon, ein Schüler und Freund des Sokrates, in seinem Buche über die Jagd und wiederum etwa im Jahre 130 v. Chr. Flavius Arrianus aus Nikomedien in seiner Kynegetika beschrieben. Über das römische Jagdwesen gibt es so gut wie keine Literatur. Anders verhält es sich mit der Jagd unserer germanischen Vorfahren seit der Zeit der Völkerwanderung. Da haben wir zunächst aus Gesetzesbestimmungen, dann aus eigentlichen Jagdanweisungen ein so überreiches Material von Tatsachen, daß wir uns hier mit einer kurzen Übersicht begnügen müssen. Und zwar soll im folgenden als am nächsten liegend vorzugsweise die Geschichte der Jagd unserer Vorfahren, so weit sie urkundlich bezeugt ist, behandelt werden.

Bild 55. Ägyptischer Jäger mit zwei zusammengekoppelten Jagdhunden. Auf den Schultern trägt er eine erlegte Oryxantilope. (Nach Wilkinson.)

Tafel 61.

Der Assyrerkönig Assurbanipal (668–626 v. Chr.) auf reich angeschirrtem Streitpferd auf der Löwenjagd.
(Nach einer Photographie von Mansell & Cie. in London.)

Tafel 62.

Berittene Jäger des Khans von Chiwa in Begleitung von Jagdhunden.

Die ältesten Bewohner Deutschlands waren Kelten, die auf Einzelhöfen lebten, Landwirtschaft und Viehzucht trieben und sich einer verhältnismäßig hohen Kultur erfreuten. Das Andenken an ihr einstiges Vorhandensein ist besonders in Deutschland westlich von der Weser und südlich vom Main in zahlreichen Ortsnamen erhalten geblieben. Sie wurden nach und nach von den von Osten und Norden heranrückenden Germanen zurückgedrängt und unterjocht. Diese nahmen die alten Keltenhöfe in Besitz, machten die früheren Bewohner zu Knechten und führten nun als Herren die Wirtschaft auf den Einzelhöfen weiter. Dazu wurden neue gebaut, das umgebende Land aber wurde zu gemeinschaftlichem Eigentum an die verschiedenen Sippen verteilt und bildete die Allmende, d. h. das Gemeindeland. Die Gesamtheit der freien Hofbesitzer eines Gaues tat sich zu einer Hundertschaft — so genannt, weil wenigstens hundert Familien umfassend — zusammen und bildeten eine Markgenossenschaft, welche die gemeinschaftlichen Angelegenheiten beriet. An ihre Stelle stellte sich als der tüchtigste der Markgenossen ein Graf, dessen Amt nicht erblich war, zum Unterschied vom Königtum, das der Gesamtheit der das Volk bildenden Markgenossenschaften vorstand und dessen Amt sich in derselben Familie forterbte.

Da der Viehstand vorerst noch bescheiden war und nur ausnahmsweise zum Schlachten diente, so war damals die Jagd in den wildreichen großen

Waldgebieten, wie in der Vorzeit, eine wichtige Nahrungsquelle zur Beschaffung von Fleisch als Zukost zu der von den Frauen und Hörigen gewonnenen Pflanzenspeise in Form von hauptsächlich Brot oder Brei. Ihr wie dem Kriege lag der Freie ob, dem jede andere Arbeit als schimpflich galt. Die Jagd galt als beste Vorschule für den Krieg, wurde aber nicht weidmännisch in unserem Sinne betrieben. Man jagte ohne irgend welche Schonzeit das ganze Jahr hindurch und berücksichtigte weder Alter noch Geschlecht. Man folgte dem weidwund geschossenen Wild nicht wie heute, um seine Qualen zu verkürzen, sondern weil man den Braten nicht verlieren wollte. Zur Jagd benutzte man nach den Bestimmungen der vom 5. bis 8. Jahrhundert n. Chr. schriftlich fixierten Volksrechte der deutschen Stämme verschiedene Jagdhunde, deren freventliche Tötung mit 3–15 Solidi gebüßt wurde. Nun war damals ein Solidus ein Goldschilling im Metallwert von 12 Mark, der aber tatsächlich einen viel höheren Wert repräsentierte, da dafür eine erwachsene Kuh zu kaufen war. Demnach waren die Bußen, die die Volksrechte verfügten, ganz anständige Strafen. Das alamannische Recht bestrafte die Tötung oder den Diebstahl eines Leithundes doppelt so hoch als diejenige eines Pferdes, nämlich mit 12 Solidi, während letztere nur 6 Solidi galt. Eine besondere Art der Strafe hatten die Burgunder, die dem Diebe freistellten, sich mit 6 Solidi auszulösen oder dem gestohlenen Hunde in Gegenwart des ganzen Volkes einen Kuß auf den Hintern zu geben.

Vom Jagdhund der germanischen Stämme, dem *canis sagax* oder *segutius* auch *sëusis* oder *sëusis*, unterschieden die Gesetze der Bajuvaren drei verschiedene Arten, nämlich außer dem freilaufenden Triebhund die beiden an der Leine die Spur des Wildes verfolgenden Hunde, den Spürhund und den Leithund. Letztere standen bei Totschlag oder Diebstahl mit je 6 Solidi Buße doppelt so hoch im Wert als ersterer, für dessen Verlust nur 3 Solidi Buße zu entrichten waren. Mit dem Leithund, der vornehmlich als *canis segutius* bezeichnet ist, wurde die Beute aufgespürt und verfolgt. Worin sich der Spürhund der alten Bayern von diesem Leithund der Alamannen, salischen Franken und Burgunder unterschied, ist nicht klar; vielleicht war er eine als Schweißhund dressierte Unterart des *segutius*. Wenigstens hatte man im späteren Mittelalter eigene Hunde zur Verfolgung des mit der Armbrust angeschossenen Wildes, die man als Bracken bezeichnete. Außerdem besaß man einen starken Schlag von Hunden, die man auf Wildstiere, Bären und Wildsauen hetzte, für welche in den Volksrechten weder eine lateinische noch eine deutsche Bezeichnung vorkommt, sondern nur eine Beschreibung ihres Gebrauches. Später nannte man sie lateinisch *molossus*, deutsch rudo, woraus Rüde wurde. Daneben wurde eine als *canis veltris* oder *veltrus* (im Deutschen später wint, d. h. Windspiel genannt) bezeichnete leichte Hundeart gehalten, die den Hasen nicht nur verfolgte, sondern ihn auch vermöge ihrer Schnelligkeit ergriff. Das ganze Mittelalter hindurch spielten diese als Jagdhunde eine wichtige Rolle und werden in vielen Weistümern erwähnt.

Sehr interessant ist die Erwähnung eines Hapuch-, d. h. Habichtshundes im Volksrecht der Bayern, der uns als *canis acceptoritius* im Gesetze der Friesen begegnet. Über dessen Gebrauch wird nichts mitgeteilt; doch dürfen wir zweifellos annehmen, daß er zur Aufsuchung des Federwildes diente, das damals nicht geschossen, sondern gebeizt, d. h. durch gezähmte Falken und Habichte gefangen wurde. Noch in den Weistümern des Mittelalters wird öfter der „Vogelhund" genannt, und zwar stets in Gesellschaft des „Habk" (d. h. Habichts). Zur Verfolgung kleineren Wildes diente bei den Burgundern der schon von den Römern gebrauchte *petrunculus*, der „Steinbracke", der seinen Namen von den harten Fußsohlen ableiten soll, vermöge welcher er anhaltend auf felsigem Terrain zu jagen imstande war. Bei den Friesen wird er *braco parvus* oder Barmbracke genannt. Im Volksrecht der Bajuvaren ist noch vom „unter der Erde jagenden" Biberhund die Rede, dessen freventliches Töten mit 16 Solidi gebüßt wurde, während die ebendort erwähnten Hirtenhunde, die es mit dem damals noch sehr häufigen Wolf aufnahmen und ihm das geraubte Vieh entrissen, auch, wenn ein Geschrei wegen eines Wolfes erhoben wurde, weithin zu Hilfe eilten, und die sehr geschätzten Hofhunde (Hofwart der alten Bayern) nur mit 3 Solidi bezahlt werden mußten. Diese Biberhunde dienten zur Erbeutung des damals noch überall in Mitteldeutschland häufigen Bibers, waren größer als unsere Dachshunde und gingen gern ins Wasser. Dachshunde, die ihren Namen vom früher von ihnen mit Vorliebe gejagten Dachse haben, während sie heute bei Abnahme jenes häufiger gegen den Fuchs gebraucht werden, kamen erst im späteren Mittelalter auf.

Diejenigen Hunde des Frankenkönigs, die nicht am Hofe verblieben, wurden zum Unterhalt in die Provinzen verteilt, wie es schon an den Höfen der morgenländischen Fürsten des Altertums gehalten wurde. Den darübergesetzten Beamten befahl Karl der Große genaue Aufsicht, daß sie von den betreffenden Untertanen richtig gehalten und das nötige Futter erhielten. Wahrscheinlich waren die königlichen Hunde auf der rechten Seite gezeichnet; wenigstens scheint ein Befehl Karls des Großen vom Jahre 803, daß diejenigen Leute, die auf der rechten Seite geschorene Hunde haben, mit denselben vor dem Könige erscheinen sollten, nur so erklärt werden zu können, daß dies zu tun niemandem außer dem Könige gestattet war. Die Hunde hatten schon damals eigene Namen, mit denen man sie rief. So spricht Hrabanus Maurus von einem Hunde Fax, und anderswo ist von einer Hündin Zoba die Rede. Übrigens waren die Jäger und Förster der Frankenkönige Leibeigene, von denen es außer dem obersten Falkner (*falconarius principalis*) in Neustrien, Austrien, Burgund und Aquitanien je einen Oberjägermeister (*venator principalis*) gab. Diese hatten die nötige Zahl von Ministerialen, *venatores* und *falconarios*, unter sich, welche abwechselnd, teils bei Hofe, teils in den *villis* beschäftigt wurden. Der in der karolingischen Zeit lebende Bischof Hinkmar nennt in seinen Briefen über die Ordnung des karolingischen Hofes dreierlei Arten von Jägern: *bersarii* (vom spätlateinischen *bersare*, d. h. mit Pfeil und Bogen schießen = birsen der mittelalterlichen Urkunden, woraus schließlich pürschen wurde. Erst seit etwa hundert Jahren hat sich diese ursprüngliche Bedeutung des Wortes birschen dahin verändert, daß man darunter ein Anschleichen an das Wild verstand), Waldjäger mit Gebrauchshunden, *veltrarii* Feldjäger mit Windspielen und *beverarii*, d. h. Biberjäger mit den Biberhunden für die Wasserjagd auf Biber.

Außer Hunden waren von alters her auch gezähmte Falken, Habichte und Sperber sehr geschätzte Jagdgenossen der Deutschen, deren Verlust mit 1–45 Solidi gebüßt wurde. Auch hier hat das Recht der salischen Franken, die ihren Namen vom Flusse Isala oder Yssel haben und sich über das nördliche und mittlere Gallien ausbreiteten, das damals in höherer Kultur stand als die deutschen Gaue, die höchsten Strafsätze. Vielleicht hatte das Geld dort geringeren Wert. Die Burgunder leisteten sich auch bei diesen Strafen ein besonderes Vergnügen, indem der Dieb eines Jagdhabichts 2 Solidi Strafe und 6 Solidi Entschädigung an den Besitzer bezahlen oder den Habicht 6 Unzen Fleisch von seinen eigenen Hoden fressen lassen mußte.

In den Strafbestimmungen der Volksrechte der Deutschen führen die größeren Beizvögel den Namen *accipiter* oder *acceptor* (meist wohl Habicht), die kleineren dagegen *sparawarii* (also Sperber). Deutsche Benennungen finden sich nur in den Gesetzen der Bayern, die sogar viererlei Jagdraubvögel unterscheiden, nämlich 1. als vornehmsten, den Kranichar (*chranohari*), einen auf Kraniche abgerichteten großen Raubvogel, wenn auch keinen Adler, da diese Vogelgattung nicht den für die Beize dieser Vögel erforderlichen raschen Flug besitzt. Damals müssen die bayerischen Moore und Sümpfe reich an Kranichen gewesen sein, die nach der *lex salica de furtis avium* damals auch in den Höfen vornehmer Leute zahm gehalten wurden. Es waren dies vermutlich Wanderfalken. Solche aus Island kamen erst im späteren Mittelalter nach Deutschland. Wandte sich doch im 8. Jahrhundert König Ethelberth von England an den heiligen Winfrid (Bonifazius) um zwei Falken, welche geschickt und kühn genug wären, um Kraniche zu ergreifen und zu Boden zu werfen, wobei er ausdrücklich seine Anerkennung der trefflichen Naturanlagen der in Deutschland vorkommenden Raubvögel aussprach.

Die im Mittelalter so gern geübte Reiherbeize fand wahrscheinlich erst dann recht Eingang bei den Deutschen, als der edlere Kranich durch die leidenschaftliche Verfolgung mit Beizvögeln schon seltener geworden war. 2. den Gänsehabicht, einen *hapuch*, der Wildgänse, 3. einen solchen, der

Wildenten fing, also einen Entenhabicht, und 4. einen Sperber für Rebhühner und kleinere Vögel. Die Entwendung eines dieser Vögel wurde mit dem neunfachen Wertbetrage wie andere Diebstähle gesühnt. Dabei konnte eine sehr schwere Strafe herauskommen. Nimmt man den Wertsatz des Volksrechtes der ripuarischen Franken für den *commorsus gruarius* in Anwendung auf den *chranohari*, so ergibt sich eine Geldbuße von 54 Solidi, was an Geldwert 54 Kühen entsprach. Im Falle der Tötung war ein gleicher Vogel als Ersatz zu geben und außerdem noch zur Sühne für einen Kranichar 6 Solidi, für einen Gänsehabicht 3 Solidi, für einen Entenhabicht und einen Sperber je 1 Solidus. Dabei verstand man unter *hapuch* außer dem Hühnerhabicht auch die größeren Arten der einheimischen Edelfalken, welche in späterer Zeit als Beizvögel erwähnt werden, nämlich den Würg- und Wanderfalken, und unter *sparawarius* nicht nur den Sperber oder Finkenhabicht, sondern auch den Baum- oder Lerchenfalken.

Im Volksrecht der Alamannen werden nur zweierlei Beizvögel genannt, einer auf Kraniche und einer auf Gänse. Das Eigentum an ersterem war durch eine Strafe von 6, an letzterem von 3 Solidi geschützt. Bei den Langobarden wurde im Falle der Tötung eines Beizvogels eine Sühne von 6 Solidi bezahlt, im Falle des Diebstahls aber der achtfache Betrag an den Beschädigten erlegt. Wer nun bei diesem Volke aus dem Gehege des Königs solche Vögel vom Neste nahm, mußte 12 Solidi Buße bezahlen. Geschah dies im Privatwalde eines andern von einem gezeichneten Baume, so betrug die Sühne 6 Solidi. Hatte der Baum kein Zeichen, so konnte man die Vögel ungestraft aus dem Neste nehmen. Wenn aber der Waldeigentümer dazu kam, durfte er sich dieselben aneignen.

Falls Beizvögel an Zahlungs Statt anzunehmen waren, so betrug die Taxe bei den ripuarischen Franken für einen ungezähmten 3 Solidi, für einen auf Kraniche abgerichteten 6 Solidi, für einen *acceptor mutatus* 12 Solidi. Wo solche Taxen nicht bestanden, konnte der Zahlende den Wert beschwören. Weil aber der Wert solcher Vögel zu hoch beschworen wurde, verbot Kaiser Ludwig der Fromme deren Hingabe an Zahlungs Statt. Die sehr hohe Bewertung dieser Vögel läßt die große Vorliebe für die Beize bei den alten Deutschen ahnen. Übrigens stellte das Gesetz der Bayern auch andere gezähmte Waldvögel, die auf den Höfen der Freien gehalten wurden, unter seinen Schutz. Die Entwendung solcher Vögel, „die durch Kunst und menschlichen Fleiß aus wilden zahm und zutraulich gemacht werden, so daß sie auf den Höfen der Adeligen herumfliegen und singen", wurde mit 1 Solidus gebüßt, außerdem mußte der Übeltäter beschwören, in Zukunft keinen Vogel mehr zu stehlen.

Außerdem sprechen die Volksrechte der alten Deutschen von gezähmtem Rotwild — vornehmlich Hirschen — und gezähmtem Schwarzwild — speziell Wisent und Ur — die zur Jagd gebraucht wurden. In welcher Weise dies geschah, darüber wird nichts gesagt, doch scheint es sich um Schießhirsche oder Schießbüffel gehandelt zu haben, d. h. solchen, die sich vom Jäger leiten ließen, der hinter ihnen gedeckt sich unter dem Winde dem gesuchten Wild so weit näherte, daß er mit Erfolg den Pfeil auf dasselbe entsenden konnte (*sagittare*). Man scheint damals mit Rotwild nicht nur an anderes Rotwild, sondern auch an Schwarzwild herangeschlichen zu sein. Dann mußte das gezähmte männliche Wild in der Brunst auch schreien, und zwar sowohl die Hirsche als auch die Büffel. Vermutlich begab sich der Jäger mit seinem gezähmten Tier vor Tagesanbruch auf einen der ihm bekannten Brunstplätze, um sein Tier schreien zu lassen oder abzuwarten, bis die freien Tiere schrien und sein Tier ihnen antwortete. Vielleicht waren die zahmen Tiere in kleinen Gehegen gehalten und dienten dem Jäger dazu, wilde Verwandte herbeizulocken, damit er sie dann, wenn sie nahe genug herangekommen waren, abschießen konnte. Der Römer Columella erwähnt in seinem zweiten Buche über Landwirtschaft, daß in Gallien zahmes Wild dazu diene, das frischgefangene Wild, das in einen der Riesenparks jenes Landes gesetzt war, an die Futterstellen zu gewöhnen. Möglicherweise dienten solche zahme Tiere auch als solche Schlepper, um ihre Verwandten an Futterstellen zu locken, wo sie abgeschossen zu werden vermochten.

Diese gezähmten Tiere wurden mit einem *treudis* oder *triutis* genannten Zeichen versehen, wodurch sie Frieden erlangten, so daß sie nicht erlegt werden durften. Dabei stieg ihr Wert in dem Maße, als sie sich bei der Jagd bewährt hatten. Dementsprechend richtete sich auch der Betrag der Sühne im Falle der Entwendung oder Tötung. Wer bei den salischen und ripuarischen Franken einen auf der Jagd erprobten zahmen Hirsch entwendete oder tötete, der mußte zur Sühne 45 Solidi bezahlen. War der Hirsch noch nicht auf der Jagd gebraucht worden, so betrug die Sühne bei den salischen Franken 35, bei den ripuarischen dagegen nur 30 Solidi. Im alamannischen und langobardischem Volksrecht wurde bei Entwendung eines zahmen Hirsches der neun- bezw. achtfache Betrag, d. h. die gebräuchliche Diebstahlsstrafe gefordert. Dabei galt eine zahme Hirschkuh nur als halb so wertvoll wie ein gezähmter Hirsch. Doppelt war die Strafe, wenn der getötete Hirsch zu seiner Zeit brunstete gegenüber einem solchen, der dies nicht tat.

Für den Jäger damaliger Zeit war ein gutes Reitpferd ein notwendiges Erfordernis, um den Hunden bei der Hetzjagd auf Rot- und Schwarzwild und auf Hasen zu folgen und zur Erlegung oder Abnahme des betreffenden Wildes rechtzeitig an Ort und Stelle zu sein, oder die das Federwild verfolgenden Beizvögel im Auge zu behalten. Zum Reiten dienten, wie es scheint, vorwiegend Hengste, *caballi* genannt, daher *caballicare* reiten. Außerdem hatte man aber auch eigene Zuchthengste und solche Hengste, die zum Ziehen von Wagen benutzt wurden. Auch ist in den Volksrechten von Wallachen die Rede (*caballi spadati*), welche geringeren Wert hatten. Die Stuten hießen *jumenta*, weil sie außer zur Nachzucht vorzugsweise als Zugtiere benutzt wurden. Bei den Alamannen konnte in Fällen von Diebstahl der Wert eines Zuchthengstes bis zu 12 Solidi beschworen werden, und die Strafe betrug das Neunfache des Wertes; ebensohoch war der Wert eines Pferdes, das man *marach* hieß. Der Wert eines gewöhnlichen *caballus* und einer säugenden Stute dagegen betrug nur 6 Solidi, einer gewöhnlichen Stute, die noch nicht trächtig war, 3 Solidi, wie für einen Zuchtstier, während eine Kuh bloß bis zu 1 Solidus gewertet wurde.

Man war in jener Zeit sehr heikel in bezug auf seine Reitpferde. So mußte bei den Franken einer, der ein fremdes Roß eigenmächtig ritt, zur Sühne an den Eigentümer 30 Solidi Strafe bezahlen, während die Strafe für die Entwendung des wertvollsten Pferdes eines Privatmannes nur die Hälfte mehr, nämlich 45 Solidi, betrug.

Abgesehen von den für die Jagd reservierten Forsten hielt der König besonders in Niederungen, Brüchen und Sümpfen von einem Hag von Bohlen eingefriedete Tierreservationen, deutsch Brühl, lateinisch *bersa* genannt. Ihnen standen Leibeigene vor, die *bersarii* genannt wurden und bei der Jagd Hilfe leisten mußten. Solche Brühle konnten einen großen Umfang haben. In einem solchen bei Frankfurt am Main stürzte Ludwig der Deutsche 864 bei einer Hirschhatz mit dem Pferde und beschädigte sich eine Hüfte erheblich.

Der Franke Angilbert, Abt von St. Riquier, der mit Zustimmung Karls des Großen, der ja selbst ein uneheliches Kind gewesen war, mit dessen Tochter Berta in freier Liebe lebte und zwei Knaben von ihr hatte, beschreibt uns in einem höfischen Gesang nach der Art Vergils eine Parkjagd Karls in dem großen von Mauern umgrenzten Brühl bei Aachen. Dieser Tierpark war vom Flüßchen Wurm durchflossen, an dessen Ufer sich grüne Wiesen ausbreiteten, auf denen sich Sumpf- und Wasservögel tummelten. An andern Stellen waren die Ufer steil. Auch zwischen den Gehölzen, in denen „Wild von jeglicher Art“ stand, erstreckten sich Wiesenflächen, auf denen König Karl zu lagern liebte. Mit ihm brachen morgens in aller Frühe auch die Königin und die Töchter, goldene Reifen im Haar und in schöner Gewandung, auf prächtigen Pferden auf. Im Tale des Parkes wurde von den Jägern ein Keiler hochgemacht und von kräftigen Hunden gehetzt. Die Reiter folgten, bis der Keiler gedeckt und von Karl abgefangen war; währenddem schauten die Damen vom Berge aus zu. In der Zwischenzeit hatte ein Teil der Jägerei die Jagd auf zusammengetriebene Rudel von Sauen vorbereitet. Zu diesem Zwecke war ein großes Netz ausgespannt worden, gegen welches die Wildsauen getrieben wurden, um dort von Karl und seinen Begleitern mit dem Wurfspeer abgestochen zu werden. Nach diesem Massenmord wendete sich Karl langsam den Zelten zu, die von der

Dienerschaft am frischen Quell, dicht am Gehölz im Schatten hoher Buchen aufgeschlagen worden waren. Hier erwarteten ihn die Damen, die dann mit den Jägern an vor den Zelten aufgestellten Tischen das schmackhafte Mahl einnahmen. Mit dem Eintritt der Nacht begab sich die Gesellschaft in den Zelten zur Ruhe, um am folgenden Tage zu neuem Weidwerk gestärkt aufzuwachen.

Wie in der Urzeit bedingte die Unvollkommenheit der Schußwaffen noch im frühen Mittelalter die weitgehende Verwendung von mechanischen Fangvorrichtungen zur Erbeutung des Wildes. So wurden an den Wechseln desselben Fallgruben, *foveae* oder *fossae*, errichtet, in Form großer viereckiger Gruben, die unten weiter waren als oben und mit Zweigen, Laub und Erde bedeckt und unsichtbar gemacht waren, so daß jedes Tier, das die trügerische Decke betrat, hinunterstürzen mußte und leicht erbeutet werden konnte.

Schon Cäsar erzählt in seinem Buche über den gallischen Krieg, daß die Germanen häufig den Ur in solchen Fallgruben fingen. Auch Wisent, Hirsch, Damhirsch, Reh und Bär, wie der Elch, der nach einer Urkunde König Ottos I. vom Jahre 943 noch in den Niederlanden häufig war, wurden mit Vorliebe auf solche Weise gefangen, oder dadurch, daß man ihnen Netze stellte, in denen sie sich verfingen. Eine andere Art der Fangjagd war das Legen von Fallen (*taliolae*) und Fußschlingen (*pedicae*) zum Festhalten des Wildes, dann das Aufhängen von Halsschlingen (*laquei*) an den Wechseln. Außerdem werden in den Volksrechten noch Selbstgeschosse in Gestalt von gespannten Bögen (*arcus*), die bei Berührung einer Schnur selbsttätig einen starken Pfeil (*sagitta*) entsandten, der das Wild — besonders das Raubwild, wie Wölfe und Bären — erschoß. Die Gesetze damaliger Zeit bestimmen, daß das Anlegen solcher gefährlicher Fangapparate den Nachbarn mitgeteilt werden müsse, um möglichst etwaiges Unglück zu verhüten. Dabei mußten Schutzvorrichtungen für Menschen angebracht werden. Unterblieb dies und ereignete sich eine Tötung oder Beschädigung, so mußte je nach Beschaffenheit der betreffenden Person das volle Wehrgeld derselben wie bei einer absichtlichen Verletzung beziehungsweisen Tötung bezahlt werden. Wenn aber ein Fremder Schaden erlitt oder getötet wurde, war der Jäger nur ein Drittel der gesetzlichen Sühne schuldig.

Außer Wurfspieß dienten als Fernwaffen vor allem Pfeil und Bogen. Erst im späteren Mittelalter, vom 11. Jahrhundert an, kam die Armbrust auf und verdrängte mehr und mehr letztere. Als unerwünschter Räuber und Wildschädling wurde besonders der Wolf verfolgt, ihm Fußangeln und vergiftete Köder gelegt. Unter Karl dem Großen war die systematische Wolfsjagd eine Aufgabe der Landespolizei. Jeder Unterbeamte des Grafen sollte in seinem Amtsbezirke zwei Wolfsjäger haben, die vom Heerbann befreit waren und die öffentliche Gerichtsversammlung des Grafen nur dann zu besuchen brauchten, wenn Anklagen gegen sie erhoben wurden. Jeder

Gerichtseingesessene war ihnen eine Abgabe an Getreide schuldig. Auch das kleine Weidwerk des Vogelfangs wurde mit allerlei Schlingen und Fallen geübt.

Für alle Freien bildete die Jagd eine Lieblingsbeschäftigung, so daß sie oft andere wichtige Geschäfte hintan setzten. So erließ Karl der Große 789 eine Verordnung, wonach die Grafen an den Gerichtstagen nicht auf die Jagd gehen sollten. Von den Fürsten erfahren wir, daß sie fast ausnahmslos mit Leidenschaft die Jagd liebten. König Guntram, der Enkel des Gründers des Frankenreichs, Chlodwigs, ließ nach dem Bericht Gregors von Tours einen seiner vornehmsten Hofbeamten, den Kämmerer Chundo, wegen unberechtigter Erlegung eines Urs im Vogesenwald, welche Handlung nicht einmal unzweifelhaft erwiesen war, erbarmungslos steinigen. Ein anderer Enkel Chlodwigs, Theodebert, fand seinen Tod im Kampfe mit einem gewaltigen Wildstier durch einen von diesem abgeschlagenen Baumast, der an des Königs Kopf heftig anschlug. Von König Dagobert I. wird gesagt, daß er durch beständige Übungen mit den Waffen und in der Jagd eine unvergleichliche Gewandtheit und Rüstigkeit erlangt hatte. Ebenso gewandt war Karl der Große, der sich noch im hohen Alter gern mit der Jagd befaßte. Er erließ mehrmals scharfe Verordnungen über den Jagdschutz in den königlichen Forsten; denn kraft des Eigentumsrechts hatte er wie jeder andere Eigentümer eines geschlossenen Grundbesitzes das ausschließliche Jagdrecht auf seinen Landgütern.

Das Wort *forestum* oder *forestis*, woraus das deutsche Forst und das französische *forêt* wurde, bedeutet in den lateinischen Urkunden stets den Sonderwald, im Gegensatz zum Markgenossenschafts- und Allmendewald. Es wird im Deutschen mit Bannwald bezeichnet. Der *forestarius* (woraus Förster entstand) der karolingischen Zeit war ein höriger Jagdbediensteter, denn eine Forstwirtschaft in unserem Sinne gab es damals noch nicht. Dürres und gefallenes Holz konnte jedermann auch im Bannwald holen, aber ohne Erlaubnis keine Bäume darin fällen und seine Schweine nicht ungefragt darin auf die Eichelmast treiben. Wer die Erlaubnis zu letzterem erhielt, mußte den Zehnten als Entschädigung für die Mastnutzung bezahlen.

Der oberste Verwaltungsbeamte eines königlichen Landgutes (*judex villae*, d. h. Hofrichter) hatte auch den Wald und das darin befindliche Wild zu überwachen, für Jagdhunde und Beizvögel für den königlichen Dienst zu sorgen, die Umzäunungen der eingeparkten Orte in gutem Stande zu halten, die Wölfe vertilgen zu lassen und sollte eigene Ministerialen zur Anfertigung von Netzen für Jagd- und Vogelfang, wie auch für den stets dabei verstandenen Fischfang halten. Hatte jemand aus dem Volke einen Wilddiebstahl in den königlichen Forsten begangen, so mußte er unnachsichtlich die gesetzliche Strafe von 60 Solidi — eine sehr harte Strafe — bezahlen. Niemand sollte beim Huldigungseide, den damals das ganze Volk zu leisten hatte, einen Wilddiebstahl verhehlen.

Zur Zeit des Frankenreichs erhielten auch die Kirchen von den Königen und Fürsten, ebenso reichen Privaten, die sich mit dem Himmel gutstellen wollten und ein böses Gewissen wegen Verbrechen und Gewalttat der verschiedensten Art hatten, mit den geschenkten Gütern und Waldungen auch das Recht darin zu jagen zu alleinigem Eigentum. Die Geistlichen sollten aber wegen ihres kirchlichen Amtes nicht selbst jagen, sondern ihr Jagdrecht durch ihre Ministerialen ausüben lassen. Doch hielten sie sich vielfach nicht an diese Vorschrift und gingen selbst zu Pferd zur Jagd. So haben die Könige je und je dagegen einschreiten müssen. Im Jahre 759 erließ Karl der Große das Gebot, wonach sich die Diener Gottes alles Herumschweifens mit Hunden, auch Sperbern und Falken, enthalten sollten. 789 ward das Gebot erneuert: Bischöfe, Äbte und Äbtissinnen sollten weder Kuppeln Hunde noch Jagdfalken oder Habichte halten. Karl überließ zwar 774 Geistlichen eines Klosters einen Wald mit der Vergünstigung, darin Hirsche und Rehe zu jagen, aber nur deshalb, damit sie vom Leder dieser Tiere die zum Gottesdienst gehörenden Bücher und mit dem Fleische die Körper der kranken Brüder stärken und herstellen könnten. Auf die nämliche Art erlaubte er 789 einem andern Kloster, die Mönche dürften in ihren eigenen Waldungen jagen, um Leder zu Büchereinbänden und Handschuhen zu gewinnen. Man sieht daraus, daß Karl den Geistlichen teilweise nachgeben mußte, die ihrem kirchlichen Amte die Jagd als nationalen Sport nicht opfern wollten. Er überließ auch wirklich dem Stifte Osnabrück einen Wald ohne alle Einschränkung der Jagd auf wilde Schweine, Hirsche, Vögel, Fische und was sonst zum Bannforste gehörte. Übrigens benutzten die Beamten oder Meier der Klöster, z. B. des Klosters St. Gallen, wie uns der jüngere Ekkehard berichtet, den Umstand, daß die Mönche selbst nicht jagen durften, und versicherten ihren Herren, daß die Jagd ihnen als Männern gehöre. Später wurde den Geistlichen die Jagd wenigstens zu gewissen Zeiten erlaubt. So überließ König Arnulf 890 dem Erzbischof Dietmar von Salzburg die Jagd auf Bären und Schweine drei Wochen vor Herbstnachtgleiche bis zum Feste des heiligen Martin (11. Nov.).

Nach dem römischen Schriftsteller Arrian, der in der Mitte des 2. Jahrhunderts starb, hatten schon die keltischen Jäger, die mit Vorliebe Hetzjagden auf Hirsche und Hasen abhielten, in Nachahmung der römischen, ihre geselligen Vereine, die unter dem Schutze einer weiblichen Gottheit standen, welche er, da er griechisch schrieb, mit dem Namen Artemis bezeichnet, und es bestand der löbliche Gebrauch, dieser Artemis zu Ehren alljährlich ein Liebesmahl zu feiern. Die Gelder dazu wurden im Laufe des Jahres gesammelt, und zwar in Form einer Spende, welche die

Jäger in die Klubkasse zu geben hatten. Die Spende belief sich für einen erlegten Hasen auf zwei Obolen, für einen Fuchs auf eine Drachme, für ein Reh aber auf vier Drachmen. Je nach dem Kassenstand wurde dann am Jahresfest eine Ziege, ein Schaf oder ein Rind gekauft und der Göttin der Jagd geopfert, d. h. zu Ehren derselben von den Mitgliedern verschmaust, wobei auch die Hunde ihr Teil erhielten.

Etwa 400 Jahre nach Arrian treffen wir anscheinend ähnliche Zustände. So läßt der Bischof Gregor von Tours einen Diakonus Vulfelaich von einer Klostergründung erzählen, die sich im Jahre 585 zugetragen hatte. Vulfelaich hatte bei Trier ein Bild der römischen Jagdgöttin Diana gefunden, „das das abergläubische Volk abgöttisch verehrte“. Nun kam dieser sonderbare Heilige auf die verrückte Idee, sich bei jenem Heiligenbilde als Säulenheiliger zu produzieren und auch im Winter auszuhalten, obschon ihm die Zehen erfroren. Wenn er nun von Ferne einen Menschen zu Gesicht bekam, fing er an zu predigen: „Es sei nichts mit der Diana, nichts mit den Bildern, nichts mit dem Götzendienst, unwürdig seien jene Lieder, die sie beim Weine und den schwelgerischen Gelagen sängen. Würdig sei es allein, dem allmächtigen Gotte, der Himmel und Erde erschaffen habe, Opfer des Dankes zu bringen.“ Als Vulfelaich sich einen Anhang erworben hatte, stieg er von seiner Säule und veranlaßte die Menge, die Bildsäule der Diana mit Stricken umzuwerfen und mit Hämmern in kleine Stücke zu zerschlagen.

Über die jagdlichen Verhältnisse des Mittelalters geben uns wiederum die verschiedenen Rechtsbücher jener Zeit Kunde, von denen die berühmtesten das um das Jahr 1230 aufgezeichnete Sachsenrecht, der „Sachsenspiegel“, und der bald nachher, um 1276, verfaßte „Schwabenspiegel“ sind. Vom 10. bis zum 13. Jahrhundert dehnten sich die Bannforste immer mehr aus und die Jagd in ihnen war ein Reservatrecht dessen, dem der Wildbann gehörte. Nicht nur der Kaiser, sondern auch die Grafen hatten den Königsbann, der sich auf die hohe Jagd bezog, während nur die Jagd auf Raubwild, zu dem auch der Bär gehörte, freigegeben war. So wurde durch den Wildbann das alte Recht gebrochen, wonach die Jagd ein Zubehör auf Grund und Boden war. Schon im 9. Jahrhundert schenkten die Könige an Klöster Liegenschaften, ohne das Recht der Jagd. Die Gemeinfreiheit schwand immer mehr dahin. Diesen Vorgang beschleunigte ein grausames Schuldrecht durch die immer mächtiger werdenden Grafen. Der wirtschaftliche Kampf wurde noch erschwert durch die gewaltsame Art, wie der Heerbann zusammengebracht wurde. Um nun der Willkür der Grafen zu entgehen, stellten sich die meisten der freien Markgenossen unter den Schutz des Königs oder der Kirche. Nun konnten sie, da der Heeresdienst nur den freien Männern oblag, nicht mehr willkürlich ausgehoben werden. Als Vasallen des Königs und der erstarkten Geistlichkeit mußten sie als Gegenleistung für den gewährten Schutz fronen und zinsen.

Die ersten nachweisbaren Spuren von Frondienst, welche die unfreie Bauernschaft im Interesse der Jagd zu leisten hatte, betraf die Instandhaltung der Brühle oder Tierparke, deren Instandhaltung ausschließlich der unfreien Bevölkerung oblag. Schon Ludwig der Fromme verordnete im *Capitulare* vom Jahre 820, daß kein freier Mann gezwungen werden sollte, an den herrschaftlichen Brühlen (*brolii dominici*) zu arbeiten. Die Ausübung der Jagd war im ganzen noch dieselbe wie zur Zeit der Stammesherrschaft, nur wandte der neue große Grundbesitz natürlich einen größeren Apparat an, er hatte eigene Jagdbediente, eine vermehrte Anzahl Hunde und einen großen Vorrat von Netzen und andern Fangvorrichtungen. Die zur Jagd gebrauchten Hunde waren dieselben wie früher. Es wurden besonders starke und scharfe Fanghunde (*molossus* oder Rüde) gehalten, die den Kampf mit Bären und Wildstieren ehrenvoll bestanden. Ausgedehnte Jagdbezirke wurden mit lose auf Stellstangen liegenden Fallnetzen umstellt und durch die Hörigen das Wild hineingetrieben. Hier fing es sich in den Maschen der herabfallenden Netze und wurde von den in der Nähe versteckten Jägern abgestochen.

Die Jagd wurde immer mehr eine beliebte Zerstreuung der Grundherrn, und ein weites, wildreiches Jagdrevier, in welchem zu Ehren der Gäste Jagden abgehalten wurden, gehörte zu jedem großen Grundbesitz. So gab es an den Fürstenhöfen keine große Festlichkeit ohne Jagdvergnügen, wobei auch die Damen mit dem Falken auf der Faust der Reiherbeize oder der Hetzjagd mit den flinken Federspielen oblagen. Dem jungen Brun de Montagne wurden, als er noch Säugling war, junge Hunde und Falken verehrt. Das war damals das vornehmste Spielzeug des Adeligen.

Da man sich oft ganze Wochen hindurch dem Jagdvergnügen hingab, führte man Zelte mit sich, mit denen das ganze Mittelalter hindurch ein großer Aufwand getrieben wurde. Mit ihnen und dem nötigen Proviant beladene Pferde wurden an bestimmte Plätze, an denen man zusammenkommen wollte, vorausgesandt. Die Landesherren aber bauten sich schon frühe Jagdschlösser, die mehr Bequemlichkeit als solche Zelte boten, inmitten ihrer größeren Jagdforste. Schon Karl der Kahle ließ sich das vermutlich an der Isar gelegene Jagdschloß Bacivum bauen, das er oft besuchte. Und sein Enkel Karlmann starb daselbst 884 an einer auf der Jagd durch unglücklichen Zufall erhaltenen Verwundung. Heristallum war ein Jagdschloß der Frankenkönige, an der Mosel gelegen und schon zu Karls des Großen Zeiten als solches berühmt; es ging noch auf Heinrich I. den Vogler (876 bis 936), den 919 von den Franken und Sachsen in Fritzlar zum König gewählten Sohn Ottos des Erlauchten, Herzogs von Sachsen, den eigentlichen Gründer des deutschen Reiches, über, wurde aber dann von den plündernd die Flüsse herauffahrenden Normannen zerstört. Ein solches Jagdschloß wird im mittelhochdeutschen Gedicht aus dem Ende des 12. Jahrhunderts Biterolf und Dietlieb jeithove oder gejeithof genannt, im Erek des Hartmann von Aue (1170–1215), der an den Kreuzzügen von 1189 und 1197 teilnahm, wird es jagehûs genannt, im Epos Parzival Wolframs von Eschenbach (gest. um 1225) dagegen weidehûs. Das Jagdhaus im Erek liegt an einem See, zwei Meilen rundherum ist der Wald von einer Mauer umgeben und innerhalb der Mauer sind drei Gehege angelegt, von denen das eine Rotwild, das andere Schwarzwild und das dritte „kleinen Klunder", d. h. Füchse, Hasen u. dgl. enthält. Es sind Hunde da zur Hirschhatz und Windhunde für die Hasen, gegen Schweine und Bären „breite, starke Spieße"; und im Jagdhaus sind allerlei Fangnetze und „gutes Geschütz" vorhanden.

Im späteren Mittelalter waren solche Jagdschlösser etwas ganz Gewöhnliches. So besaß Kaiser Maximilian I. (geb. 1459, reg. von 1486–1519) ein Jagdschloß bei Augsburg, Wellenburg genannt, westlich davon dasjenige von Wellersberg, noch weiter entfernt das von Dillingen; ferner nennt er selbst Jagdhäuser in Günzburg, Weißenhofen, Pfaffenhofen, Angelberg und Oberndorf. Wo solche Jagdhäuser fehlten, wird wohl die Gastfreundschaft der Untertanen in Anspruch genommen worden sein, namentlich die der Klöster. In Verbindung damit entwickelte sich dann die Pflicht der Atzung und Hundelege.

Die Häute des erlegten Wildes wurden unter anderem auch zu Anzügen und Handschuhen verarbeitet. So kleidete sich Karl der Große mit Vorliebe in Wildleder und noch im 16. Jahrhundert war die Jägertracht aus Tierfell keine Seltenheit. Auf der Jagd Verunglückte und andere Tote wurden zur Beförderung in frisch abgezogene Hirschhäute genäht, und es scheint sogar allgemein Sitte gewesen zu sein, die Könige von Frankreich nach ihrem Tode in eine solche einzuwickeln. Für gewöhnlich bestand die Kleidung des Jägers aus einem Hemd mit halblangem Wams, das im Winter grau, im Sommer grün sein sollte. Bei den Vornehmen war das Winterwams mit Pelz gefüttert. Gegürtet wurde das Wams mit einem Ledergurt, der das Jagdschwert und das Weidmesser trug. Die Beine steckten in strumpfartigen Hosen, die Füße waren mit Schuhen oder Stiefeln bekleidet und auf dem Kopf saß ein Filzhut oder eine Kappe.

Als Waffen benützte man außer dem Schwert den Ger als Wurfspeer und Stoßwaffe zugleich. War er besonders für letzteren Zweck bestimmt, so trug er vielfach einen Querriegel. Mit ihm, dem *espieu* der Franzosen, im Gegensatz zur geworfenen *lance*, ließ der Jäger die Wildsau auflaufen und ging er dem Bären zu Leibe. Der Riegel war fest oder beweglich und in letzterem Falle mit ledernen Riemen angebunden, die um den Schaft gewickelt und daselbst festgenagelt waren. Man benützte aber auch den espieu, die Saufeder, zum Werfen. Als Fernwaffe diente der mit dem Bogen entsandte Pfeil. Dieser sollte acht Handbreiten lang, seine eiserne Spitze aber fünf Finger lang und vier Finger breit sein. Abgeschnellt wurde er mit dem vorzugsweise aus Eibenholz hergestellten Langbogen, dessen Sehne besser aus Seide denn aus Hanf angefertigt sein sollte. Der Bogen sollte, an der Sehne gemessen, 20 Handbreiten lang und so biegsam sein, daß ihn der Jäger längere Zeit gespannt halten konnte, wenn er sich dem Wild langsam und sichernd näherte. Zum Langbogen kam jetzt noch der Kreuzbogen, die Armbrust, hinzu. Schon im Jahre 1048 wird die Armbrust in einer Urkunde Tirols erwähnt, es dauerte aber Jahrhunderte bis sie in Deutschland den Langbogen verdrängte. In Frankreich war dies noch später der Fall. In den französischen Artus- und Abenteuerromanen wird die Armbrust als Waffe noch nicht erwähnt; dagegen geht in dem nach französischem Vorbilde um 1210 vom mittelhochdeutschen Dichter Gottfried von Straßburg gedichteten Epos „Tristan und Isolde", Tristan mit ihr bürschen. Als Kriegswaffe wurde die Armbrust früher heimisch denn als Jagdwaffe. So wurde in Paris im Jahre 1359 die Gesellschaft der Armbrustschützen gegründet, aber als Jagdwaffe soll die Armbrust in Frankreich erst seit 1554 nach einer Verbesserung durch Andelot allgemein benützt worden sein. Kaiser Maximilian I. führte mit Vorliebe die Armbrust, mit einem Bogen aus Stahl, bei Frostwetter dagegen benutzte er eine solche mit Bogen aus Horn. Das Weidmesser wurde im 12. und 13. Jahrhundert in Frankreich *quenivet* bezeichnet, ein Ausdruck, der sich im französischen *canif*, im englischen *knife* und im norddeutschen Knif bis auf den heutigen Tag erhielt. Als die Schwerter für den Krieg, die bis dahin eine runde Endigung gehabt hatten, seit dem 12. Jahrhundert spitz ausliefen, wurde auch das Jagdschwert nach vorne zu gleichmäßig spitz hergestellt, um zum Stechen zu dienen. Das Jagdpersonal trug kein Schwert, dafür aber das Weidmesser, franz. *escorcheor*, deutsch Weidener. An einem Band trug der Jäger um die Schultern das Horn, zuerst aus dem Horn von Wildbüffeln, später von Hausrindern angefertigt; war es ausnahmsweise aus dem kostbaren Elfenbein hergestellt, so hieß es *oliphant*. Damit gab man die Signale, durch welche nicht nur die Jäger benachrichtigt, sondern auch die Hunde gelenkt und die ganze Jagd geleitet wurde. *Huer et corner*, d. h. Schreien und Hornen waren das unerläßliche Mittel der Hetzjagd im freien Revier, welche die beliebteste Jagdart des Mittelalters war. Man nannte sie in Deutschland das Überlandjagen, in Frankreich die *chasse à courre*. Die Entwicklung dieser Jagdart zu einer eigenen Kunst vollzog sich mit dem Aufkommen der großen Vasallen in Frankreich, wo diese Jagdart durch die fränkischen Eroberer von den unterworfenen Kelten übernommen wurde. Letztere haben nach der Überlieferung Arrians schon die Hetzjagd auf Hirsche und Hasen geübt.

Der Grundbesitz hatte in Frankreich schneller als in Deutschland und England zu einem mächtigen und selbständigen Vasallentum geführt, das Ludwig II. und Suger, Philipp der Schöne, Ludwig XI. und Richelieu erst brechen mußten, bevor eine staatliche Einheit möglich war. Dieses reiche, vornehme Vasallentum hat die Hetzjagd geschaffen, begünstigt durch die

Überlieferung solcher Jagdweise aus keltischer Vorzeit und die verhältnismäßig hohe Kultur, die schon Julius Cäsar an den Galliern rühmte und die in der Folge Frankreich jenen großen Vorsprung vor Deutschland und England in materieller und geistiger Hinsicht verschaffte. Die Vasallen besaßen ein ausgedehntes Jagdrevier und bezogen aus dem ausgedehnten Grundbesitz die Mittel, ein geschultes Jagdpersonal und zahlreiche Meuten zu unterhalten. In der Mitte des 14. Jahrhunderts schätzt Gace de la Bigne die Meuten in Frankreich auf 20000 Stück. Nach Frankreich bildete das vom Normannen Wilhelm eroberte und an seine Vasallen aufgeteilte England diese vornehme französische Jagdart bei sich aus, während in Deutschland der Mangel an materiellem Reichtum und das Fehlen des keltischen Blutes im Jäger wie im Hund solche noble Passion erst spät und zögernd aufkommen ließ.

Wie in Frankreich war auch in Deutschland das ganze Mittelalter hindurch der Gebrauch des an einem Riemen geführten Leithundes (franz. *liëmier*) allgemein üblich. Mit ihm wurde der Hirsch oder sonstiges Wild „bestätigt" und dann von den Jägern zu Pferd mit den Laufhunden gehetzt, bis es gestellt und abgestochen zu werden vermochte. Dabei suchte man ihm die Flucht über Land, wo man ihm weniger leicht zu folgen vermochte, zu verwehren und ihn im Walde festzuhalten, indem man den zu bejagenden Waldbezirk durch Knechte und Bauern umstellte, die den Auftrag hatten, das Ausbrechen des Wildes aus dem Walde zu verhindern. Dabei wurde der einzelne Posten als Warte bezeichnet. Dieser sollte durch Schreien und Lärmen das auszubrechen versuchende Wild zurückjagen; geschah dies nicht und brach das Wild aus, so wurde der betreffende Bauer nach dem Weistum von Rode mit der Wegnahme des besten Ochsen bestraft. In Tristan und Isolde des Meisters Gottfried von Straßburg und in den Nibelungen des unbekannten ritterlichen Dichters aus dem Beginne des 12. Jahrhunderts ist mehrfach von solchen Warten bei der Jagd die Rede. Auch bei der Jagd im Meleranz sind drei Warten mit Hunden aufgestellt. Man ließ nämlich nicht von Anfang an die ganze Meute, sondern immer nur einen Teil derselben auf den Hirsch (oder anderes Wild) los, da die Hunde nicht ausdauernd genug waren, um ihn mattzuhetzen und nach einiger Zeit der Ablösung durch frischgebliebenes Material bedurften. So wurde ein Teil der Meute auf die Warten gegeben und später angehetzt, wenn der Hirsch gerade vorüberflüchtete.

Wenn ein hoher Herr „über Land" jagte, dann legte die vorsichtige Jägerei Windhundwarten weit hinaus auf Feld, die auf den halb mattgehetzten Hirsch (oder anderes Wild) losgelassen wurden und ihn in der Regel bald stellten. War das Revier von einem Fluß begrenzt, so wurden auch Schiffswarten aufgestellt. Die Meute bestand aus wenigstens 12 Laufhunden und einem Leithund. Im Nibelungenlied hat Gunther zwei Meuten, also zweimal 12 gleich 24 *ruore* (= Bracken) zur Verfügung. Als Siegfried gleichfalls auf die Jagd reiten will, schlägt ihm Hagen vor, das Jagdpersonal und die Hunde zu teilen. Da nimmt Siegfried wohl das Personal an, verzichtet aber auf die Meute und bittet sich nur den Leithund aus. Im Meleranz besteht die Meute aus 13 *ruor*hunden und diese ziehen „in die *ruore*", d. h. auf die Jagd, und im Weistum des bei Trier gelegenen Spurkenburger Waldes heißt es, der Förster soll zweimal im Jahre den Vogt und einen Ritter nebst Knechten und einen Jäger mit 12 Hunden und einem Leithund bei sich aufnehmen. In der Meute wurden junge Hunde mit den alten gemischt, damit sie von diesen angelernt würden. Namentlich auf gute Leithunde wurde großer Wert gelegt, da die Vorsuche sehr wichtig war. Ja, in Frankreich verlangte jeder Seigneur vor der Jagd einen Bericht über Beschaffenheit, Alter und Geweihstärke des zu jagenden Hirsches. Die deutschen Fürsten waren in ihren Ansprüchen bescheidener, und sie mußten es sein, weil sie selbst nicht die Voraussetzungen einer guten Vorsuche erfüllen konnten und nicht immer im Besitz eines guten Leithundes waren. So treffen wir in zahlreichen Briefen von deutschen Fürstlichkeiten des 15. Jahrhunderts Bitten um gute Leithunde.

Aus diesem Überlandjagen hat sich zuerst in Frankreich die klassische Parforcejagd — *à force de chiens* — entwickelt, welche uns fertig zum erstenmal in dem vermutlich in der zweiten Hälfte des 13. Jahrhunderts verfaßten Gedicht *la chasse du cerf* entgegentritt. Darin wird ein wissensdurstiger Laie über diese Jagdart von einem Jäger unterrichtet. Sie erscheint dort ums Jahr 1200 fertig ausgebildet, war bei der im 14. Jahrhundert zuerst auftretenden jagdlichen Literatur in Prosa auf der Höhe, auf welcher sie sich bis ins 16. Jahrhundert hinein hielt. Nach der Angabe des Roy Modus jagte man zehn Arten Wild *à force*. Von diesen waren fünf rot: Edelhirsch, Hinde, Damwild, Reh, Hase, und fünf schwarz: Wildsau, Bache, Wolf, Fuchs und Fischotter. Es galt aber für ebenso weidgerecht, das schwarze Wild im Netz zu fangen. Jagdbar hieß der Hirsch, wenn er ein Geweih von wenigstens 10 Enden trug. Die Fußspur eines solchen, die einen längeren Tritt und breitere Ballen als die einer Hinde hat, wird, wenn möglich, von dem am Riemen vom Jäger geführten Leithund in der Morgenfrühe des zur Jagd bestimmten Tages ausgemacht. Findet der Jäger auch noch die Losung (Kot) eines solchen, so tut er dieselbe in sein Horn, um sie als Wahrzeichen zur Versammlung mitzunehmen und dort vorzulegen. In der Hand darf er sie nicht tragen, weil sie dabei die charakteristische Form verlieren würde. Ist der Hirsch durch Verfolgung der Fährten bis zu feinem vermutlichen Lager ausgemacht, so erhält der inzwischen mit der Jagdgesellschaft am Versammlungsorte eingetroffene Grundherr davon Bericht durch die Besuchknechte. Die an gedeckten Tischen sich an kalter Küche und Wein zum bevorstehenden Jagdritt erfrischende Gesellschaft läßt auch die Besuchknechte sich sättigen und durch einen Trunk laben; dann bricht sie auf, nachdem inzwischen die

Warten dort aufgestellt sind, wohin der ausgemachte Hirsch nicht flüchten sollte. Besonders gefährdete Stellen, wie die Ufer breiter Ströme, in die sich der geängstigte Hirsch gern flüchtet, wurden mit Vorliebe durch Windhunde gesichert. Auch waren zuvor die Relaishunde verteilt, die dem flüchtig vorbeieilenden Wild nachjagen sollten.

Der Seigneur erhebt sich zum Zeichen des Aufbruchs, die Jäger steigen zu Pferd und die Jagdgesellschaft folgt dem Besuchknecht, der den Hirsch bestätigt hat, zu der Stelle, da dieser am Morgen die Fährte verließ. Die Gesellschaft bleibt im Hochwald vor der Dichtung, in der sich der Hirsch befinden muß, halten, während der Besuchknecht seinem Leithund auf der Fährte folgt, bis er ihn zum Lager des Hirsches geführt hat. Ist dieses noch warm, als Zeichen dafür, daß der Hirsch es eben verlassen hat, so gebärdet sich der Leithund wie toll an der Leine und gibt freudig laut. Durch Hornsignal wird nun die Meute mit den Jägern avisiert und unter lautem Gebell beginnt das Jagen. Besonders nach dem Lautgeben oder Schweigen der alten Hunde wird beurteilt, ob man bei der Verfolgung des flüchtig gewordenen Hirsches auf richtiger Fährte ist oder nicht. Signale und Rufe leiten die Teilnehmer nach der jeweiligen Richtung der Flucht des Hirsches, bis dieser, der vergeblich alle Schliche und Finten anwandte, endlich vom weiten Laufe erschöpft und um sein Leben bangend von den Hunden gestellt und dann vom herbeigeeilten Jagdherrn durch einen Stich ins Herz abgetan wird. Sein Tod wird von allen Jägern durch das Signal „Hirsch tot" verkündigt. Hierauf wird ihm das Fell abgezogen und sein Körper zerlegt und verteilt, wobei auch die Hunde ihren Anteil an den Eingeweiden erhalten.

In ähnlicher Weise wurde mit den nötigen Abänderungen das übrige Wild *par force* gejagt, wobei sich ein ganz bestimmtes Zeremoniell, auf das wir nicht eintreten können, herausbildete. Besonders an Wildsauen wurde eine Massenschlächterei ohnegleichen vollzogen, da solche damals noch sehr zahlreich vorhanden waren und wegen ihrer Schädlichkeit für den Landbau rücksichtslos verfolgt wurden. So schrieb z. B. Kurfürst Albrecht von Brandenburg 1480 an seinen Sohn: „Wir haben beiläufftig 30 und 100 swein ‚gefangen'. Und ist noch Swein und ander Wildpert, gott seis gelobt, genug hie außen und gutter frid: gott geb' lang!" Vierzehn Tage darauf meldete er ihm abermals, er habe „32 und 100 swein" gefangen; es seien aber 200 da. Der französische Verfasser des Roy Modus hält das Treiben des Wildes zu den Netzen für die beste Jagdart und das schönste Vergnügen mit Hunden, dem sich die großen Grundbesitzer auch häufig hingaben. Der Graf von Foix dagegen erklärt diese Netzjagd nicht für ritterlich, ebenso verurteilen sie verschiedene deutsche und englische Autoren, die sich darüber äußerten. Nicht auf die Beute komme es an, sondern auf die Art, sie kunstgerecht zu erjagen. Auch Treibjagden wurden von den großen Herren veranstaltet, indem die hörigen Bauern Treiberdienste leisten mußten und das Wild mit großem Lärm gegen die mit grünem Laub verkleideten Stände mit den vornehmen Jägern trieben, die es mit der Armbrust und später mit der Büchse erlegten. Zuerst wurde das kleine Wild durch Harriers genannte kleine Hunde rege gemacht und dann erst das Rotwild durch Hirschhunde gehetzt. Um das Wild zwangläufig zu führen, waren außer den den Wald umstellenden Warten mit Windhunden auch solche im Treiben aufgestellt. Je näher zu den Ständen, um so dichter standen sie. Eine der ältesten Mitteilungen über die Treibjagd finden wir in der am Ausgang des 12. Jahrhunderts gedichteten Eneide des Heinrich von Veldecke. Darin wird von Askanius eine Treibjagd in der Weise ausgeübt, daß Schützen mit Pfeil und Bogen sich vor die Bäume stellen und sich Wild zutreiben lassen. Auf die Fährte des verwundeten Hirsches wurden dann die Hunde gehetzt.

Bild 56. Die Abrichtung des Jagdfalken durch den Falkner.
An der Wand befindet sich ein Federspiel. (Holzschnitt von Jost Ammann in „Das Neuw Jag und Weydwerck Buch“, Frankfurt 1582.)

Gern birschte sich der Einzeljäger in die grüne Farbe des Waldes gekleidet gegen den Wind, den Bogen in der Hand, Schritt für Schritt an das Wild heran. Dazu benutzte er entweder natürliche Deckungen oder künstliche, indem er einen Schirm aus grünen Zweigen oder ein Schild mit aufgemalten Ochsen vor sich hielt. Nach dem Schuß ließ man das getroffene Tier durch Bluthunde verfolgen. Für solche Jagd empfiehlt Roy Modus einen leichten und biegsamen Bogen zu verwenden, den der Schütze längere Zeit gespannt halten konnte, während er sich dem Wilde näherte.

Bild 57. Reiherbeize mit dem Falken und dem Windspiel.
Im Hintergrunde Hasenjagd mit Laufhunden. (Holzschnitt von Jost Ammann in „Das Neuw Jag und Weydwerck Buch", Frankfurt 1582.)

Neben diesen Jagdarten spielte die von alters her geübte Beize mit dem Jagdfalken das ganze Mittelalter hindurch eine sehr große Rolle. Man schrieb damals die Einführung dieser Jagdart fälschlicherweise dem sagenhaften König Dankus von Armenien zu. Tatsache ist, daß sie allerdings durch die Kreuzzüge mancherlei Beeinflussung aus dem Orient, wo sie ebenfalls mit großer Leidenschaft ausgeübt wurde, erfuhr, besonders von seiten des im 10. Jahrhundert lebenden Arabers Mohammed Tarkani, der ein verbreitetes Buch über die Jagd mit dem Falken schrieb. Unabhängig von ihm schrieb der gelehrte Albertus Magnus (als Graf von Bollstädt 1193 zu Lauingen in Schwaben geboren, wurde Dominikaner und starb, nachdem er Bischof von Regensburg gewesen, 1280 in Köln) und fast gleichzeitig Kaiser Friedrich II., der Enkel Friedrichs I. Barbarossas (1194–1250), eine allerdings erst im Jahre 1596 in Augsburg gedruckte Abhandlung über das Federspiel. Das Buch des von einer sizilianischen Mutter geborenen und mit Vorliebe in Palermo residierenden Fürsten, der zahlreiche Beziehungen zu den Arabern unterhielt und selbst einen Harem besaß, handelt eigentlich nur von der Zähmung des Falken und nicht von der Jagd mit ihm, obschon es den Titel trägt: *de arte venandi cum avibus* (über die Kunst mit Vögeln zu jagen). Dieser Fürst war selbst ausübender Falkenjäger und ließ zu seiner Belehrung vor der Abfassung des Buches über die Falknerei Falkner aus dem Oriente kommen, wo die Kunst mit dem Falken zu jagen in hoher Blüte stand. Auch in Byzanz war die Falkenbeize ein beliebtes Vergnügen der großen Herren. Dort schrieb Demetrios, wahrscheinlich Arzt des griechischen Kaisers Michael Palaeologus, in griechischer Sprache ein Buch über Falknerei, das im Jahre 1612 ins Französische übersetzt in Paris gedruckt wurde.

Zur Kreuzfahrerzeit und später kamen die gesuchtesten Jagdfalken aus Island und Norwegen und wurden neben den von unsern Altvordern von jeher gezähmten Habichtarten, dem Hühnerhabicht und Sperber, als sehr geschätzte Jagdgehilfen gehalten. Diese hellfarbigen nordischen Falken waren auch bei den vorderasiatischen Völkern die gesuchtesten. So schlug Sultan Bajazet I., nachdem er am 28. September 1396 bei Nikopolis das abendländische Kreuzheer unter König Siegmund besiegt hatte, alles Lösegeld aus, das ihm für die dabei gefangen genommenen Herzog von Nemours und zahlreiche andere französische Edelleute angeboten wurde, gab sie aber sofort frei, als ihm statt des Geldes zwölf weiße isländische, zur Beize abgerichtete Falken vom Herzog von Burgund geschickt wurden. Und Philipp August, König von Frankreich, dem bei der Belagerung von Akkon ein prächtiger weißer Falke wegflog, bot den Türken für dessen Rückgabe vergeblich 1000 Goldstücke.

Wie gute Jagdhunde waren abgerichtete Falken das ganze Mittelalter hindurch die beliebtesten Geschenke zwischen hohen Herren. Namentlich war Preußen eine dankbare Quelle für Falken. So sandte der Hochmeister Heinrich von Richtenberg im Dezember 1471 acht Falken an den Kurfürsten Albrecht von Sachsen, und Albrecht von Brandenburg machte Maria, der Katholischen, ein ähnliches Geschenk. Lange Zeit übte die dänische Regierung den Brauch, alljährlich eine Anzahl Falken durch ein besonderes Schiff aus dem Norden holen zu lassen und sie geschenkweise an die europäischen Fürsten zu verteilen. Brabanter Kaufleute brachten Falken aus dem Norden nach Frankreich und Spanien. Im Weißkunig wird von Kaiser Maximilian gesagt, er habe Falken gehabt aus der Tartarei, aus der Heidenschaft, aus Rußland, Preußen und von der Insel Rhodus. Lopez von Ayala, kastilischer Gesandter bei Karl V. und Karl VI., erzählt, daß der Preis eines Falken mit hohem Flug 40 Franken in Gold und derjenige eines speziell auf den Reiher abgerichteten Falken 60 Goldfranken betrug. Das sind nach unserem Gelde 472 und 708 Mark, also in Berücksichtigung des damaligen hohen Geldwertes ganz anständige Preise.

Eingehend wird die Abrichtung des meist aus dem Horst genommenen und in einem künstlichen Horst mit rohem Fleisch, Käse, Eiern und Milch aufgezogenen jungen Falken geschildert. Der Akt der Zähmung ging in der Weise vor sich, daß ihm die Klauen geschnitten und die Fangschuhe aus leichten Riemen mit einer kleinen Schelle, bei deren Klang man später den Falken leichter wieder zu finden vermochte, angelegt wurden, damit er auf der Faust gehalten werden konnte. Durch Blenden mit losem Zusammennähen der Augenlider und Hungernlassen, wobei sie 24 Stunden in einen dunkeln, stillen Raum auf der durch einen dicken Handschuh aus Hirschleder geschützten Faust umhergetragen wurden — dabei löste ein Falkner den andern ab — wurden die Tiere abgemattet und zunichte gemacht. Gern sah man, wenn die übermüdeten Vögel während des Umhertragens einschliefen, denn gerade das Schlafen auf der Faust machte nach Roy Modus den Falken vertraut. Nach dieser Frist bekam der Vogel zu „ätzen", d. h. zu fressen, und zwar stets auf der Faust. Einige Tage später trug man ihn an hellere, belebtere Orte und lockerte allmählich den Faden, mit dem die Augenlider zusammengenäht waren, daß er etwas zu sehen vermochte; schließlich zog man ihn ganz heraus. War der Vogel im Hause zahm geworden, so trug man ihn ins Freie und gewöhnte ihn an Hund und Pferd. Wenn der Falkner das erstemal mit dem Vogel das Pferd bestieg, um auszureiten, hatte er gern einen leichten Regen, weil der Vogel dann weniger unruhig war. Dann bekam der Falke in stiller Gegend auf einem Federspiel genannten, mit Leder überzogenen Stiel, an dem flatternde Bänder und Vogelschwingen befestigt waren, zu fressen. Er wurde nun daran gewöhnt, auf diesem gefüttert zu werden; dadurch gelang es, ihn herbeizulocken, wenn er verflogen war, indem man ihm den Federspiel zeigte und die Bänder im Winde flattern ließ. Das erweckte in dem hungrigen Tiere das Bewußtsein, er werde dort zu fressen bekommen, und kam herbei, um sich daraufzusetzen. Deshalb mußte der Falke stets hungrig sein, wenn es zur Jagd ging, sonst riskierte der Falkner, daß er nicht wiederkam.

War der Falke so weit zahm, daß er auf den Ruf herbeigeflogen kam, ruhig auf der Hand stand und darauf fraß, so begann man damit, ihm lebenden Raub zu zeigen. Meist benutzte man dazu Tauben, denen man die meisten Schwungfedern ausgerissen hatte, so daß sie mehr flatterten als flogen, so daß sie vom Falken leicht zu schlagen waren. Dann durfte der Falke von der Taube fressen. Später nahm man sie ihm ab und bot ihm dafür das Ziget oder den kalten Flügel. Die ersten Stoßübungen machte der Falke an einer langen Schnur, und erst wenn der Falkner des Vogels sicher zu sein glaubte, wurde ihm die Fessel abgenommen. Nach und nach brachte man den Vogel an größeres Wild und allmählich lernte er Enten, Gänse, Fasanen, Hasen, Trappen, Weiher, Kraniche und Reiher schlagen.

In zahlreichen mittelalterlichen Gedichten ist vom Falken die Rede; denn damals war die Reiherbeize das Hauptvergnügen der großen Herren weltlichen und geistlichen Standes. Überallhin, selbst zur Messe nahmen sie wie ihren Hund, so auch den Falken mit sich. Die Beize konnte nur bei gutem Wetter und am besten im Herbst geübt werden, da die Falken im Frühjahr mauserten und dann äußerst empfindlich waren, im Winter aber durch den Schnee geblendet wurden. In der Zeit der Hohenstaufen war der Gebrauch der Lederhaube durch die Araber aufgekommen und wurde an Stelle der Blendung durch Zusammennähen der Augenlider nicht nur bei der Dressur, sondern auch später zu Hause und unterwegs öfter aufgesetzt, um das Tier ruhig zu halten. Der Falke wurde vom Jäger oder der Jägerin in der Weise auf der behandschuhten rechten Hand gehalten, daß er mit den Fängen zwischen das Handgelenk und die gebogenen Finger griff. Nie durfte die Schelle erklingen, wenn der Vogel richtig getragen wurde. Die Fessel war um den kleinen Finger geschlungen; an ihr wurde der Falke gehalten. Beim Ausritt mußte der Falke stets gegen den Wind gerichtet sein und erst wenn er jagen sollte, nahm man ihm die Haube ab. Eine solche Falkenbeize erforderte sichere Pferde, die kein Hindernis scheuten, da man beim Dahinsausen in Verfolgung des von den Stöberhunden aufgescheuchten Reihers die Augen mehr gegen den Himmel zur Beobachtung der interessanten Flugkünste von Raubvogel und Wild, als auf die Erde richtete und deshalb leicht stürzte. Besonders war dies bei den in Seitensitz reitenden Damen der Fall, die im Mittelalter das rechte Bein nicht um das Sattelhorn gelegt hatten, sondern seitwärts im Sattel saßen, die Füße auf ein Brett gestellt. Da konnte denn freilich der Halt kein sicherer sein. Auf einer Reiherbeize verunglückte denn auch durch einen Sturz vom Pferd am 27. März 1482, erst 25jährig, die immens reiche Tochter und Erbin Herzogs Karl des Kühnen von Burgund, seit 1471 die Gemahlin des Erzherzogs Maximilian von Österreich, des späteren Kaisers Maximilian I., dem sie zwei Kinder, Philipp den Schönen und Margarete, geboren hatte. Auch Maximilians zweite Gemahlin verunglückte auf einer solchen Jagd durch Sturz vom Pferde.

In Frankreich wurde die Beize auch vom Mittelstand geübt. Ritter, Domherren, Bürger und Junker taten sich zusammen und ließen ihre Falken und Sperber auf Rebhühner und Lerchen fliegen. Der Anblick des zu Tode gehetzten Wildes bot diesen noch wenig feinfühligen Menschen die schönste Augenweide und war ihre höchste Lust. In Tirol war schon seit dem Jahre 1414 dem Adel verboten, Fasanen und Rebhühner auf eine andere Art zu fangen als mit dem Federspiel. Kaiser Maximilian I. hat dann die Reiherbeize in den österreichischen Erblanden neu belebt und an vielen Orten auch Enten, zum Teil unter Aufwendung von erheblichen Kosten, als Jagdwild hegen lassen. Auch auf seinen Reisen und Feldzügen übte er die Jagd und das Beizen aus, ersteres am Vormittag und letzteres am Abend. Allgemein wurde die abendliche Beize bevorzugt, weil dann der Falke den größten Hunger hatte und die geringste Neigung zeigte, sich zu verfliegen.

Bild 58. Jäger mit Hund und Jagdfalk.
(Nach einem Holzschnitt von Jost Ammann.)

Noch im späteren Mittelalter wurde gezähmtes Edelwild gelegentlich zur Jagd gebraucht, ebenso war der Fang vermittelst Antrieb gegen mitten im Wald errichtete künstliche grüne Hecken beliebt, die im Zickzack verliefen und an den offenen Winkelspitzen Netze in Beutelform aufwiesen, in denen sich das hier auszubrechen versuchende Wild fangen mußte, während die einspringenden Winkel durch Reisig geschlossen wurden. War das Tier wie eine Fliege im Netz gefangen, so eilten die in der Nähe versteckten Wachen herbei, um es zu töten. Dieses Jagen mit *hag* war ebenso bequem als ergebnisreich, wenn es gelang ein Rudel Wild dagegen zu treiben. Nach und nach wurden die feststehenden Hecken durch die beweglichen Netze und hohen Tücher verdrängt, denen schon Roy Modus und Foix im 13. Jahrhundert den Vorzug gaben. Ein Hauptgrund für die Aufgabe der Hecken war auch die Wilderei, der dadurch Vorschub geleistet wurde.

Außer in solchen Hecken wurde das Wild wie früher auch in Fallgruben gefangen. Diese waren unten weiter als oben und mit Zweigen verdeckt. Von der Fallgrube gingen zwei oder vier Hecken in schräger Richtung ab, welche das nahende Wild zwangläufig nach der Grube führten, in die es hineinstürzen mußte. Die Gruben für Schwarzwild und Raubzeug wurden im Walde, die für Rotwild dagegen im Freien angelegt. Auch Fallen und Schlingen wurden noch gelegt, besonders für die kleineren Tiere und Vögel. Letztere wurden außerdem auch mit Netzen und Leimruten gefangen, wobei allerlei Lockvögel zu Hilfe genommen wurden. Habichte und Falken köderte man mit einem Huhn und fing sie in Schlingen. Sperber dagegen lockte man durch einen andern Sperber, der in einem Bauer saß. Auch solche ältere Vögel wurden zur Jagd abgerichtet. Wenn sie dabei dem Falkner auch mehr zu schaffen gaben als die jungen, aus dem Nest genommenen Vögel, so lohnten sie andererseits die vermehrte Mühe durch größere Kühnheit und waren daher sehr beliebt.

Bären und Wölfe wurden mit Selbstschüssen zu erlegen versucht; man fing sie auch in der Schlinge und in Schlagfallen und jagte sie mit Spürhunden vielfach in mit Netzen eingehegten Revieren. Die noch immer zahlreichen Wölfe suchte man in Fallgruben und an Luderplätzen mit vergiftetem Fleisch unschädlich zu machen. In ähnlicher Weise wurde den Füchsen nachgestellt, die im Altfranzösischen *gupil* und erst später *renard* — wohl eine Nachbildung von Reinecke — genannt wurden. Die Fischotter wurden wegen des Schadens, den sie in den Fischteichen anrichteten und wegen des gesuchten Pelzwerks, das nach Albertus Magnus zur Verbrämung anderer Pelzarten gebraucht wurde, in Schlingen, Netzen und Fallen gefangen oder mit Spürhunden gejagt. Ihr Fleisch galt wie das des Bibers als Fastenspeise und wurde als solche in den Klöstern gern gegessen.

Bild 59. Hetzjagd auf Wölfe mit Netzen. (Holzschnitt von Jost Ammann 1582.)

Wie das Rotwild wurden auch die Gemsen von Kaiser Maximilian I., den man gern als letzten Ritter bezeichnet, durch Treiber mit Hunden zu Tal gehetzt und an Engpässen in Netzen gefangen oder durch Hecken und Netze zwangläufig vor die Armbrust oder den Wurfspieß des hohen Jägers und seiner Gäste geführt. Der Kaiser erzählt selbst im Weißkunig durch die Feder seines Hofschreibers, M. Treizsaurwein, daß er im Tal Smyeren in Tirol eine Jagd hatte, bei der 600 bis 1000 Gemsen ins Jagen kamen, und daß einmal 183 Stück gefangen worden seien. Als erster hat er seinen Untertanen gegenüber behauptet, ohne es allerdings beweisen zu können, daß die Jagden „Kaiserliche Regalia" seien. Nur er wollte die Jagd in seinen Erblanden, die durch Fälschung von Freiheitsbriefen von den Habsburgern zu einem selbständigen Herzogtum gemacht worden waren, ausüben und bestrafte jeden Jagdfrevel der Bauern, die gerade in Tirol auf ihr altangestammtes Recht der Jagd pochten, aufs strengste, ja nicht selten mit den Tode. So ließ er auch den Bauern Mathäus Sailler von Zirl, der unbefugt auf der Pirsch angetroffen wurde, kurzerhand an den Galgen hängen. Schon im Jahre 1414 war in Tirol verordnet worden, daß niemand ohne landesfürstliche Erlaubnis Hirsche, Rehe, Bären, Gemsen oder graue Hasen jagen oder fangen dürfe; ausgenommen war der Adel, der auf seinen Besitzungen die Jagd behielt. Schon auf dem Landtage zu Bozen im Herbst des Jahres 1478 klagten die beim Jagdvergnügen der Herren zur Fron gezwungenen Bauern über

Wildschaden. Aber es wurde ihnen versagt, sich dagegen selbst zu helfen. Erst bei Maximilians Tode am 12. Januar 1519 in Wels ließ sich der lange verhaltene Grimm der Bauern nicht mehr dämpfen und sie begannen alsbald einen rücksichtslosen Vernichtungskrieg gegen alles Wild, das der Kaiser für seine Jagden in den Tiroler Bergen gehegt hatte.

Das ganze Mittelalter hindurch wurde keinerlei Schonzeit für das Wild gehalten und mit Vorliebe wurden auch trächtige Tiere gejagt. So findet es der Verfasser des Roy Modus sehr unterhaltend, die säugende Hinde zu hetzen. Am besten jagt man nach seiner Auffassung das Tier, wenn es hochträchtig ist, wegen der schönen Jahreszeit im Mai und Juni. Ist aber das Hirschkalb schon gesetzt, dann kehrt die Mutter auf der Flucht oft zu ihm zurück, wenn es nicht rasch genug folgen kann, und wagt nicht, es zu verlassen. Solches zu beobachten gewähre ein besonderes Vergnügen. Zuweilen sei das Tier mit Kalb feister als ein geltes Tier. „Findest du also ein Tier mit Kalb, gib dir Mühe, es mit dem Leithund zu bestätigen und laß die Hunde danach jagen." Führwahr, Mitleid kannten die Menschen jener Zeit nicht! Sie ergötzten sich an dem Anblick, wenn die vom Jagdsperber verfolgte Lerche, die bei den Menschen Schutz suchend sich unter sie warf, vom Raubvogel erwürgt wurde. Roy Modus sagt von einer solchen Schilderung: „Wenn der Sperber sie dann fängt, das ist ein köstliches Vergnügen!" Der feingebildete Albertus Magnus, Bischof von Regensburg, sagt, daß der Gerfalke mit frischem, noch warmem Fleisch gefüttert werden müsse. Deshalb ließ man ihn vom noch lebenden Tiere fressen. Darum rissen etliche Falkner einer lebenden Henne einen Schenkel aus und am nächsten Tag den andern, um dem Falken ein schmackhaftes Gericht zu bieten. Der große Albert tadelt zwar solches, aber nur deswegen, weil am zweiten Tage das Fleisch nicht mehr gut sein könne „von wegen der hitz, so der schmertz erwegt". Die unmenschliche Grausamkeit, der solche Handlung zugrunde liegt, empfindet der fromme Graf von Bollstädt nicht als solche. Der große Weidmann Maximilian I., der sich schon als Herzog von Österreich den Rang eines Kurfürsten anmaßte und sich „des heiligen Römischen Reichs Erzjägermeister" nannte, ließ sich mit Vorliebe das gehetzte Wild in einen See treiben, um es dort gemächlich vom Schiff aus zu töten. Einmal schoß er eine hochträchtige Hirschkuh, die alsbald nach der schweren Verwundung ein Kalb gebar, „bevor Er noch die Pluetthundt daran hat gehetzt", wie er uns selbst in seinem geheimen Jagdbuch erzählt. Das Wort Edelmann, das damals von solch großer Bedeutung war, kommt vom angelsächsischen *ead* oder *ed*, dem altdeutschen *ôd* Besitz und heißt nur der (an Grundbesitz) reiche Mann; mit edler Gesinnung und Edelmut hatte es durchaus noch nichts zu tun. Solcher Erwerb ward erst einer späteren, feiner fühlenden Zeit vorbehalten, die nicht mehr unter Umständen ein Menschenleben geringer achtete als dasjenige eines aus purem Egoismus gehegten Wildes. Derselbe fürstliche Kerl, den sein Leibeigener, der rechtlose Bauer, mit seinen zahlreichen Dienern und der oft hunderte von Hunden umfassenden Meute ohne Entgelt füttern mußte, hing ihn kurzerhand an den Galgen, wenn er sich dessen weigerte, und niemandem hatte er ob solcher Schurkerei Rechenschaft abzulegen.

Was diese Edelleute im Mittelalter an dem ihnen untergebenen rechtlosen gemeinen Volke gesündigt haben, ist zu bekannt, als daß hier weiter darauf eingegangen werden mußte. Der fromme Cyriacus Spangenberg sagt in seinem 1561 erschienenen Jagdteuffel: das Sprichwort sage, ein Edelmann solle vor dem 60. Jahr nicht wissen, daß er eine Seele und ein Gewissen habe, sonst könne er nicht zu Geld kommen. Die Jagd wurde immer mehr zu einem Hoheitsrechte, die der Landesfürst allein sollte ausüben dürfen. Der Grundbesitz des Landesherrn umfaßte außer dem *allodium*, dem ererbten Familienbesitz, und dem *beneficium*, den Bodenflächen, mit denen ihn einst der Kaiser belehnt hatte, noch allerlei eingezogene Güter. Auf diesen übte er allein die Jagd aus, wie auch in den Bannwäldern, die sein Haus sich mit der Zeit zu verschaffen gewußt hatte. Beständig suchte die fürstliche Jägerei ihre Rechte zu erweitern und auf alle Reviere auszudehnen, in denen noch ein Rudel Wild stehen konnte. Schon im Jahre 1499 beschwerte sich beispielsweise die Ritterschaft in Landshut, daß die fürstliche Jägerei auf den Lehen die hohe Jagd ausübe und auch mit der kleinen Jagd sich viel zu schaffen mache. Im Jahre 1516 wurde zwar Prälaten, Edelleuten und den Geschlechtern in den Städten, „da sy es von alter hergebracht haben", die Jagd auf Rehe, Wildschweine und Bären eingeräumt sowie die Niederjagd ausdrücklich zugewiesen, aber das Hochwild behielt sich der Herzog selber vor. Er setzte damit den tatsächlich schon vorher bestehenden Unterschied zwischen hoher und niederer Jagd gesetzlich fest. Und die von ihm angestellten Pfarrer mußten von der Kanzel herab dem Volke verkünden, daß die Jagd allein der hohen Obrigkeit gebühre, die Luther als von Gott eingesetzt und deshalb schon an sich göttlich, d. h. gottähnlich, bezeichnet hatte.

Je mehr die großen Grundbesitzer in ihrer Eigenschaft als Landesherren erstarkten, um so despotischer traten sie auf, um so weniger nahmen sie Rücksicht auf das Wohl ihrer Untertanen. Sie dehnten den Wildstand möglichst aus, um so ausgiebig wie möglich dem Jagdvergnügen zu frönen und die Jagdküche stets reichlich mit Wildbret zu versehen. Mochte dabei auch das Wild die Äcker der Untertanen verwüsten und oft in einer einzigen Nacht die Früchte von des Bauern vielmonatlichem Fleiß vernichten. Es war ihm nicht einmal erlaubt, auf eigene Kosten seine Felder gegen die Verwüstungen von seiten des herrschaftlichen Wildes zu schützen, indem ihm die Errichtung von Zäunen untersagt war. Erst wenn er nachweisen konnte, daß seine Hufe von Urväter Zeiten her eingezäunt waren, wurden ihm solche erlaubt. Aber diese mußten so niedrig sein, daß das Hochwild darübersetzen konnte, so daß also auch sie keinen Schutz der Flur gewährten.

Wenn irgendwo von einem Herrn ein Wildstand herangezüchtet werden sollte, so nannte man das „ins Gehege legen", weil man einst im Mittelalter die Bannforste durch eine Hecke einzuschließen pflegte, damit das Wild nicht auswechsle. Mit dem Erstarken der fürstlichen Macht, die niemand außer sich selbst zu jagen gestattete, hielt man die Einhegung nicht mehr für erforderlich, da die Untertanen ja doch kein Wild erlegen durften und es dem Landesherrn willkommen war, wenn es auf den dem Wald benachbarten Feldern Äsung suchte; dann brauchte er es nicht zu füttern und sparte sein Geld. Die Besitzer der vom Fürsten ins Gehege gelegten Felder durften diese nicht bebauen, wie sie wollten, die Wiesen nicht abmähen und kein Vieh auf sie treiben, ja in der Satzzeit sie nicht einmal betreten. Half sich etwa ein Bauer selbst gegen den ihm zugemuteten Wildschaden oder ließ er es sich gar in den Sinn kommen zu wildern, so wurde er aufs grausamste an Leib und Gut bestraft. Wie der bereits erwähnte Cyriakus Spangenberg 1561 schreibt, wurden „etlichen unterthanen umb eines Hasen willen die Augen ausgestochen, hende oder füsse abgehauen, nasen und ohren abgeschnitten und dergleichen unmenschlichkeiten an inen begangen. Aber es wolt lang werden, solch's alles zu erzehlen." Und der Konsistorialrat M. Rebhan in Eisenach meint: „Wie mancher Fürst oder Edelmann straffet denjenigen härter, der ein Wild umbbracht, als der einen Menschen ermordet hat." Im Jahre 1537 entkam dem Erzbischof Michael von Salzburg ein angeschossener Hirsch und flüchtete sich in das Kornfeld eines Bauern, wo er verendete. Statt ihn an seinen Herrn abzuliefern, behielt ihn der Bauer, der arm war und viele Kinder zu ernähren hatte. Als der Erzbischof davon erfuhr, ließ er den Mann sofort fesseln und ins Gefängnis abführen und befahl seinem Richter, Gericht über ihn zu halten und ihn zum Tode zu verurteilen. Da aber der Richter, der menschlich mit dem armen Manne fühlte, das Todesurteil nicht fällen wollte, ließ der Erzbischof den Bauern stracks in das Fell des vorgefundenen und verzehrten Hirsches nähen und ihn dann vor allem Volk auf dem Marktplatz von seinen englischen Doggen zerfleischen und zerreißen, wobei er selbst ins Jägerhorn stieß und sich am Anblick der Qualen des armen Mannes ergötzte. Gehängt und gevierteilt werden war sonst die gewöhnliche Strafe für Jagdfrevel. Nur adelige Wilderer kamen mit sehr hohen Geldstrafen davon. Natürlich hatten die Bauern dem Herrn schwer zu fronen und ohne Entschädigung nicht nur die Jagdangestellten, sondern auch deren Pferde und die große Hundemeute zu füttern und Treiberdienste bei der Jagd zu tun, wobei ihnen in der grimmigen Winterkälte oft genug die Zehen erfroren. Nach Wagner war im Herzogtum Württemberg die Jägerei die Hälfte des Jahres unterwegs in einer Zahl von 30–40 Mann mit ebensoviel Pferden und einem Heer von Hunden, das sich auf 600 bis 800 Stück belief. Dieser Schwarm legte sich mit Vorliebe in die

Klöster, wo solche noch vorhanden waren, oder auf die großen Gutshöfe, aus dem einzigen Grunde, weil er sich da besser aufgehoben wußte als bei den Bauern, die selber nichts zu beißen hatten und eben für gut genug geachtet wurden, die Hunde für den Herrn aufzuziehen. Dabei waren diese herrschaftlichen Jagdangestellten durchaus nicht bescheiden in ihren Ansprüchen und erzwangen sich oft unter Anwendung von Gewalt eine bessere Bewirtung. So hatte zwar die Württembergische Jagdordnung bestimmt, daß die Jäger des Morgens eine Suppe und Brot und des Mittags wie des Abends vier Gerichte, dazu an Wein 11/4 bis 2 Maß pro Mann, der Herr Windmeister aber 5 Maß erhalten sollten; als aber diese Jagdbediensteten im Kloster Bebenhausen 1607 nur ein Vorgericht, dann Suppe und Fleisch mit süßen Kirschen und Äpfelschnitzen, nachher gesalzenes Fleisch und Bratwurst und zum Nachtisch Käse aus Münster, Lebkuchen aus Nürnberg und frisches Obst in Form von Äpfeln und Birnen zu essen bekamen, beklagten sie sich schwer bei ihrem Herrn und bekamen in der Folge auch Recht. Künftighin mußten sie besser bewirtet werden.

Ursprünglich hatte der Königsdienst die Pflicht der Herberge und Speisung des Gebieters mit seinem ganzen Anhang und Troß mit umfaßt, weil noch keine Gasthäuser vorhanden waren. Diese Königsrechte gingen dann auf die Stellvertreter, die Grafen, und in der Folge auf die Landesherren über, die sich das Recht anmaßten, die Leistungen der Untertanen selbst zu regeln. Auch alle Steuern gingen einst aus dem alten Königsdienst hervor und hafteten ursprünglich auf dem Boden und nicht auf der Person. Erst im 15. Jahrhundert fingen die Landesherren an, die Steuer auf die fahrende Habe umzulegen. Mit dem Recht der Steuer übernahmen sie zugleich auch das am Boden haftende Recht der Atzung und Herberge, das sie dann auf ihr Jagdbedientenpersonal übertrugen. In Hessen-Kassel ward 1681 noch bestimmt, daß die Städte und Dörfer, welche durch die Jagden berührt wurden, für das gesamte Jagddienstpersonal und deren Pferde sorgen sollten. Erst als diese Gastlichkeit infolge der Begehrlichkeit des Jagdbedienstetenpersonals zur wahren Landplage wurde, entschloß man sich im 17. Jahrhundert zur Ablösung derselben durch eine jährliche Zahlung, die beispielsweise für das Stift Kaufungen seit 1629 500 Taler betrug.

Tafel 63.

Reste einer Reihe alternierender, im anstehenden Kreidekalk ausgehauener Wildfanggruben der Solutréenzeit bei Laugerie haute in der Dordogne (Südfrankreich). (Eigene Aufnahme des Verfassers, der in der vordersten steht, um die noch jetzt vorhandene Tiefe derselben zu zeigen.)

Fürstliche Wasserjagd im 18. Jahrhundert. Nach einem Stich von J. E. Ridinger (1695–1767).

Tafel 64.

Hirschjagd mit Leithunden. Nach einem Stich von J. E. Ridinger (1695–1767).

Vogeljagd mit Leimruten und Lockvogel. Nach einem Stich von J. E. Ridinger (1695–1767).

Aus reinem Egoismus und nicht aus moralischen Bedenken kam es im 16. Jahrhundert an den aufgeklärteren Höfen zur Aufstellung einer Schonzeit, wenigstens so lange das Wild minderwertig war. So kamen 1521 Hessen und Henneberg mit unter den ersten überein, die Jagd auf Rotwild „in der Kalbung" ruhen zu lassen, und diese Einschränkung wurde zehn Jahre später auf die Zeit von Anfang März bis Anfang Juli erweitert. Für Mecklenburg ward 1562 eine geschlossene Jagdzeit festgesetzt und bald folgten ihm darin auch andere Staaten. Aber erst im 17. Jahrhundert gelangte man allgemein zur gesetzlichen Aufstellung einer Schonzeit und zur moralischen Verurteilung vor allzu groben Verstößen gegen weidgerechtes Jagen, wie solches heute als selbstverständlich geübt wird. Sonst stand die Jagd auch damals noch in sittlicher Beziehung auf einer recht tiefen Stufe, wie die Herren, die sie übten, denen das täglich geübte Sichbesaufen die wichtigste Beschäftigung war. Mit den geistlichen Herren stand es auf katholischer Seite selbst nach der Reformation nicht besser als mit den weltlichen. Wie der Adel, so nahm auch die hohe Geistlichkeit noch immer Jagdfalken und Hunde mit in die Messe, so daß der Gang der gedankenlos heruntergeleierten heiligen Handlung und der eintönige Gesang der Priester vom Bellen der Hunde unterbrochen wurde. Auch die Geistlichkeit brachte die Feiertage mit Jagen zu und hatte oft mehr Jagdhunde als die weltlichen Landesherrn. Der Übermut der Herren und des von ihnen geschützten Jagdpersonals kannte keine Grenzen und erlaubte sich gegen die Bauern und deren Weiber und Kinder Eingriffe, die sich hier nicht wiedergeben lassen.

Die allgemein geübte Jagdart in Deutschland war das „Jagen am Zeug", wobei der betreffende Bezirk so gut wie möglich umgrenzt und abgeschlossen war, um ein Entweichen des Wildes zu verhindern. Während aber im Mittelalter außer den Warten vorzugsweise lebende grüne Hecken mit Schlingen und beutelförmigen Netzen in den Durchgangsöffnungen Verwendung fanden, wurden im 16. und 17. Jahrhundert neben solchen vorzugsweise Fallnetze benutzt, die den großen Vorzug hatten, beweglich zu sein und nach Bedarf an verschiedenen Orten aufgestellt werden zu können. Nachdem der betreffende Bezirk morgens mit Berücksichtigung des Windes in aller Stille mit Fallnetzen und Wachen umstellt war, wurde die Hundemeute auf die vorher bestimmte Fährte gesetzt und die Treibjagd ging los, indem die Treiber das eingeschlossene Wild mit den hinter ihm herstürmenden Hunden den Hecken und Netzen zutrieben. Letztere schlugen als Fallnetze über dem angstvoll einen Ausweg suchenden Wilde zusammen und hielten es fest, bis die in der Nähe versteckten Warten es abstechen konnten. Die früher geübte kunstgerechte Spurjagd war jetzt ausgeschlossen. Die Hunde jagten nicht mehr nach der Nase, sondern nach den Augen und verfolgten jedes Wild, das ihnen begegnete, in gleicher Weise, so daß es innerhalb des sich gegen die scheinbar offene, tatsächlich aber mit Netzen umstellte offene Seite verengernden Treibergürtels ein wüstes

Durcheinander von einzelnen bellenden, jagenden Hunden und angstvoll flüchtendem Wild gab. Die Warten waren hinter grünen Schirmen aus Laub innerhalb des Triebes vor den Fallnetzen versteckt und hetzten, sobald das flüchtende Wild auf die Netze zukam, ihre Windhunde hinter ihm her, so daß es aus Schrecken vor diesen und dem Geschrei der Warten in die Netze lief und hier alsbald abgestochen werden konnte. Um dem Grundherrn, seinen Damen und Gästen Gelegenheit zu geben, diesen kritischen Moment der Jagd zu beobachten und sich am Abstechen des wehrlosen Wildes höchst eigenhändig zu beteiligen, waren neben den Schirmen der Warten mit den Windhunden auch solche für die hohen Herrschaften errichtet. Stellte sich ein Hirsch den Hunden, so suchte man ihn zu schießen, wenn er sich nicht von der Seite her, während ihn die Hunde beschäftigten, erstechen ließ. Das getötete Wild wurde auf der Stelle zerlegt, das Fleisch verteilt oder auf bereitstehende Wagen für die Hofküche verladen und den Hunden die nicht vom Menschen beanspruchten Eingeweide überlassen.

Ein Überlandjagen in Form von Verfolgung des Hirsches zu Pferd im freien Revier ohne Hecken und Netze war damals in Deutschland eine große Ausnahme und kam erst im darauffolgenden Zeitalter auf, während solches in Frankreich noch immer üblich war. Das klassische französische Werk des 16. Jahrhunderts über die Hetzjagd mit Spürhunden ist die *venerie* von Fouilloux. Dieser Autor rechnet zur venerie nur die Hetzjagd von Hirsch, Reh und Hase, nicht aber die des Wildschweins, weil letzteres mit Rüden gehetzt werde. Fuchs und Dachs dagegen wurden statt mit *chiens courants* mit *chiens de terre* gejagt.

Bevor die Jagdgesellschaft zur Hirschhetze aufbrach, hatte sie gut gespeist und so reichlich getrunken, daß die ganze Jagd in angeheitertem Zustande vor sich ging. Sie verlief ähnlich der bereits geschilderten des 14. Jahrhunderts, ebenso die Sauhatz, zu welcher zahlreiche Hunde bereit gehalten wurden. So erschien 1592 Herzog Julius von Braunschweig zur Sauhatz an der Oberweser mit nicht weniger als 600 Jagdhunden, Saurüden oder Hatzhunde genannt. Man schätzt die Zahl der alljährlich den Saujagden zum Opfer fallenden Rüden für Deutschland allein auf 20000 Stück. Die Schäfer waren in den meisten Gegenden dazu verpflichtet — natürlich ohne irgend welche Entschädigung — jährlich je einen Hund zu stellen. Taten sie es nicht, so wurden sie mit der Wegnahme von fünf Hammeln gestraft. Da man so billig zu den Hunden kam, wurden sie auch nicht geschont und mit Vergnügen wütenden Ebern geopfert. Landgraf Philipp von Hessen, der von jedem Untertan „so Schafe und einen Pferch hat" alljährlich einen Rüden verlangte und ihm im Falle des Nichtleistens das Recht zur Schäferei nahm, erlegte im Jahre 1561 auf den Sauhetzen, an denen er persönlich teilnahm, 1714 Sauen. Der Reinhardtswald allein lieferte ihm 1563 1072 Wildsauen, und sein Nachfolger, Landgraf Wilhelm, fing 1584 in einem einzigen Jagen daselbst 133 Sauen. Welch eine Metzelei setzte es ab, eine solche Menge von Tieren in den Netzen abzustechen, und wie mögen die armen Bauern geseufzt haben, wenn ihnen diese so zahlreich auftretenden Borstentiere ihre Äcker verwüsteten. In der Jagd auf die Wildsau war insofern eine Verfeinerung vom Mittelalter bis zum 16. Jahrhundert eingetreten, als die Bracke, die damals auch zur Sauhatz verwendet wurde, als zu edel dafür galt und man sich dabei meist mit minderwertigen Hunden behalf. Eine wichtige Rolle spielte auch die Jagd auf den Wolf, für dessen Vertilgung die Bauern ihrem Herrn eine besondere Steuer bezahlen mußten.

Bild 60. Sauhatz. Der Mann zu Fuß bedient sich der Saufeder zum Abstechen des Ebers. (Nach einem Holzschnitt von Jost Ammann in „Das neuw Jag und Weydwerck Buch“, Frankfurt 1582.)

Die Hatzjagd auf Hasen wurde von dem deutschen Adel mit Windhunden geübt, während in Frankreich die allerdings feinere Jagd mit Spürhunden bevorzugt wurde. Sie machte im allgemeinen auch mehr Freude als die Hirschhetze, da man die Hunde besser sah und diese auch mehr zusammenhielten. Die Hasenmeute betrug 12 bis 16 Hunde und war gewöhnlich zahlreicher als die Hirschmeute. Sie arbeiten zu sehen war wie im Mittelalter das Entzücken derer, die sich den echten jägerischen Geist bewahrt hatten, wie er im 12. bis 14. Jahrhundert in Frankreich wie in Deutschland herrschte. Die Technik dieser Jagd war ebenfalls ähnlich derjenigen des Mittelalters.

Um die Mitte des 16. Jahrhunderts verdrängte die Büchse die Armbrust, besonders seitdem 1517 in Nürnberg das Radschloß erfunden worden war, das die Lunte überflüssig machte. Sie hieß auch Pirschrohr und danach nannte man die Jagd, bei welcher man sich ihrer bediente, im Gegensatz zum Hetzen Pirschjagd. Doch war sie im allgemeinen wenig beliebt und galt nicht für weidmännisch. Nichtsdestoweniger brach sie sich mehr und mehr Bahn, weil sie billiger war als die mit jagenden Hunden. So fand sie besonders an kleineren Höfen zuerst Eingang. Landgraf Wilhelm von Hessen erlegte 1582 durch Pirschen 345 Stück Wild und nur 307 durch Jagen. Auch der Schrotschuß taucht bereits im 16. Jahrhundert auf; 1556 wird er zuerst erwähnt.

Beim Pirschen auf Rotwild trat alsbald nach dem Schusse der Bluthund in Aktion, indem er, von der Leine gelöst, das Wild verfolgte und, wenn er es eingeholt hatte, zu packen und niederzureißen versuchte. Da in dem vom deutschen Geistlichen Johannes Colerus um 1600 in Wittenberg herausgegebenen lateinischen immerwährenden Kalender Leit- und Bluthund stets zusammen genannt werden, muß man annehmen, daß der Leithund damals auch zur Blutarbeit verwendet wurde. Wegen dieser Bestimmung sollte er groß und stark sein, damit er das Wild niederreißen konnte. So wurde er wie die Jagdhunde im allgemeinen mit Windhund- und Doggenblut gekreuzt, und so entstand eine starke Spürhundrasse wie sie mit zuerst das Neue Jagd- und Waidwerkbuch von Feyerabend 1582 auf Seite 11 zeigt. Auch die Bilder von Jost Ammann zeigen uns solche durch Kreuzung erzielte auffallend große Jagdhunde. Aus diesen schweren Spürhunden entstand dann der schwere Typ der deutschen Vorstehhunde, wie er sich an manchen Orten bis in die zweite Hälfte des 18. Jahrhunderts erhielt.

In dem Maße wie der Adel durch das Regal des Landesfürsten das Recht der Jagd verlor, schwand auch die Falkenbeize, die sich im Mittelalter durch die Begeisterung des Ritterstandes so hoch erhoben hatte. Solange das Kornfeld, das der Reiterzug bei der Falkenbeize durchjagte, dem Bauern gehörte, hatte der Adel keinen Anstoß an dieser Art Jagd genommen; nun aber das Korn sein eigen war und durch die Leibeigenen gepflanzt wurde, wurde er andern Sinnes und wollte seine Felder geschont wissen. Er hatte auch keine Lust mehr dazu, den Tag am Hofe zu verbringen und mit seinen Falken zu vertändeln, mußte vielmehr auf seinem Gute nach dem Rechten sehen und seine Hörigen beaufsichtigen, damit sie gehörig für ihn arbeiteten. Auch hatte die Küche wenig Nutzen von der Falkenbeize, die viel Geld kostete, nicht nur für die Zähmung und den Unterhalt der Falken, sondern auch für die selten gewordenen Reiher, die künstlich im Reiherhaus aufgezogen werden mußten, wenn bei Bedarf kein Mangel daran vorhanden sein sollte.

An Stelle der deutschen Ordensherrn von Marienburg hatten die Könige von Dänemark die Lieferung von Falken übernommen, mit denen sie die meisten

Höfe, die sich diesen Luxussport noch leisteten, zu versorgen pflegten. Alljährlich sandten sie ein Schiff nach Island und ließen von dort die geschätzten weißen Wanderfalken holen, die sie durch ihre Falkner an die Höfe verteilen ließen, wobei diesen für jeden Falken eine Gabe von 12–16 Talern ausgehändigt wurde. Die hessischen Fürsten erhielten jedes Jahr durchschnittlich sechs Falken zu ihrem ziemlich großen Bestand, für dessen Unterhalt die Falkner ungefragt auf den Dörfern die erforderlichen Hühner und Tauben selbst nehmen durften. In andern Herrschaftsgebieten war der Taubenzehnte eingeführt, der in Hessen im Jahre 1703 in eine feste Abgabe von 400 Tauben umgewandelt wurde. Landgraf Moritz von Hessen-Darmstadt untersagte 1593 seinen Untertanen ganz die Jagd mit den Falken, „dass wir selbsten unsere Lusten damit gern haben wollten." Auch am Hofe zu Kassel wurde die Falkenjagd nach dem Dreißigjährigen Kriege wieder eingeführt; sie hielt sich dort bis ins 18. Jahrhundert. In Württemberg dagegen ging die Beize schon mit dem 17. Jahrhundert zu Ende und ward 1714 gänzlich abgeschafft. Der Reiher wurde nicht mehr gehegt, sondern zum Raubvogel erklärt, und 1726 wurde ein Preis auf seinen Kopf gesetzt. So kehrte die Jägerei zur alten Jagdweise der Markgenossen, zum Habicht und Sperber der Volksrechte zurück. Sie kaufte die Beizvögel von umherziehenden Falknern, fing sie wohl auch selber mit Schlaggarnen am Finkenherd ein, wenn sie auf die Lockvögel stießen, selten zog sie selbst Nestlinge auf, weil dies sehr beschwerlich war. Allgemein im Brauch war noch die Hasenbeize. Dabei suchten 2–3 Stöberhunde das Feld nach Hasen ab, während der Jäger mit dem Vogel auf der Hand zu Pferde folgte. Am Riemen wurden einige Windspiele mitgeführt, die dann dem ergriffenen Hasen, dem vom Raubvogel zuerst die Augen ausgehackt wurden, den Garaus machten. Auch auf das Feldhuhn wurde der Habicht gern geworfen. Wie ein Pfeil schoß er hinter der Hühnerkette her und griff ein Huhn heraus. Die andern ließen sich vor Schreck zu Boden fallen und lagen nun so fest, daß der Hund sie greifen oder der Jäger mit der Hand sie aufheben konnte.

Im 18. Jahrhundert besaß der große Grundbesitz unbeschränkte Macht. Mit Verachtung sah er auf alle Bürgerlichen und noch vielmehr auf die leibeigenen Bauern herab, mit denen er in der gewissenlosesten Weise verfuhr und sie auf das schamloseste ausbeutete. Zäune zur Abhaltung des sich stark vermehrenden Wildes von den Äckern waren verboten oder, wo sie, wie beispielsweise in Sachsen von 1775 an „aus Landesmütterlicher Vorsorge" den Untertanen gestattet waren, durften sie nur um Kohl- und Obstgärten gezogen werden und mußten so nieder und die einzelnen Pfähle oben stumpf sein, daß das Rotwild darübersetzen und sich dabei nicht verletzen konnte. Einzig das Schwarzwild wurde dadurch abgehalten. Im Jahre 1718 erließ der Herzog von Württemberg das Reskript, daß alle Zäune seines Landes mit Ausnahme der Zäune an der Landesgrenze niedergelegt werden sollten. Den Bauern wurde untersagt, auf ihren eigenen Gütern das

Laub zusammenzurechen und die Eicheln aufzulesen, damit sie dem Wilde als Lagerstatt und Futter dienen konnten. Auch Hunde durfte der Bauer nicht fortlaufen lassen oder gar zum Verscheuchen des Wildes von seinen Äckern verwenden. In ganz Württemberg war während des 18. Jahrhunderts das Halten von Hunden überhaupt verboten. So blieb dem Bauern, der etwas ernten wollte, nichts anderes übrig, als selbst oder durch seine Familienangehörigen den ganzen Tag und die Nacht hindurch die Felder zu bewachen, damit das Wild, besonders die Sauen, dieselben nicht verwüsteten. So mußten allein in Sachsen Nacht für Nacht 4000 Menschen wachen, damit der despotische Landesvater gelegentlich auf die Jagd gehen konnte. Auf das heutige Deutschland übertragen, mußten für die Bewachung der Felder in der Nacht wenigstens 68000 Menschen allnächtlich ihren Schlaf opfern, und diesen schweren Dienst mußten die größtenteils von der Fronarbeit am Tage ermüdeten Leute vielfach bei Regen und Kälte verrichten. Das Rotwild, dessen Bestand von Seckendorf 1656 für Sachsen auf 3000 Stück geschätzt wurde, durchstreifte truppweise die Felder, wenn das Getreide reifte, und machte sich daselbst bequeme Lagerstätten. Von den Sauen aber, deren Sachsen nach derselben Schätzung damals etwa 6000 aufwies, lag etwa ein Drittel beständig auf den Feldern, unbeachtet der niederen Zäune, die sie mit Leichtigkeit zu überspringen vermochten. So schreibt ein anonymer Sachse 1799 in einer Schrift über die Schädlichkeit der Jagd: „Wer die Gegenden an der Elbe, z. B. von Dresden bis Wittenberg, von Torgau bis Wurzen, wie auch die Gegend von Colditz, Annaberg usw. durchreitet, der wird in den dortigen Feldern, wenn er die von diesen Tieren vernichtete Hoffnung des armen Landmannes sieht, sich selbst zum Jammer und Mitleid gerührt fühlen und die Stimme der fröhlichen Jäger vor den Klagetönen der über ihren Verlust Jammernden nicht hören können. — Im Jahre 1777 reisete ich in das Erzgebirge nach Elterlein, einem Städtchen, welches unweit Annaberg liegt. Hier sprach ich unter andern Einwohnern auch den Stadtrichter. Dieser Mann zeigte mir eine schriftliche Taxe, welche einen Verlust von 5000 Talern betrug, den die wilden Schweine nur diesem kleinen Städtchen zugefügt hatten." Und Franz Philipp Florinus schreibt in seinem 1751 in Nürnberg erschienenen *Oeconomus prudens* vom Rotwild: „Im Sommer liegt es bei nächtlicher Weile im Getreide und läßt sich von den Wachfeuern und dem Geheul der Bauern fast wenig abschröcken, maßen, sobald es aus einem Samen herausgetrieben wird, gleich in den nächsten und besten hineingehet."

In Württemberg war es nicht anders. Schon im 17. Jahrhundert wollten die Klagen über den Wildschaden nicht aufhören. Wenn diese zu laut wurden, ließ der Herzog etwa eine Hetze abhalten und zwang die Bauern, ihm das Wildbret, für das er keine Verwendung hatte, zu teurem Preise abzukaufen und selbst zu essen. Der Wildstand im damaligen Württemberg betrug rund 9000 Stück Edelwild und 2000 Sauen. In der Zeit von 1770–1790 wurden durchschnittlich 3300 Stück Rotwild und 1100 Sauen jährlich bei den

Hofjagden erlegt. Die Hofküche aber brauchte (nach einer Berechnung vom Jahre 1679) nur etwa 300 Stück Rotwild und 350 Sauen. Setzen wir auch den Bedarf für den oben erwähnten Zeitabschnitt auf 1000 Stück, so blieben immer noch 3400 Stück für den Zwangsverkauf an die Untertanen übrig, der für eine flüssige Rente galt. Die Zustände in Württemberg zur Zeit des Herzogs Karl Eugen, der 1744 die Regierung übernahm, schildert der Prälat Johann Gottfried Pahl. Vom Gelde der von den Höflingen mißhandelten und ausgesaugten Bauern ließ der Herzog kostspielige Bauten herstellen, Opern aufführen, zu denen die Vorbereitungen einen Aufwand von 100000 Gulden erforderten, glänzende Geburtstagsfeste in Form von „Festinjagden" veranstalten, die bald in dieser, bald in jener Gegend des Landes veranstaltet wurden und 300–400000 Gulden verschlangen. „Da erschien alles im höchsten Glanze, es wurden die prächtigsten Schauspiele und Ballette gegeben; Veronese brannte Feuerwerke ab, die in wenigen Minuten eine halb Tonne Goldes verzehrten. Der ganze Olymp war versammelt, um den hohen Herrscher zu verherrlichen, und die Elemente und die Jahreszeiten brachten ihm ihre Huldigungen in zierlichen Versen dar. Der Herzog liebte diese Art von Vergnügen ebenso leidenschaftlich, als er andererseits der kostspieligen Baukunst frönte. Ein zahlreiches Korps von höheren und niederen Jagdbedienten stand ihm zu Gebote. Seiner Nachsicht gewiß, durften sie sich die rohesten Mißhandlungen und die schreiendsten Ungerechtigkeiten gegen den seufzenden Landmann erlauben. Man zählte in den herrschaftlichen Zwingern und auf den mit dieser Art von Dienstbarkeit belasteten Bauernhöfen über tausend Jagdhunde. Das Wild ward im verderblichsten Übermaße gehegt. Herdenweise fiel es in die Äcker und Weinberge, die zu verwahren den Eigentümern streng verboten war, und zerstörten oft in einer Nacht die Arbeit eines ganzen Jahres; jede Art von Selbsthilfe ward mit Festungs- und Zuchthausstrafe gebüßt, nicht selten gingen die Züge der Jäger und ihres Gefolges durch blühende und reifende Saaten. Wochenlang wurde oft die zum Treiben gepreßte Bauernschaft, mitten in dem dringendsten Feldgeschäfte ihren Arbeiten entrissen, in weite, entfernte Gegenden fortgeschleppt. Ward, was nicht selten geschah, eine Wasserjagd auf dem Gebirge angestellt, so mußten die Bauern hierzu eine Vertiefung graben, sie mit Ton ausschlagen, Wasser aus den Tälern herbeischleppen und so einen See zustande bringen. — Um den Glanz zu vermehren, hatte man eine große Menge fremden Adels ins Land gezogen. Es wimmelte von Marschällen, Kammerherren, Edelknaben und Hofdamen; mehrere von ihnen genossen große Gehalte. In ihrem Gefolge erschien ein Heer von Kammerdienern, Heiduken, Mohren, Läufern, Köchen, Lakaien und Stallbedienten in den prächtigsten Livreen. Zugleich bestanden die Korps der Leibtrabanten, der Leibjäger und der Leibhusaren, deren Uniformen mit Gold, Silber und kostbarem Pelzwerke bedeckt waren..." Diese Gesellschaft benahm sich den für halbe Tiere gehaltenen Bauern gegenüber skandalös und verführte mit Vorliebe deren Töchter, ohne an das Bezahlen von Alimenten für die nicht ausbleibenden Kinder zu denken. Allein für die von ihm selbst gestifteten Kinder bezahlte der Herzog Karl Eugen großmütig „ein für allemal" 50 Gulden, und seine Geliebten hatten das viel beneidete Vorrecht, blaue Strümpfe tragen zu dürfen.

Auch der fromme Herzog Ernst Ludwig von Hessen hatte, wie alle Fürsten Mitteleuropas, sein Land in einen Wildpark verwandelt, um der Jagdlust zu frönen, mochten auch die fronenden Bauern in Armut und Elend verkommen. Von den vielen Nachtwachen, die die Leute jahraus, jahrein leisten mußten, um das Wild von ihren Feldern abzuhalten, schliefen sie beim Gottesdienst ein, worüber sich die Pfarrer beklagten. Das war die Zeit, da die Fürsten, auch geistliche Herren, wie der Bischof von Münster, ein Bernhard von Galen, ihre Untertanen für durchschnittlich 155 Mark an auswärtige Regierungen als Soldaten verkauften, damit diese mit ihnen ihre Kriege führen konnten. Viele Tausende mußten so zwecklos in fremdem Lande verbluten. Bei Culloden entschieden die Hessen den Untergang der Stuarts, und Marlborough wie sein Gegner Villeroi fochten meist mit deutschen Truppen gegeneinander. Der Erzbischof Karl hatte dem Herzog Philipp mit Deutschen den spanischen Thron bestritten, und bevor die Angelegenheit geregelt war, verbluteten 400000 Menschen auf dem Schlachtfelde.

Bei der unmenschlichen Behandlung und der Nutzlosigkeit aller Arbeit infolge der Übergriffe des Landesfürsten kamen viele der Bauern aus Not dazu, zu wildern, um sich überhaupt am Leben zu erhalten. Sie taten dies aus Verzweiflung und Auflehnung gegen die grausame Herrschaft, die ihnen beständig das größte Leid zufügte, obschon sie im Falle des Erwischtwerdens mit den härtesten Strafen bedroht waren, so im gelindesten Falle mit etlichen Jahren Zwangsarbeit in Ketten, bei Wiederholung mit Abhauen der rechten Hand, beim dritten Male aber mit dem Galgen zu büßen hatten. Oft wurden Bauern, wenn sie nur mit einer Büchse in einem Gehege angetroffen wurden, ohne große Untersuchung mit kurzem Prozeß binnen 24 Stunden gehängt. Wer dem Wilde verlarvt nachging, wurde kurzerhand in der Verlarvung aufgehängt. Hessen hatte 1613, Preußen 1728 angeordnet, daß die überführten Wilderer ohne Gnade aufzuknüpfen seien. Der Herzog von Württemberg bestimmte 1737 als Strafe derer, „welche diebischer Weise Wild geschossen haben", das Abhauen der rechten Hand, mindestens aber öffentliche Arbeit „mit aufgesetzter Wildererkappe auf Lebenszeit", bei Rückfall Aufhängen am Galgen. Diese Wildererkappe, die dem zur Schanzarbeit Verurteilten an den Kopf geschlossen wurde, war ein grauenvolles Marterwerkzeug, das aus einem eisernen Reifen mit einem schweren Hirschgeweih daran bestand. Der Landesvater von Weimar verfügte 1751, „daß alle Wilderer als offenbare Straßenräuber und Mörder angesehen und auf Betreten sofort aufgehängt, deren Weiber gebrandmarkt und ins Zuchthaus gesetzt werden sollen, daß ein Förster oder Jäger, der einen Wilddieb totschießt, 50 Taler verdient, während seine Witwe, falls er selbst totgeschossen wird, lebenslänglich 200 Taler Pension erhält, daß aber ein Jäger, der den Wilddieben durch die Finger sieht, selbst aufgehängt wird". 1761 wurde in Württemberg eine Belohnung von 20 Gulden für einen toten und 30 Gulden für einen lebenden Wilddieb, der alsbald aufgehängt wurde, ausgeschrieben. Am findigsten waren die Fürsten, die das einträgliche Geschäft des Menschenhandels trieben. So schloß der Herzog von Württemberg 1716 einen Vertrag mit der Republik Venedig ab, wonach alle Sträflinge, auch die Wilderer, die mit dem Leben davonkamen, auf die Galeeren verkauft wurden. So brachten die Kerls noch Geld ein und man war sie los! Das Reskript wurde in feierlicher Stunde nach dem Gottesdienst mit salbungsvoller Stimme von den Kanzeln verkündet.

Während die Bauern so unmenschlich strenge bestraft wurden, kam der Adel beim Wildern mit Geldstrafen davon. Diese waren beispielsweise in Preußen gepfeffert und betrugen 1720 500 Taler für einen Hirsch oder für eine Wildsau; davon erhielt der Angeber den vierten Teil. In dem Vertrage zwischen Hanau und Frankfurt a. M. vom Jahre 1787 wurde die Denunziantengebühr auf den dritten Teil der Geldstrafe bemessen und damit der Verrat zu einem einträglichen Gewerbe ausgebildet. In der Jagdordnung Josefs II. von 1786 wurde dem „Entdecker eines Wildschützen" 12 Gulden und dem „Einbringer" eines solchen 25 Gulden Belohnung zugesichert. Diese Jagdordnung war übrigens als ein großer Fortschritt zu begrüßen, indem darin die Vorrechte der Krone aufgehoben wurden. Wenigstens das Schwarzwild wurde auf Tiergärten beschränkt und das Recht zum Abschuß freier Sauen jedem Menschen zugesprochen. Für den Fall, daß sich der Jagdinhaber diesem Abschuß widersetzen sollte, verfiel er in eine Strafe von 25 Dukaten. Das Betreten angebauter Grundstücke wurde verboten, die Einzäunung derselben dem Bauern freigestellt, und zwar in jeder Höhe. Dem Jagdinhaber aber wurde das Wild unter Abschaffung einer Schonzeit als sein unbeschränktes Eigentum freigegeben, er aber zugleich für Wildschaden ersatzpflichtig gemacht. Damit begann die Morgenröte einer neuen Zeit, die gerechter als die vorhergehende die allgemeinen Menschenrechte, die die französische Revolution proklamierte, vertrat.

Am Ende des 18. Jahrhunderts waren aber sonst in keinem andern Staate so vorsorgliche Bestimmungen getroffen, wie von dem edeldenkenden Josef II. Dieses ganze Jahrhundert hindurch waren die Jagdfronen noch im Steigen begriffen, denn statt 500–700 Mann wie im 17. Jahrhundert wurden jetzt ebensoviel Tausende zum Zusammentreiben des Wildes aus ihrer Häuslichkeit herausgerissen, um ganze Wochen hindurch ohne irgend welche Entschädigung, ja unter Vorschrift der Selbstbeköstigung, im Walde zuzubringen und das Vergnügen eines Tages für die Hofgesellschaft vorzubereiten. Zur Massenschlächterei von Hochwild gesellte sich diejenige von Hasen, wie denn zu Stammheim in Württemberg am 20. November 1756 ein Kesseltreiben abgehalten wurde, das eine Ausdehnung von 91/2 Meilen hatte, drei Tage dauerte und gegen 4600 Mann in Anspruch nahm. Zu den Treiberdiensten kamen die Jagdfuhren, der Wegebau, die Zaunarbeit, das Futtersammeln und der Wildfang. Zu letzterem gehörten auch die Wolfsjagden, die am schwersten auf dem Volke lasteten und wofür auch die Städter zu bezahlen hatten. Es kam oft vor, daß die Bedienten des Landesherrn einerseits die Geldabgabe bezahlen ließen und andererseits die Leute trotzdem zwangen, bei der Wolfsjagd zu erscheinen, ansonsten sie gebüßt wurden. Und wer von ihnen frühmorgens beim Apell nicht anwesend war, der wurde als fehlend angesehen, auch wenn er den ganzen Tag anwesend war und mithalf. Dabei mißhandelten die übermütigen Dienstleute die Bauern in einer Weise, daß es einem heute noch beim Lesen solcher Gemeinheiten die Schamröte ins Gesicht treibt.

Die Pflicht der Untertanen, die fürstliche Jägerei zu beherbergen und zu verpflegen, kam im 18. Jahrhundert mehr und mehr außer Übung, weil der gesteigerte Verkehr Gasthäuser geschaffen hatte, in denen die Jäger nächtigen und sich an Speise und Trank stärken konnten. Auch hier hatte wie bei der Wolfsjagd eine Geldablösung stattgefunden. So kam in Württemberg zwischen dem Fürsten und dem Kirchenrat 1777 ein Vertrag zustande, wonach gegen eine jährliche Zahlung von 12002 Gulden die Klöster von den Besoldungsbeiträgen für die Jägerei, von Kostgeld und Pferdefutter, von der Pflicht, das Jagdzeug, die Seilwagen und Jagdschirme zu unterhalten, die Hunde zu ernähren usw. befreit wurden. Den Gemeinden ward 1714 die Verpflichtung auferlegt, beim Dachsgraben die Hunde zu füttern, und, wo sie nicht abgelöst war, blieb auch die Hundelege in Kraft, wie denn z. B. im Uracher Forst jeder steuerpflichtige Untertan, der keinen Hund in Pflege hatte, zu einer jährlichen Abgabe von 3 Gulden 20 Kreuzern gezwungen wurde. Vielfach ließen die Jäger des Landesherrn aus eigener Machtvollkommenheit ihre eigenen Hunde an Stelle der herrschaftlichen von den Untertanen aufziehen; andere ließen sich heimlich die Pflicht der Hundelege gegen bares Geld abhandeln und stellten den Hund bei einem Bürger ein, der nicht bezahlen wollte. Wieder andere trieben einen heimlichen Handel mit den Hunden ihres Landesherrn. Vielfach suchten die Forstbeamten die Pflichten der Untertanen noch auszudehnen und die Strafen zu erhöhen. Dabei nahmen sie den dritten Teil der Strafgelder als sogenannte „Ruggebühr" ein. Man kann sich denken, welchen Gebrauch sie von solcher Vollmacht machten, um sich möglichst zu bereichern. Auch den Müllern wurde am Ausgang des 17. Jahrhunderts an Stelle der Pflicht zur Schweinemast die noch lästigere Pflicht des Fütterns der Jagdhunde des

Landesherrn aufgebürdet. Die Leineweber dagegen mußten die Leinewand für das Jagdzeug zu einem billigen Preise anfertigen. Es handelte sich dabei meist um große Beträge; allein das kleine Hessen-Kassel hatte einen jährlichen Bedarf von 1600 Ellen. Außerdem mußte jeder Jude alljährlich 1000 Federn für die Federlappen liefern.

In dieser Zeit der unbeschränkten Macht des großen Grundbesitzes ward der weidgerechten Ausübung der Jagd eine erhöhte Aufmerksamkeit geschenkt. Vor allem wurde teilweise schon in der zweiten Hälfte des 17. Jahrhunderts, ziemlich allgemein aber im 18. Jahrhundert eine Schonzeit des Wildes eingeführt. Dabei war der Gedanke maßgebend, daß während einer solchen das Wild sich fortpflanzen, heranwachsen und feist werden sollte, damit der jagdliche Ertrag ein möglichst großer sei. Viele Landesherren aber, so vor allem derjenige von Württemberg, hielten sich nicht an die von ihnen hierüber aufgestellten Bestimmungen und arrangierten zu jeder Jahreszeit, wenn es ihnen gerade einfiel, ihre mit Massenschlächtereien verbundenen Jagdfeste. In manchen Territorien aber hielt man strenge auf die Einhaltung der Fristen. So setzte Hessen-Darmstadt 1776 eine Strafe von 50 Dukaten für das Erlegen eines Hirsches in der Schonzeit fest; beim zweitenmal ward die Strafe verdoppelt und beim drittenmal das Recht zur Ausübung der Jagd aberkannt. Weimar schloß die hohe Jagd am 1. Dezember, Magdeburg Mitte, Hessen-Darmstadt Ende Februar, in Mainz dagegen hörte die Hirschjagd schon Ende Oktober auf. Auch in der kleinen Jagd begann man vielfach dem Wild eine kurze Ruhepause zu lassen, so in der Rheingauer Forstordnung dem Hasen die Zeit vom 16. März bis 24. August, den Rebhühnern vom 2. Februar bis 10. August.

Trotzdem die von Frankreich übernommene Parforcejagd gerade im 18. Jahrhundert an manchen deutschen Höfen zur Einführung gelangte, tauchte andererseits als große Neuerung im Jagdbetrieb das mehrfach wiederkehrende Verbot der Hetzjagd auf, hervorgerufen durch die schärfere Ausbildung des Regals und die Ruhe des herrschaftlichen Wildes. Um die jagenden Hunde den fürstlichen Revieren fernzuhalten, wurden alle andern als die fürstlichen Jagdhunde „ein für allemahl abgeschafft“ — so im Rheingau 1737 —, bloß Schweißhunde gestattet, und diese sollten nur am Riemen für verwundetes Wild Verwendung finden. Nach wie vor war aber das Hetzen des Wildes quer über die Felder der Bauern, auch im Frühjahr, dem Adel gestattet. Nur dieser durfte überhaupt neben dem Landesherrn noch Hunde zur Jagd halten.

Zu Anfang des 18. Jahrhunderts kamen die zünftigen Weidesprüche außer Gebrauch und dafür wurden für die Jagdbediensteten Uniformen eingeführt, für die Bürgerlichen mit Silber, für die Adeligen dagegen mit Gold durchwirkt.

Die Pirsch- und Parforcejäger, wie auch die Falkner, hatten ihre besonderen Abzeichen. Neben dem Weidmesser kam der Hirschfänger auf. Die alte Form des Hift- oder Jägerhornes hatte sich, seitdem es üblich geworden war, es aus Metall zu verfertigen, in verschiedene Unterformen gespalten.

Der Großtuerei der Zeit entsprechend wurden die Jagden im größten Maßstabe abgehalten. Am beliebtesten war das sogenannte Hauptjagen, bei welchem eine Vorbereitung von einigen Wochen, ja Monaten nötig war. Tausende von Bauern wurden für diese Zeit zum Zusammentreiben des Wildes aus großem Umkreis ohne irgend welche Entschädigung, vielmehr mit der Verpflichtung der Selbstbeköstigung, angestellt. Das Anlegen der Treiberlinien leiteten die Besuchknechte, die frühmorgens mit dem Leithunde den besten Wildstand, worunter namentlich jagdbare Hirsche, d. h. solche von zehn und mehr Enden, ermittelten und nach dem Ergebnisse ihrer Suche die nötigen Anordnungen zur Jagd trafen. Das Wild wurde von allen Seiten her zusammengetrieben, bis das Revier so klein geworden war, daß Lappen, Netze und Zeuge hinreichten, um es einzustellen. Die Treiber hatten Tag und Nacht zu wachen, daß das Wild nicht ausbrach, bis die nötige Arena zu seiner Abschlachtung durch den Landesherrn von andern fronenden Bauern errichtet war. Diese bestand aus drei Teilen, dem Zwangtreiben, der Kammer und dem Lauf. Es waren breite, rings von hohen Tüchern eingefaßte Gänge. Mitten in der Arena war den hohen Herrschaften ein mit grünem Laub und Girlanden verziertes Bretterhaus gebaut, von dem aus sie dann das Wild ohne die geringste Gefahr für sich selbst abschießen konnten. War dies alles errichtet, so wurde der Landesherr davon benachrichtigt und kam mit großem Troß zum Abstechen des Wildes, das immer wieder durch die Treiberlinien durchzubrechen versuchte und deshalb seinen Hütern viel zu schaffen machte. Aus dem ganzen Lande wurden die herrschaftlichen Hunde durch die Rüdenknechte und Hundejungen aus ihren Pensionaten in den Dörfern und Städten abgeholt und durch fronende Bauern nach der Stätte des Hauptjagens gefahren oder in bequemen Tagemärschen zu Fuß dahin geführt, um an der Jagd teilzunehmen.

Der Hof fuhr an dem für das Hauptjagen bestimmten Tage mit großem Gefolge auf den Laufplatz und verabschiedete hier die Wagen, um mit ihren Gewehren die sichere Bretterhütte in der Arena zu besteigen. Hinter derselben waren die Kammer- und Leibhunde aufgestellt, während die andern Fanghunde vor dem die Kammer vom Lauf trennenden Quertuche ihren Posten fanden. Vom Oberjägermeister und dessen Stellvertreter wurde durch Öffnen des Quertuches nach Belieben Wild vor die Herrschaften hereingelassen, damit sie es in aller Bequemlichkeit mit Musikbegleitung abschießen konnten. Dabei wurden unterschiedslos junge wie alte, weibliche wie männliche Tiere auf meist qualvolle Weise zu Tode gebracht. Auf die krank Geschossenen und zu Tode Geängstigten wurden zur Abwechslung Hunde gehetzt und Schwärmer unter sie geworfen. Da sie sich nicht flüchten konnten, drängten sie sich zitternd in die Winkel. Schließlich wurde zum Augenschmaus der Fürstlichkeiten durch hineingelassene Jäger ein allgemeines Gemetzel unter ihnen angerichtet. Einem ersten folgte ein zweites, drittes, ja oft viertes Gemetzel, wobei viele hunderte von Tieren vorgetrieben und langsam abgetan wurden. Zum Schluß fand ein prunkvolles Essen statt, das bis in die Nacht dauerte und schließlich in Völlerei ausartete, wobei sehr grobe Späße getrieben wurden. Am folgenden Tage wurde das zuvor aufgebahrte Wild von den Jägern zerwirkt und in Fässern eingesalzen, um dann an die Untertanen verkauft zu werden. Die fronenden Bauern aber brachen die Tücher, Netze, Federlappen und Zelte ab und hatten die Hunde wieder ihren Kostgebern zuzuführen.

Weniger kostspielig als solche Hauptjagen waren ähnliche, aber nur ebensoviel Tage als jene Wochen heischende, die man Bestätigungsjagen nannte. Zu diesen wurden nur die Bauern der nächstliegenden Dörfer zum Treiben aufgeboten. Die Hunde jagten das zusammengetriebene spärlichere Wild in der Kammer und auf dem Lauf umher, bis die Herrschaften es zusammengeschossen hatten. Noch einfacher und billiger waren die eingestellten oder Kesseljagen, die in einem Tage bewerkstelligt werden konnten, indem man einen Waldteil, in welchem Wild steckte, mit Netzen umstellte. In den umstellten Bezirk begaben sich dann die hohen Herrschaften mit den losgelassenen Hunden, um hier mit Schießen und Stechen zu wüten und ein allgemeines Blutbad anzurichten. Wurden die Netze fängisch gestellt, damit das Wild in die Netze fallen sollte, um darin mit Flinten und Messern getötet zu werden, so nannte man solch „ergötzliche Jagd" Netzjagen.

Zur Augenweide der hohen Herrschaften wurden auch, wie im alten Rom, mit Vorliebe Tierkämpfe arrangiert, bei welchen man die Kampflust der betreffenden Tiere durch Schrecken mit dazwischen geworfenen Schwärmern zu wecken versuchte. Nutzte das nicht, so ließ man große Hunde unter sie, um sie durcheinander zu jagen und zu neuem Kampfe zu reizen.

Von berittenen Jägern mit 4–5 Meuten von je 8–10 Hetzhunden wurden die Streifjagen auf Schwarzwild abgehalten, wobei die Herrschaften zu Wagen gefahrlos zusehen konnten. Weniger beliebt war die alte Treibjagd, wie auch Birsch und Anstand. Auch die an manchen deutschen Höfen eingeführte Parforcejagd erfreute sich im allgemeinen nur geringer Sympathie, da das angestrengte Reiten den bequemen Herrn nicht recht paßte. Zudem erforderte sie einen großen Aufwand, den sich nur größere Höfe leisten konnten. So kostete sie den Höfen von Hessen-Darmstadt und Württemberg jährlich etwa 35–40000 Gulden, Summen, die neben der kostspieligen Maitressenwirtschaft nicht überall leichterhand aus dem ausgesogenen Lande aufgebracht werden konnten. Die Technik derselben war seit dem Mittelalter ziemlich unverändert geblieben. Dabei wurde auch in Deutschland der Leithund wie die Meute während des Jagens mit französischen Worten geleitet. Hatte man im 16. Jahrhundert dem gefangenen Hirsch die Schalen gespalten und den Lauf verletzt, um die jungen Hunde an ihm arbeiten zu lernen, so war man im 18. nicht mitleidiger gesinnt. Nur fing man es anders an, um denselben Zweck zu erreichen. Der zu hetzende Hirsch wurde durch einen guten Schützen leicht verletzt und die ganze Hundemeute zur Verfolgung der blutigen Spur veranlaßt. Man nannte das Bilbaudieren. Es geschah nur zur Lust der nachreitenden Herren und Damen; denn das Fleisch eines so gejagten und zu Tode gequälten Hirsches war gar nicht zu genießen.

Noch immer wurde der Hase zu Pferd mit schnellfüßigen Windhunden gehetzt oder mit dem Habicht gebeizt. Mit letzterem jagte man mit Vorliebe allerlei Federwild, besonders Rebhühner. Doch war die Falkenjagd damals nicht mehr in Blüte; ihr war mit dem Untergange des Rittertums der Lebensnerv abgeschnitten worden. Einer der letzten Höfe, der solche noch aufrecht erhielt, war derjenige von Hessen-Kassel, an welchem Landgraf Friedrich 1772 noch einen Oberfalkenmeister mit vier Falkenknechten und einen Reiherwärter hielt. Doch wurde diese überlebte Herrlichkeit nach seinem Tode von dessen Nachfolger aufgegeben. Auch am Württembergischen Hofe wurde die Falkenjagd noch bis zur Mitte des 18. Jahrhunderts geübt. Damals pflegte man die Falkner aus Brabant kommen zu lassen. Die Habichte dagegen fing man im Lande selbst und ließ sie durch jene auf die Beize dressieren. Doch wurde ihre Hilfe mit zunehmender Ausbildung des Schießens auf fliegendes Wild immer seltener in Anspruch genommen und fiel schließlich ganz weg. In der Mitte des 18. Jahrhunderts überwog in Deutschland das Fangen der Rebhühner mit Netzen weit das Schießen. Für diesen Netzfang benutzte man, wie einst für die Habichtbeize, besondere „vorliegende“ Hunde, die mit dem Aufkommen der Schießjagd zunehmende Bedeutung erlangten. So wurde aus der Bracke der eigentliche Vorstehhund gezüchtet, der als Hühnerhund schon am Ausgange des 16. Jahrhunderts erwähnt wird. Er diente damals, wie auch im 17. und weit ins 18. Jahrhundert hinein, nur zum Aufspüren und Vorstehen des Wildes, bis dann von Italien her die Aufgabe, das geschossene Wild zu suchen und zu apportieren hinzutrat und als unerläßlich für einen vollkommenen Vorstehhund betrachtet wurde. Während die alte Bracke ihre Raubtiernatur auch beim Jagen beibehalten und das aufgespürte Wild fangen durfte, nur auf Horn und Ruf Folge zu leisten hatte, durfte der Vorstehhund dem gefundenen Wild nicht folgen und es nicht greifen, sondern mußte davor stehen bleiben. Erst wenn es geschossen war, durfte er es apportieren und bekam nicht wie jener davon zu fressen oder das Blut zu trinken. Diese Überwindung der angeborenen Instinkte und Unterordnung unter den menschlichen Willen wurde dem Hunde vom Menschen in eiserner Zucht durch die Peitsche und das Halsband mit eisernen Spitzen innen, an dem er vermittelst der Leine auf die Jagd geführt wurde, beigebracht. Welch schweren Stand die Dresseure dabei hatten, kann jeder sich vorstellen, der versucht, eine Bracke oder einen Laufhund zum Vorstehhund heranzubilden, was nach den zeitgenössigen Jagdschriftstellern im 17. und 18. Jahrhundert noch oft vorkam. Diese Grausamkeit wurde geübt, um das Vergnügen des Menschen zu erhöhen, weil der Jäger mehr Lust beim Schießen als beim Fang der Hühner durch den Hund empfand. Mitgefühl mit der leidenden Kreatur hatte auch der Mensch des 18. Jahrhunderts noch nicht; deshalb wurde auch keine Nachsuche des angeschossenen Wildes gehalten; Lerchen, Finken und andere Singvögel wurden in Massen gefangen und verzehrt, die gefangen gehaltenen Singvögel zur Steigerung der Häufigkeit ihres Gesanges in grausamer Weise wie früher geblendet.

Wie im frühen Mittelalter legte man damals noch meist mit Palissaden umgebene Tiergärten zur Lust des Landesherrn und seiner Hofgesellschaft an. Darin standen außer dem Lusthaus, von dem die Wege strahlenförmig sich weithin erstreckten, so daß das Wild gesehen werden konnte, sobald es darüberging, noch allerlei andere Hütten und Gebäulichkeiten, nebst dem Schießhaus, das am Äsungsplatze lag. Wurde dort auch das Wild gefüttert und damit zutraulich gegen den Menschen gemacht, so hinderte das dennoch die hohen Herren und Damen nicht, gemächlich vom im Winter geheizten Schießhaus aus es zu erlegen.

Dieser ganze feudale Plunder, wie überhaupt die regalistische Auffassung des Jagdrechts erhielt ihren Todesstoß im Jahre 1789 durch den Ausbruch der großen französischen Revolution, welche mit allen Vorrechten und grundherrlichen Lasten, auch mit dem Jagdrecht auf fremdem Grund und Boden gründlich aufräumte. In den linksrheinischen, damals zu Frankreich gehörenden deutschen Gebieten wurden das Jagdregal und die übrigen Feudallasten um 1800 aufgehoben und auch nicht mehr hergestellt, als diese Gebiete wieder mit Deutschland vereinigt worden waren. Dagegen erhielt sich das Jagdregal im rechtsrheinischen Deutschland bis zum Revolutionsjahr 1848, das seine völlige Beseitigung, sowie diejenige der übrigen Reallasten herbeiführte. Mit dem Jagdrecht auf fremdem Grund und Boden wurden auch die Jagddienste und die Jagdfolge aufgehoben. Allgemein wurde dem altdeutschen Grundsatze Geltung verschafft, wonach auf seinem Grund und Boden ein Jeder jagdberechtigt ist. Allerdings verlieh erst ein zusammenhängender Flächenraum von 300 Morgen dem Besitzer fortan das Recht, die Jagd selbst auszuüben. Diese Bestimmung hat bis auf den heutigen Tag ihre Giltigkeit behalten. Da nun aber im Deutschen Reiche etwa 96 von 100 landwirtschaftlichen Betrieben eine Größe unter 300 Morgen aufweisen, sind ebensoviele der ländlichen Eigentümer und Pächter vom Jagdrecht ausgeschlossen. Die ihnen gehörende Bodenfläche beträgt mehr als die Hälfte der landwirtschaftlichen Betriebsfläche in Deutschland. Auf diese Fläche ergießt sich nun im Herbst eine Schar weidlustiger Kapitalisten, die reich genug sind, um sich diesen Sport leisten zu können. Sie mieten das Jagdrecht von den Landgemeinden, die dasselbe dem Meistbietenden zusprechen. So gibt es in Deutschland etwa 300000 Jäger auf rund 60 Millionen Einwohner. Diese sind aber auch als Jagdberechtigte zum Ersatz des Wildschadens verpflichtet. Diese Verpflichtung wurde zum erstenmal in der österreichischen Jagdordnung von 1786 ausgesprochen und hat seither überall Anwendung gefunden.

Hatten im 17. und 18. Jahrhundert die Fürsten und reichen Adeligen eine rücksichtslose Wildhege und Jagdausübung auf Kosten der Allgemeinheit ausgeübt, so befriedigten während den Revolutionen die Bauern in nicht minder rücksichtsloser Weise ihren lange im Stillen genährten Haß gegen das von jenen gehegte Wild, das jahrhundertelang ungestraft ihre Äcker verwüsten durfte. Vor allem der Rotwildstand wurde damals bedeutend dezimiert. Zugleich verdrängte mit Beginn des 19. Jahrhunderts die Schieß- und Niederjagd die älteren Jagdarten, die immer weniger weidgerecht gehandhabt worden waren. Das Perkussionsgewehr hatte die Radschloßflinte verdrängt, aber erst 1820 wurde das Zündhütchen erfunden, womit die Zündung unabhängig von den Regengüssen gemacht wurde. Dieser Fortschritt war ein so außerordentlicher, daß die Erfindung des Hinterladergewehrs durch den Franzosen Lefaucheux, die schon 1835 erfolgte, lange bei uns unbeachtet blieb und erst in den 1850er Jahren anfing, die alten Vorderlader zu verdrängen. Neben der durch die Vervollkommnung der Gewehre immer leichteren Schießjagd verlor auch die früher so überaus wichtige Netzjagd auf kleineres Wild, besonders Rebhühner, immer mehr an Bedeutung. Dabei wurde der Dressur eines möglichst vollkommenen Vorstehhundes die größte Wichtigkeit beigelegt.

Bis zur Mitte des vergangenen Jahrhunderts bestand der Frondienst der Bauern bei der Jagd noch in Deutschland; erst durch die Nationalversammlung im Jahre 1848 wurde er in Preußen abgeschafft und müssen seither die nur noch bei den großen Kesseltreiben gegen die Hasen in Dienst tretenden Treiber wie andere Arbeiter für ihre Arbeit bezahlt werden. Das Jagdvergnügen der Herren bringt vielen Leuten Verdienst und die Jagdpacht den betreffenden Gemeinden eine schöne Einnahme. Man hat ausgerechnet, daß der Ertrag der letzteren etwa 40 Millionen Mark jährlich beträgt. Außerdem betragen die Kosten von Jagdverwaltung und Betrieb,

Jagdschutz und Wildpflege weitere 15 Millionen Mark jährlich, die ebenfalls zuguterletzt dem Volke zugute kommen.

Mit dem Aufschwung der weidgerecht gehandhabten modernen Jagd wurde der Zucht und Dressur der Jagdhunde, besonders in den letzten 30 Jahren, die größte Aufmerksamkeit geschenkt. Heute besitzen die deutschen Jäger mindestens 200000 meist vortrefflich arbeitende Jagdhunde, deren Fütterung, Dressur und Pflege jährlich etwa 17 Millionen Mark erfordern, wozu noch der Betrag der Hundesteuer für dieselben in der Höhe von 1 Million Mark zu rechnen ist. Rechnen wir hinzu den gewaltigen Umfang der Fabrikation von Gewehren, Munition, Jagdgeräten, Jagdkleidung, die Reisekosten der Jäger und die Transportkosten des Wildes, so ergibt sich, daß die Jagd allein in Deutschland einen Geldumsatz von 130 Millionen Mark jährlich erzeugt. Hiervon fallen etwa 30 Millionen Mark auf die Verwertung des erbeuteten Wildes, nämlich 25 Millionen Mark für die rund 25 Millionen *kg* Wildbret, 4 Millionen Mark für die Felle und 1 Million Mark für die Geweihe von Rot- und Damhirschen und Rehböcken. Daraus läßt sich die große volkswirtschaftliche Bedeutung der Jagd erkennen. Der Wert des gesamten deutschen Wildstandes wird auf etwa 100 Millionen Mark geschätzt und bildet einen nicht zu unterschätzenden Bestandteil des Nationalvermögens, der bedeutende Zinsen abwirft.

XXV. Die wichtigsten Jagdtiere.

Nachdem wir nun mit den verschiedenen im Laufe der Jahrhunderte in Europa geübten Jagdmethoden bekannt geworden sind, wollen wir einen kurzen Überblick über die wichtigsten bei uns gejagten Tiere geben. Dabei unterscheidet man eine hohe Jagd auf Rotwild, nämlich Hirsch, Reh, Damhirsch, Elch und Gemse, dann Schwarzwild, d. h. Wildschwein, ausnahmsweise auch auf den Bär, und eine niedere Jagd auf Hase, Biber, Eichhörnchen, Murmeltier, Wolf, Fuchs, Dachs, Fischotter, Wildkatze, Luchs, Marder, Iltis, Wiesel und das verschiedene Federwild, welch letzteres im folgenden Abschnitt für sich besprochen werden soll.

Seitdem Ur und Wisent bei uns ausgerottet sind, gilt der Rot- oder Edelhirsch (*Cervus elaphus*) als das edelste jagdbare Tier unserer Wälder. Deshalb wurde auch die Jagd auf ihn mit größtem Gepränge ins Werk gesetzt und besondere Methoden zu dessen weidgerechter Erlegung ausgebildet. Diese haben wir der Hauptsache nach kennen gelernt, so daß wir uns hier damit begnügen können, seine Besonderheiten kurz aufzuzählen. Ein in der Weidmannssprache als jagdbar und gut bezeichneter Hirsch muß bei der deutschen Jagd wenigstens 12 Enden an den Stangen seines Geweihes haben und etwa 150 *kg* wiegen. Er ist dann sechsjährig, während ein sogenannter Kapitalhirsch in der Feistzeit bei guter Äsung gegen 300 *kg* wiegt und 20, ausnahmsweise auch bis zu 24 Enden an seinem Geweih aufweist. Dieses Geweih sitzt aufrecht auf einem kurzen Rosenstock, ist vielsprossig einfach verästelt und wird als sekundäres Geschlechtsmerkmal nur vom Männchen aufgesetzt, um die grimmigen Kämpfe um den Besitz des Weibchens auszufechten. Im Februar wird es abgeworfen und jeweilen in den folgenden Monaten mit wachsender Endenzahl neu gebildet. Während dieser Geweihbildung leben die Männchen zurückgezogen, bis sie im Juli oder August ihre stolze Kopfzier wieder vollendet und „gefegt“, d. h. den lästigen Bastüberzug durch Reiben an Bäumen entfernt haben. Dabei wird vielfach die ursprünglich weiße Farbe des Gehörns beeinflußt, so z. B. sind Bruchhirsche, die an Erlen gefegt haben, an der dunkelbraunen Farbe des Geweihs kenntlich.

Erst im Miozän begann bei den ungehörnten Vorfahren der Hirsche das erste bescheidene Geweih sich zu entwickeln, und zwar als einfache, zunächst mit Haut bedeckte, später von der Haut entblößte Stirnzapfen ohne jede Spur einer Rose. Darauf folgten chronologisch, wie es das einzelne Hirschindividuum als kurze Rekapitulation der Stammesgeschichte bei seiner Entwicklung durchmacht, zunächst das Spießer-, dann das Gablergeweih mit meist unvollkommen entwickelter Rose, die als Beweis dafür gelten kann, daß die Geweihe damals begannen periodisch abgeworfen zu werden. Erst im Pliozän trat als Weiterbildung des Hirschgeweihs der Sechsender auf, dem sich nach und nach, durch die unbehinderte Verbreitungsmöglichkeit begünstigt, Individuen mit noch weiter gegabelten Geweihen anschlossen. Damals sind die Hirsche über die ganze Nordhemisphäre der Erde gewandert und haben sich in zahlreiche Arten gespalten, von denen der Edelhirsch in bezug auf die Geweihbildung die weitaus schönste Form entwickelte. Nach neunmonatlichem Bestande lockert sich der Stirnzapfen durch Entstehung gewisser vielkerniger Zellen, der sogenannten Knochenbrecher, bis sich das Geweih in einer konkaven Fläche vom Stirnzapfen löst.

Gutgenährte Hirsche im mittleren Lebensalter tragen die stärksten Geweihe. Reiche Nahrung, unterstützt durch Salzlecken und Genuß von Kalkphosphaten in assimilierbarer Form, ebenso Trennung von den Hirschkühen kann die Geweihbildung so ungewöhnlich beschleunigen, daß schon im dritten Lebensalter statt eines Sechsenders Zehn- und Zwölfender entstehen, oder ein sonst sechsjähriger Zwölfender im nächsten Jahre als Sechzehnender erscheint. Umgekehrt verringert sich im hohen Alter bei Abnahme der Körperkräfte die Zahl der Enden wieder. Mehr als 20 Enden sind schon sehr selten. Gemäßigtes und Höhenklima, Sumpf- und Moorboden begünstigen, anhaltend heißes, tropisches Klima und Ebenen hemmen die Geweihbildung. Auch die Geweihe gefangener, auf Inseln oder in abgegrenzten Wäldern lebender Hirsche zeigen, wie diese selbst, einen Rückgang in der Entwicklung. Außer Erkrankungen der Stirnzapfen können Verletzungen der Weichteile, insbesondere der Geschlechtsorgane und des Skeletts die Geweihbildung teilweise oder ganz unterdrücken oder Mißbildungen der Geweihe hervorrufen. Je schwerer die Verletzung oder je näher die Zeit der Verletzung dem Beginn der Geweihbildung war, um so größer ist die Abnormität in der Geweihbildung. Sonderbarerweise deformiert die Verletzung einer Vorderextremität beide Geweihteile, während die Verletzung einer Hinterextremität nur die Mißbildung einer, und zwar der entgegengesetzten Geweihhälfte zur Folge hat. Wahrscheinlich ist die letzte Ursache aller Abnormitäten in der Geweihbildung die Ernährungsstörung, die die Hirsche infolge von Verletzungen und Krankheiten erleiden. Auch mangelhafte Entwicklung der Geschlechtsdrüsen spielt dabei mit. So bedingt eine Entwicklungshemmung der Hoden Geweihlosigkeit. Bei kastrierten Hirschen steht, einerlei ob sie bei der Kastration ein Geweih trugen oder nicht, die Geweihbildung still, und einseitig kastrierte werfen das Geweih nur auf einer, und zwar der Schädigung entgegengesetzten Seite ab und setzen es nur dort wieder auf.

Der Edelhirsch bewohnte ursprünglich ganz Europa bis zum 65. Grad nördlicher Breite und Südsibirien bis zum 55. Grad nördlicher Breite. Nach Süden hin bilden der Kaukasus und die Gebirge der Mandschurei die

Grenzen seines Verbreitungsgebiets. In allen stärker bevölkerten Ländern hat er begreiflicherweise stark abgenommen oder ist, soweit er nicht künstlich gehegt wird, verschwunden. Am häufigsten ist er noch in Osteuropa und Asien, besonders im Kaukasus und im bewaldeten südlichen Sibirien zu finden. Er liebt ausgedehnte ruhige Waldgebiete oder dicht bewachsene Bruchgegenden, bewohnt aber auch, beispielsweise in Schottland, unbewaldete Berge und findet dort nur in deren Tälern und Schluchten Verstecke. Seinen Stand oder Wohnort ändert er in ungestörten Gegenden nur in der Brunstzeit und beim Aufsetzen des neuen Geweihs, ebenso bei Mangel an Äsung. Er lebt rudelweise nach Alter und Geschlecht gesondert — nur die Kapitalhirsche leben bis zur Brunstzeit meist einzeln — tagsüber versteckt, um sich erst bei Sonnenuntergang auf regelmäßigen, nur infolge von Störungen aufgegebenen Wechseln aus dem Dickicht nach seinen Äsungsplätzen auf Feldern, Wiesen und andern lichten Plätzen zu begeben. Dort hält er sich fressend die Nacht über auf, um sich mit der Morgendämmerung wieder in sein Versteck zu begeben. Während die Hirsche in den aus lauter männlichen Stücken bestehenden Rudeln selbst auf ihre Sicherheit bedacht sein müssen, fällt in den aus männlichen Exemplaren gemischten Rudeln die Pflicht der Wachsamkeit hauptsächlich den weiblichen Stücken, den Tieren, zu. So steht an der Spitze solcher Rudel stets ein Leittier, eine Hirschkuh, von der das Vordringen des ganzen Rudels auch in der Brunstzeit so lange abhängt, als das Rudel nicht, wie man sagt, vom Hirsche gepeitscht, d. h. getrieben wird. Zu Beginn der in den September und Oktober fallenden Brunstzeit trennen sich die Männchen, und zwar die älteren vor den jüngeren, von ihren Rudeln, um die Weibchen aufzusuchen und, beim Rudel angekommen, die schwächeren Hirsche von ihm zu entfernen. Mit im Nacken angeschwollenem Hals und windhundartig eingezogenen Weichen geht der Hirsch den Tieren nach und Nebenbuhlern entgegen, um sie von seinem Harem in grimmigem Kampfe zu verdrängen. Unterliegt er dabei, so muß er denselben dem glücklicheren Sieger überlassen; doch entfernt er sich erst, wenn alle Versuche zu siegen erfolglos waren, unwillig das ihm abgejagte Rudel umkreisend. Treffen aber gleichstarke Hirsche zusammen, so bekämpfen sie einander so lange, bis der eine getötet ist oder beide Kämpfer mit den Geweihen ineinander verschlungen sind und nicht mehr loskommen, wodurch sie beide dem Hungertode verfallen. Oft bleibt der Streit stundenlang unentschieden. Nur bei völliger Ermattung zieht sich der Besiegte zurück. Abends und morgens ertönt der Wald vom Röhren der Hirsche, die ihre Nebenbuhler zum Kampfe auffordern.

Nach der Brunstzeit, die jeweilen nach vollkommener Entwicklung des Geweihes und des Sommerhaares eintritt und mit dem Beschlagen der Tiere endet, rudelt sich das Rotwild wieder friedlich zusammen. Es bildet sich das dichtere, warme Winterhaar, und im Februar werfen die starken Hirsche schon ihr Geweih ab, während die jüngern dieses oft erst im Mai verlieren. Bei jenen ist es schon im Juni, bei diesen erst wieder im August vollkommen ausgebildet. Nach dem Abstoßen des Geweihs bildet sich auch das Sommerhaar aus; ist dieses entwickelt, so wirft die Hirschkuh im Mai oder Anfang Juni nach einer Tragzeit von 40–41 Wochen ein, selten zwei Kälber, die der Mutter schon nach wenigen Tagen folgen und nur während der Brunst auf kurze Zeit von ihr abgeschlagen werden. Das neugeborene Kalb liegt in einem Versteck zwischen hohem Heidekraut oder anderem Gestrüpp, bleibt tagsüber sich selbst überlassen und wird abends von der Mutter aufgesucht und genährt. Verläßt sie es wieder, so drückt sie das Kleine mit der Schnauze in sein Lager nieder, wo es zusammengekugelt, den Kopf nach Hundeart dicht beim Schwanze haltend, den ganzen Tag über ruhig liegen bleibt, ohne auch nur den Kopf zu erheben. Doch entfernt sich die Mutter nicht weit von ihm; an einer Stelle unter dem aus der Richtung des Kalbes kommenden Winde ist sie stets auf seine Sicherheit bedacht und vertreibt sofort alle sich ihm nähernden Raubtiere. Bald folgt das Junge der Alten, wächst rasch heran und trennt sich vor Jahresfrist von der Mutter. Bis zum ersten Haarwechsel im Oktober trägt es ein weißgeflecktes Jugendkleid. Im ersten Herbst wird das weibliche Kalb Schmaltier, im folgenden Übergehendtier, später, wenn es zu tragen beginnt, Alttier genannt, während das Hirschkalb im ersten Winter Spießer, im zweiten Gabler, meist aber gleich Sechsender wird. Auch die Stufe des Achters wird häufig übersprungen, sehr selten aber die des Sechsers und die des Zehners. Im dritten Jahr ist das Hirschkalb erwachsen.

Mit der Äsung wechselt der Edelhirsch nach der Jahreszeit ab; im Herbst hält er sich gern an die Buchen- und Eichelmast, im Winter lebt er von Baumrinde, Moos und Heidekraut. Dabei zwingt ihn hoher Schnee aus den höheren Gebirgen auf Vorberge und in Ebenen hinabzusteigen, wo er sichere, gegen den Wind geschützte Stellen aufsucht, um im Frühjahr nach dem alten Standort zurückzukehren. In der Brunstzeit nehmen die starken Hirsche nur wenig Futter zu sich, trinken aber um so mehr und baden und suhlen mit Leidenschaft, wenn sie das Rudel in die schützende Deckung gebracht haben. Regelmäßig werden vom Rotwild in der Nähe seines Standortes angelegte Salzlecken aufgesucht. Außer Wolf und Luchs ist sein größter Feind der Mensch, der es auf dem Anstand oder Birschgang schießt, es zu Pferde, zu Wagen und zu Schlitten beschleicht, es auf Treibjagden, nur noch ausnahmsweise auf Parforcejagden erlegt und den Hirsch in der Brunstzeit durch das Nachahmen seiner Stimme auf einer Schneckenschale oder einem besonderen Instrument, dem Hirschruf, herbeilockt. Getriebenes Rotwild geht ohne Umstände ins Wasser. Angeschossene, von Hunden heftig verfolgte Hirsche suchen namentlich in bergigen Gegenden gerne die Bäche auf, in denen die Hunde den wegen ihrer langen Beine begünstigteren Tieren nur schwer folgen können. In die Enge getrieben, wehren sie sich, den Rücken deckend, mit ihrem Geweih tapfer gegen eine ganze Hundemeute, indem sie damit wuchtige Stöße austeilen. Selbst dem Menschen können sie gefährlich werden. So wurde unter anderen auch der griechische Kaiser Basilius im Jahre 886 von einem Hirsche, der ihm das Geweih in den Leib stieß, getötet, nachdem er vorher schon einmal durch einen solchen beinahe das Leben verloren hätte. Sonst wird das Edelwild auch von Fliegen, Mücken und Bremsen in hohem Maße gepeinigt. Es läßt sich leicht zähmen und zum Fahren und Reiten, wie auch zu verschiedenen Kunststücken abrichten. So fuhr nach Pausanias die Priesterin der Diana an deren Tempel zu Paträ in Achaia beim jährlich einmal prunkvoll durch eine Prozession gefeierten Feste der Göttin auf einem von zahmen Hirschen gezogenen Wagen. Nach Älius Lampridius fuhr auch Kaiser Heliogabalus in Rom mit vier Hirschen, und nach Flavius Vopiscus führte Kaiser Aurelian bei dem Triumphe, den er 273 nach Besiegung der Königin Zenobia von Palmyra und des gallischen Gegenkaisers Tetricus in Rom abhielt, einen einst dem Gotenkönige gehörenden Wagen mit, an den vier Hirsche gespannt waren. Außerdem ließ er im Zuge 20 Elefanten, 4 Königstiger, verschiedene zahme Löwen, 200 verschiedene Bestien aus Syrien, Giraffen, Elche und andere Seltenheiten vorführen. Sehr beliebt waren die Hirsche bei den Jagdspielen in der Arena. So ließ Kaiser Probus bei solchen einmal tausend Hirsche auf einmal in die Arena los. Wie reich müssen die Wälder damals noch an solchem Wild gewesen sein, daß eine so große Zahl derselben auf einmal zur Augenlust des Pöbels zu Tode gehetzt werden konnte. Daneben hielt man schon damals in den Parks der Vornehmen zahmes Rotwild, worunter gelegentlich auch als Rarität Albinos. So sah Pausanias um 160 n. Chr. in einem Park in Rom weiße Hirsche, konnte aber nicht angeben, woher sie stammten. Noch im Mittelalter waren sie an manchen Orten sehr zahlreich; so wurden im Jahre 1619 auf einer Treibjagd in Preußen 672 Hirsche, 614 Tiere und 179 Kälber erlegt, darunter ein Zwanzigender von über 360 *kg* Gewicht. Das Rotwildbret ist geschätzt, nur zur Brunstzeit ist es wegen des ihm anhaftenden strengen Geschmacks unbeliebt; aus seiner Haut verfertigt man ein starkes, weiches Leder und aus seinem Geweih die verschiedensten Gegenstände. Leider ist der Schaden, den das Rotwild anrichtet, viel größer als der Nutzen, den es bringt. Nur aus diesem Grunde ist es in den intensiver bevölkerten Gegenden Europas ausgerottet worden.

Weit kleiner, deshalb auch viel weniger schädlich und infolgedessen auch seine Haltung mit den modernen forstwirtschaftlichen Grundsätzen besser vereinbar ist das Reh (*Capreolus caprea*), das schon nach anderthalb Jahren ausgewachsen ist. Im Vergleich zum Edelhirsch ist es gedrungener gebaut und sein Kopf kurz und abgestumpft. Das Gehörn zeichnet sich durch breite Rosenstöcke und verhältnismäßig starke, mit weit hervortretenden Perlen besetzte Stangen aus. Gewöhnlich setzt die Hauptstange nur zwei Sprossen an, so daß das ganze Gehörn nicht mehr als sechs Enden hat. Und diese

Sechserstufe erreicht das Reh so schnell, daß seine Altersbestimmung dadurch unmöglich ist. Sein Alter, das auf 15–16 Jahre, in seltenen Fällen aber auch bis 20 Jahre geht, ist nicht leicht, am sichersten noch am Gebiß zu bestimmen. Das Gehörn steht wie beim Hirsch in innigstem Zusammenhang mit der geschlechtlichen Reife des Rehes. So bekommen Rehböcke, die in frühester Jugend ihrer Hoden beraubt wurden, kein eigentliches Gehörn, sondern eine als Perückengehörn bezeichnete unförmliche Wucherung, die auch entsteht, wenn die Hoden, etwa durch einen Schuß, verkümmern. Falls aber die Böcke nach der Ausbildung des Gehörns ihrer Hoden beraubt werden, werfen sie das Gehörn überhaupt nicht ab. Auch hier macht sich die Entfernung oder Verletzung nur eines Hodens am Gehörn der anderen Körperseite geltend. Die ersten Spieße werden im Februar oder März gefegt, und in der Regel im darauffolgenden Dezember abgeworfen. Auf diese sogenannte Kopfspießerstufe folgt die Schmalspießerstufe, wobei die Spieße noch kein scharfes Ende und auch keine eigentliche Rose, sondern an deren Stelle einen aus Perlen besetzten Kranz haben. Sie werden im darauffolgenden Dezember, wenn der Bock 21/2 Jahre alt ist, abgeworfen. Erst auf der auf die Schmalspießerstufe folgenden Gablerstufe zeigt das Gehörn zum erstenmal wirklich scharf ausgebildete Enden, wodurch es erst zu einer Waffe wird. Gleichzeitig damit tritt die Geschlechtsreife ein. Mit dem ersten wahren Sechsergehörn ist der Rehbock vier Jahre alt. Die hell- bis dunkelbraune Färbung des Gehörns hängt wesentlich von den Holzarten ab, an denen es gefegt wurde. So färbt die gerbstoffreiche Rinde der Eiche die Stangen dunkel, während sie an Kiefern ziemlich hell bleiben. Fortpflanzungsfähige Rehgeißen erhalten nie ein Gehörn; diese Abnormität in Form kleiner, zwar auf Rosenstöcken stehender, aber keiner Fegung unterliegender Knöpfe, die nur ausnahmsweise zu wohlgefegten Gehörnen auswachsen, entsteht nur bei unfruchtbaren Tieren mit mehr oder weniger zwitterigen, bei alten auch mit entarteten Geschlechtsorganen. Gelegentlich mag auch eine äußere Verletzung an der Stirne Gehörnbildung bei Ricken veranlassen; denn bei einer Rehgeiß, der ein Glassplitter an einer der Stellen, wo der Bock das Gehörn trägt, eingedrungen war, bildete sich dort ein 11,6 *cm* langer, ein wenig gegabelter Auswuchs. Dieses pathologische Geißengehörn wird wohl niemals abgeworfen, was bei den Böcken etwa Mitte Dezember geschieht. Nach vier Monaten, etwa Ende April, ist das neue Gehörn gewöhnlich fertig und gefegt, und zwar bei den stärkeren Böcken früher als bei den schwächeren.

In Farbe und Behaarung macht das Rehwild mit der Jahreszeit einen ähnlichen Wechsel durch wie das Rotwild. Auf die dunkel rostrote, dünne Sommerdecke, die wesentlich aus sprödem, brüchigem Grannenhaar besteht, folgt eine braungraue, dichte Winterdecke, die reichlich mit der weichen, warmen Unterwolle versehen ist. Davon hebt sich der blendendweiße Spiegel ab, der dem gesellig lebenden Tier bei der Flucht im Waldesdunkel die Richtung, in der seine Genossen flohen, verrät. Merkwürdig sind die Haare des Spiegels durch ihre Beweglichkeit. Der Spiegel kann nämlich zusammengezogen und ausgedehnt werden und scheint beim sichernden, d. h. bei dem sich über seine Sicherheit unterrichtenden Tiere viel größer als sonst; beim Äsen dagegen wird der Spiegel zusammengezogen. Außer den gewöhnlich gefärbten Rehen kommen auch albinotisch weiße, schwarze und gescheckte vor. Die schwarzen Rehe werden bei der Umfärbung im Frühling so fahl, daß sie dann nur noch durch den Kopf als solche gekennzeichnet sind. Zu ihnen rechnet man auch die sogenannten Schwarzbuckel, Rehe, die im Sommer zwar rotbraun, im Winter aber an Hals und Rücken, oft sogar bis mitten an den Leib tiefschwarz gefärbt sind, im übrigen aber die gewöhnliche Färbung der Rehe zeigen. Gleich der Weißfärbung tritt auch die Schwarzfärbung plötzlich auf, doch scheint sie mehr oder weniger auf sumpfigem und moorigem Boden, wie er sich in der norddeutschen Tiefebene vielfach findet, vorzukommen. Bei Paarungen mit andersgefärbten Rehen vererbt sie sich viel leichter als Weißfärbung. Wo sich ein schwarzes Reh zeigt, gibt es in wenigen Jahren mehrere, so daß sich schwarzes Rehwild leicht vermehren lassen würde.

Das Verbreitungsgebiet des Rehs erstreckt sich mit Ausnahme der nördlichsten Länder über ganz Europa und den größten Teil von Asien. In der Schweiz und in Südeuropa ist es fast ausgerottet. Seinen liebsten Stand bilden nicht die großen, zusammenhängenden Waldungen, wie sie der Hirsch bevorzugt, sondern die gleich Inseln in den Feldern zerstreut liegenden Wälder. Es zieht nicht die reinen Nadelholzgegenden, sondern diejenigen vor, in denen Laubholz mit abfallenden Früchten, wie Eichen, Buchen, Ebereschen, Elsbeeren usw. an blumenreiche Wiesen mit kräftigem Graswuchs stößt. Das Strauchwerk des Untergrundes bietet ihm in den jungen Trieben vorzügliche Äsung und zugleich ein geschütztes Lager.

Niemals bildet das Reh so starke Trupps wie das Edelwild. Während des größten Teils des Jahres lebt es familienweise zusammen ein Bock mit einer, seltener zwei bis drei Ricken und deren Jungen; nur da, wo es infolge starken Abschusses an Böcken fehlt, gewahrt man Rudel von 12–15 Stück. Im Winter vereinigen sich bisweilen mehrere Familien und leben längere Zeit miteinander. Die Kälber halten sich bis zur nächsten Brunstzeit zu den Ricken, werden dann von diesen abgeschlagen und bilden oft eigene Trupps für sich. Während des Tages hält sich das Reh in einer ruhigen, geschützten Stelle des Walddickichts verborgen und tritt gegen Abend, in Gegenden, wo es ungestört bleibt, bereits in den späteren Nachmittagsstunden, auf junge Schläge, Wiesen oder Felder mit saftigem Klee oder kräftig sprossender Saat, besonders Roggen, heraus, um zu äsen. Dabei ist es wählerisch und nascht von allem nur das Beste, bleibt auch beim Äsen nie lange an demselben Platz, sondern sucht sich Abwechslung zu verschaffen. Es leckt gern Salz und scheint in der Zeit des vollen Pflanzenwachstums nur dann zu trinken, wenn es krank ist. Sein geringes Wasserbedürfnis deckt es von der Feuchtigkeit der aufgenommenen Pflanzenteile und von dem in den Blattwinkeln abgelagerten Tau oder Regen.

Zuerst tritt die alte Geiß mit anbrechender Nacht vorsichtig aus dem schützenden Walde heraus, um in der Nähe ihrer Kitze, die im Dickicht ruhen, zu äsen. Auf den geringsten Klageton derselben kommt sie angstvoll herbeigerannt, um jene zu beschützen und einen etwa sich an sie heranschleichenden Fuchs mit den Vorderläufen in die Flucht zu schlagen. Auf den ersten Warnungsruf der Mutter drücken sich diese Tierchen, solange sie erst unbeholfen zu gehen vermögen, mit vorgestrecktem Kopf fest in ihr Lager im dichten Unterwuchs oder hohen Gras. Erst wenn sie 4–6 Wochen alt sind, folgen sie der Mutter zu den Äsungsplätzen. Sie knuppern auch hier und da ein wenig am Gras oder Klee, aber es schmeckt ihnen noch nicht, da ihre Verdauungsorgane nur Milch zu bewältigen vermögen. Während der Nacht bleiben die Rehe auf den Wiesen und Feldern, um mit der Morgendämmerung wieder ihre Verstecke im angrenzenden Wald aufzusuchen. An gewitterigen Tagen sind sie sehr unruhig, benutzen kaum die üblichen Wechsel und ist auch ein Birschgang auf sie an den gewöhnlichen Äsungsplätzen erfolglos.

Ende Juni schwellen den Rehböcken die Hoden an und beginnt die Brunstzeit, die im Juli auf der Höhe ist und bis in den August hinein andauert. Von Geilheit getrieben umwirbt der Rehbock ungestüm die Geiß, die sich nicht gleich willfährig zeigt und sich lange im Kreise herumdreht und sich dem Bocke, dessen sie sich kaum erwehren kann, zu entziehen sucht. Der in voller Begierde hinter der brunstigen Geiß herziehende Bock vergißt alle Vorsicht, stößt röchelnde Laute aus und folgt in immer kleiner werdenden Bogen der Geiß, die sich schließlich beschlagen läßt. Da der Bock in dieser ruhelosen, angestrengten Zeit wenig frißt und häufig beschlägt, wird er immer matter. Trotzdem springt er noch Wochen nach der Brunst auf den Ruf der Geiß und ist seine Kampfbegier gegen Nebenbuhler noch größer als zuvor. Grimmig kämpfen die Böcke um die Weibchen und können dabei mit ihrem Gehörn so aneinander geraten, daß sie sich nicht wieder trennen können und verfolkelt, wie der Jäger sagt, elend verhungern müssen.

Das im Eileiter befruchtete Ei des Rehs verweilt ohne sich weiter zu entwickeln bis nach Mitte Dezember, also volle 41/2 Monate im Fruchthalter, der auch keine Veränderung zeigt. Erst dann beginnt es sich rasch zu entwickeln und die Gebärmutter auszudehnen, so daß der Keimling nach etwa 25 Tagen sich nur noch zu vergrößern braucht. Vierzig Wochen nach erfolgreichem Beschlage, also im Mai, setzt die Rehgeiß an dem stillen Orte, an den sie sich zu ihrer Entbindung zurückgezogen hat, ein bis zwei, selten drei Kitze, die der Mutter schon nach wenigen Stunden, allerdings zunächst recht unbeholfen, in spinnenhaften Bewegungen zu folgen vermögen. Nach der Brunstzeit gehen die vorübergehend von der Mutter abgeschlagenen Kitze wieder mit ihr und oft gesellen sich noch die zweijährigen hinzu. Bis zum September ist der Sprung gesammelt und Ende September tun sich mehrere derselben, aber selten mehr als 8–10 Rehe, zu Rudeln zusammen, die der inzwischen wieder von den Strapazen der Brunst erholte Bock führt. Das Verfärben beginnt jetzt wieder und schreitet je nach der Witterung rascher oder langsamer vor. Mitte Oktober ist kaum mehr ein braunrotes Reh anzutreffen. Um diese Zeit werfen schon einzelne starke Böcke ihr Gehörn ab; die meisten aber verlieren ihr Gehörn erst im November, manche sogar erst im Dezember oder gar im Januar.

Einst waren außer dem Menschen, der mit Schlingenstellen und Schießen ihm nachstellte, Bär, Wolf und Luchs die schlimmsten Feinde des Rehs. In Mitteleuropa kommt nur noch der Fuchs in Betracht, der unablläßlich den Rehkitzen und kranken älteren Rehen nachstellt. Angeschossenem Rehwild folgt der Fuchs auf der schweißigen Fährte wie der beste Hund; findet er es noch lebend auf dem Wundbett, so beschleunigt er den Tod durch Zerreißen der Halsadern, ist es aber schon verendet, so beginnt er es von der Wunde aus anzuschneiden. Auch Wildkatze, Baummarder und Iltis stellen den Kitzen eifrig nach und kennen deren Fiepton und Angstschrei genau. Von den mitteleuropäischen Vögeln wird nur der Uhu den jungen Rehen gefährlich, im Hochgebirge und in Asien auch der Adler. Eine besondere Klasse von Feinden, gegen die die Rehe vollkommen machtlos sind, bilden die den Hirsch greulich peinigenden Dassel- oder Bießfliegen und Bremsen, deren Larven entweder in den Schleimhäuten der Nasenhöhle oder im Unterhautzellengewebe besonders des Rückens schmarotzen und ihrem Träger arg zusetzen, ja ihn gelegentlich zugrunde richten können. Lästig werden auch Zecken, Läuse und verschiedene Eingeweidewürmer; ebenso sind ansteckende Krankheiten, worunter besonders die Tuberkulose und Wild- oder Rehseuche, zu erwähnen.

Wegen ihrer Anmut und ihres zutraulichen Wesens werden Rehe schon seit alter Zeit als Hausgenossen gehalten. Der um die Mitte des 1. Jahrhunderts n. Chr. in Rom lebende Spanier Columella schreibt in seinem Buche über den Landbau: „Wilde Tiere, wie Rehe (*capreolus*), Antilopen, Hirsche und Wildschweine, hält man entweder zu eigenem Vergnügen, oder zum Verkauf und Gewinn. Im ersteren Falle genügt jeder nahe am Wohnhaus gelegene umzäunte Platz und man füttert und tränkt sie aus der Hand; im zweiten muß ein Stück Wald, der auch Wasser enthält, für das Wild bestimmt und ummauert oder mit Latten umzäunt werden.“ Plinius meint, die Rehe und

Wachteln ernähren sich von Gift, werden dabei dick und fett, sind aber gleichwohl die gutmütigsten Tiere der Welt. Tatsächlich fressen Hirsche und Rehe in der Brunstzeit mit Vorliebe Pilze, worunter auch giftige, die ihnen nicht schaden. Merkwürdigerweise behauptet derselbe Plinius in seiner Naturgeschichte, daß das „kleine, ästige Gehörn des Rehwilds" nicht abfällt. Dies und daß es von den antiken Schriftstellern kaum erwähnt wird, beweist, daß es schon damals in den Mittelmeerländern fast ausgerottet war.

Das eingefangene Rehkitzchen gewöhnt sich sehr rasch an seine Umgebung, sowohl an Mensch als auch an Tier. Es spielt mit dem Hunde wie mit seinesgleichen, legt bald alle Scheu ab, ist für Leckerbissen sehr empfänglich, klettert auf Bänke und Tische und wird der verhätschelte Liebling aller. Bei der Ricke kann diese Liebenswürdigkeit länger anhalten und bleibt sie mit zunehmendem Alter ein angenehmer Hausgenosse, aber es empfiehlt sich, zur Zeit der Brunst ein wachsames Auge auf sie zu haben, falls Wald in der Nähe ist und Rehe dort stehen. Ist ihr der Weg zum Walde abgeschnitten, dann bleibt sie dem Hause treu. Der gefangen gehaltene Rehbock jedoch wird schon nachdem er seine Spitzen gefegt hat, unangenehm, er gefährdet Kinder und Frauen durch seine Stöße, tyrannisiert alle Haustiere, besonders die braven Jagdhunde, die genau wissen, daß sie ihm nichts tun dürfen, und muß regelmäßig früher oder später eingesperrt oder einem zoologischen Garten geschenkt werden. Hier ist ihm in der Regel trotz sorgsamer Pflege und vielfältiger Fütterung kein sehr langes Leben beschieden, da der Aufenthalt in einem eingehegten, wenn auch noch so großer Wildpark sein Gedeihen ungünstig beeinflußt. Er gehört in den Wald, dessen Zierde er ist, und bildet die bevorzugte Beute des Weidmanns, der ihn auf Anstand oder Ansitz, auf dem Birschgange, durch Blatten oder Treiben mit Hunden erlegt. In Deutschland werden alljährlich etwa 200000 Rehe geschossen, die drei Millionen Kilogramm Wildbret geben und einem Verbrauchswert von 3–4 Millionen Mark gleichkommen. Das Wildbret vom Reh ist sehr kurzfaserig und liefert deshalb einen sehr zarten Braten. Das Mark der Röhrenknochen gibt ausgelassen ein vorzügliches Fett zum Schmieren von Gewehrschloß und anderen Stahlwerkzeugen. Die Gehörne bilden Material zu allerlei Zierat, das Fell liefert Decken und Leder, mit Haaren vom Winterfell werden feinere Reitsättel gefüttert. Jedenfalls ist aber der Schaden, den das Reh in jungen Schlägen anrichtet, größer als sein Nutzen.

Im Gegensatz zu dem in der Gefangenschaft hinfälligen Reh, das sich auch keineswegs regelmäßig im Zwinger fortpflanzt, ist der zwischen Rotwild und Renntier stehende Damhirsch (*Dama vulgaris*) für das Leben in Parks wie geschaffen. Man kann sich auch kaum eine größere Zierde solcher großer Anlagen beschaffen als eben das Damwild, das seinen Namen davon tragen soll, daß es das Wild der Damen ist. Es ist weit weniger scheu als Hirsch und Reh, treibt sich an lichten Waldstellen oft ungescheut am hellen Tage umher und wechselt weder so regelmäßig noch so weit wie der Rothirsch. Im engeren Wildpark wird es so neugierig-zutraulich, daß es den Namen Wild kaum mehr verdient und es schon ein ganz schlimmer „Schießer" sein muß, der am Niederknallen eines so wenig scheuen liebenswürdigen Geschöpfes noch ein Vergnügen findet. Mit seinen bunten Farben und seiner unruhigen Lebhaftigkeit ist es zur Belebung einer Parklandschaft wie geschaffen, und tatsächlich bevölkert es auch, besonders in England, die Umgebung aller Sommerschlösser, für deren nicht selten gelangweilte vornehme Bewohner es gewiß viel unterhaltender ist als das scheu sich zurückziehende Rotwild. Nur muß man junge Bäume und Anpflanzungen gegen das Damwild noch sorgfältiger schützen als gegen das Rotwild, da es noch mehr wie dieses das Schälen, d. h. Abnagen der Rinde und Verbeißen, d. h. Abfressen der sprossenden Zweige und Blätter, jene beiden großen Verbrechen des Wildes in den Augen des Forstmanns und Gärtners, sich zuschulden kommen läßt. Doch kann man diese Neigung, der zweifellos bestimmte physiologische Bedürfnisse zugrunde liegen, dadurch ablenken, daß man den verschiedenen, in der modernen Forstwirtschaft allerdings streng verpönten Unterholzsträuchern im Park ihre Stelle läßt, außerdem auch durch rationelle Fütterungs- und Leckeinrichtungen von Salz mit Lehm und aromatisch bitteren Stoffen abschwächt.

Was die geographische Verbreitung des Damhirsches betrifft, so hat es, wie verschiedene Knochenfunde beweisen, vor der Eiszeit ganz Mitteleuropa bis Norddeutschland bewohnt, wurde aber durch die Klimaverschlechterung während derselben in die Länder am Mittelmeer bis zur Sahara verdrängt. Von dort wurde er erst in der Neuzeit durch den Menschen künstlich wieder in Mitteleuropa eingeführt, wo er im Altertum und Mittelalter vollkommen fehlte. Heute ist er bis Südschweden und Norwegen verpflanzt worden. Am frühesten kam er nach England, wo es schon 1465 dunkelfarbiges Damwild im königlichen Park von Windsor gab. Unter dem Großen Kurfürsten wurde er um 1680 nach der Mark Brandenburg und unter Friedrich Wilhelm I. um 1730 nach Pommern gebracht. Hier überall gedeiht der Damhirsch bei einiger Winterpflege recht gut, aber er ist fast zu einem Haustier geworden, dessen Färbung manchem Wechsel unterworfen ist. Gewöhnlich ist er loh- oder gelbbraun, auf dem Kopf und obern Hals dunkler gefärbt und auf dem Rücken vom Nacken bis zum Schwanzende mit einer dunklen Linie gezeichnet. An Rumpf und Hüften ist er mehr oder weniger deutlich weißgefleckt und an der Unterseite des Körpers weiß. Daneben gibt es aber auch fleckenlose braune, gelbe, fast schwarze und ganz weiße Damhirsche mit allen Übergängen ineinander. Im allgemeinen ist das Damwild im Sommer mehr rötlich gefärbt und deutlicher gefleckt, im Winter dagegen mehr grau und fast fleckenlos. Charakteristisch ist sein bei völliger Ausbildung unten drehrundes, oben handförmig ausgebreitetes Geweih, das je einen Mittel- und Augensproß nach vorn entsendet.

Das Damwild liebt hügeliges Land, in welchem sanfte Täler mit niederen Anhöhen abwechseln, ebenso lichte Laubwaldungen und Haine, deren Boden mit kurzem Gras bewachsen ist. Es gleicht in seiner Lebensweise dem Rotwild, ist nur unsteter und unruhiger, hält an seinem Standort und seinem Wechsel im allgemeinen fester als jenes und pflegt auch stärkere Rudel zu bilden. Seine Feistzeit fällt in den September, die Brunst tritt im November ein und etwa einen Monat später als beim Edelhirsch wirft das etwa acht Monate lang tragende Tier ein oder zwei bis zur folgenden Brunstzeit von ihm gesäugte Kälber, die, falls es Männchen sind, im zweiten Jahr runde, sich in jedem Frühling erneuernde und sich allmählich zerteilende Geweihstangen erhalten, an denen zuerst Augen-, dann Mittelsproß und zuletzt die schaufelförmig erweiterte, nach hinten zerteilte Spitze auftritt. Die alten Damhirsche werfen im Mai, die jungen Spießer im Juni ihr Geweih ab, das sich bis zum August oder September erneuert. Das Damwild liefert zarteres Wildbret und eine weichere und elastischere, aber auch schwächere Haut als das Rotwild und wird ebenso gejagt und benutzt wie dieses. Seine Munterkeit bewahrt es auch in engerer Gefangenschaft, an welche es sich leicht gewöhnt.

Einst über ganz Mitteleuropa verbreitet, aber heute hier überall ausgerottet ist der Elch (*Alces machlis*). Diese hochbeinige, stattliche Hirschart mit plumpem Körper, großem Kopf, dicker Schnauze und im männlichen Geschlecht mit Kehlbart und mächtigem, fast wagrecht verlaufendem schaufelförmigem Geweih liebt moorreiche Waldungen. Wenigstens tummelt sich der Elch vom April bis September fast ausschließlich im Sumpf, über dessen Schlammboden ihn die großen, breiten, tief gespaltenen Hufe leicht tragen. Früher war er westlich bis Großbritannien und Frankreich, südlich bis in die Lombardei verbreitet. In Norditalien scheint er bereits zur römischen Kaiserzeit ausgestorben gewesen zu sein. Der Grieche Pausanias schreibt um 170 n. Chr.: „Der Elch (*alké*) sieht dem Hirsch und dem Kamel ähnlich, bewohnt das Land der Kelten. Menschen können es nicht aufspüren und es kann daher nur erlegt werden, wenn man große Strecken einkreist und dann immer näher zusammenrückt." Um 208 schaffte Gordian als Konsul nach Julius Capitolinus 10 Elche für die Jagdspiele nach Rom und 273 ließ Kaiser Aurelian auch dieses Tier als Schaustück aus Gallien in seinem Triumphzuge aufmarschieren. In Gallien verschwand der Elch schon im 5. Jahrhundert n. Chr. Länger blieb er in Deutschland erhalten. Im Walde Viergrund bei Nördlingen in Bayern erlegten zwei Hofleute des Königs Pipin einen Elch, dessen riesenhaftes Geweih sich im Original und in einer Abbildung bis heute erhielt. Im 10. Jahrhundert lebte der Elch noch in Flandern, im 14. in Böhmen; im 16. war er schon in Mecklenburg und dem größten Teile Deutschlands ausgerottet. In Sachsen wurde das letzte Exemplar dieser Tierart 1746, in Schlesien 1746, in Galizien 1760 erlegt. In Ungarn, wo es noch im 17. Jahrhundert Elche gab, waren zu Ende des 18. keine mehr vorhanden. Aus Westpreußen ist der Elch erst zu Anfang des 19.

Jahrhunderts verschwunden, in Ostpreußen wird er im kaiserlichen Forst von Ibenhorst gehegt. In Skandinavien, Nordrußland und Sibirien kommt er noch in inselartiger Verbreitung vor, verträgt sich aber nirgends mit geordneter Forstwirtschaft, da er ein schlimmer Waldfrevler ist, fast ausschließlich von Sträuchern und jungen Bäumen äst, und zwar nicht bloß deren Blätter und junge Schößlinge, sondern namentlich auch die Rinde und holzigen Zweige bis zu Fingerdicke. Im Februar und März schält er die Rinde der Nadelholzgewächse, später diejenigen der Laubbäume, und zwar ist für ihn als Sumpfhirsch das Lieblingsgesträuch die Werftweide. Im Winter bilden Baumknospen seine Hauptnahrung. Wo er sich sicher fühlt, zieht er Tag und Nacht, beunruhigt dagegen vor Sonnenunter- und Aufgang seiner Nahrung nach, um die übrige Zeit im Dickicht oder Moore zuzubringen. Nach der Sättigung legt er sich nach Rinderart zum Wiederkauen nieder.

Im allgemeinen friedfertig und gesellig lebt der Elch familienweise; nur die starken Hirsche bleiben bis gegen die Brunstzeit allein. In der Brunstzeit im August bis September verhalten sich die Männchen ähnlich den Rothirschen, fordern auch durch Schreien ihre Nebenbuhler heraus und kämpfen wütend mit ihnen um den Besitz der Weibchen. Besiegte Elchhirsche, die keine Tiere zur Begattung finden, geraten in eine Art Koller, der sie unaufhörlich herumschweifen, wohl gar in bewohnte Gegenden laufen und ebenso abmagern läßt wie die glücklicheren Geschlechtsgenossen. Das beschlagene Tier zieht sich gegen das Ende der 40 Wochen betragenden Tragzeit in einsame Sumpfgegenden zurück, wo es meistens zwei Kälber setzt, die es sorgsam beschützt und ernährt. Nach drei Jahren sind die Weibchen erwachsen, die Männchen dagegen erst im fünften Jahre, wobei sich bei ihnen das Geweih schaufelartig auszubreiten beginnt. Ein ausgewachsener Elchhirsch wiegt 330 *kg*, ein ausgewachsenes Elchtier dagegen nur 280 *kg*, während ein eben gesetztes Elchkalb 10–12 *kg* wiegt. Der Elch erreicht nur ein Alter von 20 Jahren und hat besonders unter den Angriffen der rudelweise jagenden Wölfe zu leiden, die ihn im Winter auf dem Eise leicht zu Falle bringen. Gefährlich ist ihm auch der Bär, der gern einzelne Elche beschleicht, ebenso der Luchs, der Elchkälbern auflauert und sie bei Entfernung der Mutter überfällt und abwürgt. Bei mehrmaliger Beunruhigung ändert der Elch seinen Stand, haßt überhaupt mehr als die übrigen Hirsche alle Störungen aufs tiefste und verläßt eine Gegend, in der er wiederholt behelligt wurde. Jung eingefangene Elche werden leicht zahm und wurden früher in Schweden zum Ziehen von Schlitten abgerichtet; doch bleiben sie in der Gefangenschaft nur verhältnismäßig kurze Zeit am Leben und sterben an zunehmender Abmagerung vorzeitig dahin. Das Zusammensein mit Vertretern lebhafter Hirscharten ist dem Elch zuwider; nur mit den ruhigen, gelassenen Renntieren verträgt er sich gut, eignet sich aber wegen seiner Hinfälligkeit in der Gefangenschaft nicht zur Domestikation.

Ein trefflich kletternder Bewohner des Hochgebirges ist die kluge Gemse (*Capella rupicapra*), die ein ausgesprochenes Tagtier ist und durch ihr bei aller blitzartigen Entschlossenheit doch ruhig überlegendes Wesen sich vorteilhaft von der kopflosen Scheu und nervösen Schreckhaftigkeit der mehr nächtlichen hirschartigen Waldtiere unterscheidet. Sie bewohnte früher das Vorland der Gebirge, bis sie sich in harter Bedrängnis durch den Menschen auf das für ihn schwer zugängliche Hochgebirge zurückzog. Aber auch da ist sie nicht wie der Steinbock ein reines Felsentier, sondern eigentlich ein Bewohner des obersten Waldgürtels, wo sie am liebsten weilt. Früh zieht sie zur Äsung auf bekannte Weideplätze, um bis um 10 Uhr saftige Kräuter allerlei Art und junge Triebe von Sträuchern, besonders Alpenrosen, zu fressen, dann wandert sie einem Waldbestand oder einem Legföhrendickicht zu, um hier wiederzukauen. Um 4 oder 5 Uhr wird sie wieder rege, zieht auf den Äsungsplatz, wo sie bis zur Nacht, bei Mondschein bis 10 oder 11 Uhr, frißt, um dann die Nacht über in gedeckter Stellung teilweise wiederkauend zu ruhen. Auf der Flucht entwickelt sie eine überraschende Sprungfertigkeit und Kletterkunst. Mit ihren sehnigen langen Läufen mit starken, scharfrandigen Hufen springt sie dann bis 7 *m* weit und schnellt sich an senkrechten Wänden bis 4 *m* in die Höhe. Im Notfall rutscht sie mit zurückgestemmtem Körper und scharf gegen das Gestein eingesetzten Hinterhufen schnurrend die steilsten Wände hinunter und auch ein Absturz bis zu 100 *m* soll ihr nicht schaden, wenn sie nur unten auf weichen Schnee fällt. Droht oben Gefahr, so eilt sie mit wilden Sätzen abwärts, wobei sie 10–15 *m* hohe Bergwände herunterspringt, um hart an der Wand zu entkommen. Im Winter rutscht sie oft zum Vergnügen auf dem Bauch mit vorgestemmten Füßen steile Schneehalden hinunter, wobei sie in hockender Stellung so lange mit den Hinterbeinen sich abschnellt, bis sie ins Gleiten gekommen ist. Ihre Sinne, besonders der Geruch, sind vortrefflich ausgebildet; dabei ist sie in hohem Grade wachsam und unterscheidet sehr wohl harmlose Menschen vom sich an sie heranschleichenden Jäger.

Als höchst geselliges Tier vereinigt sich die Gemse zu ziemlich großen Rudeln von 30–40 Stück, die die Geißen, deren Kitzchen und die jüngeren Böcke bis zum zweiten, höchstens dritten Jahre umfaßt. Alte Böcke leben außer der Paarungszeit für sich oder vereinigen sich nur vorübergehend mit einigen wenigen ihresgleichen. Im Rudel übernimmt eine alte, erfahrene Geiß die Leitung, doch wachen alle älteren Mitglieder desselben abwechselnd für die Sicherheit des Trupps. Jede Gemse, die etwas Verdächtiges gewahrt, drückt dies durch ein weithin vernehmbares, mit Aufstampfen des einen Vorderfußes verbundenes Pfeifen aus, worauf das Rudel, sobald es sich von der Tatsächlichkeit der Gefahr überzeugt hat, sofort die Flucht ergreift. Gegen die Paarungszeit hin, welche um Mitte November beginnt und bis Anfang Dezember währt, finden sich die starken Böcke bei den Rudeln ein, indem sie sich dumpfgrunzend um die Geißen bewerben. Bei ihrem

Erscheinen stieben die jungen Böcke erschreckt auseinander. Da die starken Böcke keinen Nebenbuhler bei dem von ihnen mit Beschlag belegten Rudel dulden, setzt es unter den geilen Gesellen grimmige Kämpfe ab, wobei der unterliegende Bock gelegentlich einen Abgrund hinuntergestoßen oder ihm mit dem spitzen nach rückwärts gebogenen Gehörn auch der Bauch oder eine andere Körperstelle aufgerissen wird. Zuerst werden die jüngeren, dann die älteren Geißen beschlagen. Dabei läßt der Bock von einer bei ihm viel stärker als bei der Geiß anschwellenden Drüse hinter den Krickeln einen für uns widrig duftenden, den Geißen aber angenehmen und sie sexuell erregenden Duft ausströmen. Bei der Brunst, während welcher er beständig erregt ist und kaum etwas frißt, magert der Gemsbock stark ab, um sich nach Ablauf derselben allerdings rasch wieder zu erholen. Die Satzzeit fällt auf Ende Mai oder Anfang Juni. Während jüngere Geißen stets nur ein Kitzchen setzen, gebären alte deren zwei, ausnahmsweise auch drei, die ungemein rasch heranwachsen, schon im dritten Monat Hörner erhalten und bereits im dritten Jahr die volle Größe der Alten erreicht haben.

Ungeachtet mancherlei Gefahren und der harten Bedrängnis schneereicher Winter vermehren sich die Gemsen da, wo sie gehegt und nur in vernünftiger Weise abgeschossen werden, ungemein rasch und sind eine unvergleichliche Zier unseres Hochgebirges. Die Jagd auf sie ist ein beschwerdereiches Vergnügen, das einen ganzen Mann verlangt. Ihr Wildbret ist vorzüglich und übertrifft an Wohlgeschmack noch dasjenige des Rehs, das als das beste der einheimischen Wildarten gilt, bei weitem durch seinen würzigen Beigeschmack. Das Fell wird zu einem vorzüglichen Wildleder verarbeitet, die Hörner zu allerlei Zierat verwendet, während die 20–23 *cm* langen, schwarzen Haare mit gelb-weißer Spitze, die als eine Art Mähne dem Rücken entlanglaufen, als „Gamsbart“ in Nachahmung einer Tiroler Sitte einen beliebten Hutschmuck auch für die Städter im Reisekostüm bilden. Nur jung eingefangene Gemsen lassen sich zähmen. Sie werden zunächst mit Ziegenmilch, dann mit saftigen Kräutern, Kohl, Rüben und Brot ernährt und einer gutartigen Ziege mit deren Zicklein zugesellt, in deren Gesellschaft sie zu allerlei keckem Spiel aufgelegt sind. Zutraulich drängen sie sich an ihren Pfleger heran, um sich Futter zu erbitten. Erst in erwachsenem Zustande kommt bei ihnen meist eine gewisse Wildheit zum Durchbruch, die sich durch nachdrücklichen Gebrauch ihrer Hörner bekundet. In einem Stalle behagt es ihnen nicht. Auch im Winter wollen sie Tag und Nacht im Freien zubringen und begnügen sich auch im Schnee mit ein wenig Streu als Lager. Alt eingefangene Gemsen bleiben immer furchtsam und scheu und pflanzen sich in der Gefangenschaft kaum je fort. Von jung eingefangenen Gemsen hat man in verschiedenen Tiergärten Junge gezüchtet.

Häufiger als auf Gemsen findet sich für den deutschen Weidmann Gelegenheit, auf Sauen zu jagen. Das Wildschwein (*Sus scrofa*) ist der einzige

Vertreter der Schweinefamilie in ganz Europa. Mit Vorliebe wählt es sich feuchte, sumpfige Gegenden zu seinem Aufenthaltsort, gleichgültig, ob diese bewaldet oder mit Sumpfwuchs bestanden seien. Nur wo es verfolgt wird, zieht es sich in das Waldesdickicht zurück, um darin unter tiefbeasteten Fichten oder im Gestrüpp tagsüber zu ruhen, wobei es sich eine mit Moos und Farnen gepolsterte Vertiefung im Boden zum bequemen Lager herrichtet. Mit einbrechender Dämmerung erhebt es sich, um zunächst einer Suhle zuzustreben, in welcher es sich ein halbes Stündchen wälzt. Wenn alles ruhig geworden ist, sucht es mit Vorliebe die reifenden Getreidefelder und Kartoffeläcker auf, um sich darin gütlich zu tun. Dabei frißt es weit weniger als es verwüstet, weshalb es dem Landmanne begreiflicherweise so verhaßt ist. Sonst sucht das Wildschwein in Wald und auf Wiesen Erdmast in Form von Trüffeln, fleischigen Wurzeln, Kerbtierlarven, Würmern, Schnecken, aber auch Mäusen und anderen kleinen Säugetieren nebst Leichen aller Art; im Herbst und Winter ernährt es sich vorzugsweise von abgefallenen Eicheln, Bucheln, Haselnüssen und Kastanien, verfolgt angeschossenes und kränkelndes Wild, um ihm den Garaus zu machen, und frißt in der Not die eigenen Jungen. Beim Fressen sichert es häufig mit emporgehaltenem Rüssel, zumal wenn es aus einem Dickicht ins Freie und über einen Weg wechselt. Fällt ihm etwas Verdächtiges auf, so entfernt es sich nach Ausstoßen eines schnaubend-fauchenden Tons so geräuschlos, daß man glauben könnte, es sei in die Erde verschwunden. Das unbedeutendste verdächtige Zeichen genügt, das scheue Tier zu vertreiben. Geruch und Gehör sind bei ihm seiner nächtlichen Lebensweise entsprechend ausgezeichnet, während das Gesicht mangelhaft ist. Den Jäger erkennt es an der Witterung, nicht an seiner Gestalt. Verfolgt stürzt es sich ohne Bedenken in reißende Ströme, um sie zu überschwimmen, wobei es sehr geschickt und ausdauernd schwimmt.

Als sehr geselliges Tier pflegt sich das Wildschwein zu Rudeln zusammenzutun, und zwar die stärkeren Keiler für sich, während die Bachen genannten Weibchen mit den Frischlingen und geringen Keilern gehen. Vom dritten Lebensjahre an leben die dann Hauptschweine genannten Männchen als Einsiedler und schlagen sich erst zur Paarungszeit, zur sogenannten Rauschzeit, zu den Rudeln der Weibchen, um deren Besitz sie mit gleichstarken Keilern erbitterte Kämpfe führen. Die geringeren Keiler werden vertrieben, wenn sie sich zur Rotte, wie man eine Herde Wildschweine nennt, gesellen. Abgeschlagene Wildschweine suchen ihren Geschlechtstrieb vielfach bei Herden von zur Eichel- oder Buchelmast in den Wald getriebenen Hausschweinen zu befriedigen, wodurch dann Blendlinge entstehen, die wegen ihres wilden und scheuen, mit schlechter Mastfähigkeit gepaarten Temperaments dem Zuchtsauenbesitzer wenig willkommen sind. Den Hauptschutz der Keiler bei ihren grimmigen Kämpfen mit den Nebenbuhlern bildet ein an den Schulterblättern zwischen Haut und Fleisch, oft bis zwei Finger dicker „Schild“ aus hornartiger weißer

Masse. Harnisch dagegen nennt man die feste Kruste, die sich an Brust und Vorderschulter der Keiler durch Reiben an den Stämmen Harz ausschwitzender Fichten bildet, deren Harz die Borsten und die Unterwolle zu einer harten, schützenden Decke zusammenklebt.

Schon ehe das Wildschwein vollkommen ausgewachsen ist, wird es fortpflanzungsfähig. Von Ende November bis in den Januar dauert die Rauschzeit. Nach einer Tragzeit von 20 Wochen wirft die Bache, für sich abgesondert, so lange sie noch jung ist 4–6, später 10–12 Frischlinge, die auf gelbgrauem Grunde braune Längsstreifen aufweisen. Es ist dies ein altmodisches Gewand, das die Vorfahren einst auch erwachsen trugen. Die Frischlinge werden von der Bache aufmerksam bewacht und im Falle eines Angriffs mutig verteidigt. Schon der geringste Klagelaut eines Jungen ruft die Alte herbei, die sich wutschnaubend auf den Friedensstörer wirft. Die Wildschweine werden 20–25 Jahre alt, erreichen nur ausnahmsweise ein Gewicht von 225 *kg* bei einer Länge von 1,6 *m* und einer Höhe von 0,5 *m*. Die einzige Seuche, die bei ihnen auftritt und sie rasch dahinrafft, ist die Halsbräune. Sie werden auf dem Anstand, namentlich auf der Saukanzel, dann auf der Birsch und auf der Jagd mit Treibern und Hunden erlegt. Jedenfalls ist der Schaden, den sie verschulden, nicht so bedeutend, daß er ihre vollkommene Ausrottung rechtfertigen würde. Dadurch, daß sie durch Aufwühlen weiter Bodenstrecken nach Engerlingen (Larven des Maikäfers) diese Schädlinge ausrotten und gleichzeitig die natürliche Besamung der Waldbäume erleichtern, sind sie dem Forstmanne geradezu nützlich. Während sie heute auf freier Wildbahn bei uns selten geworden sind, werden sie noch vielfach in eingehegten Waldbezirken als geschätzte Jagdtiere gehalten. Die Jagd auf sie hat seit alten Zeiten als ein ritterliches Vergnügen gegolten, war es aber nur solange der Jäger mit der Saufeder ihnen direkt entgegentrat, um sie zu fällen. Heute aber, wo man sie ohne alle Lebensgefahr auf weite Distanz mit den weitreichenden Präzisionsgewehren schießt, ist alle Ritterlichkeit dahin. Ihr Fleisch ist sehr geschätzt, weil es neben dem Geschmack des Schweinefleisches den des echten Wildbrets hat. Das Gehirn der Wildsau ist hoch entwickelt, weshalb sie sich leicht abrichten läßt. Auf den britischen Inseln ist sie wie der Wolf schon seit längerer Zeit ausgerottet.

Nur ganz ausnahmsweise kommt ein mitteleuropäischer Jäger auf den braunen Bären (*Ursus arctos*) zu Schuß. Wer diesen in freier Wildbahn kennen lernen will, der muß schon nach Siebenbürgen oder Rußland gehen, wo er auch jetzt noch in gewissen Gegenden nicht selten vorkommt. In Siebenbürgen bewohnt er die Legföhrenregion des Gebirges, während er in den Rokitnosümpfen Rußlands ein echter Sumpfbewohner ist, der sich nur zur Winterszeit in trockeneres Gelände zurückzieht. Im allgemeinen liebt der Bär schwer zugänglichen oder doch wenig besuchten, dichten Wald, in welchem ihm Höhlen unter Baumwurzeln oder in Baumstämmen, im Felsengeklüfte, mit reichem Unterholz bewachsene Inseln in Brüchen Obdach und Ruhe vor seinem Erzfeinde, dem Menschen, gewähren. Er kann 2 *m* Länge, 1 *m* Höhe und ein Gewicht von 300 *kg* erreichen und trägt im Winter ein dichtes, zottiges, langhaariges Fell, im Sommer dagegen ein viel kürzeres, dünneres und dunkleres von brauner bis schwarzer Farbe. Trotz seines schwerfälligen Körperbaues ist er ein gewandtes Tier, das im tiefen Schnee Sprünge von 3,5–5,5 *m* machen kann und auch beim Klettern eine große Gelenkigkeit zeigt. Mit seiner urwüchsigen Kraft, die ihn einen 350 *kg* schweren Hirsch aus einer Grube zu ziehen und weit wegzuschleppen erlaubt, verbindet er eine ungeheure Ausdauer und Zähigkeit im Ertragen von Strapazen und im Aushalten von Verwundungen. Während sein Geruch und Gehör ausgezeichnet sind, ist das Gesicht bei ihm nur schlecht entwickelt. Seine geistigen Fähigkeiten sind sehr gute, doch ist er bei aller Gutmütigkeit höchst falsch und mißtrauisch, liebt Behaglichkeit ungemein, greift aber, sobald er gereizt wird, sofort an. Er ist seinem Gebiß und der Beschaffenheit seiner Eingeweide nach Allesfresser, hält sich im allgemeinen aber mehr an Pflanzen- als Fleischkost. Monatelang kann er sich mit Früchten, besonders Eicheln, Bucheln und Haselnüssen, dann Beeren aller Art, reifendem Mais, saftigem Hafer und anderem Getreide neben Schnecken, Käfern und Insektenlarven ernähren. Wo ihm aber Gelegenheit dazu geboten wird, ergreift er gern Wild oder größere Haustiere des Menschen, besonders Rinder und Schafe, um sie zu fressen. Kann er keine lebenden Tiere haben, so begnügt er sich auch mit Aas. Meist schlägt er sein Opfer mit einer seiner kräftigen Vorderpranken am Rücken, wobei die scharfen, langen Krallen tief ins Fleisch eindringen, und beißt es dann am Halse tot. Beim Verzehren des gestreckten Tieres reißt er ihm zuerst die Brust auf, um die Eingeweide zu verzehren. Was er nicht fressen kann, wird notdürftig von ihm verscharrt oder mit Reisig bedeckt und später wieder aufgewühlt. In Siebenbürgen sind außer Haustieren, besonders Rindern, Wildschweine und Rehe seine gewöhnlichen Opfer, während er in Rußland außerdem auch Elche erbeutet. Begieriger als nach jeder anderen Nahrung ist er aber nach Honig. In den Bäumen, in deren Höhlungen wilde Bienen wohnen und ihre Vorräte angelegt haben, kratzt und beißt er Löcher, um zu der von ihm so geliebten süßen Speise zu gelangen. Wasser kann er nicht längere Zeit entbehren. Solange sein Standquartier wasserreich genug ist, um seinen Durst zu stillen, verläßt er es nie. Erst wenn ein sehr heißer Sommer Wassermangel herbeiführt, besucht er benachbarte, mit Wasser versehene Gegenden, um sofort in sein Revier zurückzukehren, sobald dessen Wassermangel vorüber ist.

Bei der Eichel- und Buchelmast im Herbst hat er sich genug Fett angemästet, um im geschützten Lager gekrümmt, mehr auf der Seite als auf dem Bauche liegend über die für ihn schlimme Jahreszeit zu ruhen. Ein Winterschlaf ist es kaum zu nennen; denn es ist mehr ein duselndes Wachen, bei dem er niemals die angeborene Vorsicht außer acht läßt. Kurze Zeit nach dem Lagern sind die Bären noch unruhig; besonders die schlechtgenährten verlassen das Lager häufig, um sich, weil ihnen die gegen Kälte schützende Fettschicht der feisten fehlt, durch Bewegung zu erwärmen. Sobald sie beunruhigt werden, erheben sie sich, um ein anderes Lager zu beziehen. Eingeschneite oder in Höhlen lagernde Bären liegen am festesten. Bärinnen mit Jungen und alte, früher schon einmal angeschossene Bären sind am ängstlichsten und erheben bei jedem verdächtigen Geräusch den Kopf, um sich bei nahender Gefahr beizeiten zu flüchten.

Solange der Winter anhält, bleibt der Bär im Lager, wobei sich seine Sohlen häuten. Sobald Tauwetter eintritt, erhebt er sich, reckt und streckt und schüttelt sich und geht zunächst auf die Beerensuche, wobei er mit seinen Pranken die die Moosbeerensträucher bedeckende Schneeschicht beseitigt, um zu den roten Beeren zu gelangen. Im Mai oder Anfang Juni suchen sich meist zur Nachtzeit, mitunter schon in der Dämmerung, laut brummend Bär und Bärin, um sich zu paaren. Indessen hält sich die Bärin nicht nur an einen Bären, so daß es unter den Männchen nicht selten harte Kämpfe absetzt, die mit dem Tode des schwächeren endigen können. Um die Mitte des Winters, im Dezember oder Januar, wirft die Bärin in ihrem weich mit Moos, Gras und Blättern ausgestopften Lager das erste Mal höchstens zwei, später drei, auch wohl vier, im Alter aber schließlich nur ein Junges, um vom 16.-18. Jahre an gelte, d. h. unfruchtbar, zu bleiben. Im Gegensatz zum Bären wechselt sie häufig ihr Lager und spielt mit den Jungen auf dem Schnee, den sie nicht selten vollständig festtritt. Sie bleibt aber länger im Winterlager als das Männchen. Erst wenn die Jungen ihr folgen können, verläßt sie es, um zunächst nur in der Nähe umherzustreifen und die Jungen im Aufsuchen von Fraß, im Klettern und in andern Dingen zu unterrichten. Können die Jungen einige Strapazen aushalten, so zieht die Familie weiter, wobei die Bärin als Beherrscherin ihres Distrikts jedes Vorkommnis mißtrauisch überwacht und sich dem Eindringen des Menschen standhaft und mutig widersetzt, auch die Jungen tapfer verteidigt, während sie nicht selten die unbeholfenen Säuglinge bei Gefahr verläßt. Sind die Jungen so weit selbständig, daß sie sich ernähren und erhalten können, so verteidigt sie dieselben fast gar nicht mehr. Die Jungen beziehen auch, falls die Mutter nicht wieder trächtig ist, immer denselben Distrikt zum Überwintern, aber besondere, niemals weit von dem jener entfernte Lagerplätze. Ist die Bärin aber trächtig, so duldet sie die Jungen unter keinen Umständen in ihrem Distrikt, sondern vertreibt sie mit Beißen und Ohrfeigen. Von den Jungen, die von diesem Zeitpunkte an selbständig sind, geht jedes im nächsten Frühjahr seinen eigenen Weg. Erst im fünften oder sechsten Jahre werden sie fortpflanzungsfähig. Vom Menschen aufgezogene Bären, die selbständig fressen und ihren Fraß selbst aufsuchen können, sind ungemein schwer auszusetzen und arten förmlich zu Haustieren aus, die sich nicht mehr vertreiben lassen.

Zur Jagd auf den Bären gehört persönlicher Mut, kaltes Blut und vollständige Sicherheit in der Handhabung der Waffe; dann ist sie ebenso ungefährlich wie die auf irgend ein anderes Raubtier. Sie wird in verschiedenen Gegenden auf verschiedene Weise betrieben. Entweder wird der Bär mit einer Treiberkette und einer Hundemeute aus dem zuvor festgestellten Lager getrieben oder in diesem selbst geschossen. Im Frühjahr und Herbst, wo er Aas am begierigsten annimmt, jagt man ihn auf dem Anstand bei geschlagenem Vieh. Gewöhnlich besucht der Bär das Aas erst nach eingetretener Dämmerung oder in der Nacht und ist in der Dunkelheit schwer zu treffen. Auch durch Selbstschüsse auf den von ihm begangenen Wechseln und in Tellereisen wird er gefangen. Sein Fleisch ist wohlschmeckend, besitzt zwar durch Reichtum an Glycogen wie das Pferdefleisch einen nicht jedermann zusagenden süßlichen Geschmack; doch sind die Schinken gesalzen und geräuchert ausgezeichnet. Sein weiches, kaum je ranzig werdendes Fett, das einen guten Ruf als ein den Haarwuchs beförderndes Mittel besitzt, wird gut bezahlt und sein Fell gilt 60–250 Mark.

Das gemeinste Beutetier der mitteleuropäischen Jäger ist der Feldhase (*Lepus vulgaris*), der ganz Mitteleuropa und einen Teil des westlichen Asien bewohnt. Im Süden vertritt ihn der kleinere und rötlich gefärbte Hase der Mittelmeerländer, im hohen Norden der Schneehase und im Hochgebirge der Alpenhase, welch letztere im Sommer bräunlichgrau, im Winter aber bis auf die schwarzen Ohrspitzen weiß gefärbt sind. Die Nordgrenze der Verbreitung des Feldhasen geht von Schottland über Südschweden zu den Gegenden am Weißen Meer; in Sibirien fehlt er. Er hält sich am liebsten auf ausgedehnten, fruchtbaren Ebenen, auch an lichten Waldrändern auf, kommt jedoch im Innern von großen, dichten Wäldern selten vor, wird aber in Gebirgsgegenden noch regelmäßig in der Laubholz-, seltener in der Nadelwaldregion angetroffen. In den Alpen steigt er bis zu 1600 *m* und im Kaukasus fast bis zu 2000 *m*. Er ist im allgemeinen mehr ein Nacht- als ein Tagtier, obwohl man ihn an heiteren Sommertagen schon vor dem Untergang der Sonne und noch am Morgen im Felde, wo er seine Nahrung sucht, umherstreifen sieht. Für gewöhnlich verläßt er sein Lager oder das ihn bergende Gehölz erst bei Sonnenuntergang, vor Eintritt der Dämmerung, um sich zum Äsen und Spielen ins Freie zu begeben. Bei Sonnenaufgang sucht er wieder sein Lager auf, um tagsüber zu ruhen. Höchst ungern verläßt er den Ort, an welchem er aufgewachsen und groß geworden ist. Er ernährt sich von Gras, jungem Getreide und allerhand saftigen Kräutern, in harten Wintern auch von saftiger junger Baumrinde, besucht aber zu allen Jahreszeiten gern die Kohl- und Gemüsegärten. Er äst nachts und bringt den ganzen Tag, das Auge auch im Schlaf weit geöffnet, schlummernd in einem zwischen Erdschollen oder Gebüsch wohlversteckten, immer gegen den Wind geschützten Lager zu, worin er sich bei stürmischem Schneewetter gern vergräbt oder einschneien läßt. Nie geht er gerade auf den Ort los, wo er ein altes Lager weiß oder ein neues machen will, sondern läuft erst ein Stück über den Ort, wo er zu ruhen gedenkt, hinaus, kehrt um, macht wieder einige Sätze vorwärts, dann wieder einen Sprung seitwärts und verfährt so noch einige Male, bis er mit dem weitesten Satz an den Platz gelangt, auf dem er bleiben will. Bei der Zubereitung des Lagers scharrt er im freien Felde eine etwa 5–8 *cm* tiefe, am hintern Ende etwas gewölbte Höhlung in die Erde, welche so lang und breit ist, daß der obere Teil des Rückens nur sehr wenig sichtbar bleibt, wenn er die Vorderläufe ausstreckt, auf diesen den Kopf mit anliegenden Löffeln ruhen läßt und die Hinterbeine unter den Leib zusammendrückt.

Der Feldhase verläßt sich mehr auf sein scharfes Gehör als auf sein schlechtes Gesicht, erlaubt dem Menschen, den er weniger als Hunde fürchtet, auf seine Schutzfärbung vertrauend, oft ganz nah an ihn heranzukommen. Plötzlich aufgeschreckt, verläßt er sich lediglich auf die Schnelligkeit seiner Beine, läuft jedoch selten lange geradeaus und nähert sich, Winkel und Hacken schlagend, bald wieder seinem Lager. Weit davon vertrieben, kehrt er, am folgenden Tage anderswo aufgeschreckt, gern dahin zurück. Bei der eiligen Flucht läuft er am liebsten ebenaus oder bergan, da er sich wegen seiner kurzen Vorderbeine beim Laufen bergab leicht überschlägt. Ist dem fliehenden Hasen ein Hund dicht auf den Fersen, so schlägt er, um ihn an sich vorbeischießen zu lassen und einen Vorsprung in umgekehrter Richtung zu gewinnen, einen plötzlichen Hacken; drängt ihn die Not, so durchschwimmt er auch Teiche und Flüsse. Viermal im Jahre setzt die Häsin nach einer Tragzeit von je 30 Tagen 2–4 Junge, die sehr ausgebildet, mit offenen Augen zur Welt kommen. Nur während der ersten 5–6 Tage verweilt sie bei ihren Kindern, dann aber überläßt sie dieselben ihrem Schicksal, kehrt nur während 14 Tagen von Zeit zu Zeit zum Ort zurück, wo sie die Brut verließ, lockt sie mit einem eigentümlichen Geklapper mit den Löffeln herbei und läßt sie saugen. Bei Annäherung eines Feindes verläßt sie freilich ihre Kinder, obwohl auch Fälle bekannt sind, daß alte Häsinnen die Brut gegen Raubvögel und Raben verteidigten. Die Geschwister entfernen sich zunächst nur wenig voneinander, wenn auch jedes sich ein anderes Lager gräbt. Abends rücken sie zusammen auf Äsung aus und morgens gehen sie gemeinschaftlich nach dem Lager zurück. Erst wenn sie halbwüchsig sind, trennen sie sich voneinander. Nach 15 Monaten sind sie erwachsen, können sich aber schon im ersten Jahre fortpflanzen. Ihre Lebensdauer schätzt man auf 8–10 Jahre; doch stirbt der Hase wohl nie an Altersschwäche, sondern wird vor der Zeit von einem seiner zahlreichen Feinde erbeutet und gefressen. Außer dem Menschen stellen ihm alle kleineren Raubtiere und größeren Raubvögel, selbst der Storch, nach. Vom

Menschen wird er am häufigsten auf Treibjagden und in Kesseltreiben erlegt, doch auch auf dem Anstand geschossen und mit Hunden aufgesucht. Durch wiederholte Jagden gewitzigt, erhebt er sich schon beim Vernehmen des Jagdlärms vom Lager, um sich an ihm bekannte geschützte Orte zu flüchten. Gefangene Hasen werden leicht zahm, gewöhnen sich ohne Weigerung an alle Nahrung, die man den Kaninchen füttert, sind jedoch empfindlich und sterben leicht dahin. Bringt man junge Hasen zu alten, so werden sie regelmäßig von diesen totgebissen. Außer ihrem wohlschmeckenden Fleisch wird auch das Fell verwendet. Aus der von Haaren entblößten und gegerbten Haut verfertigt man Schuhe und eine Art Pergament oder benutzt sie zur Leimbereitung.

Ein überaus seltenes Wild Mitteleuropas ist der Biber (*Castor fiber*), der früher hier häufig war, aber dem Menschen und seiner Kultur weichen mußte. Unablässig verfolgt, ist er in den meisten Gegenden, am frühesten in den Mittelmeerländern, ausgerottet worden. Die Griechen nannten ihn *kastor* und die Römer *fiber* und machten Jagd auf ihn nicht sowohl seines geschätzten, weichen Felles wegen, als besonders zur Erlangung des Bibergeils. Dieses befindet sich in Form einer gelblichen, schmierigen, eigentümlich nach Karbolsäure riechenden Masse in zwei birnförmigen, zu beiden Seiten der Geschlechtsöffnung gelegenen Beuteln und spielt vor allem zur Brunstzeit zur gegenseitigen Anlockung der Tiere eine große Rolle. Besonders beim Männchen sind die Kastorbeutel stark entwickelt und wird ihr Inhalt an bestimmten Stellen entleert. Die Anziehungskraft dieses Geils ist so groß, daß sich Biber, die, dadurch angelockt, in eine Falle gerieten, aber entkamen, schon nach wenigen Tagen in einer andern Falle fangen, darunter sogar Tiere, die in Eisen Fußteile eingebüßt hatten. Dem Menschen diente es von alters her als geschätzte Arznei. So sagt schon der ältere Plinius in seiner Naturgeschichte: „Der Biber trägt einen Arzneistoff an sich, den man *castoreum* nennt. Bei drohender Gefahr beißt er sich den Teil, worin jener Stoff enthalten ist, selbst ab, weil er wohl weiß, weshalb man ihn jagt. Übrigens hat der Biber ein entsetzliches Gebiß, fällt, wie mit Stahl, Bäume an den Flüssen; und hat er einen Menschen gepackt, so läßt er nicht eher los als bis die Knochen zersplittert sind. Er sieht aus wie ein Fischotter, hat aber einen Fischschwanz (d. h. einen fischartig mit Schuppen bedeckten Schwanz). Sein Haar ist weicher als Vogelflaum."

Noch im Mittelalter war der Biber in allen Ländern nördlich von den Alpen zu finden. In England kam er noch ums Jahr 1188 als seltener Bewohner des Flusses Teify in Wales vor, wurde aber dann auch hier ausgerottet. An einzelnen Flußgebieten Mitteleuropas hielt er sich in kleinen Kolonien bis gegen die Mitte des 19. Jahrhunderts. In Böhmen, wo die Biber schon im 18. Jahrhundert ausgestorben waren, führte man 1773 aus Polen wieder welche ein, die sich, aus ihrem Zwinger gebrochen, so stark vermehrten, daß sich einmal über hundert Familien um Wittingau vorgefunden haben sollen. Als sie jedoch begannen die Dämme zu untergraben, begann man einen Vernichtungskrieg gegen sie, der 1865 nur noch zehn übriggelassen hatte. Zur Gewinnung des noch immer gesuchten Bibergeils fielen die letzten Tiere bald Wilddieben zur Beute. Das allerletzte hatte man in einem Zwinger im Rosenberger Teiche untergebracht, wo es im Januar 1883 starb. Auch in Österreich-Ungarn kommen heute keine Biber mehr vor. Einzelne fanden sich indessen noch im Jahre 1857 in Siebenbürgen, 1860 in Galizien und 1865 bei Semlin auf den Inseln zwischen Donau und Sau. Bei Fischamend, an der Mündung der Fischa in die Donau, wo noch zu Beginn des 19. Jahrhunderts größere Biberansiedelungen bestanden, wurden die beiden letzten Biber 1863 erlegt. In Bosnien und der Herzegowina, wo, wie anderswo, verschiedene Ortsnamen für das frühere Vorkommen des Bibers zeugen und Skelettfunde es bestätigen, sind keine Biber mehr zu finden.

Früher noch als aus Österreich-Ungarn verschwanden die Biber in Livland. Noch im 18. Jahrhundert lebten sie dort in Ansiedelungen, und 1724 begünstigten sie in hohem Maße durch ihre Dammbauten die Überschwemmungen. Aber auch dort führte die große Wertschätzung des Bibergeils noch mehr als ihr schönes Fell zu ihrer Ausrottung. Im Jahre 1841 wurde im Quellgebiet der Aa der letzte Biber geschossen. In Skandinavien, wo der Biber einst sehr häufig war, ist er heute vielleicht nicht mehr vorhanden. In Mittelrußland scheint er schon vor Ende des 18. Jahrhunderts ausgestorben zu sein. Nur an einem Nebenfluß des Pripet im Westen und an der Petschora und Dwina im Norden leben noch Biber, obschon ihnen wegen des Pelzes und des vorzüglichen sogenannten moskovitischen Bibergeils stark nachgestellt wurde. In der Schweiz lebten noch zu Beginn des 19. Jahrhunderts Biber an der Steinach bei St. Gallen, sind aber auch dort schon längst ausgerottet worden. Unter den deutschen Bibern lebten die letzten des Alpenvorlandes auf bayerischem Gebiet, und zwar an der Sur, einem in die Salzach fließenden Bach. Auch in den auf österreichischem Gebiet liegenden Antheringer Auen nordwestlich von Salzburg kam der Biber noch 1867 vor. Am Rhein sollen die Biber schon vor über 300 Jahren ausgestorben sein; im Gebiete der Möhne in Westfalen hielten sie sich länger; dort wurde der letzte talabwärts durch die Ruhr nach dem Rhein vertrieben und am 2. Oktober 1870 an der Werthausener Fähre erschlagen.

Heute lebt der Biber auf deutschem Gebiet nur noch in einem beschränkten Gebiet an der Saale und an der Elbe zwischen Wittenberg und Magdeburg, wo er als große Seltenheit vom Menschen geschützt wird, dennoch aber zusehends abnimmt. Nicht selten fängt er sich in den Stellnetzen der Fischer oder in den für die Fischotter gelegten Eisen. Hier lebt er meist paarweise, nur in den stillsten Gegenden zu größeren Familien vereinigt und meist wie der Fischotter in einfachen unterirdischen Uferhöhlen hausend. Nur wo er ungestört leben kann errichtet er seine Burgen mit im Innern backofenförmigen Hütten, wobei, wie bei den meisten Tieren, das Weibchen der eigentliche Baumeister ist und das Männchen mehr Zuträger- und Handlangerdienst leistet. Außerdem baut er nötigenfalls Dämme von bis 150 und 200 *m* Länge und 2–3 *m* Höhe bei einem Durchmesser von 4–6 *m* unten und 1–2 *m* oben, um das Wasser aufzustauen und in gleicher Höhe zu erhalten. Die so aufgestauten Flüsse überschwemmen dann die Täler oft auf weite Strecken, bringen dadurch die teilweise unter Wasser gesetzten Bäume zum Absterben und nachträglichen Umstürzen und schaffen so künstliche Teiche und Seen. Zum Bau seiner Dämme und Hütten benutzt der Biber verschieden lange und dicke, der Rinde, von der er außer dem Blattwerk vorzugsweise lebt, beraubte Knüttel, die er übereinander schichtet und mit Steinen beschwert und mit Sand, Schlamm und Lehm verdichtet. Er ist ein durchaus nächtliches Tier, das sich erst nach Sonnenuntergang von seinem Lager erhebt, um mit anbrechendem Tag in seinen Bau zurückzukehren. Bei Tage schläft er auf dem Bauch oder Rücken, nicht aber auf den Seiten liegend, in seiner sehr rein gehaltenen Wohnung. Er entleert sich seines Kotes wahrscheinlich nur im Wasser. Nur in kalten Wintern hält er sich, ohne Winterschläfer zu sein, Tag und Nacht in der Wohnung auf und verläßt sie nur bei Tauwetter auf kurze Zeit, um neue Nahrung zu holen oder die Wohnung auszubessern. Schon Ende Februar beginnt die Brunstzeit des in Einzelehe lebenden Tieres, die bis in den März hinein dauert. Gegen das Ende der wahrscheinlich sechs Wochen langen Tragzeit bleibt das Weibchen ungestört in der Wohnung, um 2–3, höchstens 4 blinde, doch schon behaarte Junge zur Welt zu bringen, die an den vier Brustwarzen der Mutter saugen, dem Schreien kleiner Kinder ähnlich klingende Töne hören lassen, acht Tage nach der Geburt die Augen öffnen und bei günstigem Wetter bald mit ins Wasser genommen werden, wo sie sich gleich schwimmend und tauchend umhertummeln, auch wohl an den Rücken der schwimmenden Mutter anklammern. Nach etwa vier Wochen erhalten sie schon zur Milch Rinde von Espen, Pappeln, Weiden, Erlen und Birken, die die Mutter ihnen zuträgt; nach weiteren 6–8 Wochen gehen sie selbst in den Wald, um Rinden abzunagen und den Eltern bei ihren Arbeiten zu helfen. In diesem Alter eingefangen, sind sie sehr leicht zähmbar und können so zahm werden, daß sie ihrem Herrn wie ein Hund überallhin folgen. Im dritten Lebensjahre werden sie fortpflanzungsfähig und verlassen die Wohnung ihrer Eltern, um sich selbständig zu machen und einen eigenen Hausstand zu gründen. Bäume mit Hartholz benagt der Biber nur, um seine Zähne zu schärfen; sonst hält er sich ausschließlich an solche mit weichem Holz, und zwar Laubholz. Nadelholzbäume fällt er nur, wenn sie ihm im Wege stehen, verarbeitet sie aber nicht weiter, jedenfalls des Harzgeschmackes wegen, der ihrem Holze anhaftet. Leckerbissen sind ihm die saftigen Wurzelstöcke mancher Sumpf- und Wasserpflanzen, wie Seerosen, Schilf, Kalmus und Schachtelhalme. Vor

Beginn des Winters sammelt er sich einen Vorrat, wozu er meist berindete Knüttel seiner Lieblingsnahrung wählt, von denen er, wenn er Hunger hat, gewöhnlich nur die Rinde und im äußersten Notfall einen Teil des Holzes verzehrt. Solche Vorratshaufen werden als falsche Hütten oder unechte Burgen bezeichnet. Besonders große Vorräte trägt er dann zusammen, wenn ein strenger Winter bevorsteht. Er erreicht ein hohes Alter, wurde selbst in der Gefangenschaft 50 Jahre alt, und wird heute kaum je gegessen, da sein Fleisch tranig schmeckt. Außer dem Menschen hat der freilebende Biber wenig Feinde.

Ein anderes Nagetier von geringer Bedeutung ist das allbekannte Eichhörnchen (*Sciurus vulgaris*), das die bewaldeten Gegenden ganz Europas und Nordasiens bewohnt. Meist ist es braunrot, nur in manchen Gebirgen schwarz gefärbt, klettert vorzüglich von einem Baum zum andern, ohne auf den Boden zu kommen, lebt von Haselnüssen, Bucheckern, Eicheln, Nadelholzsämereien, jungen Vögeln und Eiern, im Notfall auch von Knospen und Baumrinde, gelegentlich auch von Pilzen. Von seiner Nahrung, die es, auf den Hinterbeinen sitzend, mit den beweglichen Vorderfüßen zum Munde führt, legt es im Herbst in hohlen Bäumen Wintervorräte an. Es hält keinen eigentlichen Winterschlaf, wenn es auch bei unfreundlichem Winterwetter sein freistehendes, rundes, im Innern weich gepolstertes, mit einem einzigen Eingangsloch versehenes Nest, das es in Mehrzahl für sich erbaut, oft tagelang nicht verläßt. Darin und auch in Baumlöchern wirft das Weibchen vier Wochen nach der die Männchen zu erbitterten Kämpfen mit Nebenbuhlern veranlassenden, von Ende Februar bis in den April dauernden Paarungszeit seine 3–7, etwa neun Tage blind bleibenden Jungen, die es sorgsam nährt und nach Störungen in ein anderes Nest trägt. Nachdem sie entwöhnt wurden, schleppt ihnen die Mutter, vielleicht auch der Vater, noch einige Tage lang Nahrung zu; dann werden sie ihrem eigenen Schicksal überlassen. Doch bleiben sie, häufig spielend und gemeinsam Nahrung suchend, noch längere Zeit beisammen, bevor sie sich zerstreuen. Im Juni wirft die Alte das zweite Geheck, dessen Mitglieder sich später oft mit denjenigen des ersten vereinigen, um in demselben Waldesteil ihr Wesen zu treiben. Im Edelmarder hat das Eichhörnchen seinen furchtbarsten Feind. Das muntere Tierchen ist eine der Hauptzierden unserer Wälder und läßt sich, jung gefangen, leicht zähmen. Es gewöhnt sich bald an seinen Herrn und wird wegen seiner Lebhaftigkeit in Verbindung mit großer Reinlichkeit gerne gehalten.

Wichtiger ist für die Alpenländer, die Pyrenäen und Karpaten das Murmeltier (*Arctomys marmotta*), das auf den höchsten Steinhalden des Hochgebirges, wo kein Baum und Strauch mehr wächst, auf ringsum von steilen Felswänden eingerahmten, der Sonne möglichst Zutritt gewährenden Grasplätzen lebt und sich am liebsten von saftigen Bergkräutern und deren Blüten ernährt. Es erreicht eine Leibeslänge von 51 *cm*, außer der Schwanzlänge von 11 *cm*, bei einer Höhe von 15 *cm*, ist dicht schwarzbraun behaart, lebt während des Sommers paar- oder familienweise in nur 1, höchstens 2–4 *m* langen Sommerwohnungen, deren oft kaum das Durchzwängen einer Faust zulassender Gang in einen erweiterten Kessel führt. Dieser ist bald einfach, bald in zwei Arme geteilt, von denen der eine zum Wohn- und Schlafkessel, der andere zum Abort führt. In letzterem Fall wird er auch im Winter benutzt und hat dann einen geräumigeren Wohnkessel. Im ersteren Falle wird eine besondere Winterwohnung bezogen, die 300–600 *m* tiefer liegt und durch eine 2–6, ja 8 *m* lange, am Ende meist aufwärts gerichtete Röhre in eine 1–2 *m* im Durchmesser haltende, längliche oder runde Kammer führt, die die Tiere schon im August mit abgebissenem und getrocknetem Grase und Kraut beschicken. Die losgegrabene Erde der selten tiefer als 1,5 *m* unter dem Rasen liegenden Höhle wird nur zum kleinsten Teile hinausgeschafft; das meiste wird festgetreten, wodurch die Gänge fest und hart werden. Noch ehe sich die 5–15 Glieder starke Familie zum Winterschlaf in den Bau begibt, wird dessen Winterbenutzung durch davorliegende Heureste verraten. Nach den ersten rauhen Tagen gegen Ende Oktober wird die Winterwohnung bezogen und ihr Eingang mit Heu, Erde, Steinen verstopft, damit kein Raubtier eindringe. Hier ruht die zuvor gemästete Gesellschaft zusammengerollt im Winterschlafe unter stark verminderter Lebensintensität, wobei sie die geringe Wärmeabgabe durch Verbrennen des zuvor angesammelten Fettes bestreitet. Im April erscheinen sie dann stark abgemagert vor der Öffnung ihrer Winterwohnung, um an schneefreien Stellen etwas verdorrtes Gras zur Stillung ihres Hungers zu fressen. Dann verzehren sie wohl auch von dem bis dahin nur als Lager dienenden, im Herbste eingetragenen Heu. Sobald die Vegetation wieder zu sprossen beginnt, finden sie reichlich Futter und erholen sich bald von ihrer Abmagerung, paaren sich, und schon im Juni findet man die 4–6 zuerst aschgrauen, später gelbbraun werdenden Jungen, die sich, ehe sie etwas herangewachsen sind, selten vor dem Baue zeigen. Sie werden von der auf den Hinterbeinen sitzenden und die Vorderbeine weit ausgespreizt haltenden Mutter lange gesäugt und bleiben bis in den nächsten Sommer hinein bei den Eltern. Auch die Familien, die keine höher gelegene Sommerwohnung beziehen, machen oft weite Gänge auf blumenreiche Weideplätze, von denen sie den unwillkommenen, unter erbärmlichem Geschrei fliehenden Artgenossen durch tüchtige, mit den Vorderpfoten auf Kopf und Rücken ausgeteilte Hiebe vertreiben. Dabei fressen, spielen und ruhen sie abwechselnd. Alle Augenblicke sehen sie sich um und überwachen mit der größten Aufmerksamkeit die Umgebung. Das erste, das etwas Verdächtiges bemerkt, einen Raubvogel, Fuchs oder Menschen, pfeift tief und laut durch die Nase, die übrigen wiederholen das Warnungssignal teilweise und im Nu sind sie in die benachbarten Löcher verschwunden. Bei dieser ihrer

Wachsamkeit ist es für den Jäger sehr schwer, sie zu beschleichen. Deshalb erbeutet man gerne die Murmeltiere durch das vielerorts allerdings verbotene Ausgraben der Baue, auch wohl in Fallen, die man oft nur für die alten Tiere einrichtet. Man sucht sie auch mit eigens darauf abgerichteten Hunden auf, die ihnen den Rückweg zum Bau abschneiden und sie in den nächsten Schlupfwinkel treiben, wo sie mit einem Stock totgestoßen werden. Da ihr Gewicht im Herbst auf 6–8 *kg* steigt, liefern sie einen nicht zu verachtenden Braten. Ihr Fleisch hat zwar einen erdigen Wildgeschmack, wird aber gewöhnlich durch Einreiben und Abbrühen mit Salz und Salpeter und Räuchern während einiger Tage vor dem Kochen wohlschmeckender. Das Fett dient den Gebirgsbewohnern als Arznei für allerhand Übel, der frisch abgezogene Balg wird bei Rheumatismus angezogen, und die Tiere selbst dienen dem Älpler als Wetterpropheten. Im halbwüchsigen Alter gefangene Junge lassen sich leicht auffüttern und werden im Umgang mit dem Menschen sehr zahm und zutraulich. Sie achten auf den Ruf ihres Pflegers, sind gehorsam und gelehrig, so daß man ihnen allerlei Kunststücke beibringen kann. Früher durchzogen arme Savoyardenknaben mit solch einem gezähmten Murmeltier Almosen heischend die Städte und Dörfer. Neuerdings ist jedoch der intelligentere Affe an dessen Stelle getreten, und wandern nun an Stelle der Savoyarden Italiener damit durchs Land.

Von andern Nagetieren werden noch die baumbewohnenden, in Wäldern, Hainen und Baumgärten lebenden Bilche oder Schlafmäuse (*Myoxus*) gelegentlich gefangen gehalten. Sie sind zwar außerordentlich reinlich wie die Murmeltiere, aber im Gegensatz zur Zutraulichkeit jener scheu und wenig liebenswürdig. Besonders unfreundlich benimmt sich der gefangen gehaltene Siebenschläfer (*Myoxus glis*), der sich durchaus nicht an seinen Pfleger gewöhnt und ihn, wie jeden andern, der sich ihm nähert, wütend anknurrt. Dieses besonders die Eichen- und Buchenwaldungen Süd- und Osteuropas bewohnende, 16 *cm* Leibes- und 13 *cm* Schwanzlänge erreichende aschgraue Tier, das sich tagsüber verborgen hält und nur nachts nahrungsuchend in seinem Revier herumstreift und von einer Gefräßigkeit ohnegleichen ist, außer Eicheln, Bucheln, Kastanien, Hasel- und Walnüssen auch saftiges Obst liebt und alle kleinen Tiere, denen es begegnet und die es zu überwältigen vermag, mordet und frißt, sammelt gegen den Herbst Nahrungsvorräte ein und speichert sie in seinen Höhlen auf. Diese macht es in trockenen Erdlöchern, in altem Gemäuer oder in tiefen Baumhöhlungen zurecht, bereitet sich ein Nest von zartem Moos und fällt darin, gewöhnlich mit mehreren seiner Artgenossen gemeinsam, zusammengekugelt gegen den Oktober hin in tiefen Schlaf, der gewöhnlich sieben Monate lang andauert. Es erwacht daraus Ende April, paart sich und wirft in seiner Höhle 3–6 nackte und blinde Junge, die sich sehr rasch entwickeln und schon vor dem Herbste selbständig sind.

Im Herbste wird der Siebenschläfer durch Ansammlung von Brennmaterialien für seinen sieben Monate dauernden Winterschlaf recht fett und galt in diesem Zustande den alten Römern als Leckerbissen. Sie wurden von ihnen in besondern Zuchtanstalten (*glirarium* von *glis* = Siebenschläfer) gezogen und zum Verbrauch gemästet. Eine solche umfaßte nach Varro einen kleinen Hain von Eichen, der von einer glattwandigen Mauer umgeben war, damit sie nicht hinausklettern konnten. Darin machte man ihnen zum Schlafen und Nisten geräumige Höhlungen zurecht. „Das Mästen geschieht in großen, faßartigen Töpfen, an deren Wänden inwendig Treppen sind; auch muß eine Höhle darin sein, worin die Tiere ihr Futter verstecken können. Die Mast wird durch Eicheln, Walnüsse und Kastanien, die im Überflusse gereicht werden, bewirkt; dabei wird das Faß dunkel gehalten.“ Der drei Generationen später lebende Plinius bemerkt in seiner Naturgeschichte: „Der Siebenschläfer (*glis*) ist ein Tier, dessen Genuß, gleich dem der Austern und ausländischen Vögel, durch Gesetze der Zensoren und des Konsuls Marcus Scaurus verboten wurde. Der Erfinder der Tiergärten (Fulvius Lupinus) hat auch die Kunst erfunden, Siebenschläfer in Töpfen zu mästen. Es ist dabei wohl zu beachten, daß man nur Landsleute aus demselben Walde zusammenstecken darf; denn wenn fremde dazukommen, und wenn sie nur durch einen Berg oder Fluß getrennt gelebt hatten, so beißen sie sich tot. Ihre abgelebten Eltern versorgen sie mit kindlicher Liebe. Mit jedem Frühjahr erwachen sie verjüngt. Ihre Winterruhe ist von der der Haselmäuse (*nitela*) nicht verschieden.“ Heute noch stellt ihm der Mensch überall da, wo er häufig ist, teils des Fleisches, teils des Felles wegen eifrig nach, lockt ihn in Fallen aller Art und künstliche Winterwohnungen, um ihn darin zu erbeuten. In Unterkrain erbeuten ihn die Bauern in mit einer saftigen Birne oder Pflaume beköderten Schnellfallen. Außerdem gräbt man teilweise mit Obst gefüllte Fässer in die Erde, in die ein Rohr führt, in welchem Eisendrähte so befestigt werden, daß sie wohl das Hineinschlüpfen, aber nicht das Herauskommen des Bilches gestatten. Hier fangen sich die Tiere oft in so großer Menge, daß mancher Bauer während eines Herbstes 200–400 Bilche erbeuten kann.

Im Gegensatz zum knurrigen Bilch und dem ebenso verdrossenen Gartenschläfer (*Eliomys nitela*) wird die anmutige, niedliche, gelblichrote Haselmaus (*Muscardinus avellanarius*), deren Heimat Mitteleuropa ist und die nicht selten in Dohnenstiegen gefangen wird, weil sie auch den Beeren der Eberesche nachgeht, ein höchst beliebter Stubengenosse des Menschen. In England wird sie wie Stubenvögel zu Markt gebracht und wie diese sehr viel in Käfigen gehalten. Sie verliert in der Gefangenschaft bald ihre Scheu, wenn auch nicht ihre Furchtsamkeit, und gewöhnt sich rasch an den Menschen. Durch ihre große Reinlichkeit, Liebenswürdigkeit und Verträglichkeit mit ihresgleichen, die zierlichen Bewegungen und ihr munteres Wesen wird sie bald zum Lieblinge des Menschen. Sie frißt anfänglich nur nachts, sparsam und bescheiden und fällt auch in der Gefangenschaft in Winterschlaf, wenn die Örtlichkeit nicht stets gleichmäßig warm gehalten wird. Sie versucht sich dann ein Nestchen zu bauen und hüllt sich in dieses oder schläft in einer Ecke ihres Käfigs. Bringt man sie wieder an die Wärme, z. B. zwischen die warme Hand, so erwacht sie, schläft aber bald wieder ein.

Ein für uns Mitteleuropäer nur ausnahmsweise in Betracht kommender Wildhund ist der Wolf (*Canis lupus*), der in Paaren oder einzeln sowohl offenes Land als auch Wälder bewohnt, am Tage wie in der Nacht beutelüstern umherschweift und sich manchmal, besonders im Winter, zu Rudeln zusammentut, um gemeinsam unter Ausstoßen eines fürchterlichen Geheuls größeres Wild zu jagen und auch den Menschen anzufallen. So fielen im Jahre 1875 nicht weniger als 161 Menschen russischen Wölfen zum Opfer. Die Wölfe, die beim scharenweisen Durchstreifen einer Gegend in einer Reihe hintereinander herlaufen, verfolgen ihre Beute in einem außerordentlich ausdauernden Galopp, reißen ein eingeholtes Tier nicht sofort nieder, sondern verwunden es, folgen ihm, beißen es abermals und hetzen es so zu Tode. Pferde- und Rinderherden schließen, sobald sie Wölfe wittern, einen Kreis und stellen sich, die Pferde mit den Hinterbeinen, die Rinder mit den Hörnern, zur Wehr, greifen einzelne Wölfe auch ohne weiteres an. Nicht bloß große Rudel, sondern auch einzelne Wölfe können ein entsetzliches Geheul ausstoßen, das selbst den Menschen vor diesem sonst feigen Tiere erzittern läßt. Die Paarungszeit des Wolfes dauert vom Dezember bis in den April. Die 14 Tage dauernde Ranzzeit der Wölfin tritt nämlich bei alten Weibchen früher ein als bei jüngeren. Während der Paarungszeit kämpfen die Männchen oft auf Leben und Tod. Etwa 13 Wochen nach der Paarung wirft das Weibchen in Felshöhlen oder Erdlöchern 6–10 neun bis vierzehn Tage lang blindbleibende Junge, die bis zur nächsten Ranzzeit bei der Mutter bleiben, bis zum dritten Jahre wachsen, dann auch fortpflanzungsfähig werden und ein Alter von 12–15 Jahren erreichen. Junge Wölfe lassen sich leicht zähmen und gewöhnen sich gleich Hunden an ihren Herrn, weshalb es leicht zu verstehen ist, daß der Wolf in verschiedenen Abarten zum Stammvater eines großen Teiles der Haushunde wurde. Den alten Wölfen, denen großer Verstand und ungemeine Schlauheit innewohnt, sucht man in Schießhütten und auf Treibjagden beizukommen. Sie werden auch in tiefen, steilwandigen Gruben, sogenannten Wolfsgruben, gefangen, die man mit Reisig und darüber mit Moos und Schnee bedeckt, auf einer in der Mitte der Grube stehenden Stange mit einem Huhn oder dergleichen beködert und mit einem etliche Fuß hohen Zaun umgibt, der vom Wolfe übersprungen werden muß und ihn daran hindert, unzeitigen Verdacht zu schöpfen. Denn der Wolf ist außerordentlich vorsichtig und weiß unbekannten Öffnungen, Schlingen oder Fallen aus dem Wege zu gehen, wird jedoch auch in Tellereisen gefangen, soll sich aber, wenn er gefangen ist, häufig tot stellen und in einem geeigneten Augenblick entlaufen.

Da er auch Aas angeht, wird ihm auch mit vergiftetem Fleische nachgestellt. Früher, als es in Europa noch viel Wölfe gab, waren sie eine wesentliche Gefahr der Herden. Noch heute ist bezeichnenderweise bei den Renntiere züchtenden Lappen das Wort Friede gleichbedeutend mit Ruhe vor Wölfen. In Rußland, das noch reich daran ist, fallen ihnen jährlich etwa 180000 Stück Großvieh und über 600000 Stück Kleinvieh, besonders Schafe, zur Beute. Laserewski bemißt den durch sie angerichteten Schaden an Haustieren auf 15 Millionen, an nutzbarem Wilde aber auf 50 Millionen Rubel (= 165 Millionen Mark). Dazu kommt noch, daß sie auch von der Tollwut befallen und dann Menschen wie Tieren gleich gefährlich werden. Selbst die Hunde hassen den Wolf und scheinen kein größeres Vergnügen zu kennen, als auf ihn Jagd zu machen. Auf der südrussischen Steppe, wo der Wolf in selbstgegrabenen Höhlen wohnt, wird er zu Pferd so lange gehetzt, bis er nicht mehr laufen kann, und dann totgeschlagen. Den größten Nutzen bietet er in seinem Winterfell, das als gutes Pelzwerk vielfach verwendet wird. Die besten und größten Felle kommen aus Skandinavien, Nordrußland, Sibirien und Nordchina und werden mit 10–25 Mark bezahlt. Außerdem gewähren viele Regierungen noch ein besonderes Schußgeld für die Erlegung eines Wolfes.

Ein kleinerer, aber noch viel listigerer Wildhund ist der Fuchs (*Canis vulpes*), der in den eigentlichen Wolfsgegenden verhältnismäßig selten ist, da der Wolf ihm feindlich wie dem Hund gegenübertritt und ihn tötet und frißt, wo er nur kann. In dem Maße aber als der Wolf ausgerottet wird, vermehrt er sich und weiß sich dank seiner Schlauheit und Gewandtheit auch da noch zu behaupten, wo dies andern Raubtieren nicht möglich wäre. Um zu rauben, zieht der Fuchs die Nacht dem Tage vor; doch jagt er an stillen Orten auch bei Tage. Den Tag über hält er sich mit Vorliebe in dichten Schonungen und mit Gestrüpp bewachsenem Gelände auf, um dort zu schlafen, bis er mit Eintritt der Dämmerung oder schon in den Nachmittagstunden auf Raub ausgeht. Dabei gilt seine Jagd allem Getier, vom jungen Reh an bis zum Käfer, vorzüglich aber den Mäusen, die den Hauptbestandteil seiner Mahlzeiten ausmachen. Auch Beerenfrüchte, Stein- und Kernobst, besonders Trauben, verschmäht er so wenig als Honig, wenn er solches haben kann. Am Bache lungert er umher, um eine Forelle oder einen Krebs zu erbeuten. Am Meeresstrand frißt er den Fischern die Netze aus; im Walde nimmt er die gefangenen Vögel aus den Dohnen- und Schnepfenstiegen. Als ungeselliges Tier geht jeder Fuchs seinen eigenen Weg und bekümmert sich um andere seiner Art nur insoweit, als es ihm Vorteil gewährt. Sobald die Füchsin Ende Januar oder Anfang Februar hitzig zu werden beginnt, was sich durch Schwellung der äußeren Geschlechtsteile und Austritt von etwas Blut aus der Scheide bekundet, beginnt sie unruhig umherzutraben. Zu mehreren folgen ihr dabei die männlichen Füchse, einer seine Füße in die Fußtapfen seiner Vorgänger im Schnee setzend. So geht es fast ohne Halt und Rast die ganze Nacht durch den Wald und über das Feld, bis schließlich einer das Ziel seiner Begierden erreicht hat und der Füchsin in ihr Lager folgt. Nach einer Tragzeit von 60–63 Tagen, gegen deren Schluß die Füchsin den selbstgegrabenen oder von einem daraus verjagten Dachse bezogenen Bau nur bei Nacht und für kurze Zeit verläßt und vom Gatten mit Raub versorgt wird, wirft sie 4–7 unbeholfene, 14 Tage lang blind bleibende, aber alle Milchzähne besitzende Junge, die sie mit großer Zärtlichkeit säugt. Sie verläßt sie in den ersten Tagen ihres Lebens gar nicht, später nur für kurze Zeit in der Nacht und scheint ängstlich bestrebt zu sein, ihren Aufenthalt zu verheimlichen. Etwa fünf Wochen nach der Geburt erscheinen die mit rötlichgrauem Grannenhaar über ihrem ursprünglichen Wollkleid bedeckten Jungen, um sich zu sonnen und untereinander oder mit der gefälligen Alten zu spielen. Diese beginnt ihnen lebende Käfer, Frösche, Mäuse und Vögel zuzutragen und lehrt sie dieselben fangen und verzehren. Scharf nach allen Richtungen hinsehend und riechend, überwacht sie die sorglosen, äußerst possierlichen Spiele der Jungen und veranlaßt sie, beim geringsten Verdacht einer Gefahr sofort in den Bau zu kriechen. Wird dieser stärker beunruhigt, so verläßt sie ihn mit den Jungen noch in der nächsten Nacht, wobei sie die zu weiten Wanderungen etwa noch zu schwachen Kleinen einzeln oder zu zweien im Maule wegträgt. Nur in höchster Not raubt sie gleich dem männlichen Fuchs in nächster Umgebung des Baus und nähert sich ihm höchst vorsichtig gegen den Wind, um ihre Jungen nicht zu verraten. Hat sie nichts Verdächtiges wahrgenommen, so naht sie sich dem Baue trabend, um ihre Beute vor ihm abzulegen und die hungrigen Jungen durch einen leisen Ruf zur Mahlzeit einzuladen, die sehr rasch beendet ist. Schon im Juli begleiten die Jungen die Alte in der Abenddämmerung in die Umgebung des Baus auf die Jagd und werden von ihr sorgfältig zum Rauben angeleitet, wobei ungeschickte Junge durch scharfe Bisse bestraft werden. Wenn das Getreide hoch genug ist, zieht die Fuchsfamilie nachts aufs Feld, wo manches junge Rebhuhn und mancher halbwüchsige Hase den jungen Füchsen zur Beute fällt, bis die Ernte die zu dieser Zeit nur selten zu Baue gehenden Tiere zur Rückkehr in den Wald zwingt, wo sie sich tagsüber im dichten Buschwerk verbergen. Wenn aber die Blätter im Herbste fallen, trennen sich die mit Vollendung des ersten Lebensjahres fortpflanzungsfähigen, aber erst nach Ablauf des zweiten ausgewachsenen jungen Füchse allmählich von der Mutter, um unter glücklichen Umständen, nach gefangenen zu urteilen, ein 16 Jahre übersteigendes Alter zu erreichen. Jung eingefangene Füchschen kann man leicht aufziehen. Sie werden, falls man sich viel mit ihnen abgibt, bald zahm, wenn auch nie eigentlich zutraulich, und erfreuen durch ihre Munterkeit und Beweglichkeit. Außer dem Menschen hat der Fuchs bei uns wenige Feinde. Dieser vertilgt ihn als Jagdschädling wo er kann mit Schießen, Fangen, Vergiften und Ausgraben und verwertet höchstens seinen Pelz. Durch Vertilgung sehr zahlreicher Mäuse, die, wie gesagt, seine Hauptspeise bilden, und deren er 20 bis 30 Stück pro Mahlzeit verbraucht, macht er sich einigermaßen nützlich. Auch er leidet wie Wolf und Hund gelegentlich an Tollwut und kommt dann am hellen Tage ins Innere von Dörfern, um dort alles zu beißen, was ihm in den Weg kommt.

Ebenfalls nicht selten in Mitteleuropa ist der Dachs (*Meles taxus*), der gelegentlich in Weinbergen und auf Rübenfeldern Schaden anrichtet, aber diesen reichlich durch Wegfangen und Verzehren von allerlei Ungeziefer, besonders Engerlingen und Mäusen, in Wald und Flur nützt. Unter allen Mardern ist er der nützlichste und ein Erhalter, nicht aber ein Schädiger des Waldes, weshalb er den weitgehendsten Schutz verdient. Auf der Sonnenseite dicht mit Gestrüpp bedeckter Hügel gräbt er sich mit seinen Krallen eine geräumige Höhle mit mehreren Ausgängen, von denen die wenigsten von ihm benützt werden, sondern als Notausgänge zur Flucht oder als Luftgänge dienen. Überall in ihr herrscht die größte Reinlichkeit, wodurch sich der Dachsbau vor allen übrigen ähnlichen unterirdischen Behausungen von Säugetieren vorteilhaft auszeichnet. Der Hauptraum im Bau, der Kessel, ist sehr geräumig und weich mit Moos ausgepolstert. In diesem traulichen Gemach ruht der Dachs während des Tages, um ihn erst, wenn die Nacht vollkommen hereingebrochen ist, zur Nahrungssuche zu verlassen. Nur ganz ausnahmsweise treibt er sich in stillen Waldungen während des Hochsommers schon in den späteren Nachmittagsstunden herum, um außer kleinen Tieren aller Art auch saftige Wurzeln, Buchnüsse und Obst zu verzehren. Nur zur Zeit der Paarung gesellt sich der Dachs vorübergehend zu einem Weibchen, bewohnt aber den ganzen übrigen Teil des Jahres allein einen Bau. In dem ihrigen wirft die Dächsin Ende Februar oder Anfang März 3–4, selten 5 bis zum zehnten Tage blinde Junge, die sie treu behütet und denen sie nach der Säugezeit so lange Würmer, Schnecken, Engerlinge, Wurzeln und kleine Säugetiere in den Bau schleppt, bis sie sich selbst zu ernähren vermögen. Schon nach 3–4 Wochen begeben sich die kleinen Dachse in Gesellschaft ihrer Mutter vor den Eingang der Höhle, um sich zu sonnen und zu spielen. Bis zum Herbst bleiben sie bei der Mutter, trennen sich dann und leben für sich, indem sie sich eine eigene Höhle graben. Im zweiten Jahre sind sie völlig ausgewachsen und beginnen sich fortzupflanzen. Der Dachs erreicht ein Alter von 10 oder 12 Jahren. In Gegenden mit kalten Wintern hält er einen Winterschlaf ab, wobei er die Mündungen seiner Wohnung verstopft. Schon in England, das ein verhältnismäßig mildes Klima besitzt, unterbricht er denselben. Jung eingefangene und sorgfältig aufgezogene Dachse werden sehr zahm und anhänglich, alte aber nie. Man fängt den Dachs in Fallen, jagt ihn mit Dachshunden oder Foxterriers aus seinem Bau und gräbt oder bohrt ihn aus. Nur ganz früh am Morgen kann man dem heimkehrenden Dachse wohl auch auf dem Anstande auflauern und ihn erlegen. Sein Fell wird für allerlei

Pelzwerk verwendet, seine ziemlich steifen Haare geben ein gutes Material für Bürsten und sein Fleisch wird von Jägern gern verzehrt.

Ein Wassermarder von reichlich 1,2 *m* Länge, wovon 42 *cm* auf den Schwanz zu rechnen sind, ist der Fischotter (*Lutra vulgaris*), der ganz Europa und Asien nördlich vom Himalaja bewohnt. Er findet sich an allen fischreichen Gewässern, wo er sich mehrere unterirdische Wohnungen gräbt, deren Eingang sich stets etwa 1/2 *m* tief im Wasser befindet, um mit einem etwa 2 *m* langen, schief aufwärts steigenden Gang in einen regelmäßig mit Gras und Laub ausgepolsterten geräumigen Kessel zu führen, von dem ein zweiter schmaler Gang zur Vermittlung des Luftwechsels nach der Bodenoberfläche geht. Im Wasser ist er zu Hause und führt darin weite Streifzüge aus, um außer Fischen, die die Hauptmenge seiner Nahrung bilden, allerlei Wassertiere, Vögel und deren Eier und saftige Wurzeln nebst Obst zu erbeuten. Alte Fischotter leben gewöhnlich einzeln, alte Weibchen aber streifen lange Zeit mit ihren Jungen umher oder vereinigen sich mit andern Weibchen oder um die Paarungszeit mit solchen und Männchen und fischen dann in Gesellschaft. Neun Wochen nach der Paarung, bei uns gewöhnlich im Mai, wirft das Weibchen in seinem sichern Uferbau 2–4 fast schwarze Junge, die nach 9–10 Tagen die Augen öffnen und von der Mutter sorgfältig verpflegt werden. Im Alter von ungefähr zwei Monaten nimmt sie die Mutter auf den Fischfang mit, um sie in allen Otterkünsten zu unterrichten. Im zweiten Jahre sind sie schon erwachsen und fortpflanzungsfähig. Jung aus dem Nest genommen und richtig behandelt wird der Fischotter sehr zahm und anhänglich an seinen Herrn, dem er treu wie ein Hund auf Ruf und Pfiff folgt. Wie den Kormoran benützen die Chinesen auch ihn beim Fischfang. Daß ein so intelligentes, gewandtes Raubtier wie er im Fischstand eines Gewässers großen Schaden anrichtet, ist begreiflich. Nach dem Urteil Sachverständiger verzehrt er täglich wenigstens 1 *kg* Fische. Deshalb haben schon zu Beginn des Mittelalters Otterjäger von Beruf ihn gleich dem Biber mit eigens dazu abgerichteten Hunden gejagt. Sie standen unter den Fischmeistern und waren weniger angesehen als andere Jäger. Noch bis zur Mitte des vorigen Jahrhunderts gab es an allen Fürstenhöfen und auf größeren Besitzungen Otterjäger, die sich zur Otterjagd besonderer Otterhunde bedienten. Diese schon längst ausgestorbene Rasse war niedrig, langgestreckt, stichelhaarig, dunkelbraun, mit seitwärts abstehenden Ohren, starkem Gebiß und von bissigem, zänkischem Charakter. Mit dem Schwinden der Ottern und Biber gerieten diese Otterjäger in Deutschland in Vergessenheit, während sich in England der Ottersport in früherer Blüte erhielt. Die Otterjagd wird auf verschiedene Weise betrieben, nämlich durch Ansitz auf den Otter, durch die Suche nach ihm mit Dachs- und Vorstehhunden, durch die Treibjagd, die Jagd mit Sperrnetzen, das Stechen des Otters mit dem Ger und durch die Parforcejagd. Der Ansitz auf den Otter ist wenig erfolgreich, die übrigen Jagdweisen, die nur mit Hunden betrieben werden können, sind nur in seichten Flüssen oder Bächen aussichtsvoll, während die Hunde in großen, tiefen Gewässern nichts auszurichten vermögen. Deshalb stellt man dem Otter, wo man ihm sonst nicht beikommen kann, mit Fallen nach und sucht ihn auch in Schlingen und durch Selbstschüsse zu erbeuten.

Ganz Europa, mit Ausnahme des höheren Nordens, namentlich Skandinaviens und Rußlands, bewohnt die Wildkatze (*Felis catus*), ein echtes Waldtier, das ausgedehnte, dichte Wälder der Mittelgebirge, namentlich Nadelwälder, bevorzugt, von denen sie in die Wälder des Flachlandes hinausschweift. In Mitteleuropa wird sie noch im Harz und in den Ostalpen, besonders aber in den ganz unbewohnten Gebirgswaldungen der Karpaten gefunden. Sie ist bedeutend stärker als die Hauskatze, hat einen dickeren Kopf, einen gedrungeneren Leib, einen kürzeren, buschigeren, schwarzgeringelten Schwanz, der von der Wurzel bis zum schwarzen Ende gleichmäßig dick, ja an der Spitze aufgetrieben erscheint. Ihre Farbe ist bräunlichgrau mit schwarzen Querstreifen, auf dem Scheitel mit schwarzen Längsstreifen und gelblich weißem Fleck an der Kehle. Sie erreicht eine Körperlänge von 70–90 *cm* und ein Gewicht von 9 *kg*. Sie ist äußerst scheu und lebt nur während der Ranzzeit oder solange die Jungen noch nicht selbständig sind in Gesellschaft, sonst stets allein. Den Tag über verbirgt sie sich gern in hohlen Bäumen, Felsspalten, verlassenen Fuchs- oder Dachsbauten, oft auch in dichtbewachsenen Sümpfen und tritt mit Beginn der Dämmerung ihre Jagdzüge an. Vorsichtig und listig, unhörbar sich anschleichend und geduldig lauernd, überfällt sie den Hasen in seinem Lager, den Vogel in seinem Nest, das Eichhörnchen auf dem Baume, springt dem Reh und dem Hirschkalb auf den Rücken und zerbeißt ihm die Halsschlagader, lauert an Seen und Wildbächen auf Fische und Wasservögel und weiß sie mit großer Geschicklichkeit zu erbeuten. Weitaus die Hauptnahrung aber bilden Mäuse und daneben kleine Vögel. Das in der Art der Fortpflanzung der Hauskatze nahestehende Tier wirft im April oder Mai sechs anfangs noch blinde Junge, bringt sie in Baumhöhlen, Felsspalten oder ähnlichen Verstecken unter, schleppt sie bei Befürchtung von Gefahr in ein anderes Versteck, gleicht im Benehmen sehr der Hauskatze, spinnt in guter Laune wie sie und drückt ihre Gefühle durch Bewegungen der Schwanzspitze aus. Vielfach vermischt sie sich mit der Hauskatze und erzeugt dann ungebärdige Junge, die leicht verwildern und sich wie der Vater raubend in den Wäldern herumtreiben.

Der früher überall in den Ländern nördlich der Alpen verbreitete Luchs (*Felis lynx*) wird gegenwärtig nur noch im Norden von Skandinavien und Rußland gefunden. Ostwärts verbreitet er sich durch den größten Teil des nördlich vom Himalaja gelegenen Teiles von Asien. In den entlegenen Gebieten der

Alpen wird er gelegentlich noch erbeutet, ist in den Karpaten häufiger, wurde aber auf den Mittelgebirgen Deutschlands und Frankreichs längst ausgerottet. Die letzten fünf Luchse des Thüringer Waldes wurden zwischen 1773 und 1796, der letzte oberschlesische Luchs 1809, die letzten beiden Harzer Luchse 1817 und 1818, der letzte Luchs der schwäbischen Alb 1846, der letzte französische in dem Departement Haute-Loire 1822 geschossen. Er ist ein ausgesprochenes Waldtier, das mit Leichtigkeit Bäume erklettert, um von deren untersten Ästen aus dem Wild auf dessen Wechseln aufzulauern, ihm beim Vorübergehen ins Genick zu springen und die Halsschlagader aufzubeißen. Wie die Wildkatze ist der Luchs ein durchaus nächtliches Tier, das sich tagsüber in allerlei Schlupfwinkeln der dichten von ihm bewohnten Wälder versteckt hält, um nachts auf Raub auszugehen. Im Gegensatz zum Wolf hält sich der Luchs oft längere Zeit in ein und demselben Gebiete auf, um es nachts nach allen Richtungen zu durchstreifen. Größeres Wild zieht er kleinerem vor und scheint sich durchaus nicht mit Mäusefang zu befassen. Er schleicht den Rehen in den Waldungen, den Gemsen auf den Alpen nach, berückt Auer-, Birk-, Hasel- und Schneehühner und fällt räuberisch unter die Schaf-, Ziegen- und Kälberherden, unter denen er gelegentlich großen Schaden anrichtet, indem er mehr erwürgt als er zur Nahrung braucht, auch von einem von ihm geschlagenen Tier oft nur das Blut aufleckt und kleine Partien frißt, das übrige aber, Wölfen und Füchsen zur Beute, liegen läßt. Dadurch macht er sich dem Jäger wie dem Hirten gleich verhaßt, die ihn überall mit Eifer verfolgen. Jung eingefangen und an den Pfleger gewöhnt, wird er sehr zahm und zutraulich. Außer dem Kalbfleisch ähnlichen, sehr schmackhaften Fleisch, das noch zu Anfang des vorigen Jahrhunderts auf fürstlichen Tafeln als vorzügliches Mittel gegen Schwindel gegessen wurde, ist sein Pelz sehr gesucht. Die skandinavischen gelten als die schönsten und werden mit 30 Mark und darüber bezahlt. Sibirien liefert alljährlich etwa 15000, Rußland und Skandinavien etwa 9000 Felle. Die Pelze der Luchse des östlichen Sibirien kommen ausschließlich in den chinesischen Handel und werden von den an die Mongolei grenzenden Völkern, besonders den Chinesen, sehr begehrt.

Mit diesen letzteren Wildarten haben wir uns schon mit den eigentlichen Pelztieren befaßt, die wesentlich ihres schönen, dichten Felles wegen gejagt werden. Zu ihnen gehören auch Marder, Iltis, Wiesel, Hermelin, Zobel und die übrigen Marderarten, die wir im nächstfolgenden Abschnitte für sich betrachten wollen. Es sei hier nur noch bemerkt, daß zum Ersatz des vielfach ausgerotteten einheimischen Wildes vielfach fremdes eingeführt wurde, so beispielsweise Hasen und Rotwild aus Ungarn; doch sind die großen Hoffnungen, die man an diese Blutauffrischung knüpfte, nur zum geringen Teile erfüllt worden. Mit gutem Erfolge hat man jedoch das südeuropäische Wildschaf, den Muflon, aus Korsika und Sardinien, im Harz, im

Thüringerwald und in anderen Gebirgsgegenden eingeführt. Seine Lebensgewohnheiten wurden auf Seite 135 besprochen, so daß wir an dieser Stelle nicht näher darauf einzutreten brauchen.

XXVI. Nützliche wilde Vögel.

Alle größeren einheimischen Vögel sind beliebte Jagdobjekte, von der scheuen Trappe und dem Urhahn bis zu den Rebhühnern. Die stattliche Trappe (*Otis tarda*) ist ein Bewohner der baumlosen Ebene, die außer der Brutzeit als Standvogel in geselligen Vereinen von 6–10, im Winter oft in Scharen von 50–100 Stück lebt. Von den entlegensten Brachfeldern, auf denen sie stets Nachtruhe hält, zieht sie morgens früh auf ihre Futterplätze, wo sie außer größeren Insekten und Sämereien aller Art hauptsächlich Teile grüner Pflanzen frißt. Dabei reckt der scheue Vogel oft den Kopf in die Höhe, um sich umzusehen. Geht er ruhig seiner Nahrung nach, so schreitet er langsam und gemächlich einher, läuft er davon, so holt ihn ein flüchtiger Hund nur schwer ein. Im Fluge bewegt er sich mit langsamen Flügelschlägen ohne sonderliche Anstrengung. Im März kämpfen die Männchen um die Weibchen, bis die Paare sich gefunden haben und zu brüten beginnen. In der zweiten Hälfte des Mai, wenn sich das Weibchen im jungen Getreide verbergen kann, bereitet es das Nest in Form einer Mulde im Boden und brütet darin in 30 Tagen seine 3 Eier aus. Die zunächst sehr unbeholfenen, erst nach einigen Tagen ordentlich laufen lernenden Jungen verbergen sich mit der Mutter meist im Getreide und leben zuerst nur von Insekten und deren Larven, später von zartem Grün. Sie werden von den Eltern sorgsam bewacht und kräftig selbst gegen ebenbürtige Feinde verteidigt. Da die Trappen besonders im Alter kein wohlschmeckendes Fleisch haben, werden sie hauptsächlich wegen der Schwierigkeit, mit der ihnen beizukommen ist, gejagt. Um sie leichter beschleichen zu können, bedient man sich des Schießpferdes oder des Bauernwagens, verkleidet sich gelegentlich auch einmal als Bauernfrau mit dem obligaten Tragkorb.

In höherem Ansehen als sie stehen beim Weidmann die Ur- und Birkhühner, von denen fast nur die Männchen im Vorfrühling — von Ende März an — auf der Balz, während welcher die sonst äußerst vorsichtigen Vögel weder sehen noch hören, geschossen werden. Das Urhuhn, d. h. großes Huhn (*Tetrao urogallus*), ist ein echter Waldvogel und lebte ursprünglich im Tiefland, wurde aber mit der Ausrodung des Waldes aus der Ebene ins Gebirge hinauf vertrieben. In Europa ist es heute von den Gebirgen der südeuropäischen Halbinseln bis Rußland und zum Eismeer und durch Sibirien bis nach Kamtschatka verbreitet. Das meiste Urwild kommt in Asien, aber auch noch in Rußland vor. Allen andern Waldarten zieht es den Kiefernwald vor, lebt aber nur in ausgedehnten Waldbeständen mit reichem Unterwuchs und ernährt sich vorwiegend von Kiefernadeln, Wacholderbeeren und anderer Pflanzenkost.

Das Birkhuhn (*Tetrao tetrix*) dagegen liebt gemischte, lockere Waldbestände mit zerstreutem Buschwerk und erhielt seinen Namen nach seiner Vorliebe für Birken. Es äst gern Laubknospen und hat einen bestimmten Standort, den es nur wechselt, wenn es beunruhigt wird. Sein Verbreitungsgebiet stimmt mit dem des vorigen überein, doch lebt es sowohl im Tiefland, als im Mittel- und Hochgebirge, und geht in letzterem über die Baumgrenze hinaus. Seine Balzzeit währt von Mitte März bis Mitte oder Ende Mai; dabei balzt der Birkhahn im Gegensatz zum Urhahn, der dies stets auf Bäumen tut, fast ausschließlich auf dem Boden, auch fleißiger und zu verschiedener Tageszeit, nicht bloß wie jener in der Morgen- und Abenddämmerung. Auf den Balzplätzen des Tieflandes und des Mittelgebirges, auf Waldblößen, Weiden oder Torfstichen balzen manchmal gleichzeitig 20 und mehr Hähne, im Hochgebirge treten sie dagegen mehr vereinzelt auf. Je schlechter ein Forst bewirtschaftet wird, desto eher ist Birkwild darin anzutreffen. In Rußland und Sibirien verbreitet es sich mehr und mehr nach Norden, indem es vielfach die Stände des durch die großen Holzrodungen vertriebenen Urwilds einnimmt. In Neufundland ist es mit Erfolg eingeführt worden. In Mitteleuropa ist es weniger zahlreich als das Urwild vertreten, dagegen ist es im Norden zahlreicher als jenes. Infolge der stärkeren und besseren Bodenbewirtschaftung nimmt es bei uns mehr und mehr ab, wie auch das Haselwild.

Das Haselhuhn (*Tetrao bonasia*) ist das kleinste der mitteleuropäischen Waldhühner und liebt im allgemeinen ähnliche Standorte wie das Urwild, meidet aber die dem Birkwild besonders zusagenden wilden oder verwilderten Holzbestände und Kahlschläge. Gern lebt es an Waldstellen, wo es leicht zwischen Laub- und Nadelholz wechseln kann. Es ernährt sich vorzugsweise von Laubholzknospen und Waldbeeren, wie auch von kleinen Tieren aller Art. Es lebt vorzugsweise in den gemischten Wäldern von Mittelgebirgen und in den Vorbergen und dem Waldgürtel der Alpen, obwohl es ursprünglich mehr ein Vogel des Tieflandes als des Gebirges ist. Am reichsten an Hasel-, wie überhaupt an Waldhühnern, ist heute noch die russische Tiefebene. Je mehr in andern Ländern der Wald aus dem Tieflande verschwand, um so mehr hat sich das Haselhuhn in deren Gebirge zurückgezogen. Je mehr die unterwuchslosen, geschlossenen Hochwälder aus Reinbeständen namentlich von Nadelholz verschwinden, um so seltener wird das Haselwild, weil ihm dadurch besonders die zu seiner Äsung notwendigen Beerenfrüchte entzogen werden. Es hält sich vorzugsweise am Boden auf, wo es durch Scharren allerlei Insektenlarven und Gewürm verschiedenster Art zu erlangen sucht. Es läuft sehr gewandt und bildet familienweise ganze Ketten im Wald, kommt jedoch manchmal auch einzeln vor. Da es sich bei Beunruhigungen im Gestrüpp oder im dichten Astwerk versteckt oder sich an den Boden drückt, wird es von Unkundigen auch in gutbesetzten Revieren kaum je wahrgenommen. Es ist ein treuer Standvogel und liefert ein hochgeschätztes Wildbret. Es erzeugt mit dem Schnee- und Birkhuhn Bastarde.

Unter den beiden Arten der europäischen Schneehühner liebt das Moorhuhn (*Lagopus albus*) feuchte, mit Krüppelwald, besonders mit Birken- und Weidenbeständen, abwechselnde Niederungen und Moorgründe. Es lebt meist im Gestrüpp der Tundren und Moore, nicht aber im Waldinnern. Dieser mehr nordische Vogel ist in den Mittelgebirgen Schottlands und Skandinaviens sehr häufig und findet sich überall zirkumboreal außer in Grönland und auf Island, wo nur das Alpenschneehuhn gefunden wird. In Deutschland findet es sich nur im nordöstlichsten Preußen, wo es im Sommer in unzugänglichen Mooren brütet. Einzelne Moorhühner des Nordens überwintern in ihrem Brutgebiet, die Mehrzahl aber begibt sich nach Süden bis dahin, wo der Nadelwald aufhört und die Birkenbestände beginnen, um im April oder Mai auf ihre nordischen Brutplätze zurückzukehren. In Schottland und Skandinavien wird es wegen seines wohlschmeckenden Fleisches eifrig gejagt und in sehr großen Mengen auf den Markt gebracht.

Tafel 65.

Im Heidegestrüpp brütendes schottisches Moorhuhn (*Lagopus scoticus*). Vom gemeinen nordischen Moorhuhn unterscheidet es sich durch braune Schwingen, graue Beine und vor allem dadurch, daß es im Winter nicht wie jenes weiß wird.
(Unretuschierte Naturaufnahme von Cherry und Kearton.)

Tafel 66.

Durch ihre Färbung geschützte brütende Waldschnepfe auf dem Nest. (Nach Meerwarth, Naturstudien.)

Das Alpenschneehuhn (*Lagopus mutus*) lebt im Hochgebirge über 1800 *m* Höhe zwischen wilden Steinmassen, Zwergweiden, Alpenrosen, Legföhren und anderem Gesträuch. Im hohen Norden ist es der Begleiter des Schneehasen und Moschusochsen und durch sein dichtes Federkleid gut gegen die Kälte geschützt, weiß sich auch mit seinen gleich denen des Moorhuhns dicht befiederten Füßen tiefe Gänge in den Schnee zu graben, die es an seine Nahrung, die Knospen der verschiedensten Sträucher, bringen und es auch vor seinen Feinden schützen. Es ist kleiner und geselliger als das Moorhuhn und wird wegen seiner an Einfalt grenzenden Arglosigkeit leicht die Beute von Jägern und Raubvögeln. In Skandinavien bildet es, wie der Fisch an der Küste, so im Innern die gewöhnliche Fleischspeise, während das Moorhuhn mehr auf den Markt der südlichen Städte gebracht wird. Das Fleisch des Alpenschneehuhns ist indessen dunkler und weniger schmackhaft als dasjenige des Moorhuhns; es ähnelt dem Hasenwildbret.

Ein ausschließlicher Feldvogel, aber auch ein Freund von Gebüsch und niederem Gehölz, ist das Rebhuhn (*Perdix cinerea*). Es ist Standvogel und nur zum Teil Strichvogel, lebt im Winter familienweise, die übrige Zeit in einzelnen Paaren, die treu zusammenhalten. Im auf Saatfeldern, im hohen Wiesengras und Gestrüpp oder an Buschrändern gut versteckten Neste werden 10–12 Junge ausgebrütet, die von den beiden Eltern sorgsam behütet und zum Auffinden der aus Insekten, Getreidekörnern und anderen Sämereien, wie auch grünen Pflanzenteilen bestehenden Nahrung angeleitet werden. Erwachsen bilden sie mit den Eltern eine sogenannte Kette, die im Herbst mit Hilfe des Vorstehhundes gejagt wird. Hat derselbe mit seinem vorzüglichen Geruchssinn eine solche an den Boden geduckte Rebhuhnfamilie ausgekundschaftet, so bleibt er mit lang vorgestrecktem Hals und einer erhobenen Pfote wie angewurzelt stehen, bis der Herr sie sieht und auf sie schießen kann. Das im Grunde nicht sehr scheue Rebhuhn wird in Gegenden, wo es gejagt wird, sehr vorsichtig und weiß sich seinem Feinde durch rasches Verstecken zu entziehen. In Südeuropa tritt es seltener auf, desto häufiger aber in Mitteleuropa, wo es eines der gemeinsten Feldvögel und das gewöhnlichste Federwild ist. Auf Neuseeland wurde es vor einem Menschenalter mit Erfolg eingeführt.

Die alten Griechen und Römer fingen die Rebhühner mit Netzen, um sie teilweise zahm zu halten und die Männchen gegeneinander kämpfen zu lassen, wie dies heute noch auf den Kykladen mit Steinhühnern geschieht. Nach Oppian wurden sie in der Weise mit Netzen gefangen, daß man sie durch andere Rebhühner hineinlocken ließ, oder der mit einer Hirschhaut verkleidete Jäger schlich sich an sie heran, um sie in Schlingen oder auch Netzen zu fangen. Der etwas später, zu Beginn des 3. Jahrhunderts n. Chr. lebende Grieche Älian schreibt in seinem Buch über die Tiere: „Diejenigen Rebhühner (*perdix*), die eine helle Stimme oder große Kampfeslust haben, sträuben sich sehr, wenn sie von Menschen gefangen werden, weil sie wissen, daß sie nicht zum Schlachten, sondern deswegen gefangen werden, weil sie durch ihre Stimme und den Kampfesmut ergötzen sollen. Diejenigen aber, die sich bewußt sind, daß sie weder als Sänger, noch als Kämpfer geachtet sind und zum Braten gefangen werden, sind schlau genug, dem Menschen seinen Spaß zu verderben; denn sie fressen nichts, wovon sie fett werden könnten, dagegen Knoblauch in großer Menge. Wer das weiß, gibt sich demnach mit dem Fang dieser Tiere keine Mühe; wer solches aber nicht weiß und auf den Fang geht, der erlebt an seinem Braten wenig Freude."

Ein weiterer Bewohner der Grassteppe und Getreidefelder ist die Wachtel (*Coturnix communis*), die die milderen Gegenden Europas von Süditalien nördlich bis Mittelschweden, aber auch weit ausgedehnte Gebiete von Afrika, namentlich aber die Steppenländer Asiens bis nach Nordchina bewohnt. In Europa beherbergen Ungarn und die südrussischen Steppen die meisten Wachteln; in Deutschland hat ihre Zahl besonders im Süden stark abgenommen. Sie ernährt sich wie das Rebhuhn von Insekten, Sämereien und grünen Pflanzenteilen, ist in der Morgen- und Abenddämmerung am tätigsten und verläßt nur in der Mittagshitze ihr Versteck, um sich zu sonnen und im Sande zu baden. Sie fliegt nur ungern und verkriecht sich viel lieber, als daß sie sich einer Gefahr durch Fliegen entzöge. Auf freiem Felde überrascht, drückt sie sich ganz flach auf den Boden, was sie auch tut, wenn sie aufgescheucht wurde und sich wieder niederwarf. Im Frühjahr ist das Männchen sehr kampflustig und schlägt sich auf Leben und Tod mit Nebenbuhlern um ein Weibchen. Dann läßt es fleißig seinen bekannten Schlag hören, den die Römer mit „*dic cur hic* (sage, weshalb bist du da)," die Deutschen mit „Bück den Rück" oder „Flick de Büx" wiederzugeben versuchten. Wegen dieses seines Balzgesangs wird die Wachtel gern als Stubenvogel gehalten. Sie wird im umgitterten Raume bald ganz zahm und schreitet in ihm auch leicht zur Fortpflanzung. Sogar in den Bauernstuben läßt man sie gern brüten und schätzt den Vogel wegen seines stets munteren Wesens und der Vertilgung manchen Ungeziefers. Noch mehr als bei uns ist die Wachtel in Persien und der Bucharei ein beliebter Stubenvogel, der nicht nur zahlreich in Käfigen gehalten, sondern auch als lebendiges Spielzeug viel in den Händen getragen und gehätschelt wird. Den wilden Vogel schießt man im Herbst wie das Rebhuhn vor dem Hühner- oder Vorstehhund oder fängt ihn in Netzen, und zwar oft mit der Wachtelpfeife, einem kleinen Instrument, das den die Nebenbuhler in die Schranken fordernden Schlag der Hähne oder den Lockton des Weibchens „Krüb krüb" genau nachahmen muß.

Erst im Juli paart sich die Wachtel. Schon während des Brütens trennt sich das Männchen vom Weibchen; denn die Wachteln führen kein Familienleben wie die Rebhühner. Das Nest der Wachtel findet sich, gut versteckt, meist zwischen Äckergewächsen, seltener im Wiesengras und Sommergetreide, bildet eine kleine, kunstlos mit Hälmchen ausgekleidete Vertiefung, in der 8–14 Eier ausgebrütet werden. Gleich nach dem Auskriechen laufen die Jungen mit der Mutter davon und werden bald selbständig.

Die Wachtel gehört bei uns zu den Zugvögeln. Viele Wachteln überwintern zwar schon in Südeuropa, die meisten gehen aber weit nach Afrika hinein, teilweise bis nach Südafrika. Ende September ziehen sie ab; Mitte September ist der Zug am stärksten, bis anfangs Oktober die letzten Nachzügler abreisen. Die Wachteln fliegen zwar gut, reisen aber gern in der Richtung eines leichten Windes, werden durch Gegenwind veranlaßt, Land oder auch nur Klippen oder Sandbänke, selbst das Verdeck von Schiffen, wo sie ermattet und verwirrt liegen bleiben, aufzusuchen und sollen sich sogar auf den Meereswellen eine Zeitlang ausruhen, kommen aber häufig darin um. In zahlloser Menge erscheinen sie auf ihrem Zuge in Südeuropa und Nordafrika und werden dort in Menge gefangen, so daß sie für die betreffenden Bewohner eine ergiebige Nahrungs- und Erwerbsquelle bilden. Außer der spanischen Küste, Sizilien und manchen Gegenden Nordafrikas ist besonders auch Capri wegen der Ergiebigkeit des Wachtelfangs berühmt. Frühere Bischöfe, zu deren Sprengel das Eiland gehörte, hatten einen bedeutenden Teil ihres Einkommens dem Wachtelfang zu verdanken, der mit Fuß- und Halsschlingen, mit Klebe- und Steckgarnen, vornehmlich aber mit italienisch *roccoli* genannten Schlagnetzen ausgeübt wird. Die gefangenen, fetten Tiere werden gerupft, ihnen die Köpfe und Füße abgeschnitten, der Bauch geöffnet und die Eingeweide herausgenommen, sie dann wie Heringe verpackt und versendet. Schon die alten Griechen und Römer lagen diesem Fange ob, wie auch die Kinder Israels auf ihrem Zuge durch die Wüste. Der griechische Schriftsteller Oppianos sagt, daß man die Wachteln, wenn sie mit geschlossenen Augen aus Furcht vor dem Meere aufs Land fallen, in Garnen fängt, indem man sie entweder durch in Käfigen gehaltene Wachteln lockt oder in die man sie treibt, indem man ein Kleid auf zwei Stäbe steckt, hochhält und so vorwärts schreitet. In einem kürzlich in Ägypten aufgefundenen Fragment des im 3. Jahrhundert v. Chr. lebenden alexandrinischen Dichters Kallimachos soll ein Priester auf einer der Kykladen ungünstigen Wind für den Wachtelfang bitten... „wenn sich der Wachteln (*órtix*) Volk stürzt in das Netz aus Garn“. In seiner Naturgeschichte berichtet Plinius von ihnen: „Die Wachteln (*coturnix*) sind kleine, bei uns mehr an der Erde als in der Luft lebende Vögel. Sie fliegen scharenweise über das Meer und bringen, wenn sie sich dem Lande nähern, selbst Schiffe in Gefahr; denn sie fallen oft in solcher Menge, und zwar bei Nacht in die Segel, daß die Schiffe versinken. Bei ihren Reisen haben sie bestimmte Gegenden, in denen sie sich niederlassen, um zu ruhen. Bei Südwind fliegen sie nicht, weil dieser Wind ihnen zu feucht und schwer ist, und doch wollen sie mit dem Winde fliegen, weil ihr Körper schwer und ihre Kraft gering ist. Die Anstrengung, welche ihnen der Flug verursacht, geben sie durch klagende Töne zu erkennen. Sie fliegen daher vornehmlich mit dem Nordwind und unter Anführung des Wachtelkönigs (eines größeren Vogels, der mit ihnen zugleich nach Süden zieht, aber natürlich sie nicht anführt). Die erste Wachtel, die sich dem Lande naht, holt sich der Falke. Ziehen sie nun weiter, so tun sie sich nach Begleitern um und überreden die Glottis, die Horneule (*otus*) und den Cychramus, mitzufliegen. Erhebt sich ein dem Zuge widriger Wind, so nehmen die Wachteln kleine Steinchen als Ballast in die Füße, oder den Schnabel voll Sand und fliegen dann weiter. Sie fressen vorzüglich gern giftige Sämereien und werden deshalb nicht verspeist. Sie sind das einzige Tier, das gleich den Menschen am bösen Wesen leidet, und deshalb pflegt man, so oft man eine Wachtel sieht, auszuspucken.“

Daß die Römer nicht wie ihre Nachkommen, die heutigen Italiener, die Wachteln gern gegessen hätten, ist kaum anzunehmen. Sagt doch Varro zu Ende der Republik ausdrücklich: „Manche Leute mästen in ihren Vogelhäusern auch Ortolane und Wachteln und verkaufen dann beide teuer.“ Auch die Griechen verzehrten diesen Vogel gern, aber noch lieber benützten sie die, wie uns bezeugt wird, mit Netzen gefangenen und mit Hirse gefütterten Wachteln, wie heute noch die Chinesen und Süditaliener, zu Kampfspielen. Der 125 n. Chr. geborene griechische Schriftsteller Lukianos sagt, in Athen seien die Wachtelkämpfe sehr beliebt und häufig gewesen. Die Leute hätten sich dabei in großer Menge versammelt; ja, es habe ein Gesetz bestanden, das den Jünglingen gebot, den Wachtel- und Hahnenkämpfen zuzusehen, um von diesen Vögeln, die mit Hartnäckigkeit auf Tod und Leben kämpfen, Tapferkeit zu lernen. Nach dem Berichte des Plutarch war der junge Alkibiades (450–404 v. Chr.) in seiner Vaterstadt Athen auf den Markt gekommen, wo das versammelte Volk gefragt wurde, wer freiwillige Steuern bezahlen wolle. Da meldete sich Alkibiades. „Über diese Freigebigkeit war das Volk entzückt, klatschte und schrie, da vergaß Alkibiades selbst vor lauter Freude die (Kampf-)Wachtel, die er zufällig unter dem Mantel trug, lies sie los und sie flog davon. Nun schrien die Leute noch ärger, jagten hinter der Wachtel her und es gelang dem Steuermann Antiochus, sie wieder einzufangen." Der Philosoph Platon sagt, indem er auf die übertriebene Wachtelliebhaberei seiner Zeitgenossen anspielt, im Lysis: „Mir ist denn doch ein braver Freund lieber als die beste Wachtel oder der beste Hahn", und der Komödiendichter Aristophanes nennt die Söhne seines Kollegen Karkinos „Hauswachteln", weil sie sich zu Hause immerfort zankten. Er sagt von der Wachtel, sie lasse ihre Stimme während des Kampfes ertönen, das Rebhuhn dagegen vorher und der Haushahn nach dem Siege. An einer andern Stelle schreibt er, die Athener hätten denen, die sie liebten, gern Purpurhühner, Wachteln oder Gänse geschenkt. Noch um 200 n. Chr. waren die Wachteln als Kampfvögel bei den Griechen beliebt, denn der damals in Alexandrien lebende Athenaios nennt Leute, die gar zu erpicht auf Kampfwachteln sind, Wachtelnarren. Von ihnen übernahmen die Römer diese Liebhaberei, so daß wir die Behauptung des Plinius, daß man in Rom keine Wachteln esse, dahin deuten können, daß sie von den reicheren Römern lieber zu Kampfspielen denn als Braten verwendet wurden. Noch heute ist in vielen Städten Italiens, insbesondere in Neapel, der Wachtelkampf eine beliebte Volksbelustigung. Die Wachtelhähne werden mit Hirse gefüttert und dann auf jedes Ende eines länglichen Tisches einer gesetzt. Alsbald nähern sich die Tiere und hauen so wütend mit Schnabelhieben aufeinander ein, daß die Federn fliegen und das Blut aus offenen Wunden fließt, bis eines besiegt ist und die Flucht ergreift. Der Besitzer der siegreichen Wachtel bekommt den ausgesetzten Preis und kann das Tierchen, wenn es mehrmals gesiegt hat, oft für 10–12 Goldstücke verkaufen, da der Käufer durch weitere Siege diese Summe reichlich wieder einbringen kann. Allerdings haben schon im Altertum die besseren Elemente von dieser Volksbelustigung gelassen. So schreibt Marcus Antonius, er habe vom Philosophen Diognetos gelernt, keine Wachteln zum Vergnügen zu halten und überhaupt sich nicht mit Albernheiten abzugeben. Übrigens wurde damals die Wachtel außer zum Kampf auch zu Spielen aller Art verwendet. So schreibt Julius Pollux von einem griechischen Spiele, das Wachtelhieb genannt wurde. Dabei setzte einer seine Wachtel in die Mitte eines gezogenen Kreises; ein anderer aber versetzte ihr einen schwachen Hieb mit dem Finger. Wich nun die Wachtel nach diesem Hiebe aus dem Kreise, so hatte der Besitzer der Wachtel die Wette verloren.

Denselben Griechen verdankten die Römer und in der Folge das ganze Abendland die Einführung des Fasans (*Phasianus colchicus*), von dem wir erfahren, daß ihn einst die unter Anführung des Jason zur Erlangung des von einem grimmigen Drachen gehüteten goldenen Vließes ausgezogenen Argonauten, d. h. Schiffer auf dem Schiffe Argo, am Flusse Phasis, im Lande Colchis südlich vom Kaukasus kennen lernten und danach *phasianós*, d. h. den phasischen Vogel nannten. Dieser ursprünglich Westasien bewohnende Vogel ist heute durch den Menschen nicht nur in den Mittelmeerländern, sondern in Europa bis England und Norddeutschland, d. h. soweit die klimatischen Verhältnisse es zuließen, verbreitet worden. Schon die Römer, die ihn von den Griechen mit demselben Namen übernommen hatten, brachten ihn wie den Pfau in ihre Kolonien nach Südfrankreich und Helvetien, von wo aus er allerdings erst zu Ende des Mittelalters als Wildling weiter nordwärts vordrang. Während er heute in ganz Süddeutschland, Böhmen und Österreich im Zustande vollkommener Wildheit lebt, wird er in Norddeutschland noch unter Obhut des Menschen in sogenannten Fasanerien gehalten, und, wenn freilebend, wenigstens in strengen Wintern gefüttert. Als nunmehr vollkommen eingebürgertes Wild wird der Fasan mit dem Hühner- oder Vorstehhund in seinem Lager aufgesucht und zum Schuß gebracht, oder nach Zerstreuung eines Volkes in Steckgarnen gefangen. Man beschleicht auch die Hähne beim Balzen und stellt, wenn viele auf einmal geschossen werden sollen, förmliche Treibjagden auf sie an, wie dies bei großen Herren Mode ist.

Eine Lieblingsjagdart vieler Jäger ist die auf dem sogenannten Schnepfenstrich, wenn im ersten Frühjahr die Schnepfen aus ihren in Südeuropa gelegenen Winterquartieren zu uns in ihre Brutgebiete zurückkehren. Was dieser Jagd ihren besonderen Reiz verleiht, ist das dabei zu beobachtende Wiedererwachen der Natur, wenn schon die Wildtauben, das Rotkehlchen, die Amsel, die Heidelerche, die Bachstelze aus dem Süden eingetroffen sind und mit ihren Werbelauten den Wald beleben. Man unterscheidet drei Arten von Schnepfen.

1. Die Waldschnepfe (*Scolopax rusticula*), die mit Ausnahme einiger nordischer Inseln alle Länder Europas, wie auch ganz Mittel- und Nordasien bewohnt. Im Norden trifft man sie während des Sommers in allen größeren Waldungen an, wo sie, ohne einen Unterschied zwischen Laub- und Nadelholz zu machen, feuchte, sumpfige Stellen, niemals aber eigentliche

Sümpfe und freie Moräste bewohnt. Nur in der Dämmerung begibt sie sich auf Waldwiesen und Viehtriften in der Nähe des Waldes, wo sie sich von allerlei Getier ernährt, die sie mit ihrem feinfühligen, langen Schnabel aus der Erde zieht. Fleißig wendet sie zur Erbeutung von Würmern, Schnecken und Insektenlarven das vermodernde Waldlaub um und bohrt in Rinderdünger, wie auch in von jenen belebten weichen Bodenschichten ihren Schnabel ein, den sie zum Erfassen und Verschlingen ihrer Beute nur vorne öffnet, ohne ihn aus dem Boden herauszuziehen. Laufend weicht sie zwar häufig einer Gefahr, z. B. einem Hühnerhund, aus und duckt sich, ihrer Schutzfärbung wohl bewußt, zu Boden, aber, um etwas zu suchen, fliegt sie am liebsten. Dabei bewegt sie sich in geringer Höhe langsamer als die übrigen Schnepfenarten.

Die ungeheure Anzahl von Waldschnepfen, die auf ihrem Herbstzuge fast alljährlich gefangen und vertilgt wird und trotzdem immer wiederkehrt, legt die Vermutung nahe, daß das Hauptbrutgebiet der Waldschnepfe die dünn bevölkerten, einsamen Wälder Nordrußlands und Sibiriens sind. Jedenfalls ist die Waldschnepfe im Osten und Norden viel reichlicher als Brutvogel vertreten als im Westen und Süden. Während sie schon auf den Karpaten in ziemlicher Zahl brütet, gehört sie im waldarmen Frankreich und England zu den seltenen Brutvögeln und wird auch bei uns fast nur auf dem Durchzuge geschossen, wenn sie je nach der Witterung von Mitte März an in ihre nordische Heimat zurückkehrt. Ihre Straße ist nicht stets dieselbe, so daß man sie in einem bestimmten Revier nicht alle Jahre gleich häufig zu sehen bekommt. Der Balzflug, der gewöhnlich nur in einer Höhe von 12–15 *m* ausgeführt wird und in der Abend- und Morgendämmerung nicht viel länger als 1/4 Stunde dauert, niemals bei Kälte und Ostwind, besonders aber bei warmer, regnerischer Witterung und bei Südwestwind, der die stets mit dem Winde wandernden Schnepfen herbeiführt, stattfindet, ist eine Art Unterbrechung des Frühlingszuges, um dem Männchen ein Weibchen zu verschaffen oder einem schon gewonnenen seine Aufmerksamkeit zu erweisen. Wenn es dann liebetrunken mit dick aufgeblähtem Gefieder mit kurzen Flügelschlägen langsam unter Ausstoßen leiser, pfeifender und quaksender Töne über dem Gehölze streicht, fällt es dem Blei des Jägers zum Opfer.

2. Die Sumpfschnepfe oder Bekassine (*Gallinago coelestis*), deren Heimat ebenfalls der Norden Europas und Asiens ist. Auch sie überwintert in Südeuropa, Nordafrika und Indien und zieht Ende März und im April zu ihren Brutplätzen im Norden, um schon Ende August bis Oktober wieder ihre Rückreise in die Winterquartiere im Süden zu vollführen. In Norddeutschland, Dänemark, Skandinavien, Rußland und Sibirien ist sie sehr gemein und lebt dort auf sumpfigen Wiesen und Mooren zwischen Weiden- und Erlengebüsch. Ihr Nest findet sich auf kleinen Hügelchen und auf

Grasbüscheln im Sumpf und enthält in der zweiten Hälfte des April vier Eier, die vom Weibchen ausgebrütet werden, während das Männchen morgens und abends über dem Nestplatz seinen eigentümlichen Balzflug vollführt. Mit dem Ausschlüpfen der Jungen hat der regelmäßige Balzflug ein Ende. Dank ihres geschützten Aufenthaltsortes und ihrer größeren Flugfertigkeit ist sie weniger Gefahren als die Waldschnepfe ausgesetzt. Wegen ihres schmackhaften Wildbrets, das jenes der Waldschnepfe entschieden übertrifft, wird sie allenthalben verfolgt, wenn auch nicht überall mit besonderem Eifer, da das Umherwaten im Sumpfe nicht jedermanns Sache ist. Wie die Waldschnepfen lassen sie sich auch in der Gefangenschaft halten, doch ist ihre Eingewöhnung keine sehr leichte.

3. Die Moorschnepfe (*Gallinago gallinula*), die kleinste aller Schnepfen. Sie ist ebenfalls ein Sumpfbewohner und hat ihre Heimat im Norden, besonders in Rußland und Westsibirien. Wie die andern Schnepfen wird sie an denselben feuchten Stellen bei ihrem Durchzuge geschossen, um als Leckerbissen verzehrt zu werden.

Von weiteren jagdbaren Vögeln sind die Enten und Gänse zu nennen, die besonders für die nordischen Völker eine wichtige Rolle spielen. Der bei uns häufigste Brutvogel unter den Wildenten ist die Stockente (*Anas boscas*), deren Nest man an buschreichen Ufern unter Weiden und Erlen, zwischen Schilfrohr und Sumpfpflanzen, im Grase oder auf mäßig hohen Bäumen in verlassenen Krähen- und Raubvogelnestern findet. Es enthält anfangs April 8–14 schmutzigweiße, von denen der, wie wir sahen, von ihr abstammenden Hausente nicht unterscheidbare Eier. Die nach 26tägiger Bebrütung aus ihnen ausschlüpfenden Jungen werden von ihrer Mutter auf versteckreiche Gewässer geführt, unter ihren Flügeln erwärmt und fast bis zur Erlangung vollständiger Flugfähigkeit sorgsam beschützt und geleitet. Sie ernähren sich mit der verschiedensten tierischen und pflanzlichen Speise. Während die Weibchen brüten und ihre Jungen aufziehen, vereinigen sich die Männchen zu kleineren oder größeren Gesellschaften. Die im Oktober ihr Jugendkleid verlierenden Jungen gehen dann mit den alten Artgenossen aus den stillen Gewässern auf die Flüsse, um hier Scharen zu bilden und, wenn das Wasser gänzlich zufriert, nach milderen Gegenden im Süden zu ziehen. In schräger Linie oder ein hinten offenes Dreieck bildend fliegen sie meist zur Nachtzeit nach Südeuropa, um schon im Februar oder März in ihr Brutgebiet zurückzukehren. Dieses erstreckt sich von der unteren und mittleren Donau, Süddeutschland und der Schweiz bis zur Waldgrenze im Norden und verbreitet sich auch über Nordasien und Nordamerika. Der äußerst scheue und vorsichtige, in der Gefangenschaft leicht zur Fortpflanzung zu bringende Vogel wird namentlich in Brüchen, wo er dem Samen des Schwadengrases nachfliegt, auf dem Morgen- und besonders auf dem Abendanstand erlegt. Auch fängt man ihn in Laufschlingen und mit Angeln, in großen Massen aber in den sogenannten Entenfängern oder Vogelkojen, die es freilich früher in größerer Menge als jetzt in Deutschland gab. Es sind dies fünfeckige Teiche, die an jeder der fünf Ecken spitz zulaufende, von Erdwällen umgebene und mit mannshohen Blendschirmen aus Schilfrohr eingefaßte Ausbuchtungen haben, die mit einem Netze bedeckt sind und in eine gewöhnliche Fischreuse endigen. Die Wälle und die Umgebung der Koje sind mit dichtem Buschwerk bepflanzt. Auf den Teichen und deren Ausläufen befinden sich zahlreiche zahme Enten, Spieß-, Pfeif- und Stockenten mit gestutzten Flügeln. Der Kojenwärter, der sich durch ein stets bei sich getragenes Torfräuchergefäß verwittert, streut dann seinen zahmen Enten Futter, meist Gerste, und lockt sie damit unter die Netze, wohin ihnen die Wildlinge ohne Bedenken folgen. Durch das Erscheinen des Kojenwärters aufgescheucht, wollen sie ihm entfliehen, wobei sie immer mehr in den Blindsack und schließlich in die Reuse geraten, wo sie getötet werden. Dann wird den Lockenten abermals Futter gestreut, und das Spiel beginnt von vorne. Ist eine Ausbuchtung zweimal abgetrieben, so kommt die nächste an die Reihe. So werden viele Tausende von Enten jährlich gefangen, z. B. auf der Insel Föhr in einem Herbst über 30000 Stück. Weniger aber als durch die Jäger und Entenfänger nimmt die Stockente infolge der zunehmenden Bodenkultur, besonders infolge der Trockenlegung von Wiesen und Sümpfen, bei uns ab.

Etwas kleiner als die Stockente ist die zu derselben Zeit nach Süden ziehende Schnatterente (*Anas strepera*), die ihren Namen dem schnatternden Rufe des Weibchens verdankt, an dem man sie, namentlich wenn das helle Pfeifen der Männchen dazwischen klingt, von allen andern in Deutschland vorkommenden Entenarten unterscheiden kann. Der auch durch einen eigentümlichen wippenden Flug ausgezeichnete Vogel bewohnt den Norden von Europa, Asien und Nordamerika und nistet mehr im Osten unseres Kontinents bis zum Schwarzen Meer. In Deutschland nistet er namentlich in Schlesien und in einigen Seen Ostpreußens. In das von ihr kunstlos hergestellte Nest legt das Weibchen 6–12 trüb olivengrünliche Eier, die sie selbst ausbrütet.

Häufiger als sie ist die Spießente (*Anas acuta*) mit langem, dünnem Hals und stark verlängertem Schwanz. Zu ihrem Aufenthalte wählt sie ausgedehnte Sümpfe mit vielen Wassergräben und freien Wasserflächen, dann große, schilfreiche Seen und verwilderte Teiche mit Wasserpflanzen aller Art, nicht aber buschreiche, im Walde versteckte Örtlichkeiten, wie sie die Stockente liebt. Hier findet man, bei uns in der zweiten Hälfte des April, 8–10 sehr bleiche, graugrüne Eier, die etwas kleiner als die der Stockente sind. Ihr Brutgebiet erstreckt sich über den Norden Europas, Asiens und Nordamerikas, wo sie ungefähr dieselben Gegenden wie die Stockente bewohnt, aber weiter nach Norden geht. Sie wandert vom Oktober an nach

Süden und kehrt im März und April in ihr Brutgebiet zurück. Auf dem Zuge ist sie neben der Krick- und Pfeifente die häufigste Ente an der Nordseeküste.

Dasselbe Verbreitungsgebiet hat die Löffelente (*Anas clypeata*), die ihren Namen von dem vorn stark verbreiterten Schnabel hat. Sie zieht Ende August nach Südeuropa und Nordafrika, nach Indien und Südchina, um im März und April paarweise auf ihre Brutplätze zurückzukehren, wo man im Mai das zwischen Schilf und Binsen stehender Gewässer versteckte und mit 7–14 trüb gelblichweißen Eiern belegte Nest findet.

Die häufigste deutsche Sommerente nach der Stockente ist die Knäckente (*Anas querquedula*), obwohl sie später als jene bei uns ankommt und früher wieder abzieht. Sie hat ihren Namen von ihrer gewöhnlichen Stimme, ist klein und äußerst gewandt im Fliegen, so daß sie sich durch geschickte Schwenkungen selbst einem auf sie stoßenden Falken in der Regel zu entziehen vermag. Sie nistet vom Rhein bis nach Südschweden im Schilf oder Gebüsch an sumpfigen Gewässern. Ende April findet man 9–12 gelblichweiße Eier in ihrem Nest.

Ebenso zierlich von Gestalt, aber schöner wie sie ist die Krickente (*Anas crecca*), die ihr Brutgebiet weiter nördlich hat und auf dem Durchzuge fast überall an der deutschen Küste erscheint. Sie ist wenig scheu, fliegt schnell und geräuschlos und ist eine fertige Taucherin, die eine weite Strecke unter dem Wasser zurücklegen kann.

Ebenso mehr dem Norden eigentümlich ist die Pfeifente (*Anas penelope*), so genannt, weil sie beim Fluge einen lauten, pfeifenden Ton von sich gibt. Auch sie kommt auf dem Zuge regelmäßig an unsere Küsten und wird dann erbeutet. Ebenso im Norden, besonders in Rußland häufig ist die kleine Tafelente (*Fuligula ferina*), die mit einem vernehmbaren Rauschen fliegt und sich mit einem kleinen Anlauf von der Wasserfläche erhebt. Eigentliche Moore dagegen bevorzugt die verwandte Moorente (*Fuligula nyroca*). Sie gehört vorwiegend dem Osten von Europa an und reicht bis Turkestan.

Von den zahlreichen übrigen Enten ist besonders die Eiderente (*Somateria mollissima*) für den Menschen von Bedeutung, weil sie ihm die durch ihre Feinheit und Elastizität hochgeschätzten Dunen liefert. Sie ist ein echter Meeresvogel, der sich auf dem Lande nur schwerfällig fortbewegt und auch beim Fluge rasch ermüdet. Sie taucht vortrefflich und bleibt dabei gewöhnlich zwei Minuten unter Wasser. Sie taucht selbst in der stärksten Brandung unter und bringt von 20 bis 24 *m* tiefem Grunde ihre teils aus kleinen Tieren, besonders Miesmuscheln, teils aus Tang bestehende Nahrung in ihrem Kropfe herauf. Sie bewohnt den Norden der ganzen Erde und kommt in Europa von Jütland bis Spitzbergen vor. Je weiter nach Norden, um so häufiger wird sie. Schon in Mittelnorwegen lebt sie zu Tausenden, von den Küstenbewohnern durch besondere, leider nicht überall geachtete Gesetze geschützt und gehegt. Sie brütet mit Vorliebe auf kleinen Inseln, wohin der Eisfuchs, ihr gefährlichster Feind, nicht hingelangen kann, erst im Juni und Juli, und zwar nicht in einzelnen Paaren wie die echten Tauchenten, sondern in großen Gesellschaften zusammen. Das aus allerlei Stoffen der Umgebung, besonders Tang, höchst liederlich zusammengeschichtete Nest wird innen mit den feinen Dunenfedern ausgepolstert, die sich das Weibchen vom Bauche rupft. Diese sind bräunlichgrau und an der Wurzel weiß gefleckt, haften zwar so fest aneinander, daß auch bei starkem Wind nicht eine wegfliegt, trotzdem aber ballen sie sich nicht zusammen. Da, wo sich der Mensch um deren Brutgeschäft kümmert, indem er den Vögeln außer den Dunen auch die sehr wohlschmeckenden Eier nimmt, legt er alte Kisten und mit Brettern und Reisig überdeckte Steine zum Empfange der für ihn so überaus nützlichen Gäste bereit. So scheu der Eidervogel früher war, so zutraulich zeigt er sich jetzt, da er sich des Schutzes des Menschen sicher fühlt. Dreist kommen diese Vögel bis unmittelbar an das Gehöft des einsamen Küstenbewohners gewatschelt, ja begeben sich sogar in das Innere der Hütte, um sich einen passenden Platz zum Nest auszusuchen. So geschieht es nicht selten, daß manche Eidervögelweibchen in Kammern, Backöfen oder Ställen brüten und dadurch der Hausfrau fast lästig werden. Anfänglich begleitet das Männchen sein Weibchen regelmäßig bei allen diesen Fußwanderungen; wenn aber das Gelege vollständig geworden ist, verläßt es Nest und Weibchen und fliegt aufs Meer hinaus, wo es sich mit andern Männchen vereinigt und jenem das Brutgeschäft überläßt.

In bewohnten Gegenden kommt nun das Eiderentenweibchen nur selten dazu, seine erste Brut aufzuziehen, da die Nester regelmäßig der wertvollen Dunen und Eier beraubt werden. Einsichtige Eigentümer der Brutplätze von Eiderenten begnügen sich damit und lassen die Vögel dann gewähren; habsüchtige und unverständige Leute aber rauben ihnen nicht bloß die erste Brut von 4–6 Eiern, sondern auch die zweite, die aus 3, oder gar die dritte, die nur aus 2 Eiern, manchmal nur aus einem einzigen besteht und gleich der zweiten oft merklich kleinere Eier aufweist. Für das Wegnehmen der dritten Brut werden aber die Leute gewöhnlich durch den dauernden Abzug der Vögel bestraft. Da das Eiderentenweibchen, das sich, wenn ihm die Dunen wiederholt weggenommen wurden, trotzdem es sich den Bauch beinahe kahl rupft, für die späteren Gelege nicht mehr genug Dunen hat, so muß dann das Männchen herhalten, das sich auch vom Weibchen geduldig ausrupfen läßt, um es dann allerdings zu verlassen. Das Weibchen besorgt das Brüten und Aufziehen der Jungen allein. Die Norweger tragen die eben ausgeschlüpften Jungen gern in einem Korbe zum Meere, um sie dort auszuschütten. Ihnen folgen die besorgten Mütter, um wieder zu ihren Jungen zu gelangen, die sie dann an sich locken, um sie zum Leben im Wasser zu erziehen.

Für die armen Bewohner der Küsten des hohen Nordens ist der Handel mit Eiderdunen sehr wichtig; deshalb suchen sie die Eiderenten in die Nähe ihrer Wohnungen zum Brüten anzusiedeln, wo sie dann ganz zahm werden. Am wertvollsten sind die Dunen dann, wenn sie vor dem Brüten aus dem Nest genommen werden, da sie nachher meist verunreinigt sind. Ein Kilogramm gut gereinigter Dunen, zu dessen Gewinnung 10–15 Nester geplündert werden müssen, wird mit 30 Mark und darüber bezahlt. Zur Füllung eines Bettes sind etwa 2,5 *kg* Dunen nötig, die sich, auf einen kleinen Raum zusammengedrückt, bei nachlassendem Druck so schnell wieder ausdehnen, daß ein mit ihnen gefülltes Bett an Weichheit und Warmhalten seinesgleichen sucht. Die Eier werden wie die Hühnereier verwendet. Auch das Fleisch der Eiderente wird gegessen und ihr abgezogener Balg zur Anfertigung warmer Unterkleider verwendet. Geschossen wird die Eiderente auch auf dem hohen Meere selten. Der dort sehr scheue Vogel verlangt seines dichten Pelzes wegen einen tüchtigen Schuß mit grobem Schrot und ist so ungemein zählebig, daß er sich, wenn ihn der Schuß nicht augenblicklich tötet, durch Tauchen zu retten sucht, wobei er sich an Pflanzen auf dem Meeresgrund festbeißt, dort verendet und deshalb für den Schützen meist verloren geht.

Von den zahlreichen nordischen Vögeln dienen noch manche andere dem Menschen regelmäßig als Speise, so außer verschiedenen nordischen Enten und Gänsen auch die im hohen Norden brütenden Schwäne (Höcker-, Sing- und Zwergschwan), deren Fleisch, wenn die Tiere noch jung sind, äußerst zart und wohlschmeckend ist. Deren mit den Federn gargemachten Häute liefern ein kostbares Pelzwerk und die Dunen einen bedeutenden Handelsartikel. Auch Möven, Segeltaucher und Pelikane liefern gutes Fleisch, geschätzte Eier und ein zu Muffen und Verbrämungen beliebtes Pelzwerk. Noch wichtiger als sie sind für den Menschen die Gänse, von denen einzig die Graugans (*Anser cinereus*), die Stammutter unserer Hausgans, in Mitteleuropa brütet, während die übrigen Gänsearten mehr nördlich brüten und nur bei ihrem Durchzuge nach dem Süden bei uns geschossen werden. Nach der Überwinterung in Afrika erscheint dieses Tier bei uns in großen Gesellschaften mit viel Lärm, um in wasserreichen Einöden zu brüten. Hier kämpfen die jüngeren Männchen ums Weibchen, während die älteren schon gepaart sind. Das Weibchen legt, wenn es jung ist, 5, wenn es älter wird bis 10 trüb gelblichweiße Eier, die es mit von Brust und Bauch abgerupften Dunen umgibt. Es bebrütet sie mit der infolgedessen fast bloßgewordenen Haut und bedeckt sie beim jedesmaligen Verlassen des Nestes sorgsam mit Dunen, damit sie nicht etwa erkalten. Die den Eiern nach einer vierwöchentlichen Brutzeit entschlüpfenden Jungen werden von der Mutter noch einen Tag lang erwärmt, dann zum Aufsuchen zarter Pflanzennahrung aufs Wasser und später wieder aufs Land geführt, während der Vater ängstlich auf die Sicherheit der Seinen bedacht ist und sie beim geringsten Anzeichen von Gefahr warnt. Als junges Tier zu Ausgang der Ernte geschossen, liefert die Graugans einen vorzüglichen Braten, ist aber als scheuer, vorsichtiger Vogel schwer zu beschleichen. Sie wird meist morgens und abends auf dem Anstand erlegt. Meist verläßt sie uns im August, um nach Süden zu ziehen, wobei die flugfähigen Jungen schon im Juli den Eltern vorausgezogen sind. Die Graugans ist zierlicher und schlanker als die Hausgans, von der sie sich sonst nur durch ihr stets bräunlichgraues Gefieder unterscheidet.

Im September und Oktober trifft bei uns die den hohen Norden Asiens bewohnende Saatgans (*Anser segetum*) auf ihrem Zuge nach Süden ein, um entweder bei uns oder in südlicheren Gegenden zu überwintern und im April wieder auf ihre Brutplätze zurückzukehren. Etwas später als sie trifft die etwas kleinere, ebenfalls hochnordische Ackergans (*Anser arvensis*) teils als Durchzugsvogel, teils als Wintergast bei uns ein, während die dieselben Breiten bewohnende kurzschnäbelige Gans (*Anser brachyrhynchus*) mehr Westeuropa streift. Dagegen trifft man nicht selten bei uns im Winter die Nordasien bewohnende Bläßgans (*Anser albifrons*). Alle sind sehr vorsichtige, scheue Tiere, die sehr wohl den gefährlichen Jäger vom harmlosen Bauern zu unterscheiden vermögen. In China, wo sie in großer Zahl überwintern und gesetzlich geschützt sind, erweisen sie sich infolge des Schutzes, den sie genießen, viel zutraulicher gegen den Menschen als bei uns. Besonders zahlreich sind auch dort die Saatgänse, die sich sogar im Innern von Peking in Scharen niederlassen, während sie bei uns überall geschossen werden, wo sie sich zeigen.

In Waldrevieren gewinnt gelegentlich die Jagd auf Drosseln Wichtigkeit, da sie mitunter mehr abwirft als diejenige des übrigen Federwildes. Diese geschieht fast nur mit Dohnen in Form von an die unteren Baumäste aufgehängten Bügeln, die Vogelbeeren oder Holundertrauben als Lockspeise erhalten, bei deren Verzehrenwollen sich die armen Tiere an den heimtückischerweise angebrachten Schleifen aus Pferdehaar fangen und dabei erwürgt werden. Für solche Drosselarten, die, wie die Wacholder- und Ringdrossel, sich mehr an der Erde aufhalten, werden zwischen den von ihnen mit Vorliebe besuchten Wacholderbüschen Pferdehaarschleifen als sogenannte Laufdohnen am Boden befestigt.

Auch der Krammetsvogel, so genannt, weil er auf seinem Durchzuge im Herbst gern Krammets- oder Wacholderbeeren nascht, oder die Wacholderdrossel (*Turdus pilaris*) ist ein vorzugsweise im Norden brütender Vogel, dessen Heimat fast die Grenze des Baumwuchses erreicht. Hier nistet er als ein echter Waldvogel in großen Kolonien gesellig in den lichten, niederen Wäldern des Nordens, um im November zu uns zu kommen, in gelinden Wintern auch wohl ganz bei uns zu bleiben, meistens aber nach Südeuropa und selbst Nordafrika zu ziehen. Er wird wegen seines Fleisches geschätzt; doch kommen als Krammetsvögel auch seine Verwandten auf den

Markt, vor allem auch die ebenfalls hochnordische Weindrossel (*Turdus iliacus*) und die außer im Norden auch auf den Alpen und anderen südlichen Gebirgen lebende Ringdrossel (*Turdus torquatus*). Schon von Mitte September an führt der Herbstzug diese Drosseln in beerenreiche Wälder Südeuropas, Kleinasiens, Persiens und Nordafrikas, von wo sie Ende März oder im April in ihre kalten Brutgebiete zurückkehren. Mit ihnen wird dann auch die am liebsten in hohen Wäldern lebende, Nadelholz dem Laubholz vorziehende Misteldrossel (*Turdus viscivorus*) erbeutet, die ein nicht minder wohlschmeckendes Fleisch besitzt. Sie bewohnt Nord- und Mitteleuropa und Nordasien bis zum Himalaja hinauf. Im Norden ist sie Zug-, weiter südlich dagegen Strich- und Standvogel, der im Vorfrühling und Spätherbst familienweise umherstreicht, um Futter zu suchen und sich dabei vielfach in den schnöden Dohnen fängt.

Wie heute noch in den romanischen Ländern Südeuropas, vor allem in Italien, so wurde früher auch bei uns Jagd auf die Gesamtheit der kleinen Vögel gemacht, die auf ihrem Durchzuge, besonders im Herbst, gut gemästet nach Süden ziehen. Man benutzte und benutzt heute noch dazu den Vogelherd, den schon der Sachsenherzog Heinrich der Sage nach bestellt haben soll, als er im Jahre 919 von den Franken und Sachsen in Fritzlar zum deutschen Könige gewählt wurde. Davon erhielt dieser eigentliche Gründer des Deutschen Reiches, der die Einheit des von ihm innerlich gefestigten Reiches herstellte, seinen Beinamen der „Finkler“ oder der „Vogelsteller“. Zur Anlage eines solchen Vogelherdes wählt der Vogelsteller zur Zugzeit im Herbst eine hochgelegene, von den Zugvögeln regelmäßig besuchte Stelle, etwa einen bebuschten Hügel auf der Zugstraße. Hier stellt er ein großes Schlagnetz auf, stellt im Bereiche desselben Futter zum Speisen der hungrigen und Wasser zum Tränken der durstigen Wanderer auf und ladet diese durch besondere Lockvögel ein, bei ihrem Durchzuge sich hier niederzulassen und zu stärken. Dazu tut auch der in einer Rasen- oder Laubhütte versteckte Papageno mit der Lockpfeife sein Möglichstes, bis die armen Wichte, wenn sie sich müde und hungrig oder durstig niederlassen, durch Niederfallen des Netzes infolge eines Ruckes an der Schnur, gefangen werden, wonach ihnen meuchlings der Hals umgedreht wird. Heute schämen wir feinfühlig gewordenen Kulturmenschen uns solcher Roheit und lassen die durch Insektenvertilgung äußerst nützlichen und durch ihren ansprechenden Gesang uns lieben Vögel, die doch keinen nennenswerten Nährwert haben, lieber am Leben und an ihrer nützlichen Arbeit in Wald und Feld. Anders die gefühlsrohen, noch von der römischen Kaiserzeit an Blutvergießen und Tierquälerei nicht nur keinen Anstoß nehmenden, sondern sich vielmehr noch daran erfreuenden Romanen, die diese kleinen Leichname gerupft, an dünnen Weidenruten aufgezogen, auf den Markt bringen und ihren Volksgenossen gegen geringes Entgelt zum Braten und Verspeisen mit einer Reis- oder Maisspeise verkaufen. Wie in den Städten

Italiens kann man auch in Marseille solche Vögel für billiges Geld kaufen. Es ist eigentlich eine Schande, daß solche Leckerei in einem sonst so hochstehenden Kulturstaate heute noch geduldet wird.

Unter allen diesen Vögeln sind besonders die Lerchen von den Feinschmeckern geschätzt. Unter ihnen versteht man in erster Linie unsere mitteleuropäische Feldlerche (*Alauda arvensis*), die auf allen Ebenen mit Getreidebau, auf öden Heiden und auf feuchten Marschländern, nicht aber im Wald, auf kahlen Bergrücken und in Ortschaften angetroffen wird. Auf einem ihm zusagenden Gebiet wählt sich jedes Pärchen einen kleinen Bezirk aus, worin es keinen Nachbarn duldet. In jubilierenden Trillern läßt das Männchen, während das Weibchen brütet, immer höher gen Himmel steigend, seinen Balzgesang erschallen, um sein Brutrevier gegen allfällige Eindringlinge zu behaupten. 2–3mal im Jahre brüten sie und von Ende September an ziehen sie in großen Gesellschaften in die Winterherberge nach Süden, um schon Ende Februar scharenweise in ihre Heimat zurückzukehren. In gelinden Wintern können manche auch in unseren Gegenden zurückbleiben. Doch sind es nicht sie, sondern Haubenlerchen, welche wir dann auf unseren Straßen, selbst in Städten, nach Futter suchend, umhertrippeln sehen. Die Haubenlerche (*Galerita cristata*) ist ein Gattungsgenosse der Heidelerche, deren flötender, abwechselungsreicher Gesang dem der Feldlerche wenig nachsteht. Sie ist ein echter Steppenbewohner, der in den Ebenen Mittelasiens von China und der Mongolei an bis Südrußland Standvogel ist und erst seit der Mitte des vorigen Jahrhunderts sich bei uns in Mitteleuropa einbürgerte. Bei ihrem Vordringen nach Westen folgte sie hauptsächlich den großen Heerstraßen, auf denen sie ihre Nahrung sucht, besonders auch, indem sie den unverdauten Haferkörnern im Roßmist nachgeht, und in deren Nähe sie auch gern brütet. Man sollte meinen, jeder feinfühlige Mensch ziehe die so nützliche lebende Lerche mit ihrem unsere Ackerfluren belebenden und die Laut gewordene Poesie des Feldes darstellenden herrlichen Gesang der gebratenen vor. Dies ist aber leider durchaus nicht der Fall. Sie wird heute auch bei uns in Menge gegessen, wenn auch ihr Konsum seit 1850 auf etwa den vierten Teil zurückging. Immerhin verbraucht Berlin deren noch 30000, Wien 36000 und Paris gar 1500000 jährlich. In Frankreich kamen um 1750 zuerst in Pithiviers, dem Safranzentrum, die Lerchenpasteten auf, denen sich in unserer Zeit die „Lerchen in Aspik“ als eine Glanznummer des Frühstücksprogramms der Schlemmer neben der Gänseleber mit Trüffeln hinzugesellten. Der deutsche Kaiser Wilhelm II. ist ein besonderer Verehrer dieser feinen Bissen und die dazu nötigen Lerchen fangen und liefern ihm als besonderes Privileg die Halloren in die kaiserliche Küche. Wenn solches noch bei uns an tonangebender Stelle geschieht, so haben wir keine Ursache, den Romanen ihre Grausamkeit und Herzlosigkeit vorzuwerfen, daß sie solch edle Sänger einem so schändlichen Lose opfern! Auch die Tatsache, daß die Lerchen gut schmecken, entschuldigt nicht die Brutalität, die in ihrem Verspeisen liegt. Wir können nur die rohe Gesinnung des Schriftstellers Rosner bedauern, der 1894 schrieb: „Eine ausgebeinte, feiste schmucke Lerche ist allerdings nur ein Bissen, aber ein Bissen von wunderbarer Saftfülle und geradezu köstlichem Wohlgeschmack, der den ganzen Schmeckapparat bis in die feinsten Fibern hinein in namenloses Entzücken versetzt.“

Von den Feinschmeckern Chinas werden gleicherweise die eßbaren Vogelnester als eine der feinsten Delikatessen geschätzt und in großen Mengen nach China eingeführt, wo sie als die Geschlechtstätigkeit anregendes Mittel gelten und schon aus diesem Grunde sehr gesucht sind. Deren Erzeuger sind eine Art Segler Südasiens und Indonesiens, die Salanganen (*Collocalia nidifica*), die unsere Uferschwalbe etwas an Größe übertreffen und an den Wänden dunkler Höhlen aus dem zähen Schleim ihrer Speicheldrüsen ihre sehr bald erhärtenden, getrocknetem arabischen Gummi gleichenden zierlichen Nester erbauen. Die Höhlen, in denen sie auf Java und sonst nisten, sind Eigentum bestimmter Personen, die sie besonders zur Nistzeit streng bewachen lassen, damit kein Unberufener sich unerlaubterweise solche Nester aneigne. Dreimal im Jahre brüten diese Tiere, wobei sich Männchen und Weibchen alle 6 Stunden ablösen sollen. Dabei wird von ihnen niemals von einem Neste zweimal Gebrauch gemacht, sondern sie bauen für jede Brut ein neues Nest, an dem sie etwa einen Monat lang zu arbeiten haben, während das alte Nest mit der Zeit stinkend wird und abfällt. Der Zahl der Bruten entsprechend wird dreimal im Jahre geerntet, sobald die Jungen halbwegs flügge geworden sind. Dabei geht gleichwohl etwa die Hälfte der Jungen zugrunde. Doch vermindert sich die Zahl der Salanganen nicht wesentlich, da man an den Orten, wo man an die Zukunft dieser Vögel denkt, jährlich wenigstens eine Brut ganz ausfliegen läßt. Eine einzige, vom Meer ausgewaschene große Höhle an der Südküste von Java liefert 500000 Nester; verteilt man nun diese auf drei Ernten, so ergibt es sich, daß über 33000 Salanganen darin ihrem Brutgeschäfte obliegen. Alljährlich werden etwas über 5 Millionen Salanganennester nach China ausgeführt, die einen Gesamtwert von 6 Millionen Mark repräsentieren. Man benützt sie hauptsächlich zu Suppen; sie quellen im heißen Wasser auf und schmecken an sich fade, sollen aber in der sorgfältigen Zubereitung, die ihnen die Chinesen angedeihen lassen, köstlich zu essen sein, wie mir solche berichteten, die mehrfach Gelegenheit fanden, sie bei vornehmen Chinesen zu essen.

Wie einst bei unseren Vorfahren, so steht heute noch bei den Hirtenvölkern der asiatischen Steppen, den Kirgisen, Baschkiren und wie sie sonst heißen mögen, die Jagd mit Falken und Adlern hoch in Ehren. Man beizt mit ihnen Antilopen und Hasen, wie auch Wölfe und Füchse; dabei erscheinen die Jäger noch in Prunkaufzügen auf prächtigen Pferden, die ganz an die

Jagdaufzüge der Deutschen im Mittelalter erinnern. Die Abrichtung der Jagdfalken und übrigen zur Jagd gebrauchten Raubvögel war ein eigener Zweig der Jägerei in Europa. Im Abschnitte über die Geschichte der Jagd wurde Näheres darüber berichtet. Von Europäern, die sich noch heute diesem Sport widmen, sind außer Russen und dem Herzog von Bedford in England nur die englischen Offiziere in Indien zu nennen. Diese reiten gern mit einem Jagdfalken auf der mit starkem Lederhandschuh bekleideten Rechten auf die Antilopenjagd.

Am großartigsten wurde von jeher die Falkenjagd in Mittelasien betrieben. So schreibt der weitgereiste Venezianer Marco Polo von seinem vieljährigen Aufenthalt in Zentralasien vom Tatarenchan Kublai ums Jahr 1290: „Im März pflegt Kublai Chan Kambalu zu verlassen; er nimmt dann etwa 10000 Falkner und Vogelsteller mit sich. Diese werden in Abteilungen von 200–300 Mann im Lande verteilt, und was von ihnen erlegt wird, muß dem Chan abgeliefert werden.“ Der Franzose Tavernier, der sich viele Jahre in Persien aufhielt, erzählt im Jahre 1681: „Der König von Persien hält sich über 800 Falken, wovon die einen auf wilde Schweine, wilde Esel, Antilopen und Füchse, die andern auf Kraniche, Reiher, Gänse und Feldhühner abgerichtet — der fachmännische Ausdruck heißt abgetragen — sind.“ 1827 schreibt der Engländer John Malcolm über die Falkenjagd in Persien: „Man jagt zu Pferde, mit Falken und Windhunden. Ist eine Antilope aufgetrieben, so flieht sie mit der Schnelligkeit des Windes. Alsbald läßt man Hunde und Falken auf sie los; die letzteren fliegen nahe am Boden hin, erreichen das Wild bald, stoßen gegen dessen Augen und halten es auf; inzwischen kommen die Hunde heran und packen es.“

Bild 61. Der Angelnherzog Harald und seine Mannen reiten auf die Jagd. Anfang des 1066 gestickten 70 *m* langen, 0,2 *m* breiten Teppichs von Bayeux.

Bei den Kirgisen und Baschkiren ist die Falknerei noch ein hochgeschätzter Betrieb, in welchem man Adler für großes und Falken, Habichte und Sperber für kleines Wild verwendet. Bei ihnen wird ein bewährter Jagdfalke so hoch bewertet, daß der glückliche Besitzer sich eher entschließen würde, sein Weib als seinen Vogel zu verkaufen. Die geschätztesten Jagdgehilfen des Menschen sind die Edelfalken, unter denen, wie wir bereits besprachen, der den hohen Norden bewohnende, fast rein weiße Jagdfalke (*Falco candicans*) im Mittelalter der geschätzteste war. Man bezog ihn damals vorzugsweise aus Island, wo er auch noch brütet. Sonst begnügte man sich meist mit dem über ganz Europa verbreiteten, alle Erdteile vom hohen Norden bis in die heiße Zone bewohnenden Wanderfalken (*Falco peregrinus*). Während er im Norden auch häufig auf der flachen Tundra vorkommt, wählt er in den heißeren Ländern die kühleren Gebirgszüge zu seinem Aufenthalt. Dort baut er sein Nest auf dem nackten Boden, hier wählt er zur Errichtung seines Horstes am liebsten Höhlungen in unzugänglichen, nackten Felswänden oder nistet, wo er solches nicht haben kann, auf hohen Waldbäumen. Dabei wählt er gern, um sich Mühe zu ersparen, das Nest eines andern Raubvogels, eines Reihers oder Raben. Ist ein solches, das ihm passen würde, besetzt, so vertreibt er den betreffenden Eigentümer mit Gewalt. Er ist ein äußerst mutiger Vogel, der mit raschen Flügelschlägen meist niedrig über die Erde dahinfliegt. Auf einen aufgescheuchten Vogel, den er rasch überstiegen hat, stößt er mit reißender Schnelligkeit schief von oben herab. Er vermag nur fliegende Vögel zu erbeuten, da er mit so großer Heftigkeit auf sie stößt, daß er sich beim Stoßen auf den Boden verletzen würde. Seine Beute bilden Vögel von der Größe einer Lerche bis zu der einer Ente, ja einer Wildgans. Im Walde sind es Ur-, Birk- und Haselhühner, auf dem Felde vorzugsweise Rebhühner, die er wegfängt, um sie stets auf freiem Felde zu verzehren, niemals aber im Gebüsch, weshalb Bussarde und Milane oft über ihn herfallen, um ihm seine Beute abzujagen. Indessen vertreibt ihn nur die freche Schmarotzermöve aus seinem Gebiet. In Deutschland ist jetzt der Wanderfalke als Brutvogel selten. Als solcher zieht er im Herbste nach Süden, um indessen durch Besucher aus dem Norden ersetzt zu werden. Oft schlägt der Wanderfalke sein Winterquartier auf Türmen in belebten Städten auf, von wo aus er den Tauben nachstellt. So nistete im Jahre 1880 sogar ein Paar auf dem Turm der Petrikirche mitten in Berlin. Als großer Schädling kann er nicht geduldet werden und wird deshalb von Jägern und Taubenzüchtern aufs eifrigste verfolgt. Gefangen hält er sich bei sorgsamer Pflege jahrelang im Käfig und nimmt hier mit allerlei Fleisch vorlieb, verlangt aber viel Nahrung. Er ist der gewöhnliche Jagdfalke der Vergangenheit und Gegenwart, der auch dem Dorf Falkenwerd bei Herzogenbusch in Flandern den Namen gab. Dort bestand Jahrhunderte hindurch die beste und zuletzt einzige Falknerschule Europas. Da früher die an Ort und Stelle gefangenen Vögel für den großen Bedarf nicht hinreichten, reisten die Angestellten der

Falkner oder diese selbst weit herum, selbst nach Norwegen und Island, um solche zu fangen. Dies geschah vorzugsweise im Herbst. Man behielt in der Regel nur die Weibchen, und zwar am liebsten die von demselben Jahre, weil diese sich zur Dressur am besten eignen. Die zweijährigen galten auch noch als brauchbar, ältere dagegen ließ man wieder fliegen. Der Fang geschieht in folgender Weise: Der Falkner sitzt gut verborgen auf freiem Felde und hält eine auf dem Boden sitzende Taube an einer etwa 100 *m* langen Schnur fest. 40 *m* vom Falkner entfernt geht diese Schnur durch einen Ring, neben welchem ein Schlagnetz liegt, von dem eine Schnur ebenfalls zum Falkner verläuft. Ist ein Falke im Anzug, was durch einen unweit der Taube gefesselten, äußerst eifrigen und scharfsichtigen Wächter, nämlich einen Würger, schon zu einer Zeit angezeigt wird, da das menschliche Auge durchaus noch nichts zu erkennen vermag, so wird der Taube mit der Schnur ein Ruck gegeben, wodurch sie emporflattert, den Falken anlockt und von ihm in der Luft ergriffen wird. Sobald dies geschehen ist, zieht der Falkner die Taube und mit ihr den sie krampfhaft festhaltenden Falken allmählich bis zum Ringe, wo plötzlich das Schlagnetz beide zudeckt. Der frisch gefangene Falke muß zunächst drei Tage hungern und wird dann in der früher angegebenen Weise abgerichtet. Ein gut abgerichteter Vogel wird nicht selten mit 800 holländischen Gulden (= 856 Mark) bezahlt.

Jedenfalls ist die Kunst, Falken zur Jagd abzurichten, eine uralte, schon von den asiatischen Kulturvölkern des hohen Altertums geübte. Der Grieche Ktesias aus Knidos, der von 416–399 v. Chr. als Arzt am persischen Hofe in Susa lebte und eine wertvolle persische Geschichte schrieb, die uns leider nur in Auszügen und Bruchstücken erhalten blieb, berichtet von den Indern, daß sie gern mit dem abgerichteten Falken jagen. Ums Jahr 75 hören wir von der Falkenjagd bei den Thrakern. Damals war sie auch schon bei den germanischen Stämmen eingeführt, doch haben weder die Griechen, noch die Römer sie ausgeübt. Erst ums Jahr 480 n. Chr. hören wir vom römischen Geschichtschreiber Sidonius Apollinaris, daß des römischen Kaisers Avitus' Sohn, Hecdicius, der erste war, der in seiner Gegend die von den Deutschen Falkenbeize genannte und jedenfalls auch ihnen entlehnte Jagd mit dem abgerichteten Falken einführte. Dieser Sport fand bei den Vornehmen alsbald großen Beifall und selbst die Geistlichen taten mit, so daß man schon im Jahre 506 auf einer Kirchenversammlung zu Agda das Führen von Jagdfalken und Jagdhunden verbot. Wie die deutschen Stämme die auf die Jagd abgerichteten verschiedenen Raubvögel seit dem frühen Mittelalter überaus hochschätzten, haben wir bereits gesehen. Auch ihre Fürsten jagten mit Vorliebe hoch zu Pferd hinter dem Jagdfalken her. So wird von Friedrich I. Barbarossa, dem zweiten Kaiser aus dem Haus der Hohenstaufen (1123–1190), berichtet, daß er selbst Falken, Pferde und Hunde zur Jagd abrichtete. Sein Sohn, der mit der Erbin von Sizilien, Konstantia, vermählte und in Messina verstorbene Kaiser Heinrich IV. (1165–1197) war gleicherweise ein großer Liebhaber der Falknerkunst. Und dessen Sohn, Friedrich II., der sich ganz als Sizilianer fühlte (1194–1250), war ein leidenschaftlicher Falkner, der sogar ein namhaftes Buch über die Kunst, mit Raubvögeln zu jagen, schrieb. Noch der prachtliebende, aber ausschweifende König Franz I. von Frankreich (1494–1547) hatte einen Oberfalkenmeister, unter welchem 15 Edelleute und 50 Falkner standen. Die Zahl seiner Jagdfalken betrug 300. Sein Rivale, Kaiser Karl V., belehnte die Johanniter, den ältesten der drei geistlichen Ritterorden, im Jahre 1530 mit den Inseln Malta, Gozzo, Comino und dem Lande Tripolis unter der Bedingung, daß sie ihm jährlich einen nordischen weißen Jagdfalken liefern sollten. Selbst die geistlichen Herrn schwärmten für Jagdfalken und nahmen sie selbst in die Kirche mit, bis sie die ihnen lästige Formalität des täglichen Messelesens gedankenlos genug absolviert hatten. Als ihnen solches von ihrem Oberhaupte verboten wurde, blieben doch die Barone, über die jener keine Macht hatte, auf ihrem Recht, die Jagdfalken während des Gottesdienstes auf den Altar setzen zu dürfen. Die ganze mittelalterliche Poesie strahlt die Freude aus an diesem ritterlichen Sport und spricht an unzähligen Stellen vom Falken als dem Lieblingsgenossen des höfischen Menschen jener Zeit.

Außer dem nordischen weißen Jagd- und dem stattlichen Wanderfalken wurde aber auch das verkleinerte Abbild des letzteren, der Baumfalke (*Falco subbuteo*), gelegentlich zur Jagd abgerichtet. Als der schnellste unter allen europäischen Raubvögeln fliegt er leicht und pfeilgeschwind und überholt alle andern Vögel, selbst Schwalben und Mauersegler. Mit bewundernswürdiger Gewandtheit verbindet er große Kühnheit und Entschlossenheit; auch er fängt niemals sitzende, sondern nur fliegende Vögel, auf die er schief von oben herab so reißend schnell stößt, daß man seine Gestalt nicht zu erkennen vermag. Allerhand kleine Vögel, vor allem Lerchen und Schwalben, bilden außer fliegenden größeren Insekten, wie Heuschrecken und Käfer, die Nahrung des niemals Aas berührenden Vogels. Die Lerchen fürchten ihn so sehr, daß sie entsetzt zur Erde stürzen und sich mit den Händen greifen lassen, wenn er plötzlich erscheint. Erblicken sie ihn aber rechtzeitig, so retten sie sich in die Höhe, in die er ihnen nicht folgt. Ist das Getreide hoch genug, so daß sich die Lerchen darin vor dem Baumfalken verbergen können, beginnt er, sich mehr den Schwalben zuzuwenden, die die meisten anderen Raubvögel necken und verfolgen, vor ihm jedoch, gewöhnlich in einem lärmenden Schwarm, eiligst in die Luft, ins Röhricht oder in ein anderes Versteck fliehen. Wo er sich auch zeigt, ist die ganze Gegend in einem Augenblick schwalbenleer. Sieht der Baumfalke eine vom Haupttrupp abgelöste Schwalbe, so verfolgt er sie sogleich. Falls sie noch jung und weniger gewandt als eine Alte ist, ist sie schon nach wenigen Stößen verloren. Alte Schwalben entwischen einem noch ungeübten jungen Baumfalken leichter, und auch alte Baumfalken ziehen mißmutig ab, wenn sie 4–10 Fehlstöße getan haben. Zuweilen leitet der Baumfalke, als ob er die

Vögel verwirren wolle, seine Jagd mit eigentümlichen Schwenkungen ein, und manchmal jagen Männchen und Weibchen gemeinsam, ohne sich indessen beim Verzehren der Beute vertragen zu können. Mit seiner Beute kehrt der Falke nach seinem vorher innegehabten Standorte auf einem hohen Baume zurück, um sie dort gemütlich zu verzehren. Diesen Standort verläßt der kleine Räuber erst ziemlich spät am Morgen, überkreist dann seinen liebsten Aufenthaltsort, den Wald, und begibt sich erst nach Sonnenaufgang auf die Feldjagd, bei der er nicht selten dem Hunde eines Jägers folgt, um die von ihm aufgescheuchten Lerchen und andere kleine Vögel dicht vor dem Jäger wegzufangen. Zum Nestbau hat er ebensowenig Lust als seine Verwandten und die meisten anderen Raubvögel. Zum Nisten benutzt er am liebsten ein fremdes, besonders ein Krähennest, das meistens erst im Juni 3–4 Junge, wie beim Wanderfalken, enthält. Sobald sie flugfähig sind, werden sie von den Eltern im Fluge gefüttert. Im September und Oktober verläßt uns der Baumfalk, um im April wieder zu erscheinen. Er bewohnt sonst die gemäßigten Länder Europas von Schweden bis zum Mittelmeer und die entsprechenden Breiten Asiens und überwintert im Süden.

Sehr häufig wurde auch der bedeutend größere, statt 30 wie jener 50 *cm* wie der Wanderfalk langwerdende Habicht (*Astur palumbarius*) besonders von den alten Deutschen zur Jagd abgerichtet. Sein liebster Aufenthalt sind mit Feldern und obstbaumbepflanzten Wiesen abwechselnde Wälder in der Nähe von Dörfern. Dort baut er sich auf einem hohen Baum, sei es Laub- oder Nadelholz, sein Horst, in welchem man in der zweiten Hälfte des April 2–4 Eier findet. Die oben mit grau-, unten mit reinweißen Dunen bekleideten Jungen sitzen zuerst mit geschlossenen Zehen auf den Fersen, lernen erst nach Wochen stehen und sind erst nach zwei Monaten befiedert genug, um auszufliegen. Die Mutter ist so überaus anhänglich an ihre Jungen, daß sie ihretwegen alle Vorsicht außer acht läßt und nicht nur auf Kinder, sondern auch erwachsene Menschen, die die Jungen bedrohen, mit Wut stößt. Allerlei Vögel und kleine Wirbeltiere, selbst Hasen, bilden die Nahrung des Habichts. Ein lähmender Schrecken ergreift alle kleineren Vögel bei seinem Erscheinen, so daß sie oft starr sitzen bleiben und sich vom Räuber greifen lassen. Flüchtende Vögel sind nicht einmal im Gebüsch vor ihm sicher; er springt ihnen zu Fuß nach und zerrt sie aus den dichtesten Dornen hervor. Gleich dem ihm an Gewandtheit ebenbürtigen Sperber stürmt er Waldrändern oder Zäunen entlang, auch wohl über ein niedriges Dach hinweg oder zwischen zwei Gebäuden hindurch und ergreift seine Beute so schnell, daß der erschrockene Vogel erst zu lärmen beginnt, wenn der Habicht schon mit ihm davonfliegt. Von allen Seiten, selbst von unten her ergreift er fliehende Vögel und versteht es auch, im Gegensatz zu den Edelfalken, auf sitzende zu stoßen. Mit seinen scharfen Krallen tötet er sehr rasch die meisten Tiere, selbst Raben; mit den Fängen und nie im Schnabel trägt er seine Beute davon. Am besten kann man sich an ihn schleichen, wenn er vollgefressen auf einem Aste ruht. Dagegen ist er wegen seiner Raubgier in Fallen und auf Vogelherden leicht zu fangen. Den Verlust der Freiheit ertragen alte Vögel nicht leicht; selbst mit Hilfe ihrer geraubten Jungen gefangene und mit ihnen zusammengesperrte Habichte gebärden sich so wütend, daß sie zuerst die Jungen auffressen und sich dann gegenseitig überfallen, wobei meistens das größere und stärkere Weibchen übrig bleibt. Junge Habichte indessen werden leicht zahm. Aber auch Wildfänge verstand man früher durch ein drei Tage und drei Nächte andauerndes, den Schlaf verunmöglichendes Wiegen zu zähmen, um sie für die Jagd abzurichten. Denn wie heute noch in der Tartarei und in Indien, war er früher bei uns als Jagdgenosse des Menschen teilweise noch höher geschätzt als die Edelfalken, zu denen er übrigens damals gerechnet wurde. In der Jagdkunst übertrifft tatsächlich der Habicht mit dem ebenso gewandten und mutigen Sperber, der gleich jenem sowohl auf schnellfliegende als auch auf sitzende Vögel stößt, selbst die Edelfalken. Das Ausnehmen eines Habichtnestes im Bannwalde wurde schon bei den alten Deutschen streng bestraft, ebenso, wie wir sahen, der Diebstahl eines für die Jagd dressierten Habichts. König Eduard III. von England (1312–1377), der grimmige Gegner Frankreichs, dem er einen Teil seiner westlichen Besitzungen entriß, der Stifter des berühmten Hosenbandordens, setzte sogar den Tod auf den Diebstahl eines Habichts, und ließ jeden, der ein Habichtnest ausnahm, auf ein Jahr und einen Tag ins Gefängnis setzen. Der Habicht bewohnt als Brutvogel die gemäßigten und nördlichen Gegenden von Europa und Asien bis zum fernsten Osten in Japan; doch fehlt er in manchen Gegenden aus unbekannter Ursache.

Außer dem Habicht ist auch der bedeutend kleinere, im männlichen Geschlecht 31, im weiblichen 36–40 *cm* lang werdende Sperber (*Accipiter nisus*), wie bei den alten Deutschen, so noch heute bei asiatischen Steppenvölkern ein hochgeschätzter Beizvogel, der im südlichen Ural von allen Falken am meisten zur Jagd gebraucht wird, wenn auch hauptsächlich nur zu solcher auf Wachteln. Er kann am besten gezähmt werden, wenn man ihn im Dunenkleid aus dem Neste nimmt und schon ganz jung dressiert. Er gehört bei uns nebst dem Turmfalken zu den bekanntesten Raubvögeln; denn er dehnt namentlich im Winter seine Raubzüge ohne Scheu bis in belebte Ortschaften aus. Doch bleiben nicht alle Sperber den Winter über bei uns. Die meisten ziehen im September und Oktober weg, um im März und April auf ihre Brutplätze zurückzukehren. Das Brutgebiet des Sperbers erstreckt sich über ganz Europa, Nordwestafrika und die entsprechenden Gebiete Asiens. Hier hält er sich am liebsten in Feldgehölzen oder in kleineren, an Wiesen und Felder grenzenden Waldungen in der Nähe von Ortschaften auf, kehrt auch von seinen Jagdzügen und zur Nachtruhe dahin zurück. Im Stangenholz häufiger eines Nadel- als Laubholzes errichtet er sein Nest dicht am Stamm, oft aus einem gutgelegenen Krähennest hergerichtet und so groß, daß der lange Schwanz des brütenden Weibchens es nicht überragt. Dieses brütet von Mitte Mai bis Mitte Juni sein Gelege von 3–5 Eier aus, verteidigt seine Brut aufs energischste und greift selbst Knaben, die den Horstbaum ersteigen, mit Krallenhieben an. Beide Eltern tragen den Jungen Nahrung in solcher Fülle zu, daß nicht selten 8–10 kleine Vögel gleichzeitig auf dem Horste liegen, doch ist nur das Weibchen imstande, diese in entsprechender Weise für die Jungen zu zerlegen. So hat man beobachtet, daß junge Sperber, deren Mutter getötet worden war, bei vollbesetzter Tafel verhungerten, weil der Vater zu ungeschickt war, ihnen die Speise mundgerecht zu machen. Noch lange nach dem Ausfliegen werden die jungen Sperber von den Eltern geführt und unterrichtet, bis sie dieselbe Meisterschaft im Erhaschen der Beute wie jene erlangt haben; dann müssen sie sich ein anderes Jagdgebiet suchen. Mit reißender Geschwindigkeit streicht der Sperber auf seinen Jagdzügen dicht über die Erde dahin und schießt oft weite Strecken hindurch ohne Flügelschlag durch die Luft und mit angelegten Flügeln pfeilartig durch dichte Baumkronen. Er fliegt meistens niedrig, weiß alle sich ihm entgegenstellenden Hindernisse, wie Hecken und Zäune, leicht zu überwinden, biegt mit unglaublicher Schnelligkeit um scharfe Ecken und überrascht so wie ein Blitz aus heiterem Himmel die kleinen Vögel, deren Futter- und Sammelplätze er genau auszukundschaften versteht. Diese fürchten ihren unheimlichen Feind auch über alles und werfen sich sofort zu Boden oder verkriechen sich in ein nahes Mauseloch.

Der Sperber jagt alle Vögel von der Größe eines Zeisigs bis zu der einer Taube, mit Vorliebe Sperlinge, denen er sogar in vom Menschen besetzte Zimmer folgt. Dabei stößt er in schräger Richtung und von oben herab auf seine Beute, und immer unter einer raschen Schwenkung im Augenblick des Greifens, so daß er seine Beute von unten oder von der Seite zu packen kriegt. Hat der Sperber keinen besonders großen Hunger, so beschreibt er mit seiner Beute zuweilen zierliche Kreise in der Luft, bevor er sie nach Ausrupfen der großen Federn gemächlich auf einem Baumast verzehrt. Knochen, Federn und Haare gibt er wie alle Raubvögel in sogenannten Gewöllen von sich. Junge Nestvögel, namentlich solche, die am Boden ausgebrütet wurden, gehören zu seinem Lieblingsfutter; aber auch die Eier verschont er nicht. Die weit größeren Edelfalken und der Habicht fressen den Sperber als verhaßten Konkurrenten ohne Umstände, wenn sie seiner habhaft werden können. Auch der Mensch verfolgt ihn als überaus schädlichen Räuber gleich dem Habicht, wo er nur kann. Um ihrer habhaft zu werden, stellt er Käfige aus Drahtgitter auf, die unten einen Doppelboden haben, zwischen welchen eine Locktaube gesteckt wird. Oben ist dieser sogenannte Habichtskorb offen, in der Mitte hat er ein Trittholz, das mit einem Schlagnetz in Verbindung steht. Stößt nun der Räuber auf die Taube herab und berührt er das Trittholz, so löst sich alsbald das Schlagnetz aus und bedeckt die obere Abteilung des Korbes.

Eine beliebte Methode, um diese, wie auch die dem Menschen verhaßten kleinen Raubvögel, wie Raben und Elstern zu schießen, besteht in der Anwendung einer Krähen- oder Schuhuhütte. Diese ist auf einem freiliegenden, weithin sichtbaren Hügel angebracht und außen mit Rasen bedeckt. Ein Pfahl mit Querholz trägt den Uhu, den man durch Zerren an einer Schnur zum Flattern bringt, wenn ihn seine Feinde nicht bemerken sollten. Ringsum stehen eingegrabene Bäume mit dürren Ästen, auf denen sich die Vögel niederlassen können und von denen sie herabgeschossen werden können, wenn sie nicht schon beim Losfahren auf den Uhu erlegt werden.

Zum Schlusse geziemt es sich, unter den Vögeln, die mit dem Menschen in engerem Zusammenhange stehen, auch den weißen Storch (*Ciconia alba*) anzuführen, der im Gegensatz zu seinem einzigen, ebenso weit verbreiteten europäischen Gattungsgenossen, dem schwarzen Storch (*C. nigra*), seit dem hohen Altertum in Sage und Geschichte unzertrennlich mit ihm verbunden ist. Als das Einschlagen des Blitzes verhindernd und überhaupt glückbringend, siedelte er ihn auf den Giebeln seiner Wohnungen und Kirchen an, indem er ihm in einem flachen Korb oder in einem alten Wagenrad Nistgelegenheit bot, die er sonst auf hohen Bäumen mit ausgebreiteten Ästen oder abgebrochenem Wipfel suchte, um hier sein kunstloses Nest aus Stecken, Reisern, Schilfrohr und Erdklumpen zu bauen. Sein würdevolles Betragen, sein gravitätischer Gang und die Eigenschaft, sich von im Boden hausenden und darin die Seelen der darin Bestatteten in sich aufnehmenden Tieren zu ernähren und damit selbst ein Seelenträger zu sein, brachte ihn beim gemeinen Volke von jeher in den Geruch der Heiligkeit und garantierte ihm, als in vermeintlichem Besitze überirdischer Kenntnisse und Gaben seiend, Unverletzlichkeit. Bei den alten Germanen war er der Adebar oder Seelenträger, der die kleinen Kinder den Eltern bringen sollte. Bei den Orientalen zeigt er sich uns in den Märchen von Tausend und einer Nacht als ein verwunschener Prinz, dem die höchste Einsicht in künftiges Geschehen verliehen sein soll. Vom Menschen unterscheide er sich nur durch das Fehlen des Sprachvermögens. Was dem Storche aber an Stimmitteln fehlt, das ersetzt er reichlich durch sein Klappern, das schon von den Jungen im Neste geübt wird, beim Männchen stärker als beim Weibchen ist und bald Freude und Verlangen, bald Hunger, Zorn und Ärger ausdrückt. Mit Klappern erheben sich die Störche, wenn sie gegen Ende August in größeren Trupps nach dem warmen Süden verreisen, mit Klappern begrüßen sie im Frühjahr ihr Nest, wenn Ende Februar oder Anfang März zuerst das Männchen und einige Tage später das Weibchen nachts in ihre alte Heimat und Niststätte einrücken. Alljährlich kehrt dasselbe Paar dahin zurück, um ihre 3–5 Jungen großzuziehen, die nach dem Ausschlüpfen aus den Eiern noch mehr als zwei Monate hindurch unter der rührenden Pflege und Aufsicht der Eltern im Neste bleiben. In den ersten Tagen würgen ihnen die Alten halbverdauten Futterbrei in den Schnabel, indem sie dessen Spitze in den Mund nehmen, so daß die Jungen nur zu schlucken brauchen. Später würgen sie ihnen das Futter aus dem Kehlsack, zuerst ins Nest hinein, später an dessen Rand, und schließlich lassen sie dieselben ihre tierische Nahrung sich selbst suchen.

Schon die alten Griechen glaubten, wie uns Aristophanes und gleicherweise Aristoteles erzählen, die Störche hätten von alters her ein Gesetz, wonach die Jungen, sobald sie flügge sind, ihre Eltern ernähren müssen. Aristoteles sagt, daß die Störche und andere Vögel, wenn sie verwundet würden, Dosten (*origanon*) auflegen. Noch der gelehrte Plinius schreibt in seiner Naturgeschichte: „Man weiß noch nicht, woher die Störche (*ciconia*) kommen und wohin sie ziehen. Wollen sie fortziehen, so versammeln sie sich an einem bestimmten Orte, wobei keiner fehlt, er schmachte denn in menschlicher Gefangenschaft. Und sie beginnen nun den Zug, als wenn der Tag dazu durch ein Gesetz bestimmt sei. Niemand hat sie wegziehen sehen, obgleich jeder die Anstalten zu ihrem Abzuge bemerkt; ebensowenig sieht man sie zurückkehren, sondern nur, daß sie zurückgekehrt sind; denn beides geschieht zur Nachtzeit. In Asien liegt auf einer weiten Ebene ein Ort, welcher Pythonos Kome heißt; dort versammeln sich die Störche, murmeln, zerreißen den zuletzt kommenden und dann erst ziehen sie weg. Manche behaupten, der Storch habe keine Zunge (tatsächlich hat er eine, aber eine sehr kleine). Wegen Vertilgung der Schlangen wird er so hoch geehrt, daß Leute, die einen töteten, sonst in Thessalien mit dem Tode bestraft wurden. Die Störche kehren jedes Jahr zu ihrem Neste zurück. Die jungen ernähren ihre Eltern, wenn diese schwach werden." Und der Grieche Älianos schreibt: „Alexander der Myndier (der ein auch von Athenaios um 200 n. Chr. erwähntes naturgeschichtliches Buch schrieb) sagt, daß die Störche, wenn sie alt geworden sind, nach den im Okeanos gelegenen Inseln ziehen, dort menschliche Gestalt annehmen und für die fromme Liebe, die sie ihren Eltern erwiesen, den Lohn empfangen. Auch wollen die Götter dort, wie ich glaube, ein frommes und heiliges Geschlecht absondern, da ein solches sonst nirgends unter der Sonne ein Plätzchen findet. Mir scheint das keine Fabel. Und was hätte denn Alexander davon gehabt, wenn er sich solche Fabeln erdacht hätte. Ein verständiger Mann wie er lügt selbst dann nicht, wenn er den größten Vorteil davon haben könnte."

Ähnliche Verehrung, wie bei den Abend- und Morgendländern der Storch, genoß bei den alten Ägyptern der heilige weiße Ibis (*Ibis religiosa*), der durch das Verschlingen und Wegschaffen von tierischen Leichen ebenfalls als ein Seelenträger galt und als solcher mit besonderen Eigenschaften ausgestattet gewähnt wurde. Der griechische Geschichtschreiber Diodorus Siculus schreibt: „Die Ägypter behaupten, der Ibis nütze durch Vertilgung der Schlangen, Heuschrecken und Raupen“, und Strabon sagt, daß sie in Ägypten, dank ihrer Unverletzlichkeit, sehr zutraulich seien. „In Alexandreia wimmeln alle Straßen von ihnen; sie sind nützlich, weil sie alles Tierische auflesen, namentlich die Abfälle der Fleisch- und Fischmärkte, andererseits aber lästig, da sie alles beschmutzen.“ Sein Kollege Älianos weiß die merkwürdigsten Dinge von diesem, nach ihm der Mondgöttin heiligen Tiere zu berichten, das nie aus Ägypten weggehe, weil dieses Land unter allen das feuchteste sei. Zum Ausbrüten seiner Eier brauche er so viel Tage als der Mond ab- und zunimmt. „Freiwillig wandert der Ibis nicht aus; fängt ihn aber jemand und bringt ihn mit Gewalt fort, so ist alle Mühe vergeblich; denn der Vogel hungert sich zu Tode. Er schreitet ruhig und wie ein Mädchen einher und geht immer nur Schritt vor Schritt. Die schwarzen Ibisse beschützen Ägypten gegen die aus Arabien kommenden geflügelten Schlangen, die weißen Ibisse aber vernichten die Schlangen, welche zur Zeit der Überschwemmung aus Äthiopien kommen. Ägypten wäre verloren, wenn es nicht von Ibissen beschützt würde. Er ist sehr hitziger Natur, frißt Schlangen und Skorpione. Nur sehr selten sieht man einen kranken Ibis. Den ganzen Tag geht er im Schmutze herum, sucht darin nach allerlei Dingen, steckt den Schnabel in alles, badet sich aber erst gehörig ab, bevor er schlafen geht. Um den Katzen zu entgehen, nistet er auf Palmbäumen; denn auf diese klettern die Katzen wegen der daran befindlichen Hervorragungen nicht gern.“ Tatsächlich bevorzugt der Ibis zum Nisten eine Mimosenart, die die Araber der dichten, ungemein dornigen, ja fast undurchdringlichen Äste halber *harasi*, d. h. die sich Schützende nennen. Aus den Zweigen des *harasi* besteht auch das innen mit Grashalmen ausgepolsterte flache Nest des Vogels, in welchem die 3–4 Eier ausgebrütet werden.

Zur Zeit der alten Ägypter haben die heiligen Vögel sich höchstwahrscheinlich im Zustande einer Halbgefangenschaft in Tempelhöfen fortgepflanzt. Heute tun sie dies bei guter Pflege nicht allzuselten in unseren Tiergärten. Noch heute stellt man dem Ibis im Sudan nicht nach, obgleich sein schmackhaftes Fleisch die Jagd wohl lohnen würde. So aßen auch die alten Griechen und Römer den Storch nicht. Erst der gottlose einstige Prätor Asinius Sempronius Rufus soll die Sitte, junge Störche zu essen, in Rom eingeführt haben, worauf Horaz in einer seiner Satiren auf seine genußsüchtige Zeitgenossen anspielt.

Wie die Ägypter den heiligen Ibis, so hielten die alten Griechen und Römer das prächtig gefärbte Purpurhuhn (*Porphyrio hyacinthinus*) in halber Gefangenschaft in den Höfen ihrer Villen und Heiligtümer. So schreibt der Grieche Älian von ihm: „Das Purpurhuhn (*porphyríon*) ist ein ausgezeichnet schönes Tier. Es badet sich im Staube wie im Wasser, frißt aber nicht gern vor Zeugen, daher am liebsten in einem Versteck. Die Menschen haben es sehr gern und füttern es mit großer Sorgfalt. Es paßt gut in prachtliebende, reiche Häuser, auch in Tempel, und geht in diesen als heiliger Vogel frei umher. Schwelger schlachten den Pfau, der ebenfalls schön ist, aber ich weiß von keinem Menschen, der das Purpurhuhn für die Tafel geschlachtet hätte." Mit dem Untergang der alten Kultur verschwand auch dieses Tier wieder aus der Nähe des Menschen.

XXVII. Pelz-, Schmuckfedern- und Schildpattlieferanten.

Zu allen Zeiten hat bei den mehr im Norden wohnenden Völkern, bei denen es im Winter empfindlich kalt wurde und denen es an der nötigen Erwärmung der nur mangelhaft verschließbaren Räume fehlte, die Pelzkleidung hohe Wertschätzung gefunden. Dies war um so eher möglich, als gerade die für sie zunächst in Betracht kommenden nordischen Tiere zum Schutze gegen die winterliche Kälte ein sehr schönes, dichtes Fell besitzen, das sich der Mensch zu seiner Erwärmung, daneben auch als Zierde gern aneignete. Noch im Mittelalter spielte der Pelzbesatz als Schmuck in der Männerkleidung eine große Rolle, während ihn heute fast ausschließlich die Frauen tragen. Bei diesen ist allerdings der Pelz nicht nur zum Wärmen, sondern in erster Linie als Schmuck, heute mehr Mode als je; die elegante, reiche Frau schwelgt geradezu im Pelzwerk. Und wie immer, ist die für sie geschaffene Mode auch für die minderbegüterten Kreise maßgebend. Sie paßt sich den kleinen Geldbörsen an, und die dienstwillige Industrie zaubert für diese Nachahmungen aus billigem Pelzwerk hervor, die, technisch von überraschender Vollendung, schließlich auch der Arbeiterfrau und dem Dienstmädchen eine Pelzstola und einen Pelzmuff zu tragen gestatten.

Bis über das Mittelalter hinaus war das gewaltige russische Reich der Hauptlieferant des Pelzwerkes für die Kulturvölker Europas und die Häfen der Ostsee bildeten die Hauptstapelplätze dieses Handels. Die Entdeckung Amerikas lenkte den Pelzhandel in neue Bahnen und verschaffte den Europäern zahlreiche neue Produkte, die teilweise große Wertschätzung fanden. Um den großen Bedarf zu decken, sind heute zahllose Menschen mit der Beschaffung und Verarbeitung von Pelzen aller Art beschäftigt; und zwar kommt das Material Kanadas in London und dasjenige Sibiriens in Nischni Nowgorod und Irbit im Gouvernement Perm auf den Markt. In diesen Städten kaufen dann die Leipziger Großhändler und andere die Ware, um sie zugerichtet und teilweise auch gefärbt in den Handel zu bringen. Nur für den echten Sealskin besitzt London noch das Monopol, sonst hat es Leipzig für alle übrigen „Rauchwaren" — wie der technische Ausdruck lautet —, so daß dort die Pelzhändler aller kaukasischen Kulturländer ihren Bedarf einkaufen. Da nicht weniger als 75 Prozent des ganzen Bestandes des großen russischen Pelzstapelplatzes Nischni Nowgorod nach Leipzig gelangen, ist es begreiflich, daß ein jährlicher Umsatz von etwa 50 Millionen Mark in Pelzen erzielt wird.

Die erste Zubereitung der Felle ist fast in allen Ländern dieselbe. Nachdem das Fell vorsichtig abgezogen ist, wird es mit einem scharfen Messer von anhaftenden Fett- und Fleischteilen so gut wie möglich gereinigt und dann an einem luftigen, kühlen Ort im Freien getrocknet. Hierauf werden sie auf der Innenseite reichlich mit Salz bestreut und eines auf das andere gelegt. In dieser Lage bleiben sie 2–3 Wochen. Nach diesem Pökelprozeß sind sie zum Versand fertig. Zu diesem Zwecke werden sie mit der Pelzseite nach außen je zu zweien zusammengerollt und stark verschnürt. So gelangen sie auf die Auktionsplätze, wo sie von geübten Händen geglättet und dann versteigert werden. Die auf der Auktion erworbenen Felle wandern, bevor sie der Kürschner in die Hände bekommt, in eine Pelzbearbeitungsfabrik, in der sie zugerichtet werden. Dabei wird das rohe, getrocknete Fell zuerst in Wasser oder feuchten Sägespänen aufgeweicht, damit es geschmeidig werde; dann wird es, nachdem es in Zentrifugen getrocknet wurde, an der Rückseite mit großen Messern von etwaigen noch anhaftenden Fleischteilchen gesäubert und unter Zusatz von etwas Fett in besonderen Maschinen gewalkt. Hierauf wird es in rotierenden Trommeln unter Zusatz von Sägespänen entfettet, ausgezogen und gespannt, damit es Form gewinnt, nochmals gereinigt und zum Schluß vielfach geschoren oder gerupft, um die längeren Grannenhaare zu entfernen. Umgekehrt werden manche Pelze „frisiert", indem man mit unendlicher Geduld bestimmte Haarsorten, z. B. weiße (Silberhaare) in dunkeln Pelz einklebt.

Ein großer Teil der Pelzwaren wird auch gefärbt, nicht nur die Nachahmungen, wie man wohl anzunehmen geneigt ist. So zeigt z. B. das Fell der zwischen Kamtschatka und Alaska lebenden Bärenrobbe, von den Engländern *fur seal* genannt, im Naturzustande ein dichtes gelbes Wollhaar, und darüber ein grobes aschgraues bis braunschwarzes Grannenhaar. Erst wenn letzteres entfernt und das ganze Fell dunkelkastanienbraun gefärbt ist, entsteht der herrliche samtartige Sealskin, für den unsere Damen eine so erklärliche Vorliebe haben. Um nun diesen beliebten Pelz auf den Markt bringen zu können, werden die grausamsten Massenschlächtereien abgehalten, in denen die wehrlos auf dem Lande zur Fortpflanzung und Paarung versammelten Tiere zu Tausenden erschlagen werden. Ebenso sind sämtliche Persianer, die gekräuselten Felle junger Schafe, gefärbt, wodurch sie erst den eigentümlichen prachtvollen Glanz erhalten. Dabei ist die Kunst der Färberei heute so weit fortgeschritten, daß sie absolut wetterbeständige Ware liefert. Wo es Imitationen herzustellen gilt, wirken Zurichterei und Färberei auch zusammen. Und diese sind sehr wichtig, da sie auch Minderbemittelten beinahe an Schönheit, jedenfalls aber an Haltbarkeit den Originalien ebenbürtige Nachahmungen bieten. So wird der teure Sealskin mit Vorteil durch den Sealbisam, den geschorenen und gefärbten Pelz der nordamerikanischen hell- bis dunkelbraunen Bisamratte, ersetzt, neuerdings aber durch den noch viel billigeren Sealkanin von langhaarigen Kaninchen meist belgischer Herkunft. Welche Preisunterschiede dabei in Betracht kommen, illustriert am besten die Angabe, daß ein einfacher Muff in echtem

Sealskin 100 Mark, in Sealbisam 15 Mark und in Sealkanin nur 4 bis 6 Mark kostet.

Bild 62. Altdeutsche Kürschnerwerkstatt.
(Nach einem Holzschnitt von Jost Ammann.)

Aus den Zurichtereien und Färbereien gelangen die Pelze zu Hunderttausenden in die Speicher der Großhäuser zurück, um von hier aus in den Handel gebracht zu werden. So treffen zur Ostermesse, die immer noch einen zeitlichen Mittelpunkt des Rauchwarenhandels bildet, die Aufkäufer nicht nur der engeren Heimat, sondern aus aller Herren Ländern in den Großhäusern Leipzigs ein, um ihren Bedarf einzuhandeln. Dieser wird dann im Laufe des Sommers fertiggestellt, um im nächsten Herbst und Winter verkauft zu werden. Die Ostermesse ist auch die Haupterntezeit der zahlreichen Kommissionäre und Makler, die der Rauchwarenhandel ernähren hilft. Diese geben mit ihrem geschäftigen Wesen dem Brühl den Charakter der Messe, in der unaufhörlich gehandelt, gefeilscht, gelärmt und gestritten wird. Doch hat heute die Ostermesse lange nicht mehr die Bedeutung für den Rauchwarenhandel, die sie einst besaß. Konzentrierte sich in ihr ehemals das Hauptgeschäft, so bildet sie in diesem nur eine, allerdings wichtige und unruhvolle Etappe. Heute geht nämlich der Verkauf von

Pelzwaren mehr oder weniger während des ganzen Jahres vor sich. Die erleichterten Reisebedingungen ermöglichen den Käufern den häufigeren Besuch Leipzigs. Viele ziehen überhaupt den Kauf zu einer ruhigeren Periode, als die Messezeit es ist, vor. Dazu kommt, daß die von den Grossisten auf den großen Londoner Auktionen erstandenen Waren zur Osterzeit noch nicht zugerichtet sein können, und daß von der Messe zu Nischni Nowgorod, die vom Juli bis September stattfindet, die russischen Waren erst im Frühherbst in Leipzig eintreffen können. Dazu kommt noch, daß die neuen Moden, die immer noch hauptsächlich in Paris gemacht werden, erst zu Ende des Sommers oder zu Herbstbeginn in die Erscheinung treten, und daß die Pelzkonfektion dann durch sie oft noch zu großen Einkäufen veranlaßt wird.

Bild 63. Fellgerber.
(Nach einem Holzschnitt von Jost Ammann.)

Die vornehme russische Gesellschaft versteht viel von edlen Pelzen; denn in jenem Lande spielte das Pelzwerk von jeher eine wichtige Rolle in der Kleidung der reicheren Leute. Besonders der Zobel stand dort mit an der

Spitze der Wertschätzung. Ist doch die alte Zarenkrone eine mit Goldschmuck und Juwelen besetzte Zobelmütze. Noch höher als Zobel werden aber Schwarz- und Silberfüchse eingeschätzt, d. h. solche, die ein glänzend schwarzes oder ein mit silbrigen Haaren durchschossenes schwarzes Fell haben. Die schönsten Exemplare derselben kommen nicht aus Sibirien, sondern aus dem nordamerikanischen Labradorgebiet, und ein ausgesuchtes Stück kostete schon vor Jahren 11600 Mark. Ein ebenfalls sehr hoch bewerteter Pelz ist derjenige des ursprünglich ausschließlich aus Kamtschatka, neuerdings aber mehr aus Alaska ausgeführten Seeotters, der in ausgesuchtester Qualität auf 5–6000 Mark zu stehen kommt. Die sibirischen Zobelfelle stehen den nordamerikanischen bedeutend voran, und sie sind um so geschätzter, je dunkler sie sind, auch je regelmäßiger die silbergespitzten Grannenhaare im Fell verteilt sind. Daher schwankt der Wert eines solchen sehr. Während ein geringes, erst durch „Blenden“, d. h. Auffärben ansehnlich gemachtes Zobelfell schon zu 60 Mark zu haben ist, kosten die besten 1000 bis 1500 Mark und mehr. Wenn auch der Zobel in den letzten Jahren viel seltener geworden ist, kommen außer den nordamerikanischen immer noch jährlich 40000 bis 50000 nordasiatische Zobelfelle in den Handel, von denen aber nur ein kleiner Prozentsatz die hochgeschätzte dunkle Farbe aufweist.

Außer dem Zobel liefert Rußland auch den Edelmarder, der im Wert dem hellen Zobel nahe kommt. Die besten Stücke derselben liefert aber Norwegen und Finnland. Ferner liefert Rußland den Nörz, ebenfalls eine Marderart, deren beste Felle allerdings Nordamerika liefert, dann den kostbaren Hermelin, dessen Preis sich in den letzten Jahren, nachdem er eine Zeitlang wenig begehrt war, durch die gewaltige Nachfrage verzehnfachte. Es ist dies bekanntlich eine Wieselart, deren im Sommer gelblichbrauner Pelz in kälteren Gegenden mit viel Schnee rein weiß wird bis auf die schwarze Schwanzspitze. Weiterhin beziehen wir aus Rußland die Felle von Iltis, Wolf und Bär, außerdem in ungeheuren Massen von sibirischen Eichhörnchen, die man als „Feh“ oder „Grauwerk“ bezeichnet. Endlich stammen von dorther auch die in Südrußland, noch mehr aber in der Bucharei gewonnenen Persianer, die von jungen Fettschwanzschafen, die noch nicht Gras gefressen haben, gewonnen werden.

Beginnen wir die Aufzählung der verschiedenen Pelzlieferanten mit dem sibirischen grauen Eichhörnchen. Je weiter östlich, um so dunkler und wertvoller wird dessen Fell; diesseits des Urals ist es heller und billig im Preise. An der Lena leben die Bauern von Anfang März bis Mitte April ganz dem Eichhörnchenfang vermittelst Fallen, von denen mancher dort über 1000 stellt. Die Tungusen erlegen es mit stumpfen Pfeilen oder gebrauchen engläufige Büchsen mit Kugeln von der Größe einer Erbse, und schießen es in den Kopf, um das Fell nicht zu verderben. Rußland und Sibirien liefern deren jährlich 6 bis 7 Millionen im Werte von 3 Millionen Mark. Davon kommen bloß 2–3 Millionen Felle auf den westeuropäischen Markt; die übrigen werden im Lande selbst verbraucht oder gehen nach China. Außer dem Felle, von dem die grauen Rücken Mäntel und anderes Pelzwerk, die weißen Bauchseiten dagegen, zu großen Tafeln zusammengenäht, ein beliebtes Pelzfutter geben, verwendet man die Schwänze zu „Boas“ und die Schwanzhaare zu guten Malerpinseln.

Auch das kleinere und plumper gebaute sibirische Backenhörnchen, der Burunduk (*Tamias striatus*), der am häufigsten in Zirbelkieferbeständen lebt und unter den Wurzeln dieser Bäume eine gabelförmig geteilte Höhle anlegt, deren einer Teil als Wohnraum, der andere als Vorratskammer für Getreidekörner und Nüsse dient, von denen sie für manchen Winter 5 *kg* in den Backentaschen nach Hause schleppen, liefert hübsche Bälge. Diese gelangen meist nach China, wo man sie hauptsächlich zur Verbrämung wärmerer Pelze benützt.

Von allen Nagetieren hat der Biber das geschätzteste Fell. Von Amerika her kamen früher jährlich etwa 150000 derselben im Gesamtwerte von 3 Millionen Mark in den Handel. Heute aber sind es deren höchstens noch 50000 im Jahr, und zwar sind auch von ihnen die dunkeln die wertvollsten. Je nach seiner Güte wird das Stück mit 20–60 Mark bezahlt. Er wird dort von den Trappern meist in Fallen gefangen, nur ausnahmsweise geschossen. Da er aber auch in Amerika mehr und mehr abnimmt, muß vielfach der Sumpfbiber oder Coypu (*Myopotamus coypu*), die Nutria der spanischen Amerikaner, mit ihrem Felle für ihn eintreten. Auch der Sumpfbiber ist ein ausgesprochenes Wassertier von nahezu der Größe des Fischotters, das vorzugsweise die reich mit Pflanzen bewachsenen Ufer der stillen Wasser Südamerikas zu beiden Seiten der Anden bewohnt. Jedes Paar gräbt sich am Ufer eine metertiefe, 60 *cm* weite Höhle, in der es die Nacht und einen Teil des Tages zubringt. In dieser Wohnung wirft das Weibchen 8–9 Junge, die behaart und mit offenen Augen zur Welt kommen, schon in den ersten Tagen fressen und bald ihrer Mutter auf ihren Streifzügen folgen. Die Tiere werden in ihrer Heimat mit Schlagfallen gefangen oder mit eigens abgerichteten Hunden gejagt. Ihr weißes, wohlschmeckendes Fleisch wird gegessen, das braune Fell jedoch in großen Mengen in den Handel gebracht. Davon kommen jährlich eine halbe Million nach Europa, um hier nach Ausrupfen der langen, groben Grannenhaare zu Pelzbesätzen zu dienen. Das dichte, weiche Wollhaar gibt einen sehr schönen und dabei billigen Pelz, ist daher sehr beliebt.

Viel teurer und begehrter ist das seidenweiche, aschfarbene Fell der die hohen Anden zwischen Südchile und dem Norden von Bolivia bewohnenden Chinchilla oder Wollmaus (*Chinchilla lanigera*), an dem schon die vorgeschichtlichen Peruaner, die Inkas, ihre Freude hatten. Wie sie aus den Haaren der Vicuña die feinsten Stoffe herstellen, bereiteten sie aus den Haaren dieser Wollmaus wunderbare Gewebe für ihre Herrscher. Sie erbeuteten das Tierchen in Schlingen und Schlagfallen, die sie vor deren Löcher aufstellten, daneben auch mit gezähmten Wieseln, die speziell auf die Chinchillajagd abgerichtet waren, wie in Südeuropa die Frettchen auf die Kaninchenjagd. Nach Europa kamen die ersten Chinchillafelle gegen Ende des 18. Jahrhunderts, und zwar vermittelte Spanien den Handel damit. Für das Dutzend der kleinen Fellchen dieser in großen Gesellschaften in selbstgegrabenen Erdlöchern lebenden Tierchen wurde früher an die Jäger 6–8 Mark bezahlt. Seither sind die Preise infolge der übermäßigen Jagd danach gewaltig in die Höhe gegangen. Schon 1899 bot ein französisches Haus 150–300 Franken für das Dutzend und jetzt ist der Preis dafür auf über 1060 Franken gestiegen. Noch ums Jahr 1900 schätzte man die jährliche Ausfuhr allein aus den beiden argentinischen Provinzen Coquimbo und Vallenar auf 40400 Dutzend. 1905 betrug die Gesamtausfuhr der Felle aus Chile 18153 Dutzend, 1906 nur 9776, 1907 4000 und 1909 3000 Dutzend.

Die Chinchilla bevorzugt steinige, dürre Hänge und Hochebenen, die mit dem zierlichen Leguminosenstrauch *Balsamocarpum brevifolium*, der *algarobilla* der spanischen Chilenen, bewachsen sind, von dessen wie Nuß schmeckenden Samen sie sich ernährt und die sie auch in ihren Höhlen aufspeichert. Zur Zeit der Paarung sind die Männchen sehr eifersüchtig und kämpfen ingrimmig wegen der Weibchen miteinander. Letztere werfen zweimal im Jahr 2–4 Junge, für die sie aus sich selbst ausgerauften Haaren ein weiches Lager bereiten. Sie sind auch später sehr besorgt um sie und führen sie zum Futter. Morgens und nachmittags sind diese hübschen Nager am lebhaftesten und verlassen alsdann ihre Höhlen, um auf die Nahrungssuche auszugehen, ohne sich jedoch weit zu entfernen. Sie lassen sich leicht in der Gefangenschaft halten und werden darin bald recht zahm; nur die Männchen vertragen sich gegenseitig nicht gut. Solange es genug dieser Tierchen gab, war die Chinchillajagd sehr lohnend und brachte noch vor wenigen Jahren mit geringer Mühe reichen Gewinn. Seitdem diese Tiere aber beinahe ausgerottet sind, ist ihre Jagd kaum mehr lohnend. Meist werden sie, wenn das Gestrüpp auf größere Strecken niedergebrannt ist, mit Knüppeln aus ihren Höhlen aufgescheucht und, in weitem Kreise beginnend, allmählich der Mitte zugetrieben, wo sie, unterschiedlos alte und junge von abgerichteten Hunden totgebissen werden. Außerdem werden sie vielfach vermittelst Rattenfallen gefangen. Neuerdings beginnt man sie zur Pelzgewinnung zu züchten. Auch das Fleisch wird sehr geschätzt.

Von nordamerikanischen Pelzlieferanten ist der Waschbär oder Schupp, der Raccoon der Amerikaner (*Procyon lotor*), zu nennen, dessen gelblichgraues, schwarzgemischtes Fell die beliebten Schuppelze liefert. Dieser Kleinbär von 80–90 *cm* Gesamtlänge ist gleichzeitig Boden-, Wasser- und Baumtier. Am

Tage schläft er in einem hohlen Baume oder auf der Astgabel einer dichten Baumkrone, um dann nachts auf Beute auszugehen. Gern hält er sich in der Nähe seichten Wassers auf, um Fische und Krebse zu fangen oder Süßwassermuscheln zu erbeuten. Außerdem ernährt er sich von Fröschen, Süßwasserschildkröten, Vögeln und deren Eiern, Mäusen, Insekten aller Art, aber auch Nüssen, Früchten und Korn. Im Norden hält er einen Winterschlaf ab. Das Weibchen wirft im April 4–6 Junge, die es ein Jahr lang um sich behält. Wegen seines sehr geschätzten Pelzes, der früher in den Staaten des Mississippitales als eine Art Münze im Werte von 1/4 Dollar galt, wird er eifrig verfolgt und entweder in am Rande von Sümpfen oder Flüssen unter Wasser angebrachten Fallen aus Stahl gefangen oder während der Nacht mit eigens dazu abgerichteten, gewöhnlich zur Rasse der Fuchshunde gehörenden Hunden gejagt. Diese wissen seiner Spur zu folgen und treiben ihn nach kurzer Zeit auf einen Baum, wo er, falls er sich nicht in einem Loche verkriecht, vom Jäger erlegt wird. Neuerdings wird er, da er sich leicht in der Gefangenschaft fortpflanzt, zur Pelzgewinnung in eingehegten Waldteilen gezüchtet. Jung eingefangen wird er gewöhnlich sehr bald und in hohem Grade zahm. Seine Beweglichkeit und Zutraulichkeit machen ihn dem Menschen als Gesellschafter angenehm.

Der Winterpelz der amerikanischen grauen Eichhörnchen geht unter dem Namen Petitgris, ist aber weniger geschätzt als der russische Feh; ebenso verhält es sich mit demjenigen des Luchses. Dagegen wird der Pelz der nordamerikanischen Iltisse ebensosehr wie derjenige der altweltlichen geschätzt. Der Iltis oder Ratz (*Mustela putoria*) ist ein Nachttier, das am Tage zwischen Gestein, aufgestapeltem Holz, in verlassenen Fuchs- oder Kaninchenlöchern ruht, abends jedoch seinen Schlupfwinkel verläßt, um auf Raub auszugehen. Dabei verzehrt es alle Tiere, die es zu überwältigen vermag. Außer Fröschen sind Mäuse, Wachteln, Rebhühner, Hühner, Enten und Fische seine bevorzugte Nahrung. Er ist sehr gewandt, versteht meisterhaft zu schleichen und unfehlbare Sprünge auszuführen, klettert gut, besteigt aber selten Bäume. Nach Art der Stinktiere verteidigt er sich im Notfalle durch Ausspritzen einer sehr stinkenden Flüssigkeit und schreckt dadurch oft die ihn verfolgenden Hunde zurück. Seine Lebenszähigkeit ist unglaublich groß. Nach zweimonatlicher Tragzeit wirft das Weibchen im April oder Mai in einer Höhle oder noch lieber in einem Holzhaufen 4–5, zuweilen auch 6 Junge, die es sorgfältig großzieht, so daß es dieselben schon nach sechs Wochen auf seine Raubzüge mitnehmen kann. Junge Iltisse lassen sich leicht durch Katzenmütter großziehen und zähmen; doch erlebt man an ihnen wenig Freude, da der angeborene Blutdurst mit der Zeit durchbricht. Sie lassen sich ohne Mühe zum Kaninchenfang abrichten. Wir sahen ja am Schlusse des 13. Abschnittes, daß durch jahrhundertelange Domestikation in Verbindung mit Albinismus aus dem Iltis das Frett hervorging, das als Mäusefänger bei den Griechen und Römern eine nicht unwichtige Rolle spielte, bevor die Katze von Ägypten her zu ihnen gelangte. Der Iltis wird besonders seines dichten Felles wegen gejagt, das aber wegen des ihm anhaftenden unangenehmen Geruches weniger geschätzt ist als es ohnedies der Fall wäre.

Dem Iltis ungemein nahestehend ist der Nörz (*Mustela lutreola*), ein halber Wassermarder, der vortrefflich schwimmt und taucht und die Fische bis in ihre Verstecke verfolgt, selbst flinke Forellen und Lachse erbeutet. Im Moore verfolgt er Wasserratten und allerlei Wasser- und Sumpfvögel mit Einschluß von Enten. Er hält sich gewöhnlich an den Ufern von Flüssen und Seen auf und kommt fast nur noch in Rußland vor. In Nordamerika vertritt ihn der ganz ähnlich lebende, fast ebenso gefärbte Mink (*Mustela vison*), dessen Pelz noch weicher und wolliger ist. Beide graben sich unter überhängenden Flußufern ein Loch oder beziehen in einem hohlen Baum ein Lager, das sie mit Federn auspolstern und in das das Weibchen im April 4–6 Junge wirft, die bis zum nächsten Herbste bei der Mutter bleiben. Jung eingefangen lassen sie sich leicht zähmen und in ähnlicher Weise wie das Frettchen verwenden. Wegen des Gestankes war sein Pelz früher so wenig geschätzt, daß es Fang und Förderung kaum lohnte. Neuerdings legt man ihm einen größeren Wert bei, weshalb die Tiere viel gefangen werden und dadurch stellenweise stark vermindert worden sind. Ums Jahr 1865, in welchem ein gutes Minkfell in Amerika 5 Dollar kostete, wurden von Neuschottland allein über 6000 Minkfelle jährlich ausgeführt. In den letzten Jahrzehnten wurden in Europa durchschnittlich 55000 Nörze erbeutet, während die Anzahl der in dieser Zeit jährlich gefangenen Minke 160000 erreichte und im Jahre 1888 sogar 370000 betrug. In jenem Jahre kostete ein russisches Nörzfell etwa 4 Mark, ein Minkfell dagegen bis 10 Mark. Die besten Minkfelle kommen von Alaska und Neuengland.

Vortreffliche Pelze liefern auch die anderen Marderarten, unter denen der berühmte Zobel (*Mustela zibellina*), den weitaus kostbarsten liefert. Er ist dem Baummarder sehr nahe verwandt, hat nur einen viel ausgesprochener kegelförmigen Kopf, große Ohren, längere und stämmigere Beine und ein langhaarigeres, seidenweiches, gelbbraunes bis schwarzes Fell. Letzteres gilt für um so schöner, je größer seine Dichtigkeit, Weichheit und Gleichfarbigkeit ist. Die dunkleren Felle stehen im Preise weit höher als die helleren und können fast schwarze von reiner Farbe bis 2500 Mark das Stück erzielen, während helle von geringster Qualität schon für 50 Mark das Stück zu haben sind. Diese ganz dunkeln stammen von Tieren, die in den dichtesten Urwäldern leben, in die kein Sonnenstrahl einzudringen vermag. Das Wohngebiet des Zobels erstreckte sich einst vom Uralgebirge im Westen bis zum Beringsmeer im Osten und vom 68. Grad nördlicher Breite bis zu den südlichen Grenzgebirgen Sibiriens. Aber infolge der langjährigen unablässigen Verfolgung ist er aus vielen Gegenden verschwunden und ist nur noch in den abgelegensten Gebirgswäldern Ostsibiriens und Kamtschatkas einigermaßen häufig. Dieser menschenscheue Marder liebt die einsamen Wälder, in denen er, seinem Lieblingswilde, dem Eichhörnchen, nachziehend, größere Wanderungen unternimmt und bei deren Verfolgung ungescheut auch breite Ströme, selbst während des Eisgangs, durchschwimmt. Sehr beliebte Aufenthaltsorte sind für ihn die ausgedehnten Arvenwaldungen, deren riesige Stämme ihm ebensowohl passende Schlupfwinkel wie in den ölreichen Samen ihrer Zapfen eine erwünschte Speise darbieten. Auch er ist ein Nachttier, das bei Tage in Baumlöchern oder unter Baumwurzeln schläft und erst nachts auf Raub ausgeht. In Baumlöchern wirft er einmal im Jahr, und zwar meist im April, seine 4–5 Jungen, die er wohl behütet und später zur Jagd erzieht.

Die Zobeljagd beschränkt sich auf die drei Monate Oktober, November und Dezember. Da die Jagdgründe in der Regel sehr weit abgelegen sind, brechen die Zobeljäger mit eigens abgerichteten Hunden schon im September auf, um beim ersten Schneefall an Ort und Stelle zu sein. Die Hunde müssen während der Reise zugleich die Schlitten ziehen, welche mit Lebensmitteln für mehrere Monate beladen sind. Auf den Jagdplätzen vereinigen sie sich zu kleinen Gesellschaften, die sich Hütten bauen und nach allen Richtungen ihre Streifzüge unternehmen. Man stellt Fallen und Schlingen der verschiedensten Art und verfolgt mit den Hunden die Spur eines Zobels auf Schneeschuhen. Sobald ein solcher aufgespürt ist, sucht man ihn auf einen Baum zu treiben, den man alsbald mit Netzen umgibt, auf die er durch Schütteln der Zweige oder mit Stangen hinuntergeschlagen wird. Fällt der Zobel vorbei, so wird er entweder von den Hunden eingeholt und zu Tod gebissen, oder auf einen andern Baum getrieben, wo man ihn wiederum, wenn möglich ohne Schuß, der sein kostbares Fell verderben könnte, zu erlangen sucht. Ist ein Zobel erbeutet, so wird er in ein Tuch gewickelt und mit einem Stück Holz so lange geklopft, bis das Innere zu Brei zerschlagen ist und durch kleine Löcher um den After und die Augen herausgenommen werden kann. Dann wird das Fell umgedreht und weiter präpariert. Auf diese Weise wird es ermöglicht, das ganze Fell völlig unverletzt in den Handel zu bringen. Jedenfalls ist der Zobelfang eine ununterbrochene Reihe von Mühseligkeiten aller Art, und wenn ein Jäger zwanzig Zobelfälle auf einer Expedition erbeutet, so schätzt er sich glücklich. Für ein einzelnes Zobelfell erhält der Jäger Waren im Werte von 16 Rubeln (= 52 Mark). In St. Petersburg gilt es dann ein Mehrfaches davon. Völlig wertlos sind die Bälge der im Frühjahr erbeuteten Zobel, auch wenn sie noch ihre Winterhaare haben, denn dieses fällt selbst dann noch aus, wenn die Haut schon hergerichtet ist. Natürlich wird von dem kostbaren Pelz jedes Fleckchen verwertet; so werden beispielsweise die helleren und dunkleren Partien der Kehle zu farbenprächtigen Pelzstücken zusammengefügt, die als Mantelfutter sehr beliebt sind. Infolge des Immerseltenerwerdens des Zobels machen sich die Zobeljagden je länger um so schlechter bezahlt, so daß die russischen Pelzhändler in diesem Jahre beschlossen, den Präsidenten des Ministerrats telegraphisch um ein Verbot des Zobelfangs während zweier Jahre zu bitten. Nur hierdurch könne der Ausrottung des Zobels vorgebeugt werden.

Unter unseren einheimischen Säugetieren liefert der Baum- oder Edelmarder (*Mustela martes*) das weitaus kostbarste Pelzwerk, das in seiner Beschaffenheit am meisten demjenigen des Zobels ähnelt. Die schönsten und größten liefert Skandinavien. Diese sind noch einmal so dicht und so lang als diejenigen unserer deutschen Edelmarder und in der Farbe grauer. Unter den deutschen finden sich mehr gelbbraune als dunkelbraune, welch letztere mehr in Tirol vorkommen und dem amerikanischen Zobel oft täuschend ähneln. Die südlicher vorkommenden Edelmarderarten sind heller, blaßgraubraun oder gelbbraun. Der Edelmarder lebt von menschlichen Wohnungen weit entfernt in Wäldern und findet sich um so häufiger, je einsamer, dichter und finsterer sie sind. Er ist ein echtes Baumtier und ein unübertroffener Kletterer, bereitet sich in hohlen Bäumen, Felsspalten, verlassenen Nestern von Wildtauben, Raubvögeln und Eichhörnchen ein weiches Lager aus Moos, das er — denn er besitzt gleichzeitig mehrere Wohnungen — nach Störungen mit einem andern vertauscht. Wo er sich sicher fühlt, geht er schon in den frühen Abendstunden, sonst erst mit Beginn der Nacht auf Raub aus. Vom Rehkälbchen und Hasen bis hinab zur Maus ist kein Säugetier vor ihm sicher, ebenso Wald- und Feldhühner. Geräuschlos schleicht er zu ihrem Lager, mag dieses auf einem Baume oder am Boden sein, überfällt sie plötzlich und würgt sie ab, gierig sich am Blute der zerbissenen Halsschlagader labend. Außerdem plündert er alle Vogelnester aus, raubt den Bienen den Honig und sucht sich an Früchten und Beeren der verschiedensten Art zu laben. Wenn ihm Nahrung im Walde zu mangeln beginnt, wird er dreister und schleicht sich an die menschlichen Wohnungen heran, um den Hühnerställen und den Taubenschlägen einen Besuch abzustatten und darin große Verwüstung unter den Insassen anzurichten. Er würgt nämlich, von Blutgier berauscht, auch dann noch, wenn sein Hunger gestillt ist. Im Januar oder Februar findet die Paarung statt und im April oder Mai wirft das Weibchen in sein Mooslager 3–5 Junge, die 14 Tage lang blind sind, im Alter von 6–8 Wochen jedoch schon selbständig auf den Bäumen herumspringen und von den Alten sorgsam zur Jagd angeleitet werden. Solche Junge lassen sich wie junge Zobel leicht zähmen, während alt eingefangene Individuen ihre Wildheit niemals verlieren. Überall wird der Edelmarder auf das eifrigste verfolgt, weniger um seinem Würgen zu steuern, als vielmehr um sich seines wertvollen Felles zu bemächtigen. Man fängt ihn in Tellereisen und Kastenfallen mit einem Stückchen in ungesalzener Butter mit etwas Zwiebel und Honig gebratenem Brot, das man mit Kampfer bestreut. Am leichtesten erwischt man ihn, wenn man ihn mit einem scharfen

Hunde bei Neuschnee bis zu seinem Lager verfolgt und ihn dort schießt oder vom Hunde, gegen den er wütend springt, abwürgen läßt.

Etwas kleiner als der Edelmarder und mit einem weit weniger wertvollen helleren, kürzeren Pelze versehen ist der Stein- oder Hausmarder (*Mustela foina*), so genannt von seiner Vorliebe für Felsen, Steinhaufen und menschliche Wohnungen, in denen er Mäuse, Ratten, Hühner, Tauben und anderes Geflügel zu erbeuten hofft. Sein Verbreitungsgebiet erstreckt sich weiter südlich und weniger nach Norden als dasjenige des vorigen. In Deutschland ist er häufiger als der Edelmarder, den er an Kühnheit übertrifft und dessen Lebensweise sich fast ganz mit der seinigen deckt. Er ist schon aus dem Grunde weit schädlicher als jener, weil er weit öfter Gelegenheit findet, dem Menschen Verluste an seinem Hausgeflügel beizubringen und sein Spalierobst zu brandschatzen. Wie seine Verwandten ist auch er im Vergleich zu seiner Größe ein außerordentlich blutdürstiges Tier, das oft mehr Beute tötet als es fressen kann. Während der Paarungszeit, die Ende Februar, ungefähr drei Wochen später als diejenige des Edelmarders, stattfindet, läßt dieser sonst schweigsame Marder katzenähnliche, schon auf weite Strecken hörbare Rufe vernehmen. In seinem in einer Baumhöhle, einer Felsenspalte oder an einem anderen geschützten Ort aus Heu oder Stroh errichteten Nest wirft das Weibchen 4–5 vierzehn Tage lang blinde Junge, die sich leicht zähmen lassen. Während das Fell des Edelmarders auf 30–100 Mark zu stehen kommt, kostet das des Steinmarders 20–40 Mark. Auch sein Pelz ist um so wertvoller, aus um so nördlicherer Gegend er stammt. So werden die Edel- und Steinmarderfelle Nordeuropas meistens als Zobel verkauft, obschon sie jenen an Wert weit nachstehen, nicht bloß wegen ihrer Farbe und der geringen Haarlänge, sondern auch wegen der verhältnismäßig bedeutenden Länge des von den Grannen kaum verdeckten Wollhaars.

Der nächste mitteleuropäische Verwandte des Iltis ist das Hermelin oder große Wiesel (*Mustela erminea*), das nördlich von den Pyrenäen und dem Balkan in ganz Europa, ebenso in Mittel- und Nordasien bis zur Ostküste Sibiriens vorkommt. In Deutschland ist es eines der häufigsten Raubtiere, das tagsüber in einem Erdloch oder anderen Schlupfwinkel schläft, um gegen Anbruch der Dämmerung rege zu werden und außer Mäusen, Ratten, Schlangen und Eidechsen, Kaninchen, Tauben, Hühner, Sperlinge, Schwalben, Lerchen und dergleichen aus ihren Nestern zu holen. Meist jagt es paarweise, nicht selten auch zu dreien, zeigt große Behendigkeit, tollkühnen Mut und eine unbändige Mordlust. Im April oder Mai legt das Weibchen in ein verstecktes, weich ausgepolstertes Nest 5–6 und mehr Junge, die es sorgfältig beschützt und großzieht. In allen nördlicheren Gegenden seines Verbreitungsgebietes wird es im Winter bis auf die auch dann schwarzbleibende Schwanzspitze weiß, so bei uns in Deutschland, wie in Skandinavien und dem schottischen Hochland, während es in Nordengland häufig, aber nicht immer, und in Südengland nur selten weiß wird. In die Enge getrieben, strömt es einen höchst unangenehmen, durchdringenden Duft aus, wenn auch weniger stark als der Iltis. Es wird in Fallen aller Art, auch Rattenfallen, in die es zufällig gerät, gefangen. Jung aus dem Nest genommene Hermeline werden sehr zahm, folgen ihrem Herrn wie ein Hund und bereiten ihm viel Vergnügen. Früher war der Hermelinpelz sehr geschätzt und durfte nur von Fürsten getragen werden. Heute tragen ihn oder dessen Imitation auch Bürgersleute; doch ist er gleichwohl im allgemeinen weniger begehrt als einst, da die Krönungsmäntel der Fürsten aus ihm mit den schwarzen Schwanzspitzen wie Flämmchen zwischen dem reinen Weiß bestanden. Die aus nördlicheren Gegenden stammenden Pelze sind gleichfalls besser und deshalb begehrter als die aus südlicheren, die kürzeres, dünneres und weniger reinweißes Haar besitzen. Während noch im Jahre 1833 über 100000 Hermelinfelle nach England kamen, fand man später die Mühe des Sammelns nicht mehr lohnend genug; doch hob sich in letzter Zeit ihr Import infolge der gesteigerten Nachfrage in bedeutendem Maße und ist ihr Preis sehr stark gestiegen.

Weit weniger wertvoll ist der Pelz des kleinsten europäischen Marders, des Wiesels (*Mustela vulgaris*). Es ist im Norden der ganzen Welt verbreitet und findet sich in geeigneten Gegenden fast überall, indem es in Baumhöhlen, Steinhaufen, altem Gemäuer, unter hohlen Ufern, in Maulwurfsgängen, Hamster- und Rattenlöchern, im Winter in Scheunen, Kellern und Ställen, unter Dachböden usw. Schlupfwinkel vor seinen größeren Feinden sucht. Von dort aus unternimmt dieses kühne und neugierige Tier, wo es ungestört ist selbst bei Tage, wo es aber verfolgt wird bloß bei Nacht oder wenigstens tagsüber nur mit größter Vorsicht, seine Raubzüge, bei denen es alle kleinen Tiere, die es zu überwältigen vermag, abwürgt und frißt. Als geselliglebendes Tier jagt es oft auch gemeinschaftlich, wobei es von den größeren Tieren, die es mordet, nur das Blut leckt. Meist in einer Erdhöhle oder in einem hohlen Baum wirft das Weibchen nach fünfwöchiger Tragzeit 2–3mal im Jahr 5–8 Junge, die es lange säugt und dann noch mehrere Monate mit Mäusen ernährt, die es ihnen lebendig zuträgt. Bei Gefahr verteidigt es dieselben mit größtem Mute und trägt sie bei Beunruhigung im Maul an einen andern Ort. Von Kindheit auf an den Menschen gewöhnt, werden die Wiesel ungemein zahm und können 4–6 Jahre in der Gefangenschaft aushalten. In der Freiheit dürften sie ein Alter von 8–10 Jahren erreichen und machen sich durch die Mäusejagd, zu der sie sich vortrefflich eignen, ungemein nützlich, so daß sie so viel als möglich geschont werden sollten, um so mehr ihr winziges Pelzchen nur geringen Wert hat.

Sehr wertvoll ist der Pelz des früher besprochenen Fischotters (*Lutra vulgaris*), der 30–50 Mark wert ist und zu Mützen, Kragen und Verbrämungen verwendet wird. Noch beliebter ist er bei den Mongolen, die viel höhere Preise als die Europäer für ihn bezahlen. Am wertvollsten ist aber derjenige des nordamerikanischen Fischotters, der einen Wert bis zu 200 Mark erreicht. Ein Riese von über 1 *m* Körperlänge und einem Schwanz von 60 *cm* ist der brasilische Fischotter (*Lutra brasiliensis*), der ungleich andern Ottern ein ausgesprochenes Tagtier ist. Auch sein Fell steht hoch im Preise. Unvergleichlich kostbarer als dieses ist aber das des Seeotters (*Enhydris lutra*), der eine Gesamtlänge von 1,5 *m* bei einer Schwanzlänge von 30 *cm* und ein Gewicht von 40–50 *kg* erreicht. Der lange, walzenförmige Körper trägt vorn kurze und hinten längere Füße mit Schwimmhäuten. Das auffallend lose Fell besteht der Hauptsache nach aus dem weichen Wollhaar von dunkelbrauner Farbe, zwischen dem sich die langen, steifen, an der Spitze weißen Grannenhaare nur in geringer Anzahl finden. Sie verleihen aber dem Pelz das prachtvolle, silberschimmernde Aussehen und den herrlichen Glanz. Je gleichmäßiger und dichter die Silberspitzen in dem Pelz verteilt sind, um so kostbarer ist er; davon gibt es einzelne Stücke, die bis 8000 Mark wert sind. Ein gutes Fell bringt schon dem kamtschadalischen Jäger 100 Rubel ein und kostet durchschnittlich 1200–1600 Mark, in tadellosen Stücken in Europa sogar 4000–6000 Mark. Im Frühjahr, vom März bis Mai, ist der Pelz am besten. Daher wird die Jagd auf den Seeotter zu dieser Jahreszeit am eifrigsten betrieben. Und zwar wird dieses Tier entweder in seinem Lager beschlichen und getötet oder vom Boot aus, nachdem man sich leise an dasselbe herangerudert hat, erschlagen, auch durch Schüsse in den Kopf erbeutet. Zu Ende des Winters wird es auf dem Eise auf Schneeschuhen eingeholt und mit einem Stocke totgeschlagen.

Der Seeotter ist ein äußerst scharfsichtiges, kluges und behendes Tier, das sich mit vollendeter Meisterschaft im Wasser bewegt und auch am Lande sehr flink ist. Seine Heimat sind die Gestade des nördlichen Stillen Ozeans. Längs der amerikanischen Küste geht er aber weiter nach Süden als längs der asiatischen, wird aber auch hier dank der eifrig auf ihn betriebenen Jagd immer seltener. Er ernährt sich der Hauptsache nach von Schaltieren und Seeigeln, daneben von Krabben, weniger von Fischen. Das, wie es scheint, zu verschiedenen Jahreszeiten geborene einzige Junge ist erst im vierten oder fünften Jahre ausgewachsen; es läßt sich in der Gefangenschaft nicht aufziehen, da es darin ausnahmslos eines freiwilligen Hungertodes stirbt. Vielleicht weil es da in größerer Menge sein Lieblingsfutter findet, zieht es gewisse Örtlichkeiten anderen vor. So werden mehr als zwei Drittel der an den Küsten von Alaska erbeuteten Seeotter in der Umgebung der Insel Saanach und Chernobours erbeutet. Früher waren sie bei den ostwärts von den Alëuten im Beeringmeer gelegenen Prybiloffinseln so häufig, daß in der ersten Jagdperiode nach der Entdeckung dieser Inseln dort über 5000 Stück erbeutet wurden. Sechs Jahre später war der Seeotter bei den Prybiloffinseln vollständig verschwunden, und auch an fast allen andern Stellen seines

Verbreitungsgebietes ist er so selten geworden, daß er, wenn er nicht aussterben soll, schleunigen Schutzes bedarf. Heute werden jährlich höchstens 500 Seeotterfelle auf den Markt gebracht und meist Kragen daraus geschnitten. In China sind solche Seeotterpelze besonders beliebt und reiche Würdenträger lassen sich ganze Mäntel daraus verfertigen, die selbst dort mit 15000–20000 Mark bezahlt werden müssen.

Ungefähr dieselben Breiten wie der Seeotter bewohnt die nordische Bärenrobbe (*Otaria ursina*), eine in den männlichen Exemplaren bis 2,4 *m* lange und 400 *kg* schwere Pelzrobbe mit einem Gürtelumfang von 1,8–2,1 *m*. Während diese ihre volle Größe etwa im sechsten Jahre erreichen, tun dies die viel kleineren Weibchen schon im fünften Jahre. Sie werden nur 1,2 *m* lang, 40–50 *kg* schwer und erhalten einen Gürtelumfang von 76 *cm*. In der Jugend sind sie glänzend schwarz, später die Männchen an den oberen Teilen mit Ausnahme der Schultern beinahe schwarz mit einer mehr oder weniger starken, bald mehr grauen, bald mehr rötlichen Bereifung, auf den Schultern grau, am Gesicht bräunlich, an der Brust bräunlich orangefarben und an Bauch und Beinen rötlichbraun. Die Weibchen dagegen tragen ein viel helleres Gewand, das oben ziemlich einförmig grau, unten dagegen bräunlich oder roströtlich ist. Die Bärenrobbe kam früher an der amerikanischen Seite des Stillen Ozeans südwärts bis nach Kalifornien vor, an der asiatischen bis zum Südende der Insel Sachalin. Heute besucht sie zur Fortpflanzung vor allem die beiden Inseln St. Paul und St. Georg der Prybiloffgruppe. Das Klima dieser hochnordischen Inseln ist sehr unwirtlich; selbst im kurzen Sommer bedeckt fast immer Nebel das Land, der Regen setzt fast keinen Tag aus und im Winter liegt alles unter Eis und Schnee begraben. Auf diesen vollständig öden und vom Menschen nicht bewohnten Inseln erscheinen im Mai nach der Schneeschmelze zuerst die erwachsenen Männchen der sonst im offenen Meer von Fischen lebenden Bärenrobbe. Sie sind sehr scheu und halten sich zunächst immer dicht am Ufer auf, später suchen sie sich mehr landeinwärts Standplätze auf, an denen im Juni noch weitere Männchen zu ihnen stoßen, mit denen sie oft grimmige Kämpfe ausfechten, um ihren jeweiligen Standort zu behaupten. Von den fortwährenden Kämpfen mit den Nebenbuhlern erschöpft und verdrängt müssen viele der ersten Ankömmlinge sich weiter landeinwärts einen neuen Standplatz suchen; manche derselben gehen an den mit den scharfen Eckzähnen erzeugten schweren Wunden zugrunde. Ein laut dröhnendes Gebrüll, das selbst das Donnern der Brandung übertönt, wird von den im ununterbrochenen Kampfe befindlichen Männchen ausgestoßen. Zu den Kämpfen um den Platz treten nach Ankunft der Weibchen Mitte Juni die um deren Besitz, die mit voller Wut während der ganzen Paarungszeit fortgesetzt werden. Kein Wunder, daß die Männchen Mitte Juli, wenn die letzten Weibchen ankommen, schon völlig erschöpft sind. Schließlich haben aber die meisten Weibchen bekommen, deren Zahl je nach der Stärke der Männchen und der

Lage der von ihnen eingenommenen Plätze verschieden ist. Bei einem durch die günstige Lage seines nur mit einem Zugangsloch versehenen Platzes begünstigten alten Männchen hat man über 45 Weibchen beobachtet; die in der Nachbarschaft des Ufers festgesetzten Männchen haben durchschnittlich 12–15, die weiter ins Land zurückgedrängten nur 5–9 Weibchen und manche der am weitesten landeinwärts verdrängten Männchen erlangen überhaupt keine. Indessen können etliche von den bis fast an den Schluß der Paarungszeit unbeweibten Männchen die Stelle der inzwischen infolge Erschöpfung abgezogenen Nebenbuhler einnehmen. Während der ganzen Paarungszeit, die bis in den August hinein andauert, können die ihren Platz zu behaupten wünschenden Männchen denselben auch nicht einen Augenblick verlassen und fasten wenigstens drei, manchmal auch vier Monate hindurch. Dabei leben sie von dem vorher reichlich angesammelten Speck.

Die Weibchen der Bärenrobbe sind sehr sanftmütige Geschöpfe, die niemals einen Streit miteinander haben und selten einen Schrei ausstoßen, auch wenn sie von den Männchen roh behandelt oder gar mit den Hauern schwer verwundet werden. Nur wenn sie ihr Junges geworfen haben, blöken sie, um es an sich zu locken. Gleich bei ihrer Ankunft werden sie von den dem Ufer nächsten Männchen mit aller Aufmerksamkeit empfangen, wechseln aber in der Folge oft ihren Besitzer, indem sie immer weiter nach dem Innern drängen, wo sie unter sorgfältiger Vermeidung von Plätzen mit Wassertümpeln Herden bilden. Hier werfen sie bald nach ihrer Ankunft je ein Junges, das sie immer wieder nach ihren Exkursionen zum Fressen ins Meer aufsuchen, um es zu stillen. Mit dem Größerwerden desselben bleibt die inzwischen aufs neue befruchtete Mutter immer länger aus. Anfangs August versuchen sich die dem Ufer nächsten Jungen im Schwimmen. Wenn auch die ersten Schwimmübungen sehr unbeholfen ausfallen und bald eingestellt werden, so bilden sie sich bald zu geschickten Schwimmern aus, die von Ende September in größeren Gesellschaften das Meer nach Beute durchsuchen. Ende Oktober verlassen sie mit den Müttern und älteren Geschwistern die Inseln, um sich mit Eintritt des Winters nach dem wärmeren Süden zu begeben.

Tafel 67.

(*Copyright M. Koch, Berlin.*)

Biber.

(*Copyright M. Koch, Berlin.*)

Von Bibern errichteter Damm.

Tafel 68.

(Copyright Underwood & Underwood.)

Junge Ohrenrobben am Strand der Insel Santa Catalina in Kalifornien.

Auf den Prybiloffinseln dürfen nur die unbeweibten ein- bis sechsjährigen Männchen getötet werden, und auch diese nur in bestimmter Zahl, um der Ausrottung der Tiere vorzubeugen. Die Regierung der Vereinigten Staaten hat das alleinige Recht zum Robbenschlag auf den Prybiloffinseln im Jahre 1869 an eine Handelsgesellschaft verpachtet und ihr erlaubt, auf St. Georg jährlich 25000 und auf St. Paul 75000, also zusammen 100000 junge Männchen zu töten. Durch die Ausbeutung dieses Rechtes hat die Gesellschaft von 1869 bis 1889 über 33 Millionen Dollar eingenommen, und zwar unter Aufwendung einer geringen Arbeit, indem sich die ein- bis sechsjährigen männlichen Bärenrobben für sich halten und von den

Angestellten der Gesellschaft leicht vom Meere abgedrängt werden können. Die auf dem Lande unbeholfenen, vor Angst brüllenden Tiere werden nun langsam dem Innern zugetrieben, wobei sie in einer halben Stunde beinahe einen Kilometer zurücklegen. Dann müssen sie eine Zeitlang ruhen und sich erholen, bis sie weitergetrieben werden können. Unterwegs werden alle wegen Beschädigung des Felles unbrauchbaren Tiere und die etwa mitgefangenen Weibchen ausgesondert und ihnen die Rückkehr zum Meere gestattet. Der anderen harrt, an den Schlachtplätzen in der Nähe der Salzhäuser angelangt, ein schreckliches Schicksal. Nachdem sie eingehürdet, sich gekühlt und ausgeruht haben, werden sie in Scharen von 50–100 Stück durch Hiebe auf den Kopf mit schweren eichenen Knütteln niedergehauen und von den noch warmen, zuckenden Leibern die Felle abgestreift und in die Salzhäuser gebracht. Hier werden sie immer zwei und zwei mit den Haarseiten aufeinander gelegt und so schichtenweise verpackt, wobei jede Schicht mit einer Lage Salz bedeckt wird. Nachdem die Felle so 2–3 Wochen gelagert haben, werden sie paarweise, aber jetzt mit der Haarseite nach außen, zusammengerollt und, in Fässer verpackt, in die Schiffe verstaut, die sie nach London, dem Hauptmarkt dieser rohen Felle, führen. Von dort kommen sie nach Entfernung des groben aschgrauen bis braunschwarzen Grannenhaars als kostbarer Sealskin in den Handel, um als Jackett eine Dame oder als Kragen den Mantel eines reichen Herrn zu zieren. 40–50 Robbenjäger töten und enthäuten an einem Tage bis zu 3000 Stück der wehrlosen Pelzrobben. Während des Sommers 1872 haben 45 Leute über 72000 Bärenrobben in weniger als vier Wochen zum Schlachtplatz getrieben, getötet und abgehäutet.

Trotz der Bestimmung, daß in jedem Jahre nur 100000 männliche Bärenrobben getötet werden dürfen, soll diese Anzahl vielfach überschritten werden. Die Folge davon ist, daß die Zahl der die Prybiloffinseln zur Fortpflanzung aufsuchenden Bärenrobben immerfort abnimmt. Die jungen Männchen und unfruchtbaren Weibchen bleiben auch den Sommer über auf hoher See, wo ihnen britische Schiffe nachstellen. Hat eins der wohlausgerüsteten etwa 50 britischen Segelschiffe eine Bärenrobbe in der Beringsee gesichtet, so werden mit je zwei Matrosen und einem mit zwei Schrotflinten und einer Kugelbüchse ausgerüsteten Jäger bemannte kleine Boote auf die Pelzrobbenjagd ausgesandt. Ruhig fährt das Boot an die wahrgenommene Bärenrobbe heran und der Jäger sucht sie durch einen Schuß in den Kopf zu töten, was allerdings durch die große Wachsamkeit der Tiere in den allermeisten Fällen vereitelt wird, indem sie beizeiten die Gefahr merken und untertauchend in die Tiefe verschwinden. Der Jäger soll nur dann schießen, wenn er seiner Beute ganz sicher zu sein glaubt. Ist diese getroffen, so beginnt sie sofort zu sinken, weshalb das Boot sich beeilen muß, an den Kadaver heranzukommen, ihn zu gaffeln und an Bord zu nehmen. Die auf die Robbenjagd geschickten kleinen Boote bleiben auf dem Wasser, solange sie eine Bärenrobbe sehen können, und wenn sie manchmal auch nur eine oder zwei während eines ganzen Tages erbeuten, so fallen ihnen gelegentlich auch mehr, bis zwanzig, zum Opfer. Das Fleisch dieser Tiere wird von den Eingeborenen, aber auch den Europäern, gern gegessen, da es recht schmackhaft ist.

In derselben Weise wie der Bärenrobbe wird auf den Prybiloffinseln der im männlichen Geschlecht bis 4 *m* langen, einen Umfang von 2,5–3 *m* und ein Gewicht von 500–650 *kg* erreichenden Stellerschen Ohrenrobbe (*Otaria stelleri*), von den Matrosen wegen ihres grimmigen Gesichtsausdrucks Seelöwe genannt, nachgestellt. Diese größte aller Pelzrobben, die in der Jugend lebhaft kastanienbraun, erwachsen dagegen in beiden Geschlechtern hellrötlichbraun ist, wurde im Jahre 1741 während Berings erster Forschungsfahrt in diesem Weltteil entdeckt und von dem Bering begleitenden Naturforscher Steller, nach welchem das Tier später benannt wurde, beschrieben. Da diese Robbe ihren schweren Körper über Land nur sehr mühsam fortbewegt, begibt sie sich während der Fortpflanzungszeit nicht so weit ins Land hinein wie die Bärenrobbe, nämlich nicht sehr weit über den Bereich der höchsten Flut hinaus. Während der Paarungszeit im Frühsommer besucht sie dieselben Küstenstrecken wie die Bärenrobbe, die sie durch ihre bedeutendere Stärke verdrängt, ohne daß sie sich ihrem gewaltigen Gattungsgenossen gegenüber zur Wehr setzte. Doch scheint es die männliche Ohrenrobbe bei der Bildung und Beschützung ihres Harems weniger genau zu nehmen als die männliche Bärenrobbe. Die Ohrenrobbe ist äußerst scheu und wachsam und läßt keinen Menschen nahe herankommen, ohne daß sie sich plötzlich Hals über Kopf ins Meer stürzte. Hierbei werden die Weibchen von den Männchen begleitet, die die Jungen bewachen, sie im Wasser schwimmend umkreisen und sie so lange zusammenhalten, bis eine neue Landung gefahrlos erscheint. Bei den Jungen bleiben auch die mit ihnen und den Männchen ins Wasser geflohenen Weibchen, tauchen und schwimmen hierhin und dorthin, beim jedesmaligen Auftauchen den Störenfried mit einem heisern Grollen bedrohend.

Auf ihren Paarungsplätzen erscheinen die männlichen Ohrenrobben im Mai. Ihnen folgen 3–4 Wochen später die Weibchen, die ihre Jungen einen Monat früher als die Bärenrobben werfen. Auch bei ihnen nehmen die stärksten Männchen die meisten Weibchen in Beschlag, um bis Ende September mit ihnen zusammenzubleiben. Gewöhnlich versammelt jedes genügend starke Männchen 10–15 Weibchen um sich, um sie bald nach dem Werfen der Jungen zu befruchten. Auch nach der Paarungszeit halten sich die Ohrenrobben den ganzen Winter hindurch nahe der Küste. Doch sind sie nicht mehr zahlreich auf den Prybiloffinseln. Man schätzt die Anzahl der die Insel St. Paul besuchenden Ohrenrobben auf etwa 25000, während 7000–8000 auf die zweite Hauptinsel der Prybiloffgruppe, St. Georg, kommen sollen. Ein Beobachter meint, daß übrigens nur 15000–20000 Ohrenrobben im Jahre die Prybiloffinseln besuchen. Auf der Insel St. Paul werden die zum Abschlachten bestimmten Ohrenrobben langsam der Küste entlang getrieben, wobei sie fortwährend tiefe Klagetöne ausstoßen. Um die Tiere aufzuscheuchen, genügt es, in ihrer Nähe plötzlich einen Regenschirm auszuspannen. Dies wird alle paar Minuten wiederholt, bis die ganze Herde munter geworden ist und sich unter viel Gebrüll und Gekläff in Bewegung setzt. Durch Rufe und Flaggenschwenken am Ende und an den Rändern der Herde werden die Tiere, die jetzt so gut wie möglich vorwärtshumpeln, so lange in Bewegung gehalten, bis sie neuer Ruhe bedürfen. Endlich am Schlachtplatz angelangt, werden die zum Erschlagen durch Keulen viel zu gewaltigen ausgewachsenen Männchen mit Büchsen totgeschossen und ihr Fell abgezogen. Die Weibchen und jungen Männchen dagegen, die die besten Pelze liefern, werden erstochen. Mit einem scharfen Messer wird das Unterhautzellgewebe der abgezogenen Häute und zugleich damit die tiefer als die Wollhaare wurzelnden Grannenhaare durch Entwurzelung aus dem Pelze entfernt. Im übrigen ist die Behandlung der Felle dieselbe wie bei den Bärenrobben.

Von ihnen wie von den weiter südlich lebenden Ohrenrobben wird auch das Fett gesammelt und eingekocht, das schwach behaarte Fell der letzteren zur Herstellung eines starken Leders erbeutet. Vor etwa 100 Jahren war die Zahl der Ohrenrobben vieler Gegenden ungeheuer groß. An der chilenischen Küste, die seitdem nahezu eine Million Felle lieferte, sollen damals 500000–700000 dieser Tiere gelebt haben. In Südgeorgien wurden im Jahre 1800 nicht weniger als 112000 Bärenrobben erbeutet, wovon auf ein einziges amerikanisches Schiff rund 50000 kamen. Damals wurde auch die Entdeckung von Bärenrobben an der australischen Küste bekannt, von wo im Jahre 1804 ein einziges Schiff 74000 Häute ausführte. Auch an den südostwärts vom Kap der Guten Hoffnung gelegenen Prinz Edward-Inseln wurden große Scharen von Ohrenrobben erbeutet, und zwischen 1820 und 1821 wurden über 300000 Häute von den Südshettlandinseln ausgeführt, wo 1821 über 100000 junge Ohrenrobben, ihrer Mütter beraubt, zugrunde gingen. Von der in der Nähe der Küste von Neusüdwales gelegenen Antipodeninsel wurden 1814 und 1815 über 400000 Felle großer Pelzrobben ausgeführt, wovon der vierte Teil bei der Ankunft in Europa wegen ungenügender Zubereitung als Dünger verkauft oder fortgeworfen werden mußte. Kein Wunder, daß die Anzahl der Pelzrobben der südlichen Meere schon im Jahre 1813 so gering geworden war, daß die auf ihren Fang ausgehenden Schiffe statt Gewinn meistens Verlust hatten, und daß eine den Pelzrobben geltende Schiffsreise ein großes Risiko in sich faßte, ob sie sich überhaupt bezahlt macht. So unvernünftig hat das grimmigste Raubtier, der Mensch, mit den ihm unerschöpflich scheinenden Naturschätzen gewütet, die ihm bei einigermaßen vernünftiger Ausbeutung viele Jahrhunderte hindurch Reichtümer ohne Zahl gewährt hätten. Die einst immensen Herden von Pelz- und Haarrobben sind heute so sehr zusammengeschmolzen, daß jährlich insgesamt nur noch etwa 185000 Pelz- und 875000 Haarröbben erbeutet werden. Wenn nicht ganz energische Schonungsmaßregeln von seiten der betroffenen Nationen ergriffen werden, wird das völlige Aussterben der großen Ohrenrobben wie so mancher anderer Wunder der Schöpfung — es sei hier nur an die gewaltige Stellersche Seekuh erinnert — nur eine Frage der Zeit sein.

Ein anderes Wassertier, dessen Pelz sehr geschätzt wird, ist der ebenfalls auf den Aussterbeetat gesetzte Biber, von dem in einem früheren Abschnitte eingehend die Rede war. Für den Handel ist nur noch mit dem Biber in Nordamerika, speziell Kanada, zu rechnen. Von dort kommen ungefähr noch 50000 Felle jährlich in den Handel. Die Farbe des Bibers, die gewöhnlich auf der Oberseite dunkelbraungrau, auf der Unterseite dagegen heller ist, variiert ganz bedeutend. Es gibt von ihm ganz helle und ganz dunkle Exemplare; die Pelze der letzteren sind die wertvollsten. Bei deren Zubereitung wird das grobe, braune Grannenhaar entweder stehen gelassen oder entfernt, so daß nur das weiche, dichte, graublaue Wollhaar zurückbleibt, das ein sehr feines, überaus geschätztes Pelzwerk liefert.

Eines der wichtigsten Pelztiere ist der Fuchs, dessen Lebensweise ebenfalls bereits besprochen wurde. Der bei uns heimische Rotfuchs mit rötlichgelbem, auf dem Rücken braunrotem Pelze hat an seiner dichten, buschigen Lunte meistens eine weiße Spitze. Je nach ihrer Farbe und Dichtigkeit steigen die Felle des Fuchses bedeutend an Wert. Die schönsten für Pelzwerk in Betracht kommenden Rotfüchse stammen aus Alaska und Kamtschatka; aber auch Sibirien hat sehr gesuchte Fuchspelze. Im Gouvernement Tobolsk wurden in den letzten Jahren 50000–75000 junge und nur 5000–10000 ausgewachsene Füchse jährlich gefangen. In den Gouvernements Jakutsk und Jenissei, wo die Jungen nicht gefangen werden dürfen, kommen jährlich 15000 bis 25000 Füchse zur Strecke. Zu diesem Rotfuchs tritt in den Polarländern noch der Weißfuchs. Eine besondere Art desselben mit blaugrauer Farbe ist der Blaufuchs, der schon sehr hoch im Preise steht. Bei weitem am kostbarsten sind aber die Silber- oder Schwarzfüchse, die in Sibirien, auf den Aleuten und im nördlichsten Teile Kanadas leben, aber heute infolge der unaufhörlichen Verfolgung überall selten geworden sind, so daß man sie manchenorts in regelrechte Zucht in eingehegten Revieren genommen hat, um einigermaßen mühelos ihren kostbaren Pelz zu erhalten. Derselbe hat ganz schwarzes, sehr feines, langes Haar, das stets nach unten fällt. Trägt dieses Haar weiße Spitzen, so wird der Pelz Silberfuchs genannt, überwiegt aber das reine Schwarz in der Färbung und sind nur wenige Stellen mit Silberhaaren bedeckt, dann heißt der Pelz Schwarzfuchs. Ganz reine Schwarzfüchse ohne jedes Silber sind ganz außerordentlich selten. Von ihnen werden jährlich noch nicht ein halbes Dutzend erbeutet, und der Wert eines solchen Felles steigt bis auf 12000 Mark.

In den Provinzen Schensi und Schansi wird das an Gestalt der Angoraziege ähnliche Tibetschaf in großen Massen nur des Pelzes wegen gezüchtet. Der deutsche Pelzhandel kennt diese Felle, die sich durch eine feine, langhaarige, glänzendweiße Wolle auszeichnen, seit kaum 20 Jahren. Heute aber werden jährlich wenigstens 600000 Stück davon importiert, und zwar meist schon in zugerichtetem Zustande, was die Chinesen, die überhaupt Meister in der Kürschnerkunst sind, ganz vortrefflich besorgen. In den weiten Ebenen und Steppen der Bucharei dagegen lebt in großen Herden bis zu 5000 Stück das auf Seite 127 besprochene Fettschwanzschaf von Arkalabstammung, das die schwarzen, seidenglänzenden, vielfach gekräuselten und gerollten Pelze gibt, die unter dem Namen Astrachan, Krimmer oder Persianer in den Handel gelangen und prächtige Wintermäntel und Jacken liefern. Ihn erzeugen die ganz jungen Schafe, während die Felle der neugeborenen Lämmer, die ein eigenartiges, moireähnliches Muster zeigen, Breitschwanz genannt werden. Letztere werden an Ort und Stelle schon mit 8 Mark das Stück bezahlt, während die Felle der älteren Lämmer als Astrachan nur 4 bis 5 Mark kosten. Um die Bildung der feinen Löckchen des Felles zu fördern, näht man zuweilen die jungen Lämmer während ihres kurzen Lebens in ein Fell oder ein Stück grobe Leinwand ein. Die Bucharen sind sehr stolz auf diese ihre Schafe, die so herrliche Felle besitzen und die es noch nicht gelang anderswo anzusiedeln. Die Felle werden alljährlich von den Vertretern großer Pelzfirmen an Ort und Stelle eingekauft oder gelangen auch auf die großen Märkte nach Astrachan. Sie werden darauf in rohem Zustande in besonderen Fabriken einer ersten Präparierung unterworfen, die sie für die Reise nach Europa geeignet macht. Hier werden sie vollends gereinigt und, da das natürliche Schwarz zu stumpf wirkt, noch künstlich gefärbt, bis sie den sie so beliebt machenden schwarzen Glanz erlangt haben.

Zu Nachahmungen wertvollerer Pelze dient hauptsächlich der dichte Winterpelz des Kaninchens. Zu diesem Zwecke wird er gewöhnlich geschoren, gefärbt und kommt dann als Sealkanin, Nutriakanin, Chinchillakanin und Zobelkanin in den Handel. Am beliebtesten ist das Fell des Silberkaninchens, das im Rohzustande herrliche Imitationen des echten Hermelins liefert. Deshalb wird dieses Tier in sehr großen Mengen gezüchtet und seine Felle in gewaltiger Zahl namentlich in die romanischen Länder eingeführt, wo sie meist sehr gut bezahlt werden. Außer durch Kaninchenfell wird der so beliebte Chinchillapelz vielfach auch durch das Fell einer australischen Beuteltierart imitiert. Das Fell des nordischen Eisfuchses wird sehr häufig durch dasjenige des nordischen Schneehasen nachgeahmt oder aus dem Felle des vorhin genannten weißen Tibetschafes imitiert, nachdem es durch Aufbügeln und Auskämmen einem Regenerationsverfahren unterworfen wurde. Auf eine bestimmte nordische Wolfsart führt meist der vielgerühmte Kamtschatkafuchs seinen Stammbaum zurück und hinter dem Luchspelz aus Rußland steckt in der Regel das Fell eines australischen Beuteltieres. Der russische Edelmarder entpuppt sich dem Kundigen nicht selten als Fell des nordamerikanischen Opossums, also ebenfalls eines Beuteltieres. Gleicherweise werden auch die als Kolinski bezeichneten Felle des tatarischen Marders durch diejenigen von Hauskatzen geschickt nachgeahmt.

Wie die Säugetiere der nördlichen Breiten mit ihrem dichten Pelz, müssen die Vögel der sonnenreichen Tropenländer mit ihrem herrlichen Gefieder dem Menschen dienen. Wie jene hat er deshalb auch diese mit erbarmungsloser Gier in ungezählten Scharen gemordet, so daß das Herz jedes Naturfreundes sich in Bitterkeit zusammenkrampft, wenn man bedenkt, wie scheußlich gegen jene frohe, bunte Schaar im Laufe der letzten Jahrzehnte dank der infamen, launischen, von den herz- und gedankenlosen Halbweltdamen in Paris zum größten Teil diktierten Mode gewütet wurde. Und dank ihrer angeborenen Eitelkeit macht auch die bessere, anständige Frau jenen frivolen Hetären all diesen Blödsinn nach. Der beklagenswerten Mode des Tragens von bunten Vogelfedern oder ganzen Vogelbälgen auf den Damenhüten sind schon viele Milliarden Vögel in der herrlichsten Zeit ihres Lebens, in der Zeit der Fortpflanzung, wenn sie ihr schönstes Kleid, das Hochzeitskleid, anhaben, herzlos in den Tod geschickt und mit ihnen ihre Brut dem Hungertode und der Vernichtung preisgegeben worden. Wir haben bei Besprechung der kulturgeschichtlichen Rolle der Straußenfeder gesehen, daß ihr im 15. Jahrhundert am üppigen, reichen burgundischen Hofe die zierliche Aigrette als Hutschmuck vorausging. Diese Aigrette wurde ursprünglich vom Silberreiher (*Ardea alba*) gewonnen, der am liebsten in schwer zugänglichen Rohrdickichten an den Ufern stehender oder langsam fließender Gewässer nistet und einst wie in ganz Südeuropa, so in den Donautiefländern, von Ungarn an bis in die Dobrudscha hinein, ein häufiger Brutvogel war. Durch die ihm seiner prächtigen Schmuckfedern wegen bereiteten Nachstellungen ist er nicht nur dort, sondern überall auf der Welt, wo er nistet, selbst in den entlegensten Gegenden, überaus selten geworden. Auch der dieselben Gegenden bewohnende überaus anmutige Seidenreiher (*Ardea garzetta*), der in den Brutkolonien seine Nester fast ausnahmslos auf den obersten, ziemlich dünnen Seiten- und Gipfelzweigen der Bäume errichtet, in denen er von Ende Mai an seine 3–4, selten 5 hellbläulichgrünen Eier bebrütet, ist dank den eifrigen Nachstellungen beinahe ausgerottet, obschon seine Schmuckfedern viel weniger begehrt sind und dementsprechend niedriger im Preise stehen als diejenigen des Silberreihers. Die mit sparrigen, kurzen Strahlen versehenen Schmuckfedern dieser Edelreiher stehen bei dem Männchen den Rücken entlang und nicht am

Hinterkopfe, wie man gewöhnlich glaubt. Ihretwegen werden sie geschossen. So hat man im Jahre 1898 in Venezuela allein 1538738 dieser Edelreiher zur Gewinnung der Aigretten getötet; zehn Jahre später konnte man nur noch 259916 derselben erbeuten. Dort und in Mittelamerika, Afrika und Ostasien, wo er einst in ungezählten Scharen lebte, ist er so überaus selten geworden, daß man trotz der hohen Preise die größte Mühe hat, die Nachfrage nach den Aigretten zu befriedigen.

Eine einzige Sendung eines großen Londoner Hauses umfaßte außer 19000 Aigretten 80000 Seevögel und 800000 Paare von Flügeln verschiedener Art. Eine andere einer Berliner Firma enthielt 32000 Kolibris. Die Kolibrifedern dienen nicht nur zur Verzierung von Damenhüten, sondern auch zum Garnieren von Schuhen, von denen allerdings ein Paar 6000 Mark kostet. So ist es kein Wunder, daß z. B. auf der Insel Trinidad, wo der Gang der Ausrottung überschaut werden kann, von ursprünglich 18 Kolibriarten nur noch 5 existieren. Von den wundervollen Paradiesvögeln Neuguineas kamen 1907 19742 Bälge in London auf den Markt. Eine einzige Sendung einer Londoner Firma zählte 28300 Bälge dieser Art auf und täglich laufen neue große Sendungen derselben in London ein. Kürzlich schossen japanische Raubjäger auf einsamen Inseln der Hawai-Gruppe 250000 brütende Albatros, jene herrlichen Flieger des offenen Meeres, die mitten auf den gewaltigen Wasserwüsten der Ozeane als fast einzige Vertreter der Vogelwelt anzutreffen sind, um sie über Japan auf den Londoner Mark zu bringen. In einer einzigen Saison wurden von einer Pariser Modistin 40000 Seeschwalben verbraucht. Hunderttausende von nützlichen einheimischen Schwalben und Stieglitzen, wie der schönsten und seltensten exotischen Vogelarten werden jährlich der Eitelkeit der europäischen Frau geopfert. Wie die Paradiesvögel stehen vor allem die herrlichen Glanzstaare, Quesals, Trogone, Sittiche, Kolibris und zahlreiche andere Schmuckvögel der Tropen auf der Liste der bald der Ausrottung Verfallenen. So hat man berechnet, daß für die europäische Damenwelt allein über 300 Millionen Ziervögel jährlich ihr Leben lassen müssen. Es ist dies, wie *Dr.* Paul Sarasin in Basel in seinem Aufruf zur Gründung eines Weltnaturschutzbundes mit Recht sagt: „ein die Natur beleidigendes Riesenopfer an die Eitelkeit und Herzlosigkeit der europäischen Frau.“

Es wäre höchste Zeit, daß die betreffenden Nationen sich in zwölfter Stunde aufrafften, um diesem sinnlosen Treiben der Ausrottung der schönsten Geschöpfe unserer Erde ein jähes Ende zu setzen. Haben wir nicht in den bunten Seidenbändern und den mit großer Naturtreue erzeugten künstlichen Blumen hübsche Garnituren genug, um auch die größten Ansprüche der verwöhntesten Dame zu befriedigen?

Außer Pelz und Feder ist auch das Schildpatt und die Haut mancher Schlangen und Alligatoren ein gesuchter Handelsartikel. Das Schildpatt oder Schildkrot wird von der eine Gesamtlänge von nahezu 1 *m* erlangenden, als gieriger Räuber ausschließlich von tierischen Stoffen lebenden Karettschildkröte (*Chelone imbricata*) gewonnen. Diese lebt nicht nur im Indischen und Stillen, sondern auch im Atlantischen Ozean, hat zwar ungenießbares Fleisch, liefert aber durch ihre 3–7 *mm* dicken, auf braunem Grunde eine gelbe Zeichnung tragenden, dachziegelartig angeordneten Rückenplatten, von denen ein ausgewachsenes Tier 2–6 *kg* besitzt, ein wichtiges Rohmaterial für allerlei Schmucksachen, wie Kämme, Dosen und Einlegearbeiten. Dieses Schildpatt wird indessen auch von mehreren anderen verwandten Schildkröten gewonnen und kommt in bester Beschaffenheit von Indonesien, in großer Menge aber auch vom Roten Meer, von Westindien und den Küsten Südamerikas in den Handel. Nur wenn es stark erwärmt wird, löst es sich leicht vom Rückenpanzer der betreffenden Schildkröte. So wird dieses bedauernswerte Tier über einem Feuer aufgehängt und so lange geröstet, bis jene Wirkung erzielt worden ist. Die Chinesen, die einsahen, daß das Schildkrot durch trockene Wärme leicht verdorben werden kann, bedienen sich gegenwärtig zu diesem Zwecke des kochenden Wassers. Nach überstandener Ablösung des Schildkrots gibt man die Karettschildkröte wieder frei und läßt sie dem Meere zulaufen, da man glaubt, daß sich das Patt wieder erzeugt.

Das Schildpatt übertrifft nicht nur an Schönheit und Güte jede andere Hornmasse, sondern läßt sich auch leicht zusammenschweißen. Es genügt, die einzelnen Tafeln, die ungleich dick und spröde sind, in siedendheißes Wasser zu tauchen und sie dann zwischen Metallwalzen zu pressen. Bei hinreichendem Druck haften sie so fest aneinander, daß man die einzelnen Teile nicht mehr unterscheiden kann, behalten dabei auch, nachdem sie langsam erhärtet sind, jede ihnen im erweichten Zustande beigebrachte Form vollkommen bei und eignen sich somit vortrefflich zur Herstellung von Dosen und Kämmen. Selbst die Abfälle können noch gut benutzt werden, da man mit ihnen die Vertiefungen zwischen den einzelnen Tafeln ausfüllt und sie wieder in der Wärme so lange preßt, bis sie sich mit jenen innig verbunden haben.

Dieses Schildpatt wurde schon im hohen Altertum zur Herstellung von allerlei kostbaren Schmuckgegenständen verwendet. So sagt Seneca, der Erzieher Kaiser Neros: „Die Schale der Schildkröte, dieses scheußlichen und über alle Maßen faulen Tieres, wird mit großer Kunst und Sorgfalt bearbeitet, durch allerlei Mittelchen bunt gefärbt und zu ungeheueren Preisen gekauft." Und Plinius schreibt in seiner Naturgeschichte: „Carvilius Pollio, ein verschwenderischer und in Gegenständen des Luxus erfinderischer Mann, hat zuerst die Schalen der Schildkröten zerschneiden und mit den Platten

Betten und Präsentierteller überziehen lassen." Auch Ovid, Vergil, Martial, Juvenal und Lucanus erwähnen das Schildpatt, von dem Julius Capitolinus speziell berichtet, daß in Rom kaiserliche Prinzen in damit ausgelegten Badewannen gebadet wurden. In der Renaissancezeit wurden damit besonders kunstvolle Einlagen in wertvolle Möbel erzeugt. Erst in der Neuzeit sind Dosen und Kämme daraus verfertigt worden. Jetzt wird es sehr viel, wie das teure Elfenbein, in billigem Celloidin nachgeahmt.

Verwandt mit der Karettschildkröte ist die viel größere Suppenschildkröte (*Chelone viridis*), die bei den Feinschmeckern in hohen Ehren steht. Dieses im Stillen, im Indischen und im Atlantischen Ozean, selten als Irrgast auch im Mittelmeer auftretende, 2 *m* lang und 500 *kg* schwer werdende Tier lebt vorwiegend von Pflanzen, namentlich von Seetang, und wird von Westindien aus lebend auf den europäischen Markt gebracht. Im Meere schwimmt es mit solcher Kraft, daß es sich ungefährdet in die stärkste Brandung wagen darf. Nur zum Eierlegen verlassen die weiblichen Suppenschildkröten das hohe Meer und steuern bestimmten, altgewohnten, von Menschen nicht bewohnten Plätzen mit sandigem Ufer zu, um dort nachts ihre Eier lose in den Sand zu vergraben. Dabei lassen sie sich von den Menschen leicht erbeuten. Doch muß er sich ganz leise an sie heranschleichen, da das ungemein argwöhnische und trotz seines stumpfsinnigen Benehmens mit sehr scharfen Sinnen ausgestattete Tier beim geringsten Verdacht schleunigst dem Meere zustrebt und, wenn es das Wasser auch nur mit den Vorderflossen erreicht hat, selbst durch die vereinte Kraft mehrerer Männer nicht mehr zurückgehalten zu werden vermag. Ist es weit genug vom rettenden Wasser entfernt, so muß man versuchen, den mit seinen riesigen Ruderfüßen wütend um sich schlagenden Koloß auf den Rücken zu werfen, wozu ein einzelner Mensch manchmal nicht stark genug ist. Auf dem Rücken liegend ist die Schildkröte völlig wehrlos und endgültig in die Gewalt des Menschen gegeben. Am folgenden Morgen werden die Gefangenen in eigens für sie bereitete Behälter mit Seewasser oder auf die Schiffe gebracht. In der Gefangenschaft fressen sie kaum, magern deshalb rasch ab und verlieren ihren Wert. Auf dem Verdeck der Schiffe werden sie auf dem Rücken liegend mit Stricken befestigt, ein Tuch über sie gebreitet und dieses so oft mit Seewasser begossen, daß es beständig naß oder wenigstens feucht bleibt. In den europäischen Seestädten hält man sie in großen Kübeln, die alle 2 bis 3 Tage einmal mit Wasser gefüllt werden, schlachtet sie dann, indem man ihnen den Kopf abhackt, und hängt sie 1–2 Tage so auf, daß alles Blut ablaufen kann. Erst dann hält man das Fleisch geeignet zur Bereitung von köstlichen Suppen.

Die Indianer Südamerikas töten diese und andere Meerschildkröten des Öles wegen, das in ihrem Fleische enthalten ist, kochen es aus und sammeln die zahlreichen Eier, die im Sande oder noch im Leibe des Tieres enthalten sind, in großen Körben, um sie zu Hause zu verzehren. Die Eier mehrerer, die südamerikanischen Flüsse bewohnender Halswenderschildkröten (*Pleurodira*) sind für manche Indianerstämme von größtem Nutzen. Am berühmtesten wurde aber durch die farbenreiche Schilderung Alexanders von Humboldt die im ganzen tropischen Südamerika östlich der Anden lebenden Arrauschildkröte (*Podocnemis expansa*), ein Tier von 77 *cm* Panzerlänge und einem Gewicht von 20–25 *kg*. Zur Zeit des niedrigsten Wasserstandes der von ihr bewohnten Flüsse, zu Anfang März, kommt diese Schildkröte alljährlich an die von ihr zur Eiablage bevorzugten sandigen Ufer und Inseln und genügt ihrem Fortpflanzungstrieb. Hier wird sie teilweise von den in großer Menge zur Ernte herbeieilenden Indianern erlegt; zum weitaus größten Teile läßt man sie unbehelligt ihre taubeneigroßen, mit ziemlich dicker Pergamentschale versehenen Eier ablegen, um diese zu erbeuten. Die betreffenden sandigen Ufer sind dann durchschnittlich 1 *m* tief damit gefüllt. Sie werden von den Indianern mit den Händen ausgegraben, in Körben ins benachbarte Lager getragen und in große, mit Wasser gefüllte hölzerne Tröge geworfen. In diesen werden sie mit Holzschaufeln zerdrückt, umgerührt und der Sonne ausgesetzt, bis der obenauf schwimmende ölige Teil, das Eigelb, dick geworden ist. Das Öl wird dann abgeschöpft und über starkem Feuer gekocht. Gut zubereitet ist es farblos mit einem Stich ins Gelbliche, geruchlos, um so besser haltbar, je stärker es gekocht wurde und dient als sehr geschätztes Speisefett. Da es meist recht unreinlich gewonnen wird und teilweise ausgebildete und dann in der Weiterentwicklung gehemmte Keime enthält, die verfaulen, besitzt es in der Regel einen fauligen Geschmack, der aber der Wertschätzung von seiten der Indianer keinen Eintrag tut.

Begreiflicherweise ist keine Schildkröte in engere Beziehungen zum Menschen getreten. Dagegen ist dies mit einigen anderen Reptilien der Fall, vor allem mit einigen Schlangen, die der Mensch teils aus heiliger Scheu wegen ihres überaus giftigen Bisses, teils aus praktischen Gründen, weil sie ihm bei der Bekämpfung der seinen Vorräten schädlichen Mäuse und Ratten gute Dienste leisten, in Kultpflege nahm. Bei manchen Volksstämmen Indiens und Afrikas sind verschiedene gefürchtete Giftschlangen geradezu heilige Tiere, denen regelmäßig Opfer von Milch dargebracht werden. Dies war schon im Altertum der Fall, wo beispielsweise in Ägypten die überaus giftige Hornviper (*Cerastes cornutus*), ein typischer sandfarbener Wüstenbewohner, als heiliges Tier in einigen Tempeln gehalten und vom Menschen gefüttert wurde. Gleicherweise geschah es im alten Athen mit der ungiftigen Natter, von welcher der Geschichtschreiber Herodot erzählt: „Die Athener sagen, als Schutzgeist wohne in ihrer Burg im Tempel der Athene eine große Schlange, und diese füttern sie alljährlich mit einem Honigkuchen. Als nun die Perser die Stadt mit Heeresmacht bedrohten, verkündete die Priesterin der Pallas, diesmal sei der sonst immer verzehrte Honigkuchen unberührt geblieben. Hieraus schlossen nun die Athener, die Göttin habe die

Stadt verlassen; sie faßten demnach alsbald den Entschluß, ein Gleiches zu tun, schafften ihre Habe fort und begaben sich auf die Schiffe.“ Die Rolle, welche die harmlose Äskulapnatter (*Coluber aesculapi*) als heiliges Tier des Heilgottes Asklepios an dessen Heiligtümern in Griechenland und später, als sein Dienst bei Gelegenheit einer schweren, drei Jahre die Stadt heimsuchenden Seuche nach Rom überpflanzt wurde, im ganzen römischen Reiche spielte, ist zu bekannt, als daß hier näher darauf eingetreten zu werden brauchte. Diese zutrauliche Schlange wurde auch sonst in römischen Haushaltungen als guter Geist und Mäusefängerin gehalten und mit Milch gefüttert, so wie heute überall in Brasilien halbzahme ungiftige Hausschlangen an Stelle der Katzen zur Befreiung der Häuser von der lästigen Mäuseplage gehalten werden. Unter diesen ist die beliebteste eine Giboea genannte kleine Art Boa von etwa 4 *m* Länge und der Dicke eines Arms. Diese wird z. B. auf den Märkten von Rio de Janeiro, Pernambuco und Bahia für 4 bis 5 Mark verkauft und findet stets Abnehmer. Die Schlange liegt den ganzen Tag schläfrig im Hausflur; erst bei Eintritt der Nacht beginnt sie ihre Jagd, gleitet geräuschlos den Mauern entlang und schnellt geschwind wie der Blitz auf eine Maus oder Ratte zu, die sie mit tödlicher Sicherheit ergreift. Sie begnügt sich aber nicht mit einem Fraß, sondern tötet die schädlichen Nager massenhaft aus bloßer Mordlust. Ihrem Herrn gegenüber wird sie vollständig zahm und bekundet große Anhänglichkeit an das Haus, das sie fast niemals verläßt, so daß eine gute Hausschlange für den Besitzer ein wahrer Schatz ist.

Von den Reptilien sind sonst einzig noch die Alligatoren zu halben Haustieren erhoben worden, und zwar weil ihre Haut ein zur Mode gewordenes geschätztes Luxusleder, ihre Zähne einen beliebten Schmuck liefern und winzige Alligatorbabies nebst mit Edelsteinen gezierten kleinen Schildkröten, die gleicherweise als lebende Broschen getragen werden, die „Lieblingstiere“ der extravaganten reichen Amerikanerinnen geworden sind. Um nun diese durch die zunehmende Besiedelung immer seltener werdenden Tiere leichter erlangen zu können, haben findige Yankees begonnen, sie zu züchten. So gibt es in den Vereinigten Staaten, besonders in Kalifornien, eigentliche Alligatorenfarmen, in denen diese gefürchteten Saurier in besonderen Gehegen gehalten werden. Um sich vor Schaden zu schützen, legt der Farmer den bösartigsten dieser in Pflege genommenen Echsen einen regelrechten Maulkorb an. Im Monat Juli scharren sich die Weibchen aus Riedgras und Reisig ein primitives Nest zusammen und legen 30–40 längliche Eier hinein. Ist dies geschehen, so bedecken sie dieselben sorgfältig mit demselben Material und überlassen der Sonne das Ausbrüten ihrer Nachkommenschaft. Der Farmer aber entnimmt den Nestern alsbald die meisten Eier, um sie einem Brutapparat anzuvertrauen. Darin werden die Eier bei einer Temperatur von 70° *C.* unter täglicher Anfeuchtung in etwa 60 Tagen ausgebrütet. Haben die Jungen die Eischale verlassen, so sind sie schon eine gesuchte marktfähige Ware. Sie gedeihen ohne besondere Pflege und werden mit Fleischabfällen gefüttert. Ihr Wachstum geht außerordentlich langsam vor sich. So hat ein zwei Fuß langes Tier ein Alter von annähernd zehn Jahren, während ein zwölf Fuß langes oft das stattliche Alter von hundert Jahren aufzuweisen hat. Die großen Exemplare sind für Menagerien und zoologische Gärten sehr begehrt.

XXVIII. Die Transpender.

Das Tier war dem Menschen der älteste Fettlieferant, den später mit dem Aufkommen des Hackbaues und dem Anpflanzen gewisser Öl in ihren fettreichen Samen liefernder Pflanzen das vegetabilische Fett wenigstens bei den Kulturvölkern mehr und mehr verdrängte. Gleichwohl nimmt auch der gesittete Kulturmensch gern die Fettquellen des Tierreichs in Anspruch, um seinem gesteigerten Bedarf nach solchen Genüge zu tun. Unter diesen sind die Transpender die wichtigsten. Es sind dies alles dem Leben im Wasser angepaßte Raubtiere, teilweise geistig sehr hochstehende warmblütige Säugetiere, deren Körper zur Aufrechterhaltung der bedeutenden Eigenwärme in dem sehr viel besser als die Luft die Wärme leitenden nassen Element eine dicke Schicht eines schlechten Wärmeleiters umgibt. Diese warmhaltende Fettumhüllung in Form einer massenhaften Ansammlung von im Lebendzustande flüssigem Fett im Zellgewebe vermindert zugleich das bedeutende Gewicht der meist eine gewaltige Größe erreichenden Tiere, läßt sie dementsprechend leichter in der salzigen Flut schwimmen und hilft zugleich den riesigen Wasserdruck bzw. die Schwankungen desselben beim raschen Hinabtauchen in große Tiefen und Wiederauftauchen ohne Schaden ertragen. Und je nördlicher das Wohngebiet der betreffenden Tierart sich erstreckt, je größer also die Wärmeabgabe im eisigen Meerwasser ist, um so mächtigere Fettschichten sammelt das betreffende Tier um sich an.

Die gesuchtesten, weil ausgiebigsten Fettspender sind die heute nur noch im hohen Norden in einiger Zahl vorkommenden Wale, die man nach ihrem Gebiß in Zahn- und Bartenwale einteilt. Beide Arten von Tieren sind Räuber, die ausschließlich von tierischer Beute sich ernähren. Während aber die Zahnwale auch größere Tiere, besonders Tintenfische und Fische in teilweise größerer Meerestiefe erbeuten und fressen, ernähren sich die nur in ihrer Jugend rudimentäre Zähne aufweisenden und später kammartig von den Rändern des Gaumens herabhängende Barten aus Fischbein ausbildenden Bartenwale von winzigen pelagischen Weichtieren, meist Flügelschnecken, die sie zu Tausenden mit jedem Schluck Meerwasser in die Mundhöhle aufnehmen. Beim Schließen und Zusammendrücken der Mundhöhle fließt das Wasser durch das Nachobenpressen der gewaltigen Zunge seitwärts durch die feinen Lücken des Fischbeinsiebes in Gestalt der Barten ab, während die kleinen Weichtiere zurückbleiben und durch den engen Schlund in den Magen und Darmkanal zur Verdauung und Assimilation aufgenommen werden. Diese Fischbeinsiebe sind bei manchen Walen nur wenige Dezimeter, bei vielen aber auch 4–5 *m* lang und ebensoviele Dezimeter breit. Das Fischbein von Walen der besten Art wiegt zuweilen 1500 *kg*, ist für die Industrie außerordentlich wertvoll und kann für manche Zwecke kaum durch einen andern Stoff ersetzt werden; von anderen Arten aber ist es so kurz, schlecht und brüchig, daß es nur einen niedrigen Preis erzielt. Diese letzteren, die schon für 1 Mark das Kilogramm zu haben sind, bilden nicht den Gegenstand des eigentlichen Fischbeinhandels, der ausschließlich mit den Barten der rückenfinnenlosen Glattwale sich beschäftigt. Diese nennt man deshalb auch die Rechtwale (engl. *right whales*), und zwar unterscheidet man als die besten die „Polarbarten" des Grönlandwals, dann die an Güte nächstfolgenden „Nordwestbarten" des Japanwals und endlich die „Südseebarten" des Südpolarwals, deren Verwendung im eigenen Lande der Weltmarkt den Japanern und Australiern um so weniger streitig macht, als sie kleiner und weniger elastisch sind als jene. Für die Damenkonfektion und die Peitschenindustrie, wofür das Fischbein heute noch unersetzlich ist, werden die Fischbeinlamellen in großen Dampfkesseln erhitzt und dann nach Entfernung der minderwertigen Außenteile von Reißern genannten Arbeiten dem Fasernwuchs entsprechend der Länge nach gespalten. Diese Stangen werden von Arbeiterinnen weitergespalten, auf rotierenden Filzscheiben poliert und grosweise zum Versand fertiggemacht. Mit der zunehmenden Abnahme der Wale ist das Fischbein außerordentlich teuer geworden, so daß es schon heute einen kostbaren Artikel darstellt.

Die Wale sind ins Wasser gegangene und dementsprechend umgestaltete Huftiere, wie die Seekühe ins Wasser gegangene Elefantenverwandte und die Robben ins Wasser gegangene Raubtiere sind. Im Gegensatz zu den durch Kiemen atmenden Fischen haben die durch Lungen atmenden Wale als mächtiges Auftriebswerkzeug zum regelmäßigen Emporsteigen an die Oberfläche des Wassers zum Luftatmen eine wagrechtstehende Schwanzflosse ausgebildet und fehlt bei ihnen, weil als Wärmeschutz des Körpers überflüssig, das bis auf wenige Borsten an Kinn und Oberlippe aufgegebene Haarkleid der Säugetiere. Zur raschen Bewegung im Wasser wurde der Hals unterdrückt und wurden die sieben Halswirbel zu schmalen, platten Scheiben zusammengepreßt, die vielfach noch untereinander verwachsen sind. Vom Schultergürtel ist nur noch das Schulterblatt vorhanden, während die vorderen Gliedmaßen mit einer Überzahl von Fingern zu Steuerflossen verändert wurden. Von den hinteren Gliedmaßen sind nur noch im Fleisch verborgene Rudimente vorhanden. Die markhöhlenlosen Knochen sind mit Fett erfüllt. Am Schädel ist der Hirnteil ausnehmend klein, doch ist die Intelligenz der Wale nicht so gering, wie man vermuten könnte. Die Sinnesorgane sind nicht besonders entwickelt, das Gesicht ist schlecht, das Gehör ziemlich gut, der Geruch vollkommen fehlend. Die auf dem höchsten Teile des Kopfes ausmündende Nase ist nur ein Luftkanal, der unten in den fest verschließbaren Kehlkopf mündet und die während des langen Schwimmens unter Wasser in den Lungen zurückgehaltene körperwarme Atmungsluft mit großer Gewalt nach außen schleudert. Diese ist mit Feuchtigkeit gesättigt und verdichtet sich in der kalten Atmosphäre der nordischen Meere zu einer Art Dampfstrahl. Das ist das sogenannte „Spritzen“ der Wale. Der mehrfache Magen deutet auf Huftierverwandtschaft. Das Blutgefäßsystem zeichnet sich durch häufige Auflösung der größeren Blutgefäße in sogenannte Wundernetze aus, die offenbar den chemischen Atmungsprozeß, d. h. die Abgabe von Sauerstoff und Aufnahme von Kohlensäure seitens des Blutes, verlangsamen und so den Tieren langes Anhalten des Atems und damit langes Tauchen ermöglichen. Besonders an Herz- und Lungenschlagader finden sich sackförmige Blutbehälter, in welchen sich sowohl arterielles als venöses Blut ansammeln kann. So können große Wale 10–20 Minuten, bei Verfolgung sogar bis eine Stunde unter Wasser bleiben. Die Brutpflege ist dem Wasserleben angepaßt. Die Milchdrüsen liegen in Vertiefungen zu beiden Seiten der Geschlechtsöffnung und die Milch wird dem Jungen, das meist in einer wenig tiefen Bucht sehr hoch entwickelt geboren wird und sogleich der Mutter folgt, durch den Druck eines besonderen Muskels ins Maul gespritzt, sobald es dieses in die erwähnte Vertiefung hineinstreckt. Wie die Tragzeit bei den größeren Arten bis auf zwei Jahre geht, ist die Säugezeit auf mindestens ein Jahr anzunehmen. Dabei wird das Junge von der um es sehr besorgten Mutter unter Nichtachtung ihres eigenen Lebens verteidigt.

Die Wale kommen in allen Meeren vor, leben gesellig in sogenannten „Schulen“ und machen, ihrer Lieblingsbeute nachziehend, weite Wanderungen. Während sie früher nicht selten waren, sind sie heute nur noch in geringen Resten vorhanden, was jeder Naturfreund in hohem Maße bedauern muß. Allerdings werden nicht alle Walarten gewerbsmäßig verfolgt, sondern nur alle diejenigen, bei denen der Wert der Ausbeute die Gefahr und Mühe des Fangens und die Kosten der Ausrüstung aufwiegt. Nur beim Küstenfang, der bloß gelegentlich betrieben wird, und zwar wenn eben Wale an den Küsten erscheinen, ist man nicht besonders wählerisch; dann muß die Masse es bringen, wie man zu sagen pflegt. Dabei werden auch kleinere Walarten oft zu Hunderten vermittelst Booten in seichte Buchten getrieben und dort jämmerlich abgeschlachtet. Den Menschen kommt hierbei zustatten, daß die Wale sich leicht durch den Lärm anrückender Boote aufscheuchen und sich in ihrer Verwirrung auf den Strand treiben lassen. Brechen aber erst einige durch die Linie der Boote hindurch, so folgt ihnen unaufhaltsam in geschlossener Masse die ganze Schule und die Menschen haben das Nachsehen. Große Wale dagegen kommen selten der Küste so nahe, daß sie sich auf den Strand treiben lassen; sie müssen kunstgerecht verfolgt und erlegt werden, was früher mit Harpunen geschah, jetzt aber mit aus kleinen Kanonen gefeuerten Granaten mit Widerhaken an etwa 700 *m* langem, glatt geöltem, ungemein leicht ablaufendem Tau geschieht. Sobald das aus der kleinen, beweglichen Harpunenkanone gefeuerte Stahlgeschoß tief in den Körper des Wales gedrungen ist, explodiert es daselbst, wobei ein zweiter dumpfklingender Schuß ertönt. Dies tötet den Wal meist augenblicklich. Sollte dies nicht der Fall sein und der Wal zu entfliehen versuchen, so spreizen sich beim Anziehen des Harpunentaues die beweglichen Widerhaken der Granate und halten ihn am leicht ablaufenden Taue fest. Vom Blutverlust und vom Ziehen des schweren Schiffes ermattet der Wal bald, stirbt und wird an Bord gezogen, um schon hier oder später am Lande zerlegt zu werden. Im ersteren Falle wird der Körper durch eine starke, vom Vordersteven aus um die Schwanzwurzel geschlungene Kette längsseit mit dem Kopf nach hinten festgelegt und die Speckhülle in Längsstreifen abgelöst, wobei ein Teil der Mannschaft von einem vom Bord herabgelassenen Hängegerüst aus mit scharfen, langgestielten Spaten arbeitet. Ein anderer Teil schneidet die an Bord gehißten Speckstreifen klein und bedient die großen Trankessel, die nur anfangs mit Holz, später mit den Grieben des ausgelassenen Specks geheizt werden. Der so gewonnene Tran wird in Fässer gefüllt und diese werden dann in mehreren Lagen im Schiffsraum verstaut. Ebenso wird das wertvolle Fischbein losgelöst und im Schiff aufgestapelt, um später zu sehr guten Preisen verkauft zu werden.

Die ersten Nachrichten über den Walfang stammen aus dem 9. Jahrhundert von Angelsachsen und Isländern; doch beschränkte man sich damals wesentlich auf den gelegentlichen Küstenfang. Erst seit dem 13. Jahrhundert begannen die Basken als kühne Seefahrer besonders die großen Bartenwale mit eigens zu diesem Zweck ausgerüsteten Schiffen bis nach Grönland hin zu verfolgen. Als mit ihrem politischen Niedergang auch ihre Seeschiffahrt aufhörte, traten besonders holländische, später auch britische Walfänger an ihre Stelle und machten ungeheure Beute. In der letzten Hälfte des 17. Jahrhunderts sandten die Holländer in manchen Jahren etwa 260 Schiffe mit 14000 Seeleuten auf den Walfang aus. Zu Beginn des 18. Jahrhunderts gesellten sich zu ihnen die Engländer in namhaften Kontingenten, so daß die Zahl der Fangschiffe in die Tausende, die der getöteten Wale in die Zehntausende und der Gesamterlös aus diesen in die Hunderte von Millionen ging. Um auch sein Volk an diesem großen Gewinn zu beteiligen, ließ Friedrich der Große gegen das Ende seiner Regierungszeit ebenfalls Walfänger ausrüsten. Doch war damals die goldene Zeit des Walfanges schon vorbei. Im 19. Jahrhundert verringerte sich die Zahl der erbeuteten Wale dermaßen, daß man schon in die entlegensten Gebiete des hohen Nordens und Südens fahren mußte, um überhaupt noch Beute zu machen. Gegenwärtig sind die Nordamerikaner die wichtigsten Waljäger, die auch die Südpolarwelt nach den so geschätzten Tranlieferanten absuchen und noch einigermaßen gute Geschäfte machen, bis auch ihnen einmal durch gänzliche Ausrottung dieser Meeresriesen das Geschäft unmöglich gemacht wird.

Unter allen Walen ist der 18–20 *m* lang werdende, schwarz gefärbte Grönlandwal (*Balaena mysticetus*) einer der gesuchtesten, da er 130–200, manchmal sogar 280 Faß Tran und 500–1500 *kg* dunkles Fischbein in mehr als 380 in der Mitte 3–4 *m* lang werdenden Platten liefert. Letztere sind sehr geschätzt und kosteten schon 1881 22000 Mark die 1000 *kg*, heute aber über 56000 Mark. Je nach der Größe repräsentiert dieser Wal einen Wert von 20000 bis 40000 Mark, so daß man begreift, daß er ein sehr gesuchtes Beutetier ist. Er schwimmt in kleinen Gesellschaften den seine Nahrung bildenden Ruderschnecken des Nordens nach, sammelt sich im Herbst in größeren Schulen, um nach Süden zu ziehen, wo er den Winter über verbleibt. Nach der Schätzung Sachkundiger legt er beim gewöhnlichen Schwimmen durchschnittlich 8 *km* in der Stunde zurück, kann sich aber bei Verwundung mit mehr als doppelter Geschwindigkeit fortbewegen. Verwundet bleibt er bis zu 50 Minuten lang unter Wasser, während er sonst alle 12–15 Minuten zum Atemholen an die Oberfläche kommt. So plump auch sein Leib erscheint, so rasch und geschickt sind seine Bewegungen. Von Natur ist er sehr friedfertig, ja äußerst furchtsam, so daß er die Boote seiner Verfolger nie angreift. Im Frühjahr bringt das Weibchen nach einer Tragzeit von 14 Monaten ein einziges, selten zwei Junge zur Welt, die ein Jahr lang gesäugt werden, wobei sich die Alte etwas zur Seite neigt, um ihnen die Zitze darzubieten. Das Wachstum geht sehr rasch vor sich, so daß das Junge bereits während der Saugzeit eine Länge von 6 *m* bei einem Umfange von 4 *m* und ein Gewicht von 6000 *kg* erreicht.

Im nördlichen Stillen Ozean ist der wichtigste Bartenwal der Grauwal (*Rhachianectes glaucus*), der im männlichen Geschlecht 11–13, im weiblichen 12–14 *m* lang wird, oben bläulichgrau, unten fast weiß ist und nur 45 *cm* lange, spröde gelbe Barten besitzt. Auch er ist infolge der eifrigen Verfolgung sehr selten geworden, so daß er in Gefahr schwebt, ausgerottet zu werden. Der einst auch im Norden sowohl des Stillen als des Atlantischen Ozeans verbreitete Südwal (*Balaena australis*) kommt im eigentlichen südlichen Eismeer nicht mehr vor. Er war der wichtigste Transpender der baskischen Walfänger, bis er zu Ende des 16. Jahrhunderts bei uns so selten geworden war, daß diese sich dem Fange des wertvolleren Grönlandwales zuwandten.

Weit öfter als diese und besonders der Grönlandwal wird der plumpe Buckelwal (*Megaptera longimana*) in Schulen angetroffen. Dieser oben schwarze, unten aber dunkelaschfarbene Wal von bis 15 *m* Länge, mit kurzen, breiten Barten, die grob sind und wenig federn, kommt zu beiden Seiten des Äquators bis zum nördlichen und südlichen Eismeer vor und hat seinen Namen von einer buckelartigen Erhebung auf dem hinteren Teil des Rückens, die eine kleine Rückenflosse trägt. Die bis 4,3 *m* langen Brustflossen haben ihm den Namen Langflossenwal eingetragen. Er bewegt sich meist sehr lebhaft, wird aber nicht selten an ruhigen, sonnigen Tagen schlafend an der spiegelnden Meeresoberfläche angetroffen. Das Buckelwalweibchen wirft oft zwei Junge und hat, auch wenn es nur eines besitzt, nach der langen

Säugezeit kaum mehr Speck. Überhaupt liefert mancher Buckelwal nur 8–10 Faß Tran, während fette deren bis 75 Faß liefern.

Weit größere Kehlhautfurchen als die Buckelwale besitzen die Finnwale, Tiere, die ihren Namen von einer kleinen, sichelförmigen, weit hinten auf dem Rücken stehenden Rückenfinne oder Rückenflosse haben. Diese schlanken Tiere mit flachem, zugespitztem, 1/5–1/4 der Gesamtlänge einnehmendem Kopf haben nur kleine, schmale, bloß vier Finger in sich bergende Brustflossen und kurze Barten mit grobem Fischbein. Die Mitglieder der in allen Meeren vertretenen Gattung waren früher, solange die echten Wale noch häufiger waren, weniger zahlreichen Verfolgungen durch Walfänger ausgesetzt, da sie sich schneller bewegen und schwerer zu töten sind, zudem weniger Speck und nur ein schlechtes Fischbein liefern. Auf der Nordhalbkugel leben vier Arten, nämlich der selten über 20 *m*, meist nur 18–19,5 *m* lange gemeine Finnwal oder Rorqual (*Balaenoptera musculus*), der oben schiefergrau und unten weiß gefärbt ist und wie der vorige hauptsächlich Fische frißt. Er wird nicht selten in Scharen von 10–20 Stück angetroffen, spielt gern um fahrende Schiffe herum und wird im Schwimmen an Geschwindigkeit und Kraft nur vom Riesenfinnwal (*B. sibbaldi*) übertroffen, der bis zu 26 *m* lang wird und bei dieser Länge etwa 90 Fässer Tran liefert. Er besitzt lange Kiefer und große Brustflossen, entwickelt mit seiner mächtigen Schwanzflosse eine unvergleichliche Kraft und treibt beim Ausatmen seinen wasserdampfgesättigten Hauch höher als die anderen Walarten. Schiffen folgt er manchmal auf weite Entfernungen, ist aber weniger kühn als der gemeine Finnwal. Im Frühling zieht er nordwärts und im Herbst südwärts.

Nicht wie diese von Fischen, sondern ausschließlich von kleinen Krebsen lebt Rudolphi's Finnwal (*B. borealis*), der bis 16 *m* lang wird und auf bläulichschwarzem Grunde längliche weiße Flecken aufweist. Er atmet geräuschloser als seine Artgenossen und macht beim Auftauchen statt 5–6 Atemzügen deren nur 1–2. Auch er wird eifrig verfolgt, obschon er nur halb so viel wert ist als der gemeine Finnwal, nämlich nur etwa 700 Mark, und bloß 15–30 Fässer Tran liefert. Der kleinste Finnwal ist der durch seine zugespitzte Schnauze ausgezeichnete Schnabelwal (*B. rostrata*), der selten über 10 *m* lang wird. Er ist oben grauschwarz, unten weiß und hat nahezu weißes Fischbein. Er wird in den nördlichen Meeren beider Erdhälften noch ziemlich häufig gefunden, fühlt sich ganz wohl zwischen Eisschollen und wird meist allein, selten paarweise angetroffen. Er besucht gern die Fjorde und Buchten Norwegens, in denen er mit Netzen gefangen und daraufhin mit Speeren getötet wird.

Zu den Zahnwalen gehört als deren von den Walfängern gesuchtester Vertreter der über alle wärmeren Meere verbreitete, im nördlichen oder südlichen Eismeer fehlende Potwal (*Physeter macrocephalus*). An Größe steht er nur einigen der längsten Bartenwale nach. Die Männchen erreichen 17–18 *m* Länge, während die schlankeren Weibchen bedeutend kleiner bleiben. Früher sollen gelegentlich Männchen von 24 m Länge gefangen worden sein, die bis 100–120 Fässer Tran lieferten. Außer diesem gewinnt man von ihm noch das sogenannte Walrat oder Spermaceti, ein wasserhelles Öl, das sich vornehmlich im Kopfe des Tieres, dann in einer bis zum Schwanze verlaufenden Röhre und in vielen kleinen, in Fleisch und Fett zerstreuten Säckchen gefunden wird, in der Kälte gerinnt und dann eine weiße Färbung annimmt. Das grobfaserige Fleisch wird von vielen dicken Sehnen durchflochten. Der große Rachen geht fast bis zum Auge und trägt eine Reihe wurzelloser, kegelförmiger Zähne von wechselnder Zahl, weil manche ausfallen und im höheren Alter nicht mehr ersetzt werden. Die Zunge ist mit ihrer ganzen Unterseite am Grunde des Unterkiefers festgewachsen; der Magen ist vierteilig. Gewöhnlich trifft man den Potwal in Gesellschaften an, die 20–30 Stück verschiedenen Alters und Geschlechts unter Anführung von alten Männchen vereinigen. Gern treibt er sich in der Nähe von Steilküsten umher, meidet aber ängstlich die ihm so gefährlichen Untiefen, obwohl er auch dort gelegentlich angetroffen wird. Beim ruhigen Schwimmen gleitet er leicht unter der Oberfläche dahin, bei schnellerem dagegen schlägt er so heftig mit dem Schwanz auf und nieder, daß sein Kopf bald tief untersinkt, bald hoch emportaucht. Gar nicht selten stellt er sich senkrecht ins Wasser, was andere Wale kaum je tun. Er soll in einer Stunde 20–24 *km* weit schwimmen können. Seine Hauptnahrung bilden große, in ziemlicher Tiefe lebende Kopffüßler, die wir teilweise nur aus Potfischmägen kennen. Von diesen Tintenfischen bildet sich in seinen Gedärmen eine immer eine Anzahl von Krakenschnäbeln aufweisende wachsartige, leichte Masse von verschiedener Färbung, die einen höchst angenehmen Geruch besitzt, durch Kochen sich in ein Öl umwandeln und bei großer Hitze verflüchtigen läßt. Es ist dies der einst als Arznei sehr gesuchte Amber, der heute nur noch in der Parfümerie eine große Rolle spielt. Viel häufiger als aus dem Leibe des Potwals gewinnt man ihn durch Auffischen im Meere, wo man ihn in oft sehr großen Klumpen von bis 90 *kg* Gewicht antrifft. Außer Tran, Walrat und Amber finden auch die Zähne des Potwals Verwendung. Sie sind zwar im Innern etwas gelblich, doch sehr fest und dienen zur Herstellung von Knöpfen und Spielmarken. 1 *kg* derselben wird mit 5–8 Mark bezahlt.

Bei der Vielseitigkeit seiner Nutzstoffe ist es kein Wunder, daß diesem Ungeheuer schon lange eifrig nachgestellt wird, obschon er der wehrhafteste aller Wale ist und verwundet ohne Scheu die größten Schiffe angreift, auch nicht selten kleinere Segler und Kutter zum Kentern bringt und die Menschen durch seinen ungestümen Angriff gefährdet. Im vergangenen Jahrhundert haben ihn besonders Engländer und dann Amerikaner im Stillen Ozean verfolgt und große Reichtümer durch ihn gewonnen, da ein ausgewachsenes Männchen Stoffe im Werte von bis zu 20000 Mark liefert.

Seit zwei Menschenaltern aber ist der Ertrag des Potwalfanges bedeutend zurückgegangen, weil er bei der jetzigen Seltenheit des Tieres kaum mehr lohnt. Sein Tran wird teuerer bezahlt als anderer Walfischtran. Von ihm gibt es mehrere Abarten. Alle sind so sehr dem Leben auf hoher See angepaßt, daß sie in der Nähe der Küste häufig hilflos werden und stranden.

Hierin stimmen mit den Potwalen die verschiedenen Entenwale (*Hyperoodon*) überein, die der Hauptsache nach durch gestrandete Exemplare bekannt wurden. Auch sie leben im offenen Meere und ernähren sich von pelagischen Tintenfischen. Sie haben ihren Namen von der schnabelartigen Form ihrer längeren oder kürzeren Schnauze, besitzen aber im Gegensatz zu den Potwalen im Unterkiefer nur ein bis zwei Paar Zähne, die besonders bei den Männchen sehr groß werden. Der gemeinste von ihnen ist der im männlichen Geschlecht 9 *m*, im weiblichen 7,3 *m* lang werdende Dögling oder Entenwal im engeren Sinne (*H. rostratus*), bei dem die beiden an der Spitze des Unterkiefers stehenden Zähne während des Lebens vollständig im Zahnfleisch versteckt bleiben. Dieser in der Jugend oben schwarze, mit zunehmendem Alter aber hellbraun und zuletzt fast gelb werdende Zahnwal ist auf den Norden des Atlantischen Ozeans beschränkt und gehört zu den wandernden Walen, der aber nicht weit über Großbritannien hinaus nach Süden vorzugehen scheint, da man an der Westküste von Frankreich und Spanien noch niemals Exemplare von ihm gestrandet fand, wie dies im Herbste gewöhnlich an den Küsten des Kanals und der Nordsee der Fall ist. Schon früh im Jahre wandert dieser Entenwal nach Norden, um in größerer Tiefe seine größtenteils aus Tintenfischen bestehende Nahrung zu erbeuten. Dem weiten Weg in die Nährgründe entsprechend bleibt er sehr lange unter Wasser und atmet sehr schwer, wenn er wieder auftaucht. Mit großer Lebendigkeit schwingt er sich gelegentlich hoch in die Luft, um nach Artgenossen Umschau zu halten; denn, wenn er auch meist in einzelnen, übrigens gewöhnlich noch jungen Stücken, ausnahmsweise auch als altes Weibchen mit seinen beiden Jungen auf den Strand gerät, trifft man ihn als geselliges Tier meist in Herden von 4–10 Stück. Sie werden manchmal von einem der allerdings häufig einzeln lebenden erwachsenen Männchen geführt und vom Geselligkeitstrieb so beherrscht, daß die Mitglieder einer Herde bei einem verwundeten Genossen bleiben, bis er tot ist, so daß man bisweilen sämtliche Mitglieder einer Herde nach und nach töten kann. Die Erbeutung des wenig furchtsamen, dagegen, wie es scheint, sehr neugierigen Döglings wird auch durch dessen Gewohnheit, um die Schiffe herum und darunter hinweg zu schwimmen, sehr erleichtert; doch ist er sehr zählebig. Alte Männchen haspeln rasch die ganze Harpunenleine ab und bleiben zuweilen zwei Stunden unter Wasser, um anscheinend völlig munter wieder zu erscheinen. Dennoch ist sein Fang lohnend genug, da erwachsene Männchen in ihren Köpfen wenigstens 100 *kg* Walrat haben und außerdem mehrere Faß Tran liefern.

Auf der südlichen Erdhalbkugel, wie es scheint, in größerer Anzahl vertreten als auf der nördlichen, sind die in verschiedenen Arten bekannt gewordenen Riemenzahnwale (*Mesoplodon*), so genannt, weil die beiden, gewöhnlich nicht am Ende, sondern mehr in der Kiefermitte stehenden Zähne des Unterkiefers zwar zugespitzt, aber seitlich stark zusammengedrückt sind, wodurch sie namentlich bei einer Art der Gattung, bei der sie stark verlängert und gebogen sind, eine riemenartige Gestalt annahmen. An den europäischen Küsten ist der etwa 4,5 *m* lang werdende Sowerby's Riemenzahnwal (*M. bidens*) der häufigste. Er ist durch einen fast geraden Schnabel, von welchem an sich der Kopf allmählich wölbt, um vor dem Atemloche eine ziemlich starke Hervorragung zu bilden, und durch seine verhältnismäßig kleinen Zähne gekennzeichnet.

Den Entenwalen näher steht der sehr weit verbreitete, aber seltene und nur von gestrandeten Stücken bekannte Cuvierswal (*Ziphius cavirostris*). Bei ihm sind die an der Spitze des Unterkiefers stehenden beiden Zähne gut entwickelt. Von allen Walen aber strandet am allerhäufigsten der zu den Rundkopfwalen gehörende Grindwal (*Globiocephalus melas*), dessen große Geselligkeit ihm bei Gefahr regelmäßig verderblich wird. Kaum ein Jahr vergeht, in welchem nicht hier oder da eine größere oder geringere Zahl dieser Tiere, die zu den wichtigsten Nutztieren der Nordländer gehören, auf den Strand läuft. Im Jahre 1779 verunglückte eine Herde von 200, 1805 eine solche von 300 Stück auf den Shetlandinseln; in den Jahren 1809 und 1810 wurden gar 1110 Stück in einer nach den Grindwalen Walfjord genannten Bucht auf Island durch die eifrigen Bemühungen der Menschen ans Ufer geworfen, und 1845 sollen in einem Zeitraum von sechs Wochen 2080 Stück auf den Faröerinseln in ähnlicher Weise erbeutet worden sein. Überall, wo sich Herden dieses Tieres zeigen, erfolgt eine allgemeine Jagd auf sie. Die ganze Fischerflotte der Nachbarschaft eilt unverzüglich aufs Meer, um den Tieren durch Bildung eines aus Booten bestehenden Halbkreises den Rückzug abzuschneiden und die ganze Grindwalgesellschaft in eine Bucht oder dergleichen hineinzutreiben, wobei man die Tiere durch Werfen von zu diesem Zwecke reichlich mitgenommenen Steinen zu erschrecken sucht, wenn sie durchzubrechen versuchen. Gelingt der auf den Faröerinseln noch durch Seile, mit Strohpuppen von Boot zu Boot gezogen, erschwerte Durchbruch auch nur einem einzigen Wal, so ist die ganze Gesellschaft für die Fischer verloren, weil dann die übrigen Tiere trotz aller Bemühungen der Fischer dem ersten folgen. Gelingt es aber, die Grindwale in seichtes Wasser zu treiben, so drängen sie in ihrer Angst so ungestüm vor, daß sie stranden. Dann eilt die ganze Bevölkerung mit allerlei Waffen, wie Harpunen, Speeren, Beilen, Pickeln, Spaten u. dgl. herbei, um unter heillosem Geschrei den hilflosen Tieren den Todesstreich zu geben. Weithin färbt sich das Meer vom Blut der Gemordeten rot. Solcher Tag bedeutet einen Festtag für die Insulaner; denn bei der meist gewaltigen Beute gibt es Fleisch und Speck die

Fülle. Zuerst werden Leber, Herz und Nieren als besondere Leckerbissen gegessen; dann labt man sich an Fleisch und Speck, und was man von diesen nicht essen kann wird eingesalzen oder getrocknet. Auf jeden Grindwal rechnet man eine Tonne Tran. Unter allen Angehörigen der artenreichen Delphinfamilie ist der Grindwal einer der größten. Er wird nämlich etwa 6 *m* lang und bildet unter allen Walen die größten Scharen, nämlich Gesellschaften, die nicht selten 200–300 Stück zählen und gelegentlich aus 1000, ja selbst aus 2000 Tieren bestehen. Wenn das Leittier dieser sonst das hohe Meer bewohnenden Wale in seichtes Wasser gerät und dort festgerannt ist, folgen ihm die übrigen Mitglieder der Herde blindlings, wodurch eben ganze Scharen stranden und verderben. Er geht ziemlich weit nach Norden, nämlich bis Grönland, und kommt in verschiedenen Abarten in fast allen Meeren vor, scheint aber im Mittelmeer selten zu sein. Er besitzt in jeder Kieferhälfte nur 8–12 auf das vordere Ende der Kiefer beschränkte kleine Zähne, ist einförmig schwarz gefärbt — deshalb wird er auch Schwarzwal genannt — von Natur sehr sanftmütig und ernährt sich vorzugsweise von Tintenfischen, daneben aber auch von Fischen und Weichtieren. Er ist durch seinen schnabellosen, fast kugelförmigen Kopf, durch eine lange, niedrige, dicke Rückenflosse und durch lange, schmale Brustflossen ausgezeichnet. Von den Mundwinkeln bis zu den Brustflossen erstreckt sich ein weißer Fleck.

In allen Meeren rings um den Nordpol lebt ebenfalls meist in großen Gesellschaften der auch Beluga genannte Weißwal (*Delphinapterus leucas*). Dieses 5–6 *m* lang werdende Tier ist in der Jugend hell graubraun, erwachsen dagegen gelblichweiß und entbehrt der Rückenflosse. Große Herden der Weißwals treten namentlich an den Küsten von Spitzbergen und Nowaja Semlja auf. Gern besucht der Weißwal die Mündungen von Flüssen, in die er beträchtliche Strecken weit hinaufsteigt. Er ernährt sich von Kopffüßlern, Fischen und Krebsen und gerät gelegentlich bei der Verfolgung von Heilbutten oder Flundern in seichtes, ihm kaum das Schwimmen erlaubendes Wasser. Oft ziehen die Mitglieder einer Herde in einzelnen Reihen, selten mehr als zwei oder drei der Tiere nebeneinander, unregelmäßig auftauchend dahin, wobei sie oft ein schwaches Gebrüll ausstoßen. Wo er nur kann, macht der Nordländer Jagd auf ihn. Wie den Grindwal sucht man ihm durch vor die Eingänge der Fjorde und Buchten aufgestellte Netze den Rückweg zum Meer zu versperren und ihn mit Harpunen und Lanzen zu töten. Im offenen Meere ist ihm dank seiner Geschwindigkeit und Gewandtheit kaum beizukommen, so daß die Walfänger meist auf seine Jagd verzichten, obschon er einen Handelswert von durchschnittlich 60 Mark besitzt. Die Zirkumpolarvölker schätzen ihn außerordentlich hoch und benützen alle Teile von ihm. Auch die Europäer verwenden außer dem Tran, von dem ein ausgewachsenes Tier über 450 Liter gibt, das Fleisch und die Haut, die in England als Tümmlerhaut verkauft und in Rußland zu Pferdegeschirr u. dgl. verarbeitet wird. Wenn auch gefangene Weißwale in der Gefangenschaft bald sterben, so erweisen sie sich als leicht zähmbar und gelehrig. Wiederholt wurden diese Tiere im Westminsteraquarium in London vorübergehend gehalten.

Ebenfalls eine hochnordische Delphinart ist der Narwal oder das See-Einhorn (*Monodon monoceros*), ein gewöhnlich in kleinen, 15 bis 20 Stück starken Scharen auftretendes Tier von 4–5 *m* Länge, unten weiß, oben dunkelgrau gefärbt, mit unregelmäßigen, verwaschenen, helleren und dunkleren kleinen Flecken dazwischen. Abgesehen von einigen kleinen, verkümmerten, unregelmäßig auftretenden Zähnen ist der weibliche Narwal zahnlos, was auch für das Männchen gelten würde, wenn dieses nicht durch einen im Oberkiefer stehenden 2–2,5 *m* langen und an der Wurzel einen Umfang von 20 *cm* besitzenden Stoßzahn ausgezeichnet wäre. Dieser Zahn gehört in der Regel der linken Oberkieferhälfte an, ist schraubenförmig, und zwar immer von links nach rechts gewunden, auf dem größeren Teil seiner Länge hohl und besteht aus einer sehr dichten, sahnenfarbigen, elfenbeinartigen Masse. Äußerst selten entwickeln sich bei einem Männchen zwei Stoßzähne, wie sie sich z. B. an einem Narwalschädel des Museums von Cambridge finden, an dem auch der rechte Zahn merkwürdigerweise von links nach rechts gedreht ist. Dieser Stoßzahn dient den Männchen bei ihren Kämpfen um die Weibchen. Die Tiere sind sehr lebhaft und spiellustig, ernähren sich ebenfalls vorwiegend von Tintenfischen, daneben von verschiedenen Krebsen und kleinen Fischen. Wie bei allen Walen werfen die Weibchen meist nur ein einziges, nur ausnahmsweise zwei Junge, die von ihnen lange gesäugt und sorgsam behütet werden.

Wegen der sehr geschätzten Stoßzähne, seines trefflichen Fleisches und seines gewöhnlichen Waltran an Güte übertreffenden Tranes hat der Narwal heute in allen den Walfängern zugänglichen Meeren bedeutend an Zahl abgenommen. Südlich des Polarkreises kommt er nur ausnahmsweise in verirrten Exemplaren vor. So weiß man nur von drei Narwalen, die zwischen den Jahren 1648 und 1808 an der Küste Englands auftauchten und erlegt wurden. An der deutschen Nordseeküste wurden nur im Jahre 1736, aber zweimal, solche beobachtet und erlegt. Bei der ungeheuren Seltenheit des Tieres an den nördlichen Küsten Europas kann es nicht wundern, daß man seine Stoßzähne, denen man allerlei Wunderkräfte zuschrieb, mit ungeheuren Summen bezahlte. Galten sie doch als vom Einhorn der Bibel abstammend, weshalb dieses fabelhafte Tier im englischen Wappen auch solche Zier trägt. Kaiser und Könige ließen sich oft mit dem zierlichsten Schnitzwerke versehene Stäbe daraus verfertigen und sich nachtragen, auch wurden die kostbarsten Bischofsstäbe daraus geschnitzt. Noch im 16. Jahrhundert bewahrte man im Bayreuther Archiv auf der Plassenburg vier Narwalzähne als außerordentliche Seltenheit auf. Einen derselben hatten zwei Markgrafen von Bayreuth von Kaiser Karl V. für einen großen Schuldenposten angenommen, und für den größten wurde von den Venezianern noch im Jahre 1559 die ungeheure Summe von 30000 Zechinen (= 198000 Mark) angeboten, ohne daß es ihnen gelungen wäre, in den Besitz desselben zu gelangen. Ein Zahn, der in der kurfürstlichen Sammlung zu Dresden an einer goldenen Kette hing, wurde auf 100000 Reichstaler geschätzt.

In den gemäßigten Meeren, auch im Nordatlantischen Ozean, in der Nordsee und im Mittelmeer lebt der fast 4 *m* lange, hauptsächlich Tintenfische fressende Risso's Delphin (*Grampus griseus*). Viel verbreiteter und auch weiter nach Norden gehend ist der 9 *m*, meist aber 5–6 *m* lange Schwertwal (*Orca gladiator*), der nirgends häufig ist und sich nur in kleinen Gesellschaften teils in offenem Meere, teils nahe den Küsten umhertreibt, um Beute zu machen. Er ist nicht nur der größte, sondern auch der raublustigste und gefräßigste aller Delphine, der nicht bloß von Fischen, sondern auch von Seehunden und kleinen Delphinen lebt. Er ist so unersättlich, daß er gelegentlich vier oder mehr Tümmler nacheinander verschlingt. Im Magen eines gegen 5 *m* langen Schwertwales befanden sich einmal nicht weniger als 14 Seehunde. Ja, er greift gelegentlich sogar die größten Wale, darunter den Grönlandwal, an, um ihnen ganze Stücke Fleisch aus den Seiten und von den Lippen zu reißen. Schon Plinius weiß in seiner Naturgeschichte zu erzählen, daß der *orca* junge und alte Wale angreift und sie mit seinen großen Zähnen zerfleischt. „Die Wale können weder ausweichen, noch Widerstand leisten und suchen nur zu entfliehen und das hohe Meer zu erreichen; ihre Feinde aber versperren ihnen den Weg, treiben sie in die Enge und jagen sie auf die Sandbänke oder Klippen. Solche Kämpfe bieten ein erhabenes Schauspiel dar und die Wogen brausen und schäumen infolge des Schlachtgetümmels, als ob der ärgste Wirbelwind wütete." Obgleich der Schwertwal sehr viel Tran besitzt, wird doch nirgends regelmäßig Jagd auf ihn gemacht.

Der gemeinste Delphin unserer Meere ist der Tümmler oder Braunfisch, auch Meerschwein genannt (*Phocaena communis*), der 1,5–2, in seltenen Fällen auch wohl 3 *m* lang wird. Er lebt im ganzen Norden des Atlantischen Weltmeers, wandert gegen den Winter nach Süden, im Frühling wieder nach Norden und verfolgt dann die Heringe mit solchem Eifer, daß er den Fischern die Netze zerreißt. Seine Gefräßigkeit ist sprichwörtlich, er verdaut außerordentlich schnell und bedarf einer ansehnlichen Menge von Nahrung. Gesellig wie alle Delphine, findet man ihn nur in kleinen Scharen mit überraschender Schnelligkeit durch die Wellen dahineilen. Er zieht im Gegensatz zu den anderen Walen die Küstengewässer dem hohen Meere entschieden vor und tummelt sich, wie schon die Alten wußten, besonders lebhaft vor und während eines Sturmes im Wasser umher. Selbst in der schwersten Brandung weiß er der Gefahr des Strandens zu entgehen und schwimmt spielend um die Schiffe, denen er begegnet. Früher wurde er auch seines Fleisches wegen, jetzt wird er hauptsächlich zur Gewinnung seines Tranes und seiner Haut, die gewöhnlich als Haut des Weißwals auf den Markt gelangt, verfolgt.

Viel berühmter als er und mit den merkwürdigsten Fabeln bedacht ist unter den verschiedenen eigentlichen Delphinen der gemeine Delphin (*Delphinus delphis*). Dieser etwa 2,3 *m* lange, gewöhnlich oben dunkelbraune und unten weiße Zahnwal besitzt eine schnabelförmig ausgezogene Schnauze und ist durch seine ungewöhnliche Lebendigkeit und Spiellust allen Seefahrern bekannt. Früher wurde er an den meisten Küsten Europas seines Fleisches wegen gejagt; nur die alten Griechen und Römer hielten das Töten dieses dem Meeresgotte heiligen Tieres für eine Sünde und Schande. Plinius sagt von ihm, daß er gegen den Menschen freundlich gesinnt sei, die Musik, besonders den Ton der Wasserorgel sehr liebe und leicht so zahm werde, daß er sich mit Brot füttern lasse. Unter der Regierung des Kaisers Augustus habe ein Delphin im Golf von Puteoli (dem heutigen Pozzuoli) bei Neapel eine solche Zuneigung zu einem Knaben, der ihn mit dem Namen Simon anrief und mit Brot fütterte, gefaßt, daß er jedesmal erschien, wenn er gerufen wurde, dem Knaben aus der Hand fraß, ihn durch seine Stellung zum Aufsitzen einlud und ihn mitten durch das Meer nach Puteoli in die Schule trug und ihn von dort wieder nach Hause brachte. Dies sei mehrere Jahre so gegangen, bis der Knabe an einer Krankheit starb. „Jetzt kam der Delphin noch oft traurig ans Ufer geschwommen und überlebte, ohne Zweifel von Sehnsucht gequält, seinen Geliebten nicht lange." Mehrfach weiß Plinius nicht nur von Knaben, sondern sogar von Männern zu berichten, die von Delphinen weithin übers Meer getragen worden seien. „Alles dies," fährt er fort, „macht auch die Geschichte des Arion glaublich. Er war zu Schiffe und die Matrosen wollten ihn wegen seiner Schätze ermorden. Da bat er um die Erlaubnis, nochmals seine Kithara erklingen lassen zu dürfen. Beim Klang der Töne versammelten sich die Delphine, und als er sich ins Meer stürzte, ward er von ihnen aufgenommen und ans Ufer von Tänarum (am Peloponnes) getragen." Nach ihm sollten in einem See an der Rhonemündung die Delphine, zu Hilfe gerufen, den Menschen die Fische ins Netz treiben und dafür mit einem Teil der Beute und mit in Wein getauchtem Brot gefüttert werden.

Im Mittelalter war man auch in den Mittelmeerländern weniger skrupulös gegen diesen „Liebling Poseidons" und harpunierte ihn gern, um ihn als geschätzte Fastenspeise wie die eigentlichen Fische zu verzehren. In der Neuzeit wird der Delphinfang besonders an der atlantischen Küste Nordamerikas mit starken Netzen eifrig betrieben und scheint sich reichlich zu lohnen, da 3,5 *m* lange Stücke des in allen gemäßigten und warmen Meeren verbreiteten großen Delphins (*Thursiops tursio*) etwa 110 Liter Tran liefern. Auch die in den großen Strömen Indiens und Südamerikas vorkommenden

Flußdelphine, die kaum über 2 *m* Größe hinausgehen, werden vielfach ihres Fleisches und Tranes wegen gejagt.

Als Transpender viel wichtiger als diese Zwergwale sind die mancherlei großen Robben, die heute eine Hauptbeute der Walfänger bilden. Auch diese ins Wasser gegangenen Raubtiere haben sich weitgehend, wenn auch lange nicht so wie die Wale, dem Wasserleben angepaßt. So haben sie die beiden Hinterbeine zu einem kräftigen Ruderschwanze zusammengelegt, der die vorwärtstreibende Kraft beim Schwimmen ist. Beim Geradeausschwimmen werden die Vorderflossen an den Körper angezogen gehalten und nur bei Richtungsänderung werden sie zu Hilfe genommen. Am weitesten in der Umbildung der Hinterfüße zu reinen Flossen ist der Seehund gegangen, der sich am Lande wie eine Spannerraupe bewegt und sich durch rasch aufeinanderfolgende hüpfende Bewegungen des ganzen Körpers vorwärts schnellt. Das geringste Maß der Umbildung der Extremitäten zu Flossen zeigt das Walroß, das sich durch die starke Verkürzung der Schenkelknochen auf dem Lande zwar auch noch unbeholfen, aber doch ganz nach Art der großen Landtiere vorwärtsbewegt, indem es je ein Vorder- und ein Hinterbein gleichzeitig vorsetzt. Zwischen diesen beiden Extremen finden wir bei den Robben alle möglichen Übergänge.

Die Haut der Robben ist äußerst elastisch und liegt dem Körper nur lose auf, damit sie sich bei der Anhäufung des Fettes im Unterhautzellgewebe nach Belieben dehnen kann. Bei ihnen ist das Haarkleid nur spärlich geworden und nicht ganz ausgemerzt wie bei den Walen; es ist so reichlich mit Talg eingefettet, daß es durchaus kein Wasser annimmt. Äußere Ohren, wenn auch sehr kleine, haben noch die danach auch Ohrenrobben genannten Seelöwen. Die Ohröffnungen können durch willkürliche Muskeln verschlossen werden. In der Ruhe sind die schlitzförmigen Nasenlöcher durch elastische Knorpel verschlossen, können aber willkürlich durch strahlig angeordnete Muskelbündel geöffnet werden. Der Geruch ist außerordentlich scharf, wie überhaupt das Gehirn ein verhältnismäßig hochentwickeltes Raubtiergehirn darstellt, das von guter Intelligenz zeugt. Die Hornhaut der großen, klug dreinblickenden Augen ist dem Brechungswinkel der Lichtstrahlen im Wasser entsprechend flach gewölbt, während dafür die Linse als Anpassung an das Wasserleben fast kugelig ist. Entsprechend der weichen Fischnahrung sind die Zähne verhältnismäßig schwach, besonders die Schneidezähne sehr klein und hinfällig. Das Milchgebiß verschwindet schon vor oder unmittelbar nach der Geburt. Das Nahrungsbedürfnis ist groß und der Stoffwechsel ein rascher. So frißt der gemeine Seehund täglich etwa 7,5 *kg* Fische, der viel größere kalifornische Seelöwe dagegen 20 *kg*. Am Herzen und an den großen Gefäßen sind durch Erweiterungen und Auflösungen in sog. Wundernetze Vorrichtungen getroffen, die es den Flossenfüßlern ermöglichen, verhältnismäßig lange unter Wasser zu bleiben, ohne atmen zu müssen. Die Tiere leben gesellig; die meisten derselben haben sog. „Brutplätze", an denen sie sich stets wieder zur Fortpflanzung einfinden. Zuerst erscheinen auf denselben die Männchen, und zwar vorzugsweise alte, die höchst eifersüchtig aufeinander sind und als Polygamisten möglichst viel Weibchen für sich in Anspruch zu nehmen suchen. Bei ihren Kämpfen um die Weibchen brüllen die größeren Robben, besonders die Walrosse, furchtbar, während bei den kleineren die Lautäußerungen mehr dem Bellen eines heisern Hundes gleichen, woher auch der Name „Seehund" herrührt. Bald nach der Ankunft der kleineren und schlankeren Weibchen an den „Brutplätzen" werfen sie ihr meist einziges Junges. Sehr selten werden deren zwei geboren, die für junge Raubsäugetiere merkwürdig entwickelt sind, so daß die gefährliche Zeit der Säugung je nach der Größe der Art nur 4–8 Wochen dauert. Wie die eifersüchtigen Männchen während des Bewachens der von ihnen erkämpften Weibchen ausschließlich vom angesammelten Speck zehren, fressen auch die Weibchen auf dem Lande nichts während der Säugungszeit, da sie von den Männchen gewaltsam vom Besuche des Meeres abgehalten werden. Diese Robbenansammlungen bei Gelegenheit der Fortpflanzung werden vom Menschen zum Robbenschlag benutzt. Erst nach Verlust des sehr weichen Jugendkleides begeben sich die jungen Flossenfüßler ins Meer, wo die Mütter sie schwimmen, tauchen und Fische fangen lehren. Dabei werden sie von jenen aufs sorgsamste beschützt. Die Weibchen haben 2–4 Paar weit nach hinten liegender Zitzen und behalten die Jungen bis zur Geburt des folgenden Sprößlings bei sich. Die Seehunde sind sehr liebenswürdige und gelehrige Geschöpfe, die, abgerichtet, ihrem Herrn die Fische ins Netz treiben und unschwer allerlei Kunststücke lernen.

Überall auf ihren „Brutplätzen" werden die verschiedenen Robbenarten mühelos erbeutet. So sind sie an vielen Orten beinahe ausgerottet worden. Früher pflegte man in Grönland etwa 33000, bei Neufundland über 500000 und bei Jan Mayen mindestens 30000 Stück des bis 2 *m* lang werdenden grönländischen Seehundes oder der Sattelrobbe — so genannt von einem eigentümlichen an einen Sattel erinnernden schwarzen Fleck auf dem Rücken (*Phoca groenlandica*) — jährlich zu erbeuten, da dieses Tier in großen Scharen auftritt und deshalb einen Hauptgegenstand der Robbenjagd im nördlichen Atlantischen Ozean bildet. Die Sattelrobben waren einst so massenhaft auf ihren „Brutplätzen" vorhanden, daß eine Schiffsbesatzung an einem einzigen Tage 500–800 erwachsene und 2000 junge Tiere tötete. Im Jahre 1866 erbeutete ein einziger Dampfer in neun Tagen deren 22000 Stück. So wurde denn, um der Ausrottung des Tieres zu wehren, im Jahre 1876 den britischen Untertanen eine Schonzeit für Sattelrobben auferlegt, ein Beispiel, das bald darauf auch in anderen Ländern nachgeahmt wurde.

Von den andern hochnordischen Robbenarten, die mehr einzeln auftreten, sich von der Küste stets fernhalten und im März auf Treibeis ihre Jungen gebären, werden jährlich nur etwa je 1000–3000 Stück erbeutet. Einer der mutigsten dieser Seehunde ist die von den Robbenschlägern Klappmütze genannte Blasenrobbe (*Cystophora cristata*), deren bis 3 *m* lang werdende Männchen einen mit der Nase in Verbindung stehenden blasenartigen Sack willkürlich mit Luft aufblähen können. Das nicht bloß von Fischen, sondern zum größten Teil auch von Tintenfischen lebende Tier gehört zu den wandernden Robbenarten und verteidigt sich nicht selten auch gegen den Menschen so mutig, daß deren Jagd für die Eskimos in ihren leichten, aus Robbenhaut verfertigten Booten nicht ungefährlich ist. Der größte nordische Seehund ist die im männlichen Geschlecht eine Länge von 3 *m* erreichende Bartrobbe (*Phoca barbata*), die mehr einsiedlerisch lebt, aber von den Eskimos gern gejagt wird, da ihre dicke Haut zur Anfertigung von Harpunenleinen sehr geschätzt ist und ihr Fleisch und Tran schmackhafter als die anderer Robben sein sollen.

Die größte Robbe ist die in den Männchen bis 6 *m* Länge und ein Gewicht von über 3000 *kg* erreichende Elefantenrobbe (*Macrorhinus leoninus*), die ihren Namen davon hat, daß die Männchen nicht den gewöhnlichen Robbenkopf der Weibchen und Jungen haben, sondern einen kurzen, gewöhnlich schlaff herunterhängenden, aber willkürlich aufblähbaren, an der Spitze schief abgeschnittenen Rüssel haben, der den Tieren ein höchst sonderbares Aussehen verleiht. Die Elefantenrobbe bewohnt das Südpolarmeer bis in die gemäßigteren Regionen und geht in einer Abart an der Westküste Amerikas bis über Kalifornien hinauf. Vor 20–30 Jahren war sie noch ziemlich häufig, ist aber überall infolge der unsinnigen Verfolgung recht selten geworden. Dies läßt sich sehr wohl begreifen, da die Tranausbeute bei alten, gut genährten Männchen gegen 1000 Liter beträgt. Vor 60 und 70 Jahren wurden allein an der patagonischen Küste jährlich durchschnittlich 40000 Elefantenrobben erschlagen. Auf den Kerguelen, die bei ihrer Entdeckung von ihnen wimmelten, hatten einmal nordamerikanische Robbenschläger, die rohesten und rücksichtslosesten dieser Mordgesellen, so ungeheure Mengen Tran von diesen Tieren eingeheimst, daß der Markt damit überfüllt war und sie keinen Absatz dafür fanden. Kurz entschlossen verbrannten sie die zahllosen mitgebrachten mit Tran gefüllten Fässer, um nicht die Preise zu drücken. Welche Niedertracht liegt nicht in solch unsinniger Handlung!

Weniger der Gefahr der Ausrottung ausgesetzt als die Elefantenrobbe ist das das nördliche Eismeer und die nördlichen Teile des Atlantischen und Stillen Ozeans in zwei Unterarten bewohnende wehrhafte Walroß (*Trichechus rosmarus*), die ungeheuerlichste aller Robben, von der im Mittelalter die wunderlichsten Sagen in Europa kursierten. Einen eingezalzenen Kopf desselben sandte ein Bischof von Drontheim 1520 an den Papst Leo X. nach

Rom; dieser wurde in Straßburg abgezeichnet und der Züricher Naturforscher Konrad Geßner gab eine ziemlich richtige Beschreibung von ihm. Einen guten, ausführlichen Bericht von ihm gab erst Martens von Hamburg, der zu Ende des 17. Jahrhunderts das Walroß im Eismeere selbst zu sehen bekam. Das Tier erreicht bei einem Umfang von 2,5–3 *m* und einem Gewicht bis 1500 *kg* eine Länge von 4,5 *m*. Das Gebiß des jungen Walrosses ist demjenigen der Ohrenrobben ähnlich zusammengesetzt. Von den ursprünglich 30 Zähnen behalten ausgewachsene Walrosse nur 18, von denen die zwei oberen wurzellosen Eckzähne zu gewaltigen Hauern werden, die nahezu 80 *cm* lang und gut 4 *kg* schwer werden können. Infolge der rücksichtslosen Verfolgung sind aber Hauer von solcher Größe selbst bei ausgewachsenen Männchen jetzt schon sehr selten. Eckzähne von 60 *cm* Gesamtlänge und 2 *kg* Gewicht können schon als stark entwickelt gelten und ragen etwa 45 *cm* weit aus dem Kiefer hervor. Die Eckzähne der weiblichen Walrosse werden selten mehr als 50 *cm* lang. Beim pazifischen Walrosse mit breiterer und höherer Schnauze sind sie länger und stärker, dazu mehr gegeneinander geneigt. Sie dienen dem Tiere dazu, seinen unförmlichen Körper aus dem Wasser aufs Eis hinaufzuziehen und unterstützen es auch bei seinem unbeholfenen Forthumpeln über Land. Der Hauptdienst aber, den sie seinem Träger leisten, besteht darin, daß das Walroß mit ihnen Schlamm und Sand gewissermaßen durchpflügt, um darin nach Schaltieren zu suchen. Außer Tintenfischen, Fischen und Krebsen sind nämlich Muscheln die Hauptnahrung dieser Tiere, die deren Schalen mit ihren Mahlzähnen zertrümmern und dann wieder ausspucken. Mit der Beschaffenheit ihrer Nahrung hängt es zusammen, daß die Walrosse sich selten auf hohem Meere, sondern meist in der Nachbarschaft des Ufers aufhalten, und zwar in mehr oder weniger großen Herden, deren Gebrüll man schon aus weiter Entfernung vernimmt. Ihrer Herdentiernatur entsprechend tun sie sich zur Verteidigung eines verwundeten Genossen zusammen und greifen dann ungescheut feindliche Boote an, die sie mit ihren mächtigen Hauern leicht zum Kentern bringen. Außer auf dem Lande werden sie auch vom Wasser aus in besonders dafür gebauten starken Booten verfolgt, wobei man ihnen den Rückzug ins Wasser zu verlegen sucht; denn die das Meer erreichenden Stücke entkommen dem Jäger gewöhnlich. Man sucht sie mit Harpunen zu spießen, um sie dann ans Land zu ziehen und dort mit langen Lanzen oder durch Büchsenschüsse zu töten. Fett liefern die Walrosse zwar verhältnismäßig weniger als die eigentlichen Robben, denn die größten Stücke geben selten mehr als 250 *kg*. Auch ist das Walroßfett weniger fein als das Robbenfett. Die 2,5–4 *cm* dicke Haut wird zu Sattelzeug, besonders zu starken Schuhsohlen und Ruderriemen verarbeitet. Wertvoller als sie sind die allerdings den Elefantenstoßzähnen weit an Güte nachstehenden Hauer, die in Amerika 1879 nur 40 Cents, 1883 aber schon 41/2 Dollar das Pfund kosteten.

Während die Walrosse früher an den Küsten Nordeuropas in größerer Zahl vorkamen und südwärts bis Schottland wanderten, sind sie heute selbst auf Grönland und Spitzbergen so selten geworden, daß sich ihre Erbeutung nur noch als Nebenbetrieb des Walfanges lohnt. Auf der Bäreninsel beim Nordkap wurden bei einer Gelegenheit deren innerhalb sechs Stunden nicht weniger als 600–700 getötet und ein anderes Mal in kaum sieben Stunden 900–1000 abgeschlachtet. In weniger als acht Jahren waren sie dort ganz ausgerottet. Auf einer Insel bei Spitzbergen stach man an einem einzigen Tage über 900 Walrosse tot, die man unbenutzt liegen ließ, da man auf das Wegschaffen einer solchen Beute nicht eingerichtet war. Ähnlich sinnlos wurde auch anderwärts gegen diese auf dem Lande wehrlosen Tiere vorgegangen. Bei Labrador tötete die Besatzung des französischen Schiffs Bonaventura im Jahre 1589 1500 große und kleine Walrosse auf einer kleinen Insel, und 1593 tötete die Besatzung eines französischen Schiffes so viele derselben, daß deren Knochen noch jahrelang künstliche Strandstrecken bildeten. Zu jener Zeit scheinen Walroßhauer sehr geschätzt gewesen zu sein und wurden fast ausschließlich an den Tieren benutzt; sie kosteten doppelt so viel als das beste Elfenbein und wurden zu Kämmen und Messerschalen verarbeitet. Das pazifische Walroß war niemals so verbreitet als das atlantische. Sein Vorhandensein im nördlichen Stillen Ozean wurde um die Zeit von 1640–1645 bekannt; aber eine regelrechte Jagd auf es begann erst 1680, da der Walfang bis dahin viel vorteilhafter war. Mit der zunehmenden Verminderung der Wale wandten sich die Walfänger mehr und mehr dem Walroß zu, und zwischen 1870 und 1880 wurden rund 2 Millionen Gallonen Walroßtran und 400000 Pfund Walroßzähne auf den Markt gebracht, was einer Beute von etwa 100000 Walrossen entsprach.

Ebenso mitleidlos schlachtete der Mensch einen andern Riesen der Schöpfung ab, so daß dieses Wunder der Natur bald nach seinem Bekanntwerden überhaupt ausgerottet war. Es ist dies das gewaltige Borkentier, eine 7,5–9 *m* Länge mit einem Bauchumfang von 5,5 bis 6 *m* und einem Gewicht von 4000 *kg* aufweisende Seekuh, mit der am 12. Juni 1742 die schiffbrüchigen Leute des im Jahre zuvor auf der nach ihm benannten Insel verstorbenen jütischen Schiffskapitän in russischen Diensten Vitus Bering bekannt geworden waren. Nach dem Arzte der Expedition, G. W. Steller, einem eifrigen Naturforscher, der die erste Beschreibung dieses merkwürdigen Tieres gab, wird es auch Stellersche Seekuh (*Manatus gigas*) genannt. Die 4 *cm* dicke, dunkelgefärbte Lederhaut war so rauh und runzelig, daß sie von Steller der Rinde oder Borke eines Baumes verglichen wurde. Dieses stumpfsinnige Tier lebte gesellig in Herden in der Nachbarschaft von Flußmündungen und fraß Tang, namentlich die dort in reichlicher Menge vorkommenden Laminarien. Ihr Unvermögen zu Tauchen zwang diese unbeholfenen Geschöpfe ihre Nahrung in seichtem Wasser zu suchen, und da Stürme und Eis die Küsten ihres nordpazifischen Wohngebiets oft schwer zugänglich machten, waren die Tiere im Frühling gewöhnlich stark abgemagert. Auf diesen leicht zu erbeutenden Fleischlieferanten aufmerksam geworden, lebten in der Folge alle Pelzjägerexpeditionen von ihm und nahmen große Vorräte von dessen Fleisch eingesalzen mit sich fort. Die Pelzjäger pflegten sich dem unbeholfenen Tier, während es in seichtem Wasser lag, vorsichtig zu nähern und zu versuchen, ihm einen tödlichen Lanzenstich beizubringen. Natürlich wurden so nur wenig Seekühe auf der Stelle getötet; die Mehrzahl entfloh ins tiefere Wasser, unterlag dort der Verwundung, um dann später ans Ufer gespült zu werden und nutzlos zu verfaulen, zumal das Borkentier so schnell in Verwesung überging, daß sein Fleisch schon 24 Stunden nach dem Tode wertlos war. Von den 1500–2000 Borkentieren auf den 15 für sie geeigneten Weideplätzen der Beringinsel wurde das letzte 1767 oder 1768 getötet. Im Jahre 1754, nur neun Jahre nach der Entdeckung der Insel, war das Borkentier auch auf der kleinen Kupferinsel ausgerottet. Bis zum Jahre 1883 waren zwei Skelette in den Museen von St. Petersburg und Helsingfors und zwei im Britischen Museum in London aufbewahrte Rippen alles, was der Wissenschaft von Überbleibseln dieses Wunders der Schöpfung übrig geblieben war. Da brachte der im Auftrag des Nationalmuseums der Vereinigten Staaten zur Forschung nach Borkentierskeletten ausgesandte Stejneger im Laufe von zwei Jahren noch ansehnliche Reste von Schädeln und Knochen zusammen, die sich in verschiedenen Tiefen des Sandes fanden und dadurch aufgefunden wurden, daß man eiserne Stäbe in den Sand hineinstieß. Viele Knochen fanden sich so weit vom Ufer entfernt, daß die Annahme naheliegt, die Insel habe sich seither gehoben.

Dieselbe geistige Beschränktheit haben die anderen noch existierenden, gesellig als Pflanzenfresser an seichten, tangbewachsenen Küsten oder im Süßwasser lebenden Seekühe. Wie den Walen fehlen ihnen die hinteren Gliedmaßen und ist infolgedessen das Becken verkümmert, so daß dessen Reste teilweise gar nicht mehr mit dem übrigen Skelett verbunden sind. Die Knochen, besonders des Kopfes und der Rippen, entbehren einer Markhöhle, sind massig und schwer, um das Sinken dieser Tiere an ihren Weideplätzen zum Abgrasen des Seetangs zu erleichtern. Sie haben einen deutlich abgesetzten Hals mit nicht verwachsenen Wirbeln, im Gegensatz zu den äußerlich ganz zu Fischen gewordenen Walen. Die äußere Gehöröffnung erinnert durch ihre auffallende Kleinheit noch an die Wale, aber Augen und Nase liegen oben am Kopf an ihrer gewöhnlichen Stelle, die äußeren Nasenlöcher sind mit einer Klappe versehen. Das Zwerchfell steigt von vorn unten auffallend schräg nach hinten oben, so daß sich die Brusthöhle nach rückwärts fast über die ganze Bauchhöhle hinweg erstreckt. Mit den sehr geräumigen Lungen können die Tiere ohne einzuatmen bis 8

Minuten aushalten. Die Mundhöhle ist mit hornigen Kauplatten versehen und die Backenzähne wachsen zeitlebens nach, indem sie entsprechend der Ausnutzung nach und nach erscheinen. Die Hände haben bloß vier Finger, jeder aus drei schlanken Gliedern bestehend und durch eine gemeinsame Haut vereinigt. Zu Beginn des Frühjahrs kämpfen die Männchen um den Besitz der Weibchen, die nach längerer Tragzeit stets nur ein Junges werfen, das sie mit größter Mutterliebe umgeben und beim Säugen mit einer der Flossen an eine der beiden brustständigen Zitzen halten. Ihre Stimme besteht in einem schwachen, dumpfen Stöhnen, während des Atmens vernimmt man auch ein heftiges Schnauben. Von ihnen finden Fleisch und Speck, Haut und Zähne Verwendung.

An den Küsten des Indischen Ozeans lebt der nach der malaiischen Bezeichnung für Meerkuh genannte Dujong (*Halicore dujong*). *Halicore* heißt Seemaid, so auch deutsch geheißen nach der schon von Plinius und Älian erzählten Fabel, daß an den Küsten Indiens Seetiere in Gestalt von Satyrn mit Weibergesichtern leben, deren Körper nach hinten in lange, gewundene Schwänze auslaufen und die statt der Füße Flügel haben. Nachts kämen sie aus dem Wasser ans Land, um Gras und Palmenfrüchte zu fressen, und in der Morgendämmerung kehrten sie ins Meer zurück. Dieser 3–5 *m* lange Dujong bevorzugt die Nähe der Küste, die reich mit ihnen Nahrung bietenden Meeresalgen bewachsen ist, und lebt dort paarweise oder in kleinen Familien, alle paar Minuten zum Atmen an die Wasseroberfläche kommend und dann langsam wieder in die Tiefe versinkend. So lange es noch Nahrung an einer Stelle gibt, verändert das faule Tier kaum seinen Aufenthaltsort. Erst wenn eine Meerwiese abgeweidet ist, siedelt es langsam nach anderen tangbewachsenen Stellen über, welche ihm wieder eine Zeitlang Nahrung liefern. Besonders die Jungen haben äußerst zartes, weniger fettes, süßliches Fleisch, das vom Menschen sehr begehrt ist, weshalb die Tiere von den Anwohnern gern gejagt werden. Das an der Luft getrocknete harte Leder gibt vortreffliche Sandalen.

Während der Dujong höchstens Flußmündungen aufsucht, geht der die Ostküste Mittel- und Südamerikas und die Westküste Afrikas bewohnende ebenso große und bis 400 *kg* schwere Lamantin — eine französische Verballhornung des spanischen Manati, d. h. mit Händen versehen — (*Manatus latirostris* und andere Arten) von den Küsten weit die Flüsse aufwärts und bei Überschwemmungen auch in Seen und Sümpfe, wo er die an ruhigen Stellen reichlich wachsenden Wasserpflanzen abweidet. Da auch sein Fleisch vorzüglich, wenn auch ziemlich fett ist, wird ihm überall mit Eifer nachgestellt. Eingesalzen und getrocknet bleibt es sehr lange gut und soll nach einem Schriftsteller des 16. Jahrhunderts sogar Gnade vor den Feinschmeckern am spanischen Hof gefunden haben. Unter den fortwährenden Verfolgungen ist er an den meisten Stellen, wo er einst sehr häufig war, verschwunden und allgemein sehr selten geworden. Die weit ins Innere hineingehende westafrikanische Art ist schwarzgrau und wird nur etwas über 2 *m* lang. Die bleigraue gewöhnliche südamerikanische Art wird selten über 3 *m* lang und bildete einst ein beliebtes Jagdobjekt für die Eingeborenen, denen sein schmackhaftes Fleisch als besonders lecker gilt.

Endlich wäre noch als einst für die Seefahrer wichtiger Fett- und Fleischlieferant die Dronte oder der Dodo (*Didus ineptus*) zu nennen. Dodo kommt vom portugiesischen *doudo*, d. h. Tölpel. Dieser Name wurde dem reichlich truthahngroßen Girrvogel der Insel Mauritius gegeben, weil er äußerst wenig scheu, wozu seine geringe geistige Begabung beigetragen haben mag, mit ungemein plumpem, schwerfälligem Körper auf kurzen, watschelnden Beinen dem Menschen entgegentrat. Der große Kopf trug einen starken, hakenförmigen Schnabel; der Körper war spärlich mit lockerem, grauem, auf der Brust braunem Gefieder bedeckt und trug an Flügel und Schwanz gelbliche oder schmutzigweiße steife Federn. Infolge Fehlens von Feinden hatten diese Vögel ihre Flugfähigkeit eingebüßt und sich durch reichliche Ernährung zu den reinsten Fettkugeln entwickelt, die den ersten Schiffen, die dort landeten, willkommenen lebenden Proviant lieferten. Als erster schreibt der holländische Admiral Jakob Cornelius van Neck von ihm als Walckvogel, rühmt aber sein Fleisch nicht besonders. Besser mundete es der Mannschaft des 1601 auf Mauritius landenden holländischen Schiffes eines gewissen Wilhelm van West-Zannen, den die reiche Beute sogar zu einem Gedicht begeisterte. An einem Tage erbeutete seine Mannschaft 24, am folgenden 20 der großen, überaus schweren Vögel, von denen sie insgesamt nicht einmal zwei bei einer Mittagsmahlzeit verzehren konnten. Bei der Abfahrt nahm sie einen großen Vorrat an eingesalzenen Dronten mit. Andere holländische Schiffe folgten dem Beispiele Zannens, schwelgten in Dodo- und Landschildkrötenfleisch, nahmen Mengen von eingesalzenen Vögeln mit und ließen die Reihen der Dronten stark gelichtet zurück. Deshalb ist es nicht zu verwundern, daß sich der letzte Bericht über lebende Dronten im Schiffstagebuche des englischen Steuermanns Benjamin Harry findet, der Mauritius im Jahre 1681 besuchte. Schon 1693, also noch nicht ein Jahrhundert nach seiner Entdeckung, war die Dronte ausgerottet; denn Leguat, der sorgfältige Beschreiber eines damit verwandten, etwas weniger schwerfällig gebauten, ebenfalls längst ausgerotteten Vogels, des Einsiedlers (*Pezophaps solitaria*) der Insel Rodriguez, erwähnte sie nicht mehr und bemerkt überdies, daß Wasserhühner und Schildkröten dort selten geworden seien. Kurz nach der Ausrottung der Dronte verließen die Holländer, die bis dahin Mauritius besetzt hielten, die Insel, von der die Franzosen 1715 Besitz ergriffen, um sie 1811 an die Engländer abzutreten. Dieser wiederholte Besitzwechsel hatte zur Folge, daß alles Wissen über den sonderbaren Vogel verloren ging und nicht einmal in der mündlichen Überlieferung weiterlebte. Auch waren die wenigen, übrigens längst verloren gegangenen, in Museen aufbewahrten Stücke des Dodo so wenig bekannt, daß selbst einige Naturforscher am früheren Vorkommen eines solchen Vogels zu zweifeln begannen. Diese Zweifel wurden jedoch durch verschiedene Veröffentlichungen wieder zerstreut, und im Jahre 1866 gelang es, beträchtliche Mengen von Dronteknochen zu sammeln. Sie fanden sich ausschließlich im Bodenschlamm des unter dem Namen *mare aux songes*, d. h. Traumpfütze, bekannten großen Moores, das mit dem Land herum noch zu Beginn des 19. Jahrhunderts dicht mit großen Bäumen bedeckt war, deren Früchte einst den Dronten zweifellos als Nahrung dienten. Die hier gefundenen Überreste scheinen von einst friedlich hier verstorbenen Dronten zu stammen; denn keiner unter den im Moore aufgefundenen Knochen zeigt Spuren einer Benagung. Als einzige Darstellung der Dronte sind solche auf zwei Gemälden von Roland Savary und seinem Neffen Johann, holländischen Malern aus der ersten Hälfte des 16. Jahrhunderts, auf uns gekommen. Diese malten den Vogel nach lebend nach Holland gebrachten Exemplaren. So räumt der Mensch unbarmherzig und gedankenlos mit allem auf, was sich ihm in der Schöpfung an wehrlosen, aber ihm irgendwie nützlichen Geschöpfen entgegenstellt.

XXIX. Tiere als Spielzeug.

Von jeher hat der Mensch, wie wir schon in der Einleitung dieses Buches bemerkten, jung eingefangene und sich dann leichter an seine Gesellschaft gewöhnende Tiere zu keinem andern Zweck als zu seiner und der Seinen Unterhaltung in seinen Niederlassungen gehalten. Alteingefangene Männchen von solchen Tierarten, die als eifersüchtige Nebenbuhler gern miteinander kämpfen, ließ er zu seiner Belustigung gegeneinander los und freute sich, wenn sie sich recht zerzausten. Nach Überwindung des kommunistischen Urzustandes und der Erwerbung von Besitz ging er mit seinen Genossen Wetten ein, setzte für den Gewinnenden Preise aus und erhob das Spiel zum Sport. Die Wetten bildeten später einen Hauptzweck solcher Tierkämpfe, seien die Ausübenden Grillen, Wachteln, Hähne, Gänse oder Widder. Mit der Verrohung der Massen bei durch zahlreiche Kriege an Blutvergießen gewöhnten Stämmen hatten solche Kämpfe nur Reiz, wenn sie blutig endeten und wenn möglich, auf Leben und Tod gingen. So hefteten die Malaien ihren Kampfhähnen haarscharf geschliffene Stahlklingen an ihre Sporne, mit denen sich die Duellanten sehr oft gegenseitig erstachen.

Im alten Rom wurden diese blutigen Tierkämpfe zu Massenabschlachtungen gesteigert, in denen selbst Menschen auftraten, um miteinander zu kämpfen und sich nach dem Willen des Pöbels abzustechen. Es sind dies die bekannten Gladiatorenkämpfe, die aus Fechterspielen bei Gelegenheit des Begräbnisses hervorragender Männer hervorgingen, wie sie zuerst die Etrusker und dann auch die Römer in jenen Zeiten ausübten, als auf dem Forum bei der Bestattung eines Feldherrn die Kriegsgefangenen, die er erbeutet, zu Ehren des Totengeistes des Verstorbenen auf Tod und Leben miteinander kämpfen mußten. Vielfach ließ man auch an solchen Leichenspielen schwere Verbrecher gegenseitig an sich das Todesurteil vollziehen. Das taten diese nicht ungern; denn Seneca sagt in einer seiner Episteln, daß ein solcher lieber öffentlich kämpfend in der Arena sterbe, als daß er sich in einem geschlossenen Raum hinrichten lasse. Und zu diesem Schauspiel wurde das Volk eingeladen, wie noch im 18. und 19. Jahrhundert das Henken und Köpfen vor großem Publikum geschah. Wer von diesen Verurteilten brav focht und durch seine Tapferkeit Bewunderung erregte, dem wurde vom Volke durch Akklamation das Leben geschenkt. Auch viele Kriegsgefangene und mißliebige Sklaven wurden als Gladiatoren verhandelt. Gewöhnlich standen sie bei jedem Gefecht etwa hundert gegen hundert, die einen mit großen, die andern mit kleinen Schilden, die einen mit Netz und Harpune, die anderen mit Schwert oder Dolch, alle aber mit kostbaren Helmen, vielfach aus purem Silber mit Edelsteinen eingelegt, mit Pfauenfedern als Helmbusch versehen. Zum Kampf erscholl grelle Musik, um das Stöhnen und Todesröcheln der Sterbenden zu übertönen. Die

Leichen wurden fortgeschafft, frischer Sand in die Blutlachen gestreut und das Volk ging befriedigt nach Hause. Die gewandten Fechter aber, denen es gelang, solche Schlachten zu überleben, wurden die Helden des Tages und Lieblinge des Publikums, wie es heute den Stierkämpfern in Spanien ergeht, und der Festgeber beschenkte sie in der Arena selbst mit Schüsseln voll blinkenden Goldes. In der Kaiserzeit waren solche Gladiatorenkämpfe bei allen festlichen Anlässen zu sehen, und bei den viermonatlichen Siegesfesten des Trajan im Jahre 107 sollen im ganzen 10000 Mann gefochten und zum größten Teil ihren Tod gefunden haben.

Für diese Massenkämpfe und die alsbald zu besprechenden Tierhetzen wurden mit ungeheuerem Aufwand luxuriöse Arenen gebaut, die möglichst die ganze freie Stadtbevölkerung aufnehmen sollten. Denn auch die Frauen erschienen zu solchen Schauspielen und brachten selbst die Kinder mit. Während sie im Zirkus mitten unter den Männern saßen, waren sie im Amphitheater von ihnen getrennt. Rom gelangte zuerst im Jahre 29 v. Chr. durch den reichen Statilius Taurus zu einem Amphitheater. Dieser Bau wurde aber durch das meist als Colosseum bezeichnete berühmte flavische Amphitheater übertroffen, das vom Kaiser Vespasian erbaut und im Jahre 80 von dessen Sohn Titus eingeweiht wurde. Es war 185 *m* lang, 156 *m* breit und 50 *m* hoch, besaß 80 Portale und faßte 85000 Zuschauer. Die Arena selbst war 86 *m* lang und konnte nebst dem Zuschauerraum mit einem etwa 180 *m* langen Zelttuche gegen die Sonne überspannt werden. Unter ihr waren weite Hohlräume, aus denen wie durch Zauber ganze Kämpfergruppen und Scharen von wilden Tieren emporgehoben werden konnten. Auch vermochte man sie unter Wasser zu setzen, um ganze Seeschlachten darin vorzuführen. Wurde des Kaisers Anwesenheit erwartet, so erschien das ganze Publikum weiß gekleidet und bekränzt. Solche Festtage waren in Rom durchaus keine Seltenheit. Hören wir doch gelegentlich, daß es dort jährlich 175 regelmäßige Spieltage gab, die außerordentlichen bei Triumphen usw. gar nicht gerechnet. Davon entfielen 10 Tage auf die Gladiatorenkämpfe, 64 auf Wagenrennen, 101 dagegen auf das Theater, in welchem vorzugsweise operettenhafte Possen, deren Coupletmelodien man auf allen Gassen pfiff, mit allerlei Anzüglichkeiten auf stadtbekannte Personen, und zweideutige Pantomimen aufgeführt wurden. Am meisten zogen beim rohen Pöbel die Fechterspiele und Tierhetzen, bei denen Blut in Strömen floß und die Arena voller Leichen lag. Das gab eine Aufregung, wenn man seltene wilde Tiere miteinander kämpfen und sterben sah! Da füllten sich schon vor Sonnenaufgang die Zuschauerränge, um ja einen guten Platz bei solchen interessanten Tierhetzen zu erhalten. Das fesselndste dieser Schauspiele waren die eigentlichen Jagden, *venationes* genannt, bei denen ungeheuere Mengen von wilden Tieren von besonders dazu angestellten Leuten verfolgt und erlegt wurden. So wurden in der Kaiserzeit alle größeren Tiere der damals den Römern zugänglichen Welt nicht nur in einzelnen Exemplaren, sondern gelegentlich in ganzen Scharen dem nach Unterhaltung verlangenden Volke in der Arena vorgeführt und von gut geschulten, gut bewaffneten und von starken Hunden unterstützten Jägern, die ihr Handwerk trefflich verstanden, zum Gaudium des Pöbels kunstgerecht gejagt und schließlich abgeschlachtet. Nur seltene Tierarten wurden verschont, um späterhin abermals bei solchen Jagden auftreten zu können. Hauptsächlich waren es dem Menschen gefährliche Raubtiere, die bei diesen Jagdspielen auftraten und zur Belustigung des festfeiernden Volkes getötet wurden, so vor allem Bären, Panther, Tiger, Löwen und Hyänen, seltsamerweise aber nicht der Wolf. Der mochte für jenes Vergnügen zu gemein und wegen seiner Feigheit reizlos zum Abschlachten sein. Selten kamen harmlose große Bestien wie Flußpferde und Giraffen aus dem fernen Afrika in die Arena, um dem Volke, das damals noch keine zoologischen Gärten kannte, vorgeführt zu werden. Nach Plinius zeigte Marcus Scaurus in Rom bei den Spielen, die er als Ädil gab, das erste Flußpferd nebst fünf Krokodilen, und hatte dazu einen besonderen Teich graben lassen. Nach Dio Cassius wurde bei den feierlichen Spielen, die Kaiser Augustus gab, wiederum ein Flußpferd gezeigt und erlegt. Zur Zeit Heliogabals und der Gordiane waren in Rom im Amphitheater Flußpferde zu sehen, die damals wegen der vielen Verfolgungen schon nicht mehr in Ägypten vorkamen, sondern aus dem Lande der Blemmyer im Sudan geholt werden mußten, also zweifellos sehr teuer zu stehen kamen. Nach Plinius sah man in Rom die erste Giraffe bei den Spielen, die der Diktator Cäsar gab, und seitdem öfter. Nach Flavius Vopiscus gab es zur Zeit des Aurelian mehrere Giraffen in Rom, und zwar nach Julius Capitolinus zur Zeit der Gordiane nicht weniger als zehn. Was mögen diese Tiere, die weither vom oberen Nilgebiet bezogen wurden, bei den mangelhaften Verkehrsverhältnissen jener Zeit für eine umständliche Reise hinter sich gehabt haben, bis sie dem verwöhnten Pöbel in Rom gezeigt werden konnten!

Nach dem Geschichtschreiber Dio Cassius ließ der römische Kaiser Caligula in Rom 400 Bären auf dem Kampfplatz erscheinen und mit großen Hunden und schwerbewaffneten Gladiatoren kämpfen. Und Julius Capitolinus berichtet, daß Gordian I., als er unter Caracalla und Alexander Severus Konsul war, an einem Tage in Rom 100 libysche Bestien, an einem andern 1000 Bären im Amphitheater auftreten und töten ließ. Als er zum sechsten Male Spiele gab, wurden im ganzen 200 Damhirsche, 30 wilde Pferde, 100 wilde Schafe, 10 Elche, 100 kyprische Stiere, 300 Strauße, 30 wilde Esel, 150 Wildschweine, 200 Steinböcke und ebensoviel Antilopen dem Volke preisgegeben. Und unter seinem Enkel Gordian III. (238–244) wurden einmal in Rom 32 Elefanten, 10 Elche, 10 Tiger, 60 zahme Löwen, 30 zahme Leoparden, 10 Hyänen, 1 Flußpferd, 1 Nashorn, 10 große Löwen, 10 Giraffen, 20 wilde Esel, 40 wilde Pferde und noch zahllose derartige Tiere auf die Arena geführt und bei den Jagdspielen getötet.

In seiner Biographie des Kaisers Probus (276–282) schreibt Flavius Vopiscus: „Probus gab im Zirkus ein ungeheures Jagen und überließ dem Volke die Tiere. Dabei verfuhr er so: Erst ließ er von Soldaten entwurzelte Bäume im Zirkus pflanzen und wartete ab, bis sie mit grünem Laube prangten. Als nun der Wald fertig war, wurden alle Zugänge geöffnet: Es kamen 1000 Strauße in die Arena hinein, dann 1000 Hirsche, 1000 Wildschweine, 1000 Antilopen, Steinböcke, wilde Schafe und andere graßfressende Haartiere, soviel man hatte auftreiben und füttern können. Jetzt wurde auch das Volk hereingelassen und jeder packte und behielt, was ihm beliebte. Am folgenden Tage ließ er im Amphitheater auf einmal 100 mit Mähnen prangende Löwen los, deren Gebrüll wie Donner rollte. Sie wurden sämtlich mit sarmatischen Speeren erlegt. Nach ihnen traten 100 libysche Leoparden auf, dann 100 syrische, ferner 100 Löwinnen und 300 Bären. Übrigens war das ganze Schauspiel mehr großartig als hübsch.“

Nach Plinius hat zuerst Quintus Scaevola als Ädil mehrere Löwen in Rom kämpfen lassen. Dann ließ Lucius Sulla, der spätere Diktator, als Prätor zuerst 100 alte bemähnte Löwen kämpfen, später Pompejus in der Rennbahn 600 Löwen, worunter 315 mit Mähnen, und Cäsar als Diktator 400 Löwen. Gezähmte Löwen hat nach demselben Autor zuerst Marcus Antonius, der Triumvir, vor den Wagen gespannt, und zwar nach der Schlacht bei Pharsalos, wo er von Augustus besiegt worden war. Nach Dio Cassius gab Pompejus bei der Einweihung des von ihm erbauten Theaters außer Wettrennen, Schauspielen, Konzerten und gymnastischen Spielen auch Tierhetzen im Amphitheater, wobei in der Zeit von fünf Tagen 500 Löwen erlegt wurden und 18 Elefanten mit bewaffneten Männern kämpften. Und Julius Capitolinus berichtet, daß bei Jagdspielen, die Kaiser Antoninus Pius (der Adoptivsohn Kaiser Hadrians, regierte von 138–161) gab, Elefanten, gefleckte Hyänen, Krokodile, Flußpferde, Tiger und andere Tiere aus allen Weltgegenden auftraten. Damals wurden auf einmal 100 Löwen auf den Kampfplatz gelassen.

Wie an den morgenländischen Fürstenhöfen gab es gelegentlich auch im Kaiserpalast in Rom gezähmte große Raubtiere als Begleiter der Cäsaren, wie am Schlusse des XII. Abschnittes über die Katzen berichtet wurde. Die sich als Götter fühlenden halbverrückten Kaiser, wie Caracalla (212–217) und Heliogabalus (218–223) ließen sich wie die ihnen vorschwebenden Vorbilder aus dem Olymp gelegentlich von bestimmten wilden Tieren auf ihrem Zweigespann ziehen, so ersterer von Löwen mit der Behauptung, er sei die Göttin Cybele, die man sich von Löwen gezogen vorstellte, und letzterer nach Lampridius von Tigern als angeblicher Bacchus; der Tiger war ja mit seinem buntgefleckten Fell das Leibtier jenes angeblich aus Indien nach den Mittelmeerländern gekommenen Gottes der Fruchtbarkeit und des Lebensgenusses. Älian sagt, daß unter den Geschenken, welche die Inder ihrem Könige darbringen, auch zahme Tiger seien. Aus Indien gelangten solche auch nach Westasien und in den Machtbereich des römischen Reichs. Nach Plinius hat Pompejus den ersten zahmen Tiger, den er aus Kleinasien im Jahre 63 v. Chr. mitbrachte, zu Rom in einem Käfig gezeigt. Nach ihm zeigte Claudius, der Stiefsohn des Augustus, der nach Caligulas Ermordung im Jahre 41 von den Prätorianern zum Kaiser ausgerufen wurde, deren vier zu gleicher Zeit. Afrikanische Panther durften nach einem alten Senatsbeschluß nicht nach Italien gebracht werden. Doch setzte nach Plinius der Volkstribun Cnäus Aufidius beim Volke ein Gesetz durch, wonach sie wenigstens zur Verwendung bei Jagdspielen im Amphitheater nach Rom gebracht werden durften. Scaurus habe als Ädil zuerst 150 nach Rom kommen lassen, dann Pompejus 410 und der vergötterte Augustus 420. Alle wurden bei Jagdspielen im Zirkus Maximus zur Unterhaltung des römischen Plebs getötet.

Derselbe Autor sagt, daß Pompejus zum erstenmal den nordischen Luchs bei den zirzensischen Spielen in Rom vorführte. Sein Beispiel ist späterhin kaum je nachgeahmt worden, da dieses Tier zu klein ist, um Aufsehen zu erregen, was doch der Hauptzweck dieser Tierkämpfe war. Dagegen war, wie oben geschildert, der grimmige Bär ein dankbares Objekt, das besonders in der Arena der nördlich der Alpen gelegenen Theater, die dieses Tier aus den ausgedehnten Wäldern der Umgebung sich leicht verschaffen konnten, häufig aufzutreten hatte und von Hunden gehetzt wurde und mit Menschen kämpfte. Auch dieses Tier hat sich wenigstens ein Kaiser zu seinem Liebling erwählt. Es war dies der aus Pannonien gebürtige Valentinian I. (364–375), ein sonst tüchtiger Regent und Krieger. Von ihm erzählt der Geschichtschreiber Ammianus Marcellinus: „Kaiser Valentinianus hielt sich zwei Bären, die er mit Menschenfleisch fütterte. Den einen derselben nannte er Goldkrümchen, den andern Unschuld. Diese Bestien wurden aufs allerbeste verpflegt; ihre Käfige standen neben dem Wohnzimmer des Kaisers (er residierte in Mailand) und treue Wärter mußten für ihre Wohlfahrt sorgen. Endlich ließ er die Unschuld, nachdem sie vor seinen Augen eine große Anzahl Menschen gefressen hatte, zur Belohnung dieses guten Dienstes im Walde frei.“

Zur Kurzweil der mächtigen Herren der Welt wurden in den Palästen Roms neben gezähmten Raubtieren auch zahme Affen und Papageien gehalten. Nach dem Griechen Älian war der Affe beliebt, „weil er herrlich nachahmt und allerlei Verrichtungen leicht lernt, so z. B. tanzen und die Flöte spielen. Ja, ich habe einen gesehen, der die Zügel hielt, die Peitsche schwang und kutschierte. An schlimmen Streichen läßt's der Affe auch nicht fehlen, namentlich wenn er den Menschen nachahmen will. Beobachtet er z. B. von fern eine Amme, wie sie ein Kind badet, so paßt er auf, wo sie es dann hinlegt, schlüpft, wenn die Stube leer ist, zum Fenster hinein, holt das Kindchen aus dem Bett, legt es in die Wanne, holt siedendes Wasser vom Feuer, begießt damit das unglückliche Geschöpf und tötet es so auf eine jämmerliche Weise.

In Indien gehen die Paviane in Tierfelle gekleidet, sind gerecht, tun niemandem was zuleide, sprechen nicht, heulen aber und verstehen die Sprache der Inder. Sie fressen das Fleisch wilder Tiere, halten sich auch Ziegen und Schafe und trinken deren Milch. Zur Zeit der Ptolemäer lehrten die Ägypter den Pavian buchstabieren, auf der Flöte oder auf einem Saiteninstrument spielen. Das Tier ließ sich auch seine Mühe bezahlen und steckte, wie ein geübter Bettler, den Lohn in ein angehängtes Ränzchen. Bekommt so ein Pavian Mandeln, Eicheln, Nüsse und dergleichen, so knackt er sie auf, wirft die Schale weg und frißt den Kern. Er trinkt auch Wein und labt sich ganz gehörig an gesottenem und gebratenem Fleisch, wenn er's bekommt. Zieht man ihm ein Kleid an, so schont er es. Hat man ein ganz junges Paviänchen, so kann es gesäugt werden wie ein Kindchen. — Klitarchos (ein Begleiter Alexanders des Großen) erzählt, es gebe in den indischen Gebirgen so große Affen, daß Alexander samt seinem Heere nicht wenig erschrak, als er plötzlich eine Menge solcher Affen sah und sie für eine feindliche Armee hielt. Um sie zu fangen, ziehen die Jäger vor ihren Augen Schuhe an, lassen dann aber die Schuhe stehen, die aus Blei gefertigt und also schwer sind, zugleich auch Schlingen enthalten. Man erzählt auch noch allerlei andere Dinge von Affen, die für gescheite Leute recht interessant sind." Auch Plinius weiß allerlei Merkwürdiges von den Affen zu erzählen. Er sagt von ihnen unter anderem: „Die Affen kommen der menschlichen Gestalt am nächsten. Ihre Klugheit setzt in Erstaunen. Nach Mutianus sollen sie sogar Schach spielen und die Figuren unterscheiden lernen. Die geschwänzten Affen sollen bei abnehmendem Monde traurig sein, den Neumond aber mit Jubel begrüßen. Mond- und Sonnenfinsternisse fürchten sie gleich andern Tieren. Haben sie in der Gefangenschaft Junge bekommen, so tragen sie diese herum, zeigen sie allen und freuen sich, wenn sie liebkost werden. Meist ersticken sie die Jungen durch allzu zärtliche Umarmungen." Daher die noch bei uns gebräuchliche Redensart von der Affenliebe. Einst soll ein Affe auch künftiges Geschehen vorausverkündet haben, wie uns der beredte Cicero in seinem Buche über Prophezeiungen erzählt: „Als die Spartaner vor der Schlacht bei Leuktra (in Böotien südwestlich von Theben, wo 371 v. Chr. die Thebaner unter Epameinondas über die Spartaner unter Kleombrotos siegten) Gesandte nach Dodona schickten, dort den Jupiter zu fragen, ob Sieg zu hoffen sei, da prophezeite ihnen ein Affe schweres Unglück. Die Sache verhielt sich so: Als die Gesandten die Urne zurechtgestellt hatten, worin sich die Lose befanden, kam der Lieblingsaffe des Königs der Molosser und warf die Lose und alles, was zum Losen gehörte, nach allen Seiten hin auseinander. Darauf sprach die Priesterin des Jupiter die Worte: ‚Denkt nicht an Sieg, ihr Lakedaimonier, denkt nur an eure Rettung!'"

Nach den vorhin aus den Angaben der alten Autoren mitgeteilten Tatsachen läßt sich ersehen, welch ungeheurer Verbrauch von wilden, aber auch gezähmten Tieren aus allen damals den Römern erreichbaren Weltgegenden besonders in der Hauptstadt, aber auch in den Provinzialstädten, die hinter jener nicht zurückbleiben wollten, jährlich stattfand, alles nur zur Unterhaltung und zum Vergnügen des Volkes, das in Rom ohne ernsthafte Beschäftigung, von den Machthabern gefüttert und verwöhnt, nach Brot und Zirkusspielen (*panem et circenses!*) schrie. Dort in der Hauptstadt war stets so viel los, daß der Dichter Juvenal sagen konnte: „Deshalb trauert, wer aus Rom auswandert!"

Trotz aller unbeschreiblichen Grausamkeiten, die dabei geübt wurden, ist aber doch anzuerkennen, daß die Römer mit ihren Tierhetzen zugleich auch ein unvergleichliches Kulturwerk leisteten. Wenn allein Kaiser Augustus während seiner allerdings 45jährigen Regierungszeit nicht weniger als 3500 afrikanische Tiere an den Spielen in Rom umbringen ließ, wenn bei einer einzigen Hetze des Pompejus 500 Löwen umkamen und der Betrieb so bis ins 5. Jahrhundert andauerte, so summiert sich das schließlich zu Millionen. Darunter waren weit mehr schädliche als nützliche Tiere, und zwar große Raubtiere. So geschah es, daß alle Provinzen des ausgedehnten Reiches von den großen Raubtieren, die süd- und westdeutschen Wälder von den Bären planvoll gesäubert und dadurch erst der friedlichen Kultur erschlossen wurden. Dafür sind die auf deutschem Boden ausgegrabenen Mosaikfußböden — so beispielsweise auch das von uns wiedergegebene schöne Mosaik in Bad Kreuznach, etwa aus dem Jahre 300 n. Chr. — denkwürdige Monumente, wenn sie uns wie dort den Bären in der Arena von Schwerbewaffneten angegriffen zeigen.

In Pompeji hat man mehrere Anschläge (*programmata*) vorgefunden, durch welche dergleichen Tierhetzen angekündigt wurden. Sie waren mit roten Buchstaben auf die geweißten Mauern der Stadttore geschrieben. Um nun immer wieder neue Anzeigen darauf schreiben zu können, wurden letztere öfters neu geweißt. Ein solches in Pompeji aufgefundenes Programm besagt: „Die Gladiatorentruppe des Ädilen Aulus Svettius Cerius wird zu Pompeji am 31. Mai (79 n. Chr.) kämpfen; es wird eine Tierhatz geben und das Amphitheater wird mit Tüchern beschattet sein (*familia gladiatoria pugnabit — venatio et vela erunt*)." Ein anderes zeigt folgendes an: „Die Gladiatorentruppe des Numerius Popidius Rufus wird am 29. Oktober (79) zu Pompeji kämpfen; es wird eine Tierhatz geben." Tücher zum Schattenspenden werden da keine erwähnt, da die Sonne im Spätherbst nicht mehr zu heiß schien, und nur für sie, nicht für etwaigen Regen, waren jene über die Arena und die Zuschauerplätze ausgespannten Tücher bestimmt. Allerdings kam diese hier angekündigte Schaustellung nicht mehr zustande, da bekanntlich jene etwa 30000 Menschen beherbergende blühende Landstadt Kampaniens im August durch einen fürchterlichen Aschenregen des Vesuvs verschüttet wurde. Bei den 1748 begonnenen, oft unterbrochenen, erst seit 1860 mit Energie wieder aufgenommenen Ausgrabungen, wobei bisher erst ein Drittel der Stadt aufgedeckt wurde, fand man am Amphitheater die sich nach der *arena*, dem Kampfplatze hin öffnenden Zwinger für die wilden Tiere nebst den für die Fechter bestimmten Räumen gut erhalten. An der Brustwehr waren noch inzwischen von der Witterung zerstörte Bilder, welche den Kampf zwischen Löwe und Pferd, Bär und Stier, Tiger und Eber vorstellten. Man fand in jenem Amphitheater eine ziemliche Menge Einlaßbilletts in Gestalt kleiner Knochenplatten, die die Nummer des betreffenden Platzes rot aufgemalt trugen.

Mit dem Verfall des Römertums hörten diese Jagdspiele auf; doch vergnügten sich die großen Herren noch im Mittelalter gelegentlich damit, in eigenen Tiergärten großgezogene Bären mit großen Doggen kämpfen zu lassen. Besonders war solches am sächsischen Hofe unter dem Kurfürsten August dem Starken (1670–1733), dem späteren König von Polen der Fall. Flemming erzählt, daß im Jahre 1630 im Schloßhofe in Dresden binnen acht Tagen drei Bärenhetzen stattfanden. In den beiden ersten mußten sieben Bären mit Hunden, im dritten aber mit großen Keilern kämpfen, von denen fünf auf dem Platze blieben. Die Bären wurden außerdem durch Schwärmer gereizt und vermittelst eines ausgestopften roten Männchens genarrt. Gewöhnlich stachen die großen Herren selbst die von den Hunden festgehaltenen Bären ab; August der Starke pflegte ihnen aber den Kopf abzuhauen. Mit der Verfeinerung der Sitten kamen aber diese rohen Schauspiele glücklicherweise allmählich ab.

Tafel 69.

Das etwa aus dem Jahre 300 n. Chr. stammende schöne Mosaik in Bad Kreuznach (Hüffelsheimerstraße 26), das uns Gladiatoren- und Tier-, besonders Bärenkämpfe in der Arena zeigt.

Tafel 70.

Eine Ochsen- und Bärenhatz, wie sie von der Zunft der Metzger bis ins 18. Jahrhundert hinein im Fechthause zu Nürnberg abgehalten wurde. (Nach einem zeitgenössischen Stich.)

Englisches Derbyrennen in Epsom zu Anfang des 19. Jahrhunderts.
(Nach einer zeitgenössischen Lithographie.)

Wie Gladiatoren- und Tierkämpfe, ebenso der unfeine Mimus und Pantomimus Ausflüsse des ungebildeten Römertums waren, so bildeten die Griechen die nationalen Ringkämpfe und Wettrennen, wie auch das feinere Theater aus. Hier soll nur von den Pferderennen die Rede sein. Schon bei Homer finden wir in der Ilias bei Gelegenheit der Leichenfeier von Achilleus' Freund Patroklos ein Wagenrennen für Zweispänner veranstaltet, wobei Achilleus Starter und Richter und Phoinix Kontrolleur am Wendeposten war. Fünf namhafte Griechen fuhren bei diesem ausgesprochenen Herrenfahren, bei dem schon eifrig gewettet wurde. Als erster Preis figurierte ein Weib „kundig untadeliger Arbeiten" und ein gehenkelter, 22 Maß fassender Dreifuß, als zweiter Preis eine 6jährige, mit einem Maultier trächtige Stute, als dritter ein neuer viermaßiger Silberkessel, als vierter zwei Talente Gold und als fünfter eine neue Doppelschale.

Bild 64. Zweispänniger Rennwagen von einer griechischen Vase des 7. Jahrhunderts v. Chr.

In der Folge treffen wir das Rennfahren an den vier nationalen Spielen, den olympischen, pythischen, nemeischen und isthmischen, die alle vier oder zwei Jahre abgehalten und von ganz Griechenland beschickt werden. Dabei wurden nur Hengste verwendet, die in Kategorien von über und unter fünf Jahren eingeteilt wurden. In Olympia wurden acht verschiedene Rennen gefahren, und zwar in der Rennbahn, die so gebaut war, daß die Zuschauer den ganzen Verlauf des Kampfes verfolgen konnten. Dabei mußten die Konkurrierenden außer den beschworenen neun Monaten heimatlichen Trainings einen Monat in Olympia selbst geübt haben. Und bei diesen Übungen wurden alle minderwertigen Gespanne ausgeschaltet, so daß nur bestes Material zum Wettrennen kam. Das Hauptrennen bestand in einem Wagenrennen mit vier Hengsten über fünf Jahre, wobei in gestrecktem Galopp zwölf Umläufe der Rennbahn, im ganzen 18,5 *km* gefahren werden mußten. Dann kam ein Wagenrennen mit zwei Hengsten über fünf und ein solches mit vier Hengsten unter fünf Jahren, wobei acht Umläufe, d. h. 12,3 *km* gefahren werden mußten. Nachher folgte ein Wagenrennen mit zwei Hengsten unter fünf Jahren mit drei Umläufen, d. h. 4,6 *km*, ein Reitrennen auf Hengsten von über fünf und ein solches auf Hengsten von unter fünf Jahren mit sechs Umläufen, d. h. 9,3 *km*. Endlich kam ein Reitrennen auf Stuten, wobei der Reiter beim letzten Umlauf abspringen und zu Fuß nebenher laufen mußte, und zum Schlusse ein Wagenrennen mit Maultieren. Dadurch, daß der Besitzer und nicht der Fahrer den Hauptruhm erntete, legten mehr reiche Leute Geld in die Pferdezucht, auch wenn sie selbst nicht rennen wollten. Um vier gute Rennen zu erhalten, mußte der Sportsmann mindestens zehn Pferde züchten oder kaufen, und aus dieser Zahl wurde nach sorgfältigem Trainieren das beste Material ausgewählt. Dabei mußten auch für die Wagenrennen die Pferde zuerst durch Bereiten ausgebildet werden, um ein gleichmäßiges, andauerndes Reiten im Galopp, eine leichte Wendsamkeit und den disziplinierten Gehorsam zu erreichen.

Von den Griechen Unteritaliens übernahmen dann die Römer die Wagenrennen zumeist mit dem Viergespann. Zu Ende der Republik und namentlich zur Kaiserzeit bildete das Schauspiel der Wettrennen im Zirkus eine wichtige Art der Unterhaltung des Stadtrömers. Für diese diente der in der Senkung zwischen Aventin und Palatin gelegene Zirkus Maximus von 650 *m* Länge, in welchem im 4. Jahrhundert etwa 270000 Zuschauer auf lauter Marmorsitzen Platz fanden. Die von einem Wassergraben umgebene Rennbahn war durch eine *spina* genannte Mauer in zwei Teile geteilt und besaß am Ende die gefürchteten *metae*, je drei freie Kegelsäulen aus Goldbronze, an denen die Wagen bei zu knappem Heranfahren nur zu leicht zerschellten. An den Spieltagen gab es 20–24 Wettfahrten, wobei der leichte zweiräderige Wagen von vier meist 3–5jährigen Hengsten gezogen wurde. Die besten Renner kamen aus Spanien, Sizilien, Kappadozien und Afrika, d. h. Algerien. Das Hauptpferd des Quadriga war das an der Außenseite laufende; ihre Namen sind uns zu hunderten erhalten, wie auch derjenigen berühmter Berufskutscher, zu denen junge, leichte Leute genommen wurden. Ja, schon zehnjährige Knaben produzierten sich als Rennfahrer und führten das Viergespann mit Erfolg zum Ziel. Siebenmal mußte die Bahn durchlaufen werden, wobei die Kutscher der verschiedenen Quadrigen in Röcke von verschiedener Farbe gekleidet waren. Um die Brust trugen sie den aus Leder und Schnüren verfertigten Wagenlenkerverband, der sie bei einem Sturze vor Rippenbrüchen schützen sollte; in ihrem Gürtel stak ein scharfes sichelförmiges Messer, um im Falle der Gefahr die Zügel, die sie um den Leib geschlungen hatten, zu durchschneiden. Auf dem Kopfe hatten sie eine schützende Lederkappe; in der Rechten hielten sie die kurze Peitsche aus Leder und in der Linken die Zügel.

Bild 65. Wettfahren mit dem Viergespann bei der Leichenfeier des Peltas. Links sitzen die Preisrichter und vor ihnen stehen die als Preise ausgesetzten drei Dreifüße. Darstellung von einer griechischen Vase des 6. Jahrhunderts v. Chr.

Bei der Eröffnung eines jeden Rennens wurden zuerst die Statuen der Götter Roms und der vergöttlichten Kaiser in feierlicher Prozession durch den Zirkus getragen, und das Volk huldigte jedem Bilde durch Zuruf. Dann zog der festgebende Beamte oder Kaiser wie ein Triumphator durch die Bahn, nahm den Ehrensitz ein und gab das Signal zum Beginn des Rennens, indem er aus seiner Loge ein Tuch herabwarf. Auf die besten Renner, deren Namen und Stammbaum jeder Habitué kannte, wurde eifrig gewettet. Weit vorgebeugt standen die Rennfahrer auf den leichten zweirädrigen Wagen und belauerten die Gegner, hielten anfänglich zurück, um dann plötzlich vorzufahren und dem nächsten Fahrer mit ihrem Wagen den Weg zu verlegen, nicht selten auch mit Peitschenhieben aufeinander loszuhauen. Die zahlreichen Unfälle machten eben den Reiz dieser Fahrten aus. Die Wagen zerschlugen sich und die Fahrer wurden von den Nachfolgenden überfahren oder von ihren eigenen Pferden geschleift, wenn sie nicht rechtzeitig mit ihren Sichelmessern die Zügel durchzuschneiden vermochten. Den Gipfel der Bravour aber erstiegen jene Rosselenker, die nach dem Verluste des eigenen Wagens nach Herunterschlagen des Gegners mit dessen Gespann siegten.

Diese Rosselenker hatten etwas barbarisch Heldenhaftes. Wir haben Grabinschriften von solchen, die über 2000 Siege davontrugen. Der Kutscher Scorpus wird von Martial als das Entzücken Roms besungen; die Todesgöttin, sagt er von ihm, habe seine Siege mit seinen Lebensjahren verwechselt und so sei er schon als Jüngling gestorben. Ein anderer, Eutychus, ist für uns denkwürdig, weil der römische Fabeldichter Phädrus, ein Freigelassener des Augustus, ihm seine dem Griechen Äsop nachgedichteten Fabeln widmete. Eine Fülle von Bildsäulen wurde diesen Leuten errichtet, und Kaiser Heliogabalus machte den Kutscher Cordius unmittelbar zum Kommandanten der Feuerwehr. Dieser Kaiser ließ auch Quadrigen von Kamelen laufen und gar den großen Wassergraben des Zirkus mit Wein füllen und darauf allerlei Schiffskämpfe ausführen.

In der Blütezeit der Wagenrennen waren nicht einzelne Private, sondern Gesellschaften oder Klubs die Besitzer der Gespanne. Anfangs waren es zwei, dann vier Parteien, die sich Ställe hielten und Kutscher mieteten. Letztere waren meist Unfreie oder, wenn sie Freigelassene waren, fuhren sie um Geld für diejenige Partei, die ihnen am meisten bezahlte. Ihre enggeraffte ärmellose Tunika zeigte weithin die Farbe der Partei, für die sie fuhren. Im Laufe der Zeit gingen die Erfolge der Weißen und Roten mehr und mehr zurück, während die Blauen und Grünen sich der größten Popularität erfreuten. Auch die Kaiser waren vielfach leidenschaftlich an dieser Begeisterung für einzelne Parteien beteiligt, so Vitellius und Caracalla für die Blauen, Nero und Domitian für die Grünen. Und als nach der Teilung der beiden Reichshälften der Sitz der Regierung von Rom nach Byzanz verlegt wurde, gingen die Kämpfe zwischen den Blauen und Grünen hier weiter, so daß durch sie nicht nur Straßenaufläufe, sondern eigentliche Palastrevolutionen hervorgerufen wurden. Das ganze Volk verfolgte mit leidenschaftlichem Interesse die Vorgänge auf der Rennbahn. Von ihrer bronzenen Tribüne pflegten die Herrscher von Byzanz dem Kampfe zuzusehen. In den Pausen zog sich dann der Hof zur Mahlzeit zurück. Aber derjenige Kaiser, der dabei auf die Genüsse der Tafel zu viel Zeit verwendete, setzte damit seine Popularität aufs Spiel; denn dann wurde das Volk ungeduldig, begann zu murren und schließlich ertönte der Ruf: „Erhebe dich endlich, du unsere Sonne, und gib das Zeichen.“ Denn das war das am meisten beneidete Vorrecht des Kaisers, daß er mit einer Handbewegung das Zeichen zum Start geben mußte.

Wie in Rom gab es auch selbst unter den vornehmen Geistlichen von Byzanz eigentliche Pferdenarren. Ein solcher war auch der Patriarch Tophanes, der für seinen Marstall eine Reihe prunkvoll ausgestatteter Ställe besaß, in denen selbst die Krippen aus massivem Silber gearbeitet waren. Ein Heer von Dienern sorgte für das Wohlbefinden der Pferde, streute ihnen nicht nur Heu und Gerste, sondern Datteln, Feigen, Rosinen und andere Leckerbissen in die Krippen. Die Ställe wurden mit kostbaren Wohlgerüchen parfümiert und die Pferde auch in Wein gebadet. Wie weit die Leidenschaft dieses Kirchenfürsten für seine Pferde ging, zeigt ein charakteristischer Vorfall. Eines Tages zelebrierte er in der Sophienkirche (Hagia Sophia) das Hochamt. Plötzlich sah man den Prälaten den Altar verlassen, verschwinden und Kaiser und Volk in der Kirche stehen lassen. Was war geschehen? Ein Eilbote hatte dem hohen Herrn die Kunde gebracht, daß sein Lieblingspferd einem Füllen das Leben gegeben habe. Da litt es ihn nicht länger in der Kirche. Er unterbrach seine geistliche Handlung und eilte sofort nach den Ställen, um sich von dem Vorfall selbst zu überzeugen.

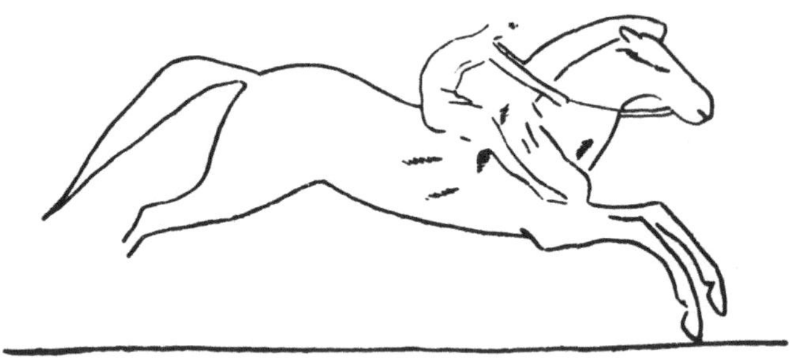

Bild 66. Griechischer Rennleiter von einer um 550 v. Chr. gemalten Vase.

Hatten schon die Griechen das Wettreiten dem Wettfahren hintangestellt, so taten es die Römer noch mehr. Jene Südländer waren eben kein Reitervolk gewesen, wie etwa die Hunnen und Germanen; ihnen wäre auch ein einfaches Wett- oder Hürdenrennen zu reizlos und undramatisch gewesen. Um diese rohen Gemüter zu erfreuen, brauchte es schon stärkerer Reizmittel als solche harmlose Reiterkünste. Den alten Deutschen dagegen war das Pferd als Fortbewegungsmittel in Krieg und Frieden gleich wichtig. Erst in der Zeit der Völkerwanderung kamen bei ihnen Sättel in Gebrauch, auf die man zum weicheren Sitzen auch noch Decken oder Kissen legte. Während man früher nur auf Trense ritt, wurde in der Ritterzeit die Kandare, oft mit sehr langem Hebelarm, üblich. Seit der Merowingerzeit wird der Steigbügel und der Sporn mit einfacher Spitze wie bei den alten Römern gefunden. Öfter findet sich in den Gräbern jener Zeit nur ein Sporn, und zwar am linken Fuße, um das Pferd zu einer Schwenkung nach rechts zu veranlassen, weil man so dem Feind seine durch den Schild geschützte linke Seite zukehrte. Schon Tacitus sagt in seiner Germania von den germanischen Pferden: „Sie werden nicht gelehrt, verschiedenartige Wendungen nach unserer Art zu machen, sondern man läßt sie geradeaus oder mit einer Schwenkung nach rechts laufen." Zu der Ritterzeit hatte man dann stets zwei Sporen, und zwar vom 12. Jahrhundert an mit Rädchen. Solange der Kettenpanzer nur den Mann bedeckte, kam man mit den feingebauten warmblütigen Schlägen aus. Erst als die Ritter sich nicht nur selbst in schwere Eisenrüstungen kleideten, sondern auch ihre Pferde in solche steckten, war man wegen des zu tragenden schweren Gewichts darauf angewiesen, kräftige kaltblütige Schläge zu bevorzugen. Auf diesen zogen die Ritter in ihren Plattenpanzern wie in den Krieg so auch zum friedlichen Scheinkampf, zum Turnier. Dieses, ursprünglich der Turnei, vom Französischen *le tournoi* — von *tourner*, mit dem Pferd einen Kreis beschreiben — genannt, kam mit dem ganzen Apparat der Ritterschaft aus Frankreich, das, von der altrömischen Kultur befruchtet, früher als Deutschland zur Kulturblüte gelangte. In Deutschland ist das erste Turnier 1127 in Würzburg abgehalten worden. Es wurde von Fürsten oder vornehmen Gesellschaften veranstaltet und war nur dem Adel zugänglich. In prunkvollem Aufzuge, den feurigen Hengst mit einer Decke (*covertiure*) in denselben Farben und mit denselben Wappenbildern wie der Waffenrock des Ritters geziert, fand man sich mit seinem Gefolge zum ritterlichen Kampfspiel an dem Orte ein, wohin die Einladung rief. Dabei fanden sich auch allerlei fahrende Sänger und Gaukler, wie zu jedem Feste im Mittelalter, ein, und schöngeschmückte, edle Frauen sahen von Tribünen dem Spiele zu.

Im ausgebildeten Turnier unterschied man drei verschiedene Waffenübungen. 1. Den mit französischem Namen bezeichneten Buhurt, ein Reitergefecht in Gruppen, ohne Rüstung und mit ungefährlichen Waffen. Im Nibelungenlied erscheint er noch als die Hauptsache. 2. Den Tjost, später das Stechen genannt, das dem Ritterideal am meisten entsprach und in den Ritterepen immer mit besonderer Vorliebe geschildert wird, das vom Erneuerer des Rittertums, König Maximilian I., mit Vorliebe gepflegt wurde.

Der Tjost bestand in dem Kampf zwischen zweien, die in schwerer Rüstung mit eingelegter Lanze mit eigentümlicher stumpfdreizackiger Krone an der Spitze aufeinander losrannten und sich gegenseitig aus dem Sattel zu werfen suchten. Trotz dem Plattenpanzer und dem das ganze Gesicht bedeckenden Helm gab es da gelegentlich nicht ungefährliche Verletzungen, wie Knochenbrüche und Augenauslaufen, so daß ein gewisser Mut zu solchem Stechen gehörte. 3. Das eigentliche Turnier, das den Schluß und die Hauptsache der ganzen Veranstaltung bildete. Es war eine Art Kavalleriemanöver, wobei die Gesamtmasse der Ritter in zwei gleichwertige Hälften geteilt wurde, die unter den dazu bestimmten Kommandierenden gegeneinander kämpften. Dabei wurde zuerst mit der Turnierlanze, dann mit dem stumpfen oder durch einen Stock ersetzten Schwerte, erst zu Pferd, dann zu Fuß gefochten. Nach dem Urteil des Schiedsgerichts wurden die Sieger ausgerufen und empfingen von zarter Hand ihren Ehrenpreis. Später wurden verschiedene Varianten des Tjostierens und Turnierens unterschieden, wie das Buntrennen, das Offenrennen, das geschift Scheibenrennen, das geschift Tartschenrennen, das wälsche Rennen in dem Armetin (einer bestimmten Helmart), das loblich gemain deutsch Stechen (mit dem Krönlein, der stumpfdreizackigen Lanze), das Stechen im hohen Zeug und im geschlossenen Sattel und anderes mehr. Das letzte echte Turnier in Deutschland fand 1487 in Worms statt.

Wenn auch noch im 17. Jahrhundert Schauturniere gelegentlich an einigen Höfen Deutschlands stattfanden, so war doch mit dem Beginn des 16. Jahrhunderts die Zeit dieser ritterlichen Kampfspiele des Mittelalters endgültig vorbei. Man begnügte sich nach italienischem Vorbild der Renaissancezeit mit allerlei Figurenreiten, malerischen Aufzügen und Quadrillen. Dieses Figurenreiten war von den Arabern und Sarazenen ausgegangen und kam mit der Bezeichnung *caracolo*, d. h. Wendung im Kreise (aus dem Arabischen *karak*) nach Italien, gelangte dann als *caroussel* zu den Franzosen und von da zu den übrigen Kulturvölkern Europas. Man versteht darunter ein Evolutionsspiel zu Pferde, bei dem das Kreise- und Achterfigurenbeschreiben eine große Rolle spielte. Diese Reitübungen förderten in der Folge sehr die Beweglichkeit und Feldtüchtigkeit der Reiterei, so daß sie teilweise noch bis in unsere Zeit beibehalten wurden.

Dieses *karak* der Araber, das speziell die Mauren pflegten, ist eines der Reiterspiele, wie sie bei allen Völkern, die Pferde halten und zum Reiten benutzen, seit dem hohen Altertume beliebt waren. Diese Reiterspiele stehen gewöhnlich in unmittelbarer Beziehung zur Kampfmethode des betreffenden Volkes und sollten in erster Linie dazu dienen, die Kriegstüchtigkeit der Jungmannschaft zu erhöhen. So treffen wir schon bei den alten Griechen den beliebten altdeutschen kriegerischen Tanz *pyrrhiche*, den die Knaben im 15. Jahre erlernten und in welchem unter Flötenklang alle

Bewegungen und Verrichtungen, die beim Kampfe vorkommen, rhythmisch nachgeahmt wurden. Später wurden solche Übungen auch zu Pferde vorgenommen. Damit übten sich besonders die Reiter, als Vorbereitung für die wirkliche Schlacht. Als dann die Römer mit der griechischen Kultur bekannt wurden, übernahmen sie dieses Kunstreiten mit Waffen und bildeten es bei ihrer Reiterei weiter aus. Diese Gelegenheit, prächtige Pferde und gelenkige Beweglichkeit vor bewundernden Zuschauern zu zeigen, ließen sich die vornehmen römischen Stutzer nicht entgehen. Von Beginn der Kaiserzeit bis zum Fall des römischen Reichs wurde dieses Kriegsspiel zu Pferd gern als Schaustellung vorgeführt und hieß später *ludus trajanus*, weil Kaiser Trajan dies besonders begünstigte und neue Variationen dabei einführte. Eine lebendige Beschreibung desselben findet sich in Claudians Lobgedicht auf das Konsulat des Honorius; dann finden wir es gelegentlich auf Inschriften erwähnt und auf Gemmen und Münzen abgebildet, als Beweis dafür, wie beliebt es war. Nach Überschwemmung des weströmischen Reiches durch die germanischen Barbarenhorden, pflegte Ostrom dieses Erbe weiter, und so treffen wir dieses Reiterspiel in Byzanz mit allerlei persischen Ausschmückungen im sogenannten Ringstechen, bei welchem man mit einer langen Lanze gegen eine mit konzentrischen Kreisen in verschiedenwertige Flächen eingeteilte runde Scheiben anritt, und in einer Art Karussel wieder.

Im Orient wurde von alters her das neuerdings bei den vornehmen Europäern beliebte Polospiel zu Pferde geübt. So sandte einst der Perserkönig Darius, Sohn des Hystaspes, dem König Alexander von Makedonien (521–485), als er ihm den Tribut verweigerte, einen Ball und einen Stock zum Polospiel und ließ ihm sagen, solche Beschäftigung passe für ihn besser als Krieg anzufangen. Die Kreuzfahrer sahen das Polo in Byzanz beim griechischen Kaiser Manuel Komnenos und brachten es nach Europa, wo es allmählich zu einem Spiel zu Fuß degradiert und in England zu Kricket, Fußball und Golf differenziert wurde. Bei den Persern und den kriegerischen Stämmen Nordindiens erhielt sich das Polo bis auf den heutigen Tag. Als der Iman Ibn Omar den Schah Nur-ed-Din von Persien (ca. 1070 n. Chr.) selbst Polo spielen sah, meinte er, solche Übung passe nicht für einen Herrscher. Da antwortete er ihm: er spiele, bei Gott, das Spiel nicht zu seinem Vergnügen, sondern als gutes Beispiel für seine Untertanen, damit ihre Pferde geübt und sie selbst gelenkig würden, um im Kampfe ihren Mann zu stellen.

Wie einst bei den Persern das Polo, so ist heute bei den Arabern der Dscherid — bei uns besser unter der algerischen Bezeichnung *fantasia* bekannt — ein fast täglich zur Übung der Pferde vorgenommenes Reiterspiel. Darin ist das Karussel mit den militärischen, bei ihren Kämpfen gebräuchlichen Evolutionen verbunden. Unter Geschrei und Schwingen des Dscherid, d. h.

des aus dem Holz der Dattelpalme hergestellten Wurfspeers, ritten zwei Reiterscharen in wildem Galopp aufeinander los, um kurz voreinander anzuhalten, umzukehren und unter allerlei Wendungen das Spiel aufs neue zu beginnen. In vollem Laufe mußte der zu Boden geworfene Dscherid wieder aufgenommen werden, dann stand oder legte man sich auf den Sattel, benutzte die Vorhand des Pferdes als Schutz und Schild, hing während des Galopps ganz auf der Seite und schoß dabei mit Pfeil und Bogen auf ein bestimmtes Ziel, sprang vom Pferde ab und schwang sich wieder hinauf. Mit der Einführung der Gewehre begnügte man sich, dann blind zu schießen und einen großen Lärm zu verführen.

Außer den verschiedenen Reitübungen wurde das Pferd schon im hohen Altertum auch zu allerlei Kunststücken verwendet, wie wir sie heute besonders im Zirkus zu bewundern Gelegenheit haben. So weiß schon Homer in der Ilias von Kunstreitern zu berichten, wenn er sagt: „Gleichwie ein guter Kunstreiter, nachdem er aus einer großen Anzahl vier Rosse zusammengefügt, abwechselnd sicher und beständig von einem Pferd auf das andere springt, während sie dahinfliegen, so schwang sich Ajas von einem Schiff auf das andere". Schon bei den alten Mykenäern der Mitte des zweiten vorchristlichen Jahrtausends finden wir auf den Freskomalereien der Palastwände mit Vorliebe solche Jonglierkünste abgebildet, und zwar sind es statt Pferde wilde Stiere, die beim Anstürmen in der Arena von leicht geschürzten Männern oder Frauen an den Hörnern gefaßt werden, wobei sich das betreffende Individuum in kühnem Bogen über das Ungetüm schwingt, um teilweise mit einem wahrhaftigen Salto mortale wieder den Boden zu gewinnen. Daß solche Darstellungen an den Wänden der Fürstenpaläste so häufig vorkommen, beweist, daß die betreffenden kunstvollen Spiele des schwachen, aber intelligenten Menschen mit dem starken, einfältigen Tier in jenen Kreisen höchst beliebt waren.

Bild 67. Altägyptischer Stierkämpfer mit einem einfachen Stock gegen die Stiere vorgehend. (Nach Wilkinson.)

Schon im alten Reiche Ägyptens sehen wir mehrfach den Menschen, mit einem einfachen Stock bewaffnet, wildgemachten Stieren entgegentreten und sie dank seiner geistigen Überlegenheit bezwingen. Solche Spiele mit Tieren, speziell Kämpfe des Menschen mit wildgemachten Stieren, kamen schon frühe aus dem Niltal und Westasien auch nach Griechenland und Rom, wo sie beim Volke besonders populär wurden. Während aber in den Wirren der Völkerwanderung diese Stiergefechte zur Belustigung des dabei zuschauenden Publikums aus allen Ländern im Machtbereiche der römischen Kultur verschwanden, erhielten sie sich als nationales Vergnügen einzig in Spanien, das dort und im spanischen Amerika trotz wiederholter Aufhebung wegen der dabei ausgeübten Tierquälerei bis auf den heutigen Tag sich größter Popularität erfreut, ja trotz aller Anstrengungen der Tierschutzvereine sich sogar über Südfrankreich verbreitete und bis nach Genf in die Schweiz hineingelangte. Daß solches in unserer aufgeklärten, humandenkenden Zeit möglich ist, beweist eben, daß ein Zug von Gefühlsroheit und Grausamkeit seit dem Tierhetzen und Menschenschlächtereien im Altertum im romanischen Blute steckt, der dem Germanen, der ja auch von manchen Tierquälereien, besonders bei Ausübung der Jagd, nicht ganz freizusprechen ist, völlig abgeht. Letzterer ist zu gefühlvoll und mitleidig, um die dem Menschen trotz ihrer natürlichen Waffen wehrlose Kreatur absichtlich zu peinigen und sich an ihrem Schmerz und den damit verbundenen Ausbrüchen von Grimm zu erfreuen. Der Romane aber hat selbst in der zärter fühlenden Frau noch nicht seine angeborene und durch Jahrhunderte nicht gebändigte Rohheit überwunden und kennt nichts höheres, als selbst die Mutter Gottes und die Heiligen an ihrem Feste durch ein Stiergefecht zu ehren. Diese werden in besonderen Amphitheatern — da, wo noch solche aus dem Altertum vorhanden sind, mit Vorliebe in diesen — auf öffentliche Kosten oder von Privatunternehmern abgehalten. Der ganze Verlauf des Volksfestes ähnelt in hohem Maße demjenigen der Arena bei den alten Römern. Die Stierfechter (*toreros*) teilen sich in *picadores*, die zu Pferd — allerdings auf dem Tode verfallenen wertlosen Rosinanten mit verbundenen Augen —, die Beine gegen allfällige Angriffe des Stieres mit seinen spitzen Hörnern sorgsam einbandagiert, mit ihren Lanzen gegen den Stier losreiten, ihn reizen und ermüden; dann die *banderilleros*, die mit roten Bändern gezierte, mit Widerhaken versehene Stäbe in die Schultern des Tieres stoßen und es dadurch und durch den damit verbundenen Schmerz wütend machen. Ferner aus den *chulos* oder *capeadores*, die mit Bändern und Schärpen seine Wut, wenn sie nachzulassen droht, aufs neue erregen und möglichst steigern, und endlich die meist als *matadores* bezeichneten *espadas* oder Schwertträger, die mit ihren feinen Degen dem Tiere den Todesstoß ins Rückenmark zu geben haben. Vermochten sie damit den aufs äußerste gequälten Stier nicht zu töten, so gibt ihnen der *cachetero* den Gnadenstoß.

Zahllos sind die verschiedenen Arten von Tierdressuren, die teils schon im hohen Altertum, besonders aber heute in unserer genußsüchtigen, stets nach neuen Sensationen begehrlichen Zeit, dem danach begierigen Publikum im Zirkus und in Varietétheater vorgeführt werden. Da begnügt man sich nicht mit dem Anblick friedlich den Wagen ziehender oder auf Kugeln rollender, sorgsam den furchtsamen Hasen, ohne ihn zu verletzen, apportierender Löwen, von Elefanten als Seiltänzer oder Musikanten, die auch griechisch und lateinisch schrieben, wie dies zur römischen Kaiserzeit Sensation erregte, sondern bringt brennende Lampen aus Glas und andere heikle Gegenstände jonglierende Seehunde, mit der Nasenspitze ihnen zugeworfene Erdbeeren und andere Früchte auffangende und balancierende Seelöwen, usw., von wie Menschen gekleideten und sich als Gentlemen beim Essen, Rauchen, Radfahren usw. benehmenden Schimpansen ganz zu schweigen. Es würde uns zu weit führen, auch nur die merkwürdigsten, durch unendliche Geduld erzielten Tierdressuren hier zu erwähnen. Es genüge, nur solche Errungenschaften des Menschengeistes über die Tierseele zu erwähnen.

Auch Menagerien und Tierschaustellungen sind keine Erwerbung der Neuzeit; mit den Tiergärten kamen sie teilweise schon im Altertum vor. Besonders letztere waren an fürstlichen Hofhaltungen beliebt. So ist im Schi-king ein Tiergarten des Kaisers Wen-wang (um 1150 v. Chr.) unter der Bezeichnung „Park der Intelligenz“ erwähnt, worin allerlei Säugetiere, Vögel, Schildkröten und Fische gehalten wurden. Einen ähnlichen Tiergarten unterhielten die aztekischen Herrscher in Mexiko. Da gab es nach den zeitgenössischen spanischen Berichten zahlreiche Gehege, Zwinger, Vogelhäuser und Wasserbecken, in denen die Fauna Mittelamerikas vollständig vertreten und in systematischer Anordnung untergebracht war. Die Verpflegung der Raubvögel allein soll täglich 500 Truthähne beansprucht haben.

Auch den Vornehmen des alten Rom waren Tiergärten bei ihren Villen eine beliebte Anlage, die meist viele Morgen Landes umfaßte und zum Schutz gegen das Eindringen von Raubtieren mit einer hohen, glatten Mauer umgeben war. Im Innern waren Gruppen von hohen Bäumen mit ausgebreiteten Ästen, die dem Adler und anderen Raubvögeln das Jagen darin verunmöglichen sollten. In ihnen wurden Hasen, Rehe, Hirsche, Antilopen und Wildschweine teils zum Vergnügen, teils des Gewinnes wegen gehalten. Man gewöhnte sie daran, zur Fütterung zu kommen, wenn ins Horn gestoßen wurde. Varro, dem wir diese Angaben verdanken, sagt u. a.: „Im Tiergarten des Quintus Hortensius (eines berühmten Redners) ist ein erhabener Platz mit Pavillon. Während dort gespeist wird, erscheint ein Orpheus in langem Gewande mit einer Kithara. Er beginnt die Saiten zu schlagen, es wird ins Horn gestoßen; da erscheinen sogleich Wildschweine,

Hirsche und andere vierfüßige Tiere in Menge und gewähren ein lustiges Schauspiel."

Im Mittelalter traten die tierfreundlichen Araber das Erbe der Römer an und ein Tiergarten gehörte zum notwendigen Requisit jedes muhammedanischen Fürstenhofes. Als der größte der Omajaden, Abdurrhaman III., die Stadt Az-Zahra bei Cordova errichten ließ, ordnete er auch die Anlage eines Gartens an, in welchem in umgitterten und eingezäunten Räumen Vögel und seltene vierfüßige Tiere gehalten wurden. Dies war der älteste Tiergarten Europas. Viel später, zur Renaissancezeit, unterhielten die kleinen Fürstenhöfe Italiens je eine kleine Sammlung fremder Tiere. Die berühmteste derselben war diejenige des Herzogs Ferrante von Neapel, die unter anderem als bis dahin im christlichen Abendlande noch nicht gesehene Tiere, eine Giraffe und ein Zebra, aufwies, die der Herzog vom Kalifen von Bagdad zum Geschenk erhalten hatte. 1513 schenkte ein Türkensultan dem Könige Emanuel von Portugal ein ostindisches Nashorn, der dieses zusammen mit einem Elefanten dem Papste Leo X. verehrte. Dieses Wundertier hat Albrecht Dürer 1515 in einem bekannten Holzschnitt gezeichnet.

In Mitteleuropa finden sich Tiergärten zuerst bei den reicheren Klöstern. So enthielt der „Twinger" des Klosters St. Gallen im 10. Jahrhundert Bären, Dachse, Steinböcke, Murmeltiere, Reiher und Silberfasanen. Im späteren Mittelalter war der Tiergarten in der Residenz des Hochmeisters des Deutschen Ordens zu Marienburg am bedeutendsten. Er enthielt außer Hirschen, Rehen und kleinerem Wild große Ure, Geschenke des Großfürsten Witold von Litauen und des Komturs von Balga, ferner einen Zwinger mit Bären und Affen, dann Meerkühe und Meerochsen und seit 1408 auch einen Löwen.

Namentlich im 16. Jahrhundert waren Ure, Elche und wilde Pferde die begehrtesten Tiere für die fürstlichen und adeligen Liebhaber Deutschlands, derentwegen ein lebhafter Briefwechsel und besondere diplomatische Missionen stattfanden. Die Hauptlieferanten dieser Tiere waren die Hochmeister des Deutschen Ordens und der Herzog von Preußen. Schon 1518 sandte der Hochmeister dem Kurfürsten Joachim I. von Brandenburg einen Ur, der als seltenes Schauspiel gebührend angestaunt wurde. Die Elche waren damals schon nicht mehr häufig und gingen beim Transport mitunter zugrunde. So teilte der Pfalzgraf Otto Heinrich vom Rhein dem Herzog von Preußen 1533 mit, daß von den ihm übersandten Elchen „das Männle, als es bis auf 64 Meilen Wegs von Königsberg gekommen, und das Fräule bis auf 28 Meilen von hinnen gestorben" sei. In den 1550er Jahren war es besonders der Erzherzog Ferdinand von Österreich, der sich zur Bereicherung seines Tiergartens in Prag von Zeit zu Zeit an den Herzog von Preußen wandte. Im Jahre 1591 erhielt Landgraf Wilhelm IV. von Hessen von Herzog Karl von Schweden einen Elch, der im Tiergarten von Zapfenburg vortrefflich gedieh.

Im Mai schrieb der Landgraf entzückt an jenen: „Das Elend ist so lustig, daß wir ein gutes Gefallen an ihm tragen, denn sobald wir nach Zapfenburg in unsern Tiergarten kommen und es uns reden hört, läuft es zu uns und läuft hinter unserm Birschwäglein." Zwischen den kleineren und größeren fürstlichen Tiergärten entwickelte sich ein lebhafter Austausch, so daß wenigstens die einheimischen Tiere gut vertreten waren. In den Reichsstädten wurden in den trockenen Gräben vielfach Hirsche gehalten, was für Frankfurt a. M. 1399, für Solothurn 1448, für Friedberg 1489, später auch für Zürich, Basel und Luzern nachgewiesen ist.

Während alle diese Tiergärten ausschließlich zur Unterhaltung gegründet wurden, hatte schon Ptolemäos I., Sohn des Lagos, einer der Feldherren Alexanders des Großen, der erst als Statthalter der Nachkommen Alexanders, seit 321 selbständig bis zu seinem Tode 283 regierte, neben allerlei wissenschaftlichen Instituten mit einer großen Bibliothek auch einen großen zoologischen Garten in Alexandrien errichtet, auf dessen Vermehrung auch sein Sohn und Nachfolger Ptolemäos II. Philadelphos eifrig bedacht war. So zeigte er den erstaunten Alexandrinern zum erstenmal ein Nashorn und eine Giraffe. Zur römischen Kaiserzeit bestand dieser Tiergarten noch, aber mit dem Untergang der antiken Kultur verschwand auch er, und viele Tierarten, die den Alten bekannt gewesen waren, gerieten in Vergessenheit oder verwandelten sich im Volksbewußtsein in seltsame Fabelwesen. Erst mit der Erweiterung des Horizontes durch die Kreuzzüge begann im Abendlande im 12. Jahrhundert ein langsames Wiedererwachen des zoologischen Interesses, das aber erst im Zeitalter der geographischen Entdeckungen wesentlich gefördert wurde.

Als Geburtsjahr der modernen Zoologie darf man das Jahr 1635 ansehen, in welchem ein Edikt Ludwigs XIII. die beiden Leibärzte Hérouard und Gui de la Brosse zu der Gründung des Jardin des plantes ermächtigte, der zunächst nur als ein Versuchsgarten für Medizinalgewächse gedacht war, bald aber mit einer Menagerie verbunden wurde. Während der großen französischen Revolution wurde auf Veranlassung von Bernardin de St. Pierre die Versailler Menagerie mit dem Jardin des plantes vereinigt, und 1797 wurde sogar eine Expedition nach Afrika gesandt, um neue Tierarten zu erwerben. Ein Gönner des Gartens war später Mehemet Ali, Pascha von Ägypten, der außer einem afrikanischen Elefanten, Antilopen usw. auch eine Giraffe sandte, die 1827 in Paris anlangte. Dort wurde sie in der Folge so populär, daß sich die Mode ihrer bemächtigte und sich die Pariser Damen und Stutzer länger als ein Jahr *à la girafe* trugen. Heute wäre allerdings eine solche Moderichtung schon nach einem Vierteljahr veraltet und verlassen.

Nicht minder berühmt als der Jardin des plantes in Paris war die kaiserliche Menagerie zu Schönbrunn, die 1742 durch Kaiser Franz I. und Maria Theresia gegründet worden war und die Bestände der älteren kaiserlichen

Menagerien in sich aufgenommen hatte. Es waren dies die Menagerie von Ebersdorf (um 1552 gegründet), von Neugebäu und die vom Prinzen Eugen angelegte Menagerie im Belvedere. Zur Bereicherung der Schönbrunner Menagerie wurden auf Geheiß Kaiser Josefs II. zwei große Expeditionen unternommen, die erste von 1783–1785 nach Nordamerika und Westindien, die zweite von 1787 bis 1788 nach Südafrika, Isle de France (Mauritius) und Bourbon.

Der erste wissenschaftlich geleitete zoologische Garten in England war ein Privatunternehmen des Earl of Derby in Knowsley bei Liverpool. Nach dem Tode seines Eigentümers ging der sehr bedeutende Tierbestand in den Besitz der 1828 gegründeten Zoological Society über, die 1829 in Regent's Park einen zoologischen Garten anlegte. Schon 1830 enthielt der Garten über 1000 Tierarten. 1852 wurde mit dem Bau von geräumigen Aquarien begonnen. Dieser Londoner zoologische Garten wurde das Vorbild für die meisten Institute dieser Art, die auf dem Kontinent in rascher Folge ins Leben gerufen wurden und deren bedeutendsten die Gärten von Amsterdam (1838), Antwerpen (1843), Berlin (1844), Brüssel (1851), Rotterdam (1857), Frankfurt a. M. (1858), Kopenhagen (1858), Köln (1860), Dresden (1861), Haag (1863), Hamburg (1863), Moskau (1864), Breslau und Hannover (beide 1865) sind.

Durch diese und zahlreiche andere seither eröffnete zoologische Gärten wurden die wandernden Menagerien und Tierbuden unserer Jahrmärkte, die bis dahin ausschließlich der Aufklärung des großen Publikums gedient hatten, stark in den Hintergrund gedrängt. Früher dienten dressierte Affen und Tanzbären auf den Jahrmärkten zur Befriedigung der Sensationslust des Volkes. Bis zur Mitte des 19. Jahrhunderts kamen von größeren ausländischen Säugetieren nur der indische Elefant und das indische Nashorn nach Mitteleuropa. Ersterer wurde zuerst 1443 auf der Messe in Frankfurt a. M., dann 1562 auf der Breslauer Johannismesse und 1607 in Hamburg, letzteres 1741 zuerst in Holland gezeigt. Es war ein bei seiner Ankunft drei Jahre altes Tier, das auf den Ankündigungen ausdrücklich als der Behemoth der Bibel (Hiob 40, tatsächlich aber war dies ein Flußpferd) und das Einhorn des Mittelalters bezeichnet und erregte ungeheueres Aufsehen. Auf der Ostermesse 1747 erschien es in Leipzig, wo ihm Gellert in dem Gedichte:

„Um das Rhinozeros zu sehen,

Erzählte mir mein Freund,

Beschloß ich auszugehen“ usw.

ein literarisches Denkmal errichtete. Im Herbste desselben Jahres kam es nach Nürnberg, im Frühling 1748 nach Augsburg, wo es Joh. Ridinger sehr gut abzeichnete und radierte.

Auffallend spät erschienen Kamele in Deutschland. Die erste auf uns gekommene Nachricht, die sich auf ein solches Tier bezieht, datiert aus dem Jahre 1487. Erst als es der Großherzog Ferdinand II. von Toskana 1622 auf seinem Landgute San Rossore bei Pisa zu Zuchtzwecken einführte, wurden alle Tierbuden und Tiergärten damit versorgt. Um dieses Tier, das beständig mit dem zweihöckerigen Trampeltier verwechselt wurde, wand sich wie um die vorigen ein ganzer Kranz von Fabeln. Am meisten wurde von unseren trinkfesten Vorfahren die Tatsache angestaunt, „daß der Romdarius auch zu Sommerszeiten 3 Monate ohne Sauffen leben kann“.

Von den übrigen, wohl in jeder größeren Menagerie vorhandenen Tieren ist das Lama außer in Spanien, wo es bald nach der Eroberung Perus durch Pizzaro gezeigt wurde, zuerst 1558 in Antwerpen zur Schau gestellt worden, das Krokodil 1566 in Nürnberg, der Elch 1586 ebenfalls in Nürnberg, das Stachelschwein, das seine totbringenden Stacheln auf den Gegner schießen sollte, 1627, der indische „Riesenbüffel“ 1745, der afrikanische Strauß schon 1450 auf der Frankfurter Messe, das Zebra um 1670, der Eisbär 1754 als „crulanischer (wahrscheinlich grönländischer) Meer-Löwe oder weißer Walfisch-Bär“. Verhältnismäßig spät und selten — wohl weil ihre Ernährung mit frischem Fleisch sehr kostspielig war — waren große Raubtiere zu sehen, so 1584 in Nürnberg ein Löwe, 1611 ein Löwe und ein Tiger. Um so beliebter und verbreiteter waren seit dem Ende des 18. Jahrhunderts auf allen deutschen Jahrmärkten verschiedene Robben, besonders deren kleinster Vertreter, der Seehund als angeblich „menschenfressendes Ungeheuer“ zu sehen. Auch größere Affen wurden damals als Satyre oder wilde Männer bei uns gezeigt.

Um die Mitte des 18. Jahrhunderts, mit der Zeit der Aufklärung, begann die Blütezeit der Wandermenagerien, als deren erste die des „Herrn Dalmatine, eines geborenen Dalmatiners“ von 1750–1760 Deutschland durchzog. Deren uns erhaltene Anpreisungszettel wimmeln von unrichtigen, abenteuerlichen Angaben und Übertreibungen von der Gefährlichkeit der gezeigten Tiere. Besonders mit der Herkunft derselben nahm man es damals nicht genau. Ums Jahr 1800 erschien in Nürnberg die Menagerie Anton Alpi & Co. mit zwei Elefanten, zwei Eisbären, einem „großen breitgestreiften König der Tiger aus Bengalen“, einem „Pander oder gefleckten bengalischen Tiger“, einer Hyäne, einem „Kasoar“, einem „Condor aus Afrika, man nennet ihn auch den Lämmer-Geyer oder Geyer-König“, einem „Eremiten oder Einsiedleraffen“, einem kanadischen Biber — „seine Nahrung besteht bloß in Holz“ — und „zwey junge Cangoru, welche — wie der Königstiger — noch nie in Deutschland lebendig gesehen worden sind“. Weniger phantastisch waren die Ankündigungen der zwischen 1813 und 1815 Deutschland bereisenden Menagerie Simonelli. Sie besaß einen von den damaligen Zoologen zu den Faultieren gerechneten Lippenbären und als Glanzstück einen jungen „großen Barbaro männlichen Geschlechts, welcher die Negerinnen wegraubt; er ist vom Geschlecht der Waldmänner. Von dem Barbaro kommt der wahre Orang-Outang oder Waldmann her. Dieser Barbaro, erst 4 Jahre alt, ist bereits 41/2 Fuß hoch, seine vollkommene Größe ist 6 oder 7 Fuß; dieses Tier, das man sehr jung auf der Insel Madagaskar bey dem Cap der guten Hoffnung gefangen hat, ist jetzt gezähmt, jedoch hält man es aus Furcht des Zufalls in einem wohlbehaltenen Käfig an einer guten Kette so, daß es den Zuschauern gar nicht schaden kann." Es mag dies ein Schimpanse auf Westafrika gewesen sein.

Seit den 1820er Jahren wuchs die Zahl der Wandermenagerien ins Ungemessene. Unter diesen übertraf alle an Reichhaltigkeit des Inhalts und Eleganz der Ausstattung das berühmte Institut der holländischen Familie van Aken, das zwei Jahrzehnte hindurch alle Tierfreunde des Kontinents in Entzücken versetzte und 1840 an den Zoologischen Garten von Amsterdam überging. Um 1830 kamen die Dressuren der großen Raubtiere, besonders des Löwen auf; da war es ein Mitglied der Familie van Aken, der von der Damenwelt vergötterte „kühne Anton", dem sogar die Bändigung eines bengalischen Tigers gelang. Nicht minder berühmt war sein Zeitgenosse Henri Martin aus Marseille, dessen Lieblingslöwe „Coburg", der gewöhnlich das Zimmer mit ihm teilte, einen unrühmlichen Tod fand, indem er an einem verschluckten Pantoffel starb. In unserer Zeit hat erst der unternehmende Karl Hagenbeck in Stellingen sowohl den Import als die Dressur fremdländischer Tiere auf den Gipfel getrieben. Darin wird er auch von keinem amerikanischen Nebenbuhler übertroffen, die ja sonst von allem „*the biggest in the world*" zu haben behaupten.
